T0254184

Mehrkörpersysteme

Christoph Woernle

Mehrkörpersysteme

Eine Einführung in die Kinematik und Dynamik von Systemen starrer Körper

3. Auflage

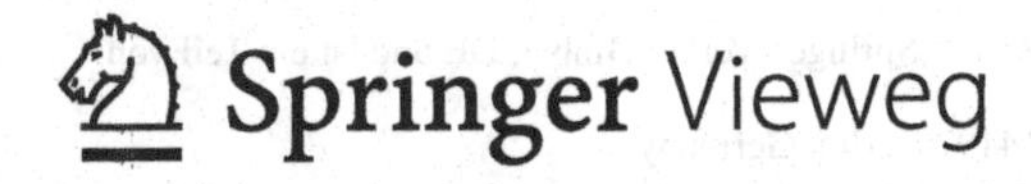

Christoph Woernle
Universität Rostock
Rostock, Deutschland

ISBN 978-3-662-64529-1 ISBN 978-3-662-64530-7 (eBook)
https://doi.org/10.1007/978-3-662-64530-7

Die Deutsche Nationalbibliothek verzeichnet diese Publikation in der Deutschen Nationalbibliografie; detaillierte bibliografische Daten sind im Internet über http://dnb.d-nb.de abrufbar.

Planung/Lektorat: Michael Kottusch
Springer Vieweg ist ein Imprint der eingetragenen Gesellschaft Springer-Verlag GmbH, DE und ist ein Teil von Springer Nature.
Die Anschrift der Gesellschaft ist: Heidelberger Platz 3, 14197 Berlin, Germany

Vorwort zur dritten Auflage

Das Grundkonzept des Lehrbuches über Mehrkörpersysteme mit der von den Bindungen ausgehenden Darstellung der Mehrkörperdynamik wird auch in der vorliegenden dritten Auflage fortgeführt. Gegenüber der zweiten Auflage wurden die Formulierungen der Kinematik und Dynamik von Mehrkörpersystemen getrennt für ebene und räumliche Mehrkörpersysteme in den neuen Kapiteln 6 und 7 entwickelt. Der Leser soll damit auch ohne die Betrachtung der räumlichen Bewegungen in die Lage versetzt werden, Übungsaufgaben für ebene Mehrkörpersysteme von Hand zu lösen. Darüber hinaus wurden kleinere Ergänzungen bei der Beschreibung von Drehungen in in Kapitel 3 und bei der Darstellung der eingeprägten Kräfte in Kapitel 5 vorgenommen.

Mein Dank gilt dem Springer-Vieweg Verlag für die Herausgabe der dritten Auflage sowie Herrn Michael Kottusch aus dem Lektorat Maschinenbau für die Unterstützung und gute Zusammenarbeit bei der Erstellung der Druckvorlage.

Rostock
im März 2022

Christoph Woernle

Vorwort zur ersten Auflage

Mehrkörpersysteme sind spezielle mechanische Systeme von Körpern, die untereinander durch Gelenke gekoppelt sind und sich unter dem Einfluss von Kräften im Raum bewegen. Sie werden als mechanische Ersatzmodelle zur Beschreibung der Bewegungen und Beanspruchungen in komplexen mechanischen Systemen eingesetzt. Anwendungen sind zum Beispiel Straßen- und Schienenfahrzeuge, Roboter, Werkzeugmaschinen, Verarbeitungsmaschinen oder biomechanische Bewegungsabläufe. Für die Erstellung der mathematischen Simulationsmodelle stehen rechnergestützte Formalismen zur Verfügung, die Eingang in kommerzielle Simulationsprogramme gefunden haben.

Das vorliegende Buch entstand aus einem Manuskript zu meiner Vorlesung *Dynamik von Mehrkörpersystemen,* die ich seit vielen Jahren an der Universität Rostock halte. Es führt den Leser von den Grundlagen der Technischen Mechanik zu den für die rechnergestützte Aufstellung geeigneten Formulierungen der Bewegungsgleichungen von klassischen Mehrkörpersystemen mit starren Körpern. Das Buch richtet sich damit an Studierende des Maschinenbaus und verwandter Studienrichtungen insbesondere in der letzten Phase des Bachelor-Studiums oder in der ersten Phase des Master-Studiums. Darüber hinaus vermittelt es Ingenieuren und Naturwissenschaftlern, die in der beruflichen Praxis mit Mehrkörper-Simulationsmodellen arbeiten, die dazu gehörenden mathematischen und physikalischen Grundlagen.

Im Mittelpunkt der Darstellung der Mehrkörperdynamik stehen die *Bindungen,* welche die Bewegung der Teilkörper geometrisch beschränken. Die Bindungen legen die freien Bewegungsmöglichkeiten des Systems fest, und sie definieren entsprechend dem Prinzip von d'Alembert-Lagrange die Richtungen der Reaktionskräfte und -momente. Aus den impliziten und expliziten mathematischen Darstellungen der Bindungen ergeben sich in Verbindung mit den Impuls- und Drallsätzen der Körper unmittelbar die verschiedenen bekannten Formulierungen der Bewegungsgleichungen von Mehrkörpersystemen als Systeme gewöhnlicher Differentialgleichungen in voneinander unabhängigen Minimalkoordinaten oder als differential-algebraische Gleichungssysteme in voneinander abhängigen, redundanten Koordinaten. Die bevorzugte Verwendung dieser Formulierungen richtet sich dann nach dem topologischen Aufbau der Mehrkörpermodelle.

Bei *offenen Mehrkörpersystemen,* die eine *Baumstruktur* aufweisen, werden die Bewegungsgleichungen günstig in den relativen Gelenkkoordinaten, die hier Minimalkoordinaten sind, als Systeme gewöhnlicher Differentialgleichungen formuliert. Das System der Bestimmungsgleichungen für die unbekannten Beschleunigungen und Reaktionskräfte kann dabei mit Hilfe rekursiver Mehrkörperformalismen, welche sich an dem topologischen Aufbau des Systems orientieren, effizient gelöst werden.

Bei *geschlossenen Mehrkörpersystemen,* die *kinematische Schleifen* aufweisen, sind die Gelenkkoordinaten dagegen nicht mehr voneinander unabhängig, sondern unterliegen den *Schleifenschließbedingungen.* Für die Bewegungen der Körper gelten dadurch wesentlich komplexere Bindungen. Die Schließbedingungen sind implizite Bindungen, die i. Allg. aber nur numerisch in die explizite Form gebracht werden können. Aus diesem Grund werden die Bewegungsgleichungen hier meistens in den voneinander abhängenden Gelenkkoordinaten des *aufspannenden Baumes,* der durch gedankliches Auftrennen der Schleifen entsteht, aufgestellt. Die alternative Formulierung der Bewegungsgleichungen in Minimalkoordinaten hat vor allem dann Vorteile, wenn die Schließbedingungen analytisch in die explizite Form überführt werden können, was in vielen Fällen möglich ist.

Die beschriebenen Methoden stellen für den Leser Grundlagen für eigene Programmentwicklungen bereit. Für das Arbeiten mit kommerziellen Mehrkörperprogrammen werden die Grundkenntnisse der verwendeten physikalischen Beschreibungen und Algorithmen vermittelt, die für die physikalisch korrekte Modellerstellung, die Beurteilung von Simulationsergebnissen und die Behandlung evtl. auftretender numerischer Probleme benötigt werden.

Meinen Mitarbeitern Dipl.-Ing. René Bartkowiak und Dipl.-Ing. Roman Rachholz danke ich für die Durchsicht des Manuskripts. Herrn Dipl.-Ing. János Zierath und Herrn André Harmel danke ich für die Unterstützung bei der Erstellung von Abbildungen. Schließlich danke ich Frau Hestermann-Beyerle vom Springer-Verlag für das mir entgegengebrachte Vertrauen und die gute Zusammenarbeit.

Rostock
März 2011

Christoph Woernle

Inhaltsverzeichnis

Schreibweisen und Formelzeichen

Schreibweisen

Symboldarstellung Skalare werden durch Buchstaben mit normaler Schrift, Vektoren und Spaltenmatrizen durch in der Regel kleine Buchstaben in fetter Schrift sowie Tensoren zweiter Stufe und Matrizen durch große Buchstaben in fetter Schrift gekennzeichnet. Der Nullvektor und die Nullmatrix werden ohne Dimensionsangabe als **0** geschrieben. Handschriftlich wird der Fettdruck durch einen Unterstrich ersetzt.

Koordinatensysteme Orthonormierte Koordinatensysteme (O_i, x_i, y_i, z_i) werden durch $\mathcal{K}_i$ gekennzeichnet.

Schema der Indizierung

- ·, ·· Operatoren für Zeitableitungen
- ~ Bilden der schiefsymmetrischen Matrix zum Vektorprodukt
- – Notation für Terme in Bindungsgleichungen, auch konjugierte Quaternion
- ^ Zusammenfassung rotatorischer und translatorischer Größen

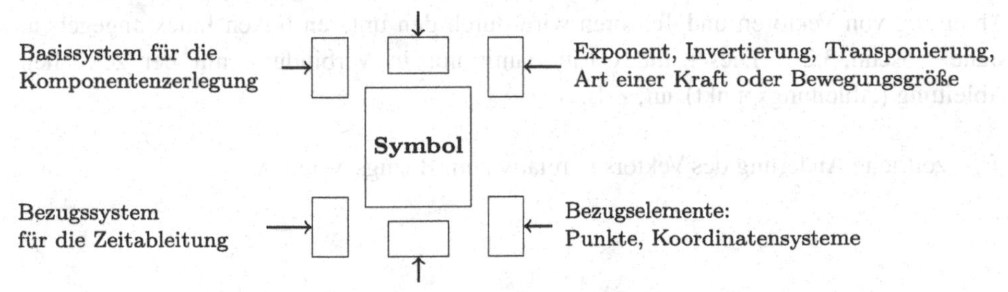

Notation für mechanische Größen Kinematische Größen relativer Bewegungen haben einem Doppelindex der entsprechenden Bezugssysteme:

$\boldsymbol{R}_{ji}$ (3,3)-Drehtensor, dreht $\mathcal{K}_i$ nach $\mathcal{K}_j$,
$\underline{\boldsymbol{p}}_{ji}$ 4-Vektor der EULER-Parameter, drehen $\mathcal{K}_i$ nach $\mathcal{K}_j$,
$\boldsymbol{r}_{ji}$ Vektor vom Punkt O_i zum Punkt O_j,
$\boldsymbol{v}_j$ Vektor der Geschwindigkeit von O_j relativ zu $\mathcal{K}_i$,
$\boldsymbol{\omega}_{ji}$ Vektor der Winkelgeschwindigkeit von $\mathcal{K}_j$ relativ zu $\mathcal{K}_i$,
$\boldsymbol{a}_{ji}$ Vektor der Beschleunigung von O_j relativ zu $\mathcal{K}_i$,
$\boldsymbol{\alpha}_{ji}$ Vektor der Winkelbeschleunigung von $\mathcal{K}_j$ relativ zu $\mathcal{K}_i$.

Ist das Bezugssystem das raumfeste Inertialsystem $\mathcal{K}_0$, so wird der zweite Index in der Regel weggelassen, also z. B. $\boldsymbol{v}_j \hat{=} \boldsymbol{v}_{j0}$.

Kräfte und Momente werden bezeichnet durch

$\boldsymbol{f}$ Kraftvektor,
$\boldsymbol{\tau}$ Momentvektor.

Koordinatendarstellung von Vektoren Das Koordinatensystem für die Koordinatendarstellung von Vektoren wird durch den linken oberen Index angegeben, also z. B.

${}^k\boldsymbol{r}_{ji}$ Koordinaten des Vektors $\boldsymbol{r}_{ji}$ im System $\mathcal{K}_k$.

Bei Transformationsmatrizen stehen die Indizes der Koordinatensysteme ebenfalls links oben,

${}^{ij}\boldsymbol{T}$ orthogonale (3,3)-Transformationsmatrix,

überführt Vektorkoordinaten von $\mathcal{K}_j$ nach $\mathcal{K}_i$, also ${}^i\boldsymbol{r} = {}^{ij}\boldsymbol{T}\,{}^j\boldsymbol{r}$. Es ist ${}^{ij}\boldsymbol{T} = {}^i\boldsymbol{R}_{ji}$.

Bezugssystem für die Zeitableitung von Vektoren Das Bezugssystem für die zeitliche Ableitung von Vektoren und Tensoren wird durch den unteren linken Index angegeben, siehe Abschn. 3.2.1. Dieser Index tritt damit nur in Verbindung mit der zeitlichen Ableitung (Ableitungspunkt) auf, z. B.

${}_k\dot{\boldsymbol{r}}_{ji}$ zeitliche Änderung des Vektors $\boldsymbol{r}_{ji}$ relativ zum Bezugssystem $\mathcal{K}_k$.

Räumliche Vektoren Rotatorische und translatorische mechanische Größen werden zu – hier so genannten – räumlichen 7-Vektoren bzw. 6-Vektoren, gekennzeichnet durch ein übergesetztes ^, zusammengefasst,

$$\hat{\boldsymbol{r}}_{ji} = \begin{bmatrix} \underline{\boldsymbol{p}}_{ji} \\ \boldsymbol{r}_{ji} \end{bmatrix}, \; \hat{\boldsymbol{v}}_{ji} = \begin{bmatrix} \boldsymbol{\omega}_{ji} \\ \boldsymbol{v}_{ji} \end{bmatrix}, \; \hat{\boldsymbol{a}}_{ji} = \begin{bmatrix} \boldsymbol{\alpha}_{ji} \\ \boldsymbol{a}_{ji} \end{bmatrix}, \; \hat{\boldsymbol{f}}_{j} = \begin{bmatrix} \boldsymbol{\tau}_{j} \\ \boldsymbol{f}_{j} \end{bmatrix}.$$

In expliziten Bindungen wird unter $\hat{\boldsymbol{r}}_{ji}$ auch die Menge der Lagegrößen $\boldsymbol{R}_{ji}$ und $\boldsymbol{r}_{ji}$ verstanden, $\hat{\boldsymbol{r}}_{ji} = \{\boldsymbol{R}_{ji}, \boldsymbol{r}_{ji}\}$.

Für das gesamte System mit n Körpern werden die jeweiligen Größen zu $(7n,1)$- bzw. $(6n,1)$-Vektoren ohne Index zusammengefasst,

$$\hat{\boldsymbol{r}} = \begin{bmatrix} \hat{\boldsymbol{r}}_1 \\ \vdots \\ \hat{\boldsymbol{r}}_n \end{bmatrix}, \; \hat{\boldsymbol{v}} = \begin{bmatrix} \hat{\boldsymbol{v}}_1 \\ \vdots \\ \hat{\boldsymbol{v}}_n \end{bmatrix}, \; \hat{\boldsymbol{a}} = \begin{bmatrix} \hat{\boldsymbol{a}}_1 \\ \vdots \\ \hat{\boldsymbol{a}}_n \end{bmatrix}, \; \hat{\boldsymbol{f}} = \begin{bmatrix} \hat{\boldsymbol{f}}_1 \\ \vdots \\ \hat{\boldsymbol{f}}_n \end{bmatrix}.$$

Ableitungsregeln in Matrizenschreibweise Bezeichnet $\boldsymbol{x}$ einen Spaltenvektor (Koordinatenvektor), also

$$\boldsymbol{x} = \begin{bmatrix} x_1 \\ \vdots \\ x_n \end{bmatrix} = [x_1 \ldots x_n]^{\mathrm{T}}, \tag{1}$$

so wird die Ableitung der skalaren Funktion $y(\boldsymbol{x}) = y(x_1, \ldots, x_n)$ nach dem Vektor $\boldsymbol{x}$ als Zeilenvektor definiert,

$$\frac{\partial y(\boldsymbol{x})}{\partial \boldsymbol{x}} = \left[\frac{\partial y}{\partial x_1} \cdots \frac{\partial y}{\partial x_n}\right]. \tag{2}$$

Die Ableitung von $y(\boldsymbol{x})$ nach dem Zeilenvektor $\boldsymbol{x}^{\mathrm{T}}$ wird als Spaltenvektor definiert,

$$\frac{\partial y(\boldsymbol{x})}{\partial \boldsymbol{x}^{\mathrm{T}}} = \left(\frac{\partial y(\boldsymbol{x})}{\partial \boldsymbol{x}}\right)^{\mathrm{T}}. \tag{3}$$

Speziell gilt für die Ableitung der *linearen Form* $y(\boldsymbol{x}) = \boldsymbol{a}^{\mathrm{T}}\boldsymbol{x} = \boldsymbol{x}^{\mathrm{T}}\boldsymbol{a}$

$$\frac{\partial \boldsymbol{a}^{\mathrm{T}}\boldsymbol{x}}{\partial \boldsymbol{x}} = \boldsymbol{a}^{\mathrm{T}} \quad \text{und} \quad \frac{\partial \boldsymbol{x}^{\mathrm{T}}\boldsymbol{a}}{\partial \boldsymbol{x}^{\mathrm{T}}} = \boldsymbol{a} \tag{4}$$

und für die Ableitung der *quadratischen Form* $y(\boldsymbol{x}) = \boldsymbol{x}^{\mathrm{T}}\boldsymbol{A}\boldsymbol{x}$ mit $\boldsymbol{A} = \boldsymbol{A}^{\mathrm{T}}$

$$\frac{\partial \boldsymbol{x}^{\mathrm{T}}\boldsymbol{A}\boldsymbol{x}}{\partial \boldsymbol{x}} = 2\boldsymbol{x}^{\mathrm{T}}\boldsymbol{A} \quad \text{und} \quad \frac{\partial \boldsymbol{x}^{\mathrm{T}}\boldsymbol{A}\boldsymbol{x}}{\partial \boldsymbol{x}^{\mathrm{T}}} = 2\boldsymbol{A}\boldsymbol{x}. \tag{5}$$

Die Ableitung der Funktion eines m-Vektors $\boldsymbol{y}$ von einem n-Vektor $\boldsymbol{x}$ nach dem Vektor $\boldsymbol{x}$ ergibt die (m,n)-Funktionalmatrix oder JACOBI-Matrix

$$\frac{\partial \boldsymbol{y}(\boldsymbol{x})}{\partial \boldsymbol{x}} = \begin{bmatrix} \frac{\partial y_1}{\partial \boldsymbol{x}} \\ \vdots \\ \frac{\partial y_m}{\partial \boldsymbol{x}} \end{bmatrix} = \begin{bmatrix} \frac{\partial y_1}{\partial x_1} \cdots \frac{\partial y_1}{\partial x_n} \\ \vdots \quad\quad \vdots \\ \frac{\partial y_m}{\partial x_1} \cdots \frac{\partial y_m}{\partial x_n} \end{bmatrix} = \left(\frac{\partial y_i}{\partial x_k} \right). \tag{6}$$

Die totale Ableitung der m-Vektorfunktion $\boldsymbol{y}(\boldsymbol{x}(t),t)$ mit dem n-Vektor $\boldsymbol{x}(t)$ nach der Zeit t lautet nach der Kettenregel

$$\begin{aligned} \frac{\mathrm{d}\boldsymbol{y}(\boldsymbol{x}(t),t)}{\mathrm{d}t} &= \frac{\partial \boldsymbol{y}(\boldsymbol{x},t)}{\partial \boldsymbol{x}} \frac{\mathrm{d}\boldsymbol{x}(t)}{\mathrm{d}t} + \frac{\partial \boldsymbol{y}(\boldsymbol{x},t)}{\partial t} \\ \begin{bmatrix} \frac{\mathrm{d}y_1}{\mathrm{d}t} \\ \vdots \\ \frac{\mathrm{d}y_m}{\mathrm{d}t} \end{bmatrix} &= \begin{bmatrix} \frac{\partial y_1}{\partial x_1} \cdots \frac{\partial y_1}{\partial x_n} \\ \vdots \quad\quad \vdots \\ \frac{\partial y_m}{\partial x_1} \cdots \frac{\partial y_m}{\partial x_n} \end{bmatrix} \begin{bmatrix} \frac{\mathrm{d}x_1}{\mathrm{d}t} \\ \vdots \\ \frac{\mathrm{d}x_n}{\mathrm{d}t} \end{bmatrix} + \begin{bmatrix} \frac{\partial y_1}{\partial t} \\ \vdots \\ \frac{\partial y_m}{\partial t} \end{bmatrix}. \end{aligned} \tag{7}$$

Verwendete Formelzeichen

Es wird die Nummer der Gleichung angegeben, in der das jeweilige Formelzeichen zum ersten Mal verwendet wird. Zu Bindungen gelten die Angaben L – Lageebene, G – Geschwindigkeitsebene, B – Beschleunigungsebene.

Lateinische Buchstaben

$\boldsymbol{a}$	Beschleunigungsvektor, (3.23)
$\bar{\boldsymbol{a}}$	Vektor in expliziter Bindung (B), (5.39)
$\bar{\boldsymbol{a}}^{\mathrm{rel}}$	Vektor in expliziter Gelenkbindung (B), (9.62)
$\hat{\boldsymbol{a}}$	Vektor der räumlichen Beschleunigung, (7.10)
$\boldsymbol{a}$	räumlicher Vektor in expliziter Bindung (B), (10.35)
$\boldsymbol{a}^{\mathrm{rel}}$	räumlicher Vektor in expliziter Gelenkbindung (B), (9.61)
$\hat{\boldsymbol{a}}^{\mathrm{o}}$	Anteil der Körperbeschleunigungen im rekursiven Formalismus, (11.118)
A	Fläche, (4.15)
A	Hauptträgheitsmoment, (4.54)
$\boldsymbol{A}$	Matrix im rekursiven Formalismus für geschlossene MKS, (11.118)
b	Anzahl Bindungen, (5.25), (7.24), (8.6)
b^{r}	Anzahl redundanter Bindungen, (5.90), (9.10)

b^{u}	Anzahl unabhängiger Bindungen, (9.10)
b_{L}	Anzahl geometrischer Bindungen, (8.7)
b^{s}	Anzahl sekundärer Gelenkbindungen, (11.4)
b^{sk}	Anzahl skleronomer holonomer Gelenkbindungen, (9.1)
b^{rh}	Anzahl rheonomer holonomer Gelenkbindungen, (9.2)
$\boldsymbol{b}$	Vektor vom Körper-Bezugspunkt zu einem Körperpunkt, (4.8)
B	Hauptträgheitsmoment, (4.54)
$\boldsymbol{B}$	Versatzmatrix in expliziten Gelenkbindungen (G,B), (9.54)
c	Federkonstante, (4.83)
$\boldsymbol{c}$	Vektor von einem Körper-Bezugspunkt zu einer Gelenkachse, (9.17)
C	Hauptträgheitsmoment, (4.54)
$\boldsymbol{C}$	JACOBI-Matrix in expliziten Gelenkbindungen (G,B), (9.54)
$\boldsymbol{C}_{\mathrm{R/T}}$	JACOBI-Matrix der Rotation/Translation eines Gelenks, (9.52), (9.53)
$\boldsymbol{d}$	Vektor von einer Gelenkachse zu einem Körper-Bezugspunkt, (9.64)
$\boldsymbol{D}$	Koeffizientenmatrix der Bestimmungsgleichungen, (11.117)
$\boldsymbol{e}$	Einheitsvektor, (2.1)
$\boldsymbol{E}$	Einheitsmatrix bzw. Einheitstensor, (2.40)
f	(Geschwindigkeits-)Freiheitsgrad, (5.25), (7.24), (8.6)
f^{o}	Anzahl primärer Gelenkkoordinaten und Freiheitsgrad des aufspannenden Baumes, (11.1)
f_{L}	Lage-Freiheitsgrad, (8.7)
$\boldsymbol{f}$	Kraftvektor, (4.12)
$\boldsymbol{f}^{\mathrm{a}}, \boldsymbol{f}^{\mathrm{i}}$	äußere bzw. innere Kraft, (4.13)
$\boldsymbol{f}^{\mathrm{e}}$	eingeprägte Kraft, (5.48)
$\boldsymbol{f}^{\mathrm{r}}$	Reaktionskraft, (5.48)
$\hat{\boldsymbol{f}}^{\mathrm{c}}$	Kraftwinder von Zentrifugalkräften und Kreiselmomenten, (10.80)
$\hat{\boldsymbol{f}}^{\mathrm{e}}$	Eingeprägter Kraftwinder, (10.80)
$\hat{\boldsymbol{f}}^{\mathrm{ec}}$	Summe von $\hat{\boldsymbol{f}}^{\mathrm{c}}$ und $\hat{\boldsymbol{f}}^{\mathrm{e}}$, (10.83)
$\hat{\boldsymbol{f}}^{\mathrm{p}}$	Reaktionskraftwinder in primären Gelenken, (10.63)
$\hat{\boldsymbol{f}}^{\mathrm{po}}$	Anteil der Reaktionskraftwinder im rekursiven Formalismus, (11.118)
$\hat{\boldsymbol{f}}^{\mathrm{r}}$	Reaktionskraftwinder, (9.83), (10.65)
$\hat{\boldsymbol{f}}^{\mathrm{s}}$	Reaktionskraftwinder in sekundären Gelenken, (11.100)
$\boldsymbol{F}$	Matrix im rekursiven Formalismus für geschlossene MKS, (11.118)
g	Erdbeschleunigung, (4.28)
$\boldsymbol{g}$	Residuum impliziter Bindungen (L), (5.2)
$\boldsymbol{g}^{\mathrm{s}}$	Residuum impliziter sekundärer Bindungen (L), (11.4)

$\boldsymbol{g}^l$	Residuum impliziter Schließbedingungen (L), (11.6)
g_{E}	Residuum der EULER-Parameter (L), (3.195)
$\boldsymbol{G}$	Bindungsmatrix in impliziten Bindungen (G,B), (5.16)
$\boldsymbol{G}_{\mathrm{R}}$	Bindungsmatrix der Rotation (G,B), (6.9), (7.16)
$\boldsymbol{G}_{\mathrm{T}}$	Bindungsmatrix der Translation (G,B), (6.9), (7.16)
$\boldsymbol{G}^{\mathrm{s}}$	Bindungsmatrix in sekundären Bindungen (G,B), (11.7)
$\boldsymbol{G}^l$	Bindungsmatrix in impliziten Schließbedingungen (G,B), (11.9)
H	HAMILTON-Funktion, (5.236)
$\boldsymbol{H}$	Matrix in kinematischer Differentialgleichung, (3.190), (3.229)
$\boldsymbol{H}_s$	Matrix in kinematischer Differentialgleichung für Minimalkoordinaten, (7.25)
$\boldsymbol{H}_\eta$	Matrix in kinematischer Differentialgleichung für Gelenkkoordinaten, (10.15), (11.3)
$\widehat{\boldsymbol{H}}$	Matrix in kinematischer Differentialgleichung für absolute Körperkoordinaten, (7.9)
$\overline{\boldsymbol{H}}_s$	Matrix in kinematischer Differentialgleichung für Minimalkoordinaten bei geschlossenen MKS, (11.29), (11.99)
$\boldsymbol{j}$	Spaltenvektor der JACOBI-Matrix J, (8.77)
$\boldsymbol{J}$	JACOBI-Matrix in expliziten Bindungen (G,B), (5.31), (7.35)
$\boldsymbol{J}_{\mathrm{R}}$	JACOBI-Matrix der Rotation (G,B), (6.24), (7.33), (10.28)
$\boldsymbol{J}_{\mathrm{T}}$	JACOBI-Matrix der Translation (G,B), (6.20), (7.30), (10.28)
$\boldsymbol{J}^l$	JACOBI-Matrix in expliziten Schließbedingungen (G,B), (11.26)
$\boldsymbol{k}^{\mathrm{c}}$	verallgemeinerte Zentrifugal- und CORIOLIS-Kräfte, (5.104), (7.69), (10.91), (11.112)
$\boldsymbol{k}^{\mathrm{e}}$	verallgemeinerte eingeprägte Kräfte, (5.105), (7.70), (10.92), (11.112)
$\boldsymbol{k}^{\mathrm{n}}$	verallgemeinerte nichtkonservative Kräfte, (5.225)
$\boldsymbol{k}^{\mathrm{s}}$	verallgemeinerte sekundäre Reaktionskräfte in geschlossenen MKS, bezogen auf primäre Gelenkgeschwindigkeiten, (11.112)
$\bar{\boldsymbol{k}}^{\mathrm{c}}$	verallgemeinerte Zentrifugal- und CORIOLIS-Kräfte in geschlossenen MKS, bezogen auf Minimalgeschwindigkeiten, (11.151)
$\bar{\boldsymbol{k}}^{\mathrm{e}}$	verallgemeinerte eingeprägte Kräfte in geschlossenen MKS, bezogen auf Minimalgeschwindigkeiten, (11.151)
l	Länge, (3.25)
$\boldsymbol{l}$	Differenzvektor in einer Gelenkbindung, (9.17)
$\boldsymbol{l}$	Verbindungsvektor in Beispielen geschlossener MKS, (11.34)
$\boldsymbol{l}$	Drallvektor, (4.6)
L	LAGRANGE-Funktion, (5.223)
$\boldsymbol{L}$	Matrix in kinematischer Differentialgleichung, (3.189), (3.231)
$\boldsymbol{L}$	Matrix im rekursiven Formalismus für geschlossene MKS, (11.118)
m	Masse, (4.3)
$\boldsymbol{m}$	Einheitsvektor in impliziter Gelenkbindung, (9.42)

$\boldsymbol{M}$ Massenmatrix, bezogen auf Minimalgeschwindigkeiten, (5.102), (7.68), (10.85); bei geschlossenen MKS bez. auf primäre Gelenkgeschwindigkeiten, (11.112)

$\overline{\boldsymbol{M}}$ Massenmatrix geschlossener MKS, bezogen auf Minimalgeschwindigkeiten, (11.151)

$\widehat{\boldsymbol{M}}$ Massenmatrix, bezogen auf Absolutgeschwindigkeiten, (5.49), (7.49), (10.80)

n Anzahl Massenpunkte bzw. Anzahl Körper

n_{G} Anzahl Gelenke, (9.4)

n_{S} Anzahl kinematischer Schleifen, (9.5)

$\boldsymbol{n}$ Normalenvektor, Einheitsvektor in impliziter Gelenkbindung, (9.42)

$\boldsymbol{N}$ Matrix im rekursiven Formalismus, (10.105)

$\boldsymbol{p}$ Impulsvektor, (4.1), verallgemeinerter Impuls, (5.229)

$\underline{\boldsymbol{p}}$ 4-Vektor der EULER-Parameter (Quaternionen), (3.194)

p_{s} Skalarteil der EULER-Parameter (Quaternionen), (3.194)

$\boldsymbol{p}$ Vektorteil der EULER-Parameter (Quaternionen), (3.194)

P Leistung, (5.75)

$\boldsymbol{q}$ minimale (voneinander unabhängige) Lagekoordinaten, (5.27)

$\boldsymbol{r}$ Ortsvektor, (3.1)

$\hat{\boldsymbol{r}}$ Lagegrößen eines Körpers, (7.1), (7.6)

R Radius, (4.28)

$\boldsymbol{R}$ Drehtensor (Drehmatrix), (3.101)

$\boldsymbol{s}$ minimale (voneinander unabhängige) Geschwindigkeiten, (5.108)

S Spur einer Drehmatrix, (3.205)

$\boldsymbol{S}$ Inzidenzmatrix, (10.1)

t Zeit, (3.1)

T kinetische Energie, (4.84)

${}^{ij}\boldsymbol{T}$ Transformationsmatrix für Vektorkoordinaten (Drehmatrix), (2.54)

$\boldsymbol{T}$ Wegematrix, (10.3)

$\boldsymbol{u}$ Einheitsvektor einer Drehachse, (3.101)

U potentielle Energie, (4.76)

$\boldsymbol{v}$ Geschwindigkeitsvektor, (3.11)

$\bar{\boldsymbol{v}}$ Vektor in expliziter Bindung (G), (5.32)

$\bar{\boldsymbol{v}}^{\mathrm{rel}}$ Vektor in expliziter Gelenkbindung (G), (9.53)

$\hat{\boldsymbol{v}}$ Vektor der räumlichen Geschwindigkeit, (7.7)

$\bar{\hat{\boldsymbol{v}}}$ räumlicher Vektor in expliziter Bindung (G), (10.26)

$\bar{\hat{\boldsymbol{v}}}^{\mathrm{rel}}$ räumlicher Vektor in expliziter Gelenkbindung (G), (9.54)

V Volumen, (4.15)

$\boldsymbol{w}$ Drehachs-Einheitsvektor im Drehzeiger, (3.133)

W Arbeit, (4.75)

$\boldsymbol{x}$	Vektor von Zustandsgrößen, (5.109)
$\boldsymbol{x}$	Lagekoordinaten (8.76)
z	Zustandsgröße im integralen Kraftgesetz, (5.56)
Z	Zwang im Prinzip von GAUß, (5.198)

Griechische Buchstaben

α	KARDAN-Winkel, (3.178)
$\boldsymbol{\alpha}$	Vektor der Winkelbeschleunigung, (3.24)
$\bar{\boldsymbol{\alpha}}$	Vektor in expliziter Bindung (B), (10.32)
$\bar{\boldsymbol{\alpha}}^{\mathrm{rel}}$	Vektor in expliziter Gelenkbindung (B), (9.62)
β	KARDAN-Winkel, (3.178)
$\boldsymbol{\beta}$	relative Gelenkkoordinaten, (10.12); bei geschlossenen MKS primäre Gelenkkoordinaten, (11.1)
$\boldsymbol{\beta}$	Vektor der drei KARDAN- oder EULER-Winkel, (3.178)
γ	KARDAN-Winkel, (3.178)
$\bar{\boldsymbol{\gamma}}$	Term in impliziter Bindung (G), (5.16)
$\bar{\boldsymbol{\gamma}}^{\mathrm{s}}$	Term in impliziter sekundärer Bindung (G), (11.7)
$\bar{\boldsymbol{\gamma}}^{l}$	Term in impliziter Schließbedingung (G), (11.9)
$\bar{\bar{\boldsymbol{\gamma}}}$	Term in impliziter Bindung (B), (5.21)
$\bar{\bar{\boldsymbol{\gamma}}}^{\mathrm{s}}$	Term in impliziter sekundärer Bindung (B), (11.12)
$\bar{\bar{\boldsymbol{\gamma}}}^{l}$	Term in impliziter Schließbedingung (B), (11.14)
$\boldsymbol{\zeta}$	Vektor vom Massenmittelpunkt zu einem Körperpunkt, (4.42)
$\boldsymbol{\eta}$	relative Gelenkgeschwindigkeiten, (10.14); bei geschlossenen MKS primäre Gelenkgeschwindigkeiten, (11.1)
$\bar{\boldsymbol{\eta}}$	Term in expliziter Schließbedingung (G), (11.26)
$\bar{\bar{\boldsymbol{\eta}}}$	Term in expliziter Schließbedingung (B), (11.31)
$\dot{\boldsymbol{\eta}}^{\mathrm{o}}$	Anteil der primären Gelenkbeschleunigungen im rekursiven Formalismus für geschlossene MKS, (11.118)
θ	EULER-Winkel, Tab. 3.10
$\boldsymbol{\Theta}, \theta$	Trägheitstensor, Massenträgheitsmoment, (4.33), (4.38)
$\boldsymbol{\lambda}$	RODRIGUES-Parameter, (3.249)
$\boldsymbol{\lambda}$	minimale Reaktionskoordinaten (LAGRANGE-Multiplikatoren), (5.77)
$\boldsymbol{\lambda}^{\mathrm{s}}$	sekundäre Reaktionskoordinaten, (11.100)
ρ	Dichte, (4.26)
$\boldsymbol{\tau}$	Momentvektor, (4.18)
$\boldsymbol{\tau}^{\mathrm{e}}$	eingeprägtes Moment, (10.79)
$\boldsymbol{\tau}^{\mathrm{kr}}$	Kreiselmoment, (4.70)

$\boldsymbol{\tau}^{\mathrm{r}}$	Reaktionsmoment, (8.20), (9.83)
φ	Drehwinkel im Drehzeiger, (3.101)
ϕ	EULER-Winkel, Tab. 3.10
ϕ	Drehwinkel (infinitesimaler Drehwinkel dϕ), (3.154)
$\boldsymbol{\Phi}$	Drehvektor (differentieller Drehvektor d$\boldsymbol{\Phi}$), (3.154)
ψ	Drehwinkel im Drehzeiger, (3.133)
ψ	EULER-Winkel, Tab. 3.10
$\boldsymbol{\Psi}$	Vektor der rechten Seite einer Zustandsgleichung, (5.109)
$\boldsymbol{\omega}$	Vektor der Winkelgeschwindigkeit, (3.13)
$\bar{\boldsymbol{\omega}}$	Vektor in expliziter Bindung (G), (10.28)
$\bar{\boldsymbol{\omega}}^{\mathrm{rel}}$	Vektor in expliziter Gelenkbindung (G), (9.52)

Rechts hochgestellte Attribute

au, in	äußere bzw. innere Kraft, (4.13)
c	Zentrifugal- und CORIOLIS-Kraft, (5.104)
e	eingeprägte Kraft, (5.48)
k	konservative Kraft, (5.221)
kr	Kreiselmoment, (4.70)
l	auf Schleifenschließbedingungen bezogene Größe, (11.6)
n	nichtkonservative Kraft, (5.222)
o	auf aufspannenden Baum bezogene Größe, (11.1)
p	auf primäre Gelenke bezogene Größe, (10.63)
r	Reaktionskraft bzw. -moment, (5.48)
rel	auf Gelenk-Relativbewegung bezogene Größe, (9.52), (10.19)
s	auf sekundäre Gelenke kinematischer Schleifen bezogene Größe, (11.4)
sk, rh	skleronom bzw. rheonom, (9.2)
u, a	unabhängige bzw. abhängige primäre Gelenkkoordinaten, (11.19)
t	D'ALEMBERTsche Trägheitskraft bzw. -Drehmoment, (4.67)
*	aufsummierte Größen im rekursiven Formalismus, (10.109)

1 Einführung

Die Entwicklung technischer Produkte, wie z. B. Maschinen, Roboter oder Straßen- und Schienenfahrzeuge, ist heute ohne den Einsatz rechnergestützter Analyse- und Entwurfsmethoden nicht mehr vorstellbar. Zeitraubende, teure und gegebenenfalls risikoreiche Versuche können dadurch teilweise ersetzt werden. Eine zentrale Rolle bei der Auslegung eines mechanischen Systems spielt die Untersuchung des dynamischen Verhaltens, also der Wechselwirkung zwischen Kräften und Bewegungen. Die Grundlage für die theoretische Untersuchung des dynamischen Verhaltens bildet ein geeignetes, an die jeweilige Aufgabenstellung angepasstes physikalisches Ersatzmodell des realen Systems. Es muss so detailliert sein, dass es die zur Lösung der jeweiligen Aufgabenstellung wesentlichen physikalischen Eigenschaften des realen Systems erfasst. Zugleich soll aber der Aufwand für die heute in der Regel rechnergestützte Aufstellung und Lösung der beschreibenden mathematischen Modellgleichungen gering bleiben. Bei der Modellbildung sollte daher der Grundsatz gelten: *So komplex wie nötig, so einfach wie möglich.*

1.1 Mehrkörpersysteme

Aus physikalischer Sicht bestehen mechanische Systeme aus massebehafteten, deformierbaren Körpern, über deren Volumen und Oberfläche stetig verteilte Kräfte wirken. Die Beschreibung mit Hilfe der Methoden der Kontinuumsmechanik führt auf partielle, von Ort und Zeit abhängende Differentialgleichungen, die aber nur in Sonderfällen, wie z. B. für Saiten, Balken oder Platten, analytisch gelöst werden können. Für allgemeinere Fälle können durch eine räumliche Diskretisierung numerische Näherungslösungen erhalten werden. Bei mechanischen Systemen wird die Diskretisierung günstig bereits auf der Ebene der physikalischen Modellbildung hergestellt. Die am häufigsten verwendeten diskreten mechanischen Systemmodelle sind die *Finite-Elemente-Systeme* und die *Mehrkörpersysteme*.

C. Woernle, *Mehrkörpersysteme*, https://doi.org/10.1007/978-3-662-64530-7_1

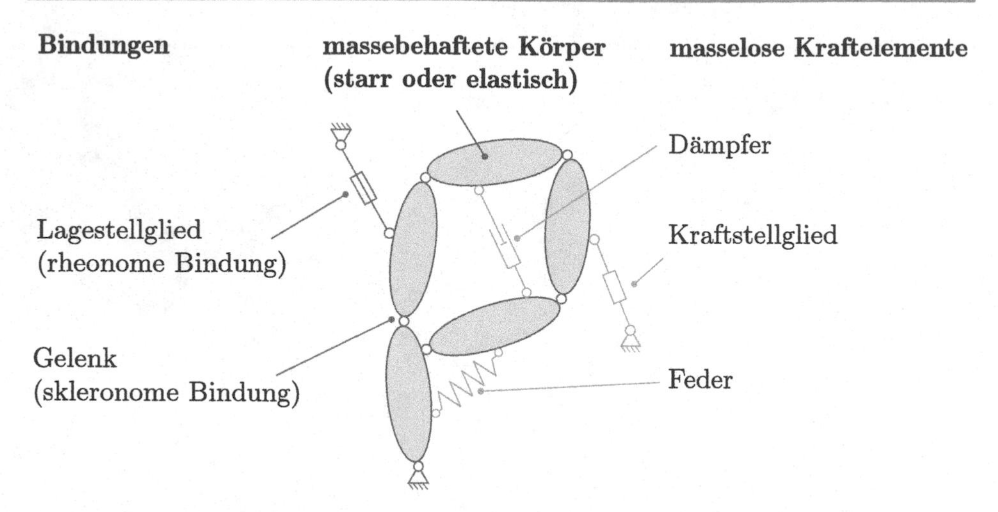

Abb. 1.1 Modellelemente eines Mehrkörpersystems

Ein klassisches Mehrkörpersystem (MKS) besteht aus massebehafteten starren Körpern, deren Bewegungen durch *Bindungen* geometrisch beschränkt sind und auf die verteilte und diskrete Kräfte und Momente einwirken (Abb. 1.1). Bei den im vorliegenden Buch nicht behandelten *flexiblen Mehrkörpersystemen* werden auch deformierbare Körper berücksichtigt.

Die Bindungen sind Modelle von Gelenken, welche die Körper miteinander verbinden, und von Lagestellgliedern, welche dem System zeitlich vorgegebene Bewegungen aufprägen. Die dazugehörigen Formulierungen als so genannte skleronome und rheonome Bindungen stehen im Mittelpunkt der mathematischen Modellbildung von Mehrkörpersystemen, weil sie den Aufbau der Bewegungsgleichungen festlegen.

Die auf die Körper wirkenden Kräfte und Momente lassen sich unterteilen in die eingeprägten Kräfte und Momente, welche beispielsweise durch masselose Federn, Dämpfer und Antriebsmotoren hervorgerufen werden, und in die Reaktionskräfte und Reaktionsmomente, welche die Schnittreaktionen an den Bindungen sind. Die Richtungen der Reaktionskräfte und Reaktionsmomente sind dabei durch die Bindungen festgelegt.

Die Modellelemente eines Mehrkörpersystems sind stets Idealisierungen der entsprechenden Bauelemente des realen Systems. Der Begriff Mehrkörpersystem repräsentiert daher zugleich auch eine Methode der mechanischen Modellbildung.

1.2 Physikalische Grundlagen der Mehrkörperdynamik

Das vorliegende Buch baut auf dem Kenntnisstand aus den Grundvorlesungen zur Technischen Mechanik an Universitäten auf. Die dort vermittelten Methoden und Prinzipien der Statik und Dynamik bilden bereits wesentliche Grundlagen für die Beschreibung von Systemen starrer Körper.

Das zweite Gesetz bzw. Axiom[1] von NEWTON[2] besagt, dass die zeitliche Änderung der translatorischen Bewegung eines Körpers, gekennzeichnet durch das Produkt von Masse und Geschwindigkeit, gleich der einwirkenden Kraft ist [72]. Hierbei gilt das *Parallelogrammaxiom* der vektoriellen Addition von Kräften. Die mathematische Formulierung als *Impulssatz* erfolgte aber erst durch EULER[3] zusammen mit dem *Drallsatz* oder *Momentensatz* als einem davon unabhängigen Axiom [23]. Der Impulssatz und der Drallsatz werden oft auch als die NEWTON-EULER-Gleichungen bezeichnet. Zusammen mit dem *Gegenwirkungsgesetz* von NEWTON und dem auf EULER zurückgehenden *Schnittprinzip* können damit die Bewegungsgleichungen von Systemen starrer Körper aufgestellt werden. Für mechanische Systeme, deren Bewegungen durch Bindungen geometrisch beschränkt sind, wird aber noch eine Systematik zur Elimination der Reaktionskräfte benötigt.

D'ALEMBERT[4] definierte die (negativen) Reaktionskräfte eines dynamischen Systems als die für die Beschleunigung des Systems „verlorenen" Kräfte [18]. Das *Prinzip von* D'ALEMBERT besagt, dass sich die verlorenen Kräfte in den Raumrichtungen, die durch die Bindungen gesperrt sind, im Gleichgewicht befinden. Damit sind zugleich die eingeprägten Kräfte zusammen mit den Trägheitskräften in den freien Raumrichtungen im statischen Gleichgewicht. Das *Prinzip von* LAGRANGE[5] kombiniert das Prinzip von D'ALEMBERT mit dem *Prinzip der virtuellen Arbeit,* das 1717 von JOHANN BERNOULLI[6] formuliert worden ist [57]. Es wird deswegen oft auch als das *Prinzip von* D'ALEMBERT *in der Fassung von* LAGRANGE oder hier als das Prinzip von D'ALEMBERT-LAGRANGE bezeichnet. Das Prinzip ermöglicht die systematische Elimination der Reaktionskräfte, um zu Bewegungsgleichungen in voneinander unabhängigen *Minimalkoordinaten* zu gelangen.

Diese Methoden zur Aufstellung der Bewegungsgleichungen von Systemen starrer Körper werden bereits im Rahmen der Grundlagen der Technischen Mechanik behandelt, siehe z. B. MAGNUS und MÜLLER- SLANY [62]. Die Vorgehensweisen werden für das in Tab. 1.1 gezeigte System gegenübergestellt. Es besteht aus einer Schiebemuffe 1 mit Federfesselung (Steifigkeit c) und dem damit gelenkig verbundenen Stab 2 (Lagekoordinaten x_i, y_i, φ_i, Massen m_i, Trägheitsmomente θ_{Si} bzgl. der Massenmittelpunkte $S_i, i = 1, 2$). Entsprechend dem Freiheitsgrad zwei können die angegebenen Bewegungsgleichungen in den zwei Minimalkoordinaten $q_1 = s$ und $q_2 = \beta$ aufgestellt werden. Der Aufbau der Bewegungsgleichungen ist dabei unabhängig von der Methode der Herleitung und hängt ausschließlich von der Definition der Minimalkoordinaten ab.

---

[1] Ein Axiom (griech. Axioma = „für recht halten") ist eine nicht beweisbare, sondern nur durch Beobachtungen bzw. Messungen abgesicherte Aussage.

[2] SIR ISAAC NEWTON, *1643 in Woolthorpe/London, †1727 in Kensington.

[3] LEONHARD EULER, *1707 in Basel, †1783 in St. Petersburg.

[4] JEAN LE RONDE D'ALEMBERT, *1717 in Paris, †1783 in Paris.

[5] JOSEPH-LOUIS DE LAGRANGE, *1736 in Paris, †1813 in Paris.

[6] JOHANN BERNOULLI, *1655 in Basel, †1705 in Basel.

Tab. 1.1 Gegenüberstellung von Methoden zur Aufstellung von Bewegungsgleichungen

Analytische Methode: LAGRANGE-Gleichungen zweiter Art	Synthetische Methode: NEWTON-EULER-Gleichungen
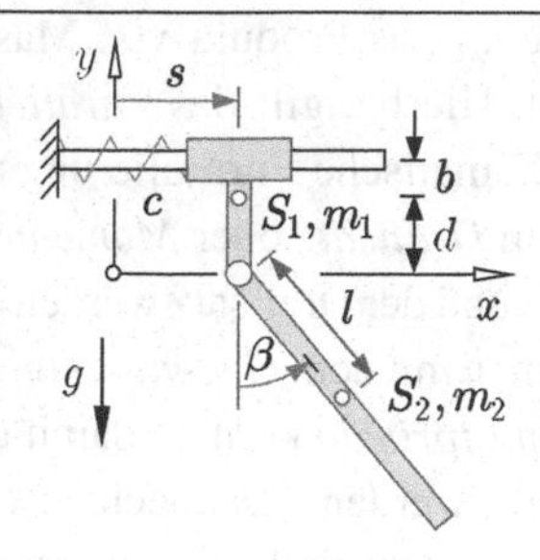 	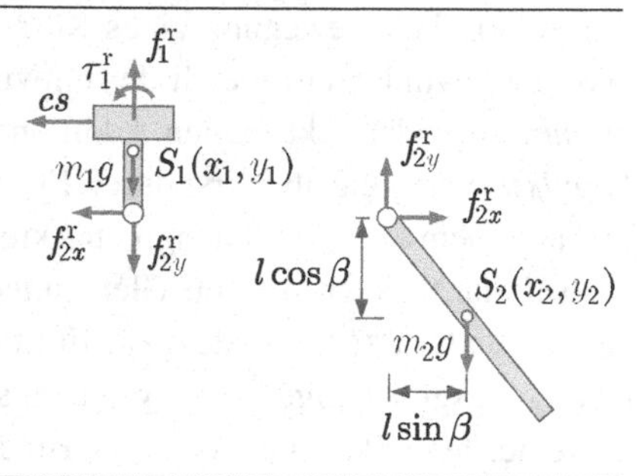
Minimalkoordinaten $q_1 = s\,, \qquad q_2 = \beta$ Bindungen (Lage, Geschwindigkeit) $x_1 = s\,, \quad \dot{x}_1 = \dot{s}$ $y_1 = d\,, \quad \dot{y}_1 = 0$ $\varphi_1 = 0\,, \quad \dot{\varphi}_1 = \omega_1 = 0$ $x_2 = l\,\sin\beta + s\,, \quad \dot{x}_2 = l\,\cos\beta\,\dot{\beta} + \dot{s}$ $y_2 = -l\,\cos\beta\,, \quad \dot{y}_2 = l\,\sin\beta\,\dot{\beta}$ $\varphi_2 = \beta\,, \quad \dot{\varphi}_2 = \omega_2 = \dot{\beta}$ Kinetische Energie $T = \frac{1}{2}\,m_1\,(\dot{x}_1^2 + \dot{y}_1^2) + \frac{1}{2}\,\theta_{S1}\,\omega_1^2 + \frac{1}{2}\,m_2\,(\dot{x}_2^2 + \dot{y}_2^2) + \frac{1}{2}\,\theta_{S2}\,\omega_2^2$ Potentielle Energie $U = \frac{1}{2}\,c\,s^2 + m_1\,g\,y_1 + m_2\,g\,y_2$ LAGRANGE-Gleichungen zweiter Art $\frac{\mathrm{d}}{\mathrm{d}t}\left(\frac{\partial T}{\partial \dot{q}_i}\right) - \frac{\partial T}{\partial q_i} = -\frac{\partial U}{\partial q_i}\,, \quad i = 1, 2$	Bindungen (Beschleunigungen) $\ddot{x}_1 = \ddot{s}$ $\ddot{y}_1 = 0$ $\dot{\omega}_1 = 0$ $\ddot{x}_2 = l\,\cos\beta\,\ddot{\beta} - l\,\sin\beta\,\dot{\beta}^2 + \ddot{s}$ $\ddot{y}_2 = l\,\sin\beta\,\ddot{\beta} + l\,\cos\beta\,\dot{\beta}^2$ $\dot{\omega}_2 = \ddot{\beta}\,.$ Impuls- und Drallsätze Schiebemuffe 1: $m_1\,\ddot{x}_1 = -f_{2x}^{\mathrm{r}} - c\,s$ $m_1\,\ddot{y}_1 = f_1^{\mathrm{r}} - f_{2y}^{\mathrm{r}} - m_1\,g$ $\theta_{S1}\,\dot{\omega}_1 = \tau_1^{\mathrm{r}} + c\,s\,b - f_{2x}^{\mathrm{r}}\,d$ Stab 2: $m_2\,\ddot{x}_2 = f_{2x}^{\mathrm{r}}$ $m_2\,\ddot{y}_2 = f_{2y}^{\mathrm{r}} - m_2\,g$ $\theta_{S2}\,\dot{\omega}_2 = -f_{2x}^{\mathrm{r}}\,l\,\cos\beta - f_{2y}^{\mathrm{r}}\,l\,\sin\beta$ Elimination von $f_1^{\mathrm{r}},\ \tau_1^{\mathrm{r}},\ f_{2x}^{\mathrm{r}},\ f_{2y}^{\mathrm{r}},$ $\ddot{x}_1,\ \ddot{y}_1,\ \dot{\omega}_1,\ \ddot{x}_2,\ \ddot{y}_2,\ \dot{\omega}_2$
Bewegungsgleichungen in den Minimalkoordinaten s und β: $(m_1 + m_2)\,\ddot{s} + m_2\,l\,\cos\beta\,\ddot{\beta} - m_2\,l\,\sin\beta\,\dot{\beta}^2 + c\,s = 0$ $m_2\,l\,\cos\beta\,\ddot{s} + (\theta_{S2} + m_2\,l^2)\,\ddot{\beta} + m_2\,g\,l\,\sin\beta = 0$	

Die NEWTON-EULER-Gleichungen werden für die freigeschnittenen Körper unter Berücksichtigung der Reaktionskräfte bzw. -momente f_1^{r}, τ_1^{r}, f_{2x}^{r}, f_{2y}^{r} sowie der eingeprägten Kräfte, hier die Gewichtskräfte und die Federkraft (Federkonstante c, Feder ungespannt bei $s = 0$), aufgestellt. Weiterhin gelten die Bindungsgleichungen, welche die geometrischen

Bewegungsbeschränkungen durch die Gelenke beschreiben. Durch Elimination der Reaktionskräfte und -momente und der abhängigen kinematischen Größen werden die Bewegungsgleichungen in den Minimalkoordinaten $q_1 = s$ und $q_2 = \beta$ erhalten. Diese Vorgehensweise wird auch als *synthetische Methode* bezeichnet, weil die Bewegungsgleichungen aus den in Tab. 1.1 angegebenen Bestimmungsgleichungen der Teilsysteme aufgebaut werden.

Für die Anwendung dieser Methode auf komplexe Mehrkörpersysteme müssen noch die Richtungen der Reaktionskräfte und -momente an den Gelenken, die sich in dem Beispiel von Tab. 1.1 direkt aus der Anschauung heraus ergeben, analytisch mit Hilfe der Bindungsgleichungen ausgedrückt werden. Hierzu werden die Prinzipien von D'ALEMBERT-LAGRANGE oder JOURDAIN herangezogen. Sie besagen, dass die Reaktionskräfte und -momente in den durch die Bindungen gesperrten Raumrichtungen liegen. Diese stehen wiederum senkrecht auf den freien Raumrichtungen. Die sich daraus ergebende algebraische Struktur der kinematischen und kinetischen Bestimmungsgleichungen ermöglicht dann die effiziente rechnergestützte Aufstellung der Bewegungsgleichungen.

Bei den LAGRANGE-Gleichungen zweiter Art werden die Bewegungsgleichungen dagegen aus den funktionalen Abhängigkeiten der kinetischen und potentiellen Energien des Gesamtsystems von den verallgemeinerten Koordinaten erhalten. Diese Vorgehensweise wird daher auch als *analytische Methode* bezeichnet. Mit den LAGRANGE-Gleichungen zweiter Art können die Bewegungsgleichungen kleiner Systeme mit wenigen Freiheitsgraden häufig – wie auch im vorliegenden Beispiel – manuell durchaus schneller aufgestellt werden als mit Hilfe der NEWTON-EULER-Gleichungen, da die Reaktionskräfte bereits im Ansatz eliminiert sind. Bei großen Mehrkörpersystemen können die Bewegungsgleichungen aber ohnehin nur mit dem Rechner aufgestellt werden. Hier erweist sich dann die Berechnung der Ableitungen der Energieausdrücke unter Berücksichtigung der Bindungen als aufwendiger, während umgekehrt die Elimination der Reaktionskräfte aus den NEWTON-EULER-Gleichungen effizient möglich ist. Im vorliegenden Buch wird daher die synthetische Methode auf der Grundlage der NEWTON-EULER-Gleichungen beschrieben.

Neben den bisher betrachteten Systemen mit holonomen Bindungen können damit auch Systeme mit den von HERTZ[7] eingeführten nichtholonomen Bindungen behandelt werden, und es können auch nicht integrierbare Geschwindigkeiten als Zustandsgrößen verwendet werden. Die Grundlagen hierzu formulierten GIBBS, [8] APPELL,[9] MAGGI[10] und HAMEL.[11]

Einführungen in die analytische Dynamik geben z. B. HILLER [41], BREMER [13], PFEIFFER [83] sowie SCHIEHLEN und EBERHARD [95]. Weiterführende Darstellungen sind z. B. bei HAMEL [34], PARS [80], FISCHER und STEPHAN [26] und PAPASTAVRIDIS [79] zu finden.

---

[7] HEINRICH RUDOLF HERTZ, *1857 in Hamburg, †1894 in Bonn.

[8] JOSHUA WILLARD GIBBS , *1839 in New Haven, †1903 in New Haven.

[9] PAUL EMILE APPELL, *1855 in Straßburg, †1930 in Paris.

[10] GIAN ANTONIO MAGGI, *1856 in Milano, †1937 in Milano.

[11] GEORG HAMEL, *1877 in Düren, †1954 in Landshut.

1.3 Entwicklung der Mehrkörperdynamik

Wie in Abschn. 1.2 beschrieben, sind die wesentlichen Grundlagen der Dynamik starrer Mehrkörpersysteme aus physikalischer Sicht bereits seit dem Beginn des 19. Jahrhunderts bekannt. Ohne Rechner konnten allerdings nur Systeme mit zumindest näherungsweise analytisch lösbaren Bewegungsgleichungen untersucht werden. Die Modellkomplexität in Bezug auf den Freiheitsgrad und die Anzahl der Körper war dadurch zwangsläufig stark begrenzt. Im Zentrum der Betrachtungen standen Lösungen der EULERschen Gleichungen zur Beschreibung von Drehungen starrer Körper. Die Geometrie der Drehungen wurde von RODRIGUES[12] [91] ausführlich beschrieben.

Von besonderem Interesse waren dabei die vielfältigen dynamischen Eigenschaften von *Kreiseln.* Aus dem von BOHNENBERGER[13] im Jahr 1817 erfundenen kardanisch gelagerten Kreisel gemäß Abb. 1.2 entwickelte FOUCAULT[14] um das Jahr 1852 sein *Gyroskop* für das Studium von Kreiselphänomenen. Es bildete den Ausgangspunkt für die am Beginn des 20. Jahrhunderts einsetzende Entwicklung von Kreiselgeräten als Sensoren für die Bewegungserfassung und Navigation von Schiffen, Flugzeugen und Raumfahrzeugen. Eine umfassende Darstellung der Kreiseldynamik gibt MAGNUS [61].

Eine weitere Wurzel hat die Mehrkörperdynamik in der Theorie der *Mechanismen* für die Übertragung von Bewegungen und Kräften in Maschinen, siehe z. B. LUCK und MODLER [60]. Die Bewegungen der Bauteile von Mechanismen sind durch Gelenke stark miteinander gekoppelt, wodurch das Gesamtsystem häufig nur einen Freiheitsgrad besitzt. Für die Analyse und Synthese des kinematischen und dynamischen Verhaltens wurden leistungsfähige graphische Verfahren entwickelt, die aber weitgehend auf ebene Mechanismen

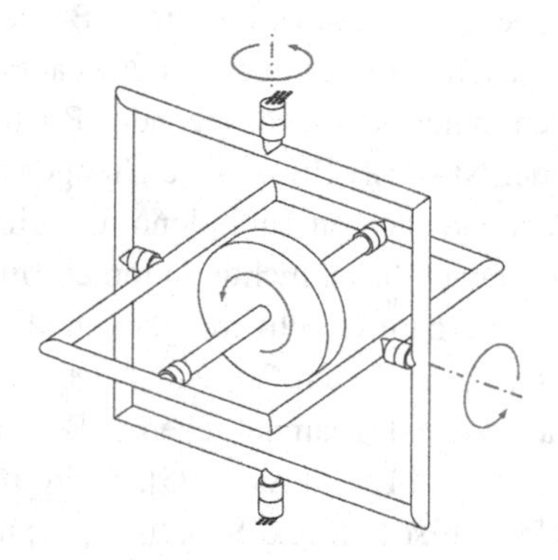

Abb. 1.2 Kardanisch gelagerter Kreisel

[12] BENJAMIN OLINDE RODRIGUES, *1795 in Bordeaux, †1851 in Paris.

[13] JOHANN GOTTLIEB FRIEDRICH BOHNENBERGER, *1765 in Simmozheim, †1831 in Tübingen.

[14] JEAN BERNARD LÉON FFOUCAULT, *1819 in Paris, †1868 in Paris.

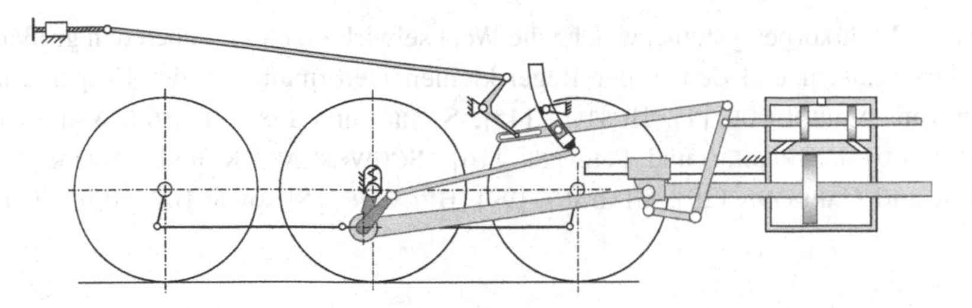

Abb. 1.3 Triebwerk einer Dampflokomotive mit HEUSINGER-Steuerung

beschränkt sind. Als Beispiel eines komplexen ebenen Mechanismus zeigt Abb. 1.3 das Triebwerk einer Dampflokomotive mit HEUSINGER-Steuerung.[15]

Die Getriebelehre und später die Robotertechnik verdeutlichen die große Bedeutung der Kinematik innerhalb der Mehrkörperdynamik. Grundlagen der Kinematik vermitteln BOTTEMA und ROTH [10], HUSTY et al. [46] und WITTENBURG [114].

Weitere wichtige Beiträge zur Mehrkörperdynamik entstanden für die Analyse der *Biomechanik* des menschlichen Bewegungsapparates. Bereits im Jahr 1905 stellte FISCHER[16] Bewegungsgleichungen für entsprechende Modelle gelenkig miteinander gekoppelter Körper auf [25].

Die moderne Mehrkörperdynamik als eine Methode der mechanischen Modellbildung konnte sich jedoch erst mit der zunehmenden Verfügbarkeit digitaler Rechner ab den sechziger Jahren des vorigen Jahrhunderts entwickeln. Vorangetrieben wurde diese Entwicklung zunächst durch die Raumfahrt. Eine typische Aufgabenstellung war die Simulation des Ausfaltens von Antennen und Solarzellenflächen von Satelliten. Wegen der nicht verfügbaren Testmöglichkeiten unter realen Einsatzbedingungen und der hohen Kosten müssen die Simulationsmodelle hier eine besonders hohe Vorhersagegenauigkeit aufweisen. Ein wichtiges Ziel war bereits, die Bewegungsgleichungen nicht nur mit Hilfe des Rechners numerisch zu lösen, sondern auch aufzustellen. Erste Algorithmen, die auch als *Mehrkörperformalismen* bezeichnet werden, formulierten HOOKER und MARGULIES [44] sowie ROBERSON und WITTENBURG [90]. Zusammenfassende Darstellungen zur weiteren Entwicklung der Mehrkörperformalismen geben SCHIEHLEN [94] und FEATHERSTONE [24]. Im Bereich der Starrkörpersysteme ist dabei Anfang der neunziger Jahre ein gewisser Abschluss erreicht worden. Über die Dynamik von Mehrkörpersystemen mit starren Körpern sind mehrere Monographien erschienen, wie z. B. WITTENBURG [113], KANE [49], NIKRAVESH [73, 75], ROBERSON und SCHWERTASSEK [89], HAUG [36] sowie SCHIEHLEN und EBERHARD [95]. Beiträge zur Modellierung komplexer Mehrkörpersysteme mit kinematischen Schleifen wurden von ANGELES und KECSKEMÉTHY [3] zusammengestellt.

15 EDMUND HEUSINGER VON WALDEGG, *1817 in Langenschwalbach, †1886 in Hannover.

16 OTTO FISCHER, *1861 in Altenburg, †1916 in Leipzig.

Flexible Mehrkörpersysteme, welche die Wechselwirkungen zwischen den großen Starrkörperbewegungen und den in der Regel kleinen Deformationen der Körper erfassen, werden von AMIROUCHE [1], HUSTON [45], SAMIN und FISETTE [92], VALÁŠEK und STEJSKAL [106], BREMER und PFEIFFER [16], SCHWERTASSEK und WALLRAPP [98], GÉRADIN und CARDONA [29], SHABANA [99], BREMER [15] sowie BAUCHAU [7] behandelt.

1.4 Mehrkörperformalismen

Mehrkörperformalismen sind Algorithmen für die rechnergestützte Aufstellung der Bewegungsgleichungen von Mehrkörpersystemen. Ihre Formulierung wird durch die Topologie der Mehrkörpersysteme wesentlich bestimmt.

Offene Mehrkörpersysteme besitzen eine *Baumstruktur.* Beim Schnitt an einem beliebigen Gelenk zerfällt das System in zwei Teilsysteme. Die Relativbewegungen der Körper sind voneinander unabhängig. Ein Beispiel ist das in Abb. 1.4a gezeigte Doppelpendel mit dem Freiheitsgrad zwei.

Geschlossene Mehrkörpersysteme weisen *kinematische Schleifen* auf, welche die Bewegungen in den Gelenken über die *(Schleifen-)Schließbedingungen* miteinander koppeln. Wird der Endpunkt P des Doppelpendels auf der x-Achse geführt, so entsteht die in Abb. 1.4b gezeigte ebene Schubkurbel mit einer kinematischen Schleife. Die Schließbedingung verlangt, dass der Abstand d des Punktes P von der Führung auf der x-Achse während der Bewegung stets null ist,

$$d \equiv l_1 \cos \beta_1 + l_2 \cos(\beta_1 + \beta_2) = 0 \, . \tag{1.1}$$

Die Schließbedingung (1.1) reduziert den Freiheitsgrad von zwei auf eins. Nur einer der beiden Gelenkwinkel β_1 und β_2 ist daher unabhängig. Der Mechanismus aus Abb. 1.3 besitzt mehrere kinematische Schleifen.

Die Literatur über Mehrkörperformalismen ist überaus vielfältig und kann hier nicht ausführlich diskutiert werden. Ohne Anspruch auf Vollständigkeit werden im Folgenden einige typische Klassifizierungsmerkmale von Mehrkörperformalismen angegeben.

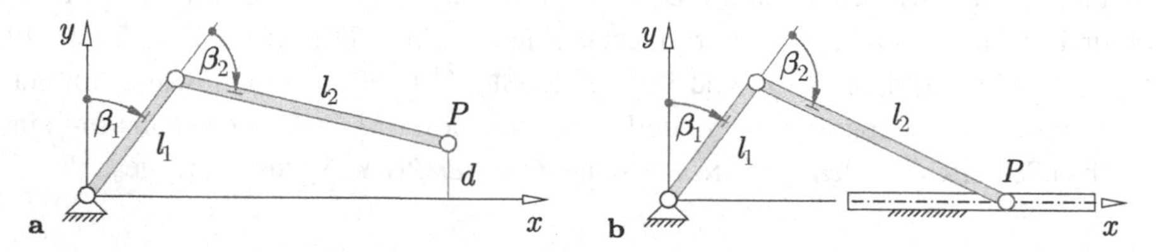

Abb. 1.4 Topologien von Mehrkörpersystemen. **a** Offenes Mehrkörpersystem: Doppelpendel. **b** Geschlossenes Mehrkörpersystem: Schubkurbel

Klassifizierung nach den beschreibenden Koordinaten Ein zentrales Merkmal von Mehrkörperformalismen sind die Koordinaten, in denen die Bewegungsgleichungen formuliert werden, siehe z. B. NIKRAVESH [74] und FEATHERSTONE [24]. Die zuerst entwickelten Programmsysteme zur Simulation von Mehrkörpersystemen verwendeten die *absoluten Lagekoordinaten* der Körper. Im Beispiel aus Tab. 1.1 sind dies die sechs Lagekoordinaten x_i, y_i, φ_i, $i = 1, 2$, der beiden Körper in der Ebene. Die absoluten Koordinaten unterliegen den Bindungen an den Gelenken. Die Bewegungsgleichungen bilden ein großes, dünn besetztes System differential-algebraischer Gleichungen, bestehend aus den NEWTON-EULER-Differentialgleichungen der Körper und den algebraischen Bindungsgleichungen. Die Methode lässt sich unabhängig von der Topologie des Mehrkörpersystems relativ einfach implementieren. Die numerische Verarbeitung der Bewegungsgleichungen ist allerdings weniger effizient.

Aus diesen Gründen ist es günstig, die Bewegungsgleichungen nicht auf numerischem Weg, sondern mit Hilfe physikalischer Überlegungen zu reduzieren. Erreicht wird dies durch die Verwendung der *relativen Gelenkkoordinaten,* die bei offenen MKS zugleich voneinander unabhängige Minimalkoordinaten sind. Wie bereits in dem Beispiel aus Tab. 1.1 gezeigt wurde, können die Bewegungsgleichungen auf ein System gewöhnlicher Differentialgleichungen in den Minimalkoordinaten, hier $q_1 = s$ und $q_2 = \beta$, reduziert werden, für dessen Lösung ausgereifte numerische Verfahren zur Verfügung stehen. Bei geschlossenen MKS sind die Gelenkkoordinaten dagegen keine Minimalkoordinaten mehr, sondern unterliegen den Schließbedingungen. Es werden dann wieder differential-algebraische Bewegungsgleichungen erhalten, die allerdings im Vergleich zur Absolutkoordinaten-Formulierung nur noch wenige algebraische Gleichungen enthalten, was die numerische Lösung vereinfacht.

Um bei geschlossenen MKS ebenfalls die numerisch vorteilhaften gewöhnlichen Differentialgleichungen zu erhalten, können die relativen Gelenkkoordinaten durch eine *Koordinatenpartitionierung* entsprechend dem Freiheitsgrad des Systems in unabhängige Minimalkoordinaten und die weiteren, davon abhängige Gelenkkoordinaten aufgeteilt werden. Die Schließbedingungen der Schleifen müssen hierzu nach den abhängigen Gelenkkoordinaten aufgelöst werden. Bei der ebenen Schubkurbel in Abb. 1.4b kann z. B. der Winkel β_1 als Minimalkoordinate gewählt werden. Der Winkel β_2 wird dann durch β_1 ausgedrückt, indem die Schließbedingung (1.1) nach β_2 aufgelöst wird. Analytische Lösungen der Schließbedingungen sind allerdings nur in speziellen Fällen möglich. Im Allgemeinen ist das nichtlineare algebraische Gleichungssystem der Schließbedingungen numerisch zu lösen. Der hierfür erforderliche Aufwand konkurriert dann mit dem Mehraufwand für die numerische Lösung der differential-algebraischen Bewegungsgleichungen der Gelenkkoordinaten-Formulierung.

Klassifizierung nach den Algorithmen Die Art und Weise, wie die Bestimmungsgleichungen nach den Beschleunigungen und Reaktionskräften aufgelöst werden, hat einen wesentlichen Einfluss auf die Effizienz eines Mehrkörperformalismus. Unterschieden werden nichtrekursive und rekursive Formalismen, siehe FEATHERSTONE [24]. Entsprechend der Größenordnung der erforderlichen Rechenoperationen über der Anzahl n der Körper bei offenen Mehrkörpersystemen werden rekursive Formalismen auch als $\mathcal{O}(n)$-Formalismen bezeichnet. Formulierungen für offene Mehrkörpersysteme, insbesondere Roboter, wurden von VERESHCHAGIN [110] und später von BRANDL et al. [11] und BAE und HAUG [4] entwickelt. Ausführliche Untersuchungen zur Effizienz liegen z. B. von STELZLE et al. [104], VALÁŠEK und STEJSKAL [106] und REIN [87] vor. Rekursive Formalismen für geschlossene Mehrkörpersysteme geben z. B. BRANDL et al. [12], BAE und HAUG [5], WEHAGE [112] und REIN [87] an. Die Formulierung von BRANDL et al. [12] wird in dem MKS-Simulationsprogramm SIMPACK [103] verwendet.

Klassifizierung nach den Methoden der Dynamik Die Bewegungsgleichungen können mit Hilfe synthetischer oder analytischer Methoden der Dynamik hergeleitet werden, vgl. Tab. 1.1. Die meisten Mehrkörperformalismen basieren auf der synthetischen Methode. Die Herleitung der Bewegungsgleichungen auf Basis der LAGRANGE-Gleichungen zweiter Art wird von MAIßER [64] beschrieben. Die Endform der Bewegungsgleichungen ist jedoch weitgehend unabhängig von den mechanischen Prinzipien.

Klassifizierung nach der Verarbeitung der Gleichungen Die Mehrkörperformalismen können auf dem Rechner *numerisch* oder mit Hilfe eines Computeralgebra-Systems *symbolisch* ausgeführt werden. Diese Unterscheidung ist aber kein Merkmal der Algorithmen selbst, sondern betrifft die Implementierung. Vorteile des symbolischen Rechnens sind u. a. die analytische Vereinfachung von Termen, eine exakte Arithmetik und die Möglichkeit zur analytischen Weiterverarbeitung der Gleichungen, wie z. B. Linearisierung oder Optimierung. Erste MKS-Simulationsprogramme mit symbolischer Gleichungsgenerierung wurden von LEVINSON [58] und von KREUZER [54] entwickelt.

Klassifizierung nach der Implementierung Die MKS-Simulationsprogramme lassen sich in zwei große Kategorien einteilen. Bei *abgeschlossenen MKS-Programmen* erstellt der Anwender das Simulationsmodell über eine festgelegte Benutzerschnittstelle. Die Generierung der Bewegungsgleichungen und die numerische Lösung übernimmt das Programm nach einem festgelegten Schema. Im Vordergrund steht die rasche Erzeugung und Darstellung von Simulationsergebnissen, ohne dass dazu spezifisches Fachwissen über die zugrunde liegenden Formalismen erforderlich ist. Beispiele sind die Programmsysteme SIMPACK [103] oder MSC.Adams [67].

Das zweite Grundkonzept sind *anwendungsspezifische MKS-Implementierungen,* die immer dann sinnvoll sein können, wenn die von abgeschlossenen Programmsystemen bereitgestellten Funktionalitäten nicht ausreichend sind. Dies können spezielle, vom Programmentwickler nicht vorgesehene Modellelemente oder Simulationsmodi sein oder die Option, Modelle auf einem Prozessrechner in Echtzeit zu simulieren. Der hohe Entwicklungsaufwand für problemspezifische Simulationsprogramme kann durch eine objektorientierte Formulierung wesentlich verringert werden. Bei Mehrkörpersystemen ist dieser Ansatz anschaulich, da er die physikalischen Eigenschaften der Modellelemente direkt umsetzt. An die Stelle eines abgeschlossenen Programmsystems treten dann Softwarebibliotheken, aus denen der Anwender effiziente, problemangepasste Simulationsprogramme erstellt. Derartige objektorientierte Implementierungen sind z.B. die von KECSKEMÉTHY [50] entwickelte C++-Klassenbibliothek MOBILE und die von REIN [87] aufgebaute Mehrkörper-Programmierumgebung mit einer speziell an Mehrkörperformalismen angepassten effizienten Numerik.

1.5 Anwendungen von Mehrkörpersystemen

Die Mehrkörpersimulation ist heute ein etabliertes Werkzeug bei der Entwicklung technischer Produkte, wie z.B. Luft- und Raumfahrzeuge, Schienen- und Straßenfahrzeuge, Maschinen oder Roboter. Durch die im Vergleich zu Finite-Elemente-Modellen kleine Anzahl von Freiheitsgraden können auch große dynamische Systeme im Zeitbereich simuliert werden. Mehrkörpermodelle eignen sich dadurch insbesondere auch für die Beschreibung der mechanischen Komponenten *mechatronischer Systeme,* die ihre Funktionalität durch das Zusammenwirken von Mechanik, Elektronik und Informationsverarbeitung erlangen, siehe z.B. HEIMANN et al. [37]. Eine wesentliche Zielsetzung ist dabei häufig die Echtzeitfähigkeit der Simulationsmodelle im Hinblick auf modellbasierte Steuerungen und Regelungen. Einige Beispiele für Anwendungen von Mehrkörpermodellen sollen dies im Folgenden verdeutlichen.

Die *Robotertechnik* hat die Entwicklung von Mehrkörperformalismen maßgeblich vorangetrieben. Die Grundlagen der Roboterkinematik und -dynamik beschreiben z.B. KREUZER et al. [55], ANGELES [2] und CRAIG [17]. Entsprechend dem Aufbau der typischen Industrieroboter als offenes Mehrkörpersystem gemäß Abb. 1.5, hier oft als *serielle Kinematik* bezeichnet, lag der Schwerpunkt zunächst auf effizienten Algorithmen für die Aufstellung der Bewegungsgleichungen offener kinematischer Ketten. Mit Hilfe der Bewegungsgleichungen können z.B. die für eine gewünschte Bewegung des Endeffektors benötigten Antriebsmomente berechnet und als Vorsteuerung aufgeschaltet werden. Die Achsregler müssen dann nur noch die im Modell nicht erfassten Systemunsicherheiten und Störungen ausgleichen, wodurch die Bahngenauigkeit des Roboters verbessert wird. Diese Berechnung wird häufig als *inverse Dynamik* oder, insbesondere in der Robotertechnik, als die *Methode der berechneten Antriebsmomente (computed torque)* bezeichnet.

Bewegungssysteme mit *paralleler Kinematik,* wie die in Abb. 1.6 gezeigte Hexapod-Plattform mit sechs angetriebenen längenveränderlichen Führungslenkern, sind dagegen geschlossene Mehrkörpersysteme. Sie werden als Bewegungsplattformen für Flug- und Fahrsimulatoren, als Roboter für Handhabungs- und Bearbeitungsaufgaben und als Werkzeugmaschinen eingesetzt. Grundlagen und Anwendungen parallelkinematischer Bewegungssysteme beschreiben NEUGEBAUER [71] und MERLET [66].

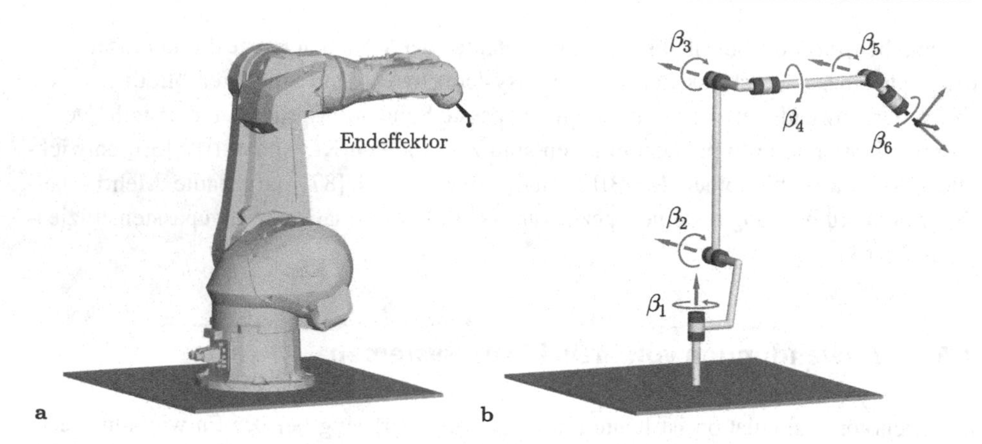

Abb. 1.5 Industrieroboter Stäubli TX200. **a** Ansicht. **b** SIMPACK-Mehrkörpermodell

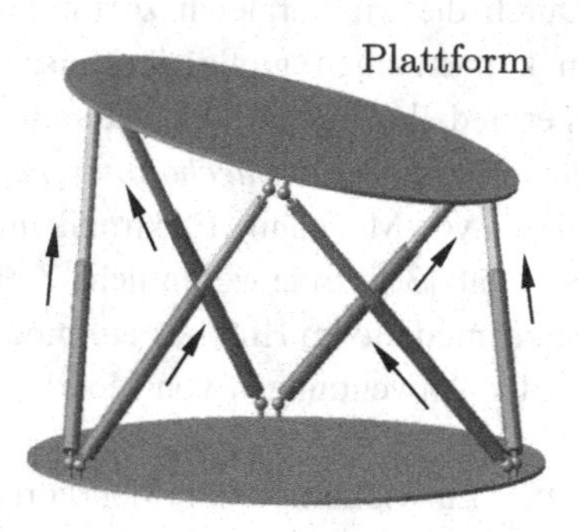

Abb. 1.6 SIMPACK-Mehrkörpermodell einer Hexapod-Plattform

Ebenfalls einen parallelkinematischen Aufbau besitzt das in Abb. 1.7a gezeigte so genannte seilgeführte Handhabungssystem, das an der Universität Rostock von MAIER [63] und HEYDEN [39] entwickelt worden ist.

Das Ziel ist es, Nutzlasten bahngenau im Raum zu führen und dadurch die für Krane typische Handhabung schwerer Nutzlasten in großen Arbeitsräumen mit der Beweglichkeit von Robotern zu kombinieren. Die Nutzlastplattform wird durch drei Seile getragen, deren Seilwinden jeweils auf einer Laufkatze angeordnet sind. Die drei Laufkatzen bewegen sich dabei auf parallelen Führungsbahnen einer gemeinsamen Kranbrücke. Durch koordiniertes Verfahren der sieben Antriebe kann die Nutzlastplattform mit sechs Freiheitsgraden im Raum bewegt werden. Die möglichen Lastpendelschwingungen werden durch eine Bahnfolgeregelung, die mit Hilfe eines Mehrkörpermodells entworfen worden ist, aktiv gedämpft (Abb. 1.7b). Der Reglereingriff erfolgt dabei über die Bewegungen der Brücke und der Laufkatzen.

Die Simulation der Dynamik von *Straßen- und Schienenfahrzeugen* hat die Entwicklung von Mehrkörperprogrammen ebenfalls wesentlich beeinflusst, siehe z. B. KORTÜM und

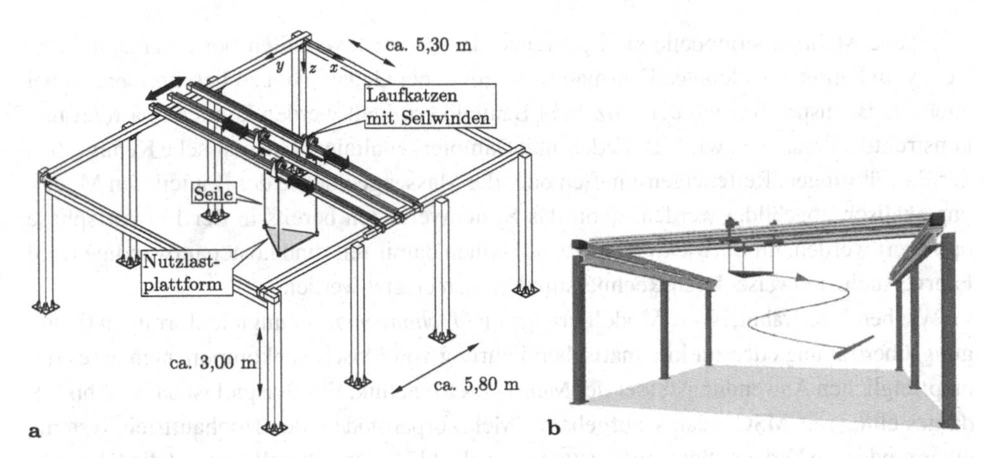

Abb. 1.7 Seilgeführtes Handhabungssystem [39]. **a** Aufbau. **b** Mehrkörpermodell mit Simuation einer räumlichen Bewegung der Nutzlastplattform

LUGNER [53], POPP und SCHIEHLEN [85] sowie SCHRAMM et al. [96]. Insbesondere werden hier spezifische Modelle für die Beschreibung des Reifen-Fahrbahn-Kontaktes bzw. des Rad-Schiene-Kontaktes benötigt. Das in Abb. 1.8 dargestellte Mehrkörpermodell eines Personenwagens wurde mit MSC.Adams erstellt. Die Radführungen sind als räumliche Mechanismen mit kinematischen Schleifen berücksichtigt. Weiterhin ist der Antriebsstrang abgebildet.

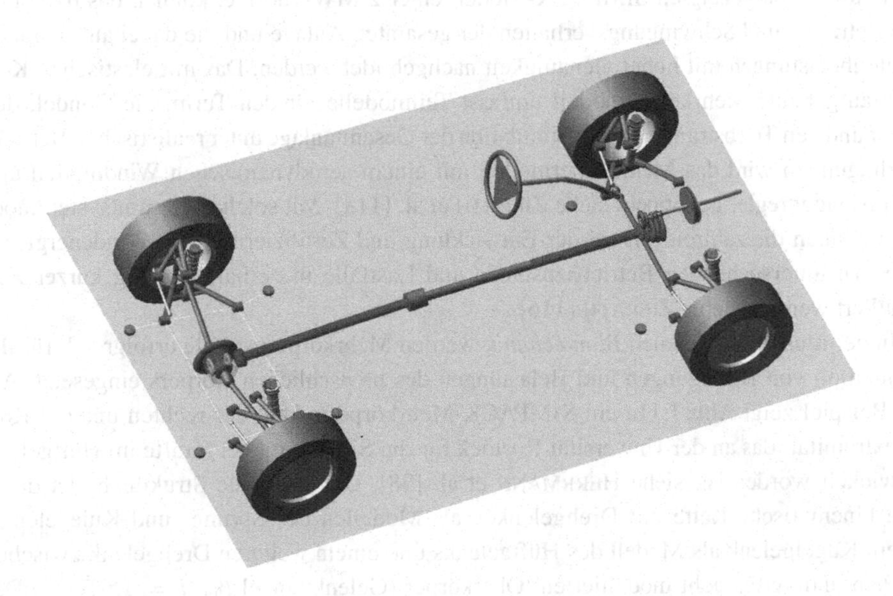

Abb. 1.8 MSC.Adams-Mehrkörpermodell eines Personenwagens (Fahrzeugaufbau nicht dargestellt)

Solche Mehrkörpermodelle sind geeignet, das Fahrzeugverhalten bei unterschiedlichsten, vom Fahrer eingeleiteten Fahrmanövern mit hoher Genauigkeit zu beschreiben, wobei auch die Beanspruchungen der einzelnen Bauteile ermittelt werden können. Da relevante konstruktive Parameter, wie z. B. Feder- und Dämpferkennlinien, kinematische Kenngrößen der Radführungen, Reifeneigenschaften oder die Massengeometrie der Bauteile im Modell physikalisch abgebildet werden, kann das Systemverhalten bereits in der Entwurfsphase optimiert werden. Im Entwicklungsprozess können damit zeit- und kostenaufwendige reale Fahrversuche teilweise durch Rechnersimulationen ersetzt werden.

Wie bereits erwähnt, ist die Modellierung von *Mechanismen* zur ungleichförmigen Bewegungsübertragung oder zur kinematischen Führung von Maschinenkomponenten eines der ursprünglichen Anwendungsfelder der Mehrkörperdynamik. Ein Beispiel ist das in Abb. 1.9 dargestellte, mit MSC.Adams aufgebaute Mehrkörpermodell der Hochauftriebssysteme eines modernen Verkehrsflugzeugs (ZIERATH et al. [117]). Das Modell umfasst die Klappensysteme der Vorder- und Hinterkante des Flügels mit ihren Antriebs- und Führungsmechanismen. Da sich die Baugruppen unter den wirkenden Luftkräften erheblich verformen, werden die Körper elastisch modelliert. Mit Hilfe des Mehrkörpermodells können bereits in der Vorentwicklungsphase die zu erwartenden Bewegungen und Beanspruchungen der Bauteile unter den aerodynamischen Belastungen im nominalen Betrieb und im Fehlerfall analysiert werden.

Windenergieanlagen werden durch die turbulente Anströmung und auch durch die Stelleingriffe des Anlagenreglers kontinuierlich zu Schwingungen angeregt, die zu einer hohen Dauerbelastung der mechanischen Komponenten führen. Mit Mehrkörpermodellen, wie dem Abb. 1.10a gezeigten SIMPACK-Modell einer 2 MW-Turbine, können das dynamische Betriebs- und Schwingungsverhalten der gesamten Anlage und die dabei auftretenden Bauteilbelastungen mit hoher Genauigkeit nachgebildet werden. Das mit elastischen Körpern aufgebaute Mehrkörpermodell umfasst Teilmodelle für den Turm, die Gondel, den Rotor und den Triebstrang. Für die Simulation der Gesamtanlage unter realistischen Betriebsbedingungen wird das Mehrkörpermodell mit einem aerodynamischen Windmodell und dem Anlagenregler gekoppelt, siehe ZIERATH et al. [118]. Mit solchen Gesamtsystemmodellen können die zahlreichen bei der Entwicklung und Zertifizierung von Windenergieanlagen zu untersuchenden Betriebszustände und Lastfälle in verhältnismäßig kurzer Zeit simuliert werden, siehe ZIERATH [116].

In der muskuloskelettalen *Biomechanik* werden Mehrkörpermodelle erfolgreich für die Simulation von Bewegungen und Belastungen des menschlichen Körpers eingesetzt. Als ein Beispiel zeigt Abb. 1.11a ein SIMPACK-Mehrkörpermodell der rechten unteren Körperextremität, das an der Universität Rostock für die Simulation der Kräfte im Hüftgelenk entwickelt worden ist, siehe HERRMANN et al. [38]. Die skelettale Struktur bildet dabei eine kinematische Kette mit Drehgelenken als Modellen des Sprung- und Kniegelenks, einem Kugelgelenk als Modell des Hüftgelenks und einem weiteren Drehgelenk zwischen Becken und vereinfacht modelliertem Oberkörper (Gelenkwinkel $\beta_i,\ i = 1, \dots, 8$). Das Becken ist durch eine kinematische Hilfskette, bestehend aus zwei Schubgelenken (P) und

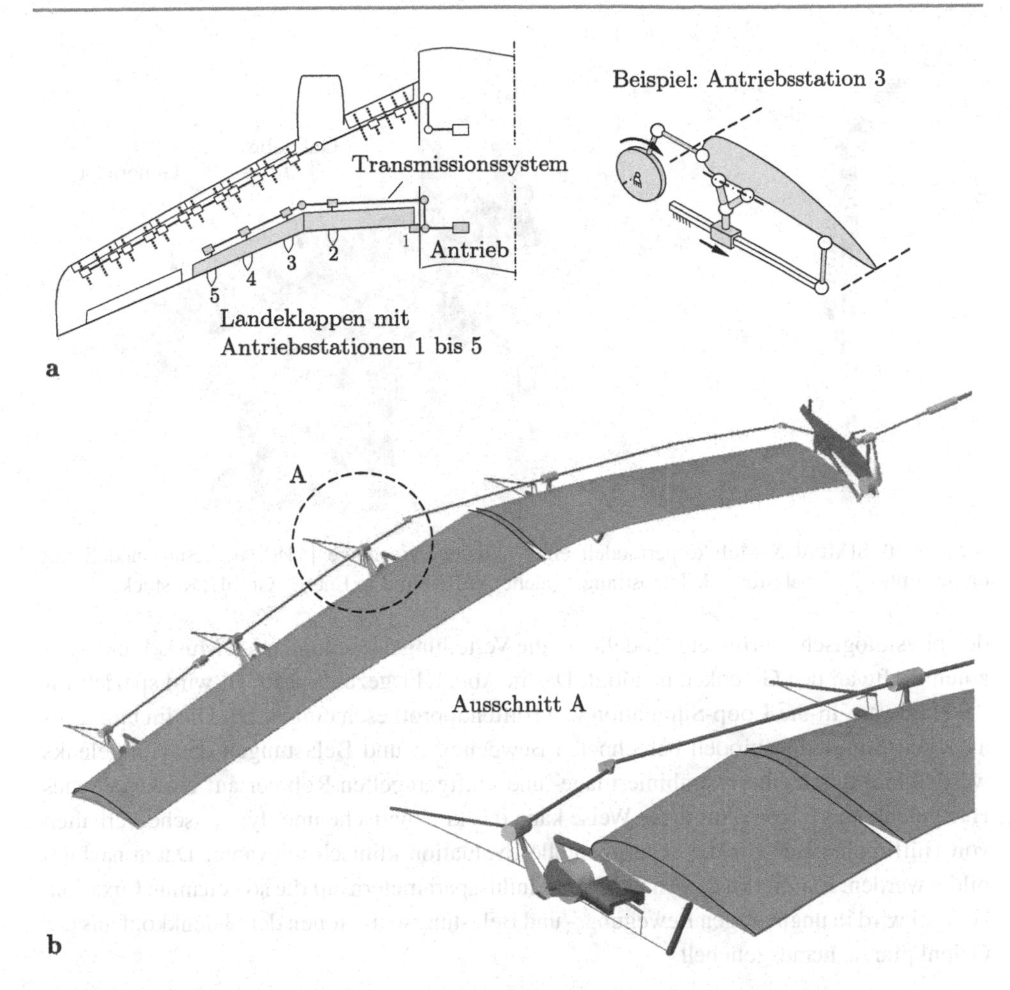

Abb. 1.9 Hochauftriebssysteme eines Verkehrsflugzeugs. **a** Gesamtanordnung. **b** Elastisches MSC.Adams-Mehrkörpermodell der Landeklappen mit Transmissionssystem. (Quelle: Airbus Operations GmbH)

einem Drehgelenk (R), in der Sagittalebene geführt. Die Reaktionskräfte und -momente entsprechen den Kräften und Momenten zwischen der modellierten rechten und der im Modell nicht abgebildeten linken unteren Extremität unter der Annahme von Bewegungen, die symmetrisch zur Sagittalebene, wie beispielsweise eine Kniebeuge, verlaufen. Die Kraftelemente des Mehrkörpermodells sind die in Abb. 1.11b als Bänder dargestellten Muskeln und Ligamente.

Eine typische Aufgabenstellung besteht darin, für gemessene Bewegungsabläufe die dafür erforderlichen Muskelkräfte sowie die Belastungen der Gelenke zu ermitteln. Dies entspricht der Aufgabenstellung der inversen Dynamik aus der Robotertechnik. Hierzu wer-

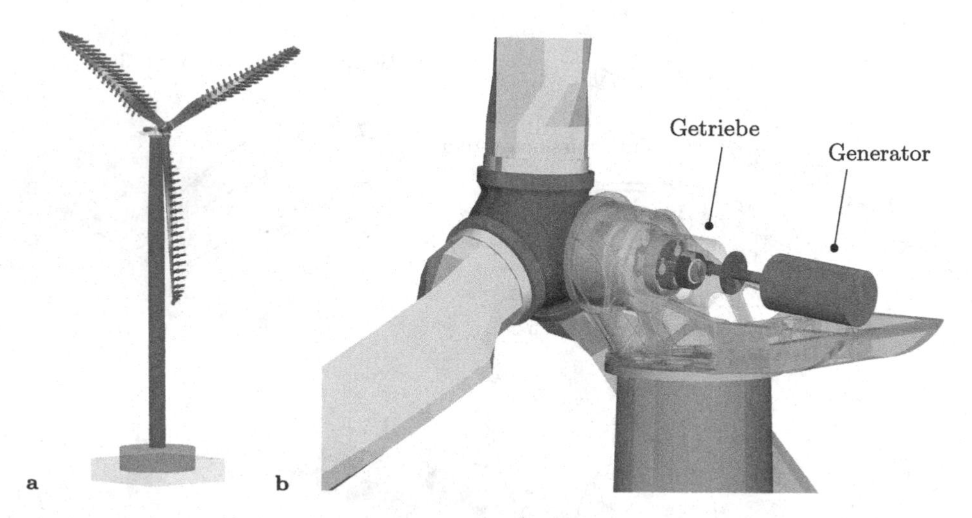

Abb. 1.10 SIMPACK-Mehrkörpermodell einer Windenergieanlage [118]. **a** Gesamtmodell mit dargestellter Windbelastung. **b** Triebstrang. (Quelle: W2E Wind to Energy GmbH, Rostock)

den physiologisch begründete Modelle für die Verteilung der redundanten Muskel- und Ligamentkräfte an den Gelenken benötigt. Das in Abb. 1.11 gezeigte Modell wird speziell für die Hardware-in-the-Loop-Simulation von Hüftendoprothesen eingesetzt. Die im biomechanischen Simulationsmodell berechneten Bewegungen und Belastungen des Hüftgelenks werden hier durch einen kombiniert lage- und kraftgeregelten Roboter auf ein künstliches Hüftgelenk übertragen. Auf diese Weise kann das kinematische und dynamische Verhalten von Hüftimplantaten für die experimentelle Evaluation klinisch relevanter Daten nachgebildet werden. Ein Ziel ist die Analyse von Einflussparametern auf die so genannte Luxation. Hierbei wird in ungünstigen Bewegungs- und Belastungssituationen der Gelenkkopf aus der Gelenkpfanne herausgehebelt.

1.6 Inhaltsübersicht

Zur Übersicht sind die Inhalte der einzelnen Kapitel in Tab. 1.2 zusammengestellt. Eine Zusammenfassung der Vektoralgebra in Kap. 2 bereitet die durchgängig vektorielle Formulierung der Mehrkörperdynamik vor. Die in den Grundlagenvorlesungen zur Technischen Mechanik häufig nur knapp behandelte räumliche Kinematik und Dynamik von starren Körpern wird in den Kapiteln 3 und 4 mit Schwerpunkt auf den Drehbewegungen ausführlich behandelt.

Die prinzipiellen Formulierungen der Dynamik gebundener mechanischer Systeme werden in Kap. 5 für holonome Massenpunktsysteme gezeigt. Gegenüber den Mehrkörpersystemen sind hier die Zusammenhänge durch den Entfall der rotatorischen Dynamik übersichtlicher. Aus den impliziten und expliziten Formen der Bindungen ergeben sich mit Hilfe

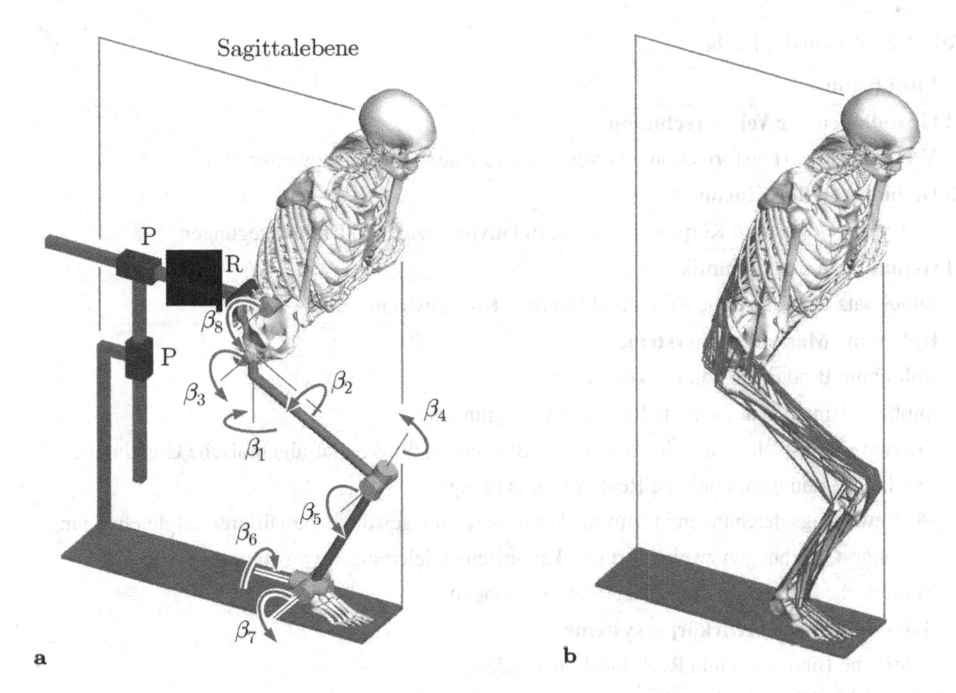

Abb. 1.11 SIMPACK-Mehrkörpermodell der unteren rechten Körperextremität. **a** Kinematische Kette mit Führung des Beckens in der Sagittalebene. **b** Muskeln und Ligamente [38]

der Prinzipien von D'ALEMBERT-LAGRANGE oder JOURDAIN die expliziten und impliziten Bedingungen für die Reaktionskräfte. Die Bewegungsgleichungen werden als differential-algebraische Gleichungssysteme in Absolutkoordinaten oder als gewöhnliche Differentialgleichungen in Minimalkoordinaten aufgestellt. Die beiden Formulierungen werden an Beispielen gegenübergestellt. Als weitere Methoden der Dynamik werden die Lagrange-Gleichungen zweiter Art und die kanonischen Gleichungen von HAMILTON behandelt. Weiterhin wird auf die numerische Lösung der Bewegungsgleichungen eingegangen.

In den Kapiteln 6 und 7 werden durch Hinzunahme der rotatorischen Kinematik und Dynamik die Bewegungsgleichungen ebener und räumlicher holonomer Mehrkörpersysteme in derselben Weise entwickelt. Die separat dargestellten Formulierungen für ebene Mehrkörpersysteme erleichtern dabei den Zugang zu Übungsbeispielen. In Kap. 8 erfolgt die Erweiterung auf mechanische Systeme mit nichtholonomen Bindungen.

Für die Aufstellung der Bewegungsgleichungen großer Mehrkörpersysteme werden in Kap. 9 die impliziten und expliziten Bindungen und die dazu gehörenden Bedingungen für die Reaktionskräfte und -momente an den Gelenken systematisch formuliert. Wegen ihrer technischen Bedeutung werden dabei holonome Gelenkbindungen betrachtet. Die bevorzugte Verwendung der Bindungsformulierungen in Mehrkörperformalismen richtet sich nach der Topologie der Mehrkörpersysteme.

Tab. 1.2 Aufbau des Buches

1 Einführung
2 Grundlagen der Vektorrechnung Vektoralgebra, Transformation von Vektorkoordinaten, Tensoren zweiter Stufe
3 Grundlagen der Kinematik Bewegung des starren Körpers im Raum, Relativbewegungen, Drehbewegungen
4 Grundlagen der Dynamik Impulssatz und Drallsatz, Arbeit und Energie, Kreiselwirkungen
5 Holonome Massenpunktsysteme Holonome Bindungen und Reaktionskräfte Implizite Bindungen, explizite Reaktionsbedingungen → Bewegungsgleichungen in Absolutkoordinaten als differential-algebraische Gleichungen Explizite Bindungen, implizite Reaktionsbedingungen → Bewegungsgleichungen in Minimalkoordinaten als gewöhnliche Differentialgleichungen Lagrange-Gleichungen zweiter Art und kanonische Gleichungen von Hamilton Numerische Integration der Bewegungsgleichungen
6 Holonome ebene Mehrkörpersysteme Holonome Bindungen und Reaktionskraftwinder Bewegungsgleichungen in Absolutkoordinaten und in Minimalkoordinaten
7 Holonome räumliche Mehrkörpersysteme Holonome Bindungen und Reaktionskraftwinder Bewegungsgleichungen in Absolutkoordinaten und in Minimalform
8 Nichtholonome Systeme Nichtholonome Bindungen Bewegungsgleichungen in Absolutkoordinaten und in Minimalform Integrierbarkeit kinematischer Bindungen
9 Bindungen in Mehrkörpersystemen Gelenke in Mehrkörpersystemen, Freiheitsgrad Bindungen und Reaktionsbedingungen an Gelenken
10 Offene Mehrkörpersysteme Explizite Bindungen, implizite Reaktionsbedingungen → Bewegungsgleichungen in den Gelenkkoordinaten als gewöhnliche Differentialgleichungen
11 Geschlossene Mehrköpersysteme Implizite Schließbedingungen → Bewegungsgleichungen in den Gelenkkoordinaten als differential-algebraische Gleichungen Explizite Schließbedingungen → Bewegungsgleichungen in Minimalkoordinaten als gewöhnliche Differentialgleichungen
Anhang Mathematische Grundlagen Matrizen, Quaternionen

Für offene Mehrkörpersysteme werden die Bewegungsgleichungen in Kap. 10 mit Hilfe der expliziten Bindungen in den relativen Gelenkkoordinaten, die hier zugleich Minimalkoordinaten sind, formuliert. Erhalten wird ein lineares Gleichungssystem für die absoluten Beschleunigungen der Körper, die Beschleunigungen der Gelenkkoordinaten und die Reaktionskräfte an den Gelenken. Es bildet den gemeinsamen Zugang zu den nichtrekursiven und den – in Simulationsprogrammen wegen ihrer Effizienz häufig eingesetzten – rekursiven Mehrkörperformalismen.

Für geschlossene Mehrkörpersysteme werden die Bewegungsgleichungen in Kap. 11 entweder mit Hilfe der impliziten Schließbedingungen der Schleifen als differential-algebraische Gleichungssysteme in den hier voneinander abhängigen Gelenkkoordinaten oder unter Verwendung der expliziten Schließbedingungen als gewöhnliche Differentialgleichungssysteme in Minimalkoordinaten formuliert.

Die benötigten Grundlagen der Matrizenrechnung und der Quaternionenalgebra sind als Anhang zusammengefasst.

Grundlagen der Vektorrechnung

2

Die Gleichungen zur Beschreibung der Kinematik und Dynamik von Mehrkörpersystemen werden mit Hilfe von Vektoren und Tensoren zweiter Stufe formuliert. Die benötigten Grundlagen der Vektorrechnung und die verwendeten Schreibweisen werden in diesem Kapitel beschrieben, siehe auch VDI-Richtlinien 2120 [107] und 2739 [109].

2.1 Skalare und Vektoren

Ein Skalar ist eine mathematische Größe, die als ein Produkt aus Zahlenwert (Maßzahl) und Einheit festgelegt ist. Beispiele: Länge $\ell = 5$ m, Zeit $t = 10$ s, Masse $m = 2$ kg.

Ein Vektor ist eine mathematische Größe, zu deren Festlegung noch die Angabe der Richtung und des Richtungssinnes notwendig ist (gerichtete Größe). Beispiele: Ortsvektor $\boldsymbol{r}$, Beschleunigung $\boldsymbol{a}$, Winkelgeschwindigkeit $\boldsymbol{\omega}$.

Unter dem Betrag (Norm) eines Vektors $\boldsymbol{a}$ wird der Betrag seiner Größe verstanden. Es gilt die Schreibweise $\|\boldsymbol{a}\| = a$. Ein dimensionsloser Vektor vom Betrag 1 heißt Einheitsvektor. Die Schreibweise ist

$$\boldsymbol{e}_\mathrm{a} = \frac{\boldsymbol{a}}{\|\boldsymbol{a}\|} \quad \text{mit} \quad \|\boldsymbol{e}_\mathrm{a}\| = 1, \tag{2.1}$$

wobei der Richtungssinn von $\boldsymbol{e}_\mathrm{a}$ mit dem von $\boldsymbol{a}$ übereinstimmt.

2.2 Koordinaten von Vektoren

Ein Vektor $\boldsymbol{a}$ lässt sich in Komponenten in Richtung der Basisvektoren (Einheitsvektoren) $\boldsymbol{e}_{x1}$, $\boldsymbol{e}_{y1}$, $\boldsymbol{e}_{z1}$ eines orthogonalen, rechtshändigen Koordinatensystems $\mathcal{K}_1$ zerlegen (Abb. 2.1),

$$\boldsymbol{a} = {}^1a_x\, \boldsymbol{e}_{x1} + {}^1a_y\, \boldsymbol{e}_{y1} + {}^1a_z\, \boldsymbol{e}_{z1}\,. \tag{2.2}$$

C. Woernle, *Mehrkörpersysteme*, https://doi.org/10.1007/978-3-662-64530-7_2

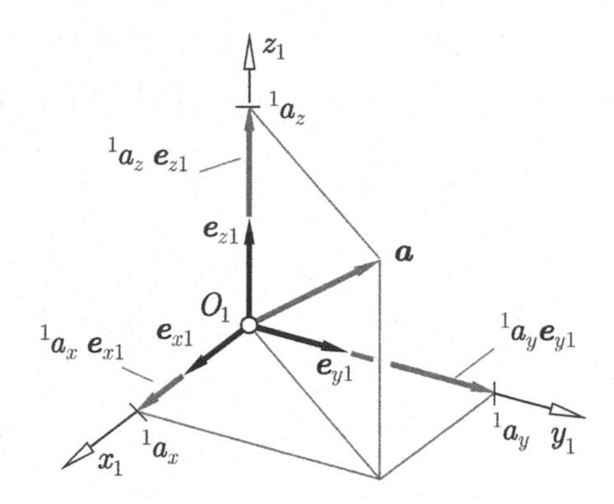

Abb. 2.1 Koordinatendarstellung eines Vektors $\boldsymbol{a}$ im Koordinatensystem $\mathcal{K}_1$

Die vektoriellen Summanden $^1a_x\,\boldsymbol{e}_{x1}$, $^1a_y\,\boldsymbol{e}_{y1}$, $^1a_z\,\boldsymbol{e}_{z1}$ sind die *vektoriellen Komponenten* des Vektors $\boldsymbol{a}$ im Koordinatensystem $\mathcal{K}_1$. Die Größen ^1a_x, ^1a_y, ^1a_z (z. B. ^1a_x sprich a_x in 1) werden *Koordinaten* (skalare Komponenten) des Vektors $\boldsymbol{a}$ im Koordinatensystem $\mathcal{K}_1$ genannt. Für numerische Berechnungen werden die Koordinaten eines Vektors $\boldsymbol{a}$ in einer Spaltenmatrix (Spaltenvektor) angeordnet, die hier ebenfalls durch den in fett gesetzten Buchstaben des Vektors bezeichnet wird,

$$^1\boldsymbol{a} = \begin{bmatrix} ^1a_x \\ ^1a_y \\ ^1a_z \end{bmatrix} = \left[\,^1a_x\;^1a_y\;^1a_z\right]^{\mathrm{T}} \quad \text{oder} \quad ^1\boldsymbol{a} = {}^1\!\begin{bmatrix} a_x \\ a_y \\ a_z \end{bmatrix} = {}^1\!\left[a_x\;a_y\;a_z\right]^{\mathrm{T}}. \tag{2.3}$$

Die Spaltenmatrix $^1\boldsymbol{a}$ wird auch als Koordinatenmatrix oder Koordinatenvektor bezeichnet. Die hochgestellte 1 stellt den Bezug zum gewählten Koordinatensystem $\mathcal{K}_1$ her. Die Matrizenschreibweise hat den Vorteil, dass alle vektoriellen Rechenoperationen nach den Regeln der Matrizenrechnung ausgeführt werden können. Die benötigten Grundlagen der Matrizenrechnung sind als Anhang A.1 zusammengestellt.

Entsprechend der Definition der Vektorkoordinaten ergeben sich für Koordinatensysteme mit unterschiedlich gerichteten Einheitsvektoren unterschiedliche Koordinatenmatrizen desselben Vektors. Die Transformation von Vektorkoordinaten mit Hilfe orthogonaler Transformationsmatrizen wird in Abschn. 2.4 angegeben.

Für den Einheitsvektor $\boldsymbol{e}_{\mathrm{a}}$ des Vektors $\boldsymbol{a}$ gilt die Koordinatendarstellung

$$\boldsymbol{e}_{\mathrm{a}} = \frac{1}{a}\begin{bmatrix} a_x \\ a_y \\ a_z \end{bmatrix} \tag{2.4}$$

mit dem Betrag

$$a = \|\boldsymbol{a}\| = \sqrt{a_x^2 + a_y^2 + a_z^2}. \tag{2.5}$$

2.3 Rechenregeln für Vektoren

Mit der Veranschaulichung von Vektoren als gerichtete Strecken im Raum werden die Rechenregeln geometrisch definiert und in Vektorschreibweise sowie in Matrizenschreibweise formuliert. In den weiteren Kapiteln dieses Buches wird dann die Matrizenschreibweise verwendet.

Multiplikation eines Vektors mit einem Skalar Das Produkt eines Skalars m mit einem Vektor $\boldsymbol{a}$ ist

$$\boldsymbol{b} = m\,\boldsymbol{a} \quad \text{bzw.} \quad \begin{bmatrix} b_x \\ b_y \\ b_z \end{bmatrix} = m \begin{bmatrix} a_x \\ a_y \\ a_z \end{bmatrix} = \begin{bmatrix} m\,a_x \\ m\,a_y \\ m\,a_z \end{bmatrix}. \tag{2.6}$$

Der Vektor $\boldsymbol{b}$ hat den m-fachen Betrag des Vektors $\boldsymbol{a}$ und die gleiche Richtung. Bei positivem m bleibt der Richtungssinn erhalten, bei negativem m kehrt er sich um (Abb. 2.2a). Es gilt das Kommutativgesetz $m\,\boldsymbol{a} = \boldsymbol{a}\,m$. Mit dem Einheitsvektor $\boldsymbol{e}_\mathrm{a}$ von $\boldsymbol{a}$ ist $\boldsymbol{a} = \|\boldsymbol{a}\|\ \boldsymbol{e}_\mathrm{a}$ (Abb. 2.2b).

Addition zweier Vektoren Zwei Vektoren $\boldsymbol{a}$ und $\boldsymbol{b}$ werden addiert, indem die dazugehörigen gerichteten Strecken aneinandergefügt werden (Abb. 2.3a).
Der Summenvektor lautet

$$\boldsymbol{c} = \boldsymbol{a} + \boldsymbol{b} \quad \text{bzw.} \quad \begin{bmatrix} c_x \\ c_y \\ c_z \end{bmatrix} = \begin{bmatrix} a_x \\ a_y \\ a_z \end{bmatrix} + \begin{bmatrix} b_x \\ b_y \\ b_z \end{bmatrix} = \begin{bmatrix} a_x + b_x \\ a_y + b_y \\ a_z + b_z \end{bmatrix}. \tag{2.7}$$

Es gilt das Kommutativgesetz $\boldsymbol{a} + \boldsymbol{b} = \boldsymbol{b} + \boldsymbol{a}$.

Zwei Vektoren $\boldsymbol{a}$ und $\boldsymbol{b}$ werden voneinander subtrahiert, indem der zum Vektor $\boldsymbol{b}$ betragsgleiche, entgegengesetzt gerichtete Vektor $-\boldsymbol{b}$ zum Vektor $\boldsymbol{a}$ addiert wird (Abb. 2.3b).

Skalarprodukt zweier Vektoren Skalarprodukt zweier Vektoren $\boldsymbol{a}$ und $\boldsymbol{b}$ ist ein Skalar s, der gleich ist dem Produkt aus den Beträgen beider Vektoren multipliziert mit dem Cosinus

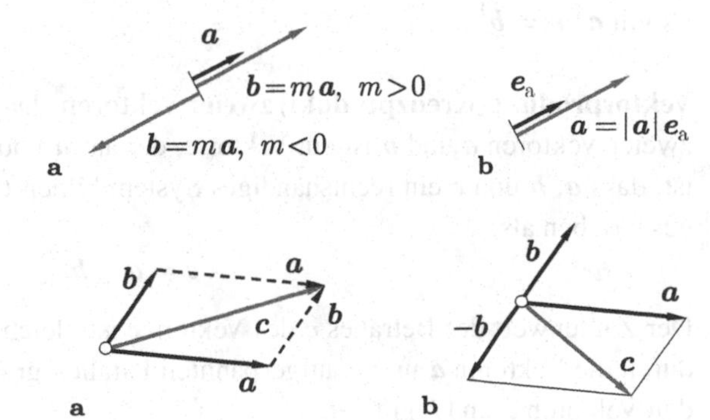

Abb. 2.2 a Multiplikation eines Vektors $\boldsymbol{a}$ mit Skalaren. b Darstellung des Vektors $\boldsymbol{a}$ als Produkt des Betrages $\|\boldsymbol{a}\|$ mit dem Einheitsvektor $\boldsymbol{e}_\mathrm{a}$

Abb. 2.3 a Addition und b Subtraktion zweier Vektoren $\boldsymbol{a}$ und $\boldsymbol{b}$

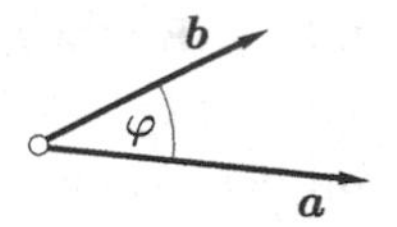

Abb. 2.4 Skalarprodukt zweier Vektoren $\boldsymbol{a}$ und $\boldsymbol{b}$

des von diesen Vektoren eingeschlossenen Winkels φ (Abb. 2.4),

$$s = \boldsymbol{a} \cdot \boldsymbol{b} = \|\boldsymbol{a}\| \; \|\boldsymbol{b}\| \; \cos\varphi. \tag{2.8}$$

Das Skalarprodukt ist kommutativ, also $\boldsymbol{a} \cdot \boldsymbol{b} = \boldsymbol{b} \cdot \boldsymbol{a}$. Stehen die beiden Vektoren senkrecht aufeinander, so ist das Skalarprodukt null. Es gelten die folgenden Rechenregeln:

$$(m\,\boldsymbol{a}) \cdot \boldsymbol{b} = \boldsymbol{a} \cdot (m\,\boldsymbol{b}) = m\,(\boldsymbol{a} \cdot \boldsymbol{b}), \quad m \text{ skalar}, \tag{2.9}$$

$$\boldsymbol{a} \cdot (\boldsymbol{b} + \boldsymbol{c}) = \boldsymbol{a} \cdot \boldsymbol{b} + \boldsymbol{a} \cdot \boldsymbol{c}. \tag{2.10}$$

Mit den Skalarprodukten der Basisvektoren eines orthonormierten Koordinatensystems $\boldsymbol{e}_x \cdot \boldsymbol{e}_x = \boldsymbol{e}_y \cdot \boldsymbol{e}_y = \boldsymbol{e}_z \cdot \boldsymbol{e}_z = 1$ und $\boldsymbol{e}_x \cdot \boldsymbol{e}_y = \boldsymbol{e}_y \cdot \boldsymbol{e}_z = \boldsymbol{e}_z \cdot \boldsymbol{e}_x = 0$ lautet das Skalarprodukt $s = \boldsymbol{a} \cdot \boldsymbol{b}$ zweier Vektoren $\boldsymbol{a}$ und $\boldsymbol{b}$

$$\begin{aligned} s &= (a_x\,\boldsymbol{e}_x + a_y\,\boldsymbol{e}_y + a_z\,\boldsymbol{e}_z) \cdot (b_x\,\boldsymbol{e}_x + b_y\,\boldsymbol{e}_y + b_z\,\boldsymbol{e}_z), \\ s &= a_x\,b_x \;+\; a_y\,b_y \;+\; a_z\,b_z. \end{aligned} \tag{2.11}$$

Matrizenschreibweise In Matrizenschreibweise wird das Skalarprodukt zweier Vektoren $\boldsymbol{a}$ und $\boldsymbol{b}$ berechnet, indem die transponierte Koordinatenmatrix $\boldsymbol{a}^{\mathrm{T}}$ des ersten Faktors $\boldsymbol{a}$ mit der Koordinatenmatrix $\boldsymbol{b}$ des zweiten Faktors multipliziert wird,

$$\begin{aligned} s &= \boldsymbol{a}^{\mathrm{T}}\,\boldsymbol{b} = \begin{bmatrix} a_x & a_y & a_z \end{bmatrix} \begin{bmatrix} b_x \\ b_y \\ b_z \end{bmatrix} \\ s &= a_x\,b_x \;+\; a_y\,b_y \;+\; a_z\,b_z. \end{aligned} \tag{2.12}$$

Es gilt $\boldsymbol{a}^{\mathrm{T}}\,\boldsymbol{b} = \boldsymbol{b}^{\mathrm{T}}\,\boldsymbol{a}$.

Vektorprodukt (Kreuzprodukt) zweier Vektoren Das Vektorprodukt oder Kreuzprodukt zweier Vektoren $\boldsymbol{a}$ und $\boldsymbol{b}$ ist ein Vektor $\boldsymbol{c}$, der auf $\boldsymbol{a}$ und $\boldsymbol{b}$ senkrecht steht und so gerichtet ist, dass $\boldsymbol{a}$, $\boldsymbol{b}$ und $\boldsymbol{c}$ ein rechtshändiges System bilden (Abb. 2.5). Das Vektorprodukt wird geschrieben als

$$\boldsymbol{c} = \boldsymbol{a} \times \boldsymbol{b}. \tag{2.13}$$

Der Zahlenwert des Betrages c des Vektors $\boldsymbol{c}$ ist gleich dem Zahlenwert der Fläche A des durch die Vektoren $\boldsymbol{a}$ und $\boldsymbol{b}$ aufgespannten Parallelogramms. Mit dem Winkel φ zwischen den Vektoren $\boldsymbol{a}$ und $\boldsymbol{b}$ gilt damit

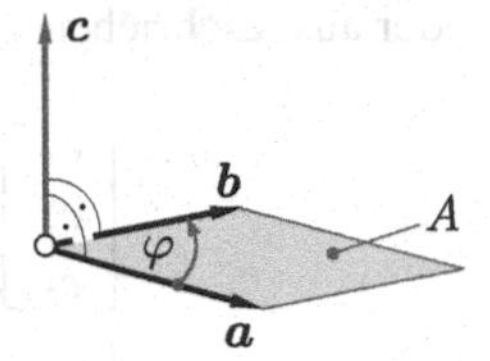

Abb. 2.5 Vektorprodukt zweier Vektoren $\boldsymbol{a}$ und $\boldsymbol{b}$

$$\|\boldsymbol{c}\| = c = \|\boldsymbol{a}\| \; \|\boldsymbol{b}\| \sin\varphi. \tag{2.14}$$

Wird die Reihenfolge der Faktoren des Vektorprodukts vertauscht, so gilt

$$\boldsymbol{a} \times \boldsymbol{b} = -\boldsymbol{b} \times \boldsymbol{a}. \tag{2.15}$$

Es gelten die weiteren Rechenregeln

$$\boldsymbol{a} \times \boldsymbol{a} = \boldsymbol{0}, \tag{2.16}$$

$$\boldsymbol{a} \times (\boldsymbol{b} + \boldsymbol{c}) = \boldsymbol{a} \times \boldsymbol{b} + \boldsymbol{a} \times \boldsymbol{c}, \tag{2.17}$$

$$m\,(\boldsymbol{a} \times \boldsymbol{b}) = (m\,\boldsymbol{a}) \times \boldsymbol{b} = \boldsymbol{a} \times (m\,\boldsymbol{b}), \quad m \text{ skalar}. \tag{2.18}$$

Mit den Vektorprodukten der drei Basisvektoren eines orthonormierten Koordinatensystems $\boldsymbol{e}_x \times \boldsymbol{e}_y = \boldsymbol{e}_z$, $\boldsymbol{e}_y \times \boldsymbol{e}_z = \boldsymbol{e}_x$, $\boldsymbol{e}_z \times \boldsymbol{e}_x = \boldsymbol{e}_y$ in Verbindung mit (2.15) und (2.16) lautet das Vektorprodukt (2.14)

$$\begin{aligned} \boldsymbol{c} &= (a_x\,\boldsymbol{e}_x + a_y\,\boldsymbol{e}_y + a_z\,\boldsymbol{e}_z) \times (b_x\,\boldsymbol{e}_x + b_y\,\boldsymbol{e}_y + b_z\,\boldsymbol{e}_z), \\ \boldsymbol{c} &= (a_y\,b_z - a_z\,b_y)\,\boldsymbol{e}_x + (a_z\,b_x - a_x\,b_z)\,\boldsymbol{e}_y + (a_x\,b_y - a_y\,b_x)\,\boldsymbol{e}_z. \end{aligned} \tag{2.19}$$

Dieses Ergebnis ergibt sich auch aus der Determinante (Entwicklung nach der ersten Spalte)

$$\boldsymbol{c} = \boldsymbol{a} \times \boldsymbol{b} = \begin{vmatrix} \boldsymbol{e}_x & a_x & b_x \\ \boldsymbol{e}_y & a_y & b_y \\ \boldsymbol{e}_z & a_z & b_z \end{vmatrix}. \tag{2.20}$$

Matrizenschreibweise Die Koordinaten des Vektorprodukts $\boldsymbol{c} = \boldsymbol{a} \times \boldsymbol{b}$ werden berechnet, indem unter Verwendung der Koordinaten a_x, a_y, a_z des Vektors $\boldsymbol{a}$ die (3,3)-Matrix

$$\widetilde{\boldsymbol{a}} = \begin{bmatrix} 0 & -a_z & a_y \\ a_z & 0 & -a_x \\ -a_y & a_x & 0 \end{bmatrix} \tag{2.21}$$

gebildet und mit der (3,1)-Koordinatenmatrix des Vektors $\boldsymbol{b}$ multipliziert wird, also

$$\boldsymbol{c} = \widetilde{\boldsymbol{a}}\,\boldsymbol{b}, \tag{2.22}$$

oder ausgeschrieben

$$\begin{bmatrix} c_x \\ c_y \\ c_z \end{bmatrix} = \begin{bmatrix} 0 & -a_z & a_y \\ a_z & 0 & -a_x \\ -a_y & a_x & 0 \end{bmatrix} \begin{bmatrix} b_x \\ b_y \\ b_z \end{bmatrix} = \begin{bmatrix} a_y\, b_z - a_z\, b_y \\ a_z\, b_x - a_x\, b_z \\ a_x\, b_y - a_y\, b_x \end{bmatrix}. \tag{2.23}$$

Das Symbol $\sim$ wird als Operator für die Bildung der Matrix $\widetilde{\boldsymbol{a}}$ aus den Koordinaten des Vektors $\boldsymbol{a}$ gemäß (2.21) definiert. Die Matrix $\widetilde{\boldsymbol{a}}$ ist schiefsymmetrisch, so dass gilt $\widetilde{\boldsymbol{a}} = -\widetilde{\boldsymbol{a}}^{\mathrm{T}}$. Entsprechend zu $\boldsymbol{a} \times \boldsymbol{b} = -\boldsymbol{b} \times \boldsymbol{a}$ ist

$$\widetilde{\boldsymbol{a}}\, \boldsymbol{b} = -\widetilde{\boldsymbol{b}}\, \boldsymbol{a}\,. \tag{2.24}$$

Für die Berechnung des Koordinatenvektors $\boldsymbol{a}$ aus der Matrix $\widetilde{\boldsymbol{a}}$ wird der Operator vec definiert,

$$\boldsymbol{a} = \mathrm{vec}(\widetilde{\boldsymbol{a}}). \tag{2.25}$$

Vektorprodukt in der Ebene In der x, y-Ebene können die vektoriellen Rechenoperationen Addition, Multiplikation mit einem Skalar und Skalarprodukt auch mit zweidimensionalen Vektoren $\boldsymbol{a} = [\, a_x \;\; a_y\,]^{\mathrm{T}}$ unmittelbar ausgeführt werden, siehe auch NIKRAVESH [75]. Das Vektorprodukt $\boldsymbol{c} = \boldsymbol{a} \times \boldsymbol{b} = \widetilde{\boldsymbol{a}}\, \boldsymbol{b}$ der Vektoren $\boldsymbol{a}$ und $\boldsymbol{b}$ in der x, y-Ebene kann dagegen nicht als zweidimensionaler Vektor dargestellt werden, weil es senkrecht auf der x, y-Ebene steht. Das Vektorprodukt ist aber entsprechend (2.23) unter Berücksichtigung von $a_z = b_z = 0$ durch seine skalare Koordinate c_z vollständig festgelegt. Ist $c_z > 0$, so zeigt $\boldsymbol{c}$ aus der Ebene heraus, und bei $c_z < 0$ zeigt $\boldsymbol{c}$ in die Ebene hinein. Mit dem gegenüber $\boldsymbol{a} = [\, a_x \;\; a_y\,]^{\mathrm{T}}$ um 90° im positiven Drehrichtung um die z-Achse gedrehten Vektor $\breve{\boldsymbol{a}} = [\, -a_y \;\; a_x\,]^{\mathrm{T}}$ kann c_z mit den zweidimensionalen Vektoren $\boldsymbol{a}$ und $\boldsymbol{b}$ ausgedrückt werden (Abb. 2.6a),

$$c_z = \breve{\boldsymbol{a}}^{\mathrm{T}}\, \boldsymbol{b} = \begin{bmatrix} -a_y & a_x \end{bmatrix} \begin{bmatrix} b_x \\ b_y \end{bmatrix} = a_x\, b_y - a_y\, b_x. \tag{2.26}$$

In der Abbildung wird der Vektor $\boldsymbol{c}$ durch seine Koordinate c_z in Verbindung mit einem Drehpfeil um die z-Achse gekennzeichnet. In Analogie zu (2.24) gilt

$$\breve{\boldsymbol{a}}^{\mathrm{T}}\, \boldsymbol{b} = -\breve{\boldsymbol{b}}^{\mathrm{T}}\, \boldsymbol{a}. \tag{2.27}$$

Das vektorielle Produkt eines Vektors $\boldsymbol{a}$ senkrecht zur x, y-Ebene, dargestellt durch seine skalare Koordinate a_z, mit einem Vektor $\boldsymbol{b}$ in der x, y-Ebene ergibt den Vektor $\boldsymbol{c}$ in der x, y-Ebene gemäß (Abb. 2.6b)

$$\boldsymbol{c} = a_z\, \breve{\boldsymbol{b}} \quad \text{bzw.} \quad \begin{bmatrix} c_x \\ c_y \end{bmatrix} = a_z \begin{bmatrix} -b_y \\ b_x \end{bmatrix} = \begin{bmatrix} -a_z\, b_y \\ a_z\, b_x \end{bmatrix}. \tag{2.28}$$

Abb. 2.6 Vektorprodukte in der x, y-Ebene. **a** Das Vektorprodukt von $\boldsymbol{a}$ und $\boldsymbol{b}$ in der x, y-Ebene ergibt den Vektor $\boldsymbol{c}$ senkrecht zur Ebene mit der Koordinate c_z. **b** Das Vektorprodukt von $\boldsymbol{a}$ senkrecht zur x, y-Ebene, gekennzeichnet durch a_z, mit $\boldsymbol{b}$ in der x, y-Ebene ergibt den Vektor $\boldsymbol{c}$

Multiplikation eines Vektors mit einem Skalarprodukt Das Produkt

$$\boldsymbol{a}\,(\boldsymbol{b} \cdot \boldsymbol{c}) = \boldsymbol{a}\,m \tag{2.29}$$

des Vektors $\boldsymbol{a}$ mit dem Skalar $m = \boldsymbol{b} \cdot \boldsymbol{c}$ ist ein Vektor in Richtung von $\boldsymbol{a}$.

Matrizenschreibweise Das Produkt (2.29) kann als das Produkt der drei Koordinatenmatrizen berechnet werden,

$$\boldsymbol{a}\,(\boldsymbol{b}^{\mathrm{T}}\boldsymbol{c}) = (\boldsymbol{a}\,\boldsymbol{b}^{\mathrm{T}})\,\boldsymbol{c} = \boldsymbol{a}\,\boldsymbol{b}^{\mathrm{T}}\,\boldsymbol{c}. \tag{2.30}$$

Wegen des Assoziativgesetzes der Matrizenmultiplikation (A.12) kann in (2.30) die Klammersetzung entfallen. Die Berechnung von $\boldsymbol{a}\,\boldsymbol{b}^{\mathrm{T}}\boldsymbol{c}$ lautet

$$\boldsymbol{a}\,\boldsymbol{b}^{\mathrm{T}}\,\boldsymbol{c} = \begin{bmatrix} a_x \\ a_y \\ a_z \end{bmatrix} \begin{bmatrix} b_x & b_y & b_z \end{bmatrix} \begin{bmatrix} c_x \\ c_y \\ c_z \end{bmatrix} = \begin{bmatrix} a_x\,b_x\,c_x + a_x\,b_y\,c_y + a_x\,b_z\,c_z \\ a_y\,b_x\,c_x + a_y\,b_y\,c_y + a_y\,b_z\,c_z \\ a_z\,b_x\,c_x + a_z\,b_y\,c_y + a_z\,b_z\,c_z \end{bmatrix}. \tag{2.31}$$

Wegen $\boldsymbol{a}\,m = m\,\boldsymbol{a}$ ist $\boldsymbol{a}\,(\boldsymbol{b}^{\mathrm{T}}\,\boldsymbol{c}) = \boldsymbol{a}\,\boldsymbol{b}^{\mathrm{T}}\,\boldsymbol{c} = (\boldsymbol{b}^{\mathrm{T}}\,\boldsymbol{c})\,\boldsymbol{a}$, wobei bei dem Ausdruck $(\boldsymbol{b}^{\mathrm{T}}\boldsymbol{c})\,\boldsymbol{a}$ die Klammern nicht weggelassen werden dürfen.

Spatprodukt dreier Vektoren Das Spatprodukt dreier Vektoren $\boldsymbol{a}$, $\boldsymbol{b}$, $\boldsymbol{c}$ lautet

$$\boldsymbol{a} \cdot (\boldsymbol{b} \times \boldsymbol{c}) = \begin{vmatrix} a_x & b_x & c_x \\ a_y & b_y & c_y \\ a_z & b_z & c_z \end{vmatrix},$$

$$\boldsymbol{a} \cdot (\boldsymbol{b} \times \boldsymbol{c}) = a_x(b_y c_z - b_z c_y) - a_y(b_x c_z - b_z c_x) + a_z(b_x c_y - b_y c_x). \tag{2.32}$$

Es ist ein Skalar. Bei zyklischer Vertauschung der Vektoren gilt

$$\boldsymbol{a} \cdot (\boldsymbol{b} \times \boldsymbol{c}) = \boldsymbol{b} \cdot (\boldsymbol{c} \times \boldsymbol{a}) = \boldsymbol{c} \cdot (\boldsymbol{a} \times \boldsymbol{b}). \tag{2.33}$$

Das Spatprodukt ergibt das Volumen des von den Vektoren $\boldsymbol{a}$, $\boldsymbol{b}$, $\boldsymbol{c}$ aufgespannten Parallelepipeds (Spats). Das Spatprodukt ist null, falls die drei Vektoren $\boldsymbol{a}$, $\boldsymbol{b}$, $\boldsymbol{c}$ parallel zu einer Ebene sind oder zwei der drei Vektoren des Spatproduktes parallel sind.

Matrizenschreibweise Das Spatprodukt (2.33) wird mit den drei Koordinatenmatrizen $\boldsymbol{a}$, $\boldsymbol{b}$, $\boldsymbol{c}$ berechnet als

$$\boldsymbol{a}^{\mathrm{T}} (\widetilde{\boldsymbol{b}}\, \boldsymbol{c}) = (\boldsymbol{a}^{\mathrm{T}} \widetilde{\boldsymbol{b}})\, \boldsymbol{c} = \boldsymbol{a}^{\mathrm{T}} \widetilde{\boldsymbol{b}}\, \boldsymbol{c}. \tag{2.34}$$

Wegen des Assoziativgesetzes der Matrizenmultiplikation (A.12) kann in (2.34) die Klammersetzung entfallen. Bei zyklischer und antizyklischer Vertauschung der Faktoren gilt

$$\boldsymbol{a}^{\mathrm{T}} \widetilde{\boldsymbol{b}}\, \boldsymbol{c} = \boldsymbol{b}^{\mathrm{T}} \widetilde{\boldsymbol{c}}\, \boldsymbol{a} = \boldsymbol{c}^{\mathrm{T}} \widetilde{\boldsymbol{a}}\, \boldsymbol{b}, \tag{2.35}$$

$$\boldsymbol{a}^{\mathrm{T}} \widetilde{\boldsymbol{b}}\, \boldsymbol{c} = -\boldsymbol{b}^{\mathrm{T}} \widetilde{\boldsymbol{a}}\, \boldsymbol{c} = -\boldsymbol{c}^{\mathrm{T}} \widetilde{\boldsymbol{b}}\, \boldsymbol{a} = -\boldsymbol{a}^{\mathrm{T}} \widetilde{\boldsymbol{c}}\, \boldsymbol{b}. \tag{2.36}$$

Entwicklungssatz (GRAßMANN-Identität)[1] Der Entwicklungssatz lautet

$$\boldsymbol{a} \times (\boldsymbol{b} \times \boldsymbol{c}) = \boldsymbol{b}\, (\boldsymbol{a} \cdot \boldsymbol{c}) - \boldsymbol{c}\, (\boldsymbol{a} \cdot \boldsymbol{b}), \tag{2.37}$$

$$(\boldsymbol{a} \times \boldsymbol{b}) \times \boldsymbol{c} = \boldsymbol{b}\, (\boldsymbol{a} \cdot \boldsymbol{c}) - \boldsymbol{a}\, (\boldsymbol{b} \cdot \boldsymbol{c}). \tag{2.38}$$

Die Ergebnisse sind jeweils Vektoren.

Matrizenschreibweise Das doppelte Vektorprodukt $\boldsymbol{a} \times (\boldsymbol{b} \times \boldsymbol{c})$ wird in Matrizenschreibweise berechnet als

$$\widetilde{\boldsymbol{a}}\, (\widetilde{\boldsymbol{b}}\, \boldsymbol{c}) = (\widetilde{\boldsymbol{a}} \widetilde{\boldsymbol{b}})\, \boldsymbol{c} = \widetilde{\boldsymbol{a}} \widetilde{\boldsymbol{b}}\, \boldsymbol{c}. \tag{2.39}$$

Wegen des Assoziativgesetzes der Matrizenmultiplikation (A.12) kann in (2.39) die Klammersetzung entfallen. Der Entwicklungssatz (2.37) ermöglicht die Umformung

$$\widetilde{\boldsymbol{a}} \widetilde{\boldsymbol{b}}\, \boldsymbol{c} = \boldsymbol{b}\, (\boldsymbol{a}^{\mathrm{T}} \boldsymbol{c}) - \boldsymbol{c} (\boldsymbol{a}^{\mathrm{T}} \boldsymbol{b}) = (\boldsymbol{b}\, \boldsymbol{a}^{\mathrm{T}})\, \boldsymbol{c} - (\boldsymbol{a}^{\mathrm{T}} \boldsymbol{b})\, \boldsymbol{c} = \left[\, \boldsymbol{b}\, \boldsymbol{a}^{\mathrm{T}} - (\boldsymbol{a}^{\mathrm{T}} \boldsymbol{b})\, \boldsymbol{E} \,\right] \boldsymbol{c},$$

woraus mit der Einheitsmatrix $\boldsymbol{E}$ folgt

$$\widetilde{\boldsymbol{a}} \widetilde{\boldsymbol{b}} = \boldsymbol{b}\, \boldsymbol{a}^{\mathrm{T}} - (\boldsymbol{a}^{\mathrm{T}} \boldsymbol{b})\, \boldsymbol{E}. \tag{2.40}$$

Das Vektorprodukt $(\boldsymbol{a} \times \boldsymbol{b}) \times \boldsymbol{c}$ lautet in Matrizenschreibweise

$$\widetilde{\widetilde{\boldsymbol{a}} \boldsymbol{b}}\, \boldsymbol{c}. \tag{2.41}$$

Der Entwicklungssatz (2.38) ermöglicht die Umformung

$$\widetilde{\widetilde{\boldsymbol{a}} \boldsymbol{b}}\, \boldsymbol{c} = \boldsymbol{b}\, (\boldsymbol{a}^{\mathrm{T}} \boldsymbol{c}) - \boldsymbol{a}\, (\boldsymbol{b}^{\mathrm{T}} \boldsymbol{c}) = (\boldsymbol{b}\, \boldsymbol{a}^{\mathrm{T}})\, \boldsymbol{c} - (\boldsymbol{a}\, \boldsymbol{b}^{\mathrm{T}})\, \boldsymbol{c} = (\boldsymbol{b}\, \boldsymbol{a}^{\mathrm{T}} - \boldsymbol{a}\, \boldsymbol{b}^{\mathrm{T}})\, \boldsymbol{c}, \tag{2.42}$$

woraus folgt

$$\widetilde{\widetilde{\boldsymbol{a}} \boldsymbol{b}} = \boldsymbol{b}\, \boldsymbol{a}^{\mathrm{T}} - \boldsymbol{a}\, \boldsymbol{b}^{\mathrm{T}}. \tag{2.43}$$

Unter Berücksichtigung von (2.40) gilt $\widetilde{\boldsymbol{a}} \widetilde{\boldsymbol{b}} - \widetilde{\boldsymbol{b}} \widetilde{\boldsymbol{a}} = \boldsymbol{b}\, \boldsymbol{a}^{\mathrm{T}} - \boldsymbol{a}\, \boldsymbol{b}^{\mathrm{T}}$, woraus durch Vergleich mit (2.43) folgt

$$\widetilde{\widetilde{\boldsymbol{a}} \boldsymbol{b}} = \widetilde{\boldsymbol{a}} \widetilde{\boldsymbol{b}} - \widetilde{\boldsymbol{b}} \widetilde{\boldsymbol{a}}. \tag{2.44}$$

---

[1] HERMANN GRAßMANN, *1809 in Stettin, †1877 in Stettin.

Skalares Produkt zweier Vektorprodukte (LAGRANGE-Identität) Die LAGRANGE-Identität hat die Form

$$(\boldsymbol{a} \times \boldsymbol{b}) \cdot (\boldsymbol{c} \times \boldsymbol{d}) = (\boldsymbol{a} \cdot \boldsymbol{c})\,(\boldsymbol{b} \cdot \boldsymbol{d}) - (\boldsymbol{b} \cdot \boldsymbol{c})\,(\boldsymbol{a} \cdot \boldsymbol{d}). \tag{2.45}$$

Das Ergebnis ist ein Skalar.

Matrizenschreibweise Der Ausdruck (2.45) lautet

$$(\tilde{\boldsymbol{a}}\,\boldsymbol{b})^{\mathrm{T}}\,\tilde{\boldsymbol{c}}\,\boldsymbol{d} = (\boldsymbol{a}^{\mathrm{T}}\boldsymbol{c})\,(\boldsymbol{b}^{\mathrm{T}}\boldsymbol{d}) - (\boldsymbol{b}^{\mathrm{T}}\boldsymbol{c})\,(\boldsymbol{a}^{\mathrm{T}}\boldsymbol{d}). \tag{2.46}$$

2.4 Transformation von Vektorkoordinaten

Für die praktische Rechnung mit Vektoren wird der Zusammenhang zwischen den Koordinaten eines Vektors in verschiedenen Koordinatensystemen benötigt. Mit der gegebenen Komponentenzerlegung

$$\boldsymbol{a} = {}^2a_x\,\boldsymbol{e}_{x2} + {}^2a_y\,\boldsymbol{e}_{y2} + {}^2a_z\,\boldsymbol{e}_{z2} \tag{2.47}$$

des Vektors $\boldsymbol{a}$ im rechtshändigen Koordinatensystem $\mathcal{K}_2$ und der gesuchten Komponentenzerlegung

$$\boldsymbol{a} = {}^1a_x\,\boldsymbol{e}_{x1} + {}^1a_y\,\boldsymbol{e}_{y1} + {}^1a_z\,\boldsymbol{e}_{z1} \tag{2.48}$$

des Vektors $\boldsymbol{a}$ im rechtshändigen Koordinatensystem $\mathcal{K}_1$ gilt, siehe Abb. 2.7,

$${}^1a_x\,\boldsymbol{e}_{x1} + {}^1a_y\,\boldsymbol{e}_{y1} + {}^1a_z\,\boldsymbol{e}_{z1} = {}^2a_x\,\boldsymbol{e}_{x2} + {}^2a_y\,\boldsymbol{e}_{y2} + {}^2a_z\,\boldsymbol{e}_{z2}. \tag{2.49}$$

Skalare Multiplikation der Vektorgleichung (2.49) mit $\boldsymbol{e}_{x1}, \boldsymbol{e}_{y1}$ bzw. $\boldsymbol{e}_{z1}$ liefert unter Berücksichtigung der Orthonormalitätsbedingungen der Basisvektoren

$$\boldsymbol{e}_{x1}^{\mathrm{T}}\,\boldsymbol{e}_{x1} = \boldsymbol{e}_{y1}^{\mathrm{T}}\,\boldsymbol{e}_{y1} = \boldsymbol{e}_{z1}^{\mathrm{T}}\,\boldsymbol{e}_{z1} = 1 \quad \text{und} \quad \boldsymbol{e}_{x1}^{\mathrm{T}}\,\boldsymbol{e}_{y1} = \boldsymbol{e}_{y1}^{\mathrm{T}}\,\boldsymbol{e}_{z1} = \boldsymbol{e}_{z1}^{\mathrm{T}}\,\boldsymbol{e}_{x1} = 0 \tag{2.50}$$

die drei Gleichungen

$${}^1a_x = {}^2a_x\,\boldsymbol{e}_{x1}^{\mathrm{T}}\,\boldsymbol{e}_{x2} + {}^2a_y\,\boldsymbol{e}_{x1}^{\mathrm{T}}\,\boldsymbol{e}_{y2} + {}^2a_z\,\boldsymbol{e}_{x1}^{\mathrm{T}}\,\boldsymbol{e}_{z2}, \tag{2.51}$$

$${}^1a_y = {}^2a_x\,\boldsymbol{e}_{y1}^{\mathrm{T}}\,\boldsymbol{e}_{x2} + {}^2a_y\,\boldsymbol{e}_{y1}^{\mathrm{T}}\,\boldsymbol{e}_{y2} + {}^2a_z\,\boldsymbol{e}_{y1}^{\mathrm{T}}\,\boldsymbol{e}_{z2}, \tag{2.52}$$

$${}^1a_z = {}^2a_x\,\boldsymbol{e}_{z1}^{\mathrm{T}}\,\boldsymbol{e}_{x2} + {}^2a_y\,\boldsymbol{e}_{z1}^{\mathrm{T}}\,\boldsymbol{e}_{y2} + {}^2a_z\,\boldsymbol{e}_{z1}^{\mathrm{T}}\,\boldsymbol{e}_{z2}. \tag{2.53}$$

Diese Gleichungen können zu einer Matrizengleichung zusammengefasst werden,

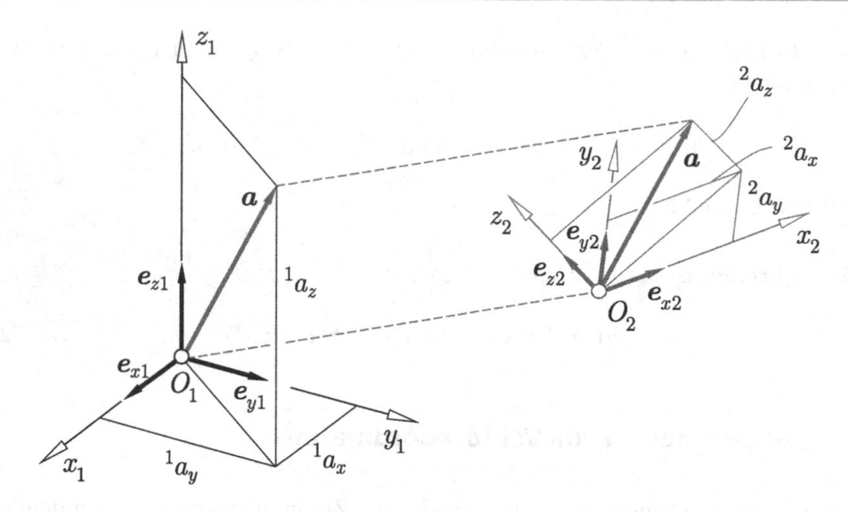

Abb. 2.7 Transformation der Koordinaten eines Vektors $\boldsymbol{a}$

$$\begin{aligned} \begin{bmatrix} ^1a_x \\ ^1a_y \\ ^1a_z \end{bmatrix} &= \begin{bmatrix} \boldsymbol{e}_{x1}^{\mathrm{T}}\boldsymbol{e}_{x2} & \boldsymbol{e}_{x1}^{\mathrm{T}}\boldsymbol{e}_{y2} & \boldsymbol{e}_{x1}^{\mathrm{T}}\boldsymbol{e}_{z2} \\ \boldsymbol{e}_{y1}^{\mathrm{T}}\boldsymbol{e}_{x2} & \boldsymbol{e}_{y1}^{\mathrm{T}}\boldsymbol{e}_{y2} & \boldsymbol{e}_{y1}^{\mathrm{T}}\boldsymbol{e}_{z2} \\ \boldsymbol{e}_{z1}^{\mathrm{T}}\boldsymbol{e}_{x2} & \boldsymbol{e}_{z1}^{\mathrm{T}}\boldsymbol{e}_{y2} & \boldsymbol{e}_{z1}^{\mathrm{T}}\boldsymbol{e}_{z2} \end{bmatrix} \begin{bmatrix} ^2a_x \\ ^2a_y \\ ^2a_z \end{bmatrix} \\ ^1\boldsymbol{a} &= \quad {}^{12}\boldsymbol{T} \quad {}^2\boldsymbol{a} \; . \end{aligned} \tag{2.54}$$

Die *Transformationsmatrix* $^{12}\boldsymbol{T}$ transformiert damit die Koordinaten eines Vektors $\boldsymbol{a}$ vom System $\mathcal{K}_2$ in das System $\mathcal{K}_1$. Sie besitzt die folgenden Eigenschaften:

- In den Spalten von $^{12}\boldsymbol{T}$ stehen die Koordinaten der Einheitsvektoren $\boldsymbol{e}_{x2}$, $\boldsymbol{e}_{y2}$, $\boldsymbol{e}_{z2}$ des Koordinatensystems $\mathcal{K}_2$ im System $\mathcal{K}_1$ und in den Zeilen die Koordinaten der Einheitsvektoren $\boldsymbol{e}_{x1}$, $\boldsymbol{e}_{y1}$, $\boldsymbol{e}_{z1}$ des Koordinatensystems $\mathcal{K}_1$ im System $\mathcal{K}_2$,

$$^{12}\boldsymbol{T} = \left[\, ^1\boldsymbol{e}_{x2} \;\; ^1\boldsymbol{e}_{y2} \;\; ^1\boldsymbol{e}_{z2} \,\right] = \begin{bmatrix} ^2\boldsymbol{e}_{x1}^{\mathrm{T}} \\ ^2\boldsymbol{e}_{y1}^{\mathrm{T}} \\ ^2\boldsymbol{e}_{z1}^{\mathrm{T}} \end{bmatrix} . \tag{2.55}$$

- Die Spaltenvektoren von $^{12}\boldsymbol{T}$ enthalten die Cosinuswerte der Winkel der Einheitsvektoren von $\mathcal{K}_2$ gegenüber den Einheitsvektoren von $\mathcal{K}_1$, die auch als *Richtungscosinus* bezeichnet werden. Beispielsweise liefert die erste Spalte von $^{12}\boldsymbol{T}$ die Richtungscosinus des Einheitsvektors $\boldsymbol{e}_{x2}$ im System $\mathcal{K}_1$ (Abb. 2.8),

$$^1\boldsymbol{e}_{x2} = \begin{bmatrix} \boldsymbol{e}_{x1}^{\mathrm{T}}\boldsymbol{e}_{x2} \\ \boldsymbol{e}_{y1}^{\mathrm{T}}\boldsymbol{e}_{x2} \\ \boldsymbol{e}_{z1}^{\mathrm{T}}\boldsymbol{e}_{x2} \end{bmatrix} = \begin{bmatrix} T_{11} \\ T_{21} \\ T_{31} \end{bmatrix} = \begin{bmatrix} \cos\alpha_1 \\ \cos\alpha_2 \\ \cos\alpha_3 \end{bmatrix} . \tag{2.56}$$

Abb. 2.8 Richtungswinkel des Einheitsvektors $\boldsymbol{e}_{x2}$ gegenüber dem System $\mathcal{K}_1$

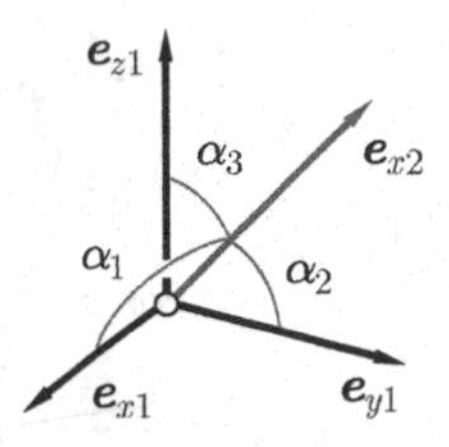

Die Transformationsmatrix ${}^{12}\boldsymbol{T}$ wird deswegen auch als *Richtungscosinusmatrix* bezeichnet.

- Die Zeilen- und Spaltenvektoren von ${}^{12}\boldsymbol{T}$ bilden ein orthonormales Rechtssystem. Mit (2.34) hat die Determinante den Wert $\det({}^{12}\boldsymbol{T}) = +1$. Die Transformationsmatrix ${}^{12}\boldsymbol{T}$ ist deswegen *eigentlich orthogonal*. Die inverse Transformationsmatrix ${}^{12}\boldsymbol{T}^{-1} = {}^{21}\boldsymbol{T}$ für die umgekehrte Transformation vom System $\mathcal{K}_1$ in das System $\mathcal{K}_2$ ist die Transponierte von ${}^{12}\boldsymbol{T}$, also

$${}^{2}\boldsymbol{a} = {}^{21}\boldsymbol{T}\,{}^{1}\boldsymbol{a} \quad \text{mit} \quad {}^{21}\boldsymbol{T} = {}^{12}\boldsymbol{T}^{-1} = {}^{12}\boldsymbol{T}^{\mathrm{T}}. \tag{2.57}$$

Es besteht die Beziehung

$${}^{12}\boldsymbol{T}\,{}^{12}\boldsymbol{T}^{\mathrm{T}} = \boldsymbol{E} \quad \text{oder} \quad {}^{12}\boldsymbol{T}^{\mathrm{T}}\,{}^{12}\boldsymbol{T} = \boldsymbol{E}, \tag{2.58}$$

woraus sich die sechs Orthonormalitätsbedingungen ergeben. Wird z. B. von der Matrizengleichung ${}^{12}\boldsymbol{T}\,{}^{12}\boldsymbol{T}^{\mathrm{T}} = \boldsymbol{E}$ ausgegangen, so liefern die Gleichungen auf der Hauptdiagonalen die Normierungsbedingungen für die drei Spaltenvektoren von ${}^{12}\boldsymbol{T}$,

$${}^{1}\boldsymbol{e}_{x2}^{\mathrm{T}}\,{}^{1}\boldsymbol{e}_{x2} = 1, \quad {}^{1}\boldsymbol{e}_{y2}^{\mathrm{T}}\,{}^{1}\boldsymbol{e}_{y2} = 1, \quad {}^{1}\boldsymbol{e}_{z2}^{\mathrm{T}}\,{}^{1}\boldsymbol{e}_{z2} = 1. \tag{2.59}$$

Von den sechs Gleichungen der Nebendiagonalen sind drei unabhängig, welche die paarweise Orthogonalität der drei Spaltenvektoren von ${}^{12}\boldsymbol{T}$ beschreiben,

$${}^{1}\boldsymbol{e}_{x2}^{\mathrm{T}}\,{}^{1}\boldsymbol{e}_{y2} = 0, \quad {}^{1}\boldsymbol{e}_{y2}^{\mathrm{T}}\,{}^{1}\boldsymbol{e}_{z2} = 0, \quad {}^{1}\boldsymbol{e}_{x2}^{\mathrm{T}}\,{}^{1}\boldsymbol{e}_{z2} = 0. \tag{2.60}$$

Wegen der sechs Orthonormalitätsbedingungen (2.59) und (2.60) sind nur drei der neun Elemente der Transformationsmatrix ${}^{12}\boldsymbol{T}$ voneinander unabhängig, was dem Freiheitsgrad drei der Drehung des Koordinatensystems $\mathcal{K}_2$ relativ zum System $\mathcal{K}_1$ entspricht.

Beispiele Das Koordinatensystem $\mathcal{K}_2$ sei gegenüber dem Koordinatensystem $\mathcal{K}_1$ um den Winkel φ_1 um die x_1-Achse gedreht (Abb. 2.9a). Für die Transformation der Koordinaten eines Vektors $\boldsymbol{r}$ gilt ${}^{1}\boldsymbol{r} = {}^{12}\boldsymbol{T}\,{}^{2}\boldsymbol{r}$ mit

$${}^{12}\boldsymbol{T} = \begin{bmatrix} {}^{1}\boldsymbol{e}_{x2} & {}^{1}\boldsymbol{e}_{y2} & {}^{1}\boldsymbol{e}_{z2} \end{bmatrix} = \begin{bmatrix} 1 & 0 & 0 \\ 0 & \cos\varphi_1 & -\sin\varphi_1 \\ 0 & \sin\varphi_1 & \cos\varphi_1 \end{bmatrix}. \tag{2.61}$$

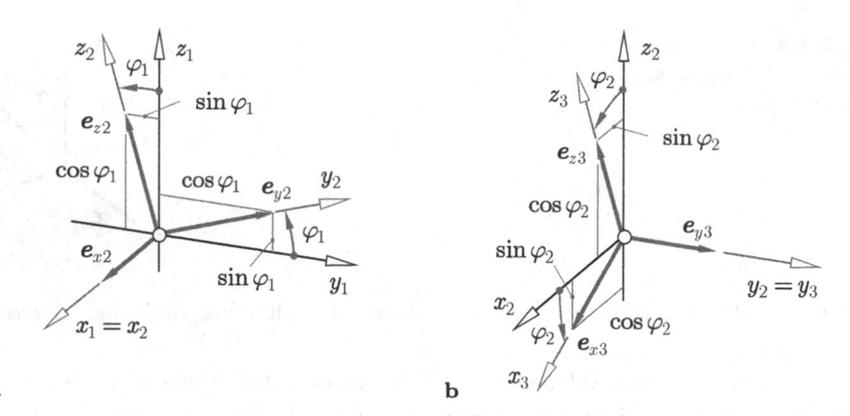

Abb. 2.9 Drehungen von Koordinatensystemen. **a** Drehung um die x_1-Achse. **b** Drehung um die y_2-Achse

Das Koordinatensystem $\mathcal{K}_3$ sei gegenüber dem Koordinatensystem $\mathcal{K}_2$ um den Winkel φ_2 um die y_2-Achse gedreht (Abb. 2.9b). Es gilt die Koordinatentransformation ${}^2\boldsymbol{r} = {}^{23}\boldsymbol{T}\ {}^3\boldsymbol{r}$ mit

$$ {}^{23}\boldsymbol{T} = \begin{bmatrix} {}^2\boldsymbol{e}_{x3} & {}^2\boldsymbol{e}_{y3} & {}^2\boldsymbol{e}_{z3} \end{bmatrix} = \begin{bmatrix} \cos\varphi_2 & 0 & \sin\varphi_2 \\ 0 & 1 & 0 \\ -\sin\varphi_2 & 0 & \cos\varphi_2 \end{bmatrix}. \tag{2.62} $$

Die zwei aufeinanderfolgenden Transformationen der Koordinaten des Vektors $\boldsymbol{r}$ vom Koordinatensystem $\mathcal{K}_3$ über $\mathcal{K}_2$ nach $\mathcal{K}_1$ lauten ${}^1\boldsymbol{r} = {}^{13}\boldsymbol{T}\ {}^3\boldsymbol{r}$ mit

$$ {}^{13}\boldsymbol{T} = {}^{12}\boldsymbol{T}\ {}^{23}\boldsymbol{T} = \begin{bmatrix} \cos\varphi_2 & 0 & \sin\varphi_2 \\ \sin\varphi_1\,\sin\varphi_2 & \cos\varphi_1 & -\sin\varphi_1\,\cos\varphi_2 \\ -\cos\varphi_1\,\sin\varphi_2 & \sin\varphi_1 & \cos\varphi_1\,\cos\varphi_2 \end{bmatrix}. \tag{2.63} $$

2.5 Tensoren zweiter Stufe

Ein Vektor wird durch seine Transformationseigenschaften als Tensor erster Stufe definiert. Auch Tensoren zweiter Stufe werden durch das Transformationsverhalten ihrer Koordinaten erklärt.

Tensor zweiter Stufe als Abbildungsoperator Ein Tensor zweiter Stufe $\boldsymbol{D}$ wird als ein Operator definiert, der einen Vektor $\boldsymbol{r}$ in einen anderen Vektor $\boldsymbol{s}$ linear abbildet,

$$ \boldsymbol{s} = \boldsymbol{D} \cdot \boldsymbol{r}. \tag{2.64} $$

Der Vektor $\boldsymbol{s}$ ist gegenüber $\boldsymbol{r}$ i. Allg. gedreht und gestreckt. Das durch $\cdot$ gekennzeichnete Produkt wird in der Tensorrechnung als das verjüngende Produkt bezeichnet. Ein Sonderfall des verjüngenden Produkts ist bereits das Skalarprodukt, das zwei Tensoren erster Stufe (Vektoren) miteinander verknüpft. Tensoren zweiter Stufe werden im Folgenden nur als Tensoren bezeichnet, da Tensoren höherer Stufe hier nicht betrachtet werden.

Matrizenschreibweise Wird die Vektorabbildung (2.64) in Koordinaten eines orthonormierten Koordinatensystems $\mathcal{K}_1$ ausgewertet, so werden die Koordinaten ${}^1\boldsymbol{r}$ des Vektors $\boldsymbol{r}$ in die Koordinaten ${}^1\boldsymbol{s}$ des Vektors $\boldsymbol{s}$ durch eine (3,3)-Matrix ${}^1\boldsymbol{D}$ abgebildet, welche die neun Koordinaten des Tensors $\boldsymbol{D}$ im Koordinatensystem $\mathcal{K}_1$ enthält,

$$ {}^1\boldsymbol{s} = {}^1\boldsymbol{D}\,{}^1\boldsymbol{r} \quad \Rightarrow \quad {}^1\begin{bmatrix} s_x \\ s_y \\ s_z \end{bmatrix} = {}^1\begin{bmatrix} D_{xx} & D_{xy} & D_{xz} \\ D_{yx} & D_{yy} & D_{yz} \\ D_{zx} & D_{zy} & D_{zz} \end{bmatrix} {}^1\begin{bmatrix} r_x \\ r_y \\ r_z \end{bmatrix}. \tag{2.65} $$

Einheitstensor Der Einheitstensor $\boldsymbol{E}$ ist das neutrale Element der Vektorabbildung (2.64),

$$ \boldsymbol{r} = \boldsymbol{E} \cdot \boldsymbol{r}. \tag{2.66} $$

Die Koordinaten des Einheitstensors bilden die (3,3)-Einheitsmatrix $\boldsymbol{E}$.

Vektorprodukt als lineare Vektorabbildung Das Vektorprodukt $\boldsymbol{c} = \boldsymbol{a} \times \boldsymbol{b}$ kann gemäß (2.64) als eine Abbildung des Vektors $\boldsymbol{b}$ in den Vektor $\boldsymbol{c}$ mit Hilfe eines aus dem Vektor $\boldsymbol{a}$ gebildeten Tensors $\widetilde{\boldsymbol{a}}$ angesehen werden,

$$ \boldsymbol{c} = \widetilde{\boldsymbol{a}} \cdot \boldsymbol{b}. \tag{2.67} $$

Matrizenschreibweise In Matrizenschreibweise wurde das Vektorprodukt der Vektoren $\boldsymbol{a}$ und $\boldsymbol{b}$ bereits in (2.23) unter Verwendung der aus den Koordinaten von $\boldsymbol{a}$ gebildeten schiefsymmetrischen Matrix $\widetilde{\boldsymbol{a}}$ berechnet,

$$ \boldsymbol{c} = \widetilde{\boldsymbol{a}}\,\boldsymbol{b} \quad \text{mit} \quad \widetilde{\boldsymbol{a}} = \begin{bmatrix} 0 & -a_z & a_y \\ a_z & 0 & -a_x \\ -a_y & a_x & 0 \end{bmatrix} = -\widetilde{\boldsymbol{a}}^{\mathrm{T}}. \tag{2.68} $$

Dyadisches (tensorielles) Produkt zweier Vektoren Aus dem Ausdruck gemäß (2.29),

$$ \boldsymbol{r} = \boldsymbol{a}\,(\boldsymbol{b} \cdot \boldsymbol{c}), \tag{2.69} $$

lässt sich der Vektor $\boldsymbol{c}$ durch Bildung eines Tensors $\boldsymbol{D}$ mit Hilfe des dyadischen (tensoriellen) Produkts $\boldsymbol{D} = \boldsymbol{a} \otimes \boldsymbol{b}$ der beiden Vektoren $\boldsymbol{a}$ und $\boldsymbol{b}$ herauslösen,

$$ \boldsymbol{r} = \boldsymbol{D} \cdot \boldsymbol{c} \quad \text{mit} \quad \boldsymbol{D} = \boldsymbol{a} \otimes \boldsymbol{b}. \tag{2.70} $$

Das Symbol $\otimes$ kennzeichnet das dyadische Produkt in Vektorschreibweise.

Matrizenschreibweise In Matrizenschreibweise wurde das dyadische Produkt der Vektoren $\boldsymbol{a}$ und $\boldsymbol{b}$ in (2.30) berechnet, $\boldsymbol{r} = \boldsymbol{a}\,\boldsymbol{b}^{\mathrm{T}}\,\boldsymbol{c}$. Damit gilt

$$\boldsymbol{r} = \boldsymbol{D}\,\boldsymbol{c} \tag{2.71}$$

mit den Tensorkoordinaten

$$\boldsymbol{D} = \boldsymbol{a}\,\boldsymbol{b}^{\mathrm{T}} = \begin{bmatrix} a_x \\ a_y \\ a_z \end{bmatrix} \begin{bmatrix} b_x & b_y & b_z \end{bmatrix} = \begin{bmatrix} a_x\,b_x & a_x\,b_y & a_x\,b_z \\ a_y\,b_x & a_y\,b_y & a_y\,b_z \\ a_z\,b_x & a_z\,b_y & a_z\,b_z \end{bmatrix}. \tag{2.72}$$

Weitere Tensoren in der Dynamik starrer Mehrkörpersysteme sind der Drehtensor (Abschn. 3.3.2) und der Trägheitstensor (Abschn. 4.4).

Transformation von Tensorkoordinaten Die Koordinaten ${}^{1}\boldsymbol{D}$ eines Tensors $\boldsymbol{D}$ im System $\mathcal{K}_1$ können mit Hilfe der Transformationsmatrix ${}^{12}\boldsymbol{T}$ in die Koordinaten ${}^{2}\boldsymbol{D}$ in einem System $\mathcal{K}_2$ transformiert werden. Für die Herleitung der Transformationsbeziehung wird von der in $\mathcal{K}_1$ dargestellten Vektorabbildung

$${}^{1}\boldsymbol{s} = {}^{1}\boldsymbol{D}\,{}^{1}\boldsymbol{r} \tag{2.73}$$

ausgegangen. Einsetzen der Transformationen für die Vektorkoordinaten

$${}^{1}\boldsymbol{s} = {}^{12}\boldsymbol{T}\,{}^{2}\boldsymbol{s}, \qquad {}^{1}\boldsymbol{r} = {}^{12}\boldsymbol{T}\,{}^{2}\boldsymbol{r} \tag{2.74}$$

ergibt ${}^{12}\boldsymbol{T}\,{}^{2}\boldsymbol{s} = {}^{1}\boldsymbol{D}\,{}^{12}\boldsymbol{T}\,{}^{2}\boldsymbol{r}$ und nach Multiplikation mit ${}^{12}\boldsymbol{T}^{\mathrm{T}}$ von links

$${}^{2}\boldsymbol{s} = {}^{12}\boldsymbol{T}^{\mathrm{T}}\,{}^{1}\boldsymbol{D}\,{}^{12}\boldsymbol{T}\,{}^{2}\boldsymbol{r}. \tag{2.75}$$

Der Vergleich von (2.75) mit der im System $\mathcal{K}_2$ dargestellten Vektorabbildung, also

$${}^{2}\boldsymbol{s} = {}^{2}\boldsymbol{D}\,{}^{2}\boldsymbol{r}, \tag{2.76}$$

liefert unter Berücksichtigung von ${}^{12}\boldsymbol{T}^{\mathrm{T}} = {}^{21}\boldsymbol{T}$ die Gleichung für die Transformation der Tensorkoordinaten vom System $\mathcal{K}_1$ in das System $\mathcal{K}_2$

$${}^{2}\boldsymbol{D} = {}^{21}\boldsymbol{T}\,{}^{1}\boldsymbol{D}\,{}^{21}\boldsymbol{T}^{\mathrm{T}}. \tag{2.77}$$

Entsprechend lautet die umgekehrte Transformation der Tensorkoordinaten von $\mathcal{K}_2$ nach $\mathcal{K}_1$

$${}^{1}\boldsymbol{D} = {}^{12}\boldsymbol{T}\,{}^{2}\boldsymbol{D}\,{}^{12}\boldsymbol{T}^{\mathrm{T}}. \tag{2.78}$$

Gegenüber der Transformation von Vektorkoordinaten gemäß (2.54) kommt bei der Transformation von Tensorkoordinaten die Multiplikation mit der transponierten Transformationsmatrix von rechts hinzu.

3 Grundlagen der Kinematik

Die Kinematik ist die Lehre von der Geometrie der Bewegungen von Punkten und Körpern. Kräfte und Momente, welche die Bewegungen verursachen, werden dabei nicht betrachtet. In diesem Kapitel werden die Grundlagen der Kinematik räumlicher Starrkörperbewegungen behandelt.

Die Lage, Geschwindigkeit und Beschleunigung eines starren Körpers im Raum werden in Abschn. 3.1 vektoriell beschrieben. Die zeitliche Ableitung von vektoriellen Bewegungsgrößen gegenüber verschiedenen bewegten Bezugssystemen wird in Abschn. 3.2 definiert. Sie führt auf die Beziehungen für die Zusammensetzung zweier Teilbewegungen zu einer resultierenden Bewegung, die in der Kinematik von Mehrkörpersystemen eine zentrale Bedeutung besitzen. Starrkörperdrehungen werden durch den in Abschn. 3.3 eingeführten Drehzeiger und den daraus abgeleiteten Drehtensor geometrisch beschrieben. In den Abschn. 3.4 und 3.5 wird gezeigt, wie damit auch mehrfache Drehungen und die Winkelgeschwindigkeit eines starren Körpers geometrisch interpretiert werden können. Als Parametrierungen von Drehungen werden in den Abschn. 3.6 bis 3.9 die KARDAN- und EULER-Winkel sowie die vom Drehzeiger abgeleiteten EULER- und RODRIGUES-Parameter eingeführt und ihre Anwendung an Beispielen gezeigt.

3.1 Allgemeine Bewegung des starren Körpers

Für die allgemeine Bewegung eines starren Körpers im Raum werden die Lage, die Geschwindigkeit und die Beschleunigung betrachtet.

C. Woernle, *Mehrkörpersysteme*, https://doi.org/10.1007/978-3-662-64530-7_3

3.1.1 Aufgabenstellung

Zur Beschreibung der räumlichen Bewegung eines starren Körpers relativ zu einem Koordinatensystem $\mathcal{K}_0$ wird ein körperfestes Koordinatensystem $\mathcal{K}_1$ eingeführt (Abb. 3.1). Die allgemeine räumliche Bewegung des Körpers bzw. des damit fest verbundenen Koordinatensystems $\mathcal{K}_1$ relativ zum System $\mathcal{K}_0$ lässt sich nach einem Satz von EULER durch die Bahnbewegung des Körperpunkts O_1 und der Drehbewegung des Körpers um O_1 darstellen:

- *Bahnbewegung* des Punktes O_1, beschrieben durch den zeitlich veränderlichen Koordinatenvektor ${}^0\boldsymbol{r}_{10}(t)$ des Vektors $\boldsymbol{r}_{10}(t)$ von O_0 nach O_1 im System $\mathcal{K}_0$,

$$
{}^0\boldsymbol{r}_{10}(t) = {}^0\begin{bmatrix} r_{10x}(t) \\ r_{10y}(t) \\ r_{10z}(t) \end{bmatrix}. \tag{3.1}
$$

- *Drehbewegung* des Systems $\mathcal{K}_1$ um den Punkt O_1, beschrieben durch die zeitlich veränderliche (3,3)-Transformationsmatrix ${}^{01}\boldsymbol{T}(t)$ vom System $\mathcal{K}_1$ in das System $\mathcal{K}_0$ gemäß (2.55),

$$
{}^{01}\boldsymbol{T}(t) = \left[{}^0\boldsymbol{e}_{x1}(t) \;\; {}^0\boldsymbol{e}_{y1}(t) \;\; {}^0\boldsymbol{e}_{z1}(t) \right]. \tag{3.2}
$$

  Da die Transformationsmatrix ${}^{01}\boldsymbol{T}$ die Orientierung des Koordinatensystems $\mathcal{K}_1$ relativ zum System $\mathcal{K}_0$ kennzeichnet, wird sie auch als *Drehmatrix* bezeichnet.

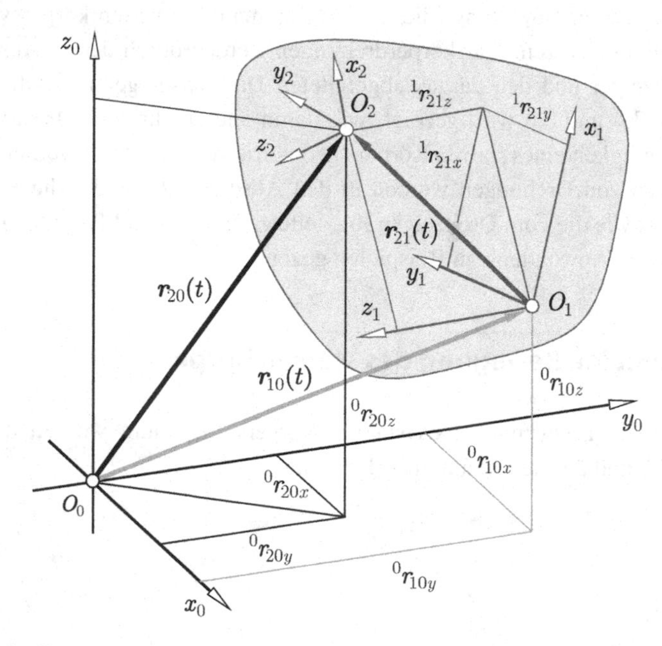

Abb. 3.1 Beschreibung der Lage eines starren Körpers im Raum

Die Interpretation der Drehung als Koordinatentransformation von Vektoren wird auch als *passive Drehung* bezeichnet. In Abschn. 3.3.3 wird die dazu äquivalente Interpretation als *aktive Drehung* von Vektoren gegenübergestellt.

Betrachtet wird nun ein weiteres körperfestes Koordinatensystem $\mathcal{K}_2$. Die Lage von $\mathcal{K}_2$ relativ zu $\mathcal{K}_1$ wird durch den zeitlich konstanten Koordinatenvektor

$$ {}^{1}\boldsymbol{r}_{21} = {}^{1}\begin{bmatrix} r_{21x} \\ r_{21y} \\ r_{21z} \end{bmatrix} \tag{3.3} $$

des körperfesten Vektors $\boldsymbol{r}_{21}$ von O_1 nach O_2 im System $\mathcal{K}_1$ beschrieben. Die Orientierung des Systems $\mathcal{K}_2$ gegenüber $\mathcal{K}_1$ beschreibt die zeitlich konstante Drehmatrix

$$ {}^{12}\boldsymbol{T} = \begin{bmatrix} {}^{1}\boldsymbol{e}_{x2} & {}^{1}\boldsymbol{e}_{y2} & {}^{1}\boldsymbol{e}_{z2} \end{bmatrix}. \tag{3.4} $$

Für die allgemeine Bewegung des Körpers werden im Folgenden die Lage, die Geschwindigkeit und die Beschleunigung des Punktes O_2 sowie die Orientierung des Systems $\mathcal{K}_2$ relativ zum System $\mathcal{K}_0$ ermittelt.

3.1.2 Lage

Unter Verwendung des körperfesten Vektors $\boldsymbol{r}_{21}$ von O_1 nach O_2 gilt für den zeitlich veränderlichen Vektor $\boldsymbol{r}_{20}(t)$ von O_0 nach O_2

$$ \boldsymbol{r}_{20}(t) = \boldsymbol{r}_{10}(t) + \boldsymbol{r}_{21}(t). \tag{3.5} $$

Im System $\mathcal{K}_0$ lautet diese Vektorgleichung ${}^{0}\boldsymbol{r}_{20}(t) = {}^{0}\boldsymbol{r}_{10}(t) + {}^{0}\boldsymbol{r}_{21}(t)$. Der zeitlich veränderliche Koordinatenvektor ${}^{0}\boldsymbol{r}_{21}(t)$ lässt sich aus dem zeitlich konstanten Koordinatenvektor ${}^{1}\boldsymbol{r}_{21}$ aus (3.3) mit Hilfe der zeitlich veränderlichen Drehmatrix ${}^{01}\boldsymbol{T}(t)$ vom System $\mathcal{K}_1$ nach $\mathcal{K}_0$ ermitteln,

$$ {}^{0}\boldsymbol{r}_{21}(t) = {}^{01}\boldsymbol{T}(t)\ {}^{1}\boldsymbol{r}_{21}. \tag{3.6} $$

Damit gilt insgesamt

$$ {}^{0}\boldsymbol{r}_{20}(t) = {}^{0}\boldsymbol{r}_{10}(t) + {}^{01}\boldsymbol{T}(t)\ {}^{1}\boldsymbol{r}_{21}. \tag{3.7} $$

Die Orientierung des Systems $\mathcal{K}_2$ relativ zum System $\mathcal{K}_0$ wird beschrieben durch die Drehmatrix

$$ {}^{02}\boldsymbol{T}(t) = {}^{01}\boldsymbol{T}(t)\ {}^{12}\boldsymbol{T}. \tag{3.8} $$

Homogene Punktkoordinaten und $(4,4)$**-Lagematrizen** Die Bestimmungsgleichung (3.7) für die Lage des Punktes O_2 kann unter Hinzunahme der Identität $1 = 1$ mit Hilfe der (4,4)-Matrix ${}^{01}\bar{\boldsymbol{T}}(t)$ und den erweiterten 4-Vektoren ${}^{0}\bar{\boldsymbol{r}}_{10}$ und ${}^{1}\bar{\boldsymbol{r}}_{21}$ wie folgt dargestellt werden,

$$\begin{bmatrix} {}^0\boldsymbol{r}_{20}(t) \\ 1 \end{bmatrix} = \begin{bmatrix} {}^{01}\boldsymbol{T}(t) & {}^0\boldsymbol{r}_{10}(t) \\ \boldsymbol{0}^{\mathrm{T}} & 1 \end{bmatrix} \begin{bmatrix} {}^1\boldsymbol{r}_{21} \\ 1 \end{bmatrix}$$
$${}^0\bar{\boldsymbol{r}}_{20}(t) \quad = \quad {}^{01}\bar{\boldsymbol{T}}(t) \quad {}^1\bar{\boldsymbol{r}}_{21} \quad . \tag{3.9}$$

Die Elemente der 4-Vektoren ${}^0\bar{\boldsymbol{r}}_{20}$ und ${}^1\bar{\boldsymbol{r}}_{21}$ sind die *homogenen Koordinaten* des Punktes O_2 in den Koordinatensystemen $\mathcal{K}_0$ bzw. $\mathcal{K}_1$. Die (4,4)-Matrix ${}^{01}\bar{\boldsymbol{T}}$ transformiert damit die homogenen Koordinaten des Punktes O_2 vom System $\mathcal{K}_1$ in das System $\mathcal{K}_0$. Da die Matrix ${}^{01}\bar{\boldsymbol{T}}$ die Lagegrößen ${}^0\boldsymbol{r}_{10}$ und ${}^{01}\boldsymbol{T}$ des Koordinatensystems $\mathcal{K}_1$ relativ zu $\mathcal{K}_0$ enthält, wird sie hier als die (4, 4)-*Lagematrix* von $\mathcal{K}_1$ relativ zu $\mathcal{K}_0$ bezeichnet.

Mit Hilfe von (4, 4)-Lagematrizen können die Bestimmungsgleichungen (3.7) und (3.8) wie folgt zu einer Matrizengleichung zusammengefasst werden,

$$\begin{bmatrix} {}^{02}\boldsymbol{T}(t) & {}^0\boldsymbol{r}_{20}(t) \\ \boldsymbol{0}^{\mathrm{T}} & 1 \end{bmatrix} = \begin{bmatrix} {}^{01}\boldsymbol{T}(t) & {}^0\boldsymbol{r}_{10}(t) \\ \boldsymbol{0}^{\mathrm{T}} & 1 \end{bmatrix} \begin{bmatrix} {}^{12}\boldsymbol{T} & {}^0\boldsymbol{r}_{21} \\ \boldsymbol{0}^{\mathrm{T}} & 1 \end{bmatrix}$$
$${}^{02}\bar{\boldsymbol{T}}(t) \quad = \quad {}^{01}\bar{\boldsymbol{T}}(t) \quad {}^{12}\bar{\boldsymbol{T}} \quad . \tag{3.10}$$

Damit wird die Lagematrix ${}^{02}\bar{\boldsymbol{T}}$ von $\mathcal{K}_2$ relativ zu $\mathcal{K}_0$ als Produkt der Lagematrix ${}^{01}\bar{\boldsymbol{T}}$ von $\mathcal{K}_1$ relativ zu $\mathcal{K}_0$ mit der Lagematrix ${}^{12}\bar{\boldsymbol{T}}$ von $\mathcal{K}_2$ relativ zu $\mathcal{K}_1$ berechnet. Diese Darstellung ermöglicht eine kompakte Schreibweise für die Vorwärtskinematik auf Lageebene in offenen kinematischen Ketten.

3.1.3 Geschwindigkeit, Bewegungswinder

Die Zeitableitung des Ortsvektors $\boldsymbol{r}_{20}(t)$ des Punktes O_2 aus (3.5) liefert den Geschwindigkeitsvektor $\dot{\boldsymbol{r}}_{20} = \boldsymbol{v}_{20}$ von O_2,

$$\begin{aligned} \dot{\boldsymbol{r}}_{20}(t) &= \dot{\boldsymbol{r}}_{10}(t) + \dot{\boldsymbol{r}}_{21}(t) \quad \text{oder} \\ \boldsymbol{v}_{20}(t) &= \boldsymbol{v}_{10}(t) + \dot{\boldsymbol{r}}_{21}(t). \end{aligned} \tag{3.11}$$

Die zeitliche Änderung des körperfesten Vektors $\boldsymbol{r}_{21}$ ergibt sich aus der Bedingung, dass der Betrag r_{21} von $\boldsymbol{r}_{21}$ konstant ist. Damit ist auch $r_{21}^2 = \boldsymbol{r}_{21}^{\mathrm{T}}\,\boldsymbol{r}_{21}$ konstant, und es gilt

$$\frac{\mathrm{d}(\boldsymbol{r}_{21}^{\mathrm{T}}\boldsymbol{r}_{21})}{\mathrm{d}t} = 0 \quad \Rightarrow \quad 2\,\boldsymbol{r}_{21}^{\mathrm{T}}\dot{\boldsymbol{r}}_{21} = 0. \tag{3.12}$$

Der Vektor $\dot{\boldsymbol{r}}_{21}$ steht senkrecht auf $\boldsymbol{r}_{21}$ und kann daher als das vektorielle Produkt eines Vektors $\boldsymbol{\omega}_{10}$ mit $\boldsymbol{r}_{21}$ ausgedrückt werden,

$$\dot{\boldsymbol{r}}_{21}(t) = \widetilde{\boldsymbol{\omega}}_{10}(t)\; \boldsymbol{r}_{21}(t). \tag{3.13}$$

Der Vektor $\boldsymbol{\omega}_{10}$ ist die Winkelgeschwindigkeit des körperfesten Systems $\mathcal{K}_1$ relativ zum System $\mathcal{K}_0$. Das Vektorprodukt ist hier mit dem gemäß (2.21) aus den Koordinaten von $\boldsymbol{\omega}_{10}$

gebildeten schiefsymmetrischen Tensor

$$\boldsymbol{\omega}_{10} = \begin{bmatrix} \omega_{10x} \\ \omega_{10y} \\ \omega_{10z} \end{bmatrix} \quad \Rightarrow \quad \widetilde{\boldsymbol{\omega}}_{10} = \begin{bmatrix} 0 & -\omega_{10z} & \omega_{10y} \\ \omega_{10z} & 0 & -\omega_{10x} \\ -\omega_{10y} & \omega_{10x} & 0 \end{bmatrix} \tag{3.14}$$

dargestellt. Einsetzen von $\dot{\boldsymbol{r}}_{21}$ aus (3.13) in (3.11) ergibt

$$\boldsymbol{v}_{20}(t) = \boldsymbol{v}_{10}(t) + \widetilde{\boldsymbol{\omega}}_{10}(t)\, \boldsymbol{r}_{21}(t). \tag{3.15}$$

Dies ist der Satz von EULER für die Geschwindigkeiten der Körperpunkte O_1 und O_2. Eine geometrische Interpretation der Winkelgeschwindigkeit wird in Abschn. 3.5.1 angegeben.

Bewegungswinder Die Winkelgeschwindigkeit $\boldsymbol{\omega}_{10}$ und die Geschwindigkeit $\boldsymbol{v}_{10}$ definieren den Bewegungswinder $(\boldsymbol{\omega}_{10}, \boldsymbol{v}_{10})$ des Körpers bezüglich des Punktes O_1, der den räumlichen Geschwindigkeitszustand des Körpers beschreibt, vgl. MAGNUS und MÜLLER-SLANY [62]. Mit Hilfe von (3.15) wird der äquivalente Bewegungswinder $(\boldsymbol{\omega}_{10}, \boldsymbol{v}_{20})$ bezüglich des Punktes O_2 berechnet.

3.1.4 Drehmatrix und Winkelgeschwindigkeit

Die Winkelgeschwindigkeit $\boldsymbol{\omega}_{10}$ kann durch die zeitliche Ableitung der Drehmatrix ${}^{01}\boldsymbol{T}$ ausgedrückt werden. Dieser Zusammenhang wird erhalten, indem die Koordinatentransformation (3.6) unter Berücksichtigung des zeitlich konstanten Koordinatenvektors ${}^{1}\boldsymbol{r}_{21}$ aus (3.3) nach der Zeit abgeleitet wird, also

$${}^{0}\dot{\boldsymbol{r}}_{21}(t) = {}^{01}\dot{\boldsymbol{T}}(t)\, {}^{1}\boldsymbol{r}_{21}. \tag{3.16}$$

Einsetzen der umgekehrten Transformation ${}^{1}\boldsymbol{r}_{21} = {}^{01}\boldsymbol{T}^{\mathrm{T}}(t)\, {}^{0}\boldsymbol{r}_{21}(t)$ ergibt

$${}^{0}\dot{\boldsymbol{r}}_{21}(t) = {}^{01}\dot{\boldsymbol{T}}(t)\, {}^{01}\boldsymbol{T}^{\mathrm{T}}(t)\, {}^{0}\boldsymbol{r}_{21}(t). \tag{3.17}$$

Der Vergleich von (3.17) mit der im System $\mathcal{K}_0$ dargestellten Vektorgleichung (3.13), also ${}^{0}\dot{\boldsymbol{r}}_{21}(t) = {}^{0}\widetilde{\boldsymbol{\omega}}_{10}(t)\, {}^{0}\boldsymbol{r}_{21}(t)$, liefert die Koordinaten der Winkelgeschwindigkeit in $\mathcal{K}_0$ bei gegebener zeitlicher Änderung der Drehmatrix,

$${}^{0}\widetilde{\boldsymbol{\omega}}_{10}(t) = {}^{01}\dot{\boldsymbol{T}}(t)\, {}^{01}\boldsymbol{T}^{\mathrm{T}}(t). \tag{3.18}$$

Entsprechend (2.25) gilt ${}^{0}\boldsymbol{\omega}_{10} = \mathrm{vec}({}^{0}\widetilde{\boldsymbol{\omega}}_{10})$.

In umgekehrter Weise kann auch ${}^{01}\dot{\boldsymbol{T}}$ durch ${}^{0}\boldsymbol{\omega}_{10}$ ausgedrückt werden, indem (3.18) von rechts mit ${}^{01}\boldsymbol{T}$ multipliziert wird. Mit der Orthogonalitätsbedingung ${}^{01}\boldsymbol{T}^{\mathrm{T}}\, {}^{01}\boldsymbol{T} = \boldsymbol{E}$ gilt dann

$${}^{01}\dot{\boldsymbol{T}}(t) = {}^{0}\widetilde{\boldsymbol{\omega}}_{10}(t)\, {}^{01}\boldsymbol{T}(t). \tag{3.19}$$

Die neun skalaren Differentialgleichungen in der Matrizengleichung (3.19) werden als die *kinematischen Differentialgleichungen* der Drehmatrix oder auch als die POISSON[1]-Gleichungen bezeichnet. Ist die Winkelgeschwindigkeit ${}^0\widetilde{\boldsymbol{\omega}}_{10}(t)$ bekannt, so kann die Drehmatrix ${}^{01}\boldsymbol{T}(t)$ durch numerische Integration der Differentialgleichungen (3.19) ausgehend von der Anfangsbedingung ${}^{01}\boldsymbol{T}(t_0)$ berechnet werden. Der umgekehrte Zusammenhang (3.18) bildet die inversen kinematischen Differentialgleichungen.

Die kinematischen Differentialgleichungen können auch mit den Koordinaten der Winkelgeschwindigkeit $\boldsymbol{\omega}_{10}$ im körperfesten System $\mathcal{K}_1$ formuliert werden. Einsetzen von ${}^0\widetilde{\boldsymbol{\omega}}_{10}$ aus (3.18) in die Transformation der Tensorkoordinaten gemäß (2.77)

$$ {}^1\widetilde{\boldsymbol{\omega}}_{10} = {}^{10}\boldsymbol{T}\,{}^0\widetilde{\boldsymbol{\omega}}_{10}\,{}^{10}\boldsymbol{T}^{\mathrm{T}} \quad \text{mit} \quad {}^{10}\boldsymbol{T} = {}^{01}\boldsymbol{T}^{\mathrm{T}} \tag{3.20} $$

ergibt unter Berücksichtgung der Orthogonalitätsbedingung ${}^{01}\boldsymbol{T}^{\mathrm{T}}\,{}^{01}\boldsymbol{T} = \boldsymbol{E}$ die inversen kinematischen Differentialgeichungen

$$ {}^1\widetilde{\boldsymbol{\omega}}_{10}(t) = {}^{01}\boldsymbol{T}^{\mathrm{T}}(t)\,{}^{01}\dot{\boldsymbol{T}}(t). \tag{3.21} $$

Multiplikation mit ${}^{01}\boldsymbol{T}$ von links liefert die kinematischen Differentialgleichungen

$$ {}^{01}\dot{\boldsymbol{T}}(t) = {}^{01}\boldsymbol{T}(t)\,{}^1\widetilde{\boldsymbol{\omega}}_{10}(t). \tag{3.22} $$

Eine weitere Herleitung der kinematischen Differentialgleichungen wird in Abschn. 3.5.2 gezeigt.

3.1.5 Beschleunigung

Die Zeitableitung des Geschwindigkeitsvektors $\boldsymbol{v}_{20}(t)$ des Punktes O_2 liefert den Beschleunigungsvektor $\dot{\boldsymbol{v}}_{20}(t) = \boldsymbol{a}_{20}(t)$ von O_2,

$$ \begin{aligned} \ddot{\boldsymbol{r}}_{20}(t) &= \ddot{\boldsymbol{r}}_{10}(t) + \ddot{\boldsymbol{r}}_{21}(t) \quad \text{oder} \\ \dot{\boldsymbol{v}}_{20}(t) &= \dot{\boldsymbol{v}}_{10}(t) + \ddot{\boldsymbol{r}}_{21}(t) \quad \text{oder} \\ \boldsymbol{a}_{20}(t) &= \boldsymbol{a}_{10}(t) + \ddot{\boldsymbol{r}}_{21}(t). \end{aligned} \tag{3.23} $$

Die zeitliche Ableitung von $\dot{\boldsymbol{r}}_{21}$ aus (3.13) ergibt

$$ \ddot{\boldsymbol{r}}_{21}(t) = \dot{\widetilde{\boldsymbol{\omega}}}_{10}(t)\,\boldsymbol{r}_{21}(t) + \widetilde{\boldsymbol{\omega}}_{10}(t)\,\dot{\boldsymbol{r}}_{21}(t) $$

und mit dem Vektor der Winkelbeschleunigung $\dot{\boldsymbol{\omega}}_{10} = \boldsymbol{\alpha}_{10}$ des Systems $\mathcal{K}_1$ relativ zum System $\mathcal{K}_0$ und dem Vektor $\dot{\boldsymbol{r}}_{21}$ aus (3.13)

$$ \ddot{\boldsymbol{r}}_{21}(t) = \widetilde{\boldsymbol{\alpha}}_{10}(t)\,\boldsymbol{r}_{21}(t) + \widetilde{\boldsymbol{\omega}}_{10}(t)\,\widetilde{\boldsymbol{\omega}}_{10}(t)\,\boldsymbol{r}_{21}(t). $$

[1] SIMON-DENIS POISSON, *1781 in Pithiviers, †1840 in Paris.

Zusammen mit (3.23) lautet dann die Beschleunigung $\boldsymbol{a}_{20}(t)$ des Punktes O_2

$$\boldsymbol{a}_{20}(t) = \boldsymbol{a}_{10}(t) + \tilde{\boldsymbol{\alpha}}_{10}(t)\, \boldsymbol{r}_{21}(t) + \tilde{\boldsymbol{\omega}}_{10}(t)\, \tilde{\boldsymbol{\omega}}_{10}(t)\, \boldsymbol{r}_{21}(t). \tag{3.24}$$

Dies ist der Satz von EULER für die Beschleunigungen der Körperpunkte O_1 und O_2.

3.1.6 Beispiel zur Bewegung eines starren Körpers

Betrachtet wird die Dreh-Schubbewegung des Körpers 1 mit dem damit verbundenen Koordinatensystem $\mathcal{K}_1$ entlang der z_0-Achse des im Gestell 0 liegenden Koordinatensystems $\mathcal{K}_0$ (Abb. 3.2). Bei gegebenen zeitlichen Verläufen des Drehwinkels $\beta(t)$ und der Verschiebung $s(t)$ sind die Lage des mit dem Körper 1 verbundenen Koordinatensystems $\mathcal{K}_2$ (Abstand $\overline{O_1 O_2} = l$) sowie die Geschwindigkeit und die Beschleunigung des Körperpunkts O_2 zu bestimmen.

Lage von $\mathcal{K}_2$ Die Koordinatendarstellung des Vektors $\boldsymbol{r}_{20}$ von O_0 nach O_2 im System $\mathcal{K}_0$ lautet gemäß (3.7) ${}^0\boldsymbol{r}_{20} = {}^0\boldsymbol{r}_{10} + {}^{01}\boldsymbol{T}\, {}^1\boldsymbol{r}_{21}$, also

$${}^0\boldsymbol{r}_{20} = \begin{bmatrix} 0 \\ 0 \\ s \end{bmatrix} + \begin{bmatrix} \cos\beta & -\sin\beta & 0 \\ \sin\beta & \cos\beta & 0 \\ 0 & 0 & 1 \end{bmatrix} \begin{bmatrix} l \\ 0 \\ 0 \end{bmatrix} = \begin{bmatrix} l\cos\beta \\ l\sin\beta \\ s \end{bmatrix}. \tag{3.25}$$

Die Orientierung des Systems $\mathcal{K}_2$ gegenüber dem System $\mathcal{K}_0$ wird gemäß (3.8) beschrieben durch die Drehmatrix ${}^{02}\boldsymbol{T} = {}^{01}\boldsymbol{T}\, {}^{12}\boldsymbol{T}$, also

$${}^{02}\boldsymbol{T} = \begin{bmatrix} \cos\beta & -\sin\beta & 0 \\ \sin\beta & \cos\beta & 0 \\ 0 & 0 & 1 \end{bmatrix} \begin{bmatrix} 0 & 1 & 0 \\ 1 & 0 & 0 \\ 0 & 0 & -1 \end{bmatrix} = \begin{bmatrix} -\sin\beta & \cos\beta & 0 \\ \cos\beta & \sin\beta & 0 \\ 0 & 0 & -1 \end{bmatrix}. \tag{3.26}$$

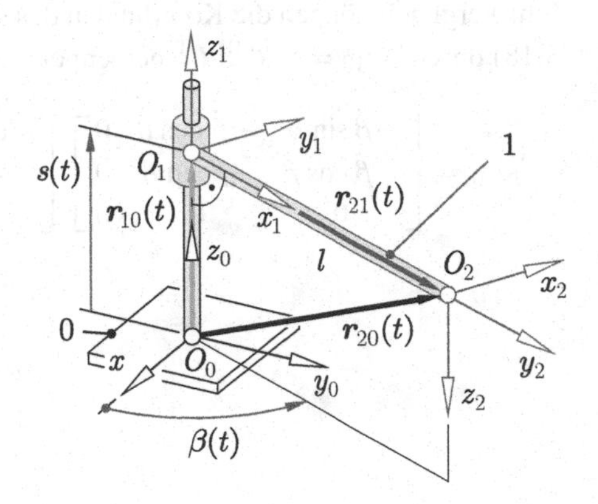

Abb. 3.2 Dreh-Schubbewegung eines starren Körpers

Mit Hilfe der (4,4)-Lagematrizen entsprechend (3.10) können die Beziehungen (3.25) und (3.26) zu einer Matrizengleichung zusammengefasst werden. Das Produkt der (4,4)-Lagematrizen für die Lage von $\mathcal{K}_1$ relativ zu $\mathcal{K}_0$

$$ {}^{01}\bar{\boldsymbol{T}} = \begin{bmatrix} {}^{01}\boldsymbol{T} & {}^{0}\boldsymbol{r}_{10} \\ \boldsymbol{0}^{\mathrm{T}} & 1 \end{bmatrix} = \left[\begin{array}{ccc|c} \cos\beta & -\sin\beta & 0 & 0 \\ \sin\beta & \cos\beta & 0 & 0 \\ 0 & 0 & 1 & s \\ \hline 0 & 0 & 0 & 1 \end{array}\right] \tag{3.27} $$

und für die Lage von $\mathcal{K}_2$ relativ zu $\mathcal{K}_1$

$$ {}^{12}\bar{\boldsymbol{T}} = \begin{bmatrix} {}^{12}\boldsymbol{T} & {}^{0}\boldsymbol{r}_{21} \\ \boldsymbol{0}^{\mathrm{T}} & 1 \end{bmatrix} = \left[\begin{array}{ccc|c} 0 & 1 & 0 & l \\ 1 & 0 & 0 & 0 \\ 0 & 0 & -1 & 0 \\ \hline 0 & 0 & 0 & 1 \end{array}\right] \tag{3.28} $$

ergibt die (4,4)-Lagematrix für die Lage von $\mathcal{K}_2$ relativ zu $\mathcal{K}_0$

$$ {}^{02}\bar{\boldsymbol{T}} = {}^{01}\bar{\boldsymbol{T}}\;{}^{12}\bar{\boldsymbol{T}} = \left[\begin{array}{ccc|c} -\sin\beta & \cos\beta & 0 & l\cos\beta \\ \cos\beta & \sin\beta & 0 & l\sin\beta \\ 0 & 0 & -1 & s \\ \hline 0 & 0 & 0 & 1 \end{array}\right] = \begin{bmatrix} {}^{02}\boldsymbol{T} & {}^{0}\boldsymbol{r}_{20} \\ \boldsymbol{0}^{\mathrm{T}} & 1 \end{bmatrix}. \tag{3.29} $$

Geschwindigkeit von $\mathcal{K}_2$ Da die Achse der Drehbewegung durch den Einheitsvektor $\boldsymbol{e}_{z0}$ gegeben ist, kann die Winkelgeschwindigkeit ${}^{0}\boldsymbol{\omega}_{10}$ unmittelbar angegeben werden,

$$ {}^{0}\boldsymbol{\omega}_{10} = \dot{\beta}\,{}^{0}\boldsymbol{e}_{z0} = \begin{bmatrix} 0 \\ 0 \\ \dot{\beta} \end{bmatrix}. \tag{3.30} $$

Zum Vergleich können die Koordinaten des schiefsymmetrischen Tensors $\widetilde{\boldsymbol{\omega}}_{10}$ in $\mathcal{K}_0$ gemäß (3.18) durch ${}^{0}\widetilde{\boldsymbol{\omega}}_{10} = {}^{01}\dot{\boldsymbol{T}}\;{}^{01}\boldsymbol{T}^{\mathrm{T}}$ berechnet werden, also

$$ {}^{0}\widetilde{\boldsymbol{\omega}}_{10} = \begin{bmatrix} -\dot{\beta}\sin\beta & -\dot{\beta}\cos\beta & 0 \\ \dot{\beta}\cos\beta & -\dot{\beta}\sin\beta & 0 \\ 0 & 0 & 0 \end{bmatrix} \begin{bmatrix} \cos\beta & \sin\beta & 0 \\ -\sin\beta & \cos\beta & 0 \\ 0 & 0 & 1 \end{bmatrix} = \begin{bmatrix} 0 & -\dot{\beta} & 0 \\ \dot{\beta} & 0 & 0 \\ 0 & 0 & 0 \end{bmatrix}. \tag{3.31} $$

Der Vergleich der Matrizenelemente in (3.31) mit der Koordinatendarstellung des Vektorprodukts nach (3.14) liefert ${}^0\boldsymbol{\omega}_{10} = \text{vec}({}^0\widetilde{\boldsymbol{\omega}}_{10})$ gemäß (3.30).

Der Geschwindigkeit des Punktes O_2 hat in $\mathcal{K}_0$ entsprechend (3.15) die Koordinaten ${}^0\boldsymbol{v}_{20} = {}^0\boldsymbol{v}_{10} + {}^0\widetilde{\boldsymbol{\omega}}_{10}\,{}^0\boldsymbol{r}_{21}$, also

$$ {}^0\boldsymbol{v}_{20} = \begin{bmatrix} 0 \\ 0 \\ \dot{s} \end{bmatrix} + \begin{bmatrix} 0 & -\dot{\beta} & 0 \\ \dot{\beta} & 0 & 0 \\ 0 & 0 & 0 \end{bmatrix} \begin{bmatrix} l\cos\beta \\ l\sin\beta \\ 0 \end{bmatrix} = \begin{bmatrix} -l\,\dot{\beta}\sin\beta \\ l\,\dot{\beta}\cos\beta \\ \dot{s} \end{bmatrix}. \tag{3.32} $$

Dasselbe Ergebnis wird auch durch die zeitliche Ableitung des Koordinatenvektors ${}^0\boldsymbol{r}_{20}$ aus (3.25) erhalten.

Beschleunigung von O_2 Die Beschleunigung $\boldsymbol{a}_{20}$ des Punktes O_2 im System $\mathcal{K}_0$ ist gemäß (3.24) ${}^0\boldsymbol{a}_{20} = {}^0\boldsymbol{a}_{10} + {}^0\widetilde{\boldsymbol{\alpha}}_{10}\,{}^0\boldsymbol{r}_{21} + {}^0\widetilde{\boldsymbol{\omega}}_{10}\,{}^0\widetilde{\boldsymbol{\omega}}_{10}\,{}^0\boldsymbol{r}_{21}$, also

$$ {}^0\boldsymbol{a}_{20} = \begin{bmatrix} 0 \\ 0 \\ \ddot{s} \end{bmatrix} + \begin{bmatrix} 0 & -\ddot{\beta} & 0 \\ \ddot{\beta} & 0 & 0 \\ 0 & 0 & 0 \end{bmatrix} \begin{bmatrix} l\cos\beta \\ l\sin\beta \\ 0 \end{bmatrix} + \begin{bmatrix} 0 & -\dot{\beta} & 0 \\ \dot{\beta} & 0 & 0 \\ 0 & 0 & 0 \end{bmatrix} \begin{bmatrix} 0 & -\dot{\beta} & 0 \\ \dot{\beta} & 0 & 0 \\ 0 & 0 & 0 \end{bmatrix} \begin{bmatrix} l\cos\beta \\ l\sin\beta \\ 0 \end{bmatrix} $$

und damit

$$ {}^0\boldsymbol{a}_{20} = \begin{bmatrix} -l\,\ddot{\beta}\,\sin\beta - l\,\dot{\beta}^2\cos\beta \\ l\,\ddot{\beta}\,\cos\beta - l\,\dot{\beta}^2\sin\beta \\ \ddot{s} \end{bmatrix}. \tag{3.33} $$

3.1.7 Sonderfälle der allgemeinen Bewegung

Die in Tab. 3.1 gezeigten drei Sonderfälle der allgemeinen Bewegung eines Körpers im Raum werden häufig betrachtet:

- Die Drehmatrix ${}^{01}\boldsymbol{T}$ ist zeitlich konstant. Der Körper führt eine reine *Translationsbewegung* aus: Alle Körperpunkte bewegen sich auf Bahnen, die zu der Bahn $\boldsymbol{r}_{10}(t)$ des Punktes O_1 parallel verschoben sind. Körperfeste Vektoren, wie z. B. der Vektor $\boldsymbol{r}_{21}$, ändern dabei ihre Richtung nicht.
- Der Körperpunkt O_1 ist raumfest. Der Körper führt eine *Drehbewegung um den Fixpunkt* O_1 (Fixpunktdrehung) aus: Die Körperpunkte bewegen sich auf den Oberflächen von konzentrischen Kugeln um O_1.
- Bei der *ebenen Bewegung* bewegen sich alle Körperpunkte parallel zu einer Ebene E: Es treten nur Verschiebungen parallel zu E und Drehungen um Achsen senkrecht zu E auf.

Tab. 3.1 Sonderfälle der allgemeinen Bewegung eines starren Körpers

Translationsbewegung 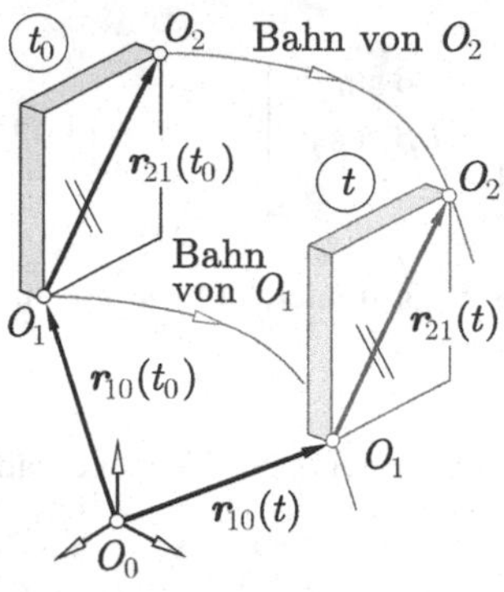	Drehbewegung 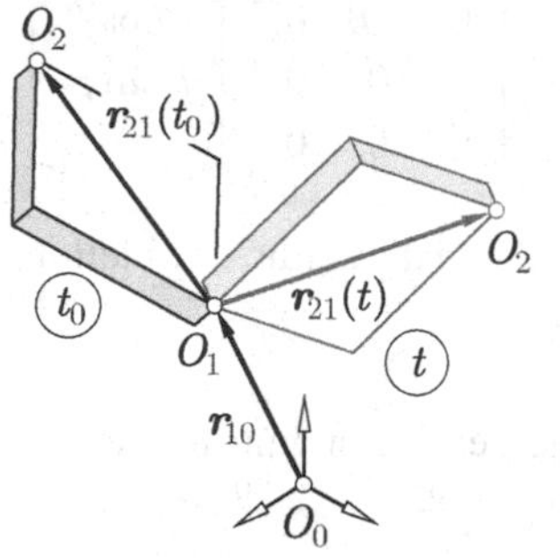	Ebene Bewegung 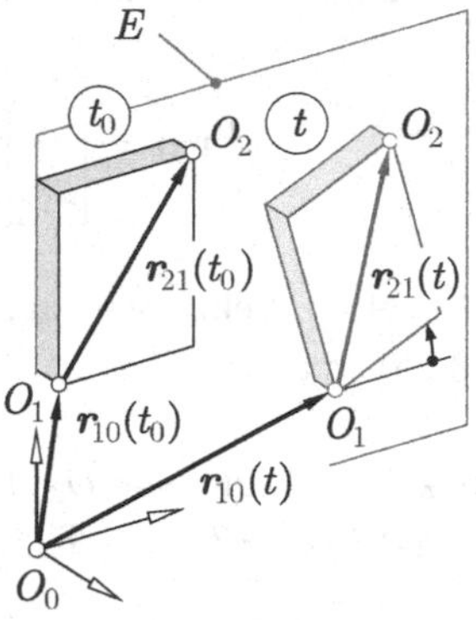

3.2 Relativbewegungen starrer Körper

Die Bildung zeitlicher Ableitungen von Vektoren erfordert die Angabe des Bezugssystems für die zeitliche Änderung. Dies ist das Koordinatensystem, von dem aus die zeitliche Änderung beobachtet wird. In den Betrachtungen des vorangehenden Abschnitts wurde stets das raumfeste Koordinatensystem $\mathcal{K}_0$ als Bezugssystem zugrunde gelegt. In diesem Abschnitt wird die Zeitableitung von Vektoren relativ zu bewegten Bezugssystemen definiert, und es wird die Umrechnung auf ein anderes Bezugssystem hergeleitet. Damit können die kinematischen Größen einer aus zwei Teilbewegungen zusammengesetzten Bewegung berechnet werden.

3.2.1 Relative zeitliche Ableitung von Vektoren

Neben dem raumfesten Koordinatensystem $\mathcal{K}_0$ wird ein weiteres Koordinatensystem $\mathcal{K}_1$ mit $O_0 = O_1$ eingeführt, das sich relativ zu $\mathcal{K}_0$ mit der Winkelgeschwindigkeit $\boldsymbol{\omega}_{10}$ dreht. Weiterhin wird ein beliebiger, ebenfalls zeitlich veränderlicher Vektor $\boldsymbol{r}(t)$ betrachtet (Abb. 3.3). Die Aufgabe besteht nun darin, die zeitliche Änderungen von $\boldsymbol{r}$ relativ zu $\mathcal{K}_0$ und relativ zu $\mathcal{K}_1$ auszudrücken.

Komponentenzerlegung im raumfesten System $\mathcal{K}_0$ Der Vektor $\boldsymbol{r}(t)$ kann als Linearkombination der raumfesten und damit zeitlich konstanten Einheitsvektoren von $\mathcal{K}_0$ dargestellt werden,

$$\boldsymbol{r}(t) = {}^0r_x(t)\,\boldsymbol{e}_{x0} + {}^0r_y(t)\,\boldsymbol{e}_{y0} + {}^0r_z(t)\,\boldsymbol{e}_{z0}. \tag{3.34}$$

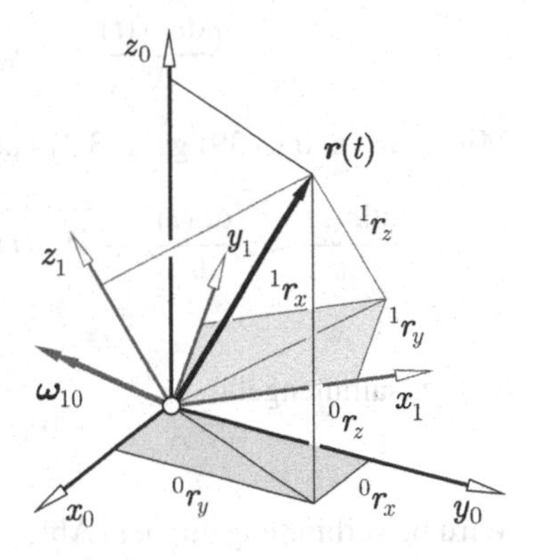

Abb. 3.3 Zeitliche Ableitung eines Vektors $\boldsymbol{r}(t)$ relativ zu den Bezugssystemen $\mathcal{K}_0$ und $\mathcal{K}_1$

Die zeitliche Ableitung von $\boldsymbol{r}(t)$ relativ zum System $\mathcal{K}_0$ lautet

$$\frac{{}_0\mathrm{d}\boldsymbol{r}(t)}{\mathrm{d}t} = \frac{\mathrm{d}\,{}^0r_x(t)}{\mathrm{d}t}\,\boldsymbol{e}_{x0} + \frac{\mathrm{d}\,{}^0r_y(t)}{\mathrm{d}t}\,\boldsymbol{e}_{y0} + \frac{\mathrm{d}\,{}^0r_z(t)}{\mathrm{d}t}\,\boldsymbol{e}_{z0}. \tag{3.35}$$

In der Schreibweise $\frac{{}_0\mathrm{d}\boldsymbol{r}}{\mathrm{d}t}$ kennzeichnet der linke untere Index das Bezugssystem, hier $\mathcal{K}_0$, für die zeitliche Änderung des Vektors $\boldsymbol{r}(t)$.

Komponentenzerlegung im bewegten System $\mathcal{K}_1$ Die Komponentenzerlegung des Vektors $\boldsymbol{r}(t)$ im System $\mathcal{K}_1$ lautet mit den nun zeitlich veränderlichen Einheitsvektoren

$$\boldsymbol{r}(t) = {}^1r_x(t)\,\boldsymbol{e}_{x1}(t) + {}^1r_y(t)\,\boldsymbol{e}_{y1}(t) + {}^1r_z(t)\,\boldsymbol{e}_{z1}(t). \tag{3.36}$$

Wird wiederum die zeitliche Ableitung des Vektors $\boldsymbol{r}(t)$ relativ zu $\mathcal{K}_0$ gebildet, so sind die zeitlichen Änderungen der Basisvektoren von $\mathcal{K}_1$ relativ zu $\mathcal{K}_0$ zu berücksichtigen,

$$\begin{aligned}\frac{{}_0\mathrm{d}\boldsymbol{r}(t)}{\mathrm{d}t} = {} & \frac{\mathrm{d}\,{}^1r_x(t)}{\mathrm{d}t}\,\boldsymbol{e}_{x1}(t) + \frac{\mathrm{d}\,{}^1r_y(t)}{\mathrm{d}t}\,\boldsymbol{e}_{y1}(t) + \frac{\mathrm{d}\,{}^1r_z(t)}{\mathrm{d}t}\,\boldsymbol{e}_{z1}(t)\\ & + {}^1r_x(t)\,\frac{{}_0\mathrm{d}\boldsymbol{e}_{x1}(t)}{\mathrm{d}t} + {}^1r_y(t)\,\frac{{}_0\mathrm{d}\boldsymbol{e}_{y1}(t)}{\mathrm{d}t} + {}^1r_z(t)\,\frac{{}_0\mathrm{d}\boldsymbol{e}_{z1}(t)}{\mathrm{d}t}.\end{aligned} \tag{3.37}$$

Die ersten drei Summanden in (3.37) definieren in Analogie zu (3.35) die zeitliche Änderung des Vektors $\boldsymbol{r}(t)$ relativ zum System $\mathcal{K}_1$,

$$\frac{{}_1\mathrm{d}\boldsymbol{r}(t)}{\mathrm{d}t} = \frac{\mathrm{d}\,{}^1r_x(t)}{\mathrm{d}t}\,\boldsymbol{e}_{x1}(t) + \frac{\mathrm{d}\,{}^1r_y(t)}{\mathrm{d}t}\,\boldsymbol{e}_{y1}(t) + \frac{\mathrm{d}\,{}^1r_z(t)}{\mathrm{d}t}\,\boldsymbol{e}_{z1}(t). \tag{3.38}$$

Die zeitlichen Änderungen der Basisvektoren von $\mathcal{K}_1$ relativ zu $\mathcal{K}_0$ können entsprechend (3.13) mit Hilfe der Winkelgeschwindigkeit $\boldsymbol{\omega}_{10}$ von $\mathcal{K}_1$ relativ zu $\mathcal{K}_0$ ausgedrückt werden,

$$\frac{{}_0\mathrm{d}\boldsymbol{e}_{\alpha 1}(t)}{\mathrm{d}t} \equiv {}_0\dot{\boldsymbol{e}}_{\alpha 1}(t) = \widetilde{\boldsymbol{\omega}}_{10}(t)\, \boldsymbol{e}_{\alpha 1}(t), \quad \alpha = x, y, z. \tag{3.39}$$

Mit (3.38) und (3.39) geht (3.37) über in

$$\frac{{}_0\mathrm{d}\boldsymbol{r}(t)}{\mathrm{d}t} = \frac{{}_1\mathrm{d}\boldsymbol{r}(t)}{\mathrm{d}t} + \widetilde{\boldsymbol{\omega}}_{10}(t) \underbrace{\left({}^1r_x(t)\, \boldsymbol{e}_{x1}(t) + {}^1r_y(t)\, \boldsymbol{e}_{y1}(t) + {}^1r_z(t)\, \boldsymbol{e}_{z1}(t) \right)}_{(3.36)\,:\ \boldsymbol{r}(t)}$$

oder zusammengefasst

$$\frac{{}_0\mathrm{d}\boldsymbol{r}(t)}{\mathrm{d}t} = \frac{{}_1\mathrm{d}\boldsymbol{r}(t)}{\mathrm{d}t} + \widetilde{\boldsymbol{\omega}}_{10}(t)\, \boldsymbol{r}(t). \tag{3.40}$$

Wird in Verbindung mit dem Ableitungspunkt das Bezugssystem für die zeitliche Ableitung durch einen Index links unten gekennzeichnet, also

$${}_0\dot{\boldsymbol{r}}(t) = \frac{{}_0\mathrm{d}\boldsymbol{r}(t)}{\mathrm{d}t}, \quad {}_1\dot{\boldsymbol{r}}(t) = \frac{{}_1\mathrm{d}\boldsymbol{r}(t)}{\mathrm{d}t}, \tag{3.41}$$

so kann (3.40) auch geschrieben werden als

$${}_0\dot{\boldsymbol{r}}(t) = {}_1\dot{\boldsymbol{r}}(t) + \widetilde{\boldsymbol{\omega}}_{10}(t)\, \boldsymbol{r}(t). \tag{3.42}$$

Die Gleichungen (3.40) bzw. (3.42) beschreiben den Zusammenhang zwischen den zeitlichen Ableitungen eines Vektors $\boldsymbol{r}(t)$ relativ zu $\mathcal{K}_0$ und $\mathcal{K}_1$.

Aus (3.42) folgt speziell, dass die zeitlichen Ableitungen des Vektors der Winkelgeschwindigkeit $\boldsymbol{\omega}_{10}(t)$ relativ zu $\mathcal{K}_0$ und $\mathcal{K}_1$ übereinstimmen,

$${}_0\dot{\boldsymbol{\omega}}_{10}(t) = {}_1\dot{\boldsymbol{\omega}}_{10}(t) + \underbrace{\widetilde{\boldsymbol{\omega}}_{10}(t)\, \boldsymbol{\omega}_{10}(t)}_{\boldsymbol{0}}. \tag{3.43}$$

Sie definieren den Vektor der Winkelbeschleunigung $\boldsymbol{\alpha}_{10}$ von $\mathcal{K}_1$ relativ zu $\mathcal{K}_0$,

$$\boldsymbol{\alpha}_{10}(t) = {}_0\dot{\boldsymbol{\omega}}_{10}(t) = {}_1\dot{\boldsymbol{\omega}}_{10}(t). \tag{3.44}$$

Bei der Berechnung von zeitlichen Ableitungen von Vektoren in verschiedenen Koordinatensystemen sind die folgenden Zusammenhänge zwischen der physikalischen Bedeutung der Vektoren und der jeweiligen Koordinatendarstellung zu beachten:

- Gleichung (3.42) ist eine Vektorgleichung. Die Vektoren können daher in jedem beliebigen Koordinatensystem $\mathcal{K}_i$ dargestellt werden, also

$${}^i[\,{}_0\dot{\boldsymbol{r}}\,](t) = {}^i[\,{}_1\dot{\boldsymbol{r}}\,](t) + {}^i\widetilde{\boldsymbol{\omega}}_{10}(t)\; {}^i\boldsymbol{r}(t). \tag{3.45}$$

  Die Klammersetzung drückt aus, dass die durch die Indizes 0 und 1 links unten gekennzeichneten Bezugssysteme für die zeitliche Ableitung des Vektors $\boldsymbol{r}$ Merkmale der physikalischen Vektoren ${}_0\dot{\boldsymbol{r}}$ bzw. ${}_1\dot{\boldsymbol{r}}$ sind.

- Die zeitliche Ableitung der Koordinaten ${}^{i}\boldsymbol{r}(t)$ eines Vektors $\boldsymbol{r}(t)$ in einem System $\mathcal{K}_i$ liefert die Koordinaten des Vektors ${}_{i}\dot{\boldsymbol{r}}(t)$ in $\mathcal{K}_i$, also

$$\frac{\mathrm{d}\,{}^{i}\boldsymbol{r}(t)}{\mathrm{d}t} = \frac{\mathrm{d}}{\mathrm{d}t}\begin{bmatrix} {}^{i}r_x(t) \\ {}^{i}r_y(t) \\ {}^{i}r_z(t) \end{bmatrix} = \begin{bmatrix} \frac{\mathrm{d}}{\mathrm{d}t}\,{}^{i}r_x(t) \\ \frac{\mathrm{d}}{\mathrm{d}t}\,{}^{i}r_y(t) \\ \frac{\mathrm{d}}{\mathrm{d}t}\,{}^{i}r_z(t) \end{bmatrix} = {}^{i}[{}_{i}\dot{\boldsymbol{r}}\,](t). \tag{3.46}$$

Die zeitliche Ableitung eines Koordinatenvektors erfordert keine Angabe eines Bezugssystems, da hier die Zeitfunktionen der drei skalaren Koordinaten abgeleitet werden. Vereinfachend wird die folgende Schreibweise definiert:

$${}^{i}\dot{\boldsymbol{r}} = {}^{i}[{}_{i}\dot{\boldsymbol{r}}\,]. \tag{3.47}$$

- Werden die Koordinatenvektoren ${}^{0}\boldsymbol{r}(t)$ und ${}^{1}\boldsymbol{r}(t)$ *desselben* Vektors $\boldsymbol{r}(t)$ in den Systemen $\mathcal{K}_0$ bzw. $\mathcal{K}_1$ nach der Zeit abgeleitet, so werden gemäß (3.46) die Koordinatenvektoren ${}^{0}\dot{\boldsymbol{r}}(t) \equiv {}^{0}[{}_{0}\dot{\boldsymbol{r}}\,](t)$ bzw. ${}^{1}\dot{\boldsymbol{r}}(t) \equiv {}^{1}[{}_{1}\dot{\boldsymbol{r}}\,](t)$ der *verschiedenen* Vektoren ${}_{0}\dot{\boldsymbol{r}}(t)$ bzw. ${}_{1}\dot{\boldsymbol{r}}(t)$ erhalten. Sie können mit der Transformationsmatrix ${}^{01}\boldsymbol{T}(t)$ in das jeweils andere System transformiert werden, also

$${}^{1}[{}_{0}\dot{\boldsymbol{r}}\,](t) = {}^{10}\boldsymbol{T}(t)\,{}^{0}\dot{\boldsymbol{r}}(t) \quad \text{und} \quad {}^{0}[{}_{1}\dot{\boldsymbol{r}}\,](t) = {}^{01}\boldsymbol{T}(t)\,{}^{1}\dot{\boldsymbol{r}}(t). \tag{3.48}$$

Beispiel Der Roboterarm 1 mit dem körperfesten Koordinatensystem $\mathcal{K}_1$ dreht sich um die z_0-Achse des raumfesten Koordinatensystems $\mathcal{K}_0$ (Abb. 3.4). Auf dem Roboterarm bewegt sich die Schiebemuffe 2 parallel zur y_1-Achse. Bei gegebenen zeitlichen Verläufen des Drehwinkels $\varphi(t)$ und der Verschiebung $u(t)$ ist der Vektor $\boldsymbol{r}(t)$ von O_0 zum Punkt P auf der Schiebemuffe zeitlich veränderlich. Ausgehend von den Koordinaten des Vektors $\boldsymbol{r}(t)$ in $\mathcal{K}_1$,

$${}^{1}\boldsymbol{r}(t) = \begin{bmatrix} l & u(t) & 0 \end{bmatrix}^{\mathrm{T}}, \tag{3.49}$$

sind die zeitlichen Änderungen von $\boldsymbol{r}(t)$ relativ zu den Systemen $\mathcal{K}_1$ und $\mathcal{K}_0$ zu berechnen und jeweils in den Systemen $\mathcal{K}_1$ und $\mathcal{K}_0$ anzugeben.

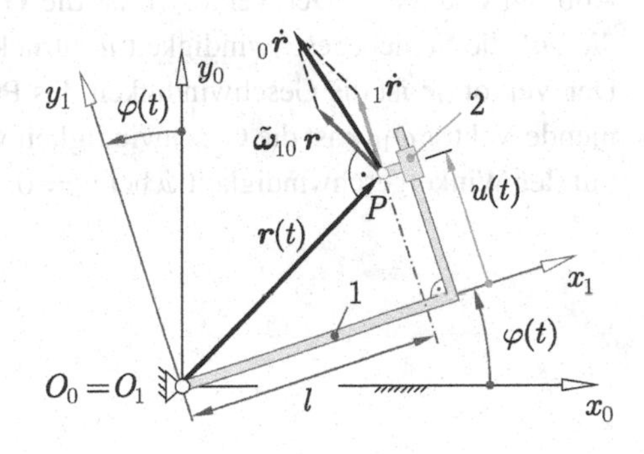

Abb. 3.4 Beispiel zur zeitlichen Ableitung eines Vektors $\boldsymbol{r}(t)$ relativ zu den Bezugssystemen $\mathcal{K}_0$ und $\mathcal{K}_1$

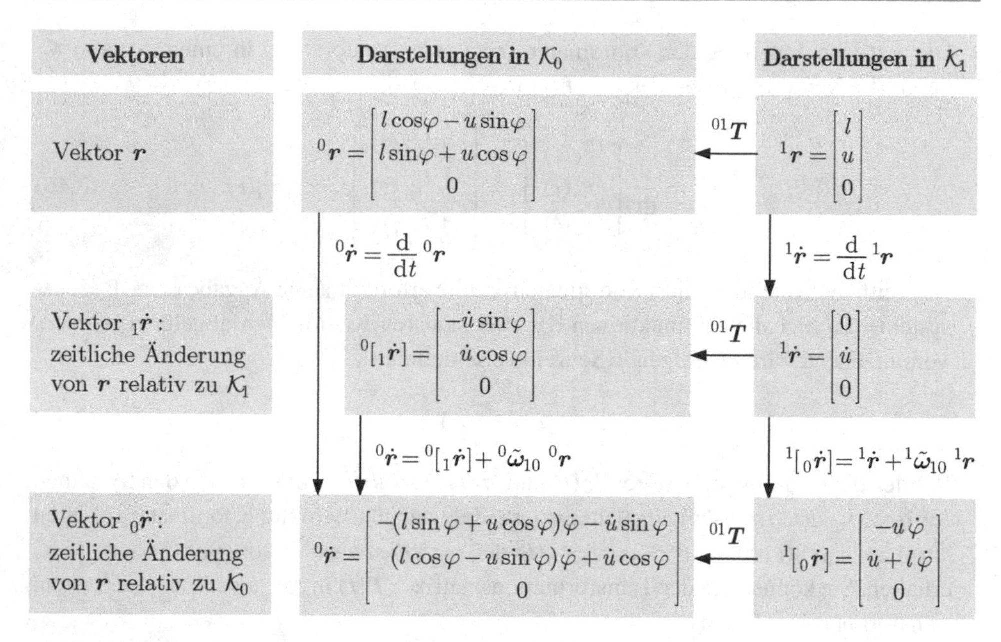

Abb. 3.5 Berechnung der zeitlichen Ableitungen des Vektors $\boldsymbol{r}(t)$ aus Abb. 3.4

Die Drehung des Koordinatensystems $\mathcal{K}_1$ relativ zum System $\mathcal{K}_0$ wird durch die Drehmatrix ${}^{01}\boldsymbol{T}$ und die Winkelgeschwindigkeit $\boldsymbol{\omega}_{10}$ beschrieben,

$$
{}^{01}\boldsymbol{T} = \begin{bmatrix} \cos\varphi & -\sin\varphi & 0 \\ \sin\varphi & \cos\varphi & 0 \\ 0 & 0 & 1 \end{bmatrix}, \qquad {}^1\boldsymbol{\omega}_{10} = \begin{bmatrix} 0 \\ 0 \\ \dot{\varphi} \end{bmatrix}. \tag{3.50}
$$

Unter Verwendung der Beziehungen (3.45), (3.46) und (3.48) können die zeitlichen Änderungen ${}_1\dot{\boldsymbol{r}}(t)$ und ${}_0\dot{\boldsymbol{r}}(t)$ von $\boldsymbol{r}(t)$ relativ zu $\mathcal{K}_1$ und $\mathcal{K}_0$ auf den in Abb. 3.5 gezeigten Wegen berechnet werden.

Die unterschiedlichen physikalischen Bedeutungen der Vektoren ${}_1\dot{\boldsymbol{r}}$ und ${}_0\dot{\boldsymbol{r}}$ sind in Abb. 3.4 erkennbar. Der Vektor ${}_1\dot{\boldsymbol{r}}$ ist die Geschwindigkeit des Punktes P relativ zu $\mathcal{K}_1$, die auf die Schiebegeschwindigkeit $\dot{u}$ zurückgeht. Er zeigt in die Richtung der y_1-Achse. Der Vektor ${}_0\dot{\boldsymbol{r}}$ ist die Geschwindigkeit des Punktes P relativ zu $\mathcal{K}_0$. Der zu ${}_1\dot{\boldsymbol{r}}$ hinzukommende Vektor $\tilde{\boldsymbol{\omega}}_{10}\,\boldsymbol{r}$ ist die Geschwindigkeit von P aufgrund der Drehung des Roboterarms mit der Winkelgeschwindigkeit $\dot{\varphi}$ bei $\dot{u} = 0$. Er steht senkrecht auf dem Vektor $\boldsymbol{r}$.

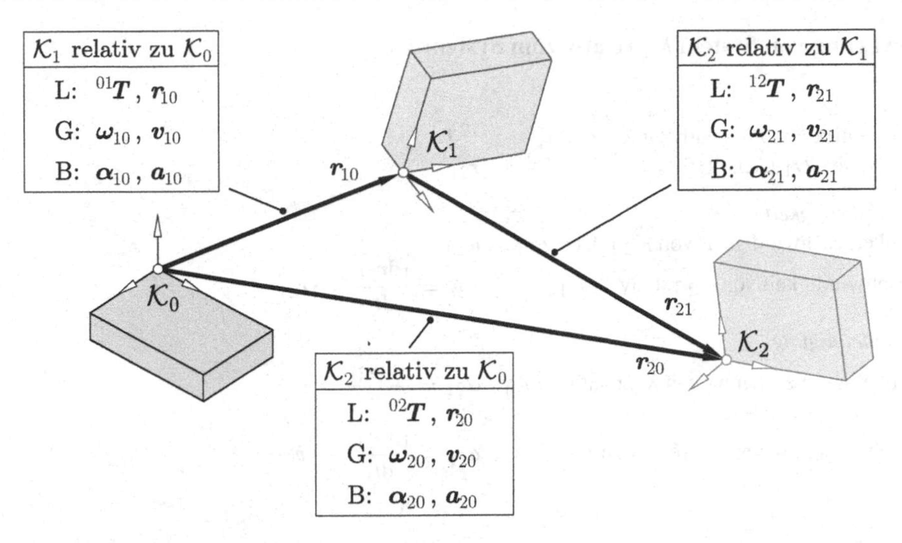

Abb. 3.6 Zusammensetzung der Bewegungen von $\mathcal{K}_1$ relativ zu $\mathcal{K}_0$ und $\mathcal{K}_2$ relativ zu $\mathcal{K}_1$ zur Bewegung von $\mathcal{K}_2$ relativ zu $\mathcal{K}_0$

3.2.2 Zusammensetzung zweier Bewegungen

Eine grundlegende Aufgabenstellung der Kinematik besteht darin, aus der gegebenen Bewegung eines Koordinatensystems $\mathcal{K}_1$ relativ zu einem System $\mathcal{K}_0$ und der gegebenen Bewegung eines Koordinatensystems $\mathcal{K}_2$ relativ zum System $\mathcal{K}_1$ die Bewegung des Systems $\mathcal{K}_2$ relativ zum System $\mathcal{K}_0$ zu berechnen (Abb. 3.6). Betrachtet werden jeweils die Lage (L), die Geschwindigkeit (G) und die Beschleunigung (B).

Bewegung von System $\mathcal{K}_1$ relativ zum System $\mathcal{K}_0$

Lage
Drehmatrix von $\mathcal{K}_1$ relativ zu $\mathcal{K}_0$: ${}^{01}\boldsymbol{T}$
Vektor von O_0 nach O_1: $\boldsymbol{r}_{10}$

Geschwindigkeit
Winkelgeschwindigkeit von $\mathcal{K}_1$ relativ zu $\mathcal{K}_0$: $\boldsymbol{\omega}_{10}$

Geschwindigkeit von O_1 relativ zu $\mathcal{K}_0$: $\boldsymbol{v}_{10} = \frac{{}^0\mathrm{d}\boldsymbol{r}_{10}}{\mathrm{d}t} = {}_0\dot{\boldsymbol{r}}_{10}$

Beschleunigung
Winkelbeschleunigung von $\mathcal{K}_1$ relativ zu $\mathcal{K}_0$: $\boldsymbol{\alpha}_{10} = \frac{{}^0\mathrm{d}\boldsymbol{\omega}_{10}}{\mathrm{d}t} = {}_0\dot{\boldsymbol{\omega}}_{10}$

Beschleunigung von O_1 relativ zu $\mathcal{K}_0$: $\boldsymbol{a}_{10} = \frac{{}^0\mathrm{d}\boldsymbol{v}_{10}}{\mathrm{d}t} = {}_0\dot{\boldsymbol{v}}_{10}$

Bewegung von System $\mathcal{K}_2$ relativ zum System $\mathcal{K}_1$

Lage
Drehmatrix von $\mathcal{K}_2$ relativ zu $\mathcal{K}_1$: ${}^{12}\boldsymbol{T}$
Vektor von O_1 nach O_2: $\boldsymbol{r}_{21}$

Geschwindigkeit
Winkelgeschwindigkeit von $\mathcal{K}_2$ relativ zu $\mathcal{K}_1$: $\boldsymbol{\omega}_{21}$
Geschwindigkeit von O_2 relativ zu $\mathcal{K}_1$: $\boldsymbol{v}_{21} = \frac{{}^{1}\mathrm{d}\boldsymbol{r}_{21}}{\mathrm{d}t} = {}_{1}\dot{\boldsymbol{r}}_{21}$

Beschleunigung
Winkelbeschleunigung von $\mathcal{K}_2$ relativ zu $\mathcal{K}_1$: $\boldsymbol{\alpha}_{21} = \frac{{}^{1}\mathrm{d}\boldsymbol{\omega}_{21}}{\mathrm{d}t} = {}_{1}\dot{\boldsymbol{\omega}}_{21}$

Beschleunigung von O_2 relativ zu $\mathcal{K}_1$: $\boldsymbol{a}_{21} = \frac{{}^{1}\mathrm{d}\boldsymbol{v}_{21}}{\mathrm{d}t} = {}_{1}\dot{\boldsymbol{v}}_{21}$

Bewegung von System $\mathcal{K}_2$ relativ zum System $\mathcal{K}_0$

Lage Die Orientierung des Systems $\mathcal{K}_2$ relativ zum System $\mathcal{K}_0$ wird beschrieben durch die Drehmatrix

$${}^{02}\boldsymbol{T} = {}^{01}\boldsymbol{T}\;{}^{12}\boldsymbol{T}. \tag{3.51}$$

Der Vektor von O_0 nach O_2 lautet gemäß Abb. 3.6

$$\boldsymbol{r}_{20} = \boldsymbol{r}_{10} + \boldsymbol{r}_{21}. \tag{3.52}$$

Geschwindigkeit Die Winkelgeschwindigkeit $\boldsymbol{\omega}_{20}$ von $\mathcal{K}_2$ relativ zu $\mathcal{K}_0$ kann mit Hilfe der kinematischen Differentialgleichungen (3.18) aus der Drehmatrix ${}^{02}\boldsymbol{T}$ aus (3.51) hergeleitet werden. Es gilt

$${}^{0}\tilde{\boldsymbol{\omega}}_{20} = {}^{02}\dot{\boldsymbol{T}}\;{}^{02}\boldsymbol{T}^{\mathrm{T}} \tag{3.53}$$

mit ${}^{02}\dot{\boldsymbol{T}} = {}^{01}\dot{\boldsymbol{T}}\;{}^{12}\boldsymbol{T} + {}^{01}\boldsymbol{T}\;{}^{12}\dot{\boldsymbol{T}}$ und ${}^{02}\boldsymbol{T}^{\mathrm{T}} = \left({}^{01}\boldsymbol{T}\;{}^{12}\boldsymbol{T}\right)^{\mathrm{T}} = {}^{12}\boldsymbol{T}^{\mathrm{T}}\;{}^{01}\boldsymbol{T}^{\mathrm{T}}$ und damit

$${}^{0}\tilde{\boldsymbol{\omega}}_{20} = \underbrace{{}^{01}\dot{\boldsymbol{T}}\;\overbrace{{}^{12}\boldsymbol{T}\;{}^{12}\boldsymbol{T}^{\mathrm{T}}}^{\boldsymbol{E}}\;{}^{01}\boldsymbol{T}^{\mathrm{T}}}_{{}^{0}\tilde{\boldsymbol{\omega}}_{10}} + \underbrace{{}^{01}\boldsymbol{T}\;\overbrace{{}^{12}\dot{\boldsymbol{T}}\;{}^{12}\boldsymbol{T}^{\mathrm{T}}}^{{}^{1}\tilde{\boldsymbol{\omega}}_{21}}\;{}^{01}\boldsymbol{T}^{\mathrm{T}}}_{{}^{0}\tilde{\boldsymbol{\omega}}_{21},\ \text{vgl. (2.78)}}.$$

Unter Berücksichtigung von (2.25) entsteht daraus die in $\mathcal{K}_0$ dargestellte Vektorgleichung ${}^{0}\boldsymbol{\omega}_{20} = {}^{0}\boldsymbol{\omega}_{10} + {}^{0}\boldsymbol{\omega}_{21}$. Die Winkelgeschwindigkeit von $\mathcal{K}_2$ relativ zu $\mathcal{K}_0$ ist damit die vektorielle Summe der Winkelgeschwindigkeiten der beiden Teilbewegungen,

$$\boldsymbol{\omega}_{20} = \boldsymbol{\omega}_{10} + \boldsymbol{\omega}_{21}. \tag{3.54}$$

Dieses Ergebnis wird in Abschn. 3.5.1 geometrisch interpretiert.

Die Geschwindigkeit $\boldsymbol{v}_{20}$ von O_2 relativ zu $\mathcal{K}_0$ ist die zeitliche Ableitung des Vektors $\boldsymbol{r}_{20}$ aus (3.52) relativ zu $\mathcal{K}_0$,

$$_0\dot{\boldsymbol{r}}_{20} = {}_0\dot{\boldsymbol{r}}_{10} + {}_0\dot{\boldsymbol{r}}_{21} \qquad \text{oder} \qquad \boldsymbol{v}_{20} = \boldsymbol{v}_{10} + {}_0\dot{\boldsymbol{r}}_{21}. \tag{3.55}$$

Die Zeitableitung des Vektors $\boldsymbol{r}_{21}$ relativ zu $\mathcal{K}_0$ wird mit Hilfe von (3.42) in Abhängigkeit von der Geschwindigkeit $_1\dot{\boldsymbol{r}}_{21} = \boldsymbol{v}_{21}$ von O_2 relativ zu $\mathcal{K}_1$ und der Winkelgeschwindigkeit $\boldsymbol{\omega}_{10}$ von $\mathcal{K}_1$ relativ zu $\mathcal{K}_0$ dargestellt,

$$_0\dot{\boldsymbol{r}}_{21} = {}_1\dot{\boldsymbol{r}}_{21} + \widetilde{\boldsymbol{\omega}}_{10}\, \boldsymbol{r}_{21} \qquad \text{oder} \qquad {}_0\dot{\boldsymbol{r}}_{21} = \boldsymbol{v}_{21} + \widetilde{\boldsymbol{\omega}}_{10}\, \boldsymbol{r}_{21}. \tag{3.56}$$

Die Geschwindigkeit von O_2 relativ zu $\mathcal{K}_0$ lautet damit

$$\boldsymbol{v}_{20} = \boldsymbol{v}_{10} + \boldsymbol{v}_{21} + \widetilde{\boldsymbol{\omega}}_{10}\, \boldsymbol{r}_{21}. \tag{3.57}$$

Beschleunigung Die Winkelbeschleunigung $\boldsymbol{\alpha}_{20}$ von $\mathcal{K}_2$ relativ zu $\mathcal{K}_0$ ist die zeitliche Ableitung der Winkelgeschwindigkeit $\boldsymbol{\omega}_{20}$ relativ zu $\mathcal{K}_0$ aus (3.54),

$$_0\dot{\boldsymbol{\omega}}_{20} = {}_0\dot{\boldsymbol{\omega}}_{10} + {}_0\dot{\boldsymbol{\omega}}_{21} \quad \text{oder} \quad \boldsymbol{\alpha}_{20} = \boldsymbol{\alpha}_{10} + {}_0\dot{\boldsymbol{\omega}}_{21}. \tag{3.58}$$

Die Zeitableitung der Winkelgeschwindigkeit $\boldsymbol{\omega}_{21}$ relativ zu $\mathcal{K}_0$ wird mit Hilfe von (3.42) durch die Winkelbeschleunigung $_1\dot{\boldsymbol{\omega}}_{21} = \boldsymbol{\alpha}_{21}$ von $\mathcal{K}_2$ relativ zu $\mathcal{K}_1$ und die Winkelgeschwindigkeit $\boldsymbol{\omega}_{10}$ von $\mathcal{K}_1$ relativ zu $\mathcal{K}_0$ dargestellt,

$$_0\dot{\boldsymbol{\omega}}_{21} = {}_1\dot{\boldsymbol{\omega}}_{21} + \widetilde{\boldsymbol{\omega}}_{10}\, \boldsymbol{\omega}_{21} \qquad \text{oder} \qquad {}_0\dot{\boldsymbol{\omega}}_{21} = \boldsymbol{\alpha}_{21} + \widetilde{\boldsymbol{\omega}}_{10}\, \boldsymbol{\omega}_{21}. \tag{3.59}$$

Die Winkelbeschleunigung von $\mathcal{K}_2$ relativ zu $\mathcal{K}_0$ lautet damit

$$\boldsymbol{\alpha}_{20} = \boldsymbol{\alpha}_{10} + \boldsymbol{\alpha}_{21} + \widetilde{\boldsymbol{\omega}}_{10}\, \boldsymbol{\omega}_{21}. \tag{3.60}$$

Die Beschleunigung $\boldsymbol{a}_{20}$ von O_2 relativ zu $\mathcal{K}_0$ ist die zeitliche Ableitung der Geschwindigkeit $\boldsymbol{v}_{20}$ von O_2 relativ zu $\mathcal{K}_0$,

$$\begin{aligned} {}_0\dot{\boldsymbol{v}}_{20} &= {}_0\dot{\boldsymbol{v}}_{10} + {}_0\dot{\boldsymbol{v}}_{21} + {}_0\dot{\widetilde{\boldsymbol{\omega}}}_{10}\, \boldsymbol{r}_{21} + \widetilde{\boldsymbol{\omega}}_{10}\, {}_0\dot{\boldsymbol{r}}_{21} \qquad \text{oder} \\ \boldsymbol{a}_{20} &= \boldsymbol{a}_{10} + {}_0\dot{\boldsymbol{v}}_{21} + \widetilde{\boldsymbol{\alpha}}_{10}\, \boldsymbol{r}_{21} + \widetilde{\boldsymbol{\omega}}_{10}\, {}_0\dot{\boldsymbol{r}}_{21}. \end{aligned} \tag{3.61}$$

Die Zeitableitung der Geschwindigkeit $\boldsymbol{v}_{21}$ relativ zu $\mathcal{K}_0$ wird mit Hilfe von (3.42) durch die Beschleunigung $_1\dot{\boldsymbol{v}}_{21} = \boldsymbol{a}_{21}$ von O_2 relativ zu $\mathcal{K}_1$ und die Winkelgeschwindigkeit $\boldsymbol{\omega}_{10}$ von $\mathcal{K}_1$ relativ zu $\mathcal{K}_0$ dargestellt,

$$_0\dot{\boldsymbol{v}}_{21} = {}_1\dot{\boldsymbol{v}}_{21} + \widetilde{\boldsymbol{\omega}}_{10}\, \boldsymbol{v}_{21} \qquad \text{oder} \qquad {}_0\dot{\boldsymbol{v}}_{21} = \boldsymbol{a}_{21} + \widetilde{\boldsymbol{\omega}}_{10}\, \boldsymbol{v}_{21}. \tag{3.62}$$

Zusammen mit $_0\dot{\boldsymbol{r}}_{21}$ aus (3.56) geht (3.61) über in

$$\boldsymbol{a}_{20} = \boldsymbol{a}_{10} + \boldsymbol{a}_{21} + \widetilde{\boldsymbol{\alpha}}_{10}\, \boldsymbol{r}_{21} + 2\,\widetilde{\boldsymbol{\omega}}_{10}\, \boldsymbol{v}_{21} + \widetilde{\boldsymbol{\omega}}_{10}\, \widetilde{\boldsymbol{\omega}}_{10}\, \boldsymbol{r}_{21} \tag{3.63}$$

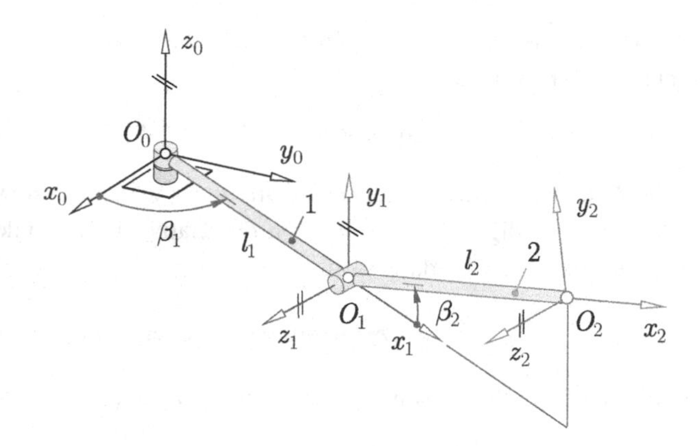

Abb. 3.7 Roboter mit zwei Armsegmenten

mit der EULER-Beschleunigung $\widetilde{\boldsymbol{\alpha}}_{10}\,\boldsymbol{r}_{21}$, der CORIOLIS-Beschleunigung[2] $2\,\widetilde{\boldsymbol{\omega}}_{10}\,\boldsymbol{v}_{21}$ und der Zentripetalbeschleunigung $\widetilde{\boldsymbol{\omega}}_{10}\,\widetilde{\boldsymbol{\omega}}_{10}\,\boldsymbol{r}_{21}$. Die Auswertung der vektoriellen Gleichungen (3.52) bis (3.63) in einem Koordinatensystem erfordert zusätzliche Koordinatentransformationen. Dies wird im nachfolgenden Beispiel gezeigt.

3.2.3 Beispiel zur Zusammensetzung zweier Bewegungen

Die beiden Armsegmente 1 und 2 (Längen l_1, l_2, körperfeste Koordinatensysteme $\mathcal{K}_1$, $\mathcal{K}_2$) des Roboters in Abb. 3.7 sind durch Drehgelenke (Drehwinkel β_1, β_2) miteinander bzw. mit dem Gestell (raumfestes Koordinatensystem $\mathcal{K}_0$) verbunden.

Zu einem Zeitpunkt t seien die Drehwinkel β_1, β_2, die Winkelgeschwindigkeiten $\dot{\beta}_1$, $\dot{\beta}_2$ und die Winkelbeschleunigungen $\ddot{\beta}_1$, $\ddot{\beta}_2$ gegeben. Gesucht sind die Größen der Bewegungen des Systems $\mathcal{K}_1$ relativ zu $\mathcal{K}_0$, des Systems $\mathcal{K}_2$ relativ zu $\mathcal{K}_1$ und des Systems $\mathcal{K}_2$ relativ zu $\mathcal{K}_0$. Alle Vektoren sollen im System $\mathcal{K}_0$ dargestellt werden. Dieser Berechnungsablauf wird insbesondere in der Robotertechnik als *Vorwärtskinematik* bezeichnet.

Bewegung von System $\mathcal{K}_1$ relativ zum System $\mathcal{K}_0$ Die vektoriellen Bewegungsgrößen werden im System $\mathcal{K}_0$ angegeben.

Lage

$$
{}^{01}\boldsymbol{T} = \left[\,{}^{0}\boldsymbol{e}_{x1}\;{}^{0}\boldsymbol{e}_{y1}\;{}^{0}\boldsymbol{e}_{z1}\,\right] = \begin{bmatrix} \cos\beta_1 & 0 & \sin\beta_1 \\ \sin\beta_1 & 0 & -\cos\beta_1 \\ 0 & 1 & 0 \end{bmatrix}, \tag{3.64}
$$

[2] GASPARD GUSTAVE DE CORIOLIS, *1792 in Paris, †1843 in Paris.

$$ {}^{0}\boldsymbol{r}_{10} = l_1 \begin{bmatrix} \cos\beta_1 \\ \sin\beta_1 \\ 0 \end{bmatrix}. \tag{3.65} $$

Geschwindigkeit

$$ {}^{0}\boldsymbol{\omega}_{10} = \dot{\beta}_1\, {}^{0}\boldsymbol{e}_{z0} \quad \Rightarrow \quad {}^{0}\boldsymbol{\omega}_{10} = \begin{bmatrix} 0 \\ 0 \\ \dot{\beta}_1 \end{bmatrix}, \tag{3.66} $$

$$ {}^{0}\boldsymbol{v}_{10} = {}^{0}\widetilde{\boldsymbol{\omega}}_{10}\, {}^{0}\boldsymbol{r}_{10} \quad \Rightarrow \quad {}^{0}\boldsymbol{v}_{10} = l_1 \begin{bmatrix} -\sin\beta_1\,\dot{\beta}_1 \\ \cos\beta_1\,\dot{\beta}_1 \\ 0 \end{bmatrix} \equiv \frac{\mathrm{d}^0\boldsymbol{r}_{10}}{\mathrm{d}t}. \tag{3.67} $$

Beschleunigung

$$ {}^{0}\boldsymbol{\alpha}_{10} = \ddot{\beta}_1\, {}^{0}\boldsymbol{e}_{z0} \quad \Rightarrow \quad {}^{0}\boldsymbol{\alpha}_{10} = \begin{bmatrix} 0 \\ 0 \\ \ddot{\beta}_1 \end{bmatrix} \equiv \frac{\mathrm{d}^0\boldsymbol{\omega}_{10}}{\mathrm{d}t}, \tag{3.68} $$

$$ \begin{aligned} {}^{1}\boldsymbol{a}_{10} &= {}^{0}\widetilde{\boldsymbol{\alpha}}_{10}\, {}^{0}\boldsymbol{r}_{10} + {}^{0}\widetilde{\boldsymbol{\omega}}_{10}\, {}^{0}\widetilde{\boldsymbol{\omega}}_{10}\, {}^{0}\boldsymbol{r}_{10} \\ \Rightarrow \quad {}^{0}\boldsymbol{a}_{10} &= l_1 \begin{bmatrix} -\sin\beta_1\,\ddot{\beta}_1 - \cos\beta_1\,\dot{\beta}_1^2 \\ \cos\beta_1\,\ddot{\beta}_1 - \sin\beta_1\,\dot{\beta}_1^2 \\ 0 \end{bmatrix} \equiv \frac{\mathrm{d}^0\boldsymbol{v}_{10}}{\mathrm{d}t}. \end{aligned} \tag{3.69} $$

Bewegung von System $\mathcal{K}_2$ relativ zum System $\mathcal{K}_1$ Die vektoriellen Bewegungsgrößen werden im System $\mathcal{K}_1$ angegeben.

Lage

$$ {}^{12}\boldsymbol{T} = \left[\, {}^{1}\boldsymbol{e}_{x2}\ {}^{1}\boldsymbol{e}_{y2}\ {}^{1}\boldsymbol{e}_{z2} \,\right] = \begin{bmatrix} \cos\beta_2 & -\sin\beta_2 & 0 \\ \sin\beta_2 & \cos\beta_2 & 0 \\ 0 & 0 & 1 \end{bmatrix}, \tag{3.70} $$

$$ {}^{1}\boldsymbol{r}_{21} = l_2 \begin{bmatrix} \cos\beta_2 \\ \sin\beta_2 \\ 0 \end{bmatrix}. \tag{3.71} $$

Geschwindigkeit

$$
{}^{1}\boldsymbol{\omega}_{21} = \dot{\beta}_2\, {}^{1}\boldsymbol{e}_{z1} \qquad \Rightarrow \qquad {}^{1}\boldsymbol{\omega}_{21} = \begin{bmatrix} 0 \\ 0 \\ \dot{\beta}_2 \end{bmatrix}, \tag{3.72}
$$

$$
{}^{1}\boldsymbol{v}_{21} = {}^{1}\widetilde{\boldsymbol{\omega}}_{21}\, {}^{1}\boldsymbol{r}_{21} \qquad \Rightarrow \qquad {}^{1}\boldsymbol{v}_{21} = l_2 \begin{bmatrix} -\sin\beta_2\, \dot{\beta}_2 \\ \cos\beta_2\, \dot{\beta}_2 \\ 0 \end{bmatrix} \equiv \frac{\mathrm{d}^{1}\boldsymbol{r}_{21}}{\mathrm{d}t}. \tag{3.73}
$$

Beschleunigung

$$
{}^{1}\boldsymbol{\alpha}_{21} = \ddot{\beta}_2\, {}^{1}\boldsymbol{e}_{z1} \qquad \Rightarrow \qquad {}^{1}\boldsymbol{\alpha}_{21} = \begin{bmatrix} 0 \\ 0 \\ \ddot{\beta}_2 \end{bmatrix} \equiv \frac{\mathrm{d}^{1}\boldsymbol{\omega}_{21}}{\mathrm{d}t}, \tag{3.74}
$$

$$
\begin{aligned}
{}^{1}\boldsymbol{a}_{21} &= {}^{1}\widetilde{\boldsymbol{\alpha}}_{21}\, {}^{1}\boldsymbol{r}_{21} + {}^{1}\widetilde{\boldsymbol{\omega}}_{21}\, {}^{1}\widetilde{\boldsymbol{\omega}}_{21}\, {}^{1}\boldsymbol{r}_{21} \\
\Rightarrow \quad {}^{1}\boldsymbol{a}_{21} &= l_2 \begin{bmatrix} -\sin\beta_2\, \ddot{\beta}_2 - \cos\beta_2\, \dot{\beta}_2^2 \\ \cos\beta_2\, \ddot{\beta}_2 - \sin\beta_2\, \dot{\beta}_2^2 \\ 0 \end{bmatrix} \equiv \frac{\mathrm{d}^{1}\boldsymbol{v}_{21}}{\mathrm{d}t}.
\end{aligned} \tag{3.75}
$$

Resultierende Bewegung von System $\mathcal{K}_2$ relativ zum System $\mathcal{K}_0$ Die vektoriellen Bewegungsgrößen werden im System $\mathcal{K}_0$ berechnet.

Lage Die Drehmatrix des Systems $\mathcal{K}_2$ relativ zu $\mathcal{K}_0$ ist gemäß (3.51) ${}^{02}\boldsymbol{T} = {}^{01}\boldsymbol{T}\, {}^{12}\boldsymbol{T}$ mit ${}^{01}\boldsymbol{T}$ aus (3.64) und ${}^{12}\boldsymbol{T}$ aus (3.70),

$$
{}^{02}\boldsymbol{T} = \begin{bmatrix} \cos\beta_1\, \cos\beta_2 & -\cos\beta_1\, \sin\beta_2 & \sin\beta_1 \\ \sin\beta_1\, \cos\beta_2 & -\sin\beta_1\, \sin\beta_2 & -\cos\beta_1 \\ \sin\beta_2 & \cos\beta_2 & 0 \end{bmatrix}. \tag{3.76}
$$

Der Vektor von O_0 nach O_2 gemäß (3.52) im System $\mathcal{K}_0$ ist ${}^{0}\boldsymbol{r}_{20} = {}^{0}\boldsymbol{r}_{10} + {}^{0}\boldsymbol{r}_{21}$. Mit ${}^{0}\boldsymbol{r}_{10}$ aus (3.65) und

$$
{}^{0}\boldsymbol{r}_{21} = {}^{01}\boldsymbol{T}\, {}^{1}\boldsymbol{r}_{21} = l_2 \begin{bmatrix} \cos\beta_1\, \cos\beta_2 \\ \sin\beta_1\, \cos\beta_2 \\ \sin\beta_2 \end{bmatrix} \tag{3.77}
$$

lautet er

$$
{}^0\boldsymbol{r}_{20} = \begin{bmatrix} \cos\beta_1(l_1 + l_2\cos\beta_2) \\ \sin\beta_1(l_1 + l_2\cos\beta_2) \\ l_2\sin\beta_2 \end{bmatrix}. \tag{3.78}
$$

Geschwindigkeit Die Winkelgeschwindigkeit von $\mathcal{K}_2$ relativ zu $\mathcal{K}_0$ gemäß (3.54) im System $\mathcal{K}_0$ ist ${}^0\boldsymbol{\omega}_{20} = {}^0\boldsymbol{\omega}_{10} + {}^0\boldsymbol{\omega}_{21}$. Mit ${}^0\boldsymbol{\omega}_{10}$ aus (3.66) und

$$
{}^0\boldsymbol{\omega}_{21} = {}^{01}\boldsymbol{T}\;{}^1\boldsymbol{\omega}_{21} = \begin{bmatrix} \sin\beta_1\,\dot\beta_2 \\ -\cos\beta_1\,\dot\beta_2 \\ 0 \end{bmatrix} \tag{3.79}
$$

ergibt sich

$$
{}^0\boldsymbol{\omega}_{20} = \begin{bmatrix} \sin\beta_1\,\dot\beta_2 \\ -\cos\beta_1\,\dot\beta_2 \\ \dot\beta_1 \end{bmatrix}. \tag{3.80}
$$

Die Geschwindigkeit von O_2 relativ zu $\mathcal{K}_0$ wird mit Hilfe von (3.57) in $\mathcal{K}_0$ berechnet, ${}^0\boldsymbol{v}_{20} = {}^0\boldsymbol{v}_{10} + {}^0\boldsymbol{v}_{21} + {}^0\tilde{\boldsymbol{\omega}}_{10}\;{}^0\boldsymbol{r}_{21}$. Mit ${}^0\boldsymbol{\omega}_{10}$ aus (3.66), ${}^0\boldsymbol{v}_{10}$ aus (3.67) und

$$
{}^0\boldsymbol{v}_{21} = {}^{01}\boldsymbol{T}\;{}^1\boldsymbol{v}_{21} = \begin{bmatrix} -\cos\beta_1\sin\beta_2 \\ -\sin\beta_1\sin\beta_2 \\ \cos\beta_2 \end{bmatrix} l_2\,\dot\beta_2 \tag{3.81}
$$

lautet sie

$$
{}^0\boldsymbol{v}_{20} = \begin{bmatrix} -\sin\beta_1\,(l_1 + l_2\cos\beta_2)\,\dot\beta_1 \;-\; l_2\cos\beta_1\sin\beta_2\,\dot\beta_2 \\ \cos\beta_1\,(l_1 + l_2\cos\beta_2)\,\dot\beta_1 \;-\; l_2\sin\beta_1\sin\beta_2\,\dot\beta_2 \\ l_2\cos\beta_2\,\dot\beta_2 \end{bmatrix} \equiv \frac{\mathrm{d}\,{}^0\boldsymbol{r}_{20}}{\mathrm{d}t}. \tag{3.82}
$$

Dasselbe Ergebnis wird durch die zeitliche Ableitung der Vektorkoordinaten ${}^0\boldsymbol{r}_{20}$ aus (3.78) erhalten.

Beschleunigung Die Winkelbeschleunigung von $\mathcal{K}_2$ relativ zu $\mathcal{K}_0$ lautet im System $\mathcal{K}_0$ gemäß (3.60) ${}^0\boldsymbol{\alpha}_{20} = {}^0\boldsymbol{\alpha}_{10} + {}^0\boldsymbol{\alpha}_{21} + {}^0\tilde{\boldsymbol{\omega}}_{10}\;{}^0\boldsymbol{\omega}_{21}$. Mit ${}^0\boldsymbol{\omega}_{10}$ aus (3.66), ${}^0\boldsymbol{\omega}_{21}$ aus (3.79) und

$$
{}^0\boldsymbol{\alpha}_{21} = {}^{01}\boldsymbol{T}\;{}^1\boldsymbol{\alpha}_{21} = \begin{bmatrix} \sin\beta_1\,\ddot\beta_2 \\ -\cos\beta_1\,\ddot\beta_2 \\ 0 \end{bmatrix} \tag{3.83}
$$

ist

$$
{}^0\boldsymbol{\alpha}_{20} = \begin{bmatrix} \sin\beta_1\,\ddot\beta_2 + \cos\beta_1\,\dot\beta_1\,\dot\beta_2 \\ -\cos\beta_1\,\ddot\beta_2 + \sin\beta_1\,\dot\beta_1\,\dot\beta_2 \\ \ddot\beta_1 \end{bmatrix} \equiv \frac{\mathrm{d}\,{}^0\boldsymbol{\omega}_{20}}{\mathrm{d}t}. \tag{3.84}
$$

Dasselbe Ergebnis wird durch die zeitliche Ableitung der Vektorkoordinaten ${}^0\boldsymbol{\omega}_{20}$ aus (3.80) erhalten.

Die Beschleunigung von O_2 relativ zu $\mathcal{K}_0$ wird gemäß (3.63) im System $\mathcal{K}_0$ berechnet, ${}^0\boldsymbol{a}_{20} = {}^0\boldsymbol{a}_{10} + {}^0\boldsymbol{a}_{21} + {}^0\tilde{\boldsymbol{\alpha}}_{10}\,{}^0\boldsymbol{r}_{21} + 2\,{}^0\tilde{\boldsymbol{\omega}}_{10}\,{}^0\boldsymbol{v}_{21} + {}^0\tilde{\boldsymbol{\omega}}_{10}\,{}^0\tilde{\boldsymbol{\omega}}_{10}\,{}^0\boldsymbol{r}_{21}$. Mit ${}^0\boldsymbol{a}_{10}$ aus (3.69), ${}^0\boldsymbol{\alpha}_{10}$ aus (3.68), ${}^0\boldsymbol{\omega}_{10}$ aus (3.66), ${}^0\boldsymbol{v}_{21}$ aus (3.81) und

$$
{}^0\boldsymbol{a}_{21} = {}^{01}\boldsymbol{T}\,{}^1\boldsymbol{a}_{21} = \begin{bmatrix} -\cos\beta_1\,(\sin\beta_2\,\ddot{\beta}_2 + \cos\beta_2\,\dot{\beta}_2^2\,) \\ -\sin\beta_1\,(\sin\beta_2\,\ddot{\beta}_2 + \cos\beta_2\,\dot{\beta}_2^2\,) \\ \cos\beta_2\,\ddot{\beta}_2 - \sin\beta_2\,\dot{\beta}_2^2 \end{bmatrix} l_2 \tag{3.85}
$$

lautet sie (Abkürzung $l_{12} = l_1 + l_2\,\cos\beta_2$)

$$
\begin{aligned}
{}^0\boldsymbol{a}_{20} = &\begin{bmatrix} -\sin\beta_1\,l_{12}\,\ddot{\beta}_1 - l_2\cos\beta_1\,\sin\beta_2\,\ddot{\beta}_2 \\ \cos\beta_1\,l_{12}\,\ddot{\beta}_1 - l_2\sin\beta_1\,\sin\beta_2\,\ddot{\beta}_2 \\ l_2\,\cos\beta_2\,\ddot{\beta}_2 \end{bmatrix} \\
&+ \begin{bmatrix} -\cos\beta_1\,l_{12}\,\dot{\beta}_1^2 + 2\,l_2\sin\beta_1\,\sin\beta_2\,\dot{\beta}_1\,\dot{\beta}_2 - l_2\cos\beta_1\cos\beta_2\,\dot{\beta}_2^2 \\ -\sin\beta_1\,l_{12}\,\dot{\beta}_1^2 - 2\,l_2\cos\beta_1\,\sin\beta_2\,\dot{\beta}_1\,\dot{\beta}_2 - l_2\sin\beta_1\cos\beta_2\,\dot{\beta}_2^2 \\ -l_2\sin\beta_2\,\dot{\beta}_2^2 \end{bmatrix} \equiv \frac{\mathrm{d}^0\boldsymbol{v}_{20}}{\mathrm{d}t}.
\end{aligned} \tag{3.86}
$$

Dasselbe Ergebnis wird durch die zeitliche Ableitung der Vektorkoordinaten ${}^0\boldsymbol{v}_{20}$ aus (3.82) erhalten.

3.2.4 Umgekehrte Relativbewegung

Ausden gegebenen Größen der Bewegung eines Koordinatensystems $\mathcal{K}_1$ relativ zum System $\mathcal{K}_0$ sollen die Größen der Bewegung des Koordinatensystems $\mathcal{K}_0$ relativ zum System $\mathcal{K}_1$ berechnet werden, siehe Abb. 3.8. Diese Aufgabenstellung ist ein Sonderfall der Zusammensetzung zweier Bewegungen gemäß Abb. 3.6, wenn die Koordinatensysteme $\mathcal{K}_2$ und $\mathcal{K}_0$ übereinstimmen. Damit ist in den Beziehungen (3.51) bis (3.63) lediglich der Index 2 gleich 0 zu setzen.

Lage Die Drehmatrix ${}^{10}\boldsymbol{T}$ der Orientierung des Systems $\mathcal{K}_0$ relativ zum System $\mathcal{K}_1$ ergibt sich aus (3.51) mit ${}^{00}\boldsymbol{T} = \boldsymbol{E}$,

$$
{}^{10}\boldsymbol{T} = {}^{01}\boldsymbol{T}^{\mathrm{T}}. \tag{3.87}
$$

Der Vektor von O_1 nach O_0 folgt aus (3.52) mit $\boldsymbol{r}_{00} = \boldsymbol{0}$,

$$
\boldsymbol{r}_{01} = -\boldsymbol{r}_{10}. \tag{3.88}
$$

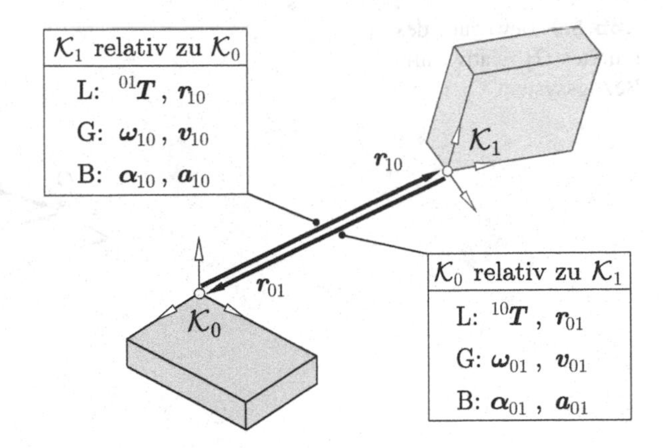

Abb. 3.8 Umgekehrte Relativbewegung

Geschwindigkeit Die Winkelgeschwindigkeit $\boldsymbol{\omega}_{01}$ von $\mathcal{K}_0$ relativ zu $\mathcal{K}_1$ wird mit (3.54) unter Berücksichtigung von $\boldsymbol{\omega}_{00} = \boldsymbol{0}$ berechnet,

$$\boldsymbol{\omega}_{01} = -\boldsymbol{\omega}_{10}. \tag{3.89}$$

Die Geschwindigkeit $\boldsymbol{v}_{01}$ von O_0 relativ zu $\mathcal{K}_1$ folgt aus (3.57) mit den Vektoren $\boldsymbol{v}_{00} = \boldsymbol{0}$, $\boldsymbol{\omega}_{01}$ aus (3.89) und $\boldsymbol{r}_{01}$ aus (3.88),

$$\boldsymbol{v}_{01} = -\boldsymbol{v}_{10} + \tilde{\boldsymbol{\omega}}_{10}\,\boldsymbol{r}_{10}. \tag{3.90}$$

Beschleunigung Die Winkelbeschleunigung $\boldsymbol{\alpha}_{01}$ von $\mathcal{K}_0$ relativ zu $\mathcal{K}_1$ ergibt sich aus (3.60) mit den Vektoren $\boldsymbol{\alpha}_{00} = \boldsymbol{0}$, $\boldsymbol{\omega}_{01}$ aus (3.89) und $\tilde{\boldsymbol{\omega}}_{10}\,\boldsymbol{\omega}_{01} = \boldsymbol{0}$,

$$\boldsymbol{\alpha}_{01} = -\boldsymbol{\alpha}_{10}. \tag{3.91}$$

Die Beschleunigung $\boldsymbol{a}_{01}$ von O_0 relativ zu $\mathcal{K}_1$ folgt aus (3.63) mit den Vektoren $\boldsymbol{a}_{00} = \boldsymbol{0}$, $\boldsymbol{\alpha}_{01}$ aus (3.91), $\boldsymbol{v}_{01}$ aus (3.90), $\boldsymbol{\omega}_{01}$ aus (3.89) und $\boldsymbol{r}_{01}$ aus (3.88),

$$\boldsymbol{a}_{01} = -\boldsymbol{a}_{10} + \tilde{\boldsymbol{\alpha}}_{10}\,\boldsymbol{r}_{10} + 2\,\tilde{\boldsymbol{\omega}}_{10}\,\boldsymbol{v}_{10} - \tilde{\boldsymbol{\omega}}_{10}\,\tilde{\boldsymbol{\omega}}_{10}\,\boldsymbol{r}_{10}. \tag{3.92}$$

Beispiel Der Roboter aus Abb. 3.7 befindet sich zu einem betrachteten Zeitpunkt in der Lage $\beta_1 = \beta_2 = 90°$ mit den Winkelgeschwindigkeiten $\dot{\beta}_1$ und $\dot{\beta}_2$ und den Winkelbeschleunigungen $\ddot{\beta}_1 = \ddot{\beta}_2 = 0$, siehe Abb. 3.9. Der Punkt O_3 bewegt sich im Abstand u von O_1 mit der Geschwindigkeit $\dot{u}$ und der Beschleunigung $\ddot{u}$ auf der negativen y_0-Achse. Gesucht sind die Geschwindigkeit $\boldsymbol{v}_{32}$ und die Beschleunigung $\boldsymbol{a}_{32}$ des Punktes O_3 relativ zum Bezugssystem $\mathcal{K}_2$.

Die Geschwindigkeit $\boldsymbol{v}_{32}$ und die Beschleunigung $\boldsymbol{a}_{32}$ von O_3 relativ zu $\mathcal{K}_2$ werden aus der Bewegung von O_3 relativ zu $\mathcal{K}_0$ und der Bewegung von $\mathcal{K}_0$ relativ zu $\mathcal{K}_2$ entsprechend (3.52), (3.57) und (3.63) berechnet,

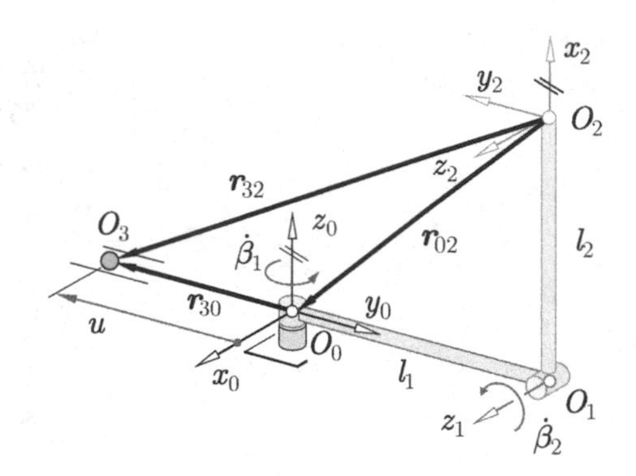

Abb. 3.9 Bewegung des Punktes O_3 relativ zum Bezugssystem $\mathcal{K}_2$

$$\boldsymbol{r}_{32} = \boldsymbol{r}_{02} + \boldsymbol{r}_{30}, \tag{3.93}$$

$$\boldsymbol{v}_{32} = \boldsymbol{v}_{02} + \boldsymbol{v}_{30} + \widetilde{\boldsymbol{\omega}}_{02}\, \boldsymbol{r}_{30}, \tag{3.94}$$

$$\boldsymbol{a}_{32} = \boldsymbol{a}_{02} + \boldsymbol{a}_{30} + \widetilde{\boldsymbol{\alpha}}_{02}\, \boldsymbol{r}_{30} + 2\, \widetilde{\boldsymbol{\omega}}_{02}\, \boldsymbol{v}_{30} + \widetilde{\boldsymbol{\omega}}_{02}\, \widetilde{\boldsymbol{\omega}}_{02}\, \boldsymbol{r}_{30}. \tag{3.95}$$

Die Größen der Bewegung von $\mathcal{K}_0$ relativ zu $\mathcal{K}_2$ werden aus den vorliegenden Größen der Bewegung von $\mathcal{K}_2$ relativ zu $\mathcal{K}_0$ mit Hilfe der Umkehrgleichungen (3.87) bis (3.92) berechnet.

Die Lage von $\mathcal{K}_2$ relativ zu $\mathcal{K}_0$ wird durch ${}^{20}\boldsymbol{T} = {}^{02}\boldsymbol{T}^{\mathrm{T}}$ entsprechend (3.87) und ${}^{0}\boldsymbol{r}_{02} = -{}^{0}\boldsymbol{r}_{20}$ gemäß (3.88) beschrieben,

$$ {}^{20}\boldsymbol{T} = \begin{bmatrix} 0 & 0 & 1 \\ 0 & -1 & 0 \\ 1 & 0 & 0 \end{bmatrix}, \qquad {}^{0}\boldsymbol{r}_{02} = \begin{bmatrix} 0 \\ -l_1 \\ -l_2 \end{bmatrix}. \tag{3.96}$$

Die Geschwindigkeit von $\mathcal{K}_2$ relativ zu $\mathcal{K}_0$ besteht aus ${}^{0}\boldsymbol{\omega}_{02} = -{}^{0}\boldsymbol{\omega}_{20}$ gemäß (3.89) und ${}^{0}\boldsymbol{v}_{02} = -{}^{0}\boldsymbol{v}_{20} + {}^{0}\widetilde{\boldsymbol{\omega}}_{20}\, {}^{0}\boldsymbol{r}_{20}$ gemäß (3.90),

$$ {}^{0}\boldsymbol{\omega}_{02} = -\begin{bmatrix} \dot{\beta}_2 \\ 0 \\ \dot{\beta}_1 \end{bmatrix}, \qquad {}^{0}\boldsymbol{v}_{02} = \begin{bmatrix} 0 \\ 0 \\ l_1\, \dot{\beta}_2 \end{bmatrix}. \tag{3.97}$$

Die Beschleunigung von $\mathcal{K}_2$ relativ zu $\mathcal{K}_0$ wird mit ${}^{0}\boldsymbol{\alpha}_{02} = -{}^{0}\boldsymbol{\alpha}_{20}$ gemäß (3.91) und ${}^{0}\boldsymbol{a}_{02} = -{}^{0}\boldsymbol{a}_{20} + {}^{0}\widetilde{\boldsymbol{\alpha}}_{20}\, {}^{0}\boldsymbol{r}_{20} + 2\, {}^{0}\widetilde{\boldsymbol{\omega}}_{20}\, {}^{0}\boldsymbol{v}_{20} - {}^{0}\widetilde{\boldsymbol{\omega}}_{20}\, {}^{0}\widetilde{\boldsymbol{\omega}}_{20}\, {}^{0}\boldsymbol{r}_{20}$ gemäß (3.92) berechnet,

$$ {}^{0}\boldsymbol{\alpha}_{02} = -\begin{bmatrix} 0 \\ \dot{\beta}_1\, \dot{\beta}_2 \\ 0 \end{bmatrix}, \qquad {}^{0}\boldsymbol{a}_{02} = \begin{bmatrix} 0 \\ l_1\, \dot{\beta}_2^2 \\ 0 \end{bmatrix}. \tag{3.98}$$

Zusammen mit den Größen der Bewegung von O_3 relativ zu $\mathcal{K}_0$,

$$
{}^{0}\boldsymbol{r}_{30} = \begin{bmatrix} 0 \\ -u \\ 0 \end{bmatrix}, \quad {}^{0}\boldsymbol{v}_{30} = \begin{bmatrix} 0 \\ -\dot{u} \\ 0 \end{bmatrix}, \quad {}^{0}\boldsymbol{a}_{30} = \begin{bmatrix} 0 \\ -\ddot{u} \\ 0 \end{bmatrix}, \tag{3.99}
$$

werden die Größen der Bewegung von O_3 relativ zu $\mathcal{K}_2$ mit Hilfe von (3.93), (3.94) und (3.95) berechnet. Die Vektoren werden hier mit Hilfe der Transformationsmatrix ${}^{20}\boldsymbol{T}$ aus (3.96) im System $\mathcal{K}_2$ dargestellt,

$$
\begin{aligned}
{}^{2}\boldsymbol{r}_{32} &= \begin{bmatrix} -l_2 \\ l_1 + u \\ 0 \end{bmatrix}, \quad {}^{2}\boldsymbol{v}_{32} = \begin{bmatrix} (l_1 + u)\,\dot{\beta}_2 \\ \dot{u} \\ -u\,\dot{\beta}_1 \end{bmatrix}, \\
{}^{2}\boldsymbol{a}_{32} &= \begin{bmatrix} 2\,\dot{u}\,\dot{\beta}_2 \\ \ddot{u} - (l_1 + u)\,\dot{\beta}_2^2 - u\,\dot{\beta}_1^2 \\ -2\,\dot{u}\,\dot{\beta}_1 \end{bmatrix}.
\end{aligned} \tag{3.100}
$$

Befindet sich im Koordinatensystem $\mathcal{K}_2$ eine Kamera, welche die Koordinaten ${}^{2}\boldsymbol{r}_{32}$ des Vektors von O_2 nach O_3 in $\mathcal{K}_2$ misst, so repräsentieren die Vektorkoordinaten ${}^{2}\boldsymbol{v}_{32}$ und ${}^{2}\boldsymbol{a}_{32}$ die erste und zweite Zeitableitung der Messgrößen. Es ist zu beachten, dass die in (3.100) angegebenen Vektorkoordinaten ${}^{2}\boldsymbol{r}_{32}$ für $\beta_1 = \beta_2 = 90°$ gelten. Sollen ${}^{2}\boldsymbol{v}_{32}$ und ${}^{2}\boldsymbol{a}_{32}$ durch zeitliche Ableitung von ${}^{2}\boldsymbol{r}_{32}$ berechnet werden, so ist ${}^{2}\boldsymbol{r}_{32}$ in Abhängigkeit von β_1, β_2 und u auszudrücken.

3.3 Drehtensor

In Abschn. 3.1.2 wurde die Drehung eines starren Körpers durch die Transformationsmatrix für Vektorkoordinaten vom körperfesten Koordinatensystem $\mathcal{K}_1$ in das raumfeste System $\mathcal{K}_0$ beschrieben. Geometrisch kennzeichnet ${}^{01}\boldsymbol{T}$ die Richtungen der Achsen von $\mathcal{K}_1$ relativ zu $\mathcal{K}_0$. Eine andere geometrische Beschreibung der Drehung ist der auf EULER zurückgehende Drehzeiger, der das Ausgangssystem $\mathcal{K}_0$ durch eine einzige Drehung nach $\mathcal{K}_1$ überführt. Die Drehmatrix repräsentiert bei dieser Interpretation die Koordinaten des Drehtensors.

3.3.1 Drehzeiger

Betrachtet wird die in Abb. 3.10 gezeigte Drehung eines Körpers mit dem körperfesten Koordinatensystem $\mathcal{K}_1$ um den Fixpunkt O relativ zu einer Ausgangslage $\mathcal{K}_0$, vgl. Tab. 3.1. Ein beliebiger körperfester Vektor geht dann von der Ausgangslage $\boldsymbol{r}_0$ in die gedrehte Lage $\boldsymbol{r}_1$ über.

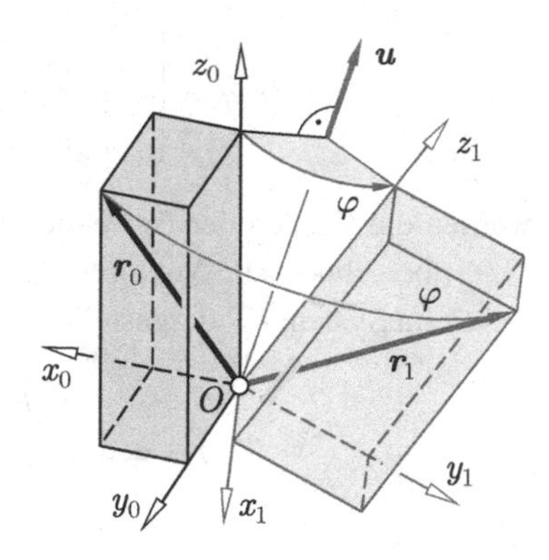

Abb. 3.10 Drehung eines Vektors von der Ausgangslage $\boldsymbol{r}_0$ in die Lage $\boldsymbol{r}_1$ mit dem Drehzeiger $(\boldsymbol{u}, \varphi)$

Es gilt der *Satz von Euler für die Fixpunktdrehung*: Der Übergang eines körperfesten Vektors von $\boldsymbol{r}_0$ nach $\boldsymbol{r}_1$ kann durch eine einzige Drehung um eine Achse durch den Fixpunkt O mit dem normierten Richtungsvektor $\boldsymbol{u}$ und dem darauf, gemäß der Rechtsschraubenregel, bezogenen Drehwinkel φ beschrieben werden. Entsprechend werden durch diese Drehung die Einheitsvektoren $\boldsymbol{e}_{x0}$, $\boldsymbol{e}_{y0}$, $\boldsymbol{e}_{z0}$ des Koordinatensystems $\mathcal{K}_0$ in die Einheitsvektoren $\boldsymbol{e}_{x1}$, $\boldsymbol{e}_{y1}$, $\boldsymbol{e}_{z1}$ des Koordinatensystems $\mathcal{K}_1$ überführt. Das Paar der Größen $(\boldsymbol{u}, \varphi)$ wird als die Achse-Winkel-Darstellung der Drehung oder nach HILLER [40] als der *Drehzeiger* der Drehung bezeichnet. Bei einer Drehung ändern sich i. Allg. sowohl $\boldsymbol{u}$ als auch φ über der Zeit. Zu jedem Zeitpunkt t gibt es einen Drehzeiger $(\boldsymbol{u}(t), \varphi(t))$, der den Übergang des Ausgangsvektors $\boldsymbol{r}_0$ in den Vektor $\boldsymbol{r}_1(t)$ beschreibt.

3.3.2 RODRIGUES-Gleichung

Die Drehung des Vektors $\boldsymbol{r}_0$ in den Vektor $\boldsymbol{r}_1$ mit dem Drehzeiger $(\boldsymbol{u}, \varphi)$ kann durch eine Vektorabbildung gemäß (2.64) mit dem *Drehtensor* $\boldsymbol{R}_{10}$ formuliert werden,

$$\boldsymbol{r}_1 = \boldsymbol{R}_{10}\,\boldsymbol{r}_0 \qquad \text{mit} \qquad \boldsymbol{R}_{10} = \boldsymbol{R}(\boldsymbol{u}, \varphi). \tag{3.101}$$

Um den Drehtensor zu einem gegebenen Drehzeiger $(\boldsymbol{u}, \varphi)$ zu berechnen, wird entsprechend Abb. 3.11a der gedrehte Vektor $\boldsymbol{r}_1$ als Linearkombination der drei senkrecht aufeinander stehenden Einheitsvektoren $\boldsymbol{e}_1$, $\boldsymbol{e}_2$, $\boldsymbol{e}_3$ mit den Linearfaktoren c_1, c_2, c_3 dargestellt,

$$\boldsymbol{r}_1 = c_1\,\boldsymbol{e}_1 + c_2\,\boldsymbol{e}_2 + c_3\,\boldsymbol{e}_3. \tag{3.102}$$

Mit dem Betrag $r = \|\boldsymbol{r}_0\| = \|\boldsymbol{r}_1\|$ und dem Winkel δ zwischen $\boldsymbol{u}$ und $\boldsymbol{r}_0$ bzw. $\boldsymbol{r}_1$ lauten die Einheitsvektoren unter Berücksichtigung von Abb. 3.11b

$$\boldsymbol{e}_1 = \frac{\boldsymbol{r}_0 - \boldsymbol{u}\,(\boldsymbol{u}^{\mathrm{T}}\boldsymbol{r}_0)}{r\,\sin\delta}, \quad \boldsymbol{e}_2 = \boldsymbol{u} \times \boldsymbol{e}_1 = \frac{\widetilde{\boldsymbol{u}}\,\boldsymbol{r}_0}{r\,\sin\delta}, \quad \boldsymbol{e}_3 = \boldsymbol{u} \tag{3.103}$$

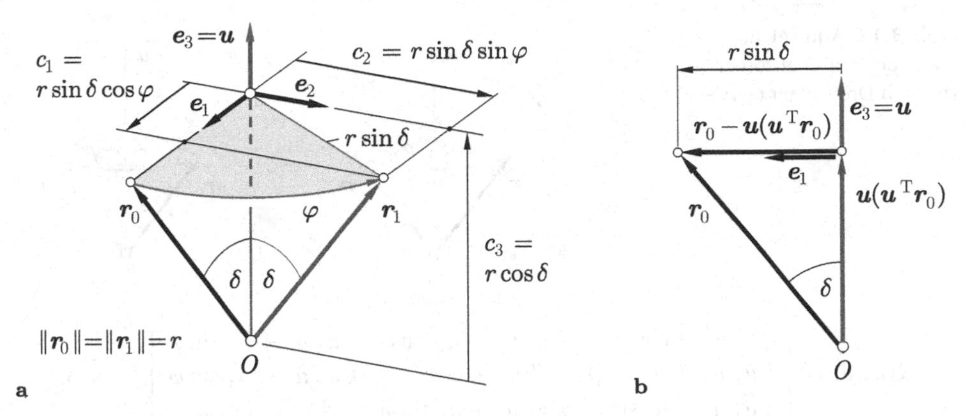

Abb. 3.11 Herleitung der RODRIGUES-Gleichung. **a** Berechnung des gedrehten Vektors $\boldsymbol{r}_1$ aus dem Ausgangsvektor $\boldsymbol{r}_0$ mit Hilfe des Drehzeigers $(\boldsymbol{u}, \varphi)$. **b** Berechnung des Einheitsvektors $\boldsymbol{e}_1$

und die Linearfaktoren

$$c_1 = r \sin\delta \cos\varphi, \quad c_2 = r \sin\delta \sin\varphi, \quad c_3 = r \cos\delta. \tag{3.104}$$

Die Berechnung der Gleichung (3.102) mit (3.103) und (3.104) ergibt

$$\boldsymbol{r}_1 = \cos\varphi\, \boldsymbol{r}_0 + \sin\varphi\, \tilde{\boldsymbol{u}}\, \boldsymbol{r}_0 + (1 - \cos\varphi)\, \boldsymbol{u}\, (\boldsymbol{u}^{\mathrm{T}} \boldsymbol{r}_0). \tag{3.105}$$

Um daraus die Vektorabbildung (3.101) zu erhalten, wird der Vektor $\boldsymbol{r}_0$ als Faktor nach rechts herausgelöst. Mit Hilfe des Einheitstensors $\boldsymbol{E}$, des Tensors $\tilde{\boldsymbol{u}}$ zum Vektorprodukt gemäß (2.67) und des Zusammenhangs $\boldsymbol{u}\, (\boldsymbol{u}^{\mathrm{T}} \boldsymbol{r}_0) = (\boldsymbol{u}\, \boldsymbol{u}^{\mathrm{T}})\, \boldsymbol{r}_0$ aus (2.30) geht (3.105) über in die Form $\boldsymbol{r}_1 = \boldsymbol{R}_{10}\, \boldsymbol{r}_0$ mit dem Drehtensor

$$\boldsymbol{R}_{10} = \boldsymbol{R}(\boldsymbol{u}, \varphi) = \cos\varphi\, \boldsymbol{E} + \sin\varphi\, \tilde{\boldsymbol{u}} + (1 - \cos\varphi)\, \boldsymbol{u}\, \boldsymbol{u}^{\mathrm{T}}. \tag{3.106}$$

Mit Hilfe der Umformung

$$\boldsymbol{u}\, \boldsymbol{u}^{\mathrm{T}} = \tilde{\boldsymbol{u}}\, \tilde{\boldsymbol{u}} + \boldsymbol{E}, \tag{3.107}$$

die sich aus $\tilde{\boldsymbol{u}}\, \tilde{\boldsymbol{u}} = \boldsymbol{u}\, \boldsymbol{u}^{\mathrm{T}} - (\boldsymbol{u}^{\mathrm{T}} \boldsymbol{u})\, \boldsymbol{E}$ gemäß (2.40) mit $\boldsymbol{u}^{\mathrm{T}} \boldsymbol{u} = 1$ ergibt, geht der Drehtensor (3.106) über in die äquivalente Form

$$\boldsymbol{R}_{10} = \boldsymbol{R}(\boldsymbol{u}, \varphi) = \boldsymbol{E} + \sin\varphi\, \tilde{\boldsymbol{u}} + (1 - \cos\varphi)\, \tilde{\boldsymbol{u}}\, \tilde{\boldsymbol{u}}. \tag{3.108}$$

Die Vektordrehung (3.101) mit dem Drehtensor aus (3.106) bzw. (3.108) ist als die RODRIGUES-Gleichung für die Drehbewegung bekannt.

Die Vektorgleichung (3.101) kann in jedem beliebigen Koordinatensystem berechnet werden. Mit $\boldsymbol{u} = [\, u_x \; u_y \; u_z \,]^{\mathrm{T}}$ und dem Term $k = 1 - \cos\varphi$ lautet der Drehtensor (3.106) bzw. (3.108)

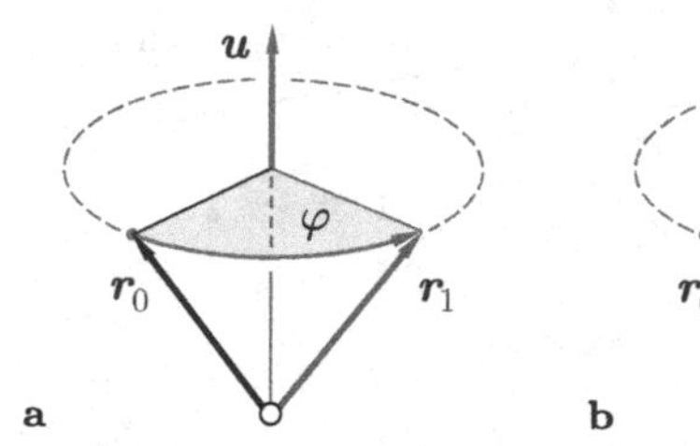

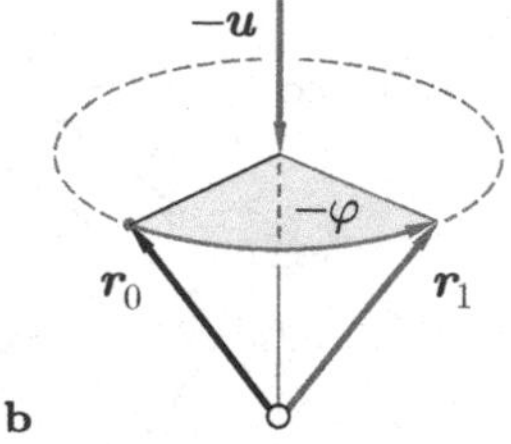

Abb. 3.12 Äquivalente Drehzeiger. **a** Drehzeiger $(\boldsymbol{u},\varphi)$. **b** Drehzeiger $(-\boldsymbol{u},-\varphi)$

$$\boldsymbol{R}(\boldsymbol{u},\varphi) = \begin{bmatrix} k\,u_x^2 + \cos\varphi & k\,u_x\,u_y - u_z \sin\varphi & k\,u_x\,u_z + u_y \sin\varphi \\ k\,u_x\,u_y + u_z \sin\varphi & k\,u_y^2 + \cos\varphi & k\,u_y\,u_z - u_x \sin\varphi \\ k\,u_x\,u_z - u_y \sin\varphi & k\,u_y\,u_z + u_x \sin\varphi & k\,u_z^2 + \cos\varphi \end{bmatrix}. \tag{3.109}$$

Eigenschaften des Drehtensors Der Drehtensor $\boldsymbol{R}_{10} = \boldsymbol{R}(\boldsymbol{u},\varphi)$ gemäß (3.106) bzw. (3.108) besitzt die folgenden Eigenschaften:

- Der Drehtensor $\boldsymbol{R}_{10}$ ist orthogonal, d. h. es ist $\boldsymbol{R}_{10}^{\mathrm{T}}\,\boldsymbol{R}_{10} = \boldsymbol{E}$. Diese Eigenschaft ergibt sich aus der Starrkörperbedingung $\|\boldsymbol{r}_1\| = \|\boldsymbol{r}_0\|$ zusammen mit (3.101)

$$\boldsymbol{r}_1^{\mathrm{T}}\,\boldsymbol{r}_1 = \boldsymbol{r}_0^{\mathrm{T}}\,\boldsymbol{R}_{10}^{\mathrm{T}}\,\boldsymbol{R}_{10}\,\boldsymbol{r}_0 \overset{!}{=} \boldsymbol{r}_0^{\mathrm{T}}\,\boldsymbol{r}_0 \quad \Rightarrow \quad \boldsymbol{R}_{10}^{\mathrm{T}}\,\boldsymbol{R}_{10} = \boldsymbol{E}. \tag{3.110}$$

- Die Drehung des Vektors $\boldsymbol{r}_1$ in den Vektor $\boldsymbol{r}_0$ wird durch dem umgekehrten Drehzeiger $(-\boldsymbol{u},\varphi) \equiv (\boldsymbol{u},-\varphi)$ beschrieben,

$$\boldsymbol{r}_0 = \boldsymbol{R}_{01}\,\boldsymbol{r}_1 \quad \text{mit} \quad \boldsymbol{R}_{01} = \boldsymbol{R}_{10}^{\mathrm{T}} \equiv \boldsymbol{R}(-\boldsymbol{u},\varphi) \equiv \boldsymbol{R}(\boldsymbol{u},-\varphi). \tag{3.111}$$

- Die Drehzeiger $(\boldsymbol{u},\varphi)$ und $(-\boldsymbol{u},-\varphi)$ sind gemäß Abb. 3.12 äquivalent,

$$\boldsymbol{R}(\boldsymbol{u},\varphi) = \boldsymbol{R}(-\boldsymbol{u},-\varphi). \tag{3.112}$$

  Es ist empfehlenswert, den Drehzeiger so anzugeben, dass $0 < \varphi \leq \pi$ ist.

- Der Drehachsvektor $\boldsymbol{u}$ ist unter der Drehung $(\boldsymbol{u},\varphi)$ invariant,

$$\boldsymbol{R}(\boldsymbol{u},\varphi)\,\boldsymbol{u} = \boldsymbol{u}. \tag{3.113}$$

3.3.3 Passive und aktive Drehungen

In (3.6) wurde die Drehung des Körpers durch die Transformationsmatrix ${}^{01}\boldsymbol{T}$ vom körperfesten System $\mathcal{K}_1$ in das Ausgangssystem $\mathcal{K}_0$ beschrieben. Für die Koordinaten des Vektors $\boldsymbol{r}_1$ in Abb. 3.10 gilt dann mit (3.2)

$${}^0\boldsymbol{r}_1 = {}^{01}\boldsymbol{T}\,{}^1\boldsymbol{r}_1 \quad \text{mit} \quad {}^{01}\boldsymbol{T} = \left[{}^0\boldsymbol{e}_{x1}\ {}^0\boldsymbol{e}_{y1}\ {}^0\boldsymbol{e}_{z1}\right]. \tag{3.114}$$

Die Koordinaten des Vektors $\boldsymbol{r}_1$ im mitgedrehten System $\mathcal{K}_1$ stimmen mit den Koordinaten des Vektors $\boldsymbol{r}_0$ im Ausgangssystem $\mathcal{K}_0$ überein, da Vektor und Koordinatensystem dieselbe Drehung erfahren, ${}^0\boldsymbol{r}_0 = {}^1\boldsymbol{r}_1$. Der Vergleich der Koordinatentransformation (3.114) mit der in $\mathcal{K}_0$ formulierten Vektorabbildung (3.101)

$$ {}^0\boldsymbol{r}_1 = {}^0\boldsymbol{R}_{10}\,{}^0\boldsymbol{r}_0 \tag{3.115} $$

zeigt, dass die Transformationsmatrix ${}^{01}\boldsymbol{T}$ mit der Koordinatenmatrix des Drehtensors ${}^0\boldsymbol{R}_{10}$ im System $\mathcal{K}_0$ übereinstimmt,

$$ {}^{01}\boldsymbol{T} = {}^0\boldsymbol{R}_{10} \equiv \boldsymbol{R}({}^0\boldsymbol{u}, \varphi). \tag{3.116} $$

Da der Drehachsvektor $\boldsymbol{u}$ unter der Drehung invariant ist, stimmen die Koordinaten des Drehachsvektors $\boldsymbol{u}$ und damit auch die Koordinaten des Drehtensors $\boldsymbol{R}_{10}$ in den Koordinatensystemen $\mathcal{K}_0$ und $\mathcal{K}_1$ überein, also

$$ {}^0\boldsymbol{u} = {}^1\boldsymbol{u} \qquad \text{und} \qquad {}^0\boldsymbol{R}_{10} = {}^1\boldsymbol{R}_{10}. \tag{3.117} $$

Aus (3.116) ergeben sich zwei gleichwertige Interpretationen der Drehung und der Drehmatrix, die in Tab. 3.2 am Beispiel der Drehung eines Vektors in der x, y-Ebene gegenübergestellt sind:

1. *Passive Drehung* als Koordinatentransformation gemäß (3.114): Das physikalische Objekt, repräsentiert durch den Vektor $\boldsymbol{r}_1$, wird beibehalten, und das Koordinatensystem wird gedreht. Die Drehmatrix ist die Transformationsmatrix ${}^{01}\boldsymbol{T}$, welche die Koordinaten des Vektors $\boldsymbol{r}_1$ vom mitgedrehten Koordinatensystem $\mathcal{K}_1$ zurück in das Ausgangssystem $\mathcal{K}_0$ transformiert.
2. *Aktive Drehung* als Vektordrehung gemäß (3.115): Das physikalische Objekt, repräsentiert durch den Vektor $\boldsymbol{r}_1$, wird gedreht, und das Koordinatensystem wird beibehalten. Die Drehmatrix entspricht der Koordinatenmatrix des Drehtensors $\boldsymbol{R}_{10}$, welcher den Vektor $\boldsymbol{r}_0$ in den Vektor $\boldsymbol{r}_1$ dreht.

3.3.4 Drehzeiger aus gegebener Drehmatrix

Aus einer gegebenen Drehmatrix $\boldsymbol{R}(\boldsymbol{u}, \varphi) = {}^{01}\boldsymbol{T}$ mit den Elementen T_{ij} gemäß (3.109) kann der Drehzeiger $(\boldsymbol{u}, \varphi)$ wie folgt berechnet werden:

1. Mit der Spur S der Drehmatrix, also der Summe der Hauptdiagonalelemente

$$ \begin{aligned} S = T_{11} + T_{22} + T_{33} &= (1 - \cos\varphi)(u_x^2 + u_y^2 + u_z^2) + 3\cos\varphi \\ &= 1 + 2\cos\varphi, \end{aligned} \tag{3.118} $$

Tab. 3.2 Passive und aktive Drehung

Passive Drehung	Aktive Drehung
• Beibehaltung des Vektors $\boldsymbol{r}_1$ • Transformation der Koordinaten von $\boldsymbol{r}_1$ von $\mathcal{K}_1$ nach $\mathcal{K}_0$ mit Hilfe der Transformationsmatrix ${}^{01}\boldsymbol{T}$	• Beibehaltung des Koordinatensystems • Drehung des Vektors $\boldsymbol{r}_0$ nach $\boldsymbol{r}_1$ mit Hilfe des Drehtensors ${}^{0}\boldsymbol{R}_{10}$

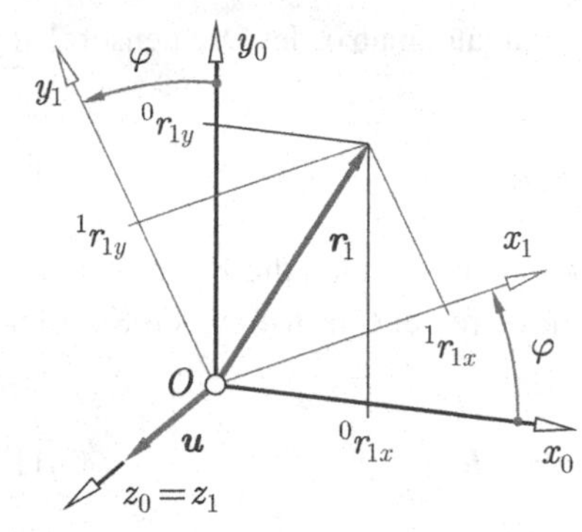

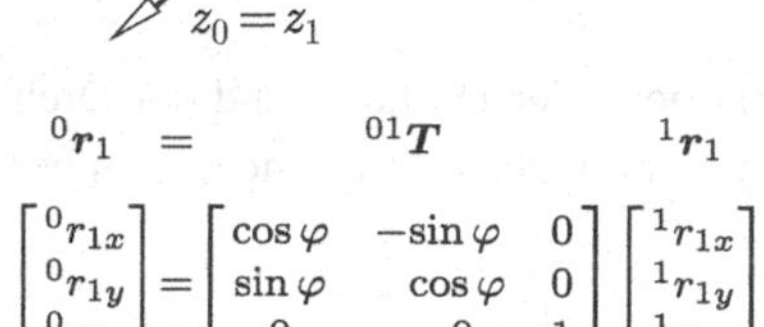

$${}^0\boldsymbol{r}_1 = {}^{01}\boldsymbol{T}\;{}^1\boldsymbol{r}_1$$

$$\begin{bmatrix} {}^0r_{1x} \\ {}^0r_{1y} \\ {}^0r_{1z} \end{bmatrix} = \begin{bmatrix} \cos\varphi & -\sin\varphi & 0 \\ \sin\varphi & \cos\varphi & 0 \\ 0 & 0 & 1 \end{bmatrix} \begin{bmatrix} {}^1r_{1x} \\ {}^1r_{1y} \\ {}^1r_{1z} \end{bmatrix}$$

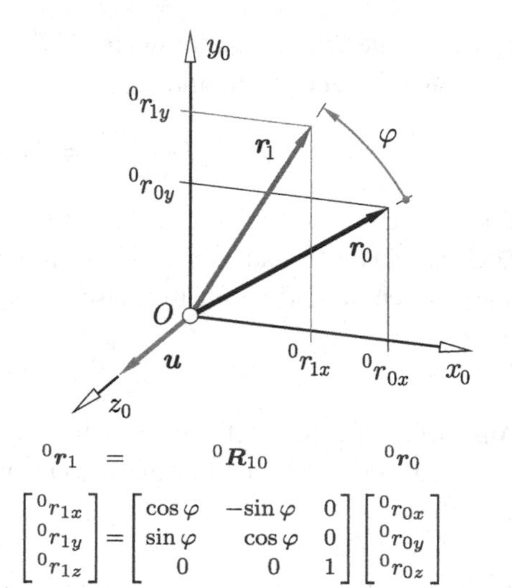

$${}^0\boldsymbol{r}_1 = {}^{0}\boldsymbol{R}_{10}\;{}^0\boldsymbol{r}_0$$

$$\begin{bmatrix} {}^0r_{1x} \\ {}^0r_{1y} \\ {}^0r_{1z} \end{bmatrix} = \begin{bmatrix} \cos\varphi & -\sin\varphi & 0 \\ \sin\varphi & \cos\varphi & 0 \\ 0 & 0 & 1 \end{bmatrix} \begin{bmatrix} {}^0r_{0x} \\ {}^0r_{0y} \\ {}^0r_{0z} \end{bmatrix}$$

$${}^{01}\boldsymbol{T} = {}^{0}\boldsymbol{R}_{10}$$

gilt für den Drehwinkel

$$\cos\varphi = \tfrac{1}{2}(S-1) = \tfrac{1}{2}(T_{11} + T_{22} + T_{33} - 1). \tag{3.119}$$

Der Hauptwert der Arcuscosinus-Funktion ergibt den Drehwinkel $0 \le \varphi \le \pi$.

2. Der Drehachsvektor $\boldsymbol{u}$ kann für $\varphi \neq 0$ und $\varphi \neq \pi$ aus dem nach (A.21) berechneten schiefsymmetrischen Anteil der Drehmatrix ermittelt werden,

$$\tilde{\boldsymbol{u}}\sin\varphi = \tfrac{1}{2}\left({}^{01}\boldsymbol{T} - {}^{01}\boldsymbol{T}^{\mathrm{T}}\right) \tag{3.120}$$

oder

$$\begin{bmatrix} 0 & -u_z & u_y \\ u_z & 0 & -u_x \\ -u_y & u_x & 0 \end{bmatrix} \sin\varphi = \frac{1}{2} \begin{bmatrix} 0 & T_{12} - T_{21} & T_{13} - T_{31} \\ T_{21} - T_{12} & 0 & T_{23} - T_{32} \\ T_{31} - T_{13} & T_{32} - T_{23} & 0 \end{bmatrix}. \tag{3.121}$$

Der Vergleich der Elemente dieser Matrizengleichung ergibt

$$\boldsymbol{u} = \begin{bmatrix} u_x \\ u_y \\ u_z \end{bmatrix} = \frac{1}{2\sin\varphi} \begin{bmatrix} T_{32} - T_{23} \\ T_{13} - T_{31} \\ T_{21} - T_{12} \end{bmatrix} \quad \text{mit} \quad \sin\varphi = \sqrt{1 - \cos^2\varphi}. \tag{3.122}$$

Im Fall $\varphi = 0$ ist $\boldsymbol{u}$ nicht definiert. Im Fall $\varphi = \pi$ verschwindet der schiefsymmetrische Anteil des Drehtensors. Für die Berechnung von $\boldsymbol{u}$ sind dann die symmetrischen Nebendiagonalelemente heranzuziehen.

Für die singularitätsfreie Berechnung des Drehzeigers aus der Drehmatrix ist es empfehlenswert, zuerst die aus dem Drehzeiger abgeleiteten EULER-Parameter entsprechend Abschn. 3.7.2 zu berechnen und daraus anschließend mit Hilfe von (3.219) den Drehzeiger zu ermitteln.

3.3.5 Beispiele für Drehungen

Elementardrehungen Eine Drehung um eine Koordinatenachse wird als *Elementardrehung* bezeichnet (Tab. 3.3).

Tab. 3.3 Elementardrehungen

Drehung um x-Achse	Drehung um y-Achse	Drehung um z-Achse

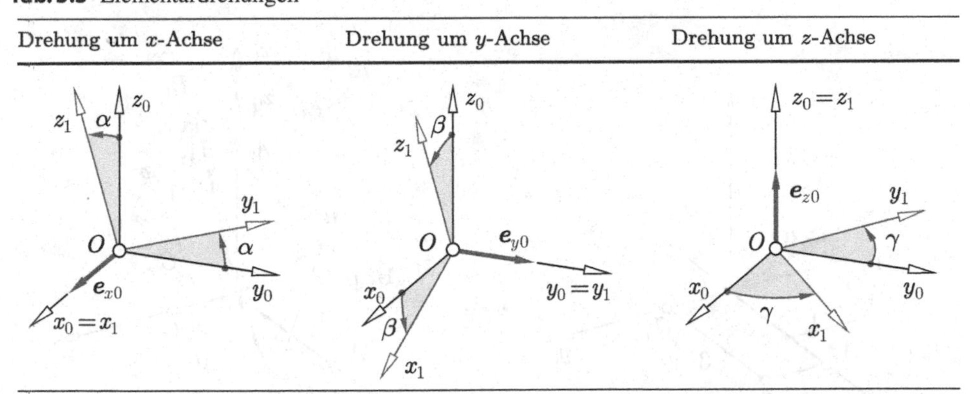

Aus den Koordinaten der Einheitsvektoren ergeben sich mit Hilfe von (3.109) die entsprechenden Drehmatrizen. Bei Darstellung der Vektoren jeweils im System $\mathcal{K}_0$ gilt für die Elementardrehung um die x-Achse mit dem Drehwinkel α

$$ {}^0\boldsymbol{e}_{x0} = \begin{bmatrix} 1 \\ 0 \\ 0 \end{bmatrix} \quad \Rightarrow \quad \boldsymbol{R}({}^0\boldsymbol{e}_{x0}, \alpha) = \begin{bmatrix} 1 & 0 & 0 \\ 0 & \cos\alpha & -\sin\alpha \\ 0 & \sin\alpha & \cos\alpha \end{bmatrix} \equiv {}^{01}\boldsymbol{T}, \tag{3.123} $$

für die Elementardrehung um die y-Achse mit dem Drehwinkel β

$$ {}^0\boldsymbol{e}_{y0} = \begin{bmatrix} 0 \\ 1 \\ 0 \end{bmatrix} \quad \Rightarrow \quad \boldsymbol{R}({}^0\boldsymbol{e}_{y0}, \beta) = \begin{bmatrix} \cos\beta & 0 & \sin\beta \\ 0 & 1 & 0 \\ -\sin\beta & 0 & \cos\beta \end{bmatrix} \equiv {}^{01}\boldsymbol{T} \tag{3.124} $$

und für die Elementardrehung um die z-Achse mit dem Drehwinkel γ

$$ {}^0\boldsymbol{e}_{z0} = \begin{bmatrix} 0 \\ 0 \\ 1 \end{bmatrix} \quad \Rightarrow \quad \boldsymbol{R}({}^0\boldsymbol{e}_{z0}, \gamma) = \begin{bmatrix} \cos\gamma & -\sin\gamma & 0 \\ \sin\gamma & \cos\gamma & 0 \\ 0 & 0 & 1 \end{bmatrix} \equiv {}^{01}\boldsymbol{T}. \tag{3.125} $$

Drehung mit gegebenem Drehzeiger Das Rechteck $A_0B_0C_0O$ entsprechend Abb. 3.13a wird mit dem folgenden Drehzeiger gedreht:

$$ {}^0\boldsymbol{u} = \frac{1}{\sqrt{3}} \begin{bmatrix} 1 \\ -1 \\ 1 \end{bmatrix} \quad \text{(Raumdiagonale)}, \qquad \varphi = \frac{2}{3}\pi \quad (\hat{=}120°). \tag{3.126} $$

Gesucht sind die Drehmatrix sowie die gedrehte Lage des Rechtecks.

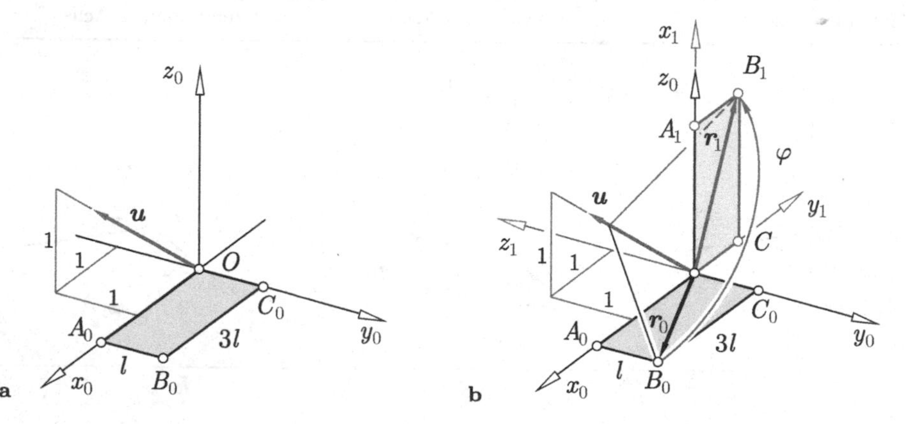

Abb. 3.13 Drehung mit einem gegebenen Drehzeiger ($\boldsymbol{u}$, φ). **a** Ausgangslage. **b** Drehung

Die Drehmatrix wird mit Hilfe der RODRIGUES-Gleichung (3.109) berechnet,

$$ {}^{0}\boldsymbol{R}_{10} = \boldsymbol{R}({}^{0}\boldsymbol{u}, \varphi) = \begin{bmatrix} 0 & -1 & 0 \\ 0 & 0 & -1 \\ 1 & 0 & 0 \end{bmatrix} \equiv {}^{01}\boldsymbol{T}. \tag{3.127} $$

Mit dem aus (3.114) bekannten Aufbau als Transformationsmatrix können daraus die Koordinaten der Einheitsvektoren des gedrehten körperfesten Koordinatensystems $\mathcal{K}_1$ abgelesen werden (Abb. 3.13b),

$$ {}^{0}\boldsymbol{e}_{x1} = \begin{bmatrix} 0 & 0 & 1 \end{bmatrix}^{\mathrm{T}}, \quad {}^{0}\boldsymbol{e}_{y1} = \begin{bmatrix} -1 & 0 & 0 \end{bmatrix}^{\mathrm{T}}, \quad {}^{0}\boldsymbol{e}_{z1} = \begin{bmatrix} 0 & -1 & 0 \end{bmatrix}^{\mathrm{T}}. \tag{3.128} $$

Bei der Interpretation als aktive Drehung geht der Vektor $\boldsymbol{r}_0$ mit Hilfe des Drehtensors $\boldsymbol{R}_{10}$ über in den Vektor $\boldsymbol{r}_1$,

$$ {}^{0}\boldsymbol{r}_1 = {}^{0}\boldsymbol{R}_{10}\, {}^{0}\boldsymbol{r}_0 = \begin{bmatrix} 0 & -1 & 0 \\ 0 & 0 & -1 \\ 1 & 0 & 0 \end{bmatrix} \begin{bmatrix} 3\,l \\ l \\ 0 \end{bmatrix} = \begin{bmatrix} -l \\ 0 \\ 3\,l \end{bmatrix}. \tag{3.129} $$

Drehzeiger aus gegebener Drehmatrix Aus der vorliegenden Drehmatrix (3.127) liefert (3.119) den Drehwinkel

$$ \cos\varphi = \tfrac{1}{2}(T_{11} + T_{22} + T_{33} - 1) = -\tfrac{1}{2} \quad \Rightarrow \quad \varphi = \tfrac{2}{3}\pi. \tag{3.130} $$

Aus (3.122) folgt mit $\sin\varphi = \sqrt{1 - \cos^2\varphi} = \frac{\sqrt{3}}{2}$ der Achsvektor

$$ \boldsymbol{u} = \begin{bmatrix} u_x \\ u_y \\ u_z \end{bmatrix} = \frac{1}{2\sin\varphi} \begin{bmatrix} T_{32} - T_{23} \\ T_{13} - T_{31} \\ T_{21} - T_{12} \end{bmatrix} = \frac{1}{\sqrt{3}} \begin{bmatrix} 1 \\ -1 \\ 1 \end{bmatrix}. \tag{3.131} $$

3.4 Mehrfache Drehungen

Bereits bei der Zusammensetzung zweier Bewegungen in Abschn. 3.2.2 wurde die Berechnung von zwei hintereinandergeschalteten Drehungen mit Hilfe von Koordinatentransformationen gezeigt. Diese Formulierung entspricht der in Abschn. 3.3.3 eingeführten passiven Interpretation der Drehungen. In diesem Abschnitt wird die aktive Interpretation mehrfacher Drehungen mit Hilfe der Drehzeiger der Einzeldrehungen gegenübergestellt.

3.4.1 Definition mehrfacher Drehungen durch Drehgelenke

Die Beschreibung der Resultierenden zweier Einzeldrehungen gemäß (3.51) zeigte bereits, dass die Reihenfolge der Drehungen wegen der Nichtkommutativität des Produkts der Dreh-

Tab. 3.4 Nichtkommutativität zweier hintereinandergeschalteter Drehungen

Ausgangslage		Zwischenlage		Endlage
	$(\boldsymbol{u}_1, \frac{\pi}{2})$		$(\boldsymbol{u}_2, \frac{\pi}{2})$	
	$(\boldsymbol{u}_2, \frac{\pi}{2})$		$(\boldsymbol{u}_1, \frac{\pi}{2})$	

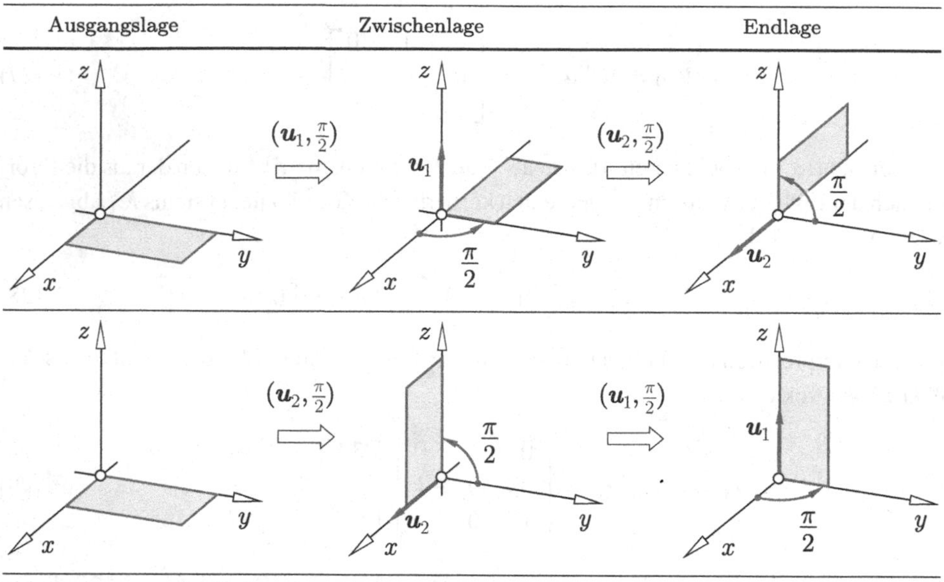

matrizen nicht vertauschbar ist. Dieser Sachverhalt lässt sich mit Hilfe der Drehzeiger der Einzeldrehungen geometrisch veranschaulichen. Das Beispiel in Tab. 3.4 zeigt, wie die in unterschiedlicher Reihenfolge ausgeführten Drehungen mit den Drehzeigern $(\boldsymbol{u}_1, \frac{\pi}{2})$ und $(\boldsymbol{u}_2, \frac{\pi}{2})$ jeweils zu unterschiedlichen Endlagen führen.

Die Reihenfolge hintereinandergeschalteter Drehungen wird durch eine gedachte kinematische Kette mit Drehgelenken eindeutig und anschaulich festgelegt. Dies wird am Beispiel zweier hintereinandergeschalteter Drehungen des in Abb. 3.14 a dargestellten Stabes ausführlich untersucht. Der stabfeste Vektor $\boldsymbol{r}_0$ soll zuerst eine Drehung $(\boldsymbol{u}_2, \varphi_2)$ um die x_0-Achse und danach eine Drehung $(\boldsymbol{u}_1, \varphi_1)$ um die z_0-Achse ausführen. Dies entspricht der Drehungsabfolge in der unteren Zeile von Tab. 3.4, dort jeweils mit den Drehwinkeln $\frac{\pi}{2}$.

Diese Drehungsabfolge wird durch die in Abb. 3.14 b gezeigte kinematische Kette mit zwei Drehgelenken eindeutig festgelegt. Das vom raumfesten Ausgangssystem $\mathcal{K}_0$ aus gesehen erste Drehgelenk wird dazu in die Achse $\boldsymbol{u}_1$ der zweiten Drehung $(\boldsymbol{u}_1, \varphi_1)$ und das zweite Drehgelenk in die Achse $\boldsymbol{u}_2$ der ersten Drehung $(\boldsymbol{u}_2, \varphi_2)$ gelegt. Mit der kinematischen Kette hängt die gedrehte Lage des Vektors nur noch von den beiden Drehwinkeln φ_1 und φ_2 ab, unabhängig von der Reihenfolge, in welcher die Drehwinkel an den Gelenken eingestellt werden.

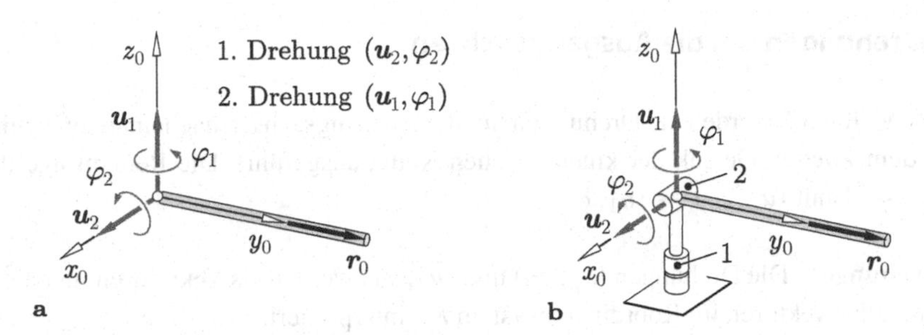

Abb. 3.14 Zweifache Drehung des Vektors $\boldsymbol{r}_0$. **a** Gegebene Einzeldrehungen $(\boldsymbol{u}_1, \varphi_1)$ und $(\boldsymbol{u}_2, \varphi_2)$. **b** Kinematische Kette mit zwei Drehgelenken für die gegebene Reihenfolge $(\boldsymbol{u}_2, \varphi_2) \rightarrow (\boldsymbol{u}_1, \varphi_1)$

Die Drehmatrix der resultierenden Drehung kann nun auf zwei äquivalenten Wegen aufgebaut werden:

1. Wird zuerst der Drehwinkel φ_2 im Gelenk 2 und danach der Winkel φ_1 im Gelenk 1 eingestellt, so befindet die Achse von Gelenk 2 noch in der Ausgangslage $\boldsymbol{u}_2$. Damit werden die Drehungen in der gegebenen Reihenfolge $(\boldsymbol{u}_2, \varphi_2) \rightarrow (\boldsymbol{u}_1, \varphi_1)$ ausgeführt.
   Diese Betrachtungsweise kann auf n hintereinandergeschaltete Drehungen und damit eine kinematische Kette mit n Drehgelenken verallgemeinert werden, indem die Drehwinkel nacheinander, beginnend am letzten Gelenk n absteigend bis zum Gelenk 1, eingestellt werden. Die einzelnen Drehungen erfolgen damit um die raumfesten Achsen der kinematischen Kette in der Ausgangslage, die im folgenden als die *Ausgangsachsen* bezeichnet werden.
2. In gleichwertiger Weise kann zuerst der Winkel φ_1 im Gelenk 1 und danach der Winkel φ_2 im Gelenk 2 eingestellt wird. Die Drehung im Gelenk 2 erfolgt dann aber um die durch die Drehung $(\boldsymbol{u}_1, \varphi_1)$ gedrehte Achse $\bar{\boldsymbol{u}}_2$. Die Drehungen werden also in der Reihenfolge $(\boldsymbol{u}_1, \varphi_1) \rightarrow (\bar{\boldsymbol{u}}_2, \varphi_2)$ ausgeführt.
   Im allgemeinen Fall mit n hintereinandergeschalteten Drehungen werden die Drehwinkel nacheinander, beginnend am Gelenk 1 aufsteigend bis zum letzten Gelenk n, eingestellt. Die Gelenkachsen hängen damit bei der Ausführung der jeweiligen Drehungen von allen davor ausgeführten Drehungen ab. Die einzelnen Drehungen erfolgen damit um die *mitgedrehten Achsen* der kinematischen Kette.

Die Berechnung der resultierenden Drehmatrix mit Hilfe der beiden Betrachtungsweisen wird jetzt am Beispiel der $n = 2$ Drehungen aus Abb. 3.14 b gezeigt. Hierbei werden jeweils die Formulierungen als aktive Drehungen (Vektordrehungen) und passive Drehungen (Koordinatentransformationen) gegenübergestellt. Es wird gezeigt, dass Drehungen um die Ausgangsachsen günstig als aktive Drehungen und Drehungen um die mitgedrehten Achsen günstig als passive Drehungen berechnet werden.

3.4.2 Drehungen um die Ausgangsachsen

Entsprechend Tab. 3.5 werden die Drehungen um die Ausgangsachsen nacheinander, beginnend mit dem zweiten Gelenk der kinematischen Kette, ausgeführt. Die Reihenfolge der Drehungen ist damit $(\boldsymbol{u}_2, \varphi_2) \to (\boldsymbol{u}_1, \varphi_1)$.

Aktive Drehungen Die Drehungen $(\boldsymbol{u}_2, \varphi_2)$ und $(\boldsymbol{u}_1, \varphi_1)$ werden als Vektordrehungen mit Darstellung aller Vektoren im Koordinatensystem $\mathcal{K}_0$ interpretiert.

1. Drehung Der Drehzeiger $(\boldsymbol{u}_2, \varphi_2)$ dreht den Vektor $\boldsymbol{r}_0$ in den Vektor $\boldsymbol{r}_{1'}$. Mit $\boldsymbol{u}_2$ in der x_0-Achse liegt eine x-Elementardrehung gemäß (3.123) vor,

$$
{}^0\boldsymbol{r}_{1'} = {}^0\boldsymbol{R}_{1'0}\,{}^0\boldsymbol{r}_0 \quad \text{mit} \quad {}^0\boldsymbol{R}_{1'0} = \boldsymbol{R}({}^0\boldsymbol{u}_2, \varphi_2) = \begin{bmatrix} 1 & 0 & 0 \\ 0 & \cos\varphi_2 & -\sin\varphi_2 \\ 0 & \sin\varphi_2 & \cos\varphi_2 \end{bmatrix}. \tag{3.132}
$$

2. Drehung Der Drehzeiger $(\boldsymbol{u}_1, \varphi_1)$ dreht den Vektor $\boldsymbol{r}_{1'}$ in den Vektor $\boldsymbol{r}_2$. Mit $\boldsymbol{u}_1$ in der z_0-Achse liegt eine z-Elementardrehung gemäß (3.125) vor,

$$
{}^0\boldsymbol{r}_2 = {}^0\boldsymbol{R}_{21'}\,{}^0\boldsymbol{r}_{1'} \quad \text{mit} \quad {}^0\boldsymbol{R}_{21'} = \boldsymbol{R}({}^0\boldsymbol{u}_1, \varphi_1) = \begin{bmatrix} \cos\varphi_1 & -\sin\varphi_1 & 0 \\ \sin\varphi_1 & \cos\varphi_1 & 0 \\ 0 & 0 & 1 \end{bmatrix}. \tag{3.133}
$$

Gesamte Drehung Einsetzen von ${}^0\boldsymbol{r}_{1'}$ aus (3.132) in (3.133) ergibt die gesamte Vektordrehung

$$
{}^0\boldsymbol{r}_2 = {}^0\boldsymbol{R}_{20}\,{}^0\boldsymbol{r}_0 \quad \text{mit} \quad {}^0\boldsymbol{R}_{20} = {}^0\boldsymbol{R}_{21'}\,{}^0\boldsymbol{R}_{1'0} \tag{3.134}
$$

Tab. 3.5 Drehungen um die Ausgangsachsen

Ausgangslage	1. Drehung Drehzeiger $(\boldsymbol{u}_2, \varphi_2)$	2. Drehung Drehzeiger $(\boldsymbol{u}_1, \varphi_1)$
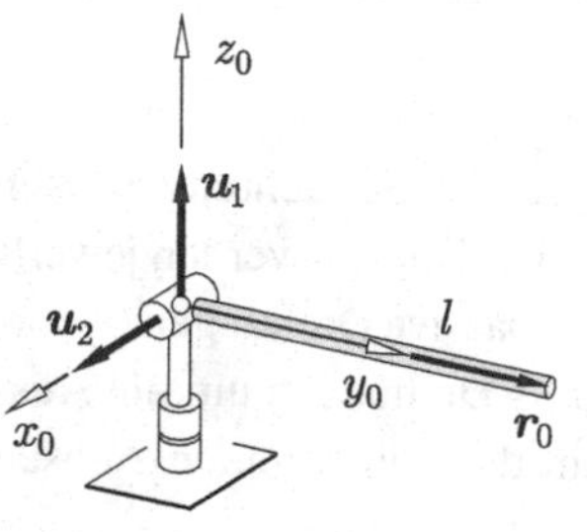 z_0, $\boldsymbol{u}_1$, $\boldsymbol{u}_2$, l, y_0, x_0, $\boldsymbol{r}_0$	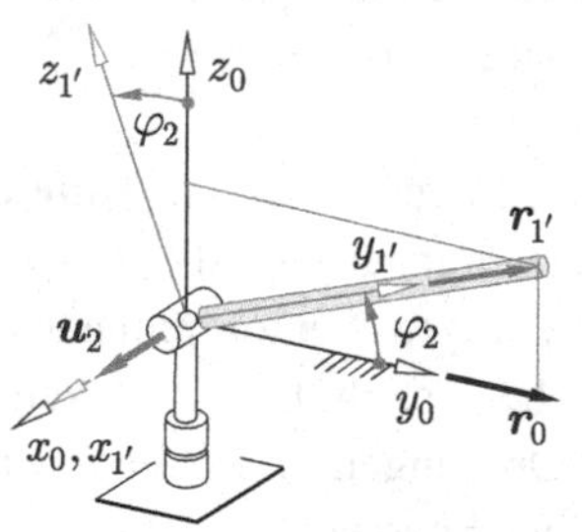 $z_{1'}$, z_0, φ_2, $\boldsymbol{r}_{1'}$, $y_{1'}$, $\boldsymbol{u}_2$, φ_2, y_0, $\boldsymbol{r}_0$, $x_0, x_{1'}$	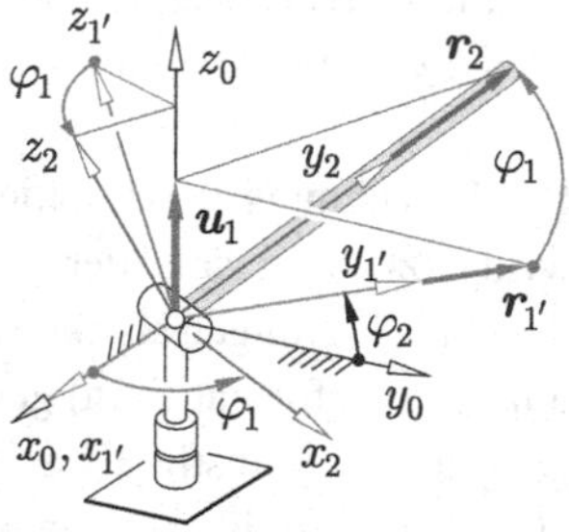 $z_{1'}$, φ_1, z_0, $\boldsymbol{r}_2$, z_2, y_2, φ_1, $\boldsymbol{u}_1$, $y_{1'}$, $\boldsymbol{r}_{1'}$, φ_2, φ_1, y_0, $x_0, x_{1'}$, x_2

Mit $l = \|\boldsymbol{r}_0\|$ gilt

$$\underbrace{\begin{bmatrix} -l \sin\varphi_1 \cos\varphi_2 \\ l\cos\varphi_1\cos\varphi_2 \\ l\sin\varphi_2 \end{bmatrix}}_{{}^0\boldsymbol{r}_2} = \underbrace{\begin{bmatrix} \cos\varphi_1 & -\sin\varphi_1\cos\varphi_2 & \sin\varphi_1\sin\varphi_2 \\ \sin\varphi_1 & \cos\varphi_1\cos\varphi_2 & -\cos\varphi_1\sin\varphi_2 \\ 0 & \sin\varphi_2 & \cos\varphi_2 \end{bmatrix}}_{{}^0\boldsymbol{R}_{20}} \underbrace{\begin{bmatrix} 0 \\ l \\ 0 \end{bmatrix}}_{{}^0\boldsymbol{r}_0}. \tag{3.135}$$

Passive Drehungen Die Drehungen $(\boldsymbol{u}_2, \varphi_2)$ und $(\boldsymbol{u}_1, \varphi_1)$ werden jetzt als Koordinatentransformationen interpretiert.
1. Drehung Der Drehzeiger $(\boldsymbol{u}_2, \varphi_2)$ dreht das Koordinatensystem $\mathcal{K}_0$ nach $\mathcal{K}_{1'}$. Die Koordinaten eines beliebigen Vektors – für die Gegenüberstellung zu den aktiven Drehungen wird $\boldsymbol{r}_2$ gewählt – werden mit der Transformationsmatrix ${}^{01'}\boldsymbol{T} = \boldsymbol{R}({}^0\boldsymbol{u}_2, \varphi_2)$ von $\mathcal{K}_{1'}$ nach $\mathcal{K}_0$ transformiert,

$${}^0\boldsymbol{r}_2 = {}^{01'}\boldsymbol{T}\;{}^{1'}\boldsymbol{r}_2 \quad \text{mit} \quad {}^{01'}\boldsymbol{T} = \boldsymbol{R}({}^0\boldsymbol{u}_2, \varphi_2) = \begin{bmatrix} 1 & 0 & 0 \\ 0 & \cos\varphi_2 & -\sin\varphi_2 \\ 0 & \sin\varphi_2 & \cos\varphi_2 \end{bmatrix}. \tag{3.136}$$

2. Drehung Der Drehzeiger $(\boldsymbol{u}_1, \varphi_1)$ dreht das Koordinatensystem $\mathcal{K}_{1'}$ nach $\mathcal{K}_2$. Es gilt die Koordinatentransformation

$${}^{1'}\boldsymbol{r}_2 = {}^{1'2}\boldsymbol{T}\;{}^2\boldsymbol{r}_2 \quad \text{mit} \quad {}^{1'2}\boldsymbol{T} = \boldsymbol{R}({}^{1'}\boldsymbol{u}_1, \varphi_1). \tag{3.137}$$

Für die Berechnung von $\boldsymbol{R}({}^{1'}\boldsymbol{u}_1, \varphi_1)$ wird der Achsvektor ${}^0\boldsymbol{u}_1 = [0\;\;0\;\;1]^{\mathrm{T}}$ mit Hilfe von ${}^{1'0}\boldsymbol{T} = {}^{01'}\boldsymbol{T}^{\mathrm{T}}$ aus (3.136) nach $\mathcal{K}_{1'}$ transformiert,

$${}^{1'}\boldsymbol{u}_1 = {}^{1'0}\boldsymbol{T}\;{}^0\boldsymbol{u}_1 = \begin{bmatrix} 0 \\ \sin\varphi_2 \\ \cos\varphi_2 \end{bmatrix}. \tag{3.138}$$

Mit der Berechnung von $\boldsymbol{R}({}^{1'}\boldsymbol{u}_1, \varphi_1)$ nach (3.109) ergibt sich die Transformationsmatrix $(k = 1 - \cos\varphi_1)$

$${}^{1'2}\boldsymbol{T} = \begin{bmatrix} \cos\varphi_1 & -\sin\varphi_1\cos\varphi_2 & \sin\varphi_1\sin\varphi_2 \\ \sin\varphi_1\cos\varphi_2 & \cos\varphi_1 + k\sin^2\varphi_2 & k\sin\varphi_2\cos\varphi_2 \\ -\sin\varphi_1\sin\varphi_2 & k\sin\varphi_2\cos\varphi_2 & \cos\varphi_1 + k\cos^2\varphi_2 \end{bmatrix}. \tag{3.139}$$

Die Transformationsmatrix ${}^{1'2}\boldsymbol{T} = \boldsymbol{R}({}^{1'}\boldsymbol{u}_1, \varphi_1)$ kann auch durch die Transformation der Drehtensorkoordinaten $\boldsymbol{R}({}^0\boldsymbol{u}_1, \varphi_1)$ aus (3.133) mit ${}^{1'0}\boldsymbol{T} = {}^{01'}\boldsymbol{T}^{\mathrm{T}}$ aus (3.136) ausgedrückt werden,

$${}^{1'2}\boldsymbol{T} \equiv \boldsymbol{R}({}^{1'}\boldsymbol{u}_1, \varphi_1) = {}^{1'0}\boldsymbol{T}\;\boldsymbol{R}({}^0\boldsymbol{u}_1, \varphi_1)\;{}^{1'0}\boldsymbol{T}^{\mathrm{T}}. \tag{3.140}$$

Gesamte Drehung Einsetzen von ${}^{1'}\boldsymbol{r}_2$ aus (3.137) in (3.136) liefert die Transformation der Vektorkoordinaten von $\mathcal{K}_2$ nach $\mathcal{K}_0$

$$ {}^{0}\boldsymbol{r}_2 = {}^{02}\boldsymbol{T}\;{}^{2}\boldsymbol{r}_2 \quad \text{mit} \quad {}^{02}\boldsymbol{T} = {}^{01'}\boldsymbol{T}\;{}^{1'2}\boldsymbol{T} \tag{3.141} $$

und unter Verwendung von (3.136) und (3.139)

$$ \underbrace{\begin{bmatrix} -l\sin\varphi_1\cos\varphi_2 \\ l\cos\varphi_1\cos\varphi_2 \\ l\sin\varphi_2 \end{bmatrix}}_{{}^{0}\boldsymbol{r}_2} = \underbrace{\begin{bmatrix} \cos\varphi_1 & -\sin\varphi_1\cos\varphi_2 & \sin\varphi_1\sin\varphi_2 \\ \sin\varphi_1 & \cos\varphi_1\cos\varphi_2 & -\cos\varphi_1\sin\varphi_2 \\ 0 & \sin\varphi_2 & \cos\varphi_2 \end{bmatrix}}_{{}^{02}\boldsymbol{T}} \underbrace{\begin{bmatrix} 0 \\ l \\ 0 \end{bmatrix}}_{{}^{2}\boldsymbol{r}_2}. \tag{3.142} $$

Unter Berücksichtigung von ${}^{02}\boldsymbol{T} = {}^{0}\boldsymbol{R}_{20}$ und ${}^{2}\boldsymbol{r}_2 = {}^{0}\boldsymbol{r}_0$ ist dies die passive Interpretation der Drehung (3.135).
Der Vergleich der beiden Berechnungswege zeigt, dass Drehungen um die Ausgangsachsen einfacher als aktive Drehungen berechnet werden, weil dann die Drehmatrizen der Einzeldrehungen voneinander unabhängig sind. Bei den passiven Drehungen hängt dagegen die Drehmatrix der zweiten Drehung (3.139) vom Drehwinkel der ersten Drehung ab.

3.4.3 Drehungen um die mitgedrehten Achsen

Entsprechend Tab. 3.6 werden die Drehungen um die mitgedrehten Achsen nacheinander, beginnend mit dem ersten Gelenk der kinematischen Kette, ausgeführt. Die Reihenfolge der Drehungen ist damit $(\boldsymbol{u}_1, \varphi_1) \to (\bar{\boldsymbol{u}}_2, \varphi_2)$, wobei die Achse der zweiten Drehung $\bar{\boldsymbol{u}}_2$ durch die Drehung mit $(\boldsymbol{u}_1, \varphi_1)$ aus ihrer Ausgangslage $\boldsymbol{u}_2$ hervorgeht.

Passive Drehungen Die Drehungen $(\boldsymbol{u}_1, \varphi_1)$ und $(\bar{\boldsymbol{u}}_2, \varphi_2)$ werden als Koordinatentransformationen interpretiert.

1. Drehung Der Drehzeiger $(\boldsymbol{u}_1, \varphi_1)$ dreht das Koordinatensystem $\mathcal{K}_0$ nach $\mathcal{K}_1$. Die Transformation der Koordinaten eines Vektors, hier wieder $\boldsymbol{r}_2$, von $\mathcal{K}_1$ nach $\mathcal{K}_0$ lautet

$$ {}^{0}\boldsymbol{r}_2 = {}^{01}\boldsymbol{T}\;{}^{1}\boldsymbol{r}_2 \quad \text{mit} \quad {}^{01}\boldsymbol{T} = \boldsymbol{R}({}^{0}\boldsymbol{u}_1, \varphi_1) = \begin{bmatrix} \cos\varphi_1 & -\sin\varphi_1 & 0 \\ \sin\varphi_1 & \cos\varphi_1 & 0 \\ 0 & 0 & 1 \end{bmatrix}. \tag{3.143} $$

2. Drehung Der Drehzeiger $(\bar{\boldsymbol{u}}_2, \varphi_2)$ dreht das Koordinatensystem $\mathcal{K}_1$ nach $\mathcal{K}_2$. Die Transformation der Vektorkoordinaten von $\mathcal{K}_2$ nach $\mathcal{K}_1$ lautet mit ${}^{1}\bar{\boldsymbol{u}}_2 = [1\;0\;0]^{\mathrm{T}}$

$$ {}^{1}\boldsymbol{r}_2 = {}^{12}\boldsymbol{T}\;{}^{2}\boldsymbol{r}_2 \quad \text{mit} \quad {}^{12}\boldsymbol{T} = \boldsymbol{R}({}^{1}\bar{\boldsymbol{u}}_2, \varphi_2) = \begin{bmatrix} 1 & 0 & 0 \\ 0 & \cos\varphi_2 & -\sin\varphi_2 \\ 0 & \sin\varphi_2 & \cos\varphi_2 \end{bmatrix}. \tag{3.144} $$

Tab. 3.6 Drehungen um mitgedrehte Achsen

Ausgangslage	1. Drehung Drehzeiger $(\boldsymbol{u}_1, \varphi_1)$	2. Drehung Drehzeiger $(\bar{\boldsymbol{u}}_2, \varphi_2)$

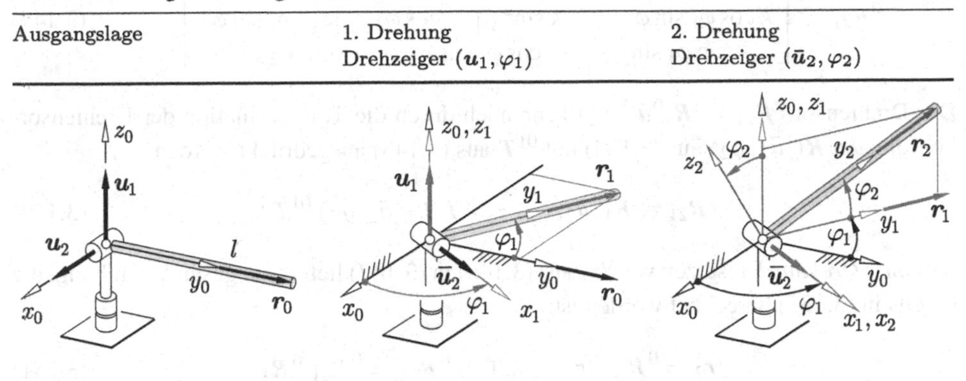

Gesamte Drehung Einsetzen von ${}^1\boldsymbol{r}_2$ aus (3.144) in (3.143) liefert die bereits in (3.142) berechnete Transformation der Vektorkoordinaten von $\mathcal{K}_2$ nach $\mathcal{K}_0$

$$ {}^0\boldsymbol{r}_2 = {}^{02}\boldsymbol{T}\, {}^2\boldsymbol{r}_2 \quad \text{mit} \quad {}^{02}\boldsymbol{T} = {}^{01}\boldsymbol{T}\, {}^{12}\boldsymbol{T}. \tag{3.145} $$

Aktive Drehungen Die Drehungen $(\boldsymbol{u}_1, \varphi_1)$ und $(\bar{\boldsymbol{u}}_2, \varphi_2)$ werden als Vektordrehungen mit Darstellung aller Vektoren im Koordinatensystem $\mathcal{K}_0$ interpretiert.

1. Drehung Der Drehzeiger $(\boldsymbol{u}_1, \varphi_1)$ dreht den Vektor $\boldsymbol{r}_0$ in den Vektor $\boldsymbol{r}_1$,

$$ {}^0\boldsymbol{r}_1 = {}^0\boldsymbol{R}_{10}\, {}^0\boldsymbol{r}_0 \quad \text{mit} \quad {}^0\boldsymbol{R}_{10} = \boldsymbol{R}({}^0\boldsymbol{u}_1, \varphi_1) = \begin{bmatrix} \cos\varphi_1 & -\sin\varphi_1 & 0 \\ \sin\varphi_1 & \cos\varphi_1 & 0 \\ 0 & 0 & 1 \end{bmatrix}. \tag{3.146} $$

2. Drehung Der Drehzeiger $(\bar{\boldsymbol{u}}_2, \varphi_2)$ dreht den Vektor $\boldsymbol{r}_1$ in den Vektor $\boldsymbol{r}_2$,

$$ {}^0\boldsymbol{r}_2 = {}^0\boldsymbol{R}_{21}\, {}^0\boldsymbol{r}_1 \quad \text{mit} \quad {}^0\boldsymbol{R}_{21} = \boldsymbol{R}({}^0\bar{\boldsymbol{u}}_2, \varphi_2). \tag{3.147} $$

Der Achsvektor $\bar{\boldsymbol{u}}_2$ geht durch die Drehung $(\boldsymbol{u}_1, \varphi_1)$ aus seiner Ausgangslage $\boldsymbol{u}_2$ hervor. Mit ${}^0\boldsymbol{u}_2 = [\,1 \;\; 0 \;\; 0\,]^{\mathrm{T}}$ und ${}^0\boldsymbol{R}_{10} = \boldsymbol{R}({}^0\boldsymbol{u}_1, \varphi_1)$ aus (3.146) gilt

$$ {}^0\bar{\boldsymbol{u}}_2 = {}^0\boldsymbol{R}_{10}\, {}^0\boldsymbol{u}_2 = \begin{bmatrix} \cos\varphi_1 \\ \sin\varphi_1 \\ 0 \end{bmatrix}. \tag{3.148} $$

Der Drehtensor ${}^0\boldsymbol{R}_{21} = \boldsymbol{R}({}^0\bar{\boldsymbol{u}}_2, \varphi_2)$ wird mit (3.109) berechnet ($k = 1 - \cos\varphi_2$),

$$
{}^{0}\boldsymbol{R}_{21} = \begin{bmatrix} k\cos^2\varphi_1 + \cos\varphi_2 & k\cos\varphi_1\sin\varphi_1 & \sin\varphi_1\sin\varphi_2 \\ k\cos\varphi_1\sin\varphi_1 & k\sin^2\varphi_1 + \cos\varphi_2 & -\cos\varphi_1\sin\varphi_2 \\ -\sin\varphi_1\sin\varphi_2 & \cos\varphi_1\sin\varphi_2 & \cos\varphi_2 \end{bmatrix}. \qquad (3.149)
$$

Der Drehtensor ${}^{0}\boldsymbol{R}_{21} = \boldsymbol{R}({}^{0}\bar{\boldsymbol{u}}_2, \varphi_2)$ kann auch durch die Transformation der Drehtensorkoordinaten $\boldsymbol{R}({}^{1}\bar{\boldsymbol{u}}_2, \varphi_2)$ aus (3.144) mit ${}^{01}\boldsymbol{T}$ aus (3.143) ausgedrückt werden,

$$
{}^{0}\boldsymbol{R}_{21} \equiv \boldsymbol{R}({}^{0}\bar{\boldsymbol{u}}_2, \varphi_2) = {}^{01}\boldsymbol{T}\,\boldsymbol{R}({}^{1}\bar{\boldsymbol{u}}_2, \varphi_2)\,{}^{01}\boldsymbol{T}^{\mathrm{T}}. \qquad (3.150)
$$

Gesamte Drehung Einsetzen von ${}^{0}\boldsymbol{r}_1$ aus (3.146) in (3.147) liefert die gesamte Drehung, die bereits in (3.135) berechnet worden ist,

$$
{}^{0}\boldsymbol{r}_2 = {}^{0}\boldsymbol{R}_{20}\,{}^{0}\boldsymbol{r}_0 \quad \text{mit} \quad {}^{0}\boldsymbol{R}_{20} = {}^{0}\boldsymbol{R}_{21}\,{}^{0}\boldsymbol{R}_{10}. \qquad (3.151)
$$

Der Vergleich der beiden Berechnungswege zeigt, dass Drehungen um die mitgedrehten Achsen einfacher als passive Drehungen berechnet werden, weil dann die Drehmatrizen der Einzeldrehungen voneinander unabhängig sind. Bei den aktiven Drehungen hängt dagegen die Drehmatrix der zweiten Drehung (3.149) von der ersten Drehung ab.

3.5 Drehtensor und Winkelgeschwindigkeit

Mit Hilfe des Drehzeigers kann die kinematische Differentialgleichung des Drehtensors hergeleitet und als die Hintereinanderschaltung einer endlichen und einer infinitesimalen Drehung geometrisch interpretiert werden. Hierzu wird zunächst der Drehtensor einer infinitesimalen Drehung aufgestellt.

3.5.1 Infinitesimale Drehung und Winkelgeschwindigkeit

Betrachtet wird die infinitesimale Drehung $(\boldsymbol{e}, \mathrm{d}\phi)$ mit dem normierten Achsvektor $\boldsymbol{e}$ und dem infinitesimalen Drehwinkel $\mathrm{d}\phi$. Der entsprechend (3.106) gebildete Drehtensor

$$
\boldsymbol{R}(\boldsymbol{e}, \mathrm{d}\phi) = \cos(\mathrm{d}\phi)\,\boldsymbol{E} + \sin(\mathrm{d}\phi)\,\widetilde{\boldsymbol{e}} + (1 - \cos(\mathrm{d}\phi))\,\boldsymbol{e}\,\boldsymbol{e}^{\mathrm{T}} \qquad (3.152)
$$

wird mit den Reihenentwicklungen an der Stelle $\phi = 0$ bis zu Termen erster Ordnung $\cos(\mathrm{d}\phi) \approx 1$ und $\sin(\mathrm{d}\phi) \approx \mathrm{d}\phi$ bezüglich $\mathrm{d}\phi$ linearisiert,

$$
\boldsymbol{R}(\boldsymbol{e}, \mathrm{d}\phi) = \boldsymbol{E} + \widetilde{\boldsymbol{e}}\,\mathrm{d}\phi \quad \text{oder} \quad \boldsymbol{R}(\mathrm{d}\boldsymbol{\Phi}) = \boldsymbol{E} + \mathrm{d}\widetilde{\boldsymbol{\Phi}} \qquad (3.153)
$$

mit dem infinitesimalen *Drehvektor*

$$
\mathrm{d}\boldsymbol{\Phi} = \boldsymbol{e}\,\mathrm{d}\phi. \qquad (3.154)
$$

Der linearisierte Drehtensor $\boldsymbol{R}(\mathrm{d}\boldsymbol{\Phi})$ dreht einen Vektor $\boldsymbol{r}$ nach $\boldsymbol{r}+\mathrm{d}\boldsymbol{r}$, wobei der Zuwachs $\mathrm{d}\boldsymbol{r}$ senkrecht auf $\boldsymbol{e}$ und $\boldsymbol{r}$ steht (Abb. 3.15),

$$\boldsymbol{r} + \mathrm{d}\boldsymbol{r} = \big(\boldsymbol{E} + \mathrm{d}\widetilde{\boldsymbol{\Phi}}\big)\,\boldsymbol{r} \quad \text{und damit} \quad \mathrm{d}\boldsymbol{r} = \mathrm{d}\widetilde{\boldsymbol{\Phi}}\,\boldsymbol{r}. \tag{3.155}$$

Findet die Drehung $\mathrm{d}\boldsymbol{\Phi}$ in einem Zeitintervall $\mathrm{d}t$ statt, so ergibt sich aus (3.155) die zeitliche Änderung des Vektors $\boldsymbol{r}$,

$$\frac{\mathrm{d}\boldsymbol{r}}{\mathrm{d}t} = \widetilde{\boldsymbol{\omega}}\,\boldsymbol{r} \tag{3.156}$$

mit dem Vektor der Winkelgeschwindigkeit

$$\boldsymbol{\omega} = \frac{\mathrm{d}\boldsymbol{\Phi}}{\mathrm{d}t} = \frac{\mathrm{d}\phi}{\mathrm{d}t}\,\boldsymbol{e} \tag{3.157}$$

mit dem Betrag $\omega = \frac{\mathrm{d}\phi}{\mathrm{d}t}$ und dem Richtungsvektor $\boldsymbol{e}$ der *momentanen Drehachse.*

Infinitesimale Drehungen sind im Gegensatz zu endlichen Drehungen kommutativ. Dies ist durch Hintereinanderschalten der infinitesimalen Drehungen $\mathrm{d}\boldsymbol{\Phi}_1$ und $\mathrm{d}\boldsymbol{\Phi}_2$ unmittelbar erkennbar,

$$\boldsymbol{R}(\mathrm{d}\boldsymbol{\Phi}_1)\,\boldsymbol{R}(\mathrm{d}\boldsymbol{\Phi}_2) = \big(\boldsymbol{E} + \mathrm{d}\widetilde{\boldsymbol{\Phi}}_1\big)\big(\boldsymbol{E} + \mathrm{d}\widetilde{\boldsymbol{\Phi}}_2\big) \approx \boldsymbol{E} + \mathrm{d}\widetilde{\boldsymbol{\Phi}}_1 + \mathrm{d}\widetilde{\boldsymbol{\Phi}}_2. \tag{3.158}$$

Wegen der Linearisierung entfällt das Produkt $\mathrm{d}\widetilde{\boldsymbol{\Phi}}_1\,\mathrm{d}\widetilde{\boldsymbol{\Phi}}_2$. Die Anwendung des linearisierten Drehtensors (3.158) auf einen Vektor $\boldsymbol{r}$ ergibt

$$\boldsymbol{r} + \mathrm{d}\boldsymbol{r} = \big(\boldsymbol{E} + \mathrm{d}\widetilde{\boldsymbol{\Phi}}_1 + \mathrm{d}\widetilde{\boldsymbol{\Phi}}_2\big)\,\boldsymbol{r} \quad \text{und damit} \quad \mathrm{d}\boldsymbol{r} = \big(\mathrm{d}\widetilde{\boldsymbol{\Phi}}_1 + \mathrm{d}\widetilde{\boldsymbol{\Phi}}_2\big)\,\boldsymbol{r}. \tag{3.159}$$

Bezogen auf das Zeitintervall $\mathrm{d}t$ folgt aus (3.159) die zeitliche Änderung $\dot{\boldsymbol{r}} = \widetilde{\boldsymbol{\omega}}\,\boldsymbol{r}$, wobei die Winkelgeschwindigkeit $\boldsymbol{\omega}$ die vektorielle Summe der beiden Teilwinkelgeschwindigkeiten ist,

$$\boldsymbol{\omega} = \boldsymbol{\omega}_1 + \boldsymbol{\omega}_2 \quad \text{mit} \quad \boldsymbol{\omega}_1 = \dot{\boldsymbol{\Phi}}_1\,, \quad \boldsymbol{\omega}_2 = \dot{\boldsymbol{\Phi}}_2. \tag{3.160}$$

Dieses Ergebnis wurde bereits in (3.54) erhalten.

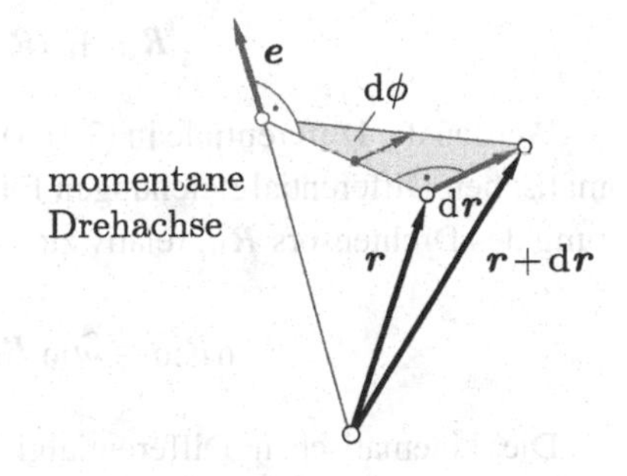

Abb. 3.15 Infinitesimale Drehung eines Vektors $\boldsymbol{r}$ mit dem Drehzeiger $(\boldsymbol{e}, \mathrm{d}\phi)$ bzw. dem Drehvektor $\mathrm{d}\boldsymbol{\Phi} = \boldsymbol{e}\,\mathrm{d}\phi$

3.5.2 Kinematische Differentialgleichungen des Drehtensors

In Abschn. 3.1.4 wurden die kinematischen Differentialgleichungen der Drehmatrix bei der passiven Interpretation der Drehung als Koordinatentransformation hergeleitet. Im folgenden wird gezeigt, wie dieses Ergebnis aus der Abfolge einer endlichen und einer infinitesimalen Drehung entsteht. Unterschieden werden wieder die Formulierungen der kinematischen Differentialgleichungen bei Darstellung der Winkelgeschwindigkeit im Ausgangssystem $\mathcal{K}_0$ und im mitgedrehten körperfesten System $\mathcal{K}_1$.

Koordinaten von $\boldsymbol{\omega}_{10}$ im Ausgangssystem $\mathcal{K}_0$ Mit der Drehung $(\boldsymbol{u}, \varphi)$ und der Winkelgeschwindigkeit $\boldsymbol{\omega}_{10}$ zum betrachteten Zeitpunkt t wird die Drehung zum infinitesimal nachfolgenden Zeitpunkt $t+\mathrm{d}t$ berechnet, indem die endliche Drehung $(\boldsymbol{u}, \varphi)$ und die infinitesimale Drehung $\mathrm{d}\boldsymbol{\Phi} = \boldsymbol{e}\,\mathrm{d}\phi \equiv \boldsymbol{\omega}_{10}\,\mathrm{d}t$ hintereinandergeschaltet werden. Gemäß Abb. 3.16 a gehen damit der Vektor $\boldsymbol{r}_0$ bzw. das Ausgangs-Koordinatensystem $\mathcal{K}_0$ durch die endliche Drehung $(\boldsymbol{u}, \varphi)$ über in $\boldsymbol{r}_1$ bzw. $\mathcal{K}_1$. Die daran anschließende infinitesimale Drehung $\mathrm{d}\boldsymbol{\Phi}$ überführt $\boldsymbol{r}_1$ nach $\boldsymbol{r}_1 + \mathrm{d}\boldsymbol{r}_1$. Mit dem Drehtensor $\boldsymbol{R}_{10} = \boldsymbol{R}(\boldsymbol{u}, \varphi)$ und dem linearisierten Drehtensor $\boldsymbol{E} + \mathrm{d}\widetilde{\boldsymbol{\Phi}}$ gemäß (3.153) lauten die beiden Drehungen

$$\boldsymbol{r}_1 = \boldsymbol{R}_{10}\,\boldsymbol{r}_0, \tag{3.161}$$

$$\boldsymbol{r}_1 + \mathrm{d}\boldsymbol{r}_1 = \left(\boldsymbol{E} + \mathrm{d}\widetilde{\boldsymbol{\Phi}}\right)\boldsymbol{r}_1. \tag{3.162}$$

Einsetzen von $\boldsymbol{r}_1$ aus (3.161) in (3.162) ergibt die gesamte Drehung des Vektors $\boldsymbol{r}_0$ nach $\boldsymbol{r}_1 + \mathrm{d}\boldsymbol{r}_1$

$$\boldsymbol{r}_1 + \mathrm{d}\boldsymbol{r}_1 = \left(\boldsymbol{R}_{10} + \mathrm{d}\widetilde{\boldsymbol{\Phi}}\,\boldsymbol{R}_{10}\right)\boldsymbol{r}_0 \tag{3.163}$$

mit dem Inkrement des Drehtensors zur infinitesimalen Drehung $\mathrm{d}\boldsymbol{\Phi}$

$$\mathrm{d}\boldsymbol{R}_{10} = \mathrm{d}\widetilde{\boldsymbol{\Phi}}\,\boldsymbol{R}_{10}. \tag{3.164}$$

Zu der Drehung von $\boldsymbol{r}_0$ nach $\boldsymbol{r}_1 + \mathrm{d}\boldsymbol{r}_1$ gehört entsprechend Abb. 3.16 b der Drehzeiger $(\boldsymbol{u} + \mathrm{d}\boldsymbol{u}, \varphi + \mathrm{d}\varphi)$ mit dem Drehtensor

$$\boldsymbol{R}_{10} + \mathrm{d}\boldsymbol{R}_{10} = \boldsymbol{R}(\boldsymbol{u} + \mathrm{d}\boldsymbol{u}, \varphi + \mathrm{d}\varphi). \tag{3.165}$$

Werden die Differentiale in (3.164) auf das Zeitintervall $\mathrm{d}t$ bezogen, so werden die kinematischen Differentialgleichungen für den Zusammenhang zwischen der zeitlichen Änderung des Drehtensors $\boldsymbol{R}_{10}$ relativ zu $\mathcal{K}_0$ und der Winkelgeschwindigkeit $\boldsymbol{\omega}_{10} = \dot{\boldsymbol{\Phi}}$ erhalten,

$${}_0\dot{\boldsymbol{R}}_{10} = \widetilde{\boldsymbol{\omega}}_{10}\,\boldsymbol{R}_{10} \qquad \text{mit} \qquad {}_0\dot{\boldsymbol{R}}_{10} = \frac{{}_0\mathrm{d}\boldsymbol{R}_{10}}{\mathrm{d}t}. \tag{3.166}$$

Die kinematischen Differentialgleichungen (3.166) können direkt im Ausgangssystem $\mathcal{K}_0$ formuliert werden, da die Ableitung der Drehtensorkoordinaten ${}^0\boldsymbol{R}_{10}$ die zeitliche

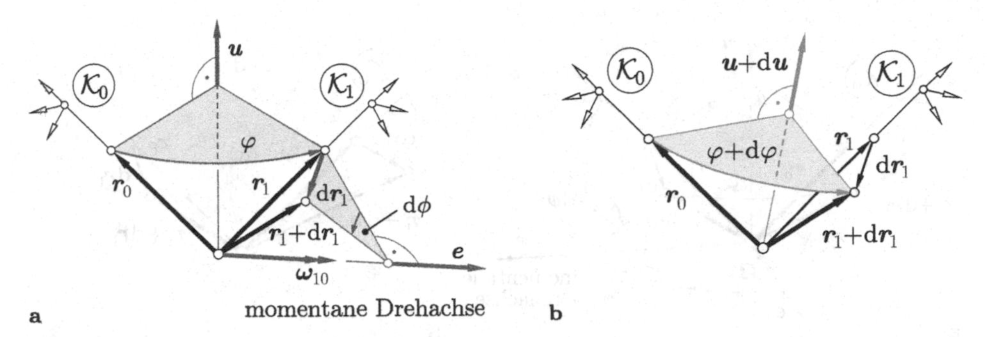

Abb. 3.16 Zur Herleitung der kinematischen Differentialgleichungen des Drehtensors bei Darstellung der Winkelgeschwindigkeit im Ausgangssystem $\mathcal{K}_0$. **a** Hintereinanderschaltung der endlichen Drehung $(\boldsymbol{u}, \varphi)$ und der infinitesimalen Drehung $d\boldsymbol{\Phi} = \boldsymbol{e}\, d\phi \equiv \boldsymbol{\omega}_{10}\, dt$. **b** Resultierende Drehung $(\boldsymbol{u} + d\boldsymbol{u}, \varphi + d\varphi)$

Änderung von $\boldsymbol{R}_{10}$ relativ zu $\mathcal{K}_0$ liefert, also ${}^0\dot{\boldsymbol{R}}_{10} \equiv {}^0[{}_0\dot{\boldsymbol{R}}_{10}]$. Damit ist

$$ {}^0\dot{\boldsymbol{R}}_{10} = {}^0\tilde{\boldsymbol{\omega}}_{10}\,{}^0\boldsymbol{R}_{10}. \tag{3.167} $$

Multiplikation von (3.167) mit dem inversen Drehtensor ${}^0\boldsymbol{R}_{10}^{\mathrm{T}}$ von rechts führt zu den inversen kinematischen Differentialgleichungen

$$ {}^0\tilde{\boldsymbol{\omega}}_{10} = {}^0\dot{\boldsymbol{R}}_{10}\,{}^0\boldsymbol{R}_{10}^{\mathrm{T}}. \tag{3.168} $$

Mit der Transformationsmatrix ${}^{01}\boldsymbol{T} = {}^0\boldsymbol{R}_{10}$ entsprechen (3.167) und (3.168) den bereits aus (3.19) bzw. (3.18) bekannten kinematischen Differentialgleichungen der Drehmatrix.

Mit den Inkrementen des Drehzeigers $(d\boldsymbol{u}, d\varphi)$ in (3.165) ergibt sich im Zeitintervall dt die zeitliche Änderung des Drehzeigers $(\dot{\boldsymbol{u}}, \dot{\varphi})$. Nur bei einer Drehung um eine raumfeste Drehachse $\boldsymbol{u}$ ist $\dot{\varphi} = \|\boldsymbol{\omega}_{10}\|$. Der Zusammenhang zwischen $\boldsymbol{\omega}_{10}$ und $(\dot{\boldsymbol{u}}, \dot{\varphi})$ wird in Abschn. 3.7.6 hergeleitet.

Koordinaten von ω_{10} im körperfesten System $\mathcal{K}_1$ Bei dem gerade gezeigten Übergang von $\boldsymbol{r}_0$ über $\boldsymbol{r}_1$ nach $\boldsymbol{r}_1 + d\boldsymbol{r}_1$ kann die infinitesimale Drehung $d\boldsymbol{\Phi} = \boldsymbol{e}\, d\phi$ als Drehung um die durch den Drehzeiger $(\boldsymbol{u}, \varphi)$ mitgedrehte Achse $\boldsymbol{e}$ angesehen werden. Die dazu gehörende Ausgangs-Drehachse $\boldsymbol{e}_0$ entsteht dann entsprechend Abb. 3.17 a durch Zurückdrehen mit dem Drehzeiger $(\boldsymbol{u}, -\varphi)$ mit

$$ \boldsymbol{e}_0 = \boldsymbol{R}(\boldsymbol{u}, -\varphi)\,\boldsymbol{e} = \boldsymbol{R}_{10}^{\mathrm{T}}\,\boldsymbol{e}. \tag{3.169} $$

Die gesamte Drehung von $\boldsymbol{r}_0$ nach $\boldsymbol{r}_1 + d\boldsymbol{r}_1$ kann dann auch als die Abfolge der infinitesimalen Drehung $d\boldsymbol{\Phi}_0 = \boldsymbol{e}_0\, d\phi$ und der endlichen Drehung $(\boldsymbol{u}, \varphi)$ beschrieben werden. Mit dem linearisierten Drehtensor $\boldsymbol{E} + d\tilde{\boldsymbol{\Phi}}_0$ aus (3.153) und dem Drehtensor $\boldsymbol{R}_{10} = \boldsymbol{R}(\boldsymbol{u}, \varphi)$ lauten die beiden Drehungen

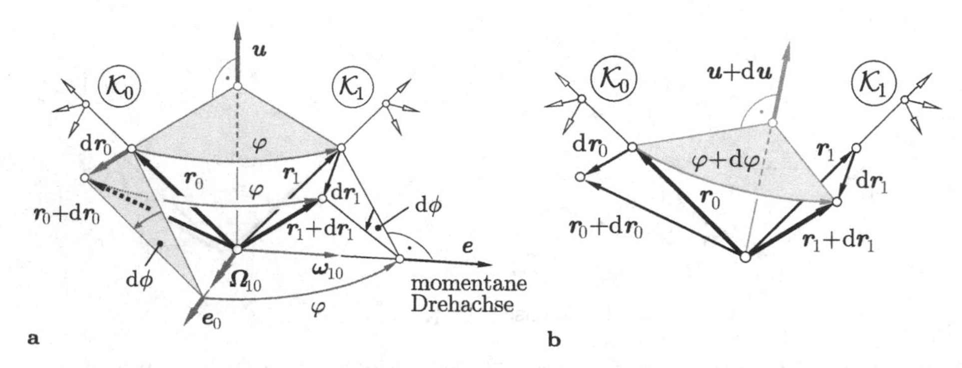

Abb. 3.17 Zur Herleitung der kinematischen Differentialgleichungen des Drehtensors bei Darstellung der Winkelgeschwindigkeit im körperfesten System $\mathcal{K}_1$. **a** Hintereinanderschaltung der infinitesimalen Drehung $\mathrm{d}\boldsymbol{\Phi}_0 = \boldsymbol{e}_0\,\mathrm{d}\phi$ mit $\boldsymbol{e}_0 = \boldsymbol{R}(\boldsymbol{u}, -\varphi)\,\boldsymbol{e}$ und der endlichen Drehung $(\boldsymbol{u}, \varphi)$. **b** Resultierende Drehung $(\boldsymbol{u} + \mathrm{d}\boldsymbol{u}, \varphi + \mathrm{d}\varphi)$ entsprechend Abb. 3.16b

$$\boldsymbol{r}_0 + \mathrm{d}\boldsymbol{r}_0 = \big(\boldsymbol{E} + \mathrm{d}\widetilde{\boldsymbol{\Phi}}_0\big)\,\boldsymbol{r}_0 \qquad \text{mit} \qquad \mathrm{d}\boldsymbol{\Phi}_0 = \boldsymbol{R}_{10}^{\mathrm{T}}\,\mathrm{d}\boldsymbol{\Phi}, \tag{3.170}$$

$$\boldsymbol{r}_1 + \mathrm{d}\boldsymbol{r}_1 = \boldsymbol{R}_{10}\,(\boldsymbol{r}_0 + \mathrm{d}\boldsymbol{r}_0). \tag{3.171}$$

Einsetzen von $\boldsymbol{r}_0 + \mathrm{d}\boldsymbol{r}_0$ aus (3.170) in (3.171) ergibt die gesamte Drehung des Vektors $\boldsymbol{r}_0$ nach $\boldsymbol{r}_1 + \mathrm{d}\boldsymbol{r}_1$

$$\boldsymbol{r}_1 + \mathrm{d}\boldsymbol{r}_1 = \big(\boldsymbol{R}_{10} + \boldsymbol{R}_{10}\,\mathrm{d}\widetilde{\boldsymbol{\Phi}}_0\big)\,\boldsymbol{r}_0 \tag{3.172}$$

mit dem Inkrement des Drehtensors zur infinitesimalen Drehung $\mathrm{d}\boldsymbol{\Phi}_0$

$$\mathrm{d}\boldsymbol{R}_{10} = \boldsymbol{R}_{10}\,\mathrm{d}\widetilde{\boldsymbol{\Phi}}_0. \tag{3.173}$$

Mit dem Bezug auf das Zeitinkrement dt ergibt sich daraus wieder die zeitliche Änderung von $\boldsymbol{R}_{10}$ relativ zu $\mathcal{K}_0$ mit dem gegenüber $\boldsymbol{\omega}_{10}$ durch $(\boldsymbol{u}, -\varphi)$ zurückgedrehten Winkelgeschwindigkeitsvektor $\boldsymbol{\Omega}_{10}$,

$$_0\dot{\boldsymbol{R}}_{10} = \boldsymbol{R}_{10}\,\widetilde{\boldsymbol{\Omega}}_{10} \qquad \text{mit} \qquad \boldsymbol{\Omega}_{10} = \dot{\boldsymbol{\Phi}}_0 = \boldsymbol{R}_{10}^{\mathrm{T}}\,\boldsymbol{\omega}_{10}. \tag{3.174}$$

Wird nun berücksichtigt, dass die Koordinaten von $\boldsymbol{\Omega}_{10}$ im Ausgangssystem $\mathcal{K}_0$ den Koordinaten der Winkelgeschwindigkeit $\boldsymbol{\omega}_{10}$ im körperfesten System $\mathcal{K}_1$ entsprechen, ${}^0\boldsymbol{\Omega}_{10} = {}^1\boldsymbol{\omega}_{10}$, so liefert die Auswertung der Tensorgleichung (3.174) im Ausgangssystem $\mathcal{K}_0$ die kinematischen Differentialgleichungen mit den körperfesten Koordinaten der Winkelgeschwindigkeit

$${}^0\dot{\boldsymbol{R}}_{10} = {}^0\boldsymbol{R}_{10}\,{}^1\widetilde{\boldsymbol{\omega}}_{10}. \tag{3.175}$$

Multiplikation mit ${}^0\boldsymbol{R}_{10}^{\mathrm{T}}$ von links liefert die inversen kinematischen Differentialgleichungen

$${}^1\widetilde{\boldsymbol{\omega}}_{10} = {}^0\boldsymbol{R}_{10}^{\mathrm{T}}\,{}^0\dot{\boldsymbol{R}}_{10}. \tag{3.176}$$

Mit der Transformationsmatrix ${}^{01}\boldsymbol{T} = {}^{0}\boldsymbol{R}_{10}$ entsprechen (3.175) und (3.176) den aus (3.22) bzw. (3.21) bekannten Darstellungen der kinematischen Differentialgleichungen.

3.5.3 Parametrierung von Drehungen

In den vorangehenden Abschnitten wurde gezeigt, wie die Drehung mit Hilfe der orthogonalen (3,3)-Drehmatrix beschrieben wird, die als Koordinatenmatrix des Drehtensors oder als Transformationsmatrix interpretiert werden kann. Die 12 Elemente der Drehmatrix sind damit Koordinaten der Drehbewegung. Die Beschreibung der Fixpunktdrehung durch Koordinaten wird auch als Parametrierung bezeichnet. Die 12 Elemente der Drehmatrix unterliegen den sechs Orthonormalitätsbedingungen (2.59) und (2.60), entsprechend dem Freiheitsgrad drei der Fixpunktdrehung. Die Drehung kann daher auch durch eine kleinere Anzahl von Koordinaten parametriert werden. Bei drei Koordinaten liegen voneinander unabhängige Minimalkoordinaten der Drehung vor, die aber stets eine Singularität aufweisen. Übersichten über die in verschiedenen Anwendungsbereichen entstandenen Parametrierungen der Drehung geben SHUSTER [102] und WITTENBURG [114].

In den folgenden Abschnitten werden einige Parametrierungen beschrieben. Dazu wird die Drehmatrix in Abhängigkeit der jeweiligen Koordinaten ausgedrückt, und es werden die kinematischen Differentialgleichungen für den Zusammenhang zwischen den Zeitableitungen der Koordinaten und der Winkelgeschwindigkeit hergeleitet. Die hier betrachteten Parametrierungen können in zwei Gruppen unterteilt werden:

1. Parametrierungen durch die Drehwinkel von drei Einzeldrehungen:
   Dies sind die in Abschn. 3.6 beschriebenen KARDAN-Winkel und EULER-Winkel.
2. Aus dem Drehzeiger abgeleitete Parametrierungen:
   Die geometrische Bedeutung des Drehzeigers $(\boldsymbol{u}, \varphi)$ legt es zunächst nahe, die vier Größen u_x, u_y, u_z, φ als Koordinaten der Drehung zu verwenden. Wegen der fehlenden Definition des Achsvektors $\boldsymbol{u}$ bei $\varphi = 0$ ist dies aber ungünstig. Aus dem Drehzeiger können aber die folgenden Parametrierungen abgeleitet werden:

   - Die in Abschn. 3.7 behandelten vier EULER-Parameter ermöglichen eine singularitätsfreie Beschreibung der Drehung.
   - Eine minimale Beschreibung der Drehung ermöglichen 3-Drehvektoren der Form $\boldsymbol{\lambda} = \boldsymbol{u}\, h(\varphi)$. Die Funktion $h(\varphi)$ muss stetig und ungerade sein, also $h(-\varphi) = -h(\varphi)$. In der Umgebung von $\varphi = 0$ gilt dann die Näherung

$$\boldsymbol{\lambda} \approx \boldsymbol{u}\,\kappa\varphi \quad \text{mit} \quad \kappa = \left.\frac{\mathrm{d}h(\varphi)}{\mathrm{d}\varphi}\right|_{\varphi=0}. \tag{3.177}$$

Bei $\varphi = 0$ ist damit $\boldsymbol{\lambda} = \mathbf{0}$. Drehvektoren mit unterschiedlichen Funktionen $h(\varphi)$ werden von BAUCHAU und TRAINELLI [8] verglichen. Ein Vertreter dieser Parametrierung ist der in Abschn. 3.8 behandelte RODRIGUES-Vektor mit $h(\varphi) = \tan\frac{\varphi}{2}$ und damit $\kappa = \frac{1}{2}$.

3.6 KARDAN-Winkel und EULER-Winkel

Eine allgemeine Drehung kann anschaulich durch die Drehwinkel von drei aufeinanderfolgenden Elementardrehungen parametriert werden. Eine eindeutige Definition der Drehungsabfolge wird entsprechend Abschn. 3.4 mit Hilfe einer gedachten kinematischen Kette mit drei Drehgelenken erreicht. In der Technik werden solche kinematischen Ketten eingesetzt, um Drehungen mit dem Freiheitsgrad drei zu realisieren. Beispiele sind die kardanische Lagerung eines Kreisels (Abb. 1.2) oder die drei Handachsen eines Industrieroboters (Abb. 1.5).

Die Benennungen der drei Drehwinkel sind in der Literatur uneinheitlich. Zu finden ist die übergeordnete Benennung EULER-Winkel unter zusätzlicher Angaben der Abfolge der Elementardrehungen. Im folgenden wird unter den zyx-EULER-Winkeln die Abfolge der drei Elementardrehungen um die mitgedrehten z-, y- und x-Achsen verstanden. Die zyx- oder xyz-EULER-Winkel werden auch als die KARDAN[3]-Winkel bezeichnet. In der englischsprachigen Literatur werden die KARDAN-Winkel auch als BRYAN[4]-Winkel oder BRYAN-TAIT[5]-Winkel bezeichnet.

In diesem Abschnitt werden die kinematischen Gleichungen für die xyz-KARDAN-Winkel hergeleitet und zum Vergleich die Ergebnisse für die zyx-KARDAN-Winkel und die zyz-EULER-Winkel angegeben.

3.6.1 xyz-KARDAN-Winkel und Drehmatrix

Die xyz-KARDAN-Winkel

$$\boldsymbol{\beta} = [\,\alpha \quad \beta \quad \gamma\,]^{\mathrm{T}} \tag{3.178}$$

sind dadurch gekennzeichnet, dass die Elementardrehungen in der Reihenfolge $x \to y \to z$, bezogen auf die mitgedrehten Achsen, erfolgen. Die Drehungsabfolge mit der dazu gehörenden kinematischen Kette ist in Tab. 3.7 dargestellt. In der Ausgangslage $\boldsymbol{\beta} = \mathbf{0}$ fallen die Achsen des körperfesten Koordinatensystems $\mathcal{K}_3$ mit denjenigen des raumfesten Systems $\mathcal{K}_0$ zusammen.

---

[3] GEROLAMO CARDANO, *1501 in Pavia, †1576 in Rom.

[4] GEORGE HARTLEY BRYAN, *1864 in Cambridge, †1928 in Bordighera.

[5] PETER GUTHRIE TAIT, *1831 in Dalkeith, †1901 in Edinburgh.

Tab. 3.7 Drehungsabfolge der xyz-KARDAN-Winkel

Ausgangslage $\mathcal{K}_3$ parallel zu $\mathcal{K}_0$

Dargestellt sind die Drehungen um die mitgedrehten Achsen mit passiver Interpretation als Transformtionen der Koordinaten eines Vektors $\boldsymbol{r}$.

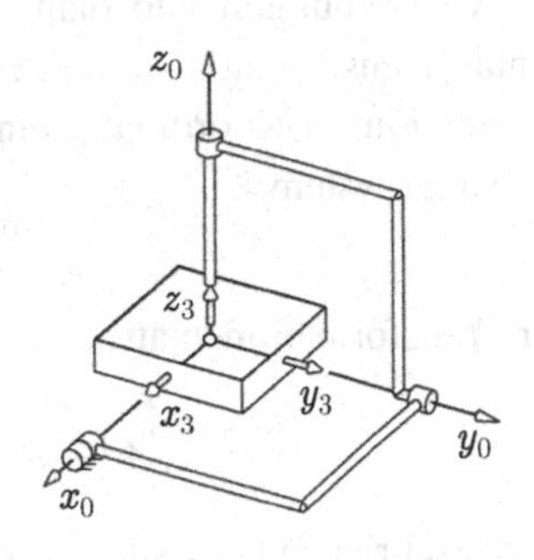

1. Drehung: Winkel α um die $x_0(=x_3)$-Achse

$$\begin{bmatrix} {}^0r_x \\ {}^0r_y \\ {}^0r_z \end{bmatrix} = \begin{bmatrix} 1 & 0 & 0 \\ 0 & \cos\alpha & -\sin\alpha \\ 0 & \sin\alpha & \cos\alpha \end{bmatrix} \begin{bmatrix} {}^1r_x \\ {}^1r_y \\ {}^1r_z \end{bmatrix}$$

$${}^0\boldsymbol{r} \quad = \quad {}^{01}\boldsymbol{T}(\alpha) \quad {}^1\boldsymbol{r}$$

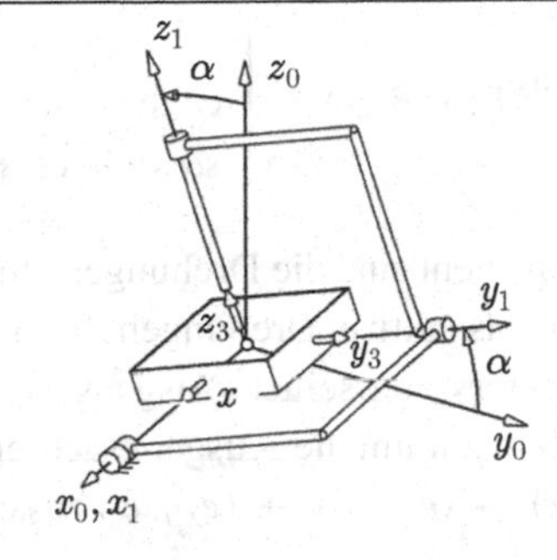

2. Drehung: Winkel β um die $y_1(=y_3)$-Achse

$$\begin{bmatrix} {}^1r_x \\ {}^1r_y \\ {}^1r_z \end{bmatrix} = \begin{bmatrix} \cos\beta & 0 & \sin\beta \\ 0 & 1 & 0 \\ -\sin\beta & 0 & \cos\beta \end{bmatrix} \begin{bmatrix} {}^2r_x \\ {}^2r_y \\ {}^2r_z \end{bmatrix}$$

$${}^1\boldsymbol{r} \quad = \quad {}^{12}\boldsymbol{T}(\beta) \quad {}^2\boldsymbol{r}$$

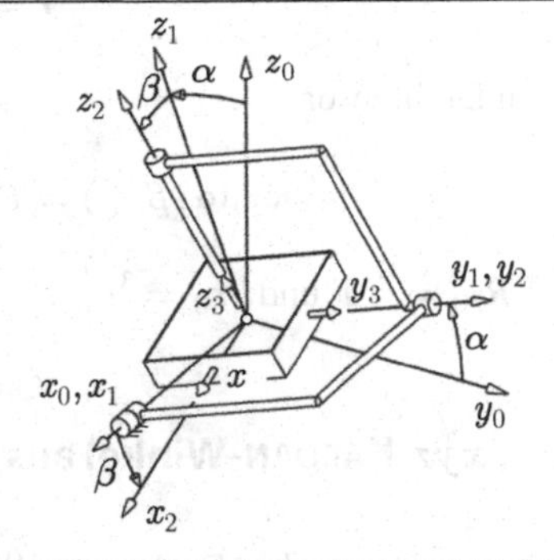

3. Drehung: Winkel γ um die $z_2(=z_3)$-Achse

$$\begin{bmatrix} {}^2r_x \\ {}^2r_y \\ {}^2r_z \end{bmatrix} = \begin{bmatrix} \cos\gamma & -\sin\gamma & 0 \\ \sin\gamma & \cos\gamma & 0 \\ 0 & 0 & 1 \end{bmatrix} \begin{bmatrix} {}^3r_x \\ {}^3r_y \\ {}^3r_z \end{bmatrix}$$

$${}^2\boldsymbol{r} \quad = \quad {}^{23}\boldsymbol{T}(\gamma) \quad {}^3\boldsymbol{r}$$

Gesamte Drehung

$${}^0\boldsymbol{r} = \underbrace{{}^{01}\boldsymbol{T}(\alpha)\ {}^{12}\boldsymbol{T}(\beta)\ {}^{23}\boldsymbol{T}(\gamma)}_{{}^{03}\boldsymbol{T}(\alpha,\beta,\gamma)}\ {}^3\boldsymbol{r}$$

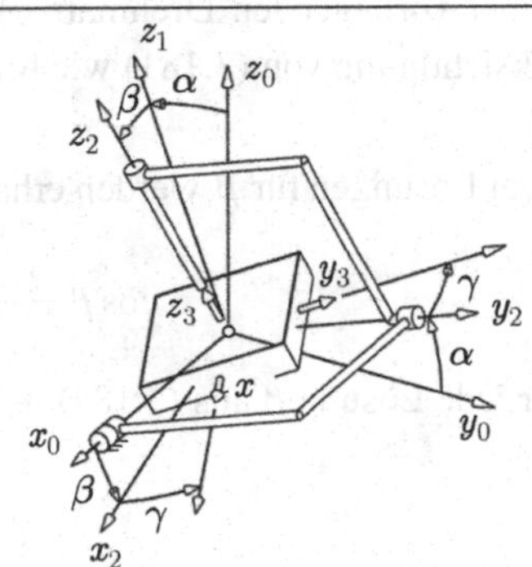

Entsprechend Abschn. 3.4.3 werden Drehungen um die mitgedrehten Achsen günstig als passive Drehungen und damit als Koordinatentransformationen formuliert. Mit den Elementar-Transformationsmatrizen der drei Einzeldrehungen gemäß Tab. 3.7 lautet die Transformation der Koordinaten eines beliebigen Vektors $\boldsymbol{r}$ vom körperfesten System $\mathcal{K}_3$ in das Ausgangssystem $\mathcal{K}_0$

$$^0\boldsymbol{r} = {}^{03}\boldsymbol{T}(\alpha, \beta, \gamma)\ {}^3\boldsymbol{r} \tag{3.179}$$

mit der Transformationsmatrix

$$^{03}\boldsymbol{T}(\alpha, \beta, \gamma) = {}^{01}\boldsymbol{T}(\alpha)\ {}^{12}\boldsymbol{T}(\beta)\ {}^{23}\boldsymbol{T}(\gamma) \tag{3.180}$$

oder ausgeschrieben (s $\hat{=}$ sin, c $\hat{=}$ cos)

$$^{03}\boldsymbol{T}(\alpha, \beta, \gamma) = \begin{bmatrix} \mathrm{c}\beta\,\mathrm{c}\gamma & -\mathrm{c}\beta\,\mathrm{s}\gamma & \mathrm{s}\beta \\ \mathrm{c}\alpha\,\mathrm{s}\gamma + \mathrm{s}\alpha\,\mathrm{s}\beta\,\mathrm{c}\gamma & \mathrm{c}\alpha\,\mathrm{c}\gamma - \mathrm{s}\alpha\,\mathrm{s}\beta\,\mathrm{s}\gamma & -\mathrm{s}\alpha\,\mathrm{c}\beta \\ \mathrm{s}\alpha\,\mathrm{s}\gamma - \mathrm{c}\alpha\,\mathrm{s}\beta\,\mathrm{c}\gamma & \mathrm{s}\alpha\,\mathrm{c}\gamma + \mathrm{c}\alpha\,\mathrm{s}\beta\,\mathrm{s}\gamma & \mathrm{c}\alpha\,\mathrm{c}\beta \end{bmatrix}. \tag{3.181}$$

Äquivalent sind die Drehungen um die Ausgangsachsen, die entsprechend Abschn. 3.4.2 günstig als aktive Drehungen formuliert werden. Die gesamte Drehung eines beliebigen Vektors von seiner Ausgangslage $\boldsymbol{r}_0$ in die gedrehte Lage $\boldsymbol{r}$ setzt sich aus den Einzeldrehungen um die Ausgangsachsen, beginnend mit dem dritten Gelenk, in der Abfolge $(\boldsymbol{e}_{z0}, \gamma) \to (\boldsymbol{e}_{y0}, \beta) \to (\boldsymbol{e}_{x0}, \alpha)$ zusammen,

$$^0\boldsymbol{r} = {}^0\boldsymbol{R}_{30}(\alpha, \beta, \gamma)^0\boldsymbol{r}_0 \tag{3.182}$$

mit dem Drehtensor

$$^0\boldsymbol{R}_{30}(\alpha, \beta, \gamma) = \boldsymbol{R}(^0\boldsymbol{e}_{x0}, \alpha)\ \boldsymbol{R}(^0\boldsymbol{e}_{y0}, \beta)\ \boldsymbol{R}(^0\boldsymbol{e}_{z0}, \gamma). \tag{3.183}$$

Es ist $^0\boldsymbol{R}_{30} = {}^{03}\boldsymbol{T}$ und $^0\boldsymbol{r}_0 = {}^3\boldsymbol{r}$.

3.6.2 xyz-KARDAN-Winkel aus gegebener Drehmatrix

Aus einer vorliegenden Drehmatrix $^{03}\boldsymbol{T} = (T_{ij})$ werden die xyz-KARDAN-Winkel unter Berücksichtigung von (3.181) wie folgt berechnet:

1. Zwei Lösungen für β werden erhalten aus

$$\cos\beta = \pm\sqrt{1 - T_{13}^2}, \qquad \sin\beta = T_{13}. \tag{3.184}$$

2. Für jede Lösung β aus (3.184) werden γ und α eindeutig berechnet aus

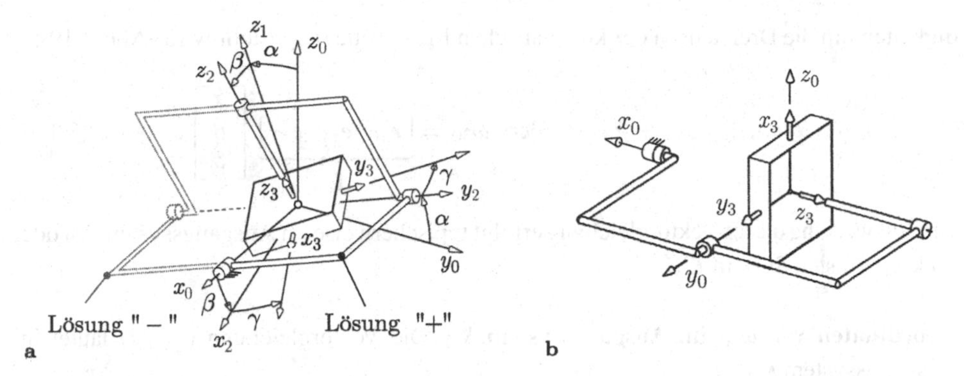

Abb. 3.18 Eigenschaften der xyz-KARDAN-Winkel. **a** Interpretation der beiden Lösungen in (3.184). **b** Singuläre Konfiguration (Rahmensperre)

$$\cos\gamma = \frac{T_{11}}{\cos\beta}, \qquad \sin\gamma = -\frac{T_{12}}{\cos\beta}, \tag{3.185}$$

$$\cos\alpha = \frac{T_{33}}{\cos\beta}, \qquad \sin\alpha = -\frac{T_{23}}{\cos\beta}. \tag{3.186}$$

Anmerkungen:

- Aus den sin- und cos-Werten werden die jeweiligen Kardan-Winkel mit Hilfe der atan2-Funktion mit dem Wertebereich $]-\pi,\ \pi\,]$ erhalten.
- Die beiden Lösungen in (3.184) entsprechen den beiden in Abb. 3.18a gezeigten Konfigurationen der kinematischen Kette. Um diese Mehrdeutigkeit zu umgehen, wird die „+"-Lösung, die den Wertebereich $-\frac{\pi}{2} < \beta < \frac{\pi}{2}$ besitzt, verwendet.
- In den *singulären Lagen* mit $|\beta| = \frac{\pi}{2}$ ist die Auflösung nach den xyz-KARDAN-Winkeln nicht möglich. Bei einer kardanisch gelagerten Plattform liegt in dieser Konfigurationen eine *Rahmensperre* vor (Abb. 3.18b).
- Die xyz-KARDAN-Winkel eignen sich insbesondere für die Beschreibung von Drehungen, bei denen der Winkel β klein und dadurch der Abstand von der singulären Lage $|\beta| = \frac{\pi}{2}$ groß ist.

3.6.3 xyz-KARDAN-Winkel und Winkelgeschwindigkeit

Der Zusammenhang zwischen den zeitlichen Änderungen der xyz-KARDAN-Winkel α, β, γ und der Winkelgeschwindigkeit ω_{30} des körperfesten Systems $\mathcal{K}_3$ relativ zum Ausgangssystem $\mathcal{K}_0$ kann durch Einsetzen der Drehmatrix (3.181) und deren Zeitableitung in die kinematischen Differentialgleichungen der Drehmatrix (3.19) bzw. (3.22) hergeleitet werden. Dieser Berechnungsweg ist jedoch mühsam.

Einfacher und anschaulicher wird der gesuchte Zusammenhang erhalten, indem die Winkelgeschwindigkeit ω_{30} gemäß (3.54) als die vektorielle Summe der Teilwinkelgeschwindigkeiten um die Drehachsen der kinematischen Ersatzkette dargestellt wird (Abb. 3.19):

$$\boldsymbol{\omega}_{30} = \dot{\alpha}\, \boldsymbol{e}_{x0} + \dot{\beta}\, \boldsymbol{e}_{y1} + \dot{\gamma}\, \boldsymbol{e}_{z2} \quad \text{oder} \quad \boldsymbol{\omega}_{30} = \underbrace{\begin{bmatrix} \boldsymbol{e}_{x0} & \boldsymbol{e}_{y1} & \boldsymbol{e}_{z2} \end{bmatrix}}_{\boldsymbol{L}} \begin{bmatrix} \dot{\alpha} \\ \dot{\beta} \\ \dot{\gamma} \end{bmatrix}. \tag{3.187}$$

Die Auswertung dieser Vektorgleichung erfolgt typischerweise im Ausgangssystem $\mathcal{K}_0$ oder im körperfesten System $\mathcal{K}_3$.

Koordinaten von ω_{30} im Ausgangssystem $\mathcal{K}_0$ Die Vektorgleichung (3.187) lautet im Ausgangssystem $\mathcal{K}_0$

$${}^0\boldsymbol{\omega}_{30} = \underbrace{\begin{bmatrix} {}^0\boldsymbol{e}_{x0} & {}^0\boldsymbol{e}_{y1} & {}^0\boldsymbol{e}_{z2} \end{bmatrix}}_{{}^0\boldsymbol{L}} \begin{bmatrix} \dot{\alpha} \\ \dot{\beta} \\ \dot{\gamma} \end{bmatrix}. \tag{3.188}$$

Die Koordinaten der Achs-Einheitsvektoren werden wie folgt berechnet:

${}^0\boldsymbol{e}_{x0}$ unmittelbar als Einheitsvektor der x_0-Achse im System $\mathcal{K}_0$,

${}^0\boldsymbol{e}_{y1}$ aus der zweiten Spalte von ${}^{01}\boldsymbol{T} = [{}^0\boldsymbol{e}_{x1}\ {}^0\boldsymbol{e}_{y1}\ {}^0\boldsymbol{e}_{z1}]$,

${}^0\boldsymbol{e}_{z2}$ aus der dritten Spalte von ${}^{02}\boldsymbol{T} = {}^{01}\boldsymbol{T}\ {}^{12}\boldsymbol{T} = [{}^0\boldsymbol{e}_{x2}\ {}^0\boldsymbol{e}_{y2}\ {}^0\boldsymbol{e}_{z2}]$.

Damit lautet (3.188)

$$\begin{array}{ccccc} \begin{bmatrix} {}^0\omega_x \\ {}^0\omega_y \\ {}^0\omega_z \end{bmatrix} & = & \begin{bmatrix} 1 & 0 & \sin\beta \\ 0 & \cos\alpha & -\sin\alpha\,\cos\beta \\ 0 & \sin\alpha & \cos\alpha\,\cos\beta \end{bmatrix} & \begin{bmatrix} \dot{\alpha} \\ \dot{\beta} \\ \dot{\gamma} \end{bmatrix} \\ {}^0\boldsymbol{\omega}_{30} & = & {}^0\boldsymbol{L}(\boldsymbol{\beta}) & \dot{\boldsymbol{\beta}} & . \end{array} \tag{3.189}$$

Die Auflösung des lineatren Gleichungssystems (3.189) nach $\dot{\boldsymbol{\beta}}$ führt auf die kinematischen Differentialgleichungen der xyz-KARDAN-Winkel

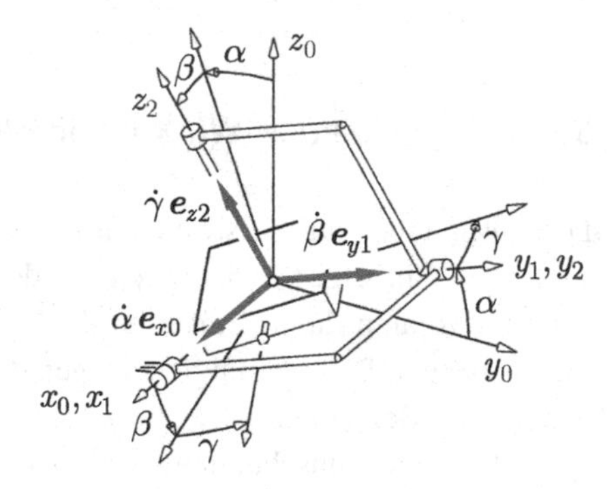

Abb. 3.19 xyz-KARDAN-Winkel und Winkelgeschwindigkeit

$$\begin{bmatrix} \dot{\alpha} \\ \dot{\beta} \\ \dot{\gamma} \end{bmatrix} = \frac{1}{\cos\beta} \begin{bmatrix} \cos\beta & \sin\alpha\,\sin\beta & -\cos\alpha\,\sin\beta \\ 0 & \cos\alpha\,\cos\beta & \sin\alpha\,\cos\beta \\ 0 & -\sin\alpha & \cos\alpha \end{bmatrix} \begin{bmatrix} {}^0\omega_x \\ {}^0\omega_y \\ {}^0\omega_z \end{bmatrix} \tag{3.190}$$
$$\dot{\boldsymbol{\beta}} = {}^0\boldsymbol{H}(\boldsymbol{\beta}) \quad {}^0\boldsymbol{\omega}_{30}\ .$$

mit ${}^0\boldsymbol{H} = {}^0\boldsymbol{L}^{-1}$. In den singulären Lagen mit $|\beta| = \frac{\pi}{2}$ ist die Matrix ${}^0\boldsymbol{L}$ singulär, und das Gleichungssystem (3.189) kann nicht nach $\dot{\boldsymbol{\beta}}$ aufgelöst werden.

Koordinaten von $\boldsymbol{\omega}_{30}$ im körperfesten System $\mathcal{K}_3$ Die Vektorgleichung (3.187) lautet im körperfesten System $\mathcal{K}_3$

$${}^3\boldsymbol{\omega}_{30} = \underbrace{\begin{bmatrix} {}^3\boldsymbol{e}_{x0} & {}^3\boldsymbol{e}_{y1} & {}^3\boldsymbol{e}_{z2} \end{bmatrix}}_{{}^3\boldsymbol{L}} \begin{bmatrix} \dot{\alpha} \\ \dot{\beta} \\ \dot{\gamma} \end{bmatrix} \tag{3.191}$$

oder

$$\begin{bmatrix} {}^3\omega_x \\ {}^3\omega_y \\ {}^3\omega_z \end{bmatrix} = \begin{bmatrix} \cos\beta\,\cos\gamma & \sin\gamma & 0 \\ -\cos\beta\,\sin\gamma & \cos\gamma & 0 \\ \sin\beta & 0 & 1 \end{bmatrix} \begin{bmatrix} \dot{\alpha} \\ \dot{\beta} \\ \dot{\gamma} \end{bmatrix} \tag{3.192}$$
$${}^3\boldsymbol{\omega}_{30} = {}^3\boldsymbol{L}(\boldsymbol{\beta}) \quad \dot{\boldsymbol{\beta}}\ .$$

Auflösen des linearen Gleichungssystems (3.192) nach $\dot{\boldsymbol{\beta}}$ führt auf die kinematischen Differentialgleichungen

$$\begin{bmatrix} \dot{\alpha} \\ \dot{\beta} \\ \dot{\gamma} \end{bmatrix} = \frac{1}{\cos\beta} \begin{bmatrix} \cos\gamma & -\sin\gamma & 0 \\ \cos\beta\,\sin\gamma & \cos\beta\,\cos\gamma & 0 \\ -\sin\beta\,\cos\gamma & \sin\beta\,\sin\gamma & \cos\beta \end{bmatrix} \begin{bmatrix} {}^3\omega_x \\ {}^3\omega_y \\ {}^3\omega_z \end{bmatrix} \tag{3.193}$$
$$\dot{\boldsymbol{\beta}} = {}^3\boldsymbol{H}(\boldsymbol{\beta}) \quad {}^3\boldsymbol{\omega}_{30}\ .$$

3.6.4 Gegenüberstellung verschiedener Drehungsabfolgen

Die hergeleiteten kinematischen Gleichungen der xyz-KARDAN-Winkel sind in Tab. 3.8 zusammengefasst. Die gezeigte Vorgehensweise zur Aufstellung der kinematischen Gleichungen kann auf alle anderen Abfolgen dreier Elementardrehungen übertragen werden. Die Beziehungen für die zyx-KARDAN-Winkel in Tab. 3.9 zeigen, wie sich die Umkehrung der Drehungsabfolge auswirkt. In Tab. 3.10 sind die kinematischen Gleichungen der zxz-EULER-Winkel angegeben.

Tab. 3.8 Definition und kinematische Gleichungen der xyz-KARDAN-Winkel

- Drehungsabfolge für die xyz-KARDAN-Winkel $\boldsymbol{\beta} = [\alpha\ \beta\ \gamma]^{\mathrm{T}}$:

Ausgangslage $\alpha = \beta = \gamma = 0$ Gedrehte Lage

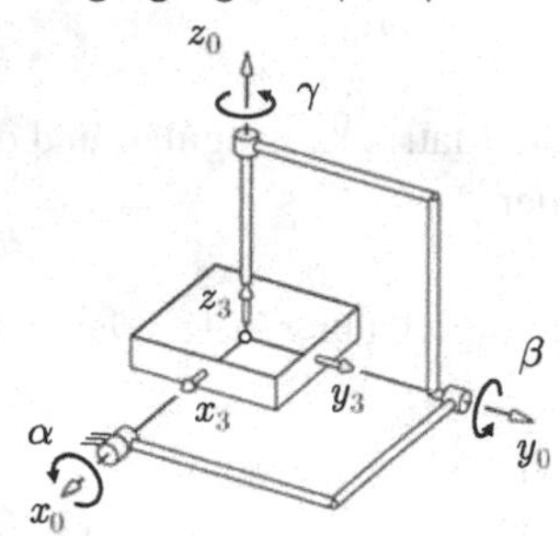

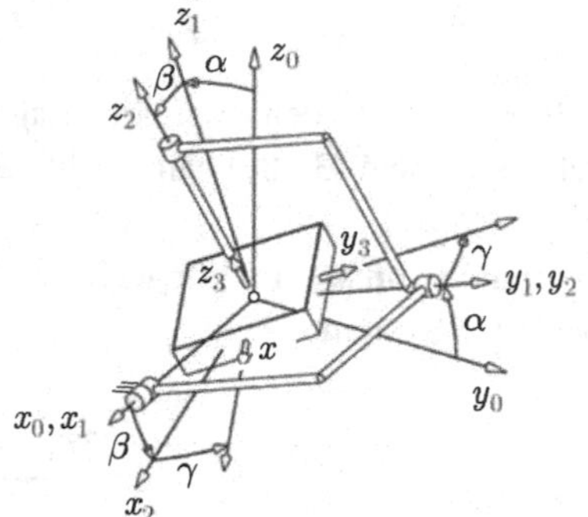

- Drehmatrix:

$$^{03}\boldsymbol{T} = \begin{bmatrix} 1 & 0 & 0 \\ 0 & \cos\alpha & -\sin\alpha \\ 0 & \sin\alpha & \cos\alpha \end{bmatrix} \begin{bmatrix} \cos\beta & 0 & \sin\beta \\ 0 & 1 & 0 \\ -\sin\beta & 0 & \cos\beta \end{bmatrix} \begin{bmatrix} \cos\gamma & -\sin\gamma & 0 \\ \sin\gamma & \cos\gamma & 0 \\ 0 & 0 & 1 \end{bmatrix}$$

$$^{03}\boldsymbol{T} = \begin{bmatrix} \cos\beta\,\cos\gamma & -\cos\beta\,\sin\gamma & \sin\beta \\ \cos\alpha\,\sin\gamma + \sin\alpha\,\sin\beta\,\cos\gamma & \cos\alpha\,\cos\gamma - \sin\alpha\,\sin\beta\,\sin\gamma & -\sin\alpha\,\cos\beta \\ \sin\alpha\,\sin\gamma - \cos\alpha\,\sin\beta\,\cos\gamma & \sin\alpha\,\cos\gamma + \cos\alpha\,\sin\beta\,\sin\gamma & \cos\alpha\,\cos\beta \end{bmatrix}.$$

- Berechnung der xyz-KARDAN-Winkel aus der Drehmatrix $^{03}\boldsymbol{T} = (T_{ij})$:

$$\cos\beta = \sqrt{1 - T_{13}^2}, \quad \sin\beta = T_{13} \quad \Rightarrow \quad \beta \quad (-\frac{\pi}{2} < \beta < \frac{\pi}{2}),$$

$$\cos\gamma = \frac{T_{11}}{\cos\beta}, \quad \sin\gamma = -\frac{T_{12}}{\cos\beta} \quad \Rightarrow \quad \gamma,$$

$$\cos\alpha = \frac{T_{33}}{\cos\beta}, \quad \sin\alpha = -\frac{T_{23}}{\cos\beta} \quad \Rightarrow \quad \alpha.$$

- Singularität: $\beta = \pm\frac{\pi}{2}$.
- Kinematische Differentialgleichungen (s $\hat{=}$ sin, c $\hat{=}$ cos)

Koordinaten der Winkelgeschwindigkeit im Ausgangsystem $\mathcal{K}_0$:

$$\begin{bmatrix} ^0\omega_x \\ ^0\omega_y \\ ^0\omega_z \end{bmatrix} = \begin{bmatrix} 1 & 0 & \mathrm{s}\beta \\ 0 & \mathrm{c}\alpha & -\mathrm{s}\alpha\,\mathrm{c}\beta \\ 0 & \mathrm{s}\alpha & \mathrm{c}\alpha\,\mathrm{c}\beta \end{bmatrix} \begin{bmatrix} \dot\alpha \\ \dot\beta \\ \dot\gamma \end{bmatrix} \Leftrightarrow \begin{bmatrix} \dot\alpha \\ \dot\beta \\ \dot\gamma \end{bmatrix} = \frac{1}{\mathrm{c}\beta} \begin{bmatrix} \mathrm{c}\beta & \mathrm{s}\alpha\,\mathrm{s}\beta & -\mathrm{c}\alpha\,\mathrm{s}\beta \\ 0 & \mathrm{c}\alpha\,\mathrm{c}\beta & \mathrm{s}\alpha\,\mathrm{c}\beta \\ 0 & -\mathrm{s}\alpha & \mathrm{c}\alpha \end{bmatrix} \begin{bmatrix} ^0\omega_x \\ ^0\omega_y \\ ^0\omega_z \end{bmatrix}$$

$$^0\boldsymbol{\omega}_{30} = {}^0\boldsymbol{L}(\boldsymbol{\beta})\ \dot{\boldsymbol{\beta}} \Leftrightarrow \dot{\boldsymbol{\beta}} = {}^0\boldsymbol{H}(\boldsymbol{\beta})\ {}^0\boldsymbol{\omega}_{30}.$$

Koordinaten der Winkelgeschwindigkeit im körperfesten System $\mathcal{K}_3$:

$$\begin{bmatrix} ^3\omega_x \\ ^3\omega_y \\ ^3\omega_z \end{bmatrix} = \begin{bmatrix} \mathrm{c}\beta\,\mathrm{c}\gamma & \mathrm{s}\gamma & 0 \\ -\mathrm{c}\beta\,\mathrm{s}\gamma & \mathrm{c}\gamma & 0 \\ \mathrm{s}\beta & 0 & 1 \end{bmatrix} \begin{bmatrix} \dot\alpha \\ \dot\beta \\ \dot\gamma \end{bmatrix} \Leftrightarrow \begin{bmatrix} \dot\alpha \\ \dot\beta \\ \dot\gamma \end{bmatrix} = \frac{1}{\mathrm{c}\beta} \begin{bmatrix} \mathrm{c}\gamma & -\mathrm{s}\gamma & 0 \\ \mathrm{c}\beta\,\mathrm{s}\gamma & \mathrm{c}\beta\,\mathrm{c}\gamma & 0 \\ -\mathrm{s}\beta\,\mathrm{c}\gamma & \mathrm{s}\beta\,\mathrm{s}\gamma & \mathrm{c}\beta \end{bmatrix} \begin{bmatrix} ^3\omega_x \\ ^3\omega_y \\ ^3\omega_z \end{bmatrix}$$

$$^3\boldsymbol{\omega}_{30} = {}^3\boldsymbol{L}(\boldsymbol{\beta})\ \dot{\boldsymbol{\beta}} \Leftrightarrow \dot{\boldsymbol{\beta}} = {}^3\boldsymbol{H}(\boldsymbol{\beta})\ {}^3\boldsymbol{\omega}_{30}.$$

Tab. 3.9 Definition und kinematische Gleichungen der *zyx*-KARDAN-Winkel

- Drehungsabfolge für die *zyx*-KARDAN-Winkel $\boldsymbol{\beta} = [\gamma\ \beta\ \alpha]^{\mathrm{T}}$:

Ausgangslage $\gamma = \beta = \alpha = 0$ Gedrehte Lage

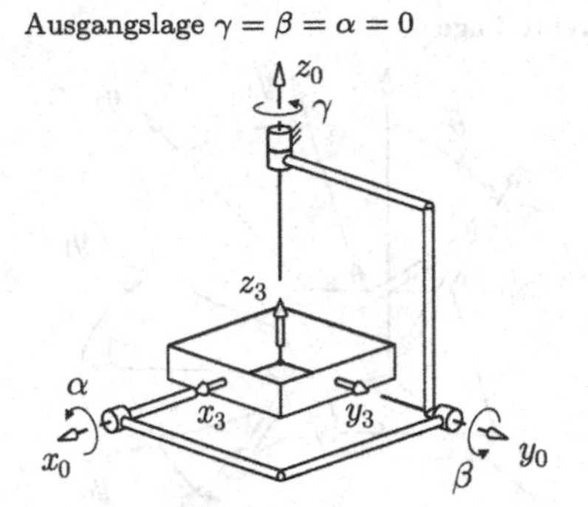

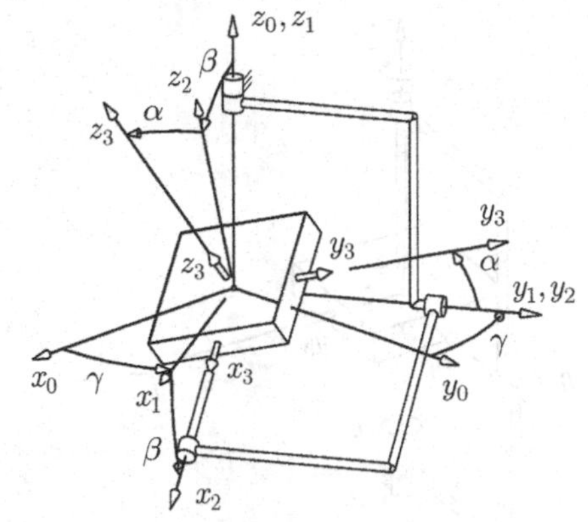

- Drehmatrix:

$$
{}^{03}\boldsymbol{T} = \begin{bmatrix} \cos\gamma & -\sin\gamma & 0 \\ \sin\gamma & \cos\gamma & 0 \\ 0 & 0 & 1 \end{bmatrix} \begin{bmatrix} \cos\beta & 0 & \sin\beta \\ 0 & 1 & 0 \\ -\sin\beta & 0 & \cos\beta \end{bmatrix} \begin{bmatrix} 1 & 0 & 0 \\ 0 & \cos\alpha & -\sin\alpha \\ 0 & \sin\alpha & \cos\alpha \end{bmatrix}
$$

$$
{}^{03}\boldsymbol{T} = \begin{bmatrix} \cos\gamma\cos\beta & -\sin\gamma\cos\alpha + \cos\gamma\sin\beta\sin\alpha & \sin\gamma\sin\alpha + \cos\gamma\sin\beta\cos\alpha \\ \sin\gamma\cos\beta & \cos\gamma\cos\alpha + \sin\gamma\sin\beta\sin\alpha & -\cos\gamma\sin\alpha + \sin\gamma\sin\beta\cos\alpha \\ -\sin\beta & \cos\beta\sin\alpha & \cos\beta\cos\alpha \end{bmatrix}.
$$

- Berechnung der *zyx*-KARDAN-Winkel aus der Drehmatrix ${}^{03}\boldsymbol{T} = (T_{ij})$:

$$
\cos\beta = \sqrt{1 - T_{31}^2}\,, \quad \sin\beta = -T_{31} \quad \Rightarrow \quad \beta \quad (-\frac{\pi}{2} < \beta < \frac{\pi}{2})\,,
$$

$$
\cos\gamma = \frac{T_{11}}{\cos\beta}\,, \quad \sin\gamma = \frac{T_{21}}{\cos\beta} \quad \Rightarrow \quad \gamma\,,
$$

$$
\cos\alpha = \frac{T_{33}}{\cos\beta}\,, \quad \sin\alpha = \frac{T_{32}}{\cos\beta} \quad \Rightarrow \quad \alpha\,.
$$

- Singularität: $\beta = \pm\frac{\pi}{2}$.
- Kinematische Differentialgleichungen (s $\hat{=}$ sin, c $\hat{=}$ cos)

Koordinaten der Winkelgeschwindigkeit im Ausgangsystem $\mathcal{K}_0$:

$$
\begin{bmatrix} {}^0\omega_x \\ {}^0\omega_y \\ {}^0\omega_z \end{bmatrix} = \begin{bmatrix} 0 & -\mathrm{s}\gamma & \mathrm{c}\gamma\,\mathrm{c}\beta \\ 0 & \mathrm{c}\gamma & \mathrm{s}\gamma\,\mathrm{c}\beta \\ 1 & 0 & -\mathrm{s}\beta \end{bmatrix} \begin{bmatrix} \dot{\gamma} \\ \dot{\beta} \\ \dot{\alpha} \end{bmatrix} \quad \Leftrightarrow \quad \begin{bmatrix} \dot{\gamma} \\ \dot{\beta} \\ \dot{\alpha} \end{bmatrix} = \frac{1}{\mathrm{c}\beta} \begin{bmatrix} \mathrm{c}\gamma\,\mathrm{s}\beta & \mathrm{s}\gamma\,\mathrm{s}\beta & \mathrm{c}\beta \\ -\mathrm{s}\gamma\,\mathrm{c}\beta & \mathrm{c}\gamma\,\mathrm{c}\beta & 0 \\ \mathrm{c}\gamma & \mathrm{s}\gamma & 0 \end{bmatrix} \begin{bmatrix} {}^0\omega_x \\ {}^0\omega_y \\ {}^0\omega_z \end{bmatrix}
$$

$$
{}^0\boldsymbol{\omega}_{30} = {}^0\boldsymbol{L}(\boldsymbol{\beta})\ \dot{\boldsymbol{\beta}} \quad \Leftrightarrow \quad \dot{\boldsymbol{\beta}} = {}^0\boldsymbol{H}(\boldsymbol{\beta})\ {}^0\boldsymbol{\omega}_{30}\,.
$$

Koordinaten der Winkelgeschwindigkeit im körperfesten System $\mathcal{K}_3$:

$$
\begin{bmatrix} {}^3\omega_x \\ {}^3\omega_y \\ {}^3\omega_z \end{bmatrix} = \begin{bmatrix} -\mathrm{s}\beta & 0 & 1 \\ \mathrm{c}\beta\,\mathrm{s}\alpha & \mathrm{c}\alpha & 0 \\ \mathrm{c}\beta\,\mathrm{c}\alpha & -\mathrm{s}\alpha & 0 \end{bmatrix} \begin{bmatrix} \dot{\gamma} \\ \dot{\beta} \\ \dot{\alpha} \end{bmatrix} \quad \Leftrightarrow \quad \begin{bmatrix} \dot{\gamma} \\ \dot{\beta} \\ \dot{\alpha} \end{bmatrix} = \frac{1}{\mathrm{c}\beta} \begin{bmatrix} 0 & \mathrm{s}\alpha & \mathrm{c}\alpha \\ 0 & \mathrm{c}\beta\,\mathrm{c}\alpha & -\mathrm{c}\beta\,\mathrm{s}\alpha \\ \mathrm{c}\beta & \mathrm{s}\beta\,\mathrm{s}\alpha & \mathrm{s}\beta\,\mathrm{c}\alpha \end{bmatrix} \begin{bmatrix} {}^3\omega_x \\ {}^3\omega_y \\ {}^3\omega_z \end{bmatrix}
$$

$$
{}^3\boldsymbol{\omega}_{30} = {}^3\boldsymbol{L}(\boldsymbol{\beta})\ \dot{\boldsymbol{\beta}} \quad \Leftrightarrow \quad \dot{\boldsymbol{\beta}} = {}^3\boldsymbol{H}(\boldsymbol{\beta})\ {}^3\boldsymbol{\omega}_{30}\,.
$$

Tab. 3.10 Definition und kinematische Gleichungen der zxz-EULER-Winkel

- Drehungsabfolge für die zxz-EULER-Winkel $\boldsymbol{\beta} = [\psi\ \theta\ \phi]^{\mathrm{T}}$:

Ausgangslage $\psi = \theta = \phi = 0$ Gedrehte Lage

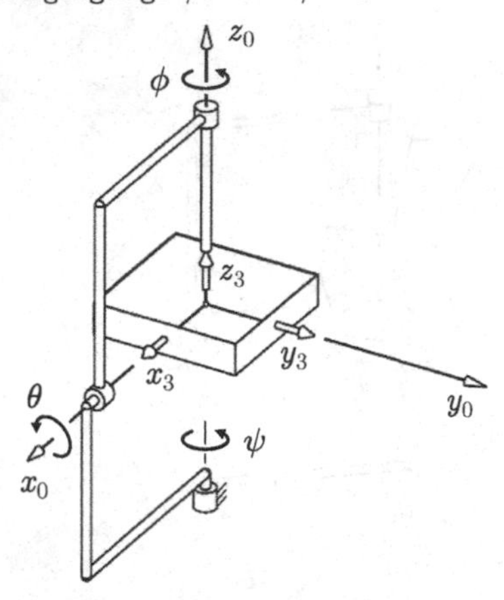

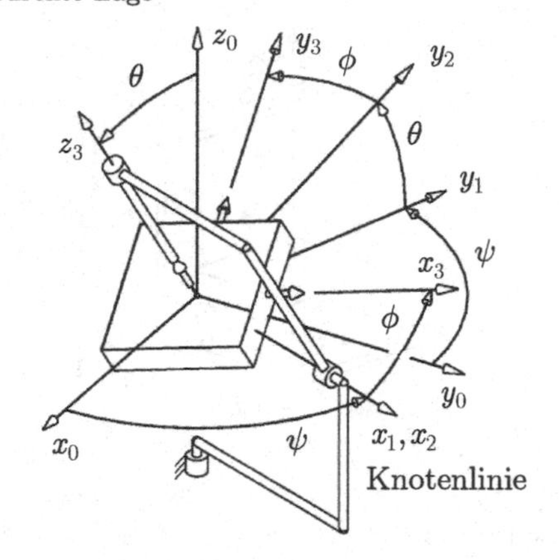

- Drehmatrix:

$$
{}^{03}\boldsymbol{T} = \begin{bmatrix} \cos\psi & -\sin\psi & 0 \\ \sin\psi & \cos\psi & 0 \\ 0 & 0 & 1 \end{bmatrix} \begin{bmatrix} 1 & 0 & 0 \\ 0 & \cos\theta & -\sin\theta \\ 0 & \sin\theta & \cos\theta \end{bmatrix} \begin{bmatrix} \cos\phi & -\sin\phi & 0 \\ \sin\phi & \cos\phi & 0 \\ 0 & 0 & 1 \end{bmatrix}
$$

$$
{}^{03}\boldsymbol{T} = \begin{bmatrix} \cos\psi\,\cos\phi - \sin\psi\,\cos\theta\,\sin\phi & -\cos\psi\,\sin\phi - \sin\psi\,\cos\theta\,\cos\phi & \sin\psi\,\sin\theta \\ \sin\psi\,\cos\phi + \cos\psi\,\cos\theta\,\sin\phi & -\sin\psi\,\sin\phi + \cos\psi\,\cos\theta\,\cos\phi & -\cos\psi\,\sin\theta \\ \sin\theta\,\sin\phi & \sin\theta\,\cos\phi & \cos\theta \end{bmatrix}.
$$

- Berechnung der zxz-EULER-Winkel aus der Drehmatrix ${}^{03}\boldsymbol{T} = (T_{ij})$:

$$
\begin{aligned}
&\cos\theta = T_{33}, && \sin\theta = \sqrt{1 - T_{33}^2} && \Rightarrow\ \theta \quad (0 < \theta < \pi), \\
&\cos\phi = \frac{T_{32}}{\sin\theta}, && \sin\phi = \frac{T_{31}}{\sin\theta} && \Rightarrow\ \phi, \\
&\cos\psi = -\frac{T_{23}}{\sin\theta}, && \sin\psi = \frac{T_{13}}{\sin\theta} && \Rightarrow\ \psi.
\end{aligned}
$$

- Singularität: $\theta = 0,\ \pi$.
- Kinematische Differentialgleichungen (s $\hat{=}$ sin, c $\hat{=}$ cos)

Koordinaten der Winkelgeschwindigkeit im Ausgangssystem $\mathcal{K}_0$:

$$
\begin{bmatrix} {}^0\omega_x \\ {}^0\omega_y \\ {}^0\omega_z \end{bmatrix} = \begin{bmatrix} 0 & \mathrm{c}\psi & \mathrm{s}\psi\,\mathrm{s}\theta \\ 0 & \mathrm{s}\psi & -\mathrm{c}\psi\,\mathrm{s}\theta \\ 1 & 0 & \mathrm{c}\theta \end{bmatrix} \begin{bmatrix} \dot\psi \\ \dot\theta \\ \dot\phi \end{bmatrix} \Leftrightarrow \begin{bmatrix} \dot\psi \\ \dot\theta \\ \dot\phi \end{bmatrix} = \frac{1}{\mathrm{s}\theta} \begin{bmatrix} -\mathrm{s}\psi\,\mathrm{c}\theta & \mathrm{c}\psi\,\mathrm{c}\theta & \mathrm{s}\theta \\ \mathrm{c}\psi\,\mathrm{s}\theta & \mathrm{s}\psi\,\mathrm{s}\theta & 0 \\ \mathrm{s}\psi & -\mathrm{c}\psi & 0 \end{bmatrix} \begin{bmatrix} {}^0\omega_x \\ {}^0\omega_y \\ {}^0\omega_z \end{bmatrix}
$$

$$
{}^0\boldsymbol{\omega}_{30} = {}^0\boldsymbol{L}(\boldsymbol{\beta})\ \dot{\boldsymbol{\beta}} \Leftrightarrow \dot{\boldsymbol{\beta}} = {}^0\boldsymbol{H}(\boldsymbol{\beta})\ {}^0\boldsymbol{\omega}_{30}.
$$

Koordinaten der Winkelgeschwindigkeit im körperfesten System $\mathcal{K}_3$:

$$
\begin{bmatrix} {}^3\omega_x \\ {}^3\omega_y \\ {}^3\omega_z \end{bmatrix} = \begin{bmatrix} \mathrm{s}\theta\,\mathrm{s}\phi & \mathrm{c}\phi & 0 \\ \mathrm{s}\theta\,\mathrm{c}\phi & -\mathrm{s}\phi & 0 \\ \mathrm{c}\theta & 0 & 1 \end{bmatrix} \begin{bmatrix} \dot\psi \\ \dot\theta \\ \dot\phi \end{bmatrix} \Leftrightarrow \begin{bmatrix} \dot\psi \\ \dot\theta \\ \dot\phi \end{bmatrix} = \frac{1}{\mathrm{s}\theta} \begin{bmatrix} \mathrm{s}\phi & \mathrm{c}\phi & 0 \\ \mathrm{s}\theta\,\mathrm{c}\phi & -\mathrm{s}\theta\,\mathrm{s}\phi & 0 \\ -\mathrm{c}\theta\,\mathrm{s}\phi & -\mathrm{c}\theta\,\mathrm{c}\phi & \mathrm{s}\theta \end{bmatrix} \begin{bmatrix} {}^3\omega_x \\ {}^3\omega_y \\ {}^3\omega_z \end{bmatrix}
$$

$$
{}^3\boldsymbol{\omega}_{30} = {}^3\boldsymbol{L}(\boldsymbol{\beta})\ \dot{\boldsymbol{\beta}} \Leftrightarrow \dot{\boldsymbol{\beta}} = {}^3\boldsymbol{H}(\boldsymbol{\beta})\ {}^3\boldsymbol{\omega}_{30}.
$$

3.7 EULER-Parameter (Quaternionen)

Die aus dem Drehzeiger abgeleiteten EULER-Parameter (auch EULER-RODRIGUES-Parameter) weisen durch die Verwendung von vier Koordinaten im Gegensatz zu den KARDAN- oder EULER-Winkeln keine Singularitäten auf. Die kinematischen Gleichungen der EULER-Parameter können günstig mit Hilfe der Algebra der Quaternionen formuliert werden.

3.7.1 EULER-Parameter und Drehtensor

Der Drehzeiger $(\boldsymbol{u}, \varphi)$, der entsprechend Abb. 3.10 das Ausgangs-Koordinatensystem $\mathcal{K}_0$ in das körperfeste System $\mathcal{K}_1$ überführt, definiert die im 4-Vektor $\underline{\boldsymbol{p}}_{10}$ zusammengefassten EULER-Parameter

$$\underline{\boldsymbol{p}}_{10} = \begin{bmatrix} p_\mathrm{s} \\ \boldsymbol{p} \end{bmatrix} = \begin{bmatrix} \cos\frac{\varphi}{2} \\ \boldsymbol{u}\,\sin\frac{\varphi}{2} \end{bmatrix} \quad \text{oder} \quad \underline{\boldsymbol{p}}_{10} = \begin{bmatrix} p_\mathrm{s} \\ \hline p_x \\ p_y \\ p_z \end{bmatrix} = \begin{bmatrix} \cos\frac{\varphi}{2} \\ \hline u_x\,\sin\frac{\varphi}{2} \\ u_y\,\sin\frac{\varphi}{2} \\ u_z\,\sin\frac{\varphi}{2} \end{bmatrix} \tag{3.194}$$

Hier werden $p_\mathrm{s} = \cos\frac{\varphi}{2}$ als der Skalarteil und $\boldsymbol{p} = \boldsymbol{u}\,\sin\frac{\varphi}{2}$ als der Vektorteil der EULER-Parameter bezeichnet. Die vier EULER-Parameter $\underline{\boldsymbol{p}}_{10}$ unterliegen der Normierungsbedingung

$$g_\mathrm{E}(\underline{\boldsymbol{p}}_{10}) \equiv p_\mathrm{s}^2 + p_x^2 + p_y^2 + p_z^2 - 1 = 0 \quad \text{oder} \quad p_\mathrm{s}^2 + \boldsymbol{p}^\mathrm{T}\boldsymbol{p} - 1 = 0, \tag{3.195}$$

wodurch nur drei der vier Größen voneinander unabhängig sind, entsprechend dem Freiheitsgrad drei der freien Drehung.

Der Drehtensor $\boldsymbol{R}(\boldsymbol{u}, \varphi)$ kann in Abhängigkeit von den EULER-Parametern ausgedrückt werden, indem die trigonometrischen Umformungen

$$\cos\varphi = 2\cos^2\tfrac{\varphi}{2} - 1, \quad \sin\varphi = 2\sin\tfrac{\varphi}{2}\cos\tfrac{\varphi}{2}, \quad 1 - \cos\varphi = 2\sin^2\tfrac{\varphi}{2} \tag{3.196}$$

in die RODRIGUES-Gleichung (3.106) eingesetzt und die Faktoren $\sin\frac{\varphi}{2}$ mit dem Achsvektor $\boldsymbol{u}$ zum Vektorteil $\boldsymbol{p}$ der EULER-Parameter aus (3.194) zusammengefasst werden,

$$\boldsymbol{R}_{10} = \boldsymbol{R}(\underline{\boldsymbol{p}}_{10}) = (2p_\mathrm{s}^2 - 1)\boldsymbol{E} + 2p_\mathrm{s}\,\widetilde{\boldsymbol{p}} + 2\,\boldsymbol{p}\,\boldsymbol{p}^\mathrm{T}. \tag{3.197}$$

Die entsprechende Umformung der RODRIGUES-Gleichung (3.108) führt auf die zu (3.197) äquivalente Form des Drehtensors

$$\boldsymbol{R}_{10} = \boldsymbol{R}(\underline{\boldsymbol{p}}_{10}) = \boldsymbol{E} + 2\, p_{\mathrm{s}}\, \widetilde{\boldsymbol{p}} + 2\, \widetilde{\boldsymbol{p}}\, \widetilde{\boldsymbol{p}}. \tag{3.198}$$

Werden (3.197) oder (3.198) mit den EULER-Parametern aus (3.194) ausgeschrieben, so lauten die Koordinaten des Drehtensors

$$\boldsymbol{R}(\underline{\boldsymbol{p}}_{10}) = 2 \begin{bmatrix} p_{\mathrm{s}}^2 + p_x^2 - \frac{1}{2} & p_x\, p_y - p_{\mathrm{s}}\, p_z & p_x\, p_z + p_{\mathrm{s}}\, p_y \\ p_x\, p_y + p_{\mathrm{s}}\, p_z & p_{\mathrm{s}}^2 + p_y^2 - \frac{1}{2} & p_y\, p_z - p_{\mathrm{s}}\, p_x \\ p_x\, p_z - p_{\mathrm{s}}\, p_y & p_y\, p_z + p_{\mathrm{s}}\, p_x & p_{\mathrm{s}}^2 + p_z^2 - \frac{1}{2} \end{bmatrix}. \tag{3.199}$$

Mit den EULER-Parametern kann damit der Drehtensor ohne trigonometrische Funktionen berechnet werden. Entsprechend (3.116) gilt für die Transformationsmatrix

$$^{01}\boldsymbol{T} = {}^{0}\boldsymbol{R}_{10} \equiv \boldsymbol{R}({}^{0}\underline{\boldsymbol{p}}_{10}). \tag{3.200}$$

Wegen (3.117) stimmen die Koordinaten des Vektorteils $\boldsymbol{p} = \boldsymbol{u} \sin \frac{\varphi}{2}$ in $\mathcal{K}_0$ und $\mathcal{K}_1$ überein,

$$^{0}\boldsymbol{p} = {}^{1}\boldsymbol{p} \quad \text{und damit} \quad {}^{0}\underline{\boldsymbol{p}}_{10} = {}^{1}\underline{\boldsymbol{p}}_{10}. \tag{3.201}$$

Der Drehtensor $\boldsymbol{R}_{10} = \boldsymbol{R}(\underline{\boldsymbol{p}}_{10})$ besitzt die folgenden Eigenschaften:

- Die EULER-Parameter $\underline{\boldsymbol{p}}_{10}$ und $-\underline{\boldsymbol{p}}_{10}$ beschreiben dieselbe Drehung, also

$$\boldsymbol{R}(\underline{\boldsymbol{p}}_{10}) = \boldsymbol{R}(-\underline{\boldsymbol{p}}_{10}). \tag{3.202}$$

  Die EULER-Parameter werden üblicherweise so angegeben, dass der Skalarteil $p_{\mathrm{s}} \geq 0$ ist.
- Für die Bildung des Drehtensors der umgekehrten Drehung $\boldsymbol{r}_0 = \boldsymbol{R}^{\mathrm{T}}(\underline{\boldsymbol{p}}_{10})\, \boldsymbol{r}_1$ ist das Vorzeichen des Vektorteils $\boldsymbol{p}$ umzukehren, also

$$\boldsymbol{R}^{\mathrm{T}}(p_{\mathrm{s}}, \boldsymbol{p}) = \boldsymbol{R}(p_{\mathrm{s}}, -\boldsymbol{p}). \tag{3.203}$$

Beispiel Für die in Abb. 3.13 gezeigte Drehung mit dem Drehzeiger $(\boldsymbol{u}, \varphi)$ aus (3.126) lauten die EULER-Parameter (Darstellung in $\mathcal{K}_0$)

$$\boldsymbol{u} = \begin{bmatrix} \frac{1}{\sqrt{3}} \\ -\frac{1}{\sqrt{3}} \\ \frac{1}{\sqrt{3}} \end{bmatrix}, \quad \varphi = \tfrac{2}{3}\pi \quad \Rightarrow \quad \underline{\boldsymbol{p}}_{10} = \begin{bmatrix} p_{\mathrm{s}} \\ \hline p_x \\ p_y \\ p_z \end{bmatrix} = \begin{bmatrix} \cos\frac{\varphi}{2} \\ \hline u_x \sin\frac{\varphi}{2} \\ u_y \sin\frac{\varphi}{2} \\ u_z \sin\frac{\varphi}{2} \end{bmatrix} = \begin{bmatrix} \frac{1}{2} \\ \hline \frac{1}{2} \\ -\frac{1}{2} \\ \frac{1}{2} \end{bmatrix}. \tag{3.204}$$

Einsetzen von $p_{\mathrm{s}}, p_x, p_y, p_z$ aus (3.204) in (3.199) ergibt den Drehtensor (3.127).

3.7.2 EULER-Parameter aus gegebener Drehmatrix

Für die Berechnung der EULER-Parameter $\underline{p}_{10}$ aus einer Drehmatrix $\boldsymbol{R}(\underline{p}_{10}) = {}^{01}\boldsymbol{T}$ können mit (3.199) die folgenden Bestimmungsgleichungen aufgestellt werden.

Gleichungen aus den Hauptdiagonalelementen Die Hauptdiagonalelemente der Drehmatrix ${}^{01}\boldsymbol{T} = (T_{ij})$ liefern vier Bestimmungsgleichungen:

- Die Spur, also die Summe der Hauptdiagonalelemente, ist

$$S = T_{11} + T_{22} + T_{33} = 2\,(3\,p_s^2 + \underbrace{p_x^2 + p_y^2 + p_z^2}_{(3.195)\,:\,1-p_s^2}) - 3 \Rightarrow S = 4\,p_s^2 - 1\,. \quad (3.205)$$

$p_s^2 = \frac{1}{4}(1+S)$ bzw. mit einer formalen Erweiterung für die einheitliche Darstellung des nachfolgenden Berechnungsalgorithmus

$$p_s^2 = \tfrac{1}{4}(1 + 2\,T_{00} - S) \quad \text{mit} \quad T_{00} = S. \quad (3.206a)$$

- Die einzelnen Hauptdiagonalelemente lauten

$$T_{11} = 2\,(p_s^2 + p_x^2) - 1, \quad T_{22} = 2\,(p_s^2 + p_y^2) - 1, \quad T_{33} = 2\,(p_s^2 + p_z^2) - 1.$$

Mit p_s^2 aus (3.206a) und der Spur S aus (3.205) folgen daraus

$$p_x^2 = \tfrac{1}{4}\,(1 + 2\,T_{11} - S), \quad (3.206b)$$
$$p_y^2 = \tfrac{1}{4}\,(1 + 2\,T_{22} - S), \quad (3.206c)$$
$$p_z^2 = \tfrac{1}{4}\,(1 + 2\,T_{33} - S). \quad (3.206d)$$

Gleichungen aus den Nebendiagonalelementen Aus den Nebendiagonalelementen der Drehmatrix (T_{ij}) ergeben sich sechs weitere Gleichungen:

- Die schiefsymmetrischen Nebendiagonalelemente liefern

$$4\,p_s\,p_x = T_{32} - T_{23}, \quad (3.207a)$$
$$4\,p_s\,p_y = T_{13} - T_{31}, \quad (3.207b)$$
$$4\,p_s\,p_z = T_{21} - T_{12}. \quad (3.207c)$$

- Die symmetrischen Nebendiagonalelemente liefern

$$4\,p_y\,p_z = T_{32} + T_{23}, \quad (3.207d)$$
$$4\,p_z\,p_x = T_{13} + T_{31}, \quad (3.207e)$$
$$4\,p_x\,p_y = T_{21} + T_{12}. \quad (3.207f)$$

Algorithmus zur Berechnung der EULER-Parameter Aus den insgesamt zehn Bestimmungsgleichungen (3.206) und (3.207) können die vier EULER-Parameter p_s, p_x, p_y, p_z auf vielen Wegen berechnet werden. Ein singularitätsfreier und numerisch gut konditionierter Algorithmus wird von SHEPPERD [101] angegeben:

1. Berechnung der Spur $S \equiv T_{00} = T_{11} + T_{22} + T_{33}$.
2. Aus einer der vier Gleichungen (3.206) wird der betragsgrößte EULER-Parameter berechnet. Werden die vier EULER-Parameter für diese Betrachtung vorübergehend mit p_0, p_1, p_2, p_3 bezeichnet, so wird der Index k des betragsgrößten EULER-Parameters aufgrund des gleichartigen Aufbaus der vier Gleichungen (3.206) unmittelbar so ermittelt, dass
$$T_{kk} = \max(T_{00}, T_{11}, T_{22}, T_{33}) \tag{3.208}$$
gilt. Der betragsgrößte EULER-Parameter lautet dann
$$p_k = \pm\tfrac{1}{2}\sqrt{1 + 2\,T_{kk} - S}. \tag{3.209}$$
Das Vorzeichen von p_k kann frei gewählt werden. Dies entspricht den beiden möglichen Vorzeichen der EULER-Parameter gemäß (3.202).
3. Aus den drei der sechs Gleichungen (3.207), die den betragsgrößten EULER-Parameter p_k aus (3.209) enthalten, werden die drei noch fehlenden EULER-Parameter berechnet, indem jeweils durch p_k dividiert wird.
4. Wird aus dieser Berechnung $p_0 \equiv p_s < 0$ erhalten, so werden die erhaltenen EULER-Parameter mit -1 multipliziert.

Beispiele werden in Abschn. 3.9 gezeigt.

3.7.3 EULER-Parameter als Quaternionen

Die EULER-Parameter können mathematisch auch als *Quaternionen* dargestellt werden. Damit können insbesondere die EULER-Parameter einer aus zwei Teildrehungen zusammengesetzten Drehung sowie die kinematischen Differentialgleichungen günstig hergeleitet werden. Eine kurze Einführung in die Algebra der Quaternionen gibt Anhang A.2.

Mit den vier EULER-Parametern aus (3.194) wird die Quaternion in Spaltenschreibweise als der 4-Vektor
$$\underline{\boldsymbol{p}}_{10} = \begin{bmatrix} p_s \\ \boldsymbol{p} \end{bmatrix} = \begin{bmatrix} \cos\frac{\varphi}{2} \\ \boldsymbol{u}\,\sin\frac{\varphi}{2} \end{bmatrix} \tag{3.210}$$
definiert. Wegen der Nebenbedingung (3.195) ist $\underline{\boldsymbol{p}}_{10}$ eine *Einheitsquaternion* mit der Eigenschaft $\|\underline{\boldsymbol{p}}_{10}\| = p_s^2 + \boldsymbol{p}^{\mathrm{T}}\,\boldsymbol{p} = 1$. Gemäß (A.46) stimmen die inverse und die konjugierte Einheitsquaternion überein, $\underline{\boldsymbol{p}}_{10}^{-1} = \overline{\underline{\boldsymbol{p}}}_{10}$. Damit ist das Quaternionenprodukt (Multiplikationsoperator $\circ$) von $\underline{\boldsymbol{p}}_{10}$ und $\overline{\underline{\boldsymbol{p}}}_{10}$ die Einsquaternion $\underline{\mathbf{1}}$, siehe (A.45),

$$\underline{p}_{10} \circ \overline{\underline{p}}_{10} = \overline{\underline{p}}_{10} \circ \underline{p}_{10} = \underline{1} \quad \text{mit} \quad \overline{\underline{p}}_{10} = \begin{bmatrix} p_s \\ -\boldsymbol{p} \end{bmatrix}, \quad \underline{1} = \begin{bmatrix} 1 \\ \boldsymbol{0} \end{bmatrix}. \tag{3.211}$$

Die Drehung des Vektors $\boldsymbol{r}_0$ in den Vektor $\boldsymbol{r}_1$ gemäß Abb. 3.10

$$\boldsymbol{r}_1 = \boldsymbol{R}_{10}\, \boldsymbol{r}_0 \quad \text{mit} \quad \boldsymbol{R}_{10} = \boldsymbol{R}(\boldsymbol{u}, \varphi) \tag{3.212}$$

wird unter Verwendung der Quaternion $\underline{p}_{10} = \underline{p}(\boldsymbol{u}, \varphi)$ und ihrer Konjugierten $\overline{\underline{p}}_{10}$ mit Hilfe des doppelten Quaternionenprodukts

$$\begin{aligned} \underline{r}_1 &= \underline{p}_{10} \circ \underline{r}_0 \circ \overline{\underline{p}}_{10} \\ \begin{bmatrix} 0 \\ \boldsymbol{r}_1 \end{bmatrix} &= \begin{bmatrix} p_s \\ \boldsymbol{p} \end{bmatrix} \circ \begin{bmatrix} 0 \\ \boldsymbol{r}_0 \end{bmatrix} \circ \begin{bmatrix} p_s \\ -\boldsymbol{p} \end{bmatrix} \end{aligned} \tag{3.213}$$

formuliert. Die Vektoren $\boldsymbol{r}_0$ und $\boldsymbol{r}_1$ werden dabei als *Vektorquaternionen* $\underline{r}_0$ bzw. $\underline{r}_1$, deren Skalarteil null ist, geschrieben. Werden die Quaternionenprodukte in (3.213) mit Hilfe der Multiplikationsregel (A.36) unter Berücksichtigung von (A.37) ausgeführt, so bedeutet der Skalarteil der Gleichung die Identität $0 = 0$ und der Vektorteil die Vektordrehung (3.212).

3.7.4 EULER-Parameter und mehrfache Drehungen

Die zwei hintereinandergeschalteten Drehungen um die Ausgangsachsen entsprechend Tab. 3.5 mit den Drehzeigern $(\boldsymbol{u}_2, \varphi_2)$ und $(\boldsymbol{u}_1, \varphi_1)$ lauten als aktive Drehungen in Quaternionendarstellung (Darstellung aller Vektoren in $\mathcal{K}_0$)

$$\underline{r}_{1'} = \underline{p}_{1'0} \circ \underline{r}_0 \circ \overline{\underline{p}}_{1'0}, \qquad \underline{p}_{1'0} = \begin{bmatrix} p_{1'0s} \\ \boldsymbol{p}_{1'0} \end{bmatrix} = \begin{bmatrix} \cos\frac{\varphi_2}{2} \\ \boldsymbol{u}_2 \sin\frac{\varphi_2}{2} \end{bmatrix} = \begin{bmatrix} \cos\frac{\varphi_2}{2} \\ \sin\frac{\varphi_2}{2} \\ 0 \\ 0 \end{bmatrix}, \tag{3.214}$$

$$\underline{r}_2 = \underline{p}_{21'} \circ \underline{r}_{1'} \circ \overline{\underline{p}}_{21'}, \qquad \underline{p}_{21'} = \begin{bmatrix} p_{21's} \\ \boldsymbol{p}_{21'} \end{bmatrix} = \begin{bmatrix} \cos\frac{\varphi_1}{2} \\ \boldsymbol{u}_1 \sin\frac{\varphi_1}{2} \end{bmatrix} = \begin{bmatrix} \cos\frac{\varphi_1}{2} \\ 0 \\ 0 \\ \sin\frac{\varphi_1}{2} \end{bmatrix}. \tag{3.215}$$

Einsetzen von $\underline{r}_{1'}$ aus (3.214) in (3.215) liefert die Gesamtdrehung

$$\underline{r}_2 = \underline{p}_{21'} \circ \underline{p}_{1'0} \circ \underline{r}_0 \circ \overline{\underline{p}}_{1'0} \circ \overline{\underline{p}}_{21'} = \underline{p}_{20} \circ \overline{\underline{p}}_{20} \tag{3.216}$$

mit der resultierenden Quaternion $\underline{p}_{20} = \underline{p}_{21'} \circ \underline{p}_{1'0}$ oder

$$\underline{p}_{20} = \begin{bmatrix} p_{20s} \\ \boldsymbol{p}_{20} \end{bmatrix} = \begin{bmatrix} p_{21's}\, p_{1'0s} - \boldsymbol{p}_{21'}^{\mathrm{T}}\, \boldsymbol{p}_{1'0} \\ p_{21's}\, \boldsymbol{p}_{1'0} + p_{1'0s}\, \boldsymbol{p}_{21'} + \widetilde{\boldsymbol{p}}_{21'}\, \boldsymbol{p}_{1'0} \end{bmatrix} \tag{3.217}$$

und der konjugierten Quaternion $\overline{\underline{p}}_{20} = \overline{\underline{p}_{21'} \circ \underline{p}_{1'0}} = \overline{\underline{p}}_{1'0} \circ \overline{\underline{p}}_{21'}$. Mit Hilfe von (3.217) werden die EULER-Parameter der Gesamtdrehung direkt durch die EULER-Parameter der Einzeldrehungen ausgedrückt. Die Berechnung von (3.217) mit (3.214) und (3.215) ergibt

$$\underline{p}_{20} = \begin{bmatrix} p_{20s} \\ \boldsymbol{p}_{20} \end{bmatrix} = \begin{bmatrix} \cos\frac{\varphi_2}{2}\,\cos\frac{\varphi_1}{2} \\ \hline \sin\frac{\varphi_2}{2}\,\cos\frac{\varphi_1}{2} \\ \sin\frac{\varphi_2}{2}\,\sin\frac{\varphi_1}{2} \\ \cos\frac{\varphi_2}{2}\,\sin\frac{\varphi_1}{2} \end{bmatrix}. \tag{3.218}$$

Geometrisch lassen sich die EULER-Parameter $\underline{p}_{20}$ der Gesamtdrehung mit Hilfe des Drehzeigers $(\boldsymbol{u}_{20}, \varphi_{20})$ interpretieren, der den Vektor $\boldsymbol{r}_0$ direkt in den Vektor $\boldsymbol{r}_2$ überführt. Aus dem Aufbau der EULER-Parameter $\underline{p}_{20}$ mit $p_{20s} = \cos\frac{\varphi_{20}}{2}$, $\boldsymbol{p}_{20} = \boldsymbol{u}_{20} \sin\frac{\varphi_{20}}{2}$ ergibt sich der Drehzeiger $(\boldsymbol{u}_{20}, \varphi_{20})$ mit

$$\boldsymbol{u}_{20} = \frac{\boldsymbol{p}_{20}}{\|\boldsymbol{p}_{20}\|}, \qquad \varphi_{20} = 2\arccos(p_{20s}). \tag{3.219}$$

3.7.5 EULER-Parameter und Winkelgeschwindigkeit

Der Zusammenhang zwischen den zeitlichen Änderungen der EULER-Parameter $\dot{\underline{p}}_{10}$ und der Winkelgeschwindigkeit $\boldsymbol{\omega}_{10}$ kann in Analogie zur Herleitung der kinematischen Differentialgleichungen des Drehtensors in Abschn. 3.5.2 durch Hintereinanderschalten der endlichen und der infinitesimalen Drehung hergeleitet werden. Unterschieden werden wieder die Formulierungen mit den Koordinaten von $\boldsymbol{\omega}_{10}$ im Ausgangssystem $\mathcal{K}_0$ und im körperfesten System $\mathcal{K}_1$.

Koordinaten von $\boldsymbol{\omega}_{10}$ im Ausgangssystem $\mathcal{K}_0$ Entsprechend Abb. 3.16 a werden die endliche Drehung $(\boldsymbol{u}, \varphi)$ und die infinitesimale Drehung $\mathrm{d}\boldsymbol{\Phi} = \boldsymbol{e}\,\mathrm{d}\phi$ mit dem Einheitsvektor $\boldsymbol{e}$ der momentanen Drehachse und damit $\boldsymbol{\omega}_{10} = \dot{\boldsymbol{\Phi}}$ hintereinandergeschaltet. Die endliche Drehung wird beschrieben durch die Quaternion

$$\underline{p}_{10} = \underline{p}(\boldsymbol{u}, \varphi) = \begin{bmatrix} p_s(\varphi) \\ \boldsymbol{p}(\boldsymbol{u}, \varphi) \end{bmatrix} = \begin{bmatrix} \cos\frac{\varphi}{2} \\ \boldsymbol{u}\,\sin\frac{\varphi}{2} \end{bmatrix} \tag{3.220}$$

und die infinitesimale Drehung durch die bezüglich $\mathrm{d}\phi$ linearisierte Quaternion

$$\underline{p}(\boldsymbol{e}, \mathrm{d}\phi) = \begin{bmatrix} \cos\frac{\mathrm{d}\phi}{2} \\ \boldsymbol{e}\,\sin\frac{\mathrm{d}\phi}{2} \end{bmatrix} \approx \begin{bmatrix} 1 \\ \boldsymbol{0} \end{bmatrix} + \begin{bmatrix} 0 \\ \frac{1}{2}\,\mathrm{d}\boldsymbol{\Phi} \end{bmatrix} = \underline{1} + \tfrac{1}{2}\,\mathrm{d}\underline{\boldsymbol{\Phi}} \tag{3.221}$$

mit der Einsquaternion $\underline{1}$ und der Vektorquaternion $\mathrm{d}\underline{\boldsymbol{\Phi}}$ zum Drehvektor $\mathrm{d}\boldsymbol{\Phi}$. Die beiden Teildrehungen lauten

$$\underline{\boldsymbol{r}}_1 = \underline{\boldsymbol{p}}_{10} \circ \underline{\boldsymbol{r}}_0 \circ \overline{\underline{\boldsymbol{p}}}_{10}, \tag{3.222}$$

$$\underline{\boldsymbol{r}}_1 + \mathrm{d}\underline{\boldsymbol{r}}_1 = \left(\underline{1} + \tfrac{1}{2}\,\mathrm{d}\underline{\boldsymbol{\Phi}}\right) \circ \underline{\boldsymbol{r}}_1 \circ \left(\underline{1} + \tfrac{1}{2}\,\mathrm{d}\overline{\underline{\boldsymbol{\Phi}}}\right) \quad \text{mit} \quad \mathrm{d}\overline{\underline{\boldsymbol{\Phi}}} = -\mathrm{d}\underline{\boldsymbol{\Phi}}. \tag{3.223}$$

Einsetzen von $\underline{\boldsymbol{r}}_1$ aus (3.222) in (3.223) ergibt die gesamte Drehung von $\boldsymbol{r}_0$ nach $\boldsymbol{r}_1 + \mathrm{d}\boldsymbol{r}_1$ gemäß Abb. 3.16 b

$$\underline{\boldsymbol{r}}_1 + \mathrm{d}\underline{\boldsymbol{r}}_1 = \left(\underline{\boldsymbol{p}}_{10} + \tfrac{1}{2}\,\mathrm{d}\underline{\boldsymbol{\Phi}} \circ \underline{\boldsymbol{p}}_{10}\right) \circ \underline{\boldsymbol{r}}_0 \circ \left(\overline{\underline{\boldsymbol{p}}}_{10} + \overline{\underline{\boldsymbol{p}}}_{10} \circ \tfrac{1}{2}\mathrm{d}\overline{\underline{\boldsymbol{\Phi}}}\right) \tag{3.224}$$

mit dem Inkrement der Quaternion zur infinitesimalen Drehung $\mathrm{d}\boldsymbol{\Phi} = \boldsymbol{e}\,\mathrm{d}\phi$

$$\mathrm{d}\underline{\boldsymbol{p}}_{10} = \tfrac{1}{2}\,\mathrm{d}\underline{\boldsymbol{\Phi}} \circ \underline{\boldsymbol{p}}_{10}. \tag{3.225}$$

Werden die Differentiale in (3.225) auf das Zeitintervall $\mathrm{d}t$ bezogen, so ergibt sich der Zusammenhang zwischen der zeitlichen Änderung der Quaternion $\underline{\boldsymbol{p}}_{10}$ relativ zu $\mathcal{K}_0$ und der Vektorquaternion der Winkelgeschwindigkeit $\underline{\boldsymbol{\omega}}_{10} = \dot{\underline{\boldsymbol{\Phi}}}$,

$${}_0\dot{\underline{\boldsymbol{p}}}_{10} = \tfrac{1}{2}\,\underline{\boldsymbol{\omega}}_{10} \circ \underline{\boldsymbol{p}}_{10}. \tag{3.226}$$

Um $\boldsymbol{\omega}_{10}$ durch ${}_0\dot{\underline{\boldsymbol{p}}}_{10}$ auszudrücken, wird (3.226) mit der konjugierten Quaternion $2\,\overline{\underline{\boldsymbol{p}}}_{10}$ von rechts multipliziert. Unter Berücksichtigung von (3.211) gilt dann

$$\underline{\boldsymbol{\omega}}_{10} = 2\,{}_0\dot{\underline{\boldsymbol{p}}}_{10} \circ \overline{\underline{\boldsymbol{p}}}_{10}. \tag{3.227}$$

Die Quaternionengleichungen (3.226) und (3.227) können wegen ${}^0\dot{\underline{\boldsymbol{p}}} \equiv {}^0[{}_0\dot{\underline{\boldsymbol{p}}}\,]$ unmittelbar im Ausgangssystem $\mathcal{K}_0$ ausgewertet werden. In Matrizenschreibweise entsprechend (A.42) hat (3.226) die Form

$$\begin{bmatrix} \dot{p}_\mathrm{s} \\ {}^0\dot{\boldsymbol{p}} \end{bmatrix} = \tfrac{1}{2} \begin{bmatrix} p_\mathrm{s} & -{}^0\boldsymbol{p}^\mathrm{T} \\ {}^0\boldsymbol{p} & p_\mathrm{s}\boldsymbol{E} - {}^0\widetilde{\boldsymbol{p}} \end{bmatrix} \begin{bmatrix} 0 \\ {}^0\underline{\boldsymbol{\omega}}_{10} \end{bmatrix}. \tag{3.228}$$

Damit lauten die kinematischen Differentialgleichungen der EULER-Parameter

$$\begin{aligned} \begin{bmatrix} \dot{p}_\mathrm{s} \\ {}^0\dot{\boldsymbol{p}} \end{bmatrix} &= \tfrac{1}{2} \begin{bmatrix} -{}^0\boldsymbol{p}^\mathrm{T} \\ p_\mathrm{s}\boldsymbol{E} - {}^0\widetilde{\boldsymbol{p}} \end{bmatrix} {}^0\boldsymbol{\omega}_{10} \\ {}^0\dot{\underline{\boldsymbol{p}}}_{10} &= \quad \boldsymbol{H}_0({}^0\underline{\boldsymbol{p}}_{10}) \quad {}^0\boldsymbol{\omega}_{10} \end{aligned} \tag{3.229}$$

mit der (4,3)-Matrix $\boldsymbol{H}_0$. Der umgekehrte Zusammenhang (3.227) hat mit (A.42) die Form

$$\begin{bmatrix} 0 \\ {}^0\underline{\boldsymbol{\omega}}_{10} \end{bmatrix} = 2 \begin{bmatrix} p_\mathrm{s} & {}^0\boldsymbol{p}^\mathrm{T} \\ -{}^0\boldsymbol{p} & p_\mathrm{s}\boldsymbol{E} + {}^0\widetilde{\boldsymbol{p}} \end{bmatrix} \begin{bmatrix} \dot{p}_\mathrm{s} \\ {}^0\dot{\boldsymbol{p}} \end{bmatrix}. \tag{3.230}$$

Die erste Gleichung in (3.230) ist die Zeitableitung der Normierungsbedingung (3.195). Damit lauten die inversen kinematischen Differentialgleichungen

$$\begin{aligned} {}^0\boldsymbol{\omega}_{10} &= 2\begin{bmatrix} -{}^0\boldsymbol{p} & p_s\boldsymbol{E} + {}^0\widetilde{\boldsymbol{p}} \end{bmatrix} \begin{bmatrix} \dot{p}_s \\ {}^0\dot{\boldsymbol{p}} \end{bmatrix} \\ {}^0\boldsymbol{\omega}_{10} &= \boldsymbol{L}_0({}^0\underline{\boldsymbol{p}}_{10}) \quad {}^0\dot{\underline{\boldsymbol{p}}}_{10} \end{aligned} \tag{3.231}$$

mit der (3,4)-Matrix $\boldsymbol{L}_0 = 4\,\boldsymbol{H}_0^{\mathrm{T}}$.

Koordinaten von ω_{10} im körperfesten System $\mathcal{K}_1$ Entsprechend Abb. 3.17 a wird die Abfolge der infinitesimalen Drehung $\mathrm{d}\boldsymbol{\Phi}_0 = \boldsymbol{e}_0\,\mathrm{d}\phi$ und der endlichen Drehung $(\boldsymbol{u}, \varphi)$ betrachtet,

$$\underline{\boldsymbol{r}}_0 + \mathrm{d}\underline{\boldsymbol{r}}_0 = \left(\underline{\boldsymbol{1}} + \tfrac{1}{2}\,\mathrm{d}\underline{\boldsymbol{\Phi}}_0\right) \circ \underline{\boldsymbol{r}}_0 \circ \left(\underline{\boldsymbol{1}} + \tfrac{1}{2}\,\mathrm{d}\overline{\underline{\boldsymbol{\Phi}}}_0\right) \quad \text{mit} \quad \mathrm{d}\overline{\underline{\boldsymbol{\Phi}}}_0 = -\mathrm{d}\underline{\boldsymbol{\Phi}}_0, \tag{3.232}$$

$$\underline{\boldsymbol{r}}_1 + \mathrm{d}\underline{\boldsymbol{r}}_1 = \underline{\boldsymbol{p}}_{10} \circ (\underline{\boldsymbol{r}}_0 + \mathrm{d}\underline{\boldsymbol{r}}_0) \circ \overline{\underline{\boldsymbol{p}}}_{10}. \tag{3.233}$$

Einsetzen von $\underline{\boldsymbol{r}}_0 + \mathrm{d}\underline{\boldsymbol{r}}_0$ aus (3.232) in (3.233) ergibt die gesamte Drehung von $\boldsymbol{r}_0$ nach $\boldsymbol{r}_1 + \mathrm{d}\boldsymbol{r}_1$ gemäß Abb. 3.17b

$$\underline{\boldsymbol{r}}_1 + \mathrm{d}\underline{\boldsymbol{r}}_1 = \left(\underline{\boldsymbol{p}}_{10} + \underline{\boldsymbol{p}}_{10} \circ \tfrac{1}{2}\mathrm{d}\underline{\boldsymbol{\Phi}}_0\right) \circ \underline{\boldsymbol{r}}_0 \circ \left(\overline{\underline{\boldsymbol{p}}}_{10} + \tfrac{1}{2}\,\mathrm{d}\overline{\underline{\boldsymbol{\Phi}}}_0 \circ \overline{\underline{\boldsymbol{p}}}_{10}\right) \tag{3.234}$$

mit dem Inkrement der Quaternion zur infinitesimalen Drehung $\mathrm{d}\boldsymbol{\Phi}_0 = \boldsymbol{e}_0\,\mathrm{d}\phi$

$$\mathrm{d}\underline{\boldsymbol{p}}_{10} = \underline{\boldsymbol{p}}_{10} \circ \tfrac{1}{2}\mathrm{d}\underline{\boldsymbol{\Phi}}_0. \tag{3.235}$$

Der Bezug der Differentiale auf das Zeitinkrement $\mathrm{d}t$ führt auf

$${}_0\dot{\underline{\boldsymbol{p}}}_{10} = \underline{\boldsymbol{p}}_{10} \circ \tfrac{1}{2}\,\underline{\boldsymbol{\Omega}}_{10} \quad \text{mit} \quad \boldsymbol{\Omega}_{10} = \boldsymbol{e}_0\,\dot{\phi}. \tag{3.236}$$

Der umgekehrte Zusammenhang wird durch Multiplikation von (3.236) mit der konjugierten Quaternion $2\,\overline{\underline{\boldsymbol{p}}}_{10}$ von links erhalten,

$$\underline{\boldsymbol{\Omega}}_{10} = 2\,\overline{\underline{\boldsymbol{p}}}_{10} \circ {}_0\dot{\underline{\boldsymbol{p}}}_{10}. \tag{3.237}$$

Die Darstellung von (3.236) im Ausgangssystem $\mathcal{K}_0$ ergibt unter Beachtung des Zusammenhangs ${}^0\boldsymbol{\Omega}_{10} = {}^1\boldsymbol{\omega}_{10}$ die kinematischen Differentialgleichungen. In Matrizendarstellung unter Berücksichtigung von (A.41) lauten sie

$$\begin{aligned} \begin{bmatrix} \dot{p}_s \\ {}^0\dot{\boldsymbol{p}} \end{bmatrix} &= \tfrac{1}{2} \begin{bmatrix} -{}^0\boldsymbol{p}^{\mathrm{T}} \\ p_s\boldsymbol{E} + {}^0\widetilde{\boldsymbol{p}} \end{bmatrix} {}^1\boldsymbol{\omega}_{10} \\ {}^0\dot{\underline{\boldsymbol{p}}}_{10} &= \boldsymbol{H}_1({}^0\underline{\boldsymbol{p}}_{10}) \quad {}^1\boldsymbol{\omega}_{10} \end{aligned} \tag{3.238}$$

mit der (4,3)-Matrix $\boldsymbol{H}_1$. Aus (3.237) folgen mit (A.41) die inversen kinematischen Differentialgleichungen

$$\begin{aligned} {}^1\boldsymbol{\omega}_{10} &= 2\left[-{}^0\boldsymbol{p} \quad p_\mathrm{s}\,\boldsymbol{E} - {}^0\widetilde{\boldsymbol{p}}\right] \begin{bmatrix} \dot{p}_\mathrm{s} \\ {}^0\dot{\boldsymbol{p}} \end{bmatrix} \\ {}^1\boldsymbol{\omega}_{10} &= \quad \boldsymbol{L}_1({}^0\underline{\boldsymbol{p}}_{10}) \quad {}^0\dot{\underline{\boldsymbol{p}}}_{10} \end{aligned} \tag{3.239}$$

mit der (3,4)-Matrix $\boldsymbol{L}_1 = 4\,\boldsymbol{H}_1^\mathrm{T}$. Die kinematischen Gleichungen für die EULER-Parameter sind in Tab. 3.11 zusammengefasst.

3.7.6 Drehzeiger und Winkelgeschwindigkeit

Der Zusammenhang zwischen der zeitlichen Änderung des Drehzeigers $(\dot{\boldsymbol{u}}, \dot{\varphi})$ und der Winkelgeschwindigkeit $\boldsymbol{\omega}_{10}$ kann aus den kinematischen Differentialgleichungen der EULER-Parameter hergeleitet werden. Die Formulierungen werden wieder für die Koordinaten von $\boldsymbol{\omega}_{10}$ im Ausgangssystem $\mathcal{K}_0$ und im körperfesten System $\mathcal{K}_1$ angegeben.

Koordinaten von $\boldsymbol{\omega}_{10}$ im Ausgangssystem $\mathcal{K}_0$ Die Definitionsgleichungen für die EULER-Parameter (3.194) werden nach der Zeit abgeleitet,

$$p_\mathrm{s} = \cos\tfrac{\varphi}{2} \qquad \Rightarrow \qquad \dot{p}_\mathrm{s} = -\tfrac{\dot{\varphi}}{2}\sin\tfrac{\varphi}{2}, \tag{3.240}$$

$${}^0\boldsymbol{p} = {}^0\boldsymbol{u}\,\sin\tfrac{\varphi}{2} \qquad \Rightarrow \qquad {}^0\dot{\underline{\boldsymbol{p}}} = {}^0\dot{\boldsymbol{u}}\sin\frac{\varphi}{2} + {}^0\boldsymbol{u}\,\frac{\dot{\varphi}}{2}\cos\frac{\varphi}{2}, \tag{3.241}$$

und in die kinematischen Differentialgleichungen der EULER-Parameter (3.229) eingesetzt. Mit $\dot{p}_\mathrm{s}$ aus (3.240) und ${}^0\boldsymbol{p}$ aus (3.241) geht der Skalarteil von (3.229) über in

$$\dot{\varphi} = {}^0\boldsymbol{u}^\mathrm{T}\,{}^0\boldsymbol{\omega}_{10}. \tag{3.242}$$

Einsetzen von ${}^0\boldsymbol{p}$ und ${}^0\dot{\underline{\boldsymbol{p}}}$ aus (3.241) in den Vektorteil von (3.229) führt auf

$${}^0\dot{\boldsymbol{u}}\sin\tfrac{\varphi}{2} + {}^0\boldsymbol{u}\,\tfrac{\dot{\varphi}}{2}\cos\tfrac{\varphi}{2} = \tfrac{1}{2}\cos\tfrac{\varphi}{2}\,{}^0\boldsymbol{\omega}_{10} - \tfrac{1}{2}\sin\tfrac{\varphi}{2}\,{}^0\widetilde{\boldsymbol{u}}\,{}^0\boldsymbol{\omega}_{10}$$

und mit $\dot{\varphi}$ aus (3.242)

$${}^0\dot{\boldsymbol{u}} = \tfrac{1}{2}\Big(\cot\tfrac{\varphi}{2}\,(\boldsymbol{E} - {}^0\boldsymbol{u}\,{}^0\boldsymbol{u}^\mathrm{T}) - {}^0\widetilde{\boldsymbol{u}}\Big)\,{}^0\boldsymbol{\omega}_{10}. \tag{3.243}$$

Mit der Umformung ${}^0\boldsymbol{u}\,{}^0\boldsymbol{u}^\mathrm{T} = {}^0\widetilde{\boldsymbol{u}}\,{}^0\widetilde{\boldsymbol{u}} + \boldsymbol{E}$ aus (3.107) gilt auch

$${}^0\dot{\boldsymbol{u}} = \tfrac{1}{2}\left(-{}^0\widetilde{\boldsymbol{u}} - \cot\tfrac{\varphi}{2}\,{}^0\widetilde{\boldsymbol{u}}\,{}^0\widetilde{\boldsymbol{u}}\right)\,{}^0\boldsymbol{\omega}_{10}. \tag{3.244}$$

Tab. 3.11 Definition und kinematische Gleichungen für die EULER-Parameter

- Definition der EULER-Parameter mit Hilfe des Drehzeigers $(\boldsymbol{u}, \varphi)$ entsprechend Abb. 3.10:

$$\underline{\boldsymbol{p}}_{10} = \begin{bmatrix} p_s \\ \boldsymbol{p} \end{bmatrix} = \begin{bmatrix} p_s \\ \hline p_x \\ p_y \\ p_z \end{bmatrix} = \begin{bmatrix} \cos\frac{\varphi}{2} \\ \hline u_x \sin\frac{\varphi}{2} \\ u_y \sin\frac{\varphi}{2} \\ u_z \sin\frac{\varphi}{2} \end{bmatrix}$$

- Nebenbedingung:

$$g_E(\underline{\boldsymbol{p}}_{10}) \equiv p_s^2 + p_x^2 + p_y^2 + p_z^2 - 1 = 0 .$$

- Drehtensor:

$$\boldsymbol{R}_{10} \equiv \boldsymbol{R}(\underline{\boldsymbol{p}}_{10}) = 2 \begin{bmatrix} p_s^2 + p_x^2 - \frac{1}{2} & p_x\, p_y - p_s\, p_z & p_x\, p_z + p_s\, p_y \\ p_x\, p_y + p_s\, p_z & p_s^2 + p_y^2 - \frac{1}{2} & p_y\, p_z - p_s\, p_x \\ p_x\, p_z - p_s\, p_y & p_y\, p_z + p_s\, p_x & p_s^2 + p_z^2 - \frac{1}{2} \end{bmatrix} .$$

- Berechnung der EULER-Parameter aus dem Drehtensor ${}^0\boldsymbol{R}_{10} \equiv {}^{01}\boldsymbol{T} = (T_{ij})$:
  1. Berechnen der Spur

     $$S = T_{11} + T_{22} + T_{33}$$

  2. Berechnen des betragsgrößten EULER-Parameters aus

     $$\begin{aligned} p_s^2 &= \tfrac{1}{4}(1 + 2\,T_{00} - S) \quad \text{mit} \quad T_{00} = S\,, \\ p_x^2 &= \tfrac{1}{4}(1 + 2\,T_{11} - S)\,, \\ p_y^2 &= \tfrac{1}{4}(1 + 2\,T_{22} - S)\,, \\ p_z^2 &= \tfrac{1}{4}(1 + 2\,T_{33} - S) \end{aligned}$$

  3. Berechnen der drei weiteren EULER-Parameter aus

     $$\begin{aligned} 4p_s\, p_x &= T_{32} - T_{23}\,, \\ 4p_s\, p_y &= T_{13} - T_{31}\,, \\ 4p_s\, p_z &= T_{21} - T_{12}\,, \\ 4p_y p_z &= T_{32} + T_{23}\,, \\ 4p_z p_x &= T_{13} + T_{31}\,, \\ 4p_x p_y &= T_{21} + T_{12}\,. \end{aligned}$$

  4. Bei $p_s < 0$ Multiplikation aller EULER-Parameter mit -1.

- Singularität: entfällt.
- Kinematische Differentialgleichungen

  Koordinaten der Winkelgeschwindigkeit $\boldsymbol{\omega}_{10}$ im Ausgangssystem $\mathcal{K}_0$, (3.231), (3.229),

$$\begin{bmatrix} {}^0\omega_x \\ {}^0\omega_y \\ {}^0\omega_z \end{bmatrix} = 2 \left[\begin{array}{c|ccc} -p_x & p_s & -p_z & p_y \\ -p_y & p_z & p_s & -p_x \\ -p_z & -p_y & p_x & p_s \end{array}\right] \begin{bmatrix} \dot{p}_s \\ \hline \dot{p}_x \\ \dot{p}_y \\ \dot{p}_z \end{bmatrix} \Leftrightarrow \begin{bmatrix} \dot{p}_s \\ \hline \dot{p}_x \\ \dot{p}_y \\ \dot{p}_z \end{bmatrix} = \frac{1}{2} \begin{bmatrix} -p_x & -p_y & -p_z \\ \hline p_s & p_z & -p_y \\ -p_z & p_s & p_x \\ p_y & -p_x & p_s \end{bmatrix} \begin{bmatrix} {}^0\omega_x \\ {}^0\omega_y \\ {}^0\omega_z \end{bmatrix}$$

$${}^0\boldsymbol{\omega}_{10} = \boldsymbol{L}_0({}^0\underline{\boldsymbol{p}}_{10}) \; {}^0\dot{\underline{\boldsymbol{p}}}_{10} \Leftrightarrow {}^0\dot{\underline{\boldsymbol{p}}}_{10} = \boldsymbol{H}_0({}^0\underline{\boldsymbol{p}}_{10}) \; {}^0\boldsymbol{\omega}_{10}.$$

  Koordinaten der Winkelgeschwindigkeit $\boldsymbol{\omega}_{10}$ im körperfesten System $\mathcal{K}_1$, (3.239), (3.238):

$$\begin{bmatrix} {}^1\omega_x \\ {}^1\omega_y \\ {}^1\omega_z \end{bmatrix} = 2 \left[\begin{array}{c|ccc} -p_x & p_s & p_z & -p_y \\ -p_y & -p_z & p_s & p_x \\ -p_z & p_y & -p_x & p_s \end{array}\right] \begin{bmatrix} \dot{p}_s \\ \hline \dot{p}_x \\ \dot{p}_y \\ \dot{p}_z \end{bmatrix} \Leftrightarrow \begin{bmatrix} \dot{p}_s \\ \hline \dot{p}_x \\ \dot{p}_y \\ \dot{p}_z \end{bmatrix} = \frac{1}{2} \begin{bmatrix} -p_x & -p_y & -p_z \\ \hline p_s & -p_z & p_y \\ p_z & p_s & -p_x \\ -p_y & p_x & p_s \end{bmatrix} \begin{bmatrix} {}^1\omega_x \\ {}^1\omega_y \\ {}^1\omega_z \end{bmatrix}$$

$${}^1\boldsymbol{\omega}_{10} = \boldsymbol{L}_1({}^0\underline{\boldsymbol{p}}_{10}) \; {}^0\dot{\underline{\boldsymbol{p}}}_{10} \Leftrightarrow {}^0\dot{\underline{\boldsymbol{p}}}_{10} = \boldsymbol{H}_1({}^0\underline{\boldsymbol{p}}_{10}) \; {}^1\boldsymbol{\omega}_{10}.$$

Da der Einheitsvektor der Drehachse $\boldsymbol{u}$ nur seine Richtung, nicht aber seine Länge ändert, steht der Vektor seiner zeitlichen Änderung $\dot{\boldsymbol{u}}$ senkrecht auf $\boldsymbol{u}$, und es gilt $\boldsymbol{u}^{\mathrm{T}}\dot{\boldsymbol{u}} = 0$. Dies ist durch Multiplikation von (3.244) von links mit ${}^0\boldsymbol{u}^{\mathrm{T}}$ unter Berücksichtigung von ${}^0\boldsymbol{u}^{\mathrm{T}}\,{}^0\widetilde{\boldsymbol{u}} = \boldsymbol{0}$ unmittelbar erkennbar. Mit (3.242) und (3.244) liegen die kinematischen Differentialgleichungen des Drehzeigers $(\boldsymbol{u}, \varphi)$ vor.

Für die Aufstellung der inversen kinematischen Differentialgleichungen werden die EULER-Parameter p_{s}, ${}^0\boldsymbol{p}$ und ihre Zeitableitungen $\dot{p}_{\mathrm{s}}$, ${}^0\dot{\boldsymbol{p}}$ aus (3.240) und (3.241) in (3.231) eingesetzt,

$$\begin{aligned}{}^0\boldsymbol{\omega}_{10} = {}&{}^0\boldsymbol{u}\,\dot{\varphi}\,\sin^2\tfrac{\varphi}{2} + 2\cos\tfrac{\varphi}{2}\sin\tfrac{\varphi}{2}\,{}^0\dot{\boldsymbol{u}} + \dot{\varphi}\cos^2\tfrac{\varphi}{2}\,{}^0\boldsymbol{u}\\ &+ 2\sin^2\tfrac{\varphi}{2}\,{}^0\widetilde{\boldsymbol{u}}\,{}^0\dot{\boldsymbol{u}} + \dot{\varphi}\sin\tfrac{\varphi}{2}\cos\tfrac{\varphi}{2}\,{}^0\widetilde{\boldsymbol{u}}\,{}^0\boldsymbol{u}.\end{aligned}$$

Mit ${}^0\widetilde{\boldsymbol{u}}\,{}^0\boldsymbol{u} = \boldsymbol{0}$ und den trigonometrischen Zusammenhängen (3.196) ergibt sich

$${}^0\boldsymbol{\omega}_{10} = {}^0\boldsymbol{u}\,\dot{\varphi} + \left(\sin\varphi\,\boldsymbol{E} + (1-\cos\varphi)\,{}^0\widetilde{\boldsymbol{u}}\right){}^0\dot{\boldsymbol{u}}. \tag{3.245}$$

Die Winkelgeschwindigkeit ${}^0\boldsymbol{\omega}_{10}$ unnd damit die momentane Drehachse fällt damit i. Allg. nicht mit der Achse des Drehzeigers $\boldsymbol{u}$ zusammen, was bereits in Abb. 3.16 bzw. 3.17 qualitativ dargestellt worden ist. Nur bei einer Drehung um eine raumfeste Achse $\boldsymbol{u}$, also $\dot{\boldsymbol{u}} = \boldsymbol{0}$, ist $\boldsymbol{\omega}_{10} = \boldsymbol{u}\,\dot{\varphi}$.

Koordinaten von $\boldsymbol{\omega}_{10}$ im körperfesten System $\mathcal{K}_1$ Die kinematischen Differentialgleichungen für die EULER-Parameter (3.238) und (3.239) mit der Winkelgeschwindigkeit $\boldsymbol{\omega}_{10}$ im körperfesten System $\mathcal{K}_1$ werden in der beschrieben Weise umgeformt. Es ändert sich jeweils der das Vorzeichen des schiefsymmetrischen $\widetilde{\boldsymbol{u}}$-Terms. Damit lauten die kinematischen Differentialgleichungen

$$\dot{\varphi} = {}^0\boldsymbol{u}^{\mathrm{T}}\,{}^1\boldsymbol{\omega}_{10}, \tag{3.246}$$

$${}^0\dot{\boldsymbol{u}} = \tfrac{1}{2}\left({}^0\widetilde{\boldsymbol{u}} - \cot\tfrac{\varphi}{2}\,{}^0\widetilde{\boldsymbol{u}}\,{}^0\widetilde{\boldsymbol{u}}\right){}^1\boldsymbol{\omega}_{10} \tag{3.247}$$

und die inversen kinematischen Differentialgleichungen

$${}^1\boldsymbol{\omega}_{10} = {}^0\boldsymbol{u}\,\dot{\varphi} + \left(\sin\varphi\,\boldsymbol{E} - (1-\cos\varphi)\,{}^0\widetilde{\boldsymbol{u}}\right){}^0\dot{\boldsymbol{u}}. \tag{3.248}$$

3.8 RODRIGUES-Vektor

Der RODRIGUES-Vektor $\boldsymbol{\lambda}$ entsteht aus den EULER-Parametern $\underline{p}_{10}$, indem der Vektorteil $\boldsymbol{p} = \boldsymbol{u}\sin\frac{\varphi}{2}$ mit dem Skalarteil $p_{\mathrm{s}} = \cos\frac{\varphi}{2}$ dividiert wird,

$$\boldsymbol{\lambda} = \frac{\boldsymbol{p}}{p_{\mathrm{s}}} \quad\Rightarrow\quad \boldsymbol{\lambda} = \boldsymbol{u}\,\tan\frac{\varphi}{2}. \tag{3.249}$$

Die drei Koordinaten des RODRIGUES-Vektors werden als die RODRIGUES-Parameter bezeichnet. Bei dem Drehwinkel $\varphi = \pi$ ist der RODRIGUES-Vektor singulär. Die kinematischen Gleichungen für die RODRIGUES-Vektor sind in Tab. 3.12 zusammengefasst.

Tab. 3.12 Definition und kinematische Gleichungen für die RODRIGUES-Vektor

- Definition des RODRIGUES-Vektors mit Hilfe des Drehzeigers $(\boldsymbol{u}, \varphi)$ aus Abb. 3.10:

$$\boldsymbol{\lambda} = \begin{bmatrix} \lambda_x \\ \lambda_y \\ \lambda_z \end{bmatrix} = \begin{bmatrix} u_x \tan\frac{\varphi}{2} \\ u_y \tan\frac{\varphi}{2} \\ u_z \tan\frac{\varphi}{2} \end{bmatrix}$$

- Drehtensor gemäß (3.251):

$$\boldsymbol{R}_{10} \equiv \boldsymbol{R}(\boldsymbol{\lambda}) = \frac{1}{h} \begin{bmatrix} 1+\lambda_x^2-\lambda_y^2-\lambda_z^2 & 2(\lambda_x\lambda_y-\lambda_z) & 2(\lambda_x\lambda_z+\lambda_y) \\ 2(\lambda_x\lambda_y+\lambda_z) & 1-\lambda_x^2+\lambda_y^2-\lambda_z^2 & 2(\lambda_y\lambda_z-\lambda_x) \\ 2(\lambda_x\lambda_z-\lambda_y) & 2(\lambda_y\lambda_z+\lambda_x) & 1-\lambda_x^2-\lambda_y^2+\lambda_z^2 \end{bmatrix}$$

mit $h = 1+\lambda_x^2+\lambda_y^2+\lambda_z^2$.

- Berechnung des RODRIGUES-Vektors aus der Drehmatrix ${}^0\boldsymbol{R}_{10} \equiv {}^{01}\boldsymbol{T} = (T_{ij})$:
  1. Berechnen der EULER-Parameter $\underline{\boldsymbol{p}}_{10} = [p_s\ p_x\ p_y\ p_z]^{\mathrm{T}}$ gemäß Tabelle 3.11.
  2. Berechnen des RODRIGUES-Vektors:

$$\lambda_x = \frac{p_x}{p_s}, \qquad \lambda_y = \frac{p_y}{p_s}, \qquad \lambda_z = \frac{p_z}{p_s}.$$

- Singularität: $p_s = \cos\frac{\varphi}{2} = 0$ oder $\varphi = \pi$.
- Kinematische Differentialgleichungen
  Koordinaten der Winkelgeschwindigkeit $\boldsymbol{\omega}_{10}$ im Ausgangsystem $\mathcal{K}_0$, (3.254) und (3.253):

$$\begin{bmatrix} {}^0\omega_x \\ {}^0\omega_y \\ {}^0\omega_z \end{bmatrix} = \frac{2}{h} \begin{bmatrix} 1 & -\lambda_z & \lambda_y \\ \lambda_z & 1 & -\lambda_x \\ -\lambda_y & \lambda_x & 1 \end{bmatrix} \begin{bmatrix} \dot\lambda_x \\ \dot\lambda_y \\ \dot\lambda_z \end{bmatrix} \Leftrightarrow \begin{bmatrix} \dot\lambda_x \\ \dot\lambda_y \\ \dot\lambda_z \end{bmatrix} = \frac{1}{2} \begin{bmatrix} 1+\lambda_x^2 & \lambda_x\lambda_y+\lambda_z & \lambda_x\lambda_z-\lambda_y \\ \lambda_x\lambda_y-\lambda_z & 1+\lambda_y^2 & \lambda_y\lambda_z+\lambda_x \\ \lambda_x\lambda_z+\lambda_y & \lambda_y\lambda_z-\lambda_x & 1+\lambda_z^2 \end{bmatrix} \begin{bmatrix} {}^0\omega_x \\ {}^0\omega_y \\ {}^0\omega_z \end{bmatrix}$$

$${}^0\boldsymbol{\omega}_{10} = \boldsymbol{L}_0({}^0\boldsymbol{\lambda})\ {}^0\dot{\boldsymbol{\lambda}} \Leftrightarrow {}^0\dot{\boldsymbol{\lambda}} = \boldsymbol{H}_0({}^0\boldsymbol{\lambda})\ {}^0\boldsymbol{\omega}_{10}$$

mit $h = 1+\lambda_x^2+\lambda_y^2+\lambda_z^2$.

Koordinaten der Winkelgeschwindigkeit $\boldsymbol{\omega}_{10}$ im körperfesten System $\mathcal{K}_1$, (3.256) und (3.255):

$$\begin{bmatrix} {}^1\omega_x \\ {}^1\omega_y \\ {}^1\omega_z \end{bmatrix} = \frac{2}{h} \begin{bmatrix} 1 & \lambda_z & -\lambda_y \\ -\lambda_z & 1 & \lambda_x \\ \lambda_y & -\lambda_x & 1 \end{bmatrix} \begin{bmatrix} \dot\lambda_x \\ \dot\lambda_y \\ \dot\lambda_z \end{bmatrix} \Leftrightarrow \begin{bmatrix} \dot\lambda_x \\ \dot\lambda_y \\ \dot\lambda_z \end{bmatrix} = \frac{1}{2} \begin{bmatrix} 1+\lambda_x^2 & \lambda_x\lambda_y-\lambda_z & \lambda_x\lambda_z+\lambda_y \\ \lambda_x\lambda_y+\lambda_z & 1+\lambda_y^2 & \lambda_y\lambda_z-\lambda_x \\ \lambda_x\lambda_z-\lambda_y & \lambda_y\lambda_z+\lambda_x & 1+\lambda_z^2 \end{bmatrix} \begin{bmatrix} {}^1\omega_x \\ {}^1\omega_y \\ {}^1\omega_z \end{bmatrix}$$

$${}^1\boldsymbol{\omega}_{10} = \boldsymbol{L}_1({}^0\boldsymbol{\lambda})\ {}^0\dot{\boldsymbol{\lambda}} \Leftrightarrow {}^0\dot{\boldsymbol{\lambda}} = \boldsymbol{H}_1({}^0\boldsymbol{\lambda})\ {}^1\boldsymbol{\omega}_{10}.$$

3.8.1 RODRIGUES-Vektor und Drehtensor

Der Drehtensor (3.198), $\boldsymbol{R}(\underline{\boldsymbol{p}}_{10}) = \boldsymbol{E} + 2\, p_s\, \widetilde{\boldsymbol{p}} + 2\, \widetilde{\boldsymbol{p}}\, \widetilde{\boldsymbol{p}}$, kann mit Hilfe von $\boldsymbol{p} = \boldsymbol{\lambda}\, p_s$ und mit p_s aus der trigonometrischen Beziehung

$$p_s^2 \equiv \cos^2 \tfrac{\varphi}{2} = \frac{1}{1 + \tan^2 \frac{\varphi}{2}} \quad \text{und damit} \quad p_s^2 = \frac{1}{1 + \boldsymbol{\lambda}^{\mathrm{T}} \boldsymbol{\lambda}} \tag{3.250}$$

in Abhängigkeit von dem RODRIGUES-Vektor $\boldsymbol{\lambda}$ ausgedrückt werden,

$$\boldsymbol{R}_{10}(\boldsymbol{\lambda}) = \boldsymbol{E} + 2\, \frac{\widetilde{\boldsymbol{\lambda}} + \widetilde{\boldsymbol{\lambda}}\, \widetilde{\boldsymbol{\lambda}}}{1 + \boldsymbol{\lambda}^{\mathrm{T}} \boldsymbol{\lambda}}. \tag{3.251}$$

Um aus einem gegebenen Drehtensor ${}^0\boldsymbol{R}_{10} = {}^{01}\boldsymbol{T}$ den RODRIGUES-Vektor ${}^0\boldsymbol{\lambda}$ zu berechnen, ist es empfehlenswert, zuerst die EULER-Parameter entsprechend Abschn. 3.7.2 zu ermitteln und anschließend (3.249) anzuwenden.

3.8.2 RODRIGUES-Vektor und Winkelgeschwindigkeit

Der Zusammenhang zwischen der zeitlichen Änderung des RODRIGUES-Vektors $\dot{\boldsymbol{\lambda}}$ und der Winkelgeschwindigkeit $\boldsymbol{\omega}_{10}$ wird für die Koordinatendarstellungen von $\boldsymbol{\omega}_{10}$ in $\mathcal{K}_0$ und in $\mathcal{K}_1$ angegeben.

Koordinaten von $\boldsymbol{\omega}_{10}$ im Ausgangssystem Die zeitliche Änderung des RODRIGUES-Vektors relativ zum Ausgangssystem der Drehung $\mathcal{K}_0$ lautet ausgehend von (3.249) bei Darstellung in $\mathcal{K}_0$

$${}^0\dot{\boldsymbol{\lambda}} = \frac{1}{p_s} \left({}^0\dot{\boldsymbol{p}} - {}^0\boldsymbol{\lambda}\, \dot{p}_s \right). \tag{3.252}$$

Einsetzen der zeitlichen Änderung der EULER-Parameter aus (3.229) in (3.252) liefert unter Berücksichtigung von ${}^0\boldsymbol{p} = {}^0\boldsymbol{\lambda}\, p_s$ die kinematischen Differentialgleichungen für den RODRIGUES-Vektor bei Darstellung von $\boldsymbol{\omega}_{10}$ im Ausgangssystem $\mathcal{K}_0$,

$${}^0\dot{\boldsymbol{\lambda}} = \boldsymbol{H}_0({}^0\boldsymbol{\lambda})\, {}^0\boldsymbol{\omega}_{10} \quad \text{mit} \quad \boldsymbol{H}_0({}^0\boldsymbol{\lambda}) = \tfrac{1}{2} \left(\boldsymbol{E} + {}^0\boldsymbol{\lambda}\, {}^0\boldsymbol{\lambda}^{\mathrm{T}} - {}^0\widetilde{\boldsymbol{\lambda}} \right). \tag{3.253}$$

Die umgekehrten kinematischen Differentialgleichungen ergeben sich durch Einsetzen von ${}^0\dot{\boldsymbol{p}} = {}^0\dot{\boldsymbol{\lambda}}\, p_s + {}^0\boldsymbol{\lambda}\, \dot{p}_s$ aus (3.252) in (3.231) unter Berücksichtigung von (3.250)

$${}^0\boldsymbol{\omega}_{10} = \boldsymbol{L}_0({}^0\boldsymbol{\lambda})\, {}^0\dot{\boldsymbol{\lambda}} \quad \text{mit} \quad \boldsymbol{L}_0({}^0\boldsymbol{\lambda}) = 2\, \frac{\boldsymbol{E} + {}^0\widetilde{\boldsymbol{\lambda}}}{1 + {}^0\boldsymbol{\lambda}^{\mathrm{T}0}\boldsymbol{\lambda}}. \tag{3.254}$$

Koordinaten von $\boldsymbol{\omega}_{10}$ im körperfesten System Die zeitliche Änderung des RODRIGUES-Vektors bei Darstellung von $\boldsymbol{\omega}_{10}$ im körperfesten System $\mathcal{K}_1$ ergibt sich in entsprechender

Weise ausgehend von (3.238) zu

$$ {}^{0}\dot{\boldsymbol{\lambda}} = \boldsymbol{H}_1({}^{0}\boldsymbol{\lambda})\,{}^{1}\boldsymbol{\omega}_{10} \quad \text{mit} \quad \boldsymbol{H}_1({}^{0}\boldsymbol{\lambda}) = \tfrac{1}{2}\left(\boldsymbol{E} + {}^{0}\boldsymbol{\lambda}\,{}^{00}\boldsymbol{\lambda}^{\mathrm{T}} + {}^{0}\widetilde{\boldsymbol{\lambda}}\right) \tag{3.255} $$

und umgekehrt unter Verwendung von (3.239) zu

$$ {}^{1}\boldsymbol{\omega}_{10} = \boldsymbol{L}_1({}^{0}\boldsymbol{\lambda})\,{}^{0}\dot{\boldsymbol{\lambda}} \quad \text{mit} \quad \boldsymbol{L}_1({}^{0}\boldsymbol{\lambda}) = 2\,\frac{\boldsymbol{E} - {}^{0}\widetilde{\boldsymbol{\lambda}}}{1 + {}^{0}\boldsymbol{\lambda}^{\mathrm{T}0}\boldsymbol{\lambda}}. \tag{3.256} $$

3.9 Beispiele zur Parametrierung von Drehungen

Für eine gegebene Drehmatrix werden die Koordinaten der Drehung in den gezeigten Parametrierungen exemplarisch berechnet. Weiterhin werden die zeitlichen Änderungen der Koordinaten mit Hilfe der dazugehörenden kinematischen Differentialgleichungen ermittelt.

3.9.1 Koordinaten einer gegebenen Drehung

Entsprechend Abb. 3.20a sind die Ausgangslage $\mathcal{K}_0$ und die gedrehte Lage $\mathcal{K}_1$ des körperfesten Koordinatensystems einer rechteckigen Platte gegeben. Gesucht sind die Werte der verschiedenen Koordinaten für die Beschreibung dieser Drehung.

Drehmatrix Die aus Abb. 3.20a direkt zu entnehmenden Koordinaten der Einheitsvektoren $\boldsymbol{e}_{x1}, \boldsymbol{e}_{y1}, \boldsymbol{e}_{z1}$ des Systems $\mathcal{K}_1$ im System $\mathcal{K}_0$ ergeben mit (3.2) die Drehmatrix

$$ {}^{01}\boldsymbol{T} = \left[{}^{0}\boldsymbol{e}_{x1}\;{}^{0}\boldsymbol{e}_{y1}\;{}^{0}\boldsymbol{e}_{z1}\right] = \begin{bmatrix} 0 & 1 & 0 \\ 0 & 0 & 1 \\ 1 & 0 & 0 \end{bmatrix} \quad \text{mit den Elementen } T_{ij}. \tag{3.257} $$

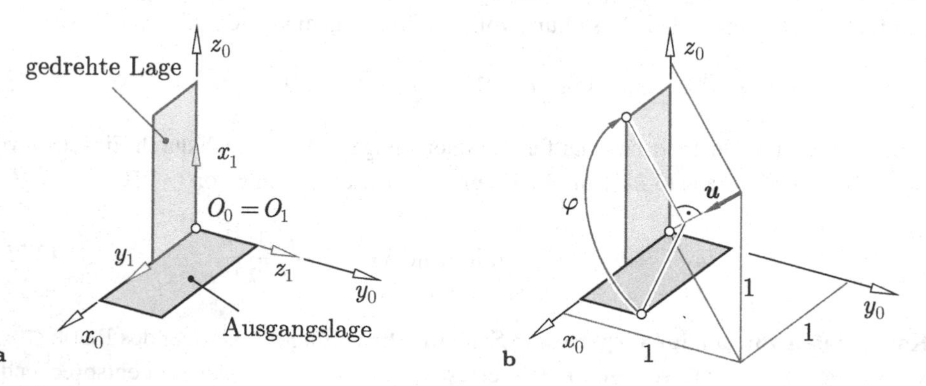

Abb. 3.20 Drehung eines Körpers. **a** Gegebene Ausgangs- und Endlage. **b** Drehzeiger $(\boldsymbol{u}, \varphi)$

xyz-KARDAN-Winkel Die zu der Drehmatrix ${}^{01}\boldsymbol{T}$ aus (3.257) gehörenden xyz-KARDAN-Winkel lauten gemäß Tab. 3.8

$$\cos\beta = \sqrt{1 - T_{13}^2} = 1, \qquad \sin\beta = T_{13} = 0 \qquad \Rightarrow \qquad \beta = 0\,, \tag{3.258}$$

$$\cos\gamma = \frac{T_{11}}{\cos\beta} = 0, \qquad \sin\gamma = -\frac{T_{12}}{\cos\beta} = -1 \qquad \Rightarrow \qquad \gamma = -\frac{\pi}{2}, \tag{3.259}$$

$$\cos\alpha = \frac{T_{33}}{\cos\beta} = 0, \qquad \sin\alpha = -\frac{T_{23}}{\cos\beta} = -1 \qquad \Rightarrow \qquad \alpha = -\frac{\pi}{2}. \tag{3.260}$$

zxz-EULER-Winkel Die zu der Drehmatrix ${}^{01}\boldsymbol{T}$ aus (3.257) gehörenden zxz-EULER-Winkel lauten gemäß Tab. 3.10

$$\cos\theta = T_{33} = 0\,, \qquad \sin\theta = \sqrt{1 - T_{33}^2} = 1 \qquad \Rightarrow \qquad \theta = \frac{\pi}{2}, \tag{3.261}$$

$$\cos\phi = \frac{T_{32}}{\sin\theta} = 0, \qquad \sin\phi = \frac{T_{31}}{\sin\theta} = 1 \qquad \Rightarrow \qquad \phi = \frac{\pi}{2}, \tag{3.262}$$

$$\cos\psi = -\frac{T_{23}}{\sin\theta} = -1, \qquad \sin\psi = \frac{T_{13}}{\sin\theta} = 0 \qquad \Rightarrow \qquad \psi = \pi. \tag{3.263}$$

EULER-Parameter Die Spur von ${}^{01}\boldsymbol{T}$ aus (3.257) ist $S \equiv T_{00} = T_{11} + T_{22} + T_{33} = 0$. Wegen $T_{00} = T_{11} = T_{22} = T_{33} = 0$ haben alle EULER-Parameter den gleichen Betrag. Es kann frei entschieden werden, welcher EULER-Parameter aus den Gleichungen (3.206) zuerst berechnet wird. Gewählt wird $p_0 \mathrel{\hat{=}} p_s$. Für den Index $k = 0$ ergibt (3.209) bei Wahl des positiven Vorzeichens

$$p_0 \mathrel{\hat{=}} p_s = +\tfrac{1}{2}\sqrt{1 + 2\,T_{00} - S} \qquad \Rightarrow \qquad p_s = \tfrac{1}{2}\,. \tag{3.264}$$

Die weiteren drei EULER-Parameter werden aus den Bestimmungsgleichungen (3.207a), (3.207b) und (3.207c) berechnet,

$$p_1 \mathrel{\hat{=}} p_x = \frac{1}{4\,p_s}\,(T_{32} - T_{23}) = -\frac{1}{2}, \tag{3.265}$$

$$p_2 \mathrel{\hat{=}} p_y = \frac{1}{4\,p_s}\,(T_{13} - T_{31}) = -\frac{1}{2}, \tag{3.266}$$

$$p_3 \mathrel{\hat{=}} p_z = \frac{1}{4\,p_s}\,(T_{21} - T_{12}) = -\frac{1}{2}. \tag{3.267}$$

RODRIGUES-Vektor Der RODRIGUES-Vektor wird mit den EULER-Parametern aus (3.264) bis (3.267) berechnet,

$$\lambda_x = \frac{p_x}{p_s} = -1, \quad \lambda_y = \frac{p_y}{p_s} = -1, \quad \lambda_z = \frac{p_z}{p_s} = -1. \tag{3.268}$$

Drehzeiger Der zu der Drehmatrix ${}^{01}\boldsymbol{T}$ aus (3.257) gehörende Drehzeiger $(\boldsymbol{u}, \varphi)$ wird ebenfalls aus den mit (3.264) bis (3.267) vorliegenden EULER-Parametern berechnet. Mit der Definition (3.194) der EULER-Parameter,

$$p_\mathrm{s} = \cos\frac{\varphi}{2} \quad (\geq 0), \qquad \boldsymbol{p} = \boldsymbol{u}\,\sin\frac{\varphi}{2}, \quad \|\boldsymbol{u}\| = 1,$$

ergibt sich der Drehwinkel im Bereich $0 < \varphi < \pi$ aus

$$\cos\frac{\varphi}{2} = p_\mathrm{s} = \frac{1}{2} \quad \Rightarrow \quad \frac{\varphi}{2} = \frac{\pi}{3} \;\text{(Hauptwert)} \quad \Rightarrow \quad \varphi = \frac{2\pi}{3} \tag{3.269}$$

und der Einheitsvektor der Drehachse

$$\boldsymbol{u} = \frac{1}{\|\boldsymbol{p}\|}\,\boldsymbol{p} = \frac{1}{\sin\frac{\varphi}{2}}\,\boldsymbol{p} \quad \Rightarrow \quad {}^{0}\boldsymbol{u} = -\frac{\sqrt{3}}{3}\begin{bmatrix} 1 \\ 1 \\ 1 \end{bmatrix}. \tag{3.270}$$

Der Drehzeiger $(\boldsymbol{u}, \varphi)$ ist in Abb. 3.20b dargestellt.

3.9.2 Kinematische Differentialgleichungen

Ein Körper führt eine Drehung aus. Zu einem Zeitpunkt t sei die Orientierung gegeben durch die xyz-KARDAN-Winkel

$$\boldsymbol{\beta} = \begin{bmatrix} \alpha & \beta & \gamma \end{bmatrix}^\mathrm{T} = \begin{bmatrix} \frac{\pi}{4} & \frac{\pi}{4} & \frac{\pi}{2} \end{bmatrix}^\mathrm{T}, \tag{3.271}$$

und es werden die Koordinaten des Winkelgeschwindigkeitsvektors im körperfesten Koordinatensystem $\mathcal{K}_1$ gemessen,

$${}^{1}\boldsymbol{\omega}_{10} = [\,2 \;\; 4 \;\; 1\,]^\mathrm{T}\,\tfrac{1}{\mathrm{s}}. \tag{3.272}$$

Gesucht sind die zeitlichen Änderungen der Koordinaten der Drehung in den verschiedenen Parametrierungen.

Zeitliche Änderung der Drehmatrix Mit den gegebenen xyz-KARDAN-Winkeln lautet die Drehmatrix entsprechend (3.181)

$${}^{01}\boldsymbol{T}(\alpha, \beta, \gamma) = \frac{1}{2}\begin{bmatrix} 0 & -\sqrt{2} & \sqrt{2} \\ \sqrt{2} & -1 & -1 \\ \sqrt{2} & 1 & 1 \end{bmatrix}. \tag{3.273}$$

Mit (3.273) und der Winkelgeschwindigkeit $\boldsymbol{\omega}_{10}$ im System $\mathcal{K}_1$ aus (3.272) liefern die kinematischen Differentialgleichungen (3.22) bzw. (3.175) die zeitliche Änderung der Drehmatrix

$$
{}^{01}\dot{\boldsymbol{T}} = {}^{01}\boldsymbol{T}\,{}^{1}\widetilde{\boldsymbol{\omega}}_{10} = \frac{1}{2}\begin{bmatrix} -5\sqrt{2} & 2\sqrt{2} & 2\sqrt{2} \\ 3 & -2-\sqrt{2} & 2+4\sqrt{2} \\ -3 & 2-\sqrt{2} & -2+4\sqrt{2} \end{bmatrix}\frac{1}{\mathrm{s}}. \tag{3.274}
$$

Dasselbe Ergebnis wird auch mit Hilfe der kinematischen Differentialgleichungen (3.19) bzw. (3.167) erhalten unter Verwendung der raumfesten Koordinaten der Winkelgeschwindigkeit

$$
{}^{0}\boldsymbol{\omega}_{10} = {}^{01}\boldsymbol{T}\,{}^{1}\boldsymbol{\omega}_{10} = \frac{1}{2}\begin{bmatrix} -3\sqrt{2} \\ 2\sqrt{2}-5 \\ 2\sqrt{2}+5 \end{bmatrix}\frac{1}{\mathrm{s}}. \tag{3.275}
$$

Zeitliche Änderung der xyz-KARDAN-Winkel Mit den xyz-KARDAN-Winkeln $\boldsymbol{\beta}$ aus (3.271) und der Winkelgeschwindigkeit $\boldsymbol{\omega}_{10}$ im System $\mathcal{K}_1$ aus (3.272) liefert (3.193) die zeitliche Änderung der KARDAN-Winkel

$$
\begin{array}{ccccc} \dot{\boldsymbol{\beta}} & = & {}^{1}\boldsymbol{H}(\boldsymbol{\beta}) & {}^{1}\boldsymbol{\omega}_{10} & \\ \begin{bmatrix} \dot{\alpha} \\ \dot{\beta} \\ \dot{\gamma} \end{bmatrix} & = & \sqrt{2}\begin{bmatrix} 0 & -1 & 0 \\ \frac{\sqrt{2}}{2} & 0 & 0 \\ 0 & \frac{\sqrt{2}}{2} & \frac{\sqrt{2}}{2} \end{bmatrix} & \begin{bmatrix} 2 \\ 4 \\ 1 \end{bmatrix}\frac{1}{\mathrm{s}} & = \begin{bmatrix} -4\sqrt{2} \\ 2 \\ 5 \end{bmatrix}\frac{1}{\mathrm{s}}. \end{array} \tag{3.276}
$$

Mit den Koordinaten der Winkelgeschwindigkeit $\boldsymbol{\omega}_{10}$ im Ausgangssystem $\mathcal{K}_0$ aus (3.275) wird dasselbe Ergebnis mit Hilfe von (3.190) erhalten.

Zeitliche Änderung der EULER-Parameter Die EULER-Parameter $\underline{\boldsymbol{p}}_{10}$ werden entsprechend (3.264) bis (3.267) aus der Drehmatrix ${}^{01}\boldsymbol{T}$ aus (3.273) berechnet,

$$
p_{\mathrm{s}} = \frac{1}{2}, \quad {}^{0}\boldsymbol{p} = \begin{bmatrix} p_x \\ p_y \\ p_z \end{bmatrix} = \begin{bmatrix} \frac{1}{2} \\ 0 \\ \frac{\sqrt{2}}{2} \end{bmatrix} \quad \Rightarrow \quad {}^{0}\underline{\boldsymbol{p}}_{10} = \begin{bmatrix} p_{\mathrm{s}} \\ {}^{0}\boldsymbol{p} \end{bmatrix}. \tag{3.277}
$$

Mit (3.277) und der Winkelgeschwindigkeit $\boldsymbol{\omega}_{10}$ im System $\mathcal{K}_1$ aus (3.272) liefert (3.238) die zeitliche Änderung der EULER-Parameter

$$
\begin{array}{ccccc} {}^{0}\dot{\underline{\boldsymbol{p}}}_{10} & = & \boldsymbol{H}_1({}^{0}\underline{\boldsymbol{p}}_{10}) & {}^{1}\boldsymbol{\omega}_{10} & \\ \begin{bmatrix} \dot{p}_{\mathrm{s}} \\ \hline \dot{p}_x \\ \dot{p}_y \\ \dot{p}_z \end{bmatrix} & = & \frac{1}{2}\begin{bmatrix} -\frac{1}{2} & 0 & -\frac{\sqrt{2}}{2} \\ \hline \frac{1}{2} & -\frac{\sqrt{2}}{2} & 0 \\ \frac{\sqrt{2}}{2} & \frac{1}{2} & -\frac{1}{2} \\ 0 & \frac{1}{2} & \frac{1}{2} \end{bmatrix} & \begin{bmatrix} 2 \\ 4 \\ 1 \end{bmatrix}\frac{1}{\mathrm{s}} & = \frac{1}{4}\begin{bmatrix} -2-\sqrt{2} \\ \hline 2-4\sqrt{2} \\ 3+2\sqrt{2} \\ 5 \end{bmatrix}\frac{1}{\mathrm{s}}. \end{array} \tag{3.278}
$$

Mit den Koordinaten der Winkelgeschwindigkeit $\boldsymbol{\omega}_{10}$ im Ausgangssystem $\mathcal{K}_0$ aus (3.275) wird dasselbe Ergebnis mit Hilfe von (3.229) erhalten.

Zeitliche Änderung des RODRIGUES-Vektors Mit den EULER-Parametern aus (3.277) ergibt sich mit (3.268) der RODRIGUES-Vektor $\boldsymbol{\lambda} = [\,1 \quad 0 \quad \sqrt{2}\,]^{\mathrm{T}}$. Die zeitliche Änderung des RODRIGUES-Vektors wird mit Hilfe der kinematischen Differentialgleichung (3.255) berechnet

$$\begin{aligned} {}^0\dot{\boldsymbol{\lambda}}_{10} &= \quad {}^1\boldsymbol{H}({}^0\boldsymbol{\lambda}_{10}) \qquad {}^1\boldsymbol{\omega}_{10} \\ \begin{bmatrix} \dot{\lambda}_x \\ \dot{\lambda}_y \\ \dot{\lambda}_z \end{bmatrix} &= \frac{1}{2}\begin{bmatrix} 2 & -\sqrt{2} & \sqrt{2} \\ \sqrt{2} & 1 & -1 \\ \sqrt{2} & 1 & 3 \end{bmatrix}\begin{bmatrix} 2 \\ 4 \\ 1 \end{bmatrix}\frac{1}{\mathrm{s}} = \frac{1}{2}\begin{bmatrix} 4-3\sqrt{2} \\ 3+2\sqrt{2} \\ 7+2\sqrt{2} \end{bmatrix}\frac{1}{\mathrm{s}}. \end{aligned} \tag{3.279}$$

Mit den Koordinaten der Winkelgeschwindigkeit $\boldsymbol{\omega}_{10}$ im Ausgangssystem $\mathcal{K}_0$ aus (3.275) wird dasselbe Ergebnis mit Hilfe von (3.253) erhalten.

Zeitliche Änderung des Drehzeigers Mit den EULER-Parametern aus (3.277) wird der Drehzeiger wie in (3.269) und (3.270) berechnet,

$${}^0\boldsymbol{u} = \frac{\sqrt{3}}{3}\begin{bmatrix} 1 \\ 0 \\ \sqrt{2} \end{bmatrix}, \qquad \varphi = \frac{2\pi}{3}. \tag{3.280}$$

Die zeitliche Änderung des Drehzeigers wird mit Hilfe der kinematischen Differentialgleichungen (3.246) und (3.247) berechnet,

$$\dot{\varphi} = {}^0\boldsymbol{u}^{\mathrm{T}}\,{}^1\boldsymbol{\omega}_{10} = \frac{2+\sqrt{2}}{\sqrt{3}}\,\frac{1}{\mathrm{s}}, \tag{3.281}$$

$${}^0\dot{\boldsymbol{u}} = \frac{1}{2}\left({}^0\tilde{\boldsymbol{u}} - \cot\frac{\varphi}{2}\,{}^0\tilde{\boldsymbol{u}}\,{}^0\tilde{\boldsymbol{u}}\right){}^1\boldsymbol{\omega}_{10} = \frac{\sqrt{3}}{18}\begin{bmatrix} 4-13\sqrt{2} \\ 9+6\sqrt{2} \\ 13-2\sqrt{2} \end{bmatrix}\frac{1}{\mathrm{s}}. \tag{3.282}$$

Mit den Koordinaten der Winkelgeschwindigkeit $\boldsymbol{\omega}_{10}$ im Ausgangssystem $\mathcal{K}_0$ aus (3.275) werden dieselben Ergebnisse mit Hilfe von (3.242) und (3.244) erhalten.

Grundlagen der Dynamik

4

In der Dynamik wird die Wechselwirkung zwischen Kräften und Bewegungen untersucht. Die kinetischen Größen Impuls und Drall sowie der Impulssatz und der Drallsatz werden in den Abschn. 4.1 und 4.2 zunächst allgemein eingeführt und anschließend in den Abschn. 4.3 bis 4.5 auf den starren Körper spezialisiert, wobei in Abschn. 4.4 die Eigenschaften des Trägheitstensors behandelt werden. Die Begriffe Arbeit und Energie und der darauf aufbauende Arbeits- bzw. Energiesatz werden in Abschn. 4.6 eingeführt. Zur Veranschaulichung physikalischer Wirkungen rotierender starrer Körper werden in Abschn. 4.7 die Kraftwirkungen eines um eine raumfeste Achse drehenden Rotors und in Abschn. 4.8 einige Phänomene der Kreiseldynamik dargestellt.

4.1 Impuls und Drall

Betrachtet wird ein mechanisches System K als ein System materieller Körper, das aus seiner Umgebung freigeschnitten ist (Abb. 4.1).

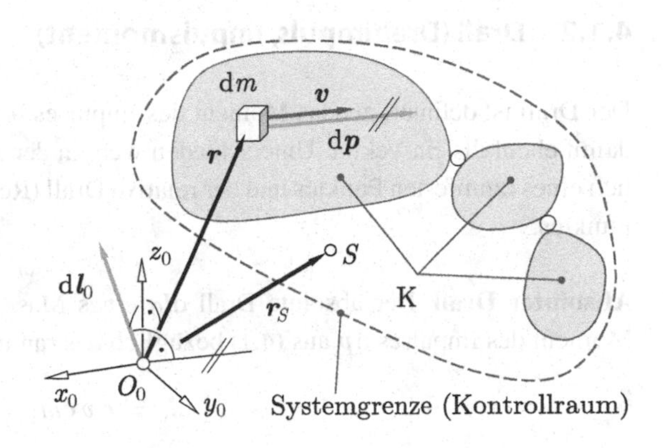

Abb. 4.1 Impuls $\mathrm{d}\boldsymbol{p}$ und Drall $\mathrm{d}\boldsymbol{l}_0$ eines Massenelements $\mathrm{d}m$

C. Woernle, *Mehrkörpersysteme,* https://doi.org/10.1007/978-3-662-64530-7_4

4.1.1 Impuls

Ein Volumenelement dV mit dem Ortsvektor $\boldsymbol{r}$ stellt bei einer i. Allg. ortsabhängigen Dichte $\rho(\boldsymbol{r})$ ein Massenelement d$m = \rho(\boldsymbol{r})\,\mathrm{d}V$ dar. Bewegt sich das Massenelement dm mit der Geschwindigkeit $\boldsymbol{v} = \dot{\boldsymbol{r}}$ relativ zu einem ruhenden Bezugssystem $\mathcal{K}_0$, so ist sein Impuls d$\boldsymbol{p}$ definiert durch das Produkt

$$\mathrm{d}\boldsymbol{p} = \boldsymbol{v}\,\mathrm{d}m. \tag{4.1}$$

Der Impuls des mechanischen Systems K ist die Gesamtheit der Impulse aller Massenelemente,

$$\boldsymbol{p} = \int_{\mathrm{K}} \mathrm{d}\boldsymbol{p} = \int_{\mathrm{K}} \boldsymbol{v}\,\mathrm{d}m. \tag{4.2}$$

Hierbei ist die Integration über die Massenelemente des gesamten Systems K auszuführen.

Ist das System K abgeschlossen, d. h. ist seine Gesamtmasse m konstant, so folgt aus der Definition des Ortsvektors $\boldsymbol{r}_S$ des Massenmittelpunktes S

$$\boldsymbol{r}_S = \frac{1}{m}\int_{\mathrm{K}} \boldsymbol{r}\,\mathrm{d}m \quad \text{mit} \quad m = \int_{\mathrm{K}} \mathrm{d}m \tag{4.3}$$

durch Ableitung nach der Zeit ($\dot{m} = 0$)

$$\dot{\boldsymbol{r}}_S = \frac{1}{m}\int_{\mathrm{K}} \dot{\boldsymbol{r}}\,\mathrm{d}m \quad \text{oder} \quad m\,\boldsymbol{v}_S = \int_{\mathrm{K}} \boldsymbol{v}\,\mathrm{d}m. \tag{4.4}$$

Mit (4.4) kann der Integralausdruck in (4.2) durch $m\,\boldsymbol{v}_S$ ersetzt werden. Der Impuls des Systems K ist damit das Produkt seiner Gesamtmasse m mit der absoluten Geschwindigkeit $\boldsymbol{v}_S$ seines Massenmittelpunktes S,

$$\boldsymbol{p} = m\,\boldsymbol{v}_S. \tag{4.5}$$

4.1.2 Drall (Drehimpuls, Impulsmoment)

Der Drall ist definiert als das Moment des Impulses bezüglich eines Bezugspunktes. Er ist damit ebenfalls ein Vektor. Unterschieden werden der absolute Drall (Absolutdrall) bezüglich eines raumfesten Punktes und der relative Drall (Relativdrall) bezüglich eines bewegten Punktes.

Absoluter Drall Der absolute Drall d$\boldsymbol{l}_0$ eines Massenelements dm ist definiert als das Moment des Impulses d$\boldsymbol{p}$ aus (4.1) bezüglich des raumfesten Punktes O_0 (Abb. 4.1),

$$\mathrm{d}\boldsymbol{l}_0 = \widetilde{\boldsymbol{r}}\,\boldsymbol{v}\,\mathrm{d}m. \tag{4.6}$$

Die Integration über K liefert den absoluten Drall des gesamten Systems

$$l_0 = \int_K \mathrm{d}l_0 = \int_K \widetilde{r}\, v\, \mathrm{d}m. \tag{4.7}$$

Relativer Drall Der relative Drall wird bezüglich eines beliebigen, bewegten Bezugspunktes Q mit dem Ortsvektor r_Q und der Geschwindigkeit $v_Q = \dot{r}_Q$ definiert. Wird der Ortsvektor eines Massenelements $\mathrm{d}m$ gemäß Abb. 4.2 mit Hilfe von r_Q und dem Vektor b von Q nach $\mathrm{d}m$ ausgedrückt,

$$r = r_Q + b \quad \Rightarrow \quad v = v_Q + \dot{b}, \tag{4.8}$$

und in (4.7) eingesetzt, so lautet der absolute Drall

$$l_0 = \int_K (\widetilde{r}_Q + \widetilde{b})\,(v_Q + \dot{b})\,\mathrm{d}m = \widetilde{r}_Q \underbrace{\int_K v\,\mathrm{d}m}_{(4.4):\; m\,v_S} + \int_K \widetilde{b}\, v_Q\,\mathrm{d}m + \int_K \widetilde{b}\,\dot{b}\,\mathrm{d}m,$$

$$l_0 = m\,\widetilde{r}_Q\, v_S + \underbrace{\int_K \widetilde{b}\,\mathrm{d}m}_{m\,\widetilde{b}_S}\, v_Q + \underbrace{\int_K \widetilde{b}\,\dot{b}\,\mathrm{d}m}_{l_Q}. \tag{4.9}$$

Hierbei sind b_S der Vektor von Q zum Massenmittelpunkt S und l_Q der relative Drall des Systems K bezüglich des Punktes Q,

$$l_Q = \int_K \widetilde{b}\,\dot{b}\,\mathrm{d}m. \tag{4.10}$$

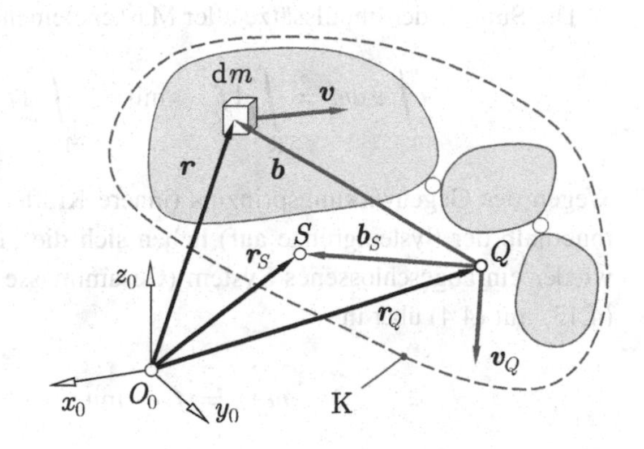

Abb. 4.2 Zum relativen Drall bezüglich des bewegten Punktes Q

Mit (4.9) gilt damit zwischen dem Absolutdrall $\boldsymbol{l}_0$ bezüglich O und dem Relativdrall $\boldsymbol{l}_Q$ bezüglich Q der Zusammenhang

$$\boldsymbol{l}_0 = m\,\widetilde{\boldsymbol{r}}_Q\,\boldsymbol{v}_S \;+\; m\,\widetilde{\boldsymbol{b}}_S\,\boldsymbol{v}_Q \;+\; \boldsymbol{l}_Q. \tag{4.11}$$

4.2 Schwerpunktsatz und Drallsatz

Der Schwerpunktsatz und der Drallsatz werden für das aus seiner Umgebung herausgeschnittene System K aus Abb. 4.2 formuliert.

4.2.1 Impulssatz und Schwerpunktsatz

Der Impulssatz für ein Massenelement dm besagt, dass die zeitliche Änderung des Impulses d$\boldsymbol{p}$ bezüglich des Inertialsystems gleich der Resultierenden d$\boldsymbol{f}$ aller am Massenelement wirkenden Kräfte ist, also

$$\frac{\mathrm{d}}{\mathrm{d}t}(\mathrm{d}\boldsymbol{p}) = \mathrm{d}\boldsymbol{f} \qquad \text{oder} \qquad \dot{\boldsymbol{v}}\,\mathrm{d}m = \mathrm{d}\boldsymbol{f}. \tag{4.12}$$

Die Kraft d$\boldsymbol{f}$ lässt sich in zwei Anteile aufspalten:

- Die *innere Kraft* $\mathrm{d}\boldsymbol{f}^{\mathrm{in}}$ ist die auf das Massenelement dm wirkende Schnittkraft zwischen dm und anderen Massenelementen des Systems. Wegen des Gegenwirkungsprinzips treten innere Kräfte stets paarweise entgegengesetzt innerhalb der Systemgrenze auf.
- Die *äußere Kraft* $\mathrm{d}\boldsymbol{f}^{\mathrm{au}}$ wirkt von außen über die Systemgrenze auf dm.

Innere und äußere Kräfte können sowohl eingeprägte Kräfte als auch Reaktionskräfte sein, siehe Abschn. 5.3.

Die Summe der Impulssätze aller Massenelemente des Systems K lautet

$$\int\limits_{\mathrm{K}} \dot{\boldsymbol{v}}\,\mathrm{d}m = \int\limits_{\mathrm{K}} \mathrm{d}\boldsymbol{f} \qquad \text{mit} \qquad \int\limits_{\mathrm{K}} \mathrm{d}\boldsymbol{f} = \int\limits_{\mathrm{K}} \mathrm{d}\boldsymbol{f}^{\mathrm{in}} + \int\limits_{\mathrm{K}} \mathrm{d}\boldsymbol{f}^{\mathrm{au}}. \tag{4.13}$$

Wegen des Gegenwirkungsprinzips (innere Kräfte treten stets paarweise entgegengesetzt innerhalb der Systemgrenze auf) heben sich die inneren Kräfte auf, $\int_{\mathrm{K}} \mathrm{d}\boldsymbol{f}^{\mathrm{in}} = \boldsymbol{0}$. Wird wieder ein abgeschlossenes System (Gesamtmasse m = const) zugrunde gelegt, so geht (4.13) mit (4.4) über in

$$m\,\dot{\boldsymbol{v}}_S = \boldsymbol{f} \qquad \text{mit} \qquad \boldsymbol{f} = \int\limits_{\mathrm{K}} \mathrm{d}\boldsymbol{f}^{\mathrm{au}}. \tag{4.14}$$

Dies ist der *Schwerpunktsatz:* Der Massenmittelpunkt S eines abgeschlossenen Systems bewegt sich so, als ob die gesamte Masse in ihm vereinigt wäre und alle äußeren Kräfte an ihm angreifen würden. Wenn nur die Bewegung des Massenmittelpunkts S interessiert, kann das mechanische System durch einen Massenpunkt in S ersetzt werden.

Die Resultierende $\boldsymbol{f}$ der äußeren Kräfte kann sich aus Volumenkräften (z. B. Gewichtskräfte, magnetische Kräfte) mit der Volumenkraftdichte $\boldsymbol{f}_\mathrm{V}$ (Dimension $\frac{\text{Kraft}}{\text{Volumen}}$), Oberflächenkräften (z. B. Luftwiderstandskräfte) mit der Flächenkraftdichte $\boldsymbol{f}_\mathrm{A}$ (Dimension $\frac{\text{Kraft}}{\text{Fläche}}$) und Einzelkräften $\boldsymbol{f}_i$ zusammensetzen,

$$\boldsymbol{f}(t) = \int_V \boldsymbol{f}_\mathrm{V}(\boldsymbol{b}, t)\,\mathrm{d}V + \int_A \boldsymbol{f}_\mathrm{A}(\boldsymbol{b}, t)\,\mathrm{d}A + \sum_i \boldsymbol{f}_i(t). \tag{4.15}$$

Der Schwerpunktsatz (4.14) ist eine Vektorgleichung, die in jedem beliebigen Koordinatensystem ausgewertet werden kann. Es ist jedoch zu beachten, dass $\dot{\boldsymbol{v}}$ die Beschleunigung relativ zum Inertialsystem und damit die zeitliche Änderung der Geschwindigkeit $\boldsymbol{v}$ relativ zum Inertialsystem ist. Bei der Darstellung von $\boldsymbol{v}$ in einem bewegten Koordinatensystem ist daher der Zusammenhang (3.45) für die zeitliche Ableitung von Vektorkoordinaten zu beachten. Die einfachste Darstellung liegt im Inertialsystem $\mathcal{K}_0$ vor,

$$\begin{bmatrix} m\,\dot{v}_{Sx} \\ m\,\dot{v}_{Sy} \\ m\,\dot{v}_{Sz} \end{bmatrix} = \begin{bmatrix} f_x \\ f_y \\ f_z \end{bmatrix}. \tag{4.16}$$

4.2.2 Drallsatz (Momentensatz)

Der Drallsatz (Momentensatz) für ein Massenpunktsystem besagt, dass die zeitliche Änderung des auf einen festen Punkt O_0 bezogenen absoluten Dralls des Systems aus (4.11) gleich dem resultierenden Moment aller auf das System einwirkenden äußeren Kräfte bezüglich O_0 ist, also

$$\frac{\mathrm{d}\boldsymbol{l}_0}{\mathrm{d}t} = \boldsymbol{\tau}_0. \tag{4.17}$$

Das resultierende Moment $\boldsymbol{\tau}_0$ der äußeren Kräfte bzgl. O_0 kann sich gemäß (4.15) aus Momenten der Volumenkräfte $\boldsymbol{f}_\mathrm{V}$, der Oberflächenkräfte $\boldsymbol{f}_\mathrm{A}$ und der Einzelkräfte $\boldsymbol{f}_i$ sowie aus freien Einzelmomenten $\boldsymbol{\tau}_i^\mathrm{frei}$ zusammensetzen,

$$\boldsymbol{\tau}_0 = \int_V \tilde{\boldsymbol{r}}\,\boldsymbol{f}_\mathrm{V}(\boldsymbol{b}, t)\,\mathrm{d}V + \int_A \tilde{\boldsymbol{r}}\,\boldsymbol{f}_\mathrm{A}(\boldsymbol{b}, t)\,\mathrm{d}A + \sum_i \tilde{\boldsymbol{r}}_i\,\boldsymbol{f}_i(t) + \sum_i \boldsymbol{\tau}_i^\mathrm{frei}(t). \tag{4.18}$$

Die gesamte physikalische Wirkung des Kräftesystems bezüglich des Punktes O_0 wird durch den *Kraftwinder* $(\boldsymbol{f}, \boldsymbol{\tau}_0)$ bezüglich O_0 gekennzeichnet, vgl. MAGNUS und MÜLLER-SLANY [62].

Mit $\dot{\boldsymbol{r}}_Q = \boldsymbol{v}_Q$ und $\dot{\boldsymbol{r}}_S = \boldsymbol{v}_S$ lautet die Zeitableitung des absoluten Dralls $\boldsymbol{l}_0$ aus (4.11)

$$\frac{\mathrm{d}\boldsymbol{l}_0}{\mathrm{d}t} = m\,\tilde{\boldsymbol{v}}_Q\,\boldsymbol{v}_S + m\,\dot{\tilde{\boldsymbol{b}}}_S\,\boldsymbol{v}_Q + m\,\tilde{\boldsymbol{r}}_Q\,\dot{\boldsymbol{v}}_S + m\,\tilde{\boldsymbol{b}}_S\,\dot{\boldsymbol{v}}_Q + \frac{\mathrm{d}\boldsymbol{l}_Q}{\mathrm{d}t}.$$

Wird der zweite Summand mit $\dot{\boldsymbol{b}}_S = \boldsymbol{v}_S - \boldsymbol{v}_Q$ umgeformt,

$$m\,\dot{\tilde{\boldsymbol{b}}}_S\,\boldsymbol{v}_Q = m\,(\tilde{\boldsymbol{v}}_S - \tilde{\boldsymbol{v}}_Q)\,\boldsymbol{v}_Q = m\,\tilde{\boldsymbol{v}}_S\,\boldsymbol{v}_Q - m\,\underbrace{\tilde{\boldsymbol{v}}_Q\,\boldsymbol{v}_Q}_{\mathbf{0}} = m\,\tilde{\boldsymbol{v}}_S\,\boldsymbol{v}_Q,$$

so ergibt sich

$$\frac{\mathrm{d}\boldsymbol{l}_0}{\mathrm{d}t} = \underbrace{m\,\tilde{\boldsymbol{v}}_Q\,\boldsymbol{v}_S + m\,\tilde{\boldsymbol{v}}_S\,\boldsymbol{v}_Q}_{\mathbf{0}} + m\,\tilde{\boldsymbol{r}}_Q\,\dot{\boldsymbol{v}}_S + m\,\tilde{\boldsymbol{b}}_S\,\dot{\boldsymbol{v}}_Q + \frac{\mathrm{d}\boldsymbol{l}_Q}{\mathrm{d}t}. \tag{4.19}$$

Das Moment $\boldsymbol{\tau}_0$ in (4.17) lässt sich mit Hilfe der resultierenden äußeren Kraft $\boldsymbol{f}$ aus (4.15) durch das Moment $\boldsymbol{\tau}_Q$ bezüglich Q ausdrücken,

$$\boldsymbol{\tau}_0 = \boldsymbol{\tau}_Q + \tilde{\boldsymbol{r}}_Q\,\boldsymbol{f}. \tag{4.20}$$

Einsetzen von (4.19) und (4.20) in (4.17) ergibt

$$m\,\tilde{\boldsymbol{r}}_Q\,\dot{\boldsymbol{v}}_S + m\,\tilde{\boldsymbol{b}}_S\,\dot{\boldsymbol{v}}_Q + \frac{\mathrm{d}\boldsymbol{l}_Q}{\mathrm{d}t} = \boldsymbol{\tau}_Q + \tilde{\boldsymbol{r}}_Q\,\boldsymbol{f}$$

und mit dem Schwerpunktsatz $m\,\dot{\boldsymbol{v}}_S = \boldsymbol{f}$ aus (4.14)

$$\tilde{\boldsymbol{r}}_Q\,\underbrace{(m\,\dot{\boldsymbol{v}}_S - \boldsymbol{f})}_{\mathbf{0}} + m\,\tilde{\boldsymbol{b}}_S\,\dot{\boldsymbol{v}}_Q + \frac{\mathrm{d}\boldsymbol{l}_Q}{\mathrm{d}t} = \boldsymbol{\tau}_Q.$$

Der Drallsatz bezüglich des bewegten Punktes Q lautet damit

$$m\,\tilde{\boldsymbol{b}}_S\,\dot{\boldsymbol{v}}_Q + \frac{\mathrm{d}\boldsymbol{l}_Q}{\mathrm{d}t} = \boldsymbol{\tau}_Q \quad \text{mit} \quad \boldsymbol{l}_Q = \int_K \tilde{\boldsymbol{b}}\,\dot{\boldsymbol{b}}\,\mathrm{d}m. \tag{4.21}$$

Der Term $m\,\tilde{\boldsymbol{b}}_S\,\dot{\boldsymbol{v}}_Q$ verschwindet in den folgenden Fällen:

1. Der Bezugspunkt Q ist der Massenmittelpunkt S. Dann ist $\boldsymbol{b}_S = \mathbf{0}$, und der Drallsatz (4.21) lautet
$$\frac{\mathrm{d}\boldsymbol{l}_S}{\mathrm{d}t} = \boldsymbol{\tau}_S. \tag{4.22}$$
2. Der Bezugspunkt Q ist unbeschleunigt, also $\dot{\boldsymbol{v}}_Q = \mathbf{0}$.
3. Die Vektoren $\boldsymbol{b}_S$ und $\dot{\boldsymbol{v}}_Q$ sind parallel.

4.3 Impuls und Drall des starren Körpers

Ein wichtiger Sonderfall eines allgemeinen Massensystems ist der starre Körper. Betrachtet wird ein freigeschnittener starrer Körper K (Abb. 4.3). Gegenüber einem allgemeinen Massensystem sind die Bewegungen der Massenelemente kinematisch gekoppelt. Wird entsprechend Abschn. 3.1.1 ein körperfestes Koordinatensystem $\mathcal{K}_1$ definiert, dessen Ursprung $O_1 = Q$ i. Allg. nicht mit dem Massenmittelpunkt S zusammenfällt, so gilt für die Bewegung eines Massenelements dm relativ zum Inertialsystem $\mathcal{K}_0$

$$\boldsymbol{r} \overset{(3.5)}{=} \boldsymbol{r}_Q + \boldsymbol{b}, \tag{4.23}$$

$$\dot{\boldsymbol{r}} \overset{(3.15)}{=} \boldsymbol{v}_Q + \dot{\boldsymbol{b}} \quad \text{mit} \quad \dot{\boldsymbol{b}} = \tilde{\boldsymbol{\omega}}\, \boldsymbol{b}, \tag{4.24}$$

$$\ddot{\boldsymbol{r}} \overset{(3.24)}{=} \dot{\boldsymbol{v}}_Q + \dot{\tilde{\boldsymbol{\omega}}}\, \boldsymbol{b} + \tilde{\boldsymbol{\omega}}\, \tilde{\boldsymbol{\omega}}\, \boldsymbol{b}. \tag{4.25}$$

4.3.1 Masse und Massenmittelpunkt

Die *Masse* m eines starren Körpers K mit der ortsabhängigen Dichte $\rho(\boldsymbol{r})$ wird durch Integration über das Volumen V berechnet,

$$m = \int_{\mathrm{K}} \mathrm{d}m = \int_{V} \rho(\boldsymbol{r})\, \mathrm{d}V. \tag{4.26}$$

Bei einem homogenen Körper ist die Dichte ρ ortsunabhängig, und es gilt für die Masse $m = \rho\, V$.

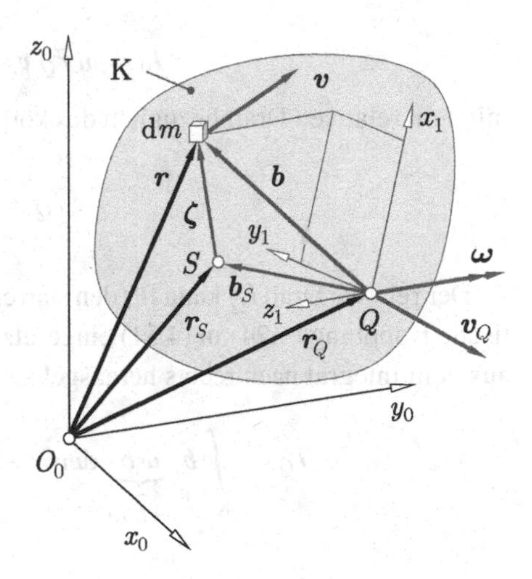

Abb. 4.3 Zur Kinematik und Massengeometrie eines starren Körpers

Der Vektor $\boldsymbol{r}_S$ von O_0 zum *Massenmittelpunkt* S des Körpers K lautet gemäß (4.3)

$$\boldsymbol{r}_S = \frac{1}{m}\int_{\mathrm{K}} \boldsymbol{r}\,\mathrm{d}m = \frac{1}{m}\int_{V} \boldsymbol{r}\,\rho(\boldsymbol{r})\,\mathrm{d}V. \tag{4.27}$$

Der *Gewichtsschwerpunkt* S_{G} ist der Angriffspunkt der resultierenden Gravitationskraft G in einem parallelen Schwerefeld, bei dem alle Gravitationskräfte parallel zur Richtung der i. Allg. ortsabhängigen Schwerebeschleunigung $g(\boldsymbol{r})$ wirken,

$$\boldsymbol{r}_{S_{\mathrm{G}}} = \tfrac{1}{G}\int_{V} \boldsymbol{r}\,\underbrace{g(\boldsymbol{r})\,\overbrace{\rho(\boldsymbol{r})\,\mathrm{d}V}^{\mathrm{d}m}}_{\mathrm{d}G} \quad \text{mit} \quad G = \int_{V} g(\boldsymbol{r})\,\rho(\boldsymbol{r})\,\mathrm{d}V. \tag{4.28}$$

Im homogenen Schwerefeld (ortsunabhängige Schwerebeschleunigung g) fallen Gewichtsschwerpunkt S_{G} und Massenmittelpunkt S zusammen, $\boldsymbol{r}_{S_{\mathrm{G}}} = \boldsymbol{r}_S$.

4.3.2 Impuls des starren Körpers

Für den Impuls des starren Körpers ergibt sich durch die kinematische Kopplung (4.24) keine Änderung gegenüber dem allgemeinen Massensystem. Gemäß (4.5) ist damit der Impuls eines starren Körpers

$$\boldsymbol{p} = m\,\boldsymbol{v}_S. \tag{4.29}$$

4.3.3 Drall des starren Körpers

Der absolute Drall $\boldsymbol{l}_0$ bezüglich des raumfesten Punkts O_0 aus (4.11) lautet

$$\boldsymbol{l}_0 = m\,\widetilde{\boldsymbol{r}}_Q\,\boldsymbol{v}_S \;+\; m\,\widetilde{\boldsymbol{b}}_S\,\boldsymbol{v}_Q \;+\; \boldsymbol{l}_Q \tag{4.30}$$

mit dem relativen Drall bezüglich des körperfesten Punktes Q gemäß (4.10)

$$\boldsymbol{l}_Q = \int_{\mathrm{K}} \widetilde{\boldsymbol{b}}\,\dot{\boldsymbol{b}}\,\mathrm{d}m. \tag{4.31}$$

Der relative Drall $\boldsymbol{l}_Q$ kann für den starren Körper ausgewertet werden, indem die kinematische Kopplung (4.24) in (4.31) eingesetzt wird. Die Winkelgeschwindigkeit $\boldsymbol{\omega}$ kann dann aus dem Integral nach rechts herausgelöst werden,

$$\boldsymbol{l}_Q = \int_{\mathrm{K}} \widetilde{\boldsymbol{b}}\,\underbrace{\widetilde{\boldsymbol{\omega}}\,\boldsymbol{b}}_{-\widetilde{\boldsymbol{b}}\,\boldsymbol{\omega}}\,\mathrm{d}m = -\int_{\mathrm{K}} \widetilde{\boldsymbol{b}}\,\widetilde{\boldsymbol{b}}\,\boldsymbol{\omega}\,\mathrm{d}m = -\int_{\mathrm{K}} \widetilde{\boldsymbol{b}}\,\widetilde{\boldsymbol{b}}\,\mathrm{d}m\;\boldsymbol{\omega}. \tag{4.32}$$

4.4 Trägheitstensor

In dem Ausdruck für den Relativdrall (4.32) ist der tensorielle Faktor

$$\boldsymbol{\Theta}_Q = -\int_K \tilde{\boldsymbol{b}}\,\tilde{\boldsymbol{b}}\,\mathrm{d}m \tag{4.33}$$

der *Trägheitstensor* des Körpers bezüglich des Punktes Q. Er beschreibt die Massenverteilung des Körpers bezüglich des Körperpunktes Q. Der Trägheitstensor $\boldsymbol{\Theta}_Q$ ist ein Tensor zweiter Stufe, der den Vektor $\boldsymbol{\omega}$ in den Vektor $\boldsymbol{l}_Q$ abbildet,

$$\boldsymbol{l}_Q = \boldsymbol{\Theta}_Q\,\boldsymbol{\omega}. \tag{4.34}$$

Im körperfesten System $\mathcal{K}_1$ sind die Koordinaten des Trägheitstensors $\boldsymbol{\Theta}_Q$ zeitlich konstant. Die Berechnung von (4.33) mit den körperfesten Vektorkoordinaten entsprechend Abb. 4.4

$${}^1\boldsymbol{b} = [x \;\; y \;\; z]^{\mathrm{T}} \tag{4.35}$$

liefert die (3,3)-Koordinatenmatrix des Trägheitstensors

$${}^1\boldsymbol{\Theta}_Q = -\int_K {}^1\tilde{\boldsymbol{b}}\,{}^1\tilde{\boldsymbol{b}}\,\mathrm{d}m = -\int_K \begin{bmatrix} 0 & -z & y \\ z & 0 & -x \\ -y & x & 0 \end{bmatrix} \begin{bmatrix} 0 & -z & y \\ z & 0 & -x \\ -y & x & 0 \end{bmatrix} \mathrm{d}m$$

oder

$${}^1\boldsymbol{\Theta}_Q = \begin{bmatrix} \int_K (y^2+z^2)\mathrm{d}m & -\int_K x\,y\,\mathrm{d}m & -\int_K x\,z\,\mathrm{d}m \\ -\int_K x\,y\,\mathrm{d}m & \int_K (x^2+z^2)\mathrm{d}m & -\int_K y\,z\,\mathrm{d}m \\ -\int_K x\,z\,\mathrm{d}m & -\int_K y\,z\,\mathrm{d}m & \int_K (x^2+y^2)\mathrm{d}m \end{bmatrix}. \tag{4.36}$$

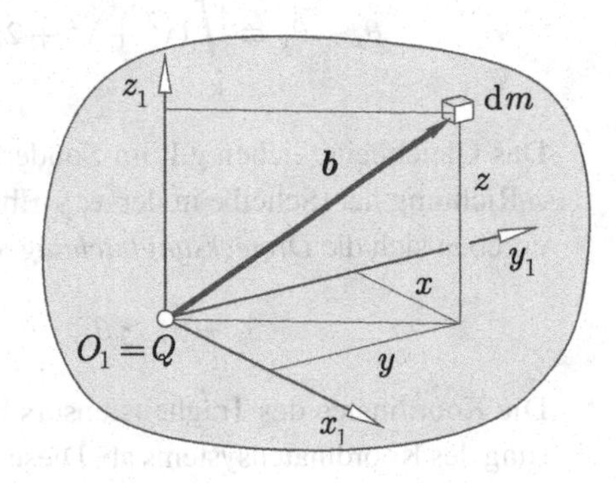

Abb. 4.4 Zur Herleitung des Trägheitstensors

4.4.1 Eigenschaften des Trägheitstensors

Der Trägheitstensor (4.36) besitzt die folgenden Eigenschaften:

1. Die Koordinaten des Trägheitstensors bilden die symmetrische (3,3)-Matrix

$$\boldsymbol{\Theta}_Q = \begin{bmatrix} \theta_x & -\theta_{xy} & -\theta_{xz} \\ -\theta_{xy} & \theta_y & -\theta_{yz} \\ -\theta_{xz} & -\theta_{yz} & \theta_z \end{bmatrix} \tag{4.37}$$

(Koordinatenindex 1 weggelassen) mit den *Massenträgheitsmomenten*

$$\theta_x = \int_K (y^2 + z^2)\,\mathrm{d}m, \quad \theta_y = \int_K (x^2 + z^2)\,\mathrm{d}m, \quad \theta_z = \int_K (x^2 + y^2)\,\mathrm{d}m \tag{4.38}$$

und den *Deviationsmomenten*

$$\theta_{xy} = \int_K x\,y\,\mathrm{d}m, \qquad \theta_{yz} = \int_K y\,z\,\mathrm{d}m, \qquad \theta_{xz} = \int_K x\,z\,\mathrm{d}m. \tag{4.39}$$

Die Massenträgheitsmomente sind stets positiv, während die Deviationsmomente positiv, negativ oder Null sein können.

2. Der Trägheitstensor ist symmetrisch, also $\boldsymbol{\Theta}_Q = \boldsymbol{\Theta}_Q^{\mathrm{T}}$.
3. Die Spur des Trägheitstensors, also die Summe der Hauptdiagonalelemente, ergibt mit (4.38)

$$\theta_x + \theta_y + \theta_z = 2 \int_K (x^2 + y^2 + z^2)\,\mathrm{d}m = 2 \int_K \boldsymbol{b}^{\mathrm{T}}\boldsymbol{b}\,\mathrm{d}m. \tag{4.40}$$

Dieses Integral hängt nur vom Bezugspunkt Q, nicht aber von der Ausrichtung des Bezugssystem $\mathcal{K}_1$ ab. Die Spur ist damit eine *Invariante* des Trägheitstensors.

4. Es gilt die Relation

$$\theta_x + \theta_y \equiv \int_K (x^2 + y^2 + 2z^2)\,\mathrm{d}m \quad \geq \quad \theta_z \equiv \int_K (x^2 + y^2)\,\mathrm{d}m.$$

Das Gleichheitszeichen gilt im Sonderfall, wenn der Körper keine Ausdehnung in die z-Richtung hat (Scheibe in der x, y-Ebene). Durch zyklische Vertauschung der Indizes ergeben sich die *Dreiecksungleichungen*

$$\theta_x + \theta_y \geq \theta_z, \quad \theta_y + \theta_z \geq \theta_x, \quad \theta_z + \theta_x \geq \theta_y. \tag{4.41}$$

5. Die Koordinaten des Trägheitstensors hängen vom Bezugspunkt und von der Orientierung des Koordinatensystems ab. Diese Abhängigkeiten werden in den Abschn. 4.4.2 bis 4.4.4 hergeleitet.

4.4.2 Parallelverschiebung des Bezugssystems

Betrachtet wird eine Verschiebung des Bezugspunktes von Q in den Massenmittelpunkt S bei festgehaltener Orientierung des Bezugssystems (Abb. 4.5). Mit dem Vektor $\boldsymbol{\zeta}$ vom Massenmittelpunkt S zum Massenelement dm gilt

$$\boldsymbol{b} = \boldsymbol{b}_S + \boldsymbol{\zeta} \qquad \text{und damit auch} \qquad \widetilde{\boldsymbol{b}} = \widetilde{\boldsymbol{b}}_S + \widetilde{\boldsymbol{\zeta}}. \tag{4.42}$$

Einsetzen von $\widetilde{\boldsymbol{b}}$ aus (4.42) in (4.33) ergibt mit $\boldsymbol{\zeta}_S \equiv \frac{1}{m} \int\limits_K \boldsymbol{\zeta}\, \mathrm{d}m = \mathbf{0}$

$$\boldsymbol{\Theta}_Q = -\int\limits_K \widetilde{\boldsymbol{b}}\,\widetilde{\boldsymbol{b}}\,\mathrm{d}m = -\int\limits_K (\widetilde{\boldsymbol{b}}_S + \widetilde{\boldsymbol{\zeta}})\,(\widetilde{\boldsymbol{b}}_S + \widetilde{\boldsymbol{\zeta}})\,\mathrm{d}m,$$

$$\boldsymbol{\Theta}_Q = -\int\limits_K \widetilde{\boldsymbol{b}}_S\,\widetilde{\boldsymbol{b}}_S\,\mathrm{d}m - \int\limits_K \widetilde{\boldsymbol{\zeta}}\,\widetilde{\boldsymbol{b}}_S\,\mathrm{d}m - \int\limits_K \widetilde{\boldsymbol{b}}_S\,\widetilde{\boldsymbol{\zeta}}\,\mathrm{d}m - \int\limits_K \widetilde{\boldsymbol{\zeta}}\,\widetilde{\boldsymbol{\zeta}}\,\mathrm{d}m,$$

$$\boldsymbol{\Theta}_Q = -\,\widetilde{\boldsymbol{b}}_S\,\widetilde{\boldsymbol{b}}_S \underbrace{\int\limits_K \mathrm{d}m}_{m} - \underbrace{\int\limits_K \widetilde{\boldsymbol{\zeta}}\,\mathrm{d}m}_{\mathbf{0}}\,\widetilde{\boldsymbol{b}}_S - \widetilde{\boldsymbol{b}}_S \underbrace{\int\limits_K \widetilde{\boldsymbol{\zeta}}\,\mathrm{d}m}_{\mathbf{0}} \underbrace{- \int\limits_K \widetilde{\boldsymbol{\zeta}}\,\widetilde{\boldsymbol{\zeta}}\,\mathrm{d}m}_{\boldsymbol{\Theta}_S}.$$

Damit gilt der Zusammenhang

$$\boldsymbol{\Theta}_Q = \boldsymbol{\Theta}_S - m\,\widetilde{\boldsymbol{b}}_S\,\widetilde{\boldsymbol{b}}_S. \tag{4.43}$$

Hierbei ist $\boldsymbol{\Theta}_S$ der Trägheitstensor bezüglich des Massenmittelpunktes S. Werden die Koordinaten von $\boldsymbol{b}_S$ in $\mathcal{K}_1$ bezeichnet als

$${}^1\boldsymbol{b}_S = \begin{bmatrix} a & b & c \end{bmatrix}^{\mathrm{T}},$$

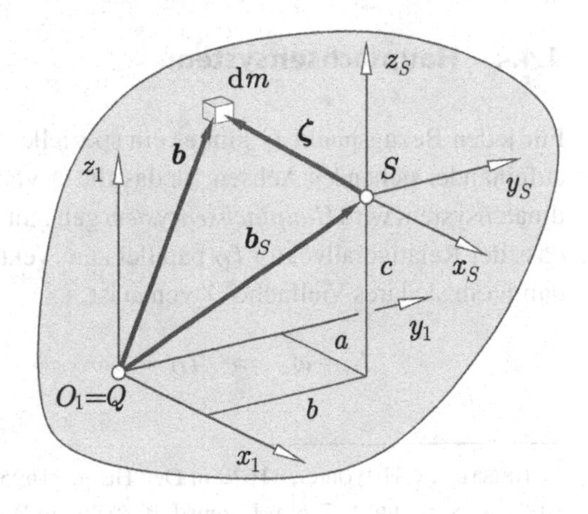

Abb. 4.5 Zur Herleitung des Satzes von HUYGENS- STEINER

so lautet (4.43)

$$\begin{bmatrix} \theta_{Qx} & -\theta_{Qxy} & -\theta_{Qxz} \\ -\theta_{Qxy} & \theta_{Qy} & -\theta_{Qyz} \\ -\theta_{Qxz} & -\theta_{Qyz} & \theta_{Qz} \end{bmatrix} = \begin{bmatrix} \theta_{Sx} + m\,(b^2+c^2) & -\theta_{Sxy} - m\,a\,b & -\theta_{Sxz} - m\,a\,c \\ -\theta_{Sxy} - m\,a\,b & \theta_{Sy} + m\,(c^2+a^2) & -\theta_{Syz} - m\,b\,c \\ -\theta_{Sxz} - m\,a\,c & -\theta_{Syz} - m\,b\,c & \theta_{Sz} + m\,(a^2+b^2) \end{bmatrix}, \tag{4.44}$$

also

$$\left.\begin{aligned} \theta_{Qx} &= \theta_{Sx} + m(b^2+c^2), & \theta_{Qyz} &= \theta_{Syz} + m\,b\,c, \\ \theta_{Qy} &= \theta_{Sy} + m(c^2+a^2), & \theta_{Qxz} &= \theta_{Sxz} + m\,a\,c, \\ \theta_{Qz} &= \theta_{Sz} + m(a^2+b^2), & \theta_{Qxy} &= \theta_{Sxy} + m\,a\,b. \end{aligned}\right\} \tag{4.45}$$

Die Beziehungen (4.45) repräsentieren den Satz von HUYGENS[1]-STEINER[2] für den Trägheitstensor bei der Verschiebung des Bezugspunkts vom Massenmittelpunkt S zu einem allgemeinen Punkt Q. Die Trägheitsmomente θ_{Sx}, θ_{Sy}, θ_{Sz} bezüglich der Achsen durch S sind dabei stets kleiner als die Trägheitsmomente $\theta_{Qx}, \theta_{Qy}, \theta_{Qz}$ bezüglich der dazu parallelen Achsen durch Q.

4.4.3 Drehung des Bezugssystems

Bei einer Drehung des Bezugssystems von $\mathcal{K}_1$ nach $\mathcal{K}_2$ bei Beibehaltung des Bezugspunktes Q werden die Koordinaten des Trägheitstensors mit Hilfe der Transformationsmatrix ${}^{21}\boldsymbol{T}$ gemäß (2.77) transformiert (Abb. 4.6),

$${}^{2}\boldsymbol{\Theta}_Q = {}^{21}\boldsymbol{T}\;{}^{1}\boldsymbol{\Theta}_Q\;{}^{21}\boldsymbol{T}^{\mathrm{T}}. \tag{4.46}$$

4.4.4 Hauptachsensystem

Für jeden Bezugspunkt Q gibt es ein spezielles Koordinatensystem $\mathcal{K}_h$ mit drei senkrecht aufeinander stehenden Achsen, für das alle Deviationsmomente verschwinden. Dieses Koordinatensystem wird *Hauptachsensystem* genannt. Die Bedingung für eine Hauptachse lautet, dass der Relativdrallvektor $\boldsymbol{l}_Q$ parallel zum Vektor der Winkelgeschwindigkeit $\boldsymbol{\omega}$ liegt und damit ein skalares Vielfaches λ von $\boldsymbol{\omega}$ ist,

$$\boldsymbol{l}_Q \parallel \boldsymbol{\omega} \quad \Rightarrow \quad \boldsymbol{l}_Q = \lambda\,\boldsymbol{\omega} \quad \Rightarrow \quad \boldsymbol{\Theta}_Q\,\boldsymbol{\omega} = \lambda\,\boldsymbol{\omega}, \quad \lambda \text{ skalar}. \tag{4.47}$$

[1] CHRISTIAAN HUYGENS, *1629 in Den Haag, †1695 in Den Haag.

[2] JAKOB STEINER, *1796 in Utzensdorf, †1863 in Bern.

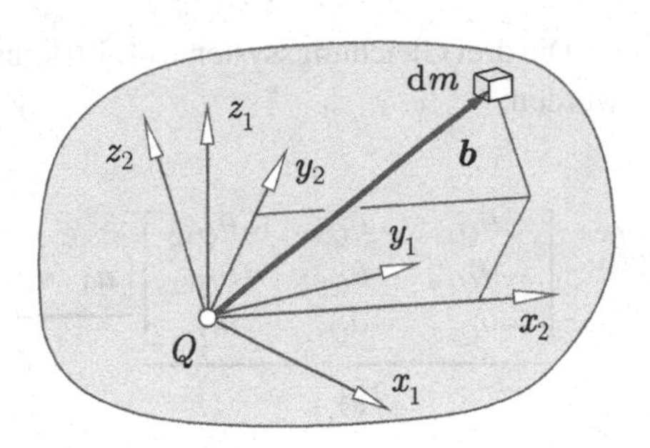

Abb. 4.6 Zur Transformation der Koordinaten des Trägheitstensors bei Drehung des Bezugssystems von $\mathcal{K}_1$ nach $\mathcal{K}_2$

Dies führt auf das Eigenwertproblem

$$(\boldsymbol{\Theta}_Q - \lambda\,\boldsymbol{E})\,\boldsymbol{\omega} = \mathbf{0} \qquad \text{oder} \qquad (\boldsymbol{\Theta}_Q - \lambda\,\boldsymbol{E})\,\boldsymbol{u} = \mathbf{0} \tag{4.48}$$

mit einem zunächst beliebigen Vektor $\boldsymbol{u}$. Das lineare homogene Gleichungssystem (4.48) hat Lösungen $\boldsymbol{u} \neq \mathbf{0}$, wenn die Koeffizientenmatrix $(\boldsymbol{\Theta}_Q - \lambda\,\boldsymbol{E})$ einen Rangabfall hat. Dies ist der Fall, wenn ihre Determinante Null ist. Diese Bedingung liefert die charakteristische Gleichung

$$\det(\boldsymbol{\Theta}_Q - \lambda\,\boldsymbol{E}) = 0 \tag{4.49}$$

als Polynomgleichung dritter Ordnung in λ mit den Lösungen *(Eigenwerten)* λ_1, λ_2, λ_3. Für jeden Eigenwert λ_i, $i = 1, 2, 3$, liefert das lineare homogene Gleichungssystem (4.48) einen Lösungsvektor *(Eigenvektor)* $\boldsymbol{u}_i \neq \mathbf{0}$,

$$(\boldsymbol{\Theta}_Q - \lambda_i\,\boldsymbol{E})\,\boldsymbol{u}_i = \mathbf{0}, \quad i = 1, 2, 3. \tag{4.50}$$

Der Trägheitstensor $\boldsymbol{\Theta}_Q$ ist symmetrisch. Allgemein haben die Eigenwerte und die Eigenvektoren einer symmetrischen Matrix folgende Eigenschaften, siehe z. B. ZURMÜHL und FALK [119]:

- Alle Eigenwerte λ_i sind reell.
- Die Eigenvektoren zu verschiedenen Eigenwerten sind zueinander orthogonal.
- Der Rangabfall der Matrix $(\boldsymbol{\Theta}_Q - \lambda_i\,\boldsymbol{E})$ stimmt mit der Vielfachheit der Eigenwerte λ_i überein. Bei einfachen Eigenwerten λ_i sind die dazu gehörenden Eigenvektoren $\boldsymbol{u}_i$ bis auf einen konstanten Vorfaktor bestimmt. Sie können daher zu Einheitsvektoren normiert werden. Stimmen zwei oder alle drei Eigenwerte überein, so kann der dazu gehörende Lösungsvektor als Linearkombination von zwei bzw. drei zueinander orthogonalen Einheitsvektoren dargestellt werden.

In jedem Fall kann damit den drei Eigenwerten λ_1, λ_2, λ_3 ein System von drei zueinander orthogonalen, auf die Länge eins normierten Eigenvektoren $\boldsymbol{u}_1$, $\boldsymbol{u}_2$, $\boldsymbol{u}_3$ zugeordnet werden. Die Eigenvektoren können ohne Beschränkung der Allgemeinheit so geordnet werden, dass sie ein Rechtssystem definieren.

Die drei Gleichungssysteme (4.50) können zu einer Matrizengleichung zusammengefasst werden,

$$\underbrace{\begin{bmatrix} \theta_{Qx} & -\theta_{Qxy} & -\theta_{Qxz} \\ -\theta_{Qxy} & \theta_{Qy} & -\theta_{Qyz} \\ -\theta_{Qxz} & -\theta_{Qyz} & \theta_{Qz} \end{bmatrix}}_{{}^1\boldsymbol{\Theta}_Q} \underbrace{\begin{bmatrix} \boldsymbol{u}_1 & \boldsymbol{u}_2 & \boldsymbol{u}_3 \end{bmatrix}}_{{}^{1h}\boldsymbol{T}} = \underbrace{\begin{bmatrix} \boldsymbol{u}_1 & \boldsymbol{u}_2 & \boldsymbol{u}_3 \end{bmatrix}}_{{}^{1h}\boldsymbol{T}} \underbrace{\begin{bmatrix} \lambda_1 & 0 & 0 \\ 0 & \lambda_2 & 0 \\ 0 & 0 & \lambda_3 \end{bmatrix}}_{{}^h\boldsymbol{\Theta}_Q}. \tag{4.51}$$

Die Eigenvektoren bilden damit die Spaltenvektoren der orthogonalen Transformationsmatrix ${}^{1h}\boldsymbol{T} = {}^{h1}\boldsymbol{T}^{\mathrm{T}}$, die Vektor- und Tensorkoordinaten vom *Hauptachsensystem* $\mathcal{K}_h$ in das Ausgangssystem $\mathcal{K}_1$ transformiert,

$${}^{1h}\boldsymbol{T} = \begin{bmatrix} \boldsymbol{u}_1 & \boldsymbol{u}_2 & \boldsymbol{u}_3 \end{bmatrix} = {}^{h1}\boldsymbol{T}^{\mathrm{T}} \quad \text{mit} \quad \|\boldsymbol{u}_i\| = 1, \quad i = 1, 2, 3. \tag{4.52}$$

Multiplikation von (4.51) mit ${}^{h1}\boldsymbol{T}$ von links ergibt die Transformation der Koordinaten des Trägheitstensors vom Ausgangssystem $\mathcal{K}_1$ in das Hauptachsensystem $\mathcal{K}_h$ entsprechend dem Transformationsgesetz (4.46)

$${}^h\boldsymbol{\Theta}_Q = {}^{h1}\boldsymbol{T}\ {}^1\boldsymbol{\Theta}_Q\ {}^{h1}\boldsymbol{T}^{\mathrm{T}}. \tag{4.53}$$

Im Hauptachsensystem $\mathcal{K}_h$ hat der Trägheitstensor Diagonalgestalt mit den *Hauptträgheitsmomenten* $\lambda_1 = A, \lambda_2 = B, \lambda_3 = C$,

$${}^h\boldsymbol{\Theta}_Q = \begin{bmatrix} A & 0 & 0 \\ 0 & B & 0 \\ 0 & 0 & C \end{bmatrix}. \tag{4.54}$$

Das größte und das kleinste Hauptträgheitsmoment sind die maximalen bzw. minimalen Trägheitsmomente des Körpers. Bei homogenen, symmetrischen Körpern sind die Symmetrieachsen stets Hauptachsen (Beispiel: Quader). Bei rotationssymmetrischen Körpern sind die Symmetrieachse und jede dazu senkrechte Achse Hauptachsen (Beispiele: Zylinder, Kegel).

4.4.5 Trägheitstensor eines homogenen Kreiszylinders

Exemplarisch wird der Trägheitstensor eines homogenen Kreiszylinders (Radius R, Länge l, Dichte ρ, Masse m) berechnet (Abb. 4.7). Der Trägheitstensor bezüglich des Massenmittelpunkts S, dargestellt im Hauptachsensystem $\mathcal{K}_S$, lautet

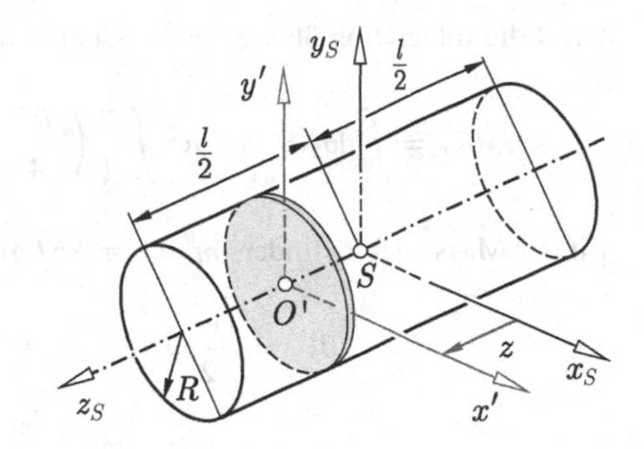

Abb. 4.7 Zur Berechnung des Trägheitstensors eines homogenen Kreiszylinders

$$\boldsymbol{\Theta}_S = \begin{bmatrix} \theta_{Sx} & 0 & 0 \\ 0 & \theta_{Sy} & 0 \\ 0 & 0 & \theta_{Sz} \end{bmatrix}. \tag{4.55}$$

Im Massenträgheitsmoment $\theta_{Sz} = \int (x^2+y^2)\,\mathrm{d}m$ um die z_S-Achse tritt unter Berücksichtigung von $\mathrm{d}m = \rho\,\mathrm{d}V = \rho\,\mathrm{d}x\,\mathrm{d}y\,\mathrm{d}z$ das polare Flächenträgheitsmoment einer Kreisfläche I_{pz} auf,

$$\theta_{Sz} = \int (x^2+y^2)\,\mathrm{d}m = \rho \int_{-\frac{l}{2}}^{\frac{l}{2}} \underbrace{\left[\int\!\!\int (x^2+y^2)\,\mathrm{d}x\,\mathrm{d}y\right]}_{I_{pz} = \frac{\pi}{2} R^4} \mathrm{d}z = \frac{1}{2} \underbrace{\overbrace{\rho\, l\, \pi\, R^2}^{V}}_{m} R^2$$

$$\theta_{Sz} = \frac{1}{2}\, m\, R^2. \tag{4.56}$$

Das Trägheitsmoment θ_{Sx} des Zylinders um die x_S-Achse kann über das Trägheitsmoment $\mathrm{d}\theta_{x'}$ einer Kreisscheibe (Dicke $\mathrm{d}z$) bezüglich der x'-Achse berechnet werden, wobei das axiale Flächenträgheitsmoment einer Kreisfläche I_x auftritt,

$$\mathrm{d}\theta_{x'} = \rho\,\mathrm{d}z \underbrace{\int y^2\,\mathrm{d}A}_{I_x = \frac{\pi}{4} R^4} = \frac{\pi}{4}\,\rho\, R^4\,\mathrm{d}z.$$

Nach der Umrechnung des axialen Flächenträgheitsmoments auf die zur x'-Achse parallele Bezugsachse x_S mit Hilfe des Satzes von HUYGENS-STEINER,

$$\mathrm{d}\theta_x = \mathrm{d}\theta_{x'} + \rho\,\pi\, R^2\,\mathrm{d}z \cdot z^2 = \rho\,\pi\, R^2 \left(\frac{R^2}{4} + z^2\right) \mathrm{d}z,$$

liefert die Integration über z das Massenträgheitsmoment bezüglich der x-Achse

$$\theta_{Sx} = \int \mathrm{d}\theta_x = \rho\,\pi\,R^2 \int_{-\frac{l}{2}}^{\frac{l}{2}} \left(\frac{R^2}{4} + z^2\right) \mathrm{d}z = \rho\,\pi\,R^2 \left(\frac{R^2}{4} l + \frac{l^3}{12}\right).$$

Mit der Masse des Zylinders $m = \rho\,\pi\,R^2\,l$ gilt auch

$$\theta_{Sx} = \frac{1}{12} m \left(3\,R^2 + l^2\right) = \theta_{Sy} \qquad \text{(Symmetrie).} \tag{4.57}$$

4.5 Impulssatz und Drallsatz für den starren Körper

Der Impulssatz und der Drallsatz aus Abschn. 4.2 werden für einen starren Körper formuliert. Sie werden auch als die NEWTON-EULER-Gleichungen bezeichnet.

4.5.1 Impulssatz

Der Schwerpunktsatz (4.14) gilt auch für einen starren Körper (Abb. 4.3). Mit der Beschleunigung $\dot{\boldsymbol{v}}_S$ des Massenmittelpunktes S und der Resultierenden aller am freigeschnittenen Körper wirkenden Kräfte $\boldsymbol{f}$ lautet er

$$m\,\dot{\boldsymbol{v}}_S = \boldsymbol{f}. \tag{4.58}$$

Der Schwerpunktsatz für den starren Körper (4.58) wird meist als Impulssatz bezeichnet. Im Inertialsystem $\mathcal{K}_0$ (Koordinatenindex weggelassen) lautet er

$$\begin{bmatrix} m\,\dot{v}_{Sx} \\ m\,\dot{v}_{Sy} \\ m\,\dot{v}_{Sz} \end{bmatrix} = \begin{bmatrix} f_x \\ f_y \\ f_z \end{bmatrix}. \tag{4.59}$$

4.5.2 Drallsatz

Der Drallsatz (4.21) gilt auch für den starren Körper. Mit dem relativen Drall $\boldsymbol{l}_Q$ des starren Körpers bezüglich eines körperfesten Bezugspunkts Q aus (4.32) lautet er

$$m\,\widetilde{\boldsymbol{b}}_S\,\dot{\boldsymbol{v}}_Q + \frac{\mathrm{d}\boldsymbol{l}_Q}{\mathrm{d}t} = \boldsymbol{\tau}_Q \qquad \text{mit} \qquad \boldsymbol{l}_Q = \boldsymbol{\Theta}_Q\,\boldsymbol{\omega}. \tag{4.60}$$

Die zeitliche Änderung des relativen Dralls $\boldsymbol{l}_Q$ in (4.60) ist bezüglich des raumfesten Systems $\mathcal{K}_0$ zu bilden. Der Trägheitstensor $\boldsymbol{\Theta}_Q$ wird gemäß (4.33) mit Hilfe der körperfesten Vektoren $\boldsymbol{b}$ berechnet, die sich relativ zu $\mathcal{K}_0$ ändern, aber relativ zum körperfesten System $\mathcal{K}_1$

konstant sind. Aus diesem Grund ist es günstig, die zeitliche Änderung des Drallvektors $\boldsymbol{l}_Q$ relativ zu $\mathcal{K}_0$ gemäß (3.40) über die zeitliche Änderung von $\boldsymbol{l}_Q$ relativ zu $\mathcal{K}_1$ unter Verwendung der Winkelgeschwindigkeit $\boldsymbol{\omega}$ von $\mathcal{K}_1$ relativ zu $\mathcal{K}_0$ auszudrücken,

$$\begin{aligned}
\frac{{}_0\mathrm{d}\boldsymbol{l}_Q}{\mathrm{d}t} &= \frac{{}_1\mathrm{d}\boldsymbol{l}_Q}{\mathrm{d}t} + \tilde{\boldsymbol{\omega}}\,\boldsymbol{l}_Q,\\
\frac{{}_0\mathrm{d}\boldsymbol{l}_Q}{\mathrm{d}t} &= \frac{{}_1\mathrm{d}\boldsymbol{\Theta}_Q\,\boldsymbol{\omega}}{\mathrm{d}t} + \tilde{\boldsymbol{\omega}}\,\boldsymbol{\Theta}_Q\,\boldsymbol{\omega},\\
\frac{{}_0\mathrm{d}\boldsymbol{l}_Q}{\mathrm{d}t} &= \frac{{}_1\mathrm{d}\boldsymbol{\Theta}_Q}{\mathrm{d}t}\,\boldsymbol{\omega} + \boldsymbol{\Theta}_Q\,\frac{{}_1\mathrm{d}\boldsymbol{\omega}}{\mathrm{d}t} + \tilde{\boldsymbol{\omega}}\,\boldsymbol{\Theta}_Q\,\boldsymbol{\omega}.
\end{aligned} \tag{4.61}$$

Der Trägheitstensor $\boldsymbol{\Theta}_Q$ ändert sich relativ zum körperfesten System $\mathcal{K}_1$ nicht,

$$\frac{{}_1\mathrm{d}\boldsymbol{\Theta}_Q}{\mathrm{d}t} = \mathbf{0}.$$

Die zeitlichen Änderungen der Winkelgeschwindigkeit $\boldsymbol{\omega}$ relativ zum raumfesten System $\mathcal{K}_0$ und relativ zum körperfesten System $\mathcal{K}_1$ stimmen gemäß (3.44) überein und definieren die Winkelbeschleunigung von $\mathcal{K}_1$ relativ zu $\mathcal{K}_0$

$$\dot{\boldsymbol{\omega}} = \frac{{}_0\mathrm{d}\boldsymbol{\omega}}{\mathrm{d}t} = \frac{{}_1\mathrm{d}\boldsymbol{\omega}}{\mathrm{d}t}. \tag{4.62}$$

Der Drallsatz (4.60) bezüglich eines körperfesten Punktes Q lautet damit

$$m\,\tilde{\boldsymbol{b}}_S\,\dot{\boldsymbol{v}}_Q + \boldsymbol{\Theta}_Q\,\dot{\boldsymbol{\omega}} + \tilde{\boldsymbol{\omega}}\boldsymbol{\Theta}_Q\boldsymbol{\omega} = \boldsymbol{\tau}_Q. \tag{4.63}$$

Der Term $m\,\tilde{\boldsymbol{b}}_S\,\dot{\boldsymbol{v}}_Q$ verschwindet in den folgenden Fällen:

1. Der Bezugspunkt Q ist der Massenmittelpunkt S, also $\boldsymbol{b}_S = \mathbf{0}$. Der Drallsatz lautet dann

$$\begin{aligned}
&\frac{\mathrm{d}\boldsymbol{l}_S}{\mathrm{d}t} = \boldsymbol{\tau}_S \quad \text{mit} \quad \boldsymbol{l}_S = \boldsymbol{\Theta}_S\,\boldsymbol{\omega}\\
\Rightarrow\ &\boldsymbol{\Theta}_S\,\dot{\boldsymbol{\omega}} + \tilde{\boldsymbol{\omega}}\,\boldsymbol{\Theta}_S\,\boldsymbol{\omega} = \boldsymbol{\tau}_S.
\end{aligned} \tag{4.64}$$

2. Der körperfeste Bezugspunkt Q ist unbeschleunigt, also $\dot{\boldsymbol{v}}_Q = \mathbf{0}$. Der Drallsatz hat dann die gleiche Form wie für den Massenmittelpunkt,

$$\begin{aligned}
&\frac{\mathrm{d}\boldsymbol{l}_Q}{\mathrm{d}t} = \boldsymbol{\tau}_Q \quad \text{mit} \quad \boldsymbol{l}_Q = \boldsymbol{\Theta}_Q\,\boldsymbol{\omega}\\
\Rightarrow\ &\boldsymbol{\Theta}_Q\,\dot{\boldsymbol{\omega}} + \tilde{\boldsymbol{\omega}}\,\boldsymbol{\Theta}_Q\,\boldsymbol{\omega} = \boldsymbol{\tau}_Q.
\end{aligned} \tag{4.65}$$

3. Die Vektoren $\boldsymbol{b}_S$ und $\dot{\boldsymbol{v}}_Q$ sind parallel.

Der Drallsatz (4.60) wird bevorzugt in einem körperfesten Koordinatensystem ausgewertet, da dort die Koordinaten des Trägheitstensors konstant sind. Die einfachste Darstellung liegt in einem körperfesten Hauptachsensystem vor, in dem der Trägheitstensor Diagonalgestalt hat. Wird der Drallsatz (4.64) eines beliebig bewegten Körpers bezüglich des Massenmittelpunktes S in einem körperfesten Hauptachsensystem $\mathcal{K}_h$ mit den Trägheitstensor- und Vektorkoordinaten

$$ {}^h\boldsymbol{\Theta}_S = \begin{bmatrix} A & 0 & 0 \\ 0 & B & 0 \\ 0 & 0 & C \end{bmatrix}, \quad {}^h\boldsymbol{\omega} = \begin{bmatrix} \omega_x \\ \omega_y \\ \omega_z \end{bmatrix}, \quad {}^h\boldsymbol{\tau}_S = \begin{bmatrix} \tau_{Sx} \\ \tau_{Sy} \\ \tau_{Sz} \end{bmatrix}, $$

ausgewertet, so lauten seine Koordinatengleichungen

$$ \left.\begin{aligned} A\,\dot\omega_x - (B-C)\,\omega_y\,\omega_z &= \tau_{Sx}, \\ B\,\dot\omega_y - (C-A)\,\omega_z\,\omega_x &= \tau_{Sy}, \\ C\,\dot\omega_z - (A-B)\,\omega_x\,\omega_y &= \tau_{Sz}. \end{aligned}\right\} \tag{4.66} $$

Wegen (4.62) beschreibt die zeitliche Änderung der körperfesten Koordinaten von $\boldsymbol{\omega}$ auch die zeitliche Änderung von $\boldsymbol{\omega}$ relativ zum raumfesten System. Die Differentialgleichungen (4.66) werden auch als die EULERschen Kreiselgleichungen bezeichnet. Auch die Koordinatengleichungen des Drallsatzes (4.65) bezüglich eines unbeschleunigten Körperpunktes Q haben in einem Hauptachsensystem die Form (4.66).

4.5.3 D'ALEMBERTsche Trägheitskräfte

Mit der D'ALEMBERT*schen Trägheitskraft* oder *Scheinkraft*

$$ \boldsymbol{f}^{\mathrm{t}} = -m\,\dot{\boldsymbol{v}}_S \tag{4.67} $$

und dem D'ALEMBERT*schen Trägheits-Drehmoment* oder *Scheinmoment*

$$ \boldsymbol{\tau}_S^{\mathrm{t}} = -\boldsymbol{\Theta}_S\,\dot{\boldsymbol{\omega}} - \widetilde{\boldsymbol{\omega}}\,\boldsymbol{\Theta}_S\,\boldsymbol{\omega} \tag{4.68} $$

gemäß Abb. 4.8 haben der Impulssatz (4.58) und der Drallsatz (4.64) die Form der sechs statischen Gleichgewichtsbedingungen des freigeschnittenen Körpers,

$$ \boldsymbol{f}_S + \boldsymbol{f}^{\mathrm{t}} = \boldsymbol{0}, \qquad \boldsymbol{\tau}_S + \boldsymbol{\tau}_S^{\mathrm{t}} = \boldsymbol{0}. \tag{4.69} $$

Der Anteil

$$ \boldsymbol{\tau}^{\mathrm{kr}} = -\widetilde{\boldsymbol{\omega}}\,\boldsymbol{\Theta}_S\,\boldsymbol{\omega} \tag{4.70} $$

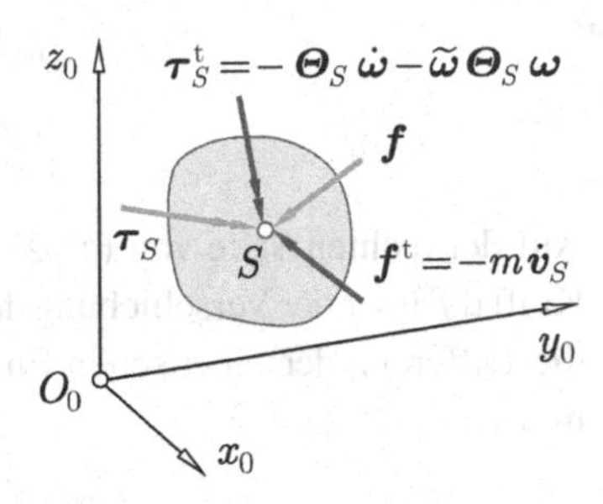

Abb. 4.8 Am freigeschnittenen Körper wirkende Kräfte mit D'ALEMBERTscher Trägheitskraft $\boldsymbol{f}^{\mathrm{t}}$ und Trägheits-Drehmoment $\boldsymbol{\tau}_S^{\mathrm{t}}$

des Trägheits-Drehmoments $\boldsymbol{\tau}_S^{\mathrm{t}}$ in (4.68) wird als das *Kreiselmoment* bezeichnet. Es tritt immer dann auf, wenn der Drallvektor $\boldsymbol{l}_S = \boldsymbol{\Theta}_S\,\boldsymbol{\omega}$ nicht parallel zum Vektor der Winkelgeschwindigkeit $\boldsymbol{\omega}$ liegt. Dies ist stets dann der Fall, wenn $\boldsymbol{\omega}$ nicht in einer Hauptträgheitsachse des Körpers liegt.

Das Prinzip von D'ALEMBERT besagt, dass sich in einem mechanischen System mit Bindungen die eingeprägten Kräfte zusammen mit den Trägheitskräften und -drehmomenten das Gleichgewicht halten. In äquivalenter Weise besagt es, dass sich die für die Beschleunigung des Systems „verlorenen" Reaktionskräfte und -momente das Gleichgewicht halten. Die auf LAGRANGE zurückgehende Formulierung dieser Gleichgewichtsaussage mit Hilfe des Prinzips der virtuellen Arbeit aus der Statik führt auf das Prinzip von D'ALEMBERT-LAGRANGE, siehe Abschn. 5.5.1.

4.6 Arbeit und Energie

Der Arbeitssatz beschreibt die Änderung der kinetischen Energie eines mechanischen Systems aufgrund der Arbeit der am System wirkenden Kräfte. Für konservative Systeme geht der Arbeitssatz über in den Energiesatz, der die Erhaltung der Gesamtenergie des Systems während der Bewegung beschreibt.

4.6.1 Arbeitssatz

Der Impulssatz für ein Massenelement $\dot{\boldsymbol{v}}\,\mathrm{d}m = \mathrm{d}\boldsymbol{f}$ aus (4.12) wird mit dem Vektor $\mathrm{d}\boldsymbol{r}$ skalar multipliziert,

$$\mathrm{d}\boldsymbol{r}^{\mathrm{T}}\,\frac{\mathrm{d}\boldsymbol{v}}{\mathrm{d}t}\,\mathrm{d}m = \mathrm{d}\boldsymbol{r}^{\mathrm{T}}\,\mathrm{d}\boldsymbol{f}\,, \tag{4.71}$$

und nach Ersatz von $\mathrm{d}\boldsymbol{r} = \boldsymbol{v}\,\mathrm{d}t$ auf der linken Seite über die Bewegungsbahn zwischen zwei Punkten 0 und 1 mit den Ortsvektoren $\boldsymbol{r}_0$, $\boldsymbol{r}_1$ und den Geschwindigkeiten $\boldsymbol{v}_0$, $\boldsymbol{v}_1$ integriert,

$$\int_{v_0}^{v_1} \boldsymbol{v}^{\mathrm{T}} \,\mathrm{d}\boldsymbol{v} \,\mathrm{d}m = \int_{r_0}^{r_1} \mathrm{d}\boldsymbol{f}^{\mathrm{T}} \,\mathrm{d}\boldsymbol{r} . \tag{4.72}$$

Auf der rechten Seite von (4.72) steht die Arbeit $\mathrm{d}W_{01}$ der am Massenelement wirkenden Kraft $\mathrm{d}\boldsymbol{f}$ über der Verschiebung $\mathrm{d}\boldsymbol{r}$. Die Auswertung des Integrals auf der linken Seite ergibt die Differenz der kinetischen Energien $\mathrm{d}T_0$ und $\mathrm{d}T_1$ des Massenelements in den Lagen 0 und 1,

$$\underbrace{\tfrac{1}{2}\,\boldsymbol{v}_1^{\mathrm{T}} \boldsymbol{v}_1 \,\mathrm{d}m}_{\mathrm{d}T_1} - \underbrace{\tfrac{1}{2}\,\boldsymbol{v}_0^{\mathrm{T}} \boldsymbol{v}_0 \,\mathrm{d}m}_{\mathrm{d}T_0} = \underbrace{\int_{r_0}^{r_1} \mathrm{d}\boldsymbol{f}^{\mathrm{T}} \,\mathrm{d}\boldsymbol{r}}_{\mathrm{d}W_{01}} . \tag{4.73}$$

Dies ist der Arbeitssatz für das Massenelement $\mathrm{d}m$. Die Integration über alle Massenelemente des Systems, vgl. (4.13), ergibt den Arbeitssatz für das gesamte System

$$\underbrace{\tfrac{1}{2} \int_{\mathrm{K}} \boldsymbol{v}_1^{\mathrm{T}} \boldsymbol{v}_1 \,\mathrm{d}m}_{T_1} - \underbrace{\tfrac{1}{2} \int_{\mathrm{K}} \boldsymbol{v}_0^{\mathrm{T}} \boldsymbol{v}_0 \,\mathrm{d}m}_{T_0} = \underbrace{\int_{\mathrm{K}} \int_{r_0}^{r_1} \mathrm{d}\boldsymbol{f}^{\mathrm{T}} \,\mathrm{d}\boldsymbol{r}}_{W_{01}} \tag{4.74}$$

mit den kinetischen Energien des Systems T_0 und T_1 in den Lagen 0 und 1.

4.6.2 Konservative Kräfte, potentielle Energie, Energiesatz

Eine *konservative Kraft* $\boldsymbol{f}^{\mathrm{k}}(\boldsymbol{r})$ ist eine Kraft, deren Arbeit

$$W_{01} = \int_{r_0}^{r_1} \boldsymbol{f}^{\mathrm{k}^{\mathrm{T}}}(\boldsymbol{r}) \,\mathrm{d}\boldsymbol{r} \tag{4.75}$$

für jeden Weg ihres Angriffspunktes von $\boldsymbol{r}_0$ nach $\boldsymbol{r}_1$ gleich ist und damit nur vom Anfangspunkt $\boldsymbol{r}_0$ und dem Endpunkt $\boldsymbol{r}_1$ abhängt (Abb. 4.9).

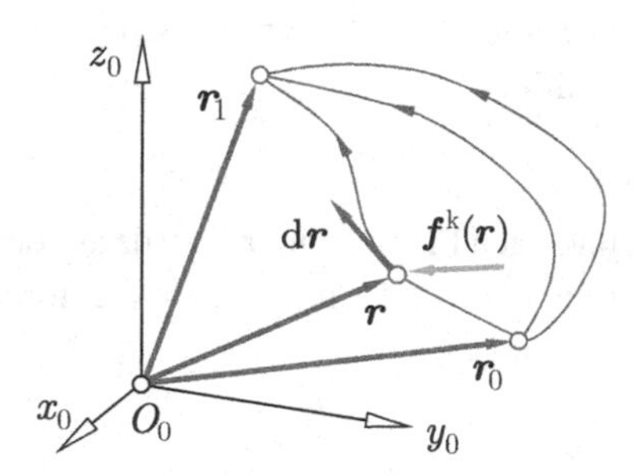

Abb. 4.9 Wegunabhängigkeit der Arbeit einer konservativen Kraft $\boldsymbol{f}^{\mathrm{k}}$

Die *potentielle Energie* $U(\boldsymbol{r})$ wird als die „Arbeitsfähigkeit" des Systems in der Lage $\boldsymbol{r}$ definiert. Leistet das System auf dem Weg von $\boldsymbol{r}_0$ nach $\boldsymbol{r}_1$ Arbeit, so ist $W_{01} > 0$. Die Arbeitsfähigkeit des Systems $U(\boldsymbol{r}_1)$ ist dann um W_{01} kleiner als $U(\boldsymbol{r}_0)$, also

$$U(\boldsymbol{r}_1) = U(\boldsymbol{r}_0) - W_{01}. \tag{4.76}$$

Mit (4.75) gilt damit für die potentielle Energie

$$U(\boldsymbol{r}_1) = U(\boldsymbol{r}_0) - \int_{\boldsymbol{r}_0}^{\boldsymbol{r}_1} \boldsymbol{f}^{\mathrm{k}\,\mathrm{T}}(\boldsymbol{r})\,\mathrm{d}\boldsymbol{r}. \tag{4.77}$$

Umgekehrt liefert die Ableitung der potentiellen Energie $U(\boldsymbol{r})$ nach dem Lagevektor $\boldsymbol{r}$ die in dieser Lage wirkende konservative eingeprägte Kraft

$$\boldsymbol{f}^{\mathrm{k}}(\boldsymbol{r}) = -\frac{\partial U(\boldsymbol{r})}{\partial \boldsymbol{r}^{\mathrm{T}}}. \tag{4.78}$$

Einsetzen der Arbeit $W_{01} = U(\boldsymbol{r}_0) - U(\boldsymbol{r}_1)$ aus (4.76) in den Arbeitssatz (4.74) ergibt mit $U_0 = U(\boldsymbol{r}_0)$ und $U_1 = U(\boldsymbol{r}_1)$

$$T_1 - T_0 + U_1 - U_0 = W_{01}^{\mathrm{n}} \tag{4.79}$$

mit der Arbeit der nichtkonservativen Kräfte W_{01}^{n}. Bei einem konservativen System sind alle Kräfte, die am System Arbeit leisten, konservativ, und der Arbeitssatz (4.79) geht über in den Energiesatz

$$T_1 + U_1 = T_0 + U_0. \tag{4.80}$$

Er besagt, dass die Gesamtenergie $T + U$ eines konservativen Systems konstant ist.

Beispiele Die potentielle Energie eines Massenelements $\mathrm{d}m$ im homogenen Schwerefeld $g = \mathrm{const}$ ist mit der Gewichtskraft $\mathrm{d}\boldsymbol{f} = -g\,\mathrm{d}m\,\boldsymbol{e}_z$ und der allgemeinen Verschiebung $\mathrm{d}\boldsymbol{r} = \boldsymbol{e}_x\,\mathrm{d}x + \boldsymbol{e}_y\,\mathrm{d}y + \boldsymbol{e}_z\,\mathrm{d}z$

$$\mathrm{d}U(\boldsymbol{r}) = -\int_{\boldsymbol{r}_0}^{\boldsymbol{r}} \mathrm{d}\boldsymbol{f}^{\mathrm{T}}(\bar{\boldsymbol{r}})\,\mathrm{d}\bar{\boldsymbol{r}} \quad \Rightarrow \quad \mathrm{d}U(z) = \int_{z_0}^{z} g\,\mathrm{d}m\,\underbrace{\boldsymbol{e}_z^{\mathrm{T}}\boldsymbol{e}_z}_{1}\,\mathrm{d}\bar{z}$$

$$\mathrm{d}U(z) = g\,\mathrm{d}m\,(z - z_0). \tag{4.81}$$

Die potentielle Energie eines starren Körpers im homogenen Schwerefeld entsprechend Abb. 4.10 a ergibt sich durch Integration über das Körpervolumen mit der Höhe z_S des Massenmittelpunkts S,

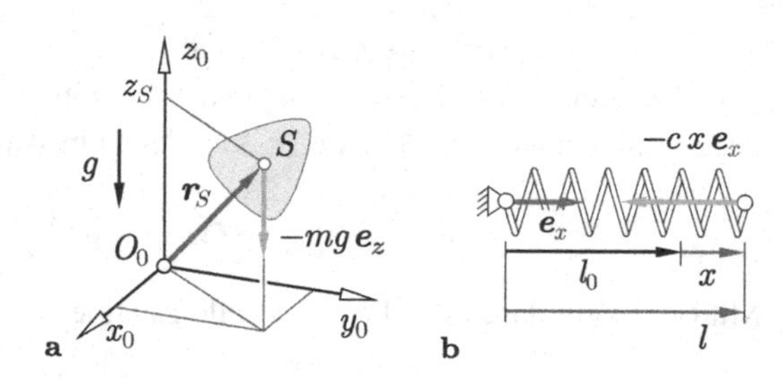

Abb. 4.10 Potentialkräfte. **a** Gewichtskraft. **b** Federkraft

$$U = \int\limits_K \mathrm{d}U = g \underbrace{\int\limits_K z\,\mathrm{d}m}_{m\,z_S} - g \underbrace{\int\limits_K z_0\,\mathrm{d}m}_{m\,z_{S0}} \quad \Rightarrow \quad U(z_S) = m\,g\,(z_S - z_{S0}). \tag{4.82}$$

Die potentielle Energie einer Feder mit linearer Kennlinie (Federkonstante c, Länge der ungespannten Feder l_0, Länge der gespannten Feder $l = l_0 + x$) gemäß Abb. 4.10b lautet mit $\boldsymbol{f}^{\mathrm{e}} = -c\,x\,\boldsymbol{e}_x$ und $\mathrm{d}\boldsymbol{r} = \boldsymbol{e}_x\,\mathrm{d}x$

$$U(\boldsymbol{r}) = -\int\limits_{\boldsymbol{r}_0}^{\boldsymbol{r}} \boldsymbol{f}^{\mathrm{eT}}(\bar{\boldsymbol{r}})\,\mathrm{d}\bar{\boldsymbol{r}} \quad \Rightarrow \quad U(x) = \int\limits_0^x c\,\bar{x}\,\underbrace{\boldsymbol{e}_x^{\mathrm{T}}\,\boldsymbol{e}_x}_{1}\,\mathrm{d}\bar{x}$$

$$U(x) = \tfrac{1}{2}\,c\,x^2 \quad \text{oder} \quad U(l) = \tfrac{1}{2}\,c\,(l - l_0)^2. \tag{4.83}$$

4.6.3 Kinetische Energie des starren Körpers

Die kinetische Energie eines starren Körpers ist die Gesamtheit der kinetischen Energien der Massenelemente dm (Abb. 4.3),

$$T = \frac{1}{2}\int\limits_K \boldsymbol{v}^{\mathrm{T}}\,\boldsymbol{v}\,\mathrm{d}m. \tag{4.84}$$

Die Berechnung von (4.84) mit Hilfe der Starrkörpergleichung (4.24) liefert

$$T = \frac{1}{2}\int\limits_K (\boldsymbol{v}_Q + \widetilde{\boldsymbol{\omega}}\,\boldsymbol{b})^{\mathrm{T}}\,(\boldsymbol{v}_Q + \widetilde{\boldsymbol{\omega}}\,\boldsymbol{b})\,\mathrm{d}m,$$

$$T = \frac{1}{2}\int\limits_K \boldsymbol{v}_Q^{\mathrm{T}}\,\boldsymbol{v}_Q\,\mathrm{d}m + 2\,\frac{1}{2}\int\limits_K \boldsymbol{v}_Q^{\mathrm{T}}\,\widetilde{\boldsymbol{\omega}}\,\boldsymbol{b}\,\mathrm{d}m + \frac{1}{2}\int\limits_K (\widetilde{\boldsymbol{\omega}}\,\boldsymbol{b})^{\mathrm{T}}\,\widetilde{\boldsymbol{\omega}}\,\boldsymbol{b}\,\mathrm{d}m.$$

Mit den Umformungen $\widetilde{\boldsymbol{\omega}}\,\boldsymbol{b} = -\widetilde{\boldsymbol{b}}\,\boldsymbol{\omega}$ und $(\widetilde{\boldsymbol{\omega}}\,\boldsymbol{b})^{\mathrm{T}} = (-\widetilde{\boldsymbol{b}}\,\boldsymbol{\omega})^{\mathrm{T}} = \boldsymbol{\omega}^{\mathrm{T}}\,\widetilde{\boldsymbol{b}}$ ist

$$T = \frac{1}{2}\,\boldsymbol{v}_Q^{\mathrm{T}}\boldsymbol{v}_Q \underbrace{\int_{\mathrm{K}} \mathrm{d}m}_{m} + \boldsymbol{v}_Q^{\mathrm{T}}\,\widetilde{\boldsymbol{\omega}} \underbrace{\int_{\mathrm{K}} \boldsymbol{b}\,\mathrm{d}m}_{m\,\boldsymbol{b}_S} + \frac{1}{2}\,\boldsymbol{\omega}^{\mathrm{T}} \underbrace{\left(-\int_{\mathrm{K}} \widetilde{\boldsymbol{b}}\,\widetilde{\boldsymbol{b}}\,\mathrm{d}m\right)}_{\boldsymbol{\Theta}_Q} \boldsymbol{\omega}$$

mit dem Trägheitstensor $\boldsymbol{\Theta}_Q$ bezüglich Q. Die kinetische Energie des starren Körpers lautet damit

$$T = \frac{1}{2}\,m\,\boldsymbol{v}_Q^{\mathrm{T}}\boldsymbol{v}_Q + m\,\boldsymbol{v}_Q^{\mathrm{T}}\,\widetilde{\boldsymbol{\omega}}\,\boldsymbol{b}_S + \frac{1}{2}\,\boldsymbol{\omega}^{\mathrm{T}}\,\boldsymbol{\Theta}_Q\,\boldsymbol{\omega}. \tag{4.85}$$

Wird der Massenmittelpunkt S als der Körper-Bezugspunkt Q definiert, so ist $\boldsymbol{b}_S = \boldsymbol{0}$, und der Ausdruck für die kinetische Energie vereinfacht sich zu

$$T = \frac{1}{2}\,m\,\boldsymbol{v}_S^{\mathrm{T}}\boldsymbol{v}_S + \frac{1}{2}\,\boldsymbol{\omega}^{\mathrm{T}}\,\boldsymbol{\Theta}_S\,\boldsymbol{\omega}. \tag{4.86}$$

Die kinetische Energie eines starren Körpers ist damit die Summe der Translationsenergie bezogen auf den Massenmittelpunkt S und der Rotationsenergie um S.

Ist der Punkt Q in Ruhe, also $\boldsymbol{v}_Q = \boldsymbol{0}$, so lautet die kinetische Energie

$$T = \frac{1}{2}\,\boldsymbol{\omega}^{\mathrm{T}}\,\boldsymbol{\Theta}_Q\,\boldsymbol{\omega}. \tag{4.87}$$

4.7 Kraftwirkungen von Rotoren

Ein Rotor ist ein starrer Körper, der sich um eine raumfeste Achse dreht. Dieser Sonderfall der allgemeinen Bewegung ist im Maschinenbau von grundlegender Bedeutung (DRESIG und HOLZWEISSIG [20]).

Als ein Beispiel wird ein kreiszylindrischer homogener Rotor (Radius R, Länge l, Masse m) betrachtet, der sich mit der konstanten Winkelgeschwindigkeit ω um eine raumfeste Achse dreht (Abb. 4.11). Der Massenmittelpunkt S hat einen Abstand (Exzentrizität) e von der Drehachse *(statische Unwucht)*, und die Symmetrieachse z_S weicht um den Winkel β von der Drehachse ab *(dynamische Unwucht)*. Gesucht sind die Lagerkräfte f_A, f_B auf den Rotor bei bezüglich S symmetrischer Lageranordnung (Lagerabstand $2\,b$). Gewichtskräfte werden nicht betrachtet.

Für die Berechnung der Lagerkräfte werden das rotorfeste Hauptachsensystem $\mathcal{K}_S$ (z_S-Achse in Zylinderachse) und das rotorfeste Koordinatensystem $\mathcal{K}_1$ (z_1-Achse parallel zur Drehachse) mit gemeinsamen y-Achsen und dem konstanten Verdrehwinkel β eingeführt.

Der Impulssatz (4.58) lautet für den freigeschnittenen Rotor

$$m\,\dot{\boldsymbol{v}}_S = -(f_A + f_B)\,\boldsymbol{e}_{x1} \quad \text{mit} \quad \dot{\boldsymbol{v}}_S = -e\,\omega^2\,\boldsymbol{e}_{x1}. \tag{4.88}$$

Hier ist $\boldsymbol{f}^{\mathrm{z}} = m\,e\,\omega^2\,\boldsymbol{e}_{x1}$ die umlaufende Zentrifugalkraft (D'ALEMBERTsche Trägheitskraft). In x_1-Richtung gilt damit

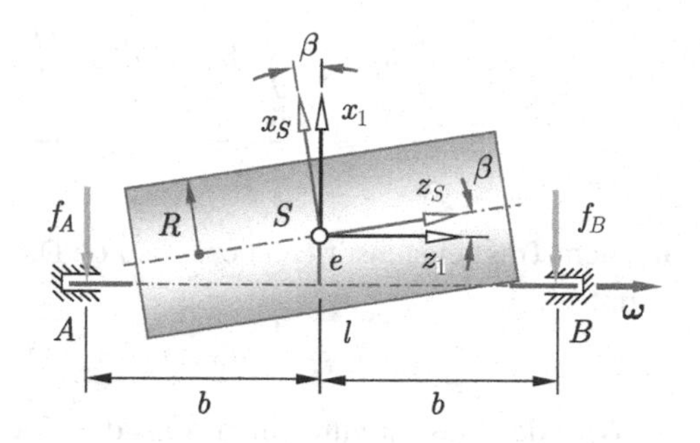

Abb. 4.11 Kreiszylindrischer Rotor mit statischer und dynamischer Unwucht

$$m\,e\,\omega^2 = f_A + f_B. \tag{4.89}$$

Der Drallsatz (4.64) bezüglich des Massenmittelpunktes S lautet für den freigeschnittenen Rotor

$$\boldsymbol{\Theta}_S\,\dot{\boldsymbol{\omega}} + \tilde{\boldsymbol{\omega}}\,\boldsymbol{\Theta}_S\,\boldsymbol{\omega} = \boldsymbol{\tau}_S \quad \text{mit} \quad \boldsymbol{\omega} = \omega\,\boldsymbol{e}_{z1}, \quad \boldsymbol{\tau}_S = (f_A\,b - f_B\,b)\,\boldsymbol{e}_y. \tag{4.90}$$

Wegen $\omega = \text{const}$ ist $\dot{\boldsymbol{\omega}} = \dot{\omega}\,\boldsymbol{e}_{z1} = \boldsymbol{0}$. Die Auswertung des Drallsatzes (4.90) wird für das Hauptachsensystem $\mathcal{K}_S$ und das System $\mathcal{K}_1$ gezeigt.

Auswertung des Drallsatzes im Hauptachsensystem $\mathcal{K}_S$ Die Auswertung im Hauptachsensystem $\mathcal{K}_S$ hat den Vorteil, dass alle Deviationsmomente verschwinden. Allerdings muss der Winkelgeschwindigkeitsvektor in seine Komponenten in den Richtungen der Hauptachsen zerlegt werden. Mit dem zylindersymmetrischen Trägheitstensor und den Vektorkoordinaten

$${}^S\boldsymbol{\Theta}_S = \begin{bmatrix} A & 0 & 0 \\ 0 & A & 0 \\ 0 & 0 & C \end{bmatrix}, \quad {}^S\boldsymbol{\omega} = \omega \begin{bmatrix} -\sin\beta \\ 0 \\ \cos\beta \end{bmatrix}, \quad {}^S\boldsymbol{\tau}_S = \begin{bmatrix} 0 \\ (f_A - f_B)\,b \\ 0 \end{bmatrix}$$

verbleibt im Drallsatz (4.90) nur die y-Koordinatengleichung

$$-(A - C)\,\omega^2\,\sin\beta\cos\beta = (f_A - f_B)\,b.$$

bzw. mit der Umformung $\sin\beta\cos\beta = \frac{1}{2}\sin 2\beta$

$$-\frac{1}{2}(A - C)\,\omega^2\,\sin 2\beta = (f_A - f_B)\,b. \tag{4.91}$$

Das Kreiselmoment um die y-Achse ist, vgl. (4.70),

$$\tau_y^{\text{kr}} = \frac{1}{2}(A - C)\,\omega^2\,\sin 2\beta. \tag{4.92}$$

Auswertung des Drallsatzes im Koordinatensystem $\mathcal{K}_1$ Im rotorfesten Koordinatensystem $\mathcal{K}_1$ entfällt die Zerlegung der Winkelgeschwindigkeit $\boldsymbol{\omega}$, da sie parallel zur z_1-Achse liegt. Allerdings sind in $\mathcal{K}_1$ die Deviationsmomente in der Regel nicht null. Mit der Transformationsmatrix von $\mathcal{K}_S$ nach $\mathcal{K}_1$

$$^{1S}\boldsymbol{T} = \begin{bmatrix} ^1\boldsymbol{e}_{xS} & ^1\boldsymbol{e}_{yS} & ^1\boldsymbol{e}_{zS} \end{bmatrix} = \begin{bmatrix} \cos\beta & 0 & \sin\beta \\ 0 & 1 & 0 \\ -\sin\beta & 0 & \cos\beta \end{bmatrix}$$

werden die Koordinaten des Trägheitstensors gemäß (4.46) von $\mathcal{K}_S$ nach $\mathcal{K}_1$ transformiert,

$$^1\boldsymbol{\Theta}_S = {}^{1S}\boldsymbol{T}\, {}^S\boldsymbol{\Theta}_S\, {}^{1S}\boldsymbol{T}^{\mathrm{T}} = \begin{bmatrix} A\cos^2\beta + C\sin^2\beta & 0 & (C-A)\sin\beta\cos\beta \\ 0 & A & 0 \\ (C-A)\sin\beta\cos\beta & 0 & A\sin^2\beta + C\cos^2\beta \end{bmatrix}.$$

Mit den Vektorkoordinaten im System $\mathcal{K}_1$

$$^1\boldsymbol{\omega} = \omega \begin{bmatrix} 0 \\ 0 \\ 1 \end{bmatrix}, \quad ^1\boldsymbol{\tau}_S = \begin{bmatrix} 0 \\ (f_A - f_B)\, b \\ 0 \end{bmatrix}$$

stimmt die y-Koordinatengleichung des Drallsatzes (4.90) mit (4.91) überein.

Lagerkräfte Mit (4.89) und (4.91) liegen zwei Gleichungen für die Lagerkräfte f_A und f_B vor. Die Auflösung liefert

$$f_A = \frac{e\,m\,\omega^2}{2} - \frac{A-C}{4b}\sin 2\beta\,\omega^2, \tag{4.93}$$

$$f_B = \frac{e\,m\,\omega^2}{2} + \frac{A-C}{4b}\sin 2\beta\,\omega^2. \tag{4.94}$$

Mit den Hauptträgheitsmomenten des Zylinders (Radius R, Länge l, Masse m) aus (4.57) und (4.56) gilt $A = B = \frac{1}{12}\, m\,\left(3R^2 + l^2\right)$ und $C = \frac{1}{2}\, m\, R^2$

$$f_A = \frac{e\,m\,\omega^2}{2} - \frac{l^2 - 3\,R^2}{48\,b}\sin 2\beta\, m\,\omega^2, \tag{4.95}$$

$$f_B = \frac{e\,m\,\omega^2}{2} + \frac{l^2 - 3\,R^2}{48\,b}\sin 2\beta\, m\,\omega^2. \tag{4.96}$$

Die Lagerkräfte sind parallel zur x_1-Achse und laufen mit dem Rotor um. Der erste Summand ist der Anteil aufgrund der umlaufenden Zentrifugalkraft (statische Unwucht). Der zweite Summand ist der Anteil der Lagerkräfte aufgrund des Kreiselmoments τ_y^{kr} (dynamische Unwucht).

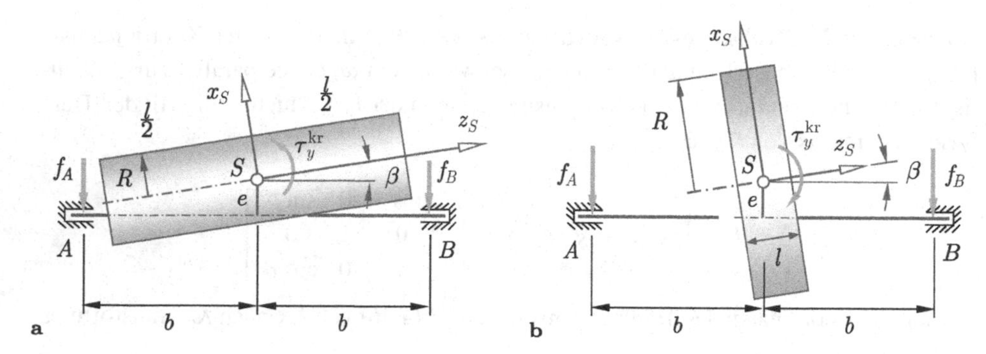

Abb. 4.12 Kreiselmoment τ_y^k bei einem Rotor. **a** Schlanker Rotor. **b** Flacher Rotor

Die Richtung des Kreiselmoments τ_y^{kr} aus (4.92) hängt von den Massenträgheitsmomenten ab:

- Fall $A > C$ oder $l > \sqrt{3}\,R$: Schlanker Rotor (Abb. 4.12a)
  Das Kreiselmoment $\tau_y^{kr} > 0$ hat die Tendenz, die dynamische Unwucht, repräsentiert durch den Winkel β, zu vergrößern.
- Fall $A < C$ oder $l < \sqrt{3}\,R$: Flacher Rotor (Abb. 4.12b)
  Das Kreiselmoment $\tau_y^{kr} < 0$ hat die Tendenz, die dynamische Unwucht, repräsentiert durch den Winkel β, zu verkleinern.
- Fall $A = C$ oder $l = \sqrt{3}\,R$
  Das Kreiselmoment τ_y^{kr} verschwindet. Es tritt keine dynamische Unwucht auf.

4.8 Dynamik von Kreiseln

Als Kreisel wird allgemein ein starrer Körper bezeichnet, der beliebige Drehungen durchführt. In diesem Abschnitt werden exemplarisch einige typische Phänomene der Kreiseldynamik betrachtet, siehe auch MAGNUS und MÜLLER- SLANY [62]. Eine umfassende Darstellung der Dynamik von Kreiseln gibt MAGNUS [61].

4.8.1 Momentenfreier Kreisel

Ein momentenfreier Kreisel liegt vor, wenn das resultierende Moment der äußeren Kräfte verschwindet. Ein typisches Beispiel ist ein kardanisch gelagerter Kreisel mit dem Massenmittelpunkt S als Fixpunkt (Schnittpunkt der Drehachsen), Abb. 4.13. Das körperfeste Koordinatensystem $\mathcal{K}_S$ sei ein Hauptachsensystem mit den Hauptträgheitsmomenten A,

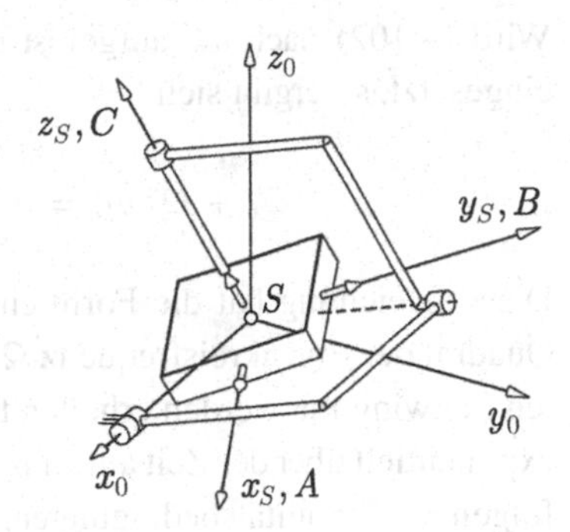

Abb. 4.13 Kardanisch gelagerter Kreisel

B und C. Die Massen der Kardanrahmen und Reibungseinflüsse in den Gelenken werden vernachlässigt.

EULERsche Kreiselgleichungen Der Drallsatz (4.64) lautet mit $\boldsymbol{\tau}_S = \mathbf{0}$

$$\frac{\mathrm{d}\boldsymbol{l}_S}{\mathrm{d}t} = \mathbf{0} \quad \Rightarrow \quad \boldsymbol{l}_S \equiv \boldsymbol{\Theta}_S\,\boldsymbol{\omega} = \text{const.} \tag{4.97}$$

Die Auswertung im Hauptachsensystem $\mathcal{K}_S$ liefert die EULERschen Kreiselgleichungen, vgl. (4.66),

$$A\,\dot{\omega}_x - (B - C)\,\omega_y\,\omega_z = 0, \tag{4.98}$$
$$B\,\dot{\omega}_y - (C - A)\,\omega_z\,\omega_x = 0, \tag{4.99}$$
$$C\,\dot{\omega}_z - (A - B)\,\omega_x\,\omega_y = 0. \tag{4.100}$$

Stabilität der Drehungen um die Hauptachsen Ein einfacher Fall liegt vor, wenn sich der Kreisel um eine Hauptachse dreht, also der Vektor $\boldsymbol{\omega}$ in einer Hauptachse, z. B. der z_S-Achse, liegt. Dann ist $\omega_x = \omega_y = 0$, und aus (4.100) folgt $\omega_z(t) = \omega_{z0} = \text{const}$ mit der Anfangsbedingung $\omega_z(t_0) = \omega_{z0}$, d. h. der Kreisel dreht sich um die z_S-Achse, die dabei raumfest bleibt.

Es lässt sich zeigen, unter welcher Bedingung die Drehung um die z_S-Achse stabil ist. Hierzu wird eine Nachbarbewegung zur Drehung um die z_S-Achse betrachtet, bei der $\boldsymbol{\omega}$ „fast" in der z_S-Achse liegt, also $\omega_z \gg \omega_x$ und $\omega_z \gg \omega_y$. Unter dieser Voraussetzung kann in (4.100) der Term mit dem Produkt $\omega_x\,\omega_y$ vernachlässigt werden. Es gilt dann $C\,\dot{\omega}_z \approx 0$, also weiterhin $\omega_z(t) \approx \omega_{z0} = \text{const}$. Einsetzen dieses Ergebnisses in (4.98) und (4.99) liefert

$$A\,\dot{\omega}_x - (B - C)\,\omega_y\,\omega_{z0} = 0, \tag{4.101}$$
$$B\,\dot{\omega}_y - (C - A)\,\omega_{z0}\,\omega_x = 0. \tag{4.102}$$

Wird (4.102) nach $\dot{\omega}_y$ aufgelöst und in die einmal nach der Zeit abgeleitete Gl. (4.101) eingesetzt, so ergibt sich

$$\ddot{\omega}_x + \Omega^2\,\omega_x = 0 \qquad \text{mit} \qquad \Omega^2 = \frac{(C-A)\,(C-B)}{A\,B}\,\omega_{z0}^2. \tag{4.103}$$

Diese Gleichung hat die Form einer linearen Schwingungsdifferentialgleichung mit dem Quadrat der Eigenkreisfrequenz Ω^2. Stabile Lösungen $\omega_x(t)$ in der Form einer ungedämpften Schwingung werden erhalten für $\Omega^2 > 0$. Instabile Lösungen $\omega_x(t)$ in der Form eines exponentiell über der Zeit aufklingenden Verlaufs ergeben sich dagegen für $\Omega^2 < 0$. Daraus folgen die Stabilitätsbedingungen:

stabile Bewegung, $\Omega^2 > 0$: $C > A$ und $C > B$ oder $C < A$ und $C < B$,
instabile Bewegung, $\Omega^2 < 0$: $A > C > B$ oder $B > C > A$.

Drehungen um die Achsen des größten und kleinsten Hauptträgheitsmoments sind damit stabil, während die Drehung um die Achse des mittleren Hauptträgheitsmoments instabil ist.

Nutation eines momentenfreien symmetrischen Kreisels Bei einem um die z_S-Achse *(Figurenachse)* symmetrischen Kreisel ist $A = B \neq C$. Die Drehung um die z_S-Achse ist sowohl für $C > A = B$ als auch für $C < A = B$ stabil. Mit $A = B$ vereinfacht sich (4.100) zu

$$C\,\dot{\omega}_z = 0 \qquad \Rightarrow \qquad \omega_z(t) = \omega_{z0} = \text{const}, \tag{4.104}$$

d. h. die Winkelgeschwindigkeit ω_z um die z_S-Achse ist jetzt für beliebige ω_x und ω_y exakt konstant.

Aus (4.101) und (4.102) folgt wieder durch Elimination von $\dot{\omega}_y$ die Differentialgleichung zweiter Ordnung (4.103) für $\omega_x(t)$,

$$\ddot{\omega}_x + \Omega^2\,\omega_x = 0 \qquad \text{mit} \qquad \Omega^2 = \frac{(C-A)^2}{A^2}\,\omega_{z0}^2. \tag{4.105}$$

Ihre Lösung lautet

$$\omega_x(t) = k_1\,\cos\Omega t + k_2\,\sin\Omega t \tag{4.106}$$

mit den Integrationskonstanten k_1, k_2. Aus (4.101) ergibt sich für $A = B$

$$\omega_y(t) = \frac{A}{(A-C)\,\omega_{z0}}\,\dot{\omega}_x(t)$$

und nach dem Einsetzen von $\omega_x(t)$ aus (4.106)

$$\omega_y(t) = \frac{A\,\Omega}{(A-C)\,\omega_{z0}}\,(-k_1\,\sin\Omega t + k_2\,\cos\Omega t) \quad \text{mit} \quad \Omega \overset{(4.105)}{=} \frac{|C-A|}{A}\,\omega_{z0},$$
$$\omega_y(t) = -\text{sign}(C-A)\,(-k_1\,\sin\Omega t + k_2\,\cos\Omega t). \tag{4.107}$$

Der mit $\omega_{z0} = \text{const}$ rotierende Kreisel werde nun, ohne Beschränkung der Allgemeinheit, mit den folgenden Anfangsbedingungen ($t_0 = 0$) angestoßen:

$$\omega_x(0) = \omega_{x0}, \quad \omega_y(0) = 0 \quad \Rightarrow \quad k_1 = \omega_{x0}, \quad k_2 = 0. \tag{4.108}$$

Die Koordinaten der Winkelgeschwindigkeit im Hauptachsensystem $\mathcal{K}_S$ sind dann

$$\omega_x(t) \overset{(4.106)}{=} \omega_{x0} \cos \Omega t, \tag{4.109}$$

$$\omega_y(t) \overset{(4.107)}{=} \operatorname{sign}(C - A)\, \omega_{x0} \sin \Omega t, \tag{4.110}$$

$$\omega_z(t) \overset{(4.104)}{=} \omega_{z0} = \text{const}, \tag{4.111}$$

wobei gilt

$$\omega_x^2(t) + \omega_y^2(t) = \omega_{x0}^2 = \text{const}. \tag{4.112}$$

Dies bedeutet, dass der Winkel α zwischen dem Vektor der Winkelgeschwindigkeit $\boldsymbol{\omega}$ und der Figurenachse z_S konstant ist. Es gilt

$$\tan \alpha = \frac{\omega_{x0}}{\omega_{z0}}. \tag{4.113}$$

Der Drallvektor $\boldsymbol{l}_S = \boldsymbol{\Theta}_S\, \boldsymbol{\omega}$ hat im Hauptachsensystem $\mathcal{K}_S$ die Koordinaten

$$l_{Sx}(t) = A\, \omega_x(t) \overset{(4.109)}{=} A\, \omega_{x0} \cos \Omega t, \tag{4.114}$$

$$l_{Sy}(t) = A\, \omega_y(t) \overset{(4.110)}{=} \operatorname{sign}(C - A)\, A\, \omega_{x0} \sin \Omega t, \tag{4.115}$$

$$l_{Sz}(t) = C\, \omega_z(t) \overset{(4.111)}{=} C\, \omega_{z0} = \text{const}. \tag{4.116}$$

Wegen $l_{Sx0}^2 \equiv l_{Sx}^2(t) + l_{Sy}^2(t) = A^2\, \omega_{x0}^2 = \text{const}$ ist auch der Winkel β zwischen dem Drallvektor $\boldsymbol{l}_S$ und der Figurenachse z_S konstant. Es gilt

$$\tan \beta = \frac{A\, \omega_{x0}}{C\, \omega_{z0}}. \tag{4.117}$$

Die Bewegung des Kreisels kann durch das Abrollen zweier Kegel veranschaulicht werden: Der körperfeste *Gangpolkegel* mit der Figurenachse z_S rollt auf dem raumfesten *Rastpolkegel* mit dem Drallvektor $\boldsymbol{l}_S$ in der Kegelachse ab. Die momentane Berührlinie der beiden Kegel ist die momentane Drehachse, in der die Winkelgeschwindigkeit $\boldsymbol{\omega}$ liegt. Dieser Sachverhalt ist in Abb. 4.14 für den Zeitpunkt $t_0 = 0$ für einen schlanken Kreisel ($C < A$) und einen flachen Kreisel ($C > A$) dargestellt.

Entsprechend Abb. 4.15 kann die absolute Winkelgeschwindigkeit des Kreisels $\boldsymbol{\omega}$ zerlegt werden in die *Nutationsgeschwindigkeit (Nutationskreisfrequenz)* $\boldsymbol{\omega}_\text{N}$, mit der die Figurenachse z_S um die raumfeste Drallachse $\boldsymbol{l}_S$ umläuft, und einen Anteil $\boldsymbol{\omega}_\text{F}$ in Richtung der Figurenachse, $\boldsymbol{\omega} = \boldsymbol{\omega}_\text{N} + \boldsymbol{\omega}_\text{F}$. Der Betrag der Nutationsgeschwindigkeit ω_N ist

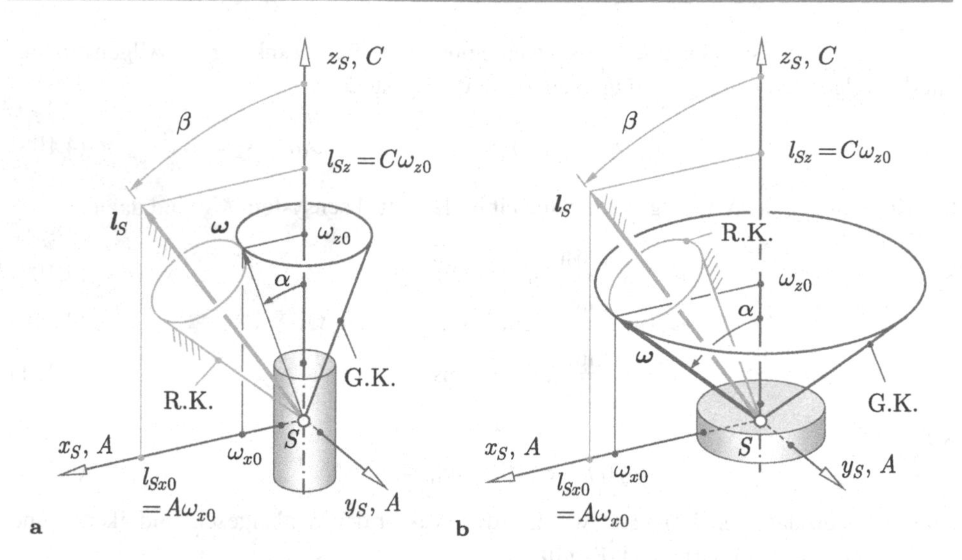

Abb. 4.14 Nutation eines symmetrischen Kreisels: Abrollen des kreiselfesten Gangpolkegels (G.K.) auf dem raumfesten Rastpolkegel (R.K.). **a** Fall $C < A$ (schlanker Kreisel): $\beta > \alpha$. **b** Fall $C > A$ (flacher Kreisel): $\beta < \alpha$

$$\left.\begin{aligned} \omega_{x0} &= \omega \sin\alpha \\ \omega_{x0} &= \omega_{\mathrm{N}} \sin\beta \end{aligned}\right\} \quad \Rightarrow \quad \omega_{\mathrm{N}} = \omega \frac{\sin\alpha}{\sin\beta}. \tag{4.118}$$

Weiterhin ist

$$\left.\begin{aligned} \tan\alpha &= \frac{\omega_{x0}}{\omega_{z0}} \\ \tan\beta &= \frac{l_{Sx0}}{l_{Sz}} = \frac{A\,\omega_{x0}}{C\,\omega_{z0}} \end{aligned}\right\} \quad \Rightarrow \quad \frac{\tan\alpha}{\tan\beta} = \frac{C}{A}. \tag{4.119}$$

Bei einem schlanken Kreisel ($C < A$) ist $\beta > \alpha$ (Abb. 4.14a), bei einem flachen Kreisel ($C > A$) ist $\beta < \alpha$ (Abb. 4.14b). Im Fall $C = A$ fallen Drallvektor $\boldsymbol{l}_S$ und Winkelgeschwindigkeitsvektor $\boldsymbol{\omega}$ zusammen, und der Kreisel rotiert um die raumfeste Drallachse.

Für kleine Winkel α und β gilt näherungsweise

$$\left.\begin{aligned} \frac{\tan\alpha}{\tan\beta} &= \frac{C}{A} \approx \frac{\alpha}{\beta} \\ \omega_{\mathrm{N}} &= \omega \frac{\sin\alpha}{\sin\beta} \approx \omega \frac{\alpha}{\beta} \end{aligned}\right\} \quad \Rightarrow \quad \omega_{\mathrm{N}} \approx \frac{C}{A}\,\omega. \tag{4.120}$$

Die Nutationsgeschwindigkeit ω_{N} ist damit zum Betrag der Winkelgeschwindigkeit des Kreisels ω proportional und hängt vom Verhältnis der Trägheitsmomente A und C ab.

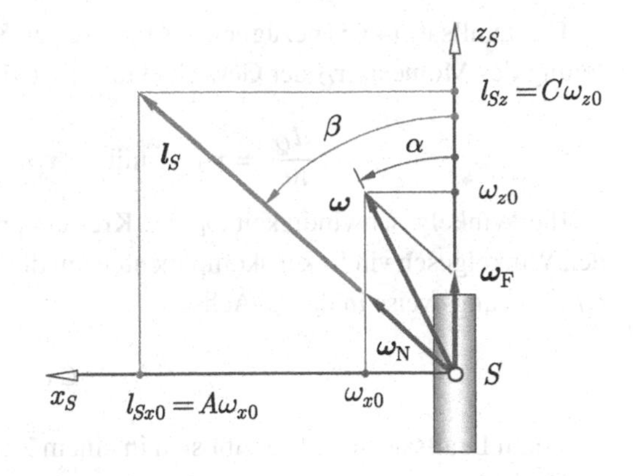

Abb. 4.15 Zur Definition der Nutationsgeschwindigkeit ω_N bei einem symmetrischen Kreisel

4.8.2 Schwerer symmetrischer Kreisel

Eine erzwungene Bewegung eines Kreisels liegt vor, wenn äußere Momente wirken. Als ein Beispiel wird ein in einem Fixpunkt Q frei drehbarer symmetrischer Kreisel im Schwerefeld betrachtet (Abb. 4.16a). Der Kreisel hat die Hauptträgheitsmomente A, $B = A$, C um die Achsen des körperfesten Koordinatensystems $\mathcal{K}_1$. Ohne Beschränkung der Allgemeinheit soll sich der Massenmittelpunkt S zum Zeitpunkt $t_0 = 0$ gerade in der x_0,z_0-Ebene befinden und die Kreiselachse z_1 um den Winkel θ gegenüber der vertikalen z_0-Achse geneigt sein.

Im Folgenden werden aus dem Drallsatz einige prinzipielle Aussagen zum Verhalten des schweren symmetrischen Kreisels abgeleitet. Die vollständigen Bewegungsgleichungen des Kreisels werden in Abschn. 7.7.1 aufgestellt.

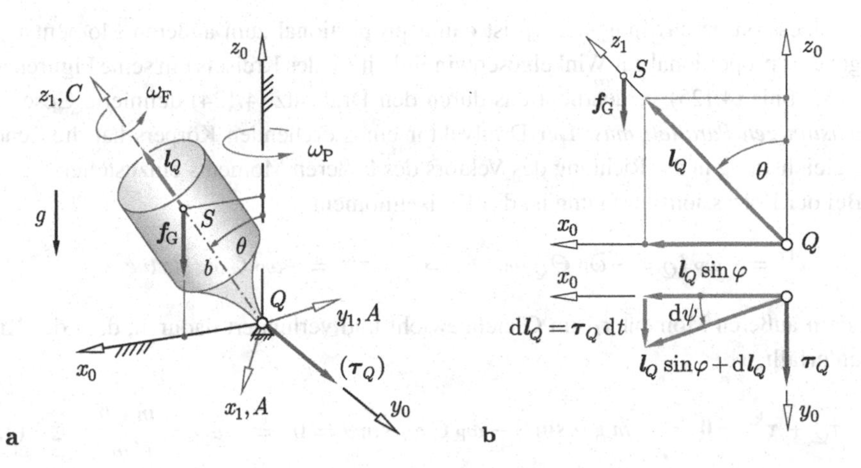

Abb. 4.16 Schwerer symmetrischer Kreisel mit Fixpunkt Q. **a** Drallvektor l_Q und äußeres Moment τ_Q. **b** Zeitliche Änderung des Drallvektors

Der Drallsatz (4.65) bezüglich des raumfesten Körperpunktes Q lautet unter Berücksichtigung des Moments $\boldsymbol{\tau}_Q$ der Gewichtskraft $\boldsymbol{f}_G$ (Masse m, Abstand $QS = b$)

$$\frac{\mathrm{d}\boldsymbol{l}_Q}{\mathrm{d}t} = \boldsymbol{\tau}_Q \quad \text{mit} \quad \boldsymbol{\tau}_Q = m\,g\,b\,\sin\theta\;\boldsymbol{e}_{y0}. \tag{4.121}$$

Ist die Winkelgeschwindigkeit ω_F des Kreisels um seine Figurenachse z_1 groß gegenüber den Winkelgeschwindigkeitskomponenten um die x_1- und y_1-Achse, so liegt der Drallvektor $\boldsymbol{l}_Q$ näherungsweise in der z_1-Achse,

$$\boldsymbol{l}_Q \approx C\,\omega_\mathrm{F}\,\boldsymbol{e}_{z1}. \tag{4.122}$$

Aus dem Drallsatz (4.121) ergibt sich in einem Zeitintervall $\mathrm{d}t$ ein Zuwachs des Dralls $\mathrm{d}\boldsymbol{l}_Q$ in der Richtung $\boldsymbol{e}_{y0}$ des äußeren Moments $\boldsymbol{\tau}_Q$ (Abb. 4.16b),

$$\mathrm{d}\boldsymbol{l}_Q = \boldsymbol{\tau}_Q\,\mathrm{d}t \quad \text{oder} \quad \mathrm{d}\boldsymbol{l}_Q = \boldsymbol{e}_{y0}\,m\,g\,b\,\sin\theta\,\mathrm{d}t. \tag{4.123}$$

Wegen $\mathrm{d}\boldsymbol{l}_Q \perp \boldsymbol{l}_Q$ bleibt der Betrag des Dralls konstant. Der Drallvektor $\boldsymbol{l}_Q$ dreht sich jedoch im Zeitintervall $\mathrm{d}t$ um den Winkel

$$\mathrm{d}\psi = \frac{\|\mathrm{d}\boldsymbol{l}_Q\|}{\|\boldsymbol{l}_Q\|\,\sin\theta} = \frac{m\,g\,b\,\sin\theta\,\mathrm{d}t}{C\,\omega_\mathrm{F}\,\sin\theta} \quad \Rightarrow \quad \mathrm{d}\psi = \frac{m\,g\,b}{C\,\omega_\mathrm{F}}\,\mathrm{d}t. \tag{4.124}$$

Es stellt sich daher eine Winkelgeschwindigkeit des Drallvektors $\boldsymbol{l}_Q$ bzw. der Figurenachse z_1 um die z_0-Achse ein, die *Präzessionsgeschwindigkeit*

$$\omega_\mathrm{P} = \frac{\mathrm{d}\psi}{\mathrm{d}t} \quad \Rightarrow \quad \omega_\mathrm{P} = \frac{m\,g\,b}{C\,\omega_\mathrm{F}}. \tag{4.125}$$

Die Präzessionsgeschwindigkeit ω_P ist damit proportional zum äußeren Moment τ_Q und umgekehrt proportional zur Winkelgeschwindigkeit ω_F des Kreisels um seine Figurenachse. Das Ergebnis (4.125) verdeutlicht das durch den Drallsatz (4.124) definierte Gesetz vom *gleichsinnigen Parallelismus:* Der Drallvektor eines drehenden Körpers hat die Tendenz, sich gleichsinnig in die Richtung des Vektors des äußeren Moments einzustellen.

Bei der Präzessionsbewegung ist das Kreiselmoment

$$\boldsymbol{\tau}^\mathrm{kr} = -\widetilde{\boldsymbol{\omega}}_\mathrm{P}\,\boldsymbol{l}_Q = -\widetilde{\boldsymbol{\omega}}_\mathrm{P}\,\boldsymbol{\Theta}_Q\,\boldsymbol{\omega}_\mathrm{F} \quad \Rightarrow \quad \boldsymbol{\tau}^\mathrm{kr} = -\omega_\mathrm{P}\,C\,\omega_\mathrm{F}\sin\theta\,\boldsymbol{e}_{y0} \tag{4.126}$$

mit dem äußeren Moment $\boldsymbol{\tau}_Q$ im Gleichgewicht und verhindert dadurch, dass der Kreisel herunterfällt,

$$\boldsymbol{\tau}_Q + \boldsymbol{\tau}^\mathrm{kr} = \boldsymbol{0} \;\Rightarrow\; m\,g\,b\,\sin\theta - \omega_\mathrm{P}\,C\,\omega_\mathrm{F}\sin\theta = 0 \;\Rightarrow\; \omega_\mathrm{P} = \frac{m\,g\,b}{C\,\omega_\mathrm{F}}, \tag{4.127}$$

vgl. (4.125). Das Kreiselmoment $\boldsymbol{\tau}^\mathrm{kr}$ begründet sich hier in CORIOLIS-Kräften, deren Entstehung in Abb. 4.17 für den Fall $\theta = 90°$ dargestellt wird.

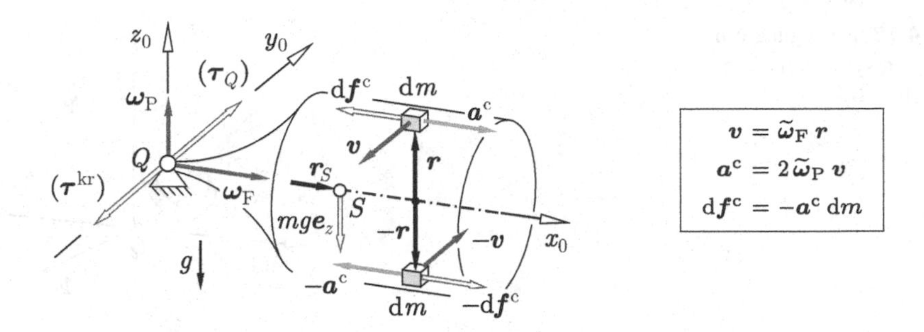

Abb. 4.17 Zur Entstehung des Kreiselmoments

Die horizontal liegende Kreiselachse läuft mit der Präzessionsgeschwindigkeit ω_P um die z_0-Achse um. Ohne Beschränkung der Allgemeinheit soll sie zum betrachteten Zeitpunkt in der x_0-Achse liegen. Zwei bezüglich der Kreiselachse gegenüberliegende Massenelemente $\mathrm{d}m$ in der x_0, z_0-Ebene haben für $\omega_\mathrm{F} \gg \omega_\mathrm{P}$ etwa die Umfangsgeschwindigkeit $\boldsymbol{v} = \pm\tilde{\boldsymbol{\omega}}_\mathrm{F}\,\boldsymbol{r}$. In Verbindung mit der Präzessionsgeschwindigkeit ω_P erfahren sie die CORIOLIS-Beschleunigung $\boldsymbol{a}^\mathrm{c} = \pm 2\,\tilde{\boldsymbol{\omega}}_\mathrm{P}\,\boldsymbol{v}$. Die dazu gehörenden, entgegengesetzt gerichteten D'ALEMBERTschen Trägheitskräfte der gegenüberliegenden Massenelemente bilden ein Kräftepaar $(\mathrm{d}\boldsymbol{f}^\mathrm{c}, -\mathrm{d}\boldsymbol{f}^\mathrm{c})$ mit $\mathrm{d}\boldsymbol{f}^\mathrm{c} = -\boldsymbol{a}^\mathrm{c}\,\mathrm{d}m$. Die integrale Wirkung aller derartigen Kräftepaare bildet das Kreiselmoment $\boldsymbol{\tau}^\mathrm{kr}$, das mit dem Moment der Gewichtskraft $\boldsymbol{\tau}_Q = m\,g\,b\,\boldsymbol{e}_{y0}$ aus (4.121) im Gleichgewicht ist. Die Geschwindigkeit $\boldsymbol{v}$ von nicht in der x_0, z_0-Ebene liegenden Massenelementen steht nicht senkrecht auf $\boldsymbol{\omega}_\mathrm{F}$, wodurch sich ihr Beitrag zum Kreiselmoment verringert. Massenelemente, die sich momentan in der x_0, y_0-Ebene befinden, tragen nicht zum Kreiselmoment bei.

Die Bewegung des Kreisels hängt von den Anfangsbedingungen ab. Ohne Beschränkung der Allgemeinheit soll sich die Figurenachse z_1 zum Anfangszeitpunkt entsprechend Abb. 4.16a in der x_0, z_0-Ebene befinden. Wird als Anfangsbedingung die Figurenachse an ihrem vom Fixpunkt entfernt liegenden Ende zunächst festgehalten, also $\omega_\mathrm{P} = 0$, so tritt kein Kreiselmoment auf. Wird die Achse nun losgelassen, so führt sie am Anfang eine kleine Fallbewegung aus, die einer Winkelgeschwindigkeit um die y_0-Achse entspricht. Nach dem in Abb. 4.17 beschriebenen Prinzip entsteht dadurch ein Kreiselmoment um die z_0-Achse, das eine Drehbeschleunigung der Figurenachse um die z_0-Achse hervorruft. Die Bahn des Endpunkts der Figurenachse hat deswegen im Anfangspunkt eine Spitze, die sich während der Bewegung periodisch wiederholt, siehe Abb. 4.18. Bei anderen Anfangsbedingungen treten auch wellen- oder schleifenförmige Bahnen auf. Die Präzessionsbewegung ist hier jeweils durch Nutationsbewegungen überlagert, welche der Lösung der homogenen EULERschen Kreiselgleichungen entsprechen, vgl. Abschn. 4.8.1.

Eine reine Präzessionsbewegung *(reguläre Präzession)*, bei der die Figurenachse z_1 auf einem Kreiskegel um die vertikale Achse z_0 umläuft, ist bei geeigneten Anfangsbedingungen möglich. Bei der in Abb. 4.16a dargestellten Anfangslage lauten die erforderlichen

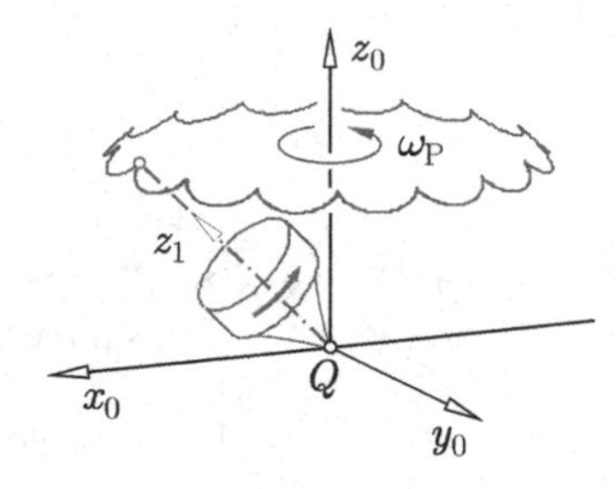

Abb. 4.18 Bewegung eines schweren symmetrischen Kreisels

Anfangswerte der Winkelgeschwindigkeitskomponenten im raumfesten System $\mathcal{K}_0$

$$\left.\begin{aligned} \omega_x(0) &= \omega_F \sin\theta, \\ \omega_y(0) &= 0, \\ \omega_z(0) &= \omega_F \cos\theta + \omega_P \qquad \text{mit} \qquad \omega_P = \frac{m\,g\,b}{C\,\omega_F}. \end{aligned}\right\} \tag{4.128}$$

5 Holonome Massenpunktsysteme

Die Bewegung eines mechanischen Systems wird i. Allg. durch *Bindungen* oder *Zwangsbedingungen* geometrisch beschränkt. Die Bindungen definieren die freien Raumrichtungen, in denen die Bewegung des Systems erfolgt, und die dazu orthogonalen, gesperrten Raumrichtungen, in denen Reaktionskräfte übertragen werden.

Die Formulierungen der Bewegungsgleichungen gebundener Systeme werden in diesem Kapitel für Massenpunktsysteme entwickelt. Gegenüber den Mehrkörpersystemen bleibt die Struktur der Bewegungsgleichungen erhalten. Die Darstellungen werden aber durch den Wegfall der rotatorischen Größen deutlich vereinfacht.

Ausgehend von einer Klassifizierung von Bindungen in Abschn. 5.1 werden in Abschn. 5.2 *holonome* Bindungen in impliziter und expliziter Darstellung formuliert. Für die Massenpunkte gelten die Impulssätze mit den eingeprägten Kräften und den Reaktionskräften, deren Wirkungsrichtungen gemäß der Prinzipien von D'ALEMBERT-LAGRANGE oder JOURDAIN durch die Bindungen festgelegt sind (Abschn. 5.3 bis 5.5). Daraus werden in Abschn. 5.6 zwei Formulierungen der Bewegungsgleichungen entwickelt: Differential-algebraische Gleichungen in den voneinander abhängigen Absolutkoordinaten der Massenpunkte und gewöhnliche Differentialgleichungen in voneinander unabhängigen Minimalkoordinaten. In Abschn. 5.7 werden die beiden Formulierungen an Beispielen gegenübergestellt.

Als weitere Methoden der analytischen Dynamik werden in Abschn. 5.8 das Prinzip des kleinsten Zwanges von GAUß, die LAGRANGE-Gleichungen zweiter Art und die kanonischen Gleichungen von HAMILTON behandelt. Auf die numerische Lösung der Bewegungsgleichungen wird in Abschn. 5.9 eingegangen.

5.1 Klassifizierung von Bindungen

Die Lage eines räumlichen Systems von n Massenpunkten m_i gemäß Abb. 5.1a wird beschrieben durch die Ortsvektoren der Massenpunkte

C. Woernle, *Mehrkörpersysteme,* https://doi.org/10.1007/978-3-662-64530-7_5

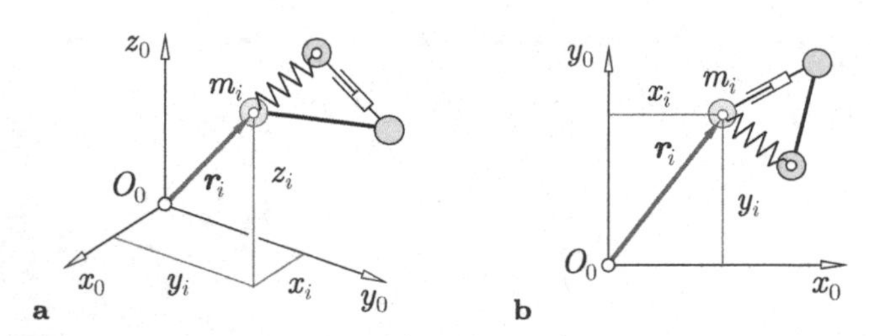

Abb. 5.1 Massenpunktsysteme. **a** Räumliches System. **b** Ebenes System

$$^0\boldsymbol{r}_i = \begin{bmatrix} x_i & y_i & z_i \end{bmatrix}^{\mathrm{T}}, \quad i = 1, \ldots, n. \tag{5.1}$$

Bei ebenen Massenpunktsystemen können zweidimensionale Ortsvektoren $^0\boldsymbol{r}_i = [\, x_i \;\; y_i \,]^{\mathrm{T}}$ entsprechend Abb. 5.1b verwendet werden. Der Koordinatenindex 0 wird im Folgenden weggelassen, wenn das System $\mathcal{K}_0$ als einziges Koordinatensystem betrachtet wird.

Bei *freien Massenpunktsystemen* können die Lagekoordinaten $\boldsymbol{r}_i$ aus geometrischer Sicht beliebige Werte annehmen. Bei *gebundenen Massenpunktsystemen* sind die Massenpunkte untereinander bzw. mit der Umgebung durch starre Lager und Gelenke verbunden, welche die Lagekoordinaten $\boldsymbol{r}_i$ durch *Bindungen* oder *Zwangsbedingungen* geometrisch beschränken.

Bindungen können nach jeweils einem der folgenden physikalischen Merkmale klassifiziert werden:

holonom – *nichtholonom (anholonom)*
skleronom – *rheonom*
geometrisch – *kinematisch*
zweiseitig – *einseitig.*

Ein weiteres Merkmal kennzeichnet die mathematische Form der Bindungen:

implizit – *explizit.*

Die Bedeutungen dieser Merkmale werden im Folgenden beschrieben.

5.1.1 Skleronome und rheonome holonome Bindungen

Holonome Bindungen (griechisch *hólos* – ganz(heitlich), *nómos* – Gesetz) beschränken geometrisch die Lagegrößen $\boldsymbol{r}_i$ der Massenpunkte. Sie repräsentieren ideale, d. h. unnachgiebige Gelenke, Lager oder Führungen. Holonome Bindungen haben die Formen

$$g(\boldsymbol{r}_1, \ldots, \boldsymbol{r}_n) = 0, \tag{5.2}$$

$$g(\boldsymbol{r}_1, \ldots, \boldsymbol{r}_n, t) = 0. \tag{5.3}$$

Bindungen der Form (5.2) hängen nicht explizit von der Zeit t ab und werden als *skleronom* (griechisch *sclerós* – starr) bezeichnet. Bindungen, die entsprechend (5.3) zeitlich veränderlich sind, heißen *rheonom* (griechisch *rhéo* – fließen). Die Menge der Lagekoordinaten $\boldsymbol{r}_1, \ldots, \boldsymbol{r}_n$, welche die Bindungen erfüllen, bildet eine *Mannigfaltigkeit* (GROCHE et al. [32]). Im Fall eines einzelnen Massenpunkts im Raum mit dem Ortsvektor $\boldsymbol{r} = [x \;\; y \;\; z]^{\mathrm{T}}$ und einer Bindung $g(\boldsymbol{r}) \equiv g(x, y, z) = 0$ entspricht die Mannigfaltigkeit einer Fläche im dreidimensionalen Raum. Bei skleronomen Bindungen ist die Mannigfaltigkeit zeitlich konstant. Bei rheonomen Bindungen ist die Mannigfaltigkeit in vorgegebener Weise zeitlich veränderlich.

Aus mathematischer Sicht sind die Bindungen (5.2) bzw. (5.3) implizite algebraische Gleichungen in den Lagegrößen $\boldsymbol{r}_i$ und werden daher hier als *implizite* Bindungen bezeichnet. Durch die Definition von Minimalkoordinaten können die geometrischen Bewegungsbeschränkungen auch mit Hilfe *expliziter* Bindungen formuliert werden, siehe Abschn. 5.2.3.

Da die holonomen Bindungen (5.2) bzw. (5.3) die Lagegrößen geometrisch beschränken, werden sie auch als *geometrische* Bindungen bezeichnet. Werden die geometrischen Bindungen nach der Zeit abgeleitet, so werden Bedingungen für die Geschwindigkeiten des Systems erhalten, die hier als *kinematische* Bindungen bezeichnet werden, siehe z. B. HILLER [41]. Die Begriffe geometrische und kinematische Bindung werden in der Literatur aber nicht einheitlich verwendet.

Nichtholonome Bindungen beschränken dagegen nur die Geschwindigkeit, nicht aber die Lage eines mechanischen Systems. Nichtholonome Bindungen werden in Kap. 8 behandelt.

Beispiel: Verladekran Das in Abb. 5.2 gezeigte einfache Modell eines Verladekrans besteht aus einer punktförmigen Lastmasse m, die durch eine an einer Laufkatze drehbar gelagerten starren Führungsstange (Länge l) getragen wird. Die Laufkatze wird durch einen ideal lagegeregelten Antriebsmotor gemäß einer vorgegebenen Zeitfunktion $u(t)$ in Richtung der horizontalen x_0-Achse verfahren.

Der Ortsvektor $\boldsymbol{r}$ der Lastmasse unterliegt zwei holonomen Bindungen:

- Wegen der starren Führungsstange weist die Lastmasse den konstanten Abstand l zur Laufkatze P auf,

$$\|\boldsymbol{r} - \boldsymbol{r}_P\| \stackrel{!}{=} l \quad \text{oder} \quad (\boldsymbol{r} - \boldsymbol{r}_P)^2 \stackrel{!}{=} l^2. \tag{5.4}$$

  Die quadratische Formulierung der Bindung vereinfacht die Berechnung der anschließend benötigten zeitlichen Ableitungen der Bindungsgleichung.
- Wegen der drehbaren Lagerung der Führungsstange an der Laufkatze kann sich die Lastmasse nur in der vertikalen x_0, y_0-Ebene bewegen. Damit muss der Vektor $\boldsymbol{r} - \boldsymbol{r}_P$ senkrecht auf dem Einheitsvektor $\boldsymbol{e}_{z0}$ der z_0-Achse stehen,

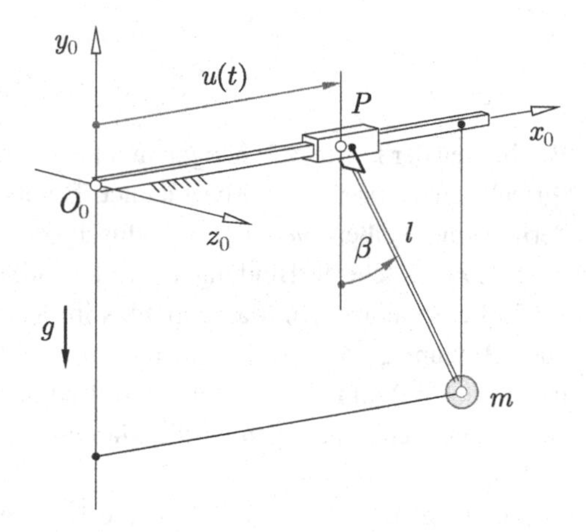

Abb. 5.2 Verladekran mit vorgegebener Bewegung der Laufkatze $u(t)$ und freier Lastpendelbewegung $\beta(t)$

$$e_{z0}^{\mathrm{T}}(\boldsymbol{r} - \boldsymbol{r}_P) \stackrel{!}{=} 0. \tag{5.5}$$

Die Bindungen (5.4) und (5.5) können in die Formen (5.3) bzw. (5.2) holonomer Bindungen überführt werden,

$$g_1(\boldsymbol{r}, t) \equiv (\boldsymbol{r} - \boldsymbol{r}_P)^2 - l^2 = 0\,, \tag{5.6}$$

$$g_2(\boldsymbol{r}) \equiv \boldsymbol{e}_{z0}^{\mathrm{T}}(\boldsymbol{r} - \boldsymbol{r}_P) = 0. \tag{5.7}$$

Mit den Vektorkoordinaten $\boldsymbol{r} = [\, x \quad y \quad z\,]^{\mathrm{T}}$ und $\boldsymbol{r}_P = [\, u \quad 0 \quad 0\,]^{\mathrm{T}}$ lauten sie

$$g_1(x, y, z, t) \equiv (x - u)^2 + y^2 + z^2 - l^2 = 0, \tag{5.8}$$

$$g_2(x, y, z) \equiv z = 0. \tag{5.9}$$

Die Bindung (5.8) ist rheonom, weil sie wegen der gegebenen Zeitfunktion $u(t)$ explizit von der Zeit t abhängt. Sie erzwingt die Bewegung von m auf der Oberfläche der Kugel um den Punkt P mit dem Radius l, siehe Abb. 5.3. Die Bindung (5.9) ist dagegen zeitlich konstant und daher skleronom. Sie erzwingt die Bewegung von m in der x_0, y_0-Ebene. Der Massenpunkt m kann sich damit nur noch auf dem Schnittkreis der beiden Flächen mit dem Mittelpunkt P und dem Radius l in der x_0, y_0-Ebene frei bewegen. Dieser Kreis ist die durch das System der Bindungen (5.8) und (5.9) definierte Bindungs-Mannigfaltigkeit. Sie bewegt sich mit dem vorgegebenen Bewegungsgesetz $u(t)$ der Laufkatze in der x_0-Richtung und ist damit zeitlich veränderlich (zeitvariant).

Bei skleronomen holonomen Bindungen ist die Bindungs-Mannigfaltigkeit dagegen zeitlich konstant (zeitinvariant). Im betrachteten Beispiel liegt dieser Fall vor, wenn die Laufkatze nicht bewegt wird, also die Verschiebung u konstant ist. Die Bindung (5.8) hängt dann nicht mehr explizit von der Zeit ab und ist ebenfalls skleronom. □

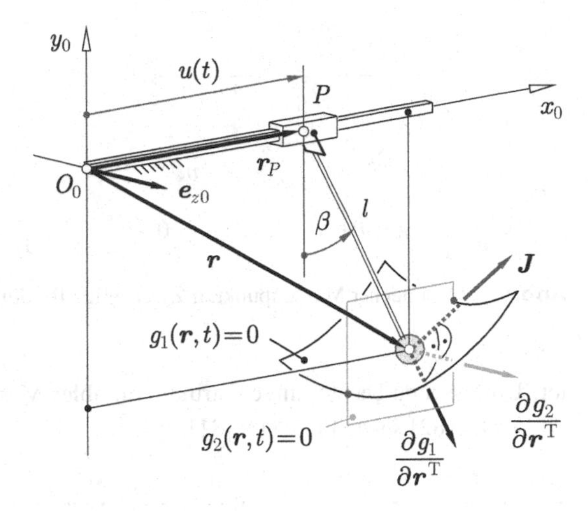

Abb. 5.3 Bindungsflächen $g_1(\boldsymbol{r}, t) = 0$ und $g_2(\boldsymbol{r}, t) = 0$ für den Massenpunkt im Beispiel aus Abb. 5.2

5.1.2 Zweiseitige und einseitige holonome Bindungen

Die Bindungen (5.8) und (5.9) sind *zweiseitige* holonome Bindungen. Dies bedeutet, dass das System die Bindungsflächen nach keiner Seite hin verlassen kann. Bei *einseitigen* holonomen Bindungen kann das System die Bindungsflächen nach einer Seite hin verlassen. Einseitige holonome Bindungen werden allgemein durch *Ungleichungen* der Formen

$$g(\boldsymbol{r}_1, \ldots, \boldsymbol{r}_n) \geq 0 \qquad \text{einseitige skleronome holonome Bindung,} \tag{5.10}$$

$$g(\boldsymbol{r}_1, \ldots, \boldsymbol{r}_n, t) \geq 0 \qquad \text{einseitige rheonome holonome Bindung} \tag{5.11}$$

beschrieben. Wird eine einseitige Bindung in der Form $g \leq 0$ aufgestellt, so kann sie durch Multiplikation mit -1 stets auf die Form (5.10) bzw. (5.11) gebracht werden.

Als ein Beispiel zeigt Abb. 5.4 zwei Ausführungen eines ebenen Massenpunktpendels (Pendellänge l). Der Massenpunkt m hat die Lagekoordinaten $\boldsymbol{r} = [x \quad y]^{\mathrm{T}}$. Ist der Massenpunkt durch einen starren Stab geführt, so kann er die Bindungs-Mannigfaltigkeit $g(x, y) = 0$, hier der Kreis um O mit dem Radius l, nicht verlassen. Es liegt eine zweiseitige holonome Bindung vor.

Ist der Massenpunkt dagegen durch einen undehnbaren Faden gefesselt, so kann er die Bindungs-Mannigfaltigkeit $g(x, y) = 0$ nach innen verlassen. Es liegt eine einseitige holonome Bindung vor. Die Bindung ist nur wirksam (aktiv), wenn der Faden straff gespannt ist; andernfalls ist die Bindung nicht wirksam (inaktiv). Es liegt ein *strukturvariables System* vor. Beim Übergang von der inaktiven zur aktiven Bindung tritt i. Allg. ein *Stoß* auf.

Mit einseitigen Bindungen können Kontaktvorgänge an starren Oberflächen, wie z. B. starre Lager mit Spiel oder der spielbehaftete Eingriff zweier Zahnräder, modelliert werden. Systeme mit einseitigen Bindungen werden im vorliegenden Buch nicht betrach-

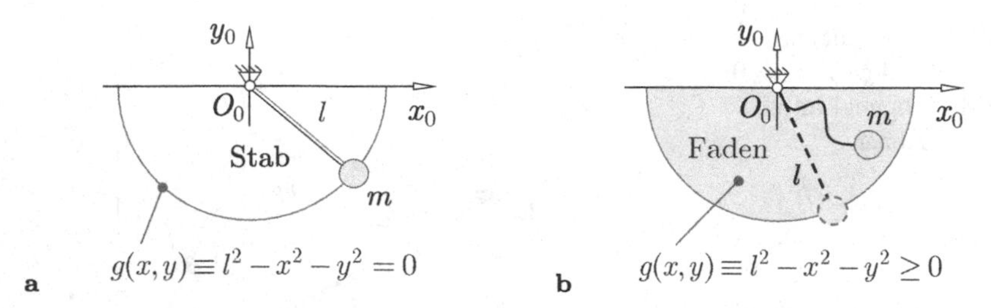

Abb. 5.4 Gebundener Massenpunkt. **a** Zweiseitige Bindung. **b** Einseitige Bindung

tet. Umfassende Darstellungen strukturvariabler Mehrkörpersysteme geben PFEIFFER und GLOCKER [82] sowie PFEIFFER [81].

5.2 Holonome Bindungen in Massenpunktsystemen

Holonome Systeme besitzen ausschließlich holonome Bindungen. Die holonomen Bindungen beschränken nicht nur die Lagegrößen, sondern auch deren zeitliche Ableitungen. Da im Impuls- und Drallsatz die Beschleunigungen auftreten, werden die Bindungen auch für die Geschwindigkeiten und die Beschleunigungen aufgestellt. Neben den bereits eingeführten impliziten holonomen Bindungen werden explizite holonome Bindungen definiert, welche die Lagegrößen und deren zeitliche Ableitungen durch voneinander unabhängige Koordinaten ausdrücken.

5.2.1 Implizite holonome Bindungen

Die impliziten holonomen Bindungen werden auf Lage-, Geschwindigkeits- und Beschleunigungsebene formuliert.

Implizite Bindungen auf Lageebene Betrachtet wird ein räumliches System mit n Massenpunkten mit den $3n$ Lagekoordinaten $\boldsymbol{r}_i,\ i = 1, \ldots, n$, die $b < 3n$ holonomen, i. Allg. rheonomen impliziten Bindungen der Form (5.3) unterliegen,

$$\begin{bmatrix} g_1(\boldsymbol{r}_1, \ldots, \boldsymbol{r}_n, t) \\ \vdots \\ g_b(\boldsymbol{r}_1, \ldots, \boldsymbol{r}_n, t) \end{bmatrix} = \begin{bmatrix} 0 \\ \vdots \\ 0 \end{bmatrix} \qquad (5.12)$$

$$\boldsymbol{g}(\boldsymbol{r}, t) = \boldsymbol{0}\,.$$

In der Schreibweise $\boldsymbol{g}(\boldsymbol{r}, t) = \boldsymbol{0}$ sind die Ortsvektoren $\boldsymbol{r}_i$ im globalen $3n$-Vektor

$$\boldsymbol{r} = \begin{bmatrix} \boldsymbol{r}_1 \\ \vdots \\ \boldsymbol{r}_n \end{bmatrix} \tag{5.13}$$

zusammengefasst, der die Lage oder Konfiguration des Massenpunktsystems beschreibt. Die Bindungen (5.12) bilden ein unterbestimmtes nichtlineares System von b Gleichungen in den $3n > b$ Lagekoordinaten $\boldsymbol{r}$. Die Menge der $3n$ Lagekoordinaten $\boldsymbol{r}$, welche die Bindungen (5.12) erfüllen, bildet die Bindungs-Mannigfaltigkeit, die im Fall voneinander unabhängiger Bindungen die Dimension $3n - b$ aufweist. Bei ebenen Massenpunktsystemen entsprechend Abb. 5.1b hat $\boldsymbol{r}$ die Dimension $2n$.

Implizite Bindungen auf Geschwindigkeitsebene Die Bindungen auf Geschwindigkeitsebene werden durch die zeitliche Ableitung der Lagebindungen (5.12) erhalten. Mit der Matrizenschreibweise vektorieller Ableitungen gemäß (6) gilt

$$\dot{\boldsymbol{g}} \equiv \sum_{i=1}^{n} \frac{\partial \boldsymbol{g}(\boldsymbol{r}, t)}{\partial \boldsymbol{r}_i} \dot{\boldsymbol{r}}_i + \frac{\partial \boldsymbol{g}(\boldsymbol{r}, t)}{\partial t} = \boldsymbol{0} \tag{5.14}$$

oder mit den Geschwindigkeiten der Massenpunkte $\boldsymbol{v}_i = \dot{\boldsymbol{r}}_i$

$$\dot{\boldsymbol{g}} \equiv \sum_{i=1}^{n} \boldsymbol{G}_i(\boldsymbol{r}, t)\, \boldsymbol{v}_i + \bar{\boldsymbol{\gamma}}(\boldsymbol{r}, t) = \boldsymbol{0}. \tag{5.15}$$

Die $(b,3)$-Funktionalmatrizen (JACOBI-Matrizen[1]) $\boldsymbol{G}_i$ werden jetzt als die *Bindungsmatrizen* des i-ten Massenpunkts bezeichnet. Mit den Koordinaten x_i, y_i, z_i der Ortsvektoren $\boldsymbol{r}_i$ im raumfesten System $\mathcal{K}_0$ lauten sie

$$\boldsymbol{G}_i = \frac{\partial \boldsymbol{g}}{\partial \boldsymbol{r}_i} = \begin{bmatrix} \dfrac{\partial g_1}{\partial \boldsymbol{r}_i} \\ \vdots \\ \dfrac{\partial g_b}{\partial \boldsymbol{r}_i} \end{bmatrix} = \begin{bmatrix} \dfrac{\partial g_1}{\partial x_i} & \dfrac{\partial g_1}{\partial y_i} & \dfrac{\partial g_1}{\partial z_i} \\ \vdots & \vdots & \vdots \\ \dfrac{\partial g_b}{\partial x_i} & \dfrac{\partial g_b}{\partial y_i} & \dfrac{\partial g_b}{\partial z_i} \end{bmatrix}. \tag{5.16}$$

Der b-Vektor der partiellen Zeitableitungen

$$\bar{\boldsymbol{\gamma}} = \frac{\partial \boldsymbol{g}}{\partial t} = \begin{bmatrix} \dfrac{\partial g_1}{\partial t} & \dots & \dfrac{\partial g_b}{\partial t} \end{bmatrix}^{\mathrm{T}} \tag{5.17}$$

tritt nur bei rheonomen Bindungen auf. In Blockmatrizendarstellung lauten die Bindungen (5.15)

[1] CARL GUSTAV JACOB JACOBI, *1804 in Potsdam, †1851 in Berlin.

$$\begin{aligned}\dot{\boldsymbol{g}} \equiv \left[\, \boldsymbol{G}_1(\boldsymbol{r},t) \ldots \boldsymbol{G}_n(\boldsymbol{r},t) \,\right] & \begin{bmatrix} \boldsymbol{v}_1 \\ \vdots \\ \boldsymbol{v}_n \end{bmatrix} + \bar{\boldsymbol{\gamma}}(\boldsymbol{r},t) = \mathbf{0} \\ \boldsymbol{G}(\boldsymbol{r},t) \qquad\qquad & \quad \boldsymbol{v} \quad + \bar{\boldsymbol{\gamma}}(\boldsymbol{r},t) = \mathbf{0}\end{aligned} \tag{5.18}$$

mit mit dem globalen $3n$-Vektor der Geschwindigkeiten $\boldsymbol{v} = \dot{\boldsymbol{r}}$ und der globalen $(b{,}3n)$-Bindungsmatrix

$$\boldsymbol{G} = \frac{\partial \boldsymbol{g}}{\partial \boldsymbol{r}} = \left[\frac{\partial \boldsymbol{g}}{\partial \boldsymbol{r}_1} \quad \ldots \quad \frac{\partial \boldsymbol{g}}{\partial \boldsymbol{r}_n} \right] = \left[\, \boldsymbol{G}_1 \ldots \boldsymbol{G}_n \,\right]. \tag{5.19}$$

Der Rang der globalen Bindungsmatrix $\mathrm{r}(\boldsymbol{G})$ entspricht der Anzahl voneinander unabhängiger Bindungen. Bei vollem Rang $\mathrm{r}(\boldsymbol{G}) = b$ sind alle b Bindungen voneinander unabhängig.

Implizite Bindungen auf Beschleunigungsebene Die zeitliche Ableitung der Geschwindigkeitsbindungen (5.18) führt auf die Bindungen auf Beschleunigungsebene

$$\ddot{\boldsymbol{g}} \equiv \boldsymbol{G}(\boldsymbol{r},t)\,\boldsymbol{a} + \bar{\bar{\boldsymbol{\gamma}}}(\boldsymbol{r},\boldsymbol{v},t) = \mathbf{0} \tag{5.20}$$

mit dem globalen $3n$-Vektor der Beschleunigungen $\boldsymbol{a} = \dot{\boldsymbol{v}}$ und dem nicht von $\boldsymbol{a}$ abhängenden b-Vektor

$$\bar{\bar{\boldsymbol{\gamma}}} = \frac{\mathrm{d}\boldsymbol{G}(\boldsymbol{r},t)}{\mathrm{d}t}\,\boldsymbol{v} + \frac{\mathrm{d}\bar{\boldsymbol{\gamma}}(\boldsymbol{r},t)}{\mathrm{d}t}. \tag{5.21}$$

Beispiel: Verladekran Mit dem Lagevektor $\boldsymbol{r} = [\,x \quad y\; z\,]^{\mathrm{T}}$ lauten die impliziten Bindungen (5.8) und (5.9)

$$\begin{aligned}\begin{bmatrix} (x-u)^2 + y^2 + z^2 - l^2 \\ z \end{bmatrix} &= \begin{bmatrix} 0 \\ 0 \end{bmatrix} \\ \boldsymbol{g}(\boldsymbol{r},t) \qquad\qquad &= \mathbf{0}.\end{aligned} \tag{5.22}$$

Die Zeitableitung von (5.22) liefert die impliziten Bindungen auf Geschwindigkeitsebene

$$\begin{aligned}\begin{bmatrix} 2(x-u) & 2y & 2z \\ 0 & 0 & 1 \end{bmatrix} \begin{bmatrix} \dot{x} \\ \dot{y} \\ \dot{z} \end{bmatrix} + \begin{bmatrix} -2(x-u)\,\dot{u} \\ 0 \end{bmatrix} &= \begin{bmatrix} 0 \\ 0 \end{bmatrix} \\ \boldsymbol{G}(\boldsymbol{r},t) \qquad\qquad \boldsymbol{v} \quad + \quad \bar{\boldsymbol{\gamma}}(\boldsymbol{r},t) \qquad &= \mathbf{0}\,.\end{aligned} \tag{5.23}$$

Die Bindungs-Mannigfaltigkeit $\boldsymbol{g}(\boldsymbol{r},t) = \mathbf{0}$ aus (5.22) besitzt in jedem Punkt $\boldsymbol{r}$ einen eindimensionalen Tangentialraum, welcher der Tangente an den Kreis um P entspricht. Die transponierten Zeilenvektoren der Bindungsmatrix $\boldsymbol{G}$ sind die Normalenvektoren der beiden durch (5.22) definierten Bindungsflächen. Sie stehen senkrecht auf dem Tangentialraum, siehe Abb. 5.3.

Die Zeitableitung von (5.23) liefert die impliziten Bindungen auf Beschleunigungsebene

$$\underbrace{\begin{bmatrix} 2(x-u) & 2y & 2z \\ 0 & 0 & 1 \end{bmatrix}}_{\boldsymbol{G}(\boldsymbol{r},t)} \underbrace{\begin{bmatrix} \ddot{x} \\ \ddot{y} \\ \ddot{z} \end{bmatrix}}_{\boldsymbol{a}} + \underbrace{2\begin{bmatrix} (\dot{x}-\dot{u})^2 + \dot{y}^2 + \dot{z}^2 - (x-u)\,\ddot{u} \\ 0 \end{bmatrix}}_{\bar{\bar{\boldsymbol{\gamma}}}(\boldsymbol{r},\boldsymbol{v},t)} = \underbrace{\begin{bmatrix} 0 \\ 0 \end{bmatrix}}_{\boldsymbol{0}} \tag{5.24}$$

□

5.2.2 Freiheitsgrad und Minimalkoordinaten

Der Freiheitsgrad f eines holonomen Systems ist gleich der Anzahl der voneinander unabhängigen Lagegrößen. Ein räumliches System mit n Massenpunkten, die keinen Bindungen unterliegen, besitzt wegen der jeweils drei unabhängigen Lagegrößen jedes Massenpunkts den Freiheitsgrad $f = 3\,n$. Liegen b voneinander unabhängige holonome Bindungen vor, so wird die Anzahl der unabhängigen Lagegrößen um b verringert, und der Freiheitsgrad des Systems beträgt

$$f = 3\,n - b. \tag{5.25}$$

Im Beispiel aus Abb. 5.2 ist $n = 1$ und $b = 2$, und es gilt mit (5.25) $f = 1$.

Bei einem ebenen Massenpunktsystem entsprechend Abb. 5.1b mit jeweils zwei unabhängigen Lagekoordinaten der Massenpunkte in der Ebene beträgt der Freiheitsgrad

$$f = 2\,n - b. \tag{5.26}$$

Hierbei ist b die Anzahl unabhängiger Bindungen, welche die Bewegungen der Massenpunkte in der Ebene beschränken. Die Bindungen, welche die Bewegungungen in der Ebene erzwingen, sind bereits in der Vorgabe von nur zwei Lagekoordinaten je Massenpunkt berücksichtigt und werden in (5.26) nicht gezählt.

Beispiel: Verladekran Wird der Verladekran in Abb. 5.3 als ein ebenes Massenpunktsystem mit den Lagekoordinaten $\boldsymbol{r} = [\,x \quad y\,]^{\mathrm{T}}$ betrachtet, so wird die Bindung (5.9) nicht berücksichtigt. □

Die Lage eines holonomen Systems mit dem Freiheitsgrad f wird durch f voneinander unabhängige Koordinaten, die *Minimalkoordinaten*

$$\boldsymbol{q} = \begin{bmatrix} q_1 \ldots q_f \end{bmatrix}^{\mathrm{T}} \tag{5.27}$$

beschrieben. Die Minimalkoordinaten q_i können Verschiebungen oder Winkel sein. Sie müssen die Lage des Systems eindeutig beschreiben. Die Minimalkoordinaten werden auch als verallgemeinerte Koordinaten bezeichnet. In der Literatur ist diese Benennung aber uneinheitlich und wird auch für voneinander abhängige Koordinaten verwendet.

Tab. 5.1 Zur Definition von Minimalkoordinaten eines Doppelpendels ($f = 2$)

zulässige Definitionen		unzulässige Definitionen	
Absolutwinkel	Relativwinkel	q_1, q_2 nicht eindeutig	q_1, q_2 nicht unabhängig

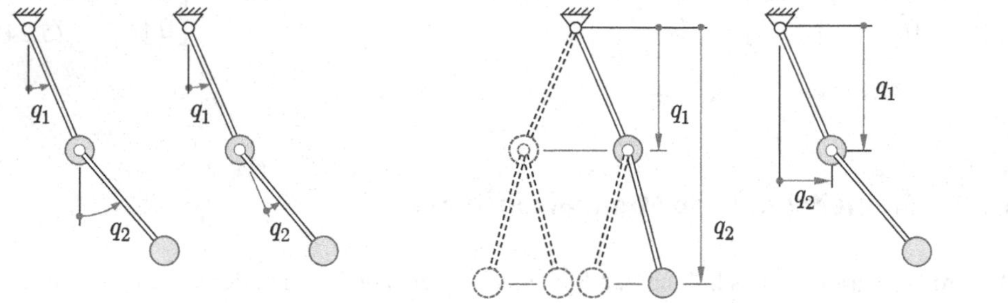

Beispiel: Doppelpendel Das in Tab. 5.1 gezeigte doppelte Massenpunktpendel mit $n = 2$ Massenpunkten und $b = 2$ holonomen Bindungen hat gemäß (5.26) den Freiheitsgrad $f = 2$. Seine Lage wird durch $f = 2$ Minimalkoordinaten q_1, q_2 beschrieben. Zulässige Minimalkoordinaten sind z. B. die absoluten Drehwinkel der Stäbe oder die relativen Drehwinkel, nicht jedoch Koordinaten, die keine eindeutige Lagebeschreibung liefern oder voneinander abhängig sind. □

5.2.3 Explizite holonome Bindungen

Die expliziten holonomen Bindungen drücken die Bewegungsgrößen in Abhängigkeit von den Minimalkoordinaten und deren Zeitableitungen aus.

Explizite Bindungen auf Lageebene Die expliziten Bindungen auf Lageebene stellen die $3n$ Lagegrößen $\boldsymbol{r}$ des Massenpunktsystems als Funktionen der $f = 3n - b$ Minimalkoordinaten $\boldsymbol{q}$ und bei rheonomen Systemen zusätzlich von der Zeit t dar,

$$\begin{bmatrix} \boldsymbol{r}_1 \\ \vdots \\ \boldsymbol{r}_n \end{bmatrix} = \begin{bmatrix} \boldsymbol{r}_1(\boldsymbol{q}, t) \\ \vdots \\ \boldsymbol{r}_n(\boldsymbol{q}, t) \end{bmatrix}$$
$$\boldsymbol{r} = \boldsymbol{r}(\boldsymbol{q}, t). \tag{5.28}$$

Die expliziten Bindungen (5.28) erfüllen für beliebige $\boldsymbol{q}$ und t die impliziten Bindungen (5.12). Explizite skleronome Bindungen lauten $\boldsymbol{r} = \boldsymbol{r}(\boldsymbol{q})$.

Explizite Bindungen auf Geschwindigkeitsebene Die zeitliche Ableitung der expliziten Lagebindungen (5.28) ergibt die Geschwindigkeiten der Massenpunkte

$$\dot{\boldsymbol{r}}_i = \sum_{j=1}^{f} \frac{\partial \boldsymbol{r}_i(\boldsymbol{q},t)}{\partial q_j}\dot{q}_j + \frac{\partial \boldsymbol{r}_i(\boldsymbol{q},t)}{\partial t} = \frac{\partial \boldsymbol{r}_i(\boldsymbol{q},t)}{\partial \boldsymbol{q}}\dot{\boldsymbol{q}} + \frac{\partial \boldsymbol{r}_i(\boldsymbol{q},t)}{\partial t} \tag{5.29}$$

oder

$$\boldsymbol{v}_i = \boldsymbol{J}_i(\boldsymbol{q},t)\,\dot{\boldsymbol{q}} + \bar{\boldsymbol{v}}_i(\boldsymbol{q},t), \quad i = 1,\ldots,n. \tag{5.30}$$

Die $(3,f)$-Funktionalmatrizen

$$\boldsymbol{J}_i = \frac{\partial \boldsymbol{r}_i}{\partial \boldsymbol{q}} = \begin{bmatrix} \frac{\partial \boldsymbol{r}_i}{\partial q_1} & \ldots & \frac{\partial \boldsymbol{r}_i}{\partial q_f} \end{bmatrix} = \begin{bmatrix} \frac{\partial x_i}{\partial q_1} & \ldots & \frac{\partial x_i}{\partial q_f} \\ \frac{\partial y_i}{\partial q_1} & \ldots & \frac{\partial y_i}{\partial q_f} \\ \frac{\partial z_i}{\partial q_1} & \ldots & \frac{\partial z_i}{\partial q_f} \end{bmatrix} \tag{5.31}$$

werden jetzt als die JACOBI-Matrizen der expliziten Bindungen $\boldsymbol{r}_i = \boldsymbol{r}_i(\boldsymbol{q},t)$ der Massenpunkte aus (5.28) bezeichnet. Zur Unterscheidung wurden die JACOBI-Matrizen der impliziten Bindungen $\boldsymbol{G}_i$ in (5.19) als Bindungsmatrizen bezeichnet. Die nicht von $\dot{\boldsymbol{q}}$ abhängenden b-Vektoren der partiellen Zeitableitungen

$$\bar{\boldsymbol{v}}_i = \frac{\partial \boldsymbol{r}_i}{\partial t} = \begin{bmatrix} \frac{\partial x_i}{\partial t} & \frac{\partial y_i}{\partial t} & \frac{\partial z_i}{\partial t} \end{bmatrix}^{\mathrm{T}} \tag{5.32}$$

treten nur bei rheonomen Bindungen auf.

Die expliziten Geschwindigkeitsbindungen (5.30) lauten in Blockmatrizenschreibweise

$$\begin{bmatrix} \boldsymbol{v}_1 \\ \vdots \\ \boldsymbol{v}_n \end{bmatrix} = \begin{bmatrix} \boldsymbol{J}_1(\boldsymbol{q},t) \\ \vdots \\ \boldsymbol{J}_n(\boldsymbol{q},t) \end{bmatrix} \dot{\boldsymbol{q}} + \begin{bmatrix} \bar{\boldsymbol{v}}_1(\boldsymbol{q},t) \\ \vdots \\ \bar{\boldsymbol{v}}_n(\boldsymbol{q},t) \end{bmatrix}$$
$$\boldsymbol{v} = \boldsymbol{J}(\boldsymbol{q},t)\;\dot{\boldsymbol{q}} + \bar{\boldsymbol{v}}(\boldsymbol{q},t) \tag{5.33}$$

mit der globalen $(3n,f)$-JACOBI-Matrix $\boldsymbol{J}$ und dem nicht von $\dot{\boldsymbol{q}}$ abhängenden b-Vektor $\bar{\boldsymbol{v}}$.

Orthogonalität der freien und gesperrten Raumrichtungen Die impliziten und expliziten Bindungen auf Geschwindigkeitsebene (5.18) und (5.33) können geometrisch wie folgt interpretiert werden:

- Die transponierten $3n$-Zeilenvektoren der $(b,3n)$-Bindungsmatrix $\boldsymbol{G}$ in (5.18)

$$\left(\frac{\partial g_i}{\partial \boldsymbol{r}}\right)^{\mathrm{T}} = \begin{bmatrix} \frac{\partial g_i}{\partial \boldsymbol{r}_1} & \ldots & \frac{\partial g_i}{\partial \boldsymbol{r}_n} \end{bmatrix}^{\mathrm{T}}, \quad i = 1,\ldots,b, \tag{5.34}$$

  vgl. (5.19), kennzeichnen die durch die i-te Bindung $g_i(\boldsymbol{r},t) = 0$ *gesperrte* Richtung im Raum der Lagekoordinaten $\boldsymbol{r}$.

- Die $3n$-Spaltenvektoren der $(3n, f)$-JACOBI-Matrix $\boldsymbol{J}$ in (5.33)

$$\frac{\partial \boldsymbol{r}}{\partial q_j} = \begin{bmatrix} \dfrac{\partial \boldsymbol{r}_1}{\partial q_j} \\ \vdots \\ \dfrac{\partial \boldsymbol{r}_n}{\partial q_j} \end{bmatrix}, \quad j = 1, \ldots, f, \tag{5.35}$$

  vgl. (5.31), kennzeichnen die *freien* Richtungen im Raum der Lagekoordinaten $\boldsymbol{r}$, die im *Tangentialraum* der Bindungs-Mannigfaltigkeit $\boldsymbol{g}(\boldsymbol{r}, t) = \boldsymbol{0}$ liegen.
- Die expliziten Bindungen (5.33) sind Lösungen des unterbestimmten linearen Gleichungssystems der impliziten Bindungen (5.18). Einsetzen von $\boldsymbol{v}$ aus (5.33) in (5.18) ergibt

$$\boldsymbol{G}\,(\boldsymbol{J}\,\dot{\boldsymbol{q}} + \bar{\boldsymbol{v}}) + \bar{\boldsymbol{\gamma}} = \boldsymbol{0} \qquad \text{oder} \qquad \boldsymbol{G}\,\boldsymbol{J}\dot{\boldsymbol{q}} + (\boldsymbol{G}\,\bar{\boldsymbol{v}} + \bar{\boldsymbol{\gamma}}) = \boldsymbol{0}. \tag{5.36}$$

  Bei gegebener Lage $\boldsymbol{q}$ und Zeit t ist (5.36) für beliebige Werte der unabhängigen Geschwindigkeiten $\dot{\boldsymbol{q}}$ erfüllt. Damit verschwinden die Terme $\boldsymbol{G}\,\boldsymbol{J}$ und $\boldsymbol{G}\,\bar{\boldsymbol{v}} + \bar{\boldsymbol{\gamma}}$ jeweils für sich,

$$\boldsymbol{G}\,\boldsymbol{J} = \boldsymbol{0} \qquad \text{oder} \qquad \sum_{i=1}^{n} \boldsymbol{G}_i\,\boldsymbol{J}_i = \boldsymbol{0}, \tag{5.37}$$

$$\boldsymbol{G}\,\bar{\boldsymbol{v}} + \bar{\boldsymbol{\gamma}} = \boldsymbol{0} \qquad \text{oder} \qquad \sum_{i=1}^{n} \boldsymbol{G}_i\,\bar{\boldsymbol{v}}_i + \bar{\boldsymbol{\gamma}} = \boldsymbol{0}. \tag{5.38}$$

  Gleichung (5.37) ist die *Orthogonalitätsbeziehung* zwischen den freien und gesperrten Raumrichtungen: Die f Spaltenvektoren der $(3n, f)$-JACOBI-Matrix $\boldsymbol{J}$ stehen jeweils senkrecht auf den b Zeilenvektoren der $(b, 3n)$-Bindungsmatrix $\boldsymbol{G}$. Die Spaltenvektoren spannen den *Nullraum* oder *Kern* von $\boldsymbol{G}$ auf. Sind die b Bindungen voneinander unabhängig, also $\mathrm{r}(\boldsymbol{G}) = b$, so hat der Nullraum die Dimension $f = 3n - b$. Er entspricht dem f-dimensionalen Tangentialraum der Bindungs-Mannigfaltigkeit $\boldsymbol{g}(\boldsymbol{r}, t) = \boldsymbol{0}$ im Punkt $\boldsymbol{r}$. Der Zusammenhang (5.38) tritt nur bei rheonomen System auf.

Explizite Bindungen auf Beschleunigungsebene Die expliziten Bindungen auf Beschleunigungsebene werden durch die zeitliche Ableitung der expliziten Geschwindigkeitsbindungen (5.30) erhalten,

$$\dot{\boldsymbol{v}}_i \equiv \boldsymbol{a}_i = \boldsymbol{J}_i(\boldsymbol{q}, t)\,\ddot{\boldsymbol{q}} + \bar{\boldsymbol{a}}_i(\boldsymbol{q}, \dot{\boldsymbol{q}}, t), \quad i = 1, \ldots, n, \tag{5.39}$$

mit den nicht von $\ddot{\boldsymbol{q}}$ abhängenden Vektoren

$$\bar{\boldsymbol{a}}_i = \frac{\mathrm{d}\boldsymbol{J}_i}{\mathrm{d}t}\,\dot{\boldsymbol{q}} + \frac{\mathrm{d}\bar{\boldsymbol{v}}_i}{\mathrm{d}t}. \tag{5.40}$$

Das Gesamtsystem der expliziten Beschleunigungsbindungen (5.39) lautet

$$\begin{bmatrix} \boldsymbol{a}_1 \\ \vdots \\ \boldsymbol{a}_n \end{bmatrix} = \begin{bmatrix} \boldsymbol{J}_1(\boldsymbol{q},t) \\ \vdots \\ \boldsymbol{J}_n(\boldsymbol{q},t) \end{bmatrix} \ddot{\boldsymbol{q}} + \begin{bmatrix} \bar{\boldsymbol{a}}_1(\boldsymbol{q},\dot{\boldsymbol{q}},t) \\ \vdots \\ \bar{\boldsymbol{a}}_n(\boldsymbol{q},\dot{\boldsymbol{q}},t) \end{bmatrix}$$
$$\boldsymbol{a} = \boldsymbol{J}(\boldsymbol{q},t) \ \ddot{\boldsymbol{q}} + \bar{\boldsymbol{a}}(\boldsymbol{q},\dot{\boldsymbol{q}},t). \tag{5.41}$$

Die expliziten Beschleunigungsbindungen (5.41) erfüllen für beliebige $\dot{\boldsymbol{q}}$, $\boldsymbol{q}$, $\ddot{\boldsymbol{q}}$ und t die impliziten Beschleunigungsbindungen (5.20), also

$$\boldsymbol{G}\,(\boldsymbol{J}\,\ddot{\boldsymbol{q}} + \bar{\boldsymbol{a}}) + \bar{\bar{\boldsymbol{\gamma}}} = \boldsymbol{0} \quad \text{oder} \quad \boldsymbol{G}\,\boldsymbol{J}\ddot{\boldsymbol{q}} + (\boldsymbol{G}\,\bar{\boldsymbol{a}} + \bar{\bar{\boldsymbol{\gamma}}}) = \boldsymbol{0}. \tag{5.42}$$

Neben der Orthogonalität $\boldsymbol{G}\,\boldsymbol{J} = \boldsymbol{0}$ gilt damit der Zusammenhang

$$\boldsymbol{G}\,\bar{\boldsymbol{a}} + \bar{\bar{\boldsymbol{\gamma}}} = \boldsymbol{0} \quad \text{oder} \quad \sum_{i=1}^{n} \boldsymbol{G}_i\,\bar{\boldsymbol{a}}_i + \bar{\bar{\boldsymbol{\gamma}}} = \boldsymbol{0}. \tag{5.43}$$

Beispiel: Verladekran Als die Minimalkoordinate des Verladekrans wird der Pendelwinkel $q = \beta$ definiert (Abb. 5.2). Die expliziten Bindungen des Massenpunkts auf Lageebene lauten dann

$$\begin{bmatrix} x \\ y \\ z \end{bmatrix} = \begin{bmatrix} u + l\,\sin\beta \\ -l\,\cos\beta \\ 0 \end{bmatrix}$$
$$\boldsymbol{r} = \boldsymbol{r}(q,t). \tag{5.44}$$

Die Zeitableitung von (5.44) liefert unter Berücksichtigung der gegebenen Zeitfunktion $u(t)$ die expliziten Bindungen auf Geschwindigkeitsebene

$$\begin{bmatrix} \dot{x} \\ \dot{y} \\ \dot{z} \end{bmatrix} = \begin{bmatrix} l\,\cos\beta \\ l\,\sin\beta \\ 0 \end{bmatrix} \dot{\beta} + \begin{bmatrix} \dot{u} \\ 0 \\ 0 \end{bmatrix}$$
$$\boldsymbol{v} = \boldsymbol{J}(q) \quad \dot{q} + \bar{\boldsymbol{v}}(t)\,. \tag{5.45}$$

Der Spaltenvektor der JACOBI-Matrix $\boldsymbol{J}$ ist ein Basisvektor des hier eindimensionalen Tangentialraums der Bindungsmannigfaltigkeit, siehe Abb. 5.3. Einsetzen der expliziten Bindungen (5.44) und (5.45) in die implizite Geschwindigkeitsbindung (5.23) zeigt, dass die Orthogonalität $\boldsymbol{G}\,\boldsymbol{J} = \boldsymbol{0}$ und die Beziehung $\boldsymbol{G}\,\bar{\boldsymbol{v}} + \bar{\boldsymbol{\gamma}} = \boldsymbol{0}$ erfüllt sind. In dem Beispiel treten in $\boldsymbol{J}$ und $\bar{\boldsymbol{v}}$ nicht alle allgemein möglichen funktionalen Abhängigkeiten auf.

Die Zeitableitung von (5.45) ergibt die expliziten Bindungen auf Beschleunigungsebene

$$\begin{bmatrix} \ddot{x} \\ \ddot{y} \\ \ddot{z} \end{bmatrix} = \begin{bmatrix} l\,\cos\beta \\ l\,\sin\beta \\ 0 \end{bmatrix} \ddot{\beta} + \begin{bmatrix} \ddot{u} - l\,\sin\beta\,\dot{\beta}^2 \\ l\,\cos\beta\,\dot{\beta}^2 \\ 0 \end{bmatrix}$$
$$\boldsymbol{a} = \boldsymbol{J}(q) \quad \ddot{q} + \bar{\boldsymbol{a}}(q,\dot{q},t). \tag{5.46}$$

Tab. 5.2 Holonome Bindungen in Massenpunktsystemen, Lage (L), Geschwindigkeit (G), Beschleunigung (B)

	Implizite Bindungen	Explizite Bindungen (Minimalkoordinaten $\boldsymbol{q}$)
L	(5.12): $\boldsymbol{g}(\boldsymbol{r}, t) = \boldsymbol{0}$	(5.28): $\boldsymbol{r} = \boldsymbol{r}(\boldsymbol{q}, t)$
G	(5.18): $\boldsymbol{G}(\boldsymbol{r}, t)\,\boldsymbol{v} + \bar{\boldsymbol{\gamma}}(\boldsymbol{r}, t) = \boldsymbol{0}$	(5.33): $\boldsymbol{v} = \boldsymbol{J}(\boldsymbol{q}, t)\,\dot{\boldsymbol{q}} + \bar{\boldsymbol{v}}(\boldsymbol{q}, t)$
B	(5.20): $\boldsymbol{G}(\boldsymbol{r}, t)\,\boldsymbol{a} + \bar{\bar{\boldsymbol{\gamma}}}(\boldsymbol{r}, \boldsymbol{v}, t) = \boldsymbol{0}$	(5.41): $\boldsymbol{a} = \boldsymbol{J}(\boldsymbol{q}, t)\,\ddot{\boldsymbol{q}} + \bar{\boldsymbol{a}}(\boldsymbol{q}, \dot{\boldsymbol{q}}, t)$
	Orthogonalität (5.37): $\boldsymbol{G}\,\boldsymbol{J} = \boldsymbol{0}$	

Einsetzen der expliziten Bindungen (5.44), (5.45) und (5.46) in die implizite Beschleunigungsbindung (5.24) zeigt, dass die Beziehung $\boldsymbol{G}\,\bar{\boldsymbol{a}} + \bar{\bar{\boldsymbol{\gamma}}} = \boldsymbol{0}$ erfüllt ist. □

Die impliziten und expliziten holonomen Bindungen eines Massenpunktsystems sind in Tab. 5.2 gegenübergestellt.

5.3 Impulssätze

Für die freigeschnittenen Massenpunkte m_i gelten die Impulssätze

$$m_i\,\boldsymbol{a}_i = \boldsymbol{f}_i\,, \quad i = 1, \ldots, n. \tag{5.47}$$

Die Resultierende $\boldsymbol{f}_i$ aller am Massenpunkt m_i wirkenden Kräfte setzt sich zusammen aus der Resultierenden $\boldsymbol{f}_i^{\mathrm{e}}$ der eingeprägten Kräfte und der Resultierenden $\boldsymbol{f}_i^{\mathrm{r}}$ der Reaktionskräfte,

$$\boldsymbol{f}_i = \boldsymbol{f}_i^{\mathrm{e}} + \boldsymbol{f}_i^{\mathrm{r}}\,. \tag{5.48}$$

Die eingeprägten Kräfte $\boldsymbol{f}_i^{\mathrm{e}}$ in (5.48) werden durch physikalische Kraftgesetze definiert. Eingeprägte Kräfte werden in Abschn. 5.4 behandelt. Die Reaktionskräfte $\boldsymbol{f}_i^{\mathrm{r}}$ sind dagegen die zu den Bindungen gehörenden Schnittkräfte an den Massenpunkten. Ihre Wirkungsrichtungen sind durch die Bindungen definiert. Diese Zusammenhänge werden in Abschn. 5.5 erläutert.

Zur kompakteren Schreibweise werden die Impulssätze (5.47) mit (5.48) zusammengefasst zu der Matrizengleichung

$$\underbrace{\begin{bmatrix} m_1\boldsymbol{E} & \ldots & \boldsymbol{0} \\ \vdots & \ddots & \vdots \\ \boldsymbol{0} & \ldots & m_n\boldsymbol{E} \end{bmatrix}}_{\widehat{\boldsymbol{M}}} \underbrace{\begin{bmatrix} \boldsymbol{a}_1 \\ \vdots \\ \boldsymbol{a}_n \end{bmatrix}}_{\boldsymbol{a}} = \underbrace{\begin{bmatrix} \boldsymbol{f}_1^{\mathrm{e}} \\ \vdots \\ \boldsymbol{f}_n^{\mathrm{e}} \end{bmatrix}}_{\boldsymbol{f}^{\mathrm{e}}} + \underbrace{\begin{bmatrix} \boldsymbol{f}_1^{\mathrm{r}} \\ \vdots \\ \boldsymbol{f}_n^{\mathrm{r}} \end{bmatrix}}_{\boldsymbol{f}^{\mathrm{r}}} \tag{5.49}$$

mit der (3,3)-Einheitsmatrix $\boldsymbol{E}$. Die globale (3n,3n)-Massenmatrix $\widehat{\boldsymbol{M}}$ ist für $m_i \neq 0$ positiv definit, siehe (A.24). Diese Eigenschaft ergibt sich unmittelbar aus der kinetischen Energie des Massenpunktsystems, die nur dann null ist, wenn alle Massen in Ruhe sind, und sonst immer größer null ist,

$$T = \tfrac{1}{2} \sum_{i=1}^{n} m_i\, v_i^2 = \tfrac{1}{2}\, \boldsymbol{v}^{\mathrm{T}}\, \widehat{\boldsymbol{M}}\, \boldsymbol{v} \quad \begin{cases} > 0 \text{ für } \boldsymbol{v} \neq \boldsymbol{0} \\ = 0 \text{ für } \boldsymbol{v} = \boldsymbol{0}\,. \end{cases} \tag{5.50}$$

5.4 Eingeprägte Kräfte

Die eingeprägten Kräfte f_i^{e} werden durch physikalische Kraftgesetze definiert. Sie können nach SCHIEHLEN und EBERHARD [95] unterteilt werden in die idealen eingeprägten Kräfte, die nicht von den Reaktionskräften abhängen, und in die nichtidealen Reibungskräfte.

5.4.1 Ideale eingeprägte Kräfte

Die idealen eingeprägten Kräfte können durch algebraische oder durch integrale Kraftgesetze beschrieben werden.

Ideale eingeprägte Kräfte mit algebraischen Kraftgesetzen Die eingeprägten Kräfte $\hat{f}_i^{\mathrm{e}}$ können algebraisch in Abhängigkeit von der Lage $\hat{\boldsymbol{r}}$, der Geschwindigkeit $\hat{\boldsymbol{v}}$ und von der Zeit t ausgedrückt werden,

$$f_i^{\mathrm{e}} = f_i^{\mathrm{e}}(\boldsymbol{r}_1, \ldots, \boldsymbol{r}_n, \boldsymbol{v}_1, \ldots, \boldsymbol{v}_n, t) \qquad \text{oder} \qquad f_i^{\mathrm{e}} = f_i^{\mathrm{e}}(\boldsymbol{r}, \boldsymbol{v}, t). \tag{5.51}$$

Ein Beispiel ist das in Abb. 5.5a gezeigte masselose Kraftelement mit der Parallelschaltung einer Feder mit linearer Kennlinie (Federkonstante c), einem geschwindigkeitsproportionalen Dämpfer (Dämpfungskonstante d) und einem Kraftstellglied, das eine zeitlich veränderliche Antriebskraft f_{A} erzeugt. Die Feder sei beim Abstand s_0 der Massenpunkte entspannt. Die Parallelschaltung einer Feder und eines Dämpfers wird auch als KELVIN[2] -VOIGT[3] -Kraftelement bezeichnet.

Die gesamte Kraft des Kraftelements f_s ist die Summe der Federkraft, der Dämpferkraft und der Antriebskraft (Abb. 5.5b). Wird das Vorzeichen von f_s so definiert, dass im Fall $f_s > 0$ eine Zugkraft vorliegt, so gilt mit dem Abstand der Massenpunkte s das Kraftgesetz

$$f_s(s, \dot{s}, t) = c\,(s - s_0) + d\,\dot{s} - f_{\mathrm{A}}(t). \tag{5.52}$$

[2] WILLIAM THOMSON KELVIN, *1824 in Belfast, †1907 in Largs.

[3] WOLDEMAR VOIGT, *1850 in Leipzig, †1919 in Göttingen.

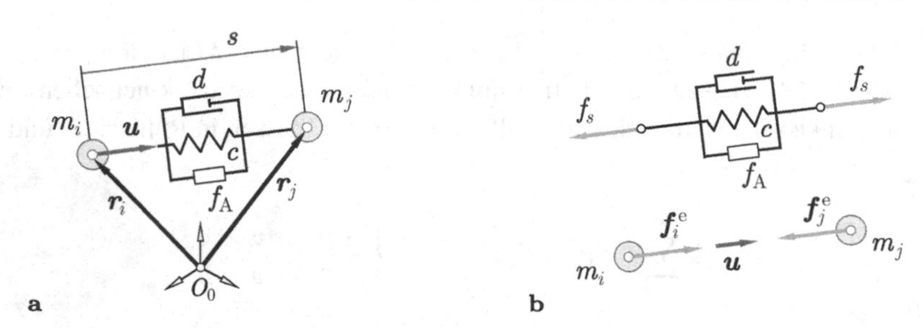

Abb. 5.5 Kraftelement mit Feder, Dämpfer und Kraftstellglied in Parallelschaltung. **a** Kinematik. **b** Eingeprägte Kräfte

Das Vorzeichen der Antriebskraft ist hier so definiert, das bei $f_A > 0$ die Massenpunkte auseinandergedrückt werden. Der Abstand der Massenpunkte ist

$$s = \|\boldsymbol{s}\| = \sqrt{\boldsymbol{s}^T \boldsymbol{s}} \quad \text{mit} \quad \boldsymbol{s} = \boldsymbol{r}_j - \boldsymbol{r}_i . \tag{5.53}$$

Die zeitliche Längenänderung des Kraftelements $\dot{s}$ ergibt sich aus der zeitlichen Ableitung der quadrierten Gl. (5.53)

$$(s^2)^{\cdot} = (\boldsymbol{s}^T \boldsymbol{s})^{\cdot} \quad \Rightarrow \quad 2\, s\, \dot{s} = 2\, \boldsymbol{s}^T \dot{\boldsymbol{s}} \quad \Rightarrow \quad \dot{s} = \frac{\boldsymbol{s}^T \dot{\boldsymbol{s}}}{s} \tag{5.54}$$

mit $\dot{\boldsymbol{s}} = \dot{\boldsymbol{r}}_j - \dot{\boldsymbol{r}}_i = \boldsymbol{v}_j - \boldsymbol{v}_i$. Mit dem normierten Richtungsvektor $\boldsymbol{u}$ wirken auf die Massenpunkte die eingeprägten Kräfte

$$\boldsymbol{f}_i^e = f_s\, \boldsymbol{u}, \qquad \boldsymbol{f}_j^e = -f_s\, \boldsymbol{u} \quad \text{mit} \quad \boldsymbol{u} = \frac{\boldsymbol{s}}{s} . \tag{5.55}$$

Ideale eingeprägte Kräfte mit integralen Kraftgesetzen Als Erweiterung von (5.51) gehen zusätzlich die Zustandsgrößen z von i. Allg. nichtlinearen Differentialgleichungen in das Kraftgesetz ein,

$$\boldsymbol{f}_i^e = \boldsymbol{f}_i^e(\boldsymbol{r}, z, t) \quad \text{mit} \quad \dot{z} = \boldsymbol{\Psi}_z(\boldsymbol{r}, \boldsymbol{v}, z, t). \tag{5.56}$$

Ein Beispiel ist das in Abb. 5.6a gezeigte masselose MAXWELL[4] -Kraftelement, das durch Reihenschaltung einer Feder (Federsteifigkeit c, ungespannte Länge s_{F0}) und eines Dämpfers (Dämpfungskonstante d) entsteht. Werden wieder positive Kräfte als Zugkräfte definiert, so lauten mit der Länge der Feder s_F und der Länge des Dämpfers s_D entsprechend Abb. 5.6b die Feder- und die Dämpferkraft

$$f_F = c\,(s_F - s_{F0}), \qquad f_D = d\, \dot{s}_D . \tag{5.57}$$

[4] JAMES CLERK MAXWELL, *1831 Edinburgh, †1879 Cambridge (England).

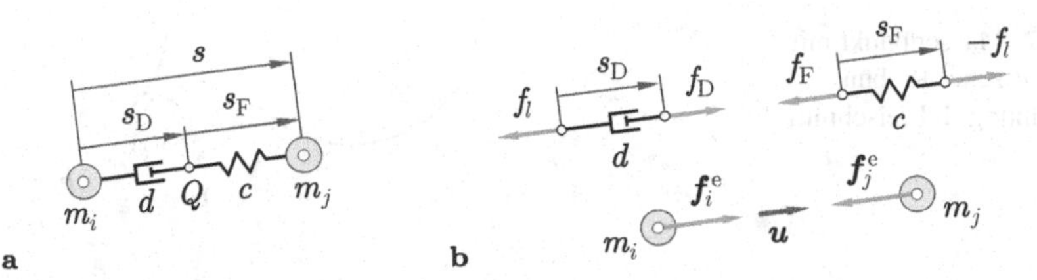

Abb. 5.6 MAXWELL-Kraftelement mit Feder und Dämpfer in Reihenschaltung. **a** Kinematik. **b** Eingeprägte Kräfte

Die Gleichgewichtsbedingung im Punkt Q verlangt die Übereinstimmung dieser Kräfte, $f_F = f_D$. Mit (5.57) folgt daraus ein differentieller Zusammenhang zwischen den Längen der Feder s_F und des Dämpfers s_D,

$$c\,(s_F - s_{F0}) = d\,\dot{s}_D. \tag{5.58}$$

Die Längen der Feder bzw. des Dämpfers können damit nicht algebraisch durch die Gesamtlänge s des Kraftelements und deren Ableitung $\dot{s}$ ausgedrückt werden, sondern es muss die Zustandsgröße $z = s_D$ eingeführt werden. Aus (5.58) folgt dann unter Berücksichtigung der Längenbedingung $s_F = s - s_D$ die Differentialgleichung

$$\dot{s}_D = \frac{c}{d}(s - s_D - s_{F0}). \tag{5.59}$$

Das Kraftgesetz lautet damit

$$f_s(s, s_D) = c\,(s - s_D - s_{F0}). \tag{5.60}$$

Die eingeprägten Kräfte f_i^e und f_j^e werden daraus wie in (5.55) berechnet.

Weitere Beispiele integraler Kraftgesetze sind Stellglieder mit Eigendynamik, wie z. B. elektrische Motoren oder hydraulische Antriebe.

5.4.2 Nichtideale Reibungskräfte

Tritt an einer Bindung Reibung auf, wird diese oft als COULOMBsche[5] Reibung modelliert. Durch das COULOMBschen Reibungsgesetz hängen die eingeprägten Reibkräfte in den freien Raumrichtungen der Bindung von den Reaktionskräften ab. Wegen dieser Abhängigkeit werden die COULOMBschen Reibungskräfte als nichtideale eingeprägte Kräfte bezeichnet. Im Kraftgesetz treten damit gegenüber (5.51) zusätzlich die Reaktionskräfte $\boldsymbol{f}^r$ auf,

$$\boldsymbol{f}_i^e = \boldsymbol{f}_i^e(\boldsymbol{r}, \boldsymbol{v}, \boldsymbol{f}^r, t). \tag{5.61}$$

[5] CHARLES AUGUSTIN DE COULOMB, *1736 in Angoulême, †1806 in Paris.

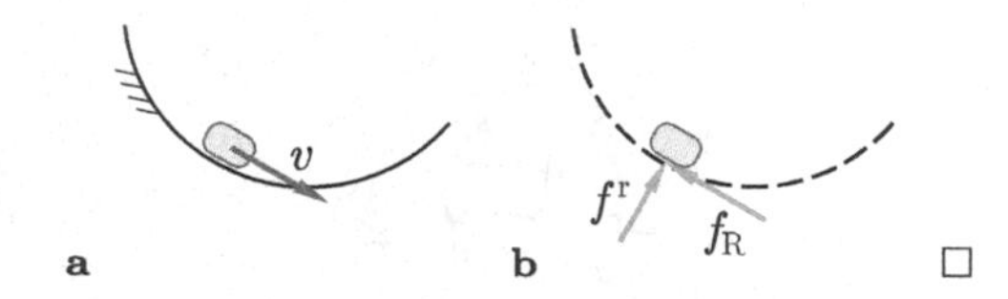

Abb. 5.7 Massenpunkt mit COULOMBscher Reibung. **a** Anordnung. **b** Freischnittbild

Beispiel Ein Massenpunkt gleitet auf einer rauen Unterlage (Abb. 5.7). Die Reibungskraft $\boldsymbol{f}_R$ ist proportional (Reibkoeffizient μ) zum Betrag der senkrecht zur Unterlage wirkenden Reaktionskraft $\boldsymbol{f}^r$ und wirkt entgegen der durch den Geschwindigkeit $\boldsymbol{v}$ gekennzeichneten Bewegungsrichtung,

$$\boldsymbol{f}_R = -\mu \, \|\boldsymbol{f}^r\| \, \frac{\boldsymbol{v}}{\|\boldsymbol{v}\|} \,. \tag{5.62}$$

Durch die nichtlineare Kopplung der Reibungskräfte mit den Reaktionskräften sind die Bestimmungsgleichungen für die Beschleunigungen und die Reaktionskräfte, für Massenpunktsysteme die Gleichungssysteme (5.84) und (5.100), nichtlinear in den Reaktionskräften. Die Auflösung nach den Beschleunigungen und Reaktionskräften muss dann iterativ erfolgen.

Ist bei COULOMBscher Reibung die Gleitgeschwindigkeit null, so kann Haften auftreten. So lange der Zustand des Haftens besteht, liegen an der Haftstelle zusätzliche Bindungen vor, welche das Gleiten verhindern. Die Haftkräfte sind damit keine eingeprägten Kräfte, sondern Reaktionskräfte. Erst wenn die maximal mögliche Haftkraft überschritten wird, geht der Kontakt wieder vom Haft- in den Gleitzustand über. Beim Übergang vom Haften zum Gleiten und umgekehrt ändert sich damit die Anzahl der Bindungen und damit der Systemfreiheitsgrad: Es liegt ein strukturvariables System vor. Systeme mit COULOMBscher Reibung werden im vorliegenden Buch nicht behandelt. Ausführliche Darstellungen geben PFEIFFER und GLOCKER [82] sowie PFEIFFER [81]. □

5.5 Reaktionskräfte

Die Reaktionskräfte sind die Schnittkräfte an den Bindungen. Sie werden auch als Zwangskräfte bezeichnet. Die Richtungen der Reaktionskräfte sind durch die Bindungen festgelegt und lassen sich daher mit Hilfe der Bindungsgleichungen ausdrücken. Dieser Zusammenhang wird durch das Prinzip von D'ALEMBERT-LAGRANGE oder das Prinzip von JOURDAIN beschrieben. Aus den impliziten Bindungen werden dann die hier so genannten *expliziten Reaktionsbedingungen* erhalten, während die expliziten Bindungen auf die *impliziten Reaktionsbedingungen* führen.

5.5.1 Prinzip von D'ALEMBERT-LAGRANGE

Unter einem Prinzip der Mechanik wird eine Aussage verstanden, aus der in der Statik die Gleichgewichtsbedingungen und in der Dynamik die Bewegungsgleichungen abgeleitet werden können. Im Laufe der von SZABÓ [105] beschriebenen Entwicklung der Mechanik wurden zahlreiche Prinzipien formuliert. Hierbei werden unterschieden:

- Differentialprinzipien: Sie machen eine Aussage über die Bewegung bzw. Verformung eines mechanischen Systems zu einem bestimmten Zeitpunkt. Beispiele sind die hier und im nachfolgenden Unterabschnitt behandelten Prinzipien von D'ALEMBERT-LAGRANGE und JOURDAIN.
- Integralprinzipien (Minimalprinzipien): Sie machen eine Aussage über die Bewegung eines mechanischen Systems in einem endlichen Zeitintervall. Die Aufgabe wird mit Hilfe der Variationsrechnung gelöst. Ein Beispiel ist das hier nicht behandelte Prinzip von HAMILTON.

Das hier behandelte Prinzip von D'ALEMBERT-LAGRANGE wird oft auch das Prinzip von d'ALEMBERT in der Fassung von LAGRANGE genannt. Das Prinzip verwendet den Begriff der *virtuellen Verschiebungen,* die durch die Bindungen definiert sind. Die virtuellen Verschiebungen eines Massenpunktsystems $\delta\boldsymbol{r}$ sind gedachte Änderungen der Lagevektoren $\boldsymbol{r}$, die mit den skleronomen und den zum betrachteten Zeitpunkt t „erstarrten" rheonomen Bindungen des Systems in erster Näherung verträglich sind. Dies bedeutet, dass die virtuellen Verschiebungen $\delta\boldsymbol{r}$ die in eine Taylorreihe bis zu Gliedern erster Ordnung im Zuwachs $\delta\boldsymbol{r}$ entwickelten Bindungen erfüllen müssen. Hierbei kann von den impliziten oder den expliziten Bindungen ausgegangen werden.

Implizite Bindungen für die virtuellen Verschiebungen Die Bindungen (5.12) werden in eine Taylorreihe bis zu Gliedern erster Ordnung im Zuwachs $\delta\boldsymbol{r}$ entwickelt, wobei keine Reihenentwicklung nach der Zeit t erfolgt, also $\delta t = 0$,

$$\boldsymbol{g}(\boldsymbol{r}+\delta\boldsymbol{r},t) \approx \underbrace{\boldsymbol{g}(\boldsymbol{r},t)}_{\boldsymbol{0}} + \delta\boldsymbol{g} = \boldsymbol{0} \quad \text{mit} \quad \delta\boldsymbol{g} = \underbrace{\frac{\partial \boldsymbol{g}(\boldsymbol{r},t)}{\partial \boldsymbol{r}}}_{\boldsymbol{G}(\boldsymbol{r},t)}\,\delta\boldsymbol{r}. \tag{5.63}$$

Das Symbol δ kennzeichnet damit ein spezielles Differential, für das $\delta t = 0$ gilt. Die impliziten Bindungen für die virtuellen Verschiebungen $\delta\boldsymbol{r}$ lauten damit

$$\delta\boldsymbol{g} \equiv \boldsymbol{G}(\boldsymbol{r},t)\,\delta\boldsymbol{r} = \boldsymbol{0}. \tag{5.64}$$

Die virtuellen Verschiebungen $\delta\boldsymbol{r}$ in der Lage $\boldsymbol{r}$ zum Zeitpunkt t sind damit beliebige, im Nullraum der Bindungsmatrix $\boldsymbol{G}$ aus (5.19) und damit im Tangentialraum der Bindungs-Mannigfaltigkeit $\boldsymbol{g}(\boldsymbol{r},t) = \boldsymbol{0}$ liegende Vektoren.

Explizite Bindungen für die virtuellen Verschiebungen Die expliziten holonomen Bindungen für die virtuellen Verschiebungen $\delta\boldsymbol{r}$ werden mit Hilfe der Taylorreihenentwicklung der expliziten Lagebindung (5.28) nach $\boldsymbol{q}$ bis zu Termen erster Ordnung im Zuwachs $\delta\boldsymbol{q}$ bei festgehaltener Zeit, $\delta t = 0$, erhalten, also

$$\boldsymbol{r}(\boldsymbol{q} + \delta\boldsymbol{q}, t) \approx \boldsymbol{r}(\boldsymbol{q}, t) + \delta\boldsymbol{r} \qquad \text{mit} \quad \delta\boldsymbol{r} = \underbrace{\frac{\partial \boldsymbol{r}(\boldsymbol{q}, t)}{\partial \boldsymbol{q}}}_{\boldsymbol{J}(\boldsymbol{q}, t)} \delta\boldsymbol{q}. \tag{5.65}$$

Die expliziten Bindungen (5.65) erfüllen die impliziten Bindungen (5.64),

$$\boldsymbol{G}\,\boldsymbol{J}\,\delta\boldsymbol{q} = \boldsymbol{0}. \tag{5.66}$$

Da die virtuellen Änderungen $\delta\boldsymbol{q}$ der Minimalkoordinaten beliebige Werte annehmen können, folgt aus (5.66) wieder die Orthogonalitätsbeziehung (5.37), $\boldsymbol{G}\,\boldsymbol{J} = \boldsymbol{0}$.

Beispiel: Verladekran Der Unterschied zwischen virtuellen Verschiebungen und allgemeinen differentiellen Verschiebungen wird am Beispiel des Verladekrans aus Abb. 5.2 in Abb. 5.8 veranschaulicht. Die virtuellen Verschiebungen $\delta\boldsymbol{r} = \boldsymbol{J}\,\delta\beta$ liegen im Tangentialraum der Bindungs-Mannigfaltigkeit, während allgemeine differentielle Verschiebungen

$$\mathrm{d}\boldsymbol{r} = \boldsymbol{J}\,\mathrm{d}\beta + \bar{\boldsymbol{v}}\,\mathrm{d}t \qquad \text{mit} \qquad \bar{\boldsymbol{v}}\,\mathrm{d}t = \dot{u}\,\boldsymbol{e}_x\,\mathrm{d}t \tag{5.67}$$

bei dem vorliegenden rheonomen System nicht ausschließlich im Tangentialraum liegen. Bei skleronomen Systemen liegen auch die allgemeinen differentiellen Verschiebungen $\mathrm{d}\boldsymbol{r}$ ausschließlich im Tangentialraum. □

Prinzip von D'ALEMBERT-LAGRANGE Mit den durch (5.64) bzw. (5.65) definierten virtuellen Verschiebungen $\delta\boldsymbol{r}$ besagt das Prinzip von D'ALEMBERT-LAGRANGE, dass die *virtuelle Arbeit* aller Reaktionskräfte eines mechanischen Systems δW^{r} verschwindet,

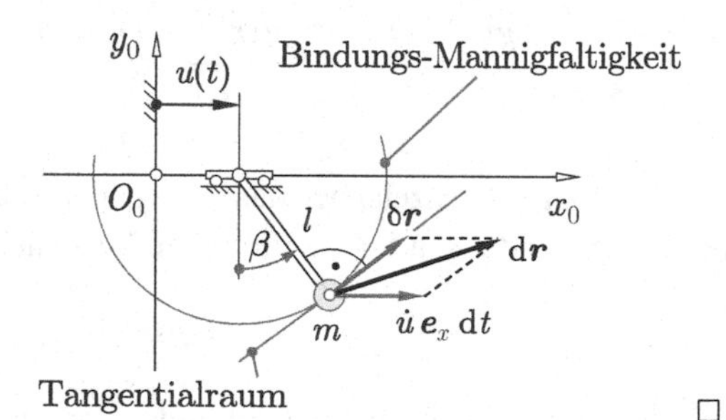

Abb. 5.8 Virtuelle Verschiebungen $\delta\boldsymbol{r}$ und allgemeine differentielle Verschiebungen $\mathrm{d}\boldsymbol{r}$ am Beispiel des Verladekrans

□

$$\delta W^{\mathrm{r}} \equiv \sum_{i=1}^{n} \boldsymbol{f}_i^{\mathrm{rT}} \delta \boldsymbol{r}_i = 0 \qquad \text{oder} \qquad \delta W^{\mathrm{r}} \equiv \underbrace{\left[\, \boldsymbol{f}_1^{\mathrm{rT}} \dots \boldsymbol{f}_n^{\mathrm{rT}} \,\right]}_{\boldsymbol{f}^{\mathrm{rT}}} \underbrace{\begin{bmatrix} \delta \boldsymbol{r}_1 \\ \vdots \\ \delta \boldsymbol{r}_n \end{bmatrix}}_{\delta \boldsymbol{r}} = 0. \tag{5.68}$$

Werden in (5.68) die Reaktionskräfte $\boldsymbol{f}_i^{\mathrm{r}}$ durch die Impulssätze (5.47) für die freigeschnittenen Massenpunkte ausgedrückt, so bedeutet das Prinzip von D'ALEMBERT-LAGRANGE, dass die virtuelle Arbeit der eingeprägten Kräfte einschließlich der Trägheitskräfte $-m_i \boldsymbol{a}_i$ verschwindet,

$$\sum_{i=1}^{n} (m_i \, \boldsymbol{a}_i - \boldsymbol{f}_i^{\mathrm{e}})^{\mathrm{T}} \, \delta \boldsymbol{r}_i = 0 \qquad \text{oder} \qquad (\widehat{\boldsymbol{M}} \, \boldsymbol{a} - \boldsymbol{f}^{\mathrm{e}})^{\mathrm{T}} \, \delta \boldsymbol{r} = 0. \tag{5.69}$$

Im Sonderfall statischer Systeme mit $\boldsymbol{a}_i \equiv \boldsymbol{0}$, $i = 1, \dots, n$, geht (5.69) über in das *Prinzip der virtuellen Arbeit* in der Statik,

$$\delta W^{\mathrm{e}} \equiv \sum_{i=1}^{n} \boldsymbol{f}_i^{\mathrm{eT}} \, \delta \boldsymbol{r}_i = 0 \qquad \text{oder} \qquad \delta W^{\mathrm{e}} \equiv \boldsymbol{f}^{\mathrm{eT}} \, \delta \boldsymbol{r} = 0. \tag{5.70}$$

Es besagt, dass die virtuelle Arbeit der eingeprägten Kräfte δW^{e} im statischen Gleichgewicht des Systems verschwindet.

Angemerkt sei noch, dass die tatsächliche Arbeit der Reaktionskräfte

$$\mathrm{d} W^{\mathrm{r}} = \sum_{i=1}^{n} \boldsymbol{f}_i^{\mathrm{rT}} \, \mathrm{d} \boldsymbol{r}_i \tag{5.71}$$

nur bei skleronomen, jedoch nicht bei rheonomen Systemen verschwindet, weil die Verschiebungsvektoren $\mathrm{d}\boldsymbol{r}_i$ hier nicht ausschließlich im Tangentialraum der Bindungen liegen, vgl. Beispiel in Abb. 5.8. Ein weiteres Beispiel ist ein mit konstanter Winkelgeschwindigkeit angetriebenes Pendel im Schwerefeld, dessen Antrieb durch eine rheonome Bindung modelliert wird, siehe auch Tab. 9.6 (Abschn. 9.1.3). Das Antriebsmoment ist hier ein Reaktionsmoment, das am System Arbeit leistet, was an der sich über dem Drehwinkel verändernden potentiellen Energie bei konstanter kinetischer Energie direkt erkennbar ist. Die häufige Aussage, dass Reaktionskräfte keine Arbeit leisten, ist daher i. Allg. nicht korrekt. Sie gilt nur in Bezug auf die virtuelle Arbeit.

5.5.2 Prinzip von Jourdain

Das Prinzip von JOURDAIN[6] [48] ist gleichwertig zum Prinzip von D'ALEMBERT-LAGRANGE. Durch die Definition von virtuellen Geschwindigkeiten ermöglicht es eine bequemere Schreibweise bei der späteren Verwendung von Geschwindigkeitskoordinaten, die als so genannte Quasikoordinaten nicht Zeitableitungen von Lagekoordinaten sind, wie z. B. die Koordinaten des Vektors der Winkelgeschwindigkeit eines starren Körpers, siehe Abschn. 7.5.1.

Implizite Bindungen für die virtuelle Geschwindigkeiten Die Menge der im Nullraum der Bindungsmatrix $\boldsymbol{G}$ liegenden Vektoren kann auch durch die Reihenentwicklung der impliziten Geschwindigkeitsbindungen (5.18) bezüglich der Geschwindigkeiten $\boldsymbol{v}$ definiert werden. Da (5.18) linear in $\boldsymbol{v}$ ist, endet die Reihe nach dem Term erster Ordnung im Geschwindigkeitszuwachs $\delta'\boldsymbol{v}$,

$$\dot{\boldsymbol{g}}(\boldsymbol{r}, \boldsymbol{v} + \delta'\boldsymbol{v}, t) \equiv \underbrace{\dot{\boldsymbol{g}}(\boldsymbol{r}, \boldsymbol{v}, t)}_{\boldsymbol{0}} + \delta'\dot{\boldsymbol{g}} = \boldsymbol{0} \quad \text{mit} \quad \delta'\dot{\boldsymbol{g}} = \underbrace{\frac{\partial \dot{\boldsymbol{g}}(\boldsymbol{r}, \boldsymbol{v}, t)}{\partial \boldsymbol{v}}}_{\boldsymbol{G}(\boldsymbol{r}, t)} \delta'\boldsymbol{v}. \tag{5.72}$$

Das Symbol δ' kennzeichnet damit ein spezielles Differential, für das $\delta'\boldsymbol{r} = \boldsymbol{0}$ (festgehaltene Lage) und $\delta' t = 0$ (festgehaltene Zeit) gilt. Die durch (5.72) definierten *virtuellen Geschwindigkeiten* $\delta'\boldsymbol{v}$ sind damit ebenso wie die virtuellen Verschiebungen $\delta\boldsymbol{r}$ beliebige Vektoren im Nullraum der Bindungsmatrix $\boldsymbol{G}$,

$$\delta'\dot{\boldsymbol{g}} \equiv \boldsymbol{G}(\boldsymbol{r}, t)\, \delta'\boldsymbol{v} = \boldsymbol{0}. \tag{5.73}$$

Die virtuellen Geschwindigkeiten $\delta'\boldsymbol{v}$ können damit als gedachte, mit den Bindungen verträgliche Geschwindigkeitsänderungen bei festgehaltener Lage und Zeit aufgefasst werden.

Explizite Bindungen für die virtuellen Geschwindigkeiten Die expliziten holonomen Bindungen für die virtuellen Geschwindigkeiten $\delta'\boldsymbol{v}$ werden mit Hilfe der Taylorreihenentwicklung der expliziten Geschwindigkeitsbindung (5.33) in den Änderungen der unabhängigen Geschwindigkeiten $\delta'\dot{\boldsymbol{q}}$ bei festgehaltener Lage $\boldsymbol{q}$ und festgehaltener Zeit t erhalten. Da (5.33) linear in $\dot{\boldsymbol{q}}$ ist, endet die Reihe nach dem Term erster Ordnung im Geschwindigkeitszuwachs $\delta'\dot{\boldsymbol{q}}$,

$$\boldsymbol{v}(\boldsymbol{q}, \dot{\boldsymbol{q}} + \delta'\dot{\boldsymbol{q}}, t) = \boldsymbol{v}(\boldsymbol{q}, \dot{\boldsymbol{q}}, t) + \delta'\boldsymbol{v} \quad \text{mit} \quad \delta'\boldsymbol{v} = \underbrace{\frac{\partial \boldsymbol{v}(\boldsymbol{q}, \dot{\boldsymbol{q}}, t)}{\partial \dot{\boldsymbol{q}}}}_{\boldsymbol{J}(\boldsymbol{q}, t)} \delta'\dot{\boldsymbol{q}}. \tag{5.74}$$

[6] PHILIP EDWARD BERTRAND JOURDAIN, *1879 in Ashbourne, †1919 in Crookham.

Die expliziten Bindungen (5.74) erfüllen die impliziten Bindungen (5.73), woraus wegen der unbeschränkten virtuellen Geschwindigkeiten $\delta'\dot{\boldsymbol{q}}$ wieder die Orthogonalitätsbeziehung (5.37), $\boldsymbol{G}\,\boldsymbol{J} = \boldsymbol{0}$, folgt.

Prinzip von JOURDAIN Mit den virtuellen Geschwindigkeiten $\delta'\boldsymbol{v}_i$ anstelle der virtuellen Verschiebungen $\delta\boldsymbol{r}_i$ geht das Prinzip von D'ALEMBERT-LAGRANGE (5.68) über in das Prinzip von JOURDAIN. Es besagt, dass die *virtuelle Leistung* aller Reaktionskräfte $\delta' P^{\mathrm{r}}$ des Systems verschwindet,

$$\delta' P^{\mathrm{r}} \equiv \sum_{i=1}^{n} \boldsymbol{f}_i^{\mathrm{rT}}\,\delta'\boldsymbol{v}_i = 0 \quad \text{oder} \quad \delta' P^{r} \equiv \underbrace{\left[\,\boldsymbol{f}_1^{\mathrm{rT}} \dots \boldsymbol{f}_n^{\mathrm{rT}}\,\right]}_{\boldsymbol{f}^{\mathrm{rT}}} \underbrace{\begin{bmatrix} \delta'\boldsymbol{v}_1 \\ \vdots \\ \delta'\boldsymbol{v}_n \end{bmatrix}}_{\delta'\boldsymbol{v}} = 0. \tag{5.75}$$

Werden in (5.75) die Reaktionskräfte $\boldsymbol{f}_i^{\mathrm{r}}$ durch die Impulssätze (5.47) zusammen mit (5.48) ausgedrückt, so geht das Prinzip von JOURDAIN über in die Form, vgl. (5.69),

$$\sum_{i=1}^{n} (m_i\,\boldsymbol{a}_i - \boldsymbol{f}_i^{\mathrm{e}})^{\mathrm{T}}\,\delta'\boldsymbol{v}_i = 0 \quad \text{oder} \quad (\widehat{\boldsymbol{M}}\,\boldsymbol{a} - \boldsymbol{f}^{\mathrm{e}})^{\mathrm{T}}\,\delta'\boldsymbol{v} = 0. \tag{5.76}$$

Im Ergebnis besagen die Prinzipien von D'ALEMBERT-LAGRANGE und JOURDAIN in gleichwertiger Weise, dass die Reaktionskräfte keine Komponenten im Tangentialraum der Bindungsmannigfaltigkeit besitzen. In den beiden folgenden Abschnitten wird dieser Sachverhalt durch die expliziten Reaktionsbedingungen unter Verwendung der Bindungsmatrix $\boldsymbol{G}$ und durch die impliziten Reaktionsbedingungen unter Verwendung der JACOBI-Matrix $\boldsymbol{J}$ ausgedrückt.

5.5.3 Explizite Reaktionsbedingungen

Der Vergleich von $\boldsymbol{G}\,\delta\boldsymbol{r} = \boldsymbol{0}$ aus (5.64) mit $\boldsymbol{f}^{\mathrm{rT}}\,\delta\boldsymbol{r} = \boldsymbol{0}$ aus (5.68) oder der Vergleich von $\boldsymbol{G}\,\delta'\boldsymbol{v} = \boldsymbol{0}$ aus (5.73) mit $\boldsymbol{f}^{\mathrm{rT}}\,\delta'\boldsymbol{v} = \boldsymbol{0}$ aus (5.75) zeigt, dass die globalen Vektoren der virtuellen Verschiebungen $\delta\boldsymbol{r}$ bzw. der virtuellen Geschwindigkeiten $\delta'\boldsymbol{v}$ und der globale Vektor der Reaktionskräfte $\boldsymbol{f}^{\mathrm{rT}}$ jeweils im Nullraum der globalen Bindungsmatrix $\boldsymbol{G}$ liegen, d. h. sie stehen jeweils senkrecht auf den Zeilenvektoren von $\boldsymbol{G}$. Damit kann $\boldsymbol{f}^{\mathrm{rT}}$ als eine Linearkombination der transponierten Zeilenvektoren von $\boldsymbol{G}$ mit b Linearfaktoren $\boldsymbol{\lambda} = [\lambda_1 \dots \lambda_b]^{\mathrm{T}}$ ausgedrückt werden. Für die Reaktionskräfte gelten damit die hier so bezeichneten expliziten Reaktionsbedingungen

$$\boldsymbol{f}^{\mathrm{r}} = \boldsymbol{G}^{\mathrm{T}}\,\boldsymbol{\lambda} \quad \text{oder} \quad \boldsymbol{f}_i^{\mathrm{r}} = \boldsymbol{G}_i^{\mathrm{T}}\,\boldsymbol{\lambda}, \quad i = 1, \dots, n. \tag{5.77}$$

Die Linearfaktoren $\boldsymbol{\lambda}$ sind voneinander unabhängige und damit minimale Koordinaten der Reaktionskräfte, die daher im Folgenden als *minimale Reaktionskoordinaten* benannt werden. Sie werden meistens als LAGRANGE-Multiplikatoren bezeichnet. Die physikalische Interpretation der Reaktionskoordinaten $\boldsymbol{\lambda}$ hängt von der Formulierung der impliziten Bindungen ab und kann unübersichtlich sein. Die dazugehörenden Reaktionskräfte ergeben sich aber unmittelbar aus den expliziten Reaktionsbedingungen (5.77).

Beispiel: Verladekran Mit der Bindungsmatrix $\boldsymbol{G}$ aus (5.23) lauten die impliziten Reaktionsbedingungen für den Verladekran aus Abb. 5.3

$$\begin{aligned} \begin{bmatrix} f_x^{\mathrm{r}} \\ f_y^{\mathrm{r}} \\ f_z^{\mathrm{r}} \end{bmatrix} &= \begin{bmatrix} 2(x-u) & 0 \\ 2y & 0 \\ 2z & 1 \end{bmatrix} \begin{bmatrix} \lambda_1 \\ \lambda_2 \end{bmatrix} \equiv \begin{bmatrix} 2(x-u) \\ 2y \\ 2z \end{bmatrix} \lambda_1 + \begin{bmatrix} 0 \\ 0 \\ 1 \end{bmatrix} \lambda_2 \\ \boldsymbol{f}^{\mathrm{r}} &= \boldsymbol{G}^{\mathrm{T}} \boldsymbol{\lambda} \equiv \frac{\partial g_1}{\partial \boldsymbol{r}^{\mathrm{T}}} \lambda_1 + \frac{\partial g_2}{\partial \boldsymbol{r}^{\mathrm{T}}} \lambda_2 . \end{aligned} \tag{5.78}$$

Die Reaktionskraft $\boldsymbol{f}^{\mathrm{r}}$ ist damit eine Linearkombination der beiden Normalenvektoren der Bindungsflächen $\boldsymbol{n}_1 = \frac{\partial g_1}{\partial \boldsymbol{r}^{\mathrm{T}}}$ und $\boldsymbol{n}_2 = \frac{\partial g_2}{\partial \boldsymbol{r}^{\mathrm{T}}}$ mit den $b = 2$ minimalen Reaktionskoordinaten λ_1 und λ_2 (Abb. 5.9). Die Reaktionskoordinate λ_1 hat die Dimension $\frac{\text{Kraft}}{\text{Länge}}$, während λ_2 direkt die Größe der Reaktionskraft in z-Richtung ist.

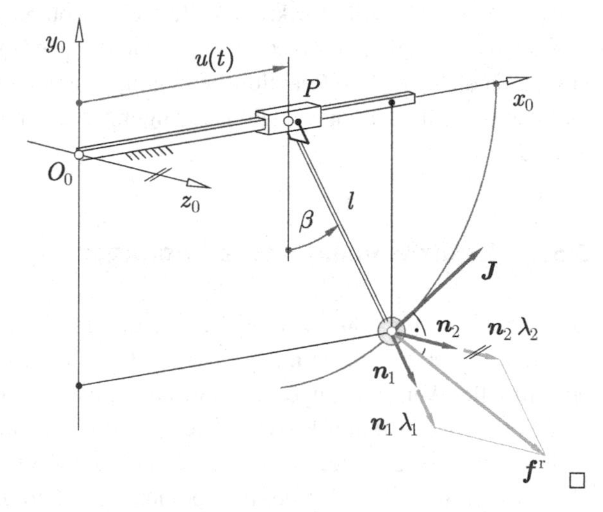

Abb. 5.9 Reaktionskraft $\boldsymbol{f}^{\mathrm{r}}$ am Massenpunkt des Verladekrans $\boldsymbol{n}_1 = \frac{\partial g_1}{\partial \boldsymbol{r}^{\mathrm{T}}}, \boldsymbol{n}_2 = \frac{\partial g_2}{\partial \boldsymbol{r}^{\mathrm{T}}}$

□

5.5.4 Implizite Reaktionsbedingungen

Multiplikation der expliziten Reaktionsbedingungen (5.77) von links mit der transponierten JACOBI-Matrix der expliziten Bindungen $\boldsymbol{J}^{\mathrm{T}}$ liefert unter Berücksichtigung der Orthogonalitätsbeziehung (5.37), also $\boldsymbol{G}\,\boldsymbol{J} = \boldsymbol{0}$ und damit $\boldsymbol{J}^{\mathrm{T}}\,\boldsymbol{G}^{\mathrm{T}} = \boldsymbol{0}$,

$$\boldsymbol{J}^{\mathrm{T}}\,\boldsymbol{f}^{\mathrm{r}} = \underbrace{\boldsymbol{J}^{\mathrm{T}}\,\boldsymbol{G}^{\mathrm{T}}}_{\boldsymbol{0}}\,\boldsymbol{\lambda}. \tag{5.79}$$

Die Reaktionskräfte $\boldsymbol{f}_i^{\mathrm{r}}$ unterliegen damit den hier so genannten *impliziten Reaktionsbedingungen*

$$\boldsymbol{J}^{\mathrm{T}}\,\boldsymbol{f}^{\mathrm{r}} = \boldsymbol{0} \quad \text{oder} \quad \sum_{i=1}^{n} \boldsymbol{J}_i^{\mathrm{T}}\,\boldsymbol{f}_i^{\mathrm{r}} = \boldsymbol{0}. \tag{5.80}$$

Beispiel: Verladekran Mit der JACOBI-Matrix $\boldsymbol{J}$ aus (5.45) gilt die implizite Reaktionsbedingung

$$\begin{aligned} \begin{bmatrix} l\cos\beta & l\sin\beta & 0 \end{bmatrix} \begin{bmatrix} f_x^{\mathrm{r}} \\ f_y^{\mathrm{r}} \\ f_z^{\mathrm{r}} \end{bmatrix} &= 0 \\ \boldsymbol{J}^{\mathrm{T}} \qquad\qquad \boldsymbol{f}^{\mathrm{r}} \quad &= 0. \end{aligned} \tag{5.81}$$

Entsprechend Abb. 5.9 steht die Reaktionskraft $\boldsymbol{f}^{\mathrm{r}}$ senkrecht auf der durch den transponierten Zeilenvektor von $\boldsymbol{J}$ definierten freien Bewegungsrichtung des Massenpunkts. □

5.6 Bewegungsgleichungen von Massenpunktsystemen

Mit den Impulssätzen, Bindungen und Reaktionsbedingungen können die Bewegungsgleichungen des holonomen Massenpunktsystems prinzipiell wie folgt formuliert werden:

1. Bewegungsgleichungen in den voneinander abhängigen *Absolutkoordinaten* $\boldsymbol{r}$: Sie werden mit Hilfe der Impulssätze unter Verwendung der *impliziten Bindungen* und der *expliziten Reaktionsbedingungen* als *differential-algebraische Gleichungen* (DAE, *Differential-Algebraic Equations*), die LAGRANGE-Gleichungen erster Art, formuliert. Dies wird in Abschn. 5.6.1 gezeigt.
2. Bewegungsgleichungen in den *Minimalkoordinaten* $\boldsymbol{q}$: Sie werden mit Hilfe der Impulssätze unter Verwendung der *expliziten Bindungen* und der *impliziten Reaktionsbedingungen* als *gewöhnliche Differentialgleichungen* (ODE, *Ordinary Differential Equations*) formuliert. Dies wird in Abschn. 5.6.2 gezeigt.

5.6.1 Bewegungsgleichungen in Absolutkoordinaten

Die Impulssätze (5.49) mit den Reaktionskräften $\boldsymbol{f}^{\mathrm{r}}$ aus den expliziten Reaktionsbedingungen (5.77) und den impliziten Bindungen (5.12) bilden unter Berücksichtigung der kinematischen Zusammenhänge $\boldsymbol{v} = \dot{\boldsymbol{r}}$ und $\boldsymbol{a} = \dot{\boldsymbol{v}}$ die LAGRANGE-*Gleichungen erster Art,*

$$\left.\begin{aligned} \dot{\boldsymbol{r}} &= \boldsymbol{v}\,, \\ \widehat{\boldsymbol{M}}\,\dot{\boldsymbol{v}} &= \boldsymbol{f}^{\mathrm{e}}(\boldsymbol{r},\boldsymbol{v},t) + \boldsymbol{G}^{\mathrm{T}}(\boldsymbol{r},t)\,\boldsymbol{\lambda}\,, \\ \boldsymbol{0} &= \boldsymbol{g}(\boldsymbol{r},t)\,. \end{aligned}\right\} \tag{5.82}$$

Dies ist ein System *differential-algebraischer Gleichungen* für die absoluten Bewegungsgrößen $\boldsymbol{r}(t)$ und $\boldsymbol{v}(t)$ sowie die Koordinaten der Reaktionskräfte $\boldsymbol{\lambda}(t)$. Die Bewegungsgleichungen (5.82) werden auch als *Deskriptorgleichungen* mit den Deskriptor-Variablen $\boldsymbol{r}$, $\boldsymbol{v}$, $\boldsymbol{\lambda}$ bezeichnet.

Lösung der LAGRANGE-Gleichungen erster Art Die Lösungen der LAGRANGE-Gleichungen erster Art (5.82) sind die Zeitfunktionen

$$\boldsymbol{y}(t) = \begin{bmatrix} \boldsymbol{r}(t) \\ \boldsymbol{v}(t) \\ \boldsymbol{\lambda}(t) \end{bmatrix} \quad \text{mit den Anfangsbedingungen} \quad \boldsymbol{y}(t_0) = \begin{bmatrix} \boldsymbol{r}(t_0) \\ \boldsymbol{v}(t_0) \\ \boldsymbol{\lambda}(t_0) \end{bmatrix}. \tag{5.83}$$

Die Existenz von Lösungen $\boldsymbol{y}(t)$ lässt sich durch Überführung von (5.82) in ein System gewöhnlicher Differentialgleichungen zeigen. Die Impulssätze (5.49) mit den Reaktionskräften aus (5.77) und die Bindungen auf Beschleunigungsebene (5.20) bilden ein System von $3n+b$ linearen Gleichungen für die $3n$ Koordinaten der Absolutbeschleunigungen $\dot{\boldsymbol{v}} = \boldsymbol{a}$ und die b minimalen Reaktionskoordinaten $\boldsymbol{\lambda}$,

$$\begin{bmatrix} \widehat{\boldsymbol{M}} & -\boldsymbol{G}^{\mathrm{T}} \\ -\boldsymbol{G} & \boldsymbol{0} \end{bmatrix} \begin{bmatrix} \boldsymbol{a} \\ \boldsymbol{\lambda} \end{bmatrix} = \begin{bmatrix} \boldsymbol{f}^{\mathrm{e}} \\ \bar{\bar{\boldsymbol{\gamma}}} \end{bmatrix} \begin{matrix} 3\,n \ \text{Gln.} \\ b \ \text{Gln.} \end{matrix} \tag{5.84}$$

Wird vorausgesetzt, dass die Massenmatrix $\widehat{\boldsymbol{M}}$ positiv definit und damit regulär ist, vgl. (5.50), so kann (5.49) nach $\boldsymbol{a}$ aufgelöst werden,

$$\boldsymbol{a} = \widehat{\boldsymbol{M}}^{-1}\,(\,\boldsymbol{f}^{\mathrm{e}} + \boldsymbol{G}^{\mathrm{T}}\,\boldsymbol{\lambda}\,) \tag{5.85}$$

oder

$$\boldsymbol{a}_i = \frac{1}{m_i}(\,\boldsymbol{f}_i^{\mathrm{e}} + \boldsymbol{G}_i^{\mathrm{T}}\,\boldsymbol{\lambda}\,), \quad i = 1,\ldots,n, \tag{5.86}$$

und in (5.20) eingesetzt werden. Erhalten wird ein System von b linearen Gleichungen für die b minimalen Reaktionskoordinaten $\boldsymbol{\lambda}$,

$$\boldsymbol{Q}\,\boldsymbol{\lambda} = \boldsymbol{d} \tag{5.87}$$

mit der symmetrischen (b,b)-Koeffizientenmatrix

$$\boldsymbol{Q} = \boldsymbol{G}\,\widehat{\boldsymbol{M}}^{-1}\,\boldsymbol{G}^{\mathrm{T}} = \sum_{i=1}^{n} \frac{1}{m_i}\boldsymbol{G}_i\,\boldsymbol{G}_i^{\mathrm{T}} \tag{5.88}$$

und dem b-Vektor

$$\boldsymbol{d} = -\boldsymbol{G}\,\widehat{\boldsymbol{M}}^{-1}\,\boldsymbol{f}^{\mathrm{e}} - \bar{\bar{\boldsymbol{\gamma}}} = -\sum_{i=1}^{n} \frac{1}{m_i}\boldsymbol{G}_i\,\boldsymbol{f}_i^{\mathrm{e}} - \bar{\bar{\boldsymbol{\gamma}}}\,. \tag{5.89}$$

Das lineare Gleichungssystem (5.87) hat eine eindeutige Lösung, wenn die (b,b)-Koeffizientenmatrix $\boldsymbol{Q}$ regulär ist. Dies ist der Fall, wenn die $(b,3n)$-Bindungsmatrix $\boldsymbol{G}$ aus (5.19) den vollen Rang $\mathrm{r}(\boldsymbol{G}) = b$ besitzt und damit die Bindungen voneinander unabhängig sind. Liegt ein Rangabfall vor, also $\mathrm{r}(\boldsymbol{G}) < b$, so sind

$$b^{\mathrm{r}} = b - \mathrm{r}(\boldsymbol{G}) \tag{5.90}$$

redundante Bindungen vorhanden. Der Freiheitsgrad ist dann $f = 3n - \mathrm{r}(\boldsymbol{G})$. Die minimalen Reaktionskoordinaten $\boldsymbol{\lambda}$ können hier nicht eindeutig bestimmt werden: Das System ist überbestimmt. Dieser Fall kann bei kinematischen Schleifen auftreten, siehe Abschn. 11.4.1.

Im Folgenden seien alle Bindungen voneinander unabhängig, also $\mathrm{r}(\boldsymbol{G}) = b$, und damit $\boldsymbol{Q}$ regulär. Die Lösung von (5.87) lautet dann

$$\boldsymbol{\lambda}(\boldsymbol{r}, \boldsymbol{v}, t) = -\boldsymbol{Q}^{-1}(\boldsymbol{G}\,\widehat{\boldsymbol{M}}^{-1}\,\boldsymbol{f}^{\mathrm{e}} + \bar{\bar{\boldsymbol{\gamma}}})\,. \tag{5.91}$$

Einsetzen von $\boldsymbol{\lambda}$ aus (5.91) in (5.85) liefert die Beschleunigungen

$$\boldsymbol{a}(\boldsymbol{r}, \boldsymbol{v}, t) = \widehat{\boldsymbol{M}}^{-1}\left(\boldsymbol{E} - \boldsymbol{G}^{\mathrm{T}}\,\boldsymbol{Q}^{-1}\,\boldsymbol{G}\,\widehat{\boldsymbol{M}}^{-1}\right)\boldsymbol{f}^{\mathrm{e}} - \widehat{\boldsymbol{M}}^{-1}\,\boldsymbol{G}^{\mathrm{T}}\,\boldsymbol{Q}^{-1}\,\bar{\bar{\boldsymbol{\gamma}}}\,. \tag{5.92}$$

Zusammen mit den kinematischen Differentialgleichungen $\dot{\boldsymbol{r}} = \boldsymbol{v}$ liegt damit ein System gewöhnlicher Differentialgleichungen erster Ordnung in $\boldsymbol{r}$ und $\boldsymbol{v}$ vor,

$$\begin{bmatrix} \dot{\boldsymbol{r}} \\ \dot{\boldsymbol{v}} \end{bmatrix} = \begin{bmatrix} \boldsymbol{v} \\ \boldsymbol{a}(\boldsymbol{r}, \boldsymbol{v}, t) \end{bmatrix} \quad \text{mit} \quad \begin{bmatrix} \boldsymbol{r}(t_0) \\ \boldsymbol{v}(t_0) \end{bmatrix} = \begin{bmatrix} \boldsymbol{r}_0 \\ \boldsymbol{v}_0 \end{bmatrix}. \tag{5.93}$$

Es besitzt für beliebige Anfangsbedingungen $\boldsymbol{r}_0$ und $\boldsymbol{v}_0$ (Anfangszeitpunkt t_0) eindeutige Lösungen $\boldsymbol{r}(t)$, $\boldsymbol{v}(t)$, für die sich aus (5.91) die Lösung $\boldsymbol{\lambda}(t)$ berechnen lässt. Diese Lösungen erfüllen die in (5.84) berücksichtigten Bindungen auf Beschleunigungsebene (5.20).

Es sind aber nur solche Lösungen $\boldsymbol{r}(t)$, $\boldsymbol{v}(t)$ des gewöhnlichen Differentialgleichungssystems (5.93) auch Lösungen des ursprünglichen differential-algebraischen Gleichungssystems (5.84), welche die in (5.84) nicht berücksichtigten Bindungen auf Lageebene (5.12) und auf Geschwindigkeitsebene (5.18) erfüllen. Damit müssen bereits die Anfangsbedingungen

$\boldsymbol{r}_0$ und $\boldsymbol{v}_0$ mit den Bindungen (5.12) und (5.18) konsistent sein,

$$\boldsymbol{g}(\boldsymbol{r}_0, t_0) = \boldsymbol{0}, \tag{5.94}$$

$$\boldsymbol{G}(\boldsymbol{r}_0, t_0)\,\boldsymbol{v}_0 + \bar{\boldsymbol{\gamma}}(\boldsymbol{r}_0, t_0) = \boldsymbol{0}. \tag{5.95}$$

Auch bei Anfangsbedingungen, die mit den Anfangsbedingungen (5.94) und (5.95) konsistent sind, werden bei der numerischen Integration des Differentialgleichungssystems die Bindungen auf Lageebene (5.12) und auf Geschwindigkeitsebene (5.18) aufgrund des numerischen Diskretisierungsfehlers i. Allg. verletzt. Dies wird als *numerische Drift* bezeichnet. Aus diesem Grund muss die Integration numerisch stabilisiert werden, siehe Abschn. 5.9.2.

Die Reaktionskräfte $\boldsymbol{f}_i^{\mathrm{r}}$ werden mit Hilfe der expliziten Reaktionsbedingungen (5.77) unter Verwendung der aus (5.91) erhaltenen Reaktionskoordinaten $\boldsymbol{\lambda}(\boldsymbol{r}, \boldsymbol{v}, t)$ berechnet,

$$\boldsymbol{f}_i^{\mathrm{r}} = \boldsymbol{G}_i^{\mathrm{T}}\,\boldsymbol{\lambda}, \quad i = 1, \ldots, n. \tag{5.96}$$

Differentieller Index Der *differentielle Index* des differential-algebraischen Gleichungssystems (5.82) ist gleich der Anzahl der zeitlichen Ableitungen der algebraischen Bindungsgleichungen (5.12), um zu einem System gewöhnlicher Differentialgleichungen in den Variablen $\boldsymbol{r}$, $\boldsymbol{v}$ und $\boldsymbol{\lambda}$ zu gelangen. Hierzu werden die Bindungen (5.12) so oft nach der Zeit abgeleitet, bis die erste Zeitableitung der Reaktionskoordinaten $\dot{\boldsymbol{\lambda}}$ auftritt. Die zweite Zeitableitung, also die Beschleunigungsbindung (5.20), konnte mit $\dot{\boldsymbol{v}} = \boldsymbol{a}$ aus (5.85) in die Form (5.87) gebracht werden, in der die Reaktionskoordinaten $\boldsymbol{\lambda}$ erstmals erscheinen. Die weitere Zeitableitung von (5.87) liefert schließlich eine Differentialgleichung für $\boldsymbol{\lambda}$,

$$\boldsymbol{Q}\,\dot{\boldsymbol{\lambda}} = -\dot{\boldsymbol{Q}}\,\boldsymbol{\lambda} + \frac{\mathrm{d}\boldsymbol{d}}{\mathrm{d}t}. \tag{5.97}$$

Insgesamt muss damit die Lagebindung (5.12) drei Mal nach der Zeit abgeleitet werden, um zu der Differentialgleichung (5.97) für $\dot{\boldsymbol{\lambda}}$ zu gelangen. Der differentielle Index eines mechanischen Systemmodells mit Bindungen auf Lageebene gemäß (5.82) beträgt daher drei.

Tatsächlich muss der – i. Allg. sehr aufwendige – letzte Ableitungsschritt zur Gl. (5.97) jedoch nicht ausgeführt werden, da bereits die Formulierung (5.84) der Bewegungsgleichungen mit dem differentiellen Index eins in das gewöhnliche Differentialgleichungssystem (5.93) überführt werden kann.

Die Aufstellung der Bewegungsgleichungen eines Massenpunktsystems in den Absolutkoordinaten ist in Tab. 5.3 zusammengefasst.

Beispiel: Verladekran Mit der Bindungsmatrix $\boldsymbol{G}$ aus (5.23), dem Vektor $\bar{\bar{\boldsymbol{\gamma}}}$ aus (5.24), der Massenmatrix $\widehat{\boldsymbol{M}} = \mathrm{diag}(m, m, m)$ und der eingeprägten Kraft $\boldsymbol{f}^{\mathrm{e}} = [0 \;\; -mg \;\; 0]^{\mathrm{T}}$ lautet das lineare Gleichungssystem (5.84)

Tab. 5.3 Bewegungsgleichungen eines holonomen Systems mit n Massenpunkten m_i in Absolutkoordinaten

Implizite holonome Bindungen:

$$(5.12): \quad \boldsymbol{g}(\boldsymbol{r}_1, \ldots, \boldsymbol{r}_n, t) = \boldsymbol{0}.$$

$$(5.18): \quad \sum_{i=1}^{n} \boldsymbol{G}_i(\boldsymbol{r}, t)\, \boldsymbol{v}_i + \bar{\boldsymbol{\gamma}}(\boldsymbol{r}, t) = \boldsymbol{0},$$

$$(5.20): \quad \sum_{i=1}^{n} \boldsymbol{G}_i(\boldsymbol{r}, t)\, \boldsymbol{a}_i + \bar{\bar{\boldsymbol{\gamma}}}(\boldsymbol{r}, \boldsymbol{v}, t) = \boldsymbol{0}.$$

Impulssätze mit eingeprägten Kräften $\boldsymbol{f}_i^{\mathrm{e}}$ und Reaktionskräften $\boldsymbol{f}_i^{\mathrm{r}}$:

$$(5.49): \quad m_i\, \boldsymbol{a}_i = \boldsymbol{f}_i^{\mathrm{e}} + \boldsymbol{f}_i^{\mathrm{r}}, \quad i = 1, \ldots, n.$$

Explizite Reaktionsbedingungen (b minimale Reaktionskoordinaten $\boldsymbol{\lambda}$):

$$(5.77): \quad \boldsymbol{f}_i^{\mathrm{r}} = \boldsymbol{G}_i^{\mathrm{T}}\, \boldsymbol{\lambda}, \quad i = 1, \ldots, n.$$

Lineares Gleichungssystem für $\boldsymbol{a}_i$ und $\boldsymbol{\lambda}$ (Index-1-Form):

$$(5.84): \quad \left[\begin{array}{ccc|c} m_1\boldsymbol{E} & \ldots & \boldsymbol{0} & -\boldsymbol{G}_1^{\mathrm{T}} \\ \vdots & \ddots & \vdots & \vdots \\ \boldsymbol{0} & \ldots & m_n\boldsymbol{E} & -\boldsymbol{G}_n^{\mathrm{T}} \\ \hline -\boldsymbol{G}_1 & \ldots & -\boldsymbol{G}_n & \boldsymbol{0} \end{array}\right] \left[\begin{array}{c} \boldsymbol{a}_1 \\ \vdots \\ \boldsymbol{a}_n \\ \hline \boldsymbol{\lambda} \end{array}\right] = \left[\begin{array}{c} \boldsymbol{f}_1^{\mathrm{e}} \\ \vdots \\ \boldsymbol{f}_n^{\mathrm{e}} \\ \hline \bar{\bar{\boldsymbol{\gamma}}} \end{array}\right].$$

Differentialgleichungen für die Absolutkoordinaten mit Anfangsbedingungen:

$$(5.93): \quad \begin{bmatrix} \dot{\boldsymbol{r}}_i \\ \dot{\boldsymbol{v}}_i \end{bmatrix} = \begin{bmatrix} \boldsymbol{v}_i \\ \boldsymbol{a}_i \end{bmatrix} \quad \text{mit} \quad \begin{bmatrix} \boldsymbol{r}_i(t_0) \\ \boldsymbol{v}_i(t_0) \end{bmatrix} = \begin{bmatrix} \boldsymbol{r}_{i0} \\ \boldsymbol{v}_{i0} \end{bmatrix}, \quad i = 1, \ldots, n.$$

Die Anfangsbedingungen $\boldsymbol{r}_{i0}$ und $\boldsymbol{v}_{i0}$ müssen die Bindungen (5.12) und (5.18) erfüllen.

$$\left[\begin{array}{ccc|cc} m & 0 & 0 & -2(x-u) & 0 \\ 0 & m & 0 & -2y & 0 \\ 0 & 0 & m & -2z & -1 \\ \hline -2(x-u) & -2y & -2z & 0 & 0 \\ 0 & 0 & -1 & 0 & 0 \end{array}\right] \left[\begin{array}{c} a_x \\ a_y \\ a_z \\ \hline \lambda_1 \\ \lambda_2 \end{array}\right] = \left[\begin{array}{c} 0 \\ -mg \\ 0 \\ \hline \bar{\bar{\gamma}}_1 \\ 0 \end{array}\right] \tag{5.98}$$

mit $\bar{\bar{\gamma}}_1 = 2\left((\dot{x} - \dot{u})^2 + \dot{y}^2 + \dot{z}^2 - (x - u)\,\ddot{u}\right)$. Mit $\boldsymbol{a}(\boldsymbol{r}, \boldsymbol{v}, t)$ aus (5.98) ergeben sich die gewöhnlichen Differentialgleichungen der Form (5.93)

$$\begin{bmatrix} \dot{x} \\ \dot{y} \\ \dot{z} \end{bmatrix} = \begin{bmatrix} v_x \\ v_y \\ v_z \end{bmatrix} \quad \text{und} \quad \begin{bmatrix} \dot{v}_x \\ \dot{v}_y \\ \dot{v}_z \end{bmatrix} = \begin{bmatrix} a_x(\boldsymbol{r}, \boldsymbol{v}, t) \\ a_y(\boldsymbol{r}, \boldsymbol{v}, t) \\ a_z(\boldsymbol{r}, \boldsymbol{v}, t) \end{bmatrix}. \quad \square \tag{5.99}$$

5.6.2 Bewegungsgleichungen in Minimalkoordinaten

Für die Aufstellung der Bewegungsgleichungen eines holonomen Massenpunktsystems in den f Minimalkoordinaten $\boldsymbol{q}$ wird von den expliziten Bindungen, den Impulssätzen und den impliziten Reaktionsbedingungen ausgegangen. Die Impulssätze (5.49), die Beschleunigungsbindungen (5.41) und die impliziten Reaktionsbedingungen (5.80) bilden ein System von $3n + 3n + f$ linearen Gleichungen für die $3n$ Koordinaten der Absolutbeschleunigungen $\boldsymbol{a}$, die $3n$ Koordinaten der Reaktionskräfte $\boldsymbol{f}^{\mathrm{r}}$ und die f Beschleunigungen der Minimalkoordinaten $\ddot{\boldsymbol{q}}$,

$$\begin{bmatrix} \widehat{\boldsymbol{M}} & -\boldsymbol{E} & \boldsymbol{0} \\ -\boldsymbol{E} & \boldsymbol{0} & \boldsymbol{J}(\boldsymbol{q},t) \\ \boldsymbol{0} & \boldsymbol{J}^{\mathrm{T}}(\boldsymbol{q},t) & \boldsymbol{0} \end{bmatrix} \begin{bmatrix} \boldsymbol{a} \\ \boldsymbol{f}^{\mathrm{r}} \\ \ddot{\boldsymbol{q}} \end{bmatrix} = \begin{bmatrix} \boldsymbol{f}^{\mathrm{e}}(\boldsymbol{r},\boldsymbol{v},t) \\ -\bar{\boldsymbol{a}}(\boldsymbol{q},\dot{\boldsymbol{q}},t) \\ \boldsymbol{0} \end{bmatrix} \begin{matrix} 3\,n \text{ Gln.} \\ 3\,n \text{ Gln.} \\ f \text{ Gln.} \end{matrix} \tag{5.100}$$

Zur Aufstellung der Bewegungsgleichungen in den Minimalkoordinaten $\boldsymbol{q}$ werden in (5.100) die Absolutbeschleunigungen $\boldsymbol{a}$ und die Reaktionskräfte $\boldsymbol{f}^{\mathrm{r}}$ eliminiert. Einsetzen der Reaktionskräfte $\boldsymbol{f}^{\mathrm{r}}$ aus den Impulssätzen (5.49) in die impliziten Reaktionsbedingungen (5.80) ergibt

$$\boldsymbol{J}^{\mathrm{T}}\,(\widehat{\boldsymbol{M}}\,\boldsymbol{a} - \boldsymbol{f}^{\mathrm{e}}) = \boldsymbol{0} \qquad \text{oder} \qquad \sum_{i=1}^{n} \boldsymbol{J}_i^{\mathrm{T}}\,(m_i\,\boldsymbol{a}_i - \boldsymbol{f}_i^{\mathrm{e}}) = \boldsymbol{0}. \tag{5.101}$$

In (5.101) werden die Impulssätze in den Tangentialraum der Bindungs-Mannigfaltigkeit aus (5.12) projiziert, wodurch die Reaktionskräfte $\boldsymbol{f}^{\mathrm{r}}$ eliminiert werden. Diese Gleichung wird daher von BREMER [13] als *Projektionsgleichung* bezeichnet.

Einsetzen der expliziten Bindungen (5.28), (5.33) und (5.41) in die Projektionsgleichung (5.101) liefert die Bewegungsgleichungen als ein System von f gewöhnlichen nichtlinearen Differentialgleichungen zweiter Ordnung,

$$\boldsymbol{M}(\boldsymbol{q},t)\,\ddot{\boldsymbol{q}} = \boldsymbol{k}^{\mathrm{c}}(\boldsymbol{q},\dot{\boldsymbol{q}},t) + \boldsymbol{k}^{\mathrm{e}}(\boldsymbol{q},\dot{\boldsymbol{q}},t), \tag{5.102}$$

mit der symmetrischen, positiv definiten (f,f)-Massenmatrix

$$\boldsymbol{M}(\boldsymbol{q},t) = \boldsymbol{J}^{\mathrm{T}}\,\widehat{\boldsymbol{M}}\,\boldsymbol{J} = \sum_{i=1}^{n} m_i\,\boldsymbol{J}_i^{\mathrm{T}}\,\boldsymbol{J}_i, \tag{5.103}$$

dem f-Vektor der verallgemeinerten Zentrifugal- und CORIOLIS-Kräfte

$$\boldsymbol{k}^{\mathrm{c}}(\boldsymbol{q},\dot{\boldsymbol{q}},t) = -\boldsymbol{J}^{\mathrm{T}}\,\widehat{\boldsymbol{M}}\,\bar{\boldsymbol{a}} = -\sum_{i=1}^{n} m_i\,\boldsymbol{J}_i^{\mathrm{T}}\,\bar{\boldsymbol{a}}_i, \tag{5.104}$$

und dem f-Vektor der verallgemeinerten eingeprägten Kräfte

$$k^{e}(q, \dot{q}, t) = J^{T} f^{e} = \sum_{i=1}^{n} J_i^{T} f_i^{e}. \tag{5.105}$$

Beispiel: Verladekran Mit der JACOBI-Matrix J aus (5.45), dem Vektor $\bar{a}$ aus (5.46), der Massenmatrix $\widehat{M} = \mathrm{diag}(m, m, m)$ und der eingeprägten Kraft $f^{e} = [0 \; -mg \;\; 0]^{T}$ lautet die hier skalare Bewegungsgleichung der Form (5.102)

$$\begin{aligned} M \quad \ddot{q} &= \quad k^{c} \quad + \quad k^{e} \\ m\, J^{T} J\, \ddot{q} &= \; -m J^{T} \bar{a} \; + \; J^{T} f^{e} \\ m\,\ell^{2} \quad \ddot{\beta} &= -m\,\ell \cos\beta\, \ddot{u} - m\, g\, \ell \sin\beta\,. \quad \square \end{aligned} \tag{5.106}$$

Positive Definitheit der Massenmatrix Die Massenmatrix $M = J^{T}\widehat{M} J$ in (5.102) ist positiv definit und damit auch regulär, vgl. (A.24), wenn die beiden folgenden Bedingungen erfüllt sind:

1. Die Massenmatrix $\widehat{M}$ ist positiv definit, was in (5.50) vorausgesetzt worden ist.
2. Die $(3n, f)$-JACOBI-Matrix J besitzt den vollen Rang $\mathrm{r}(J) = f$. Dies ist der Fall, wenn die f Geschwindigkeiten $\dot{q}$ voneinander unabhängig sind, was bei der Definition von q vorausgesetzt worden ist.

Die Bedingung 1 ist nur hinreichend, aber nicht notwendig für die positive Definitheit von M. Ein Beispiel liefert das in Abschn. 5.7.1 behandelte Doppelpendel mit den Massenpunkten m_1 und m_2. Für $m_1 = 0$ ist $\widehat{M} = \mathrm{diag}(m_1 E, m_2 E)$ im Gleichungssystem (5.124) nur positiv semidefinit, aber M in (5.141) ist positiv definit, sofern der Differenzwinkel $\beta_2 - \beta_1$ nicht gleich 0 oder π ist.

Die Bedingung 2 lässt sich über die kinetische Energie am Beispiel eines skleronomen Systems verdeutlichen. Einsetzen der expliziten Geschwindigkeitsbindung (5.33), $v = J\,\dot{q}$, in die kinetische Energie aus (5.50) liefert mit $v^{T} = (J\,\dot{q})^{T} = \dot{q}^{T} J^{T}$

$$T(q, \dot{q}) = \tfrac{1}{2}\, \dot{q}^{T} \underbrace{J^{T}\, \widehat{M}\, J}_{M(q)}\, \dot{q} \quad \begin{cases} > 0 \text{ für } \dot{q} \neq 0 \\ = 0 \text{ für } \dot{q} = 0. \end{cases} \tag{5.107}$$

Die kinetische Energie ist nur dann null, wenn alle unabhängigen Geschwindigkeiten $\dot{q}$ null sind, also das System in Ruhe ist.

Bewegungsgleichungen in Zustandsform Das System der Differentialgleichungen zweiter Ordnung (5.102) kann in ein System erster Ordnung überführt werden. Hierzu werden f unabhängige Geschwindigkeiten oder *Minimalgeschwindigkeiten* s als die Zeitableitungen der f Minimalkoordinaten q definiert. Die kinematischen Differentialgleichungen

$$\dot{q} = s \tag{5.108}$$

bilden dann zusammen mit den nach $\dot{s} = \ddot{q}$ aufgelösten Bewegungsgleichungen (5.102) ein nichtlineares System gewöhnlicher Differentialgleichungen erster Ordnung in den Zustandsgrößen $\boldsymbol{x} = [\,\boldsymbol{q}^{\mathrm{T}} \;\; \boldsymbol{s}^{\mathrm{T}}\,]^{\mathrm{T}}$. Mit den dazu gehörenden Anfangsbedingungen lautet es

$$\begin{aligned} \begin{bmatrix} \dot{\boldsymbol{q}} \\ \dot{\boldsymbol{s}} \end{bmatrix} &= \begin{bmatrix} \boldsymbol{s} \\ \boldsymbol{M}^{-1}(\boldsymbol{q},t)\,\big(\boldsymbol{k}^{\mathrm{c}}(\boldsymbol{q},\boldsymbol{s},t) + \boldsymbol{k}^{\mathrm{e}}(\boldsymbol{q},\boldsymbol{s},t)\big) \end{bmatrix} \quad \text{mit} \quad \begin{bmatrix} \boldsymbol{q}(t_0) \\ \boldsymbol{s}(t_0) \end{bmatrix} = \begin{bmatrix} \boldsymbol{q}_0 \\ \boldsymbol{s}_0 \end{bmatrix} \\ \dot{\boldsymbol{x}} &= \boldsymbol{\Psi}(\boldsymbol{x},t) \qquad\qquad \boldsymbol{x}(t_0) = \boldsymbol{x}_0\,. \end{aligned} \tag{5.109}$$

Die Bewegungsgleichungen (5.109) können mit numerischen Verfahren zur Lösung gewöhnlicher Differentialgleichungen integriert werden, siehe Abschn. 5.9.1. Da die Bindungen auf Lage- und Geschwindigkeitsebene in (5.109) enthalten sind, tritt dabei keine numerische Drift auf. Dies ist ein wesentlicher Vorteil von Bewegungsgleichungen in Minimalkoordinaten gegenüber der Absolutkoordinaten-Formulierung.

Die Aufstellung der Bewegungsgleichungen eines holonomen Massenpunktsystems in Minimalkoordinaten ist in Tab. 5.4 zusammengefasst.

Tab. 5.4 Bewegungsgleichungen eines holonomen System mit n Massenpunkten in Minimalkoordinaten

---

Explizite holonome Bindungen (f Minimalkoordinaten $\boldsymbol{q}$):

(5.28) : $\boldsymbol{r}_i = \boldsymbol{r}_i(\boldsymbol{q},t)\,, \quad i = 1,\ldots,n\,,$

(5.33) : $\boldsymbol{v}_i = \boldsymbol{J}_i(\boldsymbol{q},t)\,\dot{\boldsymbol{q}} + \bar{\boldsymbol{v}}_i(\boldsymbol{q},t)\,, \quad i = 1,\ldots,n\,,$

(5.41) : $\boldsymbol{a}_i = \boldsymbol{J}_i(\boldsymbol{q},t)\,\ddot{\boldsymbol{q}} + \bar{\boldsymbol{a}}_i(\boldsymbol{q},\dot{\boldsymbol{q}},t)\,, \; i = 1,\ldots,n\,.$

Impulssätze mit eingeprägten Kräften $\boldsymbol{f}_i^{\mathrm{e}}$ und Reaktionskräften $\boldsymbol{f}_i^{\mathrm{r}}$:

(5.49) : $m_i\,\boldsymbol{a}_i = \boldsymbol{f}_i^{\mathrm{e}}(\boldsymbol{r},\boldsymbol{v},t) + \boldsymbol{f}_i^{\mathrm{r}}\,, \quad i = 1,\ldots,n\,.$

Implizite Reaktionsbedingungen:

(5.80) : $\sum_{i=1}^{n} \boldsymbol{J}_i^{\mathrm{T}}\,\boldsymbol{f}_i^{\mathrm{r}} = \boldsymbol{0}\,.$

Bewegungsgleichungen:

(5.102) : $\boldsymbol{M}(\boldsymbol{q},t)\,\ddot{\boldsymbol{q}} = \boldsymbol{k}^{\mathrm{c}}(\boldsymbol{q},\dot{\boldsymbol{q}},t) + \boldsymbol{k}^{\mathrm{e}}(\boldsymbol{q},\dot{\boldsymbol{q}},t)$

mit

(5.103) : $\boldsymbol{M} = \sum_{i=1}^{n} m_i\,\boldsymbol{J}_i^{\mathrm{T}}\,\boldsymbol{J}_i\,,$

(5.104) : $\boldsymbol{k}^{\mathrm{c}} = -\sum_{i=1}^{n} m_i\,\boldsymbol{J}_i^{\mathrm{T}}\,\bar{\boldsymbol{a}}_i\,,$

(5.105) : $\boldsymbol{k}^{\mathrm{e}} = \sum_{i=1}^{n} \boldsymbol{J}_i^{\mathrm{T}}\,\boldsymbol{f}_i^{\mathrm{e}}\,.$

Zustandsgleichungen (Zustandsgrößen $\boldsymbol{q}$, $\boldsymbol{s} = \dot{\boldsymbol{q}}$):

(5.109) : $\begin{bmatrix} \dot{\boldsymbol{q}} \\ \dot{\boldsymbol{s}} \end{bmatrix} = \begin{bmatrix} \boldsymbol{s} \\ \boldsymbol{M}^{-1}(\boldsymbol{q},t)\,\big(\boldsymbol{k}^{\mathrm{c}}(\boldsymbol{q},\boldsymbol{s},t) + \boldsymbol{k}^{\mathrm{e}}(\boldsymbol{q},\boldsymbol{s},t)\big) \end{bmatrix} \quad \text{mit} \quad \begin{bmatrix} \boldsymbol{q}(t_0) \\ \boldsymbol{s}(t_0) \end{bmatrix} = \begin{bmatrix} \boldsymbol{q}_0 \\ \boldsymbol{s}_0 \end{bmatrix}.$

Berechnung der Reaktionskräfte Mit den aus (5.102) bzw. (5.109) berechneten Beschleunigungen $\ddot{q} = \dot{s}$ werden die Reaktionskräfte f_i^r mit Hilfe der Impulssätze (5.49) unter Berücksichtigung von (5.41) berechnet,

$$f^r = \widehat{M}\, a - f^e \quad \text{mit} \quad a = J\,\ddot{q} + \bar{a} \tag{5.110}$$

oder

$$f_i^r = m_i\, a_i - f_i^e \quad \text{mit} \quad a_i = J_i\,\ddot{q} + \bar{a}_i, \quad i = 1, \ldots, n. \tag{5.111}$$

Reaktionsgleichungen Die Reaktionskräfte f^r können auch ohne vorherige Berechnung der Beschleunigungen a berechnet werden, wenn zusätzlich eine $(b,3n)$-Bindungsmatrix G, welche die Orthogonalitätsbeziehung $G\,J = 0$ entsprechend (5.37) erfüllt, aufgestellt wird. Die Reaktionskräfte f^r in (5.110) können dann mit Hilfe der expliziten Reaktionsbedingungen (5.77) in Abhängigkeit von b minimalen Reaktionskoordinaten λ ausgedrückt werden. Die anschließende Multiplikation von (5.110) von links mit der Matrix $G\,\widehat{M}^{-1}$ liefert

$$G\,\widehat{M}^{-1} \cdot | \quad \underbrace{f^r}_{G^T \lambda} = \widehat{M}\,J\,\ddot{q} + \widehat{M}\,\bar{a} - f^e$$

$$\Rightarrow \quad G\,\widehat{M}^{-1} G^T \lambda = \underbrace{G\,\overbrace{\widehat{M}^{-1}\,\widehat{M}}^{E}\,J}_{0}\,\ddot{q} + G\,\overbrace{\widehat{M}^{-1}\,\widehat{M}}^{E}\,\bar{a} - G\,\widehat{M}^{-1}\,f^e$$

und damit

$$G\,\widehat{M}^{-1}\,G^T \lambda = G\,\bar{a} - G\,\widehat{M}^{-1}\,f^e. \tag{5.112}$$

Dies sind b lineare Gleichungen zur Berechnung der b minimalen Reaktionskoordinaten λ bei gegebener Lage q und Geschwindigkeit $\dot{q}$ des Systems. Die von SCHIEHLEN und EBERHARD [95] als *Reaktionsgleichungen* bezeichneten Gleichungen (5.112) stellen die Projektion der Impulssätze in die gesperrten Raumrichtungen dar. Mit den minimalen Reaktionskoordinaten λ aus (5.112) können anschließend die Reaktionskräfte mit Hilfe der expliziten Reaktionsbedingungen (5.77) ermittelt werden, $f_i^r = G_i^T \lambda, \; i = 1, \ldots, n$.

5.7 Beispiele holonomer Massenpunktsysteme

Die Bewegungsgleichungen von Massenpunktsystemen in Absolutkoordinaten und in Minimalkoordinaten werden an drei Beispielen gegenübergestellt.

5.7.1 Doppeltes Massenpunktpendel

Als ein ebenes Massenpunktsystem wird das in Abb. 5.10a dargestellte doppelte Massenpunktpendel (Massen m_1, m_2, Längen der masselosen Pendelstäbe l_1, l_2) betrachtet.

Bewegungsgleichungen in Absolutkoordinaten Die $n = 2$ Massenpunkte m_1 und m_2 haben in der betrachteten vertikalen x_0, y_0-Ebene die $2n = 4$ absoluten Lagekoordinaten

$$\boldsymbol{r} = \begin{bmatrix} \boldsymbol{r}_1 \\ \boldsymbol{r}_2 \end{bmatrix} \quad \text{mit} \quad \boldsymbol{r}_1 = \begin{bmatrix} x_1 \\ y_1 \end{bmatrix}, \quad \boldsymbol{r}_2 = \begin{bmatrix} x_2 \\ y_2 \end{bmatrix}. \tag{5.113}$$

Die Bewegungsgleichungen werden mit Hilfe der Gleichungen in Tab. 5.3 aufgestellt.

Implizite Bindungen Mit den konstanten Längen der Pendelstäbe gelten die impliziten skleronomen Bindungen in vektorieller Form

$$\begin{bmatrix} \frac{1}{2}\boldsymbol{r}_1^{\mathrm{T}}\boldsymbol{r}_1 - \frac{1}{2}l_1^2 \\ \frac{1}{2}(\boldsymbol{r}_2 - \boldsymbol{r}_1)^{\mathrm{T}}(\boldsymbol{r}_2 - \boldsymbol{r}_1) - \frac{1}{2}l_2^2 \end{bmatrix} = \begin{bmatrix} 0 \\ 0 \end{bmatrix} \quad \begin{matrix} \text{Abstand } l_1 \\ \text{Abstand } l_2 \end{matrix} \tag{5.114}$$

und bei Koordinatendarstellung der Vektoren in $\mathcal{K}_0$

$$\begin{aligned} \begin{bmatrix} \frac{1}{2}x_1^2 + \frac{1}{2}y_1^2 - \frac{1}{2}l_1^2 \\ \frac{1}{2}(x_2 - x_1)^2 + \frac{1}{2}(y_2 - y_1)^2 - \frac{1}{2}l_2^2 \end{bmatrix} &= \begin{bmatrix} 0 \\ 0 \end{bmatrix} \\ \boldsymbol{g}(\boldsymbol{r}) &= \boldsymbol{0}\,. \end{aligned} \tag{5.115}$$

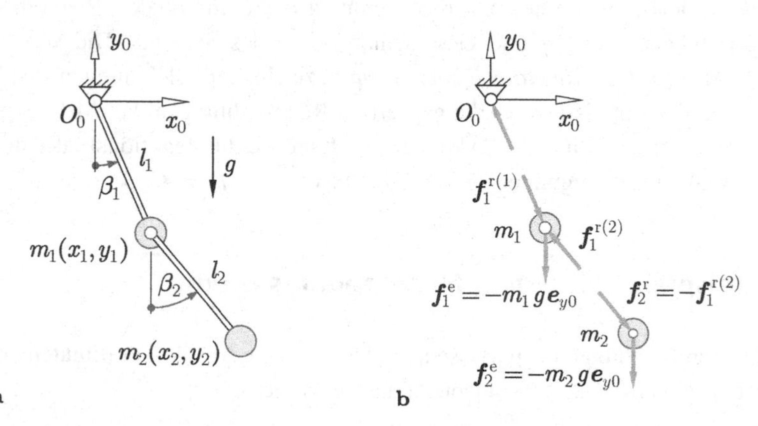

Abb. 5.10 Ebenes doppeltes Massenpunktpendel. **a** Gesamtsystem mit den Absolutkoordinaten x_1, y_1, x_2, y_2 und den Minimalkoordinaten β_1, β_2. **b** Eingeprägte Kräfte (hier die Gewichtskräfte) und Reaktionskräfte

Durch den Faktor $\frac{1}{2}$ wird in den nachfolgenden Zeitableitungen der Vorfaktor 2 vermieden, vgl.(5.23).

Die Bindungen auf Geschwindigkeitsebene werden durch die Zeitableitung von (5.114) in vektorieller Form erhalten,

$$\begin{bmatrix} \boldsymbol{r}_1^{\mathrm{T}} \\ -(\boldsymbol{r}_2 - \boldsymbol{r}_1)^{\mathrm{T}} \end{bmatrix} \dot{\boldsymbol{r}}_1 + \begin{bmatrix} \boldsymbol{0}^{\mathrm{T}} \\ (\boldsymbol{r}_2 - \boldsymbol{r}_1)^{\mathrm{T}} \end{bmatrix} \dot{\boldsymbol{r}}_2 = \begin{bmatrix} 0 \\ 0 \end{bmatrix} \tag{5.116}$$

und bei Koordinatendarstellung der Vektoren in $\mathcal{K}_0$

$$\begin{array}{ccccccc} \begin{bmatrix} x_1 & y_1 \\ -(x_2 - x_1) & -(y_2 - y_1) \end{bmatrix} & \begin{bmatrix} \dot{x}_1 \\ \dot{y}_1 \end{bmatrix} & + & \begin{bmatrix} 0 & 0 \\ x_2 - x_1 & y_2 - y_1 \end{bmatrix} & \begin{bmatrix} \dot{x}_2 \\ \dot{y}_2 \end{bmatrix} & = & \begin{bmatrix} 0 \\ 0 \end{bmatrix} \\ \boldsymbol{G}_1(\boldsymbol{r}) & \boldsymbol{v}_1 & + & \boldsymbol{G}_2(\boldsymbol{r}) & \boldsymbol{v}_2 & = & \boldsymbol{0}\ . \end{array} \tag{5.117}$$

Der nicht von $\boldsymbol{a}$ abhängende Term der Bindung auf Beschleunigungsebene gemäß (5.20) lautet vektoriell

$$\bar{\bar{\boldsymbol{\gamma}}}(\boldsymbol{r}, \boldsymbol{v}) = \dot{\boldsymbol{G}}_1 \boldsymbol{v}_1 + \dot{\boldsymbol{G}}_2 \boldsymbol{v}_2 = \begin{bmatrix} \dot{\boldsymbol{r}}_1^{\mathrm{T}} \dot{\boldsymbol{r}}_1 \\ (\dot{\boldsymbol{r}}_2 - \dot{\boldsymbol{r}}_1)^{\mathrm{T}} (\dot{\boldsymbol{r}}_2 - \dot{\boldsymbol{r}}_1) \end{bmatrix} \tag{5.118}$$

und bei Koordinatendarstellung der Vektoren in $\mathcal{K}_0$

$$\bar{\bar{\boldsymbol{\gamma}}}(\boldsymbol{r}, \boldsymbol{v}) = \begin{bmatrix} \bar{\bar{\gamma}}_1 \\ \bar{\bar{\gamma}}_2 \end{bmatrix} = \begin{bmatrix} \dot{x}_1^2 + \dot{y}_1^2 \\ (\dot{x}_2 - \dot{x}_1)^2 + (\dot{y}_2 - \dot{y}_1)^2 \end{bmatrix}. \tag{5.119}$$

Eingeprägte Kräfte Die Impulssätze (5.49) lauten für die beiden Massenpunkte

$$m_i\, \boldsymbol{a}_i = \boldsymbol{f}_i^{\mathrm{e}} + \boldsymbol{f}_i^{\mathrm{r}}, \quad i = 1, 2, \tag{5.120}$$

mit den eingeprägten Gewichtskräften

$$\boldsymbol{f}_i^{\mathrm{e}} = -m_i\, g\, \boldsymbol{e}_{y0} = \begin{bmatrix} 0 \\ -m_i\, g \end{bmatrix}, \quad i = 1, 2. \tag{5.121}$$

Explizite Reaktionsbedingungen Die Reaktionskräfte $\boldsymbol{f}_1^{\mathrm{r}}$ werden durch die expliziten Reaktionsbedingungen (5.77) unter Verwendung der Bindungsmatrizen $\boldsymbol{G}_1$ und $\boldsymbol{G}_2$ aus (5.117) ausgedrückt. Wird der Anteil der Reaktionskraft auf den Massenpunkt m_i, $i = 1, 2$, aufgrund der Bindung $g_j(\boldsymbol{r}) = 0$, $j = 1, 2$, mit $\boldsymbol{f}_i^{\mathrm{r}(j)}$ bezeichnet, so können die Reaktionskräfte $\boldsymbol{f}_1^{\mathrm{r}}$ und $\boldsymbol{f}_2^{\mathrm{r}}$ den beiden Bindungen (5.114) zugeordnet werden,

$$f_1^r = G_1^T \lambda = \underbrace{\begin{bmatrix} x_1 \\ y_1 \end{bmatrix} \lambda_1}_{f_1^{r(1)}} + \underbrace{\begin{bmatrix} -(x_2 - x_1) \\ -(y_2 - y_1) \end{bmatrix} \lambda_2}_{f_1^{r(2)}}, \tag{5.122}$$

$$f_2^r = G_2^T \lambda = \underbrace{\begin{bmatrix} x_2 - x_1 \\ y_2 - y_1 \end{bmatrix} \lambda_2}_{f_2^{r(2)} = -f_1^{r(2)}}. \tag{5.123}$$

Die eingeprägten Kräfte aus (5.121) sowie die Reaktionskräfte aus (5.122) und (5.123) sind in Abb. 5.10b dargestellt.

Bewegungsgleichungen Das lineare Gleichungssystem (5.84) zur Berechnung der Beschleunigungen $\boldsymbol{a}_1$, $\boldsymbol{a}_2$ und der Reaktionskoordinaten $\boldsymbol{\lambda}$ lautet

$$\left[\begin{array}{cc|c} m_1 \boldsymbol{E} & \boldsymbol{0} & -\boldsymbol{G}_1^T \\ \boldsymbol{0} & m_2 \boldsymbol{E} & -\boldsymbol{G}_2^T \\ \hline -\boldsymbol{G}_1 & -\boldsymbol{G}_2 & \boldsymbol{0} \end{array}\right] \left[\begin{array}{c} \boldsymbol{a}_1 \\ \boldsymbol{a}_2 \\ \hline \boldsymbol{\lambda} \end{array}\right] = \left[\begin{array}{c} \boldsymbol{f}_1^e \\ \boldsymbol{f}_2^e \\ \hline \bar{\bar{\boldsymbol{\gamma}}} \end{array}\right] \tag{5.124}$$

oder in Koordinaten ausgeschrieben mit $x_{21} = x_2 - x_1$ und $y_{21} = y_2 - y_1$

$$\left[\begin{array}{cc|cc|cc} m_1 & 0 & 0 & 0 & -x_1 & x_{21} \\ 0 & m_1 & 0 & 0 & -y_1 & y_{21} \\ \hline 0 & 0 & m_2 & 0 & 0 & -x_{21} \\ 0 & 0 & 0 & m_2 & 0 & -y_{21} \\ \hline -x_1 & -y_1 & 0 & 0 & 0 & 0 \\ x_{21} & y_{21} & -x_{21} & -y_{21} & 0 & 0 \end{array}\right] \left[\begin{array}{c} a_{1x} \\ a_{1y} \\ \hline a_{2x} \\ a_{2y} \\ \hline \lambda_1 \\ \lambda_2 \end{array}\right] = \left[\begin{array}{c} 0 \\ -m_1 g \\ \hline 0 \\ -m_2 g \\ \hline \bar{\bar{\gamma}}_1 \\ \bar{\bar{\gamma}}_2 \end{array}\right]. \tag{5.125}$$

Mit den aus (5.125) berechneten Beschleunigungen $\boldsymbol{a}_1, \boldsymbol{a}_2$ lauten die Differentialgleichungen für die Absolutkoordinaten (5.93)

$$\begin{bmatrix} \dot{x}_i \\ \dot{y}_i \end{bmatrix} = \begin{bmatrix} v_{ix} \\ v_{iy} \end{bmatrix} \quad \text{und} \quad \begin{bmatrix} \dot{v}_{ix} \\ \dot{v}_{iy} \end{bmatrix} = \begin{bmatrix} a_{ix} \\ a_{iy} \end{bmatrix}, \quad i = 1, 2. \tag{5.126}$$

Interpretation der Lösung Betrachtet wird ein Doppelpendel mit den Längen $l_1 = \sqrt{2}l$, $l_2 = l$ und gleichen Massen $m_1 = m_2 = m$, das in der in Abb. 5.11a gezeigten Lage aus der Ruhe heraus losgelassen wird. Für den Anfangszeitpunkt werden die Beschleunigungen der Massenpunkte und die Reaktionskräfte berechnet.

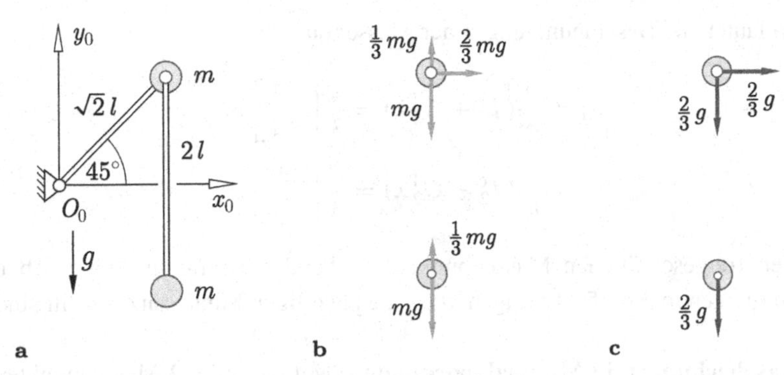

Abb. 5.11 Spezielle Anfangsbedingung für das doppelte Massenpunktpendel. **a** Betrachtete Lage. **b** Gewichtskräfte und Reaktionskräfte. **c** Beschleunigungen

Mit den Koordinaten und Geschwindigkeiten des betrachteten Zustands

$$\begin{bmatrix} x_1 \\ y_1 \end{bmatrix} = \begin{bmatrix} l \\ l \end{bmatrix}, \quad \begin{bmatrix} x_2 \\ y_2 \end{bmatrix} = \begin{bmatrix} l \\ -l \end{bmatrix}, \quad \begin{bmatrix} \dot{x}_1 \\ \dot{y}_1 \end{bmatrix} = \begin{bmatrix} \dot{x}_2 \\ \dot{y}_2 \end{bmatrix} = \begin{bmatrix} 0 \\ 0 \end{bmatrix} \tag{5.127}$$

ergeben sich aus (5.117) die Bindungsmatrizen

$$\boldsymbol{G}_1 = \begin{bmatrix} l & l \\ 0 & 2\,l \end{bmatrix}, \qquad \boldsymbol{G}_2 = \begin{bmatrix} 0 & 0 \\ 0 & -2\,l \end{bmatrix} \tag{5.128}$$

und aus (5.119) der Term $\bar{\bar{\boldsymbol{\gamma}}} = \boldsymbol{0}$. Das lineare Gleichungssystem (5.87) für die Reaktionskoordinaten $\boldsymbol{\lambda}$ lautet unter Berücksichtigung von (5.88) und (5.89)

$$\frac{2\,l^2}{m} \begin{bmatrix} 1 & 1 \\ 1 & 4 \end{bmatrix} \begin{bmatrix} \lambda_1 \\ \lambda_2 \end{bmatrix} = \begin{bmatrix} g\,l \\ 0 \end{bmatrix} \tag{5.129}$$

mit der Lösung

$$\lambda_1 = \frac{2\,m\,g}{3\,l}, \qquad \lambda_2 = -\frac{mg}{6\,l}. \tag{5.130}$$

Aus (5.122) und (5.123) ergeben sich die Reaktionskräfte

$$\boldsymbol{f}_1^{\mathrm{r}} = \underbrace{\frac{2\,mg}{3} \begin{bmatrix} 1 \\ 1 \end{bmatrix}}_{\boldsymbol{f}_1^{\mathrm{r}(1)}} + \underbrace{\frac{mg}{3} \begin{bmatrix} 0 \\ -1 \end{bmatrix}}_{\boldsymbol{f}_1^{\mathrm{r}(2)}} = \frac{mg}{3} \begin{bmatrix} 2 \\ 1 \end{bmatrix}, \tag{5.131}$$

$$\boldsymbol{f}_2^{\mathrm{r}} = \frac{mg}{3} \begin{bmatrix} 0 \\ 1 \end{bmatrix} = -\boldsymbol{f}_1^{\mathrm{r}(2)}. \tag{5.132}$$

Mit (5.86) lauten die Beschleunigungen der Massenpunkte

$$\boldsymbol{a}_1 = \frac{1}{m}(\boldsymbol{f}_1^{\mathrm{e}} + \boldsymbol{G}_1^{\mathrm{T}}\boldsymbol{\lambda}) = \frac{2}{3}\begin{bmatrix} 1 \\ -1 \end{bmatrix} g, \tag{5.133}$$

$$\boldsymbol{a}_2 = \frac{1}{m}(\boldsymbol{f}_2^{\mathrm{e}} + \boldsymbol{G}_2^{\mathrm{T}}\boldsymbol{\lambda}) = \frac{2}{3}\begin{bmatrix} 0 \\ -1 \end{bmatrix} g. \tag{5.134}$$

Die an den freigeschnittenen Massenpunkten wirkenden Kräfte in Abb. 5.11b und die Beschleunigungen in Abb. 5.11c zeigen, dass die jeweiligen Impulssätze erfüllt sind.

Bewegungsgleichungen in Minimalkoordinaten Mit den $n = 2$ Massenpunkten in der Ebene und den $b = 2$ Bindungen (5.115) beträgt der Freiheitsgrad des Doppelpendels gemäß (5.26) $f = 2$. Als Minimalkoordinaten werden die Drehwinkel der Stäbe gegenüber der negativen y_0-Achse $\boldsymbol{q} = [\,\beta_1 \;\; \beta_2\,]^{\mathrm{T}}$ gewählt (Abb. 5.10a). Die Bewegungsgleichungen werden mit Hilfe der Gleichungen in Tab. 5.4 aufgestellt.

Explizite Bindungen Die expliziten Bindungen der beiden Massenpunkte lauten auf Lageebene, vgl. (5.28),

$$\boldsymbol{r}_1(\boldsymbol{q}) = \begin{bmatrix} l_1 \sin\beta_1 \\ -l_1 \cos\beta_1 \end{bmatrix}, \quad \boldsymbol{r}_2(\boldsymbol{q}) = \begin{bmatrix} l_1 \sin\beta_1 + l_2 \sin\beta_2 \\ -l_1 \cos\beta_1 - l_2 \cos\beta_2 \end{bmatrix}, \tag{5.135}$$

auf Geschwindigkeitsebene, vgl. (5.33),

$$\begin{aligned} \dot{\boldsymbol{r}}_1 &= \begin{bmatrix} l_1 \cos\beta_1 & 0 \\ l_1 \sin\beta_1 & 0 \end{bmatrix} \begin{bmatrix} \dot\beta_1 \\ \dot\beta_2 \end{bmatrix} \\ \boldsymbol{v}_1 &= \qquad \boldsymbol{J}_1(\boldsymbol{q}) \qquad\quad \dot{\boldsymbol{q}}, \end{aligned} \tag{5.136}$$

$$\begin{aligned} \dot{\boldsymbol{r}}_2 &= \begin{bmatrix} l_1 \cos\beta_1 & l_2 \cos\beta_2 \\ l_1 \sin\beta_1 & l_2 \sin\beta_2 \end{bmatrix} \begin{bmatrix} \dot\beta_1 \\ \dot\beta_2 \end{bmatrix} \\ \boldsymbol{v}_2 &= \qquad\quad \boldsymbol{J}_2(\boldsymbol{q}) \qquad\qquad \dot{\boldsymbol{q}} \end{aligned} \tag{5.137}$$

und auf Beschleunigungsebene, vgl. (5.41),

$$\boldsymbol{a}_1 = \boldsymbol{J}_1(\boldsymbol{q})\,\ddot{\boldsymbol{q}} + \bar{\boldsymbol{a}}_1(\boldsymbol{q},\dot{\boldsymbol{q}}) \quad \text{mit} \quad \bar{\boldsymbol{a}}_1 = \begin{bmatrix} -l_1 \sin\beta_1\,\dot\beta_1^2 \\ l_1 \cos\beta_1\,\dot\beta_1^2 \end{bmatrix}, \tag{5.138}$$

$$\boldsymbol{a}_2 = \boldsymbol{J}_2(\boldsymbol{q})\,\ddot{\boldsymbol{q}} + \bar{\boldsymbol{a}}_2(\boldsymbol{q},\dot{\boldsymbol{q}}) \quad \text{mit} \quad \bar{\boldsymbol{a}}_2 = \begin{bmatrix} -l_1 \sin\beta_1\,\dot\beta_1^2 - l_2 \sin\beta_2\,\dot\beta_2^2 \\ l_1 \cos\beta_1\,\dot\beta_1^2 + l_2 \cos\beta_2\,\dot\beta_2^2 \end{bmatrix}. \tag{5.139}$$

Bewegungsgleichungen Die Bewegungsgleichungen haben die Form (5.102),

$$\boldsymbol{M}(\boldsymbol{q})\,\ddot{\boldsymbol{q}} = \boldsymbol{k}^{\mathrm{c}}(\boldsymbol{q},\dot{\boldsymbol{q}}) + \boldsymbol{k}^{\mathrm{e}}(\boldsymbol{q},\dot{\boldsymbol{q}}), \tag{5.140}$$

mit der Massenmatrix gemäß (5.103)

$$\begin{aligned} \boldsymbol{M} &= m_1\, \boldsymbol{J}_1^{\mathrm{T}}\, \boldsymbol{J}_1 + m_2\, \boldsymbol{J}_2^{\mathrm{T}}\, \boldsymbol{J}_2, \\ \boldsymbol{M} &= \begin{bmatrix} (m_1+m_2)\, l_1^2 & m_2\, l_1\, l_2 \cos(\beta_2-\beta_1) \\ m_2\, l_1\, l_2 \cos(\beta_2-\beta_1) & m_2\, l_2^2 \end{bmatrix}, \end{aligned} \tag{5.141}$$

wobei mit $\cos\beta_1 \cos\beta_2 + \sin\beta_1 \sin\beta_2 = \cos(\beta_2-\beta_1)$ umgeformt wurde, dem Vektor der verallgemeinerten Zentrifugal- und CORIOLIS-Kräfte gemäß (5.104)

$$\begin{aligned} \boldsymbol{k}^{\mathrm{c}} &= -m_1\, \boldsymbol{J}_1^{\mathrm{T}}\, \bar{\boldsymbol{a}}_1 - m_2\, \boldsymbol{J}_2^{\mathrm{T}}\, \bar{\boldsymbol{a}}_2, \\ \boldsymbol{k}^{\mathrm{c}} &= \begin{bmatrix} m_2\, l_1\, l_2 \sin(\beta_2-\beta_1)\dot{\beta}_2^2 \\ -m_2\, l_1\, l_2 \sin(\beta_2-\beta_1)\dot{\beta}_1^2 \end{bmatrix}, \end{aligned} \tag{5.142}$$

wobei mit $\sin\beta_1 \cos\beta_2 - \cos\beta_1 \sin\beta_2 = -\sin(\beta_2-\beta_1)$ umgeformt wurde, und dem Vektor der verallgemeinerten eingeprägten Kräfte gemäß (5.105)

$$\begin{aligned} \boldsymbol{k}^{\mathrm{e}} &= \boldsymbol{J}_1^{\mathrm{T}}\, \boldsymbol{f}_1^{\mathrm{e}} + \boldsymbol{J}_2^{\mathrm{T}}\, \boldsymbol{f}_2^{\mathrm{e}}, \\ \boldsymbol{k}^{\mathrm{e}} &= \begin{bmatrix} -(m_1+m_2)\, g\, l_1 \sin\beta_1 \\ -m_2\, g\, l_2 \sin\beta_2 \end{bmatrix}. \end{aligned} \tag{5.143}$$

5.7.2 Ebenes Schubkurbelgetriebe

Das doppelte Massenpunktpendel aus Abb. 5.10 wird entsprechend Abb. 5.12a zu einem ebenen Schubkurbelgetriebe erweitert, bei dem sich der Massenpunkt m_2 in einer geraden Führung durch den Punkt P auf der x_0-Achse (Winkel α, Abstand x_P) bewegt. Zusätzlich wirkt zwischen dem festen Punkt Q (Koordinaten x_Q, y_Q) und dem Massenpunkt m_2 eine Feder (Federkonstante c, Länge der ungespannten Feder s_0). An der Kurbel wirkt das Antriebsmoment τ_A.

Bei dem Übergang vom Doppelpendel zum Schubkurbelgetriebe entsteht eine *kinematische Schleife*. Das Beispiel zeigt, wie dadurch die Formulierung der expliziten Bindungen

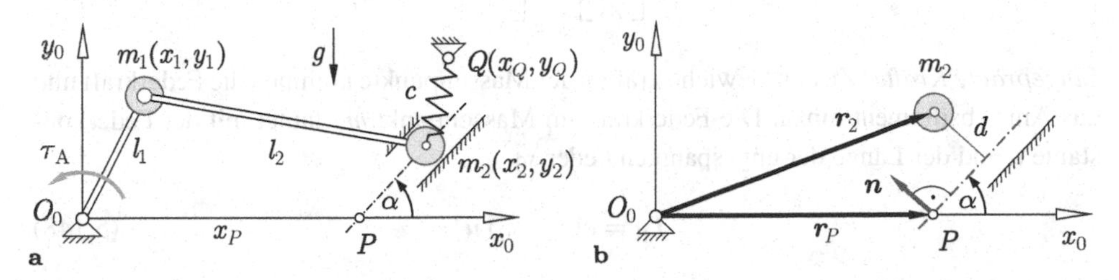

Abb. 5.12 Ebenes Schubkurbelgetriebe mit zwei Massenpunkten. **a** Gesamtsystem. **b** Zur Formulierung der Bindung (5.144)

der Massenpunkte und damit der Bewegungsgleichungen in Minimalform gegenüber dem Doppelpendel aufwendiger wird.

Bewegungsgleichungen in Absolutkoordinaten Die Absolutkoordinaten des Schubkurbelgetriebes sind diejenigen des Doppelpendels aus (5.113).

Implizite Bindungen Als zusätzliche Bindung gegenüber dem Doppelpendel muss der Abstand d des Massenpunkts m_2 von der geraden Führung null sein (Abb. 5.12b). Mit dem Punkt P und dem Normalen-Einheitsvektor $\boldsymbol{n}$ der Führung lautet die Bindung in vektorieller Form

$$d \equiv \boldsymbol{n}^{\mathrm{T}}(\boldsymbol{r}_2 - \boldsymbol{r}_P) \stackrel{!}{=} 0 \tag{5.144}$$

Die impliziten Lagebindungen des Doppelpendels aus (5.115) werden um die Bindung (5.144) mit $\boldsymbol{r}_2 = [\,x_2 \quad y_2\,]^{\mathrm{T}}$, $\boldsymbol{r}_P = [\,x_P \quad 0\,]^{\mathrm{T}}$ und $\boldsymbol{n} = [\,-\sin\alpha \quad \cos\alpha\,]^{\mathrm{T}}$ ergänzt,

$$\begin{array}{ccc} \begin{bmatrix} \frac{1}{2}x_1^2 + \frac{1}{2}y_1^2 - \frac{1}{2}l_1^2 \\ \frac{1}{2}(x_2 - x_1)^2 + \frac{1}{2}(y_2 - y_1)^2 - \frac{1}{2}l_2^2 \\ (x_P - x_2)\sin\alpha + y_2\cos\alpha \end{bmatrix} & = & \begin{bmatrix} 0 \\ 0 \\ 0 \end{bmatrix} \\ \boldsymbol{g}(\boldsymbol{r}) & = & \boldsymbol{0}\;. \end{array} \tag{5.145}$$

Die Zeitableitung der Lagebindungen (5.145) ergibt die Bindungen auf Geschwindigkeitsebene

$$\begin{array}{ccccccc} \begin{bmatrix} x_1 & y_1 \\ -(x_2 - x_1) & -(y_2 - y_1) \\ 0 & 0 \end{bmatrix} & \begin{bmatrix} \dot{x}_1 \\ \dot{y}_1 \end{bmatrix} & + & \begin{bmatrix} 0 & 0 \\ x_2 - x_1 & y_2 - y_1 \\ -\sin\alpha & \cos\alpha \end{bmatrix} & \begin{bmatrix} \dot{x}_2 \\ \dot{y}_2 \end{bmatrix} & = & \begin{bmatrix} 0 \\ 0 \\ 0 \end{bmatrix} \\ \boldsymbol{G}_1(\boldsymbol{r}) & \boldsymbol{v}_1 & + & \boldsymbol{G}_2(\boldsymbol{r}) & \boldsymbol{v}_2 & = & \boldsymbol{0}\;. \end{array} \tag{5.146}$$

Der nicht von $\boldsymbol{a}$ abhängende Term in der Bindung auf Beschleunigungsebene lautet

$$\bar{\bar{\boldsymbol{\gamma}}}(\boldsymbol{r}, \boldsymbol{v}) = \dot{\boldsymbol{G}}_1\,\boldsymbol{v}_1 + \dot{\boldsymbol{G}}_2\,\boldsymbol{v}_2 \quad \Rightarrow \quad \begin{bmatrix} \bar{\bar{\gamma}}_1 \\ \bar{\bar{\gamma}}_2 \\ \bar{\bar{\gamma}}_3 \end{bmatrix} = \begin{bmatrix} \dot{x}_1^2 + \dot{y}_1^2 \\ (\dot{x}_2 - \dot{x}_1)^2 + (\dot{y}_2 - \dot{y}_1)^2 \\ 0 \end{bmatrix}. \tag{5.147}$$

Eingeprägte Kräfte Zu den Gewichtskräften der Massenpunkte kommen die Federkraft und das Antriebsmoment hinzu. Die Federkraft am Massenpunkt m_2 lautet mit der Federkonstante c und der Länge der ungespannten Feder s_0

$$\boldsymbol{f}_{\mathrm{F}} = c(s - s_0)\,\boldsymbol{u} \tag{5.148}$$

mit dem Einheits-Richtungsvektor $\boldsymbol{u}$ und der Länge s der Feder entsprechend Abb. 5.13,

$$\boldsymbol{u} = \frac{\boldsymbol{r}_Q - \boldsymbol{r}_2}{s} \quad \text{mit} \quad s = \|\boldsymbol{r}_Q - \boldsymbol{r}_2\| = \sqrt{(x_Q - x_2)^2 + (y_Q - y_2)^2} \tag{5.149}$$

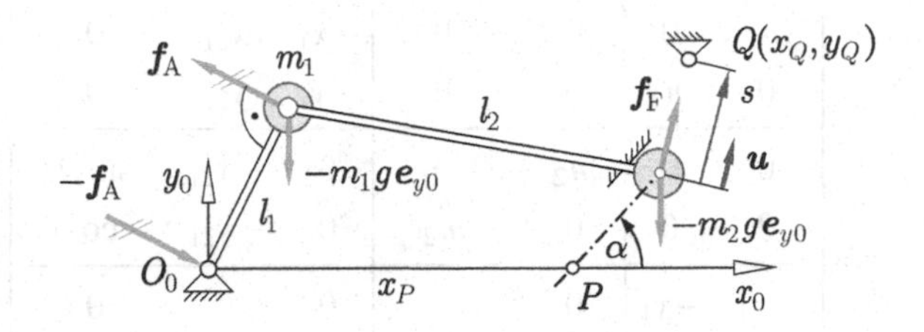

Abb. 5.13 Eingeprägte Kräfte am Schubkurbelgetriebe

und dem Ortsvektor $\boldsymbol{r}_Q = [x_Q \ \ y_Q]^{\mathrm{T}}$ des Punktes Q. Das Antriebsmoment τ_{A} an der Kurbel kann am Massenpunktmodell nicht unmittelbar aufgebracht werden. Es wird gemäß Abb. 5.13 durch das äquivalente Kräftepaar $(\boldsymbol{f}_{\mathrm{A}}, -\boldsymbol{f}_{\mathrm{A}})$ ersetzt mit

$$\boldsymbol{f}_{\mathrm{A}} = \frac{\tau_{\mathrm{A}}}{l_1} \boldsymbol{e}_{\mathrm{A}} \quad \text{mit} \quad \boldsymbol{e}_{\mathrm{A}} = \frac{1}{l_1} \begin{bmatrix} -y_1 \\ x_1 \end{bmatrix}. \tag{5.150}$$

Zusammen mit den Gewichtskräften aus (5.121) lauten dann die eingeprägten Kräfte an den beiden Massenpunkten

$$\boldsymbol{f}_1^{\mathrm{e}} = \begin{bmatrix} 0 \\ -m_1 g \end{bmatrix} + \frac{\tau_{\mathrm{A}}}{l_1^2} \begin{bmatrix} -y_1 \\ x_1 \end{bmatrix}, \quad \boldsymbol{f}_2^{\mathrm{e}} = \begin{bmatrix} 0 \\ -m_2 g \end{bmatrix} + c \, \frac{s - s_0}{s} \begin{bmatrix} x_Q - x_2 \\ y_Q - y_2 \end{bmatrix}. \tag{5.151}$$

Explizite Reaktionsbedingungen Zu den Reaktionskräften am Doppelpendel aus (5.122) und (5.123) kommt aufgrund der Bindung (5.144) die senkrecht zur Führung auf m_2 wirkende Reaktionskraft $\boldsymbol{f}_2^{\mathrm{r}(3)}$ mit der Reaktionskoordinate λ_3 hinzu,

$$\boldsymbol{f}_1^{\mathrm{r}} = \boldsymbol{G}_1^{\mathrm{T}} \boldsymbol{\lambda} = \underbrace{\begin{bmatrix} x_1 \\ y_1 \end{bmatrix} \lambda_1}_{\boldsymbol{f}_1^{\mathrm{r}(1)}} + \underbrace{\begin{bmatrix} -(x_2 - x_1) \\ -(y_2 - y_1) \end{bmatrix} \lambda_2}_{\boldsymbol{f}_1^{\mathrm{r}(2)}}, \tag{5.152}$$

$$\boldsymbol{f}_2^{\mathrm{r}} = \boldsymbol{G}_2^{\mathrm{T}} \boldsymbol{\lambda} = \underbrace{\begin{bmatrix} x_2 - x_1 \\ y_2 - y_1 \end{bmatrix} \lambda_2}_{\boldsymbol{f}_2^{\mathrm{r}(2)} = -\boldsymbol{f}_1^{\mathrm{r}(2)}} + \underbrace{\begin{bmatrix} -\sin\alpha \\ \cos\alpha \end{bmatrix} \lambda_3}_{\boldsymbol{f}_2^{\mathrm{r}(3)}}. \tag{5.153}$$

Bewegungsgleichungen Mit $\boldsymbol{G}_1, \boldsymbol{G}_2$ aus (5.146), $\bar{\bar{\boldsymbol{\gamma}}}$ aus (5.147) und $\boldsymbol{f}_1^{\mathrm{e}}, \boldsymbol{f}_2^{\mathrm{e}}$ aus (5.151) wird das gegenüber (5.124) erweiterte lineare Gleichungssystem für $\boldsymbol{a}_1$, $\boldsymbol{a}_2$ und $\boldsymbol{\lambda}$ aufgebaut. Mit $x_{21} = x_2 - x_1$, $y_{21} = y_2 - y_1$ lautet es

$$\left[\begin{array}{cc|cc|ccc} m_1 & 0 & 0 & 0 & -x_1 & x_{21} & 0 \\ 0 & m_1 & 0 & 0 & -y_1 & y_{21} & 0 \\ \hline 0 & 0 & m_2 & 0 & 0 & -x_{21} & \sin\alpha \\ 0 & 0 & 0 & m_2 & 0 & -y_{21} & -\cos\alpha \\ \hline -x_1 & -y_1 & 0 & 0 & 0 & 0 & 0 \\ x_{21} & y_{21} & -x_{21} & -y_{21} & 0 & 0 & 0 \\ 0 & 0 & \sin\alpha & -\cos\alpha & 0 & 0 & 0 \end{array}\right] \left[\begin{array}{c} a_{1x} \\ a_{1y} \\ \hline a_{2x} \\ a_{2y} \\ \hline \lambda_1 \\ \lambda_2 \\ \lambda_3 \end{array}\right] = \left[\begin{array}{c} 0 \\ -m_1\,g \\ \hline 0 \\ -m_2\,g \\ \hline \bar{\bar{\gamma}}_1 \\ \bar{\bar{\gamma}}_2 \\ \bar{\bar{\gamma}}_3 \end{array}\right]. \qquad (5.154)$$

Mit den aus (5.154) berechneten Beschleunigungen $\boldsymbol{a}_1, \boldsymbol{a}_2$ liegen die Differentialgleichungen für die Absolutkoordinaten in der Form (5.126) vor.

Bewegungsgleichung in der Minimalkoordinate Mit $n = 2$ Massenpunkten in der Ebene und den $b = 3$ Bindungen (5.145) beträgt der Freiheitsgrad des ebenen Schubkurbelgetriebes gemäß (5.26) $f = 1$. Betrachtet wird im Folgenden ein zentrisches Schubkurbelgetriebe entsprechend Abb. 5.14, also $\alpha = 0$. Außerdem sei $y_Q = 0$. Der Drehwinkel der Kurbel gegenüber der x-Achse wird als die Minimalkoordinate $q = \varphi$ definiert.

Explizite Bindungen Die expliziten Bindungen der beiden Massenpunkte auf Lageebene lauten

$$\boldsymbol{r}_1(\varphi) = \begin{bmatrix} x_1(\varphi) \\ y_1(\varphi) \end{bmatrix} = \begin{bmatrix} l_1 \cos\varphi \\ l_1 \sin\varphi \end{bmatrix}, \qquad (5.155)$$

$$\boldsymbol{r}_2(\varphi) = \begin{bmatrix} x_2(\varphi) \\ y_2(\varphi) \end{bmatrix} = \begin{bmatrix} l_1 \cos\varphi + l_2 \cos\psi(\varphi) \\ 0 \end{bmatrix} \qquad (5.156)$$

mit dem Drehwinkel der Pleuelstange ψ. Die kinematische Abhängigkeit $\psi(\varphi)$ wird mit Hilfe der impliziten *Schleifenschließbedingung*

$$l_2 \sin\psi = l_1 \sin\varphi \quad \Rightarrow \quad \sin\psi = \mu \sin\varphi \quad \text{mit} \quad \mu = \frac{l_1}{l_2} \qquad (5.157)$$

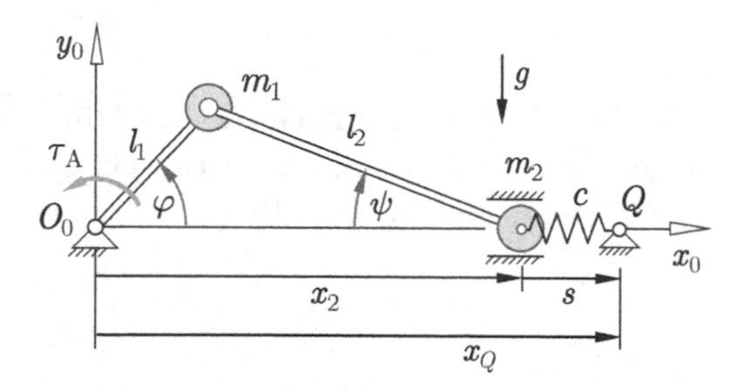

Abb. 5.14 Zentrisches ebenes Schubkurbelgetriebe

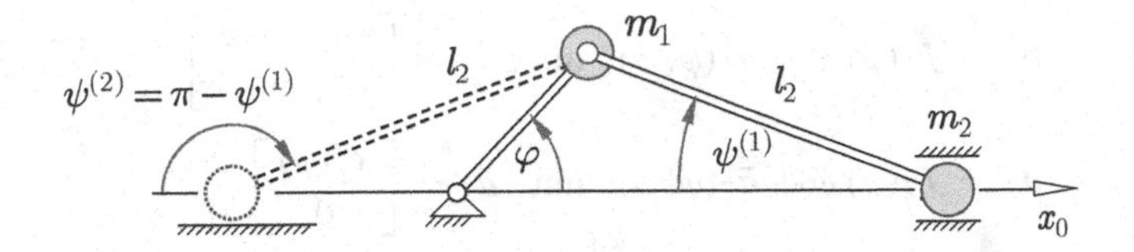

Abb. 5.15 Die beiden zu einem Winkel φ gehörenden Zusammenbaukonfigurationen des Schubkurbelgetriebes

mit dem Pleuelverhältnis μ und damit

$$\cos\psi = \pm\sqrt{1-\sin^2\psi} = \pm\sqrt{1-\mu^2\sin^2\varphi} \tag{5.158}$$

formuliert. Die Vorzeichen in (5.158) entsprechen den beiden zum Winkel φ gehörenden Lösungen $\psi^{(1)} = \arcsin(\mu\sin\varphi)$ mit $-\frac{\pi}{2} < \psi^{(1)} < \frac{\pi}{2}$ und $\psi^{(2)} = \pi - \psi^{(1)}$, die zu den in Abb. 5.15 gezeigten Zusammenbaukonfigurationen des Schubkurbelgetriebes gehören. Da für $l_2 > l_1$ die beiden Konfigurationen nicht ineinander übergehen können, reicht es aus, das positive Vorzeichen in (5.158) zu betrachten.
Einsetzen von $\cos\psi$ aus (5.158) in die x-Koordinatengleichung von (5.156) ergibt

$$x_2(\varphi) = l_1\cos\varphi + l_2\sqrt{1-\mu^2\sin^2\varphi}. \tag{5.159}$$

Die Zeitableitung von (5.155) und (5.156) liefert die expliziten Bindungen der beiden Massenpunkte auf Geschwindigkeitsebene

$$\boldsymbol{v}_1 = \underbrace{\begin{bmatrix} -l_1\sin\varphi \\ l_1\cos\varphi \end{bmatrix}}_{\boldsymbol{J}_1(\varphi)}\dot{\varphi}, \quad \boldsymbol{v}_2 = \underbrace{\begin{bmatrix} x_2'(\varphi) \\ 0 \end{bmatrix}}_{\boldsymbol{J}_2(\varphi)}\dot{\varphi} \tag{5.160}$$

mit x_2' aus der Ableitung der x-Koordinatengleichung von (5.156) nach φ,

$$x_2' \equiv \frac{\mathrm{d}x_2}{\mathrm{d}\varphi} = -l_1\sin\varphi - l_2\sin\psi\,\psi' \quad \text{und} \quad \psi' = \frac{\mathrm{d}\psi}{\mathrm{d}\varphi}. \tag{5.161}$$

Hierbei ist ψ' das Übersetzungsverhältnis zwischen den Winkeln ψ und φ. Es ergibt sich aus der Ableitung der Schließbedingung (5.157) nach φ,

$$\cos\psi\,\psi' = \mu\cos\varphi \quad \Rightarrow \quad \psi' = \mu\frac{\cos\varphi}{\cos\psi}. \tag{5.162}$$

Einsetzen von $\sin\psi$ aus (5.157) und ψ' aus (5.162) mit $\cos\psi$ aus (5.158) in (5.161) ergibt die Funktion $x_2'(\varphi)$.

Die Zeitableitung von (5.160) liefert die expliziten Bindungen der beiden Massenpunkte auf Beschleunigungsebene

$$\boldsymbol{a}_1 = \boldsymbol{J}_1(\varphi)\,\ddot{\varphi} + \bar{\boldsymbol{a}}_1(\varphi, \dot{\varphi}) \quad \text{mit} \quad \bar{\boldsymbol{a}}_1 = \begin{bmatrix} -l_1 \cos\varphi \\ -l_1 \sin\varphi \end{bmatrix} \dot{\varphi}^2, \tag{5.163}$$

$$\boldsymbol{a}_2 = \boldsymbol{J}_2(\varphi)\,\ddot{\varphi} + \bar{\boldsymbol{a}}_2(\varphi, \dot{\varphi}) \quad \text{mit} \quad \bar{\boldsymbol{a}}_2 = \begin{bmatrix} x_2''(\varphi) \\ 0 \end{bmatrix} \dot{\varphi}^2 \tag{5.164}$$

mit x_2'' aus der Ableitung von (5.161) nach φ,

$$x_2'' \equiv \frac{\mathrm{d}^2 x_2}{\mathrm{d}\varphi^2} = -l_1 \cos\varphi - l_2 \cos\psi\,\psi'^2 - l_2 \sin\psi\,\psi'' \quad \text{mit} \quad \psi'' = \frac{\mathrm{d}^2\psi}{\mathrm{d}\varphi^2}. \tag{5.165}$$

Der Term ψ'' ergibt sich durch Ableiten von (5.162) nach φ,

$$-\sin\psi\,\psi'^2 + \cos\psi\,\psi'' = -\mu\sin\varphi \quad \Rightarrow \quad \psi'' = \frac{\sin\psi\,\psi'^2 - \mu\sin\varphi}{\cos\psi}. \tag{5.166}$$

Einsetzen von $\sin\psi$ aus (5.157), $\cos\psi$ aus (5.158), ψ' aus (5.162) und ψ'' aus (5.166) in (5.165) ergibt die Funktion $x_2''(\varphi)$.

Bewegungsgleichung Die skalare Bewegungsgleichung in der Minimalkoordinate φ hat die Form (5.102), $M(\varphi)\ddot{\varphi} = k^{\mathrm{c}}(\varphi, \ddot{\varphi}) + k^{\mathrm{e}}(\varphi)$, mit der verallgemeinerten Masse gemäß (5.103)

$$M = m_1\,\boldsymbol{J}_1^{\mathrm{T}}\,\boldsymbol{J}_1 + m_2\,\boldsymbol{J}_2^{\mathrm{T}}\,\boldsymbol{J}_2 = m_1\,l_1^2 + m_2\,x_2'^2, \tag{5.167}$$

der verallgemeinerten Zentrifugal- und CORIOLIS-Kraft gemäß (5.104)

$$k^{\mathrm{c}} = -m_1\,\boldsymbol{J}_1^{\mathrm{T}}\,\bar{\boldsymbol{a}}_1 - m_2\,\boldsymbol{J}_2^{\mathrm{T}}\,\bar{\boldsymbol{a}}_2 = -m_2\,x_2'\,x_2'' \tag{5.168}$$

und der verallgemeinerten eingeprägten Kraft gemäß (5.105) mit den eingeprägten Kräften aus (5.151) unter Berücksichtigung der Federlänge $s = x_Q - x_2$

$$k^{\mathrm{e}} = \boldsymbol{J}_1^{\mathrm{T}}\,\boldsymbol{f}_1^{\mathrm{e}} + \boldsymbol{J}_2^{\mathrm{T}}\,\boldsymbol{f}_2^{\mathrm{e}} = -m_1\,g\,l_1\,\cos\varphi + c\,x_2'\,(x_Q - x_2 - s_0) + \tau_{\mathrm{A}}. \tag{5.169}$$

5.7.3 Massenpunkt auf rotierendem Ring

Der Massenpunkt m gleitet reibungsfrei auf einem mit konstanter Winkelgeschwindigkeit Ω um die vertikale Achse rotierenden Ring (Radius R), siehe Abb. 5.16.

Bewegungsgleichungen in Absolutkoordinaten Die Bestimmungsgleichungen aus Tab. 5.3 werden in vektorieller Form aufgestellt, wobei die Vektoren im mitrotierenden System $\mathcal{K}_1$ dargestellt werden.

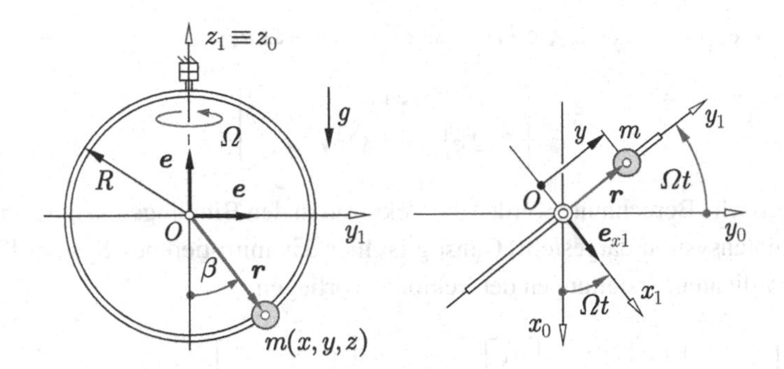

Abb. 5.16 Massenpunkt m auf einem mit konstanter Winkelgeschwindigkeit Ω um die vertikale Achse rotierenden Ring, Koordinaten x, y, z im mitrotierenden System $\mathcal{K}_1$

Implizite Bindungen Die impliziten holonomen Bindungen auf Lageebene entsprechend (5.12) lauten

$$\begin{aligned} \begin{bmatrix} \frac{1}{2}\boldsymbol{r}^{\mathrm{T}}\boldsymbol{r} - \frac{1}{2}R^2 \\ \boldsymbol{e}_{x1}^{\mathrm{T}}\,\boldsymbol{r} \end{bmatrix} &= \begin{bmatrix} 0 \\ 0 \end{bmatrix} \quad \begin{matrix} m \text{ auf Kugeloberfläche um } O \\ m \text{ in } y_1, z_1\text{-Ebene} \end{matrix} \\ \boldsymbol{g}(\boldsymbol{r},t) &= \boldsymbol{0}\ . \end{aligned} \tag{5.170}$$

Wegen des mit der vorgegebenen Winkelgeschwindigkeit Ω rotierenden Vektors $\boldsymbol{e}_{x1}$ ist die zweite Bindung in (5.170) rheonom.

Die Bindungen auf Geschwindigkeitsebene werden durch zeitliche Ableitung der Lagebindungen (5.170) erhalten. Die Vektoren in (5.170) werden dabei relativ zu $\mathcal{K}_0$ abgeleitet,

$$\boldsymbol{r}^{\mathrm{T}}\dot{\boldsymbol{r}} = 0 \quad \text{mit} \quad \dot{\boldsymbol{r}} = \boldsymbol{v}, \tag{5.171}$$

$$\dot{\boldsymbol{e}}_{x1}^{\mathrm{T}}\boldsymbol{r} + \boldsymbol{e}_{x1}^{\mathrm{T}}\dot{\boldsymbol{r}} = 0 \quad \text{mit} \quad \dot{\boldsymbol{e}}_{x1} = \Omega\,\tilde{\boldsymbol{e}}_z\,\boldsymbol{e}_{x1} = \Omega\,\boldsymbol{e}_{y1}. \tag{5.172}$$

Die Bindungen auf Geschwindigkeitsebene lauten dann in der Form (5.18)

$$\begin{aligned} \begin{bmatrix} \boldsymbol{r}^{\mathrm{T}} \\ \boldsymbol{e}_{x1}^{\mathrm{T}} \end{bmatrix} \boldsymbol{v} + \begin{bmatrix} 0 \\ \Omega\,\boldsymbol{r}^{\mathrm{T}}\boldsymbol{e}_{y1} \end{bmatrix} &= \begin{bmatrix} 0 \\ 0 \end{bmatrix} \\ \boldsymbol{G}(\boldsymbol{r},t)\ \boldsymbol{v} + \ \bar{\boldsymbol{\gamma}}(\boldsymbol{r},t) &= \boldsymbol{0}\ . \end{aligned} \tag{5.173}$$

Die Zeitableitung von (5.173) liefert die Bindungen auf Beschleunigungsebene entsprechend (5.20)

$$\ddot{\boldsymbol{g}} \equiv \boldsymbol{G}(\boldsymbol{r},t)\,\boldsymbol{a} + \bar{\bar{\boldsymbol{\gamma}}}(\boldsymbol{r},\boldsymbol{v},t) = \boldsymbol{0} \tag{5.174}$$

mit dem nicht von $\boldsymbol{a}$ abhängenden Term

$$\bar{\bar{\boldsymbol{\gamma}}} = \dot{\boldsymbol{G}}\,\boldsymbol{v} + \dot{\bar{\boldsymbol{\gamma}}} = \begin{bmatrix} \dot{\boldsymbol{r}}^{\mathrm{T}} \\ \dot{\boldsymbol{e}}_{x1}^{\mathrm{T}} \end{bmatrix} \boldsymbol{v} + \begin{bmatrix} 0 \\ \Omega\,\dot{\boldsymbol{r}}^{\mathrm{T}}\boldsymbol{e}_{y1} + \Omega\,\boldsymbol{r}^{\mathrm{T}}\dot{\boldsymbol{e}}_{y1} \end{bmatrix} \tag{5.175}$$

und mit $\dot{\boldsymbol{r}} = \boldsymbol{v}$, $\dot{\boldsymbol{e}}_{x1} = \Omega\, \boldsymbol{e}_{y1}$ sowie $\dot{\boldsymbol{e}}_{y1} = \Omega\, \widetilde{\boldsymbol{e}}_z\, \boldsymbol{e}_{y1} = -\Omega\, \boldsymbol{e}_{x1}$

$$\bar{\bar{\boldsymbol{\gamma}}} = \begin{bmatrix} \boldsymbol{v}^{\mathrm{T}} \boldsymbol{v} \\ 2\,\Omega\, \boldsymbol{e}_{y1}^{\mathrm{T}}\, \boldsymbol{v} - \Omega^2\, \boldsymbol{r}^{\mathrm{T}}\, \boldsymbol{e}_{x1} \end{bmatrix}. \tag{5.176}$$

Für die numerische Berechnung werden die Vektoren in den Bindungen in einem gemeinsamen Koordinatensystem dargestellt. Günstig ist hier das mitrotierende System $\mathcal{K}_1$, da dort einfache Koordinatendarstellungen der Vektoren vorliegen,

$$^1\boldsymbol{r} = \begin{bmatrix} x \\ y \\ z \end{bmatrix},\ ^1\boldsymbol{v} = \begin{bmatrix} v_x \\ v_y \\ v_z \end{bmatrix},\ ^1\boldsymbol{a} = \begin{bmatrix} a_x \\ a_y \\ a_z \end{bmatrix},\ ^1\boldsymbol{e}_{x1} = \begin{bmatrix} 1 \\ 0 \\ 0 \end{bmatrix},\ ^1\boldsymbol{e}_{y1} = \begin{bmatrix} 0 \\ 1 \\ 0 \end{bmatrix},\ ^1\boldsymbol{e}_{z1} = \begin{bmatrix} 0 \\ 0 \\ 1 \end{bmatrix}. \tag{5.177}$$

Mit (5.177) lauten die Bindungen auf Lageebene (5.170)

$$\boldsymbol{g}(^1\boldsymbol{r}) \equiv \begin{bmatrix} \frac{1}{2}(x^2 + y^2 + z^2) - \frac{1}{2}R^2 \\ x \end{bmatrix} = \begin{bmatrix} 0 \\ 0 \end{bmatrix}, \tag{5.178}$$

auf Geschwindigkeitsebene (5.173)

$$\begin{array}{ccccccc} \begin{bmatrix} x & y & z \\ 1 & 0 & 0 \end{bmatrix} & \begin{bmatrix} v_x \\ v_y \\ v_z \end{bmatrix} & + & \begin{bmatrix} 0 \\ \Omega\, y \end{bmatrix} & = & \begin{bmatrix} 0 \\ 0 \end{bmatrix} \\ \boldsymbol{G}(^1\boldsymbol{r}) & ^1\boldsymbol{v} & + & \bar{\boldsymbol{\gamma}}(^1\boldsymbol{r}) & = & \boldsymbol{0} \end{array} \tag{5.179}$$

und auf Beschleunigungsebene mit dem Term $\bar{\bar{\boldsymbol{\gamma}}}(^1\boldsymbol{r}, {}^1\boldsymbol{v})$ gemäß (5.176)

$$\boldsymbol{G}(^1\boldsymbol{r})\ ^1\boldsymbol{a} + \bar{\bar{\boldsymbol{\gamma}}}(^1\boldsymbol{r}, {}^1\boldsymbol{v}) = \boldsymbol{0} \quad \text{mit} \quad \bar{\bar{\boldsymbol{\gamma}}}(^1\boldsymbol{r}, {}^1\boldsymbol{v}) = \begin{bmatrix} v_x^2 + v_y^2 + v_z^2 \\ 2\,\Omega\, v_y - \Omega^2\, x \end{bmatrix}. \tag{5.180}$$

Mit den Vektorkoordinaten in $\mathcal{K}_1$ hängen $\boldsymbol{G}$ und $\bar{\bar{\boldsymbol{\gamma}}}$ nicht mehr explizit von t ab.

Eingeprägte Kraft Als eingeprägte Kraft wirkt die Gewichtskraft

$$^1\boldsymbol{f}_1^{\mathrm{e}} = \begin{bmatrix} 0 & 0 & -m\,g \end{bmatrix}^{\mathrm{T}}. \tag{5.181}$$

Bewegungsgleichungen Das lineare Gleichungssystem (5.182) lautet bei Darstellung der Vektoren im System $\mathcal{K}_1$

$$\begin{bmatrix} m_1\, \boldsymbol{E} & -\boldsymbol{G}^{\mathrm{T}}(^1\boldsymbol{r}) \\ -\boldsymbol{G}(^1\boldsymbol{r}) & \boldsymbol{0} \end{bmatrix} \begin{bmatrix} ^1\boldsymbol{a} \\ \boldsymbol{\lambda} \end{bmatrix} = \begin{bmatrix} -m\,g\ ^1\boldsymbol{e}_z \\ \bar{\bar{\boldsymbol{\gamma}}}(^1\boldsymbol{r}, {}^1\boldsymbol{v}) \end{bmatrix} \tag{5.182}$$

oder in Koordinaten ausgeschrieben

$$\left[\begin{array}{ccc|cc} m & 0 & 0 & -x & -1 \\ 0 & m & 0 & -y & 0 \\ 0 & 0 & m & -z & 0 \\ \hline -x & -y & -z & 0 & 0 \\ -1 & 0 & 0 & 0 & 0 \end{array}\right] \left[\begin{array}{c} a_x \\ a_y \\ a_z \\ \hline \lambda_1 \\ \lambda_2 \end{array}\right] = \left[\begin{array}{c} 0 \\ 0 \\ -m\,g \\ \hline v_x^2 + v_y^2 + v_z^2 \\ 2\,\Omega\,v_y - \Omega^2\,x \end{array}\right]. \tag{5.183}$$

Bei der Aufstellung der Differentialgleichungen (5.93) ist zu beachten, dass aus dem linearen Gleichungssystem (5.182) bzw. (5.183) mit ${}^1\boldsymbol{a}$ der in $\mathcal{K}_1$ dargestellte Vektor der Beschleunigung $\boldsymbol{a} = {}_0\dot{\boldsymbol{v}}$ relativ zu $\mathcal{K}_0$ erhalten wird. Für die Zeitintegration von ${}^1\boldsymbol{a}$ ist der Zusammenhang (3.45) für die zeitliche Ableitung des Vektors $\boldsymbol{v}$ relativ zu $\mathcal{K}_0$ und $\mathcal{K}_1$ zu berücksichtigen,

$${}^1({}_0\dot{\boldsymbol{v}}) = {}^1({}_1\dot{\boldsymbol{v}}) + {}^1\tilde{\boldsymbol{\omega}}\,{}^1\boldsymbol{v}. \tag{5.184}$$

Mit ${}^1({}_0\dot{\boldsymbol{v}}) = {}^1\boldsymbol{a}$, ${}^1({}_1\dot{\boldsymbol{v}}) = {}^1\dot{\boldsymbol{v}}$, ${}^1\boldsymbol{\omega} = \Omega\,{}^1\boldsymbol{e}_z$ ergibt sich daraus eine Differentialgleichung für die Koordinaten des Geschwindigkeitsvektors $\boldsymbol{v}$ in $\mathcal{K}_1$,

$${}^1\dot{\boldsymbol{v}} = {}^1\boldsymbol{a} - \Omega\,{}^1\tilde{\boldsymbol{e}}_z\,{}^1\boldsymbol{v}. \tag{5.185}$$

In entsprechender Weise wird eine Differentialgleichung für die Koordinaten des Ortsvektors $\boldsymbol{r}$ in $\mathcal{K}_1$ erhalten,

$${}^1\dot{\boldsymbol{r}} = {}^1\boldsymbol{v} - \Omega\,{}^1\tilde{\boldsymbol{e}}_z\,{}^1\boldsymbol{r}. \tag{5.186}$$

Zusammen bilden (5.185) und (5.186) ein gewöhnliches Differentialgleichungssystem in den Zustandsgrößen ${}^1\boldsymbol{r}$ und ${}^1\boldsymbol{v}$,

$$\begin{bmatrix} {}^1\dot{\boldsymbol{r}} \\ {}^1\dot{\boldsymbol{v}} \end{bmatrix} = \begin{bmatrix} {}^1\boldsymbol{v} - \Omega\,{}^1\tilde{\boldsymbol{e}}_z\,{}^1\boldsymbol{r} \\ {}^1\boldsymbol{a} - \Omega\,{}^1\tilde{\boldsymbol{e}}_z\,{}^1\boldsymbol{v} \end{bmatrix} \quad \text{mit} \quad \begin{bmatrix} {}^1\boldsymbol{r}(t_0) \\ {}^1\boldsymbol{v}(t_0) \end{bmatrix} = \begin{bmatrix} {}^1\boldsymbol{r}_0 \\ {}^1\boldsymbol{v}_0 \end{bmatrix}. \tag{5.187}$$

Bewegungsgleichung in der Minimalkoordinate Mit $n = 1$ Massenpunkt im Raum und den $b = 2$ Bindungen (5.170) ist der Freiheitsgrad des Systems gemäß (5.25) $f = 1$. Als die Minimalkoordinate wird entsprechend Abb. 5.16 der Winkel $q = \beta$ definiert. Alle Vektoren werden im Folgenden wieder im mitrotierenden System $\mathcal{K}_1$ dargestellt. Die Bewegungsgleichung wird mit Hilfe der Gleichungen in Tab. 5.4 aufgestellt.

Explizite Bindungen Die expliziten Bindungen des Massenpunkts auf Lageebene lauten bei Darstellung im System $\mathcal{K}_1$

$${}^1\boldsymbol{r}(\beta) = \begin{bmatrix} 0 \\ r\sin\beta \\ -r\cos\beta \end{bmatrix}. \tag{5.188}$$

Die Koordinaten der Geschwindigkeit $\boldsymbol{v}$ in $\mathcal{K}_1$ können durch Zeitableitung von ${}^1\boldsymbol{r}$ unter Berücksichtigung von (5.186) berechnet werden,

$$
{}^1\boldsymbol{v} = {}^1\dot{\boldsymbol{r}} + \Omega\, {}^1\widetilde{\boldsymbol{e}}_z\, {}^1\boldsymbol{r} = \underbrace{\begin{bmatrix} 0 \\ r\cos\beta \\ r\sin\beta \end{bmatrix}}_{{}^1\boldsymbol{J}(\beta)} \dot{\beta} + \underbrace{\begin{bmatrix} -\Omega\, r\sin\beta \\ 0 \\ 0 \end{bmatrix}}_{{}^1\bar{\boldsymbol{v}}(\beta)} . \tag{5.189}
$$

In entsprechender Weise können die Koordinaten der Beschleunigung ${}^1\boldsymbol{a}$ durch Zeitableitung von ${}^1\boldsymbol{v}$ aus (5.189) unter Berücksichtigung von (5.185) berechnet werden,

$$
{}^1\boldsymbol{a} = {}^1\dot{\boldsymbol{v}} + \Omega\, {}^1\widetilde{\boldsymbol{e}}_z\, {}^1\boldsymbol{v} = {}^1\boldsymbol{J}(\beta)\, \ddot{\beta} + {}^1\bar{\boldsymbol{a}}(\beta, \dot{\beta}) \tag{5.190}
$$

mit dem nicht von $\ddot{\beta}$ abhängenden Term

$$
{}^1\bar{\boldsymbol{a}} = \begin{bmatrix} -2\, r\, \Omega\, \cos\beta\, \dot{\beta} \\ -r\sin\beta\, \dot{\beta}^2 - r\, \Omega^2 \sin\beta \\ r\cos\beta\, \dot{\beta}^2 \end{bmatrix} . \tag{5.191}
$$

Bewegungsgleichung Die Bewegungsgleichung in der Minimalkoordinate hat die Form (5.102),

$$
M(\beta)\, \ddot{\beta} = k^{\mathrm{c}}(\beta, \dot{\beta}) + k^{\mathrm{e}}(\beta). \tag{5.192}
$$

Wegen der Vektoreigenschaft des Spaltenvektors der Jacobi-Matrix $\boldsymbol{J}$ und des Beschleunigungsterms $\bar{\boldsymbol{a}}$ können diese Terme für die Berechnung der Bewegungsgleichungen in einem beliebigen Koordinatensystem, hier $\mathcal{K}_1$, dargestellt werden. Es ergeben sich die skalare Massenmatrix gemäß (5.103)

$$
M = m\, {}^1\boldsymbol{J}^{\mathrm{T}}\, {}^1\boldsymbol{J} = m\, r^2, \tag{5.193}
$$

die verallgemeinerte Zentrifugalkraft entsprechend (5.104)

$$
k_1^{\mathrm{c}} = -m\, {}^1\boldsymbol{J}^{\mathrm{T}}\, {}^1\bar{\boldsymbol{a}} = m\, r^2\, \Omega^2 \sin\beta\cos\beta \tag{5.194}
$$

und die verallgemeinerte eingeprägte Kraft gemäß (5.105) mit ${}^1\boldsymbol{f}^{\mathrm{e}}$ aus (5.181)

$$
k_1^{\mathrm{e}} = {}^1\boldsymbol{J}^{\mathrm{T}}\, {}^1\boldsymbol{f}^{\mathrm{e}} = -m\, g\, r\sin\beta. \tag{5.195}
$$

5.8 Weitere Methoden der analytischen Dynamik

In Abschn. 5.6 wurden die Bewegungsgleichungen mit Hilfe der Impuls- und Drallsätze (Newton-Euler-Gleichungen) unter Berücksichtigung der Bindungen und der aus den Prinzipien von D'ALEMBERT-LAGRANGE oder JOURDAIN abgeleiteten Reaktionsbedingungen aufgestellt. Ergänzend wird in diesem Abschnitt das Prinzip von GAUß in diese Vorgehensweise eingeordnet. Als weitere Methoden der analytischen Dynamik werden die LAGRANGE-Gleichungen zweiter Art und die kanonischen Gleichungen von HAMILTON behandelt.

5.8.1 Prinzip von GAUß

Das Prinzip von GAUß[7] wird auch als das *Prinzip des kleinsten Zwanges* bezeichnet [28]. Es kann auf zwei Weisen formuliert werden.

Erste Formulierung des Prinzips von GAUß Die Massen m_i eines freien Massenpunktsystems mit den eingeprägten Kräften $\boldsymbol{f}_i^{\mathrm{e}}$ erfahren bei gegebener Lage $\boldsymbol{r}$, Geschwindigkeit $\boldsymbol{v}$ und Zeit t die Beschleunigungen

$$\boldsymbol{a}_{i,\mathrm{frei}} = \frac{1}{m_i}\,\boldsymbol{f}_i^{\mathrm{e}}(\boldsymbol{r}, \boldsymbol{v}, t), \quad i = 1, \ldots, n. \tag{5.196}$$

Nach GAUß wird der *Zwang* eines gebundenen mechanischen Systems (nicht zu verwechseln mit den Zwangsbedingungen, also den Bindungen) als die mittlere quadratische, mit den Massen gewichtete Abweichung der Beschleunigungen des gebundenen Systems $\boldsymbol{a}_i$ von den Beschleunigungen des entsprechenden Systems ohne Bindungen $\boldsymbol{a}_{i,\mathrm{frei}}$ definiert,

$$Z(\boldsymbol{r}, \boldsymbol{v}, \boldsymbol{a}, t) = \tfrac{1}{2} \sum_{i=1}^{n} m_i\,(\boldsymbol{a}_i - \boldsymbol{a}_{i,\mathrm{frei}})^{\mathrm{T}}(\boldsymbol{a}_i - \boldsymbol{a}_{i,\mathrm{frei}}). \tag{5.197}$$

Mit dem Vorfaktor $\frac{1}{2}$ wird bei der nachfolgenden Extremwertberechnung der Faktor 2 umgangen. Mit $\boldsymbol{a}_{i,\mathrm{frei}}$ aus (5.196) lautet der Zwang

$$Z(\boldsymbol{r}, \boldsymbol{v}, \boldsymbol{a}, t) = \tfrac{1}{2} \sum_{i=1}^{n} \left(m_i\,\boldsymbol{a}_i^{\mathrm{T}}\,\boldsymbol{a}_i - 2\,\boldsymbol{a}_i^{\mathrm{T}}\,\boldsymbol{f}_i^{\mathrm{e}} + \frac{1}{m_i}\,\boldsymbol{f}_i^{\mathrm{eT}}\,\boldsymbol{f}_i^{\mathrm{e}} \right) \tag{5.198}$$

oder in Matrizenschreibweise mit den globalen Größen $\boldsymbol{a}$, $\boldsymbol{f}^{\mathrm{e}}$ und $\widehat{\boldsymbol{M}}$ entsprechend (5.49)

$$Z(\boldsymbol{r}, \boldsymbol{v}, \boldsymbol{a}, t) = \tfrac{1}{2}\,\boldsymbol{a}^{\mathrm{T}}\,\widehat{\boldsymbol{M}}\,\boldsymbol{a} - \boldsymbol{a}^{\mathrm{T}}\,\boldsymbol{f}^{\mathrm{e}} + \tfrac{1}{2}\,\boldsymbol{f}^{\mathrm{eT}}\,\widehat{\boldsymbol{M}}^{-1}\,\boldsymbol{f}^{\mathrm{e}}. \tag{5.199}$$

Das Prinzip von GAUß besagt nun, dass bei gegebener Lage $\boldsymbol{r}$, Geschwindigkeit $\boldsymbol{v}$ und Zeit t die sich ergebende Beschleunigung $\boldsymbol{a}$ den Zwang $Z(\boldsymbol{r}, \boldsymbol{v}, \boldsymbol{a}, t)$ minimiert. Als Nebenbedingung muss $\boldsymbol{a}$ die Bindungen auf Beschleunigungsebene (5.20),

$$\ddot{\boldsymbol{g}} \equiv \boldsymbol{G}(\boldsymbol{r}, t)\,\boldsymbol{a} + \bar{\bar{\boldsymbol{\gamma}}}(\boldsymbol{r}, \boldsymbol{v}, t) \overset{!}{=} \boldsymbol{0}, \tag{5.200}$$

[7] CARL FRIEDRICH GAUß, *1777 in Braunschweig, †1855 in Göttingen.

erfüllen. Wird die Nebenbedingung mit den LAGRANGE-Multiplikatoren $\boldsymbol{\lambda}$ in die erweiterte Zielfunktion

$$\bar{Z}(\boldsymbol{r}, \boldsymbol{v}, \boldsymbol{a}, t, \boldsymbol{\lambda}) \equiv Z(\boldsymbol{r}, \boldsymbol{v}, \boldsymbol{a}, t) - \boldsymbol{\lambda}^{\mathrm{T}} (\boldsymbol{G}\,\boldsymbol{a} + \bar{\bar{\boldsymbol{\gamma}}}) \stackrel{!}{=} \min_{\boldsymbol{a}, \boldsymbol{\lambda}} \tag{5.201}$$

eingearbeitet, so lauten die Extremalbedingungen für (5.201) mit den Matrizenschreibweisen (4) und (5)

$$\frac{\partial \bar{Z}}{\partial \boldsymbol{a}^{\mathrm{T}}} \equiv \widehat{\boldsymbol{M}}\,\boldsymbol{a} - \boldsymbol{f}^{\mathrm{e}} - \boldsymbol{G}^{\mathrm{T}} \boldsymbol{\lambda} \stackrel{!}{=} \boldsymbol{0}, \tag{5.202}$$

$$\frac{\partial \bar{Z}}{\partial \boldsymbol{\lambda}^{\mathrm{T}}} \equiv \boldsymbol{G}\,\boldsymbol{a} + \bar{\bar{\boldsymbol{\gamma}}} \stackrel{!}{=} \boldsymbol{0}. \tag{5.203}$$

Hierbei ist (5.203) wieder die Beschleunigungsbindung (5.200). Die Gl. (5.202) und die Bindungen (5.203) bilden das aus (5.84) bekannte lineare Gleichungssystem zur Berechnung von $\boldsymbol{a}$ und $\boldsymbol{\lambda}$. Die LAGRANGE-Multiplikatoren des Extremwertproblems (5.201) sind damit gerade die minimalen Reaktionskoordinaten.

Zweite Formulierung des Prinzips von GAUß Der Zwang Z ist bei gegebener Lage $\boldsymbol{r}$, Geschwindigkeit $\boldsymbol{v}$ und Zeit t bezüglich der Beschleunigung $\boldsymbol{a}$ extremal, wenn bei der Reihenentwicklung der Funktion $Z(\boldsymbol{r}, \boldsymbol{v}, \boldsymbol{a}, t)$ aus (5.199) nach $\boldsymbol{a}$ bis zu Termen erster Ordnung im Zuwachs $\delta''\boldsymbol{a}$, also

$$Z(\boldsymbol{r}, \boldsymbol{v}, \boldsymbol{a} + \delta''\boldsymbol{a}, t) \approx Z(\boldsymbol{r}, \boldsymbol{v}, \boldsymbol{a}, t) + \delta'' Z \quad \text{mit} \quad \delta'' Z = \frac{\partial Z(\boldsymbol{r}, \boldsymbol{v}, \boldsymbol{a}, t)}{\partial \boldsymbol{a}} \delta''\boldsymbol{a}, \tag{5.204}$$

der Zuwachs $\delta'' Z$ null ist. Mit der partiellen Ableitung von $Z(\boldsymbol{r}, \boldsymbol{v}, \boldsymbol{a}, t)$ aus (5.199) nach $\boldsymbol{a}$,

$$\frac{\partial Z}{\partial \boldsymbol{a}} = \boldsymbol{a}^{\mathrm{T}} \widehat{\boldsymbol{M}} - \boldsymbol{f}^{\mathrm{eT}} = (\widehat{\boldsymbol{M}}\,\boldsymbol{a} - \boldsymbol{f}^{\mathrm{e}})^{\mathrm{T}}, \tag{5.205}$$

wird die differentielle Formulierung des Prinzips von GAUß erhalten,

$$(\widehat{\boldsymbol{M}}\,\boldsymbol{a} - \boldsymbol{f}^{\mathrm{e}})^{\mathrm{T}} \delta''\boldsymbol{a} = 0 \qquad \text{oder} \qquad \sum_{i=1}^{n} (m_i\,\boldsymbol{a}_i - \boldsymbol{f}_i^{\mathrm{e}})^{\mathrm{T}} \delta''\boldsymbol{a}_i = 0. \tag{5.206}$$

Das auch als virtuelle Beschleunigung bezeichnete Differential $\delta''\boldsymbol{a}$ muss dabei die in eine Taylorreihe nach $\boldsymbol{a}$ entwickelten Bindungen auf Beschleunigungsebene (5.200) erfüllen, wobei die Lage ($\delta''\boldsymbol{r} = \boldsymbol{0}$), die Geschwindigkeit ($\delta''\boldsymbol{v} = \boldsymbol{0}$) und die Zeit ($\delta'' t = 0$) festgehalten werden,

$$\ddot{\boldsymbol{g}}(\boldsymbol{r}, \boldsymbol{v}, \boldsymbol{a} + \delta''\boldsymbol{a}, t) = \underbrace{\ddot{\boldsymbol{g}}(\boldsymbol{r}, \boldsymbol{v}, \boldsymbol{a}, t)}_{\boldsymbol{0}} + \delta''\ddot{\boldsymbol{g}} = \boldsymbol{0} \ \text{ mit } \ \delta''\ddot{\boldsymbol{g}} = \underbrace{\frac{\partial \ddot{\boldsymbol{g}}(\boldsymbol{r}, \boldsymbol{v}, \boldsymbol{a}, t)}{\partial \boldsymbol{a}}}_{\boldsymbol{G}(\boldsymbol{r}, t)} \delta''\boldsymbol{a}. \tag{5.207}$$

Die virtuellen Beschleunigungen $\delta''\boldsymbol{a}$ sind damit, ebenso wie die virtuellen Verschiebungen $\delta\boldsymbol{r}$ und die virtuellen Geschwindigkeiten $\delta'\boldsymbol{v}$, beliebige Vektoren im Nullraum der Bindungsmatrix $\boldsymbol{G}$ der impliziten kinematischen Bindungen, siehe auch BREMER [14],

$$\delta''\ddot{\boldsymbol{g}} \equiv \boldsymbol{G}(\boldsymbol{r},t)\,\delta''\boldsymbol{a} = \boldsymbol{0}. \tag{5.208}$$

Mit (5.206) liegen die Reaktionskräfte $\boldsymbol{f}^{\mathrm{r}} = \widehat{\boldsymbol{M}}\,\boldsymbol{a} - \boldsymbol{f}^{\mathrm{e}}$ im Nullraum der Bindungsmatrix $\boldsymbol{G}$. Dies ist wieder die Aussage der Prinzipien von D'ALEMBERT-LAGRANGE und JOURDAIN.

5.8.2 LAGRANGE-Gleichungen zweiter Art

Die LAGRANGE-Gleichungen zweiter Art repräsentieren eine analytische Methode zur Aufstellung der Bewegungsgleichungen holonomer Systeme in Minimalkoordinaten ausgehend von der kinetischen und potentiellen Energie des Gesamtsystems.

Herleitung der LAGRANGE-Gleichungen zweiter Art Die Herleitung geht von der Projektionsgleichung (5.101) aus. Mit $\boldsymbol{a}_i = \ddot{\boldsymbol{r}}_i$ ist

$$\sum_{i=1}^{n} \boldsymbol{J}_i^{\mathrm{T}}\,(m_i\,\ddot{\boldsymbol{r}}_i - \boldsymbol{f}_i^{\mathrm{e}}) = \boldsymbol{0} \quad \text{mit} \quad \boldsymbol{J}_i = \frac{\partial \boldsymbol{r}_i}{\partial \boldsymbol{q}} = \left[\frac{\partial \boldsymbol{r}_i}{\partial q_1} \;\cdots\; \frac{\partial \boldsymbol{r}_i}{\partial q_f}\right]. \tag{5.209}$$

Dies sind f skalare Gleichungen

$$\sum_{i=1}^{n} \frac{\partial \boldsymbol{r}_i^{\mathrm{T}}}{\partial q_j}\,(m_i\,\ddot{\boldsymbol{r}}_i - \boldsymbol{f}_i^{\mathrm{e}}) = 0\,, \quad j = 1,\ldots,f,$$

oder

$$\sum_{i=1}^{n} m_i\,\ddot{\boldsymbol{r}}_i^{\mathrm{T}}\,\frac{\partial \boldsymbol{r}_i}{\partial q_j} = \sum_{i=1}^{n} \boldsymbol{f}_i^{\mathrm{eT}}\,\frac{\partial \boldsymbol{r}_i}{\partial q_j}\,, \quad j = 1,\ldots,f. \tag{5.210}$$

Auf der rechten Seite von (5.210) stehen die verallgemeinerten eingeprägten Kräfte

$$k_j^{\mathrm{e}} = \sum_{i=1}^{n} \boldsymbol{f}_i^{\mathrm{eT}}\,\frac{\partial \boldsymbol{r}_i}{\partial q_j}\,, \quad j = 1,\ldots,f\,. \tag{5.211}$$

Die linke Seite von (5.210) wird mit Hilfe der Produktregel umgeformt,

$$\begin{aligned} &\text{allg.:} & \frac{\mathrm{d}u}{\mathrm{d}t}\,w &= \frac{\mathrm{d}}{\mathrm{d}t}(u\,w) - u\,\frac{\mathrm{d}w}{\mathrm{d}t} \\ &\text{hier:} & m_i\,\ddot{\boldsymbol{r}}_i^{\mathrm{T}}\,\frac{\partial \boldsymbol{r}_i}{\partial q_j} &= \frac{\mathrm{d}}{\mathrm{d}t}\left(m_i\,\dot{\boldsymbol{r}}_i^{\mathrm{T}}\,\frac{\partial \boldsymbol{r}_i}{\partial q_j}\right) - m_i\,\dot{\boldsymbol{r}}_i^{\mathrm{T}}\,\frac{\mathrm{d}}{\mathrm{d}t}\left(\frac{\partial \boldsymbol{r}_i}{\partial q_j}\right). \end{aligned} \tag{5.212}$$

Für die weitere Umformung werden zwei analytische Zusammenhänge ausgenutzt. Die partielle Ableitung der expliziten holonomen Bindungen auf Geschwindigkeitsebene (5.29),

$$\dot{\boldsymbol{r}}_i(\boldsymbol{q}, \dot{\boldsymbol{q}}, t) = \sum_{j=1}^{f} \frac{\partial \boldsymbol{r}_i(\boldsymbol{q}, t)}{\partial q_j} \dot{q}_j + \frac{\partial \boldsymbol{r}_i(\boldsymbol{q}, t)}{\partial t}, \tag{5.213}$$

nach der Minimalgeschwindigkeit $\dot{q}_j$ ergibt die Beziehung

$$\frac{\partial \dot{\boldsymbol{r}}_i(\boldsymbol{q}, \dot{\boldsymbol{q}}, t)}{\partial \dot{q}_j} = \frac{\partial \boldsymbol{r}_i(\boldsymbol{q}, t)}{\partial q_j}. \tag{5.214}$$

Weiterhin kann im zweiten Term auf der rechten Seite von (5.212) die Reihenfolge der partiellen und der totalen Ableitungen vertauscht werden,

$$\frac{\mathrm{d}}{\mathrm{d}t}\left(\frac{\partial \boldsymbol{r}_i}{\partial q_j}\right) = \frac{\partial}{\partial q_j}\left(\frac{\mathrm{d}\boldsymbol{r}_i}{\mathrm{d}t}\right). \tag{5.215}$$

Einsetzen von (5.214) und (5.215) in (5.212) ergibt

$$\begin{aligned} m_i\, \ddot{\boldsymbol{r}}_i^{\mathrm{T}} \frac{\partial \boldsymbol{r}_i}{\partial q_j} &= \frac{\mathrm{d}}{\mathrm{d}t}\left(m_i\, \dot{\boldsymbol{r}}_i^{\mathrm{T}} \frac{\partial \dot{\boldsymbol{r}}_i}{\partial \dot{q}_j}\right) - m_i\, \dot{\boldsymbol{r}}_i^{\mathrm{T}} \frac{\partial}{\partial q_j}\left(\frac{\mathrm{d}\boldsymbol{r}_i}{\mathrm{d}t}\right), \\ m_i\, \ddot{\boldsymbol{r}}_i^{\mathrm{T}} \frac{\partial \boldsymbol{r}_i}{\partial q_j} &= \frac{\mathrm{d}}{\mathrm{d}t} \frac{\partial}{\partial \dot{q}_j} \underbrace{\left(\tfrac{1}{2} m_i\, \dot{\boldsymbol{r}}_i^{\mathrm{T}} \dot{\boldsymbol{r}}_i\right)}_{T_i} - \frac{\partial}{\partial q_j} \underbrace{\left(\tfrac{1}{2} m_i\, \dot{\boldsymbol{r}}_i^{\mathrm{T}} \dot{\boldsymbol{r}}_i\right)}_{T_i}. \end{aligned} \tag{5.216}$$

Hierbei ist $T_i = \frac{1}{2} m_i\, \dot{\boldsymbol{r}}_i^{\mathrm{T}} \dot{\boldsymbol{r}}_i$ die kinetische Energie des Massenpunkts m_i. Einsetzen von (5.211) und (5.216) in (5.210) ergibt die LAGRANGE-Gleichungen zweiter Art

$$\frac{\mathrm{d}}{\mathrm{d}t}\left(\frac{\partial T}{\partial \dot{q}_j}\right) - \frac{\partial T}{\partial q_j} = k_j^{\mathrm{e}}, \quad j = 1, \ldots, f. \tag{5.217}$$

Für die Berechnung der Lagrange-Gleichungen zweiter Art (5.217) wird die kinetische Energie des gesamten Massenpunktsystems mit Hilfe der expliziten Geschwindigkeitsbindungen (5.30) in Abhängigkeit von $\boldsymbol{q}$ und $\dot{\boldsymbol{q}}$ ausgedrückt,

$$T(\boldsymbol{q}, \dot{\boldsymbol{q}}, t) = \frac{1}{2} \sum_{i=1}^{n} m_i\, \boldsymbol{v}_i^{\mathrm{T}} \boldsymbol{v}_i = \frac{1}{2} \sum_{i=1}^{n} m_i\, (\boldsymbol{J}_i\, \dot{\boldsymbol{q}} + \bar{\boldsymbol{v}}_i)^{\mathrm{T}} (\boldsymbol{J}_i\, \dot{\boldsymbol{q}} + \bar{\boldsymbol{v}}_i). \tag{5.218}$$

Die Berechnung von (5.218) ergibt unter Berücksichtigung der äquivalenten skalaren Terme $\bar{\boldsymbol{v}}_i^{\mathrm{T}} \boldsymbol{J}_i\, \dot{\boldsymbol{q}} \equiv (\bar{\boldsymbol{v}}_i^{\mathrm{T}} \boldsymbol{J}_i\, \dot{\boldsymbol{q}})^{\mathrm{T}} \equiv \dot{\boldsymbol{q}}^{\mathrm{T}} \boldsymbol{J}_i^{\mathrm{T}} \bar{\boldsymbol{v}}_i$ die kinetische Energie in der Form

$$T(\boldsymbol{q}, \dot{\boldsymbol{q}}, t) = \tfrac{1}{2} \dot{\boldsymbol{q}}^{\mathrm{T}} \boldsymbol{M}(\boldsymbol{q}, t)\, \dot{\boldsymbol{q}} + \bar{\boldsymbol{m}}^{\mathrm{T}}(\boldsymbol{q}, t)\, \dot{\boldsymbol{q}} + m_0(\boldsymbol{q}, t) \tag{5.219}$$

mit den Termen

$$\boldsymbol{M} = \sum_{i=1}^{n} m_i\, \boldsymbol{J}_i^{\mathrm{T}} \boldsymbol{J}_i, \quad \bar{\boldsymbol{m}} = \sum_{i=1}^{n} m_i\, \boldsymbol{J}_i^{\mathrm{T}} \bar{\boldsymbol{v}}_i, \quad m_0 = \frac{1}{2} \sum_{i=1}^{n} m_i\, \bar{\boldsymbol{v}}_i^{\mathrm{T}} \bar{\boldsymbol{v}}_i. \tag{5.220}$$

Hierbei ist $\boldsymbol{M}$ die (f, f)-Massenmatrix der Bewegungsgleichungen in den Minimalkoordinaten $\boldsymbol{q}$ aus (5.103). Der f-Vektor $\bar{\boldsymbol{m}}$ und der skalare Term m_0 treten nur bei rheonomen Systemen auf.

Die Auswertung der Lagrange-Gleichungen zweiter Art (5.217) mit (5.219) ergibt die Bewegungsgleichungen in den Minimalkoordinaten (5.102). Um dieses Ergebnis zu erhalten, ist es bei komplexen Mehrkörpersystemen aber einfacher und übersichtlicher, die expliziten Bindungen direkt in die Projektionsgleichung (5.101) einzusetzen, wie es in Abschn. 5.6.2 für Massenpunktsysteme gezeigt worden ist.

Lagrange-Gleichungen zweiter Art mit konservativen Kräften Einsetzen der konservativen eingeprägten Kräfte aus (4.78) in (5.211) liefert die konservativen verallgemeinerten Kräfte in der Form

$$k_j^{\mathrm{k}} = \sum_{i=1}^{n} \boldsymbol{f}^{\mathrm{kT}} \frac{\partial \boldsymbol{r}_i}{\partial q_j} = -\sum_{i=1}^{n} \frac{\partial U}{\partial \boldsymbol{r}_i} \frac{\partial \boldsymbol{r}_i}{\partial q_j} = -\frac{\partial U}{\partial q_j} \tag{5.221}$$

mit der potentiellen Energie $U(\boldsymbol{r}_1(\boldsymbol{q}, t), \ldots, \boldsymbol{r}_n(\boldsymbol{q}, t)) = U(\boldsymbol{q}, t)$. Mit (5.221) lauten die LAGRANGE-Gleichungen zweiter Art (5.217)

$$\frac{\mathrm{d}}{\mathrm{d}t}\left(\frac{\partial T}{\partial \dot{q}_j}\right) - \frac{\partial T}{\partial q_j} = -\frac{\partial U}{\partial q_j} + k_j^{\mathrm{n}}, \quad j = 1, \ldots, f, \tag{5.222}$$

mit den nichtkonservativen verallgemeinerten Kräften k_j^{n}, die aus den nichtkonservativen eingeprägten Kräften $\boldsymbol{f}^{\mathrm{n}}$ entsprechend (5.211) berechnet werden.

Mit der LAGRANGE-Funktion

$$L(\boldsymbol{q}, \dot{\boldsymbol{q}}, t) = T(\boldsymbol{q}, \dot{\boldsymbol{q}}, t) - U(\boldsymbol{q}, t) \tag{5.223}$$

lauten die LAGRANGE-Gleichungen zweiter Art (5.222) auch

$$\frac{\mathrm{d}}{\mathrm{d}t}\left(\frac{\partial L}{\partial \dot{q}_j}\right) - \frac{\partial L}{\partial q_j} = k_j{}^{\mathrm{n}}, \quad j = 1, \ldots, f, \tag{5.224}$$

oder in Matrizenschreibweise

$$\frac{\mathrm{d}}{\mathrm{d}t}\left(\frac{\partial L}{\partial \dot{\boldsymbol{q}}^{\mathrm{T}}}\right) - \frac{\partial L}{\partial \boldsymbol{q}^{\mathrm{T}}} = \boldsymbol{k}^{\mathrm{n}}. \tag{5.225}$$

Für die Aufstellung der Bewegungsgleichungen hat die Form (5.224) keine Vorteile gegenüber (5.222).

Beispiel: Doppeltes Massenpunktpendel Für das doppelte Massenpunktpendel aus Abschn. 5.7.1 mit den Minimalkoordinaten $\boldsymbol{q} = [\,\beta_1 \quad \beta_2\,]^{\mathrm{T}}$ lautet die kinetische Energie $T = \frac{1}{2} m_1 v_1^2 + \frac{1}{2} m_2 v_2^2$ und mit den Geschwindigkeiten $\boldsymbol{v}_1$ aus (5.136) und $\boldsymbol{v}_2$ aus (5.137) und $\beta_{21} = \beta_2 - \beta_1$

$$T(\boldsymbol{q}, \dot{\boldsymbol{q}}) = \tfrac{1}{2}(m_1 + m_2)\, l_1^2\, \dot{\beta}_1^2 + \tfrac{1}{2} m_2\, l_2^2\, \dot{\beta}_2^2 + m_2\, l_1\, l_2\, \cos\beta_{21}\, \dot{\beta}_1\, \dot{\beta}_2 \tag{5.226}$$

oder entsprechend (5.219) in Matrizenschreibweise

$$T(\boldsymbol{q}, \dot{\boldsymbol{q}}) = \tfrac{1}{2} \begin{bmatrix} \dot{\beta}_1 & \dot{\beta}_2 \end{bmatrix} \underbrace{\begin{bmatrix} (m_1 + m_2)\, l_1^2 & m_2\, l_1\, l_2\, \cos\beta_{21} \\ m_2\, l_1\, l_2\, \cos\beta_{21} & m_2\, l_2^2 \end{bmatrix}}_{\boldsymbol{M}(\boldsymbol{q})} \begin{bmatrix} \dot{\beta}_1 \\ \dot{\beta}_2 \end{bmatrix}. \tag{5.227}$$

Die potentielle Energie $U = m_1\, g\, y_1 + m_2\, g\, y_2$ wird mit den Koordinaten der Massenpunkte y_1 und y_2 aus (5.135) in den Minimalkoordinaten ausgedrückt,

$$U(\boldsymbol{q}) = -(m_1 + m_2)\, g\, l_1\, \cos\beta_1 - m_2\, g\, l_2\, \cos\beta_2. \tag{5.228}$$

Die Auswertung der Lagrange-Gleichungen zweiter Art entsprechend (5.222) oder (5.224) führt auf die Bewegungsgleichungen (5.140).

5.8.3 Kanonische Gleichungen von HAMILTON

Die kanonischen Gleichungen von HAMILTON[8] verwenden als Zustandsgrößen die Minimalkoordinaten $\boldsymbol{q} = [\, q_1 \, \dots \, q_f \,]^{\mathrm{T}}$ und anstelle der Minimalgeschwindigkeiten $\dot{\boldsymbol{q}}$ die so genannten verallgemeinerten Impulse $\boldsymbol{p}$. Betrachtet werden holonome, i. Allg. nichtkonservative Systeme.

Die verallgemeinerten Impulse $\boldsymbol{p} = [\, p_1 \, \dots \, p_f \,]^{\mathrm{T}}$ werden als die partielle Ableitung der kinetischen Energie $T(\boldsymbol{q}, \dot{\boldsymbol{q}}, t)$ nach den Minimalgeschwindigkeiten $\dot{\boldsymbol{q}}$ definiert. Mit (5.219) gilt dann

$$\boldsymbol{p}(\boldsymbol{q}, \dot{\boldsymbol{q}}, t) = \frac{\partial T(\boldsymbol{q}, \dot{\boldsymbol{q}}, t)}{\partial \dot{\boldsymbol{q}}^{\mathrm{T}}} = \boldsymbol{M}(\boldsymbol{q}, t)\, \dot{\boldsymbol{q}} + \bar{\boldsymbol{m}}(\boldsymbol{q}, t). \tag{5.229}$$

Da die Massenmatrix $\boldsymbol{M}$ im Regelfall regulär ist, können die Zeitableitungen der Minimalkoordinaten durch die verallgemeinerten Impulse ausgedrückt werden,

$$\dot{\boldsymbol{q}}(\boldsymbol{q}, \boldsymbol{p}, t) = \boldsymbol{M}^{-1}(\boldsymbol{q}, t) \left(\boldsymbol{p} - \bar{\boldsymbol{m}}(\boldsymbol{q}, t)\right). \tag{5.230}$$

Unter Verwendung der LAGRANGE-Funktion $L = T - U$ aus (5.223) gilt anstelle von (5.229) auch

$$\boldsymbol{p}(\boldsymbol{q}, \dot{\boldsymbol{q}}, t) = \frac{\partial L(\boldsymbol{q}, \dot{\boldsymbol{q}}, t)}{\partial \dot{\boldsymbol{q}}^{\mathrm{T}}}, \tag{5.231}$$

da die potentielle Energie U nicht von $\dot{\boldsymbol{q}}$ abhängt. Einsetzen von (5.231) in die LAGRANGE-Gleichungen zweiter Art (5.225) führt auf

[8] SIR WILLIAM ROWAN HAMILTON, *1805 in Dublin, †1865 in Dublin.

$$\underbrace{\frac{\mathrm{d}}{\mathrm{d}t}\left(\frac{\partial L}{\partial \dot{\boldsymbol{q}}^{\mathrm{T}}}\right)}_{\boldsymbol{p}} - \frac{\partial L}{\partial \boldsymbol{q}^{\mathrm{T}}} = \boldsymbol{k}^{\mathrm{n}} \quad \Rightarrow \quad \frac{\partial L}{\partial \boldsymbol{q}^{\mathrm{T}}} = \dot{\boldsymbol{p}} - \boldsymbol{k}^{\mathrm{n}}. \tag{5.232}$$

Das δ-Differential der LAGRANGE-Funktion $L(\boldsymbol{q}, \dot{\boldsymbol{q}}, t)$, gebildet wie in (5.63) bei festgehaltener Zeit $\delta t = 0$, ergibt unter Berücksichtigung von (5.231) und (5.232)

$$\delta L = \frac{\partial L}{\partial \boldsymbol{q}}\, \delta \boldsymbol{q} + \frac{\partial L}{\partial \dot{\boldsymbol{q}}}\, \delta \dot{\boldsymbol{q}} = (\dot{\boldsymbol{p}} - \boldsymbol{k}^{\mathrm{n}})^{\mathrm{T}}\, \delta \boldsymbol{q} + \boldsymbol{p}^{\mathrm{T}}\, \delta \dot{\boldsymbol{q}}. \tag{5.233}$$

Mit der Erweiterung $\dot{\boldsymbol{q}}^{\mathrm{T}}\, \delta \boldsymbol{p} - \dot{\boldsymbol{q}}^{\mathrm{T}}\, \delta \boldsymbol{p}$ gemäß

$$\delta L = (\dot{\boldsymbol{p}} - \boldsymbol{k}^{\mathrm{n}})^{\mathrm{T}}\, \delta \boldsymbol{q} + \boldsymbol{p}^{\mathrm{T}}\, \delta \dot{\boldsymbol{q}} + \dot{\boldsymbol{q}}^{\mathrm{T}}\, \delta \boldsymbol{p} - \dot{\boldsymbol{q}}^{\mathrm{T}}\, \delta \boldsymbol{p} \tag{5.234}$$

kann (5.233) unter Berücksichtigung der Produktregel $\boldsymbol{p}^{\mathrm{T}}\, \delta \dot{\boldsymbol{q}} + \dot{\boldsymbol{q}}^{\mathrm{T}}\, \delta \boldsymbol{p} = \delta(\boldsymbol{p}^{\mathrm{T}}\, \dot{\boldsymbol{q}})$ geschrieben werden als

$$\delta(\boldsymbol{p}^{\mathrm{T}}\, \dot{\boldsymbol{q}} - L) = (-\dot{\boldsymbol{p}} + \boldsymbol{k}^{\mathrm{n}})^{\mathrm{T}}\, \delta \boldsymbol{q} + \dot{\boldsymbol{q}}^{\mathrm{T}}\, \delta \boldsymbol{p}. \tag{5.235}$$

Der Term $\boldsymbol{p}^{\mathrm{T}}\, \dot{\boldsymbol{q}} - L$ auf der linken Seite von (5.235) wird nun als die HAMILTON-Funktion

$$H(\boldsymbol{q}, \boldsymbol{p}, t) = \boldsymbol{p}^{\mathrm{T}}\, \dot{\boldsymbol{q}}(\boldsymbol{q}, \boldsymbol{p}, t) - L(\boldsymbol{q}, \dot{\boldsymbol{q}}(\boldsymbol{q}, \boldsymbol{p}, t), t) \tag{5.236}$$

mit der Funktion $\dot{\boldsymbol{q}}(\boldsymbol{q}, \boldsymbol{p}, t)$ aus (5.230) definiert. Der Vergleich von (5.235) mit dem δ-Differential von $H(\boldsymbol{q}, \boldsymbol{p}, t)$,

$$\delta H = \frac{\partial H}{\partial \boldsymbol{q}}\, \delta \boldsymbol{q} + \frac{\partial H}{\partial \boldsymbol{p}}\, \delta \boldsymbol{p}, \tag{5.237}$$

führt zu den kanonischen Gleichungen von HAMILTON. Diese bilden ein System von Differentialgleichungen erster Ordnung in den Zustandsgrößen $\boldsymbol{q}$ und $\boldsymbol{p}$. Mit den dazugehörigen Anfangsbedingungen (Anfangszeitpunkt t_0) lautet es

$$\dot{\boldsymbol{q}} = \frac{\partial H(\boldsymbol{q}, \boldsymbol{p}, t)}{\partial \boldsymbol{p}^{\mathrm{T}}}, \qquad \boldsymbol{q}(t_0) = \boldsymbol{q}_0, \tag{5.238}$$

$$\dot{\boldsymbol{p}} = -\frac{\partial H(\boldsymbol{q}, \boldsymbol{p}, t)}{\partial \boldsymbol{q}^{\mathrm{T}}} + \boldsymbol{k}^{\mathrm{n}}(\boldsymbol{q}, \boldsymbol{p}, t), \qquad \boldsymbol{p}(t_0) = \boldsymbol{p}_0. \tag{5.239}$$

Anmerkungen:

- Die Differentialgleichung (5.238) entspricht (5.230).
- Die Abhängigkeit der nichtkonservativen verallgemeinerten Kräfte $\boldsymbol{k}^{\mathrm{n}}$ von $\boldsymbol{p}$ in (5.239) entsteht aus $\boldsymbol{k}^{\mathrm{n}}(\boldsymbol{q}, \dot{\boldsymbol{q}}, t)$ mit $\dot{\boldsymbol{q}}(\boldsymbol{q}, \boldsymbol{p}, t)$ aus (5.230).
- Die HAMILTON-Funktion wird bei rheonomen Systemen durch (5.236) definiert. Bei skleronomen Systemen ist die kinetische Energie $T(\boldsymbol{q}, \dot{\boldsymbol{q}}) = \frac{1}{2}\dot{\boldsymbol{q}}^{\mathrm{T}}\, \boldsymbol{M}(\boldsymbol{q})\, \dot{\boldsymbol{q}}$, und (5.229)

vereinfacht sich zu $\boldsymbol{p}(\boldsymbol{q},\dot{\boldsymbol{q}}) = \boldsymbol{M}(\boldsymbol{q})\,\dot{\boldsymbol{q}}$. Die HAMILTON-Funktion ist hier die Gesamtenergie des Systems $T + U$,

$$H = \underbrace{\dot{\boldsymbol{q}}^{\mathrm{T}}\,\boldsymbol{M}\,\dot{\boldsymbol{q}}}_{2T} - \underbrace{L}_{T-U} \quad \Rightarrow \quad H(\boldsymbol{q},\boldsymbol{p}) = T(\boldsymbol{q},\boldsymbol{p}) + U(\boldsymbol{q}). \tag{5.240}$$

- Bei konservativen Systemen ist $\boldsymbol{k}^{\mathrm{n}} = \boldsymbol{0}$.
- Koordinaten konservativer Systeme, die in der HAMILTON-Funktion nicht erscheinen, werden als zyklisch bezeichnet. Die zu einer zyklischen Koordinate q_j^{zyk} gehörende Bewegungsgleichung in (5.239) lautet damit

$$\dot{p}_j^{\mathrm{zyk}} = -\frac{\partial H}{\partial q_j^{\mathrm{zyk}}} = 0. \tag{5.241}$$

Der zu q_j^{zyk} gehörende verallgemeinerte Impuls p_j^{zyk} ist zeitlich konstant und bildet eine Erhaltungsgröße (erstes Integral) des Systems.

Beispiel: Räumliches Massenpunktpendel Das räumliche Massenpunktpendel in Abb. 5.17 hat den Freiheitsgrad $f = 2$ und die Minimalkoordinaten $\boldsymbol{q} = [\,\beta_1 \;\; \beta_2\,]^{\mathrm{T}}$. Das System ist skleronom und konservativ.

Mit den beiden zueinander orthogonalen Komponenten $l \sin\beta_2\,\dot{\beta}_1$ und $l\,\dot{\beta}_2$ der Geschwindigkeit $\boldsymbol{v}$ des Massenpunkts m ist $v^2 = l^2 \sin^2\beta_2\,\dot{\beta}_1^2 + l^2\,\dot{\beta}_2^2$. Damit ist die kinetische Energie

$$T(\boldsymbol{q},\dot{\boldsymbol{q}}) = \tfrac{1}{2}\,m\,l^2(\sin^2\beta_2\,\dot{\beta}_1^2 + \dot{\beta}_2^2) = \tfrac{1}{2}\,[\,\dot{\beta}_1 \;\; \dot{\beta}_2\,]\underbrace{\begin{bmatrix} m\,l^2\sin^2\beta_2 & 0 \\ 0 & m\,l^2 \end{bmatrix}}_{\boldsymbol{M}(\boldsymbol{q})}\begin{bmatrix} \dot{\beta}_1 \\ \dot{\beta}_2 \end{bmatrix}. \tag{5.242}$$

Die verallgemeinerten Impulse sind gemäß (5.229)

$$\boldsymbol{p}(\boldsymbol{q},\dot{\boldsymbol{q}}) = \boldsymbol{M}(\boldsymbol{q})\,\dot{\boldsymbol{q}} \qquad \text{oder} \qquad \begin{bmatrix} p_1 \\ p_2 \end{bmatrix} = \begin{bmatrix} m\,l^2\sin^2\beta_2\,\dot{\beta}_1 \\ m\,l^2\,\dot{\beta}_2 \end{bmatrix}. \tag{5.243}$$

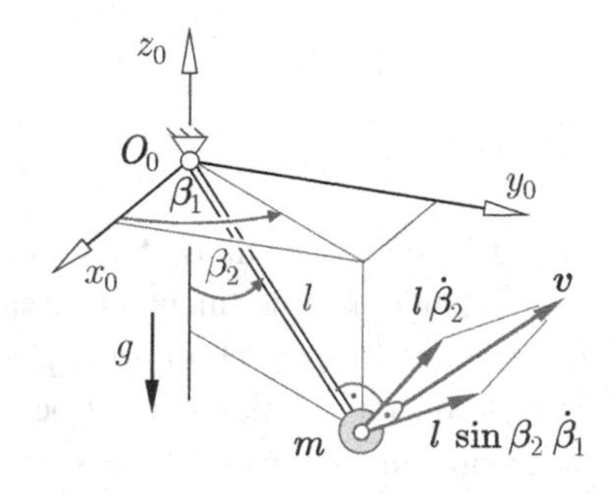

Abb. 5.17 Räumliches Massenpunktpendel

Die Minimalgeschwindigkeiten $\dot{\boldsymbol{q}}$ können dann entsprechend (5.230) durch $\boldsymbol{p}$ ausgedrückt werden,

$$\dot{\boldsymbol{q}}(\boldsymbol{q}, \boldsymbol{p}) = \boldsymbol{M}^{-1}(\boldsymbol{q})\,\boldsymbol{p} \quad \text{oder} \quad \begin{bmatrix} \dot{\beta}_1 \\ \dot{\beta}_2 \end{bmatrix} = \begin{bmatrix} \dfrac{p_1}{m\,l^2 \sin^2 \beta_2} \\ \dfrac{p_2}{m\,l^2} \end{bmatrix}. \tag{5.244}$$

Die mit (5.244) in Abhängigkeit von $\boldsymbol{q}$ und $\boldsymbol{p}$ ausgedrückte kinetische Energie aus (5.242) bildet zusammen mit der potentiellen Energie $U(\boldsymbol{q}) = -m\,g\,l \cos \beta_2$ entsprechend (5.240) die HAMILTON-Funktion des vorliegenden konservativen Systems

$$H(\boldsymbol{q}, \boldsymbol{p}) = T(\boldsymbol{q}, \boldsymbol{p}) + U(\boldsymbol{q}) = \frac{1}{2\,m\,l^2}\left(\frac{p_1^2}{\sin^2 \beta_2} + p_2^2\right) - m\,g\,l \cos \beta_2. \tag{5.245}$$

Die kanonischen Gleichungen von HAMILTON lauten dann

$$\dot{\beta}_1 = \frac{\partial H}{\partial p_1} = \frac{p_1}{m\,l^2 \sin^2 \beta_2}, \qquad \beta_1(t_0) = \beta_{10}, \tag{5.246}$$

$$\dot{\beta}_2 = \frac{\partial H}{\partial p_2} = \frac{p_2}{m\,l^2}, \qquad \beta_2(t_0) = \beta_{20}, \tag{5.247}$$

$$\dot{p}_1 = -\frac{\partial H}{\partial \beta_1} = 0, \qquad p_1(t_0) = p_{10}, \tag{5.248}$$

$$\dot{p}_2 = -\frac{\partial H}{\partial \beta_2} = \frac{\cos \beta_2}{m\,l^2 \sin^3 \beta_2}\, p_1^2 - m\,g\,l \sin \beta_2, \qquad p_2(t_0) = p_{20}. \tag{5.249}$$

Aus (5.248) folgt, dass der Winkel β_1 eine zyklische Koordinate ist, vgl. (5.241). Damit ist der dazu gehörende verallgemeinerte Impuls, hier der Drall p_1 um die z_0-Achse, konstant und durch die Anfangsbedingungen bekannt,

$$p_1(t) \equiv p_{10} \quad \text{oder} \quad m\,l^2 \sin^2 \beta_2(t)\,\dot{\beta}_1(t) = m\,l^2 \sin^2 \beta_2(t_0)\,\dot{\beta}_1(t_0). \tag{5.250}$$

Sofern der Zeitverlauf des Winkels $\beta_1(t)$ nicht benötigt wird, müssen nur noch die beiden Differentialgleichungen (5.247) und (5.249) integriert werden,

$$\dot{\beta}_2 = \frac{p_2}{m\,l^2}, \qquad \beta_2(t_0) = \beta_{20}, \tag{5.251}$$

$$\dot{p}_2 = \frac{\cos \beta_2}{m\,l^2 \sin^3 \beta_2}\, p_{10}^2 - m\,g\,l \sin \beta_2, \qquad p_2(t_0) = p_{20}. \tag{5.252}$$

Eine zyklische Koordinate reduziert damit die Anzahl der HAMILTON-Gleichungen um zwei. □

5.9 Zur numerischen Lösung von Bewegungsgleichungen

In den Abschn. 5.6.1 und 5.6.2 wurden die Bewegungsgleichungen eines gebundenen mechanischen Systems enweder als differential-algebraische Gleichungssysteme in den voneinander abhängigen Absolutkoordinaten oder als Systeme gewöhnlicher Differentialgleichungen in den Minimalkoordinaten aufgestellt. Dieser Abschnitt gibt einen kurzen Überblick über Verfahren zur numerischen Lösung der Bewegungsgleichungen. Ausführlichere Darstellungen geben z. B. die anwendungsorientierten Einführungen von GIPSER [30], PIETRUSZKA [84] sowie RILL und SCHAEFFER [88]. Die numerische Lösung differential-algebraischer Gleichungssysteme wird von HAIRER und WANNER [33] allgemein behandelt. EICH-SÖLLNER und FÜHRER [22] sowie VON SCHWERIN [97] beschreiben numerische Lösungen der differential-algebraischen Bewegungsgleichungen von Mehrkörpersystemen.

5.9.1 Gewöhnliche Differentialgleichungen

Die universellen Verfahren für die numerische Integration von Systemen gewöhnlicher Differentialgleichungen gehen von der Zustandsform, also einem System von nichtlinearen Differentialgleichungen erster Ordnung in den Zustandsgrößen $\boldsymbol{x} \in \mathbb{R}^n$ mit den gegebenen Anfangsbedingungen $\boldsymbol{x}_0$ aus, vgl. (5.109),

$$\dot{\boldsymbol{x}}(t) = \boldsymbol{\Psi}(\boldsymbol{x}, t) \qquad \text{mit} \qquad \boldsymbol{x}(t_0) = \boldsymbol{x}_0. \tag{5.253}$$

Da analytische Lösungen $\boldsymbol{x}(t)$ des Anfangswertproblems (5.253) nur in Sonderfällen, insbesondere bei Systemen linearer Differentialgleichungen, existieren, sind i. Allg. numerische Näherungslösungen zu berechnen. Eine numerische Lösung des Anfangswertproblems (5.253) ist stets eine zeitdiskrete Lösung. Zu diskreten Zeitpunkten $t_k,\ k = 0, 1, 2, \ldots$, werden Werte des Zustandsvektors $\boldsymbol{x}_k,\ k = 0, 1, 2, \ldots$, berechnet, welche möglichst nahe an der unbekannten exakten Lösung $\boldsymbol{x}(t)$ liegen, also $\boldsymbol{x}_k \approx \boldsymbol{x}(t_k)$. Der Abstand der diskreten Zeitpunkte $h_k = t_k - t_{k-1}$ heißt *(Zeit-)Schrittweite*.

Die Aufgabe besteht dann darin, ausgehend von den Werten $(t_k, \boldsymbol{x}_k)$ die nachfolgenden Werte $(t_{k+1}, \boldsymbol{x}_{k+1})$ zu berechnen. Hierbei werden zwei Verfahrensklassen unterschieden:

- *Einschrittverfahren*: Zur Berechnung der Werte $(t_{k+1}, \boldsymbol{x}_{k+1})$ wird nur der Wert $(t_k, \boldsymbol{x}_k)$ verwendet.
- *Mehrschrittverfahren*: Zur Berechnung des Werts $(t_{k+1},\ \boldsymbol{x}_{k+1})$ werden auch zurückliegende Werte $(t_{k-1}, \boldsymbol{x}_{k-1})$, $(t_{k-2}, \boldsymbol{x}_{k-2})$, ... verwendet.

Das einfachste Einschrittverfahren ist das explizite EULER-Verfahren. Die Lösung $\boldsymbol{x}(t)$ wird im Zeitintervall $[t_k, t_{k+1}]$ mit der Steigung $\boldsymbol{\Psi}(\boldsymbol{x}_k, t_k)$ zum Zeitpunkt t_k linear approximiert. In Abb. 5.18 ist dies für die skalare Differentialgleichung $\dot{x} = \Psi(x, t)$ gezeigt. Bei konstanter Schrittweite h lautet die Zahlenfolge der Näherungswerte

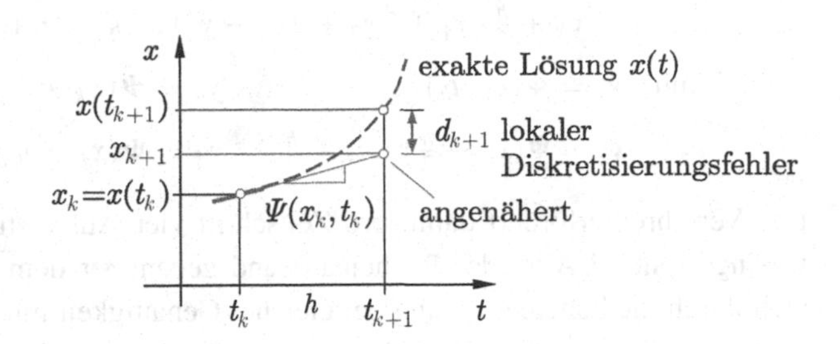

Abb. 5.18 Explizites EULER-Verfahren für die skalare Differentialgleichung $\dot{x} = \Psi(x, t)$

$$\boldsymbol{x}_{k+1} = \boldsymbol{x}_k + h\,\boldsymbol{\Psi}(\boldsymbol{x}_k, t_k), \quad k = 0, 1, 2, \ldots \tag{5.254}$$

Liegt der Punkt $\boldsymbol{x}_k$ auf der exakten Lösung, also $\boldsymbol{x}_k = \boldsymbol{x}(t_k)$, so entsteht nach einem Rechenschritt (5.254) der *lokale Diskretisierungsfehler*

$$d_{k+1} = \| \boldsymbol{x}(t_{k+1}) - \boldsymbol{x}_{k+1} \|. \tag{5.255}$$

Die Größenordnung des nach N Schritten aufgelaufenen *globalen Fehlers* $D(t_N)$ lässt sich über die Summe der lokalen Diskretisierungsfehler der einzelnen Schritte abschätzen und wird durch die *(Fehler-)Ordnung* p des Verfahrens charakterisiert:

$$D(t_N) = \mathcal{O}(h^p). \tag{5.256}$$

Die Ordnung p kann wie folgt interpretiert werden: Wird die Schrittweite h z. B. um den Faktor 2 verkleinert, so wird der globale Fehler $D(t_N)$ um den Faktor 2^p kleiner. Die absolute Größe des globalen Fehlers kann allerdings nicht allgemein angegeben werden. Das explizite EULER-Verfahren (5.254) besitzt die Ordnung $p = 1$.

Der globale Fehler einer numerischen Integration kann damit durch die Verkleinerung der Schrittweite h verringert werden. Die dadurch vergrößerte Anzahl von Integrationsschritten erhöht jedoch den Berechnungsaufwand für die numerische Integration. Bei der für Mehrkörpersysteme typischen aufwendigen rechten Seite $\boldsymbol{\Psi}(\boldsymbol{x}, t)$ der Differentialgleichung kann der Aufwand für die Integration über ein gegebenes Zeitintervall überschlägig durch die Anzahl der Auswertungen von $\boldsymbol{\Psi}(\boldsymbol{x}, t)$ abgeschätzt werden. Wegen der Rundungsfehler durch das Rechnen mit einer begrenzten Stellenanzahl kann die Schrittweite aber zur Genauigkeitserhöhung nicht beliebig verkleinert werden.

Der globale Fehler kann auch verkleinert werden, indem auf ein Verfahren höherer Ordnung übergegangen wird. Ein weit verbreitetes Einschrittverfahren ist das explizite RUNGE[9]-KUTTA[10]-Verfahren vierter Ordnung

[9] CARL RUNGE, *1856 in Bremen, †1927 in Göttingen.

[10] MARTIN WILHELM KUTTA, *1867 in Pitschen, †1944 in Fürstenfeldbruck.

$$\left.\begin{aligned} &\boldsymbol{x}_{k+1} = \boldsymbol{x}_k + \tfrac{h}{6}\left(\boldsymbol{y}_1 + 2\boldsymbol{y}_2 + 2\boldsymbol{y}_3 + \boldsymbol{y}_4\right), \quad k = 0, 1, 2, \ldots \\ &\text{mit} \;\; \boldsymbol{y}_1 = \boldsymbol{\Psi}(\boldsymbol{x}_k, t_k), \qquad \boldsymbol{y}_2 = \boldsymbol{\Psi}(\boldsymbol{x}_k + \tfrac{h}{2}\boldsymbol{y}_1, t_k + \tfrac{h}{2}), \\ &\boldsymbol{y}_3 = \boldsymbol{\Psi}(\boldsymbol{x}_k + \tfrac{h}{2}\boldsymbol{y}_2, t_k + \tfrac{h}{2}), \quad \boldsymbol{y}_4 = \boldsymbol{\Psi}(\boldsymbol{x}_k + h\,\boldsymbol{y}_3, t_k + h). \end{aligned}\right\} \tag{5.257}$$

Das Verfahren erfordert damit pro Zeitschritt vier Auswertungen von $\boldsymbol{\Psi}(\boldsymbol{x}, t)$. Dennoch verringert sich i. Allg. der Rechenaufwand gegenüber dem expliziten EULER-Verfahren, weil durch die höhere Ordnung bei gleicher Genauigkeit mit Schrittweiten gerechnet werden kann, die weit über den Faktor vier größer sind als diejenigen des expliziten EULER-Verfahrens.

Bei der *Schrittweitensteuerung* wird die Schrittweite adaptiv so berechnet, dass der lokale Diskretisierungsfehler d_{k+1} aus (5.255) stets unterhalb einer vorgegebenen Schranke bleibt. Da die exakte Lösung unbekannt ist, muss d_{k+1} geschätzt werden. Hierzu wird günstig eine Vergleichsrechnung mit einem zweiten Verfahren höherer Ordnung durchgeführt. Werden die Stützstellen des Ausgangsverfahrens auch für das Verfahren der höheren Ordnung verwendet, kann der Mehraufwand für die Schrittweitensteuerung minimiert werden. Beispielsweise ist das Verfahren ODE45 in MATLAB ein explizites RUNGE-KUTTA-Verfahren der Ordnung vier, das auf diese Weise in ein Verfahren der Ordnung fünf eingebettet ist.

Wie bereits angesprochen, nutzen explizite *Mehrschrittverfahren* zur Berechnung des folgenden Näherungswertes $\boldsymbol{x}_{k+1}$ neben dem aktuellen Wert $\boldsymbol{x}_k$ zusätzlich zeitlich zurückliegende Werte $\boldsymbol{x}_{k-1}, \boldsymbol{x}_{k-2}, \ldots$, die hierzu abzuspeichern sind. Da zum Start der Integration noch keine zurückliegenden Werte vorliegen, ist eine Anlaufrechnung mit einem Einschrittverfahren erforderlich. Gegenüber Einschrittverfahren kann die Anzahl der Auswertungen von $\boldsymbol{\Psi}(\boldsymbol{x}, t)$ und damit der gesamte Rechenaufwand verringert werden. Die Implementierung ist allerdings komplizierter. Für Mehrkörpersysteme sehr gut geeignet ist das explizite Mehrschrittverfahren von SHAMPINE und GORDON mit adaptiver Schrittweiten- und Ordnungssteuerung [100]. In MATLAB ist es als ODE113 implementiert. Die Vorteile von Mehrschrittverfahren können aber nur ausgenutzt werden, wenn die Funktionen $\boldsymbol{\Psi}(\boldsymbol{x}, t)$ hinreichend stetig sind. Typische Unstetigkeiten in mechanischen Systemmodellen sind Stöße, Haft-Gleit-Übergänge oder schaltende Regler. In solchen Fällen sind dann häufig Einschrittverfahren wiederum besser geeignet.

Steife Systeme besitzen Systemanteile mit sehr unterschiedlichen Zeitkonstanten oder Eigenkreisfrequenzen. Ein einfaches Beispiel ist ein an Feder-Dämpfer-Elementen aufgehängtes Stabpendel siehe Tab. 9.5 (Abschn. 9.1.3). Werden zur Annäherung an ein ideales Drehgelenk große Werte der Feder- und Dämpferkonstanten gewählt, so besitzt das System mit der Pendelbewegung im Schwerefeld eine „langsame" Dynamik mit kleiner Eigenkreisfrequenz und mit den viskoelastischen Verschiebungen des Stabendpunktes eine „schnelle" Dynamik mit kleiner Zeitkonstante. Hier kommt es zu dem unerwarteten Effekt, dass die Schrittweitensteuerung eines expliziten Verfahrens auch dann eine Schrittweite in der Größenordnung der kleinsten Zeitkonstante des Systems berechnet, wenn die zeitlichen Lösungsverläufe des Pendelwinkels und der Lagerpunktauslenkungen nach einer anfänglichen kurzen Einschwingzeit nur noch die „langsamen" Anteile erkennen lassen.

Beim Versuch, die Schrittweite unter Inkaufnahme eines größeren Diskretisierungsfehlers zu erhöhen, wird die Integration numerisch instabil. Dies bedeutet, dass die Zahlenfolgen der numerischen Näherungswerte aufklingen, obwohl das physikalische Systemmodell stabil ist. Die erforderlichen kleinen Schrittweiten führen zu unvertretbar langen Rechenzeiten. Ab einer gewissen Grenze des Verhältnisses zwischen kleinsten und größten Zeitkonstanten des Systems wird, auch wegen des Rundungsfehlers, kein numerisches Ergebnis mehr erhalten.

Bei steifen Systemen haben *implizite* Integrationsverfahren Vorteile, da sie sehr große numerische Stabilitätsbereiche aufweisen. Zwar ist der Rechenaufwand pro Integrationsschritt gegenüber expliziten Verfahren deutlich größer, weil in jedem Schritt ein nichtlineares Gleichungssystem zu lösen ist. Bei steifen Systemen lohnt sich dies jedoch wegen der möglichen größeren Schrittweiten und weil oft überhaupt nur auf diesem Weg numerische Lösungen erhalten werden können. Die Erhöhung der Schrittweite führt zu größeren Diskretisierungsfehlern, die sich hier aber vor allem bei den „schnellen“ und kaum bei den „langsamen“ Lösungsanteilen auswirken und bei mechanischen Systemen meistens in Kauf genommen werden können.

5.9.2 Differential-algebraische Gleichungen

In Abschn. 5.6.1 wurden die Bewegungsgleichungen in voneinander abhängigen Koordinaten als differential-algebraische Gleichungen der Form (5.82) aufgestellt. Durch Auflösen des linearen Gleichungssystems (5.84) nach den Beschleunigungen wurde das System gewöhnlicher Differentialgleichungen (5.93) in den voneinander abhängigen Koordinaten $\boldsymbol{r}$ und $\boldsymbol{v}$ erhalten,

$$\begin{bmatrix} \dot{\boldsymbol{r}} \\ \dot{\boldsymbol{v}} \end{bmatrix} = \begin{bmatrix} \boldsymbol{v} \\ \boldsymbol{a}(\boldsymbol{r}, \boldsymbol{v}, t) \end{bmatrix} \quad \text{mit} \quad \begin{bmatrix} \boldsymbol{r}(t_0) \\ \boldsymbol{v}(t_0) \end{bmatrix} = \begin{bmatrix} \boldsymbol{r}_0 \\ \boldsymbol{v}_0 \end{bmatrix}. \tag{5.258}$$

In (5.258) sind die Bindungen auf Beschleunigungsebene, jedoch nicht auf Lage- und Geschwindigkeitsebene, berücksichtigt. Die Anfangsbedingungen $\boldsymbol{r}_0$, $\boldsymbol{v}_0$ zum Zeitpunkt t_0 müssen daher so gewählt werden, dass sie mit den Bindungen auf Lage- und Geschwindigkeitsebene konsistent sind,

$$\boldsymbol{g}(t_0) \equiv \boldsymbol{g}(\boldsymbol{r}_0, t_0) = \boldsymbol{0}, \tag{5.259}$$

$$\dot{\boldsymbol{g}}(t_0) \equiv \boldsymbol{G}(\boldsymbol{r}_0, t_0)\, \boldsymbol{v}_0 + \bar{\boldsymbol{\gamma}}(\boldsymbol{r}_0, t_0) = \boldsymbol{0}. \tag{5.260}$$

Zwischen der Lösung der gewöhnlichen Differentialgleichungen in unabhängigen Koordinaten (5.253) und in abhängigen Koordinaten (5.258) besteht ein grundlegender Unterschied in der Wirkung des numerischen Diskretisierungsfehlers, der in Abb. 5.19 für eine skleronome Bindung $\boldsymbol{g}(\boldsymbol{r}) = \boldsymbol{0}$ qualitativ dargestellt ist. Bei der numerischen Integration von (5.253) tritt der Fehler in den Minimalkoordinaten $\boldsymbol{q}(t)$ auf. Die daraus berechneten Näherungen der Bewegung $\boldsymbol{r}_{\text{num}}(t)$ sind dann ebenfalls fehlerbehaftet. Sie erfüllen aber wegen

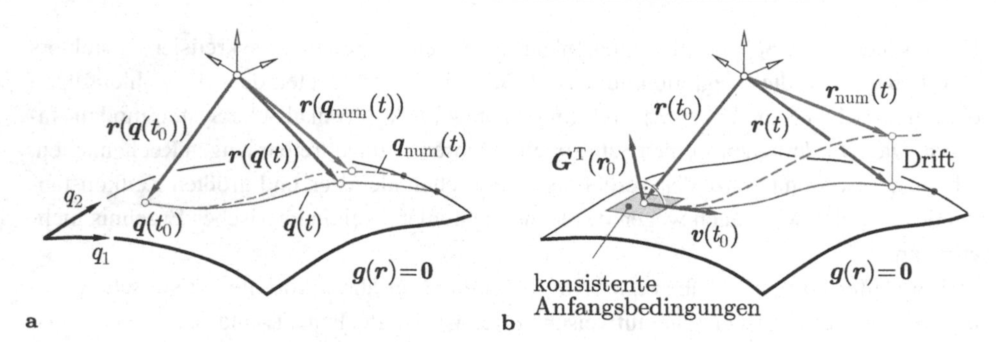

Abb. 5.19 Auswirkungen des Diskretisierungsfehlers bei der numerischen Integration von Bewegungsgleichungen. **a** Gewöhnliche Differentialgleichungen in Minimalkoordinaten $\boldsymbol{q}$: Bindungen bleiben erfüllt. **b** Differential-algebraische Gleichungen: Bindungsverletzung durch numerische Drift

der in den Bewegungsgleichungen berücksichtigten expliziten Bindungen $\boldsymbol{r} = \boldsymbol{r}(\boldsymbol{q})$ stets die Bindungen $\boldsymbol{g}(\boldsymbol{r}) = \boldsymbol{0}$, siehe Abb. 5.19a.

In den Differentialgleichungen (5.258) sind die Bindungen auf Lage- und Geschwindigkeitsebene dagegen nicht berücksichtigt. Auch wenn die numerische Integration mit den konsistenten Anfangsbedingungen (5.259), (5.260) gestartet wird, werden die Bindungen wegen des Diskretisierungsfehlers verletzt, und es tritt eine *numerische Drift* gemäß Abb. 5.19b auf. Die Ursache dieser Instabilität liegt darin, dass bei der numerischen Integration des Differentialgleichungssystems (5.258) die dort berücksichtigten Residuen der Bindungen auf Beschleunigungsebene $\ddot{\boldsymbol{g}} = \boldsymbol{G}\,\boldsymbol{a} + \bar{\bar{\boldsymbol{\gamma}}}$ ausgehend von den Anfangswerten $\boldsymbol{g}(t_0)$ und $\dot{\boldsymbol{g}}(t_0)$ zeitlich integriert werden,

$$\ddot{\boldsymbol{g}}(t) \quad \overset{\int\cdot\,\mathrm{d}t}{\Longrightarrow} \quad \dot{\boldsymbol{g}}(t) = \ddot{\boldsymbol{g}}\,t + \dot{\boldsymbol{g}}(t_0) \quad \overset{\int\cdot\,\mathrm{d}t}{\Longrightarrow} \quad \boldsymbol{g}(t) = \tfrac{1}{2}\ddot{\boldsymbol{g}}\,t^2 + \dot{\boldsymbol{g}}(t_0)\,t + \boldsymbol{g}(t_0). \tag{5.261}$$

Bei exakt erfüllten Beschleunigungsbindungen $\ddot{\boldsymbol{g}} = \boldsymbol{0}$ und konsistenten Anfangsbedingungen $\boldsymbol{g}(t_0) = \boldsymbol{0}$ und $\dot{\boldsymbol{g}}(t_0) = \boldsymbol{0}$ ist $\boldsymbol{g}(t) \equiv \boldsymbol{0}$. Ein kleiner numerischer Fehler in der Berechnung des Residuums der Beschleunigungsbindung $\|\ddot{\boldsymbol{g}}\| = \epsilon_a$ führt jedoch zu einem linear ansteigenden Fehler im Residuum der Geschwindigkeitsbindung $\dot{\boldsymbol{g}}(t)$ und einen quadratisch ansteigenden Fehler im Residuum der Lagebindung $\boldsymbol{g}(t)$. Ein zusätzlicher, linear ansteigender Fehleranteil entsteht durch nicht konsistente Anfangsbedingungen auf Geschwindigkeitsebene $\dot{\boldsymbol{g}}(t_0) \neq \boldsymbol{0}$.

Die Drift kann mit Hilfe einer *numerischen Stabilisierung* begrenzt werden. Zwei typische Methoden werden kurz beschrieben.

Stabilisierung nach BAUMGARTE [9] Das Gleichungssystem (5.84) wird um stabilisierende Zusatzterme erweitert, die bei Verletzung der Bindungen durch fiktive Feder- und Dämpferkräfte das System wieder auf die Bindungen zurückführen, siehe Abb. 5.20a. An die Stelle der zweiten Zeitableitung der Bindungen $\ddot{\boldsymbol{g}} = \boldsymbol{0}$ tritt die Bedingung

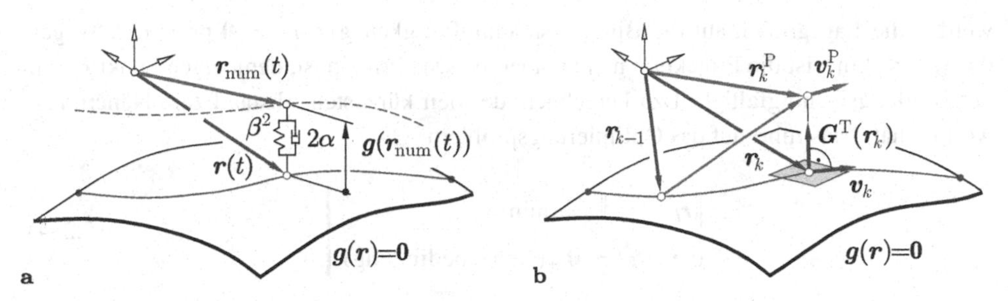

Abb. 5.20 Numerische Stabilisierung. **a** Stabilisierung nach BAUMGARTE [9]. **b** Stabilisierung durch Projektion

$$\ddot{\boldsymbol{g}} + 2\alpha\,\dot{\boldsymbol{g}} + \beta^2\,\boldsymbol{g} = \boldsymbol{0} \qquad \text{mit} \qquad \ddot{\boldsymbol{g}} = \boldsymbol{G}\,\dot{\boldsymbol{v}} + \bar{\bar{\boldsymbol{\gamma}}}. \tag{5.262}$$

Die j-te Komponente von (5.262) entspricht damit einem Feder-Masse-Schwinger mit der Eigenkreisfrequenz β und der Abklingkonstante α. Asymptotisch stabiles Verhalten liegt für $\alpha > 0$ vor. Günstig ist die Festlegung des aperiodischen Grenzfalls mit dem LEHRschen Dämpfungsmaß $D = \frac{\alpha}{\beta} = 1$, also $\alpha = \beta$.

Das lineare Gleichungssystem (5.84) wird durch (5.262) um die Stabilisierungsterme $2\,\alpha\,\dot{\boldsymbol{g}}$ und $\beta^2\,\boldsymbol{g}$ erweitert,

$$\begin{bmatrix} \widehat{\boldsymbol{M}} & -\boldsymbol{G}^{\mathrm{T}} \\ -\boldsymbol{G} & \boldsymbol{0} \end{bmatrix} \begin{bmatrix} \boldsymbol{a} \\ \boldsymbol{\lambda} \end{bmatrix} = \begin{bmatrix} \boldsymbol{f}^{\mathrm{e}} \\ \bar{\bar{\boldsymbol{\gamma}}} + 2\alpha\,\dot{\boldsymbol{g}} + \beta^2\,\boldsymbol{g} \end{bmatrix}, \tag{5.263}$$

mit den Residuen der Bindungen auf Lageebene $\boldsymbol{g}(\boldsymbol{r},t)$ und auf Geschwindigkeitsebene $\dot{\boldsymbol{g}} = \boldsymbol{G}(\boldsymbol{r},t)\;\boldsymbol{v} + \bar{\boldsymbol{\gamma}}(\boldsymbol{r},t)$. Die zusätzlichen Terme in (5.262) können als ein PD-Regler für das Residuum der Bindung interpretiert werden. Mit den Beschleunigungen $\dot{\boldsymbol{v}} = \boldsymbol{a}$ aus (5.263) kann dann das Differentialgleichungssystem (5.258) mit einem Verfahren für gewöhnliche Differentialgleichungen integriert werden.

Typischerweise oszillieren die Bindungsresiduen g_i während der Integration um den exakten Wert $g_i = 0$. Diese Dynamik kann die interessierende Dynamik des mechanischen Systemmodells verfälschen. Die Eigenkreisfrequenz β sollte möglichst kleiner als die kleinste Eigenfrequenz des Systemmodells sein. Zu kleine Werte führen aber zu einem steifen System. Insgesamt gibt es keine allgemein gültigen Regeln für die Festlegung von α und β.

Stabilisierung durch Projektion Eine numerisch genaue Einhaltung der Bindungen kann erreicht werden, indem der Fehler in den Bindungen nach jedem Integrationsschritt durch eine geeignete Projektion auf die Bindungsmannigfaltigkeit korrigiert wird, siehe Abb. 5.20b. Die nach einem Integrationsschritt (Prädiktorschritt) im Zeitintervall $[\,t_{k-1}, t_k\,]$ berechneten Lagegrößen $\boldsymbol{r}_k^{\mathrm{P}}$ und Geschwindigkeiten $\boldsymbol{v}_k^{\mathrm{P}}$ erfüllen die Bindungen auf Lage- und Geschwindigkeitsebene wegen der numerischen Drift i. Allg. nicht. In einem ersten Schritt werden die Lagegrößen auf die Bindungsmannigfaltigkeit $\boldsymbol{g}(\boldsymbol{r}, t) = \boldsymbol{0}$ projiziert. Wegen $\dim(\boldsymbol{g}) \leq \dim \boldsymbol{r}$ ist die Projektion nicht eindeutig. Das Prinzip ist, denjenigen Punkt $\boldsymbol{r}_k$ auf der Bindungsmannigfaltigkeit zu berechnen, der den kürzesten Abstand zum Näherungswert $\boldsymbol{r}_k^{\mathrm{P}}$ hat. Dies führt auf das Optimierungsproblem

$$\left.\begin{aligned} \left\|\boldsymbol{r}_k - \boldsymbol{r}_k^{\mathrm{P}}\right\|_2 &\stackrel{!}{=} \min_{\boldsymbol{r}_k} \\ \boldsymbol{g}(\boldsymbol{r}_k, t_k) = \boldsymbol{0} &\quad \text{(Nebenbedingung)} \end{aligned}\right\}, \tag{5.264}$$

mit der quadratischen Norm des Fehlervektors $\left\|\boldsymbol{r}_k - \boldsymbol{r}_k^{\mathrm{P}}\right\|_2 = (\boldsymbol{r}_k - \boldsymbol{r}_k^{\mathrm{P}})^2$. Die Lösung dieses Optimierungsproblems erfolgt i. Allg. iterativ.

In einem zweiten Schritt wird aus $\boldsymbol{v}_k^{\mathrm{P}}$ die Geschwindigkeit $\boldsymbol{v}_k$ berechnet, welche die Geschwindigkeitsbindung $\dot{\boldsymbol{g}} \equiv \boldsymbol{G}(\boldsymbol{r}_k, t_k)\, \boldsymbol{v}_k + \bar{\boldsymbol{\gamma}}(\boldsymbol{r}_k, t_k) = \boldsymbol{0}$ im berechneten Projektionspunkt $\boldsymbol{r}_k$ erfüllt. Dies führt auf das Optimierungsproblem

$$\left.\begin{aligned} \left\|\boldsymbol{v}_k - \boldsymbol{v}_k^{\mathrm{P}}\right\|_2 &\stackrel{!}{=} \min_{\boldsymbol{v}_k} \\ \boldsymbol{G}(\boldsymbol{r}_k, t_k)\, \boldsymbol{v}_k + \bar{\boldsymbol{\gamma}}(\boldsymbol{r}_k, t_k) = \boldsymbol{0} &\quad \text{(Nebenbedingung)} \end{aligned}\right\}. \tag{5.265}$$

Eine genaue Beschreibung der Lösungsverfahren geben z. B. EICH-SÖLLNER und FÜHRER [22]. Die Projektionsmethode kann in Verbindung mit Ein- und Mehrschrittverfahren angewandt werden.

5.9.3 Nichtlineare Gleichungssysteme

Bei der Formulierung der Bewegungsgleichungen von Systemen mit kinematischen Schleifen in Minimalkoordinaten muss das nichtlineare Gleichungssystem der impliziten Schleifenschließbedingungen nach den abhängigen Lagekoordinaten aufgelöst werden. Im Beispiel des Schubkurbelgetriebes aus Abschn. 5.7.2 ist der Winkel ψ in Abhängigkeit von der Minimalkoordinate φ darzustellen, was hier mit Hilfe von (5.157) analytisch möglich ist. Im Allgemeinen können die abhängigen Gelenkkoordinaten jedoch nur numerisch berechnet werden.

Die allgemeine Aufgabe lautet, für ein System von m nichtlinearen Funktionen der m Variablen $\boldsymbol{y} = [y_1 \dots y_m]^{\mathrm{T}}$

$$\boldsymbol{g}(\boldsymbol{y}) = \begin{bmatrix} g_1(y_1, \dots, y_m) \\ \vdots \\ g_m(y_1, \dots, y_m) \end{bmatrix} \tag{5.266}$$

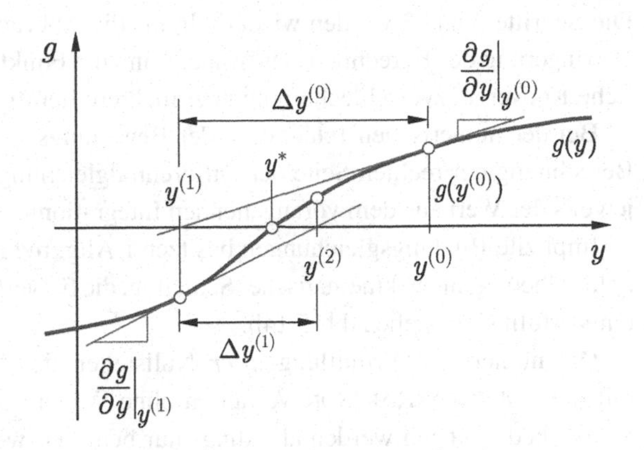

Abb. 5.21 Zwei Iterationsschritte des NEWTON-RAPHSON-Verfahrens, dargestellt für eine skalare Funktion $g(y)$

einen Lösungsvektor (Nullstelle) $\boldsymbol{y}^*$ so zu bestimmen, dass $\boldsymbol{g}(\boldsymbol{y}^*) = \boldsymbol{0}$ erfüllt ist. Das numerische Standardverfahren ist das Verfahren von NEWTON-RAPHSON.[11] Es umfasst die folgenden Schritte, siehe Abb. 5.21:

1. Festlegung (Abschätzung) eines Startwerts $\boldsymbol{y}^{(0)}$.
2. Linearisierung der Funktion $\boldsymbol{g}(\boldsymbol{y})$ an der Stelle $\boldsymbol{y}^{(0)}$, also

$$\boldsymbol{g}(\boldsymbol{y}) \approx \boldsymbol{g}(\boldsymbol{y}^{(0)}) + \left.\frac{\partial \boldsymbol{g}(\boldsymbol{y})}{\partial \boldsymbol{y}}\right|_{\boldsymbol{y}^{(0)}} \Delta \boldsymbol{y}, \tag{5.267}$$

und Berechnung der Nullstelle der linearisierten Funktion (5.267) durch Auflösen des linearen Gleichungssystems mit der (m,m)-Funktionalmatrix $\boldsymbol{G}(\boldsymbol{y}^{(0)})$ der Funktion $\boldsymbol{g}(\boldsymbol{y})$ an der Stelle $\boldsymbol{y}^{(0)}$

$$\boldsymbol{G}(\boldsymbol{y}^{(0)})\,\Delta \boldsymbol{y}^{(0)} = -\boldsymbol{g}(\boldsymbol{y}^{(0)}) \quad \text{mit} \quad \boldsymbol{G}(\boldsymbol{y}^{(0)}) = \left.\frac{\partial \boldsymbol{g}(\boldsymbol{y})}{\partial \boldsymbol{y}}\right|_{\boldsymbol{y}^{(0)}} \tag{5.268}$$

nach dem Zuwachs $\Delta \boldsymbol{y}^{(0)}$. Die Nullstelle der linearisierten Funktion in (5.267) lautet dann

$$\boldsymbol{y}^{(1)} = \boldsymbol{y}^{(0)} + \Delta \boldsymbol{y}^{(0)}. \tag{5.269}$$

3. Überprüfen der Abbruchbedingung (Schranke ϵ)

$$\|\boldsymbol{g}(\boldsymbol{y}^{(k)})\| \le \epsilon. \tag{5.270}$$

Es gilt z. B. die euklidische Norm $\|\boldsymbol{g}\| = \boldsymbol{g}^{\mathrm{T}}\,\boldsymbol{g}$.

[11] JOSEPH RAPHSON, * um 1648 in Middlesex, England, † um 1715 in England.

Die Schritte 2 und 3 werden wiederholt, bis die Abbruchbedingung (5.270) erfüllt ist. Zur Verringerung des Berechnungsaufwands kann die Funktionalmatrix $\boldsymbol{G}$ häufig ohne wesentliche Konvergenzverschlechterung über mehrere Iterationsschritte beibehalten werden.

Bei der numerischen Integration der Bewegungsgleichungen tritt die Iteration bei der Berechnung der rechten Seite der Differentialgleichung auf. Als Startwert $\boldsymbol{y}^{(0)}$ wird dann jeweils der Wert aus dem vorangehenden Integrationsschritt verwendet.

Implizite Bindungsgleichungen besitzen i. Allg. mehrere Nullstellen. Beispiele sind die Schließbedingungen kinematischer Schleifen, die für verschiedene Konfigurationen des Systems erfüllt sind, siehe Abb. 5.14b.

Die numerische Ermittlung *aller* Nullstellen der impliziten Schließbedingungen ist mit dem NEWTON-RAPHSON-Verfahren ohne Weiteres nicht möglich. Alle Lösungen der Schließbedingungen werden allerdings nur benötigt, wenn alle Zusammenbau-Konfigurationen eines Mechanismus oder alle Konfigurationen eines seriellen Roboters für eine gegebene Lage des Endeffektors gesucht sind. In diesen Fällen ist es daher besonders vorteilhaft, wenn analytische Formulierungen der expliziten Schließbedingungen zur Verfügung stehen.

6 Holonome ebene Mehrkörpersysteme

In Anlehnung an die Vorgehensweise bei den Massenpunktsystemen in Kap. 5 werden in diesem Kapitel die Formulierungen der Bewegungsgleichungen von ebenen Mehrkörpersystemen mit holonomen Bindungen entwickelt. Gegenüber den räumlichen Mehrkörpersystemen treten vereinfachend nur Drehungen um Achsen senkrecht zur Bewegungsebene auf. Die impliziten und expliziten Formulierungen der Bindungen werden um die Drehungen erweitert (Abschn. 6.1 und 6.2). Die jeweils zwei Impulssätze in der Ebene werden um die skalaren Drallsätze mit eingeprägten Momenten und Reaktionsmomenten ergänzt (Abschn. 6.3 bis 6.5). Die Bewegungsgleichungen in Absolutkoordinaten und in Minimalkoordinaten werden in Abschn. 6.6 hergeleitet. Beispiele ebener Mehrkörpersysteme werden in Abschn. 6.7 gezeigt.

6.1 Bewegungsgrößen ebener Mehrkörpersysteme

In einem ebenen Mehrkörpersystem mit n starren Körpern bewegen sich alle Körper parallel zu einer gemeinsamen Bewegungsebene, im Folgenden die x_0, y_0-Ebene entsprechend Abb. 6.1. Die Bewegung des Körpers i wird durch die Bewegung des körperfesten Koordinatensystems $\mathcal{K}_i$ repräsentiert, dessen Ursprung in den Massenmittelpunkt S_i gelegt wird.

Lage Die Lage des Körpers i in der x_0, y_0-Ebene wird durch den zweidimensionalen Ortsvektor $\boldsymbol{r}_{Si} = [\,x_{Si} \quad y_{Si}\,]^{\mathrm{T}}$ des Massenmittelpunkts S_i und den Drehwinkel φ_i um die z_0-Achse beschrieben. Diese Größen bilden den 3-Lagevektor

$$\hat{\boldsymbol{r}}_i = \begin{bmatrix} \varphi_i \\ \boldsymbol{r}_{Si} \end{bmatrix} = \begin{bmatrix} \varphi_i \\ x_{Si} \\ y_{Si} \end{bmatrix}, \quad i = 1, \ldots, n. \tag{6.1}$$

C. Woernle, *Mehrkörpersysteme*, https://doi.org/10.1007/978-3-662-64530-7_6

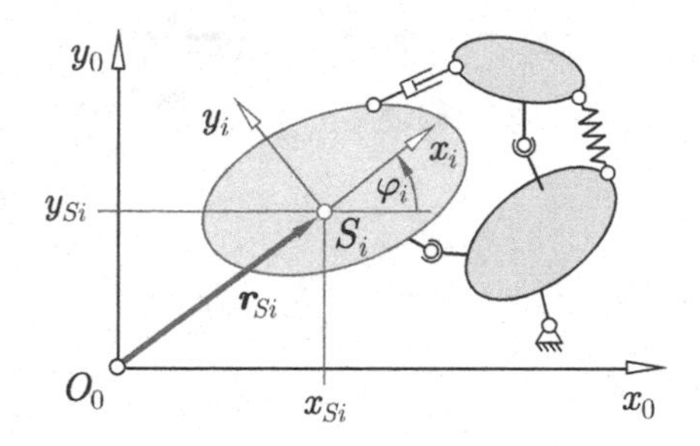

Abb. 6.1 Ebenes Mehrkörpersystem

Geschwindigkeit Die Geschwindigkeit des Körpers i in der Ebene wird durch die Winkelgeschwindigkeit $\omega_i = \dot{\varphi}_i$ und die Geschwindigkeit $\boldsymbol{v}_{Si} = \dot{\boldsymbol{r}}_{Si}$ des Massenmittelpunkts S_i relativ zu $\mathcal{K}_0$ beschrieben. Diese Größen werden zum 3-Geschwindigkeitsvektor $\hat{\boldsymbol{v}}_i$ zusammengefasst,

$$\begin{aligned} \begin{bmatrix} \dot{\varphi}_i \\ \dot{\boldsymbol{r}}_{Si} \end{bmatrix} &= \begin{bmatrix} \omega_i \\ \boldsymbol{v}_{Si} \end{bmatrix} \\ \dot{\hat{\boldsymbol{r}}}_i &= \hat{\boldsymbol{v}}_i, \quad i = 1, \ldots, n. \end{aligned} \tag{6.2}$$

Beschleunigung Die Winkelbeschleunigung $\alpha_i = \dot{\omega}_i$ und die Beschleunigung des Schwerpunkts $\boldsymbol{a}_{Si} = \dot{\boldsymbol{v}}_{Si}$ bilden den 3-Beschleunigungsvektor $\hat{\boldsymbol{a}}_i$,

$$\begin{aligned} \begin{bmatrix} \dot{\omega}_i \\ \dot{\boldsymbol{v}}_{Si} \end{bmatrix} &= \begin{bmatrix} \alpha_i \\ \boldsymbol{a}_{Si} \end{bmatrix} \\ \dot{\hat{\boldsymbol{v}}}_i &= \hat{\boldsymbol{a}}_i, \quad i = 1, \ldots, n. \end{aligned} \tag{6.3}$$

6.2 Holonome Bindungen in ebenen Mehrkörpersystemen

Als Erweiterung der Vorgehensweise bei Massenpunktsystemen in Abschn. 5.2 werden die impliziten und expliziten holonomen Bindungen für ebene Mehrkörpersysteme aufgestellt. Es werden nur die Bindungen berücksichtigt, welche die Bewegungen der Körper parallel zur Bewegungsebene beschränken. Die Bindungen, welche die Bewegung der Körper parallel zur Bewegungsebene erzwingen, treten im Modell des ebenen Mehrkörpersystems nicht auf.

6.2.1 Implizite holonome Bindungen

Implizite Bindungen auf Lageebene Die im globalen $3n$-Vektor

$$\hat{\boldsymbol{r}} = \begin{bmatrix} \hat{\boldsymbol{r}}_1 \\ \vdots \\ \hat{\boldsymbol{r}}_n \end{bmatrix} \quad \text{mit} \quad \hat{\boldsymbol{r}}_i = \begin{bmatrix} \varphi_i \\ \boldsymbol{r}_{Si} \end{bmatrix}. \tag{6.4}$$

zusammengefassten Lagegrößen des ebenen Mehrkörpersystems unterliegen $b < 3n$ holonomen, i. Allg. rheonomen impliziten Bindungen, vgl. (5.12),

$$\begin{bmatrix} g_1(\varphi_1, \boldsymbol{r}_{S1}, \ldots, \varphi_n, \boldsymbol{r}_{Sn}, t) \\ \vdots \\ g_b(\varphi_1, \boldsymbol{r}_{S1}, \ldots, \varphi_n, \boldsymbol{r}_{Sn}, t) \end{bmatrix} = \begin{bmatrix} 0 \\ \vdots \\ 0 \end{bmatrix} \qquad (6.5)$$

$$\boldsymbol{g}(\hat{\boldsymbol{r}}, t) = \boldsymbol{0} \,.$$

Implizite Bindungen auf Geschwindigkeitsebene Die totale zeitliche Ableitung der Lagebindungen (6.5) ergibt die impliziten Bindungen auf Geschwindigkeitsebene

$$\dot{\boldsymbol{g}} \equiv \sum_{i=1}^{n} \left(\frac{\partial \boldsymbol{g}}{\partial \varphi_i} \dot{\varphi}_i + \frac{\partial \boldsymbol{g}}{\partial \boldsymbol{r}_{Si}} \dot{\boldsymbol{r}}_{Si} \right) + \frac{\partial \boldsymbol{g}}{\partial t} = \boldsymbol{0}. \qquad (6.6)$$

Mit (6.2) geht (6.6) über in

$$\dot{\boldsymbol{g}} \equiv \sum_{i=1}^{n} \begin{bmatrix} \boldsymbol{G}_{\mathrm{R}i}(\hat{\boldsymbol{r}}, t) & \boldsymbol{G}_{\mathrm{T}i}(\hat{\boldsymbol{r}}, t) \end{bmatrix} \begin{bmatrix} \omega_i \\ \boldsymbol{v}_{Si} \end{bmatrix} + \bar{\boldsymbol{\gamma}}(\hat{\boldsymbol{r}}, t) = \boldsymbol{0} \qquad (6.7)$$

mit den $(b,1)$-Bindungsmatrizen der Rotation $\boldsymbol{G}_{\mathrm{R}i}$ und den $(b,2)$-Bindungsmatrizen der Translation $\boldsymbol{G}_{\mathrm{T}i}$ gemäß

$$\boldsymbol{G}_{\mathrm{R}i} = \frac{\partial \boldsymbol{g}}{\partial \varphi_i} = \begin{bmatrix} \dfrac{\partial g_1}{\partial \varphi_i} \\ \vdots \\ \dfrac{\partial g_b}{\partial \varphi_i} \end{bmatrix}, \quad \boldsymbol{G}_{\mathrm{T}i} = \frac{\partial \boldsymbol{g}}{\partial \boldsymbol{r}_{Si}} = \begin{bmatrix} \dfrac{\partial g_1}{\partial \boldsymbol{r}_{Si}} \\ \vdots \\ \dfrac{\partial g_b}{\partial \boldsymbol{r}_{Si}} \end{bmatrix} = \begin{bmatrix} \dfrac{\partial g_1}{\partial x_{Si}} & \dfrac{\partial g_1}{\partial y_{Si}} \\ \vdots & \vdots \\ \dfrac{\partial g_b}{\partial x_{Si}} & \dfrac{\partial g_b}{\partial y_{Si}} \end{bmatrix}. \qquad (6.8)$$

sowie dem nur bei rheonomen Bindungen auftretenden b-Vektor der partiellen Zeitableitungen

$$\bar{\boldsymbol{\gamma}} = \frac{\partial \boldsymbol{g}}{\partial t} = \begin{bmatrix} \dfrac{\partial g_1}{\partial t} & \ldots & \dfrac{\partial g_b}{\partial t} \end{bmatrix}^{\mathrm{T}}. \qquad (6.9)$$

Mit den Geschwindigkeitsgrößen der ebenen Bewegung (6.2) und den $(b,3)$-Bindungsmatrizen der Körper

$$\boldsymbol{G}_i = \begin{bmatrix} \boldsymbol{G}_{\mathrm{R}i} & \boldsymbol{G}_{\mathrm{T}i} \end{bmatrix}. \qquad (6.10)$$

können die Geschwindigkeitsbindungen (6.7) auch geschrieben werden als

$$\dot{\boldsymbol{g}} \equiv \begin{bmatrix} \boldsymbol{G}_1(\hat{\boldsymbol{r}}, t) & \ldots & \boldsymbol{G}_n(\hat{\boldsymbol{r}}, t) \end{bmatrix} \begin{bmatrix} \hat{\boldsymbol{v}}_1 \\ \vdots \\ \hat{\boldsymbol{v}}_n \end{bmatrix} + \bar{\boldsymbol{\gamma}}(\hat{\boldsymbol{r}}, t) = \boldsymbol{0} \qquad (6.11)$$

$$\dot{\boldsymbol{g}} \equiv \boldsymbol{G}(\hat{\boldsymbol{r}}, t) \, \hat{\boldsymbol{v}} + \bar{\boldsymbol{\gamma}}(\hat{\boldsymbol{r}}, t) = \boldsymbol{0}$$

mit dem globalen $3n$-Geschwindigkeitsvektor $\hat{\boldsymbol{v}} = \dot{\hat{\boldsymbol{r}}}$ und der globalen $(b,3n)$-Bindungsmatrix $\boldsymbol{G}(\hat{\boldsymbol{r}}, t)$. Bei vollem Rang $\mathrm{r}(\boldsymbol{G}) = b$ sind alle b Bindungen voneinander unabhängig.

Implizite Bindungen auf Beschleunigungssebene Die zeitliche Ableitung der Geschwindigkeitsbindungen (6.7) ergibt die Bindungen auf Beschleunigungsebene

$$\ddot{\boldsymbol{g}} \equiv \sum_{i=1}^{n} \underbrace{\left[\boldsymbol{G}_{\mathrm{R}i}(\hat{\boldsymbol{r}}, t) \quad \boldsymbol{G}_{\mathrm{T}i}(\hat{\boldsymbol{r}}, t) \right]}_{\boldsymbol{G}_i(\hat{\boldsymbol{r}}, t)} \underbrace{\begin{bmatrix} \alpha_i \\ \boldsymbol{a}_{Si} \end{bmatrix}}_{\hat{\boldsymbol{a}}_i} + \bar{\bar{\boldsymbol{\gamma}}}(\hat{\boldsymbol{r}}, \hat{\boldsymbol{v}}, t) = \boldsymbol{0} \tag{6.12}$$

mit dem nicht von den Beschleunigungen α_i und $\boldsymbol{a}_{Si}$ abhängenden b-Vektor

$$\bar{\bar{\boldsymbol{\gamma}}} = \sum_{i=1}^{n} \left(\frac{\mathrm{d}\boldsymbol{G}_{\mathrm{R}i}}{\mathrm{d}t} \omega_i + \frac{\mathrm{d}\boldsymbol{G}_{\mathrm{T}i}}{\mathrm{d}t} \boldsymbol{v}_{Si} \right) + \frac{\mathrm{d}\bar{\boldsymbol{\gamma}}}{\mathrm{d}t}. \tag{6.13}$$

Mit dem globalen $3n$-Beschleunigungsvektor $\hat{\boldsymbol{a}} = \dot{\hat{\boldsymbol{v}}}_i$ lauten die Bindungen (6.12) in Blockmatrizenschreibweise

$$\begin{aligned} \ddot{\boldsymbol{g}} &\equiv \left[\boldsymbol{G}_1(\hat{\boldsymbol{r}}, t) \; \ldots \; \boldsymbol{G}_n(\hat{\boldsymbol{r}}, t) \right] \begin{bmatrix} \hat{\boldsymbol{a}}_1 \\ \vdots \\ \hat{\boldsymbol{a}}_n \end{bmatrix} + \bar{\bar{\boldsymbol{\gamma}}}(\hat{\boldsymbol{r}}, \hat{\boldsymbol{v}}, t) = \boldsymbol{0} \\ \ddot{\boldsymbol{g}} &\equiv \boldsymbol{G}(\hat{\boldsymbol{r}}, t) \, \hat{\boldsymbol{a}} + \bar{\bar{\boldsymbol{\gamma}}}(\hat{\boldsymbol{r}}, \hat{\boldsymbol{v}}, t) = \boldsymbol{0}. \end{aligned} \tag{6.14}$$

6.2.2 Explizite holonome Bindungen

Ein ebenes Mehrkörpersystem mit n starren Körpern, die keinen Bindungen unterliegen, besitzt wegen der jeweils drei unabhängigen Lagegrößen der Körper in der Ebene den Freiheitsgrad $f = 3\,n$. Sind die b holonomen Bindungen (6.4) voneinander unabhängig, so wird die Anzahl der unabhängigen Lagegrößen um b verringert, und der Freiheitsgrad des Systems beträgt

$$f = 3\,n - b. \tag{6.15}$$

Die Bewegung des Mehrkörpersystems wird dann mit Hilfe der expliziten Bindungen durch f voneinander unabhängige Minimalkoordinaten $\boldsymbol{q}$ und deren Zeitableitungen $\dot{\boldsymbol{q}}$ beschrieben, vgl. Abschn. 5.2.3.

Explizite Bindungen auf Lageebene Die expliziten Bindungen auf Lageebene stellen die Lagegrößen der Körper in Abhängigkeit von den f Minimalkoordinaten $\boldsymbol{q}$ und bei rheonomen Bindungen zusätzlich von der Zeit t dar,

$$\boldsymbol{r}_{Si} = \boldsymbol{r}_{Si}(\boldsymbol{q}, t), \quad i = 1 \ldots, n, \tag{6.16}$$

$$\varphi_i = \varphi_i(\boldsymbol{q}, t), \quad i = 1 \ldots, n. \tag{6.17}$$

Die durch (6.16) und (6.17) beschriebene Lage des Mehrkörpersystems ist für beliebige $\boldsymbol{q}$ und t mit den impliziten Lagebindungen (6.5) verträglich.

Explizite Bindungen auf Geschwindigkeitsebene Die zeitliche Ableitung der expliziten Lagebindungen (6.16) ergibt die Geschwindigkeiten der Massenmittelpunkte S_i

$$\dot{\boldsymbol{r}}_{Si} = \frac{\partial \boldsymbol{r}_{Si}(\boldsymbol{q}, t)}{\partial \boldsymbol{q}} \dot{\boldsymbol{q}} + \frac{\partial \boldsymbol{r}_{Si}(\boldsymbol{q}, t)}{\partial t}, \quad i = 1 \ldots, n, \tag{6.18}$$

oder in Analogie zu (5.30)

$$\boldsymbol{v}_{Si} = \boldsymbol{J}_{\mathrm{T}i}(\boldsymbol{q}, t)\, \dot{\boldsymbol{q}} + \bar{\boldsymbol{v}}_{Si}(\boldsymbol{q}, t), \quad i = 1 \ldots, n, \tag{6.19}$$

mit den $(2, f)$-JACOBI-Matrizen der Translation

$$\boldsymbol{J}_{\mathrm{T}i} = \frac{\partial \boldsymbol{r}_{Si}}{\partial \boldsymbol{q}} = \begin{bmatrix} \frac{\partial \boldsymbol{r}_{Si}}{\partial q_1} & \cdots & \frac{\partial \boldsymbol{r}_{Si}}{\partial q_f} \end{bmatrix} = \begin{bmatrix} \frac{\partial x_{Si}}{\partial q_1} & \cdots & \frac{\partial x_{Si}}{\partial q_f} \\ \frac{\partial y_{Si}}{\partial q_1} & \cdots & \frac{\partial y_{Si}}{\partial q_f} \end{bmatrix} \tag{6.20}$$

und den nur bei rheonomen Systemen auftretenden 2-Vektoren der partiellen Zeitableitungen

$$\bar{\boldsymbol{v}}_{Si} = \frac{\partial \boldsymbol{r}_{Si}}{\partial t} = \begin{bmatrix} \frac{\partial x_{Si}}{\partial t} \\ \frac{\partial y_{Si}}{\partial t} \end{bmatrix}. \tag{6.21}$$

Die zeitliche Ableitung von (6.17) liefert die Winkelgeschwindigkeiten

$$\frac{\mathrm{d}\varphi_i}{\mathrm{d}t} = \frac{\partial \varphi_i(\boldsymbol{q}, t)}{\partial \boldsymbol{q}} \dot{\boldsymbol{q}} + \frac{\partial \varphi_i(\boldsymbol{q}, t)}{\partial t}, \quad i = 1, \ldots, n, \tag{6.22}$$

oder

$$\omega_i = \boldsymbol{J}_{\mathrm{R}i}(\boldsymbol{q}, t)\, \dot{\boldsymbol{q}} + \bar{\omega}_i(\boldsymbol{q}, t), \quad i = 1 \ldots, n, \tag{6.23}$$

mit den $(1, f)$-JACOBI-Matrizen der Rotation $\boldsymbol{J}_{\mathrm{R}i}$ und den nur bei rheonomen Systemen auftretenden skalaren partiellen Zeitableitungen $\bar{\omega}_i$,

$$\boldsymbol{J}_{\mathrm{R}i} = \begin{bmatrix} \frac{\partial \varphi_i}{\partial q_1} & \cdots & \frac{\partial \varphi_i}{\partial q_f} \end{bmatrix}, \quad \bar{\omega}_i = \frac{\partial \varphi_i}{\partial t}. \tag{6.24}$$

Die expliziten Geschwindigkeitsbindungen (6.19) und (6.23) können mit den 3-Geschwindigkeitsvektoren $\hat{\boldsymbol{v}}_i$ zusammengefasst werden zu

$$\begin{bmatrix} \omega_i \\ \boldsymbol{v}_{Si} \end{bmatrix} = \begin{bmatrix} \boldsymbol{J}_{\mathrm{R}i}(\boldsymbol{q},t) \\ \boldsymbol{J}_{\mathrm{T}i}(\boldsymbol{q},t) \end{bmatrix} \dot{\boldsymbol{q}} + \begin{bmatrix} \bar{\omega}_i(\boldsymbol{q},t) \\ \bar{\boldsymbol{v}}_{Si}(\boldsymbol{q},t) \end{bmatrix}$$
$$\hat{\boldsymbol{v}}_i = \boldsymbol{J}_i(\boldsymbol{q},t) \quad \dot{\boldsymbol{q}} + \quad \bar{\hat{\boldsymbol{v}}}_i(\boldsymbol{q},t), \quad i = 1,\ldots,n, \tag{6.25}$$

mit den $(3,f)$-JACOBI-Matrizen $\boldsymbol{J}_i$ und den 3-Vektoren $\bar{\hat{\boldsymbol{v}}}_i$. Schließlich kann noch der globale $3n$-Geschwindigkeitsvektor $\hat{\boldsymbol{v}}$ mit der globalen $(3n,f)$-JACOBI-Matrix $\boldsymbol{J}$ und dem $3n$-Vektor $\bar{\hat{\boldsymbol{v}}}$ ausgedrückt werden,

$$\begin{bmatrix} \hat{\boldsymbol{v}}_1 \\ \vdots \\ \hat{\boldsymbol{v}}_n \end{bmatrix} = \begin{bmatrix} \boldsymbol{J}_1(\boldsymbol{q},t) \\ \vdots \\ \boldsymbol{J}_n(\boldsymbol{q},t) \end{bmatrix} \dot{\boldsymbol{q}} + \begin{bmatrix} \bar{\hat{\boldsymbol{v}}}_1(\boldsymbol{q},t) \\ \vdots \\ \bar{\hat{\boldsymbol{v}}}_n(\boldsymbol{q},t) \end{bmatrix}$$
$$\hat{\boldsymbol{v}} = \boldsymbol{J}(\boldsymbol{q},t) \quad \dot{\boldsymbol{q}} + \quad \bar{\hat{\boldsymbol{v}}}(\boldsymbol{q},t) \quad . \tag{6.26}$$

Orthogonalität der freien und gesperrten Raumrichtungen Die expliziten Geschwindigkeitsbindungen (6.26) erfüllen bei gegebener Lage $\boldsymbol{q}$ und Zeit t für beliebige Geschwindigkeiten $\dot{\boldsymbol{q}}$ die impliziten Bindungen (6.11). In Analogie zu (5.37) und (5.38) gelten daher die Orthogonalitätsbeziehung

$$\boldsymbol{G}\,\boldsymbol{J} = \boldsymbol{0} \qquad \text{oder} \qquad \sum_{i=1}^{n} (\boldsymbol{G}_{\mathrm{R}i}\,\boldsymbol{J}_{\mathrm{R}i} + \boldsymbol{G}_{\mathrm{T}i}\,\boldsymbol{J}_{\mathrm{T}i}) = \boldsymbol{0} \tag{6.27}$$

sowie der nur bei rheonomen Systemen auftretende Zusammenhang

$$\boldsymbol{G}\,\bar{\hat{\boldsymbol{v}}} + \bar{\boldsymbol{\gamma}} = \boldsymbol{0} \qquad \text{oder} \qquad \sum_{i=1}^{n} (\boldsymbol{G}_{\mathrm{R}i}\,\bar{\omega}_i + \boldsymbol{G}_{\mathrm{T}i}\,\bar{\boldsymbol{v}}_{Si}) + \bar{\boldsymbol{\gamma}} = \boldsymbol{0}. \tag{6.28}$$

Explizite Bindungen auf Beschleunigungsebene Die zeitliche Ableitung der Geschwindigkeiten $\boldsymbol{v}_{Si}$ aus (6.19) liefert die Beschleunigungen der Massenmittelpunkte S_i

$$\dot{\boldsymbol{v}}_{Si} \equiv \boldsymbol{a}_{Si} = \boldsymbol{J}_{\mathrm{T}i}(\boldsymbol{q},t)\,\ddot{\boldsymbol{q}} + \bar{\boldsymbol{a}}_{Si}(\boldsymbol{q},\dot{\boldsymbol{q}},t), \quad i = 1,\ldots,n, \tag{6.29}$$

mit den nicht von $\ddot{\boldsymbol{q}}$ abhängenden 2-Vektoren

$$\bar{\boldsymbol{a}}_{Si} = \frac{\mathrm{d}\boldsymbol{J}_{\mathrm{T}i}}{\mathrm{d}t}\,\dot{\boldsymbol{q}} + \frac{\mathrm{d}\bar{\boldsymbol{v}}_{Si}}{\mathrm{d}t}. \tag{6.30}$$

Die zeitliche Ableitung von (6.23) ergibt die skalaren Winkelbeschleunigungen

$$\dot{\omega}_i \equiv \alpha_i = \boldsymbol{J}_{\mathrm{R}i}(\boldsymbol{q},t)\,\ddot{\boldsymbol{q}} + \bar{\alpha}_i(\boldsymbol{q},\dot{\boldsymbol{q}},t), \quad i = 1,\ldots,n, \tag{6.31}$$

mit den nicht von $\ddot{\boldsymbol{q}}$ abhängenden skalaren Termen

$$\bar{\alpha}_i = \frac{\mathrm{d}\boldsymbol{J}_{\mathrm{R}i}}{\mathrm{d}t}\,\dot{\boldsymbol{q}} + \frac{\mathrm{d}\bar{\omega}_i}{\mathrm{d}t}. \tag{6.32}$$

Mit (6.29) und (6.31) lauten die 3-Vektoren der Beschleunigungen

$$\begin{aligned} \begin{bmatrix} \alpha_i \\ \boldsymbol{a}_{Si} \end{bmatrix} &= \begin{bmatrix} \boldsymbol{J}_{Ri}(\boldsymbol{q},t) \\ \boldsymbol{J}_{Ti}(\boldsymbol{q},t) \end{bmatrix} \ddot{\boldsymbol{q}} + \begin{bmatrix} \bar{\alpha}_i(\boldsymbol{q},\dot{\boldsymbol{q}},t) \\ \bar{\boldsymbol{a}}_{Si}(\boldsymbol{q},\dot{\boldsymbol{q}},t) \end{bmatrix} \\ \hat{\boldsymbol{a}}_i &= \boldsymbol{J}_i(\boldsymbol{q},t) \quad \ddot{\boldsymbol{q}} + \quad \bar{\hat{\boldsymbol{a}}}_i(\boldsymbol{q},\dot{\boldsymbol{q}},t), \quad i=1,\ldots,n, \end{aligned} \tag{6.33}$$

und der globale $3n$-Beschleunigungsvektor

$$\begin{aligned} \begin{bmatrix} \hat{\boldsymbol{a}}_1 \\ \vdots \\ \hat{\boldsymbol{a}}_n \end{bmatrix} &= \begin{bmatrix} \boldsymbol{J}_1(\boldsymbol{q},t) \\ \vdots \\ \boldsymbol{J}_n(\boldsymbol{q},t) \end{bmatrix} \ddot{\boldsymbol{q}} + \begin{bmatrix} \bar{\hat{\boldsymbol{a}}}_1(\boldsymbol{q},\dot{\boldsymbol{q}},t) \\ \vdots \\ \bar{\hat{\boldsymbol{a}}}_n(\boldsymbol{q},\dot{\boldsymbol{q}},t) \end{bmatrix} \\ \hat{\boldsymbol{a}} &= \boldsymbol{J}(\boldsymbol{q},t) \quad \ddot{\boldsymbol{q}} + \quad \bar{\hat{\boldsymbol{a}}}(\boldsymbol{q},\dot{\boldsymbol{q}},t) \quad . \end{aligned} \tag{6.34}$$

Die expliziten Beschleunigungsbindungen (6.34) erfüllen für beliebige $\boldsymbol{q}$, $\dot{\boldsymbol{q}}$, $\ddot{\boldsymbol{q}}$ und t die impliziten Beschleunigungsbindungen (6.14). In Analogie zu (5.42) und (5.43) folgt daraus der Zusammenhang

$$\boldsymbol{G}\,\bar{\hat{\boldsymbol{a}}} + \bar{\bar{\boldsymbol{\gamma}}} = \boldsymbol{0} \quad \text{oder} \quad \sum_{i=1}^{n} (\boldsymbol{G}_{Ri}\,\bar{\alpha}_i + \boldsymbol{G}_{Ti}\,\bar{\boldsymbol{a}}_{Si}) + \bar{\bar{\boldsymbol{\gamma}}} = \boldsymbol{0}. \tag{6.35}$$

6.3 Impulssätze und Drallsätze

Für die freigeschnittenen Körper gelten entsprechend (4.58) die Impulssätze in der Bewegungsebene mit den Resultierenden der eingeprägten Kräfte $\boldsymbol{f}_i^{\mathrm{e}}$ und der Reaktionskräfte $\boldsymbol{f}_i^{\mathrm{r}}$ (Abb. 6.2),

$$m_i\,\boldsymbol{a}_{Si} = \boldsymbol{f}_i^{\mathrm{e}} + \boldsymbol{f}_i^{\mathrm{r}}, \quad i=1,\ldots,n. \tag{6.36}$$

Der Drallsätze können ohne Beschränkung der Allgemeinheit bezüglich der Massenmittelpunkte S_i aufgestellt werden. Bei der ebenen Bewegung vereinfachen sie sich gegenüber (4.64) zu den skalaren z-Komponentengleichungen

$$\theta_{Si}\,\alpha_i = \tau_{Si}^{\mathrm{e}} + \tau_{Si}^{\mathrm{r}}, \quad i=1,\ldots,n, \tag{6.37}$$

mit den Massenträgheitsmomenten θ_{Si} bezüglich S_i und den Resultierenden der eingeprägten Momente τ_{Si}^{e} und der Reaktionsmomente τ_{Si}^{r}.

Die Impulssätze (6.36) und Drallsätze (6.37) können zusammengefasst werden zu der Matrizengleichung

$$\begin{aligned} \begin{bmatrix} \theta_{Si} & \boldsymbol{0} \\ \boldsymbol{0} & m_i\,\boldsymbol{E} \end{bmatrix} \begin{bmatrix} \alpha_i \\ \boldsymbol{a}_{Si} \end{bmatrix} &= \begin{bmatrix} \tau_{Si}^{\mathrm{e}} \\ \boldsymbol{f}_i^{\mathrm{e}} \end{bmatrix} + \begin{bmatrix} \tau_{Si}^{\mathrm{r}} \\ \boldsymbol{f}_i^{\mathrm{r}} \end{bmatrix} \\ \widehat{\boldsymbol{M}}_i \qquad \hat{\boldsymbol{a}}_i &= \quad \hat{\boldsymbol{f}}_i^{\mathrm{e}} \quad + \quad \hat{\boldsymbol{f}}_i^{\mathrm{r}}, \quad i=1,\ldots,n, \end{aligned} \tag{6.38}$$

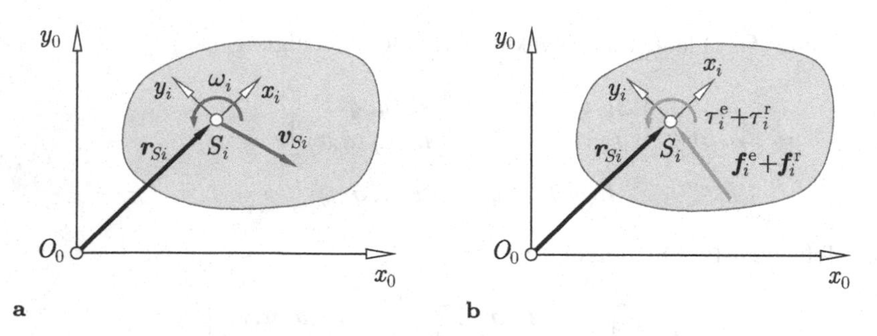

Abb. 6.2 Freigeschnittener Körper i eines ebenen Mehrkörpersystems. **a** Kinematische Größen. **b** Kräfte und Momente

mit der Einheitsmatrix $\boldsymbol{E} = \text{diag}(1, 1)$, der (3,3)-Massenmatrix $\widehat{\boldsymbol{M}}_i$ sowie den 3-Vektoren der eingeprägten Kraftwinder $\hat{\boldsymbol{f}}_i^{\text{e}}$ und der Reaktionskraftwinder $\hat{\boldsymbol{f}}_i^{\text{r}}$ jeweils bezüglich S_i.

Die insgesamt $3n$ Gleichungen (6.38) sind die NEWTON-EULER-Gleichungen des ebenen Mehrkörpersystems. Als globale Blockmatrizengleichung lauten sie

$$\underbrace{\begin{bmatrix} \widehat{\boldsymbol{M}}_1 & & \boldsymbol{0} \\ & \ddots & \\ \boldsymbol{0} & & \widehat{\boldsymbol{M}}_n \end{bmatrix}}_{\widehat{\boldsymbol{M}}} \underbrace{\begin{bmatrix} \hat{\boldsymbol{a}}_1 \\ \vdots \\ \hat{\boldsymbol{a}}_n \end{bmatrix}}_{\hat{\boldsymbol{a}}} = \underbrace{\begin{bmatrix} \hat{\boldsymbol{f}}_1^{\text{e}} \\ \vdots \\ \hat{\boldsymbol{f}}_n^{\text{e}} \end{bmatrix}}_{\hat{\boldsymbol{f}}^{\text{e}}} + \underbrace{\begin{bmatrix} \hat{\boldsymbol{f}}_1^{\text{r}} \\ \vdots \\ \hat{\boldsymbol{f}}_n^{\text{r}} \end{bmatrix}}_{\hat{\boldsymbol{f}}^{\text{r}}} . \tag{6.39}$$

6.4 Eingeprägte Kräfte und Momente

Die eingeprägten Kräfte $\boldsymbol{f}_i^{\text{e}}$ und Momente τ_{Si}^{e} in den Impuls- und Drallsätzen (6.38) werden entsprechend Abschn. 5.4 durch physikalische Kraftgesetze definiert.

Ein Beispiel ist das bereits in Abb. 5.5 betrachtete translatorische Kraftelement, bestehend aus einer Feder (Federkonstante c, Feder entspannt bei der Länge s_0), einem Dämpfer (Dämpfungskonstante d) und einem Kraftstellglied (Antriebskraft f_{A}) in Parallelschaltung. Es wirkt hier gemäß Abb. 6.3a zwischen den Ankopplungspunkten P_i und P_j an den Körpern i bzw. j. Die am Kraftelement wirkende Kraft lautet entsprechend (5.52)

$$f_s(s, \dot{s}, t) = c\,(s - s_0) + d\,\dot{s} - f_{\text{A}}(t). \tag{6.40}$$

Die Länge des Kraftelements s werden in Abhängigkeit von den Bewegungsgrößen der Körper i und j ausgedrückt. Mit den körperfesten Vektoren $\boldsymbol{c}_i$ und $\boldsymbol{c}_j$ von den Massenmittelpunkten zu den jeweiligen Ankopplungspunkten lautet die Länge

$$s = \|\boldsymbol{s}\| = \sqrt{\boldsymbol{s}^{\text{T}}\boldsymbol{s}} \quad \text{mit} \quad \boldsymbol{s} = \boldsymbol{r}_{Sj} + \boldsymbol{c}_j - \boldsymbol{r}_{Si} - \boldsymbol{c}_i . \tag{6.41}$$

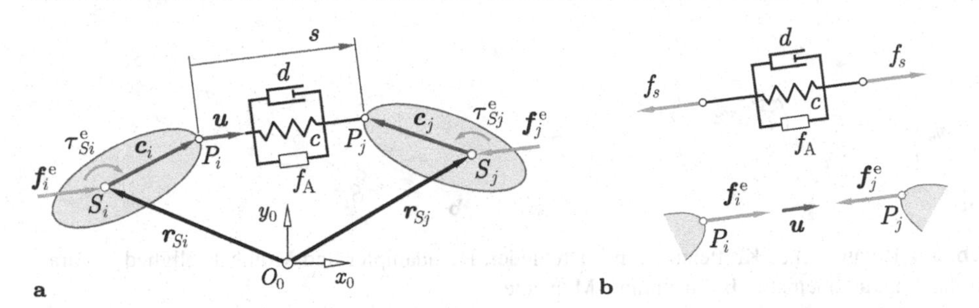

Abb. 6.3 Translatorisches Kraftelement mit Feder, Dämpfer und Kraftstellglied in Parallelschaltung. **a** Kinematik. **b** Eingeprägte Kräfte

Die zeitliche Längenänderung des Kraftelements ist gemäß (5.54)

$$\dot{s} = \frac{\boldsymbol{s}^{\mathrm{T}}\,\dot{\boldsymbol{s}}}{s} \quad \text{mit} \quad \dot{\boldsymbol{s}} = \dot{\boldsymbol{r}}_{Sj} + \dot{\boldsymbol{c}}_j - \dot{\boldsymbol{r}}_{Si} - \dot{\boldsymbol{c}}_i \tag{6.42}$$

und $\dot{\boldsymbol{r}}_{Si} = \boldsymbol{v}_{Si}$ und $\dot{\boldsymbol{r}}_{Sj} = \boldsymbol{v}_{Sj}$ sowie $\dot{\boldsymbol{c}}_i = \widetilde{\boldsymbol{\omega}}_i\,\boldsymbol{c}_i$ und $\dot{\boldsymbol{c}}_j = \widetilde{\boldsymbol{\omega}}_j\,\boldsymbol{c}_j$. Mit der Schreibweise zur Berechnung des Vektorprodukts mit zweidimensionalen Vektoren gemäß (2.26)

$$\boldsymbol{c} = \begin{bmatrix} c_x \\ c_y \end{bmatrix} \quad \Rightarrow \quad \breve{\boldsymbol{c}} = \begin{bmatrix} -c_y \\ c_x \end{bmatrix} \tag{6.43}$$

und den skalaren Winkelgeschwindigkeiten der Körper ω_i und ω_j können die Vektorprodukte entsprechend (2.28) geschrieben werden als $\dot{\boldsymbol{c}}_i = \omega_i\,\breve{\boldsymbol{c}}_i$ und $\dot{\boldsymbol{c}}_j = \omega_j\,\breve{\boldsymbol{c}}_j$.

Mit dem Einheitsvektor $\boldsymbol{u}$ in Richtung des Kraftelements lauten die Vektoren der eingeprägten Kräfte auf die Körper i und j (Abb. 6.3b)

$$\boldsymbol{f}_i^{\mathrm{e}} = \boldsymbol{u}\,f_s, \quad \boldsymbol{f}_j^{\mathrm{e}} = -\boldsymbol{u}\,f_s, \quad \text{mit} \quad \boldsymbol{u} = \frac{\boldsymbol{s}}{s}. \tag{6.44}$$

Die parallel zur z_0-Achse liegenden Vektoren der eingeprägten Momente bezüglich der jeweiligen Körperschwerpunkte sind

$$\boldsymbol{\tau}_{Si}^{\mathrm{e}} = \widetilde{\boldsymbol{c}}_i\,\boldsymbol{f}_i^{\mathrm{e}} = \widetilde{\boldsymbol{c}}_i\,\boldsymbol{u}\,f_s, \qquad \boldsymbol{\tau}_{Sj}^{\mathrm{e}} = \widetilde{\boldsymbol{c}}_j\,\boldsymbol{f}_j^{\mathrm{e}} = -\widetilde{\boldsymbol{c}}_j\,\boldsymbol{u}\,f_s. \tag{6.45}$$

In der Schreibweise mit zweidimensionalen Vektoren werden die eingeprägten Momente als Skalare berechnet,

$$\tau_{Si}^{\mathrm{e}} = \breve{\boldsymbol{c}}_i^{\mathrm{T}}\,\boldsymbol{f}_i^{\mathrm{e}} = \breve{\boldsymbol{c}}_i^{\mathrm{T}}\,\boldsymbol{u}\,f_s, \qquad \tau_{Sj}^{\mathrm{e}} = \breve{\boldsymbol{c}}_j^{\mathrm{T}}\,\boldsymbol{f}_j^{\mathrm{e}} = -\breve{\boldsymbol{c}}_j^{\mathrm{T}}\,\boldsymbol{u}\,f_s. \tag{6.46}$$

Das in Abb. 6.4a gezeigte rotatorische Kraftelement besteht aus einer Drehfeder (Drehfederkonstante c, Feder entspannt bei dem Drehwinkel β_0), einem Drehdämpfer (Dämpfungskonstante d) und einem Momentstellglied (Antriebsmoment τ_{A}) in Parallelschaltung. In Analogie zu (6.42) gilt das Momentengesetz

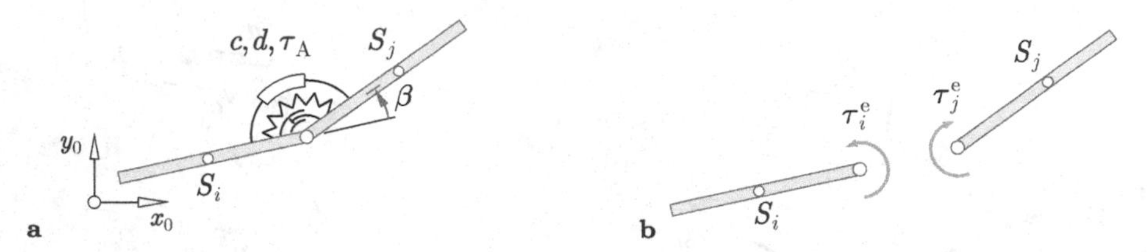

Abb. 6.4 Rotatorisches Kraftelement mit Drehfeder, Drehdämpfer und Momentstellglied in Parallelschaltung. **a** Kinematik. **b** Eingeprägte Momente

$$\tau_\beta(\beta, \dot{\beta}, t) = c\,(\beta - \beta_0) + d\,\dot{\beta} - \tau_{\mathrm{A}}(t). \tag{6.47}$$

Auf die beiden Körper i und j wirken entsprechend Abb. 6.4b die eingeprägte Momente

$$\tau_i^{\mathrm{e}} = \tau_\beta, \qquad \tau_j^{\mathrm{e}} = -\tau_\beta. \tag{6.48}$$

6.5 Reaktionskräfte und Reaktionsmomente

Die Reaktionskräfte $\boldsymbol{f}_i^{\mathrm{r}}$ und Reaktionsmomente τ_{Si}^{r} im Kraftwinder $\hat{\boldsymbol{f}}_i^{\mathrm{r}}$ in den Impuls- und Drallsätzen (6.38) sind die Schnittreaktionen an den Bindungen. In Analogie zu Abschn. 5.5 legen die aus dem Prinzip von JOURDAIN abgeletetetn Reaktionsbedingungen die Richtungen der Schnittreaktionen fest.

6.5.1 Prinzip von JOURDAIN für ebene Mehrkörpersysteme

Die virtuelle Geschwindigkeit $\delta'\hat{\boldsymbol{v}}_i$ des i-ten Körpers in der Ebene umfasst die virtuelle Geschwindigkeit $\delta'\boldsymbol{v}_{Si}$ des Massenmittelpunkts S_i und die virtuelle Winkelgeschwindigkeit $\delta'\omega_i$. Die virtuelle Winkelgeschwindigkeit $\delta'\omega_i$ kennzeichnet die in der aktuellen Lage des Systems $\hat{\boldsymbol{r}}$ bei festgehaltener Zeit mit den Bindungen verträglichen Änderungen der Winkelgeschwindigkeit. Ausgehend von den impliziten Geschwindigkeitsbindungen (6.7) unterliegen die virtuellen Geschwindigkeiten der Körper $\delta'\hat{\boldsymbol{v}}_i$ den impliziten Bindungen

$$\delta'\dot{\boldsymbol{g}} \equiv \sum_{i=1}^{n} \underbrace{\begin{bmatrix} \boldsymbol{G}_{\mathrm{R}i}(\hat{\boldsymbol{r}}, t) & \boldsymbol{G}_{\mathrm{T}i}(\hat{\boldsymbol{r}}, t) \end{bmatrix}}_{\boldsymbol{G}_i(\hat{\boldsymbol{r}}, t)} \underbrace{\begin{bmatrix} \delta'\omega_i \\ \delta'\boldsymbol{v}_{Si} \end{bmatrix}}_{\delta'\hat{\boldsymbol{v}}_i} = \boldsymbol{0} \tag{6.49}$$

oder in Blockmatrizenschreibweise in Analogie zu (6.11)

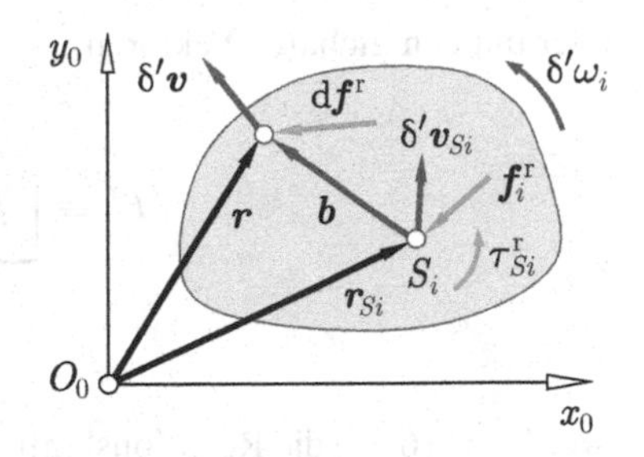

Abb. 6.5 Zur Berechnung der Reaktionskraft $\boldsymbol{f}_i^{\mathrm{r}}$ und des Reaktionsmoments τ_{Si}^{r} am Körper i

$$\delta' \dot{\boldsymbol{g}} \equiv \underbrace{\begin{bmatrix} \boldsymbol{G}_1(\hat{\boldsymbol{r}}, t) & \dots & \boldsymbol{G}_n(\hat{\boldsymbol{r}}, t) \end{bmatrix}}_{\boldsymbol{G}(\hat{\boldsymbol{r}}, t)} \underbrace{\begin{bmatrix} \delta' \hat{\boldsymbol{v}}_1 \\ \vdots \\ \delta' \hat{\boldsymbol{v}}_n \end{bmatrix}}_{\delta' \hat{\boldsymbol{v}}} = \boldsymbol{0}. \tag{6.50}$$

Am freigeschnittenen Körper i wirken entsprechend Abb. 6.5 i. Allg. kontinuierlich verteilte Reaktionskräfte $\mathrm{d}\boldsymbol{f}^r$. Die virtuelle Leistung von $\mathrm{d}\boldsymbol{f}^r$ wird mit der virtuellen Geschwindigkeit des Kraftangriffspunkts $\delta' \boldsymbol{v}$ berechnet. Integration über den Körper i und Summation über alle Körper ergibt die virtuelle Leistung aller Reaktionskräfte

$$\delta' P^{\mathrm{r}} \equiv \sum_{i=1}^{n} \int_{\mathrm{K}_i} \mathrm{d}\boldsymbol{f}^{\mathrm{rT}}\, \delta' \boldsymbol{v} = 0. \tag{6.51}$$

Ausgehend von der Starrkörperbeziehung für die Geschwindigkeit bei Darstellung des Vektorprdukts in der Ebene $\boldsymbol{v} = \boldsymbol{v}_{Si} + \omega_i\, \breve{\boldsymbol{b}}$ wird die virtuelle Geschwindigkeit $\delta' \boldsymbol{v}$ durch $\delta' \boldsymbol{v}_{Si}$ und die skalare virtuelle Winkelgeschwindigkeit $\delta' \omega_i$ ausgedrückt,

$$\delta' \boldsymbol{v} = \delta' \boldsymbol{v}_{Si} + \delta' \omega_i\, \breve{\boldsymbol{b}}. \tag{6.52}$$

Einsetzen von (6.52) in (6.51) ergibt

$$\delta' P^{\mathrm{r}} \equiv \sum_{i=1}^{n} \underbrace{\int_{\mathrm{K}_i} \mathrm{d}\boldsymbol{f}^{\mathrm{rT}}}_{\boldsymbol{f}_i^{\mathrm{rT}}}\, \delta' \boldsymbol{v}_{Si} + \sum_{i=1}^{n} \underbrace{\int_{\mathrm{K}_i} \mathrm{d}\boldsymbol{f}^{\mathrm{rT}}\, \breve{\boldsymbol{b}}}_{\tau_{Si}^{\mathrm{r}}}\, \delta' \omega_i = 0$$

mit der Reaktionskraft $\boldsymbol{f}_i^{\mathrm{r}}$ und dem Reaktionsmoment τ_{Si}^{r} bezüglich S_i. Das Prinzip von JOURDAIN für ebene Mehrkörpersysteme lautet damit

$$\delta' P^r \equiv \sum_{i=1}^{n} \underbrace{\begin{bmatrix} \tau_{Si}^{\mathrm{r}} & \boldsymbol{f}_i^{\mathrm{rT}} \end{bmatrix}}_{\hat{\boldsymbol{f}}_i^{\mathrm{rT}}} \underbrace{\begin{bmatrix} \delta' \omega_i \\ \delta' \boldsymbol{v}_{Si} \end{bmatrix}}_{\delta' \hat{\boldsymbol{v}}_i} = 0 \tag{6.53}$$

oder mit den globalen Vektoren

$$\delta' P^r \equiv \underbrace{\left[\hat{\boldsymbol{f}}_1^{\mathrm{rT}} \; \dots \; \hat{\boldsymbol{f}}_n^{\mathrm{rT}}\right]}_{\hat{\boldsymbol{f}}^{\mathrm{rT}}} \underbrace{\begin{bmatrix} \delta' \hat{\boldsymbol{v}}_1 \\ \vdots \\ \delta' \hat{\boldsymbol{v}}_n \end{bmatrix}}_{\delta' \hat{\boldsymbol{v}}} = 0. \tag{6.54}$$

Werden in (6.53) die Reaktionskräfte $\boldsymbol{f}_i^{\mathrm{r}}$ durch (6.36) und die Reaktionsmomente τ_{Si}^{r} durch (6.37) ausgedrückt, so hat das Prinzip von JOURDAIN für ebene Mehrkörpersysteme auch die Form, vgl. (5.76),

$$\sum_{i=1}^{n} \left\{ (\theta_{Si}\, \alpha_i - \tau_{Si}^{\mathrm{e}})\, \delta' \omega_i + (m_i\, \boldsymbol{a}_{Si} - \boldsymbol{f}_i^{\mathrm{e}})^{\mathrm{T}}\, \delta' \boldsymbol{v}_{Si} \right\} = 0. \tag{6.55}$$

6.5.2 Explizite Reaktionsbedingungen

In Analogie zu der Betrachtung in Abschn. 5.5.3 zeigt der Vergleich von $\boldsymbol{G}\, \delta' \hat{\boldsymbol{v}} = \boldsymbol{0}$ aus (6.50) mit $\hat{\boldsymbol{f}}^{\mathrm{rT}}\, \delta' \hat{\boldsymbol{v}} = \boldsymbol{0}$ aus (6.54), dass der globale Vektor der Reaktionskraftwinder $\hat{\boldsymbol{f}}^{\mathrm{r}}$ im Nullraum der globalen Bindungsmatrix $\boldsymbol{G}$ liegt. Damit können die Reaktionskraftwinder als Linearkombination der transponierten Zeilenvektoren von $\boldsymbol{G}$ mit den b Reaktionskoordinaten oder LAGRANGE-Multiplikatoren $\boldsymbol{\lambda} = [\, \lambda_1 \dots \lambda_b\,]^{\mathrm{T}}$ ausgedrückt werden,

$$\hat{\boldsymbol{f}}^{\mathrm{r}} = \boldsymbol{G}^{\mathrm{T}}\, \boldsymbol{\lambda} \qquad \text{oder} \qquad \hat{\boldsymbol{f}}_i^{\mathrm{r}} = \boldsymbol{G}_i^{\mathrm{T}}\, \boldsymbol{\lambda}, \quad i = 1, \dots, n. \tag{6.56}$$

Mit den translatorischen und rotatorischen Anteilen der Bindungsmatrizen $\boldsymbol{G}_i$ aus (6.10) besteht der Reaktionskraftwinder $\hat{\boldsymbol{f}}_i^{\mathrm{r}}$ am freigeschnittenen Körper i aus der Reaktionskraft

$$\boldsymbol{f}_i^{\mathrm{r}} = \boldsymbol{G}_{\mathrm{T}i}^{\mathrm{T}}\, \boldsymbol{\lambda}, \quad i = 1, \dots, n, \tag{6.57}$$

und dem Reaktionsmoment bezüglich des Massenmittelpunkts S_i

$$\tau_{Si}^{\mathrm{r}} = \boldsymbol{G}_{\mathrm{R}i}^{\mathrm{T}}\, \boldsymbol{\lambda}, \quad i = 1, \dots, n. \tag{6.58}$$

6.5.3 Implizite Reaktionsbedingungen

Multiplikation der expliziten Reaktionsbedingungen (6.56) von links mit der transponierten globalen JACOBI-Matrix der expliziten Bindungen $\boldsymbol{J}^{\mathrm{T}}$ liefert unter Berücksichtigung der Orthogonalität (6.27), also $\boldsymbol{G}\, \boldsymbol{J} = \boldsymbol{0}$ und damit $\boldsymbol{J}^{\mathrm{T}}\, \boldsymbol{G}^{\mathrm{T}} = \boldsymbol{0}$, die impliziten Reaktionsbedingungen

$$\boldsymbol{J}^{\mathrm{T}}\,\hat{\boldsymbol{f}}^{\mathrm{r}} = \boldsymbol{0} \qquad \text{oder} \qquad \sum_{i=1}^{n} \boldsymbol{J}_i^{\mathrm{T}}\,\hat{\boldsymbol{f}}_i^{\mathrm{r}} = \boldsymbol{0} \tag{6.59}$$

oder ausgeschrieben mit den rotatorischen und translatorischen Größen

$$\sum_{i=1}^{n} (\boldsymbol{J}_{\mathrm{R}i}^{\mathrm{T}}\,\tau_{Si}^{\mathrm{r}} + \boldsymbol{J}_{\mathrm{T}i}^{\mathrm{T}}\,\boldsymbol{f}_i^{\mathrm{r}}) = \boldsymbol{0}. \tag{6.60}$$

6.6 Bewegungsgleichungen ebener Mehrkörpersysteme

Die Bewegungsgleichungen ebener holonomer Mehrkörpersysteme werden als Erweiterung der Vorgehensweise bei Massenpunktsystemen in Abschn. 5.6 in Absolutkoordinaten und in Minimalkoordinaten aufgestellt.

6.6.1 Bewegungsgleichungen in Absolutkoordinaten

Die kinematischen Differentialgleichungen $\dot{\hat{\boldsymbol{r}}} = \hat{\boldsymbol{v}}$, die Impuls- und Drallsätze (6.39) mit den Reaktionskraftwindern $\hat{\boldsymbol{f}}^{\mathrm{r}}$ aus (6.56) und die impliziten Bindungen (6.5) bilden in Anlehnung an (5.82) die Lagrange-Gleichungen erster Art

$$\left.\begin{aligned} \dot{\hat{\boldsymbol{r}}} &= \hat{\boldsymbol{v}}, \\ \widehat{\boldsymbol{M}}\,\dot{\hat{\boldsymbol{v}}} &= \hat{\boldsymbol{f}}^{\mathrm{e}}(\hat{\boldsymbol{r}}, \hat{\boldsymbol{v}}, t) + \boldsymbol{G}^{\mathrm{T}}(\hat{\boldsymbol{r}}, t)\,\boldsymbol{\lambda}, \\ \boldsymbol{0} &= \boldsymbol{g}(\hat{\boldsymbol{r}}, t). \end{aligned}\right\} \tag{6.61}$$

Lösung der LAGRANGE-Gleichungen erster Art In Analogie zu (5.84) bilden die Impuls- und Drallsätze (6.39) und die Bindungen auf Beschleunigungsebene (6.14) ein System von $3n + b$ linearen Gleichungen für die $3n$ Koordinaten der Absolutbeschleunigungen $\hat{\boldsymbol{a}}$ und die b minimalen Reaktionskoordinaten $\boldsymbol{\lambda}$,

$$\begin{bmatrix} \widehat{\boldsymbol{M}} & -\boldsymbol{G}^{\mathrm{T}} \\ -\boldsymbol{G} & \boldsymbol{0} \end{bmatrix} \begin{bmatrix} \hat{\boldsymbol{a}} \\ \boldsymbol{\lambda} \end{bmatrix} = \begin{bmatrix} \hat{\boldsymbol{f}}^{\mathrm{e}} + \hat{\boldsymbol{f}}^{\mathrm{c}} \\ \bar{\bar{\boldsymbol{\gamma}}} \end{bmatrix} \begin{matrix} 3n \ \text{Gln.} \\ b \ \text{Gln.} \end{matrix} \tag{6.62}$$

Entsprechend (5.91) und (5.92) können die Lösungen $\hat{\boldsymbol{a}}(\hat{\boldsymbol{r}}, \hat{\boldsymbol{v}}, t)$ und $\boldsymbol{\lambda}(\hat{\boldsymbol{r}}, \hat{\boldsymbol{v}}, t)$ berechnet werden. Damit gilt das System gewöhnlicher Differerentialgleichungen erster Ordnung

$$\begin{bmatrix} \dot{\hat{\boldsymbol{r}}} \\ \dot{\hat{\boldsymbol{v}}} \end{bmatrix} = \begin{bmatrix} \hat{\boldsymbol{v}} \\ \hat{\boldsymbol{a}}(\hat{\boldsymbol{r}}, \hat{\boldsymbol{v}}, t) \end{bmatrix} \quad \text{mit} \quad \begin{bmatrix} \hat{\boldsymbol{r}}(t_0) \\ \hat{\boldsymbol{v}}(t_0) \end{bmatrix} = \begin{bmatrix} \hat{\boldsymbol{r}}_0 \\ \hat{\boldsymbol{v}}_0 \end{bmatrix}. \tag{6.63}$$

Die Anfangsbedingungen $\hat{\boldsymbol{r}}_0$, $\hat{\boldsymbol{v}}_0$ müssen die Bindungen (6.5) und (6.11) erfüllen.

Die Aufstellung der Bewegungsgleichungen eines ebenen holonomen Mehrkörpersystems in den Absolutkoordinaten ist in Tab. 6.1 zusammengefasst.

Tab. 6.1 Bewegungsgleichungen eines holonomen ebenen Systems mit n Körpern in Absolutkoordinaten

Implizite holonome Bindungen:

$$(6.5): \quad \boldsymbol{g}(\varphi_1, \boldsymbol{r}_{S1}, \ldots, \varphi_n, \boldsymbol{r}_{Sn}, t) = \boldsymbol{0},$$

$$(6.7): \quad \sum_{i=1}^{n} (\boldsymbol{G}_{\mathrm{R}i}\, \omega_i + \boldsymbol{G}_{\mathrm{T}i}\, \boldsymbol{v}_{Si}) + \bar{\boldsymbol{\gamma}} = \boldsymbol{0},$$

$$(6.12): \quad \sum_{i=1}^{n} (\boldsymbol{G}_{\mathrm{R}i}\, \alpha_i + \boldsymbol{G}_{\mathrm{T}i}\, \boldsymbol{a}_{Si}) + \bar{\bar{\boldsymbol{\gamma}}} = \boldsymbol{0}.$$

Impulssätze und Drallsätze bezüglich der Massenmittelpunkte S_i:

$$(6.36) \quad m_i \boldsymbol{a}_{Si} = \boldsymbol{f}_i^{\mathrm{e}} + \boldsymbol{f}_i^{\mathrm{r}},$$

$$(6.37): \quad \theta_{Si}\, \alpha_i = \tau_{Si}^{\mathrm{e}} + \tau_{Si}^{\mathrm{r}}.$$

Explizite Reaktionsbedingungen (b minimale Reaktionskoordinaten $\boldsymbol{\lambda}$):

$$(6.57): \quad \boldsymbol{f}_i^{\mathrm{r}} = \boldsymbol{G}_{\mathrm{T}i}^{\mathrm{T}}\, \boldsymbol{\lambda}, \quad i = 1, \ldots, n,$$

$$(6.58): \quad \tau_{Si}^{\mathrm{r}} = \boldsymbol{G}_{\mathrm{R}i}^{\mathrm{T}}\, \boldsymbol{\lambda}, \quad i = 1, \ldots, n.$$

Lineares Gleichungssystem für α_i, $\boldsymbol{a}_{Si}$ und $\boldsymbol{\lambda}$ ((2,2)-Einheitsmatrix $\boldsymbol{E}$):

$$(6.62): \quad \left[\begin{array}{ccccc|c} \theta_{S1} & 0 & \ldots & 0 & 0 & -\boldsymbol{G}_{\mathrm{R}1}^{\mathrm{T}} \\ \boldsymbol{0} & m_1\boldsymbol{E} & \ldots & \boldsymbol{0} & \boldsymbol{0} & -\boldsymbol{G}_{\mathrm{T}1}^{\mathrm{T}} \\ \vdots & \vdots & \ddots & \vdots & \vdots & \vdots \\ 0 & 0 & \ldots & \theta_{Sn} & 0 & -\boldsymbol{G}_{\mathrm{R}n}^{\mathrm{T}} \\ \boldsymbol{0} & \boldsymbol{0} & \ldots & \boldsymbol{0} & m_n\boldsymbol{E} & -\boldsymbol{G}_{\mathrm{T}n}^{\mathrm{T}} \\ \hline -\boldsymbol{G}_{\mathrm{R}1} & -\boldsymbol{G}_{\mathrm{T}1} & \ldots & -\boldsymbol{G}_{\mathrm{R}n} & -\boldsymbol{G}_{\mathrm{T}n} & \boldsymbol{0} \end{array}\right] \left[\begin{array}{c} \alpha_1 \\ \boldsymbol{a}_{S1} \\ \vdots \\ \alpha_n \\ \boldsymbol{a}_{Sn} \\ \hline \boldsymbol{\lambda} \end{array}\right] = \left[\begin{array}{c} \tau_{S1}^{\mathrm{e}} \\ \boldsymbol{f}_1^{\mathrm{e}} \\ \vdots \\ \tau_{Sn}^{\mathrm{e}} \\ \boldsymbol{f}_n^{\mathrm{e}} \\ \hline \bar{\bar{\boldsymbol{\gamma}}} \end{array}\right].$$

Differentialgleichungen in den Absolutkoordinaten mit Anfangsbedingungen:

$$(6.63): \quad \begin{bmatrix} \dot{\varphi}_i \\ \dot{\boldsymbol{r}}_{Si} \end{bmatrix} = \begin{bmatrix} \omega_i \\ \boldsymbol{v}_{Si} \end{bmatrix} \text{ mit } \begin{bmatrix} \varphi_i(t_0) \\ \boldsymbol{r}_{Si}(t_0) \end{bmatrix} = \begin{bmatrix} \varphi_{i0} \\ \boldsymbol{r}_{Si0} \end{bmatrix}, \quad i = 1, \ldots, n,$$

$$\begin{bmatrix} \dot{\omega}_i \\ \dot{\boldsymbol{v}}_{Si} \end{bmatrix} = \begin{bmatrix} \alpha_i \\ \boldsymbol{a}_{Si} \end{bmatrix} \text{ mit } \begin{bmatrix} \omega_i(t_0) \\ \boldsymbol{v}_{Si}(t_0) \end{bmatrix} = \begin{bmatrix} \omega_{i0} \\ \boldsymbol{v}_{Si0} \end{bmatrix}, \quad i = 1, \ldots, n.$$

Die Anfangsbedingungen φ_{i0}, $\boldsymbol{r}_{Si0}$, ω_{i0}, $\boldsymbol{v}_{Si0}$ müssen die Bindungen (6.5) und (6.7) erfüllen.

6.6.2 Bewegungsgleichungen in Minimalkoordinaten

Die $3n$ Impuls- und Drallsätze (6.39), die $3n$ expliziten Beschleunigungsbindungen (6.34) und die f impliziten Reaktionsbedingungen (6.59) bilden in Analogie zu (5.100) ein System von $3n+3n+f$ linearen Gleichungen für die $3n$ Koordinaten der Körperbeschleunigungen $\hat{\boldsymbol{a}}$, die $3n$ Koordinaten der Reaktionskraftwinder $\hat{\boldsymbol{f}}^{\mathrm{r}}$ und die f minimalen Beschleunigungen $\ddot{\boldsymbol{q}}$,

$$\begin{bmatrix} \widehat{\boldsymbol{M}}(\hat{\boldsymbol{r}}) & -\boldsymbol{E} & \boldsymbol{0} \\ -\boldsymbol{E} & \boldsymbol{0} & \boldsymbol{J}(\boldsymbol{q},t) \\ \boldsymbol{0} & \boldsymbol{J}^{\mathrm{T}}(\boldsymbol{q},t) & \boldsymbol{0} \end{bmatrix} \begin{bmatrix} \hat{\boldsymbol{a}} \\ \hat{\boldsymbol{f}}^{\mathrm{r}} \\ \ddot{\boldsymbol{q}} \end{bmatrix} = \begin{bmatrix} \hat{\boldsymbol{f}}^{\mathrm{e}}(\hat{\boldsymbol{r}},\hat{\boldsymbol{v}},t) \\ -\bar{\hat{\boldsymbol{a}}}(\boldsymbol{q},\dot{\boldsymbol{q}},t) \\ \boldsymbol{0} \end{bmatrix} \begin{matrix} 3n \text{ Gln.} \\ 3n \text{ Gln.} \\ f \text{ Gln.} \end{matrix} \tag{6.64}$$

Die Bewegungsgleichungen in den Minimalkoordinaten $\boldsymbol{q}$ gehen daraus wieder durch Elimination von $\hat{\boldsymbol{a}}$ und $\hat{\boldsymbol{f}}^{\mathrm{r}}$ hervor. Einsetzen von $\hat{\boldsymbol{f}}^{\mathrm{r}}$ aus (6.39) in (6.59) führt zu der Projektionsgleichung

$$\boldsymbol{J}^{\mathrm{T}}\left(\widehat{\boldsymbol{M}}\,\hat{\boldsymbol{a}} - \hat{\boldsymbol{f}}^{\mathrm{e}}\right) = \boldsymbol{0} \quad \text{oder} \quad \sum_{i=1}^{n} \boldsymbol{J}_i^{\mathrm{T}}\,(\widehat{\boldsymbol{M}}_i\,\hat{\boldsymbol{a}}_i - \hat{\boldsymbol{f}}_i^{\mathrm{e}}) = \boldsymbol{0}. \tag{6.65}$$

Werden die expliziten Beschleunigungsbindungen (6.34) in die Projektionsgleichung (6.65) eingesetzt und die Lagegrößen $\hat{\boldsymbol{r}}$ und Geschwindigkeiten $\hat{\boldsymbol{v}}$ mit Hilfe der expliziten Lage- und Geschwindigkeitsbindungen durch $\boldsymbol{q}$ und $\dot{\boldsymbol{q}}$ ausgedrückt, so ergibt sich die aus (5.102) bekannte Form der Bewegungsgleichungen in den Minimalkoordinaten

$$\boldsymbol{M}(\boldsymbol{q},t)\,\ddot{\boldsymbol{q}} = \boldsymbol{k}^{\mathrm{c}}(\boldsymbol{q},\dot{\boldsymbol{q}},t) + \boldsymbol{k}^{\mathrm{e}}(\boldsymbol{q},\dot{\boldsymbol{q}},t) \tag{6.66}$$

mit der symmetrischen, positiv definiten (f,f)-Massenmatrix

$$\boldsymbol{M} = \boldsymbol{J}^{\mathrm{T}}\,\widehat{\boldsymbol{M}}\,\boldsymbol{J} = \sum_{i=1}^{n} \boldsymbol{J}_i^{\mathrm{T}}\,\widehat{\boldsymbol{M}}_i\,\boldsymbol{J}_i, \quad \boldsymbol{M} = \sum_{i=1}^{n}\left(m_i\,\boldsymbol{J}_{\mathrm{T}i}^{\mathrm{T}}\,\boldsymbol{J}_{\mathrm{T}i} + \theta_{Si}\,\boldsymbol{J}_{\mathrm{R}i}^{\mathrm{T}}\,\boldsymbol{J}_{\mathrm{R}i}\right), \tag{6.67}$$

dem f-Vektor der verallgemeinerten Zentrifugal- und CORIOLIS-Kräfte,

$$\boldsymbol{k}^{\mathrm{c}} = -\boldsymbol{J}^{\mathrm{T}}\,\widehat{\boldsymbol{M}}\,\bar{\hat{\boldsymbol{a}}} = -\sum_{i=1}^{n} \boldsymbol{J}_i^{\mathrm{T}}\,\widehat{\boldsymbol{M}}_i\,\bar{\hat{\boldsymbol{a}}}_i \quad \text{oder} \quad \boldsymbol{k}^{\mathrm{c}} = -\sum_{i=1}^{n}\left(m_i\,\boldsymbol{J}_{\mathrm{T}i}^{\mathrm{T}}\,\bar{\boldsymbol{a}}_{Si} + \theta_{Si}\,\boldsymbol{J}_{\mathrm{R}i}^{\mathrm{T}}\,\bar{\alpha}_i\right) \tag{6.68}$$

und dem f-Vektor der verallgemeinerten eingeprägten Kräfte

$$\boldsymbol{k}^{\mathrm{e}} = \boldsymbol{J}^{\mathrm{T}}\,\hat{\boldsymbol{f}}^{\mathrm{e}} = \sum_{i=1}^{n} \boldsymbol{J}_i^{\mathrm{T}}\,\hat{\boldsymbol{f}}_i^{\mathrm{e}} \quad \text{oder} \quad \boldsymbol{k}^{\mathrm{e}} = \sum_{i=1}^{n}\left(\boldsymbol{J}_{\mathrm{T}i}^{\mathrm{T}}\,\boldsymbol{f}_i^{\mathrm{e}} + \boldsymbol{J}_{\mathrm{R}i}^{\mathrm{T}}\,\tau_{Si}^{\mathrm{e}}\right). \tag{6.69}$$

Wirken am Körper i die eingeprägten Kräfte $\boldsymbol{f}_{i,j}^{\mathrm{e}}$, $j = 1, \ldots, N_i$, so ergeben sich die resultierende Kraft $\boldsymbol{f}_i^{\mathrm{e}}$ und das resultierende Moment τ_{Si}^{e} aus

$$\boldsymbol{f}_i^{\mathrm{e}} = \sum_{j=1}^{N_i} \boldsymbol{f}_{i,j}^{\mathrm{e}}, \quad \tau_{Si}^{\mathrm{e}} = \sum_{j=1}^{N_i} \check{\boldsymbol{c}}_{i,j}^{\mathrm{T}}\,\boldsymbol{f}_{i,j}^{\mathrm{e}} \tag{6.70}$$

mit den zweidimensionalen Vektoren $\boldsymbol{c}_{i,j}$ vom S_i zu den jeweiligen Kraftangriffspunkten P_j entsprechend Abb. 6.6 und den dazu senkrecht stehenden Vektoren $\check{\boldsymbol{c}}_{i,j}$ für die Berechnung

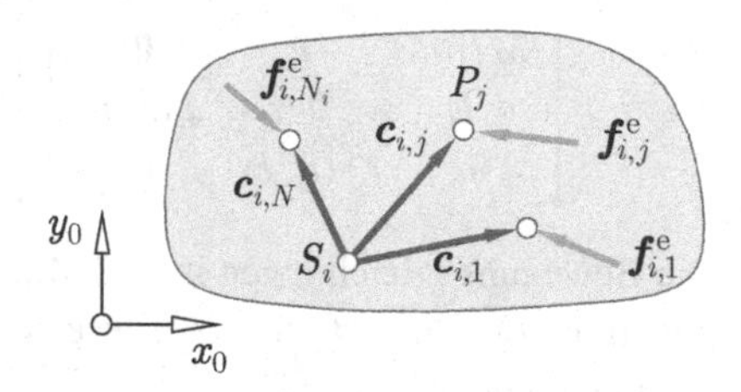

Abb. 6.6 Zur Berechnung der Beiträge der eingeprägten Kräfte am Körper i zu den verallgemeinerten eingeprägten Kräften

der Vektorprodukte in der Ebene gemäß (2.26). Der Beitrag von f_i^e und τ_{Si}^e zur verallgemeinerten Kraft des Körpers i zu den verallgemeinerten Kräften k^e ist entsprechend (6.69)

$$k_i^e = J_{Ti}^T\, f_i^e + J_{Ri}^T\, \tau_{Si}^e. \tag{6.71}$$

Einsetzen von f_i^e und τ_{Si}^e aus (6.70) in (6.71) führt auf

$$k_i^e = \sum_{j=1}^{N_i} \left(J_{Ti}^T + J_{Ri}^T\, \check{c}_{i,j}^T \right) f_{i,j}^e \quad \text{oder}$$

$$k_i^e = \sum_{j=1}^{N_i} J_{Pj}^T\, f_{i,j}^e \qquad \text{mit} \qquad J_{Pj}^T = J_{Ti}^T + J_{Ri}^T\, \check{c}_{i,j}^T. \tag{6.72}$$

Hierbei sind J_{Pj} die JACOBI-Matrizen der Kraftangriffspunkte P_j.

Die Beiträge der Einzelkräfte $f_{i,j}^e$ zu den verallgemeinerten eingeprägten Kräften können damit auf zwei gleichwertigen Wegen berechnet werden. Entweder wird zuerst der resultierende Kraftwinder bezüglich S_i gemäß (6.70) berechnet und in (6.71) eingesetzt, oder es werden die Beiträge der Kräfte $f_{i,j}^e$ mit Hilfe von (6.72) unter Verwendung der JACOBI-Matrizen der jeweiligen Kraftangriffspunkte berechnet.

Zustandsgleichungen Mit den Zustandsgrößen q und $s = \dot{q}$ lauten die Bewegungsgleichungen (6.66) in Zustandsform, vgl. (5.109),

$$\begin{aligned} \begin{bmatrix} \dot{q} \\ \dot{s} \end{bmatrix} &= \begin{bmatrix} s \\ M^{-1}(q,t)\left(k^c(q,s,t) + k^e(q,s,t)\right) \end{bmatrix} \quad \text{mit} \quad \begin{bmatrix} q(t_0) \\ s(t_0) \end{bmatrix} = \begin{bmatrix} q_0 \\ s_0 \end{bmatrix} \\ \dot{x} &= \Psi(x,t) \qquad\qquad\qquad\qquad\qquad x(t_0) = x_0 \,. \end{aligned} \tag{6.73}$$

Reaktionskraftwinder Mit den Beschleunigungen $\ddot{q} = \dot{s}$ aus (6.73) können die Reaktionskraftwinder $\hat{f}^r$ mit Hilfe der Impuls- und Drallsätze (6.39) unter Berücksichtigung der expliziten Beschleunigungsbindungen (6.34) berechnet werden,

$$\hat{f}^r = \widehat{M}\,\hat{a} - \hat{f}^e \quad \text{mit} \quad \hat{a} = J\,\ddot{q} + \bar{\hat{a}}. \tag{6.74}$$

Am Körper i wirken die Reaktionskraft f_i^{r} und das Reaktionsmoment τ_{Si}^{r} bezüglich des Massenmittelpunkts S_i,

$$f_i^{\mathrm{r}} = m_i\, \boldsymbol{a}_{Si} - f_i^{\mathrm{e}},\ i = 1, \ldots, n, \tag{6.75}$$

$$\tau_{Si}^{\mathrm{r}} = \theta_{Si}\, \alpha_i - \tau_{Si}^{\mathrm{e}},\ i = 1, \ldots, n. \tag{6.76}$$

Die Aufstellung der Bewegungsgleichungen eines ebenen holonomen Mehrkörpersystems in Minimalkoordinaten ist in Tab. 6.2 zusammengefasst.

Tab. 6.2 Bewegungsgleichungen eines holonomen ebenen Systems mit n starren Körpern in Minimalkoordinaten $\boldsymbol{q}$

Explizite Bindungen ($i = 1, \ldots, n$):

$$(6.16):\quad \boldsymbol{r}_{Si} = \boldsymbol{r}_{Si}(\boldsymbol{q}, t),$$
$$(6.17):\quad \varphi_i = \varphi_i(\boldsymbol{q}, t),$$
$$(6.19):\quad \boldsymbol{v}_{Si} = \boldsymbol{J}_{\mathrm{T}i}(\boldsymbol{q}, t)\, \dot{\boldsymbol{q}} + \bar{\boldsymbol{v}}_{Si}(\boldsymbol{q}, t),$$
$$(6.23):\quad \omega_i = \boldsymbol{J}_{\mathrm{R}i}(\boldsymbol{q}, t)\, \dot{\boldsymbol{q}} + \bar{\omega}_i(\boldsymbol{q}, t),$$
$$(6.29):\quad \boldsymbol{a}_{Si} = \boldsymbol{J}_{\mathrm{T}i}(\boldsymbol{q}, t)\, \ddot{\boldsymbol{q}} + \bar{\boldsymbol{a}}_{Si}(\boldsymbol{q}, \dot{\boldsymbol{q}}, t),$$
$$(6.31):\quad \alpha_i = \boldsymbol{J}_{\mathrm{R}i}(\boldsymbol{q}, t)\, \ddot{\boldsymbol{q}} + \bar{\alpha}_i(\boldsymbol{q}, \dot{\boldsymbol{q}}, t).$$

Impulssätze und Drallsätze bezüglich S_i ($i = 1, \ldots, n$):

$$(6.36)\quad m_i\, \boldsymbol{a}_{Si} = \boldsymbol{f}_i^{\mathrm{e}} + \boldsymbol{f}_i^{\mathrm{r}},$$
$$(6.37):\quad \theta_{Si}\, \alpha_i = \tau_{Si}^{\mathrm{e}} + \tau_{Si}^{\mathrm{r}}.$$

Implizite Reaktionsbedingungen:

$$(6.60):\quad \sum_{i=1}^{n} \left(\boldsymbol{J}_{\mathrm{R}i}^{\mathrm{T}}\, \tau_{Si}^{\mathrm{r}} + \boldsymbol{J}_{\mathrm{T}i}^{\mathrm{T}}\, \boldsymbol{f}_i^{\mathrm{r}} \right) = \boldsymbol{0}.$$

Bewegungsgleichungen in den Minimalkoordinaten:

$$(6.66):\quad \boldsymbol{M}(\boldsymbol{q}, t)\, \ddot{\boldsymbol{q}} = \boldsymbol{k}^{\mathrm{c}}(\boldsymbol{q}, \dot{\boldsymbol{q}}, t) + \boldsymbol{k}^{\mathrm{e}}(\boldsymbol{q}, \dot{\boldsymbol{q}}, t)$$

mit

$$(6.67):\quad \boldsymbol{M} = \sum_{i=1}^{n} \left(m_i\, \boldsymbol{J}_{\mathrm{T}i}^{\mathrm{T}}\, \boldsymbol{J}_{\mathrm{T}i} + \theta_{Si}\, \boldsymbol{J}_{\mathrm{R}i}^{\mathrm{T}}\, \boldsymbol{J}_{\mathrm{R}i} \right),$$
$$(6.68):\quad \boldsymbol{k}^{\mathrm{c}} = -\sum_{i=1}^{n} \left(m_i\, \boldsymbol{J}_{\mathrm{T}i}^{\mathrm{T}}\, \bar{\boldsymbol{a}}_{Si} + \theta_{Si}\, \boldsymbol{J}_{\mathrm{R}i}^{\mathrm{T}}\, \bar{\alpha}_i \right),$$
$$(6.69):\quad \boldsymbol{k}^{\mathrm{e}} = \sum_{i=1}^{n} \left(\boldsymbol{J}_{\mathrm{T}i}^{\mathrm{T}}\, \boldsymbol{f}_i^{\mathrm{e}} + \boldsymbol{J}_{\mathrm{R}i}^{\mathrm{T}}\, \tau_{Si}^{\mathrm{e}} \right).$$

Zustandsgleichungen (Zustandsgrößen $\boldsymbol{q}$, $\boldsymbol{s} = \dot{\boldsymbol{q}}$) mit Anfangsbedingungen:

$$(6.73):\quad \begin{bmatrix} \dot{\boldsymbol{q}} \\ \dot{\boldsymbol{s}} \end{bmatrix} = \begin{bmatrix} \boldsymbol{s} \\ \boldsymbol{M}^{-1}(\boldsymbol{q}, t) \left(\boldsymbol{k}^{\mathrm{c}}(\boldsymbol{q}, \boldsymbol{s}, t) + \boldsymbol{k}^{\mathrm{e}}(\boldsymbol{q}, \boldsymbol{s}, t) \right) \end{bmatrix} \quad \text{mit} \quad \begin{bmatrix} \boldsymbol{q}(t_0) \\ \boldsymbol{s}(t_0) \end{bmatrix} = \begin{bmatrix} \boldsymbol{q}_0 \\ \boldsymbol{s}_0 \end{bmatrix}.$$

6.7 Beispiele ebener Mehrkörpersysteme

Die Formulierungen der Bewegungsgleichungen in den voneinander abhängigen Lagekoordinaten und in Minimalkoordinaten werden am Beispiel eines doppelten Körperpendels gegenübergestellt. In einem weiteren Beispiel werden die Bewegungsgleichungen eines Rollpendels in Minimalkoordinaten aufgestellt.

6.7.1 Doppeltes Körperpendel

Das in Abb. 6.7a gezeigte doppelte Körperpendel mit zwei Stäben (Längen $2\,l_1, 2\,l_2$, Massen m_1, m_2, Trägheitsmomente θ_{S1}, θ_{S2} bezüglich der Massenmittelpunkte S_1, S_2) und dem verschieblichen Aufhängepunkt P_1 hat den Freiheitsgrad $f = 3$. Die Verschiebung von P_1 wird durch eine viskoelastische Kraft (Federkonstante c_0, Dämpfungskonstante d_0, Feder ungespannt bei $u = 0$) gefesselt, und an den Drehgelenken wirken viskoelastische Momente (Drehfederkonstanten c_1, c_2, Drehdämpfungskonstanten d_1, d_2, Drehfedern ungespannt bei $\beta_1 = \beta_2 = 0$). Die Bewegungsgleichungen werden in den Absolutkoordinaten der beiden Pendelstäbe sowie in den Minimalkoordinaten aufgestellt.

Bewegungsgleichungen in Absolutkoordinaten Die $n = 2$ Stäbe haben in der betrachteten vertikalen x_0, y_0-Ebene die $3n = 6$ absoluten Lagekoordinaten

$$\hat{\boldsymbol{r}}_i = \begin{bmatrix} \varphi_i & x_{Si} & y_{Si} \end{bmatrix}^{\mathrm{T}}, \quad i = 1, 2. \tag{6.77}$$

Die Bewegungsgleichungen werden mit Hilfe der Gleichungen in Tab. 6.1 aufgestellt.

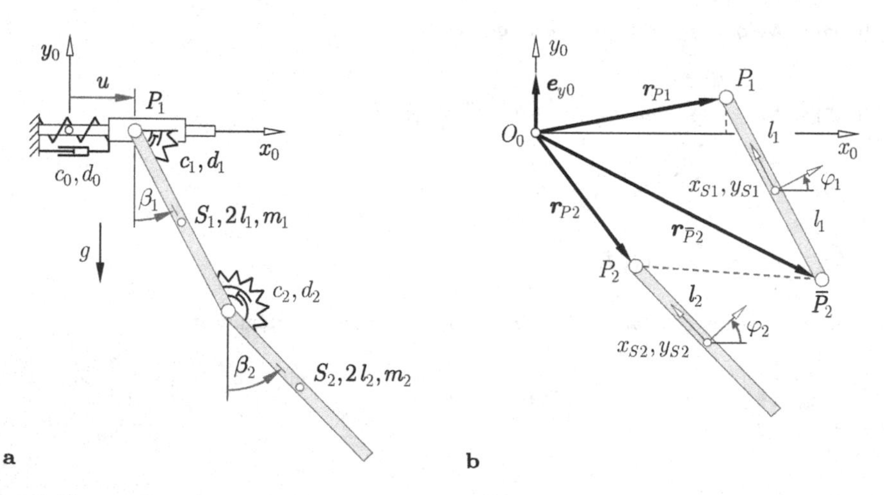

Abb. 6.7 Ebenes doppeltes Körperpendel mit verschieblichem Aufhängepunkt. **a** Gesamtsystem mit den Minimalkoordinaten u, β_1, β_2. **b** Zur Aufstellung der impliziten Bindungen (6.78) für die Absolutkoordinaten $\varphi_i, x_{Si}, y_{Si}$, $i = 1, 2$

Implizite Bindungen Die Lage der beiden Stäbe in der Ebene ist durch $b = 3$ holonome implizite Bindungen der Form (6.5) beschränkt, siehe Abb. 6.7b,

$$\boldsymbol{g}(\boldsymbol{r}) \equiv \begin{bmatrix} \boldsymbol{r}_{P1}^{\mathrm{T}}\, \boldsymbol{e}_{y0} \\ \boldsymbol{r}_{P2}(\hat{\boldsymbol{r}}_2) - \boldsymbol{r}_{\bar{P}2}(\hat{\boldsymbol{r}}_1) \end{bmatrix} = \begin{bmatrix} 0 \\ \boldsymbol{0} \end{bmatrix} \quad \begin{matrix} P_1 \text{ auf } x_0\text{-Achse} \\ P_2 \text{ auf } \bar{P}_2. \end{matrix} \tag{6.78}$$

Mit den Vektorkoordinaten in $\mathcal{K}_0$

$$\boldsymbol{e}_{y0} = \begin{bmatrix} 0 \\ 1 \end{bmatrix}, \quad \boldsymbol{r}_{P1} = \begin{bmatrix} x_{S1} - l_1 \sin\varphi_1 \\ y_{S1} + l_1 \cos\varphi_1 \end{bmatrix}, \tag{6.79}$$

$$\boldsymbol{r}_{\bar{P}2} = \begin{bmatrix} x_{S1} + l_1 \sin\varphi_1 \\ y_{S1} - l_1 \cos\varphi_1 \end{bmatrix}, \quad \boldsymbol{r}_{P2} = \begin{bmatrix} x_{S2} - l_2 \sin\varphi_2 \\ y_{S2} + l_2 \cos\varphi_2 \end{bmatrix} \tag{6.80}$$

lauten sie

$$\boldsymbol{g}(\hat{\boldsymbol{r}}) \equiv \begin{bmatrix} y_{S1} + l_1 \cos\varphi_1 \\ x_{S2} - x_{S1} - l_1 \sin\varphi_1 - l_2 \sin\varphi_2 \\ y_{S2} - y_{S1} + l_1 \cos\varphi_1 + l_2 \cos\varphi_2 \end{bmatrix} = \begin{bmatrix} 0 \\ 0 \\ 0 \end{bmatrix}. \tag{6.81}$$

Die Zeitableitung der Lagebindungen (6.81) ergibt die Bindungen auf Geschwindigkeitsebene in der Form (6.7)

$$\begin{matrix} \begin{bmatrix} -l_1 \sin\varphi_1 \\ -l_1 \cos\varphi_1 \\ -l_1 \sin\varphi_1 \end{bmatrix} \dot{\varphi}_1 + \begin{bmatrix} 0 & 1 \\ -1 & 0 \\ 0 & -1 \end{bmatrix} \begin{bmatrix} \dot{x}_{S1} \\ \dot{y}_{S1} \end{bmatrix} + \begin{bmatrix} 0 \\ -l_2 \cos\varphi_2 \\ -l_2 \sin\varphi_2 \end{bmatrix} \dot{\varphi}_2 + \begin{bmatrix} 0 & 0 \\ 1 & 0 \\ 0 & 1 \end{bmatrix} \begin{bmatrix} \dot{x}_{S2} \\ \dot{y}_{S2} \end{bmatrix} = \begin{bmatrix} 0 \\ 0 \\ 0 \end{bmatrix} \\ \boldsymbol{G}_{\mathrm{R}1} \quad \omega_1 + \quad \boldsymbol{G}_{\mathrm{T}1} \quad \boldsymbol{v}_{S1} \quad + \quad \boldsymbol{G}_{\mathrm{R}2} \quad \omega_2 + \quad \boldsymbol{G}_{\mathrm{T}2} \quad \boldsymbol{v}_{S2} \ = \ \boldsymbol{0}\,. \end{matrix} \tag{6.82}$$

Der Term $\bar{\bar{\boldsymbol{\gamma}}}$ in den Bindungen auf Beschleunigungsebene lautet gemäß (6.12)

$$\bar{\bar{\boldsymbol{\gamma}}} = \dot{\boldsymbol{G}}_{\mathrm{R}1}\,\omega_1 + \dot{\boldsymbol{G}}_{\mathrm{T}1}\,\boldsymbol{v}_{S1}, + \dot{\boldsymbol{G}}_{\mathrm{R}2}\,\omega_2 + \dot{\boldsymbol{G}}_{\mathrm{T}2}\,\boldsymbol{v}_{S2}$$

$$\bar{\bar{\boldsymbol{\gamma}}} = \begin{bmatrix} -l_1 \cos\varphi_1\,\dot{\varphi}_1^2 \\ l_1 \sin\varphi_1\,\dot{\varphi}_1^2 + l_2 \sin\varphi_2\,\dot{\varphi}_2^2, \\ -l_1 \cos\varphi_1\,\dot{\varphi}_1^2 - l_2 \cos\varphi_2\,\dot{\varphi}_2^2 \end{bmatrix}. \tag{6.83}$$

Eingeprägte Kräfte und Momente Die eingeprägten Kräfte an den beiden Stäben sind die jeweiligen Gewichtskräfte und die Federkraft an Stab 1, siehe Abb. 6.8,

$$\boldsymbol{f}_1^{\mathrm{e}} = \begin{bmatrix} -c_0\,x_{P1} - d_0\,\dot{x}_{P1} \\ -m_1\,g \end{bmatrix}, \tag{6.84}$$

$$\boldsymbol{f}_2^{\mathrm{e}} = \begin{bmatrix} 0 \\ -m_2\,g \end{bmatrix}. \tag{6.85}$$

mit $x_{P1} = x_{S1} - l_1 \sin\varphi_1$ und $\dot{x}_{P1} = \dot{x}_{S1} - l_1 \cos\varphi_1\,\dot{\varphi}_1$.

Die eingeprägten Momente bezüglich der jeweiligen Massenmittelpunkte S_i beinhalten das Moment der Federkraft bezüglich S_1 und die Momente der Drehfedern und Drehdämpfer. Mit dem Relativwinkel $\varphi_{21} = \varphi_2 - \varphi_1$ lauten sie

$$\tau_{S1}^{\mathrm{e}} = (c_0\, x_{P1} + d_0\, \dot{x}_{P1})\, l_1 \cos\varphi_1 - c_1\, \varphi_1 - d_1\, \dot{\varphi}_1 + c_2\, \varphi_{21} + d_2\, \dot{\varphi}_{21}, \tag{6.86}$$

$$\tau_{S2}^{\mathrm{e}} = -c_2\, \varphi_{21} - d_2\, \dot{\varphi}_{21}. \tag{6.87}$$

Explizite Reaktionsbedingungen Die Reaktionskräfte und Reaktionsmomente werden durch die expliziten Reaktionsbedingungen (6.57) und (6.58) unter Verwendung der Bindungsmatrizen aus (6.82) ausgedrückt. Werden die Reaktionskräfte und Reaktionsmomente am Stab i aufgrund der Bindung $g_j(\hat{\boldsymbol{r}}) = 0$ mit $\boldsymbol{f}_i^{\mathrm{r}(j)}$ und $\tau_{Si}^{\mathrm{r}(j)}$ bezeichnet, so können die Reaktionskraft und das Reaktionsmoment am Stab 1 wie folgt den drei Bindungen zugeordnet werden,

$$\boldsymbol{f}_1^{\mathrm{r}} = \boldsymbol{G}_{\mathrm{T}1}^{\mathrm{T}}\, \boldsymbol{\lambda} = \underbrace{\begin{bmatrix} 0 \\ 1 \end{bmatrix} \lambda_1}_{\boldsymbol{f}_1^{\mathrm{r}(1)}} + \underbrace{\begin{bmatrix} -1 \\ 0 \end{bmatrix} \lambda_2}_{\boldsymbol{f}_1^{\mathrm{r}(2)}} + \underbrace{\begin{bmatrix} 0 \\ -1 \end{bmatrix} \lambda_3}_{\boldsymbol{f}_1^{\mathrm{r}(3)}}, \tag{6.88}$$

$$\tau_{S1}^{\mathrm{r}} = \boldsymbol{G}_{\mathrm{R}1}^{\mathrm{T}}\, \boldsymbol{\lambda} = \underbrace{-l_1 \sin\varphi_1\, \lambda_1}_{\tau_{S1}^{\mathrm{r}(1)}} \underbrace{- l_1 \cos\varphi_1\, \lambda_2}_{\tau_{S1}^{\mathrm{r}(2)}} \underbrace{- l_1 \sin\varphi_1\, \lambda_3}_{\tau_{S1}^{\mathrm{r}(3)}}. \tag{6.89}$$

In entsprechender Weise lauten die Anteile der Reaktionskraft und des Reaktionsmoments an Stab 2

$$\boldsymbol{f}_2^{\mathrm{r}} = \boldsymbol{G}_{\mathrm{T}2}^{\mathrm{T}}\, \boldsymbol{\lambda} = \underbrace{\begin{bmatrix} 1 \\ 0 \end{bmatrix} \lambda_2}_{\boldsymbol{f}_2^{\mathrm{r}(2)}} + \underbrace{\begin{bmatrix} 0 \\ 1 \end{bmatrix} \lambda_3}_{\boldsymbol{f}_2^{\mathrm{r}(3)}}, \tag{6.90}$$

$$\tau_{S2}^{\mathrm{r}} = \boldsymbol{G}_{\mathrm{R}2}^{\mathrm{T}}\, \boldsymbol{\lambda} = \underbrace{- l_2 \cos\varphi_2\, \lambda_2}_{\tau_{S2}^{\mathrm{r}(2)}} \underbrace{- l_2 \sin\varphi_2\, \lambda_3}_{\tau_{S2}^{\mathrm{r}(3)}}. \tag{6.91}$$

Die Beiträge der einzelnen Bindungen zu den Reaktionskräften $\boldsymbol{f}_1^{\mathrm{r}}$, $\boldsymbol{f}_2^{\mathrm{r}}$ aus (6.88) und (6.90) sind in Abb. 6.8 dargestellt. Die Reaktionsmomente τ_{S1}^{r}, τ_{S2}^{r} aus (6.89) und (6.91) sind hier die Momente der Reaktionskräfte bezüglich der jeweiligen Massenmittelpunkte S_i. Da in der Abbildung die Reaktionskräfte an den jeweiligen Gelenkpunkten dargestellt sind, sind die dazugehörigen Momente bezüglich der Körperschwerpunkte nicht eingezeichnet.

Ebenfalls gezeigt sind die eingeprägten Kräfte und Momente aus (6.84) bis (6.87). Da in der Abbildung die Kraft des translatorischen Feder-Dämpfer-Elements im Punkt P_1 dargestellt ist, ist das in (6.86) auftretende Moment dieser Kraft bezüglich S_1 nicht eingezeichnet.

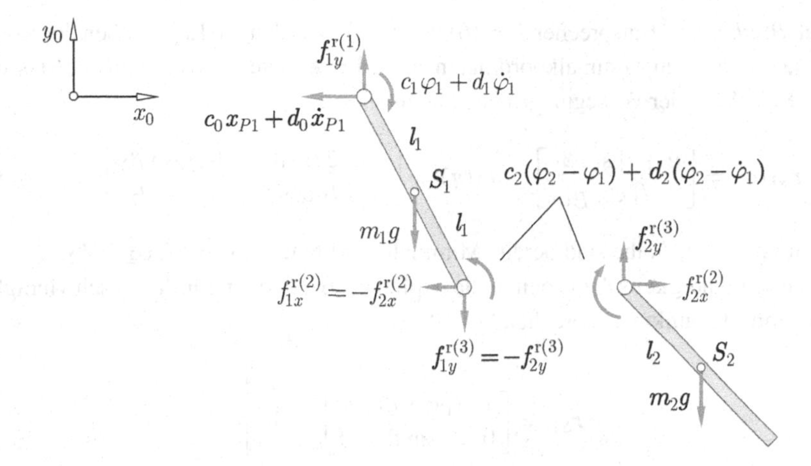

Abb. 6.8 Eingeprägte Kräfte und Momente sowie Reaktionskräfte an den freigeschnittenen Stäben

Bewegungsgleichungen Das lineare Gleichungssystem (6.62) zur Berechnung der Beschleunigungen $\hat{\boldsymbol{a}}_1$, $\hat{\boldsymbol{a}}_2$ und der Reaktionskoordinaten $\boldsymbol{\lambda}$ lautet

$$\left[\begin{array}{cc|cc|c} \theta_{S1} & \mathbf{0} & \mathbf{0} & \mathbf{0} & -\boldsymbol{G}_{R1}^{T} \\ \mathbf{0} & m_1\boldsymbol{E} & \mathbf{0} & \mathbf{0} & -\boldsymbol{G}_{T1}^{T} \\ \hline \mathbf{0} & \mathbf{0} & \theta_{S2} & \mathbf{0} & -\boldsymbol{G}_{R2}^{T} \\ \mathbf{0} & \mathbf{0} & \mathbf{0} & m_2\boldsymbol{E} & -\boldsymbol{G}_{T2}^{T} \\ \hline -\boldsymbol{G}_{R1} & -\boldsymbol{G}_{T1} & -\boldsymbol{G}_{R2} & -\boldsymbol{G}_{T2} & \mathbf{0} \end{array}\right] \left[\begin{array}{c} \alpha_1 \\ \boldsymbol{a}_{S1} \\ \hline \alpha_2 \\ \boldsymbol{a}_{S2} \\ \hline \boldsymbol{\lambda} \end{array}\right] = \left[\begin{array}{c} \tau_{S1}^{e} \\ \boldsymbol{f}_1^{e} \\ \hline \tau_{S2}^{e} \\ \boldsymbol{f}_2^{e} \\ \hline \bar{\bar{\boldsymbol{\gamma}}} \end{array}\right]. \tag{6.92}$$

Mit den aus (6.92) berechneten Beschleunigungen α_i und $\boldsymbol{a}_{Si}$ lauten die Differentialgleichungen (6.63)

$$\begin{bmatrix} \dot{\varphi}_i \\ \dot{x}_{Six} \\ \dot{y}_{Siy} \end{bmatrix} = \begin{bmatrix} \omega_i \\ v_{Six} \\ v_{Siy} \end{bmatrix} \quad \text{und} \quad \begin{bmatrix} \dot{\omega}_i \\ \dot{v}_{Six} \\ \dot{v}_{Siy} \end{bmatrix} = \begin{bmatrix} \alpha_i \\ a_{Six} \\ a_{Siy} \end{bmatrix}, \quad i = 1, 2. \tag{6.93}$$

Bewegungsgleichungen in Minimalkoordinaten Mit $n = 2$ Körpern und $b = 3$ Bindungen beträgt der Freiheitsgrad des ebenen Doppelpendels entsprechend (6.15) $f = 3$. Als Minimalkoordinaten werden die Verschiebung des Aufhängepunkts u und die absoluten Drehwinkel der Stäbe $\beta_1 = \varphi_1$, $\beta_2 = \varphi_2$ definiert, siehe Abb. 6.7a,

$$\boldsymbol{q} = \begin{bmatrix} u & \beta_1 & \beta_2 \end{bmatrix}^{T}. \tag{6.94}$$

Die Bewegungsgleichungen werden mit Hilfe der Gleichungen in Tab. 6.2 aufgestellt.

Explizite Bindungen Entsprechend (6.16) und (6.17) werden die Lagegrößen der Körper in Abhängigkeit von den Minimalkoordinaten ausgedrückt. Die Ortsvektoren der Massenmittelpunkte S_1, S_2 in der Bewegungsebene lauten

$$\boldsymbol{r}_{S1}(\boldsymbol{q}) = \begin{bmatrix} u + l_1 \sin\beta_1 \\ -l_1 \cos\beta_1 \end{bmatrix}, \quad \boldsymbol{r}_2(\boldsymbol{q}) = \begin{bmatrix} u + 2\,l_1 \sin\beta_1 + l_2 \sin\beta_2 \\ -2\,l_1 \cos\beta_1 - l_2 \cos\beta_2 \end{bmatrix}. \tag{6.95}$$

Die Drehwinkel der Stäbe sind bereits Minimalkoordinaten, $\varphi_1 = \beta_1, \varphi_2 = \beta_2$.

Auf Geschwindigkeitsebene gelten die expliziten Bindungen für die Geschwindigkeiten der Massenmittelpunkte entsprechend (6.19)

$$\begin{aligned} \dot{\boldsymbol{r}}_{S1} &= \begin{bmatrix} 1 & l_1 \cos\beta_1 & 0 \\ 0 & l_1 \sin\beta_1 & 0 \end{bmatrix} \begin{bmatrix} \dot{u} \\ \dot{\beta}_1 \\ \dot{\beta}_2 \end{bmatrix} \\ \boldsymbol{v}_{S1} &= \qquad \boldsymbol{J}_{\mathrm{T}1}(\boldsymbol{q}) \qquad\quad \dot{\boldsymbol{q}} \end{aligned} \tag{6.96}$$

und

$$\begin{aligned} \dot{\boldsymbol{r}}_{S2} &= \begin{bmatrix} 1 & 2\,l_1 \cos\beta_1 & l_2 \cos\beta_2 \\ 0 & 2\,l_1 \sin\beta_1 & l_2 \sin\beta_2 \end{bmatrix} \begin{bmatrix} \dot{u} \\ \dot{\beta}_1 \\ \dot{\beta}_2 \end{bmatrix} \\ \boldsymbol{v}_{S2} &= \qquad \boldsymbol{J}_{\mathrm{T}2}(\boldsymbol{q}) \qquad\quad \dot{\boldsymbol{q}} \end{aligned} \tag{6.97}$$

mit den JACOBI-Matrizen der Translation $\boldsymbol{J}_{\mathrm{T}1}, \boldsymbol{J}_{\mathrm{T}2}$. Die expliziten Bindungen für die Winkelgeschwindigkeiten entsprechend (6.23) sind

$$\begin{aligned} \dot{\varphi}_1 &= \begin{bmatrix} 0 & 1 & 0 \end{bmatrix} \begin{bmatrix} \dot{u} \\ \dot{\beta}_1 \\ \dot{\beta}_2 \end{bmatrix}, & \dot{\varphi}_2 &= \begin{bmatrix} 0 & 0 & 1 \end{bmatrix} \begin{bmatrix} \dot{u} \\ \dot{\beta}_1 \\ \dot{\beta}_2 \end{bmatrix} \\ \omega_1 &= \quad \boldsymbol{J}_{\mathrm{R}1} \quad \dot{\boldsymbol{q}}, & \omega_2 &= \quad \boldsymbol{J}_{\mathrm{R}2} \quad \dot{\boldsymbol{q}} \end{aligned} \tag{6.98}$$

mit den hier konstanten JACOBI-Matrizen der Rotation $\boldsymbol{J}_{\mathrm{R}1}, \boldsymbol{J}_{\mathrm{R}2}$.

Die expliziten Bindungen für die Beschleunigungen der Massenmittelpunkte sind entsprechend (6.29)

$$\dot{\boldsymbol{v}}_{S1} \equiv \boldsymbol{a}_{S1} = \boldsymbol{J}_{\mathrm{T}1}\,\ddot{\boldsymbol{q}} + \underbrace{\begin{bmatrix} -l_1 \sin\beta_1\,\dot{\beta}_1^2 \\ l_1 \cos\beta_1\,\dot{\beta}_1^2 \end{bmatrix}}_{\bar{\boldsymbol{a}}_{S1}(\boldsymbol{q},\dot{\boldsymbol{q}})}, \tag{6.99}$$

$$\dot{\boldsymbol{v}}_{S2} \equiv \boldsymbol{a}_{S2} = \boldsymbol{J}_{\mathrm{T}2}\,\ddot{\boldsymbol{q}} + \underbrace{\begin{bmatrix} -2\,l_1 \sin\beta_1\,\dot{\beta}_1^2 - l_2 \sin\beta_2\,\dot{\beta}_2^2 \\ 2\,l_1 \cos\beta_1\,\dot{\beta}_1^2 + l_2 \cos\beta_2\,\dot{\beta}_2^2 \end{bmatrix}}_{\bar{\boldsymbol{a}}_{S2}(\boldsymbol{q},\dot{\boldsymbol{q}})}. \tag{6.100}$$

sowie für die Winkelbeschleunigungen entsprechend (6.31)

$$\dot{\omega}_1 \equiv \alpha_1 = \boldsymbol{J}_{\mathrm{R}1}\, \ddot{\boldsymbol{q}} + \underbrace{0}_{\bar{\alpha}_1}, \qquad \dot{\omega}_2 \equiv \alpha_2 = \boldsymbol{J}_{\mathrm{R}2}\, \ddot{\boldsymbol{q}} + \underbrace{0}_{\bar{\alpha}_2}. \tag{6.101}$$

Bewegungsgleichungen Gemäß (6.66) haben die Bewegungsgleichungen die Form $\boldsymbol{M}(\boldsymbol{q})\, \ddot{\boldsymbol{q}} = \boldsymbol{k}^{\mathrm{c}}(\boldsymbol{q}, \dot{\boldsymbol{q}}) + \boldsymbol{k}^{\mathrm{e}}(\boldsymbol{q}, \dot{\boldsymbol{q}})$. Die Massenmatrix wird mit Hilfe von (6.67) berechnet,

$$\boldsymbol{M} = m_1\, \boldsymbol{J}_{\mathrm{T}1}^{\mathrm{T}}\, \boldsymbol{J}_{\mathrm{T}1} + \theta_{S1}\, \boldsymbol{J}_{\mathrm{R}1}^{\mathrm{T}}\, \boldsymbol{J}_{\mathrm{R}1} + m_2\, \boldsymbol{J}_{\mathrm{T}2}^{\mathrm{T}}\, \boldsymbol{J}_{\mathrm{T}2} + \theta_{S2}\, \boldsymbol{J}_{\mathrm{R}2}^{\mathrm{T}}\, \boldsymbol{J}_{\mathrm{R}2},$$

$$\boldsymbol{M} = \begin{bmatrix} m_1 + m_2 & (m_1 + 2m_2)\, l_1 \cos\beta_1 & m_2\, l_2 \cos\beta_2 \\ & \theta_{S1} + m_1\, l_1^2 + 4\, m_2\, l_1^2 & 2m_2\, l_1\, l_2 \cos\beta_{21} \\ \text{sym.} & & \theta_{S2} + m_2\, l_2^2 \end{bmatrix} \tag{6.102}$$

mit $\beta_{21} = \beta_2 - \beta_1$ und der Umformung $\cos\beta_{21} = \cos\beta_1 \cos\beta_2 + \sin\beta_1 \sin\beta_2$.

Der Vektor der verallgemeinerten Zentrifugal- und CORIOLIS-Kräfte folgt aus (6.68),

$$\boldsymbol{k}^{\mathrm{c}} = -m_1\, \boldsymbol{J}_{\mathrm{T}1}^{\mathrm{T}}\, \bar{\boldsymbol{a}}_{S1} - \theta_{S1}\, \boldsymbol{J}_{\mathrm{R}1}^{\mathrm{T}}\, \bar{\alpha}_1 - m_2\, \boldsymbol{J}_{\mathrm{T}2}^{\mathrm{T}}\, \bar{\boldsymbol{a}}_{S2} - \theta_{S2}\, \boldsymbol{J}_{\mathrm{R}2}^{\mathrm{T}}\, \bar{\alpha}_2,$$

$$\boldsymbol{k}^{\mathrm{c}} = \begin{bmatrix} (m_1 + 2\, m_2)\, l_1 \sin\beta_1\, \dot{\beta}_1^2 + m_2\, l_2 \sin\beta_2\, \dot{\beta}_2^2 \\ 2\, m_2\, l_1\, l_2 \sin\beta_{21}\, \dot{\beta}_2^2 \\ -2\, m_2\, l_1\, l_2 \sin\beta_{21}\, \dot{\beta}_1^2 \end{bmatrix} \tag{6.103}$$

mit der Umformung $\sin\beta_{21} = \sin\beta_2 \cos\beta_1 - \cos\beta_2 \sin\beta_1$.

Der Vektor der verallgemeinerten eingeprägten Kräfte gemäß (6.69) lautet unter Berücksichtigung der eingeprägten Kräfte und Momente aus (6.84) bis (6.87)

$$\boldsymbol{k}^{\mathrm{e}} = \boldsymbol{J}_{\mathrm{T}1}^{\mathrm{T}}\, \boldsymbol{f}_1^{\mathrm{e}} + \boldsymbol{J}_{\mathrm{R}1}^{\mathrm{T}}\, \tau_{S1}^{\mathrm{e}} + \boldsymbol{J}_{\mathrm{T}2}^{\mathrm{T}}\, \boldsymbol{f}_2^{\mathrm{e}} + \boldsymbol{J}_{\mathrm{R}2}^{\mathrm{T}}\, \tau_{S2}^{\mathrm{e}},$$

$$\boldsymbol{k}^{\mathrm{e}} = \begin{bmatrix} -c_0\, u - d_0\, \dot{u} \\ -(m_1 + 2\, m_2)\, g\, l_1 \sin\beta_1 - c_1\, \beta_1 + c_2\, \beta_{21} - d_1\, \dot{\beta}_1 + d_2\, \dot{\beta}_{21} \\ -m_2\, g\, l_2 \sin\beta_2 - c_2\, \beta_{21} - d_2\, \dot{\beta}_{21} \end{bmatrix}. \tag{6.104}$$

6.7.2 Rollpendel

Das in Abb. 6.9a gezeigten Rollpendel besteht aus dem schlupfrei abrollenden halbzylindrischen Rollkörper 1 und dem entlang einer masselosen Pendelstange gleitenden Pendelkörper 2 (Massen m_1, m_2, Trägheitsmomente θ_{S1}, θ_{S2} bezüglich der jeweiligen Massenmittelpunkte S_1, S_2). Die Verschiebung des Pendelkörpers 2 ist durch eine Feder (Federkonstante c_2, ungespannt bei $s = s_0$) gefesselt, während zwischen Pendelstange und Rollkörper eine Drehfeder (Drehfederkonstante c_1, ungespannt bei $\beta_2 = -\beta_1$) wirkt. Das System hat

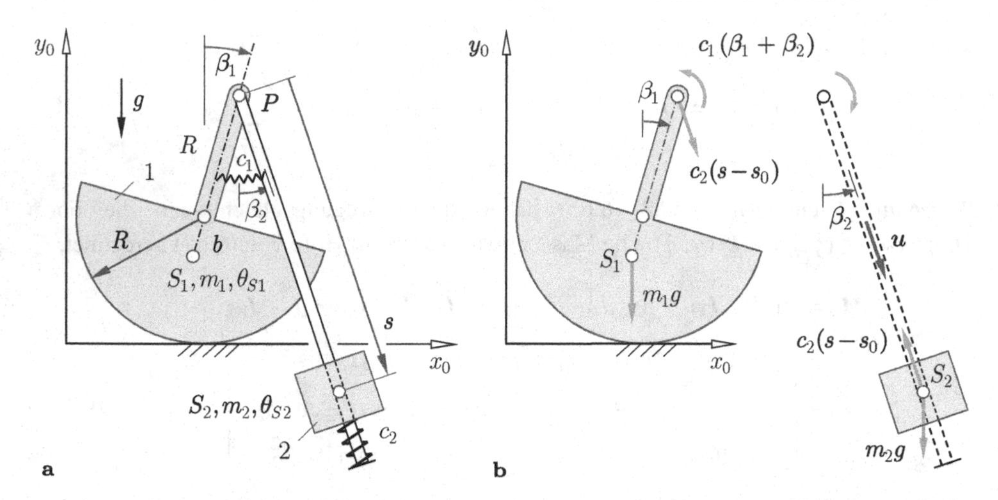

Abb. 6.9 Ebenes Rollpendel. **a** Gesamtsystem mit den Minimalkoordinaten β_1, β_2, s. **b** Eingeprägte Kräfte und Momente (Reaktionskräfte und -momente nicht dargestellt)

den Freiheitsgrad $f = 3$ mit den Minimalkoordinaten $\boldsymbol{q} = [\,\beta_1 \;\; \beta_2 \;\; s\,]^{\mathrm{T}}$. Die Bewegungsgleichungen in $\boldsymbol{q}$ werden gemäß Tab. 6.2 aufgestellt.

Explizite Bindungen Die Ortsvektoren der Massenmittelpunkte S_1, S_2 entsprechend (6.16) lauten

$$\boldsymbol{r}_{S1}(\boldsymbol{q}) = \begin{bmatrix} x_0 + R\,\beta_1 - b\sin\beta_1 \\ R - b\cos\beta_1 \end{bmatrix}, \tag{6.105}$$

$$\boldsymbol{r}_{S2}(\boldsymbol{q}) = \begin{bmatrix} x_0 + R\beta_1 + R\sin\beta_1 + s\sin\beta_2 \\ R + R\cos\beta_1 - s\cos\beta_2 \end{bmatrix} \tag{6.106}$$

mit der horizontalen Position $x_0 = \text{const}$ bei $\beta_1 = \beta_2 = 0$. Die absoluten Drehwinkel der Körper entsprechend (6.17) sind

$$\varphi_1(\boldsymbol{q}) = -\beta_1, \qquad \varphi_2(\boldsymbol{q}) = \beta_2. \tag{6.107}$$

Für die Geschwindigkeiten der Massenmittelpunkte gelten entsprechend (6.18) die expliziten Bindungen

$$\begin{aligned} \dot{\boldsymbol{r}}_{S1} &= \begin{bmatrix} R - b\cos\beta_1 & 0 & 0 \\ b\sin\beta_1 & 0 & 0 \end{bmatrix} \begin{bmatrix} \dot\beta_1 \\ \dot\beta_2 \\ \dot s \end{bmatrix} \\ \boldsymbol{v}_{S1} &= \qquad \boldsymbol{J}_{\mathrm{T}1}(\boldsymbol{q}) \qquad\quad \dot{\boldsymbol{q}} \end{aligned} \tag{6.108}$$

und

$$\underbrace{\dot{\boldsymbol{r}}_{S2}}_{\boldsymbol{v}_{S2}} = \underbrace{\begin{bmatrix} R\,(1+\cos\beta_1) & s\cos\beta_2 & \sin\beta_2 \\ -R\,\sin\beta_1 & s\sin\beta_2 & -\cos\beta_2 \end{bmatrix}}_{\boldsymbol{J}_{\mathrm{T2}}(\boldsymbol{q})} \underbrace{\begin{bmatrix} \dot{\beta}_1 \\ \dot{\beta}_2 \\ \dot{s} \end{bmatrix}}_{\dot{\boldsymbol{q}}} \tag{6.109}$$

mit den JACOBI-Matrizen der Translation $\boldsymbol{J}_{\mathrm{T1}}$, $\boldsymbol{J}_{\mathrm{T2}}$. Die expliziten Bindungen für die Winkelgeschwindigkeiten entsprechend (6.23) sind

$$\underbrace{\dot{\varphi}_1}_{\omega_1} = \underbrace{\begin{bmatrix} -1 & 0 & 0 \end{bmatrix}}_{\boldsymbol{J}_{\mathrm{R1}}} \underbrace{\begin{bmatrix} \dot{\beta}_1 \\ \dot{\beta}_2 \\ \dot{s} \end{bmatrix}}_{\dot{\boldsymbol{q}}}, \quad \underbrace{\dot{\varphi}_2}_{\omega_2} = \underbrace{\begin{bmatrix} 0 & 1 & 0 \end{bmatrix}}_{\boldsymbol{J}_{\mathrm{R2}}} \underbrace{\begin{bmatrix} \dot{\beta}_1 \\ \dot{\beta}_2 \\ \dot{s} \end{bmatrix}}_{\dot{\boldsymbol{q}}}. \tag{6.110}$$

mit den hier konstanten JACOBI-Matrizen der Rotation $\boldsymbol{J}_{\mathrm{R1}}$, $\boldsymbol{J}_{\mathrm{R2}}$.

Die Beschleunigungen der Massenmittelpunkte entsprechend (6.29) sind

$$\boldsymbol{a}_{S1} = \boldsymbol{J}_{\mathrm{T1}}\,\ddot{\boldsymbol{q}} + \underbrace{\begin{bmatrix} b\sin\beta_1\,\dot{\beta}_1^2 \\ b\cos\beta_1\,\dot{\beta}_1^2 \end{bmatrix}}_{\bar{\boldsymbol{a}}_{S1}(\boldsymbol{q},\dot{\boldsymbol{q}})}, \tag{6.111}$$

$$\boldsymbol{a}_{S2} = \boldsymbol{J}_{\mathrm{T2}}\,\ddot{\boldsymbol{q}} + \underbrace{\begin{bmatrix} -R\sin\beta_1\,\dot{\beta}_1^2 + 2\cos\beta_2\,\dot{s}\,\dot{\beta}_2 - s\sin\beta_2\,\dot{\beta}_2^2 \\ -R\cos\beta_1\,\dot{\beta}_1^2 + 2\sin\beta_2\,\dot{s}\,\dot{\beta}_2 + s\cos\beta_2\,\dot{\beta}_2^2 \end{bmatrix}}_{\bar{\boldsymbol{a}}_{S2}(\boldsymbol{q},\dot{\boldsymbol{q}})}. \tag{6.112}$$

Die Winkelbeschleunigungen entsprechend (6.22) lauten

$$\dot{\omega}_1 \equiv \alpha_1 = \boldsymbol{J}_{\mathrm{R1}}\,\ddot{\boldsymbol{q}} + \underbrace{0}_{\bar{\alpha}_1}, \quad \dot{\omega}_2 \equiv \alpha_2 = \boldsymbol{J}_{\mathrm{R2}}\,\ddot{\boldsymbol{q}} + \underbrace{0}_{\bar{\alpha}_2} \tag{6.113}$$

Bewegungsgleichungen Gemäß (6.66) haben die Bewegungsgleichungen die Form $\boldsymbol{M}(\boldsymbol{q})\,\ddot{\boldsymbol{q}} = \boldsymbol{k}^{\mathrm{c}}(\boldsymbol{q},\dot{\boldsymbol{q}}) + \boldsymbol{k}^{\mathrm{e}}(\boldsymbol{q},\dot{\boldsymbol{q}})$. Die entsprechend (6.67) aufgebaute Massenmatrix

$$\boldsymbol{M} = m_1\,\boldsymbol{J}_{\mathrm{T1}}^{\mathrm{T}}\,\boldsymbol{J}_{\mathrm{T1}} + \theta_{S1}\,\boldsymbol{J}_{\mathrm{R1}}^{\mathrm{T}}\,\boldsymbol{J}_{\mathrm{R1}} + m_2\,\boldsymbol{J}_{\mathrm{T2}}^{\mathrm{T}}\,\boldsymbol{J}_{\mathrm{T2}} + \theta_{S2}\,\boldsymbol{J}_{\mathrm{R2}}^{\mathrm{T}}\,\boldsymbol{J}_{\mathrm{R2}} \tag{6.114}$$

hat die Elemente

$$\begin{aligned} M_{11} &= m_1\,(R^2 + b^2 - 2\,R\,b\cos\beta_1) + 2\,m_2\,R^2\,(1+\cos\beta_1) + \theta_{S1}, \\ M_{21} &= m_2\,R\,s\,(\cos\beta_2 + \cos\beta_{12}), \qquad M_{31} = m_2\,R\,(\sin\beta_2 + \sin\beta_{12}), \\ M_{22} &= m_2\,s^2 + \theta_{S2}, \qquad M_{32} = 0, \qquad M_{33} = m_2, \end{aligned}$$

mit $\beta_{12} = \beta_1 + \beta_2$ und den Umformungen $\cos\beta_{12} = \cos\beta_1\cos\beta_2 - \sin\beta_1\sin\beta_2$ sowie $\sin\beta_{12} = \sin\beta_1\cos\beta_2 + \cos\beta_1\sin\beta_2$.

Die verallgemeinerten Zentrifugal- und CORIOLIS-Kräfte lauten gemäß (6.68)

$$\boldsymbol{k}^{\mathrm{c}} = -m_1\, \boldsymbol{J}_{\mathrm{T1}}^{\mathrm{T}}\, \bar{\boldsymbol{a}}_{S1} - \theta_{S1}\, \boldsymbol{J}_{\mathrm{R1}}^{\mathrm{T}}\, \bar{\alpha}_1 - m_2\, \boldsymbol{J}_{\mathrm{T2}}^{\mathrm{T}}\, \bar{\boldsymbol{a}}_{S2} - \theta_{S2}\, \boldsymbol{J}_{\mathrm{R2}}^{\mathrm{T}}\, \bar{\alpha}_2 \tag{6.115}$$

mit den Elementen

$$\begin{aligned} k_1^{\mathrm{c}} &= (-m_1\, b + m_2\, R)\, R \sin\beta_1\, \dot{\beta}_1^2 + m_2\, R\,(\sin\beta_2 + \sin\beta_{12})\, s\, \dot{\beta}_2^2 \\ &\quad + 2\, m_2\, R\,(\cos\beta_2 + \cos\beta_{12})\, \dot{s}\, \dot{\beta}_2, \\ k_2^{\mathrm{c}} &= m_2\, s\, R \sin\beta_{12}\, \dot{\beta}_1^2 - 2\, m_2\, s\, \dot{s}\, \dot{\beta}_2, \qquad k_3^{\mathrm{c}} = -m_2\, R\cos\beta_{12}\, \dot{\beta}_1^2 + m_2\, s\, \dot{\beta}_2^2. \end{aligned}$$

In die verallgemeinerten eingeprägten Kräfte gehen die Gewichtskräfte, die Federkraft und das Federmoment an den beiden Körpern entsprechend Abb. 6.9b ein. Die Gewichtskräfte sind

$$\boldsymbol{f}_{\mathrm{G1}} = \begin{bmatrix} 0 \\ -m_1\, g \end{bmatrix}, \qquad \boldsymbol{f}_{\mathrm{G2}} \begin{bmatrix} 0 \\ -m_2\, g \end{bmatrix}. \tag{6.116}$$

Die translatorische Feder mit der Federkraft f_{F} und dem Richtungsvektor $\boldsymbol{u}$ gemäß

$$f_{\mathrm{F}} = c(s - s_0), \quad \boldsymbol{u} = \begin{bmatrix} \sin\beta_2 \\ -\cos\beta_2 \end{bmatrix} \tag{6.117}$$

bewirkt an den Körpern die Federkräfte

$$\boldsymbol{f}_{\mathrm{F1}} = \boldsymbol{u}\, f_{\mathrm{F}} \ \text{ in } P, \qquad \boldsymbol{f}_{\mathrm{F2}} = -\boldsymbol{u}\, f_{\mathrm{F}} \ \text{ in } S_2. \tag{6.118}$$

Die Drehfeder wird mit dem Drehwinkel $\beta_1 + \beta_2$ ausgelenkt. Auf die beiden Körper wirken die Federmomente

$$\tau_{\mathrm{F1}} = c_1\,(\beta_1 + \beta_2), \qquad \tau_{\mathrm{F2}} = -c_1\,(\beta_1 + \beta_2). \tag{6.119}$$

Mit der JACOBI-Matrix des Kraftangriffspunktes P aus

$$\boldsymbol{r}_P = \begin{bmatrix} x_0 + R\,\beta_1 + R\sin\beta_1 \\ R + R\cos\beta_1 \end{bmatrix} \quad\Rightarrow\quad \dot{\boldsymbol{r}}_P = \underbrace{\begin{bmatrix} R\,(1+\cos\beta_1) & 0 & 0 \\ -R\sin\beta_1 & 0 & 0 \end{bmatrix}}_{\boldsymbol{J}_P} \begin{bmatrix} \dot{\beta}_1 \\ \dot{\beta}_2 \\ \dot{s} \end{bmatrix}$$

lauten die verallgemeinerten eingeprägten Kräfte

$$\begin{aligned} \boldsymbol{k}^{\mathrm{e}} &= \boldsymbol{J}_{\mathrm{T1}}^{\mathrm{T}}\, \boldsymbol{f}_{\mathrm{G1}} + \boldsymbol{J}_{\mathrm{R1}}^{\mathrm{T}}\, \tau_{\mathrm{F1}} + \boldsymbol{J}_{P}^{\mathrm{T}}\, \boldsymbol{f}_{\mathrm{F1}} + \boldsymbol{J}_{\mathrm{T2}}^{\mathrm{T}}\, \boldsymbol{f}_{\mathrm{G2}} + \boldsymbol{J}_{\mathrm{R1}}^{\mathrm{T}}\, \tau_{\mathrm{F2}} + \boldsymbol{J}_{\mathrm{T2}}^{\mathrm{T}}\, \boldsymbol{f}_{\mathrm{F2}}, \\ \boldsymbol{k}^{\mathrm{e}} &= \begin{bmatrix} -(m_1\, b - m_2\, R)\, g\, \sin\beta_1 - c_1(\beta_1 + \beta_2) \\ -m_2\, g\, s\, \sin\beta_2 - c_1(\beta_1 + \beta_2) \\ m_2\, g\, \cos\beta_2 - c_2\,(s - s_0) \end{bmatrix}. \end{aligned} \tag{6.120}$$

Holonome räumliche Mehrkörpersysteme

7

Die kinematischen und dynamischen Gleichungen für räumliche Mehrkörpersysteme mit holonomen Bindungen werden als Erweiterungen der entsprechenden Formulierungen für ebene Mehrkörpersysteme aus Kap. 6 aufgestellt. Die wesentlichen Unterschiede ergeben sich aus den räumlichen Drehungen der Körper. Die in Abschn. 7.1 eingeführten Bewegungsgrößen der Körper im Raum beinhalten dementsprechend die in Kap. 3 eingeführten Koordinaten der Drehbewegung mit den dazugehörenden kinematischen Differentialgleichungen. Die Bewegungsgrößen unterliegen den in Abschn. 7.2 dargestellten holonomen Bindungen. Für die Körper gelten jeweils die Impuls- und Drallsätze mit den eingeprägten Kraftwindern und den Reaktionskraftwindern (Abschn. 7.3 bis 7.5). Die Bewegungsgleichungen holonomer räumlicher Mehrkörpersysteme werden in Abschn. 7.6 wieder in Absolutkoordinaten sowie in Minimalkoordinaten und Minmalgeschwindigkeiten aufgestellt. Beispiele räumlicher Mehrkörpersysteme werden in Abschn. 7.7 gezeigt.

Die in diesem Kapitel dargestellten Zusammenhänge bilden die Grundlage für die Formulierung spezifischer Bindungen in Kap. 9 und die Aufstellung der Bewegungsgleichungen offener und geschlossener Mehrkörpersysteme in den Kap. 10 und 11.

7.1 Bewegungsgrößen räumlicher Mehrkörpersysteme

In einem räumlichen Mehrkörpersystem mit n starren Körpern wird die Bewegung des Körpers i repräsentiert durch die Bewegung des körperfesten Koordinatensystems $\mathcal{K}_i$, dessen Ursprung hier in den Massenmittelpunkt S_i gelegt wird.

Lage Die Lage von $\mathcal{K}_i$ relativ zum Inertialsystem $\mathcal{K}_0$ wird beschrieben durch den Ortsvektor $\boldsymbol{r}_{Si}$ von S_i und den Drehtensor $\boldsymbol{R}_i$ von $\mathcal{K}_i$ relativ zu $\mathcal{K}_0$ (Abb. 7.1). Der Drehtensor $\boldsymbol{R}_i$ und der Ortsvektor $\boldsymbol{r}_{Si}$ bilden die Menge der Lagegrößen des Körpers i

$$\hat{r}_i = (\boldsymbol{R}_i, \boldsymbol{r}_{Si}), \quad i = 1\ldots, n. \tag{7.1}$$

C. Woernle, *Mehrkörpersysteme*, https://doi.org/10.1007/978-3-662-64530-7_7

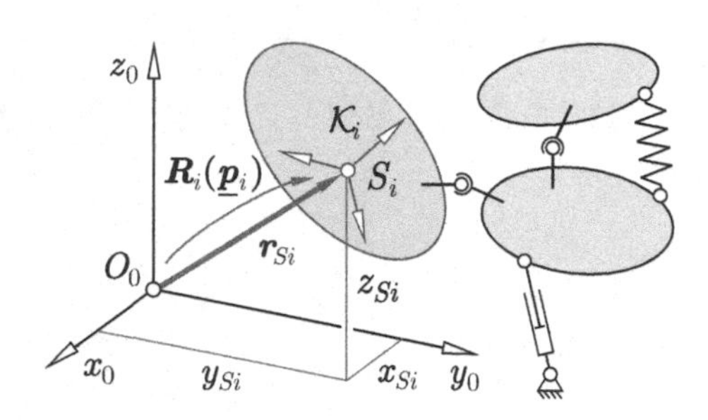

Abb. 7.1 Räumliches Mehrkörpersystem

Im System $\mathcal{K}_0$ haben $\boldsymbol{r}_{Si}$ und $\boldsymbol{R}_i$ die Koordinaten

$$ {}^0\boldsymbol{r}_{Si} = \begin{bmatrix} x_{Si} \\ y_{Si} \\ z_{Si} \end{bmatrix}, \qquad {}^0\boldsymbol{R}_i \equiv {}^{0i}\boldsymbol{T} = \begin{bmatrix} {}^0\boldsymbol{e}_{xi} & {}^0\boldsymbol{e}_{yi} & {}^0\boldsymbol{e}_{zi} \end{bmatrix} \tag{7.2} $$

mit der Transformationsmatrix ${}^{0i}\boldsymbol{T}$ von $\mathcal{K}_i$ nach $\mathcal{K}_0$. Für die neun Koordinaten des Drehtensors gilt die Orthogonalitätsbedingung $\boldsymbol{R}_i\, \boldsymbol{R}_i^{\mathrm{T}} = \boldsymbol{E}$.

Werden die Bewegungsgleichungen in den absoluten Lagekoordinaten der Körper aufgestellt, so ist es günstig, die Drehung durch eine gegenüber den neun Drehtensorkoordinaten reduzierte Anzahl von Koordinaten zu beschreiben. Drei Rotationskoordinaten, wie z. B. die KARDAN-Winkel oder die RODRIGUES-Parameter, können verwendet werden, wenn in der vorliegenden Aufgabenstellung die singulären Werte dieser Parametrierungen nicht erreicht werden. Für die allgemeine singularitätsfreie Beschreibung der Orientierung des Koordinatensystems $\mathcal{K}_i$ relativ zu $\mathcal{K}_0$ eignen sich die in Abschn. 3.7 behandelten EULER-Parameter

$$ \underline{\boldsymbol{p}}_i = \begin{bmatrix} p_{is} \\ \boldsymbol{p}_i \end{bmatrix} = \begin{bmatrix} \cos\frac{\varphi_i}{2} \\ \boldsymbol{u}_i\ \sin\frac{\varphi_i}{2} \end{bmatrix}, \quad i = 1 \ldots, n. \tag{7.3} $$

Hierbei ist $(\boldsymbol{u}_i, \varphi_i)$ der Drehzeiger, der das Koordinatensystem $\mathcal{K}_0$ nach $\mathcal{K}_i$ dreht. Es gilt die Normierungsbedingung der EULER-Parameter (3.195),

$$ g_{\mathrm{E}i}(\underline{\boldsymbol{p}}_i) \equiv p_{is}^2 + \boldsymbol{p}_i^{\mathrm{T}}\, \boldsymbol{p}_i - 1 = 0. \tag{7.4} $$

Entsprechend (3.198) können aus den EULER-Parametern $\underline{\boldsymbol{p}}_i$ die Koordinaten des Drehtensors $\boldsymbol{R}_i$ berechnet werden,

$$ \boldsymbol{R}_i(\underline{\boldsymbol{p}}_i) = \boldsymbol{E} + 2\, p_{is}\, \widetilde{\boldsymbol{p}}_i + 2\, \widetilde{\boldsymbol{p}}_i\, \widetilde{\boldsymbol{p}}_i. \tag{7.5} $$

Bei Verwendung der EULER-Parameter werden die Lagegrößen $\hat{\boldsymbol{r}}_i$ des Körpers i abweichend von (7.1) definiert als der räumliche 7-Lagevektor

$$ \hat{\boldsymbol{r}}_i = \begin{bmatrix} \underline{\boldsymbol{p}}_i \\ \boldsymbol{r}_{Si} \end{bmatrix}, \quad i = 1, \ldots, n. \tag{7.6} $$

Geschwindigkeit Die Geschwindigkeit des Körpers i im Raum wird durch die Winkelgeschwindigkeit $\boldsymbol{\omega}_i$ des Systems $\mathcal{K}_i$ relativ zum System $\mathcal{K}_0$ und die Geschwindigkeit $\boldsymbol{v}_{Si} = \dot{\boldsymbol{r}}_{Si}$ des Massenmittelpunktes S_i relativ zu $\mathcal{K}_0$ beschrieben. Diese Größen definieren entsprechend Abschn. 3.1.3 den Bewegungswinder des Körpers, der im Folgenden als räumlicher 6-Geschwindigkeitsvektor

$$\hat{\boldsymbol{v}}_i = \begin{bmatrix} \boldsymbol{\omega}_i \\ \boldsymbol{v}_{Si} \end{bmatrix}, \quad i = 1 \ldots, n, \tag{7.7}$$

geschrieben wird. Der Zusammenhang zwischen der Winkelgeschwindigkeit $\boldsymbol{\omega}_i$ und der zeitlichen Ableitung der EULER-Parameter wird bei Darstellung von $\boldsymbol{\omega}_i$ im raumfesten System $\mathcal{K}_0$ durch die kinematischen Differentialgleichungen (3.229) beschrieben,

$$\begin{aligned} \begin{bmatrix} \dot{p}_{is} \\ \dot{\boldsymbol{p}}_i \end{bmatrix} &= \frac{1}{2} \begin{bmatrix} -\boldsymbol{p}_i^{\mathrm{T}} \\ p_{is}\,\boldsymbol{E} - \widetilde{\boldsymbol{p}}_i \end{bmatrix} \boldsymbol{\omega}_i \\ \dot{\underline{\boldsymbol{p}}}_i &= \boldsymbol{H}_i(\underline{\boldsymbol{p}}_i) \quad \boldsymbol{\omega}_i, \quad i = 1, \ldots, n, \end{aligned} \tag{7.8}$$

mit den (4,3)-Matrizen $\boldsymbol{H}_i$. Bei Darstellung von $\boldsymbol{\omega}_i$ im körperfesten System $\mathcal{K}_i$ gelten die kinematischen Differentialgleichungen (3.238). Für die zeitlichen Änderungen der Lagegrößen $\hat{\boldsymbol{r}}_i$ aus (7.6) relativ zu $\mathcal{K}_0$ gelten damit die kinematischen Differentialgleichungen

$$\begin{aligned} \begin{bmatrix} \dot{\underline{\boldsymbol{p}}}_i \\ \dot{\boldsymbol{r}}_{Si} \end{bmatrix} &= \begin{bmatrix} \boldsymbol{H}_i(\underline{\boldsymbol{p}}_i) & \boldsymbol{0} \\ \boldsymbol{0} & \boldsymbol{E} \end{bmatrix} \begin{bmatrix} \boldsymbol{\omega}_i \\ \boldsymbol{v}_{Si} \end{bmatrix} \\ \dot{\hat{\boldsymbol{r}}}_i &= \widehat{\boldsymbol{H}}_i(\hat{\boldsymbol{r}}_i) \quad \hat{\boldsymbol{v}}_i \;, \quad i = 1, \ldots, n, \end{aligned} \tag{7.9}$$

mit den (7,6)-Matrizen $\widehat{\boldsymbol{H}}_i$.

Beschleunigung Die Winkelbeschleunigung $\boldsymbol{\alpha}_i$ und die Beschleunigung $\boldsymbol{a}_{Si}$ von $\mathcal{K}_i$ relativ zu $\mathcal{K}_0$ sind die zeitlichen Ableitungen von $\boldsymbol{\omega}_i$ und $\boldsymbol{v}_{Si}$ relativ zu $\mathcal{K}_0$. Sie werden zusammengefasst zum räumlichen 6-Beschleunigungsvektor

$$\begin{aligned} \begin{bmatrix} \dot{\boldsymbol{\omega}}_i \\ \dot{\boldsymbol{v}}_{Si} \end{bmatrix} &= \begin{bmatrix} \boldsymbol{\alpha}_i \\ \boldsymbol{a}_{Si} \end{bmatrix} \\ \dot{\hat{\boldsymbol{v}}}_i &= \hat{\boldsymbol{a}}_i, \quad i = 1, \ldots, n. \end{aligned} \tag{7.10}$$

7.2 Holonome Bindungen in räumlichen Mehrkörpersystemen

Die Formulierungen der Bindungen in ebenen Mehrkörpersystemen aus Abschn. 6.2 werden um die Beschreibung räumlicher Drehungen erweitert.

7.2.1 Implizite holonome Bindungen

Implizite Bindungen auf Lageebene Die Bindungen auf Lageebene werden hier für die räumlichen Lagegrößen der Körper $\hat{\boldsymbol{r}}_i$ mit den EULER-Parametern zur Beschreibung der Drehungen gemäß (7.6) formuliert. Die im globalen $7n$-Lagevektor zusammengefassten Lagegrößen des Mehrkörpersystems

$$\hat{\boldsymbol{r}} = \begin{bmatrix} \hat{\boldsymbol{r}}_1 \\ \vdots \\ \hat{\boldsymbol{r}}_n \end{bmatrix} \quad \text{mit} \quad \hat{\boldsymbol{r}}_i = \begin{bmatrix} \underline{\boldsymbol{p}}_i \\ \boldsymbol{r}_{Si} \end{bmatrix} \tag{7.11}$$

unterliegen $b < 6n$ holonomen, i. Allg. rheonomen impliziten Bindungen

$$\begin{aligned} \begin{bmatrix} g_1(\underline{\boldsymbol{p}}_1, \boldsymbol{r}_{S1}, \ldots, \underline{\boldsymbol{p}}_n, \boldsymbol{r}_{Sn}, t) \\ \vdots \\ g_b(\underline{\boldsymbol{p}}_1, \boldsymbol{r}_{S1}, \ldots, \underline{\boldsymbol{p}}_n, \boldsymbol{r}_{Sn}, t) \end{bmatrix} &= \begin{bmatrix} 0 \\ \vdots \\ 0 \end{bmatrix} \\ \boldsymbol{g}(\hat{\boldsymbol{r}}, t) &= \boldsymbol{0}\,. \end{aligned} \tag{7.12}$$

Zusätzlich gelten für die EULER-Parameter der Körper $\underline{\boldsymbol{p}}_i$ jeweils die Normierungsbedingungen (7.5). Die Bindungen (7.12) bilden zusammen mit (7.5) ein nichtlineares System von $b + n$ Gleichungen in den $7n > b$ Lagekoordinaten $\hat{\boldsymbol{r}}$ aus (7.11).

Implizite Bindungen auf Geschwindigkeitsebene Werden die räumlichen Geschwindigkeiten der n Körper aus (7.7) zusammengefasst zum globalen $6n$-Geschwindigkeitsvektor

$$\hat{\boldsymbol{v}} = \begin{bmatrix} \hat{\boldsymbol{v}}_1 \\ \vdots \\ \hat{\boldsymbol{v}}_n \end{bmatrix} \quad \text{mit} \quad \hat{\boldsymbol{v}}_i = \begin{bmatrix} \boldsymbol{\omega}_i \\ \boldsymbol{v}_{Si} \end{bmatrix}, \tag{7.13}$$

so lauten die kinematischen Differentialgleichungen der Körper (7.9) in Blockmatrizenschreibweise

$$\begin{aligned} \begin{bmatrix} \dot{\hat{\boldsymbol{r}}}_1 \\ \vdots \\ \dot{\hat{\boldsymbol{r}}}_n \end{bmatrix} &= \begin{bmatrix} \widehat{\boldsymbol{H}}_1(\hat{\boldsymbol{r}}_1) & \ldots & \boldsymbol{0} \\ \vdots & \ddots & \vdots \\ \boldsymbol{0} & \ldots & \widehat{\boldsymbol{H}}_n(\hat{\boldsymbol{r}}_n) \end{bmatrix} \begin{bmatrix} \hat{\boldsymbol{v}}_1 \\ \vdots \\ \hat{\boldsymbol{v}}_n \end{bmatrix} \\ \dot{\hat{\boldsymbol{r}}} &= \widehat{\boldsymbol{H}}(\hat{\boldsymbol{r}}) \qquad \hat{\boldsymbol{v}} \end{aligned} \tag{7.14}$$

mit der (7n,6n)-Matrix $\widehat{\boldsymbol{H}}$. Die Bindungen auf Geschwindigkeitsebene werden durch die zeitliche Ableitung der Lagebindungen (7.12) erhalten,

$$\dot{\boldsymbol{g}} \equiv \sum_{i=1}^{n} \left(\frac{\partial \boldsymbol{g}}{\partial \underline{\boldsymbol{p}}_i} \dot{\underline{\boldsymbol{p}}}_i + \frac{\partial \boldsymbol{g}}{\partial \boldsymbol{r}_{Si}} \dot{\boldsymbol{r}}_{Si} \right) + \frac{\partial \boldsymbol{g}}{\partial t} = \boldsymbol{0}. \tag{7.15}$$

Einsetzen von $\dot{\underline{\boldsymbol{p}}}_i$ und $\dot{\boldsymbol{r}}_{Si}$ aus den kinematischen Differentialgleichungen (7.9) überführt die Geschwindigkeitsbindungen in die Form

$$\dot{\boldsymbol{g}} \equiv \sum_{i=1}^{n} \Big(\boldsymbol{G}_{\mathrm{R}i}(\hat{\boldsymbol{r}}, t)\, \boldsymbol{\omega}_i + \boldsymbol{G}_{\mathrm{T}i}(\hat{\boldsymbol{r}}, t)\, \boldsymbol{v}_{Si} \Big) + \bar{\boldsymbol{\gamma}}(\hat{\boldsymbol{r}}, t) = \boldsymbol{0} \tag{7.16}$$

mit den $(b{,}3)$-Bindungsmatrizen der Rotation $\boldsymbol{G}_{\mathrm{R}i}$ und Translation $\boldsymbol{G}_{\mathrm{T}i}$ und dem von den Geschwindigkeiten $\boldsymbol{\omega}_i$ und $\boldsymbol{v}_{Si}$ unabhängigen, nur bei rheonomen Bindungen auftretenden b-Vektor der partiellen Zeitableitungen $\bar{\boldsymbol{\gamma}}$,

$$\boldsymbol{G}_{\mathrm{R}i} = \frac{\partial \boldsymbol{g}}{\partial \underline{\boldsymbol{p}}_i} \boldsymbol{H}_i(\underline{\boldsymbol{p}}_i), \qquad \boldsymbol{G}_{\mathrm{T}i} = \frac{\partial \boldsymbol{g}}{\partial \boldsymbol{r}_{Si}}, \qquad \bar{\boldsymbol{\gamma}} = \frac{\partial \boldsymbol{g}}{\partial t}. \tag{7.17}$$

Werden die Lagebindungen (7.12) vektoriell formuliert, so können die zeitlichen Ableitungen der darin auftretenden Vektoren unter Verwendung der Winkelgeschwindigkeiten $\boldsymbol{\omega}_i$ entsprechend (3.13) ausgedrückt werden. Hierdurch werden die Bindungsmatrizen $\boldsymbol{G}_{\mathrm{R}i}$ und $\boldsymbol{G}_{\mathrm{T}i}$ direkt erhalten, ohne die partiellen Ableitungen in (7.17) ausführen zu müssen. Ein Beispiel wird in Abschn. 7.7.1 gezeigt.

Mit den räumlichen Geschwindigkeiten aus (7.13) können die Geschwindigkeitsbindungen (7.16) auch geschrieben werden in der Form

$$\dot{\boldsymbol{g}} \equiv \sum_{i=1}^{n} \begin{bmatrix} \boldsymbol{G}_{\mathrm{R}i}(\hat{\boldsymbol{r}}, t) & \boldsymbol{G}_{\mathrm{T}i}(\hat{\boldsymbol{r}}, t) \end{bmatrix} \begin{bmatrix} \boldsymbol{\omega}_i \\ \boldsymbol{v}_{Si} \end{bmatrix} + \bar{\boldsymbol{\gamma}}(\hat{\boldsymbol{r}}, t) = \boldsymbol{0}. \tag{7.18}$$

Mit den $(b{,}6)$-Bindungsmatrizen der Körper

$$\boldsymbol{G}_i = \begin{bmatrix} \boldsymbol{G}_{\mathrm{R}i} & \boldsymbol{G}_{\mathrm{T}i} \end{bmatrix}. \tag{7.19}$$

lauten die Geschwindigkeitsbindungen (7.18) in Blockmatrizenschreibweise

$$\begin{aligned} \dot{\boldsymbol{g}} &\equiv \begin{bmatrix} \boldsymbol{G}_1(\hat{\boldsymbol{r}}, t) & \dots & \boldsymbol{G}_n(\hat{\boldsymbol{r}}, t) \end{bmatrix} \begin{bmatrix} \hat{\boldsymbol{v}}_1 \\ \vdots \\ \hat{\boldsymbol{v}}_n \end{bmatrix} + \bar{\boldsymbol{\gamma}}(\hat{\boldsymbol{r}}, t) = \boldsymbol{0} \\ \dot{\boldsymbol{g}} &\equiv \qquad \boldsymbol{G}(\hat{\boldsymbol{r}}, t) \qquad \hat{\boldsymbol{v}} + \bar{\boldsymbol{\gamma}}(\hat{\boldsymbol{r}}, t) = \boldsymbol{0} \end{aligned} \tag{7.20}$$

mit dem globalen $6n$-Geschwindigkeitsvektor $\hat{\boldsymbol{v}}$ aus (7.13) und der globalen $(b{,}6n)$-Bindungsmatrix $\boldsymbol{G}$. Bei vollem Rang $\mathrm{r}(\boldsymbol{G}) = b$ sind in der betrachteten Lage $\hat{\boldsymbol{r}}$ alle b Bindungen voneinander unabhängig.

Implizite Bindungen auf Beschleunigungsebene Die Bindungen auf Beschleunigungsebene werden durch zeitliche Ableitung der Geschwindigkeitsbindungen (7.18) erhalten,

$$\ddot{\boldsymbol{g}} \equiv \sum_{i=1}^{n} \underbrace{\left[\boldsymbol{G}_{\mathrm{R}i}(\hat{\boldsymbol{r}},t) \quad \boldsymbol{G}_{\mathrm{T}i}(\hat{\boldsymbol{r}},t) \right]}_{\boldsymbol{G}_i(\hat{\boldsymbol{r}},t)} \underbrace{\begin{bmatrix} \boldsymbol{\alpha}_i \\ \boldsymbol{a}_{Si} \end{bmatrix}}_{\hat{\boldsymbol{a}}_i} + \bar{\bar{\boldsymbol{\gamma}}}(\hat{\boldsymbol{r}},\hat{\boldsymbol{v}},t) = \boldsymbol{0} \tag{7.21}$$

mit dem nicht von den Beschleunigungen $\boldsymbol{\alpha}_i$ und $\boldsymbol{a}_{Si}$ abhängenden b-Vektor

$$\bar{\bar{\boldsymbol{\gamma}}} = \sum_{i=1}^{n} \left(\frac{\mathrm{d}\boldsymbol{G}_{\mathrm{R}i}}{\mathrm{d}t} \boldsymbol{\omega}_i + \frac{\mathrm{d}\boldsymbol{G}_{\mathrm{T}i}}{\mathrm{d}t} \boldsymbol{v}_{Si} \right) + \frac{\mathrm{d}\bar{\boldsymbol{\gamma}}}{\mathrm{d}t}. \tag{7.22}$$

Mit dem globalen $6n$-Vektor der Beschleunigung $\hat{\boldsymbol{a}} = \dot{\hat{\boldsymbol{v}}}$ lautet (7.21) in Blockmatrizenschreibweise

$$\begin{aligned} \ddot{\boldsymbol{g}} &\equiv \left[\boldsymbol{G}_1(\hat{\boldsymbol{r}},t) \ \dots \ \boldsymbol{G}_n(\hat{\boldsymbol{r}},t) \right] \begin{bmatrix} \hat{\boldsymbol{a}}_1 \\ \vdots \\ \hat{\boldsymbol{a}}_n \end{bmatrix} + \bar{\bar{\boldsymbol{\gamma}}}(\hat{\boldsymbol{r}},\hat{\boldsymbol{v}},t) = \boldsymbol{0} \\ \ddot{\boldsymbol{g}} &\equiv \boldsymbol{G}(\hat{\boldsymbol{r}},t) \ \hat{\boldsymbol{a}} + \bar{\bar{\boldsymbol{\gamma}}}(\hat{\boldsymbol{r}},\hat{\boldsymbol{v}},t) = \boldsymbol{0}. \end{aligned} \tag{7.23}$$

7.2.2 Explizite holonome Bindungen

Der Freiheitsgrad eines räumlichen Mehrkörpersystems mit n starren Körpern und b voneinander unabhängigen holonomen Bindungen beträgt

$$f = 6n - b. \tag{7.24}$$

Die Bewegung des Mehrkörpersystems kann dann entsprechend Abschn. 6.2.2 wieder mit Hilfe der expliziten Bindungen durch f voneinander unabhängige Minimalkoordinaten $\boldsymbol{q}$ und deren zeitliche Ableitungen $\dot{\boldsymbol{q}}$ und $\ddot{\boldsymbol{q}}$ beschrieben werden. Allgemeiner können aber auch f Minimalgeschwindigkeiten $\boldsymbol{s}$ so definiert werden, dass mit der regulären (f,f)-Matrix $\boldsymbol{H}_s(\boldsymbol{q})$ die kinematische Differentialgleichung

$$\dot{\boldsymbol{q}} = \boldsymbol{H}_s(\boldsymbol{q})\, \boldsymbol{s} \tag{7.25}$$

gilt. Der Fall $\boldsymbol{H}_s = \boldsymbol{E}$ beschreibt die bisherige Definition $\boldsymbol{s} = \dot{\boldsymbol{q}}$.

Explizite Bindungen auf Lageebene Die expliziten Bindungen auf Lageebene stellen die Lagegrößen der Körper in Abhängigkeit von den Minimalkoordinaten $\boldsymbol{q}$ und bei rheonomen Bindungen zusätzlich von der Zeit t dar. Die expliziten Bindungen in kinematischen Ketten werden durch die Beziehungen der Relativkinematik aus Abschn. 3.2.2 wiedergegeben. Dementsprechend ist es zweckmäßig, hier die Lagegrößen der Körper mit den Drehtensoren zur Beschreibung der Rotation gemäß (7.1) zu verwenden,

$$\boldsymbol{r}_{Si} = \boldsymbol{r}_{Si}(\boldsymbol{q}, t)\,, \quad i = 1 \ldots, n, \tag{7.26}$$

$$\boldsymbol{R}_i = \boldsymbol{R}_i(\boldsymbol{q}, t)\,, \quad i = 1 \ldots, n. \tag{7.27}$$

Die durch (7.26) und (7.27) beschriebene Lage des Mehrkörpersystems ist für beliebige $\boldsymbol{q}$ und t mit den impliziten Lagebindungen (7.12) verträglich.

Explizite Bindungen auf Geschwindigkeitsebene Die zeitliche Ableitung der expliziten Lagebindungen $\boldsymbol{r}_{Si}(\boldsymbol{q}, t)$ aus (7.26) ergibt die Geschwindigkeiten der Massenmittelpunkte

$$\dot{\boldsymbol{r}}_{Si} = \frac{\partial \boldsymbol{r}_{Si}(\boldsymbol{q}, t)}{\partial \boldsymbol{q}}\,\dot{\boldsymbol{q}} + \frac{\partial \boldsymbol{r}_{Si}(\boldsymbol{q}, t)}{\partial t}. \tag{7.28}$$

Wird $\dot{\boldsymbol{q}}$ mit Hilfe der kinematischen Differentialgleichungen (7.25) durch die Minimalgeschwindigkeiten $\boldsymbol{s}$ ausgedrückt, so geht (7.28) über in

$$\boldsymbol{v}_{Si} = \boldsymbol{J}_{\mathrm{T}i}(\boldsymbol{q}, t)\,\boldsymbol{s} + \bar{\boldsymbol{v}}_{Si}(\boldsymbol{q}, t)\,, \quad i = 1 \ldots, n. \tag{7.29}$$

In die $(3, f)$-JACOBI-Matrizen der Translation $\boldsymbol{J}_{\mathrm{T}i}$ gehen damit die Matrizen $\boldsymbol{H}_s$ aus (7.25) ein, während die 3-Vektoren $\bar{\boldsymbol{v}}_{Si}$ nur bei rheonomen Systemen auftreten

$$\boldsymbol{J}_{\mathrm{T}i} = \frac{\partial \boldsymbol{r}_{Si}}{\partial \boldsymbol{q}}\,\boldsymbol{H}_s = \left[\frac{\partial \boldsymbol{r}_{Si}}{\partial q_1} \;\cdots\; \frac{\partial \boldsymbol{r}_{Si}}{\partial q_f}\right]\boldsymbol{H}_s\,, \qquad \bar{\boldsymbol{v}}_{Si} = \frac{\partial \boldsymbol{r}_{Si}}{\partial t}. \tag{7.30}$$

Die zeitliche Ableitung der Drehtensoren $\boldsymbol{R}_i(\boldsymbol{q}, t)$ ergibt mit Hilfe der kinematischen Differentialgleichungen (3.168) die Winkelgeschwindigkeiten

$$\boldsymbol{\omega}_i = \mathrm{vec}(\dot{\boldsymbol{R}}_i\,\boldsymbol{R}_i^{\mathrm{T}}) \equiv \frac{\mathrm{d}\boldsymbol{\Phi}_i(\boldsymbol{q}, t)}{\mathrm{d}t} \tag{7.31}$$

mit den infinitesimalen Drehvektoren $\mathrm{d}\boldsymbol{\Phi}_i$. Für die Winkelgeschwindigkeiten gilt dann

$$\boldsymbol{\omega}_i \equiv \dot{\boldsymbol{\Phi}}_i = \frac{\partial \boldsymbol{\Phi}_i(\boldsymbol{q}, t)}{\partial \boldsymbol{q}}\,\dot{\boldsymbol{q}} + \frac{\partial \boldsymbol{\Phi}_i(\boldsymbol{q}, t)}{\partial t}\,, \quad i = 1 \ldots, n. \tag{7.32}$$

Wird $\dot{\boldsymbol{q}}$ wieder mit (7.25) durch die Minimalgeschwindigkeiten $\boldsymbol{s}$ ausgedrückt, so geht (7.32) über in

$$\boldsymbol{\omega}_i = \boldsymbol{J}_{\mathrm{R}i}(\boldsymbol{q}, t)\,\boldsymbol{s} + \bar{\boldsymbol{\omega}}_i(\boldsymbol{q}, t)\,, \quad i = 1 \ldots, n. \tag{7.33}$$

mit den $(3, f)$-JACOBI-Matrizen der Rotation $\boldsymbol{J}_{\mathrm{R}i}$ und den nur bei rheonomen Systemen auftretenden 3-Vektoren der partiellen Zeitableitungen $\bar{\boldsymbol{\omega}}_i$,

$$\boldsymbol{J}_{\mathrm{R}i} = \frac{\partial \boldsymbol{\Phi}_i}{\partial \boldsymbol{q}}\,\boldsymbol{H}_s = \left[\frac{\partial \boldsymbol{\Phi}_i}{\partial q_1} \cdots \frac{\partial \boldsymbol{\Phi}_i}{\partial q_f}\right]\boldsymbol{H}_s\,, \qquad \bar{\boldsymbol{\omega}}_i = \frac{\partial \boldsymbol{\Phi}_i}{\partial t}. \tag{7.34}$$

Mit Hilfe der in Abschn. 3.2.2 gezeigten vektoriellen Beziehungen der Starrkörperkinematik können die Winkelgeschwindigkeiten der Körper direkt in der Form (7.33) ausgedrückt werden, ohne die Ableitungen (7.34) berechnen zu müssen.

Die expliziten Geschwindigkeitsbindungen (7.29) und (7.33) können mit den 6-Vektoren $\hat{\boldsymbol{v}}_i$ zusammengefasst werden zu

$$\begin{bmatrix} \boldsymbol{\omega}_i \\ \boldsymbol{v}_{Si} \end{bmatrix} = \begin{bmatrix} \boldsymbol{J}_{\mathrm{R}i}(\boldsymbol{q},t) \\ \boldsymbol{J}_{\mathrm{T}i}(\boldsymbol{q},t) \end{bmatrix} \boldsymbol{s} + \begin{bmatrix} \bar{\boldsymbol{\omega}}_i(\boldsymbol{q},t) \\ \bar{\boldsymbol{v}}_{Si}(\boldsymbol{q},t) \end{bmatrix}$$
$$\hat{\boldsymbol{v}}_i = \boldsymbol{J}_i(\boldsymbol{q},t)\,\boldsymbol{s} + \bar{\hat{\boldsymbol{v}}}_i(\boldsymbol{q},t)\,, \quad i = 1,\ldots,n, \tag{7.35}$$

mit den $(6,f)$-JACOBI-Matrizen $\boldsymbol{J}_i$ und den 6-Vektoren $\bar{\hat{\boldsymbol{v}}}_i$. Mit der globalen $(6n,f)$-JACOBI-Matrix $\boldsymbol{J}$ und dem $6n$-Vektor $\bar{\hat{\boldsymbol{v}}}$ lautet der globale $6n$-Geschwindigkeitsvektor

$$\begin{bmatrix} \hat{\boldsymbol{v}}_1 \\ \vdots \\ \hat{\boldsymbol{v}}_n \end{bmatrix} = \begin{bmatrix} \boldsymbol{J}_1(\boldsymbol{q},t) \\ \vdots \\ \boldsymbol{J}_n(\boldsymbol{q},t) \end{bmatrix} \boldsymbol{s} + \begin{bmatrix} \bar{\hat{\boldsymbol{v}}}_1(\boldsymbol{q},t) \\ \vdots \\ \bar{\hat{\boldsymbol{v}}}_n(\boldsymbol{q},t) \end{bmatrix}$$
$$\hat{\boldsymbol{v}} = \boldsymbol{J}(\boldsymbol{q},t)\,\boldsymbol{s} + \bar{\hat{\boldsymbol{v}}}(\boldsymbol{q},t)\,. \tag{7.36}$$

Orthogonalität der freien und gesperrten Raumrichtungen Die expliziten Geschwindigkeitsbindungen (7.36) erfüllen für beliebige $\boldsymbol{q}$, $\boldsymbol{s}$ und t die impliziten Bindungen (7.20). In Analogie zu (6.27) und (6.28) gelten die Orthogonalitätsbeziehung

$$\boldsymbol{G}\,\boldsymbol{J} = \boldsymbol{0} \quad \text{oder} \quad \sum_{i=1}^{n} (\boldsymbol{G}_{\mathrm{R}i}\,\boldsymbol{J}_{\mathrm{R}i} + \boldsymbol{G}_{\mathrm{T}i}\,\boldsymbol{J}_{\mathrm{T}i}) = \boldsymbol{0} \tag{7.37}$$

und der nur bei rheonomen Systemen auftretende Zusammenhang

$$\boldsymbol{G}\,\bar{\hat{\boldsymbol{v}}} + \bar{\boldsymbol{\gamma}} = \boldsymbol{0} \quad \text{oder} \quad \sum_{i=1}^{n} (\boldsymbol{G}_{\mathrm{R}i}\,\bar{\boldsymbol{\omega}}_i + \boldsymbol{G}_{\mathrm{T}i}\,\bar{\boldsymbol{v}}_{Si}) + \bar{\boldsymbol{\gamma}} = \boldsymbol{0} \tag{7.38}$$

Explizite Bindungen auf Beschleunigungsebene Die zeitliche Ableitung der Geschwindigkeiten $\boldsymbol{v}_{Si}$ aus (7.29) liefert die Beschleunigungen der Massenmittelpunkte S_i

$$\dot{\boldsymbol{v}}_{Si} \equiv \boldsymbol{a}_{Si} = \boldsymbol{J}_{\mathrm{T}i}(\boldsymbol{q},t)\,\dot{\boldsymbol{s}} + \bar{\boldsymbol{a}}_{Si}(\boldsymbol{q},\boldsymbol{s},t)\,, \quad i = 1,\ldots,n, \tag{7.39}$$

mit den nicht von $\dot{\boldsymbol{s}}$ abhängenden 3-Vektoren

$$\bar{\boldsymbol{a}}_{Si} = \frac{\mathrm{d}\boldsymbol{J}_{\mathrm{T}i}}{\mathrm{d}t}\,\boldsymbol{s} + \frac{\mathrm{d}\bar{\boldsymbol{v}}_{Si}}{\mathrm{d}t}. \tag{7.40}$$

Die zeitliche Ableitung von (7.33) ergibt die Winkelbeschleunigungen

$$\dot{\boldsymbol{\omega}}_i \equiv \boldsymbol{\alpha}_i = \boldsymbol{J}_{\mathrm{R}i}(\boldsymbol{q},t)\,\dot{\boldsymbol{s}} + \bar{\boldsymbol{\alpha}}_i(\boldsymbol{q},\boldsymbol{s},t)\,, \quad i = 1,\ldots,n, \tag{7.41}$$

mit den nicht von $\dot{s}$ abhängenden 3-Vektoren

$$\bar{\alpha}_i = \frac{\mathrm{d}J_{Ri}}{\mathrm{d}t}\, s + \frac{\mathrm{d}\bar{\omega}_i}{\mathrm{d}t}. \tag{7.42}$$

Für die 6-Vektoren der räumlichen Beschleunigungen $\hat{a}_i$ der einzelnen Körper gilt

$$\begin{aligned} \begin{bmatrix} \alpha_i \\ a_{Si} \end{bmatrix} &= \begin{bmatrix} J_{Ri}(q,t) \\ J_{Ti}(q,t) \end{bmatrix} \dot{s} + \begin{bmatrix} \bar{\alpha}_i(q,s,t) \\ \bar{a}_{Si}(q,s,t) \end{bmatrix} \\ \hat{a}_i &= J_i(q,t) \quad \dot{s} + \quad \bar{\hat{a}}_i(q,s,t) \quad , \quad i = 1,\ldots,n, \end{aligned} \tag{7.43}$$

und für den globalen $6n$-Beschleunigungsvektor $\hat{a}$ des Gesamtsystems

$$\begin{aligned} \begin{bmatrix} \hat{a}_1 \\ \vdots \\ \hat{a}_n \end{bmatrix} &= \begin{bmatrix} J_1(q,t) \\ \vdots \\ J_n(q,t) \end{bmatrix} \dot{s} + \begin{bmatrix} \bar{\hat{a}}_1(q,s,t) \\ \vdots \\ \bar{\hat{a}}_n(q,s,t) \end{bmatrix} \\ \hat{a} &= \quad J(q,t) \quad \dot{s} + \quad \bar{\hat{a}}(q,s,t) \quad . \end{aligned} \tag{7.44}$$

In Analogie zu (6.35) gilt der Zusammenhang

$$G\,\bar{\hat{a}} + \bar{\bar{\gamma}} = \mathbf{0} \qquad \text{oder} \qquad \sum_{i=1}^{n} (G_{Ri}\,\bar{\alpha}_i + G_{Ti}\,\bar{a}_{Si}) + \bar{\bar{\gamma}} = \mathbf{0}. \tag{7.45}$$

7.3 Impulssätze und Drallsätze

Für die freigeschnittenen Körper gelten die Impulssätze (4.58)

$$m_i\, a_{Si} = f_i^{\mathrm{e}} + f_i^{\mathrm{r}}, \quad i = 1,\ldots,n, \tag{7.46}$$

mit den Resultierenden der am Körper wirkenden eingeprägten Kräfte f_i^{e} und der Reaktionskräfte f_i^{r} (Abb. 7.2). Die Drallsätze (4.64) bezüglich der Massenmittelpunkte S_i lauten

$$\Theta_{Si}\, \alpha_i + \tilde{\omega}_i\, \Theta_{Si}\, \omega_i = \tau_{Si}^{\mathrm{e}} + \tau_{Si}^{\mathrm{r}}, \quad i = 1,\ldots,n, \tag{7.47}$$

mit den Trägheitstensoren Θ_{Si} sowie den Resultierenden der eingeprägten Momente τ_{Si}^{e} und der Reaktionsmomente τ_{Si}^{r} jeweils bezüglich S_i.

Die NEWTON-EULER-Gleichungen des Mehrkörpersystems (7.46) und (7.47) können zusammengefasst werden zu der Matrizengleichung

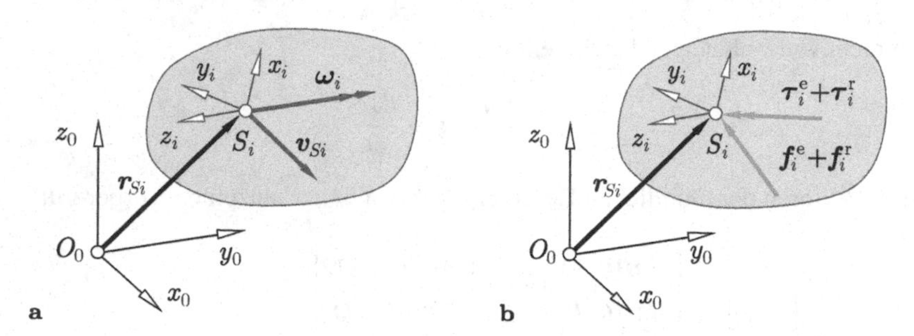

Abb. 7.2 Freigeschnittener Körper i. **a** Kinematische Größen. **b** Kräfte und Momente

$$\begin{array}{c}\begin{bmatrix}\boldsymbol{\Theta}_{Si} & \mathbf{0}\\ \mathbf{0} & m_i\,\boldsymbol{E}\end{bmatrix}\begin{bmatrix}\boldsymbol{\alpha}_i\\ \boldsymbol{a}_{Si}\end{bmatrix}=\begin{bmatrix}-\widetilde{\boldsymbol{\omega}}_i\,\boldsymbol{\Theta}_{Si}\,\boldsymbol{\omega}_i\\ \mathbf{0}\end{bmatrix}+\begin{bmatrix}\boldsymbol{\tau}_{Si}^{\mathrm{e}}\\ \boldsymbol{f}_i^{\mathrm{e}}\end{bmatrix}+\begin{bmatrix}\boldsymbol{\tau}_{Si}^{\mathrm{r}}\\ \boldsymbol{f}_i^{\mathrm{r}}\end{bmatrix}\\ \widehat{\boldsymbol{M}}_i\quad\hat{\boldsymbol{a}}_i=\hat{\boldsymbol{f}}_i^{\mathrm{c}}+\hat{\boldsymbol{f}}_i^{\mathrm{e}}+\hat{\boldsymbol{f}}_i^{\mathrm{r}},\quad i=1,\ldots,n,\end{array}\tag{7.48}$$

mit der (6,6)-Massenmatrix $\widehat{\boldsymbol{M}}_i$ sowie den 6-Vektoren der eingeprägten Kraftwinder $\hat{\boldsymbol{f}}_i^{\mathrm{e}}$, der Reaktionskraftwinder $\hat{\boldsymbol{f}}_i^{\mathrm{r}}$ und der Trägheitskraftwinder $\hat{\boldsymbol{f}}_i^{\mathrm{c}}$ mit den Kreiselmomenten. Die insgesamt $6n$ Gleichungen (7.48) bilden die globale Blockmatrizengleichung

$$\begin{array}{c}\begin{bmatrix}\widehat{\boldsymbol{M}}_1 & & \mathbf{0}\\ & \ddots & \\ \mathbf{0} & & \widehat{\boldsymbol{M}}_n\end{bmatrix}\begin{bmatrix}\hat{\boldsymbol{a}}_1\\ \vdots\\ \hat{\boldsymbol{a}}_n\end{bmatrix}=\begin{bmatrix}\hat{\boldsymbol{f}}_1^{\mathrm{c}}\\ \vdots\\ \hat{\boldsymbol{f}}_n^{\mathrm{c}}\end{bmatrix}+\begin{bmatrix}\hat{\boldsymbol{f}}_1^{\mathrm{e}}\\ \vdots\\ \hat{\boldsymbol{f}}_n^{\mathrm{e}}\end{bmatrix}+\begin{bmatrix}\hat{\boldsymbol{f}}_1^{\mathrm{r}}\\ \vdots\\ \hat{\boldsymbol{f}}_n^{\mathrm{r}}\end{bmatrix}\\ \widehat{\boldsymbol{M}}\quad\hat{\boldsymbol{a}}=\hat{\boldsymbol{f}}^{\mathrm{c}}+\hat{\boldsymbol{f}}^{\mathrm{e}}+\hat{\boldsymbol{f}}^{\mathrm{r}}.\end{array}\tag{7.49}$$

7.4 Eingeprägte Kräfte und Momente

Für die eingeprägten Kräfte $\boldsymbol{f}_i^{\mathrm{e}}$ und Momente $\boldsymbol{\tau}_{Si}^{\mathrm{e}}$ im Kraftwinder $\hat{\boldsymbol{f}}_i^{\mathrm{e}}$ in den Impuls- und Drallsätzen (7.48) gelten physikalische Kraftgesetze. Exemplarisch werden wieder ein translatorisches und ein rotatorisches Kraftelement betrachtet.

Für das entsprechend Abb. 6.3 zwischen zwei Körpern i und j wirkende translatorische Kraftelement mit den Kraftgesetz (6.40) wurden die eingeprägten Kräfte und Momente bezüglich der jeweiligen Körperschwerpunkte bereits in (6.44) und (6.45) berechnet. Sie bilden die eingeprägten Kraftwinder

$$\hat{\boldsymbol{f}}_i^{\mathrm{e}}=\begin{bmatrix}\boldsymbol{\tau}_{Si}^{\mathrm{e}}\\ \boldsymbol{f}_i^{\mathrm{e}}\end{bmatrix}=\begin{bmatrix}\widetilde{\boldsymbol{c}}_i\,\boldsymbol{u}\\ \boldsymbol{u}\end{bmatrix}f_s,\quad \hat{\boldsymbol{f}}_j^{\mathrm{e}}=\begin{bmatrix}\boldsymbol{\tau}_{Sj}^{\mathrm{e}}\\ \boldsymbol{f}_j^{\mathrm{e}}\end{bmatrix}=\begin{bmatrix}-\widetilde{\boldsymbol{c}}_j\,\boldsymbol{u}\\ -\boldsymbol{u}\end{bmatrix}f_s.\tag{7.50}$$

Das in Abb. 7.3 gezeigte rotatorische Kraftelement um die Drehachse mit dem Richtungsvektor $\boldsymbol{u}$ zwischen den Körpern i und j und dem Momentengesetz (6.47) wirkt auf die

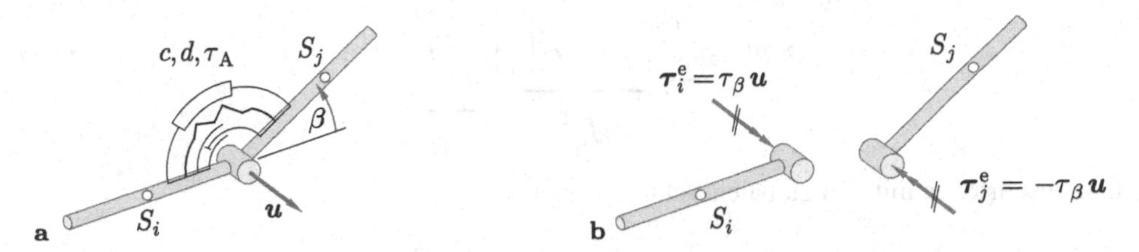

Abb. 7.3 Rotatorisches Kraftelement mit Drehfeder, Drehdämpfer und Momentstellglied in Parallelschaltung. **a** Kinematik. **b** Eingeprägte Momente

Körper i bzw. j mit den Momentvektoren

$$\boldsymbol{\tau}_i^{\mathrm{e}} = \tau_\beta\,\boldsymbol{u}\,, \qquad \boldsymbol{\tau}_j^{\mathrm{e}} = -\tau_\beta\,\boldsymbol{u}. \tag{7.51}$$

7.5 Reaktionskräfte und Reaktionsmomente

Für die Reaktionskräfte und Reaktionsmomente in räumlichen Mehrkörpersystemen gelten wieder die aus dem Prinzip von JOURDAIN abgeleiteten Reaktionsbedingungen.

7.5.1 Prinzip von JOURDAIN für räumliche Mehrkörpersysteme

Gegenüber der Formulierung des Prinzip von JOURDAIN für ebene Mehrkörpersysteme in Abschn. 6.5.1 werden die virtuellen Winkelgeschwindigkeitsvektoren $\delta'\boldsymbol{\omega}_i$ berücksichtigt. Ausgehend von den impliziten Geschwindigkeitsbindungen (7.18) unterliegen die virtuellen räumlichen Geschwindigkeiten der Körper $\delta'\hat{\boldsymbol{v}}_i$ den impliziten Bindungen

$$\delta'\dot{\boldsymbol{g}} \equiv \sum_{i=1}^{n} \underbrace{\begin{bmatrix} \boldsymbol{G}_{\mathrm{R}i}(\hat{\boldsymbol{r}},t) & \boldsymbol{G}_{\mathrm{T}i}(\hat{\boldsymbol{r}},t) \end{bmatrix}}_{\boldsymbol{G}_i(\hat{\boldsymbol{r}},t)} \underbrace{\begin{bmatrix} \delta'\boldsymbol{\omega}_i \\ \delta'\boldsymbol{v}_{Si} \end{bmatrix}}_{\delta'\hat{\boldsymbol{v}}_i} = \boldsymbol{0} \tag{7.52}$$

oder in Blockmatrizenschreibweise

$$\delta'\dot{\boldsymbol{g}} \equiv \underbrace{\begin{bmatrix} \boldsymbol{G}_1(\hat{\boldsymbol{r}},t) & \dots & \boldsymbol{G}_n(\hat{\boldsymbol{r}},t) \end{bmatrix}}_{\boldsymbol{G}(\hat{\boldsymbol{r}},t)} \underbrace{\begin{bmatrix} \delta'\hat{\boldsymbol{v}}_1 \\ \vdots \\ \delta'\hat{\boldsymbol{v}}_n \end{bmatrix}}_{\delta'\hat{\boldsymbol{v}}} = \boldsymbol{0}. \tag{7.53}$$

Mit den vektoriellen Reaktionsmomenten $\boldsymbol{\tau}_{Si}^{\mathrm{r}}$ lautet das Prinzip von JOURDAIN in Anlehnung an (6.53)

$$\delta' P^r \equiv \sum_{i=1}^{n} \underbrace{\begin{bmatrix} \boldsymbol{\tau}_{Si}^{rT} & \boldsymbol{f}_i^{rT} \end{bmatrix}}_{\hat{\boldsymbol{f}}_i^{rT}} \underbrace{\begin{bmatrix} \delta'\boldsymbol{\omega}_i \\ \delta'\boldsymbol{v}_{Si} \end{bmatrix}}_{\delta'\hat{\boldsymbol{v}}_i} = 0 \tag{7.54}$$

und geschrieben mit den globalen Vektoren

$$\delta' P^r \equiv \underbrace{\begin{bmatrix} \hat{\boldsymbol{f}}_1^{rT} \dots \hat{\boldsymbol{f}}_n^{rT} \end{bmatrix}}_{\hat{\boldsymbol{f}}^{rT}} \underbrace{\begin{bmatrix} \delta'\hat{\boldsymbol{v}}_1 \\ \vdots \\ \delta'\hat{\boldsymbol{v}}_n \end{bmatrix}}_{\delta'\hat{\boldsymbol{v}}} = 0. \tag{7.55}$$

Werden in (7.54) die Reaktionskrafte $\boldsymbol{f}_i^r$ durch die Impulssätze (7.46) und die Reaktionsmomente $\boldsymbol{\tau}_{Si}^r$ durch die Drallsätze (7.47) ausgedrückt, so geht das das Prinzip von JOURDAIN für räumliche Mehrkörpersysteme über in die Form, vgl. (6.55),

$$\sum_{i=1}^{n} \left\{ (\boldsymbol{\Theta}_{Si}\, \boldsymbol{\alpha}_i + \tilde{\boldsymbol{\omega}}_i\, \boldsymbol{\Theta}_{Si}\, \boldsymbol{\omega}_i - \boldsymbol{\tau}_{Si}^e)^T\, \delta'\boldsymbol{\omega}_i + (m_i\, \boldsymbol{a}_{Si} - \boldsymbol{f}_i^e)^T\, \delta'\boldsymbol{v}_{Si} \right\} = 0. \tag{7.56}$$

7.5.2 Explizite Reaktionsbedingungen

Aus dem Vergleich von (7.53) und (7.55) ergibt sich wieder, dass der globale Vektor der Reaktionskraftwinder $\hat{\boldsymbol{f}}^r$ im Nullraum der globalen Bindungsmatrix $\boldsymbol{G}$ liegt. Mit den minimalen Reaktionskoordinaten $\boldsymbol{\lambda} = [\, \lambda_1 \dots \lambda_b \,]^T$ lauten damit die expliziten Reaktionsbedingungen für das räumliche Mehrkörpersystem

$$\hat{\boldsymbol{f}}^r = \boldsymbol{G}^T \boldsymbol{\lambda} \qquad \text{oder} \qquad \hat{\boldsymbol{f}}_i^r = \boldsymbol{G}_i^T \boldsymbol{\lambda}\,, \quad i = 1, \dots, n. \tag{7.57}$$

Mit den translatorischen und rotatorischen Anteilen der Bindungsmatrizen $\boldsymbol{G}_i$ aus (7.19) beinhaltet der Reaktionskraftwinder $\hat{\boldsymbol{f}}_i^r$ am freigeschnittenen Körper i die Reaktionskraft

$$\boldsymbol{f}_i^r = \boldsymbol{G}_{Ti}^T \boldsymbol{\lambda}\,, \quad i = 1, \dots, n, \tag{7.58}$$

und das Reaktionsmoment bezüglich des Massenmittelpunkts S_i

$$\boldsymbol{\tau}_{Si}^r = \boldsymbol{G}_{Ri}^T \boldsymbol{\lambda}\,, \quad i = 1, \dots, n. \tag{7.59}$$

7.5.3 Implizite Reaktionsbedingungen

Multiplikation der expliziten Reaktionsbedingungen (7.57) von links mit der transponierten JACOBI-Matrix der expliziten Bindungen $\boldsymbol{J}^T$ liefert unter Berücksichtigung der Orthogonalitätsbeziehung (7.37), also $\boldsymbol{G}\,\boldsymbol{J} = \boldsymbol{0}$ und damit $\boldsymbol{J}^{\mathrm{T}}\,\boldsymbol{G}^{\mathrm{T}} = \boldsymbol{0}$, die impliziten Reaktionsbedingungen

$$\boldsymbol{J}^{\mathrm{T}}\,\hat{\boldsymbol{f}}^{\mathrm{r}} = \boldsymbol{0} \quad \text{oder} \quad \sum_{i=1}^{n} \boldsymbol{J}_i^{\mathrm{T}}\,\hat{\boldsymbol{f}}_i^{\mathrm{r}} = \boldsymbol{0} \tag{7.60}$$

oder ausgeschrieben mit den rotatorischen und translatorischen Größen

$$\sum_{i=1}^{n} \left(\boldsymbol{J}_{\mathrm{R}i}^{\mathrm{T}}\,\boldsymbol{\tau}_{Si}^{\mathrm{r}} + \boldsymbol{J}_{\mathrm{T}i}^{\mathrm{T}}\,\boldsymbol{f}_i^{\mathrm{r}}\right) = \boldsymbol{0}. \tag{7.61}$$

7.6 Bewegungsgleichungen räumlicher Mehrkörpersysteme

Die Bewegungsgleichungen räumlicher holonomer Mehrkörpersysteme werden in Analogie zur Vorgehensweise bei Massenpunktsystemen in Abschn. 5.6 in Absolutkoordinaten sowie in Minimalkoordinaten und Minimalgeschwindigkeiten aufgestellt.

7.6.1 Bewegungsgleichungen in Absolutkoordinaten

In Anlehnung an (6.61) bilden die kinematischen Differentialgleichungen (7.14), die Impuls- und Drallsätze (7.49) mit den Reaktionskraftwindern $\hat{\boldsymbol{f}}^{\mathrm{r}}$ aus (7.57) und die impliziten Bindungen (7.12) die Lagrange-Gleichungen erster Art

$$\left.\begin{aligned} \dot{\hat{\boldsymbol{r}}} &= \widehat{\boldsymbol{H}}(\hat{\boldsymbol{r}})\,\hat{\boldsymbol{v}}, \\ \widehat{\boldsymbol{M}}\,\dot{\hat{\boldsymbol{v}}} &= \hat{\boldsymbol{f}}^{\mathrm{e}}(\hat{\boldsymbol{r}}, \hat{\boldsymbol{v}}, t) + \hat{\boldsymbol{f}}^{\mathrm{c}}(\hat{\boldsymbol{r}}, \hat{\boldsymbol{v}}) + \boldsymbol{G}^{\mathrm{T}}(\hat{\boldsymbol{r}}, t)\,\boldsymbol{\lambda}, \\ \boldsymbol{0} &= \boldsymbol{g}(\hat{\boldsymbol{r}}, t). \end{aligned}\right\} \tag{7.62}$$

Lösung der LAGRANGE-Gleichungen erster Art In Analogie zu (6.62) wird aus (7.49) mit (7.57) und den Bindungen auf Beschleunigungsebene (7.23) ein System von $6n + b$ linearen Gleichungen für die $6n$ Koordinaten der Absolutbeschleunigungen $\hat{\boldsymbol{a}}$ und die b minimalen Reaktionskoordinaten $\boldsymbol{\lambda}$ erhalten,

$$\begin{bmatrix} \widehat{\boldsymbol{M}} & -\boldsymbol{G}^{\mathrm{T}} \\ -\boldsymbol{G} & \boldsymbol{0} \end{bmatrix} \begin{bmatrix} \hat{\boldsymbol{a}} \\ \boldsymbol{\lambda} \end{bmatrix} = \begin{bmatrix} \hat{\boldsymbol{f}}^{\mathrm{e}} + \hat{\boldsymbol{f}}^{\mathrm{c}} \\ \bar{\bar{\boldsymbol{\gamma}}} \end{bmatrix} \begin{matrix} 6n \text{ Gln.} \\ b \text{ Gln.} \end{matrix} \tag{7.63}$$

Die Lösungen $\hat{\boldsymbol{a}}(\hat{\boldsymbol{r}}, \hat{\boldsymbol{v}}, t)$ und $\boldsymbol{\lambda}(\hat{\boldsymbol{r}}, \hat{\boldsymbol{v}}, t)$ können entsprechend (5.91) und (5.92) berechnet werden. Zusammen mit den kinematischen Differentialgleichungen (7.14) liegt damit ein System gewöhnlicher Differentialgleichungen erster Ordnung in $\hat{\boldsymbol{r}}$ und $\hat{\boldsymbol{v}}$ vor,

$$\begin{bmatrix} \dot{\hat{\boldsymbol{r}}} \\ \dot{\hat{\boldsymbol{v}}} \end{bmatrix} = \begin{bmatrix} \widehat{\boldsymbol{H}}(\hat{\boldsymbol{r}})\,\hat{\boldsymbol{v}} \\ \hat{\boldsymbol{a}}(\hat{\boldsymbol{r}}, \hat{\boldsymbol{v}}, t) \end{bmatrix} \quad \text{mit} \quad \begin{bmatrix} \hat{\boldsymbol{r}}(t_0) \\ \hat{\boldsymbol{v}}(t_0) \end{bmatrix} = \begin{bmatrix} \hat{\boldsymbol{r}}_0 \\ \hat{\boldsymbol{v}}_0 \end{bmatrix}. \tag{7.64}$$

Die Anfangsbedingungen $\hat{r}_0$, $\hat{v}_0$ müssen die Bindungen (7.12) und (7.20) sowie die Normierungsbedingungen der EULER-Parameter (7.4) erfüllen.

Die Aufstellung der Bewegungsgleichungen eines räumlichen holonomen Mehrkörpersystems in den Absolutkoordinaten ist in Tab. 7.1 zusammengefasst.

Tab. 7.1 Bewegungsgleichungen eines räumlichen holonomen Systems mit n Körpern in Absolutkoordinaten

Implizite holonome Bindungen:

$$(7.12): \quad \boldsymbol{g}(\underline{\boldsymbol{p}}_1, \boldsymbol{r}_{S1}, \ldots, \underline{\boldsymbol{p}}_n, \boldsymbol{r}_{Sn}, t) = \boldsymbol{0},$$

$$(7.18): \quad \sum_{i=1}^{n} \begin{bmatrix} \boldsymbol{G}_{\mathrm{R}i} & \boldsymbol{G}_{\mathrm{T}i} \end{bmatrix} \begin{bmatrix} \boldsymbol{\omega}_i \\ \boldsymbol{v}_{Si} \end{bmatrix} + \bar{\boldsymbol{\gamma}} = \boldsymbol{0},$$

$$(7.21): \quad \sum_{i=1}^{n} \begin{bmatrix} \boldsymbol{G}_{\mathrm{R}i} & \boldsymbol{G}_{\mathrm{T}i} \end{bmatrix} \begin{bmatrix} \boldsymbol{\alpha}_i \\ \boldsymbol{a}_{Si} \end{bmatrix} + \bar{\bar{\boldsymbol{\gamma}}} = \boldsymbol{0}.$$

Normierung der EULER-Parameter:

$$(7.4): \quad g_{\mathrm{E}i} \equiv p_{is}^2 + \boldsymbol{p}_i^{\mathrm{T}} \boldsymbol{p}_i - 1 = 0, \quad i = 1, \ldots, n.$$

Impulssätze und Drallsätze bezüglich der Massenmittelpunkte S_i:

$$(7.46) \quad m_i \, \boldsymbol{a}_{Si} = \boldsymbol{f}_i^{\mathrm{e}} + \boldsymbol{f}_i^{\mathrm{r}}, \quad i = 1, \ldots, n,$$

$$(7.47): \quad \boldsymbol{\Theta}_{Si} \, \boldsymbol{\alpha}_i + \widetilde{\boldsymbol{\omega}}_i \, \boldsymbol{\Theta}_{Si} \, \boldsymbol{\omega}_i = \boldsymbol{\tau}_{Si}^{\mathrm{e}} + \boldsymbol{\tau}_{Si}^{\mathrm{r}}, \; i = 1, \ldots, n.$$

Explizite Reaktionsbedingungen (b minimale Reaktionskoordinaten $\boldsymbol{\lambda}$):

$$(7.58): \quad \boldsymbol{f}_i^{\mathrm{r}} = \boldsymbol{G}_{\mathrm{T}i}^{\mathrm{T}} \, \boldsymbol{\lambda}, \quad i = 1, \ldots, n,$$

$$(7.59): \quad \boldsymbol{\tau}_{Si}^{\mathrm{r}} = \boldsymbol{G}_{\mathrm{R}i}^{\mathrm{T}} \, \boldsymbol{\lambda}, \quad i = 1, \ldots, n.$$

Lineares Gleichungssystem für $\boldsymbol{\alpha}_i$, $\boldsymbol{a}_{Si}$ und $\boldsymbol{\lambda}$:

$$(7.63): \quad \left[\begin{array}{ccccc|c} \boldsymbol{\Theta}_{S1} & \boldsymbol{0} & \ldots & \boldsymbol{0} & \boldsymbol{0} & -\boldsymbol{G}_{\mathrm{R}1}^{\mathrm{T}} \\ \boldsymbol{0} & m_1 \boldsymbol{E} & \ldots & \boldsymbol{0} & \boldsymbol{0} & -\boldsymbol{G}_{\mathrm{T}1}^{\mathrm{T}} \\ \vdots & \vdots & \ddots & \vdots & \vdots & \vdots \\ \boldsymbol{0} & \boldsymbol{0} & \ldots & \boldsymbol{\Theta}_{Sn} & \boldsymbol{0} & -\boldsymbol{G}_{\mathrm{R}n}^{\mathrm{T}} \\ \boldsymbol{0} & \boldsymbol{0} & \ldots & \boldsymbol{0} & m_n \boldsymbol{E} & -\boldsymbol{G}_{\mathrm{T}n}^{\mathrm{T}} \\ \hline -\boldsymbol{G}_{\mathrm{R}1} & -\boldsymbol{G}_{\mathrm{T}1} & \ldots & -\boldsymbol{G}_{\mathrm{R}n} & -\boldsymbol{G}_{\mathrm{T}n} & \boldsymbol{0} \end{array}\right] \left[\begin{array}{c} \boldsymbol{\alpha}_1 \\ \boldsymbol{a}_{S1} \\ \vdots \\ \boldsymbol{\alpha}_n \\ \boldsymbol{a}_{Sn} \\ \hline \boldsymbol{\lambda} \end{array}\right] = \left[\begin{array}{c} \boldsymbol{\tau}_{S1}^{\mathrm{e}} - \widetilde{\boldsymbol{\omega}}_1 \, \boldsymbol{\Theta}_{S1} \, \boldsymbol{\omega}_1 \\ \boldsymbol{f}_1^{\mathrm{e}} \\ \vdots \\ \boldsymbol{\tau}_{Sn}^{\mathrm{e}} - \widetilde{\boldsymbol{\omega}}_n \, \boldsymbol{\Theta}_{Sn} \, \boldsymbol{\omega}_n \\ \boldsymbol{f}_n^{\mathrm{e}} \\ \hline \bar{\bar{\boldsymbol{\gamma}}} \end{array}\right].$$

Differentialgleichungen in den Absolutkoordinaten mit Anfangsbedingungen:

$$(7.64): \quad \begin{bmatrix} \dot{\underline{\boldsymbol{p}}}_i \\ \dot{\boldsymbol{r}}_{Si} \end{bmatrix} = \begin{bmatrix} \boldsymbol{H}_i(\underline{\boldsymbol{p}}_i) \, \boldsymbol{\omega}_i \\ \boldsymbol{v}_{Si} \end{bmatrix} \quad \text{mit} \quad \begin{bmatrix} \underline{\boldsymbol{p}}_i(t_0) \\ \boldsymbol{r}_{Si}(t_0) \end{bmatrix} = \begin{bmatrix} \underline{\boldsymbol{p}}_{i0} \\ \boldsymbol{r}_{Si0} \end{bmatrix}, \; i = 1, \ldots, n,$$

$$\begin{bmatrix} \dot{\boldsymbol{\omega}}_i \\ \dot{\boldsymbol{v}}_{Si} \end{bmatrix} = \begin{bmatrix} \boldsymbol{\alpha}_i \\ \boldsymbol{a}_{Si} \end{bmatrix} \quad \text{mit} \quad \begin{bmatrix} \boldsymbol{\omega}_i(t_0) \\ \boldsymbol{v}_{Si}(t_0) \end{bmatrix} = \begin{bmatrix} \boldsymbol{\omega}_{i0} \\ \boldsymbol{v}_{Si0} \end{bmatrix}, \; i = 1, \ldots, n.$$

Die Anfangsbedingungen $\underline{\boldsymbol{p}}_{i0}$, $\boldsymbol{r}_{Si0}$, $\boldsymbol{\omega}_{i0}$, $\boldsymbol{v}_{Si0}$ müssen die Bindungen (7.12) und (7.20) sowie die Normierungsbedingungen der EULER-Parameter (7.4) erfüllen.

7.6.2 Bewegungsgleichungen in Minimalform

Die $6n$ Impuls- und Drallsätze (7.49), die $6n$ expliziten Beschleunigungsbindungen (7.44) und die f impliziten Reaktionsbedingungen (7.60) bilden in Analogie zu (6.64) ein System von $6n+6n+f$ linearen Gleichungen für die $6n$ Koordinaten der Körperbeschleunigungen $\hat{\boldsymbol{a}}$, die $6n$ Koordinaten der Reaktionskraftwinder $\hat{\boldsymbol{f}}^{\mathrm{r}}$ und die f minimalen Beschleunigungen $\dot{\boldsymbol{s}}$,

$$\begin{bmatrix} \widehat{\boldsymbol{M}}(\hat{\boldsymbol{r}}) & -\boldsymbol{E} & \boldsymbol{0} \\ -\boldsymbol{E} & \boldsymbol{0} & \boldsymbol{J}(\boldsymbol{q},t) \\ \boldsymbol{0} & \boldsymbol{J}^{\mathrm{T}}(\boldsymbol{q},t) & \boldsymbol{0} \end{bmatrix} \begin{bmatrix} \hat{\boldsymbol{a}} \\ \hat{\boldsymbol{f}}^{\mathrm{r}} \\ \dot{\boldsymbol{s}} \end{bmatrix} = \begin{bmatrix} \hat{\boldsymbol{f}}^{\mathrm{e}}(\hat{\boldsymbol{r}},\hat{\boldsymbol{v}},t) + \hat{\boldsymbol{f}}^{\mathrm{c}}(\hat{\boldsymbol{r}},\hat{\boldsymbol{v}}) \\ -\bar{\hat{\boldsymbol{a}}}(\boldsymbol{q},\dot{\boldsymbol{q}},t) \\ \boldsymbol{0} \end{bmatrix} \begin{matrix} 6n \text{ Gln.} \\ 6n \text{ Gln.} \\ f \text{ Gln.} \end{matrix} \tag{7.65}$$

Die Bewegungsgleichungen in den Minimalkoordinaten $\boldsymbol{q}$ und den Minimalgeschwindigkeiten $\boldsymbol{s}$ werden durch Elimination von $\hat{\boldsymbol{a}}$ und $\hat{\boldsymbol{f}}^{\mathrm{r}}$ aufgestellt. Einsetzen der Reaktionskraftwinder $\hat{\boldsymbol{f}}^{\mathrm{r}}$ aus den Impuls- und Drallsätzen (7.49) in die impliziten Reaktionsbedingungen (7.61) ergibt in Analogie zu (6.65) die Projektionsgleichung

$$\boldsymbol{J}^{\mathrm{T}}\left(\widehat{\boldsymbol{M}}\,\hat{\boldsymbol{a}} - \hat{\boldsymbol{f}}^{\mathrm{c}} - \hat{\boldsymbol{f}}^{\mathrm{e}}\right) = \boldsymbol{0} \quad \text{oder} \quad \sum_{i=1}^{n} \boldsymbol{J}_i^{\mathrm{T}}\left(\widehat{\boldsymbol{M}}_i\,\hat{\boldsymbol{a}}_i - \hat{\boldsymbol{f}}_i^{\mathrm{c}} - \hat{\boldsymbol{f}}_i^{\mathrm{e}}\right) = \boldsymbol{0}. \tag{7.66}$$

Werden die expliziten Beschleunigungsbindungen (7.44) in die Projektionsgleichung (7.66) eingesetzt und die Lagegrößen $\hat{\boldsymbol{r}}$ und Geschwindigkeiten $\hat{\boldsymbol{v}}$ mit Hilfe der expliziten Lage- und Geschwindigkeitsbindungen durch die Minimalkoordinaten $\boldsymbol{q}$ und die Minimalgeschwindigkeiten $\boldsymbol{s}$ ausgedrückt, so ergeben sich die Bewegungsgleichungen

$$\boldsymbol{M}(\boldsymbol{q},t)\,\dot{\boldsymbol{s}} = \boldsymbol{k}^{\mathrm{c}}(\boldsymbol{q},\boldsymbol{s},t) + \boldsymbol{k}^{\mathrm{e}}(\boldsymbol{q},\boldsymbol{s},t) \tag{7.67}$$

mit der symmetrischen, positiv definiten (f,f)-Massenmatrix

$$\begin{aligned} \boldsymbol{M} &= \boldsymbol{J}^{\mathrm{T}}\,\widehat{\boldsymbol{M}}\,\boldsymbol{J} = \sum_{i=1}^{n} \boldsymbol{J}_i^{\mathrm{T}}\,\widehat{\boldsymbol{M}}_i\,\boldsymbol{J}_i, \\ \boldsymbol{M} &= \sum_{i=1}^{n}\left(m_i\,\boldsymbol{J}_{\mathrm{T}i}^{\mathrm{T}}\,\boldsymbol{J}_{\mathrm{T}i} + \boldsymbol{J}_{\mathrm{R}i}^{\mathrm{T}}\,\boldsymbol{\Theta}_{Si}\,\boldsymbol{J}_{\mathrm{R}i}\right), \end{aligned} \tag{7.68}$$

dem f-Vektor der verallgemeinerten Zentrifugal- und CORIOLIS-Kräfte, der auch die Wirkung der Kreiselmomente enthält,

$$\begin{aligned} \boldsymbol{k}^{\mathrm{c}} &= -\boldsymbol{J}^{\mathrm{T}}\left(\widehat{\boldsymbol{M}}\,\bar{\hat{\boldsymbol{a}}} - \hat{\boldsymbol{f}}^{\mathrm{c}}\right) = -\sum_{i=1}^{n} \boldsymbol{J}_i^{\mathrm{T}}\left(\widehat{\boldsymbol{M}}_i\,\bar{\hat{\boldsymbol{a}}}_i - \hat{\boldsymbol{f}}_i^{\mathrm{c}}\right), \\ \boldsymbol{k}^{\mathrm{c}} &= -\sum_{i=1}^{n}\left(m_i\,\boldsymbol{J}_{\mathrm{T}i}^{\mathrm{T}}\,\bar{\boldsymbol{a}}_{Si} + \boldsymbol{J}_{\mathrm{R}i}^{\mathrm{T}}\,\boldsymbol{\Theta}_{Si}\,\bar{\boldsymbol{\alpha}}_i + \boldsymbol{J}_{\mathrm{R}i}^{\mathrm{T}}\,\widetilde{\boldsymbol{\omega}}_i\,\boldsymbol{\Theta}_{Si}\,\boldsymbol{\omega}_i\right) \end{aligned} \tag{7.69}$$

und dem f-Vektor der verallgemeinerten eingeprägten Kräfte

$$\boldsymbol{k}^{\mathrm{e}} = \boldsymbol{J}^{\mathrm{T}} \hat{\boldsymbol{f}}^{\mathrm{e}} = \sum_{i=1}^{n} \boldsymbol{J}_i^{\mathrm{T}} \hat{\boldsymbol{f}}_i^{\mathrm{e}},$$

$$\boldsymbol{k}^{\mathrm{e}} = \sum_{i=1}^{n} \left(\boldsymbol{J}_{\mathrm{T}i}^{\mathrm{T}} \boldsymbol{f}_i^{\mathrm{e}} + \boldsymbol{J}_{\mathrm{R}i}^{\mathrm{T}} \boldsymbol{\tau}_{Si}^{\mathrm{e}} \right). \tag{7.70}$$

Beiträge von Körpern mit einem Fixpunkt Häufig haben in einem Mehrkörpermodell einzelne Körper einen Fixpunkt. Dies ist z. B. der Fall, wenn ein Körper durch ein Drehgelenk oder Kugelgelenk im raumfesten System gelagert ist. Die Körperpunkte auf der Gelenkachse bzw. im Gelenkpunkt sind dann Fixpunkte. Die Beiträge eines solchen Körpers zu den Bewegungsgleichungen (7.67) können dann einfacher aus dem Drallsatz (4.65) bezüglich des Fixpunktes O_i berechnet werden. Mit dem Trägheitstensor $\boldsymbol{\Theta}_i$, dem eingeprägten Moment $\boldsymbol{\tau}_i^{\mathrm{e}}$ und dem Reaktionsmoment $\boldsymbol{\tau}_i^{\mathrm{r}}$ jeweils bezüglich O_i lautet der Drallsatz

$$\boldsymbol{\Theta}_i \, \boldsymbol{\alpha}_i = -\widetilde{\boldsymbol{\omega}}_i \, \boldsymbol{\Theta}_i \, \boldsymbol{\omega}_i + \boldsymbol{\tau}_i^{\mathrm{e}} + \boldsymbol{\tau}_i^{\mathrm{r}}. \tag{7.71}$$

Die Beiträge des i-ten Körpers zu den Termen $\boldsymbol{M}$, $\boldsymbol{k}^{\mathrm{c}}$ und $\boldsymbol{k}^{\mathrm{e}}$ sind dann

$$\boldsymbol{M}_i = \boldsymbol{J}_{\mathrm{R}i}^{\mathrm{T}} \, \boldsymbol{\Theta}_i \, \boldsymbol{J}_{\mathrm{R}i}, \tag{7.72}$$

$$\boldsymbol{k}_i^{\mathrm{c}} = -\boldsymbol{J}_{\mathrm{R}i}^{\mathrm{T}} \, \boldsymbol{\Theta}_i \, \bar{\boldsymbol{\alpha}}_i - \boldsymbol{J}_{\mathrm{R}i}^{\mathrm{T}} \, \widetilde{\boldsymbol{\omega}}_i \, \boldsymbol{\Theta}_i \, \boldsymbol{\omega}_i, \tag{7.73}$$

$$\boldsymbol{k}_i^{\mathrm{e}} = \boldsymbol{J}_{\mathrm{R}i}^{\mathrm{T}} \, \boldsymbol{\tau}_i^{\mathrm{e}}. \tag{7.74}$$

Bei einer Drehung des Körpers um eine raumfeste Drehachse verschwindet in $\boldsymbol{k}_i^{\mathrm{c}}$ der Term $\boldsymbol{J}_{\mathrm{R}i}^{\mathrm{T}} \, \widetilde{\boldsymbol{\omega}}_i \, \boldsymbol{\Theta}_i \, \boldsymbol{\omega}_i$, da das Moment $\widetilde{\boldsymbol{\omega}}_i \, \boldsymbol{\Theta}_i \, \boldsymbol{\omega}_i$ senkrecht auf der Drehachse steht. Beispiele für die Anwendung von (7.71) bis (7.74) werden in Abschn. 7.7 gezeigt.

Zustandsgleichungen Die nach den Beschleunigungen $\dot{\boldsymbol{s}}$ aufgelösten Bewegungsgleichungen (7.67) bilden zusammen mit den kinematischen Differentialgleichungen (7.25) die Zustandsgleichungen in den Minimalkoordinaten $\boldsymbol{q}$ und Minimalgeschwindigkeiten $\boldsymbol{s}$,

$$\begin{bmatrix} \dot{\boldsymbol{q}} \\ \dot{\boldsymbol{s}} \end{bmatrix} = \begin{bmatrix} \boldsymbol{H}_s(\boldsymbol{q}) \, \boldsymbol{s} \\ \boldsymbol{M}^{-1}(\boldsymbol{q}, t) \left(\boldsymbol{k}^{\mathrm{c}}(\boldsymbol{q}, \boldsymbol{s}, t) + \boldsymbol{k}^{\mathrm{e}}(\boldsymbol{q}, \boldsymbol{s}, t) \right) \end{bmatrix} \quad \text{mit} \quad \begin{bmatrix} \boldsymbol{q}(t_0) \\ \boldsymbol{s}(t_0) \end{bmatrix} = \begin{bmatrix} \boldsymbol{q}_0 \\ \boldsymbol{s}_0 \end{bmatrix} \tag{7.75}$$

$$\dot{\boldsymbol{x}} = \boldsymbol{\Psi}(\boldsymbol{x}, t) \qquad \boldsymbol{x}(t_0) = \boldsymbol{x}_0 \, .$$

Die Aufstellung der Bewegungsgleichungen eines räumlichen holonomen Mehrkörpersystems in Minimalkoordinaten und Minimalgeschwindigkeiten ist in Tab. 7.2 zusammengefasst.

Tab. 7.2 Bewegungsgleichungen eines räumlichen holonomen Systems mit n starren Körpern in den Minimalkoordinaten $\boldsymbol{q}$ und Minimalgeschwindigkeiten $\boldsymbol{s}$

Kinematische Differentialgleichungen:

$$(7.25): \ \dot{\boldsymbol{q}} = \boldsymbol{H}_s(\boldsymbol{q})\, \boldsymbol{s}\,.$$

Explizite Bindungen ($i = 1, \ldots, n$):

$$\begin{aligned}
(7.26):&\ \boldsymbol{r}_{Si} = \boldsymbol{r}_{Si}(\boldsymbol{q}, t)\,,\\
(7.27):&\ \boldsymbol{R}_i = \boldsymbol{R}_i(\boldsymbol{q}, t)\,,\\
(7.29):&\ \boldsymbol{v}_{Si} = \boldsymbol{J}_{\mathrm{T}i}(\boldsymbol{q}, t)\, \boldsymbol{s} + \bar{\boldsymbol{v}}_{Si}(\boldsymbol{q}, t)\,,\\
(7.33):&\ \boldsymbol{\omega}_i = \boldsymbol{J}_{\mathrm{R}i}(\boldsymbol{q}, t)\, \boldsymbol{s} + \bar{\boldsymbol{\omega}}_i(\boldsymbol{q}, t)\,,\\
(7.39):&\ \boldsymbol{a}_{Si} = \boldsymbol{J}_{\mathrm{T}i}(\boldsymbol{q}, t)\, \dot{\boldsymbol{s}} + \bar{\boldsymbol{a}}_{Si}(\boldsymbol{q}, \boldsymbol{s}, t)\,,\\
(7.41):&\ \boldsymbol{\alpha}_i = \boldsymbol{J}_{\mathrm{R}i}(\boldsymbol{q}, t)\, \dot{\boldsymbol{s}} + \bar{\boldsymbol{\alpha}}_i(\boldsymbol{q}, \boldsymbol{s}, t)\,.
\end{aligned}$$

Impulssätze und Drallsätze bezüglich der Massenmittelpunkte S_i ($i = 1, \ldots, n$):

$$\begin{aligned}
(7.46)&\ \ m_i\, \boldsymbol{a}_{Si} = \boldsymbol{f}_i^{\mathrm{e}} + \boldsymbol{f}_i^{\mathrm{r}}\,,\\
(7.47):&\ \boldsymbol{\Theta}_{Si}\, \boldsymbol{\alpha}_i + \widetilde{\boldsymbol{\omega}}_i\, \boldsymbol{\Theta}_{Si}\, \boldsymbol{\omega}_i = \boldsymbol{\tau}_{Si}^{\mathrm{e}} + \boldsymbol{\tau}_{Si}^{\mathrm{r}}\,.
\end{aligned}$$

Implizite Reaktionsbedingungen:

$$(7.61): \ \sum_{i=1}^{n} \left(\boldsymbol{J}_{\mathrm{R}i}^{\mathrm{T}}\, \boldsymbol{\tau}_{Si}^{\mathrm{r}} + \boldsymbol{J}_{\mathrm{T}i}^{\mathrm{T}}\, \boldsymbol{f}_i^{\mathrm{r}}\right) = \boldsymbol{0}\,.$$

Bewegungsgleichungen in den Minimalkoordinaten und -geschwindigkeiten:

$$(7.67): \ \boldsymbol{M}(\boldsymbol{q}, t)\, \dot{\boldsymbol{s}} = \boldsymbol{k}^{\mathrm{c}}(\boldsymbol{q}, \boldsymbol{s}, t) + \boldsymbol{k}^{\mathrm{e}}(\boldsymbol{q}, \boldsymbol{s}, t)$$

mit

$$\begin{aligned}
(7.68):&\ \boldsymbol{M} = \sum_{i=1}^{n} \left(m_i\, \boldsymbol{J}_{\mathrm{T}i}^{\mathrm{T}}\, \boldsymbol{J}_{\mathrm{T}i} + \boldsymbol{J}_{\mathrm{R}i}^{\mathrm{T}}\, \boldsymbol{\Theta}_{Si}\, \boldsymbol{J}_{\mathrm{R}i}\right)\,,\\
(7.69):&\ \boldsymbol{k}^{\mathrm{c}} = -\sum_{i=1}^{n} \left(m_i\, \boldsymbol{J}_{\mathrm{T}i}^{\mathrm{T}}\, \bar{\boldsymbol{a}}_{Si} + \boldsymbol{J}_{\mathrm{R}i}^{\mathrm{T}}\, \boldsymbol{\Theta}_{Si}\, \bar{\boldsymbol{\alpha}}_i + \boldsymbol{J}_{\mathrm{R}i}^{\mathrm{T}}\, \widetilde{\boldsymbol{\omega}}_i\, \boldsymbol{\Theta}_{Si}\, \boldsymbol{\omega}_i\right)\,,\\
(7.70):&\ \boldsymbol{k}^{\mathrm{e}} = \sum_{i=1}^{n} \left(\boldsymbol{J}_{\mathrm{T}i}^{\mathrm{T}}\, \boldsymbol{f}_i^{\mathrm{e}} + \boldsymbol{J}_{\mathrm{R}i}^{\mathrm{T}}\, \boldsymbol{\tau}_{Si}^{\mathrm{e}}\right)\,.
\end{aligned}$$

Zustandsgleichungen (Zustandsgrößen $\boldsymbol{q}$, $\boldsymbol{s}$) mit Anfangsbedingungen:

$$(7.75): \ \begin{bmatrix} \dot{\boldsymbol{q}} \\ \dot{\boldsymbol{s}} \end{bmatrix} = \begin{bmatrix} \boldsymbol{H}_s(\boldsymbol{q})\, \boldsymbol{s} \\ \boldsymbol{M}^{-1}(\boldsymbol{q}, t)\, \left(\boldsymbol{k}^{\mathrm{c}}(\boldsymbol{q}, \boldsymbol{s}, t) + \boldsymbol{k}^{\mathrm{e}}(\boldsymbol{q}, \boldsymbol{s}, t)\right) \end{bmatrix} \quad \text{mit} \quad \begin{bmatrix} \boldsymbol{q}(t_0) \\ \boldsymbol{s}(t_0) \end{bmatrix} = \begin{bmatrix} \boldsymbol{q}_0 \\ \boldsymbol{s}_0 \end{bmatrix}.$$

Reaktionskraftwinder Mit den Beschleunigungen $\dot{\boldsymbol{s}}$ aus (7.75) können die Reaktionskraftwinder $\hat{\boldsymbol{f}}^{\mathrm{r}}$ mit Hilfe der Impuls- und Drallsätze (7.49) unter Berücksichtigung der expliziten Beschleunigungsbindungen (7.44) berechnet werden,

$$\hat{\boldsymbol{f}}^{\mathrm{r}} = \widehat{\boldsymbol{M}}\, \hat{\boldsymbol{a}} - \hat{\boldsymbol{f}}^{\mathrm{c}} - \hat{\boldsymbol{f}}^{\mathrm{e}} \quad \text{mit} \quad \hat{\boldsymbol{a}} = \boldsymbol{J}\, \dot{\boldsymbol{s}} + \bar{\hat{\boldsymbol{a}}}. \tag{7.76}$$

Am Körper i wirken die Reaktionskraft $\boldsymbol{f}_i^{\mathrm{r}}$ und das Reaktionsmoment $\boldsymbol{\tau}_{Si}^{\mathrm{r}}$ bezüglich des Massenmittelpunkts S_i,

$$\boldsymbol{f}_i^{\mathrm{r}} = m_i\, \boldsymbol{a}_{Si} - \boldsymbol{f}_i^{\mathrm{e}}, \qquad i = 1, \ldots, n, \tag{7.77}$$

$$\boldsymbol{\tau}_{Si}^{\mathrm{r}} = \boldsymbol{\Theta}_{Si}\, \boldsymbol{\alpha}_i + \widetilde{\boldsymbol{\omega}}_i\, \boldsymbol{\Theta}_{Si}\, \boldsymbol{\omega}_i - \boldsymbol{\tau}_{Si}^{\mathrm{e}}, \quad i = 1, \ldots, n. \tag{7.78}$$

7.7 Beispiele räumlicher Mehrkörpersysteme

Am Beispiel eines schweren Kreisels werden die Bewegungsgleichungen in Absolutkoordinaten und in Minimalkoordinaten gegenübergestellt. Für einen räumlichen Roboter mit zwei Armsegmenten werden die Bewegungsgleichungen in Minimalkoordinaten aufgestellt.

7.7.1 Schwerer Kreisel mit Fixpunktlagerung

Der im Fixpunkt O_0 reibungsfrei drehbar gelagerte Kreisel in Abb. 7.4a hat die Masse m und den Trägheitstensor ${}^1\boldsymbol{\Theta}_S = \mathrm{diag}(A, A, C)$ bezüglich seines Massenmittelpunkts S im körperfesten Hauptachsensystem $\mathcal{K}_S$. Die Bewegungsgleichungen werden in Absolutkoordinaten, in Minimalkoordinaten sowie in Minimalkoordinaten und Minimalgeschwindigkeiten aufgestellt.

Bewegungsgleichungen in Absolutkoordinaten Die Bewegungsgleichungen werden mit Hilfe der Gleichungen in Tab. 7.1 aufgestellt. Die Lage des körperfesten Koordinatensystems

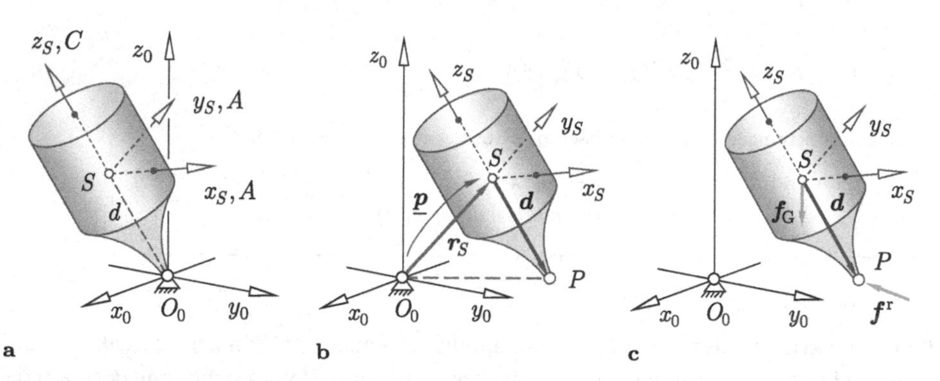

Abb. 7.4 Schwerer symmetrischer Kreisel mit Fixpunktlagerung. **a** Anordnung. **b** Zur Aufstellung der impliziten Bindungen. **c** Freigeschnittener Kreisel

$\mathcal{K}_S$ relativ zum raumfesten System $\mathcal{K}_0$ wird entsprechend (7.6) beschrieben durch die vier EULER-Parameter $\underline{p}$ und die drei Koordinaten des Ortsvektors $\boldsymbol{r}_S$, jeweils dargestellt in $\mathcal{K}_0$,

$$\hat{\boldsymbol{r}} = \begin{bmatrix} {}^0\underline{p} \\ {}^0\boldsymbol{r}_S \end{bmatrix} \quad \text{mit} \quad {}^0\underline{p} = \begin{bmatrix} p_s \\ p_x \\ p_y \\ p_z \end{bmatrix}, \quad {}^0\boldsymbol{r}_S = \begin{bmatrix} x_S \\ y_S \\ z_S \end{bmatrix}. \tag{7.79}$$

Aus den EULER-Parametern ${}^0\underline{p}$ werden mit Hilfe von (3.116) und (3.199) die Koordinaten des Drehtensors ${}^0\boldsymbol{R} \equiv {}^{0S}\boldsymbol{T}$ von $\mathcal{K}_S$ relativ zu $\mathcal{K}_0$ berechnet,

$${}^{0S}\boldsymbol{T} = {}^0\boldsymbol{R} = 2\begin{bmatrix} p_s^2 + p_x^2 - \frac{1}{2} & p_x\,p_y - p_s\,p_z & p_x\,p_z + p_s\,p_y \\ p_x\,p_y + p_s\,p_z & p_s^2 + p_y^2 - \frac{1}{2} & p_y\,p_z - p_s\,p_x \\ p_x\,p_z - p_s\,p_y & p_y\,p_z + p_s\,p_x & p_s^2 + p_z^2 - \frac{1}{2} \end{bmatrix}. \tag{7.80}$$

Implizite Bindungen Das Kugelgelenk besitzt im Raum $b = 3$ holonome implizite Bindungen auf Lageebene der Form (7.12), siehe Abb. 7.4b,

$$\boldsymbol{g}(\hat{\boldsymbol{r}}) \equiv \boldsymbol{r}_S + \boldsymbol{d} = \boldsymbol{0}. \tag{7.81}$$

Die Bindungen (7.81) können z. B. in $\mathcal{K}_0$ ausgewertet werden. Mit ${}^0\boldsymbol{r}_S$ aus (7.79) und ${}^0\boldsymbol{d} = {}^{0S}\boldsymbol{T}\;{}^1\boldsymbol{d}$ mit ${}^{0S}\boldsymbol{T}$ aus (7.80) und ${}^1\boldsymbol{d} = [\,0\;0\;-d\,]^{\mathrm{T}}$ lauten sie

$$\boldsymbol{g}(\hat{\boldsymbol{r}}) \equiv \begin{bmatrix} x_S - d\,(p_x\,p_z + p_s\,p_y) \\ y_S - d\,(p_y\,p_z - p_s\,p_x) \\ z_S - d\,(p_s^2 + p_z^2 - \frac{1}{2}) \end{bmatrix} = \begin{bmatrix} 0 \\ 0 \\ 0 \end{bmatrix}. \tag{7.82}$$

Mit $n = 1$ Körper im Raum und den $b = 3$ Bindungen (7.82) hat der Kreisel gemäß (7.24) den Freiheitsgrad $f = 3$, entsprechend der freien Drehung um den Fixpunkt O_0.

Für die Aufstellung der Bindungen auf Geschwindigkeitsebene ist es günstig, nicht die in Koordinaten formulierten Lagebindungen (7.82) nach der Zeit abzuleiten, sondern die vektorielle Gleichung (7.81),

$$\dot{\boldsymbol{g}} \equiv \dot{\boldsymbol{r}}_S + \dot{\boldsymbol{d}} = \boldsymbol{0}. \tag{7.83}$$

Die zeitliche Ableitung des körperfesten Vektors $\boldsymbol{d}$ kann dann direkt mit Hilfe der Winkelgeschwindigkeit $\boldsymbol{\omega}$ ausgedrückt werden, $\dot{\boldsymbol{d}} = \widetilde{\boldsymbol{\omega}}\,\boldsymbol{d} = -\widetilde{\boldsymbol{d}}\,\boldsymbol{\omega}$. Zusammen mit $\dot{\boldsymbol{r}}_S = \boldsymbol{v}_S$ werden dann die Geschwindigkeitsbindungen unmittelbar in der vektoriellen Form (7.18) erhalten,

$$\dot{\boldsymbol{g}} \equiv \begin{bmatrix} -\widetilde{\boldsymbol{d}} & \boldsymbol{E} \end{bmatrix} \begin{bmatrix} \boldsymbol{\omega} \\ \boldsymbol{v}_S \end{bmatrix} = \boldsymbol{0} \tag{7.84}$$

mit den translatorischen und rotatorischen (3,3)-Bindungsmatrizen

$$\boldsymbol{G}_{\mathrm{T}} = \boldsymbol{E}, \quad \boldsymbol{G}_{\mathrm{R}} = -\widetilde{\boldsymbol{d}}. \tag{7.85}$$

Die Bindungen auf Beschleunigungsebene gemäß (7.23) lauten

$$\ddot{g} \equiv \begin{bmatrix} -\widetilde{d} & E \end{bmatrix} \begin{bmatrix} \alpha \\ a_S \end{bmatrix} + \bar{\bar{\gamma}} = 0 \quad \text{mit} \quad \bar{\bar{\gamma}}(\omega) = \widetilde{\omega}\,\dot{d} = \widetilde{\omega}\,\widetilde{\omega}\,d. \tag{7.86}$$

Eingeprägte Kräfte und Momente Für den freigeschnittenen Kreisel gelten der Impulssatz und der Drallsatz bezüglich des Massenmittelpunkts S,

$$m\,a_S = f^e + f^r, \tag{7.87}$$

$$\Theta_S\,\alpha = -\widetilde{\omega}\,\Theta_S\,\omega + \tau_S^e + \tau_S^r \tag{7.88}$$

Die einzige eingeprägte Kraft ist die Gewichtskraft, deren Moment bezüglich S null ist,

$$f^e = -m\,g\,e_{z0}, \qquad \tau_S^e = 0. \tag{7.89}$$

Explizite Reaktionsbedingungen Die Reaktionskraft und das Reaktionsmoment bezüglich S werden durch die expliziten Reaktionsbedingungen (7.58) und (7.59) unter Verwendung der Bindungsmatrizen G_T und G_R aus (7.85) ausgedrückt,

$$f^r = G_T^T\,\lambda = E\,\lambda = \lambda, \tag{7.90}$$

$$\tau_S^r = G_R^T\,\lambda = (-\widetilde{d})^T\,\lambda = \widetilde{d}\,\lambda. \tag{7.91}$$

Mit G_T und G_R aus (7.85), $\bar{\bar{\gamma}}$ aus (7.86) sowie f^e und τ_S^e aus (7.89) lautet das lineare Gleichungssystem (7.63)

$$\left[\begin{array}{cc|c} \Theta_S & 0 & \widetilde{d}^{\,T} \\ 0 & m\,E & -E \\ \hline \widetilde{d} & -E & 0 \end{array}\right] \left[\begin{array}{c} \alpha \\ a_S \\ \hline \lambda \end{array}\right] = \left[\begin{array}{c} -\widetilde{\omega}\,\Theta_S\,\omega \\ -m\,g\,e_{z0} \\ \hline \widetilde{\omega}\,\widetilde{\omega}\,d \end{array}\right]. \tag{7.92}$$

Für die numerische Berechnung ist die Vektorgleichung in (7.92) in Koordinaten darzustellen. Zum Vergleich werden drei Formulierungen betrachtet.

Bewegungsgleichungen mit dem Drallsatz und dem Impulssatz in $\mathcal{K}_0$ Das lineare Gleichungssystem (7.92) lautet

$$\left[\begin{array}{cc|c} {}^0\Theta_S & 0 & {}^0\widetilde{d}^{\,T} \\ 0 & m\,E & -E \\ \hline {}^0\widetilde{d} & -E & 0 \end{array}\right] \left[\begin{array}{c} {}^0\alpha \\ {}^0a_S \\ \hline {}^0\lambda \end{array}\right] = \left[\begin{array}{c} -{}^0\widetilde{\omega}\,{}^0\Theta_S\,{}^0\omega \\ -m\,g\,{}^0e_{z0} \\ \hline {}^0\widetilde{\omega}\,{}^0\widetilde{\omega}\,{}^0d \end{array}\right]. \tag{7.93}$$

Die Koordinatenabhängigkeit des Vektors der Reaktionskoordinaten λ ergibt sich dabei aus den expliziten Reaktionsbedingungen in $\mathcal{K}_0$, ${}^0f^r = {}^0\lambda$.

Die Differentialgleichungen (7.64) bestehen aus den kinematischen Differentialgleichungen der EULER-Parameter aus (3.229) und der Ortsvektorkoordinaten ${}^0\boldsymbol{r}_S$ gemäß

$$\begin{bmatrix} {}^0\dot{\underline{\boldsymbol{p}}} \\ {}^0\dot{\boldsymbol{r}}_S \end{bmatrix} = \begin{bmatrix} \boldsymbol{H}_0({}^0\underline{\boldsymbol{p}})\,{}^0\boldsymbol{\omega} \\ {}^0\boldsymbol{v}_S \end{bmatrix} \tag{7.94}$$

sowie den Differentialgleichungen der Geschwindigkeitskoordinaten ${}^0\boldsymbol{\omega}$ und ${}^0\boldsymbol{v}_S$ mit den aus (7.93) berechneten Beschleunigungen ${}^0\boldsymbol{\alpha}$ und ${}^0\boldsymbol{a}_S$,

$$\begin{bmatrix} {}^0\dot{\boldsymbol{\omega}} \\ {}^0\dot{\boldsymbol{v}}_S \end{bmatrix} = \begin{bmatrix} {}^0\boldsymbol{\alpha} \\ {}^0\boldsymbol{a}_S \end{bmatrix}. \tag{7.95}$$

Bewegungsgleichungen mit dem Drallsatz und dem Impulssatz in $\mathcal{K}_S$ Da der Trägheitstensor $\boldsymbol{\Theta}_S$ und der Vektor $\boldsymbol{d}$ im körperfesten System $\mathcal{K}_S$ konstant sind, ist es günstig, den Drallsatz in $\mathcal{K}_S$ darzustellen. Werden auch der Impulssatz und die Bindung in $\mathcal{K}_S$ dargestellt, so hat das lineare Gleichungssystem (7.92) die Form

$$\left[\begin{array}{cc|c} {}^S\boldsymbol{\Theta}_S & \boldsymbol{0} & {}^S\tilde{\boldsymbol{d}}^{\mathrm{T}} \\ \boldsymbol{0} & m\,\boldsymbol{E} & -\boldsymbol{E} \\ \hline {}^S\tilde{\boldsymbol{d}} & -\boldsymbol{E} & \boldsymbol{0} \end{array}\right] \left[\begin{array}{c} {}^S\boldsymbol{\alpha} \\ {}^S\boldsymbol{a}_S \\ \hline {}^S\boldsymbol{\lambda} \end{array}\right] = \left[\begin{array}{c} -{}^S\tilde{\boldsymbol{\omega}}\,{}^S\boldsymbol{\Theta}_S\,{}^S\boldsymbol{\omega} \\ -m\,g\,{}^S\boldsymbol{e}_{z0} \\ \hline {}^S\tilde{\boldsymbol{\omega}}\,{}^S\tilde{\boldsymbol{\omega}}\,{}^S\boldsymbol{d} \end{array}\right]. \tag{7.96}$$

Für die körperfesten Koordinaten der Beschleunigungen ${}^S\boldsymbol{\alpha}$ und ${}^S\boldsymbol{a}_S$ gilt entsprechend (3.45)

$${}^S\boldsymbol{\alpha} = {}^S\dot{\boldsymbol{\omega}} + \underbrace{{}^S\tilde{\boldsymbol{\omega}}\,{}^S\boldsymbol{\omega}}_{\boldsymbol{0}}, \tag{7.97}$$

$${}^S\boldsymbol{a}_S = {}^S\dot{\boldsymbol{v}}_S + {}^S\tilde{\boldsymbol{\omega}}\,{}^S\boldsymbol{v}_S. \tag{7.98}$$

Die Differentialgleichungen (7.64) bestehen aus den kinematischen Differentialgleichungen der EULER-Parameter aus (3.238) und der Ortsvektorkoordinaten ${}^0\boldsymbol{r}_S$ gemäß

$$\begin{bmatrix} {}^0\dot{\underline{\boldsymbol{p}}} \\ {}^0\dot{\boldsymbol{r}}_S \end{bmatrix} = \begin{bmatrix} \boldsymbol{H}_1({}^0\underline{\boldsymbol{p}})\,{}^S\boldsymbol{\omega} \\ {}^{0S}\boldsymbol{T}\,{}^S\boldsymbol{v}_S \end{bmatrix} \tag{7.99}$$

sowie den Differentialgleichungen der Geschwindigkeitskoordinaten ${}^S\boldsymbol{\omega}$ und ${}^S\boldsymbol{v}_S$, die mit Hilfe von (7.97) und (7.98) mit den aus (7.93) berechneten Beschleunigungen ${}^S\boldsymbol{\alpha}$ und ${}^S\boldsymbol{a}_S$ aufgebaut werden,

$$\begin{bmatrix} {}^S\dot{\boldsymbol{\omega}} \\ {}^S\dot{\boldsymbol{v}}_S \end{bmatrix} = \begin{bmatrix} {}^S\boldsymbol{\alpha} \\ {}^S\boldsymbol{a}_S - {}^S\tilde{\boldsymbol{\omega}}\,{}^S\boldsymbol{v}_S \end{bmatrix}. \tag{7.100}$$

Bewegungsgleichungen mit dem Drallsatz in $\mathcal{K}_S$ und dem Impulssatz in $\mathcal{K}_0$ Werden nur der Drallsatz in $\mathcal{K}_S$ und der Impulssatz und die Bindung weiter in $\mathcal{K}_0$ dargestellt, so hat das lineare Gleichungssystem (7.92) die Form

$$\left[\begin{array}{cc|c} {}^S\boldsymbol{\Theta}_S & \mathbf{0} & ({}^{0S}\boldsymbol{T}\,{}^S\widetilde{\boldsymbol{d}})^{\mathrm{T}} \\ \mathbf{0} & m\,\boldsymbol{E} & -\boldsymbol{E} \\ \hline {}^{0S}\boldsymbol{T}\,{}^S\widetilde{\boldsymbol{d}} & -\boldsymbol{E} & \mathbf{0} \end{array}\right] \left[\begin{array}{c} {}^S\boldsymbol{\alpha} \\ {}^0\boldsymbol{a}_S \\ \hline {}^0\boldsymbol{\lambda} \end{array}\right] = \left[\begin{array}{c} -{}^S\widetilde{\boldsymbol{\omega}}\,{}^S\boldsymbol{\Theta}_S\,{}^S\boldsymbol{\omega} \\ -m\,g\,{}^0\boldsymbol{e}_{z0} \\ \hline {}^{0S}\boldsymbol{T}\,{}^S\widetilde{\boldsymbol{\omega}}\,{}^S\widetilde{\boldsymbol{\omega}}\,{}^S\boldsymbol{d} \end{array}\right]. \tag{7.101}$$

Die Differentialgleichungen (7.64) bestehen aus den kinematischen Differentialgleichungen der EULER-Parameter aus (3.238) und der Ortsvektorkoordinaten ${}^0\boldsymbol{r}_S$ gemäß

$$\begin{bmatrix} {}^0\dot{\underline{\boldsymbol{p}}} \\ {}^0\dot{\boldsymbol{r}}_S \end{bmatrix} = \begin{bmatrix} \boldsymbol{H}_1({}^0\underline{\boldsymbol{p}})\,{}^S\boldsymbol{\omega} \\ {}^0\boldsymbol{v}_S \end{bmatrix} \tag{7.102}$$

sowie den Differentialgleichungen der Geschwindigkeitskoordinaten ${}^S\boldsymbol{\omega}$ und ${}^0\boldsymbol{v}_S$, die mit den aus (7.101) berechneten Beschleunigungen ${}^S\boldsymbol{\alpha}$ und ${}^0\boldsymbol{a}_S$ gebildet werden,

$$\begin{bmatrix} {}^S\dot{\boldsymbol{\omega}} \\ {}^0\dot{\boldsymbol{v}}_S \end{bmatrix} = \begin{bmatrix} {}^S\boldsymbol{\alpha} \\ {}^0\boldsymbol{a}_S \end{bmatrix}. \tag{7.103}$$

Bewegungsgleichungen in Minimalkoordinaten Für die Beschreibung der freien Drehung des Kreisels um den Fixpunkt O_0 werden hier die in der Kreiseldynamik gebräuchlichen zxz-EULER-Winkel gemäß Tab. 3.10 als Minimalkoordinaten und deren Zeitableitungen als Minimalgeschwindigkeiten definiert (Abb. 7.5),

$$\boldsymbol{q} = \begin{bmatrix} \psi & \theta & \phi \end{bmatrix}^{\mathrm{T}}, \quad \boldsymbol{s} = \dot{\boldsymbol{q}} \quad (\boldsymbol{H}_s = \boldsymbol{E}). \tag{7.104}$$

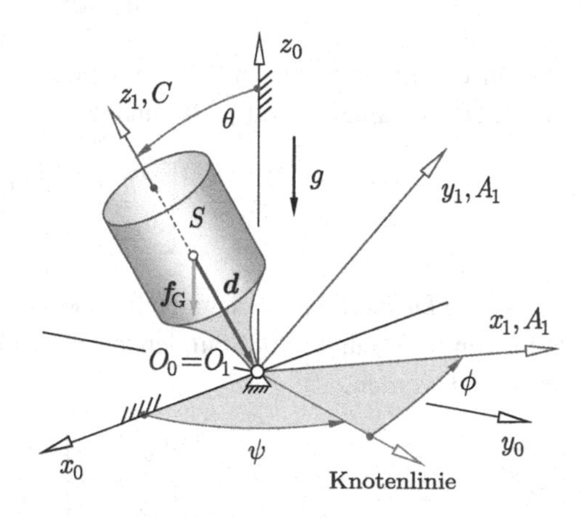

Abb. 7.5 Schwerer symmetrischer Kreisel mit Fixpunktlagerung mit den EULER-Winkeln ψ, θ, ϕ als Minimalkoordinaten

Die Bewegungsgleichungen werden mit Hilfe der Gleichungen in Tab. 7.2 aufgestellt. Mit der Formulierung für den Fixpunkt O_1 entsprechend (7.72), (7.73) und (7.74) werden die expliziten Bindungen nur für die Rotation benötigt.

Explizite Bindungen Die Drehung des in den Fixpunkt O_1 verschobenen kreiselfesten Koordinatensystems $\mathcal{K}_1$ wird durch den Drehtensor gemäß Tab. 3.10 ausgedrückt (Abkürzungen s $\hat{=}$ sin, c $\hat{=}$ cos),

$$
{}^0\boldsymbol{R}(\boldsymbol{q}) \equiv {}^{01}\boldsymbol{T} = \begin{bmatrix} \mathrm{c}\psi\,\mathrm{c}\phi - \mathrm{s}\psi\,\mathrm{c}\theta\,\mathrm{s}\phi & -\mathrm{c}\psi\,\mathrm{s}\phi - \mathrm{s}\psi\,\mathrm{c}\theta\,\mathrm{c}\phi & \mathrm{s}\psi\,\mathrm{s}\theta \\ \mathrm{s}\psi\,\mathrm{c}\phi + \mathrm{c}\psi\,\mathrm{c}\theta\,\mathrm{s}\phi & -\mathrm{s}\psi\,\mathrm{s}\phi + \mathrm{c}\psi\,\mathrm{c}\theta\,\mathrm{c}\phi & -\mathrm{c}\psi\,\mathrm{s}\theta \\ \mathrm{s}\theta\,\mathrm{s}\phi & \mathrm{s}\theta\,\mathrm{c}\phi & \mathrm{c}\theta \end{bmatrix}. \tag{7.105}
$$

Die expliziten Bindungen auf Geschwindigkeitsebene entsprechen der kinematischen Differentialgleichung bei Darstellung der Winkelgeschwindigkeit im körperfesten System $\mathcal{K}_1$ aus Tab. 3.10,

$$
\begin{aligned}
\begin{bmatrix} {}^1\omega_x \\ {}^1\omega_y \\ {}^1\omega_z \end{bmatrix} &= \begin{bmatrix} \sin\theta\,\sin\phi & \cos\phi & 0 \\ \sin\theta\,\cos\phi & -\sin\phi & 0 \\ \cos\theta & 0 & 1 \end{bmatrix} \begin{bmatrix} \dot\psi \\ \dot\theta \\ \dot\phi \end{bmatrix} \\
{}^1\boldsymbol{\omega} &= \qquad {}^1\boldsymbol{J}_\mathrm{R}(\boldsymbol{q}) \qquad \dot{\boldsymbol{q}}\ .
\end{aligned} \tag{7.106}
$$

Unter Berücksichtigung von ${}^1\boldsymbol{\alpha} = {}^1\dot{\boldsymbol{\omega}}$ entsprechend (3.44) werden die expliziten Bindungen auf Beschleunigungsebene direkt durch Ableiten von (7.106) erhalten,

$$
{}^1\boldsymbol{\alpha} = {}^1\boldsymbol{J}_\mathrm{R}\,\ddot{\boldsymbol{q}} + {}^1\bar{\boldsymbol{\alpha}} \tag{7.107}
$$

mit

$$
{}^1\bar{\boldsymbol{\alpha}} = \frac{\mathrm{d}\,{}^1\boldsymbol{J}_\mathrm{R}}{\mathrm{d}t}\,\dot{\boldsymbol{q}} = \begin{bmatrix} (\cos\theta\,\sin\phi\,\dot\theta + \sin\theta\,\cos\phi\,\dot\phi)\,\dot\psi - \sin\phi\,\dot\theta\,\dot\phi \\ (\cos\theta\,\cos\phi\,\dot\theta - \sin\theta\,\sin\phi\,\dot\phi)\,\dot\psi - \cos\phi\,\dot\theta\,\dot\phi \\ -\sin\theta\,\dot\psi\,\dot\theta \end{bmatrix}. \tag{7.108}
$$

Bewegungsgleichungen Die Bewegungsgleichungen in den Minimalkoordinaten haben die Form

$$
\boldsymbol{M}(\boldsymbol{q})\,\ddot{\boldsymbol{q}} = \boldsymbol{k}^\mathrm{c}(\boldsymbol{q},\dot{\boldsymbol{q}}) + \boldsymbol{k}^\mathrm{e}(\boldsymbol{q},\dot{\boldsymbol{q}}). \tag{7.109}
$$

Die Massenmatrix wird mit dem Trägheitstensor ${}^1\boldsymbol{\Theta}_1 = \mathrm{diag}(A_1, A_1, C)$ bezüglich des Punktes O_1 und dem Trägheitsmoment $A_1 = A + m\,d^2$ nach dem Satz von HUYGENS-STEINER (4.45) gemäß (7.72) berechnet,

$$
\begin{aligned}
\boldsymbol{M} &= {}^1\boldsymbol{J}_\mathrm{R}^\mathrm{T}\,{}^1\boldsymbol{\Theta}_1\,{}^1\boldsymbol{J}_\mathrm{R}, \\
\boldsymbol{M} &= \begin{bmatrix} A_1\sin^2\theta + C\cos^2\theta & 0 & C\cos\theta \\ 0 & A_1 & 0 \\ C\cos\theta & 0 & C \end{bmatrix}.
\end{aligned} \tag{7.110}
$$

Der Vektor der verallgemeinerten Kreiselkräfte lautet gemäß (7.73)

$$k^c = -{}^1J_R^T\,{}^1\Theta_1\,{}^1\bar{\alpha} - {}^1J_R^T\,{}^1\tilde{\omega}\,{}^1\Theta_1\,{}^1\omega,$$

$$k^c = \begin{bmatrix} -2\,(A_1 - C)\sin\theta\cos\theta\,\dot\psi\,\dot\theta + C\sin\theta\,\dot\theta\,\dot\phi \\ (A_1 - C)\sin\theta\cos\theta\,\dot\psi^2 - C\sin\theta\,\dot\psi\,\dot\phi \\ C\sin\theta\,\dot\theta\,\dot\psi \end{bmatrix}. \tag{7.111}$$

Der Vektor der verallgemeinerten eingeprägten Kräfte wird entsprechend (7.74) mit dem Moment $\tau_1^e = -\tilde{d}\, f_G$ der Gewichtskraft bezüglich des Fixpunkts O_1 unter Verwendung der Vektorkoordinaten ${}^1d = [0\;\;0\;\;-d]^T$ und ${}^1f_G = {}^{10}T\,[0\;\;0\;\;-mg]^T$ berechnet,

$$k^e = {}^1J_R^T\,{}^1\tau_1^e = {}^1J_R^T\,{}^1\tilde{d}\,{}^1f_G,$$

$$k^e = \begin{bmatrix} 0 \\ m\,g\,d\sin\theta \\ 0 \end{bmatrix}. \tag{7.112}$$

Bewegungsgleichungen in Minimalkoordinaten und Minimalgeschwindigkeiten Als Minimalgeschwindigkeiten werden anstelle der Zeitableitungen der EULER-Winkel die Koordinaten der Winkelgeschwindigkeit ω im körperfesten System $\mathcal{K}_1$ verwendet,

$$s = {}^1\omega = \left[{}^1\omega_x\;{}^1\omega_y\;{}^1\omega_z\right]^T. \tag{7.113}$$

Die Bewegungsgleichungen werden mit Hilfe der Gleichungen in Tab. 7.2 aufgestellt. Für die EULER-Winkel $q = [\psi\;\theta\;\phi]^T$ gelten die kinematischen Differentialgleichungen bei Darstellung der Winkelgeschwindigkeit ω im körperfesten System $\mathcal{K}_1$ aus Tab. 3.10,

$$\begin{array}{ccccc} \begin{bmatrix} \dot\psi \\ \dot\theta \\ \dot\phi \end{bmatrix} & = & \dfrac{1}{\sin\theta}\begin{bmatrix} \sin\phi & \cos\phi & 0 \\ \sin\theta\,\cos\phi & -\sin\theta\,\sin\phi & 0 \\ -\cos\theta\,\sin\phi & -\cos\theta\,\cos\phi & \sin\theta \end{bmatrix} & \begin{bmatrix} {}^1\omega_x \\ {}^1\omega_y \\ {}^1\omega_z \end{bmatrix} \\ \dot q & = & H_s(q) & s & . \end{array} \tag{7.114}$$

Explizite Bindungen Die expliziten Bindungen auf Lageebene (7.105) werden weiter verwendet. Die expliziten Bindungen auf Geschwindigkeitsebene sind mit der Definition der Minmalgeschwindigkeiten (7.113) unmittelbar gegeben,

$${}^1\omega = s. \tag{7.115}$$

Formal werden sie durch Einsetzen der kinematischen Differentialgleichungen (7.114) in (7.106) unter Berücksichtigung von $H_s = {}^1J_R^{-1}$ erhalten. Dementsprechend lauten die Bindungen auf Beschleunigungsebene

$${}^1\alpha = \dot s. \tag{7.116}$$

Bewegungsgleichungen Unter Berücksichtigung von (7.116) liegen die Bewegungsgleichungen in der Form (7.67) mit dem Drallsatz bezüglich des Fixpunkts O_1 bereits vor, vgl. (4.66),

$$\underbrace{\begin{bmatrix} A_1 & 0 & 0 \\ 0 & A_1 & 0 \\ 0 & 0 & C \end{bmatrix}}_{\boldsymbol{M}} \underbrace{\begin{bmatrix} {}^1\dot{\omega}_x \\ {}^1\dot{\omega}_y \\ {}^1\dot{\omega}_z \end{bmatrix}}_{\dot{\boldsymbol{s}}} = \underbrace{\begin{bmatrix} (A_1 - C)\,{}^1\omega_y\,{}^1\omega_z \\ (C - A_1)\,{}^1\omega_z\,{}^1\omega_x \\ 0 \end{bmatrix}}_{\boldsymbol{k}^{\mathrm{c}}(\boldsymbol{s})} + \underbrace{m\,g\,d\sin\theta \begin{bmatrix} -\cos\phi \\ \sin\phi \\ 0 \end{bmatrix}}_{\boldsymbol{k}^{\mathrm{e}}(\boldsymbol{q})} . \tag{7.117}$$

Die Zustandsgleichungen der Form (7.75) beinhalten die kinematischen Differentialgleichungen (7.114) und den nach $\dot{\boldsymbol{s}}$ aufgelösten Bewegungsgleichungen (7.117).

Die Bewegungsgleichungen (7.117) sind gegenüber (7.109) einfacher aufgebaut. Soll anstelle der EULER-Winkel eine andere Parametrierung der Drehung verwendet werden, so sind lediglich die kinematischen Differentialgleichungen (7.114) auszutauschen, während die Bewegungsgleichungen (7.117) unverändert bleiben.

Es können auch analytische Lösungen der Bewegungsgleichungen des schweren Kreisels ermittelt werden, siehe MAGNUS [61].

7.7.2 Roboter mit zwei Drehgelenken

Der in Abb. 7.6 gezeigte Roboter mit zwei Drehgelenken (Drehwinkel β_1, β_2, Achs-Einheitsvektoren $\boldsymbol{u}_1$, $\boldsymbol{u}_2$) besteht aus Armsegment 1 (körperfestes Koordinatensystem $\mathcal{K}_1$ mit Ursprung O_1 auf der Drehachse, Masse m_1, Trägheitstensor ${}^1\boldsymbol{\Theta}_1$ bezüglich O_1 mit dem Trägheitsmoment C_1 bezüglich der z_1-Achse) und Armsegment 2 (Hauptachsensystem $\mathcal{K}_2$ im Massenmittelpunkt S_2, Masse m_2, Trägheitstensor ${}^2\boldsymbol{\Theta}_{S2} = \mathrm{diag}(A_2, B_2, C_2)$ bezüglich S_2). An den Drehgelenken wirken die Antriebsmomente τ_1 und τ_2, und es tritt geschwindigkeitsproportionale Dämpfung (Dämpfungskonstanten d_1, d_2) auf.

Bewegungsgleichungen in Minimalkoordinaten Die Bewegungsgleichungen werden in den Minimalkoordinaten $\boldsymbol{q} = [\,\beta_1\ \beta_2\,]^{\mathrm{T}}$ mit Hilfe der Gleichungen in Tab. 7.2 aufgestellt,

$$\boldsymbol{M}(\boldsymbol{q})\,\ddot{\boldsymbol{q}} = \boldsymbol{k}^{\mathrm{c}}(\boldsymbol{q},\dot{\boldsymbol{q}}) + \boldsymbol{k}^{\mathrm{e}}(\boldsymbol{q},\dot{\boldsymbol{q}}). \tag{7.118}$$

Die Massenmatrix wird aus dem Beitrag des um die raumfeste Drehachse $\boldsymbol{u}_1$ rotierenden Armsegments 1 entsprechend (7.72) und dem Beitrag von Armsegment 2 entsprechend (7.68) berechnet,

$$\boldsymbol{M} = {}^1\boldsymbol{J}_{\mathrm{R1}}^{\mathrm{T}}\,{}^1\boldsymbol{\Theta}_1\,{}^1\boldsymbol{J}_{\mathrm{R1}} + m_2\,{}^2\boldsymbol{J}_{\mathrm{T2}}^{\mathrm{T}}\,{}^2\boldsymbol{J}_{\mathrm{T2}} + {}^2\boldsymbol{J}_{\mathrm{R2}}^{\mathrm{T}}\,{}^2\boldsymbol{\Theta}_{S2}\,{}^2\boldsymbol{J}_{\mathrm{R2}}. \tag{7.119}$$

Wegen des Vektorcharakters der Spalten der Jacobi-Matrizen können die einzelnen Summanden in unterschiedlichen Koordinatensystemen berechnet werden. In (7.119) werden die

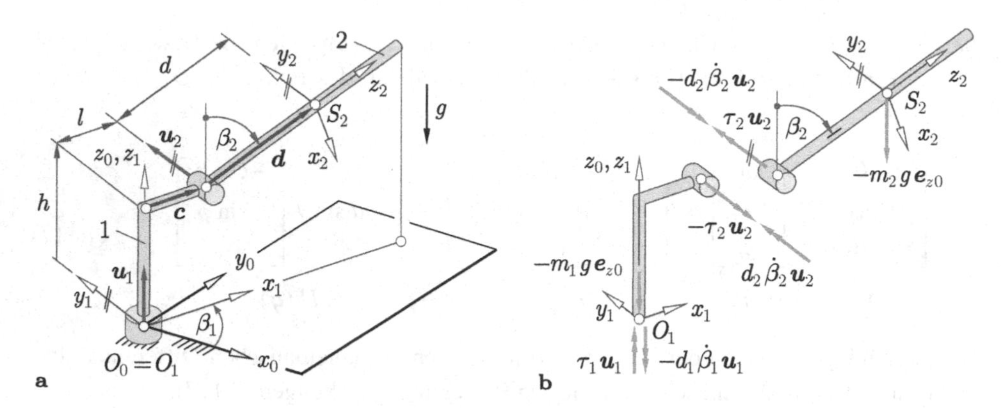

Abb. 7.6 Roboter mit zwei Drehgelenken. **a** Kinematik. **b** Eingeprägte Kräfte und Momente (Die Reaktionskräfte und -momente sind nicht dargestellt)

jeweiligen körperfesten Koordinatensysteme gewählt, da dort die Trägheitstensoren konstant sind.

Im Vektor der verallgemeinerten Zentrifugal- und CORIOLIS-Kräfte wird der Beitrag von Armsegment 1 mit (7.73) und der Beitrag von Armsegment 2 mit (7.69) berechnet, wobei auch hier wieder unterschiedliche Koordinatensysteme verwendet werden,

$$\begin{aligned} \boldsymbol{k}^{\mathrm{c}} &= {}^1\boldsymbol{J}_{\mathrm{R}1}^{\mathrm{T}}\,{}^1\boldsymbol{\Theta}_1{}^1\bar{\boldsymbol{\alpha}}_1 + \underbrace{{}^1\boldsymbol{J}_{\mathrm{R}1}^{\mathrm{T}}\,{}^1\widetilde{\boldsymbol{\omega}}_1\,\boldsymbol{\Theta}_{S1}\,{}^1\boldsymbol{\omega}_1}_{\mathbf{0}} \\ &\quad + m_2\,{}^2\boldsymbol{J}_{\mathrm{T}2}^{\mathrm{T}}\,{}^2\bar{\boldsymbol{a}}_2 + {}^2\boldsymbol{J}_{\mathrm{R}2}^{\mathrm{T}}\,{}^2\boldsymbol{\Theta}_{S2}{}^2\bar{\boldsymbol{\alpha}}_2 + {}^2\boldsymbol{J}_{\mathrm{R}2}^{\mathrm{T}}\,{}^2\widetilde{\boldsymbol{\omega}}_2{}^2\boldsymbol{\Theta}_{S2}{}^2\boldsymbol{\omega}_2. \end{aligned} \tag{7.120}$$

Der Term ${}^1\boldsymbol{J}_{\mathrm{R}1}^{\mathrm{T}}\,{}^1\widetilde{\boldsymbol{\omega}}_1\,\boldsymbol{\Theta}_{S1}\,{}^1\boldsymbol{\omega}_1$ ist null, weil das Moment $\widetilde{\boldsymbol{\omega}}_1\,\boldsymbol{\Theta}_1\,\boldsymbol{\omega}_1$ in (7.73) senkrecht auf der raumfesten Drehachse $\boldsymbol{u}_1$ steht, die den ersten Spaltenvektor in der JACOBI-Matrix $\boldsymbol{J}_{\mathrm{R}1}$ bildet, siehe (7.126).

Der Vektor der verallgemeinerten eingeprägten Kräfte enthält den Beitrag von Armsegment 1 gemäß (7.74) und den Beitrag von Armsegment 2 gemäß (7.70),

$$\boldsymbol{k}^{\mathrm{e}} = {}^1\boldsymbol{J}_{\mathrm{R}1}^{\mathrm{T}}\,{}^1\boldsymbol{\tau}_1^{\mathrm{e}} + {}^2\boldsymbol{J}_{\mathrm{T}2}^{\mathrm{T}}\,{}^2\boldsymbol{f}_2^{\mathrm{e}} + {}^2\boldsymbol{J}_{\mathrm{R}2}^{\mathrm{T}}\,{}^2\boldsymbol{\tau}_{S2}^{\mathrm{e}}. \tag{7.121}$$

Explizite Bindungen Die expliziten Bindungen werden zunächst in vektorieller Form aufgestellt und dann in den jeweiligen Koordinaten ausgewertet. Die rotatorischen und translatorischen JACOBI-Matrizen der Armsegmente stehen in den expliziten Geschwindigkeitsbindungen

$$\boldsymbol{\omega}_1 = \boldsymbol{u}_1\,\dot{\beta}_1 = \underbrace{\begin{bmatrix}\boldsymbol{u}_1 & \mathbf{0}\end{bmatrix}}_{\boldsymbol{J}_{\mathrm{R}1}}\underbrace{\begin{bmatrix}\dot{\beta}_1\\ \dot{\beta}_2\end{bmatrix}}_{\dot{\boldsymbol{q}}}, \tag{7.122}$$

$$\boldsymbol{\omega}_2 = \boldsymbol{u}_1\,\dot{\beta}_1 + \boldsymbol{u}_2\,\dot{\beta}_2 = \underbrace{\begin{bmatrix}\boldsymbol{u}_1 & \boldsymbol{u}_2\end{bmatrix}}_{\boldsymbol{J}_{\mathrm{R}2}}\underbrace{\begin{bmatrix}\dot{\beta}_1\\ \dot{\beta}_2\end{bmatrix}}_{\dot{\boldsymbol{q}}}, \tag{7.123}$$

$$\boldsymbol{v}_{S2} = \widetilde{\boldsymbol{\omega}}_1\,\boldsymbol{c} + \widetilde{\boldsymbol{\omega}}_2\,\boldsymbol{d} = \underbrace{\begin{bmatrix}\widetilde{\boldsymbol{u}}_1\,(\boldsymbol{c}+\boldsymbol{d}) & \widetilde{\boldsymbol{u}}_2\,\boldsymbol{d}\end{bmatrix}}_{\boldsymbol{J}_{\mathrm{T}2}}\underbrace{\begin{bmatrix}\dot{\beta}_1\\ \dot{\beta}_2\end{bmatrix}}_{\dot{\boldsymbol{q}}}. \tag{7.124}$$

Mit den Vektorkoordinaten

$${}^1\boldsymbol{u}_1 = \begin{bmatrix}0\\0\\1\end{bmatrix}, \quad {}^2\boldsymbol{u}_1 = \begin{bmatrix}-\sin\beta_2\\0\\\cos\beta_2\end{bmatrix}, \quad {}^2\boldsymbol{u}_2 = \begin{bmatrix}0\\1\\0\end{bmatrix}, \tag{7.125}$$

$${}^2\boldsymbol{c} = \begin{bmatrix}l\cos\beta_2\\0\\l\sin\beta_2\end{bmatrix}, \quad {}^2\boldsymbol{d} = \begin{bmatrix}0\\0\\d\end{bmatrix} \tag{7.126}$$

lauten die JACOBI-Matrizen

$${}^1\boldsymbol{J}_{\mathrm{R}1} = \begin{bmatrix}0 & 0\\0 & 0\\1 & 0\end{bmatrix}, \tag{7.127}$$

$${}^2\boldsymbol{J}_{\mathrm{R}2} = \begin{bmatrix}-\sin\beta_2 & 0\\0 & 1\\\cos\beta_2 & 0\end{bmatrix}, \quad {}^2\boldsymbol{J}_{\mathrm{T}2} = \begin{bmatrix}0 & d\\l+d\sin\beta_2 & 0\\0 & 0\end{bmatrix}. \tag{7.128}$$

Die nicht von $\ddot{\boldsymbol{q}}$ abhängenden Beschleunigungsterme ergeben sich aus den expliziten Bindungen auf Beschleunigungsebene

$$\boldsymbol{\alpha}_1 = \boldsymbol{J}_{\mathrm{R}1}\,\ddot{\boldsymbol{q}} + \underbrace{\begin{bmatrix}\dot{\boldsymbol{u}}_1 & \boldsymbol{0}\end{bmatrix}\begin{bmatrix}\dot{\beta}_1\\ \dot{\beta}_2\end{bmatrix}}_{\bar{\boldsymbol{\alpha}}_1}, \tag{7.129}$$

$$\boldsymbol{\alpha}_2 = \boldsymbol{J}_{\mathrm{R}2}\,\ddot{\boldsymbol{q}} + \underbrace{\begin{bmatrix}\dot{\boldsymbol{u}}_1 & \dot{\boldsymbol{u}}_2\end{bmatrix}\begin{bmatrix}\dot{\beta}_1\\ \dot{\beta}_2\end{bmatrix}}_{\bar{\boldsymbol{\alpha}}_2}, \tag{7.130}$$

$$\boldsymbol{a}_{S2} = \boldsymbol{J}_{\mathrm{T}2}\,\ddot{\boldsymbol{q}} + \underbrace{\begin{bmatrix}\dot{\widetilde{\boldsymbol{u}}}_1\,(\boldsymbol{c}+\boldsymbol{d}) + \widetilde{\boldsymbol{u}}_1\,(\dot{\boldsymbol{c}}+\dot{\boldsymbol{d}}) & \dot{\widetilde{\boldsymbol{u}}}_2\,\boldsymbol{d} + \widetilde{\boldsymbol{u}}_2\,\dot{\boldsymbol{d}}\end{bmatrix}\begin{bmatrix}\dot{\beta}_1\\ \dot{\beta}_2\end{bmatrix}}_{\bar{\boldsymbol{a}}_{S2}} \tag{7.131}$$

mit den Ableitungen der Vektoren relativ zum raumfesten System $\mathcal{K}_0$

$$\dot{\boldsymbol{u}}_1 = \boldsymbol{0}, \qquad \dot{\boldsymbol{u}}_2 = \widetilde{\boldsymbol{\omega}}_1\, \boldsymbol{u}_2, \qquad \dot{\boldsymbol{c}} = \widetilde{\boldsymbol{\omega}}_1\, \boldsymbol{c}, \qquad \dot{\boldsymbol{d}} = \widetilde{\boldsymbol{\omega}}_2\, \boldsymbol{d}. \tag{7.132}$$

Mit den Vektorkoordinaten aus (7.126) und

$$^2\boldsymbol{\omega}_1 = \begin{bmatrix} -\sin\beta_2\,\dot{\beta}_1 \\ 0 \\ \cos\beta_2\,\dot{\beta}_1 \end{bmatrix}, \qquad ^2\boldsymbol{\omega}_2 = \begin{bmatrix} -\sin\beta_2\,\dot{\beta}_1 \\ \dot{\beta}_2 \\ \cos\beta_2\,\dot{\beta}_1 \end{bmatrix} \tag{7.133}$$

ergeben sich die nicht von $\ddot{\boldsymbol{q}}$ abhängenden Terme

$$\bar{\boldsymbol{\alpha}}_1 = \boldsymbol{0}, \qquad ^2\bar{\boldsymbol{\alpha}}_2 = \begin{bmatrix} -\cos\beta_2 \\ 0 \\ -\sin\beta_2 \end{bmatrix} \dot{\beta}_1\,\dot{\beta}_2, \tag{7.134}$$

$$^2\bar{\boldsymbol{a}}_{S2} = \begin{bmatrix} -(l + d\,\sin\beta_2)\,\cos\beta_2\,\dot{\beta}_1^2 \\ 2d\,\cos\beta_2\,\dot{\beta}_1\,\dot{\beta}_2 \\ -(l + d\,\sin\beta_2)\,\sin\beta_2\,\dot{\beta}_1^2 - d\,\dot{\beta}_2^2 \end{bmatrix}. \tag{7.135}$$

Bewegungsgleichungen Die Massenmatrix wird entsprechend (7.119) mit Hilfe der JACOBI-Matrizen $^1\boldsymbol{J}_{\mathrm{R1}}$ aus (7.127) sowie $^2\boldsymbol{J}_{\mathrm{R2}}$ und $^2\boldsymbol{J}_{\mathrm{T2}}$ aus (7.128) berechnet, wobei die Trägheitstensoren (mit $*$ gekennzeichnete Elemente gehen nicht in das Ergebnis ein)

$$^1\boldsymbol{\Theta}_1 = \begin{bmatrix} * & * & * \\ * & * & * \\ * & * & C_1 \end{bmatrix}, \qquad ^2\boldsymbol{\Theta}_{S2} = \begin{bmatrix} A_2 & 0 & 0 \\ 0 & B_2 & 0 \\ 0 & 0 & C_2 \end{bmatrix} \tag{7.136}$$

berücksichtigt werden,

$$\boldsymbol{M} = {^1\boldsymbol{J}_{\mathrm{R1}}^{\mathrm{T}}}\, {^1\boldsymbol{\Theta}_1}\, {^1\boldsymbol{J}_{\mathrm{R1}}} + m_2\, {^2\boldsymbol{J}_{\mathrm{T2}}^{\mathrm{T}}}\, {^2\boldsymbol{J}_{\mathrm{T2}}} + {^2\boldsymbol{J}_{\mathrm{R2}}^{\mathrm{T}}}\, {^2\boldsymbol{\Theta}_{S2}}\, {^2\boldsymbol{J}_{\mathrm{R2}}},$$

$$\boldsymbol{M} = \begin{bmatrix} C_1 + A_2\sin^2\beta_2 + C_2\cos^2\beta_2 + m_2\,(l + d\sin\beta_2)^2 & 0 \\ 0 & B_2 + m_2\,d^2 \end{bmatrix}. \tag{7.137}$$

Der Vektor der verallgemeinerten Zentrifugal- und CORIOLIS-Kräfte ergibt sich aus (7.120) mit $^2\boldsymbol{\omega}_2$ aus (7.133), $^1\bar{\boldsymbol{\alpha}}_1 = \boldsymbol{0}$ und $^2\bar{\boldsymbol{\alpha}}_2$ aus (7.134) sowie $^2\bar{\boldsymbol{a}}_2$ aus (7.135) zu

$$\boldsymbol{k}^{\mathrm{c}} = {^1\boldsymbol{J}_{\mathrm{R1}}^{\mathrm{T}}}\, {^1\boldsymbol{\Theta}_1}{^1\bar{\boldsymbol{\alpha}}_1} + m_2\, {^2\boldsymbol{J}_{\mathrm{T2}}^{\mathrm{T}}}{^2\bar{\boldsymbol{a}}_2} + {^2\boldsymbol{J}_{\mathrm{R2}}^{\mathrm{T}}}\, {^2\boldsymbol{\Theta}_{S2}}{^2\bar{\boldsymbol{\alpha}}_2} + {^2\boldsymbol{J}_{\mathrm{R2}}^{\mathrm{T}}}\, {^2\widetilde{\boldsymbol{\omega}}_2}{^2\boldsymbol{\Theta}_{S2}}{^2\boldsymbol{\omega}_2},$$

$$\boldsymbol{k}^{\mathrm{c}} = \{m_2\,d\,(l + d\sin\beta_2)\,\cos\beta_2 + (A_2 - C_2)\sin\beta_2\cos\beta_2\} \begin{bmatrix} -2\,\dot{\beta}_1\,\dot{\beta}_2 \\ \dot{\beta}_1^2 \end{bmatrix}. \tag{7.138}$$

Für die Berechnung der verallgemeinerten eingeprägten Kräfte mit Hilfe von (7.121) werden die eingeprägte Gewichtskraft f_2^e und die eingeprägten Momente τ_1^e und τ_{S2}^e in den jeweiligen Koordinatensystemen benötigt,

$$\tau_1^e = (\tau_1 - d_1\,\dot{\beta}_1)\,u_1 - (\tau_2 - d_2\,\dot{\beta}_2)\,u_2 \quad \Rightarrow \quad {}^1\tau_1^e = \begin{bmatrix} 0 \\ -\tau_2 + d_2\,\dot{\beta}_2 \\ \tau_1 - d_1\,\dot{\beta}_1 \end{bmatrix}, \tag{7.139}$$

$$f_2^e = -m_2\,g\,e_{z1} \quad \Rightarrow \quad {}^2f_2^e = \begin{bmatrix} m_2\,g\,\sin\beta_2 \\ 0 \\ -m_2\,g\,\cos\beta_2 \end{bmatrix}, \tag{7.140}$$

$$\tau_{S2}^e = (\tau_2 - d_2\,\dot{\beta}_2)\,u_2 \quad \Rightarrow \quad {}^2\tau_{S2}^e = \begin{bmatrix} 0 \\ \tau_2 - d_2\,\dot{\beta}_2 \\ 0 \end{bmatrix}. \tag{7.141}$$

Mit (7.121) ergeben sich dann die verallgemeinerten eingeprägten Kräfte

$$\begin{aligned} k^e &= {}^1J_{R1}^T\,{}^1\tau_1^e + {}^2J_{T2}^T\,{}^2f_2^e + {}^2J_{R2}^T\,{}^2\tau_{S2}^e, \\ k^e &= \underbrace{\begin{bmatrix} -d_1\,\dot{\beta}_1 \\ m_2\,g\,d\,\sin\beta_2 - d_2\,\dot{\beta}_2 \end{bmatrix}}_{k_0^e} + \underbrace{\begin{bmatrix} \tau_1 \\ \tau_2 \end{bmatrix}}_{\tau} \end{aligned} \tag{7.142}$$

mit den Antriebsmomenten τ und den weiteren eingeprägten Kräften k_0^e.

Direkte und inverse Dynamik Die Begriffe direkte Dynamik und inverse Dynamik kennzeichnen zwei typische Aufgabenstellungen in der Roboterdynamik, die mit Hilfe der Bewegungsgleichungen (7.118) gelöst werden.

Direkte Dynamik Bei gegebenen Antriebsmomenten (Stellgrößen) $\tau(t)$ wird die sich ergebende Bewegung $q(t)$ durch numerische Integration der Zustandsgleichungen (6.73) ausgehend von den Anfangsbedingungen $q(t_0)$ und $\dot{q}(t_0)$ berechnet.

In der Robotertechnik wird die Lösung der direkten Dynamik insbesondere für die Simulation des Roboters als Regelstrecke in einem Regelkreis benötigt. Die Antriebsmomente $\tau(t)$ werden dabei mit Hilfe eines Reglers aus gemessenen Lage- und Geschwindigkeitsgrößen des Systems und gegebenenfalls weiterer Regler-Zustandsgrößen sowie Messgrößen von Sensoren so berechnet, dass der Roboter eine gewünschte Bewegung ausführt.

Inverse Dynamik Bei der inversen Dynamik werden die Antriebsmomente $\boldsymbol{\tau}(t)$ berechnet, die zur Realisierung einer gewünschten Bewegung $\boldsymbol{q}_\mathrm{s}(t)$ erforderlich sind. Die gewünschte Bewegung wird dazu durch die rheonomen Bindungen

$$\boldsymbol{g}(\boldsymbol{q}, t) \equiv \boldsymbol{q} - \boldsymbol{q}_\mathrm{s}(t) = \boldsymbol{0} \tag{7.143}$$

aufgeprägt. Die dazu gehörenden Antriebsmomente $\boldsymbol{\tau}$ sind nun keine eingeprägten Momente mehr, sondern die zu diesen Bindungen gehörenden Reaktionsmomente.

Formal ergeben sich die Antriebsmomente mit Hilfe der durch die zeitliche Ableitung der Bindung (7.143), also $\dot{\boldsymbol{g}} \equiv \boldsymbol{E}\,\dot{\boldsymbol{q}} - \dot{\boldsymbol{q}}_\mathrm{s}(t) = \boldsymbol{0}$, definierten Bindungsmatrix $\boldsymbol{G} = \boldsymbol{E}$ zu $\boldsymbol{\tau} = \boldsymbol{G}^\mathrm{T}\,\boldsymbol{\lambda} = \boldsymbol{\lambda}$. Die Reaktionskoordinaten $\boldsymbol{\lambda}$ entsprechen direkt den physikalischen Antriebsmomenten $\boldsymbol{\tau}$. Zur Berechnung der Antriebsmomente $\boldsymbol{\tau}(t)$ wird damit die Bewegungsgleichung (7.118) nach $\boldsymbol{\tau}$ umgestellt, und es werden die gegebenen Größen der Sollbewegung $\boldsymbol{q}_\mathrm{s}(t)$, $\dot{\boldsymbol{q}}_\mathrm{s}(t)$, $\ddot{\boldsymbol{q}}_\mathrm{s}(t)$ eingesetzt,

$$\boldsymbol{\tau}(t) = \boldsymbol{M}(\boldsymbol{q}_\mathrm{s}(t))\,\ddot{\boldsymbol{q}}_\mathrm{s}(t) - \boldsymbol{k}^\mathrm{c}(\boldsymbol{q}_\mathrm{s}(t), \dot{\boldsymbol{q}}_\mathrm{s}(t)) - \boldsymbol{k}_0^\mathrm{e}(\boldsymbol{q}_\mathrm{s}(t), \dot{\boldsymbol{q}}_\mathrm{s}(t)). \tag{7.144}$$

Diese Berechnung wird auch als die Methode der berechneten Momente *(computed torque control)* bezeichnet. Die mit (7.144) berechneten Stellmomente $\boldsymbol{\tau}(t)$ können als eine Vorsteuerung verwendet werden, um den Roboter entlang einer gegebenen Bewegungstrajektorie $\boldsymbol{q}_\mathrm{s}(t)$ zu führen. Ein zusätzlicher Bahnfolgeregler muss dann nur noch die im inversen Modell (7.144) nicht berücksichtigten Systemeigenschaften sowie Störungen kompensieren.

LAGRANGE-Gleichungen zweiter Art Zum Vergleich werden die Bewegungsgleichungen des Roboters aus Abb. 7.6 mit Hilfe der LAGRANGE-Gleichungen zweiter Art aufgestellt. Die kinetische Energie setzt sich aus den Beiträgen von Armsegment 1 mit dem ruhenden Bezugspunkt O_1 gemäß (4.87) und von Armsegment 2 gemäß (4.86) zusammen. Die Anteile der kinetischen Energie können jeweils in verschiedenen Koordinatensystemen berechnet werden. Mit den verwendeten Koordinatensystemen gilt

$$T = \frac{1}{2}\,{}^1\boldsymbol{\omega}_1^\mathrm{T}\,{}^1\boldsymbol{\Theta}_1\,{}^1\boldsymbol{\omega}_1 + \frac{1}{2}\,m_2\,{}^2\boldsymbol{v}_{S2}^\mathrm{T}\,{}^2\boldsymbol{v}_{S2} + \frac{1}{2}\,{}^2\boldsymbol{\omega}_2^\mathrm{T}\,{}^2\boldsymbol{\Theta}_{S2}\,{}^2\boldsymbol{\omega}_2. \tag{7.145}$$

Mit ${}^1\boldsymbol{\omega}_1$ aus (7.122), ${}^2\boldsymbol{\omega}_2$ aus (7.133), ${}^2\boldsymbol{v}_{S2}$ aus (7.124) sowie ${}^1\boldsymbol{\Theta}_1$ und ${}^2\boldsymbol{\Theta}_{S2}$ aus (7.136) ist

$$\begin{aligned} T(\boldsymbol{q}, \dot{\boldsymbol{q}}) = {} & \frac{1}{2}\left(C_1 + m_2\,(l + d\,\sin\beta_2)^2 + A_2\,\sin^2\beta_2 + C_2\,\cos^2\beta_2\right)\dot{\beta}_1^2 \\ & + \frac{1}{2}\left(m_2\,d^2 + B_2\right)\dot{\beta}_2^2. \end{aligned} \tag{7.146}$$

Die Auswertung der LAGRANGE-Gleichungen zweiter Art entsprechend (5.217)

$$\frac{\mathrm{d}}{\mathrm{d}t}\left(\frac{\partial T}{\partial \dot{\beta}_j}\right) - \frac{\partial T}{\partial \beta_j} = k_j^\mathrm{e}, \quad j = 1, 2, \tag{7.147}$$

ergibt

$$\frac{\partial T}{\partial \dot{\beta}_1} = \left(C_1 + m_2\,(l + d\,\sin\beta_2)^2 + A_2\,\sin^2\beta_2 + C_2\,\cos^2\beta_2\right)\dot{\beta}_1, \qquad \frac{\partial T}{\partial \beta_1} = 0$$

$$\frac{\mathrm{d}}{\mathrm{d}t}\left(\frac{\partial T}{\partial \dot{\beta}_1}\right) = \left(\theta_{1z} + m_2\,(l + d\,\sin\beta_2)^2 + A_2\,\sin^2\beta_2 + C_2\,\cos^2\beta_2\right)\ddot{\beta}_1$$
$$+\,2\left(m_2\,d\,(l + d\,\sin\beta_2)\,\cos\beta_2 + (A_2 - C_2)\,\sin\beta_2\,\cos\beta_2\right)\dot{\beta}_1\,\dot{\beta}_2,$$

und

$$\frac{\partial T}{\partial \dot{\beta}_2} = \left(m_2\,d^2 + B_2\right)\dot{\beta}_2, \qquad \frac{\mathrm{d}}{\mathrm{d}t}\left(\frac{\partial T}{\partial \dot{\beta}_2}\right) = \left(m_2\,d^2 + B_2\right)\ddot{\beta}_2,$$
$$\frac{\partial T}{\partial \beta_2} = -\left(m_2\,d\,(l + d\,\sin\beta_2)\,\cos\beta_2 + (A_2 - C_2)\,\sin\beta_2\,\cos\beta_2\right)\dot{\beta}_1^2.$$

Die verallgemeinerten eingeprägten Kräfte k_j^{e} setzen sich aus den verallgemeinerten konservativen Kräften k_j^{k} und den verallgemeinerten nichtkonservativen Kräften k_j^{n} zusammen. Aus der potentiellen Energie

$$U(\boldsymbol{q}) = m_2\,g\,d\,\cos\beta_2 \tag{7.148}$$

ergeben sich entsprechend (5.221) die verallgemeinerten konservativen Kräfte

$$k_1^{\mathrm{k}} = -\frac{\partial U}{\partial \beta_1} = 0, \qquad k_2^{\mathrm{k}} = -\frac{\partial U}{\partial \beta_2} = m_2\,g\,d\,\sin\beta_2. \tag{7.149}$$

Die verallgemeinerten nichtkonservativen Kräfte aufgrund der Antriebsmomente und der geschwindigkeitsproportionalen Reibung können nicht aus einem Potential abgeleitet werden. Sie werden wie bereits in (7.142) mit den Beiträgen der Gelenk-Dämpfungsmomente und der Antriebsmomente aus (7.139) und (7.141) berechnet,

$$\boldsymbol{k}^{\mathrm{n}} = {}^1\boldsymbol{J}_{\mathrm{R}1}^{\mathrm{T}}\,{}^1\boldsymbol{\tau}_1^{\mathrm{e}} + {}^2\boldsymbol{J}_{\mathrm{R}2}^{\mathrm{T}}\,{}^2\boldsymbol{\tau}_{\mathrm{S}2}^{\mathrm{e}}$$

$$\boldsymbol{k}^{\mathrm{n}} = \begin{bmatrix} -d_1\,\dot{\beta}_1 \\ -d_2\,\dot{\beta}_2 \end{bmatrix} + \begin{bmatrix} \tau_1 \\ \tau_2 \end{bmatrix}. \tag{7.150}$$

8 Nichtholonome Systeme

Nichtholonome Bindungen beschränken nur die Geschwindigkeit, nicht aber die Lage eines mechanischen Systems. Der Lage-Freiheitsgrad nichtholonomer Systeme ist dadurch größer als der Geschwindigkeits-Freiheitsgrad. Nichtholonome Systeme weisen mindestens eine nichtholonome Bindung auf. Sie werden ausführlich von NEIMARK und FUFAEV [70] behandelt.

Typische Anwendungen des Modells der nichtholonomen Bindung sind schlupffreie Abrollvorgänge von starren Rädern oder Körpern. Modelle technischer Rollkontakte z. B. an den Rädern von Straßen- und Schienenfahrzeugen werden in der Regel jedoch nicht durch Bindungen, sondern durch eingeprägte Kräfte formuliert, wodurch die für das Systemverhalten wichtigen Schlupfeffekte erfasst werden können, siehe z. B. POPP und SCHIEHLEN [85] sowie SCHRAMM et al. [96]. Nichtholonome Bindungen werden jedoch häufig in Entwurfsmodellen für die Steuerung und Regelung mobiler Roboter verwendet, siehe z. B. MURRAY et al. [69] und DE LUCA und ORIOLO [19].

In Anlehnung an die Betrachtungsweisen bei den holonomen Mehrkörpersystemen werden in Abschn. 8.1 die Kinematik und in Abschn. 8.2 die Dynamik nichtholonomer Systeme am einführenden Beispiel eines Wagens mit zwei Rädern bzw. einer auf einer Ebene gleitenden Kufe betrachtet. Gegenübergestellt werden wieder die Bewegungsgleichungen in voneinander abhängigen absoluten Bewegungsgrößen sowie in Minimalkoordinaten und Minimalgeschwindigkeiten. Entsprechende Formulierungen werden in Abschn. 8.3 für eine schlupffrei auf einer rotierenden Ebene abrollende Kugel hergeleitet. Ergänzend werden in Abschn. 8.4 Bedingungen für die Integrierbarkeit von Systemen kinematischer Bindungen formuliert und an Beispielen veranschaulicht.

C. Woernle, *Mehrkörpersysteme*, https://doi.org/10.1007/978-3-662-64530-7_8

8.1 Kinematik nichtholonomer Systeme

Wie die holonomen Bindungen können auch die nichtholonomen Bindungen in impliziter und expliziter Darstellung formuliert werden. Dies wird am einführenden Beispiel eines Wagens mit zwei frei drehbar gelagerten Rädern, die seitenschlupffrei auf einer Ebene abrollen, gezeigt (Abb. 8.1a).

8.1.1 Implizite nichtholonome Bindungen

Die Lage des Wagens in der x_0, y_0-Ebene wird beschrieben durch den zweidimensionalen Ortsvektor $\boldsymbol{r}_S$ des Punktes S auf der Geraden der beiden Radachsen und den Drehwinkel φ, zusammengefasst entsprechend (6.1) zum Vektor der absoluten Lagekoordinaten

$$\hat{\boldsymbol{r}} = \begin{bmatrix} \varphi \\ \boldsymbol{r}_S \end{bmatrix} = \begin{bmatrix} \varphi \\ x_S \\ y_S \end{bmatrix}. \tag{8.1}$$

Implizite nichtholonome Bindung auf Geschwindigkeitsebene Die Bedingung des seitenschlupffreien Abrollens der Räder ist dadurch gekennzeichnet, dass der Punkt S keine Geschwindigkeit in der Richtung der Radachsen besitzt. Damit steht der Geschwindigkeitsvektor $\boldsymbol{v}_S = \dot{\boldsymbol{r}}_S$ von S senkrecht auf dem Einheitsvektor $\boldsymbol{n}$ der Radachsen, also $\boldsymbol{n}^{\mathrm{T}}\, \boldsymbol{v}_S = 0$. Diese Bewegungsbeschränkung kann auch durch das weiter reduzierte Modell einer auf einer Ebene seitenschlupffrei gleitenden Kufe gemäß Abb. 8.1b veranschaulicht werden. Wie der Wagen in Abb. 8.1a besitzt die Kufe keine Geschwindigkeit in der Richtung $\boldsymbol{n}$ senkrecht zu ihrer Längsachse. Ein erweitertes kinematisches Modell des Wagens, das auch die hier nicht betrachteten Drehungen der Räder berücksichtigt, wird in Abschn. 8.4.3 beschrieben.

Mit dem Einheitsvektor $\boldsymbol{n} = [\,-\sin\varphi \quad \cos\varphi\,]^{\mathrm{T}}$ lautet die Bindung

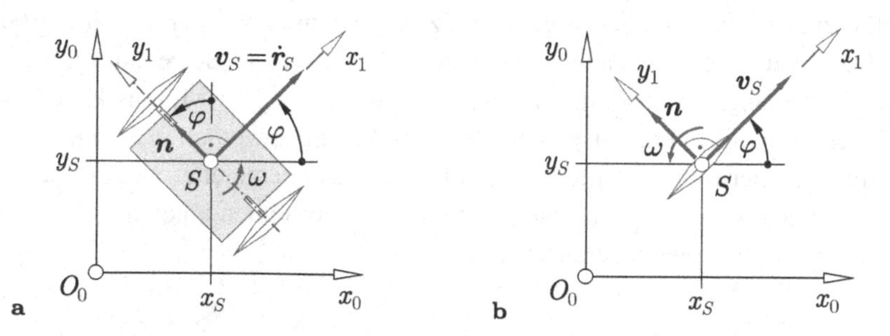

Abb. 8.1 Modelle eines nichtholonomen Systems. **a** Wagen mit zwei frei drehbar gelagerten, auf einer Ebene seitenschlupffrei abrollenden Rädern. **b** Auf einer Ebene gleitende Kufe

$$\begin{aligned} 0 \quad \dot{\varphi} + \begin{bmatrix} -\sin\varphi & \cos\varphi \end{bmatrix} \begin{bmatrix} \dot{x}_S \\ \dot{y}_S \end{bmatrix} &= 0 \\ G_R \, \omega + \quad \boldsymbol{G}_T(\hat{\boldsymbol{r}}) \quad \boldsymbol{v}_S &= 0 \end{aligned} \tag{8.2}$$

oder mit der Bindungsmatrix $\boldsymbol{G} = [\, G_R \ \ \boldsymbol{G}_T \,]$ und dem Geschwindigkeitsvektor $\hat{\boldsymbol{v}} = \dot{\hat{\boldsymbol{r}}}$

$$\begin{aligned} \begin{bmatrix} 0 & -\sin\varphi & \cos\varphi \end{bmatrix} \begin{bmatrix} \dot{\varphi} \\ \dot{x}_S \\ \dot{y}_S \end{bmatrix} &= 0 \\ \boldsymbol{G}(\hat{\boldsymbol{r}}) \quad \hat{\boldsymbol{v}} &= 0. \end{aligned} \tag{8.3}$$

Die kinematische Bindung (8.2) bzw. (8.3) hat die algebraische Form einer impliziten holonomen skleronomen Bindung auf Geschwindigkeitsebene entsprechend (6.7). Dennoch kann der Wagen in jede Lage $\hat{\boldsymbol{r}}$ bewegt werden, ohne die Bindung (8.3) zu verletzen. Diese Betrachtung zeigt bereits anschaulich, dass keine Bindung auf Lageebene $g(\hat{\boldsymbol{r}}) = 0$ existiert, welche die Lage des Wagens geometrisch beschränkt, obwohl es in jeder Lage $\hat{\boldsymbol{r}}$ eine gesperrte Raumrichtung, beschrieben durch den transponierten Zeilenvektor der Bindungsmatrix $\boldsymbol{G}(\hat{\boldsymbol{r}})$ aus (8.3), gibt. Die kinematische Bindung (8.3) kann daher nicht durch zeitliche Integration in eine Lagebindung überführt werden. Diese Eigenschaft unterscheidet die kinematische Bindung (8.3) von einer holonomen kinematischen Bindung der Form (6.7). Eine solche nicht integrierbare kinematische Bindung wird als nichtholonom bezeichnet.

Dieser Sachverhalt ist in Abb. 8.2 weiter veranschaulicht. Gezeigt sind die freien Bewegungsrichtungen in der Umgebung der Lage $\hat{\boldsymbol{r}} = \boldsymbol{0}$ als jeweils senkrecht zu $\boldsymbol{G}^T(\hat{\boldsymbol{r}})$ stehende Flächenelemente. In ihnen liegen die mit der kinematischen Bindung verträglichen virtuellen Geschwindigkeiten $\delta'\hat{\boldsymbol{v}}$, vgl. (6.50),

$$\boldsymbol{G}(\hat{\boldsymbol{r}})\, \delta'\hat{\boldsymbol{v}} = 0. \tag{8.4}$$

Die Nichtintegrierbarkeit der kinematischen Bindung (8.3) lässt sich so interpretieren, dass diese Flächenelemente keine glatte, also differenzierbare Fläche bzw. Mannigfaltigkeit $g(\hat{\boldsymbol{r}}) = 0$ bilden. Bedingungen für die Integrierbarkeit kinematischer Bindungen werden im Abschn. 8.4 formuliert.

Implizite nichtholonome Bindung auf Beschleunigungsebene Die zeitliche Ableitung der nichtholonomen Bindung (8.3) liefert die nichtholonome Bindung auf Beschleunigungsebene, welche die algebraische Form einer impliziten holonomen Bindung auf Beschleunigungsebene (6.12) aufweist,

$$\begin{aligned} \begin{bmatrix} 0 & -\sin\varphi & \cos\varphi \end{bmatrix} \begin{bmatrix} \ddot{\varphi} \\ \ddot{x}_S \\ \ddot{y}_S \end{bmatrix} + (-\dot{x}_S \cos\varphi - \dot{y}_S \sin\varphi)\, \dot{\varphi} &= 0 \\ \boldsymbol{G}(\hat{\boldsymbol{r}}) \quad \hat{\boldsymbol{a}} \quad + \quad \bar{\bar{\gamma}}(\hat{\boldsymbol{r}}, \hat{\boldsymbol{v}}) &= 0. \end{aligned} \tag{8.5}$$

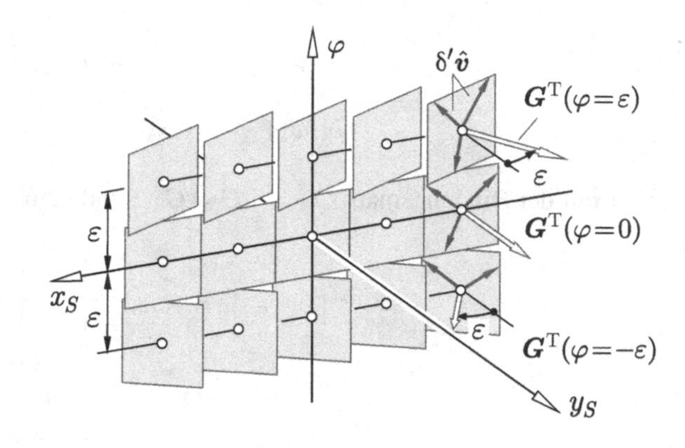

Abb. 8.2 Freie und gesperrte Richtungen in der Umgebung der Lage $\hat{r} = [\,\varphi \;\; x_S \;\; y_S\,]^{\mathrm{T}} = \mathbf{0}$ mit virtuellen Geschwindigkeiten $\delta'\hat{v}$

8.1.2 Freiheitsgrad nichtholonomer Systeme

Mit den Betrachtungen zur Kinematik des nichtholonomen Beispielsystems kann der Begriff des Freiheitsgrades auf nichtholonome Systeme erweitert werden. Ein nichtholonomes System ist dadurch gekennzeichnet, dass die Anzahl der unabhängigen geometrischen Bindungen b_{L}, also die Anzahl der holonomen Bindungen, kleiner ist als die Anzahl der unabhängigen kinematischen Bindungen b, also die Anzahl der holonomen und nichtholonomen kinematischen Bindungen. Der Freiheitsgrad f entspricht der Anzahl der unabhängigen Geschwindigkeitsgrößen und damit der Anzahl der freien Bewegungsrichtungen des Systems. Für ein räumliches System mit n Körpern beträgt er

$$f = 6\,n - b. \tag{8.6}$$

Bei nichtholonomen Systemen wird der Freiheitsgrad f auch als der *Geschwindigkeits-Freiheitsgrad* bezeichnet. Der *Lage-Freiheitsgrad* f_{L} entspricht dagegen der Anzahl der unabhängigen Lagegrößen. Er beträgt

$$f_{\mathrm{L}} = 6\,n - b_{\mathrm{L}}. \tag{8.7}$$

Bei holonomen Systemen ist $f_{\mathrm{L}} = f$, bei nichtholonomen Systemen gilt dagegen $f_{\mathrm{L}} > f$. Bei einem ebenen System mit n Körpern ist $f = 3\,n - b$ und $f_{\mathrm{L}} = 3\,n - b_{\mathrm{L}}$.

8.1.3 Minimalkoordinaten und Minimalgeschwindigkeiten

Die Lage eines nichtholonomen Systems wird durch f_{L} unabhängige Minimalkoordinaten $\boldsymbol{q}$ und die zeitliche Lageänderung durch f unabhängige Minimalgeschwindigkeiten $\boldsymbol{s}$ beschrieben. Allgemein sind die Minimalgeschwindigkeiten $\boldsymbol{s}$ so zu definieren, dass die absoluten Geschwindigkeiten der Körper $\hat{\boldsymbol{v}}$ eindeutig durch $\boldsymbol{s}$ ausgedrückt werden können. Sinnvolle Definitionen ergeben sich meist bereits aus der Anschauung.

Das ebene Modell des Wagens mit zwei Rädern aus Abschn. 8.1.1 hat den Lage-Freiheitsgrad $f_L = 3$ und den Freiheitsgrad $f = 2$. Da die Lage in der Bewegungsebene nicht beschränkt ist, sind die Absolutkoordinaten aus (8.1) bereits mögliche Minimalkoordinaten,

$$\boldsymbol{q} = \begin{bmatrix} \varphi \; x_S \; y_S \end{bmatrix}^{\mathrm{T}} . \tag{8.8}$$

Entsprechend den zwei möglichen Bewegungsrichtungen des Wagens werden die Winkelgeschwindigkeit ω um die z-Achse und der Betrag der Geschwindigkeit v_S des Punktes S als Minimalgeschwindigkeiten definiert, also

$$\boldsymbol{s} = \begin{bmatrix} s_1 \\ s_2 \end{bmatrix} = \begin{bmatrix} \omega \\ v_S \end{bmatrix} . \tag{8.9}$$

8.1.4 Explizite nichtholonome Bindungen

Die expliziten nichtholonomen Bindungen drücken die Zeitableitungen der absoluten Bewegungsgrößen ab der Geschwindigkeitsebene in Abhängigkeit von den Minimalkoordinaten und Minimalgeschwindigkeiten aus.

Explizite nichtholonome Bindung auf Geschwindigkeitsebene Die absolute Geschwindigkeit des Wagens $\hat{\boldsymbol{v}} = \dot{\hat{\boldsymbol{r}}}$ wird durch die Minimalkoordinaten $\boldsymbol{q}$ aus (8.8) und die Minimalgeschwindigkeiten $\boldsymbol{s}$ aus (8.9) ausgedrückt,

$$\begin{aligned} \begin{bmatrix} \dot{\varphi} \\ \dot{x}_S \\ \dot{y}_S \end{bmatrix} &= \begin{bmatrix} 1 & 0 \\ 0 & \cos\varphi \\ 0 & \sin\varphi \end{bmatrix} \begin{bmatrix} \omega \\ v_S \end{bmatrix} \\ \hat{\boldsymbol{v}} \quad &= \quad \boldsymbol{J}(\boldsymbol{q}) \qquad \boldsymbol{s} \; . \end{aligned} \tag{8.10}$$

Die beiden Spalten der Matrix $\boldsymbol{J}$ kennzeichnen die zwei freien Bewegungsrichtungen in der Lage $\boldsymbol{q}$. Da die kinematische Bindung (8.10) nicht integrierbar ist, existiert keine explizite Bindung auf Lageebene $\hat{\boldsymbol{r}} = \hat{\boldsymbol{r}}(\boldsymbol{q})$. Die Matrix $\boldsymbol{J}$ in (8.10) ist damit keine Funktionalmatrix (JACOBI-Matrix) einer expliziten Lagebindung. Wegen der lokal definierten Ableitung $\boldsymbol{J} = \frac{\partial \hat{\boldsymbol{v}}}{\partial \boldsymbol{s}}$ wird sie hier aber weiter als JACOBI-Matrix bezeichnet.

Die explizite kinematische Bindung (8.10) ist die homogene Lösung des unterbestimmten linearen Gleichungssystems der impliziten kinematischen Bindung (8.3) mit den Minimalgeschwindigkeiten $\boldsymbol{s}$ als den freien Lösungsparametern. Einsetzen von $\hat{\boldsymbol{v}}$ aus (8.10) in (8.3) ergibt die Gleichung $\boldsymbol{G}\boldsymbol{J}\boldsymbol{s} = \boldsymbol{0}$, die für beliebige Werte der Minimalgeschwindigkeiten $\boldsymbol{s}$ erfüllt ist. Auch bei nichtholonomen Bindungen gilt damit die Orthogonalitätsbeziehung zwischen den freien und gesperrten Raumrichtungen. Im betrachteten Beispiel lautet sie

$$\boldsymbol{G}\,\boldsymbol{J} = \boldsymbol{0} \quad \Rightarrow \quad \begin{bmatrix} 0 & -\sin\varphi & \cos\varphi \end{bmatrix} \begin{bmatrix} 1 & 0 \\ 0 & \cos\varphi \\ 0 & \sin\varphi \end{bmatrix} = \begin{bmatrix} 0 & 0 \end{bmatrix}, \tag{8.11}$$

d.h. die hier $f = 2$ Spaltenvektoren der JACOBI-Matrix $\boldsymbol{J}$ stehen jeweils senkrecht auf dem $b = 1$ transponierten Zeilenvektor der Bindungsmatrix $\boldsymbol{G}$.

Explizite nichtholonome Bindung auf Beschleunigungsebene Die zeitliche Ableitung der expliziten Geschwindigkeitsbindung (8.10) ergibt die explizite nichtholonome Bindung auf Beschleunigungsebene

$$\begin{array}{ccccccc} \begin{bmatrix} \ddot{\varphi} \\ \ddot{x}_S \\ \ddot{y}_S \end{bmatrix} & = & \begin{bmatrix} 1 & 0 \\ 0 & \cos\varphi \\ 0 & \sin\varphi \end{bmatrix} & \begin{bmatrix} \dot{\omega} \\ \dot{v}_S \end{bmatrix} & + & \begin{bmatrix} 0 \\ -\omega\, v_S \sin\varphi \\ \omega\, v_S \cos\varphi \end{bmatrix} \\ \hat{\boldsymbol{a}} & = & \boldsymbol{J}(\boldsymbol{q}) & \dot{\boldsymbol{s}} & + & \bar{\hat{\boldsymbol{a}}}(\boldsymbol{q}, \boldsymbol{s}) \end{array} \tag{8.12}$$

mit dem von den minimalen Beschleunigungen $\dot{\boldsymbol{s}}$ unabhängigen Term $\bar{\hat{\boldsymbol{a}}}(\boldsymbol{q}, \boldsymbol{s})$. Sie erfüllt die implizite Beschleunigungsbindung (8.5).

8.2 Dynamik nichtholonomer Systeme

Der Wagen mit zwei Rädern soll sich nun auf der entsprechend Abb. 8.3a um den Winkel α geneigten x_0, y_0-Ebene bewegen, siehe auch z. B. NEIMARK und FUFAEV [70], FISCHER und STEPHAN [26], HILLER [41] sowie SCHIEHLEN und EBERHARD [95]. Ein Kippen des Wagenkörpers sei z. B. durch ein masseloses, frei um eine vertikale Achse drehbares Stützrad verhindert. Der Punkt S auf der Radachse sei der Massenmittelpunkt des Wagenkörpers. Entsprechend der auf die ebene Bewegung beschränkten Betrachtung werden nur Kräfte parallel und Momente senkrecht zur x_0, y_0-Bewegungsebene berücksichtigt. Für die ebene Bewegung des Wagenkörpers (Masse m, Trägheitsmoment θ_S bzgl. S) gelten entsprechend (6.36) und (6.37) die x- und y-Komponenten des Impulssatzes und der Drallsatz um die z-Achse bezüglich S. Zusammengefasst zu einer Matrizengleichung lauten sie

$$\begin{array}{ccccccc} \begin{bmatrix} \theta_S & 0 & 0 \\ 0 & m & 0 \\ 0 & 0 & m \end{bmatrix} & \begin{bmatrix} \ddot{\varphi} \\ \ddot{x}_S \\ \ddot{y}_S \end{bmatrix} & = & \begin{bmatrix} 0 \\ 0 \\ -m\, g\, \sin\alpha \end{bmatrix} & + & \begin{bmatrix} \tau_S^{\mathrm{r}} \\ f_x^{\mathrm{r}} \\ f_y^{\mathrm{r}} \end{bmatrix} \\ \widehat{\boldsymbol{M}} & \hat{\boldsymbol{a}} & = & \hat{\boldsymbol{f}}^{\mathrm{e}} & + & \hat{\boldsymbol{f}}^{\mathrm{r}}. \end{array} \tag{8.13}$$

Der eingeprägte ebene Kraftwinder $\hat{\boldsymbol{f}}^{\mathrm{e}}$ besteht aus dem eingeprägten Moment $\tau_S^{\mathrm{e}} = 0$ und den Komponenten der Gewichtskraft in der x_0, y_0-Ebene. Der ebene Reaktionskraftwinder $\hat{\boldsymbol{f}}^{\mathrm{r}}$ mit dem Reaktionsmoment τ_S^{r} und der Reaktionskraft $\boldsymbol{f}^{\mathrm{r}}$ unterliegt der zu der

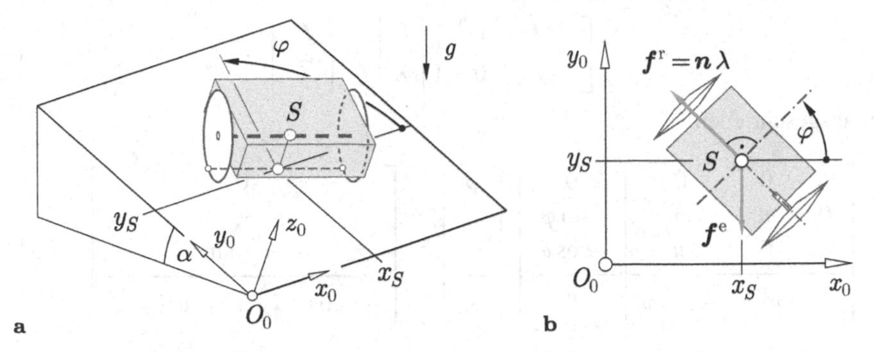

Abb. 8.3 Wagen mit zwei Rädern auf einer schiefen Ebene. **a** Gesamtsystem. **b** Kräfte

nichtholonomen Bindung gehörenden Reaktionsbedingung. Wie bei den holonomen Systemen können die Bewegungsgleichungen in den Absolutkoordinaten oder in den Minimalkoordinaten und Minimalgeschwindigkeiten aufgestellt werden.

8.2.1 Bewegungsgleichungen in Absolutkoordinaten

Für die Aufstellung der Bewegungsgleichungen in den hier voneinander unabhängigen absoluten Lagekoordinaten $\hat{\boldsymbol{r}}$ und den voneinander abhängigen Absolutgeschwindigkeiten $\hat{\boldsymbol{v}}$ werden die implizite nichtholonome Bindung (8.5) und die mit der Bindungsmatrix $\boldsymbol{G}$ gebildete explizite Reaktionsbedingung

$$\begin{bmatrix} \tau_S^{\mathrm{r}} \\ f_x^{\mathrm{r}} \\ f_y^{\mathrm{r}} \end{bmatrix} = \begin{bmatrix} 0 \\ -\sin\varphi \\ \cos\varphi \end{bmatrix} \lambda \qquad \hat{\boldsymbol{f}}^{\mathrm{r}} = \boldsymbol{G}^{\mathrm{T}}(\hat{\boldsymbol{r}})\,\lambda \tag{8.14}$$

mit der minimalen Reaktionskoordinate λ verwendet. Der Impulssatz und der Drallsatz (8.13) mit dem Reaktionskraftwinder aus (8.14) und die impliziten Bindungen (8.3) bilden unter Berücksichtigung des kinematischen Zusammenhangs $\hat{\boldsymbol{v}} = \dot{\hat{\boldsymbol{r}}}$ die LAGRANGE-Gleichungen erster Art, vgl. (6.61),

$$\left.\begin{aligned} \dot{\hat{\boldsymbol{r}}} &= \hat{\boldsymbol{v}}, \\ \widehat{\boldsymbol{M}}\,\dot{\hat{\boldsymbol{v}}} &= \hat{\boldsymbol{f}}^{\mathrm{e}} + \boldsymbol{G}^{\mathrm{T}}(\hat{\boldsymbol{r}})\,\lambda, \\ 0 &= \boldsymbol{G}(\hat{\boldsymbol{r}})\,\hat{\boldsymbol{v}}. \end{aligned}\right\} \tag{8.15}$$

Mit den impliziten Bindungen auf Beschleunigungsebene (8.5) ergibt sich das aus (6.62) bekannte lineare Gleichungssystem für die Beschleunigungen $\hat{\boldsymbol{a}} = \dot{\hat{\boldsymbol{v}}}$ und die Reaktionskoordinate λ,

$$\begin{bmatrix} \widehat{\boldsymbol{M}} & -\boldsymbol{G}^{\mathrm{T}} \\ -\boldsymbol{G} & 0 \end{bmatrix} \begin{bmatrix} \hat{\boldsymbol{a}} \\ \lambda \end{bmatrix} = \begin{bmatrix} \boldsymbol{f}^{\mathrm{e}} \\ \bar{\bar{\gamma}} \end{bmatrix} \tag{8.16}$$

oder ausgeschrieben

$$\left[\begin{array}{ccc|c} \theta_S & 0 & 0 & 0 \\ 0 & m & 0 & \sin\varphi \\ 0 & 0 & m & -\cos\varphi \\ \hline 0 & \sin\varphi & -\cos\varphi & 0 \end{array}\right] \left[\begin{array}{c} \ddot{\varphi} \\ \ddot{x}_S \\ \ddot{y}_S \\ \hline \lambda \end{array}\right] = \left[\begin{array}{c} 0 \\ 0 \\ -m\,g\,\sin\alpha \\ \hline -(\cos\varphi\,\dot{x}_S + \sin\varphi\,\dot{y}_S)\,\dot{\varphi} \end{array}\right]. \tag{8.17}$$

Die Bewegung des Systems wird dann durch Integration des Differentialgleichungssystems erster Ordnung

$$\begin{bmatrix} \dot{\hat{\boldsymbol{r}}} \\ \dot{\hat{\boldsymbol{v}}} \end{bmatrix} = \begin{bmatrix} \hat{\boldsymbol{v}} \\ \hat{\boldsymbol{a}}(\hat{\boldsymbol{r}}, \hat{\boldsymbol{v}}) \end{bmatrix} \quad \text{mit} \quad \begin{bmatrix} \hat{\boldsymbol{r}}(t_0) \\ \hat{\boldsymbol{v}}(t_0) \end{bmatrix} = \begin{bmatrix} \hat{\boldsymbol{r}}_0 \\ \hat{\boldsymbol{v}}_0 \end{bmatrix} \tag{8.18}$$

mit $\hat{\boldsymbol{a}}(\hat{\boldsymbol{r}}, \hat{\boldsymbol{v}})$ aus (8.17) ermittelt. Da hier keine holonome Bindung vorhanden ist, kann die Anfangslage $\hat{\boldsymbol{r}}_0$ frei vorgegeben werden. Die Anfangsgeschwindigkeit $\hat{\boldsymbol{v}}_0$ muss dagegen die kinematische Bindung (8.3) erfüllen, also $\boldsymbol{G}(\hat{\boldsymbol{r}}_0)\,\hat{\boldsymbol{v}}_0 = 0$.

Der differentielle Index der LAGRANGE-Gleichungen erster Art (8.15) beträgt zwei, da die Bindungen (8.3) auf Geschwindigkeitsebene zwei Mal nach der Zeit abzuleiten sind, um zu einem System gewöhnlicher Differentialgleichungen in $\hat{\boldsymbol{r}}$, $\hat{\boldsymbol{v}}$ und λ zu gelangen. Tatsächlich ausgeführt wird nur eine Ableitung, da nach Elimination von λ aus (8.17) bereits das gewöhnliche Differentialgleichungssystem (8.18) erhalten wird.

8.2.2 Bewegungsgleichungen in Minimalform

Für die Aufstellung der Bewegungsgleichungen in den $f_{\mathrm{L}} = 3$ Minimalkoordinaten $\boldsymbol{q} = \hat{\boldsymbol{r}}$ und den $f = 2$ Minimalgeschwindigkeiten $\boldsymbol{s} = [\,\omega \quad v_S\,]^{\mathrm{T}}$ werden die explizite nichtholonome Bindung (8.10) und die dazu gehörende implizite Reaktionsbedingung verwendet. Die nichtholonome Bindung (8.10) definiert in dem Beispiel zugleich die kinematischen Differentialgleichungen für die Minimalkoordinaten

$$\begin{aligned} \begin{bmatrix} \dot{\varphi} \\ \dot{x}_S \\ \dot{y}_S \end{bmatrix} &= \begin{bmatrix} 1 & 0 \\ 0 & \cos\varphi \\ 0 & \sin\varphi \end{bmatrix} \begin{bmatrix} \omega \\ v_S \end{bmatrix} \\ \dot{\boldsymbol{q}} \;\; &= \quad \boldsymbol{H}_s(\boldsymbol{q}) \quad\;\; \boldsymbol{s} \;\; . \end{aligned} \tag{8.19}$$

Die Spaltenvektoren der JACOBI-Matrix $\boldsymbol{J}$ der expliziten Bindung (8.10) definieren die freien Raumrichtungen, zu denen die Reaktionskräfte orthogonal sind. Die impliziten Reaktionsbedingungen haben daher die gleiche Form wie bei holonomen Systemen, vgl. (6.59),

$$\underbrace{\begin{bmatrix} 1 & 0 & 0 \\ 0 & \cos\varphi & \sin\varphi \end{bmatrix}}_{\boldsymbol{J}^{\mathrm{T}}} \underbrace{\begin{bmatrix} \tau_S^{\mathrm{r}} \\ f_x^{\mathrm{r}} \\ f_y^{\mathrm{r}} \end{bmatrix}}_{\hat{\boldsymbol{f}}^{\mathrm{r}}} = \underbrace{\begin{bmatrix} 0 \\ 0 \end{bmatrix}}_{\boldsymbol{0}} . \tag{8.20}$$

Zusammen mit den kinetischen Gleichungen (8.13) und den expliziten Bindungen auf Beschleunigungsebene (8.12) liegt ein lineares Gleichungssystem für die Absolutbeschleunigung $\hat{\boldsymbol{a}}$, den Reaktionskraftwinder $\hat{\boldsymbol{f}}^{\mathrm{r}}$ und die Zeitableitungen der Minimalgeschwindigkeiten $\dot{\boldsymbol{s}}$ in der aus (6.64) bekannten Form vor,

$$\begin{bmatrix} \widehat{\boldsymbol{M}} & -\boldsymbol{E} & \boldsymbol{0} \\ -\boldsymbol{E} & \boldsymbol{0} & \boldsymbol{J} \\ \boldsymbol{0} & \boldsymbol{J}^{\mathrm{T}} & \boldsymbol{0} \end{bmatrix} \begin{bmatrix} \hat{\boldsymbol{a}} \\ \hat{\boldsymbol{f}}^{\mathrm{r}} \\ \dot{\boldsymbol{s}} \end{bmatrix} = \begin{bmatrix} \hat{\boldsymbol{f}}^{\mathrm{e}} \\ -\bar{\hat{\boldsymbol{a}}} \\ \boldsymbol{0} \end{bmatrix} \begin{matrix} \text{3 Gln.} \\ \text{3 Gln.} \\ \text{2 Gln.} \end{matrix} \tag{8.21}$$

Werden $\hat{\boldsymbol{a}}$ und $\hat{\boldsymbol{f}}^{\mathrm{r}}$ entsprechend Abschnitt 6.6.2 eliminiert, so ergeben sich die Bewegungsgleichungen in der Form (6.66),

$$\boldsymbol{M}(\boldsymbol{q})\,\dot{\boldsymbol{s}} = \boldsymbol{k}^{\mathrm{c}}(\boldsymbol{q},\boldsymbol{s}) + \boldsymbol{k}^{\mathrm{e}}(\boldsymbol{q},\boldsymbol{s}), \tag{8.22}$$

mit der Massenmatrix

$$\boldsymbol{M} = \boldsymbol{J}^{\mathrm{T}}\,\widehat{\boldsymbol{M}}\,\boldsymbol{J} = \begin{bmatrix} \theta_S & 0 \\ 0 & m \end{bmatrix}, \tag{8.23}$$

den verallgemeinerten Zentrifugal- und CORIOLIS-Kräften

$$\boldsymbol{k}^{\mathrm{c}}(\boldsymbol{q},\boldsymbol{s}) = -\boldsymbol{J}^{\mathrm{T}}\,\widehat{\boldsymbol{M}}\,\bar{\hat{\boldsymbol{a}}} = \begin{bmatrix} 0 \\ 0 \end{bmatrix} \tag{8.24}$$

und den verallgemeinerten eingeprägten Kräften

$$\boldsymbol{k}^{\mathrm{e}}(\boldsymbol{q},\boldsymbol{s}) = \boldsymbol{J}^{\mathrm{T}}\,\hat{\boldsymbol{f}}^{\mathrm{e}} = \begin{bmatrix} 0 \\ -m\,g\,\sin\alpha\,\sin\varphi \end{bmatrix}. \tag{8.25}$$

Die Zustandsgleichungen bestehen aus der kinematischen Differentialgleichungen (8.19) und den nach $\dot{\boldsymbol{s}}$ aufgelösten Bewegungsgleichungen (8.22),

$$\underbrace{\begin{bmatrix} \dot{\boldsymbol{q}} \\ \dot{\boldsymbol{s}} \end{bmatrix}}_{\dot{\boldsymbol{x}}} = \underbrace{\begin{bmatrix} \boldsymbol{H}_s(\boldsymbol{q})\,\boldsymbol{s} \\ \boldsymbol{M}^{-1}(\boldsymbol{q})\left(\boldsymbol{k}^{\mathrm{c}}(\boldsymbol{q},\boldsymbol{s}) + \boldsymbol{k}^{\mathrm{e}}(\boldsymbol{q},\boldsymbol{s})\right) \end{bmatrix}}_{\boldsymbol{\Psi}(\boldsymbol{x})} \quad \text{mit} \quad \underbrace{\begin{bmatrix} \boldsymbol{q}(0) \\ \boldsymbol{s}(0) \end{bmatrix}}_{\boldsymbol{x}(0)} = \underbrace{\begin{bmatrix} \boldsymbol{q}_0 \\ \boldsymbol{s}_0 \end{bmatrix}}_{\boldsymbol{x}_0} \tag{8.26}$$

mit der Anfangslage $\boldsymbol{q}_0$ und der Anfangsgeschwindigkeit $\boldsymbol{s}_0$ zum Zeitpunkt $t_0 = 0$. Die ausgeschriebenen Zustandsgleichungen lauten (Abkürzung $g^* = g\,\sin\alpha$)

$$\begin{bmatrix} \dot{\varphi} \\ \dot{x}_S \\ \dot{y}_S \\ \hline \dot{\omega} \\ \dot{v}_S \end{bmatrix} = \begin{bmatrix} \omega \\ v_S \cos\varphi \\ v_S \sin\varphi \\ \hline 0 \\ -g^* \sin\varphi \end{bmatrix} \begin{matrix} \text{(i)} \\ \text{(ii)} \\ \text{(iii)} \\ \text{(iv)} \\ \text{(v)} \end{matrix} \quad \text{mit} \quad \begin{bmatrix} \varphi(0) \\ x_S(0) \\ y_S(0) \\ \hline \omega(0) \\ v_S(0) \end{bmatrix} = \begin{bmatrix} \varphi_0 \\ x_{S0} \\ y_{S0} \\ \hline \omega_0 \\ v_{S0} \end{bmatrix} \tag{8.27}$$

$$\dot{\boldsymbol{x}} = \boldsymbol{\Psi}(\boldsymbol{x}) \qquad \boldsymbol{x}(0) = \boldsymbol{x}_0 .$$

Analytische Lösung der Bewegungsgleichungen Die Differentialgleichungen (8.27) können analytisch gelöst werden, siehe z. B. HILLER [41]. Die Integration von (iv) und (i) liefert den Drehwinkel $\varphi(t)$,

$$\omega(t) = \omega_0 \quad \overset{\int \cdot \, \mathrm{d}t}{\Longrightarrow} \quad \varphi(t) = \omega_0\, t + \varphi_0 . \tag{8.28}$$

Einsetzen von $\varphi(t)$ in (v) ergibt durch Integration die Geschwindigkeit $v_S(t)$,

$$\dot{v}_S(t) = -g^* \sin(\omega_0\, t + \varphi_0) \quad \overset{\int \cdot \, \mathrm{d}t}{\Longrightarrow} \quad v_S(t) = \frac{g^*}{\omega_0} \cos \underbrace{(\omega_0\, t + \varphi_0)}_{\varphi(t)} + C_1 ,$$

mit der Integrationskonstanten C_1. Einsetzen von $v_S(t)$ in (ii) und (iii) liefert Differentialgleichungen für die Bahn $x_S(t)$, $y_S(t)$ des Punktes S,

$$\dot{x}_S = \frac{g^*}{\omega_0} \cos^2\varphi + C_1 \cos\varphi, \qquad \dot{y}_S = \frac{g^*}{\omega_0} \cos\varphi \sin\varphi + C_1 \sin\varphi , \tag{8.29}$$

die mit

$$\dot{x}_S \equiv \frac{\mathrm{d}x_S}{\mathrm{d}t} = \frac{\mathrm{d}x_S}{\mathrm{d}\varphi}\frac{\mathrm{d}\varphi}{\mathrm{d}t} \quad \overset{\text{(i)}}{\Longrightarrow} \quad \frac{\mathrm{d}x_S}{\mathrm{d}t} = \frac{\mathrm{d}x_S}{\mathrm{d}\varphi}\,\omega \quad \text{mit} \quad \omega(t) = \omega_0$$

und entsprechend für y_S jeweils nach Trennung der Variablen x_S bzw. y_S und φ integriert werden können. Mit den weiteren Integrationskonstanten C_2 und C_3 lauten die Lösungen

$$x_S(\varphi) = \frac{g^*}{4\,\omega_0^2}(2\varphi + \sin 2\varphi) + \frac{C_1}{\omega_0} \sin\varphi + C_2 \tag{8.30}$$

und

$$y_S(\varphi) = \frac{g^*}{2\,\omega_0^2} \sin^2\varphi - \frac{C_1}{\omega_0} \cos\varphi + C_3 \quad \text{mit} \quad \sin^2\varphi = \frac{1}{2}(1 - \cos 2\varphi),$$

$$y_S(\varphi) = -\frac{g^*}{4\,\omega_0^2} \cos 2\varphi - \frac{C_1}{\omega_0} \cos\varphi + \frac{g^*}{4\,\omega_0^2} + C_3 . \tag{8.31}$$

Die Funktionen $x_S(\varphi)$ und $y_S(\varphi)$ definieren die Bahn von S in Parameterdarstellung. Ohne Beschränkung der Allgemeinheit können die konstanten Summanden durch eine geeignete

Wahl der Anfangsbedingungen zu Null gebracht werden. Mit den dimensionslosen Bahnkoordinaten

$$\bar{x}_S = x_S \, \frac{4\,\omega_0^2}{g^*}\,, \qquad \bar{y}_S = y_S \, \frac{4\,\omega_0^2}{g^*}$$

lauten die Bahngleichungen (8.30) und (8.31)

$$\bar{x}_S = \sin 2\varphi + \kappa \, \sin\varphi + 2\,\varphi, \tag{8.32}$$

$$\bar{y}_S = -\cos 2\varphi - \kappa \, \cos\varphi \qquad \text{mit} \qquad \kappa = C_1 \, \frac{4\,\omega_0}{g^*}. \tag{8.33}$$

Zur geometrischen Interpretation werden in (8.32) der Term $2\,\varphi$ auf die linke Seite gebracht und anschließend beide Gleichungen quadriert und addiert,

$$(\bar{x}_S - 2\,\varphi)^2 + \bar{y}_S^2 = 1 + \kappa^2 + 2\,\kappa \, \cos\varphi. \tag{8.34}$$

Unter Berücksichtigung des Winkels $\varphi(t)$ aus (8.28) ist dies die Gleichung eines Kreises, dessen Radius sich periodisch verändert (Periode $\frac{2\pi}{\omega_0}$) und dessen Mittelpunkt sich mit der konstanten Geschwindigkeit $2\,\dot{\varphi} = 2\,\omega_0$ auf der $\bar{x}_S$-Achse bewegt. Die mittlere Höhe der Bahnkurven in $\bar{y}_S$-Richtung ist konstant. Bahnkurven für exemplarische Werte der Konstanten κ zeigt Abb. 8.4.

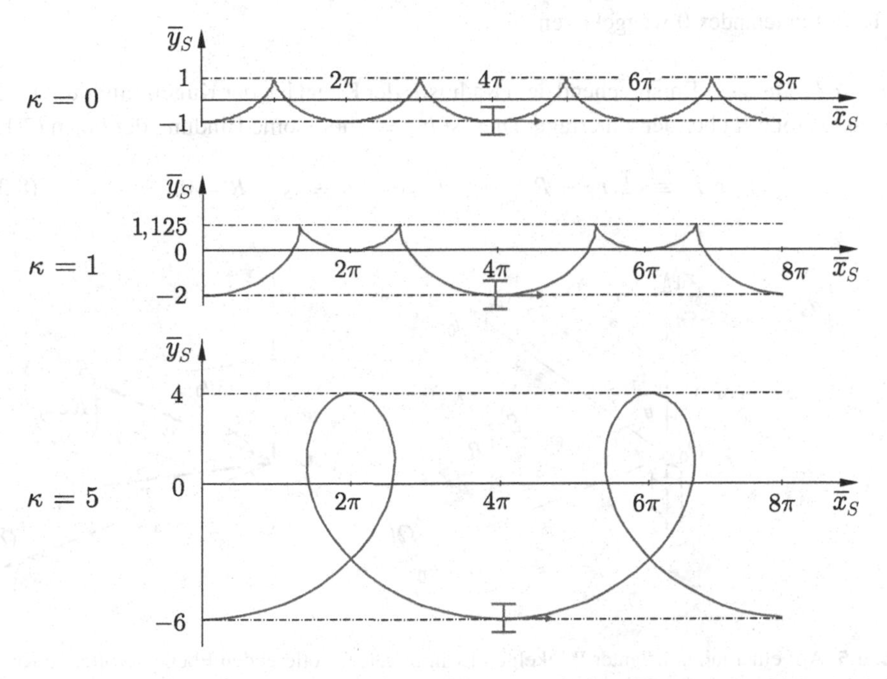

Abb. 8.4 Bahnkurven des zweirädrigen Wagens auf einer schiefen Ebene (HILLER [41])

8.3 Auf einer rotierenden Ebene rollende Kugel

Ein klassisches Beispiel eines nichtholonomen räumlichen Systems ist eine homogene Kugel, die entsprechend Abb. 8.5a auf einer mit konstanter Winkelgeschwindigkeit Ω rotierenden ebenen Unterlage schlupffrei abrollt, siehe z. B. auch PARS [80], NEIMARK und FUFAEV [70] sowie HILLER [41]. Für die Bewegung des Massenmittelpunkts der Kugel S wird eine analytische Lösung erhalten.

8.3.1 Bewegungsgleichungen in Absolutkoordinaten

Die absoluten Lagekoordinaten der Kugel im raumfesten System $\mathcal{K}_0$ sind entsprechend (7.6) die EULER-Parameter $\underline{\boldsymbol{p}}$ der Orientierung des kugelfesten Koordinatensystems $\mathcal{K}_S$ relativ zu $\mathcal{K}_0$ und der Ortsvektor $\boldsymbol{r}_S$ des Massenmittelpunkts S, jeweils dargestellt im raumfesten System $\mathcal{K}_0$,

$$\hat{\boldsymbol{r}} = \begin{bmatrix} {}^0\underline{\boldsymbol{p}} \\ {}^0\boldsymbol{r}_S \end{bmatrix} \quad \text{mit} \quad {}^0\underline{\boldsymbol{p}} = \begin{bmatrix} p_s \\ p_x \\ p_y \\ p_z \end{bmatrix}, \quad {}^0\boldsymbol{r}_S = \begin{bmatrix} x_S \\ y_S \\ z_S \end{bmatrix}. \tag{8.35}$$

Da in den weiteren Berechnungen alle Vektoren in $\mathcal{K}_0$ dargestellt werden, wird im Folgenden der Koordinatenindex 0 weggelassen.

Implizite Bindungen Entsprechend dem Radius R der Kugel hat der Kugelmittelpunkt S die konstante Höhe R über der Unterlage. Dies ist $b_L = 1$ holonome Bindung der Form (7.12),

$$g(\hat{\boldsymbol{r}}) \equiv \boldsymbol{e}_{z0}^{\mathrm{T}} \boldsymbol{r}_S - R = 0 \qquad \text{bzw.} \qquad g \equiv z_S - R = 0. \tag{8.36}$$

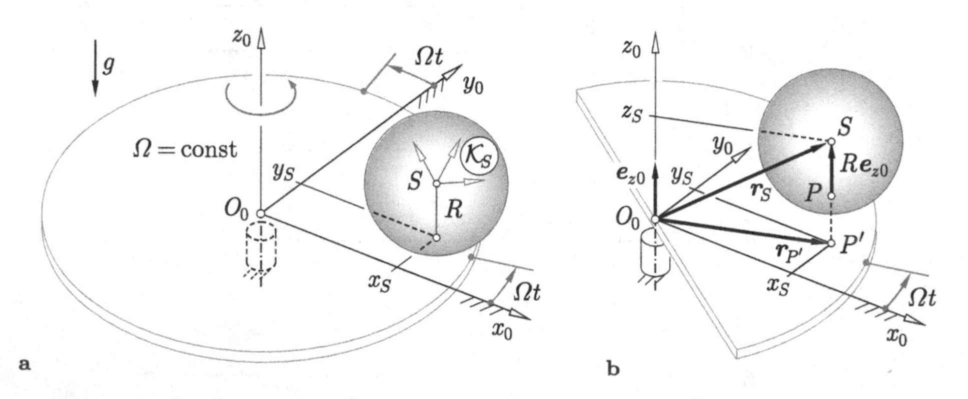

Abb. 8.5 Auf einer mit konstanter Winkelgeschwindigkeit Ω rotierenden Ebene abrollende Kugel. **a** Mehrkörpermodell. **b** Zur Formulierung der Bindungen (8.39)

Die Bedingung des schlupffreien Abrollens der Kugel auf der rotierenden Ebene verlangt, dass die momentan zusammenfallenden Kontaktpunkte P auf der Kugel mit dem Ortsvektor $\boldsymbol{r}_P = \boldsymbol{r}_S - R\,\boldsymbol{e}_{z0}$ und P' auf der Ebene mit dem Ortsvektor $\boldsymbol{r}'_P = \boldsymbol{r}_S - (\boldsymbol{e}_{z0}^{\mathrm{T}}\boldsymbol{r}_S)\,\boldsymbol{e}_{z0}$ dieselbe Geschwindigkeit haben, $\boldsymbol{v}_P = \boldsymbol{v}_{P'}$. Mit der Winkelgeschwindigkeit $\boldsymbol{\omega}$ von $\mathcal{K}_S$ relativ zu $\mathcal{K}_0$ und der Geschwindigkeit $\boldsymbol{v}_S = \dot{\boldsymbol{r}}_S$ von S lauten die Geschwindigkeiten

$$\boldsymbol{v}_P = \boldsymbol{v}_S + \widetilde{\boldsymbol{\omega}}\,(-\boldsymbol{e}_{z0}\,R) = \boldsymbol{v}_S + R\,\widetilde{\boldsymbol{e}}_{z0}\,\boldsymbol{\omega}, \tag{8.37}$$

$$\boldsymbol{v}_{P'} = \Omega\,\widetilde{\boldsymbol{e}}_{z0}\,\boldsymbol{r}_{P'} \equiv \Omega\,\widetilde{\boldsymbol{e}}_{z0}\,\boldsymbol{r}_S, \tag{8.38}$$

und es ergeben sich $b = 3$ implizite Bindungen auf Geschwindigkeitsebene der Form (7.18)

$$\underbrace{\begin{bmatrix} R\,\widetilde{\boldsymbol{e}}_{z0} & \boldsymbol{E} \end{bmatrix}}_{\begin{bmatrix} \boldsymbol{G}_\mathrm{R} & \boldsymbol{G}_\mathrm{T} \end{bmatrix}} \begin{bmatrix} \boldsymbol{\omega} \\ \boldsymbol{v}_S \end{bmatrix} + \underbrace{(-\Omega\,\widetilde{\boldsymbol{e}}_{z0}\,\boldsymbol{r}_S)}_{\bar{\boldsymbol{\gamma}}} = \boldsymbol{0}. \tag{8.39}$$

Der Term $\bar{\boldsymbol{\gamma}}$ geht auf die mit der konstanten Winkelgeschwindigkeit Ω rheonom geführte Drehung der Unterlage zurück. Mit den Vektorkoordinaten $\boldsymbol{e}_{z0} = [\,0 \quad 0 \quad 1\,]^{\mathrm{T}}$ lauten die impliziten Bindungen (8.39)

$$\underbrace{\begin{bmatrix} 0 & -R & 0 \\ R & 0 & 0 \\ 0 & 0 & 0 \end{bmatrix}}_{\boldsymbol{G}_\mathrm{R}} \underbrace{\begin{bmatrix} \omega_x \\ \omega_y \\ \omega_z \end{bmatrix}}_{\boldsymbol{\omega}} + \underbrace{\begin{bmatrix} 1 & 0 & 0 \\ 0 & 1 & 0 \\ 0 & 0 & 1 \end{bmatrix}}_{\boldsymbol{G}_\mathrm{T}} \underbrace{\begin{bmatrix} \dot{x}_S \\ \dot{y}_S \\ \dot{z}_S \end{bmatrix}}_{\boldsymbol{v}_S} + \underbrace{\begin{bmatrix} \Omega\,y_S \\ -\Omega\,x_S \\ 0 \end{bmatrix}}_{\bar{\boldsymbol{\gamma}}} = \underbrace{\begin{bmatrix} 0 \\ 0 \\ 0 \end{bmatrix}}_{\boldsymbol{0}}. \tag{8.40}$$

Die Bindungen auf Beschleunigungsebene ergeben sich aus der zeitlichen Ableitung von (8.39) unter Berücksichtigung von $\dot{\Omega} = 0$ in der Form (7.21),

$$\begin{bmatrix} \boldsymbol{G}_\mathrm{R} & \boldsymbol{G}_\mathrm{T} \end{bmatrix} \begin{bmatrix} \boldsymbol{\alpha} \\ \boldsymbol{a}_S \end{bmatrix} + \bar{\bar{\boldsymbol{\gamma}}} = \boldsymbol{0}, \tag{8.41}$$

mit dem nicht von $\boldsymbol{\alpha}$ und $\boldsymbol{a}_S$ abhängenden Term

$$\bar{\bar{\boldsymbol{\gamma}}} = -\Omega\,\widetilde{\boldsymbol{e}}_{z0}\,\dot{\boldsymbol{r}}_S = \begin{bmatrix} \Omega\,\dot{y}_S \\ -\Omega\,\dot{x}_S \\ 0 \end{bmatrix}. \tag{8.42}$$

Impuls- und Drallsatz, eingeprägte Kraft Für die homogene Kugel (Masse m, Trägheitstensor $\boldsymbol{\Theta}_S = m\,\kappa^2\,\boldsymbol{E}$ bezüglich S, Trägheitsradius κ mit $\kappa^2 = \frac{2}{5}\,R^2$) lauten der Impulssatz und der Drallsatz bezüglich des Massenmittelpunkts S

$$m\,\boldsymbol{a}_S = \boldsymbol{f}^{\mathrm{e}} + \boldsymbol{f}^{\mathrm{r}}, \tag{8.43}$$

$$\boldsymbol{\Theta}_S\,\boldsymbol{\alpha} = -\widetilde{\boldsymbol{\omega}}\,\boldsymbol{\Theta}_S\,\boldsymbol{\omega} + \boldsymbol{\tau}_S^{\mathrm{e}} + \boldsymbol{\tau}_S^{\mathrm{r}}. \tag{8.44}$$

Wegen des kugelsymmetrischen Trägheitstensors ist $\widetilde{\boldsymbol{\omega}}\, \boldsymbol{\Theta}_S\, \boldsymbol{\omega} = \mathbf{0}$. Als einzige eingeprägte Kraft wirkt die Gewichtskraft in S. Damit ist

$$\boldsymbol{f}^{\mathrm{e}} = -m\, g\, \boldsymbol{e}_{z0} = \begin{bmatrix} 0 & 0 & -mg \end{bmatrix}^{\mathrm{T}}, \quad \boldsymbol{\tau}_S^{\mathrm{e}} = \mathbf{0}. \tag{8.45}$$

Explizite Reaktionsbedingungen Die Reaktionskraft $\boldsymbol{f}^{\mathrm{r}}$ und das Reaktionsmoment $\boldsymbol{\tau}_S^{\mathrm{r}}$ bezüglich S werden mit Hilfe der Bindungsmatrizen $\boldsymbol{G}_{\mathrm{T}} = \boldsymbol{E}$ und $\boldsymbol{G}_{\mathrm{R}} = R\, \widetilde{\boldsymbol{e}}_{z0}$ aus (8.39) durch die $b = 3$ Reaktionskoordinaten $\boldsymbol{\lambda}$ ausgedrückt,

$$\boldsymbol{f}^{\mathrm{r}} = \boldsymbol{G}_{\mathrm{T}}^{\mathrm{T}}\, \boldsymbol{\lambda} = \boldsymbol{\lambda}, \tag{8.46}$$

$$\boldsymbol{\tau}_S^{\mathrm{r}} = \boldsymbol{G}_{\mathrm{R}}^{\mathrm{T}}\, \boldsymbol{\lambda} = -R\, \widetilde{\boldsymbol{e}}_{z0}\, \boldsymbol{\lambda}. \tag{8.47}$$

Die Reaktionskoordinaten $\boldsymbol{\lambda}$ sind die Koordinaten der Kontaktkraft $\boldsymbol{f}^{\mathrm{r}}$ im Aufstandspunkt der Kugel. Die vektorielle Komponente von $\boldsymbol{f}^{\mathrm{r}}$ in der x_0, y_0-Ebene ist die zur Bedingung des schlupffreien Abrollens gehörende Haftkraft. Das Reaktionsmoment $\boldsymbol{\tau}_S^{\mathrm{r}}$ ist das Moment von $\boldsymbol{f}^{\mathrm{r}}$ bezüglich S.

Bewegungsgleichungen Das lineare Gleichungssystem der Form (7.63) zur Berechnung der absoluten Beschleunigungsgrößen $\boldsymbol{\alpha}$, $\boldsymbol{a}_S$ sowie der Reaktionskoordinaten $\boldsymbol{\lambda}$ wird aus dem Impulssatz (8.43) mit (8.46), dem Drallsatz (8.44) mit (8.47) und der Beschleunigungsbindung (8.41) aufgebaut,

$$\left[\begin{array}{cc|c} m\kappa^2 \boldsymbol{E} & \mathbf{0} & -\boldsymbol{G}_{\mathrm{R}}^{\mathrm{T}} \\ \mathbf{0} & m\, \boldsymbol{E} & -\boldsymbol{G}_{\mathrm{T}}^{\mathrm{T}} \\ \hline -\boldsymbol{G}_{\mathrm{R}} & -\boldsymbol{G}_{\mathrm{T}} & \mathbf{0} \end{array}\right] \left[\begin{array}{c} \boldsymbol{\alpha} \\ \boldsymbol{a}_S \\ \hline \boldsymbol{\lambda} \end{array}\right] = \left[\begin{array}{c} \mathbf{0} \\ \boldsymbol{f}^{\mathrm{e}} \\ \hline \bar{\bar{\boldsymbol{\gamma}}} \end{array}\right]. \tag{8.48}$$

mit $\boldsymbol{G}_{\mathrm{R}} = R\, \widetilde{\boldsymbol{e}}_{z0}$ und $\boldsymbol{G}_{\mathrm{T}} = \boldsymbol{E}$.

Mit den aus (8.48) berechneten absoluten Beschleunigungsgrößen $\boldsymbol{\alpha}$, $\boldsymbol{a}_S$ und der kinematischen Differentialgleichung für die EULER-Parameter bei Darstellung der Winkelgeschwindigkeit im Ausgangssystem $\mathcal{K}_0$ aus (3.229) lauten die Differentialgleichungen für die Absolutkoordinaten mit den Anfangsbedingungen (Anfangszeitpunkt $t_0 = 0$)

$$\begin{bmatrix} \dot{\underline{\boldsymbol{p}}} \\ \dot{\boldsymbol{r}}_S \end{bmatrix} = \begin{bmatrix} \boldsymbol{H}_0(\underline{\boldsymbol{p}})\, \boldsymbol{\omega} \\ \boldsymbol{v}_S \end{bmatrix} \quad \text{mit} \quad \begin{bmatrix} \underline{\boldsymbol{p}}(0) \\ \boldsymbol{r}_S(0) \end{bmatrix} = \begin{bmatrix} \underline{\boldsymbol{p}}_0 \\ \boldsymbol{r}_{S0} \end{bmatrix}, \tag{8.49}$$

$$\begin{bmatrix} \dot{\boldsymbol{\omega}} \\ \dot{\boldsymbol{v}}_S \end{bmatrix} = \begin{bmatrix} \boldsymbol{\alpha} \\ \boldsymbol{a}_S \end{bmatrix} \quad \text{mit} \quad \begin{bmatrix} \boldsymbol{\omega}(0) \\ \boldsymbol{v}_S(0) \end{bmatrix} = \begin{bmatrix} \boldsymbol{\omega}_0 \\ \boldsymbol{v}_{S0} \end{bmatrix}. \tag{8.50}$$

Die Anfangsbedingungen $\underline{\boldsymbol{p}}_0, \boldsymbol{r}_{S0}, \boldsymbol{\omega}_0, \boldsymbol{v}_{S0}$ müssen die Bindungen (8.36) und (8.39) sowie die Normierungsbedingung der EULER-Parameter (7.4) erfüllen.

Analytische Teillösung der Bewegungsgleichungen Die Bewegung des Kugelmittelpunkts S kann analytisch berechnet werden. Hierzu wird das lineare Gleichungssystem (8.48) nach den Beschleunigungen $\boldsymbol{\alpha}$ und $\boldsymbol{a}_S$ aufgelöst. Einsetzen von

$$\boldsymbol{\alpha} = \frac{1}{m\,\kappa^2}\,\boldsymbol{G}_\mathrm{R}^\mathrm{T}\,\boldsymbol{\lambda}, \qquad \boldsymbol{a}_S = \frac{1}{m}\,\boldsymbol{\lambda} + \frac{1}{m}\,\boldsymbol{f}^\mathrm{e} \tag{8.51}$$

aus der ersten und zweiten Teilgleichung von (8.48) in die dritte Teilgleichung ergibt das lineare Gleichungssystem für $\boldsymbol{\lambda}$,

$$\left(\frac{1}{m\,\kappa^2}\,\boldsymbol{G}_\mathrm{R}\,\boldsymbol{G}_\mathrm{R}^\mathrm{T} + \frac{1}{m}\,\boldsymbol{E}\right)\boldsymbol{\lambda} = -\bar{\bar{\boldsymbol{\gamma}}} - \frac{1}{m}\,\boldsymbol{f}^\mathrm{e},$$

mit der Lösung

$$\boldsymbol{\lambda} \equiv \begin{bmatrix}\lambda_1\\ \lambda_2\\ \lambda_3\end{bmatrix} = \begin{bmatrix}-m\,\eta\,\dot{y}_S\\ m\,\eta\,\dot{x}_S\\ m\,g\end{bmatrix} \quad \text{mit} \quad \eta = \frac{\kappa^2\,\Omega}{R^2+\kappa^2}. \tag{8.52}$$

Einsetzen von $\boldsymbol{\lambda}$ in die Beziehung für $\boldsymbol{a}_S$ aus (8.51) liefert

$$\boldsymbol{a}_S \equiv \begin{bmatrix}\ddot{x}_S\\ \ddot{y}_S\\ \ddot{z}_S\end{bmatrix} = \begin{bmatrix}-\eta\,\dot{y}_S\\ \eta\,\dot{x}_S\\ 0\end{bmatrix}. \tag{8.53}$$

Die x- und y-Komponentengleichungen in (8.53) bilden ein homogenes lineares Differentialgleichungssystem für die Koordinaten $x_S(t)$, $y_S(t)$ der Bahn des Kugelmittelpunkts S,

$$\begin{bmatrix}1 & 0\\ 0 & 1\end{bmatrix}\begin{bmatrix}\ddot{x}_S\\ \ddot{y}_S\end{bmatrix} + \begin{bmatrix}0 & \eta\\ -\eta & 0\end{bmatrix}\begin{bmatrix}\dot{x}_S\\ \dot{y}_S\end{bmatrix} = \begin{bmatrix}0\\ 0\end{bmatrix}. \tag{8.54}$$

Der Lösungsansatz

$$\begin{bmatrix}x_S(t)\\ y_S(t)\end{bmatrix} = \begin{bmatrix}\bar{x}\\ \bar{y}\end{bmatrix}\mathrm{e}^{\mu t} \quad \text{mit} \;\; \bar{x},\ \bar{y},\ \mu \;\; \text{konstant} \tag{8.55}$$

führt auf das Eigenwertproblem

$$\begin{bmatrix}\mu^2 & \eta\,\mu\\ -\eta\,\mu & \mu^2\end{bmatrix}\begin{bmatrix}\bar{x}\\ \bar{y}\end{bmatrix} = \begin{bmatrix}0\\ 0\end{bmatrix}. \tag{8.56}$$

Das lineare Gleichungssystem (8.56) hat Lösungen $\bar{x} \neq 0$, $\bar{y} \neq 0$, wenn die Koeffizientendeterminante verschwindet. Die sich daraus ergebende charakteristische Gleichung $\mu^2\,(\mu^2+\eta^2) = 0$ liefert die vier Eigenwerte

$$\mu_{1,2} = \pm\mathrm{i}\,\eta\,, \quad \mu_{3,4} = 0 \quad \text{mit} \quad \mathrm{i}^2 = -1. \tag{8.57}$$

Das Eigenwertproblem (8.56) ergibt die zu den Eigenwerten gehörenden Eigenvektoren mit vier freien Konstanten k_1 bis k_4,

$$\begin{bmatrix} \bar{x}_1 \\ \bar{y}_1 \end{bmatrix} = k_1 \begin{bmatrix} 1 \\ -\mathrm{i} \end{bmatrix}, \quad \begin{bmatrix} \bar{x}_2 \\ \bar{y}_2 \end{bmatrix} = k_2 \begin{bmatrix} 1 \\ \mathrm{i} \end{bmatrix}, \quad \begin{bmatrix} \bar{x}_3 \\ \bar{y}_3 \end{bmatrix} = \begin{bmatrix} k_3 \\ k_4 \end{bmatrix}. \tag{8.58}$$

Die allgemeine Lösung des Differentialgleichungssystems (8.54) lautet damit

$$\begin{bmatrix} x_S(t) \\ y_S(t) \end{bmatrix} = k_1 \begin{bmatrix} 1 \\ -\mathrm{i} \end{bmatrix} \mathrm{e}^{\mathrm{i}\eta t} + k_2 \begin{bmatrix} 1 \\ \mathrm{i} \end{bmatrix} \mathrm{e}^{-\mathrm{i}\eta t} + \begin{bmatrix} k_3 \\ k_4 \end{bmatrix}. \tag{8.59}$$

Mit $\mathrm{e}^{\pm \mathrm{i}\eta t} = \cos \eta t \pm \mathrm{i} \sin \eta t$ und den Konstanten $k_{1,2} = \frac{1}{2}(c_1 \mp \mathrm{i}\, c_2)$ und $k_{3,4} = c_{3,4}$ (reelle Konstanten $c_1, \dots, c_4$) werden reelle Lösungen erhalten,

$$\begin{bmatrix} x_S(t) \\ y_S(t) \end{bmatrix} = \begin{bmatrix} c_1 \cos \eta t + c_2 \sin \eta t \\ c_1 \sin \eta t - c_2 \cos \eta t \end{bmatrix} + \begin{bmatrix} c_3 \\ c_4 \end{bmatrix}. \tag{8.60}$$

Die Bahn von S ist damit ein Kreis mit dem raumfesten Mittelpunkt $x_M = c_3$, $y_M = c_4$ und dem Radius $\sqrt{c_1^2 + c_2^2}$. Die Konstanten c_1 bis c_4 ergeben sich aus den Anfangsbedingungen $x_S(0)$, $y_S(0)$, $\dot{x}_S(0)$, $\dot{y}_S(0)$.

Die parameterfreie Kreisgleichung wird erhalten, indem in (8.60) c_3 und c_4 auf die linke Seite gebracht und die beiden Gleichungen quadriert und addiert werden,

$$(x_S - c_3)^2 + (y_S - c_4)^2 = c_1^2 + c_2^2. \tag{8.61}$$

Der Kugelmittelpunkt durchläuft die Kreisbahn mit der in (8.52) definierten Winkelgeschwindigkeit η und hat damit die Umlaufzeit $T = \frac{2\pi}{\eta}$. Die Winkelgeschwindigkeit η hängt nicht von den Anfangsbedingungen ab und steht in einem festen Verhältnis zur Winkelgeschwindigkeit Ω der Unterlage. Bei einer homogenen Kugel mit dem Trägheitsradius $\kappa^2 = \frac{2}{5} R^2$ ist $\eta = \frac{2}{7} \Omega$.

8.3.2 Bewegungsgleichungen in Minimalform

Mit der $b_\mathrm{L} = 1$ geometrischen Bindung (8.36) und den $b = 3$ kinematischen Bindungen (8.39) beträgt gemäß (8.7) der Lage-Freiheitsgrad $f_\mathrm{L} = 5$ und gemäß (8.6) der Geschwindigkeits-Freiheitsgrad $f = 3$.

Mögliche Minimalkoordinaten sind die beiden horizontalen Lagekoordinaten x_S und y_S des Kugelmittelpunkts S und drei Koordinaten zur Beschreibung der Drehung wie z. B. KARDAN-Winkel. Da die Kugel allgemeine Drehungen ausführt, können die Singularitäten einer dreiparametrigen Drehungsbeschreibung nicht vermieden werden. Aus diesem Grund wird die Drehung der Kugel günstiger mit EULER-Parametern $\underline{p}$ beschrieben. Als Minimalgeschwindigkeiten $\boldsymbol{s}$ werden die drei Koordinaten des Winkelgeschwindigkeitsvektors im raumfesten System $\mathcal{K}_0$ definiert. Werden die gegenüber den Absolutkoordinaten aus (8.35) in der Anzahl reduzierten, wegen der Verwendung der EULER-Parameter nichtminimalen Lagekoordinaten mit $\boldsymbol{q}$ bezeichnet, so gilt

$$\boldsymbol{q} = \begin{bmatrix} \underline{\boldsymbol{p}} \\ x_S \\ y_S \end{bmatrix}, \qquad \boldsymbol{s} \equiv \boldsymbol{\omega} = \begin{bmatrix} \omega_x \\ \omega_y \\ \omega_z \end{bmatrix}. \tag{8.62}$$

Der kinematische Zusammenhang zwischen den Zeitableitungen der reduzierten Lagekoordinaten $\dot{\boldsymbol{q}}$ und den Minimalgeschwindigkeiten $\boldsymbol{s}$ ist durch die kinematischen Differentialgleichungen für die EULER-Parameter (3.229) und die nach $\dot{x}_S$ und $\dot{y}_S$ aufgelösten x- und y- Koordinatengleichungen aus (8.40) definiert,

$$\begin{array}{ccccccc} \begin{bmatrix} \dot{p}_s \\ \hline \dot{p}_x \\ \dot{p}_y \\ \dot{p}_z \\ \hline \dot{x}_S \\ \dot{y}_S \end{bmatrix} & = \frac{1}{2} & \begin{bmatrix} -p_x & -p_y & -p_z \\ \hline p_s & p_z & -p_y \\ -p_z & p_s & p_x \\ p_y & -p_x & p_s \\ \hline 0 & 2R & 0 \\ -2R & 0 & 0 \end{bmatrix} & \begin{bmatrix} \omega_x \\ \omega_y \\ \omega_z \end{bmatrix} & + & \begin{bmatrix} 0 \\ \hline 0 \\ 0 \\ 0 \\ \hline -\Omega\, y_S \\ \Omega\, x_S \end{bmatrix} \\ \dot{\boldsymbol{q}} & = & \boldsymbol{H}_s(\boldsymbol{q}) & \boldsymbol{s} & + & \boldsymbol{h}(\boldsymbol{q}) & . \end{array} \tag{8.63}$$

Der Term $\boldsymbol{h}$ geht auf die rheonome Bindung zurück.

Explizite Bindungen Die absoluten Lagekoordinaten der Kugel $\underline{\boldsymbol{p}}$, $\boldsymbol{r}_S$ werden durch die reduzierten Lagekoordinaten $\boldsymbol{q}$ aus (8.62) ausgedrückt,

$$\begin{array}{ccc} \begin{bmatrix} \underline{\boldsymbol{p}} \\ \boldsymbol{r}_S \end{bmatrix} & = & \begin{bmatrix} \underline{\boldsymbol{p}} \\ x_S\, \boldsymbol{e}_{x0} + y_S\, \boldsymbol{e}_{y0} + R\, \boldsymbol{e}_{z0} \end{bmatrix} \\ \hat{\boldsymbol{r}} & = & \hat{\boldsymbol{r}}(\boldsymbol{q}) & . \end{array} \tag{8.64}$$

Die expliziten Bindungen auf Geschwindigkeitsebene stellen die absolute Geschwindigkeit der Kugel $\boldsymbol{\omega}$, $\boldsymbol{v}_S$ durch $\boldsymbol{q}$ und $\boldsymbol{s}$ dar. Wegen $\boldsymbol{s} \equiv \boldsymbol{\omega}$ gilt unmittelbar

$$\begin{array}{ccccccc} \begin{bmatrix} \omega_x \\ \omega_y \\ \omega_z \end{bmatrix} & = & \begin{bmatrix} 1 & 0 & 0 \\ 0 & 1 & 0 \\ 0 & 0 & 1 \end{bmatrix} & \begin{bmatrix} \omega_x \\ \omega_y \\ \omega_z \end{bmatrix} & + & \begin{bmatrix} 0 \\ 0 \\ 0 \end{bmatrix} \\ \boldsymbol{\omega} & = & \boldsymbol{J}_R & \boldsymbol{s} & + & \bar{\boldsymbol{\omega}} & , \end{array} \tag{8.65}$$

und aus der nach $\boldsymbol{v}_S$ aufgelösten Geschwindigkeitsbindung (8.40) ergibt sich

$$\begin{bmatrix} \dot{x}_S \\ \dot{y}_S \\ \dot{z}_S \end{bmatrix} = \begin{bmatrix} 0 & R & 0 \\ -R & 0 & 0 \\ 0 & 0 & 0 \end{bmatrix} \begin{bmatrix} \omega_x \\ \omega_y \\ \omega_z \end{bmatrix} + \begin{bmatrix} -\Omega\, y_S \\ \Omega\, x_S \\ 0 \end{bmatrix}$$
$$\boldsymbol{v}_S = \boldsymbol{J}_{\mathrm{T}} \quad \boldsymbol{s} + \bar{\boldsymbol{v}}_S \; . \tag{8.66}$$

Die zeitliche Ableitung von (8.65) und (8.66) liefert die expliziten Bindungen auf Beschleunigungsebene

$$\boldsymbol{\alpha} = \boldsymbol{J}_{\mathrm{R}}\, \dot{\boldsymbol{s}} + \bar{\boldsymbol{\alpha}} \qquad \text{mit} \qquad \bar{\boldsymbol{\alpha}} = \boldsymbol{0}, \tag{8.67}$$

$$\boldsymbol{a}_S = \boldsymbol{J}_{\mathrm{T}}\, \dot{\boldsymbol{s}} + \bar{\boldsymbol{a}}_S \qquad \text{mit} \qquad \bar{\boldsymbol{a}}_S = \begin{bmatrix} -\Omega\, \dot{y}_S \\ \Omega\, \dot{x}_S \\ 0 \end{bmatrix}. \tag{8.68}$$

Mit $\dot{x}_S = R\,\omega_y - \Omega\, y_S$ sowie $\dot{y}_S = -R\,\omega_x + \Omega\, x_S$ aus (8.66) ergibt sich

$$\bar{\boldsymbol{a}}_S = \begin{bmatrix} \Omega\,(R\,\omega_x - \Omega\, x_S) \\ \Omega\,(R\,\omega_y - \Omega\, y_S) \\ 0 \end{bmatrix}. \tag{8.69}$$

Bewegungsgleichungen Die Bewegungsgleichungen haben die Form (7.67),

$$\boldsymbol{M}\, \dot{\boldsymbol{s}} = \boldsymbol{k}^{\mathrm{c}}(\boldsymbol{q}, \boldsymbol{s}) + \boldsymbol{k}^{\mathrm{e}}\,, \tag{8.70}$$

mit der Massenmatrix gemäß (7.68) unter Berücksichtigung von $\boldsymbol{\Theta}_S = m\,\kappa^2\, \boldsymbol{E}$

$$\boldsymbol{M} = m\, \boldsymbol{J}_{\mathrm{T}}^{\mathrm{T}}\, \boldsymbol{J}_{\mathrm{T}} + \boldsymbol{J}_{\mathrm{R}}^{\mathrm{T}}\, \boldsymbol{\Theta}_S\, \boldsymbol{J}_{\mathrm{R}},$$
$$\boldsymbol{M} = \begin{bmatrix} m\,(R^2+\kappa^2) & 0 & 0 \\ 0 & m\,(R^2+\kappa^2) & 0 \\ 0 & 0 & m\,\kappa^2 \end{bmatrix}, \tag{8.71}$$

den verallgemeinerten Zentrifugal- und CORIOLIS-Kräften gemäß (7.69)

$$\boldsymbol{k}^{\mathrm{c}} = -m\, \boldsymbol{J}_{\mathrm{T}}^{\mathrm{T}}\, \bar{\boldsymbol{a}}_S - \boldsymbol{J}_{\mathrm{R}}^{\mathrm{T}}\, \boldsymbol{\Theta}_S\, \bar{\boldsymbol{\alpha}} - \boldsymbol{J}_{\mathrm{R}}^{\mathrm{T}}\, \widetilde{\boldsymbol{\omega}}\, \boldsymbol{\Theta}_S\, \boldsymbol{\omega},$$
$$\boldsymbol{k}^{\mathrm{c}} = m\, R\, \Omega \begin{bmatrix} R\,\omega_y - \Omega\, y_S \\ -R\,\omega_x + \Omega\, x_S \\ 0 \end{bmatrix} \tag{8.72}$$

und den verallgemeinerten eingeprägten Kräften gemäß (7.70)

$$\boldsymbol{k}^{\mathrm{e}} = \boldsymbol{J}_{\mathrm{T}}^{\mathrm{T}}\, \boldsymbol{f}^{\mathrm{e}} + \boldsymbol{J}_{\mathrm{R}}^{\mathrm{T}}\, \boldsymbol{\tau}_S^{\mathrm{e}} = \boldsymbol{0}. \tag{8.73}$$

Die Auflösung von (8.70) nach $\dot{s}$ ergibt

$$\begin{aligned}\begin{bmatrix}\dot{\omega}_x\\ \dot{\omega}_y\\ \dot{\omega}_z\end{bmatrix} &= \begin{bmatrix}\Phi\,(R\,\omega_y - \Omega\,y_S)\\ -\Phi\,(R\,\omega_x - \Omega\,x_S)\\ 0\end{bmatrix} \quad \text{mit} \quad \Phi = \frac{R\,\Omega}{R^2+\kappa^2}\\ \dot{s} &= M^{-1}\,k^c(q,s).\end{aligned} \tag{8.74}$$

Die Zustandsgleichungen bestehen aus der kinematischen Differentialgleichungen (8.63) und den Bewegungsgleichungen (8.74),

$$\begin{aligned}\begin{bmatrix}\dot{q}\\ \dot{s}\end{bmatrix} &= \begin{bmatrix}H_s(q)\,s + h(q)\\ M^{-1}\,k^c(q,s)\end{bmatrix} \quad \text{mit} \quad \begin{bmatrix}q(0)\\ s(0)\end{bmatrix} = \begin{bmatrix}q_0\\ s_0\end{bmatrix}\\ \dot{x} &= \Psi(x,t) \qquad\qquad x(0) = x_0\ .\end{aligned} \tag{8.75}$$

Die Anfangsbedingungen $\underline{p}_0$ der EULER-Parameter im Vektor q_0 müssen die Normierungsbedingung (7.4) erfüllen.

8.4 Integrierbarkeit kinematischer Bindungen

Notwendige und hinreichende Bedingungen für die Integrierbarkeit von Systemen kinematischer Bindungen liefert der *Satz von* FROBENIUS.[1] Er liegt in zwei gleichwertigen, zueinander komplementären Formulierungen vor:

- Ausgehend von *impliziten* kinematischen Bindungen werden die Zeilenvektoren der Bindungsmatrix G analysiert, wobei der Kalkül der *Differentialformen* verwendet wird (GROCHE et al. [32], MÜLLER [68]).
- Ausgehend von *expliziten* kinematischen Bindungen werden die *tangentialen* Vektorfelder analysiert, wobei die Rechenoperation der LIE-*Klammer*[2] angewandt wird, siehe auch z. B. MURRAY et al. [69] und DE LUCA und ORIOLO [19]. In der Regelungstechnik wird diese Formulierung für die Untersuchung der Steuerbarkeit nichtlinearer Systeme herangezogen [47].

Aus Gründen der Anschaulichkeit wird im Folgenden der *Satz von* FROBENIUS für die expliziten Bindungen in Anlehnung an [19] betrachtet. Die Vorgehensweise wird zunächst am Beispiel der kinematischen Bindung des zweirädrigen Wagens aus Abschn. 8.1 eingeführt und anschließend für Systeme kinematischer Bindungen allgemein formuliert und auf weitere Beispiele nichtholonomer Systeme angewandt.

---

[1] FERDINAND GEORG FROBENIUS, *1849 in Berlin, †1917 in Charlottenburg (heute Berlin).

[2] MARIUS SOPHUS LIE, *1842 in Nordfjordeid, †1899 in Kristiania (heute Oslo).

8.4.1 Wagen mit zwei Rädern (Kufe)

Für den zweirädrigen Wagen bzw. die Kufe aus Abb. 8.6a lautet die implizite kinematische Bindung (8.3) mit dem jetzt mit $\boldsymbol{x}$ bezeichneten Lagevektor

$$\begin{array}{ccc} \begin{bmatrix} 0 & -\sin\varphi & \cos\varphi \end{bmatrix} & \begin{bmatrix} \dot{\varphi} \\ \dot{x} \\ \dot{y} \end{bmatrix} & = 0 \\ \boldsymbol{G}(\boldsymbol{x}) & \dot{\boldsymbol{x}} & = 0. \end{array} \tag{8.76}$$

Die Bindung (8.76) ist integrierbar, falls eine geometrische Bindung bzw. Mannigfaltigkeit $g(\boldsymbol{x}) = 0$ existiert. Bedingungen hierfür können durch die Analyse der expliziten kinematischen Bindung (8.10)

$$\begin{array}{ccccc} \begin{bmatrix} \dot{\varphi} \\ \dot{x} \\ \dot{y} \end{bmatrix} & = & \begin{bmatrix} 1 & 0 \\ 0 & \cos\varphi \\ 0 & \sin\varphi \end{bmatrix} & \begin{bmatrix} \omega \\ v \end{bmatrix} & \text{mit} \quad \boldsymbol{j}_1 = \begin{bmatrix} 1 \\ 0 \\ 0 \end{bmatrix}, \quad \boldsymbol{j}_2 = \begin{bmatrix} 0 \\ \cos\varphi \\ \sin\varphi \end{bmatrix} \\ \dot{\boldsymbol{x}} & = & \boldsymbol{J}(\boldsymbol{x}) & \boldsymbol{\eta} & \end{array} \tag{8.77}$$

mit den beiden unabhängigen Geschwindigkeiten $\eta_1 = \omega$ und $\eta_2 = v$ formuliert werden. Die i. Allg. von $\boldsymbol{x}$ abhängigen Spaltenvektoren $\boldsymbol{j}_1(\boldsymbol{x})$ und $\boldsymbol{j}_2(\boldsymbol{x})$ der Matrix $\boldsymbol{J}(\boldsymbol{x})$ unterliegen der Orthogonalitätsbeziehung (8.11), also $\boldsymbol{G}\,\boldsymbol{j}_1 = 0$ und $\boldsymbol{G}\,\boldsymbol{j}_2 = 0$. Sie ordnen einer Lage $\boldsymbol{x}$ des Systems einen Vektor $\boldsymbol{j}_1(\boldsymbol{x})$ bzw. $\boldsymbol{j}_2(\boldsymbol{x})$ zu und definieren auf diese Weise jeweils ein *Vektorfeld.* In einer Lage $\boldsymbol{x}$ liegen alle durch die Bindungen (8.76) zugelassenen Geschwindigkeiten $\dot{\boldsymbol{x}}$ in dem von $\boldsymbol{j}_1(\boldsymbol{x})$ und $\boldsymbol{j}_2(\boldsymbol{x})$ aufgespannten zweidimensionalen Vektorraum, der in der Differentialgeometrie auch als *Distribution* $\Delta(\boldsymbol{x})$ bezeichnet wird (Abb. 8.6b),

$$\Delta(\boldsymbol{x}) = \text{span}\{\, \boldsymbol{j}_1(\boldsymbol{x}),\ \boldsymbol{j}_2(\boldsymbol{x}) \,\}. \tag{8.78}$$

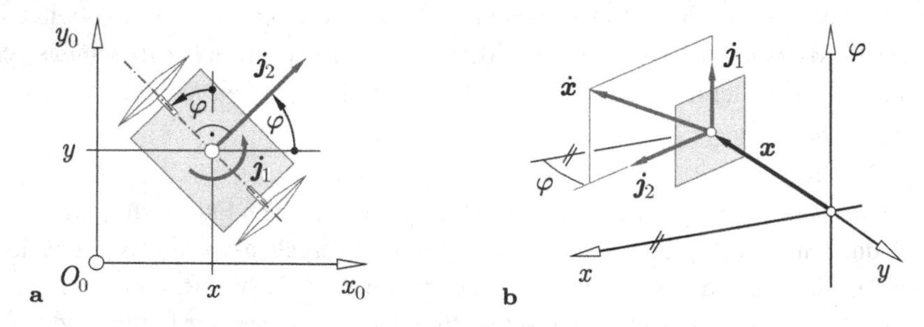

Abb. 8.6 Wagen mit zwei Rädern. **a** Kinematisches Modell. **b** Zulässige Geschwindigkeiten $\dot{\boldsymbol{x}}$ in einer Lage $\boldsymbol{x}$

Tab. 8.1 Steuerfolge der LIE-Klammer

Zeitintervall	Steuerfunktionen		Bewegung	in Richtung von
$0 \le t < \epsilon$	$\eta_1(t) = +1$	$\eta_2(t) = 0$	$\boldsymbol{x}_0 \to \boldsymbol{x}_\epsilon$	$\boldsymbol{j}_1(\boldsymbol{x}_0)$
$\epsilon \le t < 2\epsilon$	$\eta_1(t) = 0$	$\eta_2(t) = +1$	$\boldsymbol{x}_\epsilon \to \boldsymbol{x}_{2\epsilon}$	$\boldsymbol{j}_2(\boldsymbol{x}_\epsilon)$
$2\epsilon \le t < 3\epsilon$	$\eta_1(t) = -1$	$\eta_2(t) = 0$	$\boldsymbol{x}_{2\epsilon} \to \boldsymbol{x}_{3\epsilon}$	$-\boldsymbol{j}_1(\boldsymbol{x}_{2\epsilon})$
$3\epsilon \le t \le 4\epsilon$	$\eta_1(t) = 0$	$\eta_2(t) = -1$	$\boldsymbol{x}_{3\epsilon} \to \boldsymbol{x}_{4\epsilon}$	$-\boldsymbol{j}_2(\boldsymbol{x}_{3\epsilon})$

Die Dimension $\dim(\Delta)$ der Distribution $\Delta(\boldsymbol{x})$ ist als der Rang der zugehörigen Matrix $\boldsymbol{J} = [\,\boldsymbol{j}_1 \;\; \boldsymbol{j}_2\,]$ definiert. Im Beispiel ist $\dim(\Delta) = 2$. Eine Distribution $\Delta(\boldsymbol{x})$ ist regulär, falls $\dim(\Delta(\boldsymbol{x}))$ in jedem Punkt $\boldsymbol{x}$ gleich der Anzahl der Vektorfelder in $\Delta(\boldsymbol{x})$ ist. Im vorliegenden Beispiel ist dies der Fall.

Die Anschauung zeigt bereits, dass der Wagen trotz seiner auf zwei Richtungen $\boldsymbol{j}_1(\boldsymbol{x})$ und $\boldsymbol{j}_2(\boldsymbol{x})$ beschränkten lokalen Beweglichkeit durch geeignete Steuerfunktionen $\eta_1(t)$ und $\eta_2(t)$ in jede beliebige Lage $\boldsymbol{x}$ gebracht werden kann. Offenbar existiert damit keine geometrische Bindung. Dies bedeutet, dass die kinematische Bindung (8.76) nichtholonom ist.

Mathematisch begründet sich dieser Sachverhalt darin, dass hintereinander ausgeführte Bewegungen in jeweils einer der beiden Richtungen $\boldsymbol{j}_1(\boldsymbol{x})$ und $\boldsymbol{j}_2(\boldsymbol{x})$ nicht kommutativ sind. Dies lässt sich zeigen, indem in einer beliebigen Lage $\boldsymbol{x}(t_0) = \boldsymbol{x}_0$ in vier aufeinander folgenden Zeitintervallen ϵ die in Tab. 8.1 und in Abb. 8.7a gezeigten, abschnittsweise konstanten Steuerfunktionen $\eta_1(t)$ und $\eta_2(t)$ angewandt werden. Die sich daraus ergebenden Bewegungen von der Ausgangslage $\boldsymbol{x}_0 = \boldsymbol{x}(0)$ über die Zwischenlagen $\boldsymbol{x}_\epsilon = \boldsymbol{x}(\epsilon)$, $\boldsymbol{x}_{2\epsilon} = \boldsymbol{x}(2\epsilon)$ und $\boldsymbol{x}_{3\epsilon} = \boldsymbol{x}(3\epsilon)$ in die Endlage $\boldsymbol{x}_{4\epsilon} = \boldsymbol{x}(4\epsilon)$ sind in Abb. 8.7 b qualitativ dargestellt.

Rechnerisch kann die Lösung $\boldsymbol{x}(t)$ zu dieser Steuerung durch eine TAYLOR-Reihe bis zu Termen zweiter Ordnung in ϵ dargestellt werden. Nach einiger Rechnung ergibt sich das Ergebnis, siehe MURRAY et al. [69],

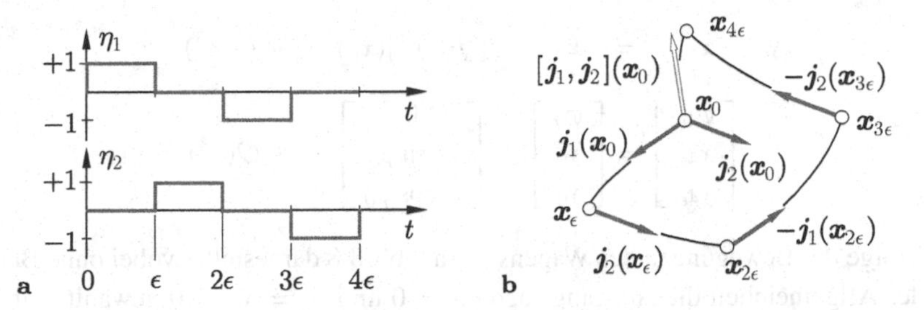

Abb. 8.7 Steuerfolge zur LIE-Klammer $[\,\boldsymbol{j}_1, \boldsymbol{j}_2\,](\boldsymbol{x}_0)$ aus (8.79). **a** Steuerfunktionen $\eta_1(t)$ und $\eta_2(t)$. **b** Qualitative Darstellung der Teilbewegungen

$$x_{4\epsilon} = x_0 + \underbrace{\left[\frac{\partial j_2}{\partial x} j_1 - \frac{\partial j_1}{\partial x} j_2\right]_{x_0}}_{[\, j_1,\, j_2\,](x_0)} \epsilon^2 + \mathcal{O}(\epsilon^3). \tag{8.79}$$

Hierbei ist die LIE-Klammer der Vektorfelder $j_1(x)$ und $j_2(x)$ in einem Punkt x definiert durch die Berechnungsvorschrift

$$[\, j_1,\, j_2\,](x) = \frac{\partial j_2(x)}{\partial x} j_1(x) - \frac{\partial j_1(x)}{\partial x} j_2(x). \tag{8.80}$$

Die in Abb. 8.7b qualitativ dargestellten Abweichungen von den jeweiligen Bewegungsrichtungen begründen sich in den Termen $\mathcal{O}(\epsilon^3)$ in (8.79). Die LIE-Klammer besitzt u. a. die Eigenschaften

$$[\, j_1,\, j_1\,] = \mathbf{0}, \tag{8.81}$$

$$[\, j_1,\, j_2\,] = -[\, j_2,\, j_1\,] \quad \text{(Schiefsymmetrie)}, \tag{8.82}$$

$$[a\, j_1, b\, j_2\,] = a\, b\, [\, j_1,\, j_2\,], \quad a,\ b \text{ skalar} \quad \text{(Bilinearität)}, \tag{8.83}$$

$$\big[\, j_1, [\, j_2,\, j_3\,]\big] + \big[\, j_2, [\, j_3,\, j_1\,]\big] + \big[\, j_3, [\, j_1,\, j_2\,]\big] = \mathbf{0} \quad \text{(JACOBI-Identität)}. \tag{8.84}$$

Die LIE-Klammer der Vektorfelder $j_1(x)$ und $j_2(x)$ aus (8.77) lautet

$$[\, j_1,\, j_2\,] = \left[\frac{\partial j_2}{\partial \varphi}\ \frac{\partial j_2}{\partial x}\ \frac{\partial j_2}{\partial y}\right] j_1 - \left[\frac{\partial j_1}{\partial \varphi}\ \frac{\partial j_1}{\partial x}\ \frac{\partial j_1}{\partial y}\right] j_2$$

$$[\, j_1,\, j_2\,] = \begin{bmatrix} 0 & 0\,0 \\ -\sin\varphi & 0\,0 \\ \cos\varphi & 0\,0 \end{bmatrix} \begin{bmatrix} 1 \\ 0 \\ 0 \end{bmatrix} - \begin{bmatrix} 0 & 0 & 0 \\ 0 & 0 & 0 \\ 0 & 0 & 0 \end{bmatrix} \begin{bmatrix} 0 \\ \cos\varphi \\ \sin\varphi \end{bmatrix} = \begin{bmatrix} 0 \\ -\sin\varphi \\ \cos\varphi \end{bmatrix}. \tag{8.85}$$

Mit der Steuerung aus Tab. 8.1 ergibt sich gemäß (8.79) die Endlage

$$\begin{aligned} x_{4\epsilon} &= x_0 + [\, j_1,\, j_2\,](x_0)\, \epsilon^2 + \mathcal{O}(\epsilon^3) \\ \begin{bmatrix} \varphi_{4\epsilon} \\ x_{4\epsilon} \\ y_{4\epsilon} \end{bmatrix} &= \begin{bmatrix} \varphi_0 \\ x_0 \\ y_0 \end{bmatrix} + \begin{bmatrix} 0 \\ -\sin\varphi_0 \\ \cos\varphi_0 \end{bmatrix} \epsilon^2 + \mathcal{O}(\epsilon^3). \end{aligned} \tag{8.86}$$

Die Abfolge der Bewegungen des Wagens ist in Abb. 8.8 dargestellt, wobei ohne Beschränkung der Allgemeinheit die Ausgangslage $\varphi_0 = 0$ und $x_0 = y_0 = 0$ gewählt wurde. Aus (8.86) ergibt sich – ohne die Anteile der Größenordnung $\mathcal{O}(\epsilon^3)$ – die Endlage $\varphi_{4\epsilon} = 0$, $x_{4\epsilon} = 0$, $y_{4\epsilon} = \epsilon^2$. Die Differenz der translatorischen Verfahrwege im zweiten und vierten Zeitintervall in Abb. 8.8 hat die Größenordnung $\mathcal{O}(\epsilon^3)$.

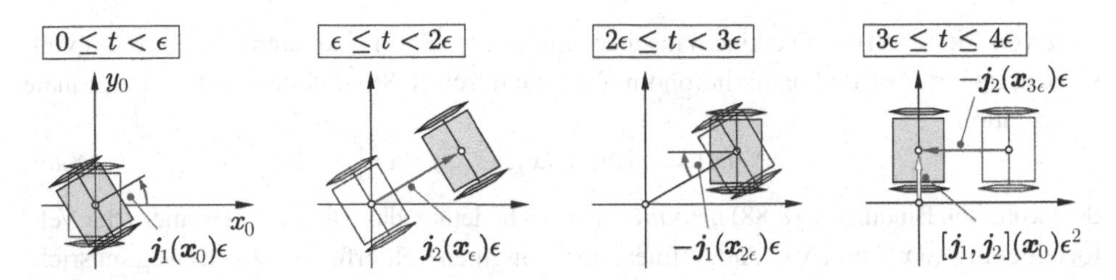

Abb. 8.8 Abfolge der Teilbewegungen zur Steuerung aus Tab. 8.1 von der Ausgangslage $\boldsymbol{x}_0 = \boldsymbol{0}$ in die Endlage $\boldsymbol{x}_{4\epsilon} = [\,\boldsymbol{j}_1, \boldsymbol{j}_2\,](\boldsymbol{x}_0)\,\epsilon^2 = [\,\varphi_{4\epsilon} \;\; x_{4\epsilon} \;\; y_{4\epsilon}\,]^{\mathrm{T}} = [\,0 \;\; 0 \;\; \epsilon^2\,]^{\mathrm{T}}$

Wird die Reihenfolge der Verfahrbewegungen und der Drehungen vertauscht, also $\boldsymbol{j}_2(\boldsymbol{x}_0)\,\epsilon \rightarrow \boldsymbol{j}_1(\boldsymbol{x}_\epsilon)\,\epsilon \rightarrow -\boldsymbol{j}_2(\boldsymbol{x}_{2\epsilon})\,\epsilon \rightarrow -\boldsymbol{j}_1(\boldsymbol{x}_{3\epsilon})\,\epsilon$, so ergibt sich eine Lageänderung in entgegengesetzter Richtung $[\boldsymbol{j}_2, \boldsymbol{j}_1](\boldsymbol{x}_0)\,\epsilon^2 = -[\boldsymbol{j}_1, \boldsymbol{j}_2](\boldsymbol{x}_0)\,\epsilon^2$ mit der Endlage $\varphi_{4\epsilon} = 0$, $x_{4\epsilon} = 0$, $y_{4\epsilon} = -\epsilon^2$. Dies folgt aus der Schiefsymmetrie der LIE-Klammer gemäß (8.82).

Die LIE-Klammer $[\,\boldsymbol{j}_1, \boldsymbol{j}_2\,]$ bildet ein Vektorfeld, das linear unabhängig von den Vektorfeldern $\boldsymbol{j}_1$ und $\boldsymbol{j}_2$ aus (8.77) ist und daher nicht in der Distribution $\Delta(\boldsymbol{x})$ aus (8.78) liegt. Die ursprünglichen Bewegungsrichtungen $\boldsymbol{j}_1$ und $\boldsymbol{j}_2$ werden durch $[\,\boldsymbol{j}_1, \boldsymbol{j}_2\,]$ um eine weitere Bewegungsrichtung ergänzt. Hierdurch kann der Wagen duch geeignete Steuerfunktionen $\eta_1(t)$ und $\eta_2(t)$ von $\boldsymbol{x}_0$ in jede beliebige Lage $\boldsymbol{x} = [\,\varphi \quad x \quad y\,]^{\mathrm{T}}$ überführt werden. Damit existiert keine geometrische Bindung. Die kinematische Bindung (8.76) ist nicht integrierbar.

8.4.2 Integrierbarkeitsbedingungen

Als Verallgemeinerung der vorangehenden Betrachtungen werden Bedingungen für die Integrierbarkeit der b impliziten kinematischen Bindungen

$$\boldsymbol{G}(\boldsymbol{x})\,\dot{\boldsymbol{x}} = \boldsymbol{0} \tag{8.87}$$

mit der (b,N)-Bindungsmatrix $\boldsymbol{G}$ und dem N-Lagevektor $\boldsymbol{x}$ formuliert $(b < N)$. Das System hat den Freiheitsgrad $f = N - b$. Mit den unabhängigen Geschwindigkeiten $\eta_1 \ldots \eta_f$ lauten die expliziten kinematischen Bindungen

$$\begin{aligned} \begin{bmatrix} \dot{x}_1 \\ \vdots \\ \dot{x}_N \end{bmatrix} &= \begin{bmatrix} \boldsymbol{j}_1(\boldsymbol{x}) & \ldots & \boldsymbol{j}_f(\boldsymbol{x}) \end{bmatrix} \begin{bmatrix} \eta_1 \\ \vdots \\ \eta_f \end{bmatrix} \\ \dot{\boldsymbol{x}} \quad &= \qquad\quad \boldsymbol{J}(\boldsymbol{x}) \qquad\quad\; \boldsymbol{\eta} \end{aligned} \tag{8.88}$$

mit der Orthogonalität $\boldsymbol{G}\,\boldsymbol{J} = \boldsymbol{0}$ oder $\boldsymbol{G}\,\boldsymbol{j}_i = \boldsymbol{0},\; i = 1, \ldots, f$.

Satz von FROBENIUS Die kinematischen Bindungen (8.87) sind dann und nur dann vollständig integrierbar und damit holonom, falls die durch (8.88) definierten f-dimensionale Distribution

$$\Delta_0(\boldsymbol{x}) = \text{span}\{\, \boldsymbol{j}_1(\boldsymbol{x}), \ldots, \boldsymbol{j}_f(\boldsymbol{x}) \,\} \tag{8.89}$$

der expliziten Bindungen (8.88) *involutiv* ist. Dies bedeutet, dass die LIE-Klammern der Vektorfelder in $\Delta_0(\boldsymbol{x})$ keine von $\Delta_0(\boldsymbol{x})$ linear unabhängigen Vektorfelder bzw. Bewegungsrichtungen erzeugen. Die Distribution $\Delta_0(\boldsymbol{x})$ ist involutiv, falls die folgenden Rangbedingungen erfüllt sind:

$$\text{r}\{\, \boldsymbol{J}\ [\, \boldsymbol{j}_i, \boldsymbol{j}_k \,] \,\} = \text{r}(\boldsymbol{J}) \qquad \text{für alle } i, k \in \{1, \ldots, f\,\}. \tag{8.90}$$

Involutive Abschließung Ist die Bedingung (8.90) nicht erfüllt, so sind die kinematischen Bindungen (8.87) nicht oder nur teilweise integrierbar. Die Anzahl der geometrischen Bindungen wird mit Hilfe der *involutiven Abschließung* oder *involutiven Hülle* der Distribution $\Delta_0(\boldsymbol{x})$ aus (8.89) ermittelt. Dies ist die größte Menge der linear unabhängigen Vektorfelder bzw. Bewegungsrichtungen, welche die Distribution $\Delta_0(\boldsymbol{x})$ mit Hilfe der LIE-Klammer-Operation erzeugen kann. Die involutive Abschließung von $\Delta_0(\boldsymbol{x})$ wird durch eine *Filtration* genannte Berechnungsfolge ermittelt:

1. Für die LIE-Klammern aller Paare $\boldsymbol{j}_i$ und $\boldsymbol{j}_k$ der Distribution Δ_0 wird durch die Rangbetrachtung (8.90) geprüft, ob sie in Δ_0 liegen. Die Distribution der nicht in der Ausgangsdistribution Δ_0 liegenden LIE-Klammern $[\, \boldsymbol{j}_i, \boldsymbol{j}_k \,]$ definiert neue Bewegungsrichtungen und erweitert die Ausgangsdistribution Δ_0 zur Distribution Δ_1,

$$\Delta_1 = \Delta_0 + \text{span}\big\{\, [\, \boldsymbol{j}_i, \boldsymbol{j}_k \,] \mid \boldsymbol{j}_i \in \Delta_0,\ \boldsymbol{j}_k \in \Delta_0 \big\}. \tag{8.91}$$

2. Es wird geprüft, ob die LIE-Klammern der in Schritt 1 hinzugekommenen Vektorfelder mit den Vektorfeldern der Ausgangsdistribution Δ_0 wiederum neue Richtungen definieren. Werden solche Richtungen gefunden, so wird die Distribution Δ_1 um diese erweitert,

$$\Delta_2 = \Delta_1 + \text{span}\big\{\, [\, \boldsymbol{j}_i, \boldsymbol{j}_k \,] \mid \boldsymbol{j}_i \in \Delta_0,\ \boldsymbol{j}_k \in \Delta_1 \big\}. \tag{8.92}$$

Das Verfahren wird bis zu dem Schritt fortgesetzt, in dem keine neuen Bewegungsrichtungen gefunden werden.

Die auf diese Weise ermittelten b^* zusätzlichen Vektorfelder bzw. Bewegungsrichtungen $\boldsymbol{j}_1^*(\boldsymbol{x}) \ldots, \boldsymbol{j}_{b^*}^*(\boldsymbol{x})$ erweitern die f-dimensionale Ausgangsdistribution Δ_0 zu der $(f + b^*)$-dimensionalen involutiven Abschließung

$$\bar{\Delta}(\boldsymbol{x}) = \text{span}\{\, \boldsymbol{j}_1(\boldsymbol{x}) \ldots \boldsymbol{j}_f(\boldsymbol{x}) \mid \boldsymbol{j}_1^*(\boldsymbol{x}) \ldots \boldsymbol{j}_{b^*}^*(\boldsymbol{x}) \,] \,\}. \tag{8.93}$$

Die Dimension $\dim(\bar{\Delta}) = f + b^*$ der involutiven Abschließung ist der Lage-Freiheitsgrad des Systems

$$f_\text{L} = \dim(\bar{\Delta}). \tag{8.94}$$

Die involutive Abschließung wird nach maximal b Schritten erhalten, weil die Anzahl der linear unabhängigen Vektorfelder nicht größer sein kann als die Dimension N des Raums der Lagekoordinaten $\boldsymbol{x}$. Bei dem Beispiel des Wagens aus Abschn. 8.4.1 ist diese Situation bereits nach einem Schritt erreicht worden. Die involutive Abschließung

$$\bar{\Delta}(\boldsymbol{x}) = \operatorname{span}\{\, j_1(\boldsymbol{x}),\ \ j_2(\boldsymbol{x}),\ \ [\, j_1, j_2\,](\boldsymbol{x})\,\}. \tag{8.95}$$

hat hier die Dimension $\dim(\bar{\Delta}) = 3$ entsprechend dem Lage-Freiheitsgrad $f_{\mathrm{L}} = 3$.

Mit Hilfe der Dimension der involutiven Abschließung $\dim(\bar{\Delta})$ kann nun die Integrierbarkeit eines Systems mit b kinematischen Bindungen für $N > b$ Lagegrößen wie folgt spezifiziert werden, siehe auch Abb. 8.9:

$\dim(\bar{\Delta}) = N - b$: Bindungen vollständig integrierbar
$b_{\mathrm{L}} = b$ holonome Bindungen,

$\dim(\bar{\Delta}) = N$: Bindungen nicht integrierbar
b nichtholonome Bindungen,

$b < \dim(\bar{\Delta}) < N$: Bindungen teilweise integrierbar
$b_{\mathrm{L}} = N - \dim(\bar{\Delta})$ holonome Bindungen
$b^* = b - b_{\mathrm{L}}$ nichtholonome Bindungen.

Bestimmung der geometrischen Bindungen Werden gemäß Abb. 8.9 $b_{\mathrm{L}} = N - \dim(\bar{\Delta})$ holonome Bindungen identifiziert, so können diese als b_{L} implizite geometrische Bindungen

$$g_i(\boldsymbol{x}) = 0, \quad i = 1, \ldots, b_{\mathrm{L}}, \tag{8.96}$$

formuliert werden, deren Bindungsnormalen

$$\frac{\mathrm{d}g_i}{\mathrm{d}\boldsymbol{x}} = \left[\ \frac{\partial g_i}{\partial x_1}\ \ \cdots\ \ \frac{\partial g_i}{\partial x_N}\ \right] \tag{8.97}$$

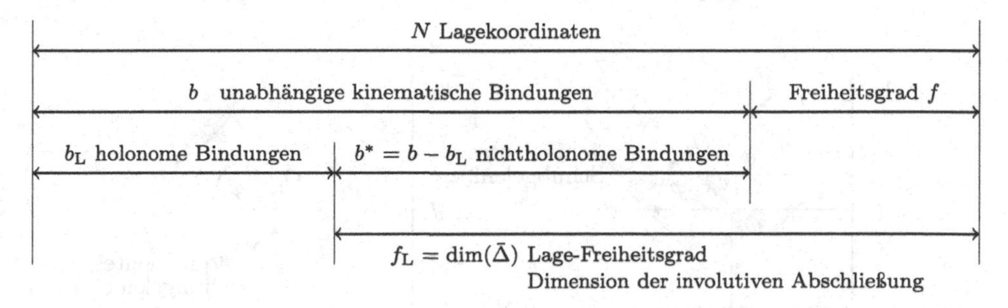

Abb. 8.9 Zur Integrierbarkeit kinematischer Bindungen

zu den durch die involutive Abschließung $\bar{\Delta}(\boldsymbol{x})$ aus (8.93) definierten $f_\mathrm{L} = \dim(\bar{\Delta})$ Bewegungsrichtungen orthogonal sind,

$$\begin{bmatrix} \boldsymbol{j}_1^\mathrm{T}(\boldsymbol{x}) \\ \vdots \\ \boldsymbol{j}_f^\mathrm{T}(\boldsymbol{x}) \\ \hline \boldsymbol{j}_1^{*\mathrm{T}}(\boldsymbol{x}) \\ \vdots \\ \boldsymbol{j}_{b^*}^{*\mathrm{T}}(\boldsymbol{x}) \end{bmatrix} \begin{bmatrix} \dfrac{\partial g_i}{\partial x_1} \\ \vdots \\ \dfrac{\partial g_i}{\partial x_N} \end{bmatrix} = \begin{bmatrix} 0 \\ \vdots \\ 0 \end{bmatrix}, \qquad i = 1, \ldots, b_\mathrm{L}. \tag{8.98}$$

Dies ist ein System partieller Differentialgleichungen für die Funktionen $g_i(\boldsymbol{x})$. Lösungen von (8.98) gelingen jedoch nur in einfachen Fällen.

8.4.3 Anwendungen der Integrierbarkeitsbedingungen

Die beschriebene Vorgehensweise zur Ermittlung der Integrierbarkeit kinematischer Bindungen wird an Beispielen veranschaulicht.

Wagen mit nicht zusammenfallenden Radachsen Betrachtet wird ein Wagen mit zwei frei drehbaren, schlupffrei abrollenden Rädern mit parallelen Drehachsen im Abstand d, siehe Abb. 8.10a. Ein Kippen des Wagens sei z. B. durch frei um eine vertikale Achse schwenkbare Stützräder verhindert. Die $N = 3$ Lagekoordinaten sind $\boldsymbol{x} = [\varphi \quad x \quad y]^\mathrm{T}$.

Kinematische Bindungen Die kinematischen Bindungen ergeben sich aus den Bedingung, dass die Punkte O_1 und O_2 keine Geschwindigkeitskomponenten in die Richtung der Radachsen $\boldsymbol{n}$ haben. Mit dem Vektor $\boldsymbol{r}_{21}$ von O_1 nach O_2 lauten die Geschwindigkeiten von O_1 und O_2

$$\boldsymbol{v}_1 = \begin{bmatrix} \dot{x} \\ \dot{y} \end{bmatrix}, \qquad \boldsymbol{v}_2 = \boldsymbol{v}_1 + \dot{\varphi}\, \widetilde{\boldsymbol{e}}_z\, \boldsymbol{r}_{21} = \begin{bmatrix} \dot{x} - d\,\dot{\varphi}\, \sin\varphi \\ \dot{y} + d\,\dot{\varphi}\, \cos\varphi \end{bmatrix}. \tag{8.99}$$

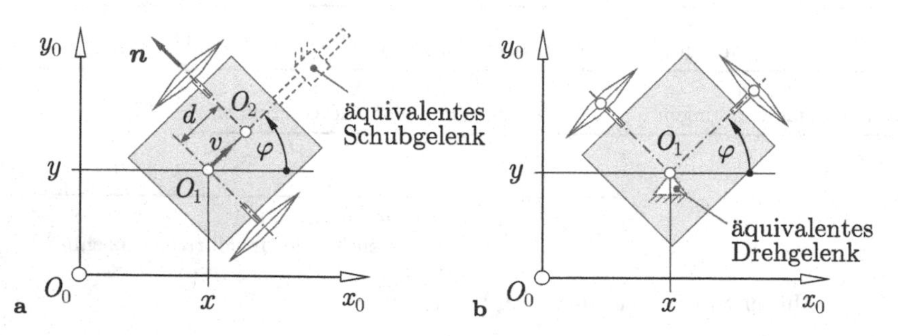

Abb. 8.10 Wagen mit zwei Rädern. **a** Parallele Radachsen. **b** Sich schneidende Radachsen

Mit dem Einheitsvektor $\boldsymbol{n} = [-\sin\varphi \quad \cos\varphi\,]^{\mathrm{T}}$ ergeben die Orthogonalitätsbedingungen $\boldsymbol{n}^{\mathrm{T}}\boldsymbol{v}_i = 0,\ i = 1, 2$, die $b = 2$ impliziten kinematischen Bindungen

$$\begin{matrix} \boldsymbol{n}^{\mathrm{T}}\boldsymbol{v}_1 \overset{!}{=} 0 : \\ \boldsymbol{n}^{\mathrm{T}}\boldsymbol{v}_2 \overset{!}{=} 0 : \end{matrix} \underbrace{\begin{bmatrix} 0 & -\sin\varphi & \cos\varphi \\ d & -\sin\varphi & \cos\varphi \end{bmatrix}}_{\boldsymbol{G}(\boldsymbol{x})} \underbrace{\begin{bmatrix} \dot{\varphi} \\ \dot{x} \\ \dot{y} \end{bmatrix}}_{\dot{\boldsymbol{x}}} = \underbrace{\begin{bmatrix} 0 \\ 0 \end{bmatrix}}_{\boldsymbol{0}} . \tag{8.100}$$

Der Freiheitsgrad ist gemäß Abb. 8.9 $f = N - b = 1$. Bei Wahl der unabhängigen Geschwindigkeit $\eta = v$ lautet die explizite kinematische Bindung

$$\underbrace{\begin{bmatrix} \dot{\varphi} \\ \dot{x} \\ \dot{y} \end{bmatrix}}_{\dot{\boldsymbol{x}}} = \underbrace{\begin{bmatrix} 0 \\ \cos\varphi \\ \sin\varphi \end{bmatrix}}_{\boldsymbol{j}(\boldsymbol{x})} \underbrace{v}_{\eta} . \tag{8.101}$$

Integrierbarkeit Die eindimensionale Distribution $\boldsymbol{j}(\boldsymbol{x})$ in (8.101) erzeugt wegen der LIE-Klammer $[\,\boldsymbol{j}, \boldsymbol{j}\,] = \boldsymbol{0}$ keine weitere Bewegungsrichtung und ist daher involutiv, $\bar{\Delta}(\boldsymbol{x}) = 1$. Der Lage-Freiheitsgrad ist $f_{\mathrm{L}} = \bar{\Delta}(\boldsymbol{x}) = 1$. Das System der kinematischen Bindungen (8.100) ist holonom, $b_{\mathrm{L}} = 2$. Das Beispiel zeigt zwei allgemeine Eigenschaften kinematischer Bindungen:

- Das System der kinematischen Bindungen (8.100) ist holonom, obwohl die einzelnen Bindungen in (8.100) nichtholonom sind. Die Analyse der Integrierbarkeit erfordert die Betrachtung des gesamten Bindungssystems.
- Ein System mit $b = N - 1$ unabhängigen kinematischen Bindungen und damit dem Freiheitsgrad $f = 1$ ist stets holonom, weil die Distribution der dazu gehörenden expliziten Bindung eindimensional ist und entsprechend (8.81) keine weitere Bewegungsrichtung erzeugen kann.

Geometrische Bindungen Die geometrischen Bindungen können formal mit Hilfe der partiellen Differentialgleichung (8.98) ermittelt werden,

$$\underbrace{\begin{bmatrix} 0 & \cos\varphi & \sin\varphi \end{bmatrix}}_{\boldsymbol{j}^{\mathrm{T}}} \begin{bmatrix} \frac{\partial g_i}{\partial \varphi} \\ \frac{\partial g_i}{\partial x} \\ \frac{\partial g_i}{\partial y} \end{bmatrix} = 0, \quad i = 1, 2. \tag{8.102}$$

Dieses Gleichungssystem hat zwei senkrecht auf dem Vektor $\boldsymbol{j}$ stehende, linear unabhängige Lösungsvektoren

$$\begin{bmatrix} \frac{\partial g_1}{\partial \varphi} \\ \frac{\partial g_1}{\partial x} \\ \frac{\partial g_1}{\partial y} \end{bmatrix} = \begin{bmatrix} \mu(\varphi, x, y) \\ 0 \\ 0 \end{bmatrix} \begin{matrix} \text{(i)} \\ \text{(ii)} \\ \text{(iii)} \end{matrix} \quad \text{und} \quad \begin{bmatrix} \frac{\partial g_2}{\partial \varphi} \\ \frac{\partial g_2}{\partial x} \\ \frac{\partial g_2}{\partial y} \end{bmatrix} = \begin{bmatrix} 0 \\ -\sin\varphi \\ \cos\varphi \end{bmatrix} \begin{matrix} \text{(iv)} \\ \text{(v)} \\ \text{(vi)} \end{matrix} \tag{8.103}$$

mit der zunächst allgemeinen Funktion $\mu(\varphi, x, y)$. Die Lösung für die Funktion $g_1(\varphi, x, y)$ ergibt sich aus (8.103) gemäß

$$\begin{aligned} \frac{\partial g_1}{\partial x} &\overset{\text{(ii)}}{=} 0 && \Rightarrow \quad g_1 = C_1(\varphi, y), \\ \frac{\partial g_1}{\partial y} &= \frac{\partial C_1}{\partial y} \overset{\text{(iii)}}{=} 0 && \Rightarrow \quad g_1 = C_1(\varphi). \end{aligned} \tag{8.104}$$

Damit gilt die geometrische Bindung

$$g_1 \equiv C_1(\varphi) = 0 \tag{8.105}$$

mit der nicht weiter spezifizierten Funktion $C_1(\varphi)$. In (8.103) ist $\mu = \frac{\partial C_1}{\partial \varphi}$. Die durch (8.105) definierte Nullstelle der Funktion $C_1(\varphi)$ ergibt den konstanten Winkel $\varphi = k_1$ (Konstante k_1).

Die Lösung für die Funktion $g_2(\varphi, x, y)$ ergibt sich aus (8.103) gemäß

$$\begin{aligned} \frac{\partial g_2}{\partial x} &\overset{\text{(v)}}{=} -\sin\varphi && \Rightarrow \quad g_2 = -x\sin\varphi + C_2(y, \varphi), \\ \frac{\partial g_2}{\partial y} &= \frac{\partial C_2}{\partial y} \overset{\text{(vi)}}{=} \cos\varphi && \Rightarrow \quad C_2 = y\cos\varphi + C_3(\varphi) \\ & && \Rightarrow \quad g_2 = -x\sin\varphi + y\cos\varphi + C_3(\varphi) \end{aligned} \tag{8.106}$$

mit der nicht weiter spezifizierten Funktion $C_3(\varphi)$. Mit $\varphi = k_1$ aus (8.105) folgt daraus mit $k_2 = C_3(k_1) = \text{const}$ die geometrische Bindung

$$g_2 \equiv -x\sin\varphi + y\cos\varphi + k_2 = 0. \tag{8.107}$$

Die holonomen Bindungen (8.105) und (8.107) beschreiben die Bewegung des Wagens entlang einer Geraden. Die Bindungen durch die beiden Räder entsprechen damit denjenigen des in Abb. 8.10a dargestellten Schubgelenks.

Redundante Bindungen im Fall $d = 0$ Bei zusammenfallenden Radachsen, $d = 0$, sind die beiden impliziten Bindungen (8.100) voneinander abhängig. Das System ist überbestimmt. Die Seitenkräfte der beiden Räder können nicht einzeln berechnet werden. Das Modell liefert lediglich ihre Summe. Es verbleibt die unabhängige implizite nichtholonome Bindung (8.76).

Wagen mit sich in einem Punkt schneidenden Radachsen In der gleichen Weise ergibt sich die Integrierbarkeit der Bindungen eines Wagens mit sich schneidenden Radachsen gemäß Abb. 8.10b. Die beiden holonomen Bindungen entsprechen hier denjenigen eines Drehgelenks im Schnittpunkt der Radachsen.

Zweirädriger Wagen mit Raddrehungen In dem Modell des Wagens mit zwei Rädern werden nun die Drehungen der beiden schlupffrei abrollenden Räder (Drehwinkel ψ_1, ψ_2) berücksichtigt, siehe Abb. 8.11.

Implizite Bindungen Das System besitzt die $N = 5$ Lagekoordinaten

$$\boldsymbol{x} = \begin{bmatrix} \varphi & x & y & \psi_1 & \psi_2 \end{bmatrix}^{\mathrm{T}}. \tag{8.108}$$

Neben der Bindung (8.76) gelten die Rollbedingungen

$$v_{P1} \equiv v_{M1} - r\,\dot{\psi}_1 \stackrel{!}{=} 0 \quad \text{mit} \quad v_{M1} = v + d\,\dot{\varphi}, \tag{8.109}$$

$$v_{P2} \equiv v_{M2} - r\,\dot{\psi}_2 \stackrel{!}{=} 0 \quad \text{mit} \quad v_{M2} = v - d\,\dot{\varphi} \tag{8.110}$$

und $v = \dot{x}\,\cos\varphi + \dot{y}\,\sin\varphi$. Insgesamt gelten damit die $b = 3$ unabhängigen impliziten kinematischen Bindungen (8.76), (8.109), (8.110),

$$\underbrace{\begin{bmatrix} 0 & -\sin\varphi & \cos\varphi & 0 & 0 \\ d & \cos\varphi & \sin\varphi & -r & 0 \\ -d & \cos\varphi & \sin\varphi & 0 & -r \end{bmatrix}}_{\boldsymbol{G}(\boldsymbol{x})} \underbrace{\begin{bmatrix} \dot{\varphi} \\ \dot{x} \\ \dot{y} \\ \dot{\psi}_1 \\ \dot{\psi}_2 \end{bmatrix}}_{\dot{\boldsymbol{x}}} = \underbrace{\begin{bmatrix} 0 \\ 0 \\ 0 \end{bmatrix}}_{\boldsymbol{0}}. \tag{8.111}$$

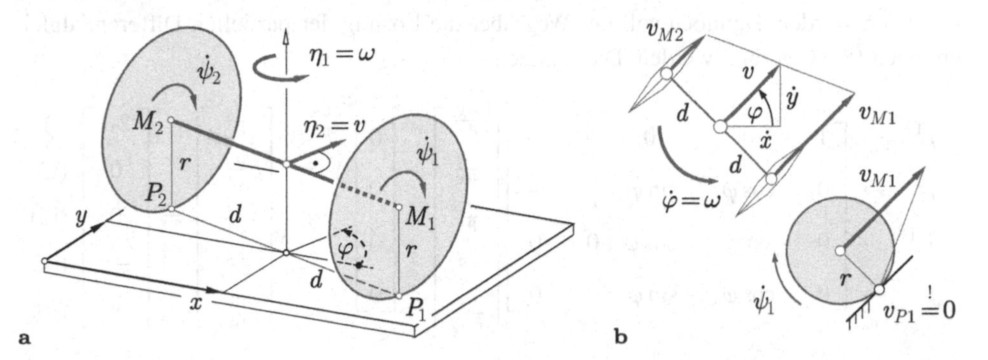

Abb. 8.11 Zweirädriger Wagen mit Berücksichtigung der Raddrehungen (Wagenkörper nicht dargestellt). **a** Kinematisches Modell. **b** Abrollbedingungen

Gemäß Abb. 8.9 ist der Freiheitsgrad $f = N - b = 2$. Mit den unabhängigen Geschwindigkeiten $\eta_1 = \omega$ und $\eta_2 = v$ lauten die expliziten kinematischen Bindungen

$$\begin{aligned}\begin{bmatrix}\dot{\varphi}\\ \dot{x}\\ \dot{y}\\ \dot{\psi}_1\\ \dot{\psi}_2\end{bmatrix} &= \begin{bmatrix}1\\ 0\\ 0\\ \frac{d}{r}\\ -\frac{d}{r}\end{bmatrix}\omega + \begin{bmatrix}0\\ \cos\varphi\\ \sin\varphi\\ \frac{1}{r}\\ \frac{1}{r}\end{bmatrix} v\\ \dot{\boldsymbol{x}} &= \boldsymbol{j}_1 \quad \eta_1 + \boldsymbol{j}_2(\boldsymbol{x}) \quad \eta_2.\end{aligned} \tag{8.112}$$

Integrierbarkeit Die Filtration der Distribution $\Delta_0 = \mathrm{span}\{\, \boldsymbol{j}_1, \boldsymbol{j}_2 \,\}$ liefert in zwei Schritten zwei weitere linear unabhängige Vektorfelder

$$\boldsymbol{j}^{(1)} = [\, \boldsymbol{j}_1, \boldsymbol{j}_2 \,] = \begin{bmatrix}0\\ -\sin\varphi\\ \cos\varphi\\ 0\\ 0\end{bmatrix}, \qquad \boldsymbol{j}^{(2)} = [\, \boldsymbol{j}_1, \boldsymbol{j}^{(1)} \,] = \begin{bmatrix}0\\ -\cos\varphi\\ -\sin\varphi\\ 0\\ 0\end{bmatrix}. \tag{8.113}$$

Die involutive Abschließung $\bar{\Delta}$ hat damit die Dimension $\dim(\bar{\Delta}) = 4$,

$$\bar{\Delta} = \mathrm{span}\{\, \boldsymbol{j}_1, \ \boldsymbol{j}_2, \ \boldsymbol{j}^{(1)}, \ \boldsymbol{j}^{(2)} \,\}. \tag{8.114}$$

Der Lage-Freiheitsgrad ist $f_L = \bar{\Delta}(\boldsymbol{x}) = 4$. Es liegt $b_L = N - \dim(\bar{\Delta}) = 1$ geometrische Bindung vor. Die kinematischen Bindungen sind teilweise integrierbar.

Geometrische Bindung Die $b_L = 1$ geometrische Bindung kann hier durch die Integration der Differenz der zweiten und dritten impliziten kinematischen Bindung in (8.111) einfach gefunden werden. Dennoch soll der Weg über die Lösung der partiellen Differentialgleichungen (8.98) gezeigt werden. Diese lauten

$$\begin{matrix}\boldsymbol{j}_1^{\mathrm{T}} \rightarrow\\ \boldsymbol{j}_2^{\mathrm{T}} \rightarrow\\ \boldsymbol{j}^{(1)\mathrm{T}} \rightarrow\\ \boldsymbol{j}^{(2)\mathrm{T}} \rightarrow\end{matrix} \begin{bmatrix}1 & 0 & 0 & \frac{d}{r} & -\frac{d}{r}\\ 0 & \cos\varphi & \sin\varphi & \frac{1}{r} & \frac{1}{r}\\ 0 & -\sin\varphi & \cos\varphi & 0 & 0\\ 0 & -\cos\varphi & -\sin\varphi & 0 & 0\end{bmatrix} \begin{bmatrix}\frac{\partial g}{\partial\varphi}\\ \frac{\partial g}{\partial x}\\ \frac{\partial g}{\partial y}\\ \frac{\partial g}{\partial\psi_1}\\ \frac{\partial g}{\partial\psi_2}\end{bmatrix} = \begin{bmatrix}0\\ 0\\ 0\\ 0\end{bmatrix} \quad\Rightarrow\quad \begin{bmatrix}\frac{\partial g}{\partial\varphi}\\ \frac{\partial g}{\partial x}\\ \frac{\partial g}{\partial y}\\ \frac{\partial g}{\partial\psi_1}\\ \frac{\partial g}{\partial\psi_2}\end{bmatrix} = \begin{bmatrix}2d\\ 0\\ 0\\ -r\\ r\end{bmatrix} \begin{matrix}\text{(i)}\\ \text{(ii)}\\ \text{(iii)}\\ \text{(iv)}\\ \text{(v).}\end{matrix}$$

Die Lösung ergibt sich in den folgenden Schritten:

$$
\begin{aligned}
&\frac{\partial g}{\partial \varphi} \overset{\text{(i)}}{=} 2d && \Rightarrow\ g = 2d\,\varphi + C_1(x, y, \psi_1, \psi_2), \\
&\frac{\partial g}{\partial x} = \frac{\partial C_1}{\partial x} \overset{\text{(ii)}}{=} 0 && \Rightarrow\ C_1 = C_1(y, \psi_1, \psi_2) \quad \Rightarrow\ g = 2d\,\varphi + C_1(y, \psi_1, \psi_2), \\
&\frac{\partial g}{\partial y} = \frac{\partial C_1}{\partial y} \overset{\text{(iii)}}{=} 0 && \Rightarrow\ C_1 = C_1(\psi_1, \psi_2) \quad \Rightarrow\ g = 2d\,\varphi + C_1(\psi_1, \psi_2), \\
&\frac{\partial g}{\partial \psi_1} = \frac{\partial C_1}{\partial \psi_1} \overset{\text{(iv)}}{=} -r && \Rightarrow\ C_1 = -r\,\psi_1 + C_2(\psi_2) \quad \Rightarrow\ g = 2d\,\varphi - r\,\psi_1 + C_2(\psi_2) \\
&\frac{\partial g}{\partial \psi_2} = \frac{\partial C_2}{\partial \psi_2} \overset{\text{(v)}}{=} r && \Rightarrow\ C_2(\psi_2) = r\,\psi_2 + C_3.
\end{aligned}
$$

Die $b_L = 1$ geometrische Bindung lautet damit

$$g \equiv 2d\,\varphi + r\,(\psi_2 - \psi_1) + C_3 = 0. \tag{8.115}$$

Ohne Beschränkung der Allgemeinheit können die Lagegrößen φ, ψ_1, ψ_2 zum Anfangszeitpunkt t_0 so gewählt werden, dass die Integrationskonstante C_3 null ist. Die Differenz der Raddrehwinkel $\psi_1 - \psi_2$ ist dann proportional zum Drehwinkel des Wagens φ,

$$\psi_1 - \psi_2 = \frac{2d}{r}\,\varphi. \tag{8.116}$$

Kompasswagen (Südzeigerwagen) Die holonome Bindung (8.116) wird in dem in Abb. 8.12 dargestellten *Kompasswagen* oder *Südzeigerwagen* ausgenutzt, der in China um das Jahr 260 v. Chr. als Navigationshilfe erfunden worden ist (DUDITZA und DIACONESCU [21]).

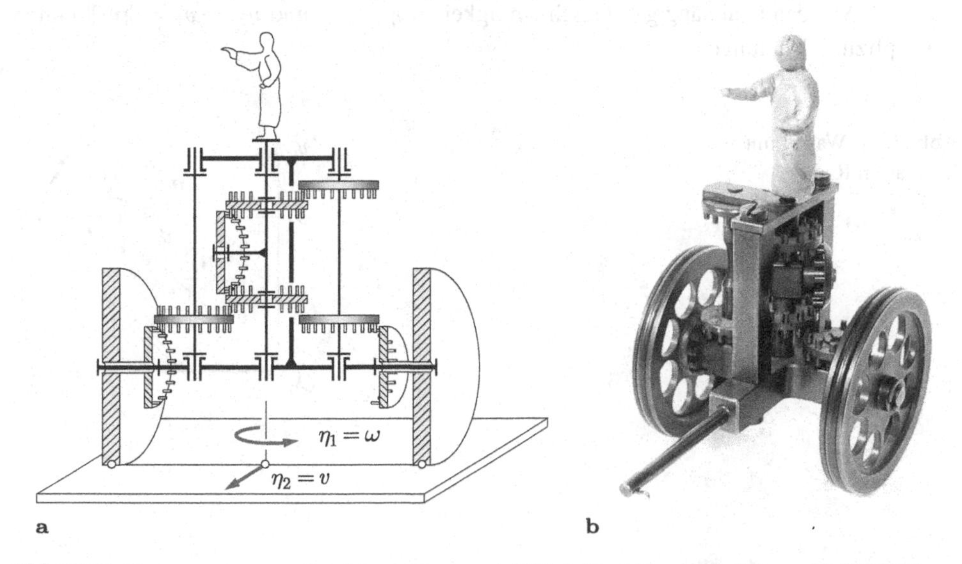

Abb. 8.12 Kompasswagen. **a** Getriebeschema nach [21]. **b** Modell, angefertigt von H. KNEISEL

Die Drehungen der Räder wirken über ein in der Art eines Kegelrad-Differentials ausgeführtes Subtraktionsgetriebe auf einen Zeiger, der dadurch – bei schlupffreiem Abrollen der Räder auf einem ebenen Untergrund – stets in dieselbe Himmelsrichtung zeigt, unabhängig davon, in welche Richtung der Wagen gedreht wird.

Wagen mit Lenkung Das Modell des zweirädrigen Wagens aus Abb. 8.6a wird gemäß Abb. 8.13 um ein lenkbares drittes Rad (Lenkwinkel ψ) erweitert.

Implizite Bindungen Mit den Geschwindigkeiten der Punkte O_1 und O_2

$$\boldsymbol{v}_1 = \begin{bmatrix} \dot{x} \\ \dot{y} \\ 0 \end{bmatrix}, \qquad \boldsymbol{v}_2 = \boldsymbol{v}_1 + \dot{\varphi}\,\widetilde{\boldsymbol{e}}_z\,\boldsymbol{r}_{21} = \begin{bmatrix} \dot{x} + d\,\dot{\varphi}\,\sin\varphi \\ \dot{y} - d\,\dot{\varphi}\,\cos\varphi \\ 0 \end{bmatrix} \tag{8.117}$$

und den Einheitsvektoren der Radachsen

$$\boldsymbol{n}_1 = [\,-\sin(\varphi+\psi) \quad \cos(\varphi+\psi) \quad 0\,]^{\mathrm{T}}, \qquad \boldsymbol{n}_2 = [\,-\sin\varphi \quad \cos\varphi \quad 0\,]^{\mathrm{T}}$$

ergeben sich $b = 2$ unabhängige kinematische Bindungen

$$\begin{array}{l} \boldsymbol{n}_1^{\mathrm{T}}\boldsymbol{v}_1 \stackrel{!}{=} 0 : \\ \boldsymbol{n}_2^{\mathrm{T}}\boldsymbol{v}_2 \stackrel{!}{=} 0 : \end{array} \underbrace{\begin{bmatrix} -\sin(\varphi+\psi) & \cos(\varphi+\psi) & 0 & 0 \\ -\sin\varphi & \cos\varphi & -d & 0 \end{bmatrix}}_{\boldsymbol{G}(\boldsymbol{x})} \underbrace{\begin{bmatrix} \dot{x} \\ \dot{y} \\ \dot{\varphi} \\ \dot{\psi} \end{bmatrix}}_{\dot{\boldsymbol{x}}} = \underbrace{\begin{bmatrix} 0 \\ 0 \end{bmatrix}}_{\boldsymbol{0}} . \tag{8.118}$$

Mit $N = 4$ Lagegrößen $\boldsymbol{x}$ hat das System den Freiheitsgrad $f = N - b = 2$, siehe auch Abb. 8.9. Mit den unabhängigen Geschwindigkeiten $\eta_1 = \dot{\psi}$ und $\eta_2 = v_1 = \|\boldsymbol{v}_1\|$ lauten die expliziten Bindungen

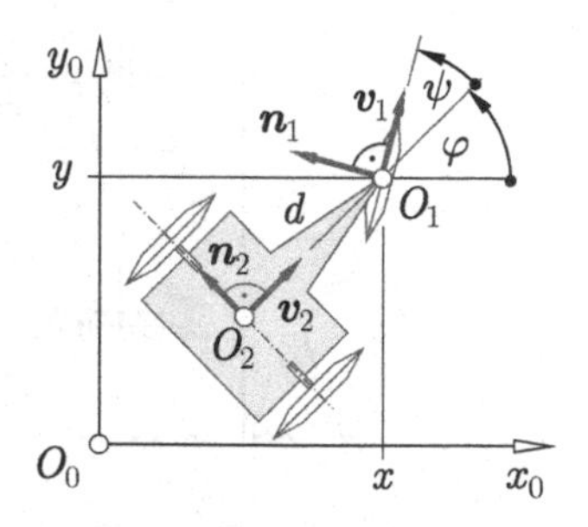

Abb. 8.13 Wagen mit lenkbarem Rad

$$\begin{bmatrix} \dot{x} \\ \dot{y} \\ \dot{\varphi} \\ \dot{\psi} \end{bmatrix} = \begin{bmatrix} 0 \\ 0 \\ 0 \\ 1 \end{bmatrix} \dot{\psi} + \begin{bmatrix} \cos(\varphi + \psi) \\ \sin(\varphi + \psi) \\ \frac{1}{d} \sin\psi \\ 0 \end{bmatrix} v_1 \qquad (8.119)$$

$$\dot{\boldsymbol{x}} = \boldsymbol{j}_1 \quad \eta_1 + \quad \boldsymbol{j}_2(\boldsymbol{x}) \quad \eta_2.$$

Integrierbarkeit Die Filtration der Distribution $\Delta_0 = \mathrm{span}\{\, \boldsymbol{j}_1, \boldsymbol{j}_2 \,\}$ liefert in zwei Schritten zwei weitere linear unabhängige Vektorfelder

$$\boldsymbol{j}^{(1)} = [\boldsymbol{j}_1, \boldsymbol{j}_2] = \begin{bmatrix} -\sin(\varphi + \psi) \\ \cos(\varphi + \psi) \\ \frac{1}{d} \cos\psi \\ 0 \end{bmatrix}, \quad \boldsymbol{j}^{(2)} = [\boldsymbol{j}_2, \boldsymbol{j}^{(1)}] = \begin{bmatrix} \frac{1}{d} \sin\varphi \\ -\frac{1}{d} \cos\varphi \\ 0 \\ 0 \end{bmatrix}. \qquad (8.120)$$

Die involutive Abschließung $\bar{\Delta}$ hat damit die Dimension $\dim(\bar{\Delta}) = 4$,

$$\bar{\Delta} = \mathrm{span}\{\, \boldsymbol{j}_1,\ \boldsymbol{j}_2,\ \boldsymbol{j}^{(1)},\ \boldsymbol{j}^{(2)} \,\}. \qquad (8.121)$$

Der Lage-Freiheitsgrad ist $f_\mathrm{L} = \bar{\Delta}(\boldsymbol{x}) = 4$. Mit $b_\mathrm{L} = N - \dim(\bar{\Delta}) = 0$ liegt keine geometrische Bindung vor. Die kinematischen Bindungen sind damit nicht integrierbar. Anschaulich kommt dies dadurch zum Ausdruck, dass der Wagen durch geeignete Steuerfunktionen $\eta_1(t)$ und $\eta_2(t)$ in jede gewünschte Lage $\boldsymbol{x}$ gebracht werden kann.

Die Vektorfelder bzw. Bewegungsrichtungen $\boldsymbol{j}^{(1)}$ und $\boldsymbol{j}^{(2)}$ lassen sich anschaulich interpretieren. Die LIE-Klammer $\boldsymbol{j}^{(1)} = [\, \boldsymbol{j}_1, \boldsymbol{j}_2 \,]$ entsteht durch Anwendung der Steuerfolge aus Tab. 8.1 auf das System (8.119). Die Abfolge der Bewegungen des Wagens ist in Abb. 8.14 für die ohne Beschränkung der Allgemeinheit gewählte Ausgangslage $x_0 = y_0 = 0$ und $\varphi_0 = \psi_0 = 0$ dargestellt. Die Bewegungsabfolge erzeugt eine Drehung des Wagens um die Hochachse mit der Endlage $x_{4\epsilon} = 0$, $y_{4\epsilon} = 0$, $\varphi_{4\epsilon} = \frac{1}{d}\,\epsilon^2$, $\psi_{4\epsilon} = 0$.

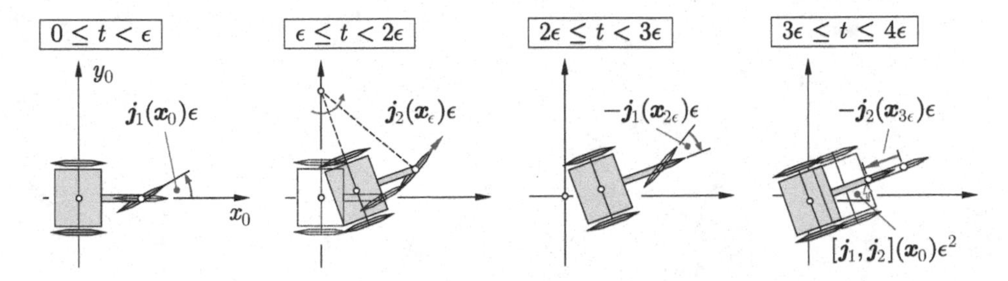

Abb. 8.14 Bewegungsabfolge der LIE-Klammer $\boldsymbol{j}^{(1)} = [\, \boldsymbol{j}_1, \boldsymbol{j}_2 \,]$ von der Ausgangslage $\boldsymbol{x}_0 = \boldsymbol{0}$ in die Endlage $\boldsymbol{x}_{4\epsilon} = [\, \boldsymbol{j}_1, \boldsymbol{j}_2 \,](\boldsymbol{x}_0)\,\epsilon^2 = [x_{4\epsilon}\ \ y_{4\epsilon}\ \ \varphi_{4\epsilon}\ \ \psi_{4\epsilon}]^\mathrm{T} = [0\ \ 0\ \ \frac{1}{d}\epsilon^2\ \ 0]^\mathrm{T}$

Die LIE-Klammer $\boldsymbol{j}^{(2)} = [\,\boldsymbol{j}_2, \boldsymbol{j}^{(1)}\,]$ erzeugt als weitere Bewegungsrichtung die Parallelverschiebung des Wagens in die negative y-Richtung mit der Endlage $x_{4\epsilon} = 0$, $y_{4\epsilon} = -\frac{1}{d}\,\epsilon^2$, $\varphi_{4\epsilon} = 0$, $\psi_{4\epsilon} = 0$ entsprechend Abb. 8.15. Die Drehung um die Hochachse im zweiten Zeitintervall wird dabei mit Hilfe der Bewegungsabfolge aus Abb. 8.14 entsprechend der LIE-Klammer $\boldsymbol{j}^{(1)} = [\,\boldsymbol{j}_1, \boldsymbol{j}_2\,]$ realisiert. Für die entgegengesetzte Drehung im vierten Zeitintervall wird die Reihenfolge der Teilbewegungen aus Abb. 8.14 vertauscht, entsprechend der Schiefsymmetrie der LIE-Klammer $-\boldsymbol{j}^{(1)} = [\,\boldsymbol{j}_2, \boldsymbol{j}_1\,]$. Die in Abb. 8.15 gezeigte Bewegungsabfolge kann als das Einparken des Wagens in eine Parklücke interpretiert werden.

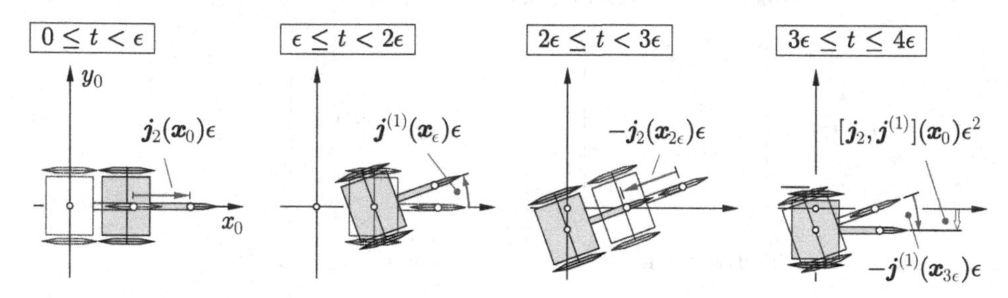

Abb. 8.15 Bewegungsabfolge der LIE-Klammer $\boldsymbol{j}^{(2)} = [\,\boldsymbol{j}_2, \boldsymbol{j}^{(1)}\,]$ von der Ausgangslage $\boldsymbol{x}_0 = \boldsymbol{0}$ in die Endlage $\boldsymbol{x}_{4\epsilon} = [\,\boldsymbol{j}_2, \boldsymbol{j}^{(1)}\,](\boldsymbol{x}_0)\,\epsilon^2 = [x_{4\epsilon} \;\; y_{4\epsilon} \;\; \varphi_{4\epsilon} \;\; \psi_{4\epsilon}]^{\mathrm{T}} = [\,0\;0\;\frac{1}{d}\epsilon^2 \;\; 0\,]^{\mathrm{T}}$

9 Bindungen in Mehrkörpersystemen

Die Aufstellung der Bewegungsgleichungen großer Mehrkörpersysteme erfordert systematische Formulierungen der Bindungen und Reaktionsbedingungen an den Gelenken. Wegen der geringeren Bedeutung der nichtholonomen Bindungen bei der Modellierung technischer Systeme werden Gelenke mit holonomen Bindungen betrachtet.

Die typischen Gelenke in Mehrkörpermodellen werden in Abschn. 9.1 beschrieben. Die Kopplungen der Körper durch Gelenke legen den in Abschn. 9.2 gezeigten topologischen Aufbau als offenes Mehrkörpersystem mit Baumstruktur oder als teilweise bzw. vollständig geschlossenes Mehrkörpersystem mit kinematischen Schleifen fest. Entsprechend der Bewegungen der Körper können dabei ebene, sphärische und räumliche Mehrkörpersysteme unterschieden werden. Sind alle Bindungen voneinander unabhängig, so kann der Freiheitsgrad des Mehrkörpersystems mit Hilfe des in Abschn. 9.3 angegebenen GRÜBLER-KUTZBACH-Kriteriums ermittelt werden. In den Abschn. 9.4 und 9.5 werden die holonomen Bindungen an Gelenken in impliziter und expliziter Darstellung vektoriell formuliert. Die komplementären expliziten und impliziten Reaktionsbedingungen für die Reaktionskraftwinder an den Gelenken werden in Abschn. 9.6 aufgestellt. Abschließend gibt Abschn. 9.7 eine Übersicht über die Verwendung der Gelenkbindungen in den verschiedenen Formulierungen der Bewegungsgleichungen von Mehrkörpersystemen.

9.1 Gelenke in Mehrkörpersystemen

Ein Gelenk verbindet jeweils zwei Körper eines Mehrkörpersystems so, dass sie in dauernder gegenseitiger Berührung gehalten werden und dabei relativ zueinander beweglich sind. Die zeitlich nicht veränderlichen geometrischen Formen der Berührelemente definieren skleronome Bindungen. Durch einen ideal lagegeregelten Antrieb vorgegebene Relativbewegungen in einem Gelenk können durch rheonome Bindungen beschrieben werden.

C. Woernle, *Mehrkörpersysteme*, https://doi.org/10.1007/978-3-662-64530-7_9

9.1.1 Gelenke mit holonomen skleronomen Bindungen

Ein Gelenk mit b holonomen, skleronomen Bindungen lässt relative Bewegungen der beiden Körper mit dem Freiheitsgrad

$$f = 6 - b \tag{9.1}$$

zu, die durch f Lagekoordinaten, die relativen Gelenkkoordinaten, beschrieben werden können. Grenzfälle sind die starre Verbindung mit $b = 6$ bzw. $f = 0$ und die freie Relativbewegung mit $b = 0$ bzw. $f = 6$.

Ein Gelenk mit dem Freiheitsgrad $f = 1$ ist das in Tab. 9.1 gezeigte Schraubgelenk (**H**elical joint). Wird der relative Drehwinkel β als Gelenkkoordinate definiert, so ergibt sich bei einer konstanten Schraubensteigung h die relative Verschiebung $s = h\,\beta$. Sonderfälle des Schraubgelenks sind das Drehgelenk (**R**evolute joint) mit der Steigung $h = 0$ und das Schubgelenk (**P**rismatic joint) mit der Steigung $h = \infty$.

Zahlreiche Gelenke mit dem Freiheitsgrad $f > 1$ lassen sich aus Anordnungen hintereinandergeschalteter Dreh- und Schubgelenke aufbauen. Tab. 9.2 zeigt exemplarisch das Dreh-Schubgelenk (**C**ylindrical joint), das Kardangelenk (**U**niversal joint, HOOKE[1] joint), das Kugelgelenk (**S**pherical joint) und das ebene Gelenk (**E**ben).

Die in Tab. 9.2 gezeigten Ersatzanordnungen des Kugelgelenks und des ebenen Gelenks mit Dreh- bzw. Schubgelenken können singuläre Lagen aufweisen, in denen der relative Freiheitsgrad der miteinander verbundenen Körper reduziert ist. Bei der Anordnung von drei Drehgelenken als Ersatz des Kugelgelenks ist dies der Fall, wenn die drei Gelenkachsen in einer Ebene liegen, entsprechend der singulären Lagen der KARDAN- oder EULER-Winkel. Das Ersatzmodell des ebenen Gelenks mit drei parallelen Drehgelenken ist singulär, wenn die drei Gelenkachsen in einer Ebene liegen. Das Ersatzmodell mit zwei parallelen Drehgelenken und einem senkrecht dazu angeordneten Schubgelenk ist singulär, wenn die Achse des Schubgelenks senkrecht auf der durch die Achsen der Drehgelenke definierten Ebene steht.

Tab. 9.1 Gelenke mit dem Freiheitsgrad $f = 1$

Schraubgelenk (**H**elical joint)	Drehgelenk (**R**evolute joint)	Schubgelenk (**P**rismatic joint)
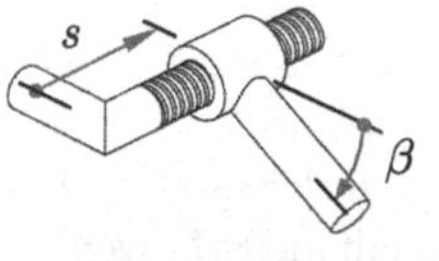 s, β	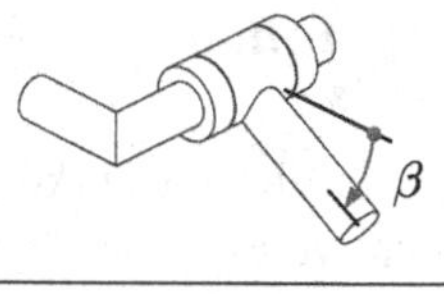 β	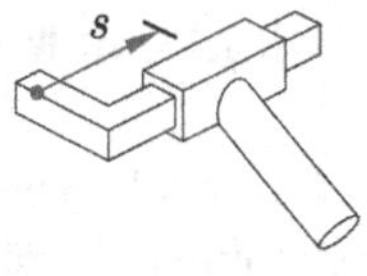 s
$s = h\,\beta$ (Steigung h)	Steigung $h = 0$	Steigung $h = \infty$

[1] ROBERT HOOKE, *1635 auf Isle of Wright, †1703 in London.

Tab. 9.2 Aus Dreh- und Schubgelenken zusammensetzbare Gelenke

Gelenk	f	Darstellung	äquivalente Ersatzanordnungen
Drehschubgelenk (**C**ylindric)	2	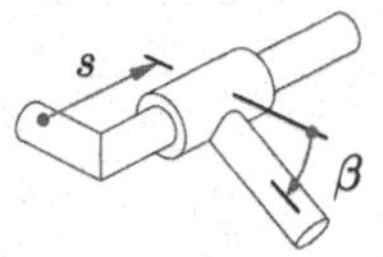	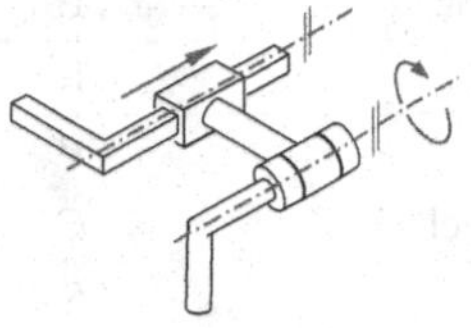
Kardangelenk (**U**niversal)	2	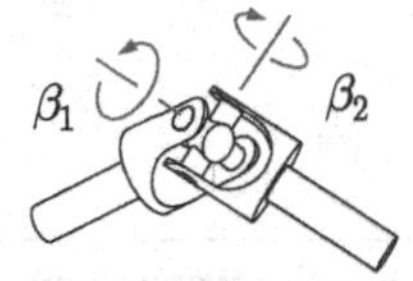	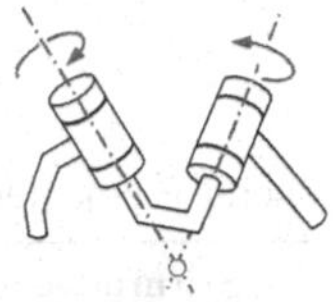
Kugelgelenk (**S**pherical)	3		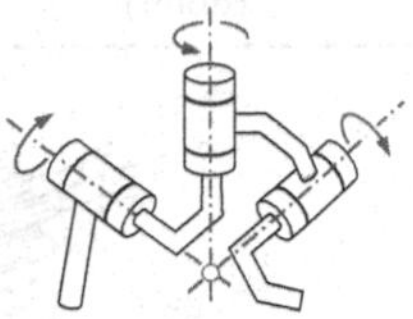
Ebenes Gelenk (**E**ben)	3	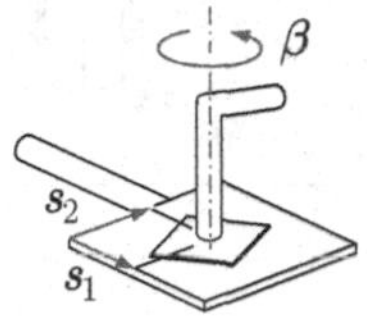	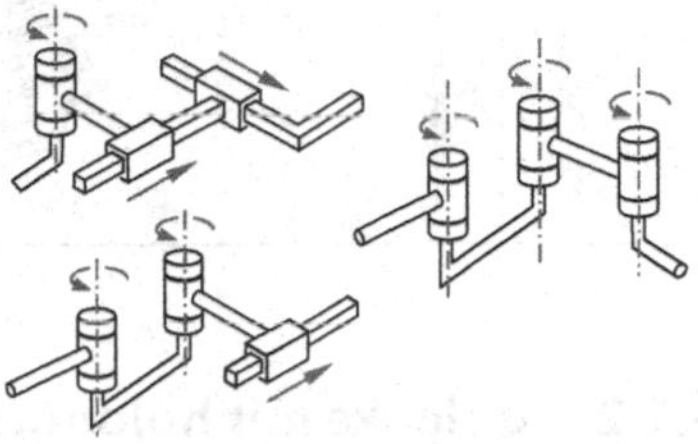

Als eine weitere Klassifizierung werden nach REULEAUX[2] entsprechend der Art der Körperberührung *niedrige Elementenpaare (lower pairs)* und *höhere Elementenpaare (higher pairs)* unterschieden:

Niedrige Elementenpaare Die Körper berühren sich entlang von Flächen. Unterschieden werden die in Tab. 9.3 gezeigten sechs niedrigen Elementenpaare.

Höhere Elementenpaare Die Körper berühren sich entlang von Linien oder Punkten. Beispiele sind in Tab. 9.4 gezeigt.

[2] FRANZ REULEAUX, *1829 in Eschweiler, †1905 in Berlin.

Tab. 9.3 Niedrige Elementenpaare

Gelenk	Symbol	Berührfläche
Schraubgelenk	H	Schraubenfläche
Drehgelenk	R	Rotationsfläche
Schubgelenk	P	Mantelfläche eines Prismas
Dreh-Schubgelenk	C	Zylindermantel
Kugelgelenk	S	Kugeloberfläche
Ebenes Gelenk	E	Ebene

Tab. 9.4 Beispiele höherer Elementenpaare

Kurvengetriebe (eben) 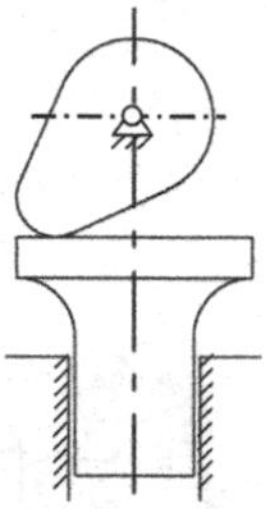	Stirnradverzahnung (eben) 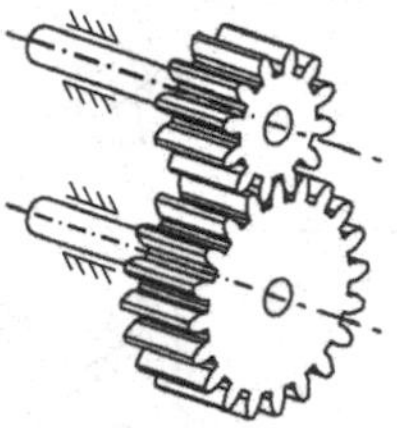	Kegelradverzahnung (sphärisch) 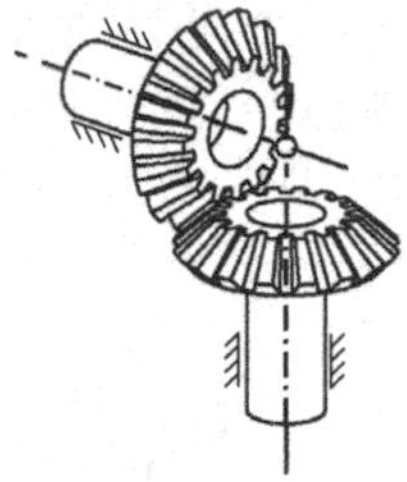	Schneckenverzahnung (räumlich) 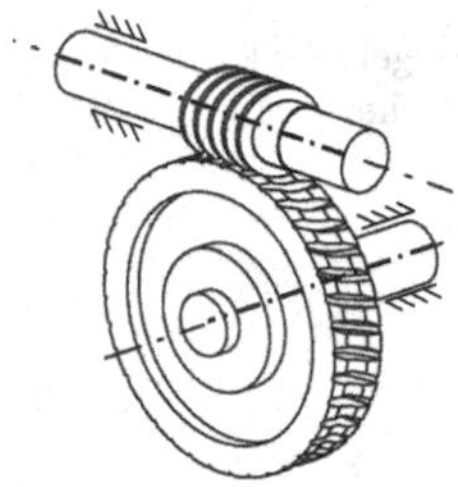

9.1.2 Gelenke mit holonomen rheonomen Bindungen

Bei der Modellbildung von Mehrkörpersystemen besteht häufig die Aufgabenstellung, dass die zeitlichen Verläufe einzelner Gelenkkoordinaten $\beta(t)$ vorgegebenen Funktionen folgen sollen. Die Zeitfunktionen können dann durch eine rheonome Bindung vorgegeben werden.

Ein Gelenk mit b holonomen Bindungen, bestehend aus b^{sk} skleronomen und b^{rh} rheonomen Bindungen, besitzt den Freiheitsgrad

$$f = 6 - b \qquad \text{mit} \qquad b = b^{\text{sk}} + b^{\text{rh}}. \tag{9.2}$$

Ein solches Gelenk hat f freie und b^{rh} rheonom geführte Gelenkkoordinaten.

9.1.3 Zur Modellierung von Gelenken

Die Art und Weise, wie eine gelenkige Verbindung zweier Körper eines Mehrkörpersystems modelliert wird, hängt von den getroffenen Annahmen ab, beeinflusst aber auch den Aufwand bei der Modellierung und für die numerische Simulation. Dies wird an zwei Beispielen erläutert.

Zur Modellierung von skleronomen Gelenken Betrachtet wird ein drehbar gelagerter Stab entsprechend Tab. 9.5. Wird die Lagerung durch ein ideales Drehgelenk modelliert, so ist die Lage des Stabendpunktes P durch zwei skleronome Bindungen geometrisch exakt festgelegt. Der Stab hat damit den Freiheitsgrad $f = 1$. Die Schnittkräfte im Gelenk sind die Reaktionskräfte f_x^{r} und f_y^{r}.

Alternativ kann die Lage des Punktes P durch zwei viskoelastische Kraftelemente (Federsteifigkeit c, Dämpfungskonstante d) gefesselt werden. Die Lage des Stabes ist dann geometrisch nicht beschränkt, und er hat in der Ebene den Freiheitsgrad $f = 3$. Die Schnittkräfte sind nun die eingeprägten viskoelastischen Kräfte f_x^{e} und f_y^{e}. Der Vorteil dieses Modells gegenüber dem Bindungsmodell ist die Möglichkeit, Steifigkeiten der Lagerung abzubilden. Durch Vergrößerung der Federsteifigkeit, also $c \to \infty$, wird der Übergang in das Bindungsmodell erreicht. Große Federsteifigkeiten und Dämpfungskonstanten führen allerdings zu steifen Differentialgleichungen, die numerisch weniger günstig sind, vgl. Abschn. 5.9.1. Sofern der Einfluss von Gelenksteifigkeiten vernachlässigt werden kann, ist daher das Bindungsmodell zu bevorzugen.

Zur Modellierung von rheonomen Gelenken Als ein weiteres Beispiel wird in Tab. 9.6 ein in einem Drehgelenk gelagerter Stab betrachtet, dessen Drehwinkel β durch einen geregelten Antriebsmotor dem gegebenen zeitlichen Verlauf $\beta_{\mathrm{soll}}(t)$ nachgeführt werden soll. Der Regler berechnet aus der Differenz der Ist- und Sollgrößen und gegebenenfalls weiterer Systeminformationen das hierzu erforderliche Motormoment $\tau(t)$.

Tab. 9.5 Zwei Modelle der drehbaren Aufhängung eines Stabes

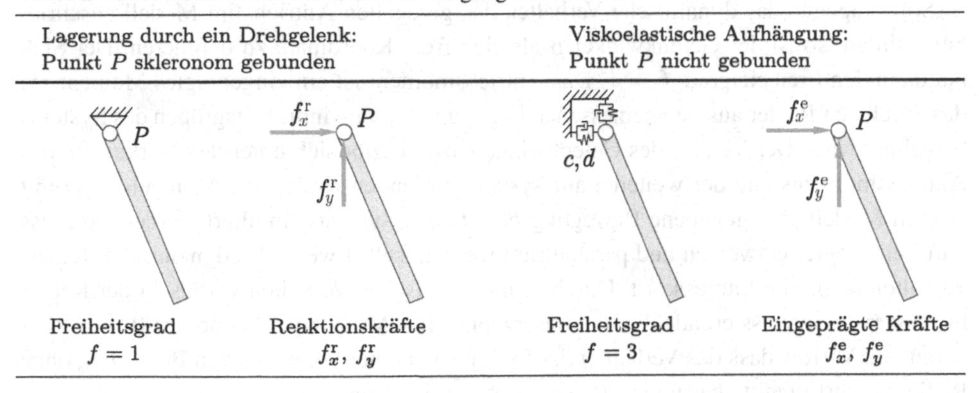

Tab. 9.6 Zwei Modelle eines Drehantriebs

Ideal lagegeregelter Motor erzeugt gewünschte Bewegung $\beta(t) = \beta_{\text{soll}}(t)$: Drehwinkel β rheonom gebunden		Momentgeregelter Motor erzeugt gewünschtes Moment $\tau^{\text{e}}(t)$: Drehwinkel β nicht gebunden	
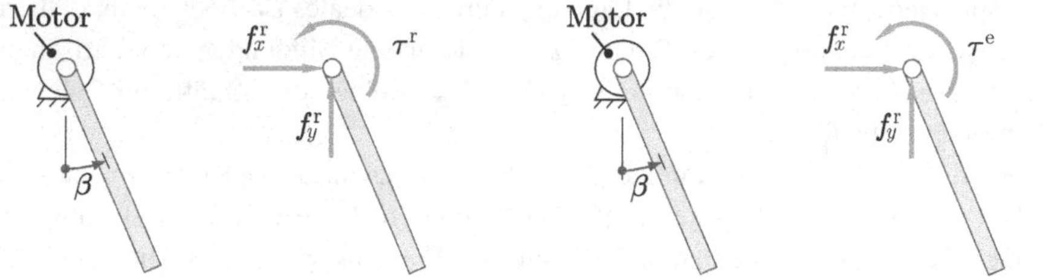 Motor β	f_x^{r} τ^{r} f_y^{r}	Motor β	f_x^{r} τ^{e} f_y^{r}
Freiheitsgrad $f = 0$	Reaktionsmoment τ^{r}	Freiheitsgrad $f = 1$	Eingeprägtes Moment τ^{e}

Eine ideal genaue Regelung wird im Modell durch eine rheonome Bindung für den Drehwinkel β beschrieben,

$$g(\beta, t) \equiv \beta - \beta_{\text{soll}}(t) = 0. \tag{9.3}$$

Diese Bindung legt zusammen mit den beiden skleronomen Bindungen des Drehgelenks die Lage des Stabes zu jedem Zeitpunkt t vollständig fest. Der Freiheitsgrad des Systems ist daher $f = 0$. Das durch den angenommenen idealen Regler aufzubringende Motormoment ist das zu der Bindung (9.3) gehörende Reaktionsmoment τ^{r}. Ein spezielles Beispiel einer gegebenen Bewegung ist der Antrieb einer Maschine mit konstanter Winkelgeschwindigkeit. Dies wird häufig bereits ohne zusätzliche Regelung näherungsweise dadurch erreicht, dass das Trägheitsmoment des Antriebsmotors groß ist gegenüber den auf die Motorwelle reduzierten, ungleichförmig bewegten Massen.

Soll hingegen das dynamische Verhalten des geregelten Antriebs im Modell beschrieben werden, so ist der Gelenkwinkel β als eine freie Koordinate zu definieren. Der Stab hat dann den Freiheitsgrad $f = 1$. Das Antriebsmoment ist ein eingeprägtes Moment τ^{e}, das durch den Regler aus den gemessenen Lage- und Geschwindigkeitsgrößen des Systems berechnet wird. Der Verlauf des Gelenkwinkels $\beta(t)$ ergibt sich unter den Wirkungen des Antriebsmoments und der weiteren am System wirkenden Kräfte und Momente. Soll mit diesem Modell eine gegebene Bewegung $\beta_{\text{soll}}(t)$ des Systems simuliert werden, so muss dafür ein Regler entworfen und parametriert werden, selbst wenn das dynamische Reglerverhalten nicht von Interesse ist. Durch sein dynamisches Verhalten verfälscht der Regler hier sogar das interessierende Simulationsergebnis. Das Modell der rheonomen Bindung hat damit den Vorteil, dass das Verhalten des Systems bei einer vorgegebenen Bewegung ohne Reglerentwurf unmittelbar und exakt simuliert werden kann.

9.2 Klassifizierungen von Mehrkörpersystemen

Ein System gelenkig miteinander verbundener Körper wird als kinematisch zusammenhängendes Mehrkörpersystem bezeichnet. Ein kinematisch nicht zusammenhängendes Mehrkörpersystem kann durch Einführung von Gelenken mit dem Freiheitsgrad $f = 6$ formal in ein kinematisch zusammenhängendes System überführt werden (Abb. 9.1). Solche Gelenke können z. B. durch Hintereinanderschaltung von drei senkrecht aufeinander stehenden Schubgelenken (3P) und einem Kugelgelenk (S) aufgebaut werden.

Im Folgenden werden zwei für die Modellbildung wichtige Klassifizierungen von Mehrkörpersystemen betrachtet.

9.2.1 Topologische Klassifizierung

Betrachtet wird ein mit dem raumfesten Bezugssystem $\mathcal{K}_0$ kinematisch zusammenhängendes Mehrkörpersystem mit n starren Körpern und n_G Gelenken. Das raumfeste Bezugssystem wird nicht als ein Körper gezählt. Entsprechend Tab. 9.7 werden zwei topologische Grundprinzipien unterschieden.

Offene Mehrkörpersysteme Bei einem offenen Mehrkörpersystem ist der Weg von jedem Körper zu jedem beliebigen anderen Körper eindeutig bestimmt. Insbesondere besteht damit ein eindeutiger Weg vom raumfesten Bezugssystem, der im Folgenden so genannten *Baumwurzel,* hin zu jedem Körper des Systems. Bei einem Schnitt an einem Gelenk zerfällt ein offenes Mehrkörpersystem in zwei Teile. Die Anzahl der Gelenke stimmt mit der Anzahl der Körper überein,

$$n_G = n. \tag{9.4}$$

Offene Mehrkörpersysteme können eine Kettenstruktur oder eine Baumstruktur aufweisen.

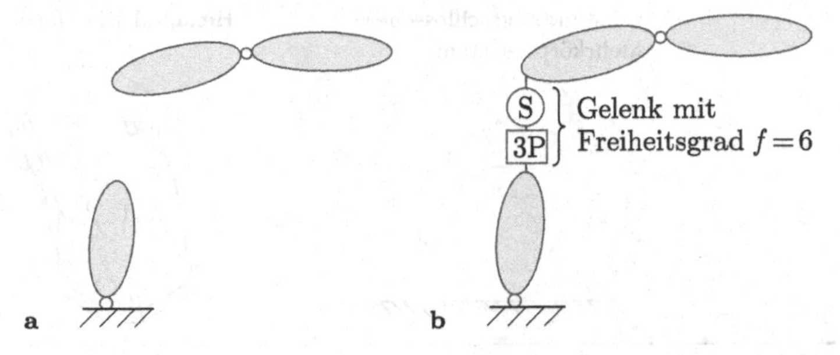

Abb. 9.1 Mehrkörpersysteme. **a** Kinematisch nicht zusammenhängendes System **b** Übergang auf ein kinematisch zusammenhängendes System durch ein Gelenk mit dem Freiheitsgrad $f = 6$

Tab. 9.7 Topologische Klassifizierung von Mehrkörpersystemen

Klassifizierung	Prinzip	Beispiel
Offenes Mehrkörpersystem n Körper $n_G = n$ Gelenke	Kettenstruktur 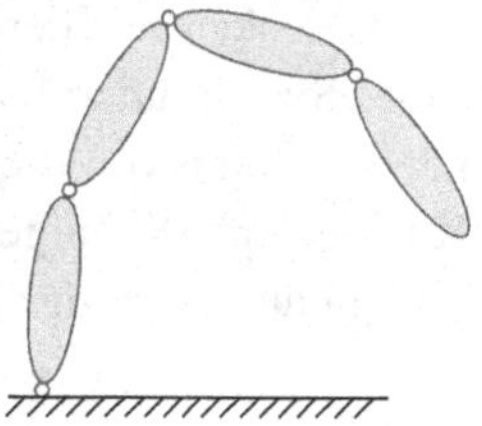	Knickarm-Roboter 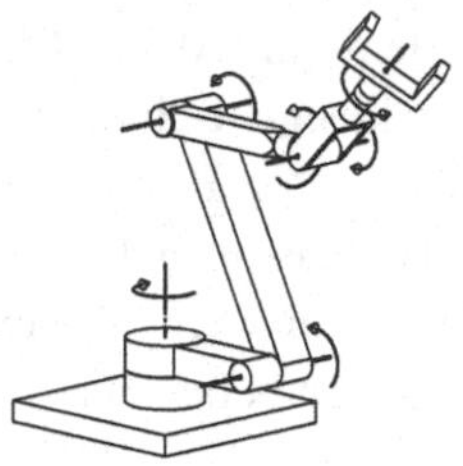
	Baumstruktur 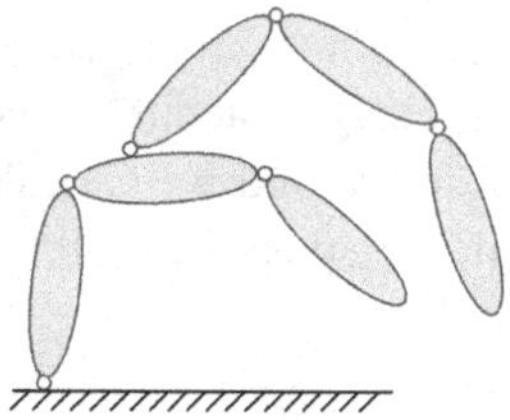	Mehrarm-Roboter 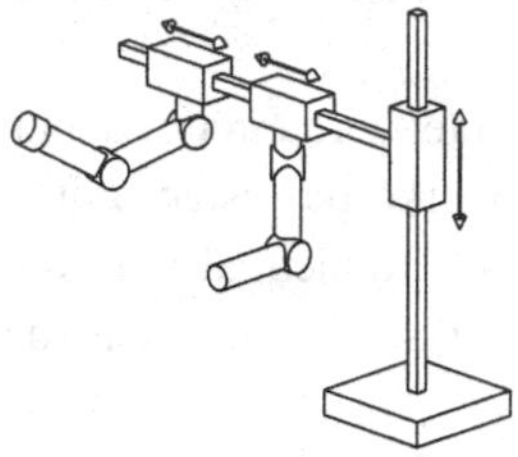
Geschlossenes Mehrkörpersystem n Körper $n_G > n$ Gelenke $n_S = n_G - n$ Schleifen	teilweise geschlossenes Mehrkörpersystem 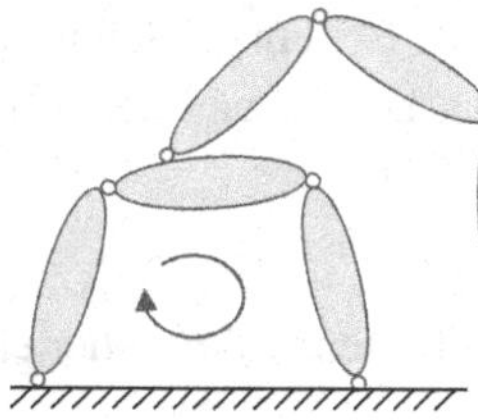	Scherenarm-Manipulator 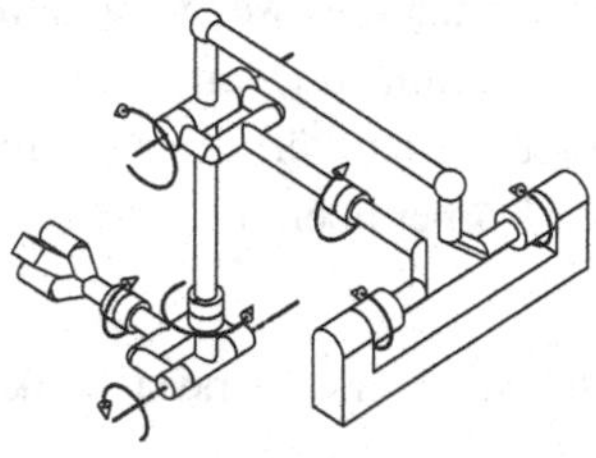
	vollständig geschlossenes Mehrkörpersystem 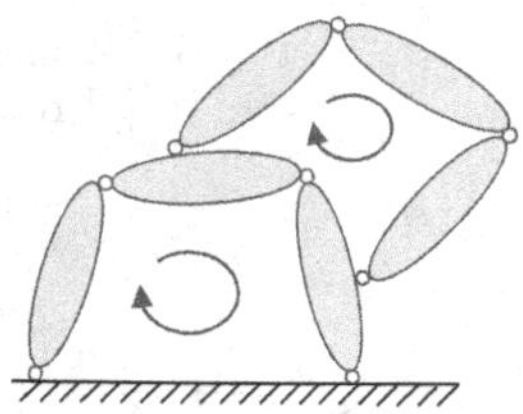	Hexapod-Plattform 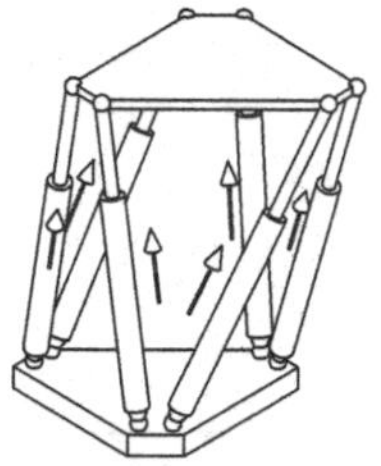

Geschlossene Mehrkörpersysteme Werden in einem offenen Mehrkörpersystem weitere Gelenke eingefügt, so entsteht ein geschlossenes Mehrkörpersystem. Mit jedem weiteren Gelenk entsteht jeweils eine unabhängige kinematische Mehrkörperschleife. Ausgehend von (9.4) gilt damit für die Anzahl unabhängiger kinematischer Schleifen

$$n_S = n_G - n. \tag{9.5}$$

Weiterhin lassen sich teilweise und vollständig geschlossene Mehrkörpersysteme unterscheiden. Ein teilweise geschlossenes Mehrkörpersystem besitzt offene Teilsysteme. Bei Schnitten an einem Gelenk der offenen Teilsysteme zerfällt das System in zwei Teile. Bei einem vollständig geschlossenen Mehrkörpersystem ist jeder Körper Teil einer Mehrkörperschleife. Es gibt kein Gelenk, an dem das System in zwei Teile geschnitten werden kann. Eine vollständig geschlossene kinematische Kette mit einem raumfesten Körper (Gestell) wird auch als Mechanismus bezeichnet.

9.2.2 Kinematische Klassifizierung

Nach der Art der Bewegung der Körper gemäß Tab. 3.1 können räumliche, ebene und sphärische Mehrkörpersysteme unterschieden werden. Diese Einteilung kann nicht aus der topologischen Struktur oder den Gelenktypen abgeleitet werden, sondern hängt von den Abmessungen der Körper und der Gelenke ab.

Als ein Beispiel wird das in Tab. 9.8 gezeigte Gelenkviereck betrachtet. Der Mechanismus besteht aus den zwei drehbar im Gestell 0 gelagerten Hebeln 1 und 2, deren Enden mit der Koppelstange 3 über ein Kardangelenk (U) und ein Kugelgelenk (S) miteinander verbunden sind. Mit $n = 3$ Körpern, $n_G = 4$ Gelenken und damit $n_S = n_G - n = 1$ kinematischen Schleife hat das Gelenkviereck gemäß des im folgenden Abschnitt hergeleiteten GRÜBLER-KUTZBACH-Kriteriums (9.9) den Freiheitsgrad $f = 1$. Bei zueinander windschiefer Lage der beiden gestellfesten Drehachsen führt die Koppelstange eine räumliche Bewegung aus. Es liegt ein *räumliches Mehrkörpersystem* vor.

Sind die beiden gestellfesten Drehachsen und eine Drehachse des Kardangelenks parallel, so bewegen sich alle Körperpunkte parallel zu einer Ebene E, die senkrecht auf den gestellfesten Drehachsen steht. Im Kugelgelenk tritt nur eine Drehung um die senkrecht zur Ebene E stehende Achse auf. Es liegt ein *ebenes Mehrkörpersystem* vor.

Schneiden sich die beiden gestellfesten Drehachsen und eine Drehachse des Kardangelenks in einem Punkt Z, so bewegen sich alle Körperpunkte auf Kugeloberflächen um den Punkt Z bzw. alle Körper führen Drehungen um den Fixpunkt Z aus. Im Kugelgelenk tritt nur eine Drehung um die Achse durch Z auf. Es liegt ein *sphärisches Mehrkörpersystem* vor.

Tab. 9.8 Kinematische Klassifizierung von Mehrkörpersystemen

	Merkmale	Beispiel
räumliches Mehrkörpersystem	• räumliche Bewegungen der Körper	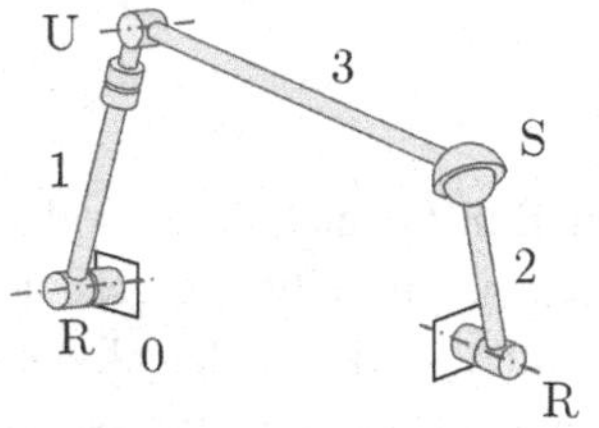 räumliches Gelenkviereck
ebenes Mehrkörpersystem	• alle Körperpunkte bewegen sich parallel zu einer Bewegungsebene E • nur Verschiebungen parallel zu E und Drehungen um Achsen senkrecht zu E	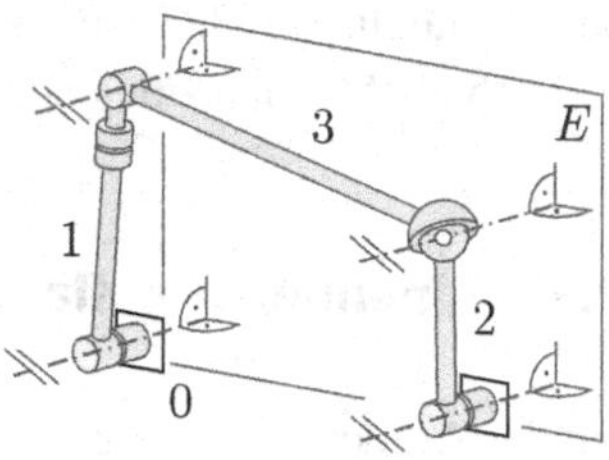 ebenes Gelenkviereck
sphärisches Mehrkörpersystem	• alle Körperpunkte bewegen sich auf Kugeloberflächen um den Fixpunkt Z • nur Drehungen um Achsen durch Z	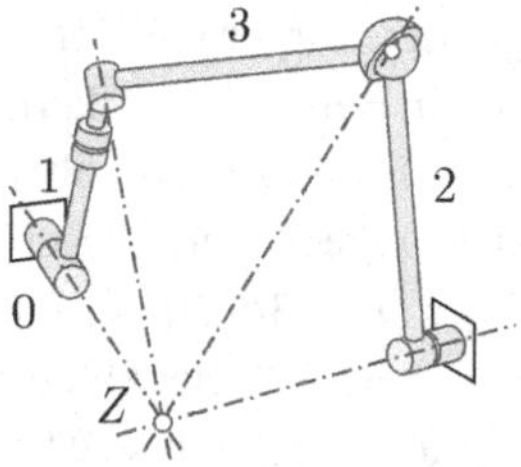 sphärisches Gelenkviereck

9.3 Freiheitsgrad von Mehrkörpersystemen

9.3.1 Freiheitsgrad räumlicher Mehrkörpersysteme

Ein räumliches Mehrkörpersystem mit

n starren Körpern (ohne raumfesten Bezugskörper),
n_G Gelenken mit jeweils dem Freiheitsgrad f_i und damit jeweils
$b_i = 6 - f_i$ holonomen Gelenkbindungen gemäß (9.2)

besitzt insgesamt

$$b = \sum_{i=1}^{n_G} b_i = \sum_{i=1}^{n_G} (6 - f_i) \tag{9.6}$$

Gelenkbindungen. Dies ist zugleich die Anzahl der minimalen Reaktionskoordinaten. Die Bindungen sind voneinander unabhängig, wenn die globale $(b,6n)$-Bindungsmatrix $\boldsymbol{G}$ aus (7.20) den maximalen Rang $\mathrm{r}(\boldsymbol{G}) = b$ besitzt. Der Freiheitsgrad des Systems und damit die Anzahl der Minimalkoordinaten ist dann entsprechend (7.24)

$$f = 6n - b. \tag{9.7}$$

oder mit (9.6)

$$f = 6n - \sum_{i=1}^{n_G} (6 - f_i) \tag{9.8}$$

oder gleichwertig unter Verwendung der Anzahl der Schleifen n_S aus (9.5)

$$f = \sum_{i=1}^{n_G} f_i - 6n_S \quad \text{mit} \quad n_S = n_G - n. \tag{9.9}$$

Die Beziehung (9.9) wird als das GRÜBLER[3]-KUTZBACH[4]-Kriterium für den Freiheitsgrad eines räumlichen Mehrkörpersystems bezeichnet. Im Fall $f = 0$ liegt ein statisches System vor.

Ist der Rang der globalen Bindungsmatrix $\mathrm{r}(\boldsymbol{G}) < b$, so sind nur $b^{\mathrm{u}} = \mathrm{r}(\boldsymbol{G})$ Bindungen voneinander unabhängig, und das System besitzt

$$b^{\mathrm{r}} = b - b^{\mathrm{u}} \quad \text{mit} \quad b^{\mathrm{u}} = \mathrm{r}(\boldsymbol{G}) \tag{9.10}$$

redundante Bindungen. Liegen über den gesamten Bewegungsbereich redundante Bindungen vor, so wird das Mehrkörpersystem als überbestimmt bezeichnet. Der Freiheitsgrad eines überbestimmten Mehrkörpersystems ist um die Anzahl der redundanten Bindungen b^{r} größer als es GRÜBLER-KUTZBACH-Kriterium (9.9) angibt. In einem überbestimmten Mehrkörpersystem können nicht alle Reaktionskräfte und Reaktionsmomente berechnet werden.

Die genannten Zusammenhänge für den Freiheitsgrad eines Mehrkörpersystems sind in Abb. 9.2 zusammengefasst.

---

[3] MARTIN FÜRCHTEGOTT GRÜBLER, *1851 in Meerane, †1935 in Dresden.

[4] FRANZ KARL KUTZBACH, *1875 in Trier, †1942 in Dresden.

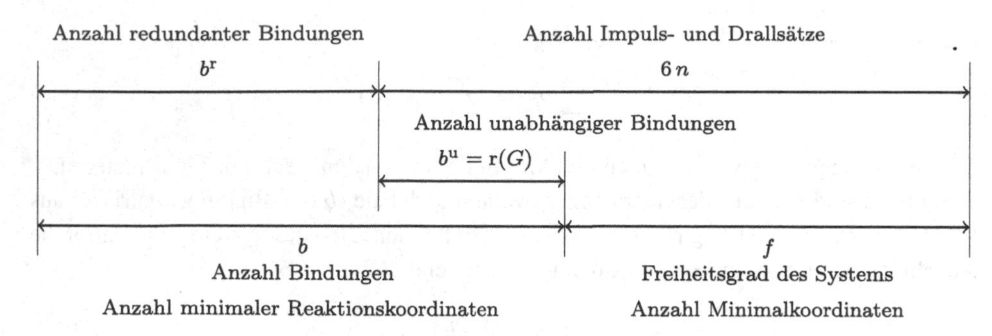

Abb. 9.2 Zum Freiheitsgrad eines räumlichen holonomen Mehrkörpersystems mit n Körpern

Anwendungen des GRÜBLER-KUTZBACH-Kriteriums (9.9) werden an Beispielen räumlicher Mehrkörpersysteme mit holonomen skleronomen Gelenkbindungen gezeigt. Sind Gelenkkoordinaten rheonom geführt, so verringert sich der Freiheitsgrad um deren Anzahl.

7H-Mechanismus Der in Abb. 9.3 gezeigte 7H-Mechanismus mit sieben Schraubgelenken kann als ein allgemeiner einschleifiger Mechanismus mit dem Freiheitsgrad $f = 1$ angesehen werden. Mechanismen mit dem Freiheitsgrad $f = 1$ werden auch als *zwangläufig* bezeichnet. Durch Spezialisierung der Schraubgelenke zu Dreh- oder Schubgelenken entsprechend Tab. 9.1 kann eine Vielzahl von Mechanismen aufgebaut werden.

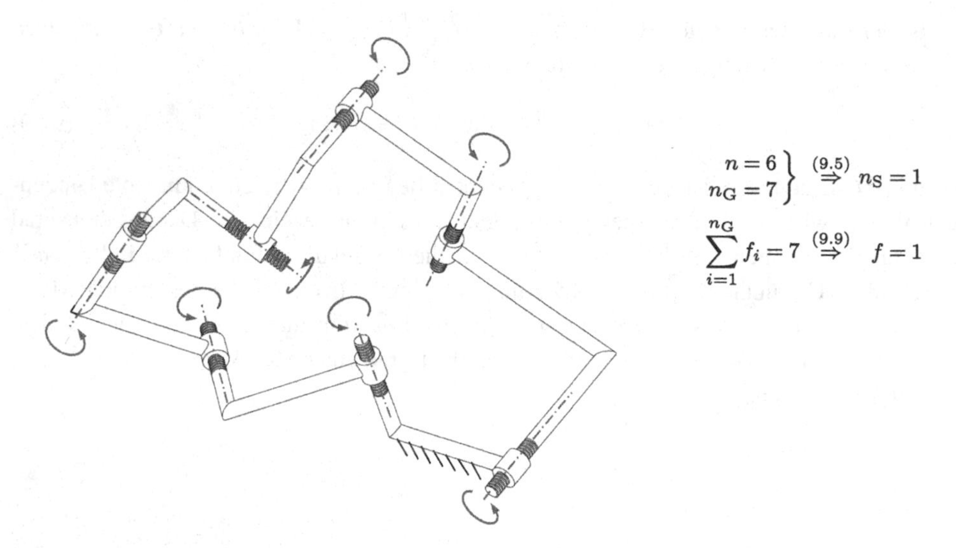

Abb. 9.3 Kinematische Schleife mit sieben Schraubgelenken (7H-Mechanismus)

Räumliches Gelenkviereck Als ein Sonderfall eines 7H-Mechanismus besitzt das räumliche Gelenkviereck (RUSR-Mechanismus) in Abb. 9.4 sieben Drehgelenke (R). Die Achsen von zwei Drehgelenken schneiden sich in einem Punkt und bilden dadurch entsprechend Tab. 9.2 ein Kardangelenk (U). Die Achsen von drei weiteren Drehgelenken schneiden sich ebenfalls in einem gemeinsamen Punkt und bilden ein Kugelgelenk (S). Wird die Anzahl der Schleifen unter Berücksichtigung dieser zusammengesetzten Gelenke gemäß (9.5) ermittelt, so werden die mit $*$ gekennzeichneten Zwischenkörper der Gelenke nicht mitgezählt, da sie Bestandteile der zusammengesetzten Gelenke sind. Der Freiheitsgrad beträgt $f = 1$.

Räumliches Gelenkviereck mit zwei Kugelgelenken Wird im RUSR-Mechanismus das Kardangelenk durch ein Kugelgelenk ersetzt, so entsteht der in Abb. 9.5 dargestellte RSSR-Mechanismus mit dem Freiheitsgrad $f = 2$. Der hinzugekommene Freiheitsgrad entspricht der Drehung der Koppelstange um ihre Längsachse. Da er kinematisch keinen Einfluss auf die Bewegung der übrigen Körper hat, wird er als *identischer* oder *isolierter Freiheitsgrad* bezeichnet (Abb. 9.5).

Beim Aufbau von Mehrkörpermodellen sollten identische Freiheitsgrade vermieden werden, hier durch Verwendung eines Kardangelenks entsprechend Abb. 9.4, da wegen des kleinen oder sogar verschwindenden Massenträgheitsmoments der Koppelstange die Massenmatrix des Mehrkörpersystems schlecht konditioniert bzw. singulär ist. Technische Ausführungen von Kugelgelenken lassen die freie Drehung ohnehin nicht zu.

Radführungen mit mehreren kinematischen Schleifen Bei Radführungen von Straßenfahrzeugen wird der Radträger, an dem das Rad gelagert ist, relativ zum Fahrzeugaufbau durch in der Regel mehrere Lenker räumlich geführt, siehe MATSCHINSKY [65]. Die in Abb. 9.6 exemplarisch gezeigten Mehrkörpermodelle von Einzelradführungen sind räumliche Mechanismen mit mehreren kinematischen Schleifen. Der Freiheitsgrad ist jeweils

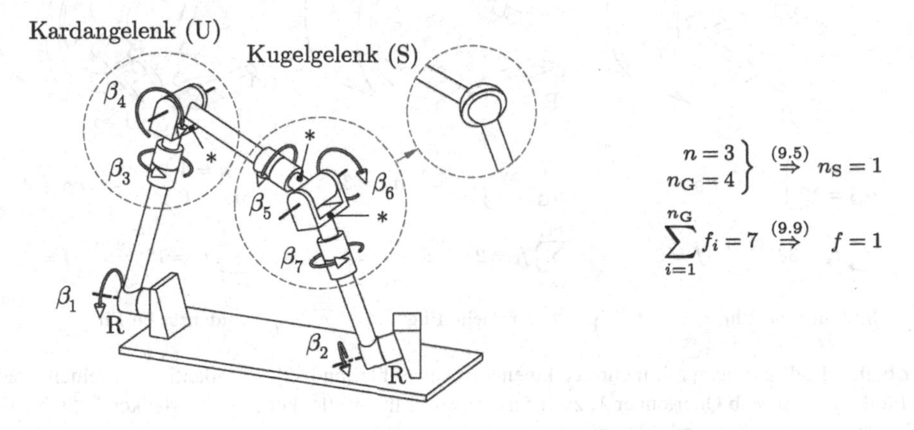

Abb. 9.4 Räumliches Gelenkviereck (RUSR-Mechanismus)

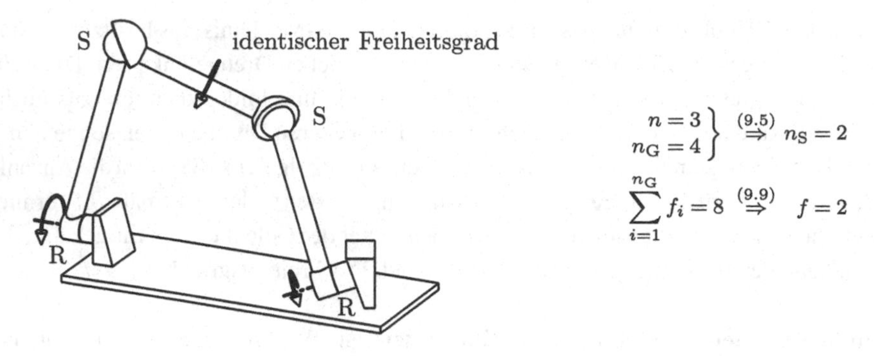

Abb. 9.5 Räumliches Gelenkviereck (RSSR-Mechanismus)

$f = 1$, entsprechend der Einfederbewegung des Rades. Die Drehung des Rades relativ zum Radträger ist dabei nicht berücksichtigt.

Mit den verwendeten Gelenken haben die Modelle die jeweils gekennzeichneten identischen Freiheitsgrade. Bei den Radführungen in Abb. 9.6a und b werden die identischen Freiheitsgrade durch Ersatz jeweils eines Kugelgelenks (S) an jedem Lenker durch ein Kardangelenk (U) vermieden. Bei der Radführung in Abb. 9.6c mit radführendem Dämpfer wird der identische Freiheitsgrad am Dämpfer entfernt, indem das Dreh-Schubgelenk (C) durch ein Schubgelenk (P) oder das obere Kugelgelenk (S) durch ein Kardangelenk (U) ersetzt wird.

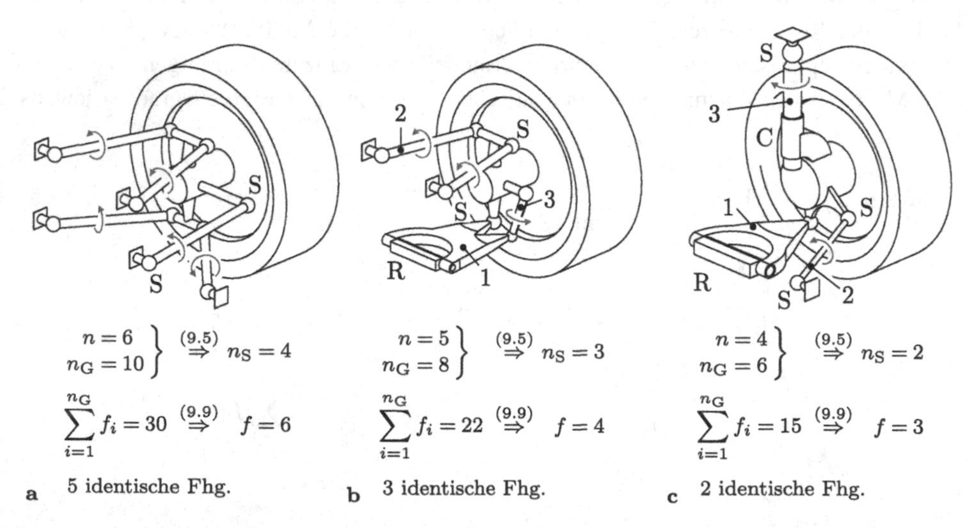

Abb. 9.6 Radführungen mit mehreren kinematischen Schleifen [65], ↶ : identische Freiheitsgrade. **a** Fünf Stablenker. **b** Querlenker 1, zwei Stablenker 2, Integrallenker 3. **c** Querlenker 1, Stablenker (Spurstange) 2, radführender Dämpfer 3

9.3.2 Freiheitsgrad überbestimmter Mehrkörpersysteme

Überbestimmte Mehrkörpersysteme besitzen entsprechend (9.10) b^{r} redundante Bindungen. Das GRÜBLER-KUTZBACH-Kriterium (9.9) ist hier ungültig. Redundante Bindungen liegen am häufigsten in Modellen ebener und sphärischer Mehrkörpersysteme vor. Dies wird am Beispiel der in Tab. 9.9 gezeigten ebenen und sphärischen Gelenkvierecke mit jeweils zwei Drehgelenken und einem Kugel- und Kardangelenk und dem Freiheitsgrad $f = 1$ veranschaulicht.

Das ebene Gelenkviereck bleibt mit dem Freiheitsgrad $f = 1$ beweglich, wenn das Drehgelenk $*$ durch eine starre Verbindung und das Kugelgelenk durch ein Drehgelenk mit der Drehachse parallel zu den beiden gestellfesten Drehachsen ersetzt werden. In entsprechender Weise bleibt das sphärische Gelenkviereck mit dem Freiheitsgrad $f = 1$ beweglich, wenn das Drehgelenk $*$ durch eine starre Verbindung und das Kugelgelenk durch ein Drehgelenk mit der Drehachse durch den Fixpunkt Z ersetzt werden.

Tab. 9.9 Ebene und sphärische Gelenkvierecke als überbestimmte Systeme

	System mit unabhängigen Gelenkbindungen	kinematisch äquivalentes, überbestimmtes System
ebenes Gelenkviereck	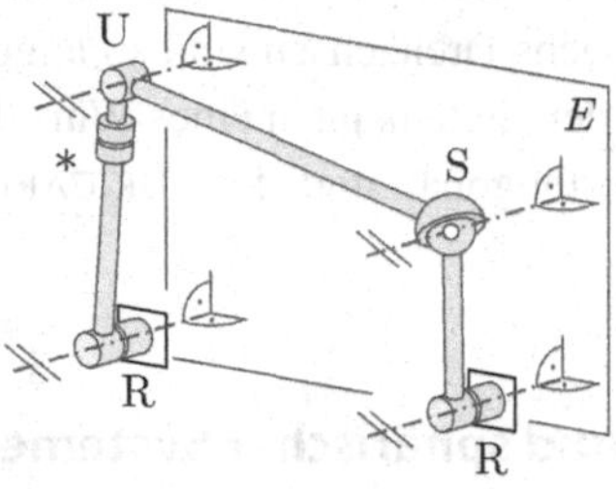 U, S, R, R, $*$, E	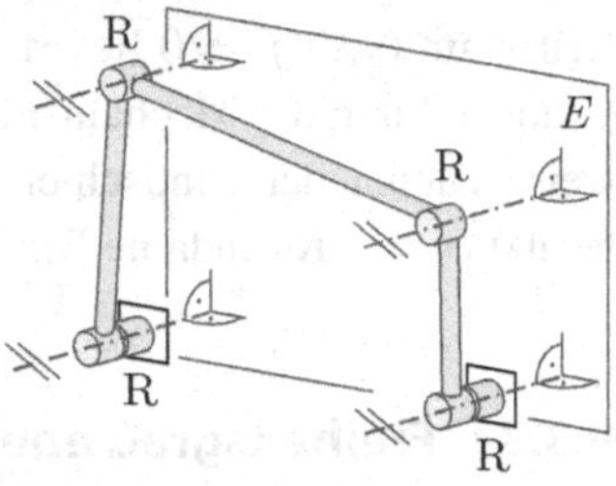 R, R, R, R, E
sphärisches Gelenkviereck	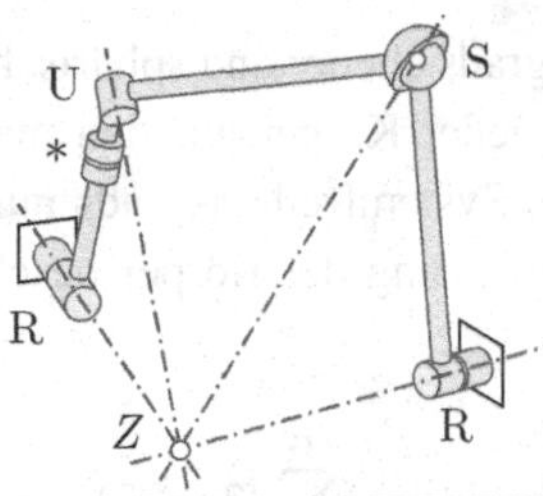 U, S, R, R, $*$, Z	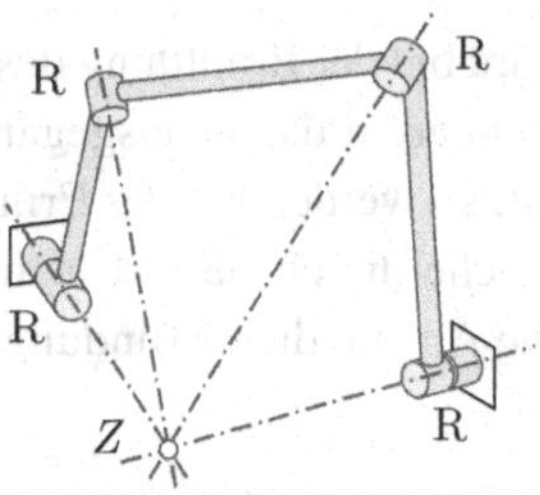 R, R, R, R, Z
Anzahl		
• Körper	$n = 3$	$n = 3$
• Bindungen	$b = 17$	$b = 20$
• redundante Bindungen	$b^{\mathrm{r}} = 0$	$b^{\mathrm{r}} = 3$
• Freiheitsgrad	$f = 1$	$f = 1$

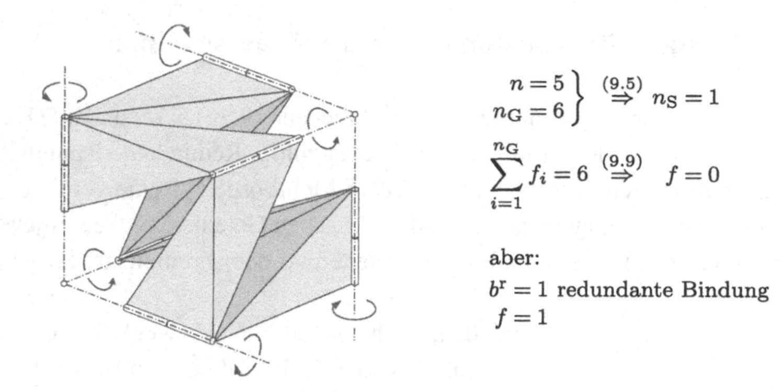

Abb. 9.7 BRICARD-SCHATZ-Mechanismus (überbestimmter 6R-Mechanismus)

In beiden Fällen liefert das GRÜBLER-KUTZBACH-Kriterium (9.9) den nicht korrekten Freiheitsgrad $f = -2$, da jeweils $b^r = 3$ redundante Bindungen vorliegen. Die Gelenkvierecke sind nur aufgrund der speziellen Geometrie mit den parallelen bzw. sich schneidenden Gelenkachsen mit $f = 1$ beweglich.

Es gibt aber auch räumliche Systeme mit redundanten Bindungen. Ein klassisches Beispiel ist der in Abb. 9.7 gezeigte Mechanismus mit sechs Drehgelenken (6R) nach BRICARD[5] und SCHATZ[6] [93]. Er hat den Freiheitsgrad $f = 1$, während das GRÜBLER-KUTZBACH-Kriterium (9.9) $f = 0$ liefert. Die sechs Drehachsen sind so angeordnet, dass sie in einer Grundstellung des Mechanismus in den Seitenkanten eines Würfels liegen und damit paarweise zueinander windschief und orthogonal sind. Der BRICARD-SCHATZ-Mechanismus besitzt $b^r = 1$ redundante Bindung.

9.3.3 Freiheitsgrad ebener und sphärischer Systeme

Wird bei der Ermittlung des Freiheitsgrads ebener und sphärischer Mehrkörpersysteme von vornherein davon ausgegangen, dass jeder Körper nur den maximalen Freiheitsgrad drei hat, so werden bei der Ermittlung des Systemfreiheitsgrads nur die Bindungen betrachtet, welche die ebene bzw. sphärische Bewegung der Körper beschränken, siehe auch (6.15). Die Anzahl dieser Bindungen ist

$$b = \sum_{i=1}^{n_G} b_i = \sum_{i=1}^{n_G} (3 - f_i)\,. \tag{9.11}$$

Hierbei werden nur die für die ebene bzw. sphärische Bewegung erforderlichen Gelenkfreiheitsgrade f_i gezählt. Bei ebenen Systemen sind dies Verschiebungen parallel zur Bewe-

[5] RAOUL BRICARD, *1870, †1944.

[6] PAUL SCHATZ, *1898 in Konstanz, †1979 in Dornach(CH).

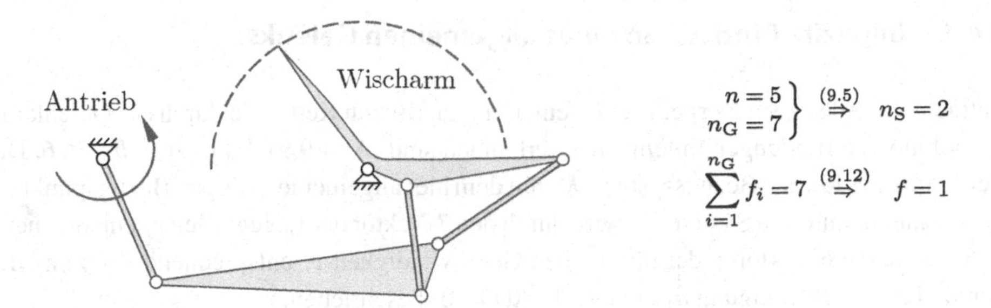

Abb. 9.8 Ebener Antriebsmechanismus eines Scheibenwischers

gungsebene und Drehungen um Achsen senkrecht zur Bewegungsebene, bei sphärischen Systemen Drehungen um Achsen durch den Fixpunkt.

Sind diese Bindungen voneinander unabhängig, so ergibt sich der Freiheitsgrad aus dem modifizierten GRÜBLER-KUTZBACH-Kriterium

$$f = \sum_{i=1}^{n_G} f_i - 3\,n_S \quad \text{mit} \quad n_S = n_G - n. \tag{9.12}$$

Ein Beispiel ist der in Abb. 9.8 dargestellte ebene Antriebsmechanismus eines Scheibenwischers mit sieben parallelen Drehgelenken und dem Freiheitsgrad $f = 1$. Die umlaufende Bewegung des Antriebshebels wird in die oszillierende Bewegung des Wischarms mit großem Schwenkwinkel umgesetzt.

Bei der Modellierung ebener und sphärischer Mehrkörpersysteme als räumliche Systeme ist aber zu beachten, dass redundante Bindungen vorhanden sind, wenn das Modell nur die für die ebene bzw. sphärische Bewegung erforderlichen Gelenkfreiheitsgrade enthält, siehe Tab. 9.9. Mit dem Starrkörpermodell können dann nicht alle Gelenkreaktionen berechnet werden. Die redundanten Bindungen sollten daher entfernt werden, indem bei Starrkörpermodellen zusätzliche Gelenkfreiheitsgrade, welche die Bewegung des Systems nicht verändern, oder hier nicht betrachtete elastische Körper eingeführt werden.

9.4 Implizite holonome Bindungen von Gelenken

Die impliziten holonomen Gelenkbindungen beschränken die Lage, Geschwindigkeit und Beschleunigung der beiden durch ein Gelenk verbundenen Körper. Die impliziten Gelenkbindungen werden für die Bewegungsgleichungen in Absolutkoordinaten entsprechend Abschn. 7.6 und für die Aufstellung der Schließbedingungen kinematischer Schleifen in Kap. 11 benötigt.

9.4.1 Implizite Bindungen eines allgemeinen Gelenks

Betrachtet werden zwei Körper i und j einer kinematischen Kette, die durch ein Gelenk mit b_{ij} holonomen Bindungen miteinander verbunden sind (Abb. 9.9). Es ist $0 < b_{ij} \leq 6$. Die Bewegung des Körper-Bezugssystems $\mathcal{K}_i$ mit dem hier allgemeinen Körper-Bezugspunkt O_i relativ zum raumfesten System $\mathcal{K}_0$ wird durch den 7-Vektor der Lagegrößen $\hat{\boldsymbol{r}}_i$ entsprechend (7.6) sowie die 6-Vektoren der räumlichen Geschwindigkeit $\hat{\boldsymbol{v}}_i$ entsprechend (7.7) und der räumlichen Beschleunigung $\hat{\boldsymbol{a}}_i$ entsprechend (7.10) beschrieben,

$$\hat{\boldsymbol{r}}_i = \begin{bmatrix} \underline{\boldsymbol{p}}_i \\ \boldsymbol{r}_i \end{bmatrix}, \quad \hat{\boldsymbol{v}}_i = \begin{bmatrix} \boldsymbol{\omega}_i \\ \boldsymbol{v}_i \end{bmatrix}, \quad \hat{\boldsymbol{a}}_i = \dot{\hat{\boldsymbol{v}}}_i = \begin{bmatrix} \boldsymbol{\alpha}_i \\ \boldsymbol{a}_i \end{bmatrix}. \tag{9.13}$$

Die entsprechenden Bewegungsgrößen des Körper-Bezugssystems $\mathcal{K}_j$ sind $\hat{\boldsymbol{r}}_j$, $\hat{\boldsymbol{v}}_j$ und $\hat{\boldsymbol{a}}_j$.

Lageebene Die Lage von $\mathcal{K}_j$ relativ zu $\mathcal{K}_i$ ist beschränkt durch b_{ij} implizite Gelenkbindungen der Form (7.12),

$$\begin{aligned} \begin{bmatrix} g_1(\hat{\boldsymbol{r}}_i, \hat{\boldsymbol{r}}_j, t) \\ \vdots \\ g_{b_{ij}}(\hat{\boldsymbol{r}}_i, \hat{\boldsymbol{r}}_j, t) \end{bmatrix} &= \begin{bmatrix} 0 \\ \vdots \\ 0 \end{bmatrix} \\ \boldsymbol{g}_{ij}(\hat{\boldsymbol{r}}_i, \hat{\boldsymbol{r}}_j, t) &= \boldsymbol{0} \; . \end{aligned} \tag{9.14}$$

Geschwindigkeitsebene Die impliziten Gelenkbindungen auf Geschwindigkeitsebene haben die Form (7.18),

$$\begin{aligned} \dot{\boldsymbol{g}}_{ij} \equiv \begin{bmatrix} \boldsymbol{G}_{\mathrm{R}i} & \boldsymbol{G}_{\mathrm{T}i} \end{bmatrix} \begin{bmatrix} \boldsymbol{\omega}_i \\ \boldsymbol{v}_i \end{bmatrix} + \begin{bmatrix} \boldsymbol{G}_{\mathrm{R}j} & \boldsymbol{G}_{\mathrm{T}j} \end{bmatrix} \begin{bmatrix} \boldsymbol{\omega}_j \\ \boldsymbol{v}_j \end{bmatrix} + \bar{\boldsymbol{\gamma}}_{ij} = \boldsymbol{0} \\ \boldsymbol{G}_i \qquad \hat{\boldsymbol{v}}_i \quad + \qquad \boldsymbol{G}_j \qquad \hat{\boldsymbol{v}}_j \quad + \bar{\boldsymbol{\gamma}}_{ij} = \boldsymbol{0} \, , \end{aligned} \tag{9.15}$$

mit den (b_{ij},6)-Bindungsmatrizen $\boldsymbol{G}_i(\hat{\boldsymbol{r}}_i, \hat{\boldsymbol{r}}_j, t)$ und $\boldsymbol{G}_j(\hat{\boldsymbol{r}}_i, \hat{\boldsymbol{r}}_j, t)$ und dem bei rheonomen Gelenkbindungen auftretenden b_{ij}-Vektor $\bar{\boldsymbol{\gamma}}_{ij}(\hat{\boldsymbol{r}}_i, \hat{\boldsymbol{r}}_j, t)$.

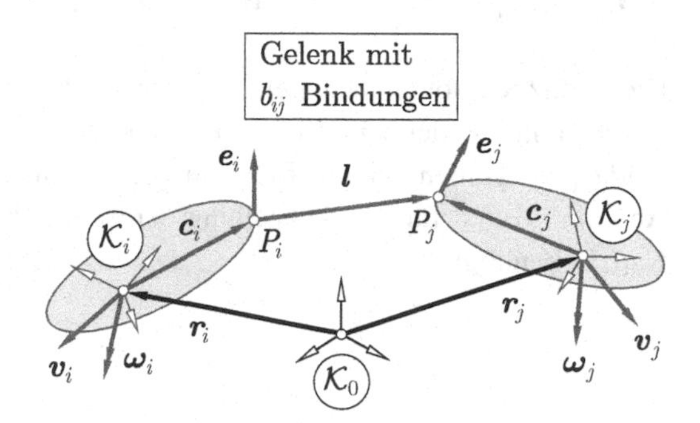

Abb. 9.9 Zur Formulierung der impliziten holonomen Bindungen eines allgemeinen Gelenks zwischen den Körpern i und j

Beschleunigungsebene Die impliziten Gelenkbindungen auf Beschleunigungsebene lauten entsprechend (7.21)

$$\begin{aligned} \ddot{\boldsymbol{g}}_{ij} \equiv \begin{bmatrix} \boldsymbol{G}_{\mathrm{R}i} & \boldsymbol{G}_{\mathrm{T}i} \end{bmatrix} \begin{bmatrix} \boldsymbol{\alpha}_i \\ \boldsymbol{a}_i \end{bmatrix} + \begin{bmatrix} \boldsymbol{G}_{\mathrm{R}j} & \boldsymbol{G}_{\mathrm{T}j} \end{bmatrix} \begin{bmatrix} \boldsymbol{\alpha}_j \\ \boldsymbol{a}_j \end{bmatrix} + \bar{\bar{\boldsymbol{\gamma}}}_{ij} = \boldsymbol{0} \\ \boldsymbol{G}_i \qquad \hat{\boldsymbol{a}}_i \quad + \qquad \boldsymbol{G}_j \qquad \hat{\boldsymbol{a}}_j \quad + \bar{\bar{\boldsymbol{\gamma}}}_{ij} = \boldsymbol{0} \end{aligned} \qquad (9.16)$$

mit dem b_{ij}-Vektor $\bar{\bar{\boldsymbol{\gamma}}}_{ij}(\hat{\boldsymbol{r}}_i, \hat{\boldsymbol{r}}_j, \hat{\boldsymbol{v}}_i, \hat{\boldsymbol{v}}_j, t)$.

9.4.2 Elementare implizite Bindungen

Die Bindungen zahlreicher Gelenke lassen sich mit Hilfe der nachfolgend angegebenen vier elementaren holonomen Bindungen formulieren, siehe z. B. NIKRAVESH [73, 74]. Die Bindungen werden mit Hilfe des Verbindungsvektors $\boldsymbol{l}$ zweier Körperpunkte P_i, P_j mit den körperfesten Ortsvektoren $\boldsymbol{c}_i$, $\boldsymbol{c}_j$ und der gelenkspezifischen Einheitsvektoren $\boldsymbol{e}_i$, $\boldsymbol{e}_j$ aus Abb. 9.9 ausgedrückt.

Bindungstyp I: Zusammenfallende Punkte Die Punkte P_i und P_j fallen zusammen (Abb. 9.10).

Lageebene Der Verbindungsvektor $\boldsymbol{l}$ von P_i und P_j ist der Nullvektor,

$$\boldsymbol{g}_{ij} \equiv \boldsymbol{l} \equiv \boldsymbol{r}_j + \boldsymbol{c}_j - \boldsymbol{r}_i - \boldsymbol{c}_i = \boldsymbol{0}. \qquad (9.17)$$

Geschwindigkeitsebene Mit $\dot{\boldsymbol{l}} = \dot{\boldsymbol{r}}_j + \dot{\boldsymbol{c}}_j - \dot{\boldsymbol{r}}_i - \dot{\boldsymbol{c}}_i$ und den Vektoren

$$\dot{\boldsymbol{r}}_i = \boldsymbol{v}_i, \quad \dot{\boldsymbol{r}}_j = \boldsymbol{v}_j, \quad \dot{\boldsymbol{c}}_i = \widetilde{\boldsymbol{\omega}}_i \boldsymbol{c}_i = -\widetilde{\boldsymbol{c}}_i \boldsymbol{\omega}_i, \quad \dot{\boldsymbol{c}}_j = \widetilde{\boldsymbol{\omega}}_j \boldsymbol{c}_j = -\widetilde{\boldsymbol{c}}_j \boldsymbol{\omega}_j \qquad (9.18)$$

lautet die Zeitableitung der Bindung (9.17)

$$\dot{\boldsymbol{g}}_{ij} \equiv \dot{\boldsymbol{l}} \equiv \boldsymbol{v}_j - \widetilde{\boldsymbol{c}}_j \boldsymbol{\omega}_j - \boldsymbol{v}_i + \widetilde{\boldsymbol{c}}_i \boldsymbol{\omega}_i = \boldsymbol{0}. \qquad (9.19)$$

Sie kann in die Form (9.15) gebracht werden,

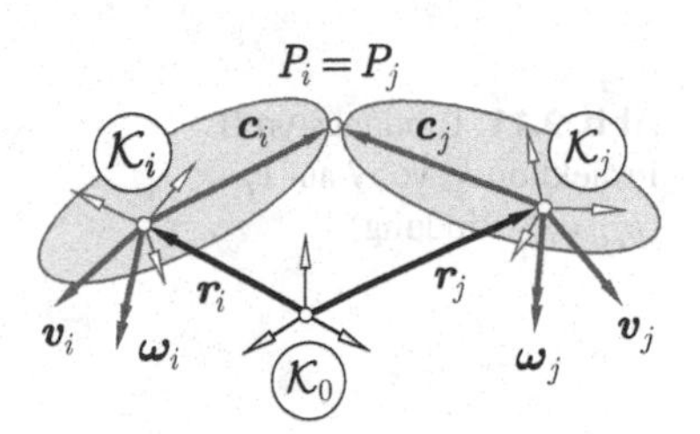

Abb. 9.10 Bindungstyp I: Zusammenfallende Punkte P_i und P_j ($b_{ij} = 3$ Bindungen)

$$\begin{array}{ccccccc} \dot{\boldsymbol{g}}_{ij} \equiv \begin{bmatrix} \widetilde{\boldsymbol{c}}_i & -\boldsymbol{E} \end{bmatrix} & \begin{bmatrix} \boldsymbol{\omega}_i \\ \boldsymbol{v}_i \end{bmatrix} & + & \begin{bmatrix} -\widetilde{\boldsymbol{c}}_j & \boldsymbol{E} \end{bmatrix} & \begin{bmatrix} \boldsymbol{\omega}_j \\ \boldsymbol{v}_j \end{bmatrix} & = \boldsymbol{0} \\ \boldsymbol{G}_i & \hat{\boldsymbol{v}}_i & + & \boldsymbol{G}_j & \hat{\boldsymbol{v}}_j & = \boldsymbol{0}\,. \end{array} \tag{9.20}$$

Beschleunigungsebene Die weitere Zeitableitung der Bindung (9.19)

$$\ddot{\boldsymbol{g}}_{ij} \equiv \ddot{\boldsymbol{l}} \equiv \dot{\boldsymbol{v}}_j - \widetilde{\boldsymbol{c}}_j\, \dot{\boldsymbol{\omega}}_j - \dot{\widetilde{\boldsymbol{c}}}_j\, \boldsymbol{\omega}_j - \dot{\boldsymbol{v}}_i + \widetilde{\boldsymbol{c}}_i\, \dot{\boldsymbol{\omega}}_i + \dot{\widetilde{\boldsymbol{c}}}_i\, \boldsymbol{\omega}_i = \boldsymbol{0}. \tag{9.21}$$

hat mit $\dot{\boldsymbol{\omega}}_i = \boldsymbol{\alpha}_i$, $\dot{\boldsymbol{v}}_i = \boldsymbol{a}_i$, $\dot{\boldsymbol{\omega}}_j = \boldsymbol{\alpha}_j$ und $\dot{\boldsymbol{v}}_j = \boldsymbol{a}_j$ die Form (9.16) mit dem 3-Vektor

$$\bar{\bar{\boldsymbol{\gamma}}}_{ij} = \dot{\widetilde{\boldsymbol{c}}}_i\, \boldsymbol{\omega}_i - \dot{\widetilde{\boldsymbol{c}}}_j\, \boldsymbol{\omega}_j = \widetilde{\boldsymbol{\omega}}_j\, \widetilde{\boldsymbol{\omega}}_j\, \boldsymbol{c}_j - \widetilde{\boldsymbol{\omega}}_i\, \widetilde{\boldsymbol{\omega}}_i\, \boldsymbol{c}_i\,. \tag{9.22}$$

Bindungstyp II: Konstante Projektion Die Projektion l_0 des Verbindungsvektors $\boldsymbol{l}$ der Punkte P_i und P_j auf den Einheitsvektor $\boldsymbol{e}_i$ an Körper i ist konstant (Abb. 9.11).

Lageebene Es gilt die skalare Bindung

$$g_{ij} \equiv \boldsymbol{e}_i^{\mathrm{T}}\, \boldsymbol{l} - l_0 = 0 \qquad \text{mit} \qquad \boldsymbol{l} = \boldsymbol{r}_j + \boldsymbol{c}_j - \boldsymbol{r}_i - \boldsymbol{c}_i\,. \tag{9.23}$$

Geschwindigkeitsebene Die Zeitableitung von (9.23) ergibt die Bindung auf Geschwindigkeitsebene

$$\dot{g}_{ij} \equiv \dot{\boldsymbol{e}}_i^{\mathrm{T}}\, \boldsymbol{l} + \boldsymbol{e}_i^{\mathrm{T}}\, \dot{\boldsymbol{l}} = 0. \tag{9.24}$$

Mit $\dot{\boldsymbol{l}}$ aus (9.19) und

$$\dot{\boldsymbol{e}}_i = \widetilde{\boldsymbol{\omega}}_i\, \boldsymbol{e}_i = -\widetilde{\boldsymbol{e}}_i\, \boldsymbol{\omega}_i \tag{9.25}$$

kann sie in die Form (9.15) gebracht werden,

$$\begin{array}{ccccccc} \dot{g}_{ij} \equiv \begin{bmatrix} \boldsymbol{e}_i^{\mathrm{T}}\, (\widetilde{\boldsymbol{c}}_i + \widetilde{\boldsymbol{l}}) & -\boldsymbol{e}_i^{\mathrm{T}} \end{bmatrix} & \begin{bmatrix} \boldsymbol{\omega}_i \\ \boldsymbol{v}_i \end{bmatrix} & + & \begin{bmatrix} -\boldsymbol{e}_i^{\mathrm{T}} \widetilde{\boldsymbol{c}}_j & \boldsymbol{e}_i^{\mathrm{T}} \end{bmatrix} & \begin{bmatrix} \boldsymbol{\omega}_j \\ \boldsymbol{v}_j \end{bmatrix} & = 0 \\ \boldsymbol{G}_i & \hat{\boldsymbol{v}}_i & + & \boldsymbol{G}_j & \hat{\boldsymbol{v}}_j & = 0\,. \end{array} \tag{9.26}$$

Beschleunigungsebene Die weitere Zeitableitung von (9.24) liefert die Beschleunigungsbindung

$$\ddot{g}_{ij} \equiv \ddot{\boldsymbol{e}}_i^{\mathrm{T}}\, \boldsymbol{l} + 2\dot{\boldsymbol{e}}_i^{\mathrm{T}}\, \dot{\boldsymbol{l}} + \boldsymbol{e}_i^{\mathrm{T}}\, \ddot{\boldsymbol{l}} = 0. \tag{9.27}$$

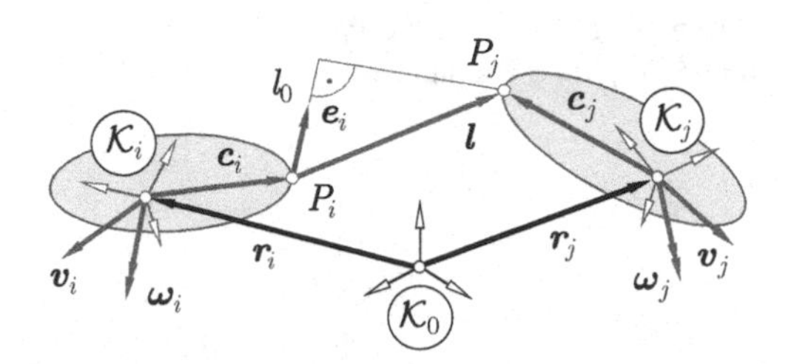

Abb. 9.11 Bindungstyp II: Projektion l_0 von $\boldsymbol{l}$ auf $\boldsymbol{e}_i$ ($b_{ij} = 1$ Bindung)

Mit $\ddot{l}$ aus (9.21) und

$$\ddot{e}_i = \dot{\widetilde{\omega}}_i\, e_i + \widetilde{\omega}_i\, \dot{e}_i. \tag{9.28}$$

kann sie in die Form (9.16) gebracht werden mit dem nicht von den Beschleunigungen von $\mathcal{K}_i$ und $\mathcal{K}_j$ abhängenden Term

$$\bar{\bar{\gamma}}_{ij} = l^{\mathrm{T}}\, \widetilde{\omega}_i\, \dot{e}_i + e_i^{\mathrm{T}} \left(\dot{\widetilde{c}}_i\, \omega_i - \dot{\widetilde{c}}_j\, \omega_j \right) + 2\, \dot{e}_i^{\mathrm{T}}\, \dot{l} \tag{9.29}$$

mit $\dot{c}_i$ und $\dot{c}_j$ aus (9.18), $\dot{l}$ aus (9.19) und $\dot{e}_i$ aus (9.25).

Bindungstyp III: konstanter Winkel Der Winkel φ zwischen den Einheitsvektoren e_i auf Körper i und e_j auf Körper j ist konstant (Abb. 9.12).

Lageebene Es gilt die skalare Bindung

$$g_{ij} \equiv e_i^{\mathrm{T}} e_j - \cos\varphi = 0. \tag{9.30}$$

Geschwindigkeitsebene Die Zeitableitung von (9.30) ergibt die Geschwindigkeitsbindung

$$\dot{g}_{ij} \equiv \dot{e}_i^{\mathrm{T}} e_j + e_i^{\mathrm{T}} \dot{e}_j = 0. \tag{9.31}$$

Mit $\dot{e}_i$ aus (9.25) und

$$\dot{e}_j = \widetilde{\omega}_j\, e_j = -\widetilde{e}_j\, \omega_j \tag{9.32}$$

kann sie in die Form (9.15) gebracht werden,

$$\begin{aligned} \dot{g}_{ij} \equiv \begin{bmatrix} e_i^{\mathrm{T}} \widetilde{e}_j & \mathbf{0}^{\mathrm{T}} \end{bmatrix} \begin{bmatrix} \omega_i \\ v_i \end{bmatrix} + \begin{bmatrix} -e_i^{\mathrm{T}} \widetilde{e}_j & \mathbf{0}^{\mathrm{T}} \end{bmatrix} \begin{bmatrix} \omega_j \\ v_j \end{bmatrix} &= 0 \\ G_i \qquad \hat{v}_i \quad + \qquad G_j \qquad \hat{v}_j \quad &= 0\,. \end{aligned} \tag{9.33}$$

Beschleunigungsebene Die weitere Zeitableitung von (9.31) ergibt die Beschleunigungsbindung

$$\ddot{g}_{ij} \equiv \ddot{e}_i^{\mathrm{T}}\, e_j + e_i^{\mathrm{T}}\, \ddot{e}_j + 2\, \dot{e}_i^{\mathrm{T}}\, \dot{e}_j = 0. \tag{9.34}$$

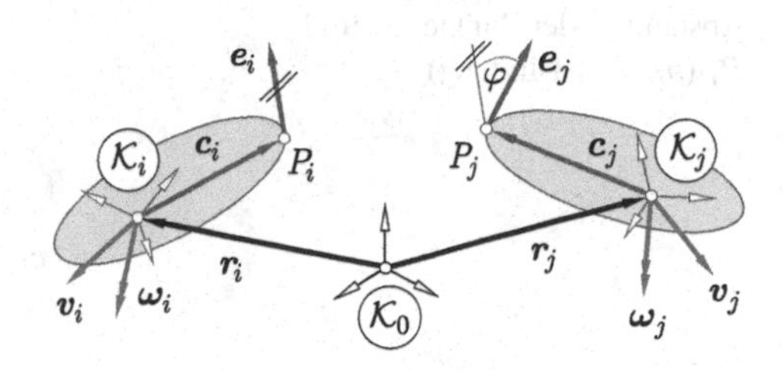

Abb. 9.12 Bindungstyp III: Winkel φ zwischen e_i und e_j ($b_{ij} = 1$ Bindung)

Mit $\ddot{e}_i$ aus (9.28) und

$$\ddot{e}_j = \dot{\widetilde{\omega}}_j \, e_j + \widetilde{\omega}_j \, \dot{e}_j . \tag{9.35}$$

kann sie in die Form (9.16) gebracht werden mit dem nicht von den Beschleunigungen von $\mathcal{K}_i$ und $\mathcal{K}_j$ abhängenden Term

$$\begin{aligned} \bar{\bar{\gamma}}_{ij} &= e_j^{\mathrm{T}} \, \widetilde{\omega}_i \, \dot{e}_i + e_i^{\mathrm{T}} \, \widetilde{\omega}_j \, \dot{e}_j + 2 \, \dot{e}_i^{\mathrm{T}} \, \dot{e}_j , \\ \bar{\bar{\gamma}}_{ij} &= e_i^{\mathrm{T}} \left(\widetilde{\omega}_i \, \widetilde{\omega}_i + \widetilde{\omega}_j \, \widetilde{\omega}_j - 2 \, \widetilde{\omega}_i \, \widetilde{\omega}_j \right) e_j . \end{aligned} \tag{9.36}$$

Bindungstyp IV: Konstanter Punktabstand Der Abstand l der Punkte P_i auf Körper i und P_j auf Körper j ist konstant (Abb. 9.13).

Lageebene Es gilt die skalare Bindung

$$g_{ij} \equiv \tfrac{1}{2} \left(\boldsymbol{l}^{\mathrm{T}} \boldsymbol{l} - l^2 \right) = 0 \qquad \text{mit} \qquad \boldsymbol{l} = \boldsymbol{r}_j + \boldsymbol{c}_j - \boldsymbol{r}_i - \boldsymbol{c}_i . \tag{9.37}$$

Der Faktor $\frac{1}{2}$ wird eingeführt, um in den nachfolgenden Zeitableitungen den sonst auftretenden Faktor 2 zu umgehen.

Geschwindigkeitsebene Die Zeitableitung von (9.37),

$$\dot{g}_{ij} \equiv \boldsymbol{l}^{\mathrm{T}} \dot{\boldsymbol{l}} = 0, \tag{9.38}$$

kann mit $\dot{\boldsymbol{l}}$ aus (9.19) in die Form (9.15) gebracht werden,

$$\begin{aligned} \dot{g}_{ij} \equiv \left[\boldsymbol{l}^{\mathrm{T}} \widetilde{\boldsymbol{c}}_i \;\; -\boldsymbol{l}^{\mathrm{T}} \right] \begin{bmatrix} \boldsymbol{\omega}_i \\ \boldsymbol{v}_i \end{bmatrix} &+ \left[-\boldsymbol{l}^{\mathrm{T}} \widetilde{\boldsymbol{c}}_j \;\; \boldsymbol{l}^{\mathrm{T}} \right] \begin{bmatrix} \boldsymbol{\omega}_j \\ \boldsymbol{v}_j \end{bmatrix} = 0 \\ \boldsymbol{G}_i \qquad \hat{\boldsymbol{v}}_i \quad &+ \qquad \boldsymbol{G}_j \qquad \hat{\boldsymbol{v}}_j \quad = 0 . \end{aligned} \tag{9.39}$$

Beschleunigungsebene Die weitere Zeitableitung der Bindung (9.38),

$$\ddot{g}_{ij} \equiv \ddot{\boldsymbol{l}}^{\mathrm{T}} \boldsymbol{l} + \dot{\boldsymbol{l}}^{\mathrm{T}} \dot{\boldsymbol{l}} = 0, \tag{9.40}$$

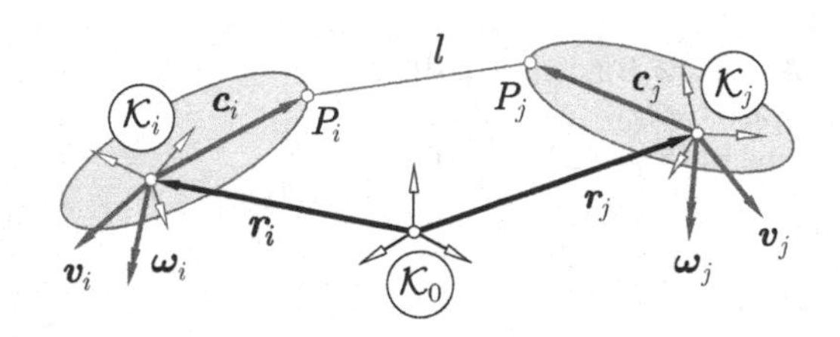

Abb. 9.13 Bindungstyp IV: Abstand l der Punkte P_i und P_j ($b_{ij} = 1$ Bindung)

kann mit $\ddot{\boldsymbol{l}}$ aus (9.21) in die Form (9.16) gebracht werden. Der nicht von den Beschleunigungen von $\mathcal{K}_i$ und $\mathcal{K}_j$ abhängende Term lautet

$$\bar{\bar{\gamma}}_{ij} = \boldsymbol{l}^{\mathrm{T}} \left(\tilde{\boldsymbol{\omega}}_j \, \dot{\boldsymbol{c}}_j - \tilde{\boldsymbol{\omega}}_i \, \dot{\boldsymbol{c}}_i\right) + \dot{\boldsymbol{l}}^{\mathrm{T}} \dot{\boldsymbol{l}} \tag{9.41}$$

mit $\dot{\boldsymbol{c}}_i$ und $\dot{\boldsymbol{c}}_j$ aus (9.18) und $\dot{\boldsymbol{l}}$ aus (9.19).

9.4.3 Implizite Bindungen des Drehgelenks

Mit Hilfe der in Abschn. 9.4.2 beschriebenen vier elementaren Bindungen können die impliziten Bindungen zahlreicher Gelenktypen formuliert werden. Als ein Beispiel werden die $b_{ij} = 5$ impliziten Bindungen des Drehgelenks aufgestellt (Abb. 9.14). Die impliziten Bindungen weiterer Gelenke werden im Zusammenhang mit den Schließbedingungen kinematischer Schleifen in Tab. 11.2 (Abschn. 11.1.1) angegeben.

Lageebene Die jeweils auf der Drehachse des Gelenks liegenden Punkte P_i auf Körper i und P_j auf Körper j fallen zusammen, $\boldsymbol{l} = \boldsymbol{0}$ (Bindungstyp I). Zusätzlich steht der Einheitsvektor der Drehachse $\boldsymbol{u}_j$ auf Körper j senkrecht auf den beiden Einheits-Normalenvektoren $\boldsymbol{m}_i$ und $\boldsymbol{n}_i$ auf Körper i (jeweils Bindungstyp III). Damit lauten die $b_{ij} = 5$ Bindungen des Drehgelenks auf Lageebene

$$\begin{array}{ll} \text{Typ I:} \\ \text{Typ III:} \\ \text{Typ III:} \end{array} \begin{bmatrix} \boldsymbol{r}_j + \boldsymbol{c}_j - \boldsymbol{r}_i - \boldsymbol{c}_i \\ \boldsymbol{m}_i^{\mathrm{T}} \boldsymbol{u}_j \\ \boldsymbol{n}_i^{\mathrm{T}} \boldsymbol{u}_j \end{bmatrix} = \begin{bmatrix} \boldsymbol{0} \\ 0 \\ 0 \end{bmatrix} \begin{array}{l} \text{3 Bindungen} \\ \text{1 Bindung} \\ \text{1 Bindung} \end{array}$$
$$\boldsymbol{g}_{ij}(\hat{\boldsymbol{r}}_i, \hat{\boldsymbol{r}}_j) = \boldsymbol{0} \,. \tag{9.42}$$

Geschwindigkeitsebene Die impliziten Bindungen auf Geschwindigkeitsebene haben die Form (9.15). Die (5,6)-Bindungsmatrizen $\boldsymbol{G}_i$ und $\boldsymbol{G}_j$ werden aus den entsprechenden

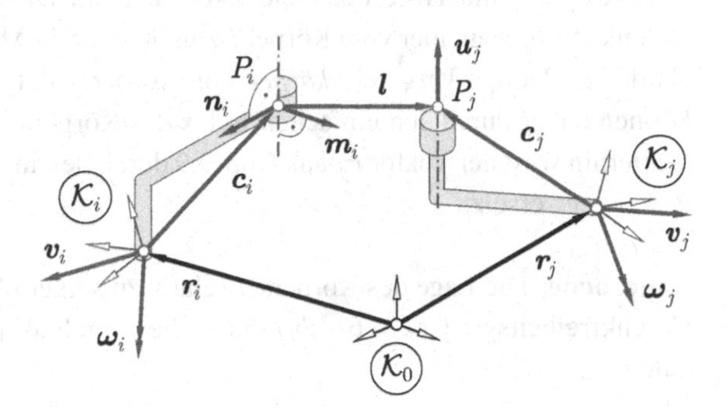

Abb. 9.14 Zur Formulierung der impliziten Bindungen des Drehgelenks

Matrizen für die Bindung des Typs I aus (9.20) und für die beiden Bindungen des Typs III aus (9.33) zusammengesetzt,

$$\dot{\boldsymbol{g}}_{ij} \equiv \underbrace{\begin{bmatrix} \widetilde{\boldsymbol{c}}_i & -\boldsymbol{E} \\ \boldsymbol{m}_i^{\mathrm{T}} \widetilde{\boldsymbol{u}}_j & \boldsymbol{0}^{\mathrm{T}} \\ \boldsymbol{n}_i^{\mathrm{T}} \widetilde{\boldsymbol{u}}_j & \boldsymbol{0}^{\mathrm{T}} \end{bmatrix}}_{\boldsymbol{G}_i} \underbrace{\begin{bmatrix} \boldsymbol{\omega}_i \\ \boldsymbol{v}_i \end{bmatrix}}_{\hat{\boldsymbol{v}}_i} + \underbrace{\begin{bmatrix} -\widetilde{\boldsymbol{c}}_j & \boldsymbol{E} \\ -\boldsymbol{m}_i^{\mathrm{T}} \widetilde{\boldsymbol{u}}_j & \boldsymbol{0}^{\mathrm{T}} \\ -\boldsymbol{n}_i^{\mathrm{T}} \widetilde{\boldsymbol{u}}_j & \boldsymbol{0}^{\mathrm{T}} \end{bmatrix}}_{\boldsymbol{G}_j} \underbrace{\begin{bmatrix} \boldsymbol{\omega}_j \\ \boldsymbol{v}_j \end{bmatrix}}_{\hat{\boldsymbol{v}}_j} = \underbrace{\begin{bmatrix} \boldsymbol{0} \\ 0 \\ 0 \end{bmatrix}}_{\boldsymbol{0}.} \tag{9.43}$$

Beschleunigungsebene Die impliziten Bindungen auf Beschleunigungsebene haben die Form (9.16). Der 5-Vektor $\bar{\bar{\boldsymbol{\gamma}}}_{ij}$ wird aus den entsprechenden Termen für die Bindung des Typs I aus (9.22) und für die beiden Bindungen des Typs III aus (9.36) aufgebaut,

$$\bar{\bar{\boldsymbol{\gamma}}}_{ij} = \begin{bmatrix} \widetilde{\boldsymbol{\omega}}_j \widetilde{\boldsymbol{\omega}}_j \boldsymbol{c}_j - \widetilde{\boldsymbol{\omega}}_i \widetilde{\boldsymbol{\omega}}_i \boldsymbol{c}_i \\ \boldsymbol{m}_i^{\mathrm{T}} \left(\widetilde{\boldsymbol{\omega}}_i \widetilde{\boldsymbol{\omega}}_i + \widetilde{\boldsymbol{\omega}}_j \widetilde{\boldsymbol{\omega}}_j - 2 \widetilde{\boldsymbol{\omega}}_i \widetilde{\boldsymbol{\omega}}_j \right) \boldsymbol{u}_j \\ \boldsymbol{n}_i^{\mathrm{T}} \left(\widetilde{\boldsymbol{\omega}}_i \widetilde{\boldsymbol{\omega}}_i + \widetilde{\boldsymbol{\omega}}_j \widetilde{\boldsymbol{\omega}}_j - 2 \widetilde{\boldsymbol{\omega}}_i \widetilde{\boldsymbol{\omega}}_j \right) \boldsymbol{u}_j \end{bmatrix}. \tag{9.44}$$

9.5 Explizite holonome Bindungen von Gelenken

Die expliziten Bindungen von Gelenken werden für die Bewegungsgleichungen von Mehrkörpersystemen in Gelenkkoordinaten benötigt. Zunächst werden die expliziten holonomen Bindungen eines allgemeinen Gelenks formuliert. Anschließend werden die expliziten Bindungen des Drehgelenks, des Schubgelenks und des Kugelgelenks angegeben, die in Mehrkörpermodellen am häufigsten benötigt werden.

9.5.1 Explizite Bindungen eines allgemeinen Gelenks

Die expliziten holonomen Gelenkbindungen beschreiben die Bewegung des Körpers j relativ zum Körper i mit Hilfe der Gelenkkoordinaten. Dazu wird eine Durchlaufrichtung des Gelenks festgelegt, hier vom Körper i zum Körper j (Abb. 9.15). Der Körper i wird dadurch als der eindeutige *Vorgängerkörper* von Körper j definiert. Die gelenkbezogenen Größen können daher durch den einfachen Index des Körpers j eindeutig gekennzeichnet werden. Weiterhin wird der Vektor $\boldsymbol{c}_j$ aus Abb. 9.9 durch den in Durchlaufrichtung liegenden Vektor $\boldsymbol{d}_{jj} = -\boldsymbol{c}_j$ ersetzt.

Lageebene Die Lage des Körpers j relativ zu seinem Vorgänger i wird entsprechend dem Gelenkfreiheitsgrad $f_j = 6 - b_{ij}$ durch die f_j gelenkspezifischen relativen Gelenkkoordinaten

$$\boldsymbol{\beta}_j = \left[\beta_{j,1} \ \dots \ \beta_{j,f_j} \right]^{\mathrm{T}} \tag{9.45}$$

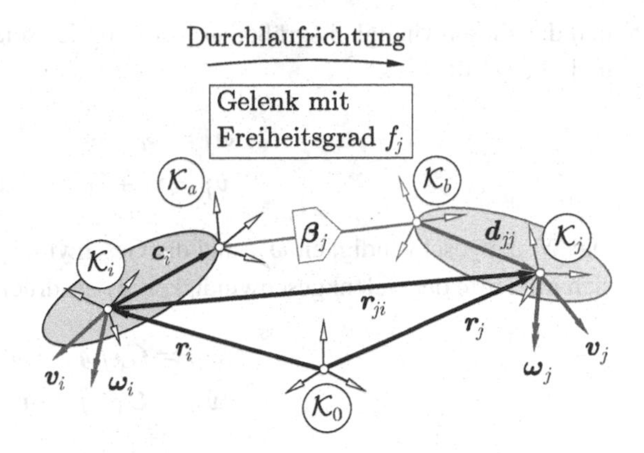

Abb. 9.15 Zur Formulierung der expliziten holonomen Bindungen eines allgemeinen Gelenks

festgelegt. Werden ausnahmsweise z. B. bei einem Kugelgelenk die vier EULER-Parameter als Gelenkkoordinaten $\boldsymbol{\beta}_j$ verwendet, so ist $\dim(\boldsymbol{\beta}_j) = f_j + 1$, und es gilt die Nebenbedingung (3.195),

$$g_{\mathrm{E}j}(\boldsymbol{\beta}_j) = 0. \tag{9.46}$$

Mit Hilfe der expliziten Gelenkbindungen werden die Lagegrößen $\hat{\boldsymbol{r}}_j$ des Körpers j in Abhängigkeit von den Lagegrößen $\hat{\boldsymbol{r}}_i$ des Vorgängerkörpers i und den f_j Gelenkkoordinaten $\boldsymbol{\beta}_j$ berechnet. Entsprechend Abschn. 7.2.2 ist es bei den expliziten Bindungen zweckmäßig, direkt die Drehtensoren zur Beschreibung der Rotation gemäß (7.1) zu verwenden,

$$\begin{aligned} \begin{Bmatrix} \boldsymbol{R}_j \\ \boldsymbol{r}_j \end{Bmatrix} &= \begin{Bmatrix} \boldsymbol{R}_j(\boldsymbol{R}_i, \boldsymbol{\beta}_j, t) \\ \boldsymbol{r}_j(\boldsymbol{R}_i, \boldsymbol{r}_i, \boldsymbol{\beta}_j, t) \end{Bmatrix} \\ \hat{\boldsymbol{r}}_j &= \hat{\boldsymbol{r}}_j(\hat{\boldsymbol{r}}_i, \boldsymbol{\beta}_j, t). \end{aligned} \tag{9.47}$$

Die explizite Zeitabhängigkeit tritt bei rheonomen Bindungen auf. Die expliziten Gelenkbindungen (9.47) erfüllen für beliebige Werte der Gelenkkoordinaten $\boldsymbol{\beta}_j$ die impliziten Gelenkbindungen (9.14).

Kinematische Differentialgleichung Für die Beschreibung der Geschwindigkeit des Körpers j relativ zum Vorgängerkörper i werden in Anlehnung an (7.25) f_j unabhängige Gelenkgeschwindigkeiten

$$\boldsymbol{\eta}_j = \begin{bmatrix} \boldsymbol{\eta}_{j,1}^{\mathrm{T}} & \cdots & \boldsymbol{\eta}_{j,f_j}^{\mathrm{T}} \end{bmatrix}^{\mathrm{T}} \tag{9.48}$$

so eingeführt, dass die Zeitableitungen der Gelenkkoordinaten durch kinematische Differentialgleichungen der Form

$$\dot{\boldsymbol{\beta}}_j = \boldsymbol{H}_j(\boldsymbol{\beta}_j)\,\boldsymbol{\eta}_j \tag{9.49}$$

mit der $(\dim(\boldsymbol{\beta}_j), f_j)$-Matrix $\boldsymbol{H}_j$ ausgedrückt werden. Im Standardfall $\boldsymbol{\eta}_j = \dot{\boldsymbol{\beta}}_j$ ist $\boldsymbol{H}_j = \boldsymbol{E}$.

Geschwindigkeitsebene Die Winkelgeschwindigkeit $\boldsymbol{\omega}_j$ und die Geschwindigkeit $\boldsymbol{v}_j$ von $\mathcal{K}_j$ relativ zu $\mathcal{K}_0$ setzen sich aus den Geschwindigkeitsgrößen $\boldsymbol{\omega}_i$, $\boldsymbol{v}_i$ von $\mathcal{K}_i$ relativ zu $\mathcal{K}_0$

und den Geschwindigkeitsgrößen $\boldsymbol{\omega}_{ji}$, $\boldsymbol{v}_{ji}$ von $\mathcal{K}_j$ relativ zu $\mathcal{K}_i$ zusammen. Gemäß (3.54) und (3.57) gilt

$$\boldsymbol{\omega}_j = \boldsymbol{\omega}_i + \boldsymbol{\omega}_{ji}, \tag{9.50}$$

$$\boldsymbol{v}_j = \boldsymbol{v}_i + \widetilde{\boldsymbol{\omega}}_i \, \boldsymbol{r}_{ji} + \boldsymbol{v}_{ji}. \tag{9.51}$$

Die Winkelgeschwindigkeit $\boldsymbol{\omega}_{ji}$ und die Geschwindigkeit $\boldsymbol{v}_{ji}$ von $\mathcal{K}_j$ relativ zu $\mathcal{K}_i$ lassen sich mit Hilfe der Gelenkgeschwindigkeit $\boldsymbol{\eta}_j$ ausdrücken,

$$\boldsymbol{\omega}_{ji} = \boldsymbol{C}_{\mathrm{R}j} \, \boldsymbol{\eta}_j + \bar{\boldsymbol{\omega}}_j^{\mathrm{rel}}, \tag{9.52}$$

$$\boldsymbol{v}_{ji} = \boldsymbol{C}_{\mathrm{T}j} \, \boldsymbol{\eta}_j + \bar{\boldsymbol{v}}_j^{\mathrm{rel}}, \tag{9.53}$$

mit den rotatorischen und translatorischen $(3, f_j)$-JACOBI-Matrizen des Gelenks $\boldsymbol{C}_{\mathrm{R}j}(\hat{\boldsymbol{r}}_i, \hat{\boldsymbol{r}}_j)$ und $\boldsymbol{C}_{\mathrm{T}j}(\hat{\boldsymbol{r}}_i, \hat{\boldsymbol{r}}_j)$ sowie den nur bei rheonomen Gelenkbindungen auftretenden Vektoren $\bar{\boldsymbol{\omega}}_j^{\mathrm{rel}}(\hat{\boldsymbol{r}}_i, \hat{\boldsymbol{r}}_j, t)$ und $\bar{\boldsymbol{v}}_j^{\mathrm{rel}}(\hat{\boldsymbol{r}}_i, \hat{\boldsymbol{r}}_j, t)$.

Einsetzen in (9.50) und (9.51) ergibt die expliziten Gelenkbindungen auf Geschwindigkeitsebene. In einer Matrizengleichung zusammengefasst lauten sie

$$\underbrace{\begin{bmatrix} \boldsymbol{\omega}_j \\ \boldsymbol{v}_j \end{bmatrix}}_{\hat{\boldsymbol{v}}_j} = \underbrace{\begin{bmatrix} \boldsymbol{E} & \boldsymbol{0} \\ -\widetilde{\boldsymbol{r}}_{ji} & \boldsymbol{E} \end{bmatrix}}_{\boldsymbol{B}_{ji}} \underbrace{\begin{bmatrix} \boldsymbol{\omega}_i \\ \boldsymbol{v}_i \end{bmatrix}}_{\hat{\boldsymbol{v}}_i} + \underbrace{\begin{bmatrix} \boldsymbol{C}_{\mathrm{R}j} \\ \boldsymbol{C}_{\mathrm{T}j} \end{bmatrix}}_{\boldsymbol{C}_j} \boldsymbol{\eta}_j + \underbrace{\begin{bmatrix} \bar{\boldsymbol{\omega}}_j^{\mathrm{rel}} \\ \bar{\boldsymbol{v}}_j^{\mathrm{rel}} \end{bmatrix}}_{\bar{\hat{\boldsymbol{v}}}_j^{\mathrm{rel}}} . \tag{9.54}$$

Die Terme in (9.54) lassen sich wie folgt interpretieren: Der Term $\boldsymbol{B}_{ji} \, \hat{\boldsymbol{v}}_i$ ist die Geschwindigkeit des Körpers j bei einer gedachten starren Verbindung der Körper i und j. Die (6,6)-Versatzmatrix $\boldsymbol{B}_{ji}$ hängt nur vom Differenzvektor $\boldsymbol{r}_{ij}$ und damit nicht vom Gelenktyp ab. Die Term $\boldsymbol{C}_j \, \boldsymbol{\eta}_j$ mit der gelenkspezifischen $(6, f_j)$-JACOBI-Matrix $\boldsymbol{C}_j(\hat{\boldsymbol{r}}_i, \hat{\boldsymbol{r}}_j)$ gibt den Beitrag der Gelenkgeschwindigkeiten $\boldsymbol{\eta}_j$ zur Geschwindigkeit $\hat{\boldsymbol{v}}_j$ von $\mathcal{K}_j$ an. Der gelenkspezifische 6-Vektor $\bar{\hat{\boldsymbol{v}}}_j^{\mathrm{rel}}(\hat{\boldsymbol{r}}_i, \hat{\boldsymbol{r}}_j, t)$ ist der Beitrag der rheonom geführten Gelenkbewegungen zu $\hat{\boldsymbol{v}}_j$.

Orthogonalität der freien und gesperrten Raumrichtungen Die expliziten Gelenkbindungen (9.54) sind Lösungen der impliziten Gelenkbindungen (9.15). Zur Verdeutlichung dieses Sachverhaltes werden die impliziten Gelenkbindungen (9.15) als ein unterbestimmtes System von b_{ij} linearen Gleichungen für die insgesamt 12 Koordinaten der Geschwindigkeiten $\hat{\boldsymbol{v}}_i$ und $\hat{\boldsymbol{v}}_j$ der beiden Körper geschrieben,

$$\underbrace{\begin{bmatrix} \boldsymbol{G}_i & \boldsymbol{G}_j \end{bmatrix}}_{\boldsymbol{G}_{ij}} \begin{bmatrix} \hat{\boldsymbol{v}}_i \\ \hat{\boldsymbol{v}}_j \end{bmatrix} = -\bar{\boldsymbol{\gamma}}_{ij}. \tag{9.55}$$

Die (1,12)-Zeilenvektoren der $(b_{ij}, 12)$-Bindungsmatrix des Gelenks $\boldsymbol{G}_{ij}$ kennzeichnen die gesperrten Bewegungsrichtungen der Körper i und j.

Die expliziten Gelenkbindungen (9.54) liefern für beliebige Geschwindigkeiten $\hat{\boldsymbol{v}}_i$ des Körpers i und Gelenkgeschwindigkeiten $\boldsymbol{\eta}_j$ die mit der Bindung (9.55) verträgliche Geschwindigkeit $\hat{\boldsymbol{v}}_j$ des Körpers j. Sie bilden die Lösung des unterbestimmten linearen Gleichungssystems (9.55), was durch die Erweiterung von (9.54) um die Identität $\hat{\boldsymbol{v}}_i = \hat{\boldsymbol{v}}_i$ verdeutlicht wird,

$$\begin{bmatrix} \hat{\boldsymbol{v}}_i \\ \hat{\boldsymbol{v}}_j \end{bmatrix} = \underbrace{\begin{bmatrix} \boldsymbol{E} & \boldsymbol{0} \\ \boldsymbol{B}_{ji} & \boldsymbol{C}_j \end{bmatrix}}_{\hat{\boldsymbol{J}}_{ji}} \begin{bmatrix} \hat{\boldsymbol{v}}_i \\ \boldsymbol{\eta}_j \end{bmatrix} + \begin{bmatrix} \boldsymbol{0} \\ \bar{\hat{\boldsymbol{v}}}_j^{\text{rel}} \end{bmatrix}. \tag{9.56}$$

Der zweite Summand auf der rechten Seite von (9.56) ist die partikuläre Lösung des Gleichungssystems (9.55), die nur bei rheonomen Gelenkbindungen, also $\bar{\boldsymbol{\gamma}}_{ij} \neq \boldsymbol{0}$, auftritt. Der erste Summand ist die homogene Lösung des Gleichungssystems (9.55) mit beliebigen Werten der Geschwindigkeiten $\hat{\boldsymbol{v}}_i$ und $\boldsymbol{\eta}_j$. Die Spaltenvektoren der (12,12)-Matrix $\hat{\boldsymbol{J}}_{ji}$ kennzeichnen die freien Bewegungsrichtungen der Körper i und j. Sie stehen senkrecht auf den transponierten (1,12)-Zeilenvektoren der $(b_{ij}$,12)-Gelenk-Bindungsmatrix $\boldsymbol{G}_{ij}$. Es gilt die Orthogonalitätsbeziehung zwischen den freien und gesperrten Bewegungsrichtungen der Körper i und j

$$\boldsymbol{G}_{ij}\,\hat{\boldsymbol{J}}_{ji} = \boldsymbol{0} \quad \Rightarrow \quad \begin{bmatrix} \boldsymbol{G}_i & \boldsymbol{G}_j \end{bmatrix} \begin{bmatrix} \boldsymbol{E} & \boldsymbol{0} \\ \boldsymbol{B}_{ji} & \boldsymbol{C}_j \end{bmatrix} = \begin{bmatrix} \boldsymbol{0} & \boldsymbol{0} \end{bmatrix} \tag{9.57}$$

und damit

$$\boldsymbol{G}_i + \boldsymbol{G}_j\,\boldsymbol{B}_{ji} = \boldsymbol{0}, \tag{9.58}$$

$$\boldsymbol{G}_j\,\boldsymbol{C}_j = \boldsymbol{0}. \tag{9.59}$$

Einsetzen des partikulären Lösungsanteils von (9.56) in (9.55) liefert die weitere Beziehung

$$\boldsymbol{G}_j\,\bar{\hat{\boldsymbol{v}}}_j^{\text{rel}} + \bar{\boldsymbol{\gamma}}_{ij} = \boldsymbol{0}. \tag{9.60}$$

Beschleunigungsebene Die Ableitung der expliziten Gelenkbindungen auf Geschwindigkeitsebene (9.54) nach der Zeit liefert die expliziten Gelenkbindungen auf Beschleunigungsebene

$$\hat{\boldsymbol{a}}_j = \boldsymbol{B}_{ji}\,\hat{\boldsymbol{a}}_i + \boldsymbol{C}_j\,\dot{\boldsymbol{\eta}}_j + \bar{\hat{\boldsymbol{a}}}_j^{\text{rel}} \tag{9.61}$$

mit den Gelenkbeschleunigungen $\dot{\boldsymbol{\eta}}_j$ und dem 6-Vektor

$$\bar{\hat{\boldsymbol{a}}}_j^{\text{rel}}(\hat{\boldsymbol{r}}_i, \hat{\boldsymbol{v}}_i, \boldsymbol{\beta}_j, \boldsymbol{\eta}_j, t) = \begin{bmatrix} \bar{\boldsymbol{\alpha}}_j^{\text{rel}} \\ \bar{\boldsymbol{a}}_j^{\text{rel}} \end{bmatrix} = \dot{\boldsymbol{B}}_{ji}\,\hat{\boldsymbol{v}}_i + \dot{\boldsymbol{C}}_j\,\boldsymbol{\eta}_j + \frac{\mathrm{d}\bar{\hat{\boldsymbol{v}}}_j^{\text{rel}}}{\mathrm{d}t}. \tag{9.62}$$

Tab. 9.10 Holonome Bindungen eines allgemeinen Gelenks. Lageebene (L), Geschwindigkeitsebene (G), Beschleunigungsebene (B)

Implizite Gelenkbindungen			Explizite Gelenkbindungen (Gelenkkoordinaten $\boldsymbol{\beta}$, -geschwindigkeiten $\boldsymbol{\eta}$)	
L	(9.14):	$\boldsymbol{g}_{ij}(\hat{\boldsymbol{r}}_i, \hat{\boldsymbol{r}}_j, t)$	(9.47):	$\hat{\boldsymbol{r}}_j = \hat{\boldsymbol{r}}_j(\hat{\boldsymbol{r}}_i, \boldsymbol{\beta}_j, t)$
G	(9.15):	$\boldsymbol{G}_i\, \hat{\boldsymbol{v}}_i + \boldsymbol{G}_j\, \hat{\boldsymbol{v}}_j + \bar{\boldsymbol{\gamma}}_{ij} = \boldsymbol{0}$	(9.54):	$\hat{\boldsymbol{v}}_j = \boldsymbol{B}_{ji}\, \hat{\boldsymbol{v}}_i + \boldsymbol{C}_j\, \boldsymbol{\eta}_j + \bar{\hat{\boldsymbol{v}}}_j^{\mathrm{rel}}$
B	(9.16):	$\boldsymbol{G}_i\, \hat{\boldsymbol{a}}_i + \boldsymbol{G}_j\, \hat{\boldsymbol{a}}_j + \bar{\bar{\boldsymbol{\gamma}}}_{ij} = \boldsymbol{0}$	(9.61):	$\hat{\boldsymbol{a}}_j = \boldsymbol{B}_{ji}\, \hat{\boldsymbol{a}}_i + \boldsymbol{C}_j\, \dot{\boldsymbol{\eta}}_j + \bar{\hat{\boldsymbol{a}}}_j^{\mathrm{rel}}$
		Orthogonalität (9.58):	$\boldsymbol{G}_i + \boldsymbol{G}_j\, \boldsymbol{B}_{ji} = \boldsymbol{0}$	
		(9.59):	$\boldsymbol{G}_j\, \boldsymbol{C}_j = \boldsymbol{0}$	

Die expliziten Gelenkbindungen (9.61) erfüllen für beliebige Beschleunigungen $\hat{\boldsymbol{a}}_i$ und $\dot{\boldsymbol{\eta}}_j$ die impliziten Gelenkbindungen (9.16). Neben (9.58) und (9.59) gilt

$$\boldsymbol{G}_j\, \bar{\hat{\boldsymbol{a}}}_j^{\mathrm{rel}} + \bar{\bar{\boldsymbol{\gamma}}}_{ij} = \boldsymbol{0}. \tag{9.63}$$

Die holonomen Bindungen eines allgemeinen Gelenks sind in Tab. 9.10 zusammengefasst.

9.5.2 Explizite Bindungen des Drehgelenks

Exemplarisch werden die expliziten Gelenkbindungen für das in Abb. 9.16 dargestellte Drehgelenk mit dem Gelenkfreiheitsgrad $f_j = 1$ aufgestellt.

Lageebene Als die $f_j = 1$ freie Gelenkkoordinate wird der Drehwinkel β_j des Gelenk-Koordinatensystems $\mathcal{K}_b$ relativ zu dem System $\mathcal{K}_a$ um die Gelenkachse $\boldsymbol{u}_j$ definiert. Mit den Drehtensorkoordinaten ${}^0\boldsymbol{R}_i = {}^{0i}\boldsymbol{T}$, ${}^0\boldsymbol{R}_j = {}^{0j}\boldsymbol{T}$ und ${}^a\boldsymbol{R}_{ba} = {}^{ab}\boldsymbol{T}$ lauten die expliziten Gelenkbindungen (9.47)

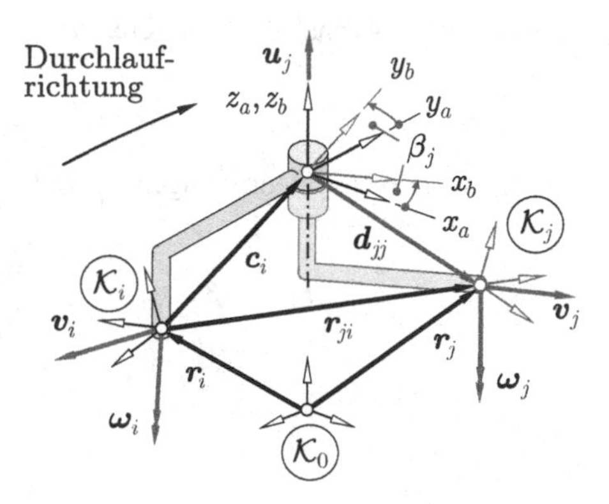

Abb. 9.16 Zur Formulierung der expliziten Bindungen des Drehgelenks

$$
\begin{aligned}
\begin{Bmatrix} {}^{0j}\boldsymbol{T} \\ {}^{0}\boldsymbol{r}_j \end{Bmatrix} &= \begin{Bmatrix} {}^{0i}\boldsymbol{T}\,{}^{ia}\boldsymbol{T}\,{}^{ab}\boldsymbol{T}(\beta_j)\,{}^{bj}\boldsymbol{T} \\ {}^{0}\boldsymbol{r}_i + {}^{0i}\boldsymbol{T}\left({}^{i}\boldsymbol{c}_i + {}^{ia}\boldsymbol{T}\,{}^{ab}\boldsymbol{T}(\beta_j)\,{}^{b}\boldsymbol{d}_{jj}\right) \end{Bmatrix} \\
\hat{\boldsymbol{r}}_j &= \hat{\boldsymbol{r}}_j(\hat{\boldsymbol{r}}_i, \beta_j).
\end{aligned} \tag{9.64}
$$

Geschwindigkeitsebene Mit der Gelenkgeschwindigkeit $\eta_j = \dot{\beta}_j$ lautet die kinematische Differentialgleichung (9.49)

$$\dot{\beta}_j = \eta_j. \tag{9.65}$$

Mit relativen Geschwindigkeiten $\boldsymbol{\omega}_{ji} = \dot{\beta}_j\,\boldsymbol{u}_j$ und $\boldsymbol{v}_{ji} = \dot{\beta}_j\,\widetilde{\boldsymbol{u}}_j\,\boldsymbol{d}_{jj}$ ergeben sich unter Berücksichtigung von (9.50) und (9.51) die expliziten Gelenkbindungen in der Form (9.54),

$$
\begin{aligned}
\begin{bmatrix} \boldsymbol{\omega}_j \\ \boldsymbol{v}_j \end{bmatrix} &= \begin{bmatrix} \boldsymbol{E} & \boldsymbol{0} \\ -\widetilde{\boldsymbol{r}}_{ji} & \boldsymbol{E} \end{bmatrix} \begin{bmatrix} \boldsymbol{\omega}_i \\ \boldsymbol{v}_i \end{bmatrix} + \begin{bmatrix} \boldsymbol{u}_j \\ \widetilde{\boldsymbol{u}}_j\,\boldsymbol{d}_{jj} \end{bmatrix} \dot{\beta}_j \\
\hat{\boldsymbol{v}}_j &= \boldsymbol{B}_{ji} \quad \hat{\boldsymbol{v}}_i \quad + \quad \boldsymbol{C}_j \quad \eta_j\;.
\end{aligned} \tag{9.66}
$$

Die Matrizen $\boldsymbol{B}_{ji}$, $\boldsymbol{C}_j$ der expliziten Gelenkbindungen (9.66) und $\boldsymbol{G}_i$, $\boldsymbol{G}_j$ der impliziten Gelenkbindungen (9.43) erfüllen unter Berücksichtigung der Umbenennung $\boldsymbol{d}_{jj} = -\boldsymbol{c}_j$ die Orthogonalitätsbeziehungen (9.58), (9.59).

Beschleunigungsebene Die Zeitableitung von (9.66) liefert die expliziten Gelenkbindungen auf Beschleunigungsebene gemäß (9.61) mit dem 6-Vektor

$$\bar{\hat{\boldsymbol{a}}}_j^{\text{rel}} = \begin{bmatrix} \dot{\boldsymbol{u}}_j\,\dot{\beta}_j \\ \widetilde{\boldsymbol{\omega}}_i\,\dot{\boldsymbol{r}}_{ji} + \dot{\widetilde{\boldsymbol{u}}}_j\,\boldsymbol{d}_{jj}\,\dot{\beta}_j + \widetilde{\boldsymbol{u}}_j\,\dot{\boldsymbol{d}}_{jj}\,\dot{\beta}_j \end{bmatrix}.$$

Mit $\dot{\boldsymbol{u}}_j = \widetilde{\boldsymbol{\omega}}_i\,\boldsymbol{u}_j$, $\dot{\boldsymbol{r}}_{ji} = \dot{\boldsymbol{c}}_i + \dot{\boldsymbol{d}}_{jj} = \widetilde{\boldsymbol{\omega}}_i\,\boldsymbol{c}_i + \widetilde{\boldsymbol{\omega}}_j\,\boldsymbol{d}_{jj}$ und $\dot{\widetilde{\boldsymbol{u}}}_j\,\boldsymbol{d}_{jj} = -\widetilde{\boldsymbol{d}}_{jj}\,\widetilde{\boldsymbol{\omega}}_i\,\boldsymbol{u}_j$ ist

$$\bar{\hat{\boldsymbol{a}}}_j^{\text{rel}} = \begin{bmatrix} \widetilde{\boldsymbol{\omega}}_i\,\boldsymbol{u}_j\,\dot{\beta}_j \\ \widetilde{\boldsymbol{\omega}}_i\,\widetilde{\boldsymbol{\omega}}_i\,\boldsymbol{c}_i + \widetilde{\boldsymbol{\omega}}_i\,\widetilde{\boldsymbol{\omega}}_j\,\boldsymbol{d}_{jj} - \widetilde{\boldsymbol{d}}_{jj}\,\widetilde{\boldsymbol{\omega}}_i\,\boldsymbol{u}_j\,\dot{\beta}_j + \widetilde{\boldsymbol{u}}_j\,\widetilde{\boldsymbol{\omega}}_j\,\boldsymbol{d}_{jj}\,\dot{\beta}_j \end{bmatrix}$$

und schließlich mit $\widetilde{\boldsymbol{\omega}}_i\,\widetilde{\boldsymbol{\omega}}_j\,\boldsymbol{d}_{jj} + \widetilde{\boldsymbol{u}}_j\,\widetilde{\boldsymbol{\omega}}_j\,\boldsymbol{d}_{jj}\,\dot{\beta}_j = (\widetilde{\boldsymbol{\omega}}_i + \dot{\beta}_j\,\widetilde{\boldsymbol{u}}_j)\,\widetilde{\boldsymbol{\omega}}_j\,\boldsymbol{d}_{jj} = \widetilde{\boldsymbol{\omega}}_j\,\widetilde{\boldsymbol{\omega}}_j\,\boldsymbol{d}_{jj}$

$$\bar{\hat{\boldsymbol{a}}}_j^{\text{rel}} = \begin{bmatrix} \widetilde{\boldsymbol{\omega}}_i\,\boldsymbol{u}_j\,\dot{\beta}_j \\ \widetilde{\boldsymbol{\omega}}_i\,\widetilde{\boldsymbol{\omega}}_i\,\boldsymbol{c}_i + \widetilde{\boldsymbol{\omega}}_j\,\widetilde{\boldsymbol{\omega}}_j\,\boldsymbol{d}_{jj} - \widetilde{\boldsymbol{d}}_{jj}\,\widetilde{\boldsymbol{\omega}}_i\,\boldsymbol{u}_j\,\dot{\beta}_j \end{bmatrix}. \tag{9.67}$$

9.5.3 Explizite Bindungen des Schubgelenks

Für das in Abb. 9.17 dargestellte Schubgelenk mit dem Gelenkfreiheitsgrad $f_j = 1$ werden die expliziten Gelenkbindungen aufgestellt.

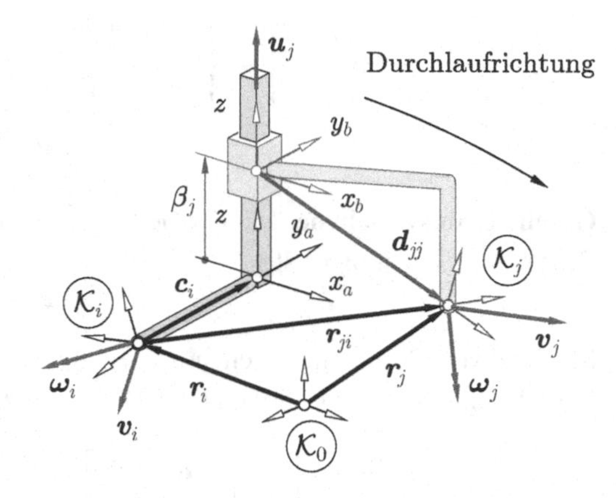

Abb. 9.17 Zur Formulierung der expliziten Bindungen des Schubgelenks

Lageebene Als die $f_j = 1$ freie Gelenkkoordinate wird die Verschiebung β_j des Gelenk-Koordinatensystems $\mathcal{K}_b$ relativ zu dem System $\mathcal{K}_a$ in Richtung der Gelenkachse $\boldsymbol{u}_j$ definiert. Die expliziten Gelenkbindungen (9.47) für die Lagegrößen $\hat{\boldsymbol{r}}_i$ und $\hat{\boldsymbol{r}}_j$ lauten dann

$$\begin{aligned} \left\{ \begin{matrix} {}^{0j}\boldsymbol{T} \\ {}^{0}\boldsymbol{r}_j \end{matrix} \right\} &= \left\{ \begin{matrix} {}^{0i}\boldsymbol{T}\,{}^{ia}\boldsymbol{T}\,{}^{ab}\boldsymbol{T}\,{}^{bj}\boldsymbol{T} \\ {}^{0}\boldsymbol{r}_i + {}^{0i}\boldsymbol{T}\left({}^{i}\boldsymbol{c}_i + \beta_j\,{}^{i}\boldsymbol{u}_j + {}^{ia}\boldsymbol{T}\,{}^{ab}\boldsymbol{T}\,{}^{b}\boldsymbol{d}_{jj}\right) \end{matrix} \right\} \\ \hat{\boldsymbol{r}}_j &= \hat{\boldsymbol{r}}_j(\hat{\boldsymbol{r}}_i, \beta_j). \end{aligned} \tag{9.68}$$

Bei parallelen Achsen der Koordinatensysteme $\mathcal{K}_a$ und $\mathcal{K}_b$ ist ${}^{ab}\boldsymbol{T} = \boldsymbol{E}$.

Geschwindigkeitsebene Mit der Verschiebegeschwindigkeit $\eta_j = \dot{\beta}_j$ lautet die kinematische Differentialgleichung (9.49)

$$\dot{\beta}_j = \eta_j. \tag{9.69}$$

Mit den relativen Geschwindigkeiten $\boldsymbol{\omega}_{ji} = \boldsymbol{0}$ und $\boldsymbol{v}_{ji} = \dot{\beta}_j\,\boldsymbol{u}_j$ folgen aus (9.50) und (9.51) die expliziten Gelenkbindungen der Form (9.54)

$$\begin{aligned} \begin{bmatrix} \boldsymbol{\omega}_j \\ \boldsymbol{v}_j \end{bmatrix} &= \begin{bmatrix} \boldsymbol{E} & \boldsymbol{0} \\ -\widetilde{\boldsymbol{r}}_{ji} & \boldsymbol{E} \end{bmatrix} \begin{bmatrix} \boldsymbol{\omega}_i \\ \boldsymbol{v}_i \end{bmatrix} + \begin{bmatrix} \boldsymbol{0} \\ \boldsymbol{u}_j \end{bmatrix} \dot{\beta}_j \\ \hat{\boldsymbol{v}}_j &= \quad \boldsymbol{B}_{ji} \qquad \hat{\boldsymbol{v}}_i \quad + \quad \boldsymbol{C}_j \quad \eta_j. \end{aligned} \tag{9.70}$$

Beschleunigungsebene Die Ableitung von (9.70) nach der Zeit liefert die expliziten Gelenkbindungen auf Beschleunigungsebene gemäß (9.61) mit dem nicht von den Beschleunigungen $\hat{\boldsymbol{a}}_i$ und $\dot{\eta}_j$ abhängenden 6-Vektor

$$\bar{\hat{\boldsymbol{a}}}_j^{\mathrm{rel}} = \begin{bmatrix} \boldsymbol{0} \\ \widetilde{\boldsymbol{\omega}}_i\,\dot{\boldsymbol{r}}_{ji} + \dot{\beta}_j\,\dot{\boldsymbol{u}}_j \end{bmatrix} \tag{9.71}$$

und mit $\dot{\boldsymbol{r}}_{ji} = \widetilde{\boldsymbol{\omega}}_i\, \boldsymbol{r}_{ji} + \dot{\beta}_j\, \boldsymbol{u}_j$ sowie $\dot{\boldsymbol{u}}_j = \widetilde{\boldsymbol{\omega}}_i\, \boldsymbol{u}_j$

$$\bar{\bar{\boldsymbol{a}}}_j^{\text{rel}} = \begin{bmatrix} \boldsymbol{0} \\ \widetilde{\boldsymbol{\omega}}_i\, (\widetilde{\boldsymbol{\omega}}_i\, \boldsymbol{r}_{ji} + 2\, \dot{\beta}_j\, \boldsymbol{u}_j) \end{bmatrix}. \tag{9.72}$$

9.5.4 Explizite Bindungen des Kugelgelenks

Das Kugelgelenk mit dem Gelenkfreiheitsgrad $f_j = 3$ lässt Relativdrehungen um beliebige Achsen zu (Abb. 9.18).

Lageebene Als die Gelenkkoordinaten des Kugelgelenks können z. B. die drei KARDAN-Winkel oder die drei RODRIGUES-Parameter verwendet werden, wenn die Singularitäten dieser Parametrierung außerhalb des im betrachteten Mehrkörpermodell auftretenden Bewegungsbereichs des Gelenks liegen.

Eine singularitätsfreie Beschreibung der Orientierung des Koordinatensystems $\mathcal{K}_j$ relativ zu $\mathcal{K}_i$ ermöglichen dagegen die vier EULER-Parameter $\underline{\boldsymbol{p}}_{ji}$ aus (3.194),

$$\begin{bmatrix} \beta_{j0} \\ \hline \beta_{j1} \\ \beta_{j2} \\ \beta_{j3} \end{bmatrix} = \begin{bmatrix} p_{ji,s} \\ \hline {}^i p_{ji,x} \\ {}^i p_{ji,y} \\ {}^i p_{ji,z} \end{bmatrix} \equiv \begin{bmatrix} p_{ji,s} \\ \hline {}^i \boldsymbol{p}_{ji} \end{bmatrix} \tag{9.73}$$
$$\boldsymbol{\beta}_j = {}^i \underline{\boldsymbol{p}}_{ji}.$$

Die drei Koordinaten des Vektorteils der EULER-Parameter $\boldsymbol{p}_{ji}$ sind im Ausgangssystem der relativen Drehung, hier $\mathcal{K}_i$, angegeben, wobei entsprechend (3.201) ${}^j \boldsymbol{p}_{ji} = {}^i \boldsymbol{p}_{ji}$ gilt. Weiterhin gilt die algebraische Nebenbedingung (3.195).

Mit den Drehtensorkoordinaten ${}^{ij}\boldsymbol{T}(\boldsymbol{\beta}_j) = \boldsymbol{R}({}^i \underline{\boldsymbol{p}}_{ji})$ aus (3.199) lauten die expliziten Bindungen (9.47) für das Kugelgelenk

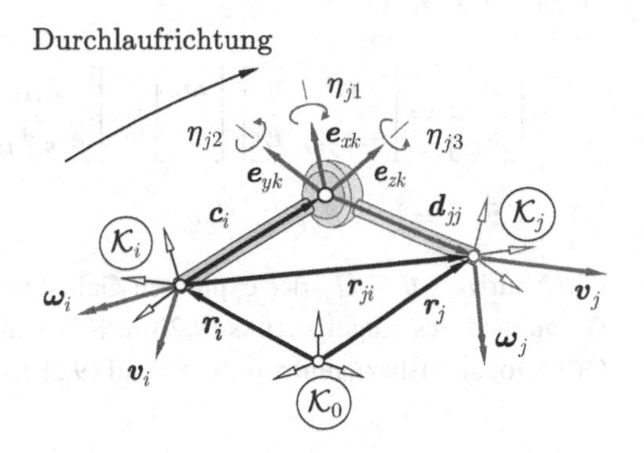

Abb. 9.18 Zur Formulierung der expliziten Bindungen des Kugelgelenks

$$\begin{aligned} \begin{Bmatrix} {}^{0j}\boldsymbol{T} \\ {}^{0}\boldsymbol{r}_j \end{Bmatrix} &= \begin{Bmatrix} {}^{0i}\boldsymbol{T}\,{}^{ij}\boldsymbol{T}(\boldsymbol{\beta}_j) \\ {}^{0}\boldsymbol{r}_i + {}^{0i}\boldsymbol{T}\left({}^{i}\boldsymbol{c}_i + {}^{ij}\boldsymbol{T}(\boldsymbol{\beta}_j)\,{}^{j}\boldsymbol{d}_{jj}\right) \end{Bmatrix} \\ \hat{\boldsymbol{r}}_j &= \hat{\boldsymbol{r}}_j(\hat{\boldsymbol{r}}_i, \boldsymbol{\beta}_j). \end{aligned} \tag{9.74}$$

Geschwindigkeitsebene Die relativen Gelenkgeschwindigkeiten des Kugelgelenks $\boldsymbol{\eta}_j$ werden günstig unter Ausnutzung des allgemeinen Aufbaus der kinematischen Differentialgleichung (9.49) als die Koordinaten der Winkelgeschwindigkeit $\boldsymbol{\omega}_{ji}$ von $\mathcal{K}_j$ relativ zu $\mathcal{K}_i$ in einem beliebig wählbaren Koordinatensystem $\mathcal{K}_k$ definiert,

$$\boldsymbol{\eta}_j = {}^{k}\boldsymbol{\omega}_{ji}. \tag{9.75}$$

Aus dem Zusammenhang (3.229) zwischen der Zeitableitung der EULER-Parameter ${}^{i}\underline{\boldsymbol{p}}_{ji}$ und den Koordinaten der Winkelgeschwindigkeit ${}^{i}\boldsymbol{\omega}_{ji}$ im Ausgangssystem der Drehung $\mathcal{K}_i$,

$$\begin{bmatrix} \dot{p}_{ji,s} \\ {}^{i}\dot{\boldsymbol{p}}_{ji} \end{bmatrix} = \frac{1}{2} \begin{bmatrix} -{}^{i}\boldsymbol{p}_{ji}^{\mathrm{T}} \\ p_{ji,s}\,\boldsymbol{E} - {}^{i}\widetilde{\boldsymbol{p}}_{ji} \end{bmatrix} {}^{i}\boldsymbol{\omega}_{ji}, \tag{9.76}$$

ergibt sich mit der Koordinatentransformation ${}^{i}\boldsymbol{\omega}_{ji} = {}^{ik}\boldsymbol{T}\,{}^{k}\boldsymbol{\omega}_{ji}$ die kinematische Differentialgleichung der Form (9.49),

$$\begin{aligned} \begin{bmatrix} \dot{p}_{ji,s} \\ {}^{i}\dot{\boldsymbol{p}}_{ji} \end{bmatrix} &= \frac{1}{2} \begin{bmatrix} -{}^{i}\boldsymbol{p}_{ji}^{\mathrm{T}}\,{}^{ik}\boldsymbol{T} \\ (p_{ji,s}\,\boldsymbol{E} - {}^{i}\widetilde{\boldsymbol{p}}_{ji})\,{}^{ik}\boldsymbol{T} \end{bmatrix} {}^{k}\boldsymbol{\omega}_{ji} \\ \dot{\boldsymbol{\beta}}_j &= \boldsymbol{H}_j(\boldsymbol{\beta}_j) \qquad \boldsymbol{\eta}_j. \end{aligned} \tag{9.77}$$

Mit dem Vektor der relativen Winkelgeschwindigkeit

$$\boldsymbol{\omega}_{ji} = \begin{bmatrix} \boldsymbol{e}_{xk} & \boldsymbol{e}_{yk} & \boldsymbol{e}_{zk} \end{bmatrix} \begin{bmatrix} \eta_{j1} \\ \eta_{j2} \\ \eta_{j3} \end{bmatrix} \tag{9.78}$$

aus (9.75) und $\boldsymbol{v}_{ji} = \widetilde{\boldsymbol{\omega}}_{ji}\,\boldsymbol{d}_{jj}$ folgen aus (9.50) und (9.51) die expliziten Gelenkbindungen in der Form (9.54),

$$\begin{aligned} \begin{bmatrix} \boldsymbol{\omega}_j \\ \boldsymbol{v}_j \end{bmatrix} &= \begin{bmatrix} \boldsymbol{E} & \boldsymbol{0} \\ -\widetilde{\boldsymbol{r}}_{ji} & \boldsymbol{E} \end{bmatrix} \begin{bmatrix} \boldsymbol{\omega}_i \\ \boldsymbol{v}_i \end{bmatrix} + \begin{bmatrix} \boldsymbol{e}_{xk} & \boldsymbol{e}_{yk} & \boldsymbol{e}_{zk} \\ \widetilde{\boldsymbol{e}}_{xk}\,\boldsymbol{d}_{jj} & \widetilde{\boldsymbol{e}}_{yk}\,\boldsymbol{d}_{jj} & \widetilde{\boldsymbol{e}}_{zk}\,\boldsymbol{d}_{jj} \end{bmatrix} \begin{bmatrix} \eta_{j1} \\ \eta_{j2} \\ \eta_{j3} \end{bmatrix} \\ \hat{\boldsymbol{v}}_j &= \boldsymbol{B}_{ji} \qquad \hat{\boldsymbol{v}}_i + \qquad \boldsymbol{C}_j \qquad \boldsymbol{\eta}_j\ . \end{aligned} \tag{9.79}$$

Die Matrizen $\boldsymbol{B}_{ji}$, $\boldsymbol{C}_j$ der expliziten Gelenkbindungen (9.79) und $\boldsymbol{G}_i$, $\boldsymbol{G}_j$ der impliziten Bindungen des Kugelgelenks (9.20) erfüllen unter Berücksichtigung von $\boldsymbol{c}_j = -\boldsymbol{d}_{jj}$ die Orthogonalitätsbeziehungen (9.58) und (9.59).

Beschleunigungsebene Die Ableitung von (9.50) und (9.51) nach der Zeit liefert die Beschleunigung des Systems $\mathcal{K}_j$,

$$\begin{aligned} \dot{\boldsymbol{\omega}}_j &= \dot{\boldsymbol{\omega}}_i + \dot{\boldsymbol{\omega}}_{ji}, \\ \dot{\boldsymbol{v}}_j &= \dot{\boldsymbol{v}}_i + \dot{\widetilde{\boldsymbol{\omega}}}_i \boldsymbol{r}_{ji} + \widetilde{\boldsymbol{\omega}}_i \dot{\boldsymbol{r}}_{ji} + \dot{\widetilde{\boldsymbol{\omega}}}_{ji} \boldsymbol{d}_{jj} + \widetilde{\boldsymbol{\omega}}_{ji} \dot{\boldsymbol{d}}_{jj}, \end{aligned} \tag{9.80}$$

mit den Vektorableitungen $\dot{\boldsymbol{r}}_{ji} = \boldsymbol{v}_j - \boldsymbol{v}_i$ und $\dot{\boldsymbol{d}}_{jj} = \widetilde{\boldsymbol{\omega}}_j \boldsymbol{d}_{jj}$ sowie

$$\begin{aligned} \dot{\boldsymbol{\omega}}_{ji} &= \qquad {}_k\dot{\boldsymbol{\omega}}_{ji} \qquad + \qquad \widetilde{\boldsymbol{\omega}}_k \boldsymbol{\omega}_{ji} \\ \dot{\boldsymbol{\omega}}_{ji} &= \begin{bmatrix} \boldsymbol{e}_{xk} & \boldsymbol{e}_{yk} & \boldsymbol{e}_{zk} \end{bmatrix} \begin{bmatrix} \dot{\eta}_{j1} \\ \dot{\eta}_{j2} \\ \dot{\eta}_{j3} \end{bmatrix} + \begin{bmatrix} \widetilde{\boldsymbol{\omega}}_k \boldsymbol{e}_{xk} & \widetilde{\boldsymbol{\omega}}_k \boldsymbol{e}_{yk} & \widetilde{\boldsymbol{\omega}}_k \boldsymbol{e}_{zk} \end{bmatrix} \begin{bmatrix} \eta_{j1} \\ \eta_{j2} \\ \eta_{j3} \end{bmatrix}. \end{aligned} \tag{9.81}$$

Die expliziten Gelenkbindungen auf Beschleunigungsebene können dann in die Form (9.61) gebracht werden mit dem nicht von den Beschleunigungen $\dot{\hat{\boldsymbol{v}}}_i$ und $\dot{\boldsymbol{\eta}}_j$ abhängenden 6-Vektor

$$\bar{\hat{\boldsymbol{a}}}_j^{\mathrm{rel}} = \begin{bmatrix} \widetilde{\boldsymbol{\omega}}_k \boldsymbol{\omega}_{ji} \\ \widetilde{\boldsymbol{\omega}}_i (\boldsymbol{v}_j - \boldsymbol{v}_i) - \widetilde{\boldsymbol{d}}_{jj} \widetilde{\boldsymbol{\omega}}_k \boldsymbol{\omega}_{ji} + \widetilde{\boldsymbol{\omega}}_{ji} \widetilde{\boldsymbol{\omega}}_j \boldsymbol{d}_{jj} \end{bmatrix}. \tag{9.82}$$

9.6 Reaktionsbedingungen für Gelenke

Die Reaktionskräfte und Reaktionsmomente am freigeschnittenen Gelenk zwischen den Körpern i und j werden als Kraftwinder bezüglich der Ursprungspunkte der Koordinatensysteme ausgedrückt und zu räumlichen 6-Vektoren zusammengefasst (Abb. 9.19),

$$\hat{\boldsymbol{f}}_i^{\mathrm{r}} = \begin{bmatrix} \boldsymbol{\tau}_i^{\mathrm{r}} \\ \boldsymbol{f}_i^{\mathrm{r}} \end{bmatrix}, \qquad \hat{\boldsymbol{f}}_j^{\mathrm{r}} = \begin{bmatrix} \boldsymbol{\tau}_j^{\mathrm{r}} \\ \boldsymbol{f}_j^{\mathrm{r}} \end{bmatrix}. \tag{9.83}$$

Hierbei ist $\hat{\boldsymbol{f}}_j^{\mathrm{r}}$ der vom Körper i auf den Körper j wirkende Reaktionskraftwinder bezüglich O_j und $\hat{\boldsymbol{f}}_i^{\mathrm{r}}$ der vom Körper j auf den Körper i wirkende Reaktionskraftwinder bezüglich O_i.

9.6.1 Explizite Reaktionsbedingungen

Entsprechend (7.57) werden die Reaktionskraftwinder unter Verwendung der Bindungsmatrizen aus der impliziten Geschwindigkeitsbindung (9.15) in Abhängigkeit von den b_{ij} minimalen Reaktionskoordinaten des Gelenks $\boldsymbol{\lambda}_{ij}$ ausgedrückt,

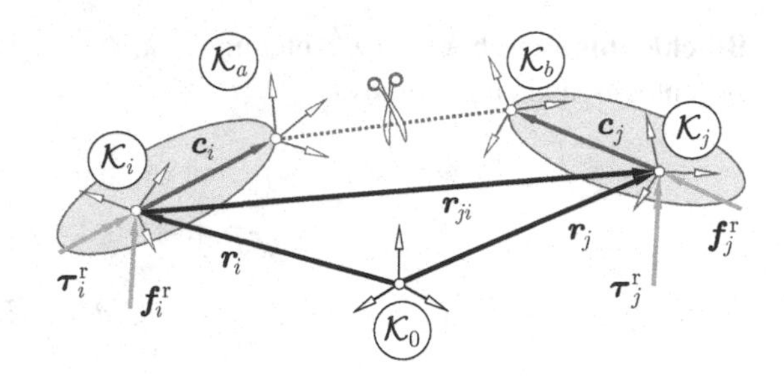

Abb. 9.19 Reaktionskraftwinder an einem allgemeinen Gelenk zwischen den Körpern i und j

$$\hat{f}_i^r = G_i^T \lambda_{ij} \quad \text{oder} \quad \begin{bmatrix} \tau_i^r \\ f_i^r \end{bmatrix} = \begin{bmatrix} G_{Ri}^T \\ G_{Ti}^T \end{bmatrix} \lambda_{ij}, \tag{9.84}$$

$$\hat{f}_j^r = G_j^T \lambda_{ij} \quad \text{oder} \quad \begin{bmatrix} \tau_j^r \\ f_j^r \end{bmatrix} = \begin{bmatrix} G_{Rj}^T \\ G_{Tj}^T \end{bmatrix} \lambda_{ij}. \tag{9.85}$$

9.6.2 Implizite Reaktionsbedingungen

Die Reaktionskraftwinder $\hat{f}_i^r$ und $\hat{f}_j^r$ stehen senkrecht auf den freien Raumrichtungen der Gelenkbindungen, die durch die Spaltenvektoren der (12,12)-Matrix $\hat{J}_{ji}$ der expliziten Gelenkbindungen (9.56) definiert sind. Damit gelten die impliziten Reaktionsbedingungen

$$\underbrace{\begin{bmatrix} E & B_{ji}^T \\ 0 & C_j^T \end{bmatrix}}_{\hat{J}_{ji}^T} \begin{bmatrix} \hat{f}_i^r \\ \hat{f}_j^r \end{bmatrix} = \begin{bmatrix} 0 \\ 0 \end{bmatrix} \tag{9.86}$$

oder ausgeschrieben

$$\hat{f}_i^r + B_{ji}^T \hat{f}_j^r = 0 \quad \Rightarrow \quad \begin{bmatrix} \tau_i^r \\ f_i^r \end{bmatrix} + \begin{bmatrix} E & \tilde{r}_{ji} \\ 0 & E \end{bmatrix} \begin{bmatrix} \tau_j^r \\ f_j^r \end{bmatrix} = \begin{bmatrix} 0 \\ 0 \end{bmatrix}, \tag{9.87}$$

$$C_j^T \hat{f}_j^r = 0 \quad \Rightarrow \quad \begin{bmatrix} C_{Rj}^T & C_{Tj}^T \end{bmatrix} \begin{bmatrix} \tau_j^r \\ f_j^r \end{bmatrix} = 0. \tag{9.88}$$

Die implizite Reaktionsbedingung (9.87) mit der Versatzmatrix B_{ji} gilt unabhängig vom Gelenktyp. Sie repräsentiert den Zusammenhang zwischen den Reaktionskraftwindern an den beiden Körpern unter Berücksichtigung des Gegenwirkungsprinzips und des Versatzmomentes von O_j nach O_i,

$$\tau_i^r = -\left(\tau_j^r + \tilde{r}_{ji} f_j^r\right), \tag{9.89}$$

$$f_i^r = -f_j^r. \tag{9.90}$$

Tab. 9.11 Reaktionsbedingungen für ein allgemeines holonomes Gelenk

Explizite Reaktionsbedingungen (minimale Reaktionskoordinaten $\boldsymbol{\lambda}_{ij}$)	Implizite Reaktionsbedingungen
(9.84) : $\hat{\boldsymbol{f}}_i^{\mathrm{r}} = \boldsymbol{G}_i^{\mathrm{T}}\,\boldsymbol{\lambda}_{ij}$	(9.87) : $\hat{\boldsymbol{f}}_i^{\mathrm{r}} + \boldsymbol{B}_{ji}^{\mathrm{T}}\,\hat{\boldsymbol{f}}_j^{\mathrm{r}} = \boldsymbol{0}$
(9.85) : $\hat{\boldsymbol{f}}_j^{\mathrm{r}} = \boldsymbol{G}_j^{\mathrm{T}}\,\boldsymbol{\lambda}_{ij}$	(9.88) : $\boldsymbol{C}_j^{\mathrm{T}}\,\hat{\boldsymbol{f}}_j^{\mathrm{r}} = \boldsymbol{0}$

Die implizite Reaktionsbedingung (9.88) hängt wegen der gelenkspezifischen JACOBI-Matrix $\boldsymbol{C}_j$ vom Gelenktyp ab. Die Reaktionsbedingungen für ein allgemeines holonomes Gelenk sind in Tab. 9.11 zusammengefasst.

9.6.3 Reaktionsbedingungen für das Drehgelenk

Exemplarisch werden die Reaktionsbedingungen für das Drehgelenk aufgestellt und physikalisch interpretiert.

Explizite Reaktionsbedingungen Mit den (5,6)-Bindungsmatrizen $\boldsymbol{G}_i$ und $\boldsymbol{G}_j$ aus (9.43) lauten die expliziten Reaktionsbedingungen (9.84) und (9.85) für das Drehgelenk

$$\begin{bmatrix} \boldsymbol{\tau}_i^{\mathrm{r}} \\ \boldsymbol{f}_i^{\mathrm{r}} \end{bmatrix} = \begin{bmatrix} -\widetilde{\boldsymbol{c}}_i & -\widetilde{\boldsymbol{u}}_j\,\boldsymbol{m}_i & -\widetilde{\boldsymbol{u}}_j\,\boldsymbol{n}_i \\ -\boldsymbol{E} & \boldsymbol{0} & \boldsymbol{0} \end{bmatrix} \begin{bmatrix} \boldsymbol{\lambda}_{123} \\ \lambda_4 \\ \lambda_5 \end{bmatrix}, \tag{9.91}$$

$$\begin{bmatrix} \boldsymbol{\tau}_j^{\mathrm{r}} \\ \boldsymbol{f}_j^{\mathrm{r}} \end{bmatrix} = \begin{bmatrix} \widetilde{\boldsymbol{c}}_j & \widetilde{\boldsymbol{u}}_j\,\boldsymbol{m}_i & \widetilde{\boldsymbol{u}}_j\,\boldsymbol{n}_i \\ \boldsymbol{E} & \boldsymbol{0} & \boldsymbol{0} \end{bmatrix} \begin{bmatrix} \boldsymbol{\lambda}_{123} \\ \lambda_4 \\ \lambda_5 \end{bmatrix} \tag{9.92}$$

mit dem Vektor $\boldsymbol{\lambda}_{123} = [\,\lambda_1 \;\; \lambda_2 \;\; \lambda_3\,]^{\mathrm{T}}$.

Für die Interpretation von (9.92) werden die Reaktionskraftwinder von den jeweiligen Körper-Bezugspunkten O_i und O_j auf einen beliebigen Punkt $P \equiv P_i \equiv P_j$ der Gelenkachse (Abb. 9.20) umgerechnet,

$$\begin{bmatrix} \boldsymbol{\tau}_i^{\mathrm{r}(P)} \\ \boldsymbol{f}_i^{\mathrm{r}} \end{bmatrix} = \begin{bmatrix} \boldsymbol{\tau}_i^{\mathrm{r}} + (-\widetilde{\boldsymbol{c}}_i)\,\boldsymbol{f}_i^{\mathrm{r}} \\ \boldsymbol{f}_i^{\mathrm{r}} \end{bmatrix} = \begin{bmatrix} -\widetilde{\boldsymbol{u}}_j\,\boldsymbol{m}_i\,\lambda_4 - \widetilde{\boldsymbol{u}}_j\,\boldsymbol{n}_i\,\lambda_5 \\ -\boldsymbol{\lambda}_{123} \end{bmatrix}, \tag{9.93}$$

$$\begin{bmatrix} \boldsymbol{\tau}_j^{\mathrm{r}(P)} \\ \boldsymbol{f}_j^{\mathrm{r}} \end{bmatrix} = \begin{bmatrix} \boldsymbol{\tau}_j^{\mathrm{r}} + (-\widetilde{\boldsymbol{c}}_j)\,\boldsymbol{f}_j^{\mathrm{r}} \\ \boldsymbol{f}_j^{\mathrm{r}} \end{bmatrix} = \begin{bmatrix} \widetilde{\boldsymbol{u}}_j\,\boldsymbol{m}_i\,\lambda_4 + \widetilde{\boldsymbol{u}}_j\,\boldsymbol{n}_i\,\lambda_5 \\ \boldsymbol{\lambda}_{123} \end{bmatrix}. \tag{9.94}$$

Nach dem Gegenwirkungsprinzip sind die Reaktionskräfte $\boldsymbol{f}_i^{\mathrm{r}}$, $\boldsymbol{f}_j^{\mathrm{r}}$ und die Reaktionsmomente $\boldsymbol{\tau}_i^{\mathrm{r}(P)}$, $\boldsymbol{\tau}_j^{\mathrm{r}(P)}$ an den Schnittufern des Drehgelenks betragsgleich und entgegengesetzt

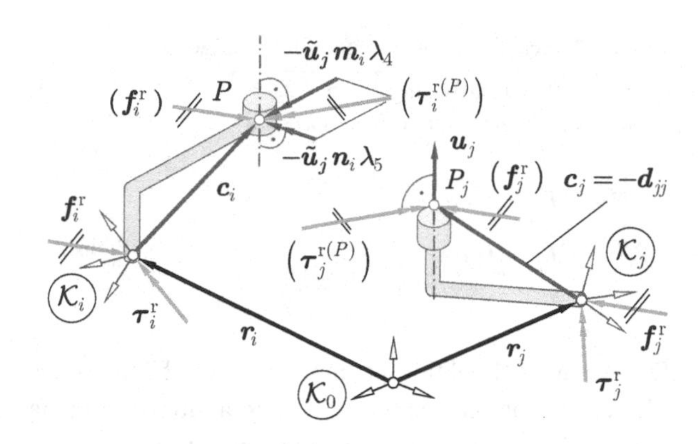

Abb. 9.20 Reaktionskräfte und Reaktionsmomente am freigeschnittenen Drehgelenk

gerichtet (Abb. 9.20). Die Reaktionsmomente stehen senkrecht auf der Gelenkachse $\boldsymbol{u}_j$. Wegen der freien Relativdrehung um die Gelenkachse tritt in Richtung von $\boldsymbol{u}_j$ kein Reaktionsmoment auf.

Implizite Reaktionsbedingungen Die vom Gelenktyp unabhängige implizite Reaktionsbedingung (9.87) wurde bereits mit (9.89) und (9.90) interpretiert. Die gelenkspezifische implizite Reaktionsbedingung (9.88) für das Drehgelenk lautet mit der Matrix $\boldsymbol{C}_j$ aus (9.66)

$$\boldsymbol{C}_j^{\mathrm{T}}\,\hat{\boldsymbol{f}}_j^{\mathrm{r}} = \boldsymbol{0} \quad \Rightarrow \quad \begin{bmatrix} \boldsymbol{u}_j^{\mathrm{T}} & \boldsymbol{u}_j^{\mathrm{T}}\widetilde{\boldsymbol{d}}_{jj} \end{bmatrix} \begin{bmatrix} \boldsymbol{\tau}_j^{\mathrm{r}} \\ \boldsymbol{f}_j^{\mathrm{r}} \end{bmatrix} = 0 \tag{9.95}$$

und damit

$$\boldsymbol{u}_j^{\mathrm{T}}\,(\boldsymbol{\tau}_j^{\mathrm{r}} + \widetilde{\boldsymbol{d}}_{jj}\,\boldsymbol{f}_j^{\mathrm{r}}) = 0 \quad \Rightarrow \quad \boldsymbol{u}_j^{\mathrm{T}}\,\boldsymbol{\tau}_j^{\mathrm{r}(P)} = 0. \tag{9.96}$$

Dies bestätigt wieder, dass das auf einem beliebigen Punkt P der Gelenkachse bezogene Reaktionsmoment $\boldsymbol{\tau}_j^{\mathrm{r}(P)}$ senkrecht auf dem Drehachsvektor $\boldsymbol{u}_j$ steht.

9.7 Verwendung der Bindungen in Bewegungsgleichungen

Mit den beschriebenen Bindungen von Gelenken und den dazu gehörenden Reaktionsbedingungen können verschiedene Formulierungen der Bewegungsgleichungen von Mehrkörpersystemen aufgebaut werden. Übersichten geben NIKRAVESH [74] und FEATHERSTONE [24]. Die in den Kap. 10 und 11 behandelten Formulierungen sind in Tab. 9.12 am Beispiel des räumlichen Gelenkvierecks, siehe auch Abb. 9.4, zusammengefasst.

Bewegungsgleichungen in absoluten Körperkoordinaten Die Bewegungsgleichungen in absoluten Körperkoordinaten wurden bereits in Abschn. 7.6 behandelt. Alle Gelenke des Systems werden durch implizite Bindungen beschrieben. Die Bewegungsgleichungen werden in den absoluten Lagekoordinaten $\hat{\boldsymbol{r}}$ der Körper relativ zum raumfesten System $\mathcal{K}_0$

Tab. 9.12 Formulierungen der Bewegungsgleichungen von Mehrkörpersystemen, dargestellt am Beispiel eines räumlichen Gelenkvierecks (RUSR-Mechanismus)

Bewegungsgleichungen	Darstellung
in Absolutkoordinaten [Anzahl Gleichungen] $\dot{\hat{\boldsymbol{r}}} = \widehat{\boldsymbol{H}}(\hat{\boldsymbol{r}})\,\hat{\boldsymbol{v}}$ [21*] $\widehat{\boldsymbol{M}}\,\dot{\hat{\boldsymbol{v}}} = \hat{\boldsymbol{f}}^{\mathrm{ec}}(\hat{\boldsymbol{r}},\hat{\boldsymbol{v}},t) + \boldsymbol{G}^{\mathrm{T}}(\hat{\boldsymbol{r}},t)\,\boldsymbol{\lambda}$ [18] $\boldsymbol{0} = \boldsymbol{g}(\hat{\boldsymbol{r}},t)$ [17] $\boldsymbol{0} = \boldsymbol{g}_{\mathrm{E}}(\hat{\boldsymbol{r}})^*$ [3*] * bei Euler-Parametern Bei freien Systemen sind die Absolutkoordinaten zugleich Minimalkoordinaten (bis auf evtl. als Absolutkoordinaten verwendete EULER-Parameter).	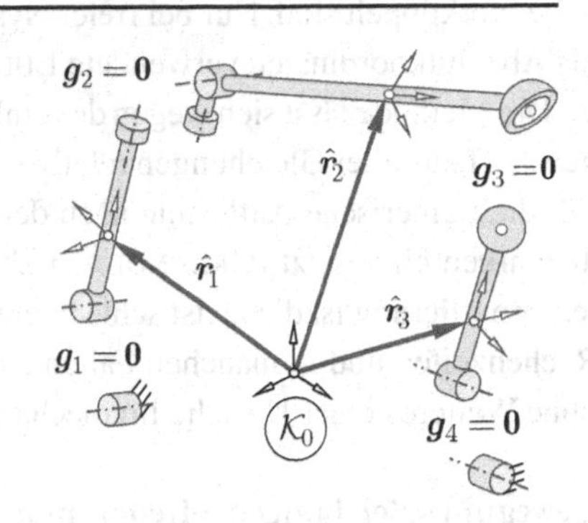
in Gelenkkoordinaten [Anzahl Gleichungen] $\dot{\boldsymbol{\beta}} = \boldsymbol{H}_\eta(\boldsymbol{\beta})\,\boldsymbol{\eta}$ [4] $\boldsymbol{M}(\boldsymbol{\beta},t)\,\dot{\boldsymbol{\eta}} = \boldsymbol{k}^{\mathrm{ec}}(\boldsymbol{\beta},\boldsymbol{\eta},t) + \boldsymbol{G}^{\ell\mathrm{T}}(\boldsymbol{\beta},t)\,\boldsymbol{\lambda}^{\mathrm{s}}$ [4] $\boldsymbol{0} = \boldsymbol{g}^{\ell}(\boldsymbol{\beta},t)$ [3] Bei offenen Systemen sind die Gelenkkoordinaten Minimalkoordinaten (bis auf evtl. als Gelenkkoordinaten verwendete EULER-Parameter).	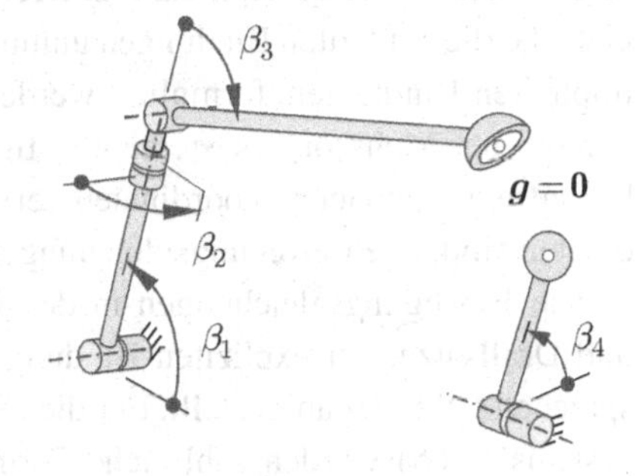
in Minimalkoordinaten [Anzahl Gleichungen] $\dot{\boldsymbol{q}} = \overline{\boldsymbol{H}}_s(\boldsymbol{q})\,\boldsymbol{s}$ [1] $\overline{\boldsymbol{M}}(\boldsymbol{q},t)\,\dot{\boldsymbol{s}} = \bar{\boldsymbol{k}}^{\mathrm{ec}}(\boldsymbol{q},\boldsymbol{s},t)$ [1]	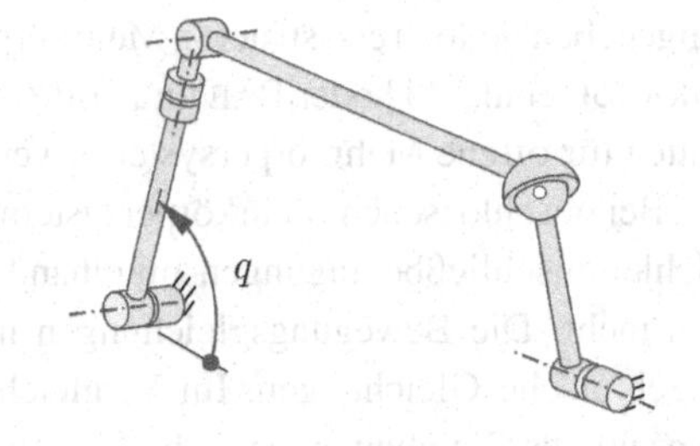

unter Berücksichtigung der expliziten Reaktionsbedingungen mit den minimalen Koordinaten der Reaktionskraftwinder an den Gelenken aufgestellt. Erhalten wird eine große Anzahl von Differentialgleichungen und algebraischen Bindungsgleichungen, die schwach miteinander verkoppelt sind. Nur bei freien Systemen sind die absoluten Koordinaten, bis auf evtl. als Absolutkoordinaten verwendete EULER-Parameter, zugleich Minimalkoordinaten.

Die Methode lässt sich wegen des einheitlichen und von der Systemtopologie unabhängigen Aufbaus aller Gleichungen relativ einfach implementieren, siehe z. B. NIKRAVESH [73]. Für die numerische Auflösung nach den Unbekannten werden so genannte *sparse-matrix*-Techniken eingesetzt (ORLANDEA et al. [78]). Nachteilig gegenüber der Gelenkkoordinatenformulierung ist die meist schlechtere numerische Effizienz. Dies äußert sich in erhöhten Rechenzeiten und in manchen Fällen auch in numerischen Problemen, die sich nicht mehr ohne Weiteres einer Ursache im mechanischen Modell zuordnen lassen.

Bewegungsgleichungen offener und geschlossener MKS in Gelenkkoordinaten In Abschn. 9.5 wurde gezeigt, dass für Dreh- und Schubgelenke und daraus zusammengesetzte Gelenke die expliziten Bindungen unmittelbar, also ohne die vorangehende Aufstellung der impliziten Bindungen, formuliert werden können. Damit werden die Bewegungsgleichungen offener Mehrkörpersysteme günstig in den Gelenkkoordinaten $\boldsymbol{\beta}$ aufgestellt, die hier, bis auf evtl. als Gelenkkoordinaten verwendete EULER-Parameter, zugleich Minimalkoordinaten sind. Die Bewegungsgleichungen sind damit gewöhnliche Differentialgleichungen.

Die Bewegungsgleichungen in den Gelenkkoordinaten werden mit Hilfe der Impuls- und Drallsätze, der expliziten Bindungen und der impliziten Reaktionsbedingungen entsprechend Tab. 7.2 aufgestellt. Für die recheneffiziente Auflösung des linearen Gleichungssystems (7.65) wurden zahlreiche Formalismen entwickelt. Nichtrekursive Formalismen werden von WALKER und ORIN [111], KIM und VANDERPLOEG [52] sowie NIKRAVESH und GIM [77] beschrieben. Der rekursive Formalismus wurde zuerst von VERESHCHAGIN [110] angegeben, jedoch erst später in Mehrkörper-Programmentwicklungen umgesetzt, siehe z. B. BRANDL et al. [11] oder BAE und HAUG [4]. Die Bewegungsgleichungen in Gelenkkoordinaten für offene Mehrkörpersysteme werden in Kap. 10 behandelt.

Bei geschlossenen Mehrkörpersystemen sind die Gelenkkoordinaten über die impliziten Schleifenschließbedingungen miteinander verkoppelt und damit keine Minimalkoordinaten mehr. Die Bewegungsgleichungen in den Gelenkkoordinaten sind damit differential-algebraische Gleichungen. Im Vergleich zur Formulierung in Absolutkoordinaten ist die Anzahl der Gleichungen jedoch wesentlich kleiner, siehe z. B. FEATHERSTONE [24]. Rekursive Formalismen beschreiben BRANDL et al. [12], BAE und HAUG [5], WEHAGE [112] und REIN [87]. Die Bewegungsgleichungen für geschlossene Mehrkörpersysteme in Gelenkkoordinaten werden in Abschn. 11.4 angegeben.

Bewegungsgleichungen geschlossener MKS in Minimalkoordinaten Um die Bewegungsgleichungen geschlossener Mehrkörpersysteme ebenfalls in der numerisch vorteilhaften Form der gewöhnlichen Differentialgleichungen zu erhalten, müssen die Gelenkkoordinaten mit Hilfe der expliziten Schleifenschließbedingungen durch Minimalkoordinaten ausgedrückt werden. Wegen der komplexen algebraischen Struktur der impliziten Schließbedingungen ist der Übergang auf die expliziten Schließbedingungen jedoch i. Allg. nur durch numerische Verfahren zu Lösung nichtlinearer algebraischer Gleichungssysteme möglich. Dieser Aufwand konkurriert dann mit dem Mehraufwand zur Lösung der differential-algebraischen Gleichungen bei der Formulierung in Gelenkkoordinaten.

Die Bewegungsgleichungen in Minimalkoordinaten sind aber auf jeden Fall vorteilhaft, wenn die expliziten Schließbedingungen analytisch aufgestellt werden können, was bei vielen Systemen möglich ist, siehe HILLER [42] und KECSKEMÉTHY [50]. Die Bewegungsgleichungen für geschlossene Mehrkörpersysteme in Minimalkoordinaten werden in Abschn. 11.5 angegeben.

Bewegungsgleichungen in absoluten Punktkoordinaten Diese, im vorliegenden Buch nicht behandelte, Formulierung geht von der Überlegung aus, dass ein starrer Körper aus Massenpunkten aufgebaut werden kann, deren Abstand konstant ist, siehe NIKRAVESH und AFFIFI [76]. Die Koordinaten der Systembeschreibung sind dann die absoluten Lagekoordinaten der Punkte. Die Abstandsbedingungen werden als implizite Bindungen für diese Koordinaten formuliert. Gegenüber der Formulierung in absoluten Körperkoordinaten ist die Anzahl von Differentialgleichungen noch größer. Es wird aber keine Beschreibung von Starrkörperdrehungen z. B. durch EULER-Parameter benötigt, und auch die Formulierung vieler Gelenkbindungen wird einfacher. Zahlreiche Gelenke lassen sich bereits dadurch definieren, dass Punkte zugleich zwei Körpern angehören. Ein gemeinsamer Punkt entspricht z. B. einem Kugelgelenk, zwei gemeinsame Punkte beschreiben ein Drehgelenk. Weitere Gelenke lassen sich über Beziehungen zwischen Verbindungsvektoren von Punkten definieren. Einen verwandten Ansatz unter Verwendung körperfester Punkte und Richtungsvektoren beschreiben GARCÍA DE JALÓN und BAYO [27].

10 Offene Mehrkörpersysteme

Bei offenen Mehrkörpersystemen sind die Gelenkkoordinaten zugleich Minimalkoordinaten. Betrachtet werden hier offene Mehrkörpersysteme mit holonomen Gelenken. Die Bewegungsgleichungen werden günstig als gewöhnliche Differentialgleichungen in den Gelenkkoordinaten aufgestellt, da die expliziten Bindungen zumindest bei Dreh- und Schubgelenken und daraus zusammengesetzten Gelenken unmittelbar, also ohne vorherige Aufstellung der impliziten Bindungen, analytisch formuliert werden können.

Auf der Grundlage der topologischen Beschreibung der Baumstruktur mit Hilfe von Topologiematrizen in Abschn. 10.1 werden in Abschn. 10.2 die expliziten Bindungen der einzelnen Körper unter Verwendung der in Abschn. 9.5 hergeleiteten expliziten Bindungen der Gelenke formuliert. Die Bindungen auf Beschleunigungsebene bilden zusammen mit den in Abschn. 10.3 beschriebenen impliziten Reaktionsbedingungen und den Impuls- und Drallsätzen der Körper das in Abschn. 10.4 gezeigte System linearer Bestimmungsgleichungen für die absoluten Beschleunigungen der Körper, die Gelenkbeschleunigungen und die Reaktionskraftwinder. Es bildet den gemeinsamen Zugang zu den nichtrekursiven und rekursiven Formalismen für die Aufstellung der Bewegungsgleichungen in den Minimalkoordinaten, die in den Abschn. 10.5 und 10.6 beschrieben werden. Ein Beispiel eines offenen Mehrkörpersystems folgt in Abschn. 10.7.

10.1 Topologie offener Mehrkörpersysteme

Gemäß Tab. 9.7 weisen offene Mehrkörpersysteme Ketten- oder Baumstruktur auf. Die Anzahl der Körper n (ohne Bezugskörper) stimmt mit der Anzahl der Gelenke n_{G} überein. Das raumfeste Bezugssystem wird auch als die *Baumwurzel* bezeichnet. Bei einem offenen Mehrkörpersystem besteht ein eindeutiger Weg vom raumfesten Bezugssystem hin zu jedem Körper des Systems. Entlang dieses Weges hat jeder Körper einen eindeutigen *Vorgängerkörper*. Der oder die unmittelbar an einen Körper anschließenden Körper werden als die

C. Woernle, *Mehrkörpersysteme,* https://doi.org/10.1007/978-3-662-64530-7_10

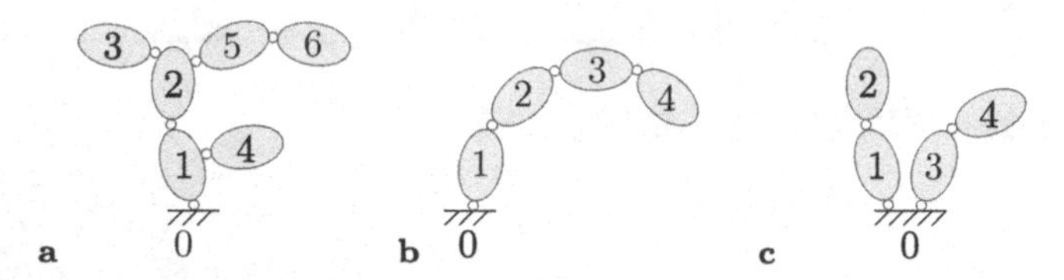

Abb. 10.1 Beispiele zur topologischen Beschreibung offener Mehrkörpersysteme

Nachfolgekörper dieses Körpers bezeichnet. Ein Körper mit mehreren Nachfolgekörpern wird *Verzweigungskörper* genannt. Die jeweils äußeren Körper, die keinen Nachfolgekörper besitzen, werden als *Blattkörper* bezeichnet.

Die n Körper werden nun so nummeriert, dass entlang aller Wege vom raumfesten System zu den Blattkörpern aufsteigende Nummernfolgen vorliegen, wobei die Ziffern von 1 bis n verwendet werden. Dem raumfesten System wird die Ziffer 0 zugeordnet. Abbildung 10.1 zeigt drei Beispiele.

Die topologische Beschreibung des Systems gibt wieder, welche Körper des Systems durch Gelenke miteinander verbunden sind. Hierzu werden zwei Matrizen, die *Inzidenzmatrix* $\boldsymbol{S}$ und die *Wegematrix* $\boldsymbol{T}$, gebildet. Die $(n{,}n)$-Inzidenzmatrix $\boldsymbol{S}$ gibt für jeden Körper i den jeweiligen Vorgängerkörper $p(i)$ an. Die Elemente S_{ij} der Inzidenzmatrix lauten

$$S_{ij} = \begin{cases} 1 & \text{für } \; i = j \quad \text{(Hauptdiagonale)} \\ -1 & \text{für } \; j = p(i) \\ 0 & \text{sonst.} \end{cases} \tag{10.1}$$

Die Baumstruktur mit $n = 6$ Körpern in Abb. 10.1a besitzt damit die (6,6)-Inzidenzmatrix

$$\begin{array}{c} \\ \\ \boldsymbol{S} = \end{array} \begin{array}{c} \begin{array}{cccccc} 1 & \boxed{2} & 3 & 4 & \boxed{5} & 6 \\ \downarrow & \downarrow & \downarrow & \downarrow & \downarrow & \downarrow \end{array} \\ \left[\begin{array}{cccccc} 1 & 0 & 0 & 0 & 0 & 0 \\ -1 & 1 & 0 & 0 & 0 & 0 \\ 0 & -1 & 1 & 0 & 0 & 0 \\ -1 & 0 & 0 & 1 & 0 & 0 \\ 0 & \boxed{-1} & 0 & 0 & \boxed{1} & 0 \\ 0 & 0 & 0 & 0 & -1 & 1 \end{array}\right] \end{array} \begin{array}{l} \\ \\ \leftarrow 1 \\ \leftarrow 2 \\ \leftarrow 3 \\ \leftarrow 4 \\ \leftarrow \boxed{5} \\ \leftarrow 6 \end{array} . \tag{10.2}$$

Wegen der vom raumfesten System 0 aufsteigenden Körpernummern liegt eine untere Dreiecksmatrix vor. Alle Hauptdiagonalelemente sind 1. Exemplarisch wird der Körper $i = 5$ betrachtet. Er hat den Vorgängerkörper $p(5) = 2$. In Zeile $i = 5$ steht damit an der Stelle $p(5) = 2$ das Element -1.

Die $(n{,}n)$-*Wegematrix* $\boldsymbol{T}$ gibt an, welche Körper entlang des Weges vom raumfesten System 0 zu einem Körper liegen. Ihre Elemente T_{ij} lauten

$$T_{ij} = \begin{cases} 1 & \text{falls } i = j \quad \text{(Hauptdiagonale)} \\ 1 & \text{falls } j \text{ auf dem Weg von 0 nach } i \text{ liegt} \\ 0 & \text{sonst}\,. \end{cases} \tag{10.3}$$

Die Wegematrix $\boldsymbol{T}$ ist die Inverse der Inzidenzmatrix $\boldsymbol{S}$, also

$$\boldsymbol{T} = \boldsymbol{S}^{-1} \quad \text{oder} \quad \boldsymbol{T}\,\boldsymbol{S} = \boldsymbol{E}\,. \tag{10.4}$$

Die Baumstruktur in Abb. 10.1a besitzt gemäß (10.3) die (6,6)-Wegematrix

$$\begin{array}{c} \begin{array}{cccccc} 1 & 2 & 3 & 4 & \boxed{5} & 6 \\ \downarrow & \downarrow & \downarrow & \downarrow & \downarrow & \downarrow \end{array} \\ \boldsymbol{T} = \begin{bmatrix} 1 & 0 & 0 & 0 & 0 & 0 \\ 1 & 1 & 0 & 0 & 0 & 0 \\ 1 & 1 & 1 & 0 & 0 & 0 \\ 1 & 0 & 0 & 1 & 0 & 0 \\ 1 & 1 & 0 & 0 & 1 & 0 \\ 1 & 1 & 0 & 0 & 1 & 1 \end{bmatrix} \begin{array}{l} \leftarrow 1 \\ \leftarrow 2 \\ \leftarrow 3 \\ \leftarrow 4 \\ \leftarrow \boxed{5} \\ \leftarrow 6 \end{array} \end{array} . \tag{10.5}$$

Die Wegematrix ist ebenfalls eine untere Dreiecksmatrix. Alle Hauptdiagonalelemente sind 1. Exemplarisch wird wieder der Körper $i = 5$ betrachtet. Die Indizes der Körper entlang des Weges vom raumfesten System 0 zum Körper 5 sind 1 und 2. Dementsprechend steht in Zeile $i = 5$ an den Elementen 1 und 2 jeweils eine 1.

Für die Kettenstruktur in Abb. 10.1b mit $n = 4$ Körpern lauten die (4,4)-Inzidenz- und Wegematrizen

$$\boldsymbol{S} = \begin{bmatrix} 1 & 0 & 0 & 0 \\ -1 & 1 & 0 & 0 \\ 0 & -1 & 1 & 0 \\ 0 & 0 & -1 & 1 \end{bmatrix}, \quad \boldsymbol{T} = \begin{bmatrix} 1 & 0 & 0 & 0 \\ 1 & 1 & 0 & 0 \\ 1 & 1 & 1 & 0 \\ 1 & 1 & 1 & 1 \end{bmatrix}. \tag{10.6}$$

Für die Baumstruktur mit $n = 4$ Körpern in Abb. 10.1c lauten die (4,4)-Inzidenz- und Wegematrizen

$$\boldsymbol{S} = \begin{bmatrix} 1 & 0 & 0 & 0 \\ 1 & 1 & 0 & 0 \\ 0 & 0 & 1 & 0 \\ 0 & 0 & -1 & 1 \end{bmatrix}, \quad \boldsymbol{T} = \begin{bmatrix} 1 & 0 & 0 & 0 \\ 1 & 1 & 0 & 0 \\ 0 & 0 & 1 & 0 \\ 0 & 0 & 1 & 1 \end{bmatrix}. \tag{10.7}$$

10.2 Kinematik offener Mehrkörpersysteme

Die Bewegung der Körper eines offenen Mehrkörpersystems wird mit Hilfe der expliziten Bindungen der Gelenke in Abhängigkeit von den Gelenkkoordinaten ausgedrückt.

10.2.1 Minimalkoordinaten und Minimalgeschwindigkeiten

Ein offenes Mehrkörpersystem besitzt n Körper und Gelenke und weist Ketten- oder Baumstruktur auf (Abb. 10.2). Die Lage des i-ten Körpers wird durch das körperfeste Koordinatensystem $\mathcal{K}_i$ repräsentiert, dessen Ursprungspunkt O_i hier i. Allg. nicht mit dem Massenmittelpunkt S_i übereinstimmt. Der Vorgängerkörper des Körpers i hat den Index $p(i)$. Die Bewegung des Körper-Bezugssystems $\mathcal{K}_i$ relativ zum raumfesten System $\mathcal{K}_0$ wird durch die Menge der Lagegrößen $\hat{\boldsymbol{r}}_i$ entsprechend (7.1) sowie die 6-Vektoren der räumlichen Geschwindigkeiten $\hat{\boldsymbol{v}}_i$ und der räumlichen Beschleunigungen $\hat{\boldsymbol{a}}_i$ beschrieben,

$$\hat{\boldsymbol{r}}_i = \begin{Bmatrix} \boldsymbol{R}_i \\ \boldsymbol{r}_i \end{Bmatrix}, \quad \hat{\boldsymbol{v}}_i = \begin{bmatrix} \boldsymbol{\omega}_i \\ \boldsymbol{v}_i \end{bmatrix}, \quad \hat{\boldsymbol{a}}_i = \dot{\hat{\boldsymbol{v}}}_i = \begin{bmatrix} \boldsymbol{\alpha}_i \\ \boldsymbol{a}_i \end{bmatrix}. \tag{10.8}$$

Jedem Körper i ist ein hier holonomes Gelenk i mit dem Gelenk-Freiheitsgrad f_i eindeutig zugeordnet. Die dazu gehörenden relativen Gelenkkoordinaten $\boldsymbol{\beta}_i$ und Gelenkgeschwindigkeiten $\boldsymbol{\eta}_i$ sind

$$\boldsymbol{\beta}_i = \begin{bmatrix} \beta_{i,1} \\ \vdots \\ \beta_{i,f_i} \end{bmatrix}, \quad \boldsymbol{\eta}_i = \begin{bmatrix} \eta_{i,1} \\ \vdots \\ \eta_{i,f_i} \end{bmatrix}. \tag{10.9}$$

Werden ausnahmsweise gemäß (9.73) EULER-Parameter als Gelenkkoordinaten verwendet, so ist $\dim(\boldsymbol{\beta}_i) = f_i + 1$, und es gilt die Nebenbedingung (9.46),

$$g_{\mathrm{E}i}(\boldsymbol{\beta}_i) = 0\,. \tag{10.10}$$

Die Zeitableitungen der Gelenkkoordinaten $\boldsymbol{\beta}_i$ und die Gelenkgeschwindigkeiten $\boldsymbol{\eta}_i$ sind durch kinematische Differentialgleichungen der Form (9.49) mit der $(\dim(\boldsymbol{\beta}_i), f_i)$-Matrix $\boldsymbol{H}_{\eta i}$ verknüpft,

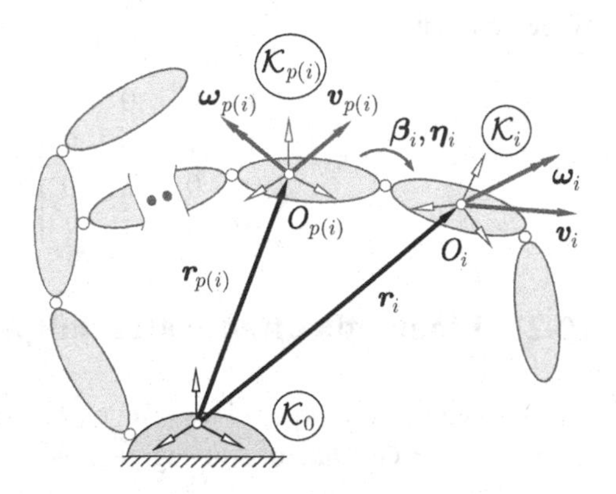

Abb. 10.2 Mehrkörpersystem mit Baumstruktur, Körper i mit Vorgängerkörper $p(i)$

$$\dot{\boldsymbol{\beta}}_i = \boldsymbol{H}_{\eta i}(\boldsymbol{\beta}_i)\,\boldsymbol{\eta}_i\,. \tag{10.11}$$

Das gesamte Mehrkörpersystem hat den Freiheitsgrad $f = \sum_{i=1}^{n} f_i$. Die relativen Gelenkkoordinaten $\boldsymbol{\beta}_i$ aller n Gelenke bilden den f-Vektor

$$\boldsymbol{\beta} = \begin{bmatrix} \boldsymbol{\beta}_1^{\mathrm{T}} & \boldsymbol{\beta}_2^{\mathrm{T}} & \dots & \boldsymbol{\beta}_n^{\mathrm{T}} \end{bmatrix}^{\mathrm{T}}. \tag{10.12}$$

Die Gelenkkoordinaten $\boldsymbol{\beta}$ sind Minimalkoordinaten des offenen Mehrkörpersystems, sofern nicht EULER-Parameter verwendet werden. In diesem Fall gelten die Nebenbedingungen (10.10), die zusammengefasst werden zu

$$\boldsymbol{g}_{\mathrm{E}}(\boldsymbol{\beta}) = \boldsymbol{0}\,. \tag{10.13}$$

Der Vektor $\boldsymbol{\beta}$ aus (10.12) hat dann die Dimension $\dim(\boldsymbol{\beta}) = f + \dim(\boldsymbol{g}_{\mathrm{E}})$.

Die f unabhängigen relativen Geschwindigkeiten der Gelenke $\boldsymbol{\eta}_i$ werden zusammengefasst zum f-Vektor der Gelenkgeschwindigkeiten

$$\boldsymbol{\eta} = \begin{bmatrix} \boldsymbol{\eta}_1^{\mathrm{T}} & \boldsymbol{\eta}_2^{\mathrm{T}} & \dots & \boldsymbol{\eta}_n^{\mathrm{T}} \end{bmatrix}^{\mathrm{T}}. \tag{10.14}$$

Die Gelenkgeschwindigkeiten $\boldsymbol{\eta}$ sind Minimalgeschwindigkeiten des Systems. Die kinematischen Differentialgleichungen (10.11) werden zusammengefasst zu

$$\begin{array}{ccccc} \begin{bmatrix} \dot{\boldsymbol{\beta}}_1 \\ \vdots \\ \dot{\boldsymbol{\beta}}_n \end{bmatrix} & = & \begin{bmatrix} \boldsymbol{H}_{\eta 1}(\boldsymbol{\beta}_1) & & \boldsymbol{0} \\ & \ddots & \\ \boldsymbol{0} & & \boldsymbol{H}_{\eta n}(\boldsymbol{\beta}_n) \end{bmatrix} & \begin{bmatrix} \boldsymbol{\eta}_1 \\ \vdots \\ \boldsymbol{\eta}_n \end{bmatrix} \\ \dot{\boldsymbol{\beta}} & = & \boldsymbol{H}_{\eta}(\boldsymbol{\beta}) & \boldsymbol{\eta} \end{array} \tag{10.15}$$

mit der $(f + \dim(\boldsymbol{g}_{\mathrm{E}})), f)$-Matrix $\boldsymbol{H}_\eta(\boldsymbol{\beta})$. Im Standardfall $\dot{\boldsymbol{\beta}} = \boldsymbol{\eta}$, der insbesondere bei Dreh- und Schubgelenken gewählt wird, siehe Abschn. 9.5.2 und 9.5.3, ist $\dim(\boldsymbol{g}_{\mathrm{E}}) = 0$ und $\boldsymbol{H}_\eta = \boldsymbol{E}$.

10.2.2 Explizite Bindungen in einer Kettenstruktur

Die expliziten Bindungen in offenen Mehrkörpersystemen liefern die absoluten Bewegungsgrößen aller Körper in Abhängigkeit von den Gelenkkoordinaten und deren Zeitableitungen. Dies ist die bereits in Abschn. 3.2.3 betrachtete Vorwärtskinematik. Die expliziten Bindungen eines offenen Mehrkörpersystems werden mit Hilfe der expliziten Gelenkbindungen aus Abschn. 9.5 aufgestellt. Zunächst werden in diesem Abschnitt Mehrkörpersysteme mit Kettenstruktur betrachtet. Entsprechend Abschn. 10.1 seien die n Körper und Gelenke ausgehend vom Inertialsystem $\mathcal{K}_0$ aufsteigend nummeriert (Abb. 10.3).

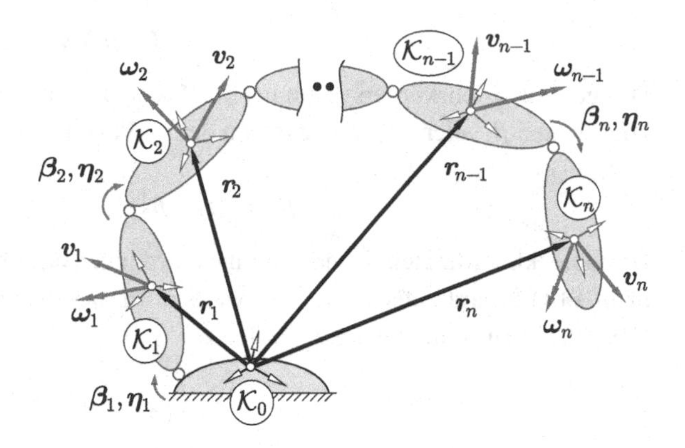

Abb. 10.3 Zur Berechnung der expliziten Bindungen in einem System mit Kettenstruktur

Explizite Bindungen auf Lageebene Bei gegebenen Gelenkkoordinaten $\boldsymbol{\beta}$ können die Lagegrößen aller Körper relativ zum System $\mathcal{K}_0$ berechnet werden, indem die expliziten Gelenkbindungen (9.47) ausgehend vom Inertialsystem $\mathcal{K}_0$ (Lagegrößen $\hat{\boldsymbol{r}}_0$ mit $\boldsymbol{R}_0 = \boldsymbol{E}$ und $\boldsymbol{r}_0 = \boldsymbol{0}$) rekursiv ausgewertet werden,

$$\hat{\boldsymbol{r}}_i = \hat{\boldsymbol{r}}_i(\hat{\boldsymbol{r}}_{i-1}, \boldsymbol{\beta}_i, t), \quad i = 1, \ldots, n. \tag{10.16}$$

Werden die Gelenkbindungen (10.16) sukzessive ineinander eingesetzt, so werden die expliziten *Körperbindungen* erhalten, welche die Lage der Körper in Abhängigkeit von den Gelenkkoordinaten beschreiben,

$$\hat{\boldsymbol{r}}_i = \hat{\boldsymbol{r}}_i(\boldsymbol{\beta}, t), \quad i = 1, \ldots, n. \tag{10.17}$$

In zusammenfassender Matrizenschreibweise lauten die expliziten Körperbindungen (10.17)

$$\begin{aligned} \begin{bmatrix} \hat{\boldsymbol{r}}_1 \\ \vdots \\ \hat{\boldsymbol{r}}_n \end{bmatrix} &= \begin{bmatrix} \hat{\boldsymbol{r}}_1(\boldsymbol{\beta}, t) \\ \vdots \\ \hat{\boldsymbol{r}}_n(\boldsymbol{\beta}, t) \end{bmatrix} \\ \hat{\boldsymbol{r}} \quad &= \quad \hat{\boldsymbol{r}}(\boldsymbol{\beta}, t) \quad . \end{aligned} \tag{10.18}$$

Explizite Bindungen auf Geschwindigkeitsebene Bei bekannter Lage des Systems und gegebenen Gelenkgeschwindigkeiten $\boldsymbol{\eta}$ können die Geschwindigkeiten der Körper $\hat{\boldsymbol{v}}_i$ ausgehend vom ruhenden System $\mathcal{K}_0$ mit $\hat{\boldsymbol{v}}_0 = \boldsymbol{0}$ mit Hilfe der expliziten Gelenkbindungen (9.54) rekursiv berechnet werden,

$$\begin{aligned} \begin{bmatrix} \boldsymbol{\omega}_i \\ \boldsymbol{v}_i \end{bmatrix} &= \begin{bmatrix} \boldsymbol{E} & \boldsymbol{0} \\ -\widetilde{\boldsymbol{r}}_{i,i-1} & \boldsymbol{E} \end{bmatrix} \begin{bmatrix} \boldsymbol{\omega}_{i-1} \\ \boldsymbol{v}_{i-1} \end{bmatrix} + \begin{bmatrix} \boldsymbol{C}_{\mathrm{R}i} \\ \boldsymbol{C}_{\mathrm{T}i} \end{bmatrix} \boldsymbol{\eta}_i + \begin{bmatrix} \bar{\boldsymbol{\omega}}_i^{\mathrm{rel}} \\ \bar{\boldsymbol{v}}_i^{\mathrm{rel}} \end{bmatrix} \\ \hat{\boldsymbol{v}}_i \quad &= \quad \boldsymbol{B}_{i,i-1} \quad \hat{\boldsymbol{v}}_{i-1} \quad + \quad \boldsymbol{C}_i \quad \boldsymbol{\eta}_i + \bar{\hat{\boldsymbol{v}}}_i^{\mathrm{rel}}, \quad i = 1, \ldots, n. \end{aligned} \tag{10.19}$$

Mit der globalen $(6n{,}6n)$-Versatzmatrix $\boldsymbol{B}(\hat{\boldsymbol{r}})$, der globalen $(6n, f)$-JACOBI-Matrix der Gelenke $\boldsymbol{C}(\hat{\boldsymbol{r}})$ und dem nur bei rheonomen Bindungen auftretenden $6n$-Vektor $\bar{\hat{\boldsymbol{v}}}^{\text{rel}}(\hat{\boldsymbol{r}}, t)$ lauten die Gelenkbindungen (10.19) in Blockmatrizenform

$$\begin{aligned}
&\begin{bmatrix} \boldsymbol{E} & \boldsymbol{0} & \boldsymbol{0} & \dots & \boldsymbol{0} & \boldsymbol{0} \\ -\boldsymbol{B}_{21} & \boldsymbol{E} & \boldsymbol{0} & \dots & \boldsymbol{0} & \boldsymbol{0} \\ \boldsymbol{0} & -\boldsymbol{B}_{32} & \boldsymbol{E} & \dots & \boldsymbol{0} & \boldsymbol{0} \\ \vdots & \vdots & \vdots & \ddots & \vdots & \vdots \\ \boldsymbol{0} & \boldsymbol{0} & \boldsymbol{0} & \dots & \boldsymbol{E} & \boldsymbol{0} \\ \boldsymbol{0} & \boldsymbol{0} & \boldsymbol{0} & \dots & -\boldsymbol{B}_{n,n-1} & \boldsymbol{E} \end{bmatrix} \begin{bmatrix} \hat{\boldsymbol{v}}_1 \\ \hat{\boldsymbol{v}}_2 \\ \hat{\boldsymbol{v}}_3 \\ \vdots \\ \hat{\boldsymbol{v}}_{n-1} \\ \hat{\boldsymbol{v}}_n \end{bmatrix} = \\
&\qquad\qquad \boldsymbol{B} \qquad\qquad\qquad \hat{\boldsymbol{v}} \quad = \\
&= \begin{bmatrix} \boldsymbol{C}_1 & \boldsymbol{0} & \boldsymbol{0} & \dots & \boldsymbol{0} & \boldsymbol{0} \\ \boldsymbol{0} & \boldsymbol{C}_2 & \boldsymbol{0} & \dots & \boldsymbol{0} & \boldsymbol{0} \\ \boldsymbol{0} & \boldsymbol{0} & \boldsymbol{C}_3 & \dots & \boldsymbol{0} & \boldsymbol{0} \\ \vdots & \vdots & \vdots & \ddots & \vdots & \vdots \\ \boldsymbol{0} & \boldsymbol{0} & \boldsymbol{0} & \dots & \boldsymbol{C}_{n-1} & \boldsymbol{0} \\ \boldsymbol{0} & \boldsymbol{0} & \boldsymbol{0} & \dots & \boldsymbol{0} & \boldsymbol{C}_n \end{bmatrix} \begin{bmatrix} \boldsymbol{\eta}_1 \\ \boldsymbol{\eta}_2 \\ \boldsymbol{\eta}_3 \\ \vdots \\ \boldsymbol{\eta}_{n-1} \\ \boldsymbol{\eta}_n \end{bmatrix} + \begin{bmatrix} \bar{\hat{\boldsymbol{v}}}_1^{\text{rel}} \\ \bar{\hat{\boldsymbol{v}}}_2^{\text{rel}} \\ \bar{\hat{\boldsymbol{v}}}_3^{\text{rel}} \\ \vdots \\ \bar{\hat{\boldsymbol{v}}}_{n-1}^{\text{rel}} \\ \bar{\hat{\boldsymbol{v}}}_n^{\text{rel}} \end{bmatrix} \\
&= \qquad\qquad \boldsymbol{C} \qquad\qquad\qquad \boldsymbol{\eta} \quad + \quad \bar{\hat{\boldsymbol{v}}}^{\text{rel}} \; .
\end{aligned} \tag{10.20}$$

Der Aufbau der globalen Versatzmatrix $\boldsymbol{B}$ folgt aus der Inzidenzmatix $\boldsymbol{S}$ der Kettenstruktur gemäß (10.6), indem die mit 1 belegten Hauptdiagonalelemente S_{ii} durch (6,6)-Einheitsmatrizen $\boldsymbol{E}$ und die mit -1 belegten Nebendiagonalelemente S_{ji} durch die (6,6)-Versatzmatrizen $-\boldsymbol{B}_{ji}$ ersetzt werden.

Die expliziten Körperbindungen auf Geschwindigkeitsebene liefern die Geschwindigkeiten der Körper in Abhängigkeit von den Gelenkkoordinaten $\boldsymbol{\beta}$ und den Gelenkgeschwindigkeiten $\boldsymbol{\eta}$. Sie werden durch Multiplikation der Gelenkbindungen (10.20) mit $\boldsymbol{B}^{-1}$ von links erhalten,

$$\hat{\boldsymbol{v}} = \boldsymbol{B}^{-1}\,\boldsymbol{C}\,\boldsymbol{\eta} + \boldsymbol{B}^{-1}\,\bar{\hat{\boldsymbol{v}}}^{\text{rel}} \,. \tag{10.21}$$

Die Inverse $\boldsymbol{B}^{-1}$ existiert stets, da $\boldsymbol{B}$ als eine untere Dreiecksmatrix, deren Hauptdiagonalelemente den Wert 1 haben, regulär ist. Sie lässt sich herleiten, indem die Gelenkbindungen (10.19) (Abkürzungen $\boldsymbol{y}_i = \boldsymbol{C}_i\,\boldsymbol{\eta}_i + \bar{\hat{\boldsymbol{v}}}_i^{\text{rel}}$)

$$\begin{aligned}
\hat{\boldsymbol{v}}_1 &= \boldsymbol{B}_{10}\,\hat{\boldsymbol{v}}_0 && + \boldsymbol{y}_1 \quad \text{mit} \quad \hat{\boldsymbol{v}}_0 = \boldsymbol{0}\,, \\
\hat{\boldsymbol{v}}_2 &= \boldsymbol{B}_{21}\,\hat{\boldsymbol{v}}_1 && + \boldsymbol{y}_2\,, \\
\hat{\boldsymbol{v}}_3 &= \boldsymbol{B}_{32}\,\hat{\boldsymbol{v}}_2 && + \boldsymbol{y}_3\,, \\
&\;\vdots \\
\hat{\boldsymbol{v}}_n &= \boldsymbol{B}_{n,n-1}\,\hat{\boldsymbol{v}}_{n-1} && + \boldsymbol{y}_n
\end{aligned}$$

sukzessive ineinander eingesetzt werden,

$$
\left.\begin{aligned}
\hat{v}_1 &= y_1\,, \\
\hat{v}_2 &= B_{21}\,y_1 + y_2\,, \\
\hat{v}_3 &= B_{32}\,B_{21}\,y_1 + B_{32}\,y_2 + y_3, \\
&\vdots \\
\hat{v}_n &= B_{n,n-1}\cdots B_{21}\,y_1 + B_{n,n-1}\cdots B_{32}\,y_2 + \ldots + B_{n,n-1}\,y_{n-1} + y_n\,.
\end{aligned}\right\} \tag{10.22}
$$

Zwei Versatzmatrizen B_{ji} und B_{kj} können durch ihren Aufbau gemäß (10.19) unter Berücksichtigung von $r_{ki} = r_{ji} + r_{kj}$ entsprechend Abb. 10.4 zu der gleichartig aufgebauten Versatzmatrix B_{ki} multipliziert werden,

$$
\begin{aligned}
\begin{bmatrix} E & 0 \\ -\widetilde{r}_{ki} & E \end{bmatrix} &= \begin{bmatrix} E & 0 \\ -\widetilde{r}_{kj} & E \end{bmatrix} \begin{bmatrix} E & 0 \\ -\widetilde{r}_{ji} & E \end{bmatrix} \\
B_{ki} \quad &= \quad B_{kj} \qquad\quad B_{ji}\,.
\end{aligned} \tag{10.23}
$$

Damit lautet (10.22)

$$
\left.\begin{aligned}
\hat{v}_1 &= y_1\,, \\
\hat{v}_2 &= B_{21}\,y_1 + y_2\,, \\
\hat{v}_3 &= B_{31}\,y_1 + B_{32}\,y_2 + y_3\,, \\
&\vdots \\
\hat{v}_n &= B_{n,1}\,y_1 + B_{n,2}\,y_2 + \ldots + B_{n,n-1}\,y_{n-1} + y_n
\end{aligned}\right\} \tag{10.24}
$$

oder in Blockmatrizenform

$$
\begin{aligned}
\begin{bmatrix} \hat{v}_1 \\ \hat{v}_2 \\ \hat{v}_3 \\ \vdots \\ \hat{v}_{n-1} \\ \hat{v}_n \end{bmatrix}
&=
\begin{bmatrix}
E & 0 & 0 & \ldots & 0 & 0 \\
B_{21} & E & 0 & \ldots & 0 & 0 \\
B_{31} & B_{32} & E & \ldots & 0 & 0 \\
\vdots & \vdots & \vdots & \ddots & \vdots & \vdots \\
B_{n-1,1} & B_{n-1,2} & B_{n-1,3} & \ldots & E & 0 \\
B_{n,1} & B_{n,2} & B_{n,3} & \ldots & B_{n,n-1} & E
\end{bmatrix}
\begin{bmatrix} y_1 \\ y_2 \\ y_3 \\ \vdots \\ y_{n-1} \\ y_n \end{bmatrix} \\
\hat{v} \quad &= \qquad\qquad\qquad B^{-1} \qquad\qquad\qquad\quad y\,.
\end{aligned} \tag{10.25}
$$

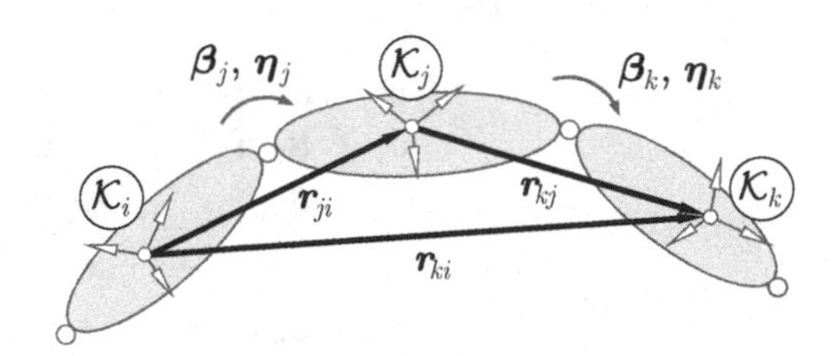

Abb. 10.4 Zum Produkt der Versatzmatrizen B_{kj} und B_{ji} in (10.23)

Die inverse Versatzmatrix $\boldsymbol{B}^{-1}$ geht aus der Wegematrix $\boldsymbol{T}$ aus (10.6) hervor, indem die mit 1 belegten Hauptdiagonalelemente T_{ii} durch (6,6)-Einheitsmatrizen $\boldsymbol{E}$ und die mit 1 belegten Nebendiagonalelemente T_{ji} durch die (6,6)-Versatzmatrizen $\boldsymbol{B}_{ji}$ ersetzt werden.

Mit der Matrix $\boldsymbol{B}^{-1}$ aus (10.25) gehen die expliziten Körperbindungen (10.21) über in die Form (7.36),

$$\begin{aligned} \hat{\boldsymbol{v}} &= \boldsymbol{B}^{-1}\,\boldsymbol{C}\,\boldsymbol{\eta} + \boldsymbol{B}^{-1}\,\bar{\hat{\boldsymbol{v}}}^{\mathrm{rel}} \\ \hat{\boldsymbol{v}} &= \boldsymbol{J}\,\boldsymbol{\eta} + \bar{\hat{\boldsymbol{v}}} \\ \begin{bmatrix} \hat{\boldsymbol{v}}_1 \\ \vdots \\ \hat{\boldsymbol{v}}_n \end{bmatrix} &= \begin{bmatrix} \boldsymbol{J}_1 \\ \vdots \\ \boldsymbol{J}_n \end{bmatrix} \boldsymbol{\eta} + \begin{bmatrix} \bar{\hat{\boldsymbol{v}}}_1 \\ \vdots \\ \bar{\hat{\boldsymbol{v}}}_n \end{bmatrix} \end{aligned} \tag{10.26}$$

mit der globalen $(6n,f)$-JACOBI-Matrix $\boldsymbol{J}(\boldsymbol{\beta},t)$ und dem nur bei rheonomen Gelenkbindungen auftretenden $6n$-Vektor $\bar{\hat{\boldsymbol{v}}}(\boldsymbol{\beta},t) = \boldsymbol{B}^{-1}\,\bar{\hat{\boldsymbol{v}}}^{\mathrm{rel}}$. Die globale JACOBI-Matrix $\boldsymbol{J}$ hat den Aufbau

$$\begin{aligned} \boldsymbol{J} \quad &= \quad \boldsymbol{B}^{-1}\,\boldsymbol{C} \\ \begin{bmatrix} \boldsymbol{J}_1 \\ \boldsymbol{J}_2 \\ \boldsymbol{J}_3 \\ \vdots \\ \boldsymbol{J}_{n-1} \\ \boldsymbol{J}_n \end{bmatrix} &= \begin{bmatrix} \boldsymbol{C}_1 & \boldsymbol{0} & \dots & \boldsymbol{0} & \boldsymbol{0} \\ \boldsymbol{B}_{21}\,\boldsymbol{C}_1 & \boldsymbol{C}_2 & \dots & \boldsymbol{0} & \boldsymbol{0} \\ \boldsymbol{B}_{31}\,\boldsymbol{C}_1 & \boldsymbol{B}_{32}\,\boldsymbol{C}_2 & \dots & \boldsymbol{0} & \boldsymbol{0} \\ \vdots & \vdots & \ddots & \vdots & \vdots \\ \boldsymbol{B}_{n-1,1}\,\boldsymbol{C}_1 & \boldsymbol{B}_{n-1,2}\,\boldsymbol{C}_2 & \dots & \boldsymbol{C}_{n-1} & \boldsymbol{0} \\ \boldsymbol{B}_{n,1}\,\boldsymbol{C}_1 & \boldsymbol{B}_{n,2}\,\boldsymbol{C}_2 & \dots & \boldsymbol{B}_{n,n-1}\,\boldsymbol{C}_{n-1} & \boldsymbol{C}_n \end{bmatrix} \end{aligned} \tag{10.27}$$

mit den $(6,f)$-JACOBI-Matrizen $\boldsymbol{J}_j$ der Körper j. Diese setzen sich wiederum jeweils aus der $(3,f)$-JACOBI-Matrix der Rotation $\boldsymbol{J}_{\mathrm{R}j}$ und der $(3,f)$- JACOBI-Matrix der Translation $\boldsymbol{J}_{\mathrm{T}j}$ zusammen. Die expliziten Körperbindungen aus (10.26) lauten damit, siehe auch (7.35),

$$\begin{aligned} \hat{\boldsymbol{v}}_j &= \boldsymbol{J}_j\,\boldsymbol{\eta} + \bar{\hat{\boldsymbol{v}}}_j \\ \begin{bmatrix} \boldsymbol{\omega}_j \\ \boldsymbol{v}_j \end{bmatrix} &= \begin{bmatrix} \boldsymbol{J}_{\mathrm{R}j} \\ \boldsymbol{J}_{\mathrm{T}j} \end{bmatrix} \boldsymbol{\eta} + \begin{bmatrix} \bar{\boldsymbol{\omega}}_j \\ \bar{\boldsymbol{v}}_j \end{bmatrix}. \end{aligned} \tag{10.28}$$

In der $(6,f)$-JACOBI-Matrix des Körpers j

$$\boldsymbol{J}_j = \left[\,\boldsymbol{J}_{j1}\ \boldsymbol{J}_{j2}\ \dots\ \boldsymbol{J}_{jj}\ \boldsymbol{0} \dots \boldsymbol{0}\,\right] \tag{10.29}$$

stehen die $(6,f_i)$-Matrizen

$$\boldsymbol{J}_{ji} = \begin{cases} \boldsymbol{B}_{ji}\,\boldsymbol{C}_i & \text{für } i \le j \quad (\boldsymbol{B}_{jj} = \boldsymbol{E}) \\ \boldsymbol{0} & \text{für } i > j\,, \end{cases} \tag{10.30}$$

welche den Einfluss der Gelenkgeschwindigkeit η_i des Gelenks i mit dem Gelenkfreiheitsgrad f_i auf die Geschwindigkeit $\hat{\boldsymbol{v}}_j$ des Körpers j beschreiben. Die expliziten Körperbindungen (10.26) können damit auch geschrieben werden als

$$\begin{array}{ccccc} \hat{\boldsymbol{v}} & = & \boldsymbol{J} & \boldsymbol{\eta} & + & \bar{\hat{\boldsymbol{v}}} \\ \begin{bmatrix} \hat{\boldsymbol{v}}_1 \\ \hat{\boldsymbol{v}}_2 \\ \vdots \\ \hat{\boldsymbol{v}}_{n-1} \\ \hat{\boldsymbol{v}}_n \end{bmatrix} & = & \begin{bmatrix} \boldsymbol{J}_{11} & \boldsymbol{0} & \dots & \boldsymbol{0} & \boldsymbol{0} \\ \boldsymbol{J}_{21} & \boldsymbol{J}_{22} & \dots & \boldsymbol{0} & \boldsymbol{0} \\ \vdots & \vdots & \ddots & \vdots & \vdots \\ \boldsymbol{J}_{n-1,1} & \boldsymbol{J}_{n-1,2} & \dots & \boldsymbol{J}_{n-1,n-1} & \boldsymbol{0} \\ \boldsymbol{J}_{n,1} & \boldsymbol{J}_{n,2} & \dots & \boldsymbol{J}_{n,n-1} & \boldsymbol{J}_{nn} \end{bmatrix} & \begin{bmatrix} \boldsymbol{\eta}_1 \\ \boldsymbol{\eta}_2 \\ \vdots \\ \boldsymbol{\eta}_{n-1} \\ \boldsymbol{\eta}_n \end{bmatrix} & + & \begin{bmatrix} \bar{\hat{\boldsymbol{v}}}_1 \\ \bar{\hat{\boldsymbol{v}}}_2 \\ \vdots \\ \bar{\hat{\boldsymbol{v}}}_{n-1} \\ \bar{\hat{\boldsymbol{v}}}_n \end{bmatrix} . \end{array} \tag{10.31}$$

Explizite Bindungen auf Beschleunigungsebene Bei gegebenen Gelenkkoordinaten $\boldsymbol{\beta}$, Gelenkgeschwindigkeiten $\boldsymbol{\eta}$ und Gelenkbeschleunigungen $\dot{\boldsymbol{\eta}}$ können die Beschleunigungen aller Körper relativ zum System $\mathcal{K}_0$ mit Hilfe der expliziten Gelenkbindungen (9.61) rekursiv berechnet werden,

$$\begin{array}{ccccccc} \begin{bmatrix} \boldsymbol{\alpha}_i \\ \boldsymbol{a}_i \end{bmatrix} & = & \begin{bmatrix} \boldsymbol{E} & \boldsymbol{0} \\ -\tilde{\boldsymbol{r}}_{i,i-1} & \boldsymbol{E} \end{bmatrix} & \begin{bmatrix} \boldsymbol{\alpha}_{i-1} \\ \boldsymbol{a}_{i-1} \end{bmatrix} & + & \begin{bmatrix} \boldsymbol{C}_{\mathrm{R}i} \\ \boldsymbol{C}_{\mathrm{T}i} \end{bmatrix} & \dot{\boldsymbol{\eta}}_i + \begin{bmatrix} \bar{\boldsymbol{\alpha}}_i^{\mathrm{rel}} \\ \bar{\boldsymbol{a}}_i^{\mathrm{rel}} \end{bmatrix} \\ \hat{\boldsymbol{a}}_i & = & \boldsymbol{B}_{i,i-1} & \hat{\boldsymbol{a}}_{i-1} & + & \boldsymbol{C}_i & \dot{\boldsymbol{\eta}}_i + \bar{\hat{\boldsymbol{a}}}_i^{\mathrm{rel}}, \quad i = 1, \dots, n . \end{array} \tag{10.32}$$

In Analogie zu (10.20) können die Gelenkbindungen (10.32) in Matrizenform zusammengefasst werden zu

$$\boldsymbol{B}\,\hat{\boldsymbol{a}} = \boldsymbol{C}\,\dot{\boldsymbol{\eta}} + \bar{\hat{\boldsymbol{a}}}^{\mathrm{rel}} \tag{10.33}$$

mit dem globalen Vektor der Gelenkbeschleunigungen $\dot{\boldsymbol{\eta}}$ sowie dem von $\dot{\boldsymbol{\eta}}$ unabhängigen $6n$-Vektor

$$\bar{\hat{\boldsymbol{a}}}^{\mathrm{rel}}(\hat{\boldsymbol{r}}, \hat{\boldsymbol{v}}, \boldsymbol{\beta}, \boldsymbol{\eta}, t) = \begin{bmatrix} \bar{\hat{\boldsymbol{a}}}_1^{\mathrm{rel}} \\ \vdots \\ \bar{\hat{\boldsymbol{a}}}_n^{\mathrm{rel}} \end{bmatrix} . \tag{10.34}$$

Die expliziten Körperbindungen auf Beschleunigungsebene werden in Analogie zu (10.21) durch Multiplikation von (10.33) mit $\boldsymbol{B}^{-1}$ von links erhalten,

$$\begin{array}{ccccc} \hat{\boldsymbol{a}} & = \boldsymbol{B}^{-1}\,\boldsymbol{C} & \dot{\boldsymbol{\eta}} + & \boldsymbol{B}^{-1}\,\bar{\hat{\boldsymbol{a}}}^{\mathrm{rel}} \\ \hat{\boldsymbol{a}} & = \quad \boldsymbol{J} & \dot{\boldsymbol{\eta}} + & \bar{\hat{\boldsymbol{a}}} \\ \begin{bmatrix} \hat{\boldsymbol{a}}_1 \\ \vdots \\ \hat{\boldsymbol{a}}_n \end{bmatrix} & = \begin{bmatrix} \boldsymbol{J}_1 \\ \vdots \\ \boldsymbol{J}_n \end{bmatrix} & \dot{\boldsymbol{\eta}} + & \begin{bmatrix} \bar{\hat{\boldsymbol{a}}}_1 \\ \vdots \\ \bar{\hat{\boldsymbol{a}}}_n \end{bmatrix} . \end{array} \tag{10.35}$$

Sie haben die Form (7.44) mit der globalen $(6n, f)$-JACOBI-Matrix $\boldsymbol{J}(\boldsymbol{\beta}, t)$ aus (10.27) und dem von den Gelenkbeschleunigungen $\dot{\boldsymbol{\eta}}$ unabhängigen $6n$-Vektor $\bar{\hat{\boldsymbol{a}}}(\boldsymbol{\beta}, \boldsymbol{\eta}, t)$ mit den 6-Vektoren der Körper

$$\bar{\hat{\boldsymbol{a}}}_i = \begin{bmatrix} \bar{\boldsymbol{\alpha}}_i \\ \bar{\boldsymbol{a}}_i \end{bmatrix}. \tag{10.36}$$

Der Vektor $\bar{\hat{\boldsymbol{a}}}$ kann auch ausgehend von (10.31) mit Hilfe der Zeitableitung der globalen JACOBI-Matrix $\boldsymbol{J}$ ausgedrückt werden,

$$\begin{array}{ccccc} \bar{\hat{\boldsymbol{a}}} & = & \dot{\boldsymbol{J}} & \boldsymbol{\eta} & + & \dot{\hat{\bar{\boldsymbol{v}}}} \\ \begin{bmatrix} \bar{\hat{\boldsymbol{a}}}_1 \\ \bar{\hat{\boldsymbol{a}}}_2 \\ \vdots \\ \bar{\hat{\boldsymbol{a}}}_{n-1} \\ \bar{\hat{\boldsymbol{a}}}_n \end{bmatrix} & = & \begin{bmatrix} \dot{\boldsymbol{J}}_{11} & \boldsymbol{0} & \dots & \boldsymbol{0} & \boldsymbol{0} \\ \dot{\boldsymbol{J}}_{21} & \dot{\boldsymbol{J}}_{22} & \dots & \boldsymbol{0} & \boldsymbol{0} \\ \vdots & \vdots & \ddots & \vdots & \vdots \\ \dot{\boldsymbol{J}}_{n-1,1} & \dot{\boldsymbol{J}}_{n-1,2} & \dots & \dot{\boldsymbol{J}}_{n-1,n-1} & \boldsymbol{0} \\ \dot{\boldsymbol{J}}_{n,1} & \dot{\boldsymbol{J}}_{n,2} & \dots & \dot{\boldsymbol{J}}_{n,n-1} & \dot{\boldsymbol{J}}_{nn} \end{bmatrix} & \begin{bmatrix} \boldsymbol{\eta}_1 \\ \boldsymbol{\eta}_2 \\ \vdots \\ \boldsymbol{\eta}_{n-1} \\ \boldsymbol{\eta}_n \end{bmatrix} & + & \begin{bmatrix} \dot{\hat{\bar{\boldsymbol{v}}}}_1 \\ \dot{\hat{\bar{\boldsymbol{v}}}}_2 \\ \vdots \\ \dot{\hat{\bar{\boldsymbol{v}}}}_{n-1} \\ \dot{\hat{\bar{\boldsymbol{v}}}}_n \end{bmatrix} \end{array}. \tag{10.37}$$

10.2.3 Kettenstruktur mit Standardgelenken

Für die expliziten Körperbindungen auf Geschwindigkeitsebene (10.31) und Beschleunigungsebene (10.37) werden die JACOBI-Matrizen $\boldsymbol{J}_{ji}$ und deren Zeitableitung $\dot{\boldsymbol{J}}_{ji}$ benötigt. Diese Matrizen hängen vom Typ des Gelenks i ab. Im Folgenden werden $\boldsymbol{J}_{ji}$ und $\dot{\boldsymbol{J}}_{ji}$ exemplarisch für das Drehgelenk, das Schubgelenk und das Kugelgelenk angegeben, deren explizite Bindungen in den Abschn. 9.5.2 bis 9.5.4 betrachtet worden sind.

Drehgelenk Für ein Drehgelenk i mit dem Gelenkwinkel β_i um die Gelenkachse $\boldsymbol{u}_i$ und der Gelenkgeschwindigkeit $\eta_i = \dot{\beta}_i$ entsprechend Abb. 10.5 lautet die Matrix $\boldsymbol{J}_{ji}$ aus (10.30) unter Berücksichtigung der Matrizen $\boldsymbol{B}_{ji}$ und $\boldsymbol{C}_i$ aus (9.66)

$$\boldsymbol{J}_{ji} = \boldsymbol{B}_{ji}\,\boldsymbol{C}_i = \begin{bmatrix} \boldsymbol{E} & \boldsymbol{0} \\ -\tilde{\boldsymbol{r}}_{ji} & \boldsymbol{E} \end{bmatrix} \begin{bmatrix} \boldsymbol{u}_i \\ \tilde{\boldsymbol{u}}_i\,\boldsymbol{d}_{ii} \end{bmatrix} = \begin{bmatrix} \boldsymbol{u}_i \\ \tilde{\boldsymbol{u}}_i\,\boldsymbol{d}_{ji} \end{bmatrix} \tag{10.38}$$

mit dem Vektor $\boldsymbol{d}_{ji} = \boldsymbol{d}_{ii} + \boldsymbol{r}_{ji}$ von der Gelenkachse $\boldsymbol{u}_i$ zum Körper j. Die Matrix $\dot{\boldsymbol{J}}_{ji}$ ergibt sich daraus zu

$$\dot{\boldsymbol{J}}_{ji} = \begin{bmatrix} \dot{\boldsymbol{u}}_i \\ \dot{\tilde{\boldsymbol{u}}}_i\,\boldsymbol{d}_{ji} + \tilde{\boldsymbol{u}}_i\,\dot{\boldsymbol{d}}_{ji} \end{bmatrix} \tag{10.39}$$

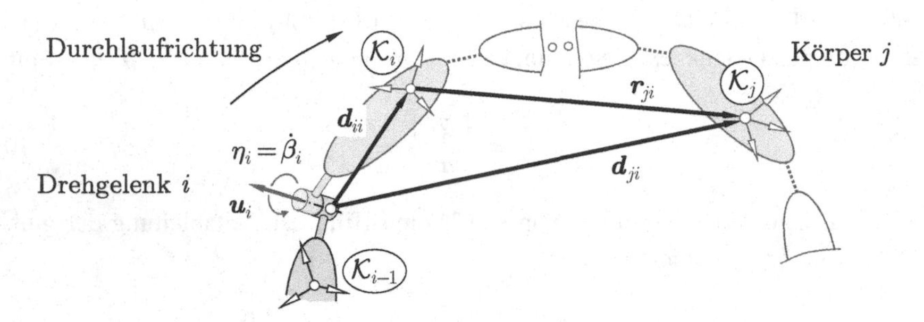

Abb. 10.5 Zur Berechnung der JACOBI-Matrix $\boldsymbol{J}_{ji}$ für das Drehgelenk i

mit den Zeitableitungen der Vektoren

$$\dot{\boldsymbol{u}}_i = \widetilde{\boldsymbol{\omega}}_i \, \boldsymbol{u}_i \, , \tag{10.40}$$

$$\dot{\boldsymbol{d}}_{ji} = \widetilde{\boldsymbol{\omega}}_i \, \boldsymbol{d}_{ji} + \sum_{m=i+1}^{j} \Big(\mu_m \, \widetilde{\boldsymbol{\omega}}_{m,m-1} \, \boldsymbol{d}_{jm} + (1 - \mu_m) \, \eta_m \, \boldsymbol{u}_m \Big) \, . \tag{10.41}$$

mit dem Auswahlparameter $\mu_m = 1$ bei Dreh- oder Kugelgelenken und $\mu_m = 0$ bei Schubgelenken zwischen den Körpern i und j.

Schubgelenk Für ein Schubgelenk (Verschiebung β_i in Richtung der Gelenkachse $\boldsymbol{u}_i$, Schiebegeschwindigkeit $\eta_i = \dot{\beta}_i$) gemäß Abb. 10.6 gilt unter Berücksichtigung der Matrizen $\boldsymbol{B}_{ji}$ und $\boldsymbol{C}_i$ aus (9.70)

$$\boldsymbol{J}_{ji} = \boldsymbol{B}_{ji} \, \boldsymbol{C}_i = \begin{bmatrix} \boldsymbol{E} & \boldsymbol{0} \\ -\widetilde{\boldsymbol{r}}_{ji} & \boldsymbol{E} \end{bmatrix} \begin{bmatrix} \boldsymbol{0} \\ \boldsymbol{u}_i \end{bmatrix} = \begin{bmatrix} \boldsymbol{0} \\ \boldsymbol{u}_i \end{bmatrix} . \tag{10.42}$$

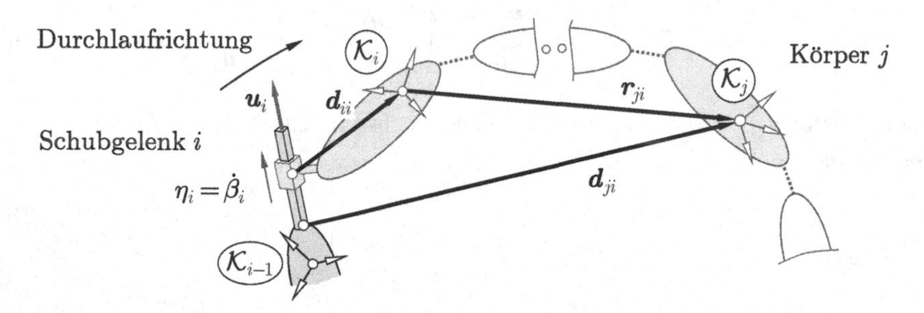

Abb. 10.6 Zur Berechnung der JACOBI-Matrix $\boldsymbol{J}_{ji}$ für das Schubgelenk i

Die Matrix $\dot{\boldsymbol{J}}_{ji}$ ergibt sich daraus mit $\dot{\boldsymbol{u}}_i$ aus (10.40) zu

$$\dot{\boldsymbol{J}}_{ji} = \begin{bmatrix} \boldsymbol{0} \\ \dot{\boldsymbol{u}}_i \end{bmatrix}. \tag{10.43}$$

Kugelgelenk Für ein Kugelgelenk lautet die Matrix $\boldsymbol{J}_{ji}$ mit den Matrizen $\boldsymbol{B}_{ji}$ und $\boldsymbol{C}_i$ aus (9.79) und mit den entsprechend (9.75) definierten Gelenkgeschwindigkeiten η_{i1}, η_{i2}, η_{i3} um die Einheitsvektoren $\boldsymbol{e}_{xk}$, $\boldsymbol{e}_{yk}$, $\boldsymbol{e}_{zk}$ eines beliebig wählbaren Koordinatensystems $\mathcal{K}_k$ gemäß Abb. 10.7

$$\boldsymbol{J}_{ji} = \boldsymbol{B}_{ji}\,\boldsymbol{C}_i = \begin{bmatrix} \boldsymbol{E} & \boldsymbol{0} \\ -\widetilde{\boldsymbol{r}}_{ji} & \boldsymbol{E} \end{bmatrix} \begin{bmatrix} \boldsymbol{e}_{xk} & \boldsymbol{e}_{yk} & \boldsymbol{e}_{zk} \\ \widetilde{\boldsymbol{e}}_{xk}\,\boldsymbol{d}_{ii} & \widetilde{\boldsymbol{e}}_{yk}\,\boldsymbol{d}_{ii} & \widetilde{\boldsymbol{e}}_{zk}\,\boldsymbol{d}_{ii} \end{bmatrix} \tag{10.44}$$

und mit dem Vektor $\boldsymbol{d}_{ji} = \boldsymbol{d}_{ii} + \boldsymbol{r}_{ji}$ vom Gelenkpunkt zum Körper j

$$\boldsymbol{J}_{ji} = \begin{bmatrix} \boldsymbol{e}_{xk} & \boldsymbol{e}_{yk} & \boldsymbol{e}_{zk} \\ \widetilde{\boldsymbol{e}}_{xk}\,\boldsymbol{d}_{ji} & \widetilde{\boldsymbol{e}}_{yk}\,\boldsymbol{d}_{ji} & \widetilde{\boldsymbol{e}}_{zk}\,\boldsymbol{d}_{ji} \end{bmatrix}. \tag{10.45}$$

Die Matrix $\dot{\boldsymbol{J}}_{ji}$ ergibt sich daraus zu

$$\dot{\boldsymbol{J}}_{ji} = \begin{bmatrix} \dot{\boldsymbol{e}}_{xk} & \dot{\boldsymbol{e}}_{yk} & \dot{\boldsymbol{e}}_{zk} \\ \dot{\widetilde{\boldsymbol{e}}}_{xk}\,\boldsymbol{d}_{ji} + \widetilde{\boldsymbol{e}}_{xk}\,\dot{\boldsymbol{d}}_{ji} & \dot{\widetilde{\boldsymbol{e}}}_{yk}\,\boldsymbol{d}_{ji} + \widetilde{\boldsymbol{e}}_{yk}\,\dot{\boldsymbol{d}}_{ji} & \dot{\widetilde{\boldsymbol{e}}}_{zk}\,\boldsymbol{d}_{ji} + \widetilde{\boldsymbol{e}}_{zk}\,\dot{\boldsymbol{d}}_{ji} \end{bmatrix} \tag{10.46}$$

mit den Vektorableitungen $\dot{\boldsymbol{e}}_{xk} = \widetilde{\boldsymbol{\omega}}_k\,\boldsymbol{e}_{xk}$, $\dot{\boldsymbol{e}}_{yk} = \widetilde{\boldsymbol{\omega}}_k\,\boldsymbol{e}_{yk}$, $\dot{\boldsymbol{e}}_{zk} = \widetilde{\boldsymbol{\omega}}_k\,\boldsymbol{e}_{zk}$ und $\dot{\boldsymbol{d}}_{ij}$ aus (10.41) sowie der Winkelgeschwindigkeit $\boldsymbol{\omega}_k$ des Systems $\mathcal{K}_k$.

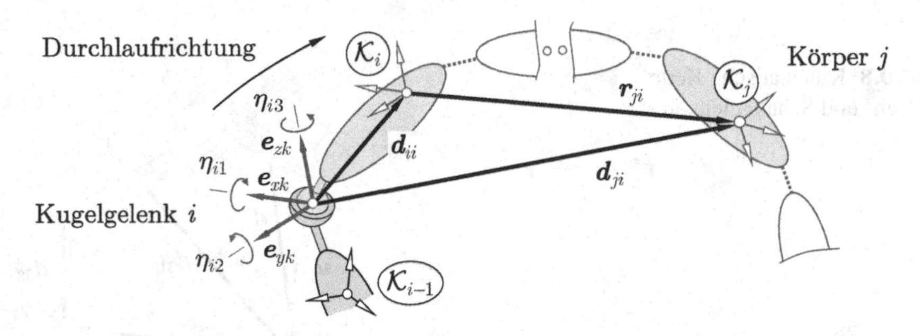

Abb. 10.7 Zur Berechnung der JACOBI-Matrix $\boldsymbol{J}_{ji}$ für das Kugelgelenk i

Beispiel Für die kinematische Kette mit zwei Drehgelenken und einem Schubgelenk in Abb. 10.8 lauten die expliziten Körperbindungen auf Geschwindigkeitsebene (10.31)

$$\underbrace{\begin{bmatrix} \hat{\boldsymbol{v}}_1 \\ \hat{\boldsymbol{v}}_2 \\ \hat{\boldsymbol{v}}_3 \end{bmatrix}}_{\hat{\boldsymbol{v}}} = \underbrace{\begin{bmatrix} \boldsymbol{J}_{11} & \boldsymbol{0} & \boldsymbol{0} \\ \boldsymbol{J}_{21} & \boldsymbol{J}_{22} & \boldsymbol{0} \\ \boldsymbol{J}_{31} & \boldsymbol{J}_{32} & \boldsymbol{J}_{33} \end{bmatrix}}_{\boldsymbol{J}} \underbrace{\begin{bmatrix} \dot{\beta}_1 \\ \dot{\beta}_2 \\ \dot{\beta}_3 \end{bmatrix}}_{\boldsymbol{\eta}}. \tag{10.47}$$

Die JACOBI-Matrix $\boldsymbol{J}$ enthält die zum Drehgelenk 1 gehörenden Teilmatrizen

$$\boldsymbol{J}_{11} = \begin{bmatrix} \boldsymbol{u}_1 \\ \widetilde{\boldsymbol{u}}_1 \, \boldsymbol{d}_{11} \end{bmatrix}, \quad \boldsymbol{J}_{21} = \begin{bmatrix} \boldsymbol{u}_1 \\ \widetilde{\boldsymbol{u}}_1 \, \boldsymbol{d}_{21} \end{bmatrix}, \quad \boldsymbol{J}_{31} = \begin{bmatrix} \boldsymbol{u}_1 \\ \widetilde{\boldsymbol{u}}_1 \, \boldsymbol{d}_{31} \end{bmatrix} \tag{10.48}$$

und die zum Schubgelenk 2 und zum Drehgelenk 3 gehörenden Teilmatrizen

$$\boldsymbol{J}_{22} = \begin{bmatrix} \boldsymbol{0} \\ \boldsymbol{u}_2 \end{bmatrix}, \quad \boldsymbol{J}_{32} = \begin{bmatrix} \boldsymbol{0} \\ \boldsymbol{u}_2 \end{bmatrix}, \quad \boldsymbol{J}_{33} = \begin{bmatrix} \boldsymbol{u}_3 \\ \widetilde{\boldsymbol{u}}_3 \, \boldsymbol{d}_{33} \end{bmatrix}. \tag{10.49}$$

Die JACOBI-Matrizen $\boldsymbol{J}_i$ der drei Körper setzen sich jeweils aus den JACOBI-Matrizen der Rotation $\boldsymbol{J}_{\mathrm{R}i}$ und den JACOBI-Matrizen der Translation $\boldsymbol{J}_{\mathrm{T}i}$ zusammen,

$$\boldsymbol{J}_1 = \begin{bmatrix} \boldsymbol{J}_{11} & \boldsymbol{0} & \boldsymbol{0} \end{bmatrix} \quad \Rightarrow \boldsymbol{J}_1 = \begin{bmatrix} \boldsymbol{J}_{\mathrm{R}1} \\ \boldsymbol{J}_{\mathrm{T}1} \end{bmatrix} = \begin{bmatrix} \boldsymbol{u}_1 & \boldsymbol{0} & \boldsymbol{0} \\ \widetilde{\boldsymbol{u}}_1 \, \boldsymbol{d}_{11} & \boldsymbol{0} & \boldsymbol{0} \end{bmatrix}, \tag{10.50}$$

$$\boldsymbol{J}_2 = \begin{bmatrix} \boldsymbol{J}_{21} & \boldsymbol{J}_{22} & \boldsymbol{0} \end{bmatrix} \quad \Rightarrow \boldsymbol{J}_2 = \begin{bmatrix} \boldsymbol{J}_{\mathrm{R}2} \\ \boldsymbol{J}_{\mathrm{T}2} \end{bmatrix} = \begin{bmatrix} \boldsymbol{u}_1 & \boldsymbol{0} & \boldsymbol{0} \\ \widetilde{\boldsymbol{u}}_1 \, \boldsymbol{d}_{21} & \boldsymbol{u}_2 & \boldsymbol{0} \end{bmatrix}, \tag{10.51}$$

$$\boldsymbol{J}_3 = \begin{bmatrix} \boldsymbol{J}_{31} & \boldsymbol{J}_{32} & \boldsymbol{J}_{33} \end{bmatrix} \Rightarrow \boldsymbol{J}_3 = \begin{bmatrix} \boldsymbol{J}_{\mathrm{R}3} \\ \boldsymbol{J}_{\mathrm{T}3} \end{bmatrix} = \begin{bmatrix} \boldsymbol{u}_1 & \boldsymbol{0} & \boldsymbol{u}_3 \\ \widetilde{\boldsymbol{u}}_1 \, \boldsymbol{d}_{31} & \boldsymbol{u}_2 & \widetilde{\boldsymbol{u}}_3 \, \boldsymbol{d}_{33} \end{bmatrix}. \tag{10.52}$$

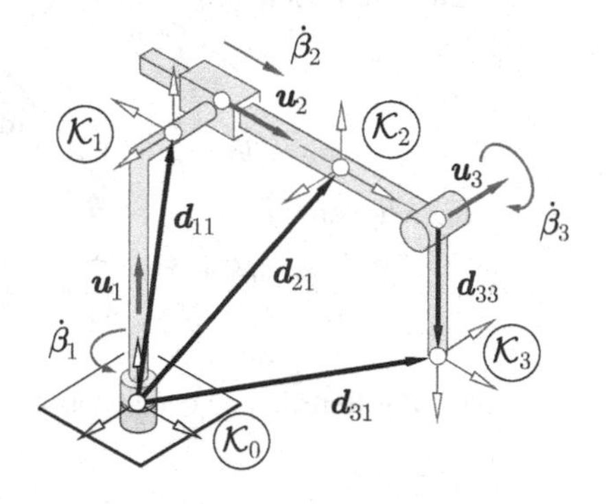

Abb. 10.8 Kinematische Kette mit Dreh- und Schubgelenken

Die nicht von den Gelenkbeschleunigungen $\dot{\eta}$ abhängenden Beschleunigungsanteile $\bar{\hat{a}}_i$ lauten gemäß (10.37)

$$\underset{\bar{\hat{a}}}{\begin{bmatrix} \bar{\hat{a}}_1 \\ \bar{\hat{a}}_2 \\ \bar{\hat{a}}_3 \end{bmatrix}} = \underset{\dot{J}}{\begin{bmatrix} \dot{J}_{11} & \mathbf{0} & \mathbf{0} \\ \dot{J}_{21} & \dot{J}_{22} & \mathbf{0} \\ \dot{J}_{31} & \dot{J}_{32} & \dot{J}_{33} \end{bmatrix}} \underset{\eta}{\begin{bmatrix} \dot{\beta}_1 \\ \dot{\beta}_2 \\ \dot{\beta}_3 \end{bmatrix}} \tag{10.53}$$

mit den zum Drehgelenk 1 gehörenden Teilmatrizen gemäß (10.39)

$$\dot{J}_{11} = \begin{bmatrix} \mathbf{0} \\ \widetilde{u}_1 \dot{d}_{11} \end{bmatrix} \quad \text{mit} \quad \dot{d}_{11} = J_{T1}\, \eta = \dot{\beta}_1 \widetilde{u}_1 d_{11}\,, \tag{10.54}$$

$$\dot{J}_{21} = \begin{bmatrix} \mathbf{0} \\ \widetilde{u}_1 \dot{d}_{21} \end{bmatrix} \quad \text{mit} \quad \dot{d}_{21} = J_{T2}\, \eta = \dot{\beta}_1 \widetilde{u}_1 d_{21} + \dot{\beta}_2 u_2\,, \tag{10.55}$$

$$\dot{J}_{31} = \begin{bmatrix} \mathbf{0} \\ \widetilde{u}_1 \dot{d}_{31} \end{bmatrix} \quad \text{mit} \quad \dot{d}_{31} = J_{T3}\, \eta = \dot{\beta}_1 \widetilde{u}_1 d_{31} + \dot{\beta}_2 u_2 + \dot{\beta}_3 \widetilde{u}_3 d_{33}, \tag{10.56}$$

und den zum Schubgelenk 2 und zum Drehgelenk 3 gehörenden Teilmatrizen

$$\dot{J}_{22} = \dot{J}_{32} = \begin{bmatrix} \mathbf{0} \\ \dot{u}_2 \end{bmatrix} \qquad \text{mit} \quad \dot{u}_2 = \widetilde{\omega}_1 u_2\,, \tag{10.57}$$

$$\dot{J}_{33} = \begin{bmatrix} \dot{u}_3 \\ \dot{\widetilde{u}}_3 d_{33} + \widetilde{u}_3 \dot{d}_{33} \end{bmatrix} \qquad \text{mit} \quad \dot{u}_3 = \widetilde{\omega}_1 u_3\,, \quad \dot{d}_{33} = \widetilde{\omega}_3 d_{33} \tag{10.58}$$

und $\omega_1 = \dot{\beta}_1 u_1$ sowie $\omega_3 = \dot{\beta}_1 u_1 + \dot{\beta}_3 u_3$.

10.2.4 Explizite Bindungen in einer Baumstruktur

Das in den beiden vorangehenden Abschnitten beschriebene Verfahren zur Aufstellung der expliziten Bindungen für Mehrkörpersysteme mit Kettenstruktur kann auf Systeme mit Baumstruktur erweitert werden, indem die Topologie gemäß Abschn. 10.1 berücksichtigt wird. Die Vorgehensweise wird am Beispiel des in Abb. 10.9 dargestellten baumstrukturierten Systems mit $n = 6$ Körpern gezeigt, das bereits in Abb. 10.1a betrachtet worden ist.

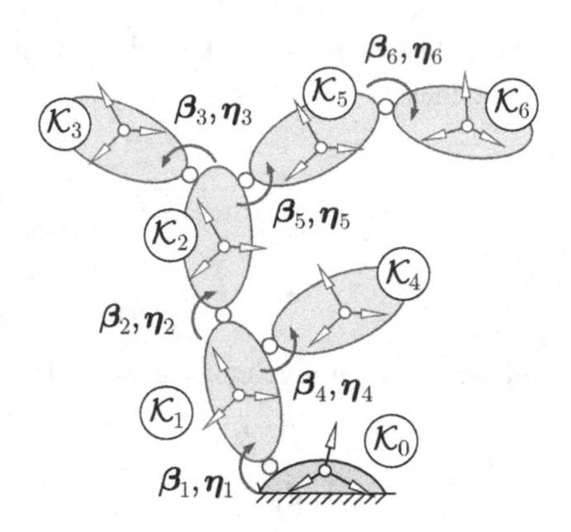

Abb. 10.9 Zur Berechnung der expliziten Bindungen in einem Mehrkörpersystem mit Baumstruktur

Werden die expliziten Gelenkbindungen (10.19) in Anlehnung an (10.20) zu einer Blockmatrizengleichung zusammengefasst, so gilt

$$
\underbrace{\begin{bmatrix} \boldsymbol{E} & \boldsymbol{0} & \boldsymbol{0} & \boldsymbol{0} & \boldsymbol{0} & \boldsymbol{0} \\ -\boldsymbol{B}_{21} & \boldsymbol{E} & \boldsymbol{0} & \boldsymbol{0} & \boldsymbol{0} & \boldsymbol{0} \\ \boldsymbol{0} & -\boldsymbol{B}_{32} & \boldsymbol{E} & \boldsymbol{0} & \boldsymbol{0} & \boldsymbol{0} \\ -\boldsymbol{B}_{41} & \boldsymbol{0} & \boldsymbol{0} & \boldsymbol{E} & \boldsymbol{0} & \boldsymbol{0} \\ \boldsymbol{0} & -\boldsymbol{B}_{52} & \boldsymbol{0} & \boldsymbol{0} & \boldsymbol{E} & \boldsymbol{0} \\ \boldsymbol{0} & \boldsymbol{0} & \boldsymbol{0} & \boldsymbol{0} & -\boldsymbol{B}_{65} & \boldsymbol{E} \end{bmatrix}}_{\boldsymbol{B}} \underbrace{\begin{bmatrix} \hat{\boldsymbol{v}}_1 \\ \hat{\boldsymbol{v}}_2 \\ \hat{\boldsymbol{v}}_3 \\ \hat{\boldsymbol{v}}_4 \\ \hat{\boldsymbol{v}}_5 \\ \hat{\boldsymbol{v}}_6 \end{bmatrix}}_{\hat{\boldsymbol{v}}} =
$$

$$
= \underbrace{\begin{bmatrix} \boldsymbol{C}_1 & \boldsymbol{0} & \boldsymbol{0} & \boldsymbol{0} & \boldsymbol{0} & \boldsymbol{0} \\ \boldsymbol{0} & \boldsymbol{C}_2 & \boldsymbol{0} & \boldsymbol{0} & \boldsymbol{0} & \boldsymbol{0} \\ \boldsymbol{0} & \boldsymbol{0} & \boldsymbol{C}_3 & \boldsymbol{0} & \boldsymbol{0} & \boldsymbol{0} \\ \boldsymbol{0} & \boldsymbol{0} & \boldsymbol{0} & \boldsymbol{C}_4 & \boldsymbol{0} & \boldsymbol{0} \\ \boldsymbol{0} & \boldsymbol{0} & \boldsymbol{0} & \boldsymbol{0} & \boldsymbol{C}_5 & \boldsymbol{0} \\ \boldsymbol{0} & \boldsymbol{0} & \boldsymbol{0} & \boldsymbol{0} & \boldsymbol{0} & \boldsymbol{C}_6 \end{bmatrix}}_{\boldsymbol{C}} \underbrace{\begin{bmatrix} \boldsymbol{\eta}_1 \\ \boldsymbol{\eta}_2 \\ \boldsymbol{\eta}_3 \\ \boldsymbol{\eta}_4 \\ \boldsymbol{\eta}_5 \\ \boldsymbol{\eta}_6 \end{bmatrix}}_{\boldsymbol{\eta}} + \underbrace{\begin{bmatrix} \bar{\hat{\boldsymbol{v}}}_1^{\mathrm{rel}} \\ \bar{\hat{\boldsymbol{v}}}_2^{\mathrm{rel}} \\ \bar{\hat{\boldsymbol{v}}}_3^{\mathrm{rel}} \\ \bar{\hat{\boldsymbol{v}}}_4^{\mathrm{rel}} \\ \bar{\hat{\boldsymbol{v}}}_5^{\mathrm{rel}} \\ \bar{\hat{\boldsymbol{v}}}_6^{\mathrm{rel}} \end{bmatrix}}_{\bar{\hat{\boldsymbol{v}}}^{\mathrm{rel}}}. \tag{10.59}
$$

Der Aufbau der globalen (36,36)-Versatzmatrix $\boldsymbol{B}$ ergibt sich aus der (6,6)-Inzidenzmatix $\boldsymbol{S}$ des Beispiels aus (10.2), indem die mit 1 belegten Hauptdiagonalelemente S_{ii} durch (6,6)-Einheitsmatrizen $\boldsymbol{E}$ und die mit -1 belegten Nebendiagonalelemente S_{ji} durch die (6,6)-Matrizen $-\boldsymbol{B}_{ji}$ ersetzt werden.

Die inverse Versatzmatrix $\boldsymbol{B}^{-1}$ folgt aus der Wegematrix $\boldsymbol{T}$ aus (10.5), indem die mit 1 belegten Hauptdiagonalelemente T_{ii} durch (6,6)-Einheitsmatrizen und die mit 1 belegten Nebendiagonalelemente T_{ji} durch die (6,6)-Matrizen $\boldsymbol{B}_{ji}$ ersetzt werden,

$$\boldsymbol{B}^{-1} = \begin{bmatrix} \boldsymbol{E} & \boldsymbol{0} & \boldsymbol{0} & \boldsymbol{0} & \boldsymbol{0} & \boldsymbol{0} \\ \boldsymbol{B}_{21} & \boldsymbol{E} & \boldsymbol{0} & \boldsymbol{0} & \boldsymbol{0} & \boldsymbol{0} \\ \boldsymbol{B}_{31} & \boldsymbol{B}_{32} & \boldsymbol{E} & \boldsymbol{0} & \boldsymbol{0} & \boldsymbol{0} \\ \boldsymbol{B}_{41} & \boldsymbol{0} & \boldsymbol{0} & \boldsymbol{E} & \boldsymbol{0} & \boldsymbol{0} \\ \boldsymbol{B}_{51} & \boldsymbol{B}_{52} & \boldsymbol{0} & \boldsymbol{0} & \boldsymbol{E} & \boldsymbol{0} \\ \boldsymbol{B}_{61} & \boldsymbol{B}_{62} & \boldsymbol{0} & \boldsymbol{0} & \boldsymbol{B}_{65} & \boldsymbol{E} \end{bmatrix}. \tag{10.60}$$

Gemäß (10.23) gilt $\boldsymbol{B}_{ki} = \boldsymbol{B}_{kj}\,\boldsymbol{B}_{ji}$. Damit lauten die expliziten Körperbindungen (10.26)

$$\begin{aligned} \hat{\boldsymbol{v}} &= \boldsymbol{B}^{-1}\,\boldsymbol{C}\,\boldsymbol{\eta} + \boldsymbol{B}^{-1}\,\bar{\hat{\boldsymbol{v}}}^{\text{rel}} \\ \hat{\boldsymbol{v}} &= \quad \boldsymbol{J} \quad \boldsymbol{\eta} + \quad \bar{\hat{\boldsymbol{v}}} \end{aligned} \tag{10.61}$$

mit der globalen $(36, f)$-JACOBI-Matrix

$$\begin{matrix} \boldsymbol{J} & = & \boldsymbol{B}^{-1}\,\boldsymbol{C} \\ \begin{bmatrix} \boldsymbol{J}_1 \\ \boldsymbol{J}_2 \\ \boldsymbol{J}_3 \\ \boldsymbol{J}_4 \\ \boldsymbol{J}_5 \\ \boldsymbol{J}_6 \end{bmatrix} & = & \begin{bmatrix} \boldsymbol{J}_{11} & \boldsymbol{0} & \boldsymbol{0} & \boldsymbol{0} & \boldsymbol{0} & \boldsymbol{0} \\ \boldsymbol{J}_{21} & \boldsymbol{J}_{22} & \boldsymbol{0} & \boldsymbol{0} & \boldsymbol{0} & \boldsymbol{0} \\ \boldsymbol{J}_{31} & \boldsymbol{J}_{32} & \boldsymbol{J}_{33} & \boldsymbol{0} & \boldsymbol{0} & \boldsymbol{0} \\ \boldsymbol{J}_{41} & \boldsymbol{0} & \boldsymbol{0} & \boldsymbol{J}_{44} & \boldsymbol{0} & \boldsymbol{0} \\ \boldsymbol{J}_{51} & \boldsymbol{J}_{52} & \boldsymbol{0} & \boldsymbol{0} & \boldsymbol{J}_{55} & \boldsymbol{0} \\ \boldsymbol{J}_{61} & \boldsymbol{J}_{62} & \boldsymbol{0} & \boldsymbol{0} & \boldsymbol{J}_{65} & \boldsymbol{J}_{66} \end{bmatrix} \end{matrix} \tag{10.62}$$

und den Teilmatrizen aus (10.30), $\boldsymbol{J}_{ji} = \boldsymbol{B}_{ji}\,\boldsymbol{C}_i$ für $i < j$ und $\boldsymbol{J}_{jj} = \boldsymbol{C}_j$.

10.3 Dynamik offener Mehrkörpersysteme

Für die Aufstellung der Bewegungsgleichungen in den Minimalkoordinaten werden neben den expliziten Bindungen aus Abschn. 10.2 die impliziten Reaktionsbedingungen und die Impuls- und Drallsätze der Körper benötigt.

10.3.1 Implizite Reaktionsbedingungen für offene Mehrkörpersysteme

Die expliziten Bindungen offener Mehrkörpersysteme definieren implizite Reaktionsbedingungen, die zunächst für Systeme mit Kettenstruktur aufgestellt und anschließend auf Systeme mit Baumstruktur erweitert werden.

Implizite Reaktionsbedingungen für eine Kettenstruktur Die Reaktionskraftwinder an einem Gelenk eines offenen Mehrkörpersystems werden im Folgenden mit einem hochgestellten p gekennzeichnet, das auf die Bezeichnung *primäre* Gelenke der aufspannenden Baumstruktur bei den in Kap. 11 behandelten geschlossenen Mehrkörpersystemen verweist.

Am freigeschnittenen Gelenk zwischen dem Körper i und seinem Vorgängerkörper $i-1$ wirken entsprechend Abb. 10.10a der Gelenk-Reaktionskraftwinder $\hat{\boldsymbol{f}}_i^{\mathrm{p}}$ am Körper i und $\hat{\boldsymbol{f}}_{i-1,i}^{\mathrm{p}}$ am Vorgängerkörper $i-1$. Der Gelenk-Reaktionskraftwinder $\hat{\boldsymbol{f}}_i^{\mathrm{p}}$ ist dabei durch den einfachen Index i eindeutig gekennzeichnet, da in einem offenen Mehrkörpersystem jeder Körper einen eindeutigen Vorgängerkörper besitzt. Für die Gelenk-Reaktionskraftwinder $\hat{\boldsymbol{f}}_i^{\mathrm{p}}$ und $\hat{\boldsymbol{f}}_{i-1,i}^{\mathrm{p}}$ gelten dann die impliziten Reaktionsbedingungen (9.87) und (9.88),

$$\hat{\boldsymbol{f}}_{i-1,i}^{\mathrm{p}} + \boldsymbol{B}_{i,i-1}^{\mathrm{T}}\,\hat{\boldsymbol{f}}_i^{\mathrm{p}} = \boldsymbol{0} \quad\Rightarrow\quad \begin{bmatrix} \boldsymbol{\tau}_i^{\mathrm{p}} \\ \boldsymbol{f}_i^{\mathrm{p}} \end{bmatrix} + \begin{bmatrix} \boldsymbol{E} & \tilde{\boldsymbol{r}}_{i,i-1} \\ \boldsymbol{0} & \boldsymbol{E} \end{bmatrix} \begin{bmatrix} \boldsymbol{\tau}_i^{\mathrm{p}} \\ \boldsymbol{f}_i^{\mathrm{p}} \end{bmatrix} = \begin{bmatrix} \boldsymbol{0} \\ \boldsymbol{0} \end{bmatrix}, \tag{10.63}$$

$$\boldsymbol{C}_i^{\mathrm{T}}\,\hat{\boldsymbol{f}}_i^{\mathrm{p}} = \boldsymbol{0} \quad\Rightarrow\quad \begin{bmatrix} \boldsymbol{C}_{\mathrm{R}i}^{\mathrm{T}} & \boldsymbol{C}_{\mathrm{T}i}^{\mathrm{T}} \end{bmatrix} \begin{bmatrix} \boldsymbol{\tau}_i^{\mathrm{p}} \\ \boldsymbol{f}_i^{\mathrm{p}} \end{bmatrix} = \boldsymbol{0}\,. \tag{10.64}$$

In den nachfolgenden Darstellungen werden die Gelenk-Reaktionskraftwinder entsprechend Abb. 10.10b schematisch durch einen Konturpfeil gekennzeichnet.

Am Körper i werden der Gelenk-Reaktionskraftwinder $\hat{\boldsymbol{f}}_i^{\mathrm{p}}$ vom Vorgängerkörper $i-1$ und der Gelenk-Reaktionskraftwinder $\hat{\boldsymbol{f}}_{i,i+1}^{\mathrm{p}}$ vom Nachfolgekörper $i+1$ zum resultierenden Körper-Reaktionskraftwinder $\hat{\boldsymbol{f}}_i^{\mathrm{r}}$ summiert, siehe Abb. 10.11,

$$\hat{\boldsymbol{f}}_i^{\mathrm{r}} = \hat{\boldsymbol{f}}_i^{\mathrm{p}} + \hat{\boldsymbol{f}}_{i,i+1}^{\mathrm{p}} \quad \text{mit} \quad \hat{\boldsymbol{f}}_{i,i+1}^{\mathrm{p}} = -\boldsymbol{B}_{i+1,i}^{\mathrm{T}}\,\hat{\boldsymbol{f}}_{i+1}^{\mathrm{p}}\,. \tag{10.65}$$

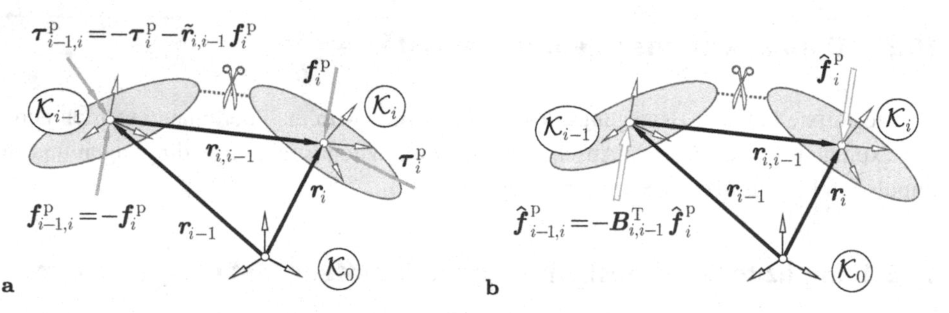

Abb. 10.10 Gelenk-Reaktionskraftwinder. **a** Reaktionskräfte und -momente an einem Gelenk. **b** Schematische Darstellung der Gelenk-Reaktionskraftwinder durch Konturpfeile

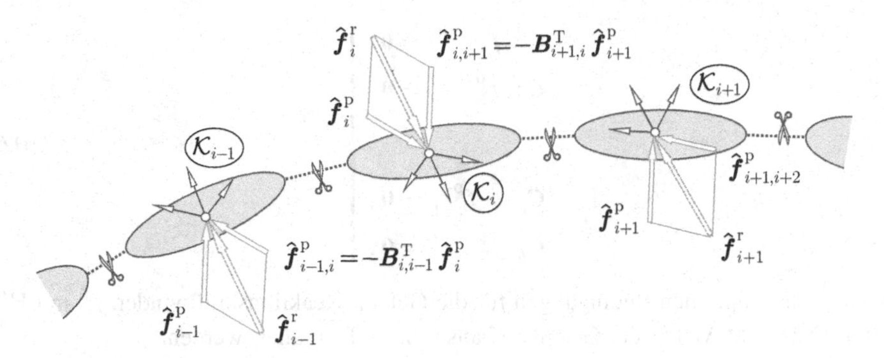

Abb. 10.11 Gelenk-Reaktionskraftwinder $\hat{f}^{\mathrm{p}}_{i}$ und Körper-Reaktionskraftwinder $\hat{f}^{\mathrm{r}}_{i}$ am freigeschnittenen Körper i einer offenen Kette

Für die n Körper der Kette gilt damit

$$\left.\begin{aligned}
\hat{f}^{\mathrm{r}}_{1} &= \hat{f}^{\mathrm{p}}_{1} + \hat{f}^{\mathrm{p}}_{12} && \text{mit} \quad \hat{f}^{\mathrm{p}}_{12} = -B^{\mathrm{T}}_{21}\,\hat{f}^{\mathrm{p}}_{2}\,,\\
\hat{f}^{\mathrm{r}}_{2} &= \hat{f}^{\mathrm{p}}_{2} + \hat{f}^{\mathrm{p}}_{23} && \text{mit} \quad \hat{f}^{\mathrm{p}}_{23} = -B^{\mathrm{T}}_{32}\,\hat{f}^{\mathrm{p}}_{3}\,,\\
&\vdots && \qquad\qquad\vdots\\
\hat{f}^{\mathrm{r}}_{n-1} &= \hat{f}^{\mathrm{p}}_{n-1} + \hat{f}^{\mathrm{p}}_{n-1,n} && \text{mit} \quad \hat{f}^{\mathrm{p}}_{n-1,n} = -B^{\mathrm{T}}_{n,n-1}\,\hat{f}^{\mathrm{p}}_{n}\,,\\
\hat{f}^{\mathrm{r}}_{n} &= \hat{f}^{\mathrm{p}}_{n}\,.
\end{aligned}\right\} \tag{10.66}$$

Wird (10.66) zu einer Blockmatrizengleichung zusammengefasst, so wird der Zusammenhang zwischen den Körper-Reaktionskraftwindern $\hat{f}^{\mathrm{r}}_{i}$ und den Gelenk-Reaktionskraftwindern $\hat{f}^{\mathrm{p}}_{i}$ durch die transponierte $(6n{,}6n)$-Versatzmatrix B^{T} aus (10.20) hergestellt,

$$\begin{bmatrix} \hat{f}^{\mathrm{r}}_{1} \\ \hat{f}^{\mathrm{r}}_{2} \\ \vdots \\ \hat{f}^{\mathrm{r}}_{n-1} \\ \hat{f}^{\mathrm{r}}_{n} \end{bmatrix} = \begin{bmatrix} E & -B^{\mathrm{T}}_{21} & 0 & \dots & 0 & 0 \\ 0 & E & -B^{\mathrm{T}}_{32} & \dots & 0 & 0 \\ \vdots & \vdots & \vdots & \ddots & \vdots & \vdots \\ 0 & 0 & 0 & \dots & E & -B^{\mathrm{T}}_{n,n-1} \\ 0 & 0 & 0 & \dots & 0 & E \end{bmatrix} \begin{bmatrix} \hat{f}^{\mathrm{p}}_{1} \\ \hat{f}^{\mathrm{p}}_{2} \\ \vdots \\ \hat{f}^{\mathrm{p}}_{n-1} \\ \hat{f}^{\mathrm{p}}_{n} \end{bmatrix} \tag{10.67}$$

$$\hat{f}^{\mathrm{r}} = B^{\mathrm{T}} \qquad \hat{f}^{\mathrm{p}}\,.$$

Hierbei wurden die Körper-Reaktionskraftwinder $\hat{f}^{\mathrm{r}}_{i}$ zum $6n$-Vektor $\hat{f}^{\mathrm{r}}$ und die Gelenk-Reaktionskraftwinder $\hat{f}^{\mathrm{p}}_{i}$ zum $6n$-Vektor $\hat{f}^{\mathrm{p}}$ zusammengefasst.

Werden auch die impliziten Reaktionsbedingungen (10.64) für alle Körper der Kettenstruktur angeschrieben,

$$\left.\begin{aligned} \boldsymbol{C}_1^{\mathrm{T}}\,\hat{\boldsymbol{f}}_1^{\mathrm{p}} &= \boldsymbol{0}\,, \\ \boldsymbol{C}_2^{\mathrm{T}}\,\hat{\boldsymbol{f}}_2^{\mathrm{p}} &= \boldsymbol{0}\,, \\ &\vdots \\ \boldsymbol{C}_{n-1}^{\mathrm{T}}\,\hat{\boldsymbol{f}}_{n-1}^{\mathrm{p}} &= \boldsymbol{0}\,, \\ \boldsymbol{C}_n^{\mathrm{T}}\,\hat{\boldsymbol{f}}_n^{\mathrm{p}} &= \boldsymbol{0}\,, \end{aligned}\right\} \tag{10.68}$$

so können die impliziten Bedingungen für die Gelenk-Reaktionskraftwinder $\hat{\boldsymbol{f}}_i^{\mathrm{p}}$ mit Hilfe der $(6n, f)$-JACOBI-Matrix der Gelenke $\boldsymbol{C}$ aus (10.20) formuliert werden,

$$\underbrace{\begin{bmatrix} \boldsymbol{C}_1^{\mathrm{T}} & \boldsymbol{0} & \dots & \boldsymbol{0} & \boldsymbol{0} \\ \boldsymbol{0} & \boldsymbol{C}_2^{\mathrm{T}} & \dots & \boldsymbol{0} & \boldsymbol{0} \\ \vdots & \vdots & \ddots & \vdots & \vdots \\ \boldsymbol{0} & \boldsymbol{0} & \dots & \boldsymbol{C}_{n-1}^{\mathrm{T}} & \boldsymbol{0} \\ \boldsymbol{0} & \boldsymbol{0} & \dots & \boldsymbol{0} & \boldsymbol{C}_n^{\mathrm{T}} \end{bmatrix}}_{\boldsymbol{C}^{\mathrm{T}}} \underbrace{\begin{bmatrix} \hat{\boldsymbol{f}}_1^{\mathrm{p}} \\ \hat{\boldsymbol{f}}_2^{\mathrm{p}} \\ \vdots \\ \hat{\boldsymbol{f}}_{n-1}^{\mathrm{p}} \\ \hat{\boldsymbol{f}}_n^{\mathrm{p}} \end{bmatrix}}_{\hat{\boldsymbol{f}}^{\mathrm{p}}} = \underbrace{\begin{bmatrix} \boldsymbol{0} \\ \boldsymbol{0} \\ \vdots \\ \boldsymbol{0} \\ \boldsymbol{0} \end{bmatrix}}_{\boldsymbol{0}} . \tag{10.69}$$

Für die Körper-Reaktionskraftwinder $\hat{\boldsymbol{f}}^{\mathrm{r}}$ können ebenfalls implizite Bedingungen formuliert werden. Hierzu werden die Gelenk-Reaktionskraftwinder $\hat{\boldsymbol{f}}^{\mathrm{p}}$ mit Hilfe von (10.67) durch $\hat{\boldsymbol{f}}^{\mathrm{r}}$ ausgedrückt,

$$\hat{\boldsymbol{f}}^{\mathrm{p}} = \boldsymbol{B}^{-\mathrm{T}}\,\hat{\boldsymbol{f}}^{\mathrm{r}} \quad \text{mit} \quad \boldsymbol{B}^{-\mathrm{T}} = (\boldsymbol{B}^{\mathrm{T}})^{-1} = (\boldsymbol{B}^{-1})^{\mathrm{T}}\,, \tag{10.70}$$

und in (10.69) eingesetzt,

$$\boldsymbol{C}^{\mathrm{T}}\,\boldsymbol{B}^{-\mathrm{T}}\,\hat{\boldsymbol{f}}^{\mathrm{r}} = \boldsymbol{0}\,. \tag{10.71}$$

Mit der $(6n, f)$-JACOBI-Matrix der Körper $\boldsymbol{J} = \boldsymbol{B}^{-1}\,\boldsymbol{C}$ aus (10.27) ist $\boldsymbol{J}^{\mathrm{T}} = \boldsymbol{C}^{\mathrm{T}}\,\boldsymbol{B}^{-\mathrm{T}}$, womit aus (10.71) die impliziten Reaktionsbedingungen für die Körper-Reaktionskraftwinder $\hat{\boldsymbol{f}}^{\mathrm{r}}$ erhalten werden,

$$\underbrace{\begin{bmatrix} \boldsymbol{J}_1^{\mathrm{T}} \dots \boldsymbol{J}_n^{\mathrm{T}} \end{bmatrix}}_{\boldsymbol{J}^{\mathrm{T}}} \underbrace{\begin{bmatrix} \hat{\boldsymbol{f}}_1^{\mathrm{r}} \\ \vdots \\ \hat{\boldsymbol{f}}_n^{\mathrm{r}} \end{bmatrix}}_{\hat{\boldsymbol{f}}^{\mathrm{r}}} = \boldsymbol{0}\,. \tag{10.72}$$

Mit den $(3, f)$-JACOBI-Matrizen der Rotation $\boldsymbol{J}_{\mathrm{R}i}$ und Translation $\boldsymbol{J}_{\mathrm{T}i}$ aus (10.28) und den Reaktionsmomenten $\boldsymbol{\tau}_i^{\mathrm{r}}$ und Reaktionskräften $\boldsymbol{f}_i^{\mathrm{r}}$ lautet (10.72)

$$\underbrace{\begin{bmatrix} \boldsymbol{J}_{\mathrm{R}1}^{\mathrm{T}} & \boldsymbol{J}_{\mathrm{T}1}^{\mathrm{T}} & \dots & \boldsymbol{J}_{\mathrm{R}n}^{\mathrm{T}} & \boldsymbol{J}_{\mathrm{T}n}^{\mathrm{T}} \end{bmatrix}}_{\boldsymbol{J}^{\mathrm{T}}} \underbrace{\begin{bmatrix} \boldsymbol{\tau}_1^{\mathrm{r}} \\ \boldsymbol{f}_1^{\mathrm{r}} \\ \vdots \\ \boldsymbol{\tau}_n^{\mathrm{r}} \\ \boldsymbol{f}_n^{\mathrm{r}} \end{bmatrix}}_{\hat{\boldsymbol{f}}^{\mathrm{r}}} = \boldsymbol{0} \,. \tag{10.73}$$

Implizite Reaktionsbedingungen für eine Baumstruktur Die beschriebenen Reaktionsbedingungen gelten auch für Systeme mit Baumstruktur. Die Gelenk-Reaktionskraftwinder $\hat{\boldsymbol{f}}_i^{\mathrm{p}}$ wirken vom jeweiligen Vorgängerkörper $p(i)$ auf den Körper i. Die Körper-Reaktionskraftwinder $\hat{\boldsymbol{f}}_i^{\mathrm{r}}$ ergeben sich daraus in Analogie zu (10.67) mit Hilfe der transponierten Versatzmatrix $\boldsymbol{B}^{\mathrm{T}}$. Im Beispiel aus Abb. 10.9 gilt mit $\boldsymbol{B}$ aus (10.59)

$$\underbrace{\begin{bmatrix} \hat{\boldsymbol{f}}_1^{\mathrm{r}} \\ \hat{\boldsymbol{f}}_2^{\mathrm{r}} \\ \hat{\boldsymbol{f}}_3^{\mathrm{r}} \\ \hat{\boldsymbol{f}}_4^{\mathrm{r}} \\ \hat{\boldsymbol{f}}_5^{\mathrm{r}} \\ \hat{\boldsymbol{f}}_6^{\mathrm{r}} \end{bmatrix}}_{\hat{\boldsymbol{f}}^{\mathrm{r}}} = \underbrace{\begin{bmatrix} \boldsymbol{E} & -\boldsymbol{B}_{21}^{\mathrm{T}} & \boldsymbol{0} & -\boldsymbol{B}_{41}^{\mathrm{T}} & \boldsymbol{0} & \boldsymbol{0} \\ \boldsymbol{0} & \boldsymbol{E} & -\boldsymbol{B}_{32}^{\mathrm{T}} & \boldsymbol{0} & -\boldsymbol{B}_{52}^{\mathrm{T}} & \boldsymbol{0} \\ \boldsymbol{0} & \boldsymbol{0} & \boldsymbol{E} & \boldsymbol{0} & \boldsymbol{0} & \boldsymbol{0} \\ \boldsymbol{0} & \boldsymbol{0} & \boldsymbol{0} & \boldsymbol{E} & \boldsymbol{0} & \boldsymbol{0} \\ \boldsymbol{0} & \boldsymbol{0} & \boldsymbol{0} & \boldsymbol{0} & \boldsymbol{E} & -\boldsymbol{B}_{65}^{\mathrm{T}} \\ \boldsymbol{0} & \boldsymbol{0} & \boldsymbol{0} & \boldsymbol{0} & \boldsymbol{0} & \boldsymbol{E} \end{bmatrix}}_{\boldsymbol{B}^{\mathrm{T}}} \underbrace{\begin{bmatrix} \hat{\boldsymbol{f}}_1^{\mathrm{p}} \\ \hat{\boldsymbol{f}}_2^{\mathrm{p}} \\ \hat{\boldsymbol{f}}_3^{\mathrm{p}} \\ \hat{\boldsymbol{f}}_4^{\mathrm{p}} \\ \hat{\boldsymbol{f}}_5^{\mathrm{p}} \\ \hat{\boldsymbol{f}}_6^{\mathrm{p}} \end{bmatrix}}_{\hat{\boldsymbol{f}}^{\mathrm{p}}} . \tag{10.74}$$

Zur Interpretation von (10.74) wird exemplarisch der freigeschnittene Verzweigungskörper 2 betrachtet (Abb. 10.12). Der Körper-Reaktionskraftwinder $\hat{\boldsymbol{f}}_2^{\mathrm{r}}$ ist die Summe des von $\mathcal{K}_1$ auf $\mathcal{K}_2$ wirkenden Gelenk-Reaktionskraftwinders $\hat{\boldsymbol{f}}_2^{\mathrm{p}}$, des von $\mathcal{K}_3$ auf $\mathcal{K}_2$ wirkenden Gelenk-Reaktionskraftwinders $-\boldsymbol{B}_{32}^{\mathrm{T}}\,\hat{\boldsymbol{f}}_3^{\mathrm{p}}$ und des von $\mathcal{K}_5$ auf $\mathcal{K}_2$ wirkenden Gelenk-Reaktionskraftwinders $-\boldsymbol{B}_{52}^{\mathrm{T}}\,\hat{\boldsymbol{f}}_5^{\mathrm{p}}$.

Für die Gelenk-Reaktionskraftwinder $\hat{\boldsymbol{f}}_j^{\mathrm{p}}$ gelten die impliziten Reaktionsbedingungen (10.69). Im Beispiel aus Abb. 10.9 lauten sie mit $\boldsymbol{C}$ aus (10.59)

$$\underbrace{\begin{bmatrix} \boldsymbol{C}_1^{\mathrm{T}} & \boldsymbol{0} & \boldsymbol{0} & \boldsymbol{0} & \boldsymbol{0} & \boldsymbol{0} \\ \boldsymbol{0} & \boldsymbol{C}_2^{\mathrm{T}} & \boldsymbol{0} & \boldsymbol{0} & \boldsymbol{0} & \boldsymbol{0} \\ \boldsymbol{0} & \boldsymbol{0} & \boldsymbol{C}_3^{\mathrm{T}} & \boldsymbol{0} & \boldsymbol{0} & \boldsymbol{0} \\ \boldsymbol{0} & \boldsymbol{0} & \boldsymbol{0} & \boldsymbol{C}_4^{\mathrm{T}} & \boldsymbol{0} & \boldsymbol{0} \\ \boldsymbol{0} & \boldsymbol{0} & \boldsymbol{0} & \boldsymbol{0} & \boldsymbol{C}_5^{\mathrm{T}} & \boldsymbol{0} \\ \boldsymbol{0} & \boldsymbol{0} & \boldsymbol{0} & \boldsymbol{0} & \boldsymbol{0} & \boldsymbol{C}_6^{\mathrm{T}} \end{bmatrix}}_{\boldsymbol{C}^{\mathrm{T}}} \underbrace{\begin{bmatrix} \hat{\boldsymbol{f}}_1^{\mathrm{p}} \\ \hat{\boldsymbol{f}}_2^{\mathrm{p}} \\ \hat{\boldsymbol{f}}_3^{\mathrm{p}} \\ \hat{\boldsymbol{f}}_4^{\mathrm{p}} \\ \hat{\boldsymbol{f}}_5^{\mathrm{p}} \\ \hat{\boldsymbol{f}}_6^{\mathrm{p}} \end{bmatrix}}_{\hat{\boldsymbol{f}}^{\mathrm{p}}} = \underbrace{\begin{bmatrix} \boldsymbol{0} \\ \boldsymbol{0} \\ \boldsymbol{0} \\ \boldsymbol{0} \\ \boldsymbol{0} \\ \boldsymbol{0} \end{bmatrix}}_{\boldsymbol{0}} . \tag{10.75}$$

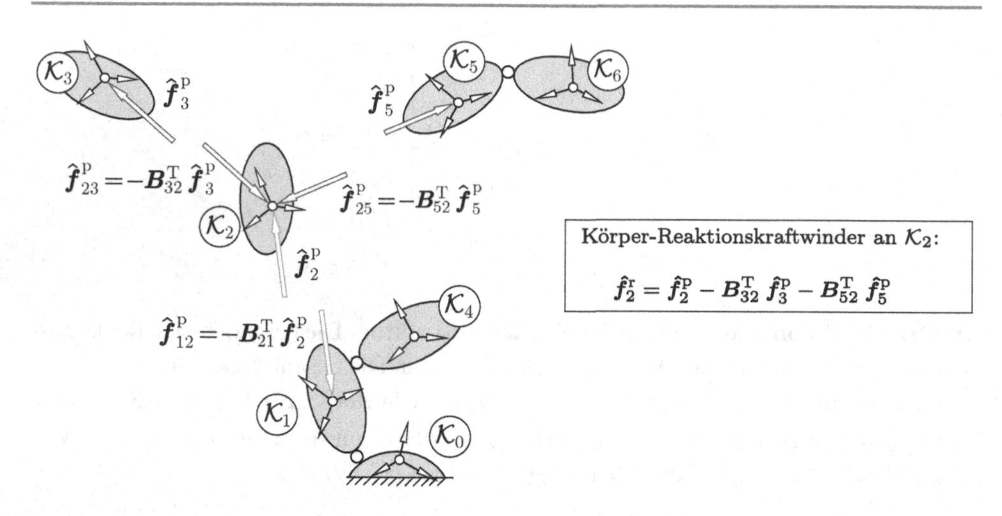

Abb. 10.12 Berechnung des Körper-Reaktionskraftwinders $\hat{f}_2^{\mathrm{r}}$ am Verzweigungskörper 2 aus den Gelenk-Reaktionskraftwindern $\hat{f}_2^{\mathrm{p}}$, $\hat{f}_3^{\mathrm{p}}$, $\hat{f}_5^{\mathrm{p}}$

10.3.2 Impuls- und Drallsätze

Die Impuls- und Drallsätze werden für den Körper i bezüglich des Ursprungspunkts O_i des körperfesten Koordinatensystems $\mathcal{K}_i$ formuliert (Abb. 10.13). Gegenüber Abschn. 7.3 wird nicht mehr vorausgesetzt, dass O_i mit dem Massenmittelpunkt S_i zusammenfällt.

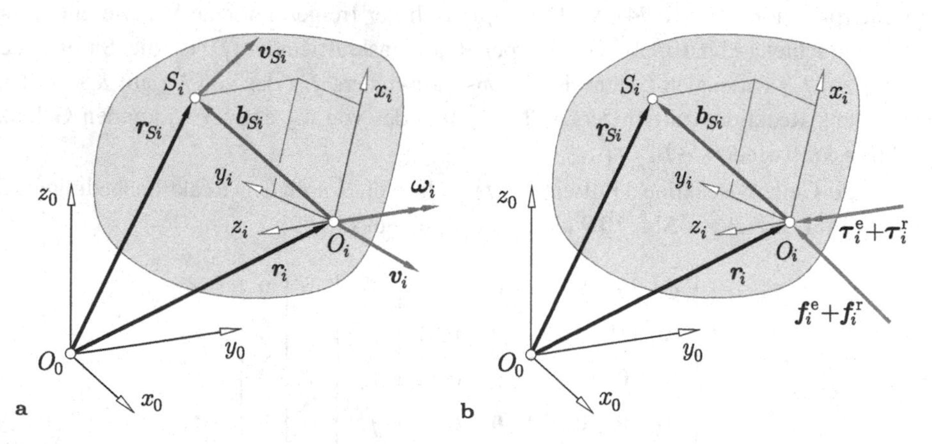

Abb. 10.13 Freigeschnittener Körper i. **a** Kinematische Größen. **b** Kräfte und Momente

Der Impulssatz (4.58) für den freigeschnittenen Körper i lautet mit den Resultierenden der eingeprägten Kräfte $\boldsymbol{f}_i^{\mathrm{e}}$ und der Reaktionskräfte $\boldsymbol{f}_i^{\mathrm{r}}$

$$m_i\, \boldsymbol{a}_{Si} = \boldsymbol{f}_i^{\mathrm{e}} + \boldsymbol{f}_i^{\mathrm{r}}\,, \quad i = 1, \ldots, n\,. \tag{10.76}$$

Die Beschleunigung $\boldsymbol{a}_{Si}$ des Massenmittelpunkts S_i wird mit Hilfe der kinematischen Starrkörpergleichung (3.24) durch die Beschleunigung $\boldsymbol{a}_i = \dot{\boldsymbol{v}}_i$ von O_i und die Winkelbeschleunigung $\boldsymbol{\alpha}_i = \dot{\boldsymbol{\omega}}_i$ von $\mathcal{K}_i$ ausgedrückt,

$$\boldsymbol{a}_{Si} = \boldsymbol{a}_i + \widetilde{\boldsymbol{\alpha}}_i\, \boldsymbol{b}_{Si} + \widetilde{\boldsymbol{\omega}}_i\, \widetilde{\boldsymbol{\omega}}_i\, \boldsymbol{b}_{Si}\,. \tag{10.77}$$

Einsetzen von $\boldsymbol{a}_{Si}$ aus (10.77) in den Impulssatz (10.76) liefert unter Berücksichtigung von $\widetilde{\boldsymbol{\alpha}}_i\, \boldsymbol{b}_{Si} = -\widetilde{\boldsymbol{b}}_{Si}\, \boldsymbol{\alpha}_i = \widetilde{\boldsymbol{b}}_{Si}^{\mathrm{T}}\, \boldsymbol{\alpha}_i$

$$m_i\, \boldsymbol{a}_i + m_i\, \widetilde{\boldsymbol{b}}_{Si}^{\mathrm{T}}\, \boldsymbol{\alpha}_i = \boldsymbol{f}_i^{\mathrm{e}} + \boldsymbol{f}_i^{\mathrm{r}} - m_i\, \widetilde{\boldsymbol{\omega}}_i\, \widetilde{\boldsymbol{\omega}}_i\, \boldsymbol{b}_{Si}\,, \quad i = 1, \ldots, n\,. \tag{10.78}$$

Der Drallsatz (4.63) für den freigeschnittenen Körper i bezüglich O_i lautet mit den Resultierenden der eingeprägten Momente $\boldsymbol{\tau}_i^{\mathrm{e}}$ und der Reaktionsmomente $\boldsymbol{\tau}_i^{\mathrm{r}}$ sowie dem Trägheitstensor $\boldsymbol{\Theta}_i$ jeweils bezüglich O_i

$$m_i\, \widetilde{\boldsymbol{b}}_{Si}\, \boldsymbol{a}_i + \boldsymbol{\Theta}_i\, \boldsymbol{\alpha}_i + \widetilde{\boldsymbol{\omega}}_i\, \boldsymbol{\Theta}_i\, \boldsymbol{\omega}_i = \boldsymbol{\tau}_i^{\mathrm{e}} + \boldsymbol{\tau}_i^{\mathrm{r}}\,, \quad i = 1, \ldots, n\,. \tag{10.79}$$

Die NEWTON-EULER-Gleichungen (10.78) und (10.79) können zusammengefasst werden zu der Matrizengleichung

$$\begin{array}{c}\begin{bmatrix} \boldsymbol{\Theta}_i & m_i\, \widetilde{\boldsymbol{b}}_{Si} \\ m_i\, \widetilde{\boldsymbol{b}}_{Si}^{\mathrm{T}} & m_i\, \boldsymbol{E} \end{bmatrix} \begin{bmatrix} \boldsymbol{\alpha}_i \\ \boldsymbol{a}_i \end{bmatrix} = \begin{bmatrix} -\widetilde{\boldsymbol{\omega}}_i\, \boldsymbol{\Theta}_i\, \boldsymbol{\omega}_i \\ -m_i\, \widetilde{\boldsymbol{\omega}}_i\, \widetilde{\boldsymbol{\omega}}_i\, \boldsymbol{b}_{Si} \end{bmatrix} + \begin{bmatrix} \boldsymbol{\tau}_i^{\mathrm{e}} \\ \boldsymbol{f}_i^{\mathrm{e}} \end{bmatrix} + \begin{bmatrix} \boldsymbol{\tau}_i^{\mathrm{r}} \\ \boldsymbol{f}_i^{\mathrm{r}} \end{bmatrix} \\ \widehat{\boldsymbol{M}}_i \qquad \hat{\boldsymbol{a}}_i = \hat{\boldsymbol{f}}_i^{\mathrm{c}} + \hat{\boldsymbol{f}}_i^{\mathrm{e}} + \hat{\boldsymbol{f}}_i^{\mathrm{r}}, \quad i = 1, \ldots, n, \end{array} \tag{10.80}$$

mit der (6,6)-Massenmatrix $\widehat{\boldsymbol{M}}_i$, dem eingeprägten Kraftwinder $\hat{\boldsymbol{f}}_i^{\mathrm{e}}$ und dem Reaktionskraftwinder $\hat{\boldsymbol{f}}_i^{\mathrm{r}}$ jeweils bezüglich O_i und dem Kreiselmoment im Trägheitskraftwinder $\hat{\boldsymbol{f}}_i^{\mathrm{c}}$. Beispiele eingeprägter Kräfte wurden in Abschn. 7.4 gezeigt. Fällt der Bezugspunkt O_i mit dem Massenmittelpunkt S_i zusammen, so ist $\boldsymbol{b}_{Si} = \boldsymbol{0}$, und (10.80) geht über in (7.48).

Die NEWTON-EULER-Gleichungen (10.80) aller n Körper können entsprechend (7.49) zusammengefasst werden zu der globalen Blockmatrizengleichung

$$\begin{array}{c}\begin{bmatrix} \widehat{\boldsymbol{M}}_1 & & \boldsymbol{0} \\ & \ddots & \\ \boldsymbol{0} & & \widehat{\boldsymbol{M}}_n \end{bmatrix} \begin{bmatrix} \hat{\boldsymbol{a}}_1 \\ \vdots \\ \hat{\boldsymbol{a}}_n \end{bmatrix} = \begin{bmatrix} \hat{\boldsymbol{f}}_1^{\mathrm{c}} \\ \vdots \\ \hat{\boldsymbol{f}}_n^{\mathrm{c}} \end{bmatrix} + \begin{bmatrix} \hat{\boldsymbol{f}}_1^{\mathrm{e}} \\ \vdots \\ \hat{\boldsymbol{f}}_n^{\mathrm{e}} \end{bmatrix} + \begin{bmatrix} \hat{\boldsymbol{f}}_1^{\mathrm{r}} \\ \vdots \\ \hat{\boldsymbol{f}}_n^{\mathrm{r}} \end{bmatrix} \\ \widehat{\boldsymbol{M}} \qquad \hat{\boldsymbol{a}} = \hat{\boldsymbol{f}}^{\mathrm{c}} + \hat{\boldsymbol{f}}^{\mathrm{e}} + \hat{\boldsymbol{f}}^{\mathrm{r}}\,. \end{array} \tag{10.81}$$

10.4 Bewegungsgleichungen offener Mehrkörpersysteme

Die Bewegungsgleichungen offener Mehrkörpersysteme werden gemäß Abschn. 7.6.2 als Zustandsgleichungen in den Gelenkkoordinaten $\boldsymbol{q} \equiv \boldsymbol{\beta}$ und Gelenkgeschwindigkeiten $\boldsymbol{s} \equiv \boldsymbol{\eta}$ aufgestellt.

Die Impuls- und Drallsätze (10.81), die Körper-Reaktionskraftwinder aus (10.67), die expliziten Körperbindungen auf Beschleunigungsebene (10.35) und die impliziten Reaktionsbedingungen (10.72) für die Körper-Reaktionskraftwinder $\hat{\boldsymbol{f}}^{\mathrm{r}}$ bilden das aus (7.65) bekannte System von $6n + 6n + f$ linearen Gleichungen für die $6n$ Koordinaten der Körperbeschleunigungen $\hat{\boldsymbol{a}}$, die $6n$ Koordinaten der Körper-Reaktionskraftwinder $\hat{\boldsymbol{f}}^{\mathrm{r}}$ und die f Gelenkbeschleunigungen $\dot{\boldsymbol{\eta}}$,

$$\begin{array}{l} (10.81): \\ (10.35): \\ (10.72): \end{array} \begin{bmatrix} \widehat{\boldsymbol{M}} & -\boldsymbol{E} & \boldsymbol{0} \\ -\boldsymbol{E} & \boldsymbol{0} & \boldsymbol{J} \\ \boldsymbol{0} & \boldsymbol{J}^{\mathrm{T}} & \boldsymbol{0} \end{bmatrix} \begin{bmatrix} \hat{\boldsymbol{a}} \\ \hat{\boldsymbol{f}}^{\mathrm{r}} \\ \dot{\boldsymbol{\eta}} \end{bmatrix} = \begin{bmatrix} \hat{\boldsymbol{f}}^{\mathrm{ec}} \\ -\bar{\hat{\boldsymbol{a}}} \\ \boldsymbol{0} \end{bmatrix} \begin{array}{l} 6n \text{ Gln.} \\ 6n \text{ Gln.} \\ f \text{ Gln.} \end{array} \tag{10.82}$$

mit der Zusammenfassung der Kraftwinder $\hat{\boldsymbol{f}}^{\mathrm{ec}} = \hat{\boldsymbol{f}}^{\mathrm{e}} + \hat{\boldsymbol{f}}^{\mathrm{c}}$.

Ein äquivalentes Gleichungssystem kann unter Verwendung der $6n$ Koordinaten der Gelenk-Reaktionskraftwinder $\hat{\boldsymbol{f}}^{\mathrm{p}}$ aufgestellt werden. Hierzu werden in den Impuls- und Drallsätzen die Körper-Reaktionskraftwinder $\hat{\boldsymbol{f}}^{\mathrm{r}}$ mit Hilfe von (10.67) durch die Gelenk-Reaktionskraftwinder $\hat{\boldsymbol{f}}^{\mathrm{p}}$ ausgedrückt und die expliziten Gelenkbindungen auf Beschleunigungsebene (10.33) und die impliziten Reaktionsbedingungen für die Gelenk-Reaktionskraftwinder (10.69) berücksichtigt,

$$\begin{array}{l} (10.81), (10.67): \\ (10.33): \\ (10.69): \end{array} \begin{bmatrix} \widehat{\boldsymbol{M}} & -\boldsymbol{B}^{\mathrm{T}} & \boldsymbol{0} \\ -\boldsymbol{B} & \boldsymbol{0} & \boldsymbol{C} \\ \boldsymbol{0} & \boldsymbol{C}^{\mathrm{T}} & \boldsymbol{0} \end{bmatrix} \begin{bmatrix} \hat{\boldsymbol{a}} \\ \hat{\boldsymbol{f}}^{\mathrm{p}} \\ \dot{\boldsymbol{\eta}} \end{bmatrix} = \begin{bmatrix} \hat{\boldsymbol{f}}^{\mathrm{ec}} \\ -\bar{\hat{\boldsymbol{a}}}^{\mathrm{rel}} \\ \boldsymbol{0} \end{bmatrix} \begin{array}{l} 6n \text{ Gln.} \\ 6n \text{ Gln.} \\ f \text{ Gln.} \end{array} \tag{10.83}$$

Mit den kinematischen Differentialgleichungen (10.15) und den Gelenkbeschleunigungen $\dot{\boldsymbol{\eta}}(\boldsymbol{\beta}, \boldsymbol{\eta}, t)$ aus (10.82) oder (10.83) lauten die Zustandsgleichungen

$$\begin{array}{ccccccc} \begin{bmatrix} \dot{\boldsymbol{\beta}} \\ \dot{\boldsymbol{\eta}} \end{bmatrix} & = & \begin{bmatrix} \boldsymbol{H}_{\eta}(\boldsymbol{\beta})\,\boldsymbol{\eta} \\ \dot{\boldsymbol{\eta}}(\boldsymbol{\beta}, \boldsymbol{\eta}, t) \end{bmatrix} & \text{mit} & \begin{bmatrix} \boldsymbol{\beta}(t_0) \\ \boldsymbol{\eta}(t_0) \end{bmatrix} & = & \begin{bmatrix} \boldsymbol{\beta}_0 \\ \boldsymbol{\eta}_0 \end{bmatrix}. \\ \dot{\boldsymbol{x}} & = & \boldsymbol{\Psi}(\boldsymbol{x}, t) & & \boldsymbol{x}(t_0) & = & \boldsymbol{x}_0. \end{array} \tag{10.84}$$

Den Ablauf der Berechnung der zeitlichen Änderungen der Zustandsgrößen $\dot{\boldsymbol{x}}$, der Gelenk-Reaktionskraftwinder $\hat{\boldsymbol{f}}^{\mathrm{p}}$ und der Absolutbeschleunigungen $\hat{\boldsymbol{a}}$ ausgehend vom Gleichungssystem (10.83) zeigt Abb. 10.14. Die Residuen $\boldsymbol{g}_{\mathrm{E}}$ der Nebenbedingungen ggf. als Gelenkkoordinaten verwendeter EULER-Parameter müssen null sein.

Die Gelenkbeschleunigungen $\dot{\boldsymbol{\eta}}$ werden aus den linearen Gleichungssystemen (10.83) oder (10.82) durch Elimination der Absolutbeschleunigungen $\hat{\boldsymbol{a}}$ und der Reaktionskraftwinder $\hat{\boldsymbol{f}}^{\mathrm{p}}$ bzw. $\hat{\boldsymbol{f}}^{\mathrm{r}}$ berechnet. Hierzu kann prinzipiell ein allgemeines Verfahren zur Lösung

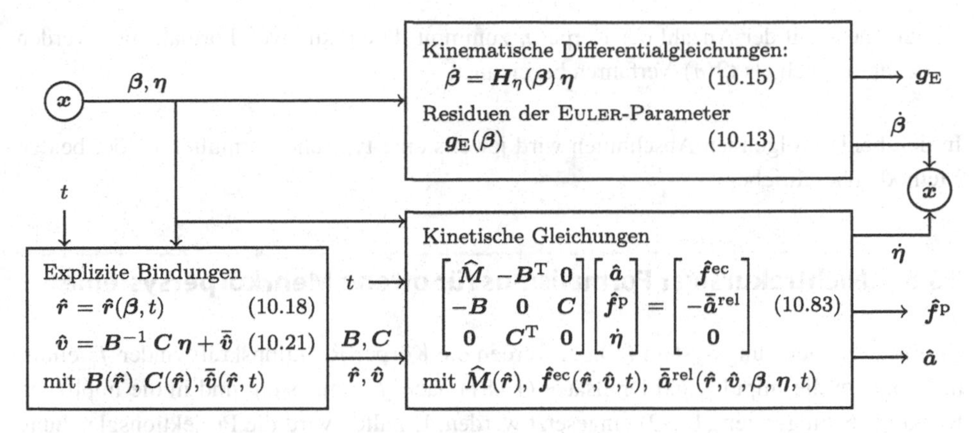

Abb. 10.14 Berechnung von $\dot{\boldsymbol{x}} = \boldsymbol{\Psi}(\boldsymbol{x}, t)$, $\hat{\boldsymbol{f}}^p(\boldsymbol{x}, t)$ und $\hat{\boldsymbol{a}}(\boldsymbol{x}, t)$ für offene Mehrkörpersysteme

linearer Gleichungssysteme eingesetzt werden. Günstiger ist jedoch die Lösung mit Hilfe von so genannten *Mehrkörperformalismen*, welche die spezielle Struktur der Gleichungssysteme (10.83) bzw. (10.82) ausnutzen. Die Mehrkörperformalismen lassen sich in zwei Hauptgruppen einteilen:

- Bei den *nichtrekursiven Formalismen* wird gemäß Abschn. 7.6.2 zuerst ein System mit f Differentialgleichungen in $\boldsymbol{\beta}$ und $\boldsymbol{\eta}$ der Form

$$\boldsymbol{M}(\boldsymbol{\beta}, t)\,\dot{\boldsymbol{\eta}} = \boldsymbol{k}^c(\boldsymbol{\beta}, \boldsymbol{\eta}, t) + \boldsymbol{k}^e(\boldsymbol{\beta}, \boldsymbol{\eta}, t) \tag{10.85}$$

  mit der symmetrischen, positiv definiten (f, f)-Massenmatrix $\boldsymbol{M}$ sowie den f-Vektoren der Zentrifugal- und CORIOLIS-Kräfte $\boldsymbol{k}^c$ und der verallgemeinerten eingeprägten Kräfte $\boldsymbol{k}^e$ aufgestellt. Um die Bewegungsgleichungen in der Zustandsform (10.84) zu erhalten, muss das Gleichungssystem (10.85) nach den Gelenkbeschleunigungen $\dot{\boldsymbol{\eta}}$ aufgelöst werden. Hierzu kann wegen der symmetrischen Massenmatrix $\boldsymbol{M}$ z. B. das CHOLESKY-Verfahren eingesetzt werden. Die Anzahl der hierfür benötigten Rechenoperationen und damit die Rechenzeit steigen dabei mit der Anzahl der Gleichungen von (10.85), welche dem Freiheitsgrad des Systems f entspricht, kubisch an. Da der Geschwindigkeits-Freiheitsgrad eines Gelenks mindestens eins beträgt und auf sechs begrenzt ist, gilt die kubische Zunahme der Rechenzeit auch über der Anzahl der Körper n eines offenen Mehrkörpersystems. Es ist in der Literatur üblich, diesen Sachverhalt durch die Angabe der Ordnung $\mathcal{O}(n^3)$ auszudrücken.
- Bei den *rekursiven Formalismen* werden die Gelenkbeschleunigungen $\dot{\boldsymbol{\eta}}$ direkt, also ohne vorherige Aufstellung der Massenmatrix $\boldsymbol{M}$ aus (10.85), berechnet, indem die topologische Baumstruktur des Mehrkörpersystems für die Elimination ausgenutzt wird. Es lässt sich zeigen, dass hierbei die Anzahl der Rechenoperationen und damit die Rechenzeit

nur linear mit der Anzahl der Körper n zunimmt. Die rekursiven Formalismen werden daher oft auch als $\mathcal{O}(n)$-Verfahren bezeichnet.

In den beiden folgenden Abschnitten wird jeweils eine typische Formulierung der beiden Methoden beschrieben.

10.5 Nichtrekursiver Formalismus für offene Mehrkörpersysteme

Im linearen Gleichungssystem (10.82) werden die Körper-Reaktionskraftwinder $\hat{\boldsymbol{f}}^{\mathrm{r}}$ eliminiert, indem die Impuls- und Drallsätze (10.81) nach $\hat{\boldsymbol{f}}^{\mathrm{r}}$ umgestellt und in die impliziten Reaktionsbedingungen (10.72) eingesetzt werden. Erhalten wird die Projektionsgleichung (7.66),

$$\boldsymbol{J}^{\mathrm{T}}\left(\widehat{\boldsymbol{M}}\,\hat{\boldsymbol{a}} - \hat{\boldsymbol{f}}^{\mathrm{c}} - \hat{\boldsymbol{f}}^{\mathrm{e}}\right) = \boldsymbol{0} \quad \text{oder} \quad \sum_{i=1}^{n} \boldsymbol{J}_i^{\mathrm{T}}\left(\widehat{\boldsymbol{M}}_i\,\hat{\boldsymbol{a}}_i - \hat{\boldsymbol{f}}_i^{\mathrm{c}} - \hat{\boldsymbol{f}}_i^{\mathrm{e}}\right) = \boldsymbol{0}. \tag{10.86}$$

In entsprechender Weise werden im linearen Gleichungssystem (10.83) die Gelenk-Reaktionskraftwinder $\hat{\boldsymbol{f}}^{\mathrm{p}}$ eliminiert, indem die Impuls- und Drallsätze (10.81) unter Berücksichtigung von (10.67) nach $\hat{\boldsymbol{f}}^{\mathrm{p}}$ umgestellt werden,

$$\hat{\boldsymbol{f}}^{\mathrm{p}} = \boldsymbol{B}^{-\mathrm{T}}\left(\widehat{\boldsymbol{M}}\,\hat{\boldsymbol{a}} - \hat{\boldsymbol{f}}^{\mathrm{c}} - \hat{\boldsymbol{f}}^{\mathrm{e}}\right), \tag{10.87}$$

und in die impliziten Reaktionsbedingungen (10.69) eingesetzt werden,

$$\boldsymbol{C}^{\mathrm{T}}\,\boldsymbol{B}^{-\mathrm{T}}\left(\widehat{\boldsymbol{M}}\,\hat{\boldsymbol{a}} - \hat{\boldsymbol{f}}^{\mathrm{c}} - \hat{\boldsymbol{f}}^{\mathrm{e}}\right) = \boldsymbol{0}. \tag{10.88}$$

Mit der globalen JACOBI-Matrix $\boldsymbol{J} = \boldsymbol{B}^{-1}\,\boldsymbol{C}$ gemäß (10.27) und damit $\boldsymbol{J}^{\mathrm{T}} = \boldsymbol{C}^{\mathrm{T}}\,\boldsymbol{B}^{-\mathrm{T}}$ ist dies ebenfalls die Projektionsgleichung (10.86).

Schließlich werden die expliziten Körperbindungen (10.18), (10.26) und (10.35) in die Projektionsgleichung (10.86) eingesetzt. Nach dem Ordnen der Terme werden die Bewegungsgleichungen der Form (10.85) erhalten,

$$\boldsymbol{M}(\boldsymbol{\beta}, t)\,\dot{\boldsymbol{\eta}} = \boldsymbol{k}^{\mathrm{c}}(\boldsymbol{\beta}, \boldsymbol{\eta}, t) + \boldsymbol{k}^{\mathrm{e}}(\boldsymbol{\beta}, \boldsymbol{\eta}, t). \tag{10.89}$$

Das Differentialgleichungssystem (10.89) enthält die (f,f)-Massenmatrix

$$\begin{aligned}
\boldsymbol{M} &= \boldsymbol{J}^{\mathrm{T}}\,\widehat{\boldsymbol{M}}\,\boldsymbol{J} = \sum_{i=1}^{n} \boldsymbol{J}_i^{\mathrm{T}}\,\widehat{\boldsymbol{M}}_i\,\boldsymbol{J}_i, \\
\boldsymbol{M} &= \sum_{i=1}^{n} \begin{bmatrix} \boldsymbol{J}_{\mathrm{R}i}^{\mathrm{T}} & \boldsymbol{J}_{\mathrm{T}i}^{\mathrm{T}} \end{bmatrix} \begin{bmatrix} \boldsymbol{\Theta}_i & m_i\,\widetilde{\boldsymbol{b}}_{\mathrm{S}i} \\ m_i\,\widetilde{\boldsymbol{b}}_{\mathrm{S}i}^{\mathrm{T}} & m_i\,\boldsymbol{E} \end{bmatrix} \begin{bmatrix} \boldsymbol{J}_{\mathrm{R}i} \\ \boldsymbol{J}_{\mathrm{T}i} \end{bmatrix},
\end{aligned} \tag{10.90}$$

den f-Vektor der verallgemeinerten Zentrifugal- und CORIOLIS-Kräfte

$$\boldsymbol{k}^{\mathrm{c}} = -\boldsymbol{J}^{\mathrm{T}}\,(\widehat{\boldsymbol{M}}\,\bar{\hat{\boldsymbol{a}}} - \hat{\boldsymbol{f}}^{\mathrm{c}}) = -\sum_{i=1}^{n} \boldsymbol{J}_i^{\mathrm{T}}\left(\widehat{\boldsymbol{M}}_i\,\bar{\hat{\boldsymbol{a}}}_i - \hat{\boldsymbol{f}}_i^{\mathrm{c}}\right),$$

$$\boldsymbol{k}^{\mathrm{c}} = -\sum_{i=1}^{n} [\,\boldsymbol{J}_{\mathrm{R}i}^{\mathrm{T}}\quad \boldsymbol{J}_{\mathrm{T}i}^{\mathrm{T}}\,]\left\{\begin{bmatrix} \boldsymbol{\Theta}_i & m_i\,\widetilde{\boldsymbol{b}}_{Si} \\ m_i\,\widetilde{\boldsymbol{b}}_{Si}^{\mathrm{T}} & m_i\,\boldsymbol{E} \end{bmatrix}\begin{bmatrix} \bar{\boldsymbol{\alpha}}_i \\ \bar{\boldsymbol{a}}_i \end{bmatrix} + \begin{bmatrix} \widetilde{\boldsymbol{\omega}}_i\,\boldsymbol{\Theta}_i\,\boldsymbol{\omega}_i \\ m_i\,\widetilde{\boldsymbol{\omega}}_i\,\widetilde{\boldsymbol{\omega}}_i\,\boldsymbol{b}_{Si} \end{bmatrix}\right\} \tag{10.91}$$

und den f-Vektor der verallgemeinerten eingeprägten Kräfte

$$\boldsymbol{k}^{\mathrm{e}} = \boldsymbol{J}^{\mathrm{T}}\,\hat{\boldsymbol{f}}^{\mathrm{e}} = \sum_{i=1}^{n} \boldsymbol{J}_i^{\mathrm{T}}\,\hat{\boldsymbol{f}}_i^{\mathrm{e}},$$

$$\boldsymbol{k}^{\mathrm{e}} = \sum_{i=1}^{n} \left(\boldsymbol{J}_{\mathrm{T}i}^{\mathrm{T}}\,\boldsymbol{f}_i^{\mathrm{e}} + \boldsymbol{J}_{\mathrm{R}i}^{\mathrm{T}}\,\boldsymbol{\tau}_i^{\mathrm{e}}\right). \tag{10.92}$$

Mit den Massenmittelpunkten S_i als Bezugspunkten ist $\boldsymbol{b}_{Si} = \boldsymbol{0}$, und es ergeben sich wieder die Ergebnisse aus (7.68) bis (7.70),

$$\boldsymbol{M} = \sum_{i=1}^{n} \left(m_i\,\boldsymbol{J}_{\mathrm{T}i}^{\mathrm{T}}\,\boldsymbol{J}_{\mathrm{T}i} + \boldsymbol{J}_{\mathrm{R}i}^{\mathrm{T}}\,\boldsymbol{\Theta}_{Si}\,\boldsymbol{J}_{\mathrm{R}i}\right), \tag{10.93}$$

$$\boldsymbol{k}^{\mathrm{c}} = -\sum_{i=1}^{n} \left(m_i\,\boldsymbol{J}_{\mathrm{T}i}^{\mathrm{T}}\,\bar{\boldsymbol{a}}_{Si} + \boldsymbol{J}_{\mathrm{R}i}^{\mathrm{T}}\,\boldsymbol{\Theta}_{Si}\,\bar{\boldsymbol{\alpha}}_i + \boldsymbol{J}_{\mathrm{R}i}^{\mathrm{T}}\,\widetilde{\boldsymbol{\omega}}_i\,\boldsymbol{\Theta}_{Si}\,\boldsymbol{\omega}_i\right), \tag{10.94}$$

$$\boldsymbol{k}^{\mathrm{e}} = \sum_{i=1}^{n} \left(\boldsymbol{J}_{\mathrm{T}i}^{\mathrm{T}}\,\boldsymbol{f}_i^{\mathrm{e}} + \boldsymbol{J}_{\mathrm{R}i}^{\mathrm{T}}\,\boldsymbol{\tau}_{Si}^{\mathrm{e}}\right). \tag{10.95}$$

WALKER und ORIN [111] beschreiben weitere Varianten zur effizienten Berechnung der Terme der Bewegungsgleichungen (10.89), siehe auch FEATHERSTONE [111].

Reaktionskraftwinder Mit den Beschleunigungen $\dot{\boldsymbol{\eta}}$ aus (10.89) können die Körper-Reaktionskraftwinder $\hat{\boldsymbol{f}}^{\mathrm{r}}$ mit Hilfe der Impuls- und Drallsätze (10.81) unter Berücksichtigung der expliziten Körperbindungen (10.35) berechnet werden,

$$\hat{\boldsymbol{f}}^{\mathrm{r}} = \widehat{\boldsymbol{M}}\,\hat{\boldsymbol{a}} - \hat{\boldsymbol{f}}^{\mathrm{c}} - \hat{\boldsymbol{f}}^{\mathrm{e}} \quad \text{mit} \quad \hat{\boldsymbol{a}} = \boldsymbol{J}\,\dot{\boldsymbol{\eta}} + \bar{\hat{\boldsymbol{a}}}. \tag{10.96}$$

Der Reaktionskraftwinder am i-ten Körper bezüglich des Ursprungspunkts O_i des körperfesten Koordinatensystems $\mathcal{K}_i$ lautet unter Berücksichtigung von (10.80)

$$\begin{array}{ccccccccc} \hat{\boldsymbol{f}}_i^{\mathrm{r}} & = & \widehat{\boldsymbol{M}}_i & \hat{\boldsymbol{a}}_i & - & \hat{\boldsymbol{f}}_i^{\mathrm{c}} & - & \hat{\boldsymbol{f}}_i^{\mathrm{e}} & \\ \begin{bmatrix} \boldsymbol{\tau}_i^{\mathrm{r}} \\ \boldsymbol{f}_i^{\mathrm{r}} \end{bmatrix} & = & \begin{bmatrix} \boldsymbol{\Theta}_i & m_i\,\widetilde{\boldsymbol{b}}_{Si} \\ m_i\,\widetilde{\boldsymbol{b}}_{Si}^{\mathrm{T}} & m_i\,\boldsymbol{E} \end{bmatrix} & \begin{bmatrix} \boldsymbol{\alpha}_i \\ \boldsymbol{a}_i \end{bmatrix} & - & \begin{bmatrix} -\widetilde{\boldsymbol{\omega}}_i\,\boldsymbol{\Theta}_i\,\boldsymbol{\omega}_i \\ -m_i\,\widetilde{\boldsymbol{\omega}}_i\,\widetilde{\boldsymbol{\omega}}_i\,\boldsymbol{b}_{Si} \end{bmatrix} & - & \begin{bmatrix} \boldsymbol{\tau}_i^{\mathrm{e}} \\ \boldsymbol{f}_i^{\mathrm{e}} \end{bmatrix} & . \end{array} \tag{10.97}$$

Aus den Körper-Reaktionskraftwindern $\hat{f}^{\mathrm{r}}$ können die Gelenk-Reaktionskraftwinder $\hat{f}^{\mathrm{p}}$ mit (10.87) berechnet werden, $\hat{f}^{\mathrm{p}} = B^{-\mathrm{T}}\,\hat{f}^{\mathrm{r}}$.

10.6 Rekursiver Formalismus für offene Mehrkörpersysteme

Für die Formulierung des rekursiven Formalismus wird günstig vom System der Bestimmungsgleichungen (10.83) ausgegangen, da hier die im Berechnungsablauf als Zwischengrößen verwendeten Gelenk-Reaktionskraftwinder $\hat{f}_i^{\mathrm{p}}$ direkt auftreten. Diese Vorgehensweise wurde von WEHAGE [112] angegeben und wird auch von REIN [87] beschrieben.

10.6.1 Rekursive Lösung für Systeme mit Kettenstruktur

Das Prinzip der rekursiven Lösung des linearen Gleichungssystems (10.83) wird am Beispiel der in Abb. 10.15 dargestellten Kette mit drei Körpern gezeigt. Die drei Blockmatrizengleichungen in (10.83) lauten hier:

- Impuls- und Drallsätze (10.81) mit $\hat{f}^{\mathrm{r}} = B^{\mathrm{T}}\hat{f}^{\mathrm{p}}$ aus (10.67):

$$\underset{\widehat{M}}{\begin{bmatrix} \widehat{M}_1 & 0 & 0 \\ 0 & \widehat{M}_2 & 0 \\ 0 & 0 & \widehat{M}_3 \end{bmatrix}} \underset{\hat{a}}{\begin{bmatrix} \hat{a}_1 \\ \hat{a}_2 \\ \hat{a}_3 \end{bmatrix}} - \underset{B^{\mathrm{T}}}{\begin{bmatrix} E & -B_{21}^{\mathrm{T}} & 0 \\ 0 & E & -B_{32}^{\mathrm{T}} \\ 0 & 0 & E \end{bmatrix}} \underset{\hat{f}^{\mathrm{p}}}{\begin{bmatrix} \hat{f}_1^{\mathrm{p}} \\ \hat{f}_2^{\mathrm{p}} \\ \hat{f}_3^{\mathrm{p}} \end{bmatrix}} = \underset{\hat{f}^{\mathrm{ec}}}{\begin{bmatrix} \hat{f}_1^{\mathrm{ec}} \\ \hat{f}_2^{\mathrm{ec}} \\ \hat{f}_3^{\mathrm{ec}} \end{bmatrix}}. \quad \begin{matrix} (10.98\mathrm{a}) \\ (10.98\mathrm{b}) \\ (10.98\mathrm{c}) \end{matrix}$$

- Gelenkbindungen auf Beschleunigungsebene (10.33):

$$\underset{-B}{\begin{bmatrix} -E & 0 & 0 \\ B_{21} & -E & 0 \\ 0 & B_{32} & -E \end{bmatrix}} \underset{\hat{a}}{\begin{bmatrix} \hat{a}_1 \\ \hat{a}_2 \\ \hat{a}_3 \end{bmatrix}} + \underset{C}{\begin{bmatrix} C_1 & 0 & 0 \\ 0 & C_2 & 0 \\ 0 & 0 & C_3 \end{bmatrix}} \underset{\dot{\eta}}{\begin{bmatrix} \dot{\eta}_1 \\ \dot{\eta}_2 \\ \dot{\eta}_3 \end{bmatrix}} = \underset{-\bar{\hat{a}}^{\mathrm{rel}}}{\begin{bmatrix} -\bar{\hat{a}}_1^{\mathrm{rel}} \\ -\bar{\hat{a}}_2^{\mathrm{rel}} \\ -\bar{\hat{a}}_3^{\mathrm{rel}} \end{bmatrix}}. \quad \begin{matrix} (10.99\mathrm{a}) \\ (10.99\mathrm{b}) \\ (10.99\mathrm{c}) \end{matrix}$$

- Implizite Reaktionsbedingungen (10.69) für die Gelenk-Reaktionskraftwinder:

$$\underset{C^{\mathrm{T}}}{\begin{bmatrix} C_1^{\mathrm{T}} & 0 & 0 \\ 0 & C_2^{\mathrm{T}} & 0 \\ 0 & 0 & C_3^{\mathrm{T}} \end{bmatrix}} \underset{\hat{f}^{\mathrm{p}}}{\begin{bmatrix} \hat{f}_1^{\mathrm{p}} \\ \hat{f}_2^{\mathrm{p}} \\ \hat{f}_3^{\mathrm{p}} \end{bmatrix}} = \underset{0}{\begin{bmatrix} 0 \\ 0 \\ 0 \end{bmatrix}}. \quad \begin{matrix} (10.100\mathrm{a}) \\ (10.100\mathrm{b}) \\ (10.100\mathrm{c}) \end{matrix}$$

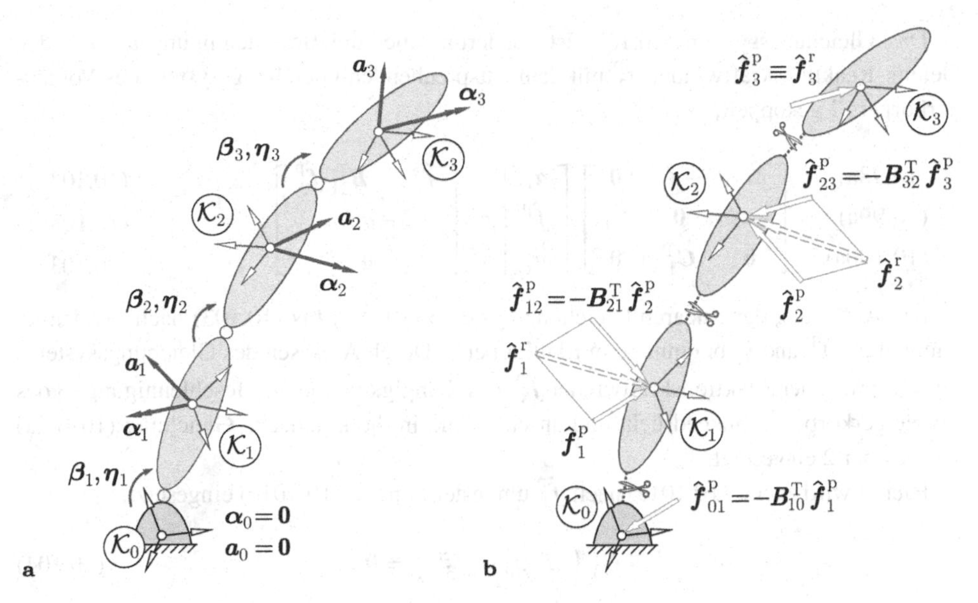

Abb. 10.15 Zur rekursiven Aufstellung der Bewegungsgleichungen. **a** Kinematik. **b** Gelenk-Reaktionskraftwinder

Für die Berechnung der Körperbeschleunigungen $\hat{\boldsymbol{a}}_i$, der Gelenkbeschleunigungen $\dot{\boldsymbol{\eta}}_i$ und der Gelenk-Reaktionskraftwinder $\hat{f}_i^{\mathrm{p}}$ wird nun aus dem System der Gleichungen (10.98) bis (10.100) für jeden Körper ein lineares Gleichungssystem, bestehend aus dem entsprechenden Impuls- und Drallsatz, den expliziten Bindungen des Gelenks zum Vorgängerkörper und den impliziten Reaktionsbedingungen für dieses Gelenk zusammengestellt. Für den Blattkörper 3 lautet dieses Gleichungssystem

$$\begin{array}{l} (10.98\mathrm{c}): \\ (10.99\mathrm{c}): \\ (10.100\mathrm{c}): \end{array} \begin{bmatrix} \widehat{\boldsymbol{M}}_3 & -\boldsymbol{E} & \boldsymbol{0} \\ -\boldsymbol{E} & \boldsymbol{0} & \boldsymbol{C}_3 \\ \boldsymbol{0} & \boldsymbol{C}_3^{\mathrm{T}} & \boldsymbol{0} \end{bmatrix} \begin{bmatrix} \hat{\boldsymbol{a}}_3 \\ \hat{f}_3^{\mathrm{p}} \\ \dot{\boldsymbol{\eta}}_3 \end{bmatrix} = \begin{bmatrix} \hat{f}_3^{\mathrm{ec}} \\ -\boldsymbol{B}_{32}\,\hat{\boldsymbol{a}}_2 - \bar{\hat{\boldsymbol{a}}}_3^{\mathrm{rel}} \\ \boldsymbol{0} \end{bmatrix}. \quad \begin{array}{r} (10.101\mathrm{a}) \\ (10.101\mathrm{b}) \\ (10.101\mathrm{c}) \end{array}$$

Das Gleichungssystem (10.101) ist über die Beschleunigung $\hat{\boldsymbol{a}}_2$ und den Gelenk-Reaktionskraftwinder $\hat{f}_3^{\mathrm{p}}$ mit dem entsprechenden Gleichungssystem des Vorgängerkörpers 2 gekoppelt,

$$\begin{array}{l} (10.98\mathrm{b}): \\ (10.99\mathrm{b}): \\ (10.100\mathrm{b}): \end{array} \begin{bmatrix} \widehat{\boldsymbol{M}}_2 & -\boldsymbol{E} & \boldsymbol{0} \\ -\boldsymbol{E} & \boldsymbol{0} & \boldsymbol{C}_2 \\ \boldsymbol{0} & \boldsymbol{C}_2^{\mathrm{T}} & \boldsymbol{0} \end{bmatrix} \begin{bmatrix} \hat{\boldsymbol{a}}_2 \\ \hat{f}_2^{\mathrm{p}} \\ \dot{\boldsymbol{\eta}}_2 \end{bmatrix} = \begin{bmatrix} \hat{f}_2^{\mathrm{ec}} - \boldsymbol{B}_{32}^{\mathrm{T}}\,\hat{f}_3^{\mathrm{p}} \\ -\boldsymbol{B}_{21}\,\hat{\boldsymbol{a}}_1 - \bar{\hat{\boldsymbol{a}}}_2^{\mathrm{rel}} \\ \boldsymbol{0} \end{bmatrix}. \quad \begin{array}{r} (10.102\mathrm{a}) \\ (10.102\mathrm{b}) \\ (10.102\mathrm{c}) \end{array}$$

Das Gleichungssystem (10.102) ist wiederum über die Beschleunigung $\hat{\boldsymbol{a}}_1$ und den Gelenk-Reaktionskraftwinder $\hat{\boldsymbol{f}}_2^{\mathrm{p}}$ mit dem entsprechenden Gleichungssystem des Vorgängerkörpers 1 gekoppelt,

$$\begin{matrix} (10.98a): \\ (10.99a): \\ (10.100a): \end{matrix} \quad \begin{bmatrix} \widehat{\boldsymbol{M}}_1 & -\boldsymbol{E} & \boldsymbol{0} \\ -\boldsymbol{E} & \boldsymbol{0} & \boldsymbol{C}_1 \\ \boldsymbol{0} & \boldsymbol{C}_1^{\mathrm{T}} & \boldsymbol{0} \end{bmatrix} \begin{bmatrix} \hat{\boldsymbol{a}}_1 \\ \hat{\boldsymbol{f}}_1^{\mathrm{p}} \\ \dot{\boldsymbol{\eta}}_1 \end{bmatrix} = \begin{bmatrix} \hat{\boldsymbol{f}}_1^{\mathrm{ec}} - \boldsymbol{B}_{21}^{\mathrm{T}} \hat{\boldsymbol{f}}_2^{\mathrm{p}} \\ -\bar{\hat{\boldsymbol{a}}}_1^{\mathrm{rel}} \\ \boldsymbol{0} \end{bmatrix}. \quad \begin{matrix} (10.103a) \\ (10.103b) \\ (10.103c) \end{matrix}$$

Die Auflösung der linearen Gleichungssysteme (10.101) bis (10.103) nach den Unbekannten $\hat{\boldsymbol{a}}_i$, $\hat{\boldsymbol{f}}_i^{\mathrm{p}}$ und $\dot{\boldsymbol{\eta}}_i$ beginnt beim Blattkörper 3. Durch Auflösen des Gleichungssystems (10.101) wird der Reaktionskraftwinder $\hat{\boldsymbol{f}}_3^{\mathrm{p}}$ in Abhängigkeit von der Beschleunigung $\hat{\boldsymbol{a}}_2$ des Vorgängerkörpers 2 ausgedrückt und anschließend in die kinetische Gleichung (10.102a) von Körper 2 eingesetzt.

Hierzu wird zuerst (10.101a) nach $\hat{\boldsymbol{f}}_3^{\mathrm{p}}$ umgestellt und in (10.101c) eingesetzt,

$$\boldsymbol{C}_3^{\mathrm{T}} \left(\widehat{\boldsymbol{M}}_3 \hat{\boldsymbol{a}}_3 - \hat{\boldsymbol{f}}_3^{\mathrm{ec}} \right) = \boldsymbol{0}. \tag{10.104}$$

Einsetzen von $\hat{\boldsymbol{a}}_3$ aus (10.101b) in (10.104) ergibt ein lineares Gleichungssystem für die Gelenkbeschleunigungen $\dot{\boldsymbol{\eta}}_3$ in Abhängigkeit von $\hat{\boldsymbol{a}}_2$, das nach $\dot{\boldsymbol{\eta}}_3$ aufgelöst wird,

$$\dot{\boldsymbol{\eta}}_3 = -\boldsymbol{N}_3^{-1} \boldsymbol{C}_3^{\mathrm{T}} \widehat{\boldsymbol{M}}_3 \boldsymbol{B}_{32} \hat{\boldsymbol{a}}_2 + \boldsymbol{N}_3^{-1} \boldsymbol{C}_3^{\mathrm{T}} \left(\hat{\boldsymbol{f}}_3^{\mathrm{ec}} - \widehat{\boldsymbol{M}}_3 \bar{\hat{\boldsymbol{a}}}_3^{\mathrm{rel}} \right), \tag{10.105}$$

mit der symmetrischen Matrix $\boldsymbol{N}_3 = \boldsymbol{C}_3^{\mathrm{T}} \widehat{\boldsymbol{M}}_3 \boldsymbol{C}_3$. Einsetzen von $\dot{\boldsymbol{\eta}}_3$ aus (10.105) in (10.101b) ergibt die Beschleunigung $\hat{\boldsymbol{a}}_3$ in Abhängigkeit von $\hat{\boldsymbol{a}}_2$,

$$\begin{aligned} \hat{\boldsymbol{a}}_3 = {} & \left(\boldsymbol{E} - \boldsymbol{C}_3 \boldsymbol{N}_3^{-1} \boldsymbol{C}_3^{\mathrm{T}} \widehat{\boldsymbol{M}}_3 \right) \boldsymbol{B}_{32} \hat{\boldsymbol{a}}_2 + \\ & + \boldsymbol{C}_3 \boldsymbol{N}_3^{-1} \boldsymbol{C}_3^{\mathrm{T}} \left(\hat{\boldsymbol{f}}_3^{\mathrm{ec}} - \widehat{\boldsymbol{M}}_3 \bar{\hat{\boldsymbol{a}}}_3^{\mathrm{rel}} \right) + \bar{\hat{\boldsymbol{a}}}_3^{\mathrm{rel}}. \end{aligned} \tag{10.106}$$

Einsetzen von $\hat{\boldsymbol{a}}_3$ aus (10.106) in die nach $\hat{\boldsymbol{f}}_3^{\mathrm{p}}$ umgestellte Gleichung (10.101a) ergibt den Gelenk-Reaktionskraftwinder $\hat{\boldsymbol{f}}_3^{\mathrm{p}}$ in Abhängigkeit von $\hat{\boldsymbol{a}}_2$,

$$\begin{aligned} \hat{\boldsymbol{f}}_3^{\mathrm{p}} = {} & \widehat{\boldsymbol{M}}_3 \left(\boldsymbol{E} - \boldsymbol{C}_3 \boldsymbol{N}_3^{-1} \boldsymbol{C}_3^{\mathrm{T}} \widehat{\boldsymbol{M}}_3 \right) \boldsymbol{B}_{32} \hat{\boldsymbol{a}}_2 + \\ & - \left(\boldsymbol{E} - \widehat{\boldsymbol{M}}_3 \boldsymbol{C}_3 \boldsymbol{N}_3^{-1} \boldsymbol{C}_3^{\mathrm{T}} \right) \left(\hat{\boldsymbol{f}}_3^{\mathrm{ec}} - \widehat{\boldsymbol{M}}_3 \bar{\hat{\boldsymbol{a}}}_3^{\mathrm{rel}} \right). \end{aligned} \tag{10.107}$$

Der Reaktionskraftwinder $\hat{\boldsymbol{f}}_3^{\mathrm{p}}$ aus (10.107) wird nun in die kinetische Gleichung (10.102) des Vorgängerkörpers 2

$$\widehat{\boldsymbol{M}}_2 \hat{\boldsymbol{a}}_2 = \hat{\boldsymbol{f}}_2^{\mathrm{ec}} - \boldsymbol{B}_{32}^{\mathrm{T}} \hat{\boldsymbol{f}}_3^{\mathrm{p}} + \hat{\boldsymbol{f}}_2^{\mathrm{p}} \tag{10.108}$$

eingesetzt. Die entstehende Gleichung hat dann die Form der kinetischen Gleichung (10.101a) des Blattkörpers 3,

$$\hat{\boldsymbol{M}}_2^* \hat{\boldsymbol{a}}_2 = \hat{\boldsymbol{f}}_2^{p} + \hat{\boldsymbol{f}}_2^{\mathrm{ec}*} \tag{10.109}$$

mit den neuen Termen

$$\widehat{M}_2^* = \widehat{M}_2 + B_{32}^{\mathrm{T}} \left(E - \widehat{M}_3 C_3 N_3^{-1} C_3^{\mathrm{T}} \right) \widehat{M}_3 B_{32} , \tag{10.110}$$

$$\hat{f}_2^{\mathrm{ec}*} = \hat{f}_2^{\mathrm{ec}} + B_{32}^{\mathrm{T}} \left(E - \widehat{M}_3 C_3 N_3^{-1} C_3^{\mathrm{T}} \right) \left(\hat{f}_3^{\mathrm{ec}} - \widehat{M}_3 \bar{\hat{a}}_3^{\mathrm{rel}} \right) . \tag{10.111}$$

Dieses Ergebnis lässt sich so interpretieren, dass die Massenmatrix $\widehat{M}_3$ und der Kraftwinder $\hat{f}_3^{\mathrm{ec}}$ des Blattkörpers 3 unter Berücksichtigung der Bindungen des Gelenks auf den Vorgängerkörper 2 projiziert werden.

Wird in dem Gleichungssystem (10.102) des Körpers 2 die kinetische Gleichung (10.102a) durch (10.108) ersetzt, so hat es die Struktur des Gleichungssystems (10.101) des Blattkörpers 3 ohne den primären Reaktionskraftwinder vom Nachfolgekörper,

$$\begin{bmatrix} \widehat{M}_2^* & -E & 0 \\ -E & 0 & C_2 \\ 0 & C_2^{\mathrm{T}} & 0 \end{bmatrix} \begin{bmatrix} \hat{a}_2 \\ \hat{f}_2^{\mathrm{p}} \\ \dot{\eta}_2 \end{bmatrix} = \begin{bmatrix} \hat{f}_2^{\mathrm{ec}*} \\ -B_{21} \hat{a}_1 - \bar{\hat{a}}_2^{\mathrm{rel}} \\ 0 \end{bmatrix} . \tag{10.112}$$

Damit liegt eine um den Körper 3 reduzierte Kette mit dem neuen Blattkörper $\mathcal{K}_2$ vor.

Nach demselben Prinzip werden im nächsten Schritt die Unbekannten $\hat{a}_2$, $\hat{f}_2^{\mathrm{p}}$ und $\dot{\eta}_2$ von Körper 2 eliminiert, indem die Massenmatrix $\widehat{M}_2^*$ und der Kraftwinder $\hat{f}_2^{\mathrm{ec}*}$ in Analogie zu (10.110) und (10.111) auf den Körper 1 projiziert werden,

$$\widehat{M}_1^* = \widehat{M}_1 + B_{21}^{\mathrm{T}} \left(E - \widehat{M}_2^* C_2 N_2^{-1} C_2^{\mathrm{T}} \right) \widehat{M}_2^* B_{21} \tag{10.113}$$

$$\text{mit} \quad N_2 = C_2^{\mathrm{T}} \widehat{M}_2^* C_2 ,$$

$$\hat{f}_1^{\mathrm{ec}*} = \hat{f}_1^{\mathrm{ec}} + B_{21}^{\mathrm{T}} \left(E - \widehat{M}_2^* C_2 N_2^{-1} C_2^{\mathrm{T}} \right) \left(\hat{f}_2^{\mathrm{ec}*} - \widehat{M}_2^* \bar{\hat{a}}_2^{\mathrm{rel}} \right) . \tag{10.114}$$

An die Stelle des Gleichungssystems (10.103) von Körper 1 tritt damit das reduzierte lineare Gleichungssystem

$$\begin{bmatrix} \widehat{M}_1^* & -E & 0 \\ -E & 0 & C_1 \\ 0 & C_1^{\mathrm{T}} & 0 \end{bmatrix} \begin{bmatrix} \hat{a}_1 \\ \hat{f}_1^{\mathrm{p}} \\ \dot{\eta}_1 \end{bmatrix} = \begin{bmatrix} \hat{f}_1^{\mathrm{ec}*} \\ -\bar{\hat{a}}_1^{\mathrm{rel}} \\ 0 \end{bmatrix} . \tag{10.115}$$

Die in (10.115) verbleibenden Unbekannten sind die Gelenkbeschleunigung $\dot{\eta}_1$, die Absolutbeschleunigung $\hat{a}_1$ und der Reaktionskraftwinder $\hat{f}_1^{\mathrm{p}}$ von Körper 1. Auf der rechten Seite des Gleichungssystems stehen dagegen keine Unbekannten mehr, da der Vorgängerkörper 0 raumfest ist.

Das Gleichungssystem (10.115) kann daher in Analogie zu (10.105) bis (10.107) nach den Größen $\dot{\eta}_1$, $\hat{a}_1$ und $\hat{f}_1^{\mathrm{p}}$ aufgelöst werden,

$$\dot{\eta}_1 = N_1^{-1} C_1^{\mathrm{T}} \left(\hat{f}_1^{\mathrm{ec}*} - \widehat{M}_1^* \bar{\hat{a}}_1^{\mathrm{rel}} \right) \quad \text{mit} \quad N_1 = C_1^{\mathrm{T}} \widehat{M}_1^* C_1 \,, \tag{10.116}$$

$$\hat{a}_1 = C_1 \dot{\eta}_1 + \bar{\hat{a}}_1^{\mathrm{rel}} \quad \text{mit} \quad \dot{\eta}_1 \text{ aus (10.116)} \,, \tag{10.117}$$

$$\hat{f}_1^{\mathrm{p}} = \widehat{M}_1^* \hat{a}_1 - \hat{f}_1^{\mathrm{ec}*} \quad \text{mit} \quad \hat{a}_1 \text{ aus (10.117)} \,. \tag{10.118}$$

Die eliminierten Unbekannten können nun durch eine Vorwärtsrekursion vom Körper 1 zum Blattkörper 3 berechnet werden. Hierzu wird das Gleichungssystem (10.112) mit der nun aus (10.117) bekannten Beschleunigung $\hat{a}_1$ nach den Unbekannten von Körper 2 aufgelöst,

$$\dot{\eta}_2 = N_2^{-1} C_2^{\mathrm{T}} \left(\hat{f}_2^{\mathrm{ec}*} - \widehat{M}_2^* \left(B_{21} \hat{a}_1 + \bar{\hat{a}}_2^{\mathrm{rel}} \right) \right) \,, \tag{10.119}$$

$$\hat{a}_2 = B_{21} \hat{a}_1 + C_2 \dot{\eta}_2 + \bar{\hat{a}}_2^{\mathrm{rel}} \quad \text{mit} \quad \dot{\eta}_2 \text{ aus (10.119)} \,, \tag{10.120}$$

$$\hat{f}_2^{\mathrm{p}} = \widehat{M}_2^* \hat{a}_2 - \hat{f}_2^{\mathrm{ec}*} \quad \text{mit} \quad \hat{a}_2 \text{ aus (10.120)} \,. \tag{10.121}$$

Mit $\hat{a}_2$ aus (10.120) wird schließlich das Gleichungssystem (10.101) in der gleichen Weise nach den Größen $\dot{\eta}_3$, $\hat{a}_3$, $\hat{f}_3^{\mathrm{p}}$ des Blattkörpers 3 aufgelöst.

10.6.2 Rekursive Lösung für Systeme mit Baumstruktur

Das Lösungsschema aus Abschn. 10.6.1 kann auf ein baumstrukturiertes Mehrkörpersystem mit n Körpern verallgemeinert werden.

Zu einem Zeitpunkt t mit gegebenen Zustandsgrößen $\boldsymbol{\beta}$ und $\boldsymbol{\eta}$ werden die Gelenkbeschleunigungen $\dot{\eta}_i$, die Körperbeschleunigungen $\hat{a}_i$ und die Gelenk-Reaktionskraftwinder $\hat{f}_i^{\mathrm{p}}$ in den folgenden Schritten berechnet:

1. Kinematische Vorwärtsrechnung auf Lage- und Geschwindigkeitsebene mit Hilfe der expliziten Gelenkbindungen (10.16) und (10.19),

$$\hat{r}_i = \hat{r}_i(\hat{r}_p, \boldsymbol{\beta}_i, t) \,, \qquad i = 1, \ldots, n \,, \tag{10.122}$$

$$\hat{v}_i = B_{ip} \hat{v}_p + C_i \eta_i + \bar{\hat{v}}_i^{\mathrm{rel}} \,, \qquad i = 1, \ldots, n \,. \tag{10.123}$$

   Der Index p kennzeichnet wieder den jeweiligen Vorgängerkörper $p(i)$ des Körpers i. Für das raumfeste System $\mathcal{K}_0$ gilt $\hat{r}_0 = \mathbf{0}$ und $\hat{v}_0 = \mathbf{0}$.
2. Rückprojektion der Körper-Massenmatrizen sowie der eingeprägten Kraftwinder auf die jeweiligen Vorgängerkörper gemäß (10.110) und (10.111), beginnend mit den Blattkörpern,

$$\widehat{M}_p^* = \widehat{M}_p + B_{ip}^{\mathrm{T}} \left(E - \widehat{M}_i^* C_i N_i^{-1} C_i^{\mathrm{T}} \right) \widehat{M}_i^* B_{ip} \tag{10.124}$$

$$\text{mit} \quad N_i = C_i^{\mathrm{T}} \widehat{M}_i^* C_i \,,$$

$$\hat{f}_p^{\mathrm{ec}*} = \hat{f}_p^{\mathrm{ec}} + B_{ip}^{\mathrm{T}} \left(E - \widehat{M}_i^* C_i N_i^{-1} C_i^{\mathrm{T}} \right) \left(\hat{f}_i^{\mathrm{ec}*} - \widehat{M}_i^* \bar{\hat{a}}_i^{\mathrm{rel}} \right) . \tag{10.125}$$

Der Index i läuft von n bis 2. An den Blattkörpern ist $\widehat{M}_i^* = \widehat{M}_i$ und $\hat{f}_i^{ec*} = \hat{f}_i^{ec}$. Auf einem Verzweigungskörper werden die Massen und eingeprägten Kraftwinder aller seiner Nachfolgekörper projiziert und summiert.

3. Lösen des linearen Gleichungssystems (10.115) für Körper 1,

$$\begin{bmatrix} \widehat{M}_1^* & -E & 0 \\ -E & 0 & C_1 \\ 0 & C_1^T & 0 \end{bmatrix} \begin{bmatrix} \hat{a}_1 \\ \hat{f}_1^p \\ \dot{\eta}_1 \end{bmatrix} = \begin{bmatrix} \hat{f}_1^{ec*} \\ -\bar{\hat{a}}_1^{rel} \\ 0 \end{bmatrix}, \tag{10.126}$$

mit dem Ergebnis

$$\dot{\eta}_1 = N_1^{-1} C_1^T \left(\hat{f}_1^{ec*} - \widehat{M}_1^* \bar{\hat{a}}_1^{rel} \right) \quad \text{mit} \quad N_1 = C_1^T \widehat{M}_1^* C_1, \tag{10.127}$$

$$\hat{a}_1 = C_1 \dot{\eta}_1 + \bar{\hat{a}}_1^{rel} \quad \text{mit} \quad \dot{\eta}_1 \text{ aus (10.127)}, \tag{10.128}$$

$$\hat{f}_1^p = \widehat{M}_1^* \hat{a}_1 - \hat{f}_1^{ec*} \quad \text{mit} \quad \hat{a}_1 \text{ aus (10.128)}. \tag{10.129}$$

4. Berechnen der eliminierten Variablen, beginnend bei Körper 2. Der Index i läuft von 2 bis n. Es gilt

$$\dot{\eta}_i = N_i^{-1} C_i^T \left(\hat{f}_i^{ec*} - \widehat{M}_i^* (B_{ip} \hat{a}_p + \bar{\hat{a}}_i^{rel}) \right) \quad \text{mit} \quad N_i = C_i^T \widehat{M}_i^* C_i, \tag{10.130}$$

$$\hat{a}_i = B_{ip} \hat{a}_p + C_i \dot{\eta}_i + \bar{\hat{a}}_i^{rel} \quad \text{mit} \quad \dot{\eta}_i \text{ aus (10.130)}, \tag{10.131}$$

$$\hat{f}_i^p = \widehat{M}_i^* \hat{a}_i - \hat{f}_i^{ec*} \quad \text{mit} \quad \hat{a}_i \text{ aus (10.131)}. \tag{10.132}$$

Werden die Gelenk-Reaktionskraftwinder nicht benötigt, so können die Berechnungsschritte (10.129) und (10.132) entfallen.

Zur Effizienz rekursiver Mehrkörperformalismen liegen zahlreiche Arbeiten vor, insbesondere von STELZLE et al. [104], VALÁŠEK und STEJSKAL [106], REIN [87] und FEATHERSTONE [24]. Optimierungsmöglichkeiten ergeben sich vor allem durch die Wahl der Bezugspunkte für die Kraftwinder und der Koordinatensysteme für die Darstellung der Vektoren. Bei offenen Mehrkörpersystemen mit Kettenstruktur benötigen rekursive Formalismen ab einer Anzahl von etwa 6 bis 10 Körpern weniger Fließkommaoperationen als nichtrekursive Formalismen.

10.7 Knickarm-Roboter

Für den in Abb. 10.16 gezeigten Knickarm-Roboter mit drei Drehgelenken werden die Bewegungsgleichungen aufgestellt. Das Mehrkörpermodell hat $n = 3$ Körper mit den Massenmittelpunkten S_i und den Trägheitstensoren ${}^i\boldsymbol{\Theta}_{Si} = \text{diag}(A_i, B_i, C_i)$ bezüglich S_i in den körperfesten Koordinatensystemen (jeweils $i = 1, 2, 3$). Neben den Gewichtskräften wirken an den Gelenken die Antriebsmomente τ_i zwischen den jeweiligen Armsegmenten.

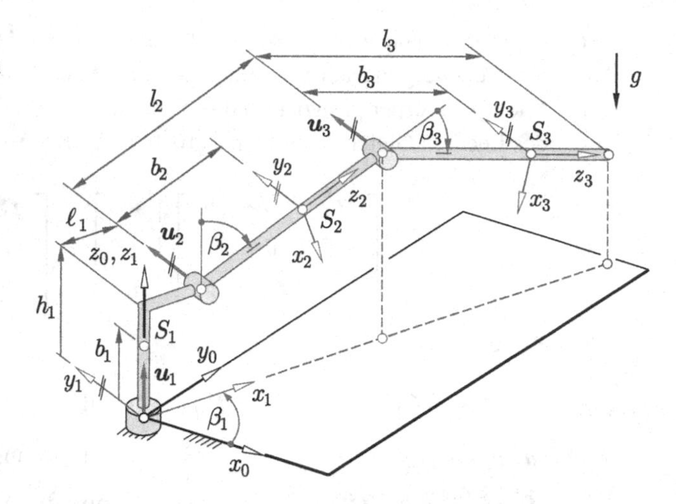

Abb. 10.16 Knickarm-Roboter mit drei Drehgelenken

Minimalkoordinaten und -geschwindigkeiten Als die $f = 3$ Minimalkoordinaten und -geschwindigkeiten werden die drei Gelenkwinkel $\boldsymbol{\beta}$ und deren Zeitableitungen definiert,

$$\boldsymbol{\beta} = \begin{bmatrix} \beta_1 & \beta_2 & \beta_3 \end{bmatrix}^{\mathrm{T}}, \qquad \boldsymbol{\eta} = \dot{\boldsymbol{\beta}} = \begin{bmatrix} \dot{\beta}_1 & \dot{\beta}_2 & \dot{\beta}_3 \end{bmatrix}^{\mathrm{T}}. \tag{10.133}$$

In den kinematischen Differentialgleichungen (10.15) ist damit $\boldsymbol{H}_\eta = \boldsymbol{E}$.

Explizite Bindungen Die expliziten Bindungen der Armsegmente werden entsprechend der Abschn. 10.2.2 und 10.2.3 aufgestellt.

Explizite Bindungen auf Lageebene Die Drehtensoren und die Ortsvektoren der Körper-Bezugssysteme $\mathcal{K}_i$ in den jeweiligen Massenmittelpunkten S_i lauten für das Armsegment 1

$${}^0\boldsymbol{R}_1 = {}^{01}\boldsymbol{T} = \begin{bmatrix} \cos\beta_1 & -\sin\beta_1 & 0 \\ \sin\beta_1 & \cos\beta_1 & 0 \\ 0 & 0 & 1 \end{bmatrix}, \qquad {}^0\boldsymbol{r}_{S1} = \begin{bmatrix} 0 \\ 0 \\ b_1 \end{bmatrix}, \tag{10.134}$$

für das Armsegment 2

$${}^0\boldsymbol{R}_2 = {}^{02}\boldsymbol{T} = {}^{01}\boldsymbol{T}\ {}^{12}\boldsymbol{T} = \begin{bmatrix} \cos\beta_1\cos\beta_2 & -\sin\beta_1 & \cos\beta_1\sin\beta_2 \\ \sin\beta_1\cos\beta_2 & \cos\beta_1 & \sin\beta_1\sin\beta_2 \\ -\sin\beta_2 & 0 & \cos\beta_2 \end{bmatrix}, \tag{10.135}$$

$${}^0\boldsymbol{r}_{S2} = \begin{bmatrix} \cos\beta_1\,(l_1 + b_2\sin\beta_2) \\ \sin\beta_1\,(l_1 + b_2\sin\beta_2) \\ h_1 + b_2\cos\beta_2 \end{bmatrix} \tag{10.136}$$

und für das Armsegment 3 mit dem Summenwinkel $\beta_{23} = \beta_2 + \beta_3$

$$ {}^0\boldsymbol{R}_3 = {}^{03}\boldsymbol{T} = {}^{01}\boldsymbol{T}\,{}^{12}\boldsymbol{T}\,{}^{23}\boldsymbol{T} = \begin{bmatrix} \cos\beta_1\cos\beta_{23} & -\sin\beta_1 & \cos\beta_1\sin\beta_{23} \\ \sin\beta_1\cos\beta_{23} & \cos\beta_1 & \sin\beta_1\sin\beta_{23} \\ -\sin\beta_{23} & 0 & \cos\beta_{23} \end{bmatrix}, \tag{10.137} $$

$$ {}^0\boldsymbol{r}_{S3} = \begin{bmatrix} \cos\beta_1\ (l_1 + l_2\sin\beta_2 + b_3\sin\beta_{23}) \\ \sin\beta_1\ (l_1 + l_2\sin\beta_2 + b_3\sin\beta_{23}) \\ h_1 + l_2\cos\beta_2 + b_3\cos\beta_{23} \end{bmatrix}. \tag{10.138} $$

Explizite Bindungen auf Geschwindigkeitsebene Die expliziten Bindungen auf Geschwindigkeitsebene haben die Form (10.31),

$$ \begin{matrix} \hat{\boldsymbol{v}} & = & \boldsymbol{J} & \boldsymbol{\eta} \\ \begin{bmatrix} \hat{\boldsymbol{v}}_1 \\ \hat{\boldsymbol{v}}_2 \\ \hat{\boldsymbol{v}}_3 \end{bmatrix} & = & \begin{bmatrix} \boldsymbol{J}_{11} & \boldsymbol{0} & \boldsymbol{0} \\ \boldsymbol{J}_{21} & \boldsymbol{J}_{22} & \boldsymbol{0} \\ \boldsymbol{J}_{31} & \boldsymbol{J}_{32} & \boldsymbol{J}_{33} \end{bmatrix} & \begin{bmatrix} \dot\beta_1 \\ \dot\beta_2 \\ \dot\beta_3 \end{bmatrix}. \end{matrix} \tag{10.139} $$

Die Teilmatrizen haben für Drehgelenke den Aufbau (10.38),

$$ \boldsymbol{J}_{ji} = \begin{bmatrix} \boldsymbol{J}_{\mathrm{R}ji} \\ \boldsymbol{J}_{\mathrm{T}ji} \end{bmatrix} = \begin{bmatrix} \boldsymbol{u}_i \\ \widetilde{\boldsymbol{u}}_i\,\boldsymbol{d}_{ji} \end{bmatrix}, \quad i, j = 1, 2, 3, \quad j \ge i, \tag{10.140} $$

mit den Vektoren $\boldsymbol{d}_{ji}$ von den Gelenkachsen $\boldsymbol{u}_i$ zu den Körper-Koordinatensystemen $\mathcal{K}_j$ entsprechend Abb. 10.17.

Die JACOBI-Matrix $\boldsymbol{J}_1$ von Armsegment 1 lautet

$$ \boldsymbol{J}_1 = [\,\boldsymbol{J}_{11}\ \ \boldsymbol{0}\ \ \boldsymbol{0}\,] = \begin{bmatrix} \boldsymbol{J}_{\mathrm{R}1} \\ \boldsymbol{J}_{\mathrm{T}1} \end{bmatrix} = \begin{bmatrix} \boldsymbol{u}_1 & \boldsymbol{0} & \boldsymbol{0} \\ \widetilde{\boldsymbol{u}}_1\,\boldsymbol{d}_{11} & \boldsymbol{0} & \boldsymbol{0} \end{bmatrix}, \tag{10.141} $$

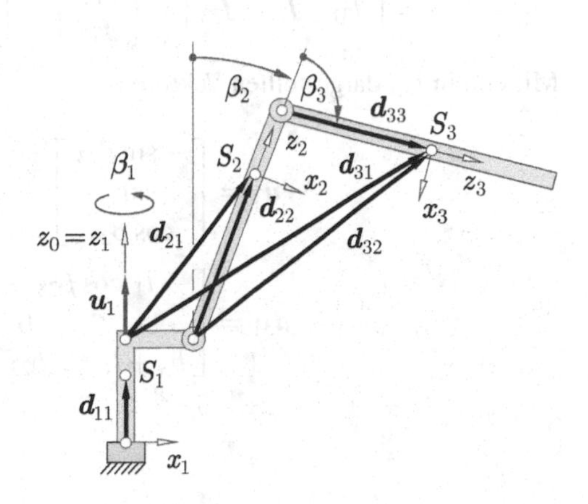

Abb. 10.17 Zur Berechnung der JACOBI-Matrizen

Für die Koordinatendarstellung von $\boldsymbol{J}_1$ wird das System $\mathcal{K}_1$ gewählt. Mit

$$ {}^1\boldsymbol{u}_1 = \begin{bmatrix} 0 & 0 & 1 \end{bmatrix}^{\mathrm{T}}, \quad {}^1\boldsymbol{d}_{11} = \begin{bmatrix} 0 & 0 & b_1 \end{bmatrix}^{\mathrm{T}} \tag{10.142} $$

lauten die rotatorischen und translatorischen JACOBI-Matrizen

$$ {}^1\boldsymbol{J}_{\mathrm{R}1} = \begin{bmatrix} 0 & 0 & 0 \\ 0 & 0 & 0 \\ 1 & 0 & 0 \end{bmatrix}, \quad {}^1\boldsymbol{J}_{\mathrm{T}1} = \begin{bmatrix} 0 & 0 & 0 \\ 0 & 0 & 0 \\ 0 & 0 & 0 \end{bmatrix}. \tag{10.143} $$

Die JACOBI-Matrix $\boldsymbol{J}_2$ von Armsegment 2 hat den Aufbau

$$ \boldsymbol{J}_2 = \begin{bmatrix} \boldsymbol{J}_{21} & \boldsymbol{J}_{22} & \boldsymbol{0} \end{bmatrix} = \begin{bmatrix} \boldsymbol{J}_{\mathrm{R}2} \\ \boldsymbol{J}_{\mathrm{T}2} \end{bmatrix} = \begin{bmatrix} \boldsymbol{u}_1 & \boldsymbol{u}_2 & \boldsymbol{0} \\ \widetilde{\boldsymbol{u}}_1 \boldsymbol{d}_{21} & \widetilde{\boldsymbol{u}}_2 \boldsymbol{d}_{22} & \boldsymbol{0} \end{bmatrix}. \tag{10.144} $$

Mit den in $\mathcal{K}_2$ dargestellten Vektoren

$$ {}^2\boldsymbol{u}_1 = \begin{bmatrix} -\sin\beta_2 \\ 0 \\ \cos\beta_2 \end{bmatrix}, \qquad {}^2\boldsymbol{u}_2 = \begin{bmatrix} 0 \\ 1 \\ 0 \end{bmatrix}, \tag{10.145} $$

$$ {}^2\boldsymbol{d}_{21} = \begin{bmatrix} l_1 \cos\beta_2 \\ 0 \\ b_2 + l_1 \sin\beta_2 \end{bmatrix}, \qquad {}^2\boldsymbol{d}_{22} = \begin{bmatrix} 0 \\ 0 \\ b_2 \end{bmatrix} \tag{10.146} $$

ergeben sich die rotatorischen und translatorischen JACOBI-Matrizen

$$ {}^2\boldsymbol{J}_{\mathrm{R}2} = \begin{bmatrix} -\sin\beta_2 & 0 & 0 \\ 0 & 1 & 0 \\ \cos\beta_2 & 0 & 0 \end{bmatrix}, \quad {}^2\boldsymbol{J}_{\mathrm{T}2} = \begin{bmatrix} 0 & b_2 & 0 \\ l_1 + b_2 \sin\beta_2 & 0 & 0 \\ 0 & 0 & 0 \end{bmatrix}. \tag{10.147} $$

Die JACOBI-Matrix $\boldsymbol{J}_3$ von Armsegment 3 lautet schließlich

$$ \boldsymbol{J}_3 = \begin{bmatrix} \boldsymbol{J}_{31} & \boldsymbol{J}_{32} & \boldsymbol{J}_{33} \end{bmatrix} = \begin{bmatrix} \boldsymbol{J}_{\mathrm{R}3} \\ \boldsymbol{J}_{\mathrm{T}3} \end{bmatrix} = \begin{bmatrix} \boldsymbol{u}_1 & \boldsymbol{u}_2 & \boldsymbol{u}_3 \\ \widetilde{\boldsymbol{u}}_1 \boldsymbol{d}_{31} & \widetilde{\boldsymbol{u}}_2 \boldsymbol{d}_{32} & \widetilde{\boldsymbol{u}}_3 \boldsymbol{d}_{33} \end{bmatrix}. \tag{10.148} $$

Mit den in $\mathcal{K}_3$ dargestellten Vektoren

$$ {}^3\boldsymbol{u}_1 = \begin{bmatrix} -\sin\beta_{23} \\ 0 \\ \cos\beta_{23} \end{bmatrix}, \quad {}^3\boldsymbol{u}_2 = {}^3\boldsymbol{u}_3 = \begin{bmatrix} 0 \\ 1 \\ 0 \end{bmatrix}, \tag{10.149} $$

$$ {}^3\boldsymbol{d}_{31} = \begin{bmatrix} l_1 \cos\beta_{23} - l_2 \sin\beta_3 \\ 0 \\ b_3 + l_1 \sin\beta_{23} + l_2 \cos\beta_3 \end{bmatrix}, \tag{10.150} $$

$$
{}^{3}\boldsymbol{d}_{32} = \begin{bmatrix} -l_2 \sin\beta_3 \\ 0 \\ b_3 + l_2 \cos\beta_3 \end{bmatrix}, \quad {}^{3}\boldsymbol{d}_{33} = \begin{bmatrix} 0 \\ 0 \\ b_3 \end{bmatrix} \tag{10.151}
$$

ergeben sich die rotatorischen und translatorischen JACOBI-Matrizen

$$
{}^{3}\boldsymbol{J}_{\mathrm{R3}} = \begin{bmatrix} -\sin\beta_{23} & 0 & 0 \\ 0 & 1 & 1 \\ \cos\beta_{23} & 0 & 0 \end{bmatrix}, \tag{10.152}
$$

$$
{}^{3}\boldsymbol{J}_{\mathrm{T3}} = \begin{bmatrix} 0 & b_3 + l_2 \cos\beta_3 & b_3 \\ l_1 + l_2 \sin\beta_2 + b_3 \sin\beta_{23} & 0 & 0 \\ 0 & l_2 \sin\beta_3 & 0 \end{bmatrix}. \tag{10.153}
$$

Explizite Bindungen auf Beschleunigungsebene Die nicht von den Gelenkbeschleunigungen $\dot{\boldsymbol{\eta}}$ abhängenden Vektoren $\bar{\hat{\boldsymbol{a}}}_i$ lauten gemäß (10.37)

$$
\begin{array}{ccccc} \bar{\hat{\boldsymbol{a}}} & = & \dot{\boldsymbol{J}} & & \boldsymbol{\eta} \\ \begin{bmatrix} \bar{\hat{\boldsymbol{a}}}_1 \\ \bar{\hat{\boldsymbol{a}}}_2 \\ \bar{\hat{\boldsymbol{a}}}_3 \end{bmatrix} & = & \begin{bmatrix} \dot{\boldsymbol{J}}_{11} & \boldsymbol{0} & \boldsymbol{0} \\ \dot{\boldsymbol{J}}_{21} & \dot{\boldsymbol{J}}_{22} & \boldsymbol{0} \\ \dot{\boldsymbol{J}}_{31} & \dot{\boldsymbol{J}}_{32} & \dot{\boldsymbol{J}}_{33} \end{bmatrix} & & \begin{bmatrix} \dot{\beta}_1 \\ \dot{\beta}_2 \\ \dot{\beta}_3 \end{bmatrix} \end{array} \tag{10.154}
$$

mit den Teilmatrizen für Drehgelenke gemäß (10.39)

$$
\dot{\boldsymbol{J}}_{ji} = \begin{bmatrix} \dot{\boldsymbol{J}}_{\mathrm{R}ji} \\ \dot{\boldsymbol{J}}_{\mathrm{T}ji} \end{bmatrix} = \begin{bmatrix} \dot{\boldsymbol{u}}_i \\ \dot{\tilde{\boldsymbol{u}}}_i\, \boldsymbol{d}_{ji} + \tilde{\boldsymbol{u}}_i\, \dot{\boldsymbol{d}}_{ji} \end{bmatrix}, \quad i, j = 1, 2, 3, \quad j \geq i. \tag{10.155}
$$

Der Beschleunigungsterm $\bar{\hat{\boldsymbol{a}}}_1$ für Armsegment 1 ergibt sich aus (10.154) mit $\dot{\boldsymbol{u}}_1 = \boldsymbol{0}$ und $\dot{\boldsymbol{d}}_{11} = \tilde{\boldsymbol{\omega}}_1\, \boldsymbol{d}_{11} = \dot{\beta}_1\, \tilde{\boldsymbol{u}}_1\, \boldsymbol{d}_{11} = \boldsymbol{0}$ zu

$$
\begin{array}{ccccc} \bar{\hat{\boldsymbol{a}}}_1 & = & \dot{\boldsymbol{J}}_{11} & \dot{\beta}_1 & \\ \begin{bmatrix} \bar{\boldsymbol{\alpha}}_1 \\ \bar{\boldsymbol{a}}_{S1} \end{bmatrix} & = & \begin{bmatrix} \dot{\boldsymbol{u}}_1 \\ \dot{\tilde{\boldsymbol{u}}}_1\, \boldsymbol{d}_{11} + \tilde{\boldsymbol{u}}_1\, \dot{\boldsymbol{d}}_{11} \end{bmatrix} & \dot{\beta}_1 & = \begin{bmatrix} \boldsymbol{0} \\ \boldsymbol{0} \end{bmatrix}. \end{array} \tag{10.156}
$$

Der Beschleunigungsterm $\bar{\hat{\boldsymbol{a}}}_2$ für Armsegment 2 lautet gemäß (10.154) mit $\dot{\boldsymbol{u}}_1 = \boldsymbol{0}$

$$
\begin{array}{ccccc} \bar{\hat{\boldsymbol{a}}}_2 & = & \dot{\boldsymbol{J}}_{21}\quad \dot{\beta}_1 + & \dot{\boldsymbol{J}}_{22} & \dot{\beta}_2 \\ \begin{bmatrix} \bar{\boldsymbol{\alpha}}_2 \\ \bar{\boldsymbol{a}}_{S2} \end{bmatrix} & = & \begin{bmatrix} \boldsymbol{0} \\ \tilde{\boldsymbol{u}}_1\, \dot{\boldsymbol{d}}_{21} \end{bmatrix} \dot{\beta}_1 + & \begin{bmatrix} \dot{\boldsymbol{u}}_2 \\ \dot{\tilde{\boldsymbol{u}}}_2\, \boldsymbol{d}_{22} + \tilde{\boldsymbol{u}}_2\, \dot{\boldsymbol{d}}_{22} \end{bmatrix} & \dot{\beta}_2. \end{array} \tag{10.157}
$$

Mit den Vektoren

$$\begin{aligned} &\dot{\boldsymbol{u}}_2 = \widetilde{\boldsymbol{\omega}}_1 \boldsymbol{u}_2 \,, \quad \dot{\boldsymbol{d}}_{21} = \widetilde{\boldsymbol{\omega}}_1 \boldsymbol{d}_{21} + \dot{\beta}_2 \widetilde{\boldsymbol{u}}_2 \boldsymbol{d}_{22} \,, \quad \dot{\boldsymbol{d}}_{22} = \widetilde{\boldsymbol{\omega}}_2 \boldsymbol{d}_{22} \\ &\text{mit} \quad \boldsymbol{\omega}_1 = \dot{\beta}_1 \boldsymbol{u}_1 \,, \quad \boldsymbol{\omega}_2 = \dot{\beta}_1 \boldsymbol{u}_1 + \dot{\beta}_2 \boldsymbol{u}_2 \end{aligned} \tag{10.158}$$

ergeben sich die nicht von $\dot{\boldsymbol{\eta}}$ abhängenden Beschleunigungsanteile unter Verwendung der Vektorkoordinaten aus (10.146)

$${}^2\bar{\boldsymbol{\alpha}}_2 = \begin{bmatrix} -\cos\beta_2 \\ 0 \\ -\sin\beta_2 \end{bmatrix} \dot{\beta}_1 \dot{\beta}_2 \,, \tag{10.159}$$

$${}^2\bar{\boldsymbol{a}}_{S2} = \begin{bmatrix} -(l_1 + b_2 \sin\beta_2)\cos\beta_2 \,\dot{\beta}_1^2 \\ 2\,b_2 \cos\beta_2 \,\dot{\beta}_1 \dot{\beta}_2 \\ -l_1 \sin\beta_2 \,\dot{\beta}_1^2 - b_2\,(\sin^2\beta_2 \,\dot{\beta}_1^2 + \dot{\beta}_2^2) \end{bmatrix} . \tag{10.160}$$

Der Beschleunigungsterm $\bar{\hat{\boldsymbol{a}}}_3$ für Armsegment 3 lautet gemäß (10.154) mit $\dot{\boldsymbol{u}}_1 = \boldsymbol{0}$

$$\begin{aligned} \bar{\hat{\boldsymbol{a}}}_3 \quad &= \quad \dot{\boldsymbol{J}}_{31} \quad \dot{\beta}_1 + \quad \dot{\boldsymbol{J}}_{32} \quad \dot{\beta}_2 + \quad \dot{\boldsymbol{J}}_{33} \quad \dot{\beta}_3 \\ \begin{bmatrix} \bar{\boldsymbol{\alpha}}_3 \\ \bar{\boldsymbol{a}}_{S3} \end{bmatrix} &= \begin{bmatrix} \boldsymbol{0} \\ \widetilde{\boldsymbol{u}}_1 \dot{\boldsymbol{d}}_{31} \end{bmatrix} \dot{\beta}_1 + \begin{bmatrix} \dot{\boldsymbol{u}}_2 \\ \dot{\widetilde{\boldsymbol{u}}}_2 \boldsymbol{d}_{32} + \widetilde{\boldsymbol{u}}_2 \dot{\boldsymbol{d}}_{32} \end{bmatrix} \dot{\beta}_2 + \begin{bmatrix} \dot{\boldsymbol{u}}_3 \\ \dot{\widetilde{\boldsymbol{u}}}_3 \boldsymbol{d}_{33} + \widetilde{\boldsymbol{u}}_3 \dot{\boldsymbol{d}}_{33} \end{bmatrix} \dot{\beta}_3 \,. \end{aligned} \tag{10.161}$$

Mit $\dot{\boldsymbol{u}}_2$ aus (10.158) und den Vektoren

$$\begin{aligned} &\dot{\boldsymbol{u}}_3 = \widetilde{\boldsymbol{\omega}}_2 \boldsymbol{u}_3 \,, &&\dot{\boldsymbol{d}}_{31} = \widetilde{\boldsymbol{\omega}}_1 \boldsymbol{d}_{31} + \dot{\beta}_2 \widetilde{\boldsymbol{u}}_2 \boldsymbol{d}_{32} + \dot{\beta}_3 \widetilde{\boldsymbol{u}}_3 \boldsymbol{d}_{33} \,, \\ &\dot{\boldsymbol{d}}_{32} = \widetilde{\boldsymbol{\omega}}_2 \boldsymbol{d}_{32} + \dot{\beta}_3 \widetilde{\boldsymbol{u}}_3 \boldsymbol{d}_{33} \,, &&\dot{\boldsymbol{d}}_{33} = \widetilde{\boldsymbol{\omega}}_3 \boldsymbol{d}_{33} \end{aligned} \tag{10.162}$$

mit $\boldsymbol{\omega}_1 = \dot{\beta}_1 \boldsymbol{u}_1$, $\boldsymbol{\omega}_2 = \dot{\beta}_1 \boldsymbol{u}_1 + \dot{\beta}_2 \boldsymbol{u}_2$ und $\boldsymbol{\omega}_3 = \boldsymbol{\omega}_2 + \dot{\beta}_3 \boldsymbol{u}_3$ ergeben sich unter Verwendung der Vektorkoordinaten aus (10.149) und (10.151) die nicht von $\dot{\boldsymbol{\eta}}$ abhängenden Beschleunigungsanteile

$${}^3\bar{\boldsymbol{\alpha}}_3 = \begin{bmatrix} -\cos\beta_{23} \\ 0 \\ -\sin\beta_{23} \end{bmatrix} \dot{\beta}_{23} \dot{\beta}_1 \,, \tag{10.163}$$

$${}^3\bar{\boldsymbol{a}}_{S3} = \begin{bmatrix} l_2 \sin\beta_3 \,\dot{\beta}_2^2 - (l_1 + l_2 \sin\beta_2 + b_3 \sin\beta_{23})\cos\beta_{23} \,\dot{\beta}_1^2 \\ 2\,(l_2 \cos\beta_2 \,\dot{\beta}_2 + b_3 \cos\beta_{23} \,\dot{\beta}_{23})\,\dot{\beta}_1 \\ -(l_1 + l_2 \sin\beta_2 + b_3 \sin\beta_{23})\sin\beta_{23} \,\dot{\beta}_1^2 + \\ -(b_3 + l_2 \cos\beta_3)\,\dot{\beta}_2^2 - 2\,b_3 \,\dot{\beta}_2 \dot{\beta}_3 - b_3 \,\dot{\beta}_3^2 \end{bmatrix} . \tag{10.164}$$

Eingeprägte Kräfte und Momente Die eingeprägten Kräfte und Momente am Armsegment 1 bezüglich S_1 lauten bei Darstellung in $\mathcal{K}_1$ (Abb. 10.18)

$$\left.\begin{aligned} \boldsymbol{f}_1^{\mathrm{e}} &= -m_1\, g\, \boldsymbol{e}_{z0} \\ \boldsymbol{\tau}_{S1}^{\mathrm{e}} &= \tau_1\, \boldsymbol{u}_1 - \tau_2\, \boldsymbol{u}_2 \end{aligned}\right\} \Rightarrow\ {}^1\boldsymbol{f}_1^{\mathrm{e}} = \begin{bmatrix} 0 \\ 0 \\ -m_1\, g \end{bmatrix},\quad {}^1\boldsymbol{\tau}_{S1}^{\mathrm{e}} = \begin{bmatrix} 0 \\ -\tau_2 \\ \tau_1 \end{bmatrix}, \tag{10.165}$$

die eingeprägten Kräfte und Momente am Armsegment 2 bezüglich S_2 bei Darstellung in $\mathcal{K}_2$

$$\left.\begin{aligned} \boldsymbol{f}_2^{\mathrm{e}} &= -m_2\, g\, \boldsymbol{e}_{z0} \\ \boldsymbol{\tau}_{S2}^{\mathrm{e}} &= \tau_2\, \boldsymbol{u}_2 - \tau_3\, \boldsymbol{u}_3 \end{aligned}\right\} \Rightarrow\ {}^2\boldsymbol{f}_2^{\mathrm{e}} = m_2\, g \begin{bmatrix} \sin\beta_2 \\ 0 \\ -\cos\beta_2 \end{bmatrix},\quad {}^2\boldsymbol{\tau}_{S2}^{\mathrm{e}} = \begin{bmatrix} 0 \\ \tau_2 - \tau_3 \\ 0 \end{bmatrix} \tag{10.166}$$

und die eingeprägten Kräfte und Momente am Armsegment 3 bezüglich S_3 bei Darstellung in $\mathcal{K}_3$

$$\left.\begin{aligned} \boldsymbol{f}_3^{\mathrm{e}} &= -m_3\, g\, \boldsymbol{e}_{z0} \\ \boldsymbol{\tau}_{S3}^{\mathrm{e}} &= \tau_3\, \boldsymbol{u}_3 \end{aligned}\right\} \Rightarrow\ {}^3\boldsymbol{f}_3^{\mathrm{e}} = m_3\, g \begin{bmatrix} \sin\beta_{23} \\ 0 \\ -\cos\beta_{23} \end{bmatrix},\quad {}^3\boldsymbol{\tau}_{S3}^{\mathrm{e}} = \begin{bmatrix} 0 \\ \tau_3 \\ 0 \end{bmatrix}. \tag{10.167}$$

Bewegungsgleichungen Die Bewegungsgleichungen bilden mit $\boldsymbol{\eta} = \dot{\boldsymbol{\beta}}$ ein Differentialgleichungssystem zweiter Ordnung in den Gelenkkoordinaten $\boldsymbol{\beta}$,

$$\boldsymbol{M}(\boldsymbol{\beta})\, \ddot{\boldsymbol{\beta}} = \boldsymbol{k}^{\mathrm{c}}(\boldsymbol{\beta}, \dot{\boldsymbol{\beta}}) + \boldsymbol{k}_{\mathrm{G}}^{\mathrm{e}}(\boldsymbol{\beta}) + \boldsymbol{\tau}(t)\,. \tag{10.168}$$

Die verallgemeinerten eingeprägten Kräfte sind hier aufgeteilt in die auf die Gewichtskräfte zurückgehenden Anteile $\boldsymbol{k}_{\mathrm{G}}^{\mathrm{e}}$ und die Antriebsmomente $\boldsymbol{\tau}$.

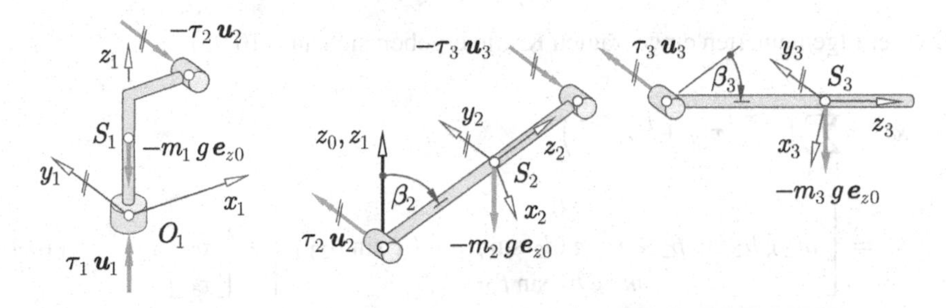

Abb. 10.18 Eingeprägte Kräfte und Momente an den Armsegmenten (Reaktionskräfte und Reaktionsmomente nicht dargestellt)

Die Massenmatrix wird gemäß (10.93) berechnet, wobei die Auswertung der Summanden in unterschiedlichen Koordinatensystemen erfolgen kann,

$$\boldsymbol{M} = \sum_{i=1}^{3} \left({}^{i}\boldsymbol{J}_{\mathrm{R}i}^{\mathrm{T}}\, {}^{i}\boldsymbol{\Theta}_{Si}\, {}^{i}\boldsymbol{J}_{\mathrm{R}i} + m_i\, {}^{i}\boldsymbol{J}_{\mathrm{T}i}^{\mathrm{T}}\, {}^{i}\boldsymbol{J}_{\mathrm{T}i} \right) = \begin{bmatrix} M_{11} & 0 & 0 \\ 0 & M_{22} & M_{23} \\ 0 & M_{23} & M_{33} \end{bmatrix} \tag{10.169}$$

mit den Elementen

$$\begin{aligned} M_{11} &= C_1 + A_2 \sin^2\beta_2 + C_2 \cos^2\beta_2 + m_2\,(l_1 + b_2 \sin\beta_2)^2 \\ &\quad + A_3 \sin^2\beta_{23} + C_3 \cos^2\beta_{23} + m_3\,(l_1 + l_2 \sin\beta_2 + b_3 \sin\beta_{23})^2, \\ M_{22} &= B_2 + m_2\, b_2^2 + B_3 + m_3\left(b_3^2 + 2\, b_3\, l_2 \cos\beta_3 + l_2^2\right), \\ M_{23} &= B_3 + m_3\, b_3\,(b_3 + l_2 \cos\beta_3) = M_{32}\,, \\ M_{33} &= m_3\, b_3^2 + B_3\,. \end{aligned}$$

Die verallgemeinerten Zentrifugal- und CORIOLIS-Kräfte lauten gemäß (10.94)

$$\boldsymbol{k}^{\mathrm{c}} = -\sum_{i=1}^{3} \left({}^{i}\boldsymbol{J}_{\mathrm{R}i}^{\mathrm{T}}\, {}^{i}\boldsymbol{\Theta}_{Si}\, {}^{i}\bar{\boldsymbol{\alpha}}_i + {}^{i}\boldsymbol{J}_{\mathrm{R}i}^{\mathrm{T}}\, {}^{i}\widetilde{\boldsymbol{\omega}}_i\, {}^{i}\boldsymbol{\Theta}_{Si}\, {}^{i}\boldsymbol{\omega}_i + m_i\, {}^{i}\boldsymbol{J}_{\mathrm{T}i}^{\mathrm{T}}\, {}^{i}\bar{\boldsymbol{a}}_{Si} \right) = \begin{bmatrix} k_1^{\mathrm{c}} \\ k_2^{\mathrm{c}} \\ k_3^{\mathrm{c}} \end{bmatrix} \tag{10.170}$$

mit den Elementen unter Verwendung der drei Komponenten von (10.164)

$$\begin{aligned} k_1^{\mathrm{c}} &= -2\cos\beta_2 \left[m_2\, b_2^2 \sin\beta_2 + m_2\, l_1\, b_2 + (A_2 - C_2)\sin\beta_2\right] \dot\beta_1\, \dot\beta_2 + \\ &\quad - {}^{3}\bar a_{S3y}\, m_3\,(l_1 + b_3 \sin\beta_{23} + l_2 \sin\beta_2) - 2\,(A_3 - C_3)\, \sin\beta_{23} \cos\beta_{23}\, \dot\beta_1\, \dot\beta_{23}\,, \\ k_2^{\mathrm{c}} &= \cos\beta_2 \left[m_2\, b_2^2 \sin\beta_2 + m_2\, l_1\, b_2 + (A_2 - C_2)\sin\beta_2\right] \dot\beta_1^2 + \\ &\quad - {}^{3}\bar a_{S3x}\, m_3\,(b_3 + l_2 \cos\beta_3) - {}^{3}\bar a_{S3z}\, m_3\, l_2 \sin\beta_3 + (A_3 - C_3)\sin\beta_{23} \cos\beta_{23}\, \dot\beta_1^2\,, \\ k_3^{\mathrm{c}} &= -{}^{3}\bar a_{S3x}\, m_3\, b_3 + (A_3 - C_3)\sin\beta_{23} \cos\beta_{23}\, \dot\beta_1^2\,. \end{aligned}$$

Die verallgemeinerten eingeprägten Kräfte ergeben sich aus (10.95),

$$\boldsymbol{k}^{\mathrm{e}} = \sum_{i=1}^{3} \left({}^{i}\boldsymbol{J}_{\mathrm{R}i}^{\mathrm{T}}\, {}^{i}\boldsymbol{\tau}_{Si}^{\mathrm{e}} + {}^{i}\boldsymbol{J}_{\mathrm{T}i}^{\mathrm{T}}\, {}^{i}\boldsymbol{f}_i^{\mathrm{e}} \right)$$

$$\boldsymbol{k}^{\mathrm{e}} = \underbrace{\begin{bmatrix} 0 \\ m_2\, g\, b_2 \sin\beta_2 + m_3\, g\,(l_2 \sin\beta_2 + b_3 \sin\beta_{23}) \\ m_3\, g\, b_3 \sin\beta_{23} \end{bmatrix}}_{\boldsymbol{k}_{\mathrm{G}}^{\mathrm{e}}} + \underbrace{\begin{bmatrix} \tau_1 \\ \tau_2 \\ \tau_3 \end{bmatrix}}_{\boldsymbol{\tau}}. \tag{10.171}$$

Geschlossene Mehrkörpersysteme 11

Bei geschlossenen Mehrkörpersystemen hängen die Gelenkkoordinaten aufgrund der Schließbedingungen der kinematischen Schleifen voneinander ab und sind damit anders als bei offenen Mehrkörpersystemen keine Minimalkoordinaten mehr. Die Schließbedingungen werden durch einen Schnitt der Schleifen an den hier so genannten sekundären Gelenken als implizite Bindungen in den primären Gelenkkoordinaten des aufspannenden Baumes aufgestellt. Mit Hilfe expliziter Schließbedingungen können die primären Gelenkkoordinaten durch geeignet zu definierende Minimalkoordinaten ausgedrückt werden. Auf Lageebene ist dazu ein nichtlineares Gleichungssystem zu lösen, was i. Allg. nur numerisch möglich ist.

Diese Zusammenhänge werden in Abschn. 11.1 zunächst für eine einzelne Mehrkörperschleife und in Abschn. 11.2 für Systeme mit mehreren Schleifen entwickelt. Betrachtet werden geschlossene Mehrkörpersysteme mit holonomen Gelenken. In Abschn. 11.3 werden die sekundären Reaktionskraftwinder durch minimale Reaktionskoordinaten ausgedrückt. Mit Hilfe der impliziten Schließbedingungen werden in Abschn. 11.4 die Bewegungsgleichungen als differential-algebraische Gleichungen in den primären Gelenkkoordinaten formuliert. Hierzu wird ein lineares Gleichungssystem für die absoluten Beschleunigungen der Körper, die relativen primären Gelenkbeschleunigungen, die primären Gelenk-Reaktionskraftwinder und die Koordinaten der sekundären Reaktionskraftwinder aufgestellt. Wie bei offenen Systemen kann es nichtrekursiv oder rekursiv gelöst werden. Mit Hilfe der expliziten Schließbedingungen werden in Abschn. 11.5 die Bewegungsgleichungen als gewöhnliche Differentialgleichungen in den Minimalkoordinaten aufgestellt. Beispiele geschlossener Mehrkörpersysteme folgen in den Abschn. 11.6 bis 11.8.

11.1 Kinematik einer einzelnen Mehrkörperschleife

Für eine einzelne Mehrkörperschleife mit holonomen Gelenken werden die impliziten und die expliziten Schließbedingungen formuliert.

C. Woernle, *Mehrkörpersysteme*, https://doi.org/10.1007/978-3-662-64530-7_11

11.1.1 Implizite Schließbedingungen

Eine Mehrkörperschleife wird durch einen Schnitt an einem Gelenk in einen aufspannenden Baum mit den Endkörpern a und b überführt (Abb. 11.1). Die Gelenke der Schleife werden dadurch aufgeteilt in die *primären Gelenke* des aufspannenden Baumes und das geschnittene *sekundäre Gelenk*, siehe auch BRANDL et al. [12] sowie ROBERSON und SCHWERTASSEK [89]. Werden keine redundanten Gelenkkoordinaten, insbesondere EULER-Parameter, verwendet, so besitzen die primären Gelenke f^{o} *primäre Gelenkkoordinaten*

$$\boldsymbol{\beta} = \begin{bmatrix} \beta_1 & \dots & \beta_{f^{\text{o}}} \end{bmatrix}^{\text{T}} \tag{11.1}$$

und f^{o} *primäre Gelenkgeschwindigkeiten*

$$\boldsymbol{\eta} = \begin{bmatrix} \eta_1 & \dots & \eta_{f^{\text{o}}} \end{bmatrix}^{\text{T}}. \tag{11.2}$$

Hierbei ist f^{o} der Freiheitsgrad des aufspannenden Baumes ohne die Bindungen des sekundären Gelenks. Die Gelenkkoordinaten des sekundären Gelenks, als *sekundäre Gelenkkoordinaten* bezeichnet, werden für die Beschreibung der Bewegung des Systems nicht benötigt.

Für die primären Gelenkkoordinaten und -geschwindigkeiten gelten kinematische Differentialgleichungen der Form (10.15)

$$\dot{\boldsymbol{\beta}} = \boldsymbol{H}_\eta(\boldsymbol{\beta})\,\boldsymbol{\eta} \tag{11.3}$$

mit der $(f^{\text{o}}, f^{\text{o}})$-Matrix $\boldsymbol{H}_\eta(\boldsymbol{\beta})$. Bei primären Dreh- und Schubgelenken wird wieder $\boldsymbol{\eta} = \dot{\boldsymbol{\beta}}$ definiert, und es ist $\boldsymbol{H}_\eta = \boldsymbol{E}$. Die primären Gelenkkoordinaten unterliegen den im Folgenden formulierten *Schließbedingungen*.

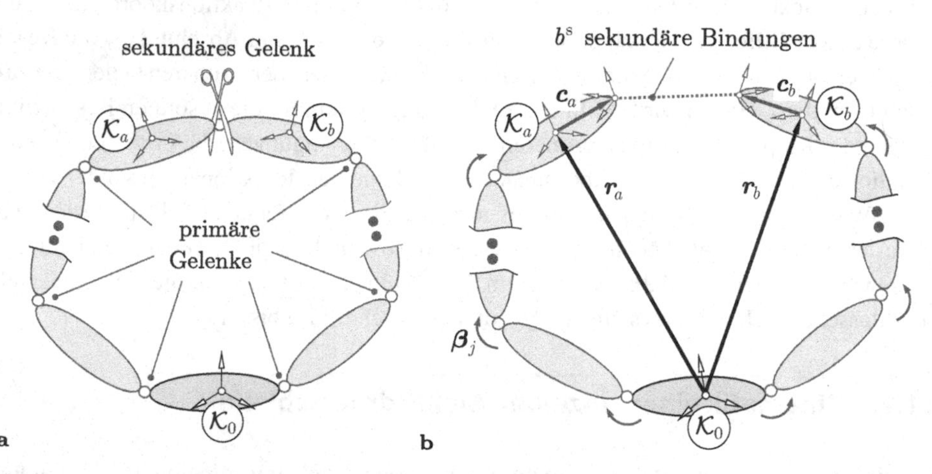

Abb. 11.1 Mehrkörperschleife. **a** Primäre und sekundäre Gelenke. **b** Bindungen

Implizite Schließbedingungen auf Lageebene Das sekundäre Gelenk besitzt $1 \leq b^{\mathrm{s}} \leq 6$ sekundäre implizite Bindungen der Form (9.14), welche die relative Lage der Endkörper a und b beschränken,

$$\boldsymbol{g}^{\mathrm{s}}(\hat{\boldsymbol{r}}_a, \hat{\boldsymbol{r}}_b, t) = \boldsymbol{0}. \tag{11.4}$$

Der Grenzfall $b^{\mathrm{s}} = 6$ bedeutet den Schnitt an einem Körper oder an einem sekundären Gelenk mit ausschließlich rheonomen Gelenkbindungen. Mit den vier Typen elementarer impliziter Bindungen aus Abschn. 9.4.2, die in Tab. 11.1 zusammengefasst sind, können die sekundären Bindungen typischer holonomer Gelenke entsprechend Tab. 11.2 aufgestellt werden.

Die Lagegrößen $\hat{\boldsymbol{r}}_a$ und $\hat{\boldsymbol{r}}_b$ der Endkörper a und b können mit Hilfe der expliziten Bindungen des aufspannenden Baumes gemäß (10.17), im Folgenden auch als explizite primäre Bindungen bezeichnet, in Abhängigkeit von den primären Gelenkkoordinaten $\boldsymbol{\beta}$ ausgedrückt werden,

$$\hat{\boldsymbol{r}}_a = \hat{\boldsymbol{r}}_a(\boldsymbol{\beta}, t), \qquad \hat{\boldsymbol{r}}_b = \hat{\boldsymbol{r}}_b(\boldsymbol{\beta}, t). \tag{11.5}$$

Einsetzen von (11.5) in (11.4) ergibt die $1 \leq b^{\mathrm{s}} \leq 6$ impliziten Schließbedingungen in den f^{o} primären Gelenkkoordinaten $\boldsymbol{\beta}$,

$$\boldsymbol{g}^{\ell}(\boldsymbol{\beta}, t) = \boldsymbol{0}. \tag{11.6}$$

Implizite Schließbedingungen auf Geschwindigkeitsebene Das sekundäre Gelenk hat b^{s} sekundäre implizite Bindungen der Form (9.15)

$$\dot{\boldsymbol{g}}^{\mathrm{s}} \equiv \boldsymbol{G}_a^{\mathrm{s}}\, \hat{\boldsymbol{v}}_a + \boldsymbol{G}_b^{\mathrm{s}}\, \hat{\boldsymbol{v}}_b + \bar{\boldsymbol{\gamma}}_{ab}^{\mathrm{s}} = \boldsymbol{0} \quad \text{mit} \quad \boldsymbol{G}_a^{\mathrm{s}} \in \mathbb{R}^{b^{\mathrm{s}},6}, \quad \boldsymbol{G}_b^{\mathrm{s}} \in \mathbb{R}^{b^{\mathrm{s}},6}. \tag{11.7}$$

Einsetzen der expliziten Bindungen der Endkörper a und b auf Lageebene (11.5) und auf Geschwindigkeitsebene gemäß (10.26),

$$\hat{\boldsymbol{v}}_a = \boldsymbol{J}_a\, \boldsymbol{\eta} + \bar{\hat{\boldsymbol{v}}}_a, \quad \hat{\boldsymbol{v}}_b = \boldsymbol{J}_b\, \boldsymbol{\eta} + \bar{\hat{\boldsymbol{v}}}_b \quad \text{mit} \quad \boldsymbol{J}_a \in \mathbb{R}^{6,f^{\mathrm{o}}}, \quad \boldsymbol{J}_b \in \mathbb{R}^{6,f^{\mathrm{o}}}, \tag{11.8}$$

in (11.7) liefert die b^{s} impliziten Schließbedingungen auf Geschwindigkeitsebene in den primären Gelenkkoordinaten $\boldsymbol{\beta}$ und Gelenkgeschwindigkeiten $\boldsymbol{\eta}$,

$$\dot{\boldsymbol{g}}^{\ell} \equiv \boldsymbol{G}^{\ell}(\boldsymbol{\beta}, t)\, \boldsymbol{\eta} + \bar{\boldsymbol{\gamma}}^{\ell}(\boldsymbol{\beta}, t) = \boldsymbol{0} \tag{11.9}$$

mit der $(b^{\mathrm{s}}, f^{\mathrm{o}})$-Bindungsmatrix der Schließbedingungen

$$\boldsymbol{G}^{\ell} = \boldsymbol{G}_a^{\mathrm{s}}\, \boldsymbol{J}_a + \boldsymbol{G}_b^{\mathrm{s}}\, \boldsymbol{J}_b \tag{11.10}$$

und dem nur bei rheonomen sekundären Gelenken auftretenden b^{s}-Vektor

$$\bar{\boldsymbol{\gamma}}^{\ell} = \boldsymbol{G}_a^{\mathrm{s}}\, \bar{\hat{\boldsymbol{v}}}_a + \boldsymbol{G}_b^{\mathrm{s}}\, \bar{\hat{\boldsymbol{v}}}_b + \bar{\boldsymbol{\gamma}}_{ab}^{\mathrm{s}}. \tag{11.11}$$

Tab. 11.1 Elementare sekundäre implizite Bindungen (Herleitungen in Abschn. 9.4.2): Lageebene (L), Geschwindigkeitsebene (G), Beschleunigungsebene (B)

Allgemein

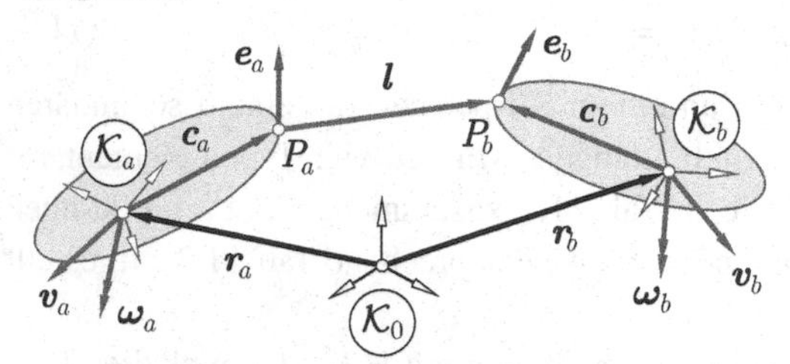

L: $\boldsymbol{g}^{\mathrm{s}}(\hat{\boldsymbol{r}}_a, \hat{\boldsymbol{r}}_b) = \boldsymbol{0}$

G: $\boldsymbol{G}_a^{\mathrm{s}} \begin{bmatrix} \boldsymbol{\omega}_a \\ \boldsymbol{v}_a \end{bmatrix} + \boldsymbol{G}_b^{\mathrm{s}} \begin{bmatrix} \boldsymbol{\omega}_b \\ \boldsymbol{v}_b \end{bmatrix} + \bar{\boldsymbol{\gamma}}_{ab}^{\mathrm{s}} = \boldsymbol{0}$

B: $\boldsymbol{G}_a^{\mathrm{s}} \begin{bmatrix} \dot{\boldsymbol{\omega}}_a \\ \dot{\boldsymbol{v}}_a \end{bmatrix} + \boldsymbol{G}_b^{\mathrm{s}} \begin{bmatrix} \dot{\boldsymbol{\omega}}_b \\ \dot{\boldsymbol{v}}_b \end{bmatrix} + \bar{\bar{\boldsymbol{\gamma}}}_{ab}^{\mathrm{s}} = \boldsymbol{0}$

Bindungstyp I

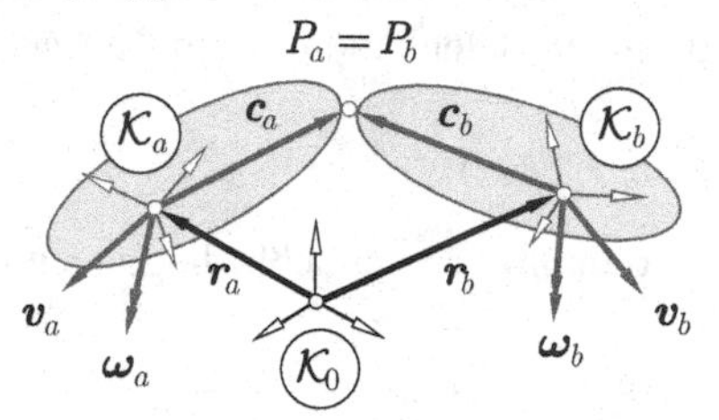

L: $\boldsymbol{g}^{\mathrm{s}} = \boldsymbol{r}_b + \boldsymbol{c}_b - \boldsymbol{r}_a - \boldsymbol{c}_a$

G: $\boldsymbol{G}_a^{\mathrm{s}} = \begin{bmatrix} \tilde{\boldsymbol{c}}_a & -\boldsymbol{E} \end{bmatrix}$

$\boldsymbol{G}_b^{\mathrm{s}} = \begin{bmatrix} -\tilde{\boldsymbol{c}}_b & \boldsymbol{E} \end{bmatrix}$

B: $\bar{\bar{\boldsymbol{\gamma}}}_{ab}^{\mathrm{s}} = \tilde{\boldsymbol{\omega}}_b \, \tilde{\boldsymbol{\omega}}_b \, \boldsymbol{c}_b - \tilde{\boldsymbol{\omega}}_a \, \tilde{\boldsymbol{\omega}}_a \, \boldsymbol{c}_a$

Bindungstyp II

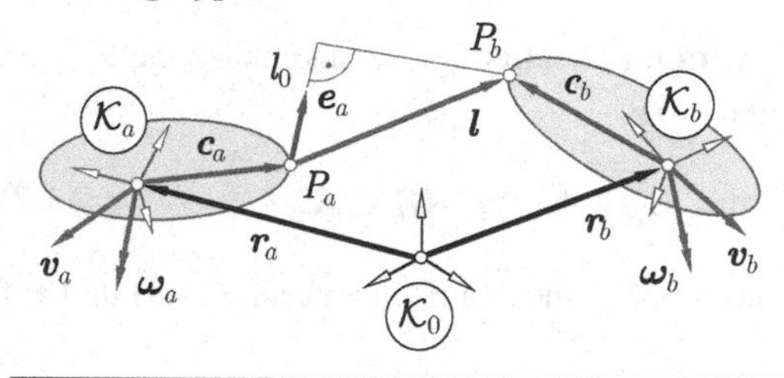

L: $g^{\mathrm{s}} = \boldsymbol{e}_a^{\mathrm{T}} \boldsymbol{l} - l_0$

G: $\boldsymbol{G}_a^{\mathrm{s}} = \begin{bmatrix} \boldsymbol{e}_a^{\mathrm{T}} (\tilde{\boldsymbol{c}}_a + \tilde{\boldsymbol{l}}) & -\boldsymbol{e}_a^{\mathrm{T}} \end{bmatrix}$

$\boldsymbol{G}_b^{\mathrm{s}} = \begin{bmatrix} -\boldsymbol{e}_a^{\mathrm{T}} \tilde{\boldsymbol{c}}_b & \boldsymbol{e}_a^{\mathrm{T}} \end{bmatrix}$

B: $\bar{\bar{\gamma}}_{ab}^{\mathrm{s}} = \boldsymbol{e}_a^{\mathrm{T}} (\dot{\tilde{\boldsymbol{c}}}_a \, \boldsymbol{\omega}_a - \dot{\tilde{\boldsymbol{c}}}_b \, \boldsymbol{\omega}_b) + \boldsymbol{l}^{\mathrm{T}} \tilde{\boldsymbol{\omega}}_a \, \dot{\boldsymbol{e}}_a + 2 \, \dot{\boldsymbol{e}}_a^{\mathrm{T}} \dot{\boldsymbol{l}}$

Bindungstyp III

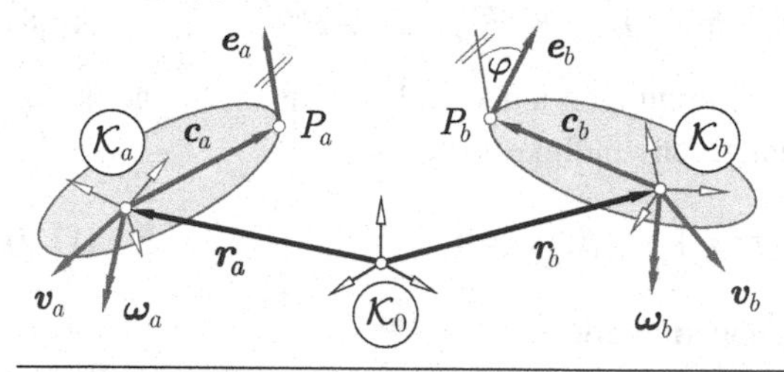

L: $g^{\mathrm{s}} = \boldsymbol{e}_a^{\mathrm{T}} \boldsymbol{e}_b - \cos\varphi$

G: $\boldsymbol{G}_a^{\mathrm{s}} = \begin{bmatrix} \boldsymbol{e}_a^{\mathrm{T}} \tilde{\boldsymbol{e}}_b & \boldsymbol{0}^{\mathrm{T}} \end{bmatrix}$

$\boldsymbol{G}_b^{\mathrm{s}} = \begin{bmatrix} -\boldsymbol{e}_a^{\mathrm{T}} \tilde{\boldsymbol{e}}_b & \boldsymbol{0}^{\mathrm{T}} \end{bmatrix}$

B: $\bar{\bar{\gamma}}_{ab}^{\mathrm{s}} = \boldsymbol{e}_a^{\mathrm{T}} (\tilde{\boldsymbol{\omega}}_a \, \tilde{\boldsymbol{\omega}}_a + \tilde{\boldsymbol{\omega}}_b \, \tilde{\boldsymbol{\omega}}_b - 2 \, \tilde{\boldsymbol{\omega}}_a \, \tilde{\boldsymbol{\omega}}_b) \boldsymbol{e}_b$

Bindungstyp IV

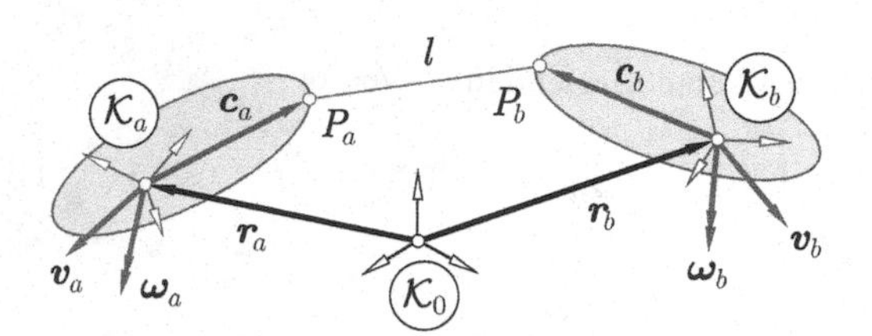

L: $g^{\mathrm{s}} = \frac{1}{2} \left(\boldsymbol{l}^{\mathrm{T}} \boldsymbol{l} - l^2 \right)$

G: $\boldsymbol{G}_a^{\mathrm{s}} = \begin{bmatrix} \boldsymbol{l}^{\mathrm{T}} \tilde{\boldsymbol{c}}_a & -\boldsymbol{l}^{\mathrm{T}} \end{bmatrix}$

$\boldsymbol{G}_b^{\mathrm{s}} = \begin{bmatrix} -\boldsymbol{l}^{\mathrm{T}} \tilde{\boldsymbol{c}}_b & \boldsymbol{l}^{\mathrm{T}} \end{bmatrix}$

B: $\bar{\bar{\gamma}}_{ab}^{\mathrm{s}} = \boldsymbol{l}^{\mathrm{T}} (\tilde{\boldsymbol{\omega}}_b \, \dot{\boldsymbol{c}}_b - \tilde{\boldsymbol{\omega}}_a \, \dot{\boldsymbol{c}}_a) + \dot{\boldsymbol{l}}^{\mathrm{T}} \dot{\boldsymbol{l}}$

Tab. 11.2 Implizite Bindungen von sekundären Standardgelenken

Typ des sekundären Gelenks	sekundäre Bindungen
Drehgelenk $b^{\mathrm{s}} = 5$ Bindungen	$\begin{array}{l} \text{I:} \\ \text{III:} \\ \text{III:} \end{array} \begin{bmatrix} \boldsymbol{l} \\ \boldsymbol{m}_a^{\mathrm{T}} \boldsymbol{u}_b \\ \boldsymbol{n}_a^{\mathrm{T}} \boldsymbol{u}_b \end{bmatrix} = \begin{bmatrix} \boldsymbol{0} \\ 0 \\ 0 \end{bmatrix} \begin{array}{l} 3 \\ 1 \\ 1 \end{array}$ $\boldsymbol{g}^{\mathrm{s}}(\hat{\boldsymbol{r}}_a, \hat{\boldsymbol{r}}_b) = \boldsymbol{0}$ 5 Gln
Drehschubgelenk $b^{\mathrm{s}} = 4$ Bindungen	$\begin{array}{l} \text{II:} \\ \text{II:} \\ \text{III:} \\ \text{III:} \end{array} \begin{bmatrix} \boldsymbol{m}_a^{\mathrm{T}} \boldsymbol{l} \\ \boldsymbol{n}_a^{\mathrm{T}} \boldsymbol{l} \\ \boldsymbol{m}_a^{\mathrm{T}} \boldsymbol{u}_b \\ \boldsymbol{n}_a^{\mathrm{T}} \boldsymbol{u}_b \end{bmatrix} = \begin{bmatrix} 0 \\ 0 \\ 0 \\ 0 \end{bmatrix} \begin{array}{l} 1 \\ 1 \\ 1 \\ 1 \end{array}$ $\boldsymbol{g}^{\mathrm{s}}(\hat{\boldsymbol{r}}_a, \hat{\boldsymbol{r}}_b) = \boldsymbol{0}$ 4 Gln
Kardangelenk $b^{\mathrm{s}} = 4$ Bindungen	$\begin{array}{l} \text{I:} \\ \text{III:} \end{array} \begin{bmatrix} \boldsymbol{l} \\ \boldsymbol{u}_a^{\mathrm{T}} \boldsymbol{u}_b \end{bmatrix} = \begin{bmatrix} \boldsymbol{0} \\ 0 \end{bmatrix} \begin{array}{l} 3 \\ 1 \end{array}$ $\boldsymbol{g}^{\mathrm{s}}(\hat{\boldsymbol{r}}_a, \hat{\boldsymbol{r}}_b) = \boldsymbol{0}$ 4 Gln
Kugelgelenk $b^{\mathrm{s}} = 3$ Bindungen	I: $\boldsymbol{l} = \boldsymbol{0}$ 3 $\boldsymbol{g}^{\mathrm{s}}(\hat{\boldsymbol{r}}_a, \hat{\boldsymbol{r}}_b) = \boldsymbol{0}$ 3 Gln
Ebenes Gelenk $b^{\mathrm{s}} = 3$ Bindungen	$\begin{array}{l} \text{II:} \\ \text{III:} \\ \text{III:} \end{array} \begin{bmatrix} \boldsymbol{l}^{\mathrm{T}} \boldsymbol{u}_b \\ \boldsymbol{m}_a^{\mathrm{T}} \boldsymbol{u}_b \\ \boldsymbol{n}_a^{\mathrm{T}} \boldsymbol{u}_b \end{bmatrix} = \begin{bmatrix} 0 \\ 0 \\ 0 \end{bmatrix} \begin{array}{l} 1 \\ 1 \\ 1 \end{array}$ $\boldsymbol{g}^{\mathrm{s}}(\hat{\boldsymbol{r}}_a, \hat{\boldsymbol{r}}_b) = \boldsymbol{0}$ 3 Gln
Pendelstütze $b^{\mathrm{s}} = 1$ Bindung	VI: $\frac{1}{2}(\boldsymbol{l}^{\mathrm{T}} \boldsymbol{l} - l^2) = 0$ 1 $g^{\mathrm{s}}(\hat{\boldsymbol{r}}_a, \hat{\boldsymbol{r}}_b) = 0$ 1 Gl

Implizite Schließbedingungen auf Beschleunigungsebene Die zeitliche Ableitung der sekundären Bindungen (11.7) lautet

$$\ddot{\boldsymbol{g}}^{\mathrm{s}} \equiv \boldsymbol{G}_a^{\mathrm{s}}\,\hat{\boldsymbol{a}}_a + \boldsymbol{G}_b^{\mathrm{s}}\,\hat{\boldsymbol{a}}_b + \bar{\bar{\boldsymbol{\gamma}}}_{ab}^{\mathrm{s}} = \boldsymbol{0}\,. \tag{11.12}$$

Mit den expliziten Bindungen der Endkörper a und b auf Lageebene (11.5), auf Geschwindigkeitsebene (11.8) und auf Beschleunigungsebene,

$$\hat{\boldsymbol{a}}_a = \boldsymbol{J}_a\,\dot{\boldsymbol{\eta}} + \bar{\hat{\boldsymbol{a}}}_a\,, \qquad \hat{\boldsymbol{a}}_b = \boldsymbol{J}_b\,\dot{\boldsymbol{\eta}} + \bar{\hat{\boldsymbol{a}}}_b\,, \tag{11.13}$$

ergeben sich die impliziten Schließbedingungen auf Beschleunigungsebene in den primären Gelenkkoordinaten $\boldsymbol{\beta}$, Gelenkgeschwindigkeiten $\boldsymbol{\eta}$ und Gelenkbeschleunigungen $\dot{\boldsymbol{\eta}}$,

$$\ddot{\boldsymbol{g}}^{\ell} \equiv \boldsymbol{G}^{\ell}(\boldsymbol{\beta},t)\,\dot{\boldsymbol{\eta}} + \bar{\bar{\boldsymbol{\gamma}}}^{\ell}(\boldsymbol{\beta},\boldsymbol{\eta},t) = \boldsymbol{0}\,, \tag{11.14}$$

mit dem nicht von $\dot{\boldsymbol{\eta}}$ abhängenden b^{s}-Vektor

$$\bar{\bar{\boldsymbol{\gamma}}}^{\ell} = \boldsymbol{G}_a^{\mathrm{s}}\,\bar{\hat{\boldsymbol{a}}}_a + \boldsymbol{G}_b^{\mathrm{s}}\,\bar{\hat{\boldsymbol{a}}}_b + \bar{\bar{\boldsymbol{\gamma}}}_{ab}^{\mathrm{s}}\,. \tag{11.15}$$

Der Vergleich der zeitlichen Ableitung von (11.9) mit (11.14) ergibt für den Term $\bar{\bar{\boldsymbol{\gamma}}}^{\ell}$ auch den Zusammenhang

$$\bar{\bar{\boldsymbol{\gamma}}}^{\ell} = \dot{\boldsymbol{G}}^{\ell}\,\boldsymbol{\eta} + \dot{\bar{\boldsymbol{\gamma}}}^{\ell}\,. \tag{11.16}$$

Überbestimmtheit Besitzt die $(b^{\mathrm{s}}, f^{\mathrm{o}})$-Bindungsmatrix der Schließbedingungen $\boldsymbol{G}^{\ell}$ aus (11.10) den vollen Rang $\mathrm{r}(\boldsymbol{G}^{\ell}) = b^{\mathrm{s}}$, so sind die Schließbedingungen voneinander unabhängig. Der Freiheitsgrad ergibt sich aus dem GRÜBLER-KUTZBACH-Kriterium (9.9).

Bei einem Rangabfall von $\boldsymbol{G}^{\ell}$, also $\mathrm{r}(\boldsymbol{G}^{\ell}) < b^{\mathrm{s}}$, liegen entsprechend (9.10)

$$b^{\mathrm{sr}} = b^{\mathrm{s}} - \mathrm{r}(\boldsymbol{G}^{\ell}) \tag{11.17}$$

redundante Schließbedingungen vor. Die transponierten Zeilenvektoren von $\boldsymbol{G}^{\ell}$, welche die Bindungsnormalen im Raum der primären Gelenkkoordinaten $\boldsymbol{\beta}$ repräsentieren, sind dann nicht mehr linear unabhängig. Der Freiheitsgrad des Systems ist um b^{sr} größer als es das GRÜBLER- KUTZBACH-Kriterium (9.9) angibt,

$$f = \sum_{i=1}^{n_{\mathrm{G}}} f_i - 6\,n_{\mathrm{S}} + b^{\mathrm{sr}}. \tag{11.18}$$

Tritt der Rangabfall von $\boldsymbol{G}^{\ell}$ *global* in allen Lagen des Systems auf, so wird das System als *überbestimmt* bezeichnet. Es ist beweglich mit dem Freiheitsgrad f gemäß (11.18). Aufgrund der b^{sr} redundanten Schließbedingungen ist das System b^{sr}-fach überbestimmt. Beispiele überbestimmter Systeme wurden in Tab. 9.9 und in Abb. 9.7 gezeigt.

Singularität der impliziten Schließbedingungen Tritt der Rangabfall der Bindungsmatrix der Schließbedingungen $\boldsymbol{G}^{\ell}$ nur *lokal* in bestimmten Lagen des Systems auf, so liegt in diesen Lagen eine *Singulärität der impliziten Schließbedingungen* vor. Der vergrößerte Freiheitsgrad gemäß (11.18) gilt nur in diesen Lagen. Überbestimmte Systeme und singuläre Lagen werden von MÜLLER [68] und BARTKOWIAK [6] ausführlich untersucht.

11.1.2 Explizite Schließbedingungen

Durch die Definition von Minimalkoordinaten und Minimalgeschwindigkeiten können explizite Schließbedingungen formuliert werden.

Explizite Schließbedingungen auf Lageebene Mit Hilfe der b^{s} impliziten Schließbedingungen (11.6) können b^{s} primäre Gelenkkoordinaten $\boldsymbol{\beta}^{\mathrm{a}}$ in Abhängigkeit von den $f = f^{\mathrm{o}} - b^{\mathrm{s}}$ unabhängigen primären Gelenkkoordinaten $\boldsymbol{\beta}^{\mathrm{u}}$ ausgedrückt werden. Die f^{o} primären Gelenkkoordinaten können dann im Vektor $\boldsymbol{\beta}$ so angeordnet werden, dass $\boldsymbol{\beta}$ aufgeteilt wird in

$$\boldsymbol{\beta} = \begin{bmatrix} \boldsymbol{\beta}^{\mathrm{u}} \\ \boldsymbol{\beta}^{\mathrm{a}} \end{bmatrix} \quad \begin{matrix} f = f^{\mathrm{o}} - b^{\mathrm{s}} & \text{unabhängige Gelenkkoordinaten} \\ b^{\mathrm{s}} & \text{abhängige Gelenkkoordinaten.} \end{matrix} \tag{11.19}$$

mit dem Freiheitsgrad f. Die f unabhängigen Gelenkkoordinaten $\boldsymbol{\beta}^{\mathrm{u}}$ sind die Minimalkoordinaten

$$\boldsymbol{q} = \boldsymbol{\beta}^{\mathrm{u}} . \tag{11.20}$$

Die b^{s} impliziten Schließbedingungen (11.6) mit den gemäß (11.19) aufgeteilten primären Gelenkkoordinaten,

$$\boldsymbol{g}^{\ell}(\boldsymbol{\beta}^{\mathrm{u}}, \boldsymbol{\beta}^{\mathrm{a}}, t) = \boldsymbol{0} , \tag{11.21}$$

definieren dann die expliziten Schließbedingungen auf Lageebene

$$\begin{aligned} \begin{bmatrix} \boldsymbol{\beta}^{\mathrm{u}} \\ \boldsymbol{\beta}^{\mathrm{a}} \end{bmatrix} &= \begin{bmatrix} \boldsymbol{q} \\ \boldsymbol{\beta}^{\mathrm{a}}(\boldsymbol{q}, t) \end{bmatrix} \quad \begin{matrix} \text{Definition (11.20)} \\ \text{nach } \boldsymbol{\beta}^{\mathrm{a}} \text{ aufgelöste Schließbedingungen (11.21)} \end{matrix} \\ \boldsymbol{\beta} &= \boldsymbol{\beta}(\boldsymbol{q}, t). \end{aligned} \tag{11.22}$$

Die Minimalkoordinaten $\boldsymbol{q} = \boldsymbol{\beta}^{\mathrm{u}}$ können nur solche Werte annehmen, bei denen die Schließbedingungen (11.21) reelle Lösungen für die abhängigen Gelenkkoordinaten $\boldsymbol{\beta}^{\mathrm{a}}$ besitzen. Der Definitionsbereich von $\boldsymbol{q}$ ist dadurch i. Allg. eingeschränkt. Ein Beispiel wird in Abb. 11.5 (Abschn. 11.1.3) gezeigt. Die expliziten Schließbedingungen (11.22) erfüllen für beliebige Werte der Minimalkoordinaten $\boldsymbol{q}$ im Definitionsbereich die impliziten Schließbedingungen (11.6).

Um die Abhängigkeit $\boldsymbol{\beta}^{\mathrm{a}}(\boldsymbol{q}, t)$ in (11.22) zu erhalten, müssen die b^{s} abhängigen primären Gelenkkoordinaten $\boldsymbol{\beta}^{\mathrm{a}}$ aus dem nichtlinearen Gleichungssystem der b^{s} impliziten Schließbedingungen (11.21) berechnet werden. Die Anzahl der Unbekannten b^{s} kann dabei durch die Auswahl eines sekundären Gelenks mit möglichst wenigen Gelenkbindungen klein gehalten werden. Dies vereinfacht die algebraische Umformung in explizite Schließbedingungen. Beispiele werden in den Abschn. 11.1.3, 11.6 und 11.7 gezeigt.

Die Anzahl der abhängigen Gelenkkoordinaten in den impliziten Schließbedingungen wird weiter minimiert, indem die Schleife an zwei, i. Allg. nicht benachbarten, Gelenken (*charakteristisches Gelenkpaar*) geschnitten wird, siehe WOERNLE [115]. Hierdurch werden in vielen Fällen analytische Formulierungen der expliziten Schließbedingungen unmittelbar erhalten. Ein Verfahren zur automatischen Aufstellung expliziter Schließbedingungen in symbolischer Form wird von KECSKEMÉTHY und HILLER [51] beschrieben.

Im Allgemeinen können die expliziten Schließbedingungen jedoch nicht analytisch dargestellt werden. Die abhängigen primären Gelenkkoordinaten $\boldsymbol{\beta}^{\mathrm{a}}$ werden dann numerisch aus dem Gleichungssystem (11.21) z. B. mit Hilfe des in Abschn. 5.9.3 beschriebenen NEWTON- RAPHSON-Verfahrens berechnet.

Explizite Schließbedingungen auf Geschwindigkeitsebene Die f^{o} primären Gelenkgeschwindigkeiten $\boldsymbol{\eta}$ werden aufgeteilt in

$$\boldsymbol{\eta} = \begin{bmatrix} \boldsymbol{\eta}^{\mathrm{u}} \\ \boldsymbol{\eta}^{\mathrm{a}} \end{bmatrix} \quad \begin{array}{ll} f = f^{\mathrm{o}} - b^{\mathrm{s}} & \text{unabhängige Gelenkgeschwindigkeiten} \\ b^{\mathrm{s}} & \text{abhängige Gelenkgeschwindigkeiten.} \end{array} \tag{11.23}$$

Die unabhängigen Gelenkgeschwindigkeiten $\boldsymbol{\eta}^{\mathrm{u}}$ sind die f Minimalgeschwindigkeiten

$$\boldsymbol{s} = \boldsymbol{\eta}^{\mathrm{u}} . \tag{11.24}$$

Die expliziten Schließbedingungen auf Geschwindigkeitsebene werden erhalten, indem in den impliziten Schließbedingungen (11.9) die Gelenkgeschwindigkeiten gemäß (11.23) aufgeteilt werden,

$$\begin{aligned} \boldsymbol{G}^{\ell} \quad \boldsymbol{\eta} + \bar{\boldsymbol{\gamma}}^{\ell} &= \boldsymbol{0} \\ \begin{bmatrix} \boldsymbol{G}^{\ell \mathrm{u}} & \boldsymbol{G}^{\ell \mathrm{a}} \end{bmatrix} \begin{bmatrix} \boldsymbol{\eta}^{\mathrm{u}} \\ \boldsymbol{\eta}^{\mathrm{a}} \end{bmatrix} + \bar{\boldsymbol{\gamma}}^{\ell} &= \boldsymbol{0} , \end{aligned} \tag{11.25}$$

mit der (b^{s},f)-Matrix $\boldsymbol{G}^{\ell \mathrm{u}}$ und der $(b^{\mathrm{s}},b^{\mathrm{s}})$-Matrix $\boldsymbol{G}^{\ell \mathrm{a}}$. Durch Auflösen von (11.25) nach den abhängigen Gelenkgeschwindigkeiten $\boldsymbol{\eta}^{\mathrm{a}}$ werden unter Berücksichtigung von (11.20) und (11.24) die expliziten Schließbedingungen auf Geschwindigkeitsebene erhalten. Mit der (f^{o},f)-JACOBI-Matrix der Schließbedingungen $\boldsymbol{J}^{\ell}$ und dem nicht von $\boldsymbol{s}$ abhängenden f^{o}-Vektor $\bar{\boldsymbol{\eta}}$, der nur bei rheonomen Gelenkbindungen auftritt, lauten sie

$$\begin{bmatrix} \boldsymbol{\eta}^{\mathrm{u}} \\ \boldsymbol{\eta}^{\mathrm{a}} \end{bmatrix} = \begin{bmatrix} \boldsymbol{E} \\ -(\boldsymbol{G}^{\ell\mathrm{a}})^{-1}\, \boldsymbol{G}^{\ell\mathrm{u}} \end{bmatrix} \boldsymbol{s} + \begin{bmatrix} \boldsymbol{0} \\ -(\boldsymbol{G}^{\ell\mathrm{a}})^{-1}\, \bar{\boldsymbol{\gamma}}^{\ell} \end{bmatrix}$$
$$\boldsymbol{\eta} = \boldsymbol{J}^{\ell}(\boldsymbol{q},t) \quad \boldsymbol{s} + \quad \bar{\boldsymbol{\eta}}(\boldsymbol{q},t). \tag{11.26}$$

Die expliziten Schließbedingungen (11.26) erfüllen für beliebige Werte der Minimalgeschwindigkeiten $\boldsymbol{s}$ die impliziten Schließbedingungen (11.25). Damit gilt die Orthogonalitätsbeziehung

$$\boldsymbol{G}^{\ell}\,\boldsymbol{J}^{\ell} = \boldsymbol{0}\,. \tag{11.27}$$

Singularität der expliziten Schließbedingungen Die Auflösung der impliziten Schließbedingungen (11.25) nach den abhängigen Gelenkgeschwindigkeiten $\boldsymbol{\eta}^{\mathrm{a}}$ ist nur möglich, wenn die $(b^{\mathrm{s}},b^{\mathrm{s}})$-Matrix $\boldsymbol{G}^{\ell\mathrm{a}}$ regulär ist. Falls die $(b^{\mathrm{s}},f^{\mathrm{o}})$-Bindungsmatrix der Schließbedingungen $\boldsymbol{G}^{\ell}$ in (11.9) im gesamten Bewegungsbereich des Mehrkörpersystems den vollen Rang $\mathrm{r}(\boldsymbol{G}^{\ell}) = b^{\mathrm{s}}$ besitzt, können stets unabhängige Gelenkgeschwindigkeiten $\boldsymbol{\eta}^{\mathrm{u}}$ so definiert werden, dass dies der Fall ist.

Wird die Matrix $\boldsymbol{G}^{\ell\mathrm{a}}$ während der Integration der Bewegungsgleichungen singulär, so muss auf neue unabhängige Gelenkgeschwindigkeiten $\boldsymbol{s}$ übergegangen werden, für welche $\boldsymbol{G}^{\ell\mathrm{a}}$ regulär ist. Ein Beispiel wird in Abb. 11.5 (Abschn. 11.1.3) gezeigt. Im Allgemeinen ist es nicht möglich, mit einer Definition unabhängiger Gelenkkoordinaten und -geschwindigkeiten die gesamte Bewegung eines geschlossenen Mehrkörpersystems zu beschreiben.

Kinematische Differentialgleichungen Mit der Aufteilung der primären Gelenkkoordinaten $\boldsymbol{\beta}$ und Gelenkgeschwindigkeiten $\boldsymbol{s}$ gemäß (11.19) und (11.23) lauten die kinematischen Differentialgleichungen (11.3)

$$\dot{\boldsymbol{\beta}} = \boldsymbol{H}_{\eta}(\boldsymbol{\beta}) \quad \boldsymbol{\eta}$$
$$\begin{bmatrix} \dot{\boldsymbol{\beta}}^{\mathrm{u}} \\ \dot{\boldsymbol{\beta}}^{\mathrm{a}} \end{bmatrix} = \begin{bmatrix} \boldsymbol{H}^{\mathrm{u}}_{\eta}(\boldsymbol{\beta}^{\mathrm{u}}) & \boldsymbol{0} \\ \boldsymbol{0} & \boldsymbol{H}^{\mathrm{a}}_{\eta}(\boldsymbol{\beta}^{\mathrm{a}}) \end{bmatrix} \begin{bmatrix} \boldsymbol{\eta}^{\mathrm{u}} \\ \boldsymbol{\eta}^{\mathrm{a}} \end{bmatrix}. \tag{11.28}$$

Die kinematischen Differentialgleichungen für den Zusammenhang zwischen den Zeitableitungen der Minimalkoordinaten $\boldsymbol{q} = \boldsymbol{\beta}^{\mathrm{u}}$ aus (11.20) und den Minimalgeschwindigkeiten $\boldsymbol{s} = \boldsymbol{\eta}^{\mathrm{u}}$ aus (11.24) sind damit

$$\dot{\boldsymbol{q}} = \overline{\boldsymbol{H}}_{s}(\boldsymbol{q})\,\boldsymbol{s} \quad \text{mit} \quad \overline{\boldsymbol{H}}_{s}(\boldsymbol{q}) = \boldsymbol{H}^{\mathrm{u}}_{\eta}(\boldsymbol{\beta}^{\mathrm{u}})\,. \tag{11.29}$$

Mit den Gelenkkoordinaten von Dreh- und Schubgelenken als Minimalkoordinaten $\boldsymbol{q}$ ist $\dot{\boldsymbol{q}} = \boldsymbol{s}$ und damit $\overline{\boldsymbol{H}}_{s} = \boldsymbol{E}$.

Explizite Schließbedingungen auf Beschleunigungsebene In den impliziten Schließbedingungen (11.14) werden die Gelenkbeschleunigungen $\dot{\eta}$ entsprechend (11.23) aufgeteilt in die unabhängigen Gelenkbeschleunigungen $\dot{\eta}^{\mathrm{u}}$ und in die davon abhängigen Gelenkbeschleunigungen $\dot{\eta}^{\mathrm{a}}$,

$$\begin{aligned} \boldsymbol{G}^{\ell} \quad & \dot{\boldsymbol{\eta}} + \bar{\bar{\boldsymbol{\gamma}}}^{\ell} = \boldsymbol{0} \\ \begin{bmatrix} \boldsymbol{G}^{\ell\mathrm{u}} & \boldsymbol{G}^{\ell\mathrm{a}} \end{bmatrix} & \begin{bmatrix} \dot{\boldsymbol{\eta}}^{\mathrm{u}} \\ \dot{\boldsymbol{\eta}}^{\mathrm{a}} \end{bmatrix} + \bar{\bar{\boldsymbol{\gamma}}}^{\ell} = \boldsymbol{0}\,. \end{aligned} \tag{11.30}$$

Auflösen von (11.30) nach $\dot{\eta}^{\mathrm{a}}$ liefert zusammen mit $\dot{s} = \dot{\eta}^{\mathrm{u}}$ aus (11.24) die expliziten Schließbedingungen auf Beschleunigungsebene

$$\begin{aligned} \begin{bmatrix} \dot{\boldsymbol{\eta}}^{\mathrm{u}} \\ \dot{\boldsymbol{\eta}}^{\mathrm{a}} \end{bmatrix} &= \begin{bmatrix} \boldsymbol{E} \\ -(\boldsymbol{G}^{\ell\mathrm{a}})^{-1}\,\boldsymbol{G}^{\ell\mathrm{u}} \end{bmatrix} \dot{\boldsymbol{s}} + \begin{bmatrix} \boldsymbol{0} \\ -(\boldsymbol{G}^{\ell\mathrm{a}})^{-1}\,\bar{\bar{\boldsymbol{\gamma}}}^{\ell} \end{bmatrix} \\ \dot{\boldsymbol{\eta}} &= \quad \boldsymbol{J}^{\ell}(\boldsymbol{q},t) \qquad \dot{\boldsymbol{s}} + \quad \bar{\bar{\boldsymbol{\eta}}}(\boldsymbol{q},\boldsymbol{s},t)\,. \end{aligned} \tag{11.31}$$

Der Vergleich der zeitlichen Ableitung von (11.26) mit (11.31) ergibt für den Term $\bar{\bar{\eta}}$ auch den Zusammenhang

$$\bar{\bar{\boldsymbol{\eta}}} = \dot{\boldsymbol{J}}^{\ell}\,\boldsymbol{s} + \dot{\bar{\boldsymbol{\eta}}}\,. \tag{11.32}$$

Die expliziten Schließbedingungen auf Beschleunigungsebene (11.31) erfüllen für beliebige Werte der minimalen Beschleunigungen $\dot{s}$ die impliziten Schließbedingungen (11.14) bzw. (11.30). Neben der Orthogonalität (11.27) gilt $\boldsymbol{G}^{\ell}\,\bar{\bar{\boldsymbol{\eta}}} + \bar{\bar{\boldsymbol{\gamma}}}^{\ell} = \boldsymbol{0}$.

Die holonomen Bindungen in einer einzelnen Mehrkörperschleife sind in Tab. 11.3 zusammengefasst.

Tab. 11.3 Holonome Bindungen in einer einzelnen Mehrkörperschleife, Lageebene (L), Geschwindigkeitsebene (G), Beschleunigungsebene (B)

	Implizite sekundäre Bindungen	Explizite primäre Bindungen	Implizite Schließbedingungen	Explizite Schließbedingungen
L	(11.4): $\boldsymbol{g}^{\mathrm{s}}(\hat{\boldsymbol{r}}_a, \hat{\boldsymbol{r}}_b, t) = \boldsymbol{0}$	(11.5): $\hat{\boldsymbol{r}}_a = \hat{\boldsymbol{r}}_a(\boldsymbol{\beta}, t)$ $\hat{\boldsymbol{r}}_b = \hat{\boldsymbol{r}}_b(\boldsymbol{\beta}, t)$	(11.6): $\boldsymbol{g}^{\ell}(\boldsymbol{\beta}, t) = \boldsymbol{0}$	(11.22): $\boldsymbol{\beta} = \boldsymbol{\beta}(\boldsymbol{q}, t)$
G	(11.7): $\boldsymbol{G}^{\mathrm{s}}_a\,\hat{\boldsymbol{v}}_a + \boldsymbol{G}^{\mathrm{s}}_b\,\hat{\boldsymbol{v}}_b + \bar{\boldsymbol{\gamma}}^{\mathrm{s}}_{ab} = \boldsymbol{0}$	(11.8): $\hat{\boldsymbol{v}}_a = \boldsymbol{J}_a\,\boldsymbol{\eta} + \bar{\hat{\boldsymbol{v}}}_a$ $\hat{\boldsymbol{v}}_b = \boldsymbol{J}_b\,\boldsymbol{\eta} + \bar{\hat{\boldsymbol{v}}}_b$	(11.9): $\boldsymbol{G}^{\ell}\,\boldsymbol{\eta} + \bar{\boldsymbol{\gamma}}^{\ell} = \boldsymbol{0}$	(11.26): $\boldsymbol{\eta} = \boldsymbol{J}^{\ell}\,\boldsymbol{s} + \bar{\boldsymbol{\eta}}$
B	(11.12): $\boldsymbol{G}^{\mathrm{s}}_a\,\hat{\boldsymbol{a}}_a + \boldsymbol{G}^{\mathrm{s}}_b\,\hat{\boldsymbol{a}}_b + \bar{\bar{\boldsymbol{\gamma}}}^{\mathrm{s}}_{ab} = \boldsymbol{0}$	(11.13): $\hat{\boldsymbol{a}}_a = \boldsymbol{J}_a\,\dot{\boldsymbol{\eta}} + \bar{\hat{\boldsymbol{a}}}_a$ $\hat{\boldsymbol{a}}_b = \boldsymbol{J}_b\,\dot{\boldsymbol{\eta}} + \bar{\hat{\boldsymbol{a}}}_b$	(11.14): $\boldsymbol{G}^{\ell}\,\dot{\boldsymbol{\eta}} + \bar{\bar{\boldsymbol{\gamma}}}^{\ell} = \boldsymbol{0}$	(11.31): $\dot{\boldsymbol{\eta}} = \boldsymbol{J}^{\ell}\,\dot{\boldsymbol{s}} + \bar{\bar{\boldsymbol{\eta}}}$
			Orthogonalität (11.27): $\boldsymbol{G}^{\ell}\,\boldsymbol{J}^{\ell} = \boldsymbol{0}$	

11.1.3 Kinematik eines ebenen Gelenkvierecks

Das in Abb. 11.2a gezeigte ebene Gelenkviereck besteht aus dem Gestell 0, dem Eingangshebel 1, dem Ausgangshebel 2 und der Koppel 3. Mit den vier rotatorischen Gelenkfreiheitsgraden hat der Mechanismus gemäß dem GRÜBLER-KUTZBACH-Kriterium für ebene Systeme (9.12) den Freiheitsgrad $f = 1$.

Implizite Schließbedingungen Wird z. B. das Gelenk C als sekundäres Gelenk definiert, so entsteht durch den Schnitt in C der in Abb. 11.2b gezeigte aufspannende Baum mit den $f^{\circ} = 3$ primären Gelenkkoordinaten und Gelenkgeschwindigkeiten, vgl. (11.1) bis (11.3),

$$\boldsymbol{\beta} = \begin{bmatrix} \beta_1 & \beta_2 & \beta_3 \end{bmatrix}^{\mathrm{T}}, \qquad \boldsymbol{\eta} \equiv \dot{\boldsymbol{\beta}} = \begin{bmatrix} \dot{\beta}_1 & \dot{\beta}_2 & \dot{\beta}_3 \end{bmatrix}^{\mathrm{T}}, \qquad \boldsymbol{H} = \boldsymbol{E}. \tag{11.33}$$

Implizite Schließbedingungen auf Lageebene Für den Schnitt im Gelenk C gilt eine implizite sekundäre Bindung (11.4) des Typs I aus Tab. 11.1,

$$\boldsymbol{g}^{\mathrm{s}}(\hat{\boldsymbol{r}}_a, \hat{\boldsymbol{r}}_b) \equiv \boldsymbol{l}_1 + \boldsymbol{l}_3 - \boldsymbol{l}_0 - \boldsymbol{l}_2 = \boldsymbol{0}. \tag{11.34}$$

Einsetzen der Vektorkoordinaten in $\mathcal{K}_0$,

$$\boldsymbol{l}_0 = \begin{bmatrix} l_0 \\ 0 \\ 0 \end{bmatrix}, \quad \boldsymbol{l}_1 = \begin{bmatrix} l_1 \sin\beta_1 \\ l_1 \cos\beta_1 \\ 0 \end{bmatrix}, \quad \boldsymbol{l}_2 = \begin{bmatrix} -l_2 \cos\beta_2 \\ l_2 \sin\beta_2 \\ 0 \end{bmatrix}, \quad \boldsymbol{l}_3 = \begin{bmatrix} l_3 \sin\beta_{13} \\ l_3 \cos\beta_{13} \\ 0 \end{bmatrix}, \tag{11.35}$$

mit dem Summenwinkel $\beta_{13} = \beta_1 + \beta_3$ in (11.34) liefert in der x_0, y_0-Bewegungsebene die zwei impliziten Schließbedingungen in den primären Gelenkkoordinaten $\boldsymbol{\beta}$ gemäß (11.6),

$$\begin{bmatrix} g_1^{\ell}(\boldsymbol{\beta}) \\ g_2^{\ell}(\boldsymbol{\beta}) \end{bmatrix} \equiv \begin{bmatrix} l_1 \sin\beta_1 + l_3 \sin\beta_{13} + l_2 \cos\beta_2 - l_0 \\ l_1 \cos\beta_1 + l_3 \cos\beta_{13} - l_2 \sin\beta_2 \end{bmatrix} = \begin{bmatrix} 0 \\ 0 \end{bmatrix}. \tag{11.36}$$

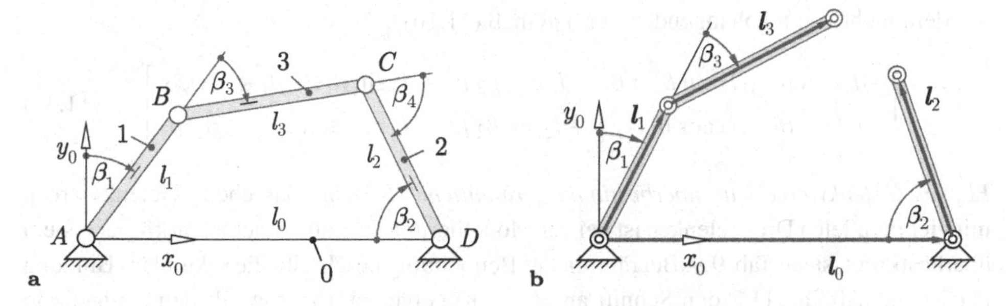

Abb. 11.2 Ebenes Gelenkviereck. **a** Geometrie. **b** Aufspannender Baum

Implizite Schließbedingungen auf Geschwindigkeitsebene Die Zeitableitung der sekundären Bindungen (11.34)

$$\dot{\boldsymbol{g}}^{\mathrm{s}} \equiv \dot{\boldsymbol{l}}_1 + \dot{\boldsymbol{l}}_3 - \dot{\boldsymbol{l}}_0 - \dot{\boldsymbol{l}}_2 = \mathbf{0}$$

ergibt unter Berücksichtigung der zeitlichen Änderungen der Vektoren

$$\dot{\boldsymbol{l}}_0 = \mathbf{0}\,, \quad \dot{\boldsymbol{l}}_1 = \dot{\beta}_1 \widetilde{\boldsymbol{u}}_1 \boldsymbol{l}_1\,, \quad \dot{\boldsymbol{l}}_2 = \dot{\beta}_2 \widetilde{\boldsymbol{u}}_2 \boldsymbol{l}_2\,, \quad \dot{\boldsymbol{l}}_3 = (\dot{\beta}_1 \widetilde{\boldsymbol{u}}_1 + \dot{\beta}_3 \widetilde{\boldsymbol{u}}_3)\, \boldsymbol{l}_3 \tag{11.37}$$

mit den parallelen Drehachsvektoren $\boldsymbol{u}_1 = \boldsymbol{u}_2 = \boldsymbol{u}_3 = -\boldsymbol{e}_{z0}$ die impliziten Schließbedingungen auf Geschwindigkeitsebene entsprechend (11.9)

$$\underbrace{\begin{bmatrix} \widetilde{\boldsymbol{u}}_1 (\boldsymbol{l}_1 + \boldsymbol{l}_3) & -\widetilde{\boldsymbol{u}}_2 \boldsymbol{l}_2 & \widetilde{\boldsymbol{u}}_3 \boldsymbol{l}_3 \end{bmatrix}}_{\boldsymbol{G}^\ell(\boldsymbol{\beta})} \underbrace{\begin{bmatrix} \dot{\beta}_1 \\ \dot{\beta}_2 \\ \dot{\beta}_3 \end{bmatrix}}_{\boldsymbol{\eta}} = \mathbf{0} \tag{11.38}$$

Werden wieder wie in (11.36) die x_0- und y_0-Vektorkoordinaten in der Bewegungsebene betrachtet, so ergibt die Auswertung von (11.38) mit (11.35)

$$\underbrace{\begin{bmatrix} l_1 \cos\beta_1 + l_3 \cos\beta_{13} & -l_2 \sin\beta_2 & l_3 \cos\beta_{13} \\ -l_1 \sin\beta_1 - l_3 \sin\beta_{13} & -l_2 \cos\beta_2 & -l_3 \sin\beta_{13} \end{bmatrix}}_{\boldsymbol{G}^\ell(\boldsymbol{\beta})} \underbrace{\begin{bmatrix} \dot{\beta}_1 \\ \dot{\beta}_2 \\ \dot{\beta}_3 \end{bmatrix}}_{\boldsymbol{\eta}} = \underbrace{\begin{bmatrix} 0 \\ 0 \end{bmatrix}}_{\mathbf{0}.} \tag{11.39}$$

Die Schließbedingungen (11.39) werden auch durch die zeitliche Ableitung der Koordinatengleichung (11.36) erhalten.

Implizite Schließbedingungen auf Beschleunigungsebene Die zeitliche Ableitung von (11.39) führt auf die impliziten Schließbedingungen auf Beschleunigungsebene entsprechend (11.14)

$$\boldsymbol{G}^\ell(\boldsymbol{\beta})\, \dot{\boldsymbol{\eta}} + \bar{\bar{\boldsymbol{\gamma}}}^\ell = \mathbf{0} \tag{11.40}$$

mit dem nicht von $\dot{\boldsymbol{\eta}}$ abhängenden Term gemäß (11.16)

$$\bar{\bar{\boldsymbol{\gamma}}}^\ell = \begin{bmatrix} -l_1(\sin\beta_1 + l_3 \sin\beta_{13})\, \dot{\beta}_1^2 - l_2 \cos\beta_2\, \dot{\beta}_2^2 - l_3 \sin\beta_{13}(2\,\dot{\beta}_1 + \dot{\beta}_3)\dot{\beta}_3 \\ -l_1(\cos\beta_1 + l_3 \cos\beta_{13})\, \dot{\beta}_1^2 + l_2 \sin\beta_2\, \dot{\beta}_2^2 - l_3 \cos\beta_{13}(2\,\dot{\beta}_1 + \dot{\beta}_3)\dot{\beta}_3 \end{bmatrix}. \tag{11.41}$$

Ebenes Gelenkviereck als überbestimmtes räumliches System Das ebene Gelenkviereck mit vier parallelen Drehgelenken ist bei der Modellierung als räumliches Mehrkörpersystem überbestimmt, siehe Tab. 9.9. Bei räumlicher Betrachtung beschreibt die sekundäre Bindung (11.34) gemäß Tab. 11.2 den Schnitt an einem Kugelgelenk (S). Sie gilt damit für die in Abb. 11.3a gezeigte RRSR-Schleife mit i. Allg. nicht parallelen Achsen der Drehgelenke (R). Exemplarisch ist hier die Drehachse $\boldsymbol{u}_2$ gegenüber den weiterhin parallelen Drehachsen $\boldsymbol{u}_1$

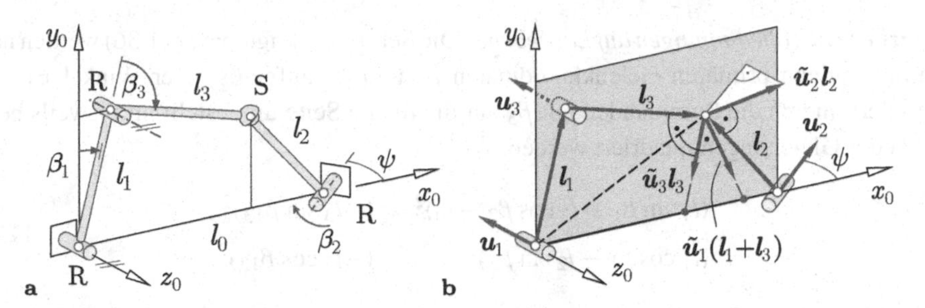

Abb. 11.3 Räumliche RRSR-Schleife mit dem Freiheitsgrad $f = 0$. **a** Geometrie. **b** Zur Rangermittlung der Bindungsmatrix der Schließbedingungen $\boldsymbol{G}^\ell$ aus (11.38)

und $\boldsymbol{u}_3$ um den Winkel ψ in der x_0, y_0-Ebene gedreht. Das GRÜBLER-KUTZBACH-Kriterium für räumliche Systeme (9.9) liefert für dieses System den korrekten Freiheitsgrad $f = 0$. Die Koordinatengleichungen der vektoriellen Schließbedingung (11.34) bilden ein System von drei voneinander unabhängigen nichtlinearen Gleichungen für die drei Winkel β_1, β_2 und β_3, dessen Lösungen mögliche Zusammenbau-Konfigurationen der – unbeweglichen – RRSR-Schleife repräsentieren.

Das GRÜBLER-KUTZBACH-Kriterium für räumliche Systeme (9.9) gilt, wenn die Bindungsmatrix der Schließbedingungen $\boldsymbol{G}^\ell$ in (11.38) den vollen Rang $\mathrm{r}(\boldsymbol{G}^\ell) = 3$ besitzt. Bei nicht parallelen Achsen der Drehgelenke $\boldsymbol{u}_1$, $\boldsymbol{u}_2$, $\boldsymbol{u}_3$ ist dies in der Regel der Fall, weil die drei Spaltenvektoren $\widetilde{\boldsymbol{u}}_1\,(\boldsymbol{l}_1 + \boldsymbol{l}_3)$, $-\widetilde{\boldsymbol{u}}_2\,\boldsymbol{l}_2$, $\widetilde{\boldsymbol{u}}_3\,\boldsymbol{l}_3$ von $\boldsymbol{G}^\ell$ linear unabhängig sind, siehe Abb. 11.3b. Bei parallelen Drehachsen ist dagegen $\mathrm{r}(\boldsymbol{G}^\ell) = 2$, weil dann der Vektor $\widetilde{\boldsymbol{u}}_2\,\boldsymbol{l}_2$ in der Ebene der Vektoren $\widetilde{\boldsymbol{u}}_1\,(\boldsymbol{l}_1 + \boldsymbol{l}_3)$ und $\widetilde{\boldsymbol{u}}_3\,\boldsymbol{l}_3$ liegt. Entsprechend dem Rangabfall liegt $b^{\mathrm{sr}} = 1$ redundante Bindung vor. Das erweiterte GRÜBLER- KUTZBACH-Kriterium (11.18) liefert dann den korrekten Freiheitsgrad $f = 1$.

Redundante Bindungen sollten in Mehrkörpermodellen grundsätzlich vermieden werden, weil die Reaktionskräfte und -momente nicht vollständig berechnet werden können. Die redundante Bindung des ebenen RRSR-Mechanismus kann entfernt werden, indem z. B. entsprechend dem ebenen Gelenkviereck in Tab. 9.9 das dort mit $*$ gekennzeichnete Drehgelenk hinzugefügt wird, wodurch der auch in Abb. 9.4 gezeigte RUSR-Mechanismus entsteht.

Explizite Schließbedingungen Entsprechend dem Freiheitsgrad $f = 1$ werden die Minimalkoordinate $q = \beta_1$ und die Minimalgeschwindigkeit $s = \dot{\beta}_1$ definiert. Die kinematische Differentialgleichung (11.29) hat die einfache Form

$$\dot{q} = s. \tag{11.42}$$

Explizite Schließbedingungen auf Lageebene Die Schließbedingungen (11.36) werden nach den abhängigen primären Gelenkkoordinaten β_2 und β_3 aufgelöst. Der Winkel β_3 wird eliminiert, indem die Summanden mit β_3 auf die rechte Seite umgestellt und jeweils beide Seiten der Gleichungen quadriert werden,

$$\begin{aligned} (l_1 \sin\beta_1 + l_2 \cos\beta_2 - l_0)^2 &= (-l_3 \sin\beta_{13})^2 \,, \\ (l_1 \cos\beta_1 - l_2 \sin\beta_2)^2 &= (-l_3 \cos\beta_{13})^2 \,. \end{aligned} \tag{11.43}$$

Die Addition der beiden Gleichungen liefert eine implizite Bestimmungsgleichung für den Winkel β_2 bei einem gegebenen Winkel $q = \beta_1$,

$$A(\beta_1)\,\cos\beta_2 + B(\beta_1)\,\sin\beta_2 + C(\beta_1) = 0 \tag{11.44}$$

mit

$$\begin{aligned} A(\beta_1) &= 2\,l_2\,(l_1 \sin\beta_1 - l_0), \qquad B(\beta_1) = -2\,l_1\,l_2 \cos\beta_1, \\ C(\beta_1) &= l_0^2 + l_1^2 + l_2^2 - l_3^2 - 2\,l_0\,l_1 \sin\beta_1. \end{aligned}$$

Diese Gleichung kann in eine quadratische Bestimmungsgleichung für $\cos\beta_2$ umgeformt werden

$$\begin{aligned} & A\cos\beta_2 + C = -B\sin\beta_2 \\ \Rightarrow\ & (A\cos\beta_2 + C)^2 = (-B\sin\beta_2)^2 \quad \Rightarrow \quad (A\cos\beta_2 + C)^2 = B^2\,(1-\cos^2\beta_2) \\ \Rightarrow\ & (A^2 + B^2)\cos^2\beta_2 + 2\,A\,C\cos\beta_2 + C^2 - B^2 = 0\,. \end{aligned}$$

Die beiden Lösungen für $\cos\beta_2$,

$$\cos\beta_2^{(k)} = \frac{-A\,C - (-1)^k\,B\,\sqrt{D}}{A^2 + B^2}\,, \quad k = 1, 2\,, \tag{11.45}$$

mit der Diskriminante

$$D = A^2 + B^2 - C^2 \tag{11.46}$$

würden insgesamt vier Lösungen für β_2 liefern, von denen jedoch nur zwei die Ausgangsgleichung (11.44) erfüllen, während zwei weitere Lösungen durch das Quadrieren hinzugekommen sind. Zur Berechnung der Lösungen von (11.44) wird daher (11.45) in (11.44) eingesetzt und nach $\sin\beta_2^{(k)}$ aufgelöst,

$$\sin\beta_2^{(k)} = \frac{-B\,C + (-1)^k\,A\,\sqrt{D}}{A^2 + B^2}\,, \quad k = 1, 2. \tag{11.47}$$

Aus (11.45) und (11.47) können zwei Lösungen $\beta_2^{(1)}$, $\beta_2^{(2)}$ mit Hilfe der in vielen Programmiersprachen verfügbaren atan2-Funktion berechnet werden,

$$\beta_2^{(1,2)} = \text{atan2}\left(\sin\beta_2^{(1,2)}, \cos\beta_2^{(1,2)}\right), \quad -\pi < \beta^{(1,2)} \le \pi. \tag{11.48}$$

Tab. 11.4 Lösungen der impliziten Schließbedingungen des ebenen Gelenkvierecks in Abhängigkeit von der Diskriminante D aus (11.46)

$D > 0$: zwei Lösungen	$D = 0$: eine Lösung	$D < 0$: keine Lösung

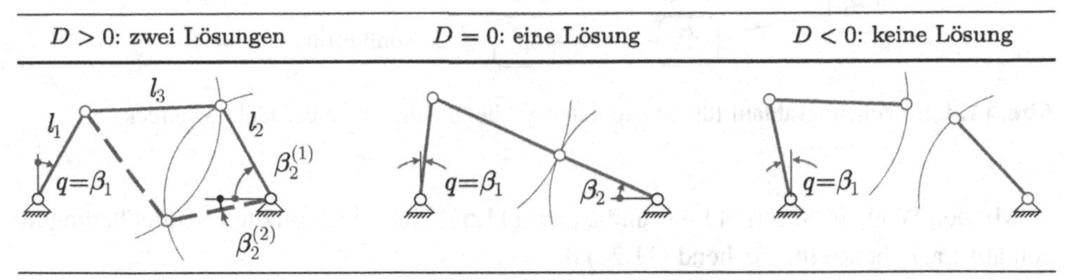

Das Lösungsverhalten der Gleichung (11.48) hängt von der Diskriminante D aus (11.46) ab. Im Fall $D > 0$ gibt es zwei Lösungen $\beta_2^{(1)}$, $\beta_2^{(2)}$, die den beiden in Tab. 11.4 gezeigten Konfigurationen des Gelenkvierecks bei einem gegebenem Winkel β_1 entsprechen. Im Fall $D = 0$ fallen die beiden Lösungen zusammen. Hier ist die explizite Schließbedingung $\beta_2(\beta_1)$ singulär, was bei den expliziten Bindungen auf Geschwindigkeitsebene noch näher betrachtet wird. Im Fall $D < 0$ besitzt (11.48) keine reelle Lösung. Die kinematische Schleife kann nicht geschlossen werden.

Für jeden Winkel $\beta_2^{(k)}$ aus (11.48) wird der dazu gehörende Gelenkwinkel $\beta_3^{(k)}$ erhalten, indem aus den beiden Schließbedingungen (11.36) zunächst mit

$$\sin\beta_{13}^{(k)} = \frac{1}{l_3}\left(l_0 - l_1 \sin\beta_1 - l_2 \cos\beta_2^{(k)}\right), \tag{11.49}$$

$$\cos\beta_{13}^{(k)} = \frac{1}{l_3}\left(-l_1 \cos\beta_1 + l_2 \sin\beta_2^{(k)}\right) \tag{11.50}$$

der Summenwinkel $\beta_{13}^{(k)} = \beta_1 + \beta_3^{(k)}$ unter Verwendung der atan2-Funktion berechnet wird. Der Winkel $\beta_3^{(k)}$ ist dann

$$\beta_3^{(k)}(\beta_1) = \beta_{13}^{(k)} - \beta_1\,, \qquad k = 1, 2\,. \tag{11.51}$$

Damit ergibt sich für die Berechnung der Gelenkwinkel β_2 und β_3 in Abhängigkeit von $q = \beta_1$ der in Abb. 11.4 gezeigte Ablauf. Sollen für einen gegebenen Verlauf des Winkels $\beta_1(t)$, ausgehend von einem Anfangswert $\beta_1(t_0) = \beta_{10}$ mit einer gegebenen Anfangskonfiguration des Gelenkvierecks, die dazugehörigen Werte der Winkel $\beta_2(t)$ und $\beta_3(t)$ berechnet werden, so wird der zur Anfangskonfiguration gehörende Wert des Auswahlparameters k beibehalten.

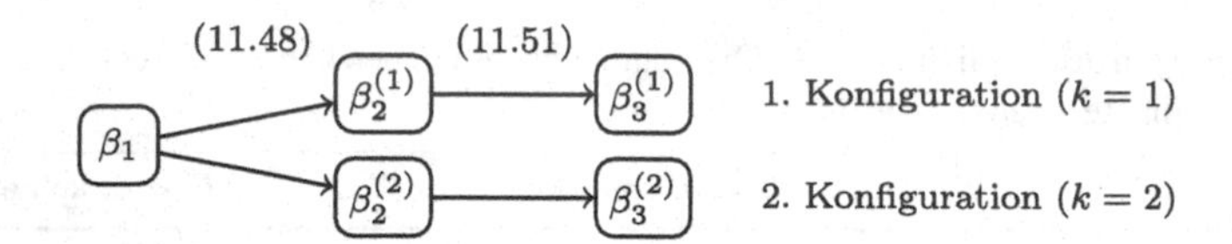

Abb. 11.4 Berechnungsablauf für die expliziten Schließbedingungen des Gelenkvierecks

Mit den Winkeln β_2 aus (11.48) und β_3 aus (11.51) sind die expliziten Schließbedingungen auf Lageebene entsprechend (11.22) definiert,

$$\begin{aligned} \begin{bmatrix} \beta_1 \\ \beta_2 \\ \beta_3 \end{bmatrix} &= \begin{bmatrix} q \\ \beta_2(q) \\ \beta_3(q) \end{bmatrix} \\ \boldsymbol{\beta} &= \boldsymbol{\beta}(q). \end{aligned} \tag{11.52}$$

Explizite Schließbedingungen auf Geschwindigkeitsebene Für die Aufstellung der expliziten Schließbedingungen werden die impliziten Schließbedingungen (11.39) entsprechend (11.25) aufgeteilt und nach den abhängigen Gelenkgeschwindigkeiten $\dot{\beta}_2$ und $\dot{\beta}_3$ umgestellt,

$$\begin{aligned} \begin{bmatrix} -l_2 \sin\beta_2 & l_3 \cos\beta_{13} \\ -l_2 \cos\beta_2 & -l_3 \sin\beta_{13} \end{bmatrix} \begin{bmatrix} \dot{\beta}_2 \\ \dot{\beta}_3 \end{bmatrix} &= \begin{bmatrix} -l_1 \cos\beta_1 - l_3 \cos\beta_{13} \\ l_1 \sin\beta_1 + l_3 \sin\beta_{13} \end{bmatrix} \dot{\beta}_1 \\ \boldsymbol{G}^{\ell \mathrm{a}} \qquad\qquad \boldsymbol{\eta}^{\mathrm{a}} &= \qquad -\boldsymbol{G}^{\ell \mathrm{u}} \qquad \eta^{\mathrm{u}}. \end{aligned} \tag{11.53}$$

Die Auflösung des linearen Gleichungssystems (11.53) nach $\dot{\beta}_2$ und $\dot{\beta}_3$ ergibt zusammen mit $\dot{\beta}_1 = s$ die expliziten Schließbedingungen auf Geschwindigkeitsebene gemäß (11.26),

$$\begin{aligned} \begin{bmatrix} \dot{\beta}_1 \\ \dot{\beta}_2 \\ \dot{\beta}_3 \end{bmatrix} &= \begin{bmatrix} 1 \\ \mu_{21}(q) \\ \mu_{31}(q) \end{bmatrix} s \\ \boldsymbol{\eta} &= \boldsymbol{J}^{\ell}(q) \quad s \end{aligned} \tag{11.54}$$

mit den lageabhängigen kinematischen Übersetzungen von $\dot{\beta}_1$ nach $\dot{\beta}_2$ bzw. $\dot{\beta}_3$ unter Berücksichtigung von $\cos\beta_{13}\cos\beta_2 + \sin\beta_{13}\sin\beta_2 = \cos(\beta_1 + \beta_3 - \beta_2)$

$$\mu_{21}(\beta_1) = \frac{\dot{\beta}_2}{\dot{\beta}_1} = \frac{l_1 \sin\beta_3}{l_2 \cos(\beta_1 + \beta_3 - \beta_2)}, \tag{11.55}$$

$$\mu_{31}(\beta_1) = \frac{\dot{\beta}_3}{\dot{\beta}_1} = -\frac{l_1 \cos(\beta_2 - \beta_1)}{l_3 \cos(\beta_1 + \beta_3 - \beta_2)} - 1. \tag{11.56}$$

Explizite Schließbedingungen auf Beschleunigungsebene Gemäß (11.31) gilt

$$\begin{bmatrix} \ddot{\beta}_1 \\ \ddot{\beta}_2 \\ \ddot{\beta}_3 \end{bmatrix} = \begin{bmatrix} 1 \\ \mu_{21}(q) \\ \mu_{31}(q) \end{bmatrix} \dot{s} + \begin{bmatrix} 0 \\ \dot{\mu}_{21}(q,s) \\ \dot{\mu}_{31}(q,s) \end{bmatrix}$$
$$\dot{\eta} = \boldsymbol{J}^{\ell}(q) \quad \dot{s} + \quad \bar{\bar{\eta}}(q,s) \tag{11.57}$$

mit dem von $\dot{s}$ unabhängigen Term

$$\bar{\bar{\eta}} = \begin{bmatrix} 0 \\ \hline \dot{\mu}_{21} \\ \dot{\mu}_{31} \end{bmatrix} = \begin{bmatrix} 0 \\ \hline -(\boldsymbol{G}^{\ell a})^{-1}\, \bar{\bar{\boldsymbol{\gamma}}}^{\ell} \end{bmatrix} \tag{11.58}$$

sowie $\boldsymbol{G}^{\ell a}$ aus (11.53) und $\bar{\bar{\boldsymbol{\gamma}}}^{\ell}$ aus (11.41).

Lösungen der expliziten Schließbedingungen Exemplarisch zeigt Tab. 11.5 das Übertragungsverhalten $\beta_2(\beta_1)$ für drei Ausführungen des Gelenkvierecks als Kurbelschwinge, als Doppelkurbel und als Doppelschwinge. Bei der Kurbelschwinge und bei der Doppelkurbel ist die Minimalkoordinate β_1 unbeschränkt. Bei der Doppelschwinge gibt es dagegen zwei voneinander getrennte Wertebereiche für β_1. Die Abhängigkeit der Lösungen von den normierten Abmessungen $\frac{l_1}{l_0}$, $\frac{l_2}{l_0}$, und $\frac{l_3}{l_0}$ wird in der Getriebelehre analysiert, siehe z. B. LUCK und MODLER [60].

Singularität der expliziten Schließbedingungen Die expliziten Schließbedingungen $\beta_2(\beta_1)$ und $\beta_3(\beta_1)$ aus (11.52) für die gewählte Minimalkoordinate $q = \beta_1$ sind singulär, wenn die (2,2)-Matrix $\boldsymbol{G}^{\ell a}$ in (11.53) singulär ist,

$$\det(\boldsymbol{G}^{\ell a}) \equiv l_2\, l_3 \cos(\beta_1 + \beta_3 - \beta_2) = 0 \tag{11.59}$$

und damit

$$\beta_1 + \beta_3 - \beta_2 = \pm\frac{\pi}{2}\,. \tag{11.60}$$

Dieser Fall liegt vor, wenn der Hebel 2 und die Koppel 3 auf einer Geraden liegen. Die expliziten Schließbedingungen auf Geschwindigkeitsebene (11.55) und (11.56) liefern in diesen Lagen

$$\frac{\dot{\beta}_2}{\dot{\beta}_1} = \frac{\mathrm{d}\beta_2}{\mathrm{d}\beta_1} = \infty \quad \text{und} \quad \frac{\dot{\beta}_3}{\dot{\beta}_1} = \frac{\mathrm{d}\beta_3}{\mathrm{d}\beta_1} = \infty\,. \tag{11.61}$$

Dieser Fall tritt bei der Kurbelschwinge und bei der Doppelkurbel aus Tab. 11.5 nicht auf, jedoch bei der Doppelschwinge, deren Lösung in Abb. 11.5 ausführlicher dargestellt ist. Die explizite Schließbedingung $\beta_2(\beta_1)$ weist Singularitäten in den Lagen $\beta_1 = -16{,}26°$ und $\beta_1 = 66{,}92°$ auf, gekennzeichnet durch die senkrechten Tangenten der Funktion $\beta_2(\beta_1)$.

Tab. 11.5 Beispiele für Übertragungsfunktionen $\beta_2(\beta_1)$ der beiden Konfigurationen des ebenen Gelenkvierecks bei verschiedenen Abmessungen der Getriebeglieder. Die Konfigurationen sind jeweils für die Lage $\beta_1 = 0°$, bei der Doppelschwinge zusätzlich für $\beta_1 = 180°$, dargestellt

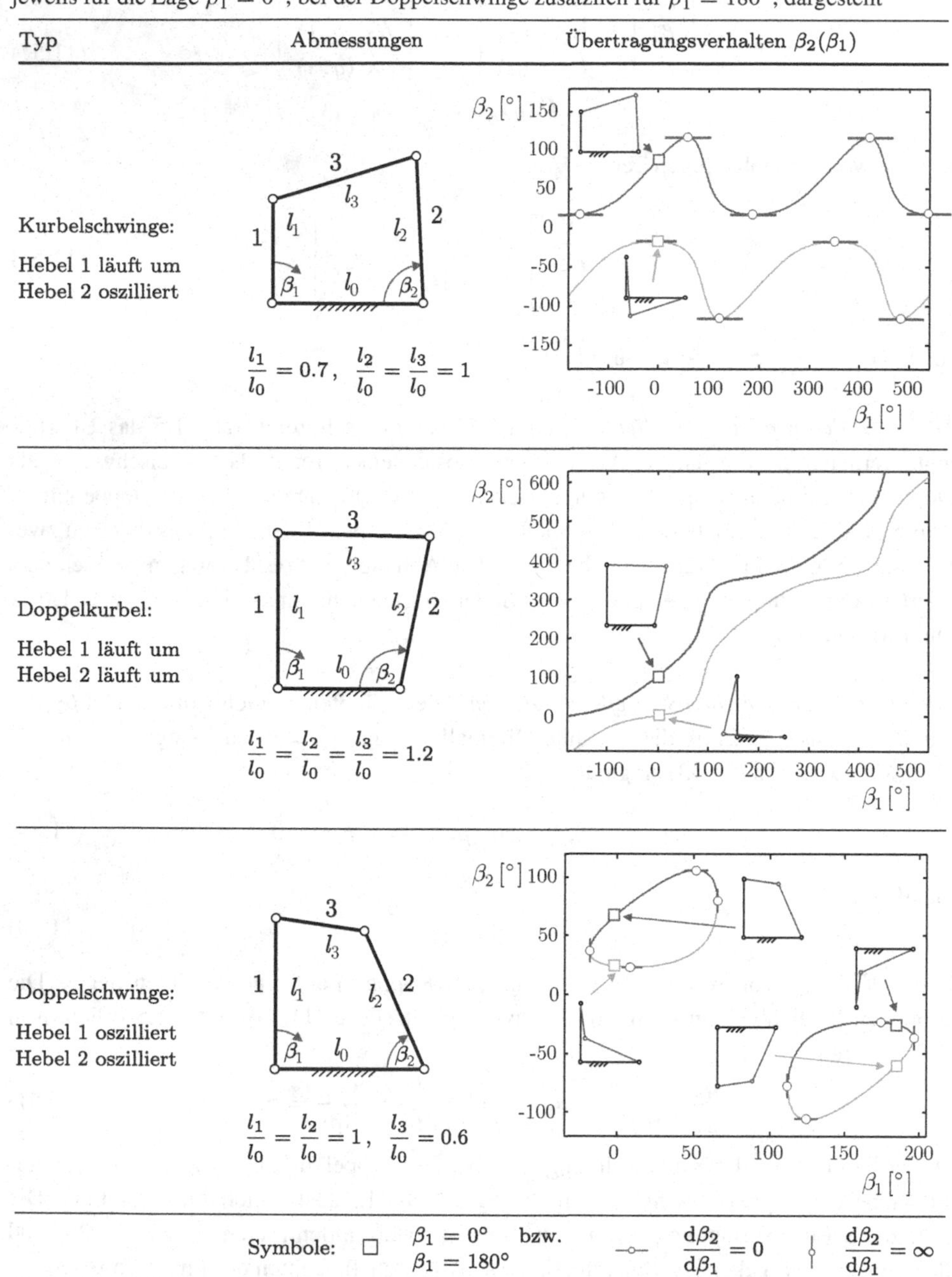

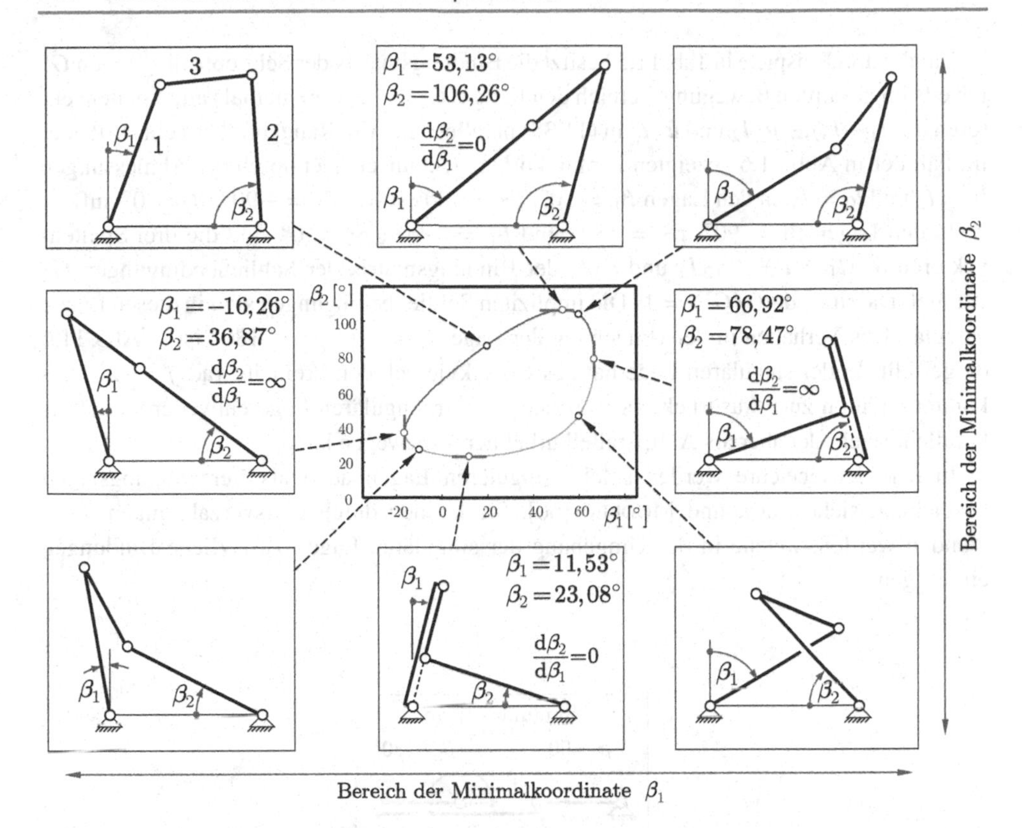

Abb. 11.5 Lösung der Schließbedingung für die Doppelschwinge aus Tab. 11.5. Singularität der expliziten Bindung $\beta_2(\beta_1)$ in den Lagen mit $\frac{d\beta_2}{d\beta_1} = \infty$, Singularität der expliziten Bindung $\beta_1(\beta_2)$ in den Lagen mit $\frac{d\beta_1}{d\beta_2} = \infty$

Die Minimalkoordinate $q = \beta_1$ kann für die Beschreibung der Bewegung über diese Lagen hinweg nicht verwendet werden. Hierzu kann dann auf die Minimalkoordinate $q = \beta_2$ übergegangen werden. Die dazu gehörende explizite Bindung $\beta_1(\beta_2)$ ist aber wiederum in den Lagen $\beta_2 = 23{,}08°$ und $\beta_2 = 106{,}26°$ singulär, gekennzeichnet durch die horizontalen Tangenten der Funktion $\beta_2(\beta_1)$. Die Bewegung des Gelenkvierecks kann daher nicht im gesamten Bewegungsbereich durch eine einzige Minimalkoordinate beschrieben werden, sondern es muss bei Annäherung an eine Singularität der Übertragungsfunktion auf die jeweils andere Minimalkoordinate umgeschaltet werden.

Singularität der impliziten Schließbedingungen Singularitäten der impliziten Schließbedingungen sind durch einen lokalen Rangabfall der Bindungsmatrix der Schließbedingungen $\boldsymbol{G}^\ell$ in (11.39) gekennzeichnet. Das System hat in diesen Lagen einen vergrößerten Freiheitsgrad.

Für die drei Beispiele in Tab. 11.5 besitzt die Bindungsmatrix der Schließbedingungen $\boldsymbol{G}^{\ell}$ jeweils im gesamten Bewegungsbereich den Rang $\mathrm{r}(\boldsymbol{G}^{\ell}) = 2$, weil niemals alle Spaltenvektoren $\widetilde{\boldsymbol{u}}_1\,(\boldsymbol{l}_1 + \boldsymbol{l}_3)$, $-\widetilde{\boldsymbol{u}}_2\,\boldsymbol{l}_2$ und $\widetilde{\boldsymbol{u}}_3\,\boldsymbol{l}_3$ in (11.38) parallel sind. Ein Rangabfall um eins tritt aber im Fall der in Abb. 11.6 gezeigten Parallelkurbel, gekennzeichnet durch die Abmessungen $l_1 = l_2$ und $l_0 = l_3$, in den Lagen $\beta_1 = 90°$, $\beta_2 = 180°$ sowie $\beta_1 = -90°$, $\beta_2 = 0°$ auf.

In den Lagen $\beta_1 = 90°$, $\beta_2 = 180°$ und $\beta_1 = -90°$, $\beta_2 = 0°$ sind die drei Spaltenvektoren $\widetilde{\boldsymbol{u}}_1\,(\boldsymbol{l}_1 + \boldsymbol{l}_3)$, $-\widetilde{\boldsymbol{u}}_2\,\boldsymbol{l}_2$ und $\widetilde{\boldsymbol{u}}_3\,\boldsymbol{l}_3$ der Bindungsmatrix der Schließbedingungen $\boldsymbol{G}^{\ell}$ parallel. Damit ist dort $\mathrm{r}(\boldsymbol{G}^{\ell}) = 1$. Die impliziten Schließbedingungen sind in diesen Lagen singulär. Das Verhalten in der Umgebung der Lage $\beta_1 = 90°$, $\beta_2 = 180°$ ist in Abb. 11.6 dargestellt. In der singulären Lage hat das Gelenkviereck den Freiheitsgrad $f = 2$. Dies kommt dadurch zum Ausdruck, dass es sich aus der singulären Lage entweder weiter als Parallelkurbel oder aber als Antiparallelkurbel herausbewegen kann.

In der Getriebelehre werden solche singulären Lagen auch als Verzweigungslagen bezeichnet, siehe LUCK und MODLER [60]. Sie können durch Hilfsverzahnungen überwunden werden, welche in der Umgebung der singulären Lagen zusätzliche Bindungen einbringen.

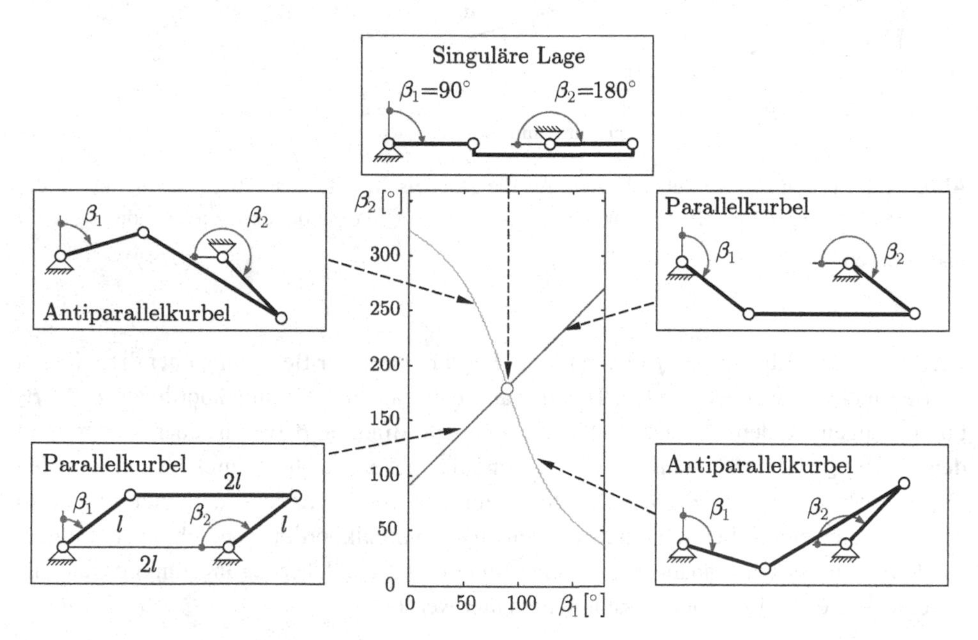

Abb. 11.6 Ebenes Gelenkviereck als Parallelkurbel ($l_1 = l_2 = l$, $l_0 = l_3 = 2\,l$). Singularität der impliziten Schließbedingungen in der Lage $\beta_1 = 90°$, $\beta_2 = 180°$

11.2 Kinematik mehrschleifiger Systeme

Die Vorgehensweise für die kinematische Beschreibung einer einzelnen Mehrkörperschleife wird nun auf Systeme mit mehreren Schleifen erweitert.

11.2.1 Primäre Gelenkkoordinaten

Ein Mehrkörpersystem mit n Körpern, n_G holonomen Gelenken und gemäß (9.5)

$$n_S = n_G - n \tag{11.62}$$

unabhängigen kinematischen Schleifen wird durch Schnitte an n_S sekundären Gelenken in einen aufspannenden Baum mit den Endkörpern a_j und b_j, $j = 1, \ldots, n_S$, überführt.

Während die Anzahl voneinander unabhängiger Schleifen n_S durch (11.62) eindeutig festliegt, ist die Definition der unabhängigen Schleifen nicht eindeutig. Anschaulich sind n_S ausgewählte Schleifen dann voneinander unabhängig, wenn das System durch je einen Schnitt in jeder dieser Schleifen in einen aufspannenden Baum überführt werden kann. Für die automatische Ermittlung unabhängiger Schleifen existieren hier nicht behandelte Algorithmen, die auf Methoden der Graphentheorie zurückgehen, siehe auch WITTENBURG [113]. Oft ist aber auch aus dem Verständnis der technischen Funktion des Mehrkörpersystems relativ rasch erkennbar, ob die ausgewählten Schleifen voneinander unabhängig sind.

Für ein System mit $n = 7$ Körpern und $n_G = 10$ Gelenken zeigt Tab. 11.6 zwei zulässige und eine unzulässige Festlegung der $n_S = 3$ unabhängigen Schleifen. Im Folgenden werden die Schleifen jeweils mit römischen Ziffern durchnummeriert.

Werden exemplarisch die drei unabhängigen Schleifen S_I, S_{II}, S_{III} aus Abb. 11.7a betrachtet, so entsteht durch Schnitte an den gekennzeichneten sekundären Gelenken der in Abb. 11.7b gezeigte aufspannende Baum mit sekundären Bindungen $\boldsymbol{g}_j^s = \boldsymbol{0}$, $j = \mathrm{I, II, III}$.

Tab. 11.6 Zur Definition unabhängiger kinematischer Schleifen

S_I, S_{II}, S_{III} unabhängig	S_I, S_{II}, S_{III} abhängig

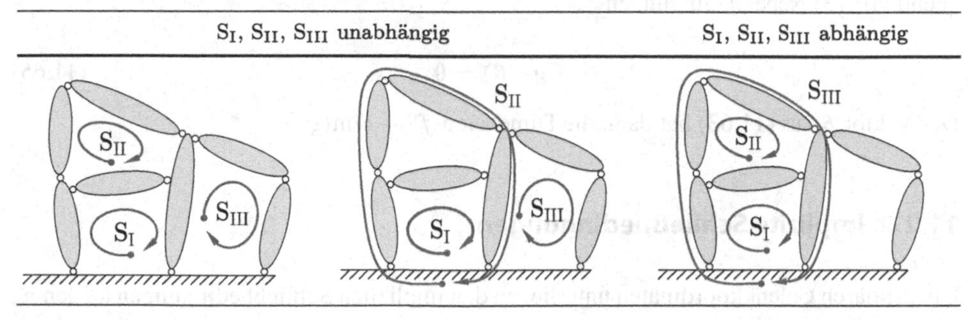

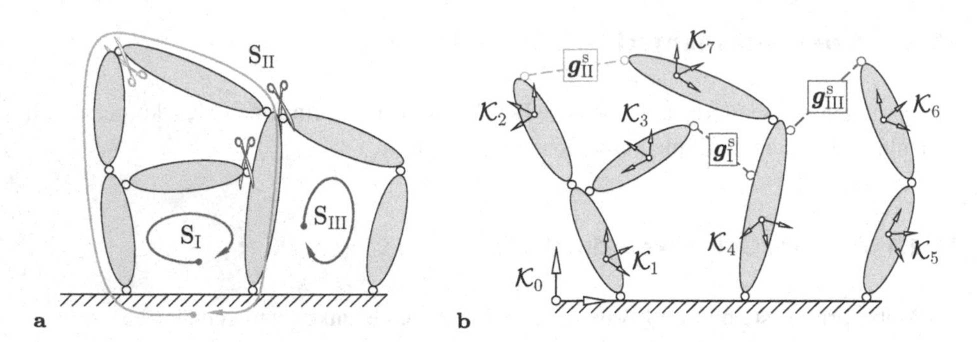

Abb. 11.7 System mit $n = 7$ Körpern und $n_S = 3$ unabhängigen Schleifen S_I, S_{II}, S_{III} aus Tab. 11.6. **a** Schleifen und sekundäre Gelenke. **b** Aufspannender Baum mit den sekundären Bindungen $\boldsymbol{g}^s_j = \boldsymbol{0}$, $j = \text{I, II, III}$

In Abschn. 11.2.3 werden Überlegungen zur günstigen Auswahl unabhängiger Schleifen angegeben.

Wie bei der einzelnen Schleife wird die Lage und die Geschwindigkeit des aufspannenden Baumes durch f^o primäre Gelenkkoordinaten und primäre Gelenkgeschwindigkeiten beschrieben,

$$\boldsymbol{\beta} = \left[\,\beta_1 \, \ldots \, \beta_{f^o}\,\right]^T, \qquad \boldsymbol{\eta} = \left[\,\eta_1 \, \ldots \, \eta_{f^o}\,\right]^T \tag{11.63}$$

Hierbei ist f^o wieder der Freiheitsgrad des aufspannenden Baumes ohne die sekundären Bindungen.

Die kinematischen Differentialgleichungen für die primären Gelenkkoordinaten lauten i. Allg.

$$\dot{\boldsymbol{\beta}} = \boldsymbol{H}_\eta(\boldsymbol{\beta})\,\boldsymbol{\eta} \qquad \text{mit} \qquad \boldsymbol{H}_\eta \in \mathbb{R}^{f^o, f^o}. \tag{11.64}$$

Bei Dreh- und Schubgelenken ist $\boldsymbol{\eta} = \dot{\boldsymbol{\beta}}$ und $\boldsymbol{H}_\eta = \boldsymbol{E}$.

Im Sonderfall von EULER-Parametern als primäre Gelenkkoordinaten gelten entsprechend (10.13) Nebenbedingungen

$$\boldsymbol{g}_E(\boldsymbol{\beta}) = \boldsymbol{0}. \tag{11.65}$$

Der Vektor $\boldsymbol{\beta}$ aus (11.63) hat dann die Dimension $f^o + \dim(\boldsymbol{g}_E)$.

11.2.2 Implizite Schließbedingungen

Die primären Gelenkkoordinaten unterliegen den impliziten Schließbedingungen an den n_S sekundären Gelenken.

Implizite Schließbedingungen auf Lageebene Hat das sekundäre Gelenk der j-ten Schleife b_j^s Bindungen, so ist die Gesamtanzahl der sekundären Bindungen und damit der Schließbedingungen auf Lageebene

$$b^s = \sum_{j=\mathrm{I}}^{n_\mathrm{S}} b_j^s \,. \tag{11.66}$$

Die impliziten sekundären Bindungen beschränken die Lagen $\hat{\boldsymbol{r}}_{a,j}$ und $\hat{\boldsymbol{r}}_{b,j}$ der beiden Endkörper a_j und b_j am geschnittenen sekundären Gelenk der jeweiligen Schleife S_j, vgl. (11.4),

$$\boldsymbol{g}_j^s(\hat{\boldsymbol{r}}_{a,j}, \hat{\boldsymbol{r}}_{b,j}, t) = \boldsymbol{0}\,, \quad j = \mathrm{I}, \ldots, n_\mathrm{S}. \tag{11.67}$$

Die Lagen der Endkörper a_j und b_j können durch die expliziten Bindungen des aufspannenden Baumes in Abhängigkeit von den primären Gelenkkoordinaten $\boldsymbol{\beta}$ dargestellt werden,

$$\hat{\boldsymbol{r}}_{a,j} = \hat{\boldsymbol{r}}_{a,j}(\boldsymbol{\beta}, t)\,, \quad \hat{\boldsymbol{r}}_{b,j} = \hat{\boldsymbol{r}}_{b,j}(\boldsymbol{\beta}, t)\,, \quad j = \mathrm{I}, \ldots, n_\mathrm{S}. \tag{11.68}$$

Einsetzen von (11.68) in (11.67) liefert die b^s Schließbedingungen der n_S Schleifen

$$\begin{aligned} \begin{bmatrix} \boldsymbol{g}_\mathrm{I}^\ell(\boldsymbol{\beta}, t) \\ \vdots \\ \boldsymbol{g}_{n_\mathrm{S}}^\ell(\boldsymbol{\beta}, t) \end{bmatrix} &= \begin{bmatrix} \boldsymbol{0} \\ \vdots \\ \boldsymbol{0} \end{bmatrix} \\ \boldsymbol{g}^\ell(\boldsymbol{\beta}, t) &= \boldsymbol{0}. \end{aligned} \tag{11.69}$$

Implizite Schließbedingungen auf Geschwindigkeitsebene Die sekundären Bindungen für die Geschwindigkeiten der Endkörper a_j und b_j am geschnittenen sekundären Gelenk der Schleife S_j lauten, vgl. (11.7),

$$\dot{\boldsymbol{g}}_j^s \equiv \boldsymbol{G}_{a,j}^s\, \hat{\boldsymbol{v}}_{a,j} + \boldsymbol{G}_{b,j}^s\, \hat{\boldsymbol{v}}_{b,j} + \bar{\boldsymbol{\gamma}}_{ab,j}^s = \boldsymbol{0}\,, \quad j = \mathrm{I}, \ldots, n_\mathrm{S}. \tag{11.70}$$

Für die Formulierung der Bewegungsgleichungen mehrschleifiger Systeme ist es zweckmäßig, die impliziten Bindungen (11.70) unter Berücksichtigung der Topologie des Systems in einer Matrizengleichung der Form

$$\dot{\boldsymbol{g}}^s \equiv \boldsymbol{G}^s(\hat{\boldsymbol{r}}, t)\, \hat{\boldsymbol{v}} + \bar{\boldsymbol{\gamma}}^s(\hat{\boldsymbol{r}}, t) = \boldsymbol{0} \tag{11.71}$$

mit der $(b^s{,}6n)$-Matrix der sekundären Bindungen $\boldsymbol{G}^s$ zusammenzufassen.

Die Geschwindigkeiten $\hat{\boldsymbol{v}}$ in (11.71) können mit Hilfe der expliziten Geschwindigkeitsbindungen (10.26) des aufspannenden Baumes durch die primären Gelenkkoordinaten $\boldsymbol{\beta}$ und Gelenkgeschwindigkeiten $\boldsymbol{\eta}$ ausgedrückt werden,

$$\begin{aligned} \begin{bmatrix} \hat{\boldsymbol{v}}_1 \\ \vdots \\ \hat{\boldsymbol{v}}_n \end{bmatrix} &= \begin{bmatrix} \boldsymbol{J}_1 \\ \vdots \\ \boldsymbol{J}_n \end{bmatrix} \boldsymbol{\eta} + \begin{bmatrix} \bar{\hat{\boldsymbol{v}}}_1 \\ \vdots \\ \bar{\hat{\boldsymbol{v}}}_n \end{bmatrix} \\ \hat{\boldsymbol{v}} &= \boldsymbol{J} \quad \boldsymbol{\eta} + \bar{\hat{\boldsymbol{v}}}. \end{aligned} \tag{11.72}$$

Einsetzen der expliziten primären Bindungen (11.68) und (11.72) in die impliziten sekundären Bindungen (11.71) führt auf die impliziten Schließbedingungen in den primären Gelenkkoordinaten auf Geschwindigkeitsebene

$$\begin{aligned} \begin{bmatrix} \boldsymbol{G}^{\ell}_{\mathrm{I}}(\boldsymbol{\beta},t) \\ \vdots \\ \boldsymbol{G}^{\ell}_{n_\mathrm{S}}(\boldsymbol{\beta},t) \end{bmatrix} \boldsymbol{\eta} + \begin{bmatrix} \bar{\boldsymbol{\gamma}}^{\ell}_{\mathrm{I}}(\boldsymbol{\beta},t) \\ \vdots \\ \bar{\boldsymbol{\gamma}}^{\ell}_{n_\mathrm{S}}(\boldsymbol{\beta},t) \end{bmatrix} &= \begin{bmatrix} \boldsymbol{0} \\ \vdots \\ \boldsymbol{0} \end{bmatrix} \\ \boldsymbol{G}^{\ell}(\boldsymbol{\beta},t) \quad \boldsymbol{\eta} + \quad \bar{\boldsymbol{\gamma}}^{\ell}(\boldsymbol{\beta},t) &= \boldsymbol{0} \end{aligned} \tag{11.73}$$

mit der $(b^{\mathrm{s}}, f^{\mathrm{o}})$-Matrix der Schließbedingungen

$$\boldsymbol{G}^{\ell} = \boldsymbol{G}^{\mathrm{s}} \boldsymbol{J} \tag{11.74}$$

und dem nur bei rheonomen Gelenkbindungen auftretenden b^{s}-Vektor

$$\bar{\boldsymbol{\gamma}}^{\ell} = \boldsymbol{G}^{\mathrm{s}} \bar{\hat{\boldsymbol{v}}} + \bar{\boldsymbol{\gamma}}^{\mathrm{s}}. \tag{11.75}$$

Beispiel Für das System aus Abb. 11.7 mit den Endkörper-Paaren 3, 4 in Schleife S_{I}, 2, 7 in Schleife S_{II} und 4, 6 in Schleife S_{III} haben die impliziten sekundären Bindungen (11.71) die Form

$$\begin{aligned} \begin{bmatrix} \boldsymbol{0} & \boldsymbol{0} & \boldsymbol{G}^{\mathrm{s}}_{3,\mathrm{I}} & \boldsymbol{G}^{\mathrm{s}}_{4,\mathrm{I}} & \boldsymbol{0} & \boldsymbol{0} & \boldsymbol{0} \\ \boldsymbol{0} & \boldsymbol{G}^{\mathrm{s}}_{2,\mathrm{II}} & \boldsymbol{0} & \boldsymbol{0} & \boldsymbol{0} & \boldsymbol{0} & \boldsymbol{G}^{\mathrm{s}}_{7,\mathrm{II}} \\ \boldsymbol{0} & \boldsymbol{0} & \boldsymbol{0} & \boldsymbol{G}^{\mathrm{s}}_{4,\mathrm{III}} & \boldsymbol{0} & \boldsymbol{G}^{\mathrm{s}}_{6,\mathrm{III}} & \boldsymbol{0} \end{bmatrix} \begin{bmatrix} \hat{\boldsymbol{v}}_1 \\ \hat{\boldsymbol{v}}_2 \\ \hat{\boldsymbol{v}}_3 \\ \hat{\boldsymbol{v}}_4 \\ \hat{\boldsymbol{v}}_5 \\ \hat{\boldsymbol{v}}_6 \\ \hat{\boldsymbol{v}}_7 \end{bmatrix} + \begin{bmatrix} \bar{\boldsymbol{\gamma}}^{\mathrm{s}}_{34,\mathrm{I}} \\ \bar{\boldsymbol{\gamma}}^{\mathrm{s}}_{27,\mathrm{II}} \\ \bar{\boldsymbol{\gamma}}^{\mathrm{s}}_{46,\mathrm{III}} \end{bmatrix} &= \begin{bmatrix} \boldsymbol{0} \\ \boldsymbol{0} \\ \boldsymbol{0} \end{bmatrix} \\ \boldsymbol{G}^{\mathrm{s}} \qquad \hat{\boldsymbol{v}} \quad + \quad \bar{\boldsymbol{\gamma}}^{\mathrm{s}} &= \boldsymbol{0}. \end{aligned} \tag{11.76}$$

Werden die expliziten Bindungen des aufspannenden Baumes

$$\begin{bmatrix} \hat{v}_1 \\ \hat{v}_2 \\ \hat{v}_3 \\ \hat{v}_4 \\ \hat{v}_5 \\ \hat{v}_6 \\ \hat{v}_7 \end{bmatrix} = \begin{bmatrix} J_1 \\ J_2 \\ J_3 \\ J_4 \\ J_5 \\ J_6 \\ J_7 \end{bmatrix} \eta + \begin{bmatrix} \bar{\hat{v}}_1 \\ \bar{\hat{v}}_2 \\ \bar{\hat{v}}_3 \\ \bar{\hat{v}}_4 \\ \bar{\hat{v}}_5 \\ \bar{\hat{v}}_6 \\ \bar{\hat{v}}_7 \end{bmatrix} \qquad (11.77)$$

$$\hat{v} = J \quad \eta + \bar{\hat{v}}$$

in die sekundären Bindungen (11.76) eingesetzt, so werden die impliziten Schließbedingungen in den primären Gelenkkoordinaten (11.73) erhalten,

$$\begin{bmatrix} G^s_{3,\mathrm{I}}\, J_3 + G^s_{4,\mathrm{I}}\, J_4 \\ G^s_{2,\mathrm{II}}\, J_2 + G^s_{7,\mathrm{II}}\, J_7 \\ G^s_{4,\mathrm{III}}\, J_4 + G^s_{6,\mathrm{III}}\, J_6 \end{bmatrix} \eta + \begin{bmatrix} \bar{\gamma}^\ell_{\mathrm{I}} \\ \bar{\gamma}^\ell_{\mathrm{II}} \\ \bar{\gamma}^\ell_{\mathrm{III}} \end{bmatrix} = \begin{bmatrix} 0 \\ 0 \\ 0 \end{bmatrix} \qquad (11.78)$$

$$G^\ell \quad \eta + \bar{\gamma}^\ell = 0$$

mit dem nur bei rheonomen Gelenkbindungen auftretenden Term

$$\bar{\gamma}^\ell = \begin{bmatrix} \bar{\gamma}^\ell_{\mathrm{I}} \\ \bar{\gamma}^\ell_{\mathrm{II}} \\ \bar{\gamma}^\ell_{\mathrm{III}} \end{bmatrix} = \begin{bmatrix} G^s_{3,\mathrm{I}}\, \bar{\hat{v}}_3 + G^s_{4,\mathrm{I}}\, \bar{\hat{v}}_4 + \bar{\gamma}^s_{34,\mathrm{I}} \\ G^s_{2,\mathrm{II}}\, \bar{\hat{v}}_2 + G^s_{7,\mathrm{II}}\, \bar{\hat{v}}_7 + \bar{\gamma}^s_{27,\mathrm{II}} \\ G^s_{4,\mathrm{III}}\, \bar{\hat{v}}_4 + G^s_{6,\mathrm{III}}\, \bar{\hat{v}}_6 + \bar{\gamma}^s_{46,\mathrm{III}} \end{bmatrix}. \qquad (11.79)$$

□

Implizite Schließbedingungen auf Beschleunigungsebene Die sekundären Bindungen für die Beschleunigungen der Endkörper a_j und b_j am geschnittenen sekundären Gelenk der Schleife S_j lauten, vgl. (11.12),

$$\ddot{g}^s_j \equiv G^s_{a,j}\, \hat{a}_{a,j} + G^s_{b,j}\, \hat{a}_{b,j} + \bar{\bar{\gamma}}^s_{ab,j} = 0\,, \quad j = \mathrm{I}, \ldots, n_\mathrm{S}\,, \qquad (11.80)$$

oder in Analogie zu (11.71) zu einer Matrizengleichung zusammengefasst,

$$\ddot{g}^s \equiv G^s(\hat{r}, t)\, \hat{a} + \bar{\bar{\gamma}}^s(\hat{r}, \hat{v}, t) = 0\,. \qquad (11.81)$$

Einsetzen der expliziten primären Beschleunigungsbindungen (10.35)

$$\begin{bmatrix} \hat{a}_1 \\ \vdots \\ \hat{a}_n \end{bmatrix} = \begin{bmatrix} J_1 \\ \vdots \\ J_n \end{bmatrix} \dot{\eta} + \begin{bmatrix} \bar{\hat{a}}_1 \\ \vdots \\ \bar{\hat{a}}_n \end{bmatrix} \qquad (11.82)$$

$$\hat{a} = J \quad \dot{\eta} + \bar{\hat{a}}$$

zusammen mit den primären Lage- und Geschwindigkeitsbindungen (11.68) und (11.72) in die sekundären Bindungen (11.81) führt auf die impliziten Schließbedingungen auf Beschleunigungsebene

$$\begin{bmatrix} \boldsymbol{G}_{\mathrm{I}}^{\ell}(\boldsymbol{\beta},t) \\ \vdots \\ \boldsymbol{G}_{n\mathrm{S}}^{\ell}(\boldsymbol{\beta},t) \end{bmatrix} \dot{\boldsymbol{\eta}} + \begin{bmatrix} \bar{\bar{\boldsymbol{\gamma}}}_{\mathrm{I}}^{\ell}(\boldsymbol{\beta},\boldsymbol{\eta},t) \\ \vdots \\ \bar{\bar{\boldsymbol{\gamma}}}_{n\mathrm{S}}^{\ell}(\boldsymbol{\beta},\boldsymbol{\eta},t) \end{bmatrix} = \begin{bmatrix} \mathbf{0} \\ \vdots \\ \mathbf{0} \end{bmatrix}$$
$$\boldsymbol{G}^{\ell}(\boldsymbol{\beta},t) \quad \dot{\boldsymbol{\eta}} + \quad \bar{\bar{\boldsymbol{\gamma}}}^{\ell}(\boldsymbol{\beta},\boldsymbol{\eta},t) \quad = \quad \mathbf{0} \tag{11.83}$$

mit dem nicht von den Gelenkbeschleunigungen $\dot{\boldsymbol{\eta}}$ abhängenden b^{s}-Vektor

$$\bar{\bar{\boldsymbol{\gamma}}}^{\ell} = \boldsymbol{G}^{\mathrm{s}}\,\bar{\bar{\boldsymbol{a}}} + \bar{\bar{\boldsymbol{\gamma}}}^{\mathrm{s}}. \tag{11.84}$$

Der Vergleich der zeitlichen Ableitung von (11.73) mit (11.83) ergibt für den Term $\bar{\bar{\boldsymbol{\gamma}}}^{\ell}$ den weiteren Zusammenhang

$$\bar{\bar{\boldsymbol{\gamma}}}^{\ell} = \dot{\boldsymbol{G}}^{\ell}\,\boldsymbol{\eta} + \dot{\bar{\boldsymbol{\gamma}}}^{\ell}. \tag{11.85}$$

11.2.3 Zur Definition unabhängiger Schleifen

Die Definition der unabhängigen Schleifen hat einen wesentlichen Einfluss auf die Struktur der Schließbedingungen (11.69) und damit auf die Effizienz des daraus abgeleiteten Simulationsmodells. Für die Definition günstiger unabhängiger Schleifen können die folgenden Regeln formuliert werden:

- *Kleine Anzahl von Schließbedingungen:* Dieses Ziel wird erreicht, indem die Schleifen an einem Gelenk mit möglichst vielen Gelenkfreiheitsgraden geschnitten werden. Günstig sind dementsprechend Schnitte an einem Kugelgelenk, einem ebenen Gelenk oder an einer Pendelstütze, vgl. Tab. 11.2.
- *Keine Schleifenkopplung über sekundäre Gelenke:* Dies bedeutet, dass die Schließbedingungen nur über die primären Gelenkkoordinaten miteinander verkoppelt sind. Die Gelenkkoordinaten der sekundären Gelenke werden zur Berechnung der Bewegungsgrößen der Körper nicht benötigt.

Beispiel Der in Abb. 11.8a gezeigte Mechanismus positioniert den nicht umlaufenden Teil der Taumelscheibe eines Hubschraubers in Höhe und Neigung, siehe HILLER et al. [43]. Die Taumelscheibe ist durch eine kinematische Kette mit einem Schubgelenk (P) und einem Kardangelenk (U) geführt und wird zusätzlich durch Steuerstangen an zwei Steuerhebeln abgestützt. Zur Vermeidung identischer Freiheitsgrade haben die Steuerstangen je ein Kugelgelenk (S) und ein Kardangelenk (U), vgl. Abschn. 9.3.1. Der Mechanismus besitzt $n = 7$ Körper, $n_{\mathrm{G}} = 9$ Gelenke und damit $n_{\mathrm{S}} = 2$ unabhängige Schleifen S_{I}, S_{II}. Das GRÜBLER-

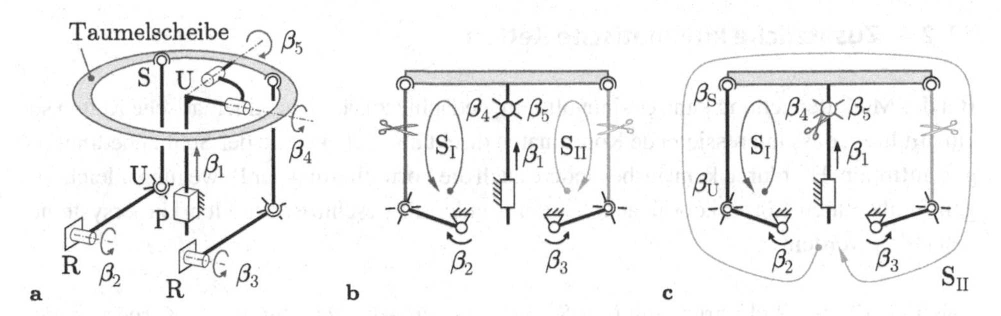

Abb. 11.8 Taumelscheibe eines Hubschraubers. **a** Kinematisches Modell. **b** Günstige Definition der Schleifen. **c** Ungünstige Definition der Schleifen

KUTZBACH-Kriterium (9.9) ergibt den Freiheitsgrad $f = 3$. Die drei Steuereingänge zur Positionierung der Taumelscheibe sind die Verschiebung β_1 und die Drehwinkel β_2, β_3.

Günstige Definition der unabhängigen Schleifen Werden die unabhängigen Schleifen S_I und S_{II} gemäß Abb. 11.8b gewählt, so können die Steuerstangen als Pendelstützen angesehen werden, die als sekundäre Gelenke definiert werden. Es ergeben sich die $f^o = 5$ primären Gelenkkoordinaten $\boldsymbol{\beta} = [\,\beta_1 \;\; \beta_2 \;\; \beta_3 \;\; \beta_4 \;\; \beta_5\,]^T$. Für die beiden Pendelstützen gelten gemäß Tab. 11.2 insgesamt $b^s = 2$ Schließbedingungen, die über die Gelenkkoordinaten β_1, β_4, β_5 miteinander verkoppelt sind,

$$g_I^\ell(\beta_1,\ \beta_2,\qquad \beta_4,\ \beta_5) = 0 \quad \text{(1 Bindung)}, \tag{11.86}$$

$$g_{II}^\ell(\beta_1,\qquad \beta_3,\ \beta_4,\ \beta_5) = 0 \quad \text{(1 Bindung)}. \tag{11.87}$$

Ungünstige Definition der unabhängigen Schleifen Werden dagegen die unabhängigen Schleifen S_I und S_{II} gemäß Abb. 11.8c gewählt, so kann ein aufspannender Baum festgelegt werden, indem die Schleife S_I am zentralen Kardangelenk und die Schleife S_{II} an der Pendelstütze geschnitten werden. Es ergeben sich die $f^o = 8$ primären Gelenkkoordinaten $\boldsymbol{\beta} = [\,\beta_1 \;\; \beta_2 \;\; \beta_3 \;\; \boldsymbol{\beta}_U^T \;\; \boldsymbol{\beta}_S^T\,]^T$ mit den zwei Gelenkwinkeln $\boldsymbol{\beta}_U$ des Kardangelenks und den drei Gelenkwinkeln (z. B. KARDAN-Winkel) $\boldsymbol{\beta}_S$ des Kugelgelenks. Gemäß Tab. 11.2 gelten insgesamt $b^s = 5$ Schließbedingungen, die über die Gelenkwinkel β_2, $\boldsymbol{\beta}_U$ und $\boldsymbol{\beta}_S$ gekoppelt sind,

$$\boldsymbol{g}_I^\ell(\beta_1,\ \beta_2,\qquad \boldsymbol{\beta}_U,\ \boldsymbol{\beta}_S) = 0 \quad \text{(4 Bindungen)}, \tag{11.88}$$

$$g_{II}^\ell(\qquad \beta_2,\ \beta_3,\ \boldsymbol{\beta}_U,\ \boldsymbol{\beta}_S) = 0 \quad \text{(1 Bindung)}. \tag{11.89}$$

11.2.4 Zusätzliche kinematische Ketten

Bei der Modellerstellung kann es sinnvoll sein, gedachte zusätzliche kinematische Ketten so einzuführen, dass interessierende Koordinaten direkt als Unbekannte der Schließbedingungen auftreten. Hierdurch kann insbesondere auch die Formulierung der Bewegungsgleichungen in absoluten Körperkoordinaten als ein Sonderfall geschlossener Mehrkörpersysteme behandelt werden.

Beispiel Für die Radführung mit fünf Stablenkern aus Abb. 9.6a mit $n = 6$ Körpern (ohne Rad), $n_G = 10$ Gelenken und damit $n_S = 4$ unabhängigen Schleifen werden zwei kinematische Modelle mit unterschiedlichen Definitionen der Schleifen und der primären Gelenkkoordinaten gegenübergestellt.

Relative Gelenkkoordinaten als primäre Gelenkkoordinaten Werden die vier Schleifen an den wie Pendelstützen wirkenden Lenkern geschnitten und wird am verbleibenden Lenker ein Kugelgelenk durch ein Kardangelenk ersetzt, so entsteht der in Abb. 11.9 gezeigte aufspannende Baum mit den $f^o = 5$ primären Gelenkkoordinaten $\boldsymbol{\beta} = [\,\beta_1, \ldots, \beta_5\,]^T$. Mit den Pendelstützen als sekundären Gelenken gemäß Tab. 11.2 haben die Schließbedingungen der vier Schleifen die Form

$$g_i^\ell(\beta_1, \ldots, \beta_5) = 0\,, \qquad i = \mathrm{I}, \ldots, \mathrm{IV}. \tag{11.90}$$

Dieses kinematische Modell ist hier allerdings weniger günstig, da zur Berechnung der Lage des Radträgers fünf hintereinandergeschaltete Drehungen um räumlich angeordnete Achsen auszuwerten sind. Außerdem müssen die interessierenden sechs Lagekoordinaten des Radträgers (z.B. Ortsvektorkoordinaten r_x, r_y, r_z, KARDAN-Winkel α, β, γ) durch Auswertung der Vorwärtskinematik im aufspannenden Baum aus $\boldsymbol{\beta}$ berechnet werden.

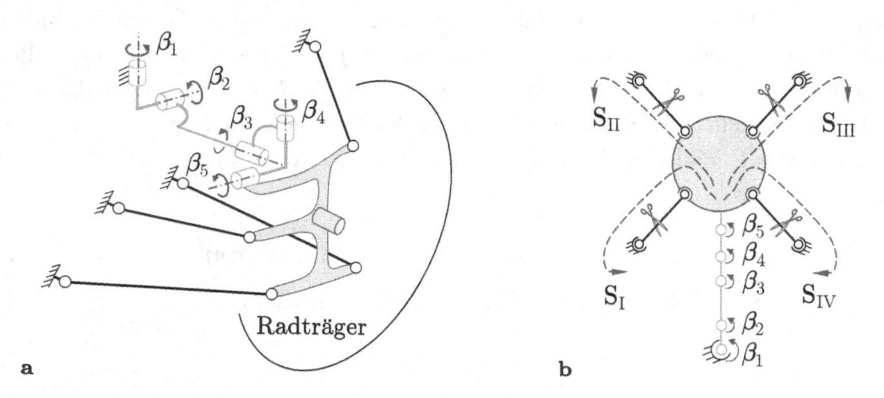

Abb. 11.9 Radführung mit fünf Stablenkern. **a** Modell mit $n_S = 4$ Schleifen. **b** Topologie

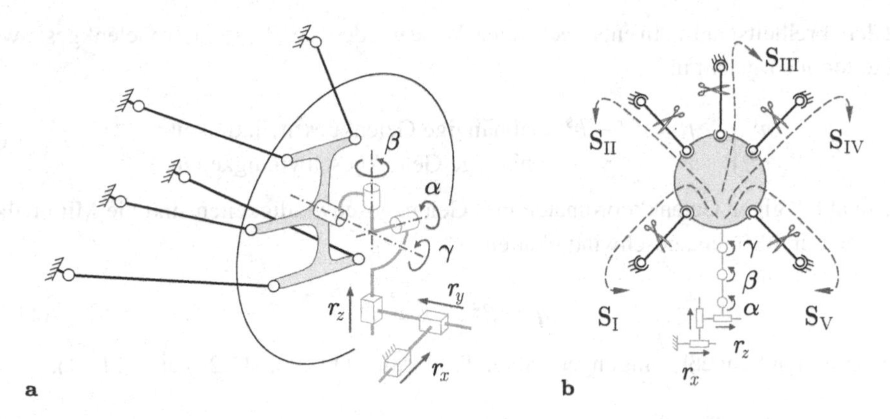

Abb. 11.10 Radführung mit fünf Stablenkern. **a** Modell mit $n_S = 5$ Schleifen. **b** Topologie

Absolute Körperkoordinaten als primäre Gelenkkoordinaten Die interessierenden sechs absoluten Lagekoordinaten des Radträgers können unmittelbar als primäre Gelenkkoordinaten und damit als Unbekannte der Schließbedingungen definiert werden, indem gemäß Abb. 11.10 ein gedachtes Gelenk mit dem Freiheitsgrad sechs, bestehend aus drei Schubgelenken und einem Kugelgelenk (hier aufgebaut aus drei Drehgelenken), so eingeführt wird, dass dessen Gelenkkoordinaten gerade die Lagekoordinaten des Radträgers sind. Das Mehrkörpersystem besitzt dann $n = 6$ Körper (ohne Rad), $n_G = 11$ Gelenke und damit $n_S = 5$ Schleifen. Mit den fünf Lenkern als den sekundären Gelenken, betrachtet als Pendelstützen, ergeben sich insgesamt fünf Schließbedingungen in den sechs primären Gelenkkoordinaten $\boldsymbol{\beta} = [\, r_x \quad r_y \quad r_z \quad \alpha \quad \beta \quad \gamma \,]^{\mathrm{T}}$,

$$g_i^{\ell}(r_x, r_y, r_z, \alpha, \beta, \gamma) = 0 \,, \qquad i = \mathrm{I}, \ldots, \mathrm{V}. \tag{11.91}$$

11.2.5 Explizite Schließbedingungen

Die expliziten Schließbedingungen liefern die Gelenkkoordinaten des Mehrkörpersystems in Abhängigkeit von den Minimalkoordinaten, vgl. (11.22). Sie werden durch Auflösen der impliziten Schließbedingungen nach den abhängigen Gelenkkoordinaten erhalten. Wie bereits bei der Einzelschleife ist eine analytische Lösung nur in Sonderfällen möglich, während i. Allg. nur die numerische Lösung bleibt. In Anlehnung an die Vorgehensweise bei der Einzelschleife in Abschn. 11.1.2 werden die f^{o} primären Gelenkkoordinaten $\boldsymbol{\beta}$ aufgeteilt in

$$\boldsymbol{\beta} = \begin{bmatrix} \boldsymbol{\beta}^{\mathrm{u}} \\ \boldsymbol{\beta}^{\mathrm{a}} \end{bmatrix} \quad \begin{matrix} f = f^{\mathrm{o}} - b^{\mathrm{s}} & \text{unabhängige Gelenkkoordinaten} \\ b^{\mathrm{s}} & \text{abhängige Gelenkkoordinaten} \end{matrix} \tag{11.92}$$

mit dem Freiheitsgrad f. In entsprechender Weise werden die f^{o} primären Gelenkgeschwindigkeiten $\boldsymbol{\eta}$ aufgeteilt in

$$\boldsymbol{\eta} = \begin{bmatrix} \boldsymbol{\eta}^{\text{u}} \\ \boldsymbol{\eta}^{\text{a}} \end{bmatrix} \begin{matrix} f = f^{\text{o}} - b^{\text{s}} & \text{unabhängige Gelenkgeschwindigkeiten} \\ b^{\text{s}} & \text{abhängige Gelenkgeschwindigkeiten.} \end{matrix} \tag{11.93}$$

Die unabhängigen Gelenkkoordinaten und Gelenkgeschwindigkeiten sind die Minimalkoordinaten und Minimalgeschwindigkeiten

$$\boldsymbol{q} = \boldsymbol{\beta}^{\text{u}}, \quad \boldsymbol{s} = \boldsymbol{\eta}^{\text{u}}. \tag{11.94}$$

Die expliziten Schließbedingungen haben die Formen (11.22), (11.26) und (11.31),

$$\boldsymbol{\beta} = \boldsymbol{\beta}(\boldsymbol{q}, t), \tag{11.95}$$

$$\boldsymbol{\eta} = \boldsymbol{J}^{\ell}(\boldsymbol{q}, t)\, \boldsymbol{s} + \bar{\boldsymbol{\eta}}(\boldsymbol{q}, t) \quad \text{mit} \quad \boldsymbol{J}^{\ell} \in \mathbb{R}^{f^{\text{o}}, f}, \tag{11.96}$$

$$\dot{\boldsymbol{\eta}} = \boldsymbol{J}^{\ell}(\boldsymbol{q}, t)\, \dot{\boldsymbol{s}} + \bar{\bar{\boldsymbol{\eta}}}(\boldsymbol{q}, \boldsymbol{s}, t) \quad \text{mit} \quad \bar{\bar{\boldsymbol{\eta}}} = \dot{\boldsymbol{J}}^{\ell}\, \boldsymbol{s} + \dot{\bar{\boldsymbol{\eta}}} \tag{11.97}$$

mit der JACOBI-Matrix der expliziten Schließbedingungen $\boldsymbol{J}^{\ell}$. Sie erfüllen für beliebige Werte der Minimalkoordinaten $\boldsymbol{q}$ im Definitionsbereich, der Minimalgeschwindigkeiten $\boldsymbol{s}$ und deren Zeitableitungen $\dot{\boldsymbol{s}}$ die impliziten Schließbedingungen (11.69), (11.73) und (11.83). Damit gilt die Orthogonalitätsbeziehung

$$\boldsymbol{G}^{\ell}\, \boldsymbol{J}^{\ell} = \boldsymbol{0}. \tag{11.98}$$

Der Zusammenhang zwischen $\boldsymbol{q}$ und $\boldsymbol{s}$ wird durch die kinematischen Differentialgleichungen (11.29) beschrieben,

$$\dot{\boldsymbol{q}} = \overline{\boldsymbol{H}}_s(\boldsymbol{q})\, \boldsymbol{s}. \tag{11.99}$$

Mit den Gelenkkoordinaten von Dreh- und Schubgelenken als Minimalkoordinaten $\boldsymbol{q}$ ist $\dot{\boldsymbol{q}} = \boldsymbol{s}$ und damit $\overline{\boldsymbol{H}}_s = \boldsymbol{E}$.

Der Aufwand für die Auflösung der impliziten Schließbedingungen (11.69) nach den abhängigen primären Gelenkkoordinaten $\boldsymbol{\beta}^{\text{a}}$ hängt häufig von der Definition der Minimalkoordinaten $\boldsymbol{q} = \boldsymbol{\beta}^{\text{u}}$ ab. Exemplarisch wird dies an den impliziten Schließbedingungen (11.86) und (11.87) des Mechanismus zur Positionierung der Taumelscheibe eines Hubschraubers aus Abb. 11.8 gezeigt.

- Definition der Minimalkoordinaten $\boldsymbol{q} = [\,\beta_1 \quad \beta_4 \quad \beta_5\,]^{\text{T}}$: Die Schließbedingungen (11.86) und (11.87) können analytisch nach den abhängigen Winkeln β_2 bzw. β_3 aufgelöst werden, indem die Gleichungen jeweils auf die Form (11.44) gebracht werden. Wird die Anordnung in Abb. 11.8 als parallelkinematischer Roboter mit den angetriebenen Roboterkoordinaten β_1, β_2 und β_3 und der Taumelscheibe als der zu führenden Plattform mit den Lagekoordinaten β_1, β_4 und β_5 angesehen, so entspricht diese Berechnung der kinematischen Rückwärtstransformation.

Tab. 11.7 Holonome Bindungen in einem geschlossenen Mehrkörpersystem, Lageebene (L), Geschwindigkeitsebene (G), Beschleunigungsebene (B)

	Implizite sekundäre Bindungen	Explizite primäre Bindungen	Implizite Schließ-bedingungen	Explizite Schließ-bedingungen
L	(11.67): $\boldsymbol{g}^{\mathrm{s}}(\hat{\boldsymbol{r}}, t) = \boldsymbol{0}$	(11.68): $\hat{\boldsymbol{r}} = \hat{\boldsymbol{r}}(\boldsymbol{\beta}, t)$	(11.69): $\boldsymbol{g}^{\ell}(\boldsymbol{\beta}, t) = \boldsymbol{0}$	(11.95): $\boldsymbol{\beta} = \boldsymbol{\beta}(\boldsymbol{q}, t)$
G	(11.71): $\boldsymbol{G}^{\mathrm{s}}\, \hat{v} + \bar{\gamma}^{\mathrm{s}} = \boldsymbol{0}$	(11.72): $\hat{v} = \boldsymbol{J}\, \eta + \bar{\hat{v}}$	(11.73): $\boldsymbol{G}^{\ell}\, \eta + \bar{\gamma}^{\ell} = \boldsymbol{0}$	(11.96): $\eta = \boldsymbol{J}^{\ell}\, \boldsymbol{s} + \bar{\eta}$
B	(11.81): $\boldsymbol{G}^{\mathrm{s}}\, \dot{\eta} + \bar{\bar{\gamma}}^{\mathrm{s}} = \boldsymbol{0}$	(11.82): $\hat{a} = \boldsymbol{J}\, \dot{\eta} + \bar{\bar{\hat{a}}}$	(11.83): $\boldsymbol{G}^{\ell}\, \dot{\eta} + \bar{\bar{\gamma}}^{\ell} = \boldsymbol{0}$	(11.97): $\dot{\eta} = \boldsymbol{J}^{\ell}\, \dot{\boldsymbol{s}} + \bar{\bar{\eta}}$
			Orthogonalität (11.98): $\boldsymbol{G}^{\ell}\boldsymbol{J}^{\ell} = \boldsymbol{0}$	

- Definition der Minimalkoordinaten $\boldsymbol{q} = [\beta_1 \quad \beta_2 \quad \beta_3]^{\mathrm{T}}$: Die Schließbedingungen (11.86) und (11.87) bilden ein nichtlineares Gleichungssystem für die abhängigen Winkel β_4 und β_5, das numerisch mit Hilfe des NEWTON- RAPHSON-Verfahrens aufgelöst werden kann, siehe Abschn. 5.9.3. Diese Berechnung entspricht der kinematischen Vorwärtstransformation des betrachteten parallelkinematischen Roboters.

Die Bewegungsgleichungen werden damit günstiger in den Minimalkoordinaten β_1, β_4, β_5 aufgestellt, da dann keine iterative Lösung der Schließbedingungen erforderlich ist.

Aufbauend auf dem Verfahren von KECSKEMÉTHY und HILLER [51] für die Aufstellung der expliziten Schließbedingungen einer einzelnen Schleife beschreibt KRUPP [56] die automatisierte symbolische Erzeugung der expliziten Bindungen mehrschleifiger Systeme auf der Grundlage einer graphentheoretischen Analyse des Schleifensystems.

Die holonomen Bindungen in einem geschlossenen Mehrkörpersystem sind in Tab. 11.7 zusammengefasst.

11.3 Dynamik geschlossener Mehrkörpersysteme

Bei geschlossenen Mehrkörpersystemen sind in den Impuls- und Drallsätzen der freigeschnittenen Körper die Reaktionskraftwinder an den sekundären Gelenken zu berücksichtigen.

11.3.1 Sekundäre Reaktionskraftwinder

Am sekundären Gelenk der j-ten Schleife wirken in den Koordinatensystemen $\mathcal{K}_{a,j}$ und $\mathcal{K}_{b,j}$ der Endkörper des aufspannenden Baums die *sekundären Reaktionskraftwinder* $\hat{\boldsymbol{f}}^{\mathrm{s}}_{a,j}$ und $\hat{\boldsymbol{f}}^{\mathrm{s}}_{b,j}$. Sie können mit Hilfe der expliziten Reaktionsbedingungen gemäß (9.84) und (9.85) unter Verwendung der Bindungsmatrizen $\boldsymbol{G}^{\mathrm{s}}_{a,j}$ und $\boldsymbol{G}^{\mathrm{s}}_{b,j}$ der sekundären Bindungen (11.70) und der b^{s}_j minimalen Koordinaten der sekundären Reaktionskraftwinder $\boldsymbol{\lambda}^{\mathrm{s}}_j$ ausgedrückt werden,

$$\begin{bmatrix} \hat{\boldsymbol{f}}^{\mathrm{s}}_{a,j} \\ \hat{\boldsymbol{f}}^{\mathrm{s}}_{b,j} \end{bmatrix} = \begin{bmatrix} \boldsymbol{G}^{\mathrm{s\,T}}_{a,j} \\ \boldsymbol{G}^{\mathrm{s\,T}}_{b,j} \end{bmatrix} \boldsymbol{\lambda}^{\mathrm{s}}_j, \quad j = \mathrm{I}, \ldots, n_{\mathrm{S}}. \tag{11.100}$$

In einem Mehrkörpersystem mit n_{S} Schleifen werden die expliziten Reaktionsbedingungen (11.100) unter Verwendung der $(b^{\mathrm{s}},6n)$-Matrix der sekundären Bindungen $\boldsymbol{G}^{\mathrm{s}}$ aus (11.71) zu den expliziten Reaktionsbedingungen des Gesamtsystem

$$\hat{\boldsymbol{f}}^{\mathrm{s}} = \boldsymbol{G}^{\mathrm{s\,T}} \boldsymbol{\lambda}^{\mathrm{s}} \tag{11.101}$$

zusammengefasst. Die expliziten Reaktionsbedingungen liefern die sekundären Reaktionskraftwinder an allen Körpern des Systems in Abhängigkeit von den b^{s} sekundären Reaktionskoordinaten $\boldsymbol{\lambda}^{\mathrm{s}}$.

Für die Interpretation von (11.101) wird in Abb. 11.11 das Beispiel aus Abb. 11.7 mit $n = 7$ Körpern und $n_{\mathrm{S}} = 3$ Schleifen betrachtet.

Mit der Bindungsmatrix $\boldsymbol{G}^{\mathrm{s}}$ aus (11.76) lauten die expliziten Reaktionsbedingungen (11.101)

$$\underbrace{\begin{bmatrix} \hat{\boldsymbol{f}}^{\mathrm{s}}_1 \\ \hat{\boldsymbol{f}}^{\mathrm{s}}_2 \\ \hat{\boldsymbol{f}}^{\mathrm{s}}_3 \\ \hat{\boldsymbol{f}}^{\mathrm{s}}_4 \\ \hat{\boldsymbol{f}}^{\mathrm{s}}_5 \\ \hat{\boldsymbol{f}}^{\mathrm{s}}_6 \\ \hat{\boldsymbol{f}}^{\mathrm{s}}_7 \end{bmatrix}}_{\hat{\boldsymbol{f}}^{\mathrm{s}}} = \underbrace{\begin{bmatrix} \boldsymbol{0} & \boldsymbol{0} & \boldsymbol{0} \\ \boldsymbol{0} & \boldsymbol{G}^{\mathrm{s\,T}}_{2,\mathrm{II}} & \boldsymbol{0} \\ \boldsymbol{G}^{\mathrm{s\,T}}_{3,\mathrm{I}} & \boldsymbol{0} & \boldsymbol{0} \\ \boldsymbol{G}^{\mathrm{s\,T}}_{4,\mathrm{I}} & \boldsymbol{0} & \boldsymbol{G}^{\mathrm{s\,T}}_{4,\mathrm{III}} \\ \boldsymbol{0} & \boldsymbol{0} & \boldsymbol{0} \\ \boldsymbol{0} & \boldsymbol{0} & \boldsymbol{G}^{\mathrm{s\,T}}_{6,\mathrm{III}} \\ \boldsymbol{0} & \boldsymbol{G}^{\mathrm{s\,T}}_{7,\mathrm{II}} & \boldsymbol{0} \end{bmatrix}}_{\boldsymbol{G}^{\mathrm{s\,T}}} \underbrace{\begin{bmatrix} \boldsymbol{\lambda}^{\mathrm{s}}_{\mathrm{I}} \\ \boldsymbol{\lambda}^{\mathrm{s}}_{\mathrm{II}} \\ \boldsymbol{\lambda}^{\mathrm{s}}_{\mathrm{III}} \end{bmatrix}}_{\boldsymbol{\lambda}^{\mathrm{s}}} . \tag{11.102}$$

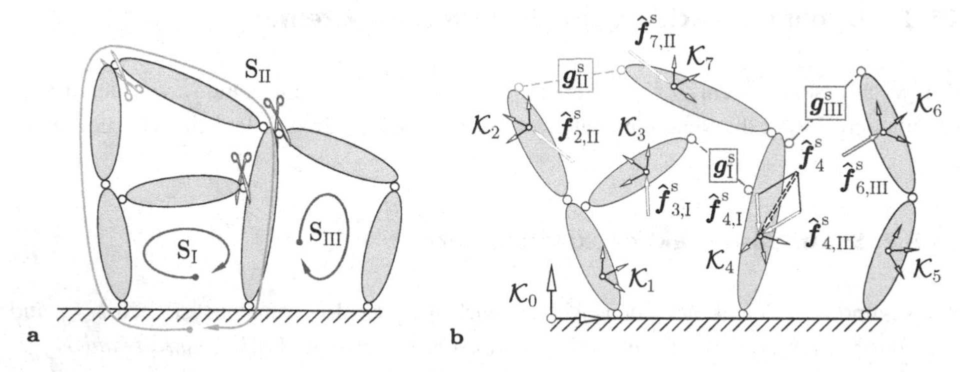

Abb. 11.11 System mit $n_{\mathrm{S}} = 3$ Schleifen aus Abb. 11.7. **a** Schleifen und sekundäre Gelenke. **b** Aufspannender Baum mit sekundären Reaktionskraftwindern

An den Körpern $\mathcal{K}_1$ und $\mathcal{K}_5$ wirken keine sekundären Reaktionskraftwinder, weil sich an diesen Körpern keine sekundären Gelenke befinden. Auf die Endkörper 2 und 7 von Schleife S_{II} wirken die sekundären Reaktionskraftwinder dieser Schleife

$$\hat{f}_2^s \equiv \hat{f}_{2,II}^s = G_{2,II}^{s\,T} \lambda_{II}^s \quad \text{und} \quad \hat{f}_7^s \equiv \hat{f}_{7,II}^s = G_{7,II}^{s\,T} \lambda_{II}^s .$$

In entsprechender Weise wirken auf die Endkörper 3 und 4 von Schleife S_I und auf die Endkörper 3 und 4 von Schleife S_{III} die sekundären Reaktionskraftwinder der jeweiligen Schleifen. Da an Körper 4 die sekundären Gelenke der Schleifen S_I und S_{III} angrenzen, setzt sich der sekundäre Reaktionskraftwinder $\hat{f}_4^s$ an diesem Körper aus den sekundären Reaktionskraftwindern $\hat{f}_{4,I}^s$ und $\hat{f}_{4,III}^s$ der Schleifen S_I und S_{III} zusammen,

$$\hat{f}_4^s = \underbrace{G_{4,I}^{s\,T} \lambda_I^s}_{\hat{f}_{4,I}^s} + \underbrace{G_{4,III}^{s\,T} \lambda_{III}^s}_{\hat{f}_{4,III}^s} . \tag{11.103}$$

11.3.2 Impuls- und Drallsätze

Die in Matrizenform zusammengefassten Impuls- und Drallsätze der freigeschnittenen Körper (10.81) lauten

$$\widehat{M}\,\hat{a} = \hat{f}^c + \hat{f}^e + \hat{f}^r . \tag{11.104}$$

Die Reaktionskraftwinder $\hat{f}^r$ an den Körpern gehen bei offenen Systemen auf die Reaktionskraftwinder an den primären Gelenken $\hat{f}^p$ zurück, die jetzt als die *primären Reaktionskraftwinder* bezeichnet werden. Gemäß (10.67) gilt $\hat{f}^r = B^T \hat{f}^p$. Bei geschlossenen Systemen kommen an den Endkörpern des aufspannenden Baumes die Reaktionskraftwinder der sekundären Gelenke $\hat{f}^s$ aus (11.101) hinzu,

$$\hat{f}^r = B^T \hat{f}^p + \hat{f}^s \qquad \text{mit} \qquad \hat{f}^s = G^{s\,T} \lambda^s . \tag{11.105}$$

11.4 Bewegungsgleichungen in den primären Gelenkkoordinaten

Für die Aufstellung der Bewegungsgleichungen geschlossener Mehrkörpersysteme in den primären Gelenkkoordinaten β und Gelenkgeschwindigkeiten η werden ausgehend von den vorliegenden Bestimmungsgleichungen die nichtrekursive und die rekursive Auflösung nach den Gelenkbeschleunigungen und Reaktionskoordinaten beschrieben.

Für offene Mehrkörpersysteme wurde das lineare Gleichungssystem (10.83) für die Berechnung der absoluten Körperbeschleunigungen $\hat{a}$, der primären Gelenkbeschleunigungen $\dot{\eta}$ und der primären Reaktionskraftwinder $\hat{f}^p$ aufgestellt. Für geschlossene Systeme werden die impliziten sekundären Bindungen auf Beschleunigungsebene (11.81) hinzugefügt und in den kinetischen Gleichungen (11.104) die sekundären Reaktionskraftwinder durch (11.105) berücksichtigt:

$$\begin{array}{l} (11.104), (11.105): \\ (10.33): \\ (10.69): \\ \\ (11.81): \end{array} \left[\begin{array}{ccc|c} \widehat{\boldsymbol{M}} & -\boldsymbol{B}^{\mathrm{T}} & \boldsymbol{0} & -\boldsymbol{G}^{\mathrm{s\,T}} \\ -\boldsymbol{B} & \boldsymbol{0} & \boldsymbol{C} & \boldsymbol{0} \\ \boldsymbol{0} & \boldsymbol{C}^{\mathrm{T}} & \boldsymbol{0} & \boldsymbol{0} \\ \hline -\boldsymbol{G}^{\mathrm{s}} & \boldsymbol{0} & \boldsymbol{0} & \boldsymbol{0} \end{array}\right] \left[\begin{array}{c} \hat{\boldsymbol{a}} \\ \hat{\boldsymbol{f}}^{\mathrm{p}} \\ \dot{\boldsymbol{\eta}} \\ \hline \boldsymbol{\lambda}^{\mathrm{s}} \end{array}\right] = \left[\begin{array}{c} \hat{\boldsymbol{f}}^{\mathrm{ec}} \\ -\bar{\hat{\boldsymbol{a}}}^{\mathrm{rel}} \\ \boldsymbol{0} \\ \hline \bar{\bar{\boldsymbol{\gamma}}}^{\mathrm{s}} \end{array}\right] \begin{array}{l} 6n \text{ Gln.} \\ 6n \text{ Gln.} \\ f^{\mathrm{o}} \text{ Gln.} \\ \\ b^{\mathrm{s}} \text{ Gln.} \end{array} \quad (11.106)$$

Hierbei ist wieder $\hat{\boldsymbol{f}}^{\mathrm{ec}} = \hat{\boldsymbol{f}}^{\mathrm{e}} + \hat{\boldsymbol{f}}^{\mathrm{c}}$. Zu einem Zeitpunkt t mit bekannter Lage $\boldsymbol{\beta}$ und Geschwindigkeit $\boldsymbol{\eta}$ können aus (11.106) die $6n$ Koordinaten der Körperbeschleunigungen $\hat{\boldsymbol{a}}$, die $6n$ Koordinaten der primären Gelenk-Reaktionskraftwinder $\hat{\boldsymbol{f}}^{\mathrm{p}}$, die f^{o} Gelenkbeschleunigungen $\dot{\boldsymbol{\eta}}$ und die b^{s} sekundären Reaktionskoordinaten $\boldsymbol{\lambda}^{\mathrm{s}}$ berechnet werden. Wie bei offenen Systemen kann das Gleichungssystem (11.106) nichtrekursiv oder rekursiv gelöst werden. Diese Lösungswege werden in den Abschn. 11.4.1 und 11.4.2 beschrieben.

Werden die primären Gelenkkoordinaten $\boldsymbol{\beta}$ und Gelenkgeschwindigkeiten $\boldsymbol{\eta}$ zum Zustandsvektor $\boldsymbol{x}$ zusammengefasst, so liegt mit den kinematischen Differentialgleichungen (11.64) und den aus dem linearen Gleichungssystem (11.106) zu berechnenden primären Gelenkbeschleunigungen $\dot{\boldsymbol{\eta}}(\boldsymbol{\beta}, \boldsymbol{\eta}, t)$ das folgende System von Differentialgleichungen erster Ordnung in $\boldsymbol{x}$ vor, vgl. (7.64),

$$\begin{aligned} \begin{bmatrix} \dot{\boldsymbol{\beta}} \\ \dot{\boldsymbol{\eta}} \end{bmatrix} &= \begin{bmatrix} \boldsymbol{H}_{\eta}(\boldsymbol{\beta})\,\boldsymbol{\eta} \\ \dot{\boldsymbol{\eta}}(\boldsymbol{\beta}, \boldsymbol{\eta}, t) \end{bmatrix} \quad \text{mit} \quad & \begin{bmatrix} \boldsymbol{\beta}(t_0) \\ \boldsymbol{\eta}(t_0) \end{bmatrix} &= \begin{bmatrix} \boldsymbol{\beta}_0 \\ \boldsymbol{\eta}_0 \end{bmatrix} \\ \dot{\boldsymbol{x}} &= \boldsymbol{\Psi}(\boldsymbol{x}, t) & \boldsymbol{x}(t_0) &= \boldsymbol{x}_0 \; . \end{aligned} \quad (11.107)$$

Für die Gelenkkoordinaten $\boldsymbol{\beta}$ und Gelenkgeschwindigkeiten $\boldsymbol{\eta}$ gelten die Schließbedingungen auf Lageebene (11.69) und auf Geschwindigkeitsebene (11.73), Die Differentialgleichungen (11.107) und die algebraischen Schließbedingungen (11.69) und (11.73) bilden damit ein System differential-algebraischer Bewegungsgleichungen. Die mit den Schließbedingungen (11.69) und (11.73) konsistenten Anfangsbedingungen für die primären Gelenkkoordinaten $\boldsymbol{\beta}$ und Gelenkgeschwindigkeiten $\boldsymbol{\eta}$ lauten (Anfangszeitpunkt t_0)

$$\boldsymbol{\beta}(t_0) = \boldsymbol{\beta}_0 \quad \text{mit} \quad \boldsymbol{g}^{\ell}(\boldsymbol{\beta}_0, t_0) = \boldsymbol{0}, \quad (11.108)$$

$$\boldsymbol{\eta}(t_0) = \boldsymbol{\eta}_0 \quad \text{mit} \quad \boldsymbol{G}^{\ell}(\boldsymbol{\beta}_0, t_0)\,\boldsymbol{\eta}_0 + \bar{\boldsymbol{\gamma}}^{\ell}(\boldsymbol{\beta}_0, t_0) = \boldsymbol{0}. \quad (11.109)$$

Den Ablauf der Berechnung der rechten Seite $\boldsymbol{\Psi}(\boldsymbol{x}, t)$ der Zustandsgleichungen (11.107) zeigt Abb. 11.12.

Neben den zeitlichen Änderungen der primären Gelenkkoordinaten $\boldsymbol{\beta}$ und Gelenkgeschwindigkeiten $\boldsymbol{\eta}$ werden die eliminierten Absolutbeschleunigungen $\hat{\boldsymbol{a}}$ und die primären und sekundären Gelenk-Reaktionskraftwinder $\hat{\boldsymbol{f}}^{\mathrm{p}}$ und $\hat{\boldsymbol{f}}^{\mathrm{s}}$ berechnet. Weiterhin werden die Residuen $\boldsymbol{g}^{\mathrm{s}}$ und $\dot{\boldsymbol{g}}^{\mathrm{s}}$ der sekundären Bindungen auf Lage- und Geschwindigkeitsebene

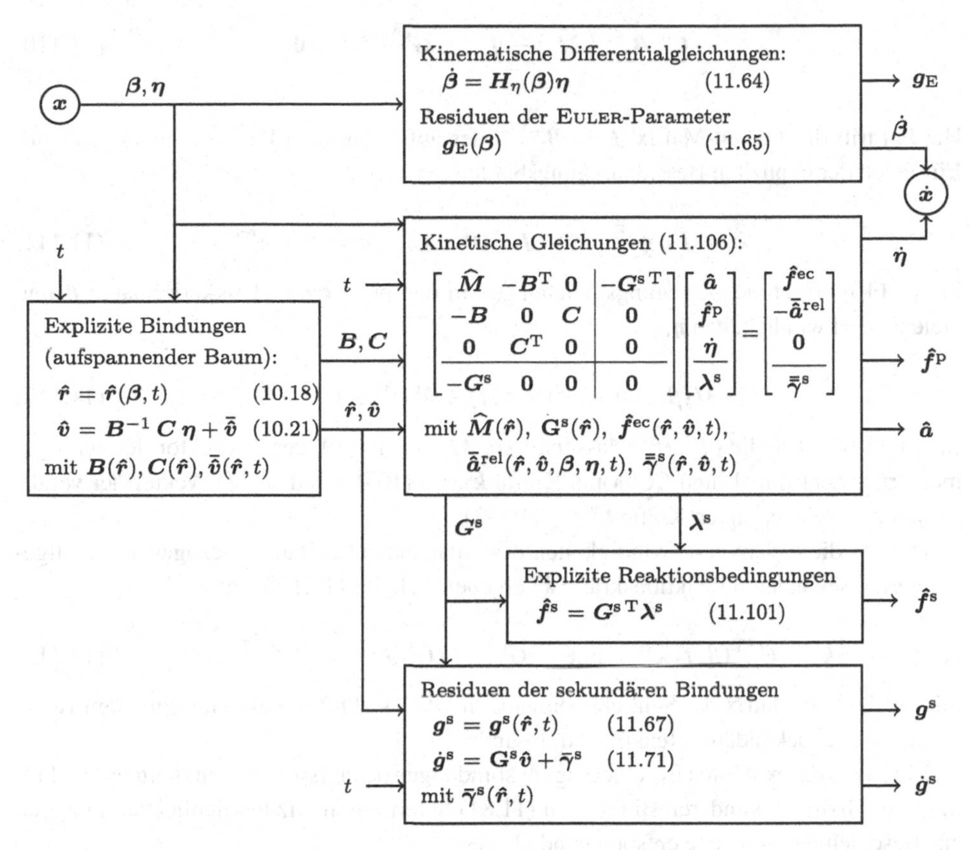

$$\begin{bmatrix} \widehat{\boldsymbol{M}} & -\boldsymbol{B}^T & \boldsymbol{0} & -\boldsymbol{G}^{s\,T} \\ -\boldsymbol{B} & \boldsymbol{0} & \boldsymbol{C} & \boldsymbol{0} \\ \boldsymbol{0} & \boldsymbol{C}^T & \boldsymbol{0} & \boldsymbol{0} \\ \hline -\boldsymbol{G}^s & \boldsymbol{0} & \boldsymbol{0} & \boldsymbol{0} \end{bmatrix} \begin{bmatrix} \hat{\boldsymbol{a}} \\ \hat{\boldsymbol{f}}^p \\ \dot{\boldsymbol{\eta}} \\ \hline \boldsymbol{\lambda}^s \end{bmatrix} = \begin{bmatrix} \hat{\boldsymbol{f}}^{ec} \\ -\bar{\hat{\boldsymbol{a}}}^{rel} \\ \boldsymbol{0} \\ \hline \bar{\bar{\boldsymbol{\gamma}}}^s \end{bmatrix}$$

Abb. 11.12 Berechnung der Zustandsgleichungen (11.107) für geschlossene Mehrkörpersysteme in den primären Gelenkkoordinaten

(11.67) und (11.71) sowie die Residuen g_E der Nebenbedingungen (11.65) evtl. verwendeter EULER-Parameter als primäre Gelenkkoordinaten berechnet, die für die in Abschn. 5.9.2 beschriebene numerische Stabilisierung der Bindungen verwendet werden können.

11.4.1 Nichtrekursiver Formalismus für geschlossene MKS

Bei der nichtrekursiven Auflösung des linearen Gleichungssystems (11.106) können die Körperbeschleunigungen $\hat{\boldsymbol{a}}$ und die primären Reaktionskraftwinder $\hat{\boldsymbol{f}}^p$ in der gleichen Weise wie bei offenen Systemen in Abschn. 10.5 eliminiert werden. Hierzu werden die kinetischen Gleichungen (11.104) mit $\hat{\boldsymbol{f}}^r$ aus (11.105) nach den primären Reaktionskraftwindern $\hat{\boldsymbol{f}}^p$ umgestellt und in die impliziten Reaktionsbedingungen (10.69) eingesetzt,

$$\underbrace{\boldsymbol{C}^{\mathrm{T}} \boldsymbol{B}^{-\mathrm{T}}}_{\boldsymbol{J}^{\mathrm{T}}} \left(\widehat{\boldsymbol{M}}\, \hat{\boldsymbol{a}} - \hat{\boldsymbol{f}}^{\mathrm{ec}} - \boldsymbol{G}^{\mathrm{s\,T}} \boldsymbol{\lambda}^{\mathrm{s}} \right) = \boldsymbol{0}. \tag{11.110}$$

Hierbei tritt die JACOBI-Matrix $\boldsymbol{J} = \boldsymbol{B}^{-1}\, \boldsymbol{C}$ des aufspannenden Baumes aus (10.27) auf. Einsetzen der expliziten Beschleunigungsbindungen aus (10.35)

$$\hat{\boldsymbol{a}} = \boldsymbol{J}\, \dot{\boldsymbol{\eta}} + \bar{\hat{\boldsymbol{a}}} \quad \text{mit} \quad \boldsymbol{J} = \boldsymbol{B}^{-1}\, \boldsymbol{C}\,, \quad \bar{\hat{\boldsymbol{a}}} = \boldsymbol{B}^{-1}\, \bar{\hat{\boldsymbol{a}}}^{\mathrm{rel}} \tag{11.111}$$

in (11.110) ergibt die Bewegungsgleichungen in den primären Gelenkkoordinaten $\boldsymbol{\beta}$ und Gelenkgeschwindigkeiten $\boldsymbol{\eta}$,

$$\boldsymbol{M}(\boldsymbol{\beta}, t)\, \dot{\boldsymbol{\eta}} = \boldsymbol{k}^{\mathrm{c}}(\boldsymbol{\beta}, \boldsymbol{\eta}, t) + \boldsymbol{k}^{\mathrm{e}}(\boldsymbol{\beta}, \boldsymbol{\eta}, t) + \boldsymbol{k}^{\mathrm{s}}. \tag{11.112}$$

In (11.112) stehen die $(f^{\mathrm{o}}, f^{\mathrm{o}})$-Massenmatrix $\boldsymbol{M}$ aus (10.90), der f^{o}-Vektor der verallgemeinerten Zentrifugal- und CORIOLIS-Kräfte $\boldsymbol{k}^{\mathrm{c}}$ aus (10.91) und der f^{o}-Vektor der verallgemeinerten eingeprägten Kräfte $\boldsymbol{k}^{\mathrm{e}}$ aus (10.92).

Die auf die Gelenkgeschwindigkeiten des aufspannenden Baums bezogenen, verallgemeinerten sekundären Reaktionskräfte $\boldsymbol{k}^{\mathrm{s}}$ ergeben sich aus (11.110), zu

$$\boldsymbol{k}^{\mathrm{s}} = \boldsymbol{G}^{\ell\,\mathrm{T}}(\boldsymbol{\beta}, t)\, \boldsymbol{\lambda}^{\mathrm{s}} \qquad \text{mit} \qquad \boldsymbol{G}^{\ell\,\mathrm{T}} = (\boldsymbol{G}^{\mathrm{s}}\, \boldsymbol{J})^{\mathrm{T}} = \boldsymbol{J}^{\mathrm{T}}\, \boldsymbol{G}^{\mathrm{s\,T}} \tag{11.113}$$

mit der JACOBI-Matrix der Schließbedingungen $\boldsymbol{G}^{\ell}$ aus (11.74) und den minimalen Koordinaten $\boldsymbol{\lambda}^{\mathrm{s}}$ der sekundären Reaktionskraftwinder.

Einsetzen der expliziten Beschleunigungsbindungen des aufspannenden Baumes (11.111) in die impliziten sekundären Bindungen (11.81) liefert die impliziten Schließbedingungen auf Beschleunigungsebene entsprechend (11.83)

$$\boldsymbol{G}^{\ell}(\boldsymbol{\beta}, t)\, \dot{\boldsymbol{\eta}} + \bar{\bar{\boldsymbol{\gamma}}}^{\ell}(\boldsymbol{\beta}, \boldsymbol{\eta}, t) = \boldsymbol{0}\,. \tag{11.114}$$

Zu einem Zeitpunkt t mit bekannter Lage $\boldsymbol{\beta}$ und Geschwindigkeit $\boldsymbol{\eta}$ können damit die f^{o} primären Gelenkbeschleunigung $\dot{\boldsymbol{\eta}}$ und die b^{s} Reaktionskoordinaten $\boldsymbol{\lambda}^{\mathrm{s}}$ aus (11.112) und (11.114) berechnet werden, indem das folgende System von $f^{\mathrm{o}} + b^{\mathrm{s}}$ linearen Gleichungen gelöst wird, vgl. (7.63),

$$\begin{array}{l} (11.112),\ (11.113): \\ (11.114): \end{array} \begin{bmatrix} \boldsymbol{M} & -\boldsymbol{G}^{\ell\,\mathrm{T}} \\ -\boldsymbol{G}^{\ell} & \boldsymbol{0} \end{bmatrix} \begin{bmatrix} \dot{\boldsymbol{\eta}} \\ \boldsymbol{\lambda}^{\mathrm{s}} \end{bmatrix} = \begin{bmatrix} \boldsymbol{k}^{\mathrm{c}} + \boldsymbol{k}^{\mathrm{e}} \\ \bar{\bar{\boldsymbol{\gamma}}}^{\ell} \end{bmatrix} \begin{array}{l} f^{\mathrm{o}}\ \text{Gln.} \\ b^{\mathrm{s}}\ \text{Gln.} \end{array} \tag{11.115}$$

Das lineare Gleichungssystem (11.115) ist eindeutig nach $\dot{\boldsymbol{\eta}}$ und $\boldsymbol{\lambda}^{\mathrm{s}}$ auflösbar, wenn $\boldsymbol{M}$ positiv definit ist und die $(b^{\mathrm{s}}, f^{\mathrm{o}})$-Matrix der Schließbedingungen $\boldsymbol{G}^{\ell}$ den vollen Rang $\mathrm{r}(\boldsymbol{G}^{\ell}) = b^{\mathrm{s}}$ besitzt.

Mit $\boldsymbol{\lambda}^{\mathrm{s}}$ aus (11.115) werden die sekundären Reaktionskraftwinder $\hat{\boldsymbol{f}}^{\mathrm{s}}$ mit Hilfe von (11.101) bestimmt. Die primären Reaktionskraftwinder $\hat{\boldsymbol{f}}^{\mathrm{p}}$ werden aus (11.105) mit $\hat{\boldsymbol{f}}^{\mathrm{r}}$ aus (11.104) berechnet,

$$\hat{f}^{\mathrm{p}} = \boldsymbol{B}^{-\mathrm{T}}\left(\hat{f}^{\mathrm{r}} - \hat{f}^{\mathrm{s}}\right) \quad \text{mit} \quad \hat{f}^{\mathrm{r}} = \widehat{\boldsymbol{M}}\,\hat{\boldsymbol{a}} - \hat{f}^{\mathrm{ec}} \quad \text{und } \hat{\boldsymbol{a}} \text{ aus (11.111)}. \tag{11.116}$$

Bei überbestimmten Systemen weist die Matrix der Schließbedingungen $\boldsymbol{G}^{\ell}$ in einem großen Bewegungsbereich einen konstanten Rangabfall auf, also $\mathrm{r}(\boldsymbol{G}^{\ell}) < b^{\mathrm{s}}$, vgl. Abschn. 11.1. Die sekundären Reaktionskoordinaten $\boldsymbol{\lambda}^{\mathrm{s}}$ können dann aus dem linearen Gleichungssystem (11.115) nicht eindeutig berechnet werden. Entsprechend der Anzahl der redundanten Bindungen $b^{\mathrm{sr}} = b^{\mathrm{s}} - \mathrm{r}(\boldsymbol{G}^{\ell})$ ist das System b^{sr}-fach überbestimmt. REIN [86] zeigt, dass das lineare Gleichungssystem (11.115) in diesem Fall dennoch eine eindeutige Lösung für die Gelenkbeschleunigungen $\dot{\boldsymbol{\eta}}$ besitzt.

11.4.2 Rekursiver Formalismus für geschlossene MKS

Das in Abschn. 10.6 beschriebene Verfahren zur rekursiven Berechnung der primären Gelenkbeschleunigungen $\dot{\boldsymbol{\eta}}_i$, der Körperbeschleunigungen $\hat{\boldsymbol{a}}_i$ und der Gelenk-Reaktionskraftwinder $\hat{f}_i^{\mathrm{p}}$ eines offenen Mehrkörpersystems kann auf die Lösung des Systems der linearen Bestimmungsgleichungen geschlossener Mehrkörpersysteme (11.106) erweitert werden. Dieser Lösungsweg wurde von WEHAGE [112] angegeben, wobei dort für jede Schleife sechs sekundäre Bindungen, entsprechend dem Schnitt an einem Körper, verwendet werden. Das im Folgenden beschriebene modifizierte Verfahren für die im Gleichungssystem (11.106) berücksichtigten allgemeinen sekundären Gelenke wurde von REIN [87] entwickelt.

Lösungsschritte Das lineare Gleichungssystem (11.106) wird in drei Schritten nach den Unbekannten $\hat{\boldsymbol{a}}$, $\hat{f}^{\mathrm{p}}$, $\dot{\boldsymbol{\eta}}$ und $\boldsymbol{\lambda}^{\mathrm{s}}$ aufgelöst.

Schritt 1 Die drei oberen Blockmatrizengleichungen von (11.106) werden zu dem linearen Gleichungssystem

$$\underbrace{\begin{bmatrix} \widehat{\boldsymbol{M}} & -\boldsymbol{B}^{\mathrm{T}} & \boldsymbol{0} \\ -\boldsymbol{B} & \boldsymbol{0} & \boldsymbol{C} \\ \boldsymbol{0} & \boldsymbol{C}^{\mathrm{T}} & \boldsymbol{0} \end{bmatrix}}_{\boldsymbol{D}} \begin{bmatrix} \hat{\boldsymbol{a}} \\ \hat{f}^{\mathrm{p}} \\ \dot{\boldsymbol{\eta}} \end{bmatrix} = \begin{bmatrix} \hat{f}^{\mathrm{ec}} \\ -\bar{\hat{\boldsymbol{a}}}^{\mathrm{rel}} \\ \boldsymbol{0} \end{bmatrix} + \begin{bmatrix} \boldsymbol{G}^{\mathrm{s\,T}} \\ \boldsymbol{0} \\ \boldsymbol{0} \end{bmatrix} \boldsymbol{\lambda}^{\mathrm{s}} \tag{11.117}$$

mit der Koeffizientenmatrix $\boldsymbol{D}$ angeordnet. Aus (11.117) können die Körperbeschleunigungen $\hat{\boldsymbol{a}}$, die primären Gelenk-Reaktionskraftwinder $\hat{f}^{\mathrm{p}}$ und die primären Gelenkbeschleunigungen $\dot{\boldsymbol{\eta}}$ in Abhängigkeit von den noch unbekannten sekundären Reaktionskoordinaten $\boldsymbol{\lambda}^{\mathrm{s}}$ berechnet werden,

$$\begin{bmatrix} \hat{\boldsymbol{a}} \\ \hat{f}^{\mathrm{p}} \\ \dot{\boldsymbol{\eta}} \end{bmatrix} = \begin{bmatrix} \hat{\boldsymbol{a}}^{\mathrm{o}} \\ \hat{f}^{\mathrm{po}} \\ \dot{\boldsymbol{\eta}}^{\mathrm{o}} \end{bmatrix} + \begin{bmatrix} \boldsymbol{A} \\ \boldsymbol{F} \\ \boldsymbol{L} \end{bmatrix} \boldsymbol{\lambda}^{\mathrm{s}} \tag{11.118}$$

mit

$$\begin{bmatrix} \hat{\boldsymbol{a}}^{\mathrm{o}} \\ \hat{\boldsymbol{f}}^{\mathrm{po}} \\ \dot{\boldsymbol{\eta}}^{\mathrm{o}} \end{bmatrix} = \boldsymbol{D}^{-1} \begin{bmatrix} \hat{\boldsymbol{f}}^{\mathrm{ec}} \\ -\bar{\hat{\boldsymbol{a}}}^{\mathrm{rel}} \\ \boldsymbol{0} \end{bmatrix} \quad \text{und} \quad \begin{bmatrix} \boldsymbol{A} \\ \boldsymbol{F} \\ \boldsymbol{L} \end{bmatrix} = \boldsymbol{D}^{-1} \begin{bmatrix} \boldsymbol{G}^{\mathrm{s\,T}} \\ \boldsymbol{0} \\ \boldsymbol{0} \end{bmatrix}. \tag{11.119}$$

Die Vektoren $\hat{\boldsymbol{a}}^{\mathrm{o}}$, $\hat{\boldsymbol{f}}^{\mathrm{po}}$ und $\dot{\boldsymbol{\eta}}^{\mathrm{o}}$ sind die Körperbeschleunigungen, primären Gelenk-Reaktionskräfte und primären Gelenkbeschleunigungen, die sich ohne sekundäre Gelenk-Reaktionskräfte, also für $\boldsymbol{\lambda}^{\mathrm{s}} = \boldsymbol{0}$, ergeben würden.

Der jeweils i-te Spaltenvektor der $(6n,b^{\mathrm{s}})$-Matrizen $\boldsymbol{A}$, $\boldsymbol{F}$ und der $(f^{\mathrm{o}},b^{\mathrm{s}})$-Matrix $\boldsymbol{L}$ ist der Beitrag des gedachten Wertes der sekundären Reaktionskoordinate $\lambda_i^{\mathrm{s}} = 1$ zu den Körperbeschleunigungen, primären Gelenk-Reaktionskräften und primären Gelenkbeschleunigungen.

Schritt 2 Die Körperbeschleunigungen $\hat{\boldsymbol{a}} = \hat{\boldsymbol{a}}^{\mathrm{o}} + \boldsymbol{A}\,\boldsymbol{\lambda}^{\mathrm{s}}$ aus der oberen Gleichung von (11.118) werden in die impliziten sekundären Bindungen (11.81),

$$\boldsymbol{G}^{\mathrm{s}}\,\hat{\boldsymbol{a}} + \bar{\bar{\boldsymbol{\gamma}}}^{\mathrm{s}} = \boldsymbol{0}\,, \tag{11.120}$$

eingesetzt. Es ergibt sich ein System von b^{s} linearen Gleichungen für die b^{s} sekundären Reaktionskoordinaten $\boldsymbol{\lambda}^{\mathrm{s}}$,

$$\boldsymbol{G}^{\mathrm{s}}\boldsymbol{A}\,\boldsymbol{\lambda}^{\mathrm{s}} = -\boldsymbol{G}^{\mathrm{s}}\,\hat{\boldsymbol{a}}^{\mathrm{o}} - \bar{\bar{\boldsymbol{\gamma}}}^{\mathrm{s}}\,. \tag{11.121}$$

Schritt 3 Mit $\boldsymbol{\lambda}^{\mathrm{s}}$ aus (11.121) werden die Gelenkbeschleunigungen $\dot{\boldsymbol{\eta}}$ mit der unteren Gleichung von (11.118) berechnet,

$$\dot{\boldsymbol{\eta}} = \dot{\boldsymbol{\eta}}^{\mathrm{o}} + \boldsymbol{L}\,\boldsymbol{\lambda}^{\mathrm{s}}. \tag{11.122}$$

Rekursive Berechnung der Lösungsterme in (11.119) Um die Vektoren $\hat{\boldsymbol{a}}^{\mathrm{o}}$, $\hat{\boldsymbol{f}}^{\mathrm{po}}$, $\dot{\boldsymbol{\eta}}^{\mathrm{o}}$ sowie die Matrizen $\boldsymbol{A}$, $\boldsymbol{F}$, $\boldsymbol{L}$ aus (11.119) zu berechnen, ist das folgende lineare Gleichungssystem mit $1 + b^{\mathrm{s}}$ rechten Seiten zu lösen:

$$\begin{bmatrix} \widehat{\boldsymbol{M}} & -\boldsymbol{B}^{\mathrm{T}} & \boldsymbol{0} \\ -\boldsymbol{B} & \boldsymbol{0} & \boldsymbol{C} \\ \boldsymbol{0} & \boldsymbol{C}^{\mathrm{T}} & \boldsymbol{0} \end{bmatrix} \left[\begin{array}{c|c} \hat{\boldsymbol{a}}^{\mathrm{o}} & \boldsymbol{A} \\ \hat{\boldsymbol{f}}^{\mathrm{po}} & \boldsymbol{F} \\ \dot{\boldsymbol{\eta}}^{\mathrm{o}} & \boldsymbol{L} \end{array}\right] = \left[\begin{array}{c|c} \hat{\boldsymbol{f}}^{\mathrm{ec}} & \boldsymbol{G}^{\mathrm{s\,T}} \\ -\bar{\hat{\boldsymbol{a}}}^{\mathrm{rel}} & \boldsymbol{0} \\ \boldsymbol{0} & \boldsymbol{0} \end{array}\right] \begin{array}{l} 6n \text{ Gln.} \\ 6n \text{ Gln.} \\ f^{\mathrm{o}} \text{ Gln.} \end{array} \tag{11.123}$$

Die Koeffizientenmatrix des linearen Gleichungssystems (11.123) stimmt mit derjenigen des Gleichungssystems (10.83) für offene Mehrkörpersysteme, hier des aufspannenden Baumes, überein. Damit kann das rekursive Verfahren aus Abschn. 10.6.2 unmittelbar für die Lösung von (11.123) angewandt werden.

Für die Verteilung der Gleichungen auf die einzelnen Körper entsprechend der Vorgehensweise in (10.101) bis (10.103) werden die Matrizen $\boldsymbol{A}$, $\boldsymbol{F}$ und $\boldsymbol{L}$ und die transponierte $(6n,b^{\mathrm{s}})$-Bindungsmatrix $\boldsymbol{G}^{\mathrm{s\,T}}$ jeweils in Teilmatrizen aufgeteilt, die den n Körpern zugeordnet sind,

$$\boldsymbol{A} = \begin{bmatrix} [\boldsymbol{A}]_1 \\ \vdots \\ [\boldsymbol{A}]_n \end{bmatrix}, \quad \boldsymbol{F} = \begin{bmatrix} [\boldsymbol{F}]_1 \\ \vdots \\ [\boldsymbol{F}]_n \end{bmatrix}, \quad \boldsymbol{L} = \begin{bmatrix} [\boldsymbol{L}]_1 \\ \vdots \\ [\boldsymbol{L}]_n \end{bmatrix}, \quad \boldsymbol{G}^{\mathrm{s\,T}} = \begin{bmatrix} [\boldsymbol{G}^{\mathrm{s\,T}}]_1 \\ \vdots \\ [\boldsymbol{G}^{\mathrm{s\,T}}]_n \end{bmatrix}. \tag{11.124}$$

Die Matrizen $[\boldsymbol{A}]_i$, $[\boldsymbol{F}]_i$ und $[\boldsymbol{G}^{\mathrm{s\,T}}]_i$ haben jeweils die Dimension $(6, b^{\mathrm{s}})$. Die Matrizen $[\boldsymbol{L}]_i$ haben die Dimension $(f_i^{\mathrm{o}}, b^{\mathrm{s}})$ mit dem Gelenkfreiheitsgrad f_i^{o} des i-ten primären Gelenks.

Für das Beispiel in Abb. 11.11 mit $n = 7$ Körpern lautet die Aufteilung der transponierten Bindungsmatrix $\boldsymbol{G}^{\mathrm{s\,T}}$ aus (11.102)

$$\boldsymbol{G}^{\mathrm{s\,T}} = \begin{bmatrix} \boldsymbol{0} & \boldsymbol{0} & \boldsymbol{0} \\ \boldsymbol{0} & \boldsymbol{G}^{\mathrm{s\,T}}_{2,\mathrm{II}} & \boldsymbol{0} \\ \boldsymbol{G}^{\mathrm{s\,T}}_{3,\mathrm{I}} & \boldsymbol{0} & \boldsymbol{0} \\ \boldsymbol{G}^{\mathrm{s\,T}}_{4,\mathrm{I}} & \boldsymbol{0} & \boldsymbol{G}^{\mathrm{s\,T}}_{4,\mathrm{III}} \\ \boldsymbol{0} & \boldsymbol{0} & \boldsymbol{0} \\ \boldsymbol{0} & \boldsymbol{0} & \boldsymbol{G}^{\mathrm{s\,T}}_{6,\mathrm{III}} \\ \boldsymbol{0} & \boldsymbol{G}^{\mathrm{s\,T}}_{7,\mathrm{II}} & \boldsymbol{0} \end{bmatrix} \Rightarrow \begin{cases} [\boldsymbol{G}^{\mathrm{s\,T}}]_1 = [\,\boldsymbol{0} \quad \boldsymbol{0} \quad \boldsymbol{0}\,] \\ [\boldsymbol{G}^{\mathrm{s\,T}}]_2 = [\,\boldsymbol{0} \quad \boldsymbol{G}^{\mathrm{s\,T}}_{2,\mathrm{II}} \quad \boldsymbol{0}\,] \\ [\boldsymbol{G}^{\mathrm{s\,T}}]_3 = [\,\boldsymbol{G}^{\mathrm{s\,T}}_{3,\mathrm{I}} \quad \boldsymbol{0} \quad \boldsymbol{0}\,] \\ [\boldsymbol{G}^{\mathrm{s\,T}}]_4 = [\,\boldsymbol{G}^{\mathrm{s\,T}}_{4,\mathrm{I}} \quad \boldsymbol{0} \quad \boldsymbol{G}^{\mathrm{s\,T}}_{4,\mathrm{III}}\,] \\ [\boldsymbol{G}^{\mathrm{s\,T}}]_5 = [\,\boldsymbol{0} \quad \boldsymbol{0} \quad \boldsymbol{0}\,] \\ [\boldsymbol{G}^{\mathrm{s\,T}}]_6 = [\,\boldsymbol{0} \quad \boldsymbol{0} \quad \boldsymbol{G}^{\mathrm{s\,T}}_{6,\mathrm{III}}\,] \\ [\boldsymbol{G}^{\mathrm{s\,T}}]_7 = [\,\boldsymbol{0} \quad \boldsymbol{G}^{\mathrm{s\,T}}_{7,\mathrm{II}} \quad \boldsymbol{0}\,]. \end{cases} \tag{11.125}$$

Bei der rekursiven Lösung werden die Matrizen $[\boldsymbol{G}^{\mathrm{s\,T}}]_i$, beginnend mit den Blattkörpern des aufspannenden Baumes, in der gleichen Weise auf die jeweiligen Vorgängerkörper $p(i)$ zurückprojiziert wie die Kraftwinder $\hat{\boldsymbol{f}}_i^{\mathrm{ec}}$ in der Rekursionsgleichung (10.125). Hierzu werden in (10.125) die Kräfte $\hat{\boldsymbol{f}}_i^{\mathrm{ec}}$ jeweils durch $[\boldsymbol{G}^{\mathrm{s\,T}}]_i$ ersetzt, während der Term mit $\hat{\bar{\boldsymbol{a}}}_i^{\mathrm{rel}}$ entfällt:

$$[\boldsymbol{G}^{\mathrm{s\,T}}]_p^* = [\boldsymbol{G}^{\mathrm{s\,T}}]_p + \boldsymbol{B}_{ip}^{\mathrm{T}} \left(\boldsymbol{E} - \widehat{\boldsymbol{M}}_i^* \, \boldsymbol{C}_i \, \boldsymbol{N}_i^{-1} \, \boldsymbol{C}_i^{\mathrm{T}} \right) [\boldsymbol{G}^{\mathrm{s\,T}}]_i^* . \tag{11.126}$$

Ablauf der rekursiven Berechnung Betrachtet wird ein geschlossenes Mehrkörpersystem mit n Körpern und n_{S} kinematischen Schleifen. Durch Schnitte an n_{S} sekundären Gelenken wird ein aufspannender Baum definiert. Die n Körper des aufspannenden Baumes werden so nummeriert, dass entlang aller Wege vom raumfesten System zu den Blattkörpern aufsteigende Nummernfolgen vorliegen, wobei die Ziffern von 1 bis n verwendet werden.

Zu einem Zeitpunkt t sind die primären Gelenkkoordinaten $\boldsymbol{\beta}$ und die primären Gelenkgeschwindigkeiten $\boldsymbol{\eta}$ bekannt. Sie müssen mit den Schließbedingungen auf Lage- und Geschwindigkeitsebene (11.69) und (11.73) konsistent sein. Die primären Gelenkbeschleunigungen $\dot{\eta}_i$, die primären Gelenk-Reaktionskräfte $\hat{f}_i^{\mathrm{p}}$ und die sekundären Reaktionskoordinaten $\boldsymbol{\lambda}_i^{\mathrm{s}}$ werden in den folgenden Schritten rekursiv berechnet:

1. Berechnen der Lage- und Geschwindigkeitsgrößen im aufspannenden Baum mit Hilfe der expliziten Gelenkbindungen (10.16) und (10.19),

$$\hat{r}_i = \hat{r}_i(\hat{r}_p, \boldsymbol{\beta}_i, t)\,, \qquad i = 1, \ldots, n\,, \tag{11.127}$$

$$\hat{v}_i = \boldsymbol{B}_{ip}\,\hat{v}_p + \boldsymbol{C}_i\,\eta_i + \bar{\hat{v}}_i^{\mathrm{rel}}\,, \qquad i = 1, \ldots, n\,. \tag{11.128}$$

Der Index p kennzeichnet den jeweiligen Vorgängerkörper $p(i)$ des Körpers i. Es gilt $\hat{r}_0 = \boldsymbol{0}$ und $\hat{v}_0 = \boldsymbol{0}$.

2. Rückprojektion der Körper-Massenmatrizen sowie der eingeprägten Kraftwinder auf die jeweiligen Vorgängerkörper, beginnend mit den Blattkörpern des aufspannenden Baumes entsprechend (10.124) und (10.125),

$$\widehat{\boldsymbol{M}}_p^* = \widehat{\boldsymbol{M}}_p + \boldsymbol{B}_{ip}^{\mathrm{T}} \left(\boldsymbol{E} - \widehat{\boldsymbol{M}}_i^*\, \boldsymbol{C}_i\, \boldsymbol{N}_i^{-1}\, \boldsymbol{C}_i^{\mathrm{T}} \right) \widehat{\boldsymbol{M}}_i^*\, \boldsymbol{B}_{ip} \tag{11.129}$$

$$\text{mit} \quad \boldsymbol{N}_i = \boldsymbol{C}_i^{\mathrm{T}}\, \widehat{\boldsymbol{M}}_i^*\, \boldsymbol{C}_i\,,$$

$$\hat{f}_p^{\mathrm{ec}*} = \hat{f}_p^{\mathrm{ec}} + \boldsymbol{B}_{ip}^{\mathrm{T}} \left(\boldsymbol{E} - \widehat{\boldsymbol{M}}_i^*\, \boldsymbol{C}_i\, \boldsymbol{N}_i^{-1}\, \boldsymbol{C}_i^{\mathrm{T}} \right) \left(\hat{f}_i^{\mathrm{ec}*} - \widehat{\boldsymbol{M}}_i^*\, \bar{\hat{a}}_i^{\mathrm{rel}} \right). \tag{11.130}$$

Zusätzlich werden die Bindungsmatrizen der sekundären Gelenkbindungen entsprechend (11.126) zurückprojiziert,

$$[\boldsymbol{G}^{\mathrm{s\,T}}]_p^* = [\boldsymbol{G}^{\mathrm{s\,T}}]_p + \boldsymbol{B}_{ip}^{\mathrm{T}} \left(\boldsymbol{E} - \widehat{\boldsymbol{M}}_i^*\, \boldsymbol{C}_i\, \boldsymbol{N}_i^{-1}\, \boldsymbol{C}_i^{\mathrm{T}} \right) [\boldsymbol{G}^{\mathrm{s\,T}}]_i^*\,. \tag{11.131}$$

Der Index i in (11.129) bis (11.131) läuft von n bis 2. An den Blattkörpern des aufspannenden Baumes ist $\widehat{\boldsymbol{M}}_i^* = \widehat{\boldsymbol{M}}_i$, $\hat{f}_i^{\mathrm{ec}*} = \hat{f}_i^{\mathrm{ec}}$ und $[\boldsymbol{G}^{\mathrm{s\,T}}]_i^* = [\boldsymbol{G}^{\mathrm{s\,T}}]_i$. Auf einen Verzweigungskörper projizierte Größen werden aufsummiert.

3. Lösen des gegenüber (10.115) erweiterten Gleichungssystems für Körper 1 mit der auf $\mathcal{K}_1$ zurückprojizierten Bindungsmatrix $[\boldsymbol{G}^{\mathrm{s\,T}}]_1^*$

$$\begin{bmatrix} \widehat{\boldsymbol{M}}_1^* & -\boldsymbol{E} & \boldsymbol{0} \\ -\boldsymbol{E} & \boldsymbol{0} & \boldsymbol{C}_1 \\ \boldsymbol{0} & \boldsymbol{C}_1^{\mathrm{T}} & \boldsymbol{0} \end{bmatrix} \left[\begin{array}{c|c} \hat{a}_1^{\mathrm{o}} & [\boldsymbol{A}]_1 \\ \hat{f}_1^{\mathrm{po}} & [\boldsymbol{F}]_1 \\ \dot{\eta}_1^{\mathrm{o}} & [\boldsymbol{L}]_1 \end{array} \right] = \left[\begin{array}{c|c} \hat{f}_1^{\mathrm{ec}*} & [\boldsymbol{G}^{\mathrm{s\,T}}]_1^* \\ -\bar{\hat{a}}_1^{\mathrm{rel}} & \boldsymbol{0} \\ \boldsymbol{0} & \boldsymbol{0} \end{array} \right]. \tag{11.132}$$

Die Vektoren $\dot{\eta}_1^{\mathrm{o}}, \hat{a}_1^{\mathrm{o}}$ und $\hat{f}_1^{\mathrm{po}}$ werden daraus entsprechend (10.127), (10.128) und (10.129) berechnet,

$$\dot{\eta}_1^{\mathrm{o}} = \boldsymbol{N}_1^{-1}\, \boldsymbol{C}_1^{\mathrm{T}} \left(\hat{f}_1^{\mathrm{ec}*} - \widehat{\boldsymbol{M}}_1^*\, \bar{\hat{a}}_1^{\mathrm{rel}} \right) \qquad \text{mit} \quad \boldsymbol{N}_1 = \boldsymbol{C}_1^{\mathrm{T}}\, \widehat{\boldsymbol{M}}_1^*\, \boldsymbol{C}_1, \tag{11.133}$$

$$\hat{a}_1^{\mathrm{o}} = \boldsymbol{C}_1\, \dot{\eta}_1^{\mathrm{o}} + \bar{\hat{a}}_1^{\mathrm{rel}} \qquad \text{mit} \quad \dot{\eta}_1^{\mathrm{o}} \text{ aus (11.133)}, \tag{11.134}$$

$$\hat{f}_1^{\mathrm{po}} = \widehat{\boldsymbol{M}}_1^*\, \hat{a}_1^{\mathrm{o}} - \hat{f}_1^{\mathrm{ec}*} \qquad \text{mit} \quad \hat{a}_1^{\mathrm{o}} \text{ aus (11.134)}. \tag{11.135}$$

Die Lösungen für die Matrizen $[\boldsymbol{A}]_1$, $[\boldsymbol{F}]_1$ und $[\boldsymbol{L}]_1$ haben die Form der Lösungen für die Vektoren $\dot{\boldsymbol{\eta}}_1^{\rm o}$, $\hat{\boldsymbol{a}}_1^{\rm o}$ bzw. $\hat{\boldsymbol{f}}_1^{\rm po}$ aus (11.133) bis (11.135), wenn $\hat{\boldsymbol{f}}_1^{\rm ec*}$ durch $[\boldsymbol{G}^{\rm s\,T}]_1^*$ ersetzt und $\bar{\hat{\boldsymbol{a}}}_1^{\rm rel} = \boldsymbol{0}$ gesetzt wird,

$$[\boldsymbol{L}]_1 = \boldsymbol{N}_1^{-1}\,\boldsymbol{C}_1^{\rm T}\,[\boldsymbol{G}^{\rm s\,T}]_1^* \quad \text{mit} \quad \boldsymbol{N}_1 = \boldsymbol{C}_1^{\rm T}\,\widehat{\boldsymbol{M}}_1^*\,\boldsymbol{C}_1, \tag{11.136}$$

$$[\boldsymbol{A}]_1 = \boldsymbol{C}_1\,[\boldsymbol{L}]_1 \quad \text{mit} \quad [\boldsymbol{L}]_1 \text{ aus (11.136)}, \tag{11.137}$$

$$[\boldsymbol{F}]_1 = \widehat{\boldsymbol{M}}_1^*\,[\boldsymbol{A}]_1 - [\boldsymbol{G}^{\rm s\,T}]_1^* \quad \text{mit} \quad [\boldsymbol{A}]_1 \text{ aus (11.137)}. \tag{11.138}$$

4. Berechnen der eliminierten Größen, beginnend am Körper 2. Der Index i läuft von 2 bis n. Die Rekursionsgleichungen für die Größen des aufspannenden Baumes ohne die Beiträge der sekundären Reaktionskraftwinder lauten in Analogie zu (10.130) bis (10.132)

$$\dot{\boldsymbol{\eta}}_i^{\rm o} = \boldsymbol{N}_i^{-1}\,\boldsymbol{C}_i^{\rm T}\left(\hat{\boldsymbol{f}}_i^{\rm ec*} - \widehat{\boldsymbol{M}}_i^*\left(\boldsymbol{B}_{ip}\,\hat{\boldsymbol{a}}_p^{\rm o} + \bar{\hat{\boldsymbol{a}}}_i^{\rm rel}\right)\right) \quad \text{mit} \quad \boldsymbol{N}_i = \boldsymbol{C}_i^{\rm T}\,\widehat{\boldsymbol{M}}_i^*\,\boldsymbol{C}_i, \tag{11.139}$$

$$\hat{\boldsymbol{a}}_i^{\rm o} = \boldsymbol{B}_{ip}\,\hat{\boldsymbol{a}}_p^{\rm o} + \boldsymbol{C}_i\,\dot{\boldsymbol{\eta}}_i^{\rm o} + \bar{\hat{\boldsymbol{a}}}_i^{\rm rel} \quad \text{mit} \quad \dot{\boldsymbol{\eta}}_i^{\rm o} \text{ aus (11.139)}, \tag{11.140}$$

$$\hat{\boldsymbol{f}}_i^{\rm po} = \widehat{\boldsymbol{M}}_i^*\,\hat{\boldsymbol{a}}_i^{\rm o} - \hat{\boldsymbol{f}}_i^{\rm ec*} \quad \text{mit} \quad \hat{\boldsymbol{a}}_i^{\rm o} \text{ aus (11.140)}. \tag{11.141}$$

Die Einflussmatrizen der sekundären Reaktionskoordinaten werden aus (11.139) bis (11.141) erhalten, indem jeweils $\hat{\boldsymbol{f}}_i^{\rm ec*}$ durch $[\boldsymbol{G}^{\rm s\,T}]_i^*$ ersetzt und $\bar{\hat{\boldsymbol{a}}}_i^{\rm rel} = \boldsymbol{0}$ gesetzt wird,

$$[\boldsymbol{L}]_i = \boldsymbol{N}_i^{-1}\,\boldsymbol{C}_i^{\rm T}\left([\boldsymbol{G}^{\rm s\,T}]_i^* - \widehat{\boldsymbol{M}}_i^*\,\boldsymbol{B}_{ip}\,[\boldsymbol{A}]_p\right), \tag{11.142}$$

$$[\boldsymbol{A}]_i = \boldsymbol{B}_{ip}\,[\boldsymbol{A}]_p + \boldsymbol{C}_i\,[\boldsymbol{L}]_i \quad \text{mit} \quad [\boldsymbol{L}]_i \text{ aus (11.142)}, \tag{11.143}$$

$$[\boldsymbol{F}]_i = \widehat{\boldsymbol{M}}_i^*\,[\boldsymbol{A}]_i - [\boldsymbol{G}^{\rm s\,T}]_i^* \quad \text{mit} \quad [\boldsymbol{A}]_i \text{ aus (11.143)}. \tag{11.144}$$

5. Auflösen des linearen Gleichungssystems (11.121)

$$\boldsymbol{G}^{\rm s}\,\boldsymbol{A}\,\boldsymbol{\lambda}^{\rm s} = -\boldsymbol{G}^{\rm s}\,\hat{\boldsymbol{a}}^{\rm o} - \bar{\bar{\boldsymbol{\gamma}}}^{\rm s} \tag{11.145}$$

mit der $(b^{\rm s}, b^{\rm s})$-Koeffizientenmatrix $\boldsymbol{G}^{\rm s}\,\boldsymbol{A}$ nach den $b^{\rm s}$ sekundären Reaktionskoordinaten $\boldsymbol{\lambda}^{\rm s}$ unter Verwendung von

$$\boldsymbol{G}^{\rm s} = \left[\,[\boldsymbol{G}^{\rm s}]_1 \ \ldots \ [\boldsymbol{G}^{\rm s}]_n\,\right] \text{ aus (11.124)},$$
$$\boldsymbol{A} = \begin{bmatrix} [\boldsymbol{A}]_1 \\ \vdots \\ [\boldsymbol{A}]_n \end{bmatrix} \text{ aus (11.143)}, \qquad \hat{\boldsymbol{a}}^{\rm o} = \begin{bmatrix} \hat{\boldsymbol{a}}_1^{\rm o} \\ \vdots \\ \hat{\boldsymbol{a}}_n^{\rm o} \end{bmatrix} \text{ aus (11.140)}. \tag{11.146}$$

6. Berechnen der Gelenkbeschleunigungen $\dot{\boldsymbol{\eta}}_i$ mit (11.122),

$$\dot{\boldsymbol{\eta}}_i = \dot{\boldsymbol{\eta}}_i^{\rm o} + [\boldsymbol{L}]_i\,\boldsymbol{\lambda}^{\rm s}, \quad i = 1, \ldots, n. \tag{11.147}$$

7. Berechnen der sekundären Gelenk-Reaktionskraftwinder mit (11.101),

$$\hat{f}_i^{\mathrm{s}} = [\boldsymbol{G}^{\mathrm{s\,T}}]_i \,\boldsymbol{\lambda}^{\mathrm{s}}, \quad i = 1, \ldots, n, \tag{11.148}$$

sowie der primären Gelenk-Reaktionskraftwinder mit der mittleren Gleichung in (11.119)

$$\hat{f}_i^{\mathrm{p}} = \hat{f}_i^{\mathrm{po}} + [\boldsymbol{F}]_i \,\boldsymbol{\lambda}^{\mathrm{s}}, \quad i = 1, \ldots, n. \tag{11.149}$$

Werden die Reaktionskraftwinder nicht benötigt, so entfallen die Berechnungsschritte (11.141), (11.144), (11.148) und (11.149).

11.5 Bewegungsgleichungen in Minimalkoordinaten

Mit Hilfe der expliziten Schließbedingungen werden die Bewegungsgleichungen geschlossener Mehrkörpersysteme als gewöhnliche Differentialgleichungen in den Minimalkoordinaten und Minimalgeschwindigkeiten aufgestellt.

11.5.1 Zustandsgleichungen

Als Minimalkoordinaten werden die unabhängigen Gelenkkoordinaten $\boldsymbol{q} = \boldsymbol{\beta}^{\mathrm{u}}$ aus (11.92) und als Minimalgeschwindigkeiten die unabhängigen Gelenkgeschwindigkeiten $\boldsymbol{s} = \boldsymbol{\eta}^{\mathrm{u}}$ aus (11.93) definiert. Mit den kinematischen Differentialgleichungen (11.99) lauten dann die Zustandsgleichungen, vgl. (7.75),

$$\begin{aligned} \begin{bmatrix} \dot{\boldsymbol{q}} \\ \dot{\boldsymbol{s}} \end{bmatrix} &= \begin{bmatrix} \overline{\boldsymbol{H}}_s(\boldsymbol{q})\,\boldsymbol{s} \\ \dot{\boldsymbol{s}}(\boldsymbol{q},\boldsymbol{s},t) \end{bmatrix} \quad \text{mit} \quad \begin{bmatrix} \boldsymbol{q}(t_0) \\ \boldsymbol{s}(t_0) \end{bmatrix} = \begin{bmatrix} \boldsymbol{q}_0 \\ \boldsymbol{s}_0 \end{bmatrix} \\ \dot{\boldsymbol{x}} &= \boldsymbol{\Psi}(\boldsymbol{x},t) \qquad\qquad\qquad \boldsymbol{x}(t_0) = \boldsymbol{x}_0 . \end{aligned} \tag{11.150}$$

Für die Berechnung der zeitlichen Änderungen der Zustandsgrößen $\dot{\boldsymbol{q}}$ und $\dot{\boldsymbol{s}}$ in Abhängigkeit von $\boldsymbol{q}$, $\boldsymbol{s}$ und t können dem Berechnungsablauf aus Abb. 11.12 die expliziten Schließbedingungen auf Lage- und Geschwindigkeitsebene (11.95) und (11.96) vorgeschaltet werden, siehe Abb. 11.13.

Die zeitlichen Änderungen der Zustandsgrößen $\dot{\boldsymbol{q}}$ und $\dot{\boldsymbol{s}}$ sind Teilvektoren der berechneten zeitlichen Änderungen der primären Gelenkkoordinaten $\boldsymbol{\beta}$ und Gelenkgeschwindigkeiten $\boldsymbol{\eta}$.

Das lineare Gleichungssystem (11.106) kann nichtrekursiv oder rekursiv gelöst werden. Gegenüber der Formulierung der Bewegungsgleichungen in primären Gelenkkoordinaten ist die Einhaltung der Schließbedingungen auf Lage- und Geschwindigkeitsebene durch die expliziten Schließbedingungen (11.95) und (11.96) sichergestellt, so dass die Berechnung der entsprechenden Residuen entfällt. Die Zustandsgleichungen (11.150) können daher mit einem Verfahren für gewöhnliche Differentialgleichungen numerisch integriert werden.

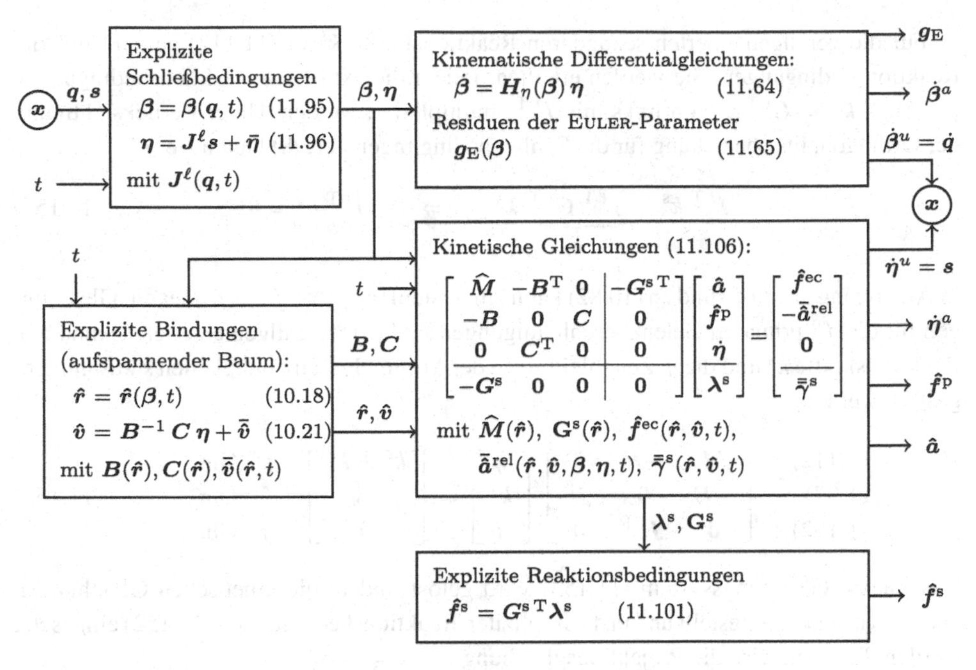

Abb. 11.13 Berechnung der Zustandsgleichungen (11.150) für geschlossene Mehrkörpersysteme in den Minimalkoordinaten

Die Formulierung der Bewegungsgleichungen in Minimalkoordinaten ist insbesondere dann günstig, wenn die expliziten Schließbedingungen auf Lageebene (11.95) analytisch aufgestellt werden können. Das nichtlineare Gleichungssystem der impliziten Schließbedingungen (11.70) muss dazu nach den abhängigen primären Gelenkkoordinaten auflöst werden können, was aber nicht allgemein möglich ist. Die abhängigen primären Gelenkkoordinaten sind dann innerhalb der Auswertung der rechten Seite von (11.150) numerisch z. B. mit Hilfe des NEWTON- RAPHSON-Verfahrens zu berechnen, vgl. Abschn. 5.9.3.

11.5.2 Minimalform der Bewegungsgleichungen

Für die Berechnung der minimalen Beschleunigungen $\dot{s}$ in den Zustandsgleichungen (11.150) können die Bewegungsgleichungen in die Minimalform

$$\overline{\boldsymbol{M}}(\boldsymbol{q}, t)\,\dot{\boldsymbol{s}} = \bar{\boldsymbol{k}}^{\mathrm{c}}(\boldsymbol{q}, \boldsymbol{s}, t) + \bar{\boldsymbol{k}}^{\mathrm{e}}(\boldsymbol{q}, \boldsymbol{s}, t) \tag{11.151}$$

gebracht werden. Das System gewöhnlicher Differentialgleichungen (11.151) enthält die (f, f)-Massenmatrix $\overline{\boldsymbol{M}}$ sowie die f-Vektoren der verallgemeinerten Zentrifugal- und CORIOLIS-Kräfte $\bar{\boldsymbol{k}}^{\mathrm{c}}$ und der verallgemeinerten eingeprägten Kräfte $\bar{\boldsymbol{k}}^{\mathrm{e}}$.

Für die Aufstellung von (11.151) wird von den kinetischen Gleichungen in primären Gelenkkoordinaten (11.112) ausgegangen.

Für die verallgemeinerten sekundären Reaktionskräfte $\boldsymbol{k}^{\mathrm{s}}$ in (11.112) gelten implizite Reaktionsbedingungen. Sie werden erhalten, indem die expliziten Reaktionsbedingungen (11.113), $\boldsymbol{k}^{\mathrm{s}} = \boldsymbol{G}^{\ell\mathrm{T}} \boldsymbol{\lambda}^{\mathrm{s}}$ von links mit $\boldsymbol{J}^{\ell\mathrm{T}}$, multipliziert werden. Unter Berücksichtigung der Orthogonalitätsbeziehung für die Schließbedingungen (11.98) lauten sie

$$\boldsymbol{J}^{\ell\mathrm{T}} \boldsymbol{k}^{\mathrm{s}} = \underbrace{\boldsymbol{J}^{\ell\mathrm{T}} \boldsymbol{G}^{\ell\mathrm{T}}}_{\mathbf{0}} \boldsymbol{\lambda}^{\mathrm{s}} \quad \Rightarrow \quad \boldsymbol{J}^{\ell\mathrm{T}} \boldsymbol{k}^{\mathrm{s}} = \mathbf{0}. \tag{11.152}$$

In Anlehnung an (7.65) und an (10.82) kann ein System von $f^{\mathrm{o}} + f^{\mathrm{o}} + f$ linearen Gleichungen für die f^{o} primären Gelenkbeschleunigungen $\dot{\boldsymbol{\eta}}$, die f^{o} verallgemeinerten sekundären Reaktionskräfte $\boldsymbol{k}^{\mathrm{s}}$ und die f Zeitableitungen der Minimalgeschwindigkeiten $\dot{\boldsymbol{s}}$ zusammengestellt werden,

$$\begin{array}{r} (11.112): \\ (11.97): \\ (11.152): \end{array} \begin{bmatrix} \boldsymbol{M} & -\boldsymbol{E} & \mathbf{0} \\ -\boldsymbol{E} & \mathbf{0} & \boldsymbol{J}^{\ell} \\ \mathbf{0} & \boldsymbol{J}^{\ell\mathrm{T}} & \mathbf{0} \end{bmatrix} \begin{bmatrix} \dot{\boldsymbol{\eta}} \\ \boldsymbol{k}^{\mathrm{s}} \\ \dot{\boldsymbol{s}} \end{bmatrix} = \begin{bmatrix} \boldsymbol{k}^{\mathrm{c}} + \boldsymbol{k}^{\mathrm{e}} \\ -\bar{\bar{\boldsymbol{\eta}}} \\ \mathbf{0} \end{bmatrix} \begin{array}{l} f^{\mathrm{o}} \text{ Gln.} \\ f^{\mathrm{o}} \text{ Gln.} \\ f \text{ Gln.} \end{array} \tag{11.153}$$

Das lineare Gleichungssystem (11.153) wird gelöst, indem die kinetischen Gleichungen (11.112) nach $\boldsymbol{k}^{\mathrm{s}}$ umgestellt und in die impliziten Reaktionsbedingungen (11.152) eingesetzt werden. Erhalten wird die Projektionsgleichung

$$\boldsymbol{J}^{\ell\mathrm{T}} \boldsymbol{M} \dot{\boldsymbol{\eta}} = \boldsymbol{J}^{\ell\mathrm{T}} \boldsymbol{k}^{\mathrm{c}} + \boldsymbol{J}^{\ell\mathrm{T}} \boldsymbol{k}^{\mathrm{e}}. \tag{11.154}$$

Werden weiterhin die expliziten Schließbedingungen (11.95), (11.96) und (11.97) in (11.154) eingesetzt, so werden die Bewegungsgleichungen in den Minimalgeschwindigkeiten (11.151) erhalten mit der (f, f)-Massenmatrix

$$\overline{\boldsymbol{M}} = \boldsymbol{J}^{\ell\mathrm{T}} \boldsymbol{M} \boldsymbol{J}^{\ell}, \tag{11.155}$$

dem f-Vektor der verallgemeinerten Zentrifugal- und CORIOLIS-Kräfte

$$\bar{\boldsymbol{k}}^{\mathrm{c}} = -\boldsymbol{J}^{\ell\mathrm{T}} \boldsymbol{M} \bar{\bar{\boldsymbol{\eta}}} + \boldsymbol{J}^{\ell\mathrm{T}} \boldsymbol{k}^{\mathrm{c}} \tag{11.156}$$

und dem f-Vektor der verallgemeinerten eingeprägten Kräfte

$$\bar{\boldsymbol{k}}^{\mathrm{e}} = \boldsymbol{J}^{\ell\mathrm{T}} \boldsymbol{k}^{\mathrm{e}}. \tag{11.157}$$

Mit den kinematischen Differentialgleichungen (11.99) und den Bewegungsgleichungen (11.151) lauten die Zustandsgleichungen in der Form (11.150)

$$\begin{array}{ccccc} \begin{bmatrix} \dot{\boldsymbol{q}} \\ \dot{\boldsymbol{s}} \end{bmatrix} & = & \begin{bmatrix} \overline{\boldsymbol{H}}_s(\boldsymbol{q})\, \boldsymbol{s} \\ \overline{\boldsymbol{M}}^{-1}(\boldsymbol{q}, t) \left(\bar{\boldsymbol{k}}^{\mathrm{c}}(\boldsymbol{q}, \boldsymbol{s}, t) + \bar{\boldsymbol{k}}^{\mathrm{e}}(\boldsymbol{q}, \boldsymbol{s}, t) \right) \end{bmatrix} & \text{mit} & \begin{bmatrix} \boldsymbol{q}(t_0) \\ \boldsymbol{s}(t_0) \end{bmatrix} = \begin{bmatrix} \boldsymbol{q}_0 \\ \boldsymbol{s}_0 \end{bmatrix} \\ \dot{\boldsymbol{x}} & = & \boldsymbol{\Psi}(\boldsymbol{x}, t) & & \boldsymbol{x}(t_0) = \boldsymbol{x}_0. \end{array} \tag{11.158}$$

11.6 Dynamik eines ebenen Schubkurbelgetriebes

Das in Abb. 11.14 gezeigte ebene Schubkurbelgetriebe besteht aus dem Gestell 0, der Kurbel 1 und der Koppel 2. In den Punkten A und B befinden sich Drehgelenke. Das Gelenk im Punkt C ist aus einem Schubgelenk und einem Drehgelenk zusammengesetzt und hat damit den Freiheitsgrad zwei. Der Gleitstein 3 wird als masseloser Zwischenkörper dieses Gelenks angesehen. Mit $n = 2$ Körpern und insgesamt vier Gelenkfreiheitsgraden in der Bewegungsebene hat der ebene Mechanismus gemäß (9.12) den Freiheitsgrad $f = 1$.

11.6.1 Bewegungsgleichungen in primären Gelenkkoordinaten

Wird die Schleife z.B. im Gelenk C geschnitten, so entsteht der in Abb. 11.15 gezeigte aufspannende Baum mit den $f^o = 2$ primären Gelenkkoordinaten und Gelenkgeschwindigkeiten, vgl. (11.1) bis (11.3),

$$\boldsymbol{\beta} = \begin{bmatrix} \beta_1 \\ \beta_2 \end{bmatrix}, \quad \boldsymbol{\eta} = \dot{\boldsymbol{\beta}} = \begin{bmatrix} \dot{\beta}_1 \\ \dot{\beta}_2 \end{bmatrix}, \quad \boldsymbol{H}_\eta = \begin{bmatrix} 1 & 0 \\ 0 & 1 \end{bmatrix}. \tag{11.159}$$

Implizite Schließbedingung auf Lageebene Mit den Schnitt-Koordinatensystemen $\mathcal{K}_a \hat{=} \mathcal{K}_0$ im Gestell und $\mathcal{K}_b \hat{=} \mathcal{K}_2$ im Massenmittelpunkt S_2 der Koppel gilt die $b^s = 1$ sekundäre geometrische Bindung (11.67) des Typs II aus Tab. 11.1. Sie verlangt, dass die Projektion l_0 des Vektors $\boldsymbol{l} = \boldsymbol{r}_2 + \boldsymbol{c}_2$ auf den Einheitsvektor $\boldsymbol{e}_0$ verschwindet,

$$g^s \equiv \boldsymbol{e}_0^T (\boldsymbol{r}_2 + \boldsymbol{c}_2) = 0\,. \tag{11.160}$$

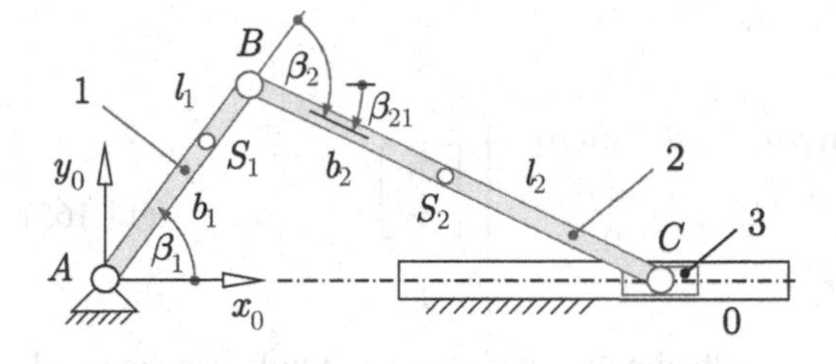

Kurbel 1, Koppel 2 mit $(i = 1, 2)$:
- Längen l_i $(l_2 > l_1)$
- Massenmittelpunkte S_i mit Abständen b_i
- Massen m_i
- Trägheitsmomente θ_{Si} bzgl. S_i

Abb. 11.14 Ebenes Schubkurbelgetriebe

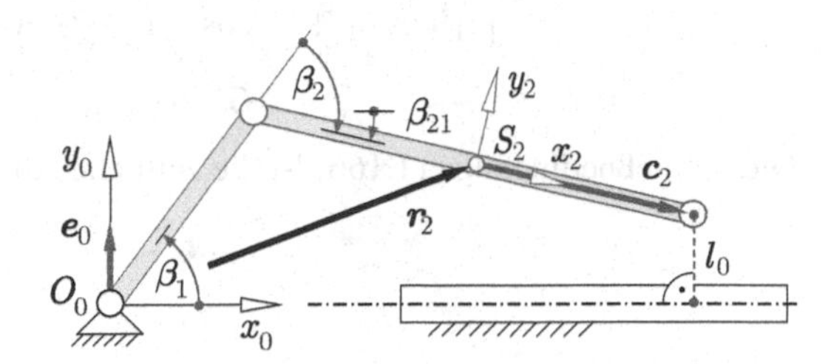

Abb. 11.15 Aufspannender Baum des ebenen Schubkurbelgetriebes

Mit dieser Formulierung werden redundante Bindungen vermieden. Einsetzen der expliziten Bindungen für $\mathcal{K}_0$ und $\mathcal{K}_2$ gemäß (11.68), ausgewertet in $\mathcal{K}_0$,

$$\boldsymbol{e}_0 = \begin{bmatrix} 0 \\ 1 \\ 0 \end{bmatrix}, \qquad \boldsymbol{r}_2 + \boldsymbol{c}_2 = \begin{bmatrix} l_1 \cos\beta_1 + l_2 \cos\beta_{21} \\ l_1 \sin\beta_1 - l_2 \sin\beta_{21} \\ 0 \end{bmatrix} \tag{11.161}$$

mit dem Differenzwinkel $\beta_{21} = \beta_2 - \beta_1$ in (11.160) liefert $b^{\mathrm{s}} = 1$ implizite Schließbedingung der Form (11.69)

$$g^{\ell}(\boldsymbol{\beta}) \equiv l_1 \sin\beta_1 - l_2 \sin\beta_{21} = 0\,. \tag{11.162}$$

Implizite Schließbedingung auf Geschwindigkeitsebene Die $b^{\mathrm{s}} = 1$ sekundäre kinematische Bindung in den Geschwindigkeiten der Koordinatensysteme $\mathcal{K}_0$ und $\mathcal{K}_2$ lautet entsprechend (11.70) bzw. für den Bindungstyp II aus Tab. 11.1 mit den Indizes $a \,\hat{=}\, 0$ und $b \,\hat{=}\, 2$ sowie $\boldsymbol{c}_0 = \boldsymbol{0}$ und $\boldsymbol{l} = \boldsymbol{r}_2 + \boldsymbol{c}_2$

$$\begin{aligned} \dot{g}^{\mathrm{s}} &\equiv \begin{bmatrix} \boldsymbol{e}_0^{\mathrm{T}} (\widetilde{\boldsymbol{r}}_2 + \widetilde{\boldsymbol{c}}_2) & -\boldsymbol{e}_0^{\mathrm{T}} \end{bmatrix} \begin{bmatrix} \boldsymbol{\omega}_0 \\ \boldsymbol{v}_0 \end{bmatrix} + \begin{bmatrix} -\boldsymbol{e}_0^{\mathrm{T}} \widetilde{\boldsymbol{c}}_2 & \boldsymbol{e}_0^{\mathrm{T}} \end{bmatrix} \begin{bmatrix} \boldsymbol{\omega}_2 \\ \boldsymbol{v}_2 \end{bmatrix} = 0 \\ \dot{g}^{\mathrm{s}} &\equiv \qquad \boldsymbol{G}_0^{\mathrm{s}} \qquad \hat{\boldsymbol{v}}_0 \quad + \quad \boldsymbol{G}_2^{\mathrm{s}} \quad \hat{\boldsymbol{v}}_2 = 0 \end{aligned} \tag{11.163}$$

mit den (1,6)-Matrizen $\boldsymbol{G}_0^{\mathrm{s}}$ und $\boldsymbol{G}_2^{\mathrm{s}}$. Einsetzen der expliziten Bindungen des aufspannenden Baumes entsprechend (11.72) mit den verschwindenden Geschwindigkeitsgrößen des ruhenden Systems $\mathcal{K}_0$, also $\boldsymbol{v}_0 = \boldsymbol{0}$ und $\boldsymbol{\omega}_0 = \boldsymbol{0}$, und den Geschwindigkeitsgrößen von $\mathcal{K}_2$

$$\begin{aligned} \boldsymbol{\omega}_2 &= \begin{bmatrix} 0 & 0 \\ 0 & 0 \\ 1 & -1 \end{bmatrix} \begin{bmatrix} \dot{\beta}_1 \\ \dot{\beta}_2 \end{bmatrix} \\ \boldsymbol{\omega}_2 &= \quad \boldsymbol{J}_{\mathrm{R}2} \quad \boldsymbol{\eta} \end{aligned} \tag{11.164}$$

und

$$\begin{aligned} \boldsymbol{v}_2 &= \begin{bmatrix} -l_1 \sin\beta_1 + b_2 \sin\beta_{21} & -b_2 \sin\beta_{21} \\ l_1 \cos\beta_1 + b_2 \cos\beta_{21} & -b_2 \cos\beta_{21} \\ 0 & 0 \end{bmatrix} \begin{bmatrix} \dot{\beta}_1 \\ \dot{\beta}_2 \end{bmatrix} \\ \boldsymbol{v}_2 &= \qquad \boldsymbol{J}_{\mathrm{T}2} \qquad \boldsymbol{\eta} \end{aligned} \tag{11.165}$$

in (11.163) liefert die $b^{\mathrm{s}} = 1$ implizite Schließbedingung auf Geschwindigkeitsebene, vgl. (11.73),

$$\begin{aligned} \begin{bmatrix} l_1 \cos\beta_1 + l_2 \cos\beta_{21} & -l_2 \cos\beta_{21} \end{bmatrix} \begin{bmatrix} \dot{\beta}_1 \\ \dot{\beta}_2 \end{bmatrix} &= 0 \\ \boldsymbol{G}^{\ell}(\boldsymbol{\beta}) \qquad \boldsymbol{\eta} &= 0\,. \end{aligned} \tag{11.166}$$

Die Schließbedingung (11.166) ist die zeitliche Ableitung von (11.162).

Implizite Schließbedingung auf Beschleunigungsebene Die zeitliche Ableitung von (11.166) führt auf die implizite Schließbedingung auf Beschleunigungsebene, vgl. (11.83),

$$\boldsymbol{G}^{\ell}(\boldsymbol{\beta})\,\dot{\boldsymbol{\eta}} + \bar{\bar{\gamma}}^{\ell}(\boldsymbol{\beta},\boldsymbol{\eta}) = 0 \quad \text{mit} \quad \bar{\bar{\gamma}}^{\ell} = -l_1 \sin\beta_1\,\dot{\beta}_1^2 + l_2 \sin\beta_{21}\,\dot{\beta}_{21}^2\,. \tag{11.167}$$

Bewegungsgleichungen Die Bewegungsgleichungen des aufspannenden Baumes in den primären Gelenkkoordinaten $\boldsymbol{\beta}$ und Gelenkgeschwindigkeiten $\boldsymbol{\eta}$ haben die Form (11.112) mit den verallgemeinerten sekundären Reaktionskräften gemäß (11.113) und der $b^{\mathrm{s}} = 1$ sekundären Reaktionskoordinate λ^{s},

$$\boldsymbol{M}(\boldsymbol{\beta})\,\dot{\boldsymbol{\eta}} = \boldsymbol{k}^{\mathrm{c}}(\boldsymbol{\beta},\boldsymbol{\eta}) + \boldsymbol{k}^{\mathrm{e}}(\boldsymbol{\beta},\boldsymbol{\eta}) + \boldsymbol{G}^{\ell\mathrm{T}}\,\lambda^{\mathrm{s}}\,. \tag{11.168}$$

Mit den Trägheitsmomenten $\theta_{A1} = \theta_{S1} + m_1\,b_1^2$ und $\theta_{B2} = \theta_{S2} + m_2\,b_2^2$ und den Gewichtskräften in der negativen y_0-Richtung ist

$$\boldsymbol{M} = \begin{bmatrix} \theta_{A1} + \theta_{B2} + m_2 l_1 (l_1 + 2b_2 \cos\beta_2) & -\theta_{B2} - m_2 l_1 b_2 \cos\beta_2 \\ -\theta_{B2} - m_2 l_1 b_2 \cos\beta_2 & \theta_{B2} \end{bmatrix}, \tag{11.169}$$

$$\boldsymbol{k}^{\mathrm{c}} = \begin{bmatrix} m_2\,l_1\,b_2\,\sin\beta_2\,(2\,\dot{\beta}_1 - \dot{\beta}_2)\,\dot{\beta}_2 \\ -m_2\,l_1\,b_2\,\sin\beta_2\,\dot{\beta}_1^2 \end{bmatrix}, \tag{11.170}$$

$$\boldsymbol{k}^{\mathrm{e}} = \begin{bmatrix} -(m_1\,b_1 + m_2\,l_1)\,g\,\cos\beta_1 - m_2\,g\,b_2\,\cos\beta_{21} \\ m_2\,g\,b_2\,\cos\beta_{21} \end{bmatrix}. \tag{11.171}$$

Nichtrekursive Auflösung der Bewegungsgleichungen Zu einem Zeitpunkt t mit bekannter Lage $\boldsymbol{\beta}$ und Geschwindigkeit $\boldsymbol{\eta}$ können die Beschleunigung $\dot{\boldsymbol{\eta}}$ und die sekundäre Reaktionskoordinate λ^{s} aus dem linearen Gleichungssystem der Form (11.115) berechnet werden,

$$\begin{matrix} (11.168): \\ (11.167): \end{matrix} \quad \begin{bmatrix} \boldsymbol{M} & -\boldsymbol{G}^{\ell\mathrm{T}} \\ -\boldsymbol{G}^{\ell} & 0 \end{bmatrix} \begin{bmatrix} \dot{\boldsymbol{\eta}} \\ \lambda^{\mathrm{s}} \end{bmatrix} = \begin{bmatrix} \boldsymbol{k}^{\mathrm{c}} + \boldsymbol{k}^{\mathrm{e}} \\ \bar{\bar{\gamma}}^{\ell} \end{bmatrix}. \tag{11.172}$$

Sekundäre Reaktionskraftwinder Mit der Reaktionskoordinate λ^{s} aus (11.172) werden die Reaktionskraftwinder zu den sekundären Bindungen (11.163) bezüglich der Punkte O_0 und S_2 gemäß (11.100) berechnet, siehe Abb. 11.16,

$$\hat{\boldsymbol{f}}_2^{\mathrm{s}} = \boldsymbol{G}_2^{\mathrm{sT}}\,\lambda^{\mathrm{s}} \qquad \Rightarrow \qquad \begin{bmatrix} \boldsymbol{\tau}_2^{\mathrm{s}} \\ \boldsymbol{f}_2^{\mathrm{s}} \end{bmatrix} = \begin{bmatrix} \widetilde{\boldsymbol{c}}_2\,\boldsymbol{e}_0 \\ \boldsymbol{e}_0 \end{bmatrix} \lambda^{\mathrm{s}}, \tag{11.173}$$

$$\hat{\boldsymbol{f}}_0^{\mathrm{s}} = \boldsymbol{G}_0^{\mathrm{sT}}\,\lambda^{\mathrm{s}} \qquad \Rightarrow \qquad \begin{bmatrix} \boldsymbol{\tau}_0^{\mathrm{s}} \\ \boldsymbol{f}_0^{\mathrm{s}} \end{bmatrix} = \begin{bmatrix} -(\widetilde{\boldsymbol{r}}_2 + \widetilde{\boldsymbol{c}}_2)\,\boldsymbol{e}_0 \\ -\boldsymbol{e}_0 \end{bmatrix} \lambda^{\mathrm{s}}. \tag{11.174}$$

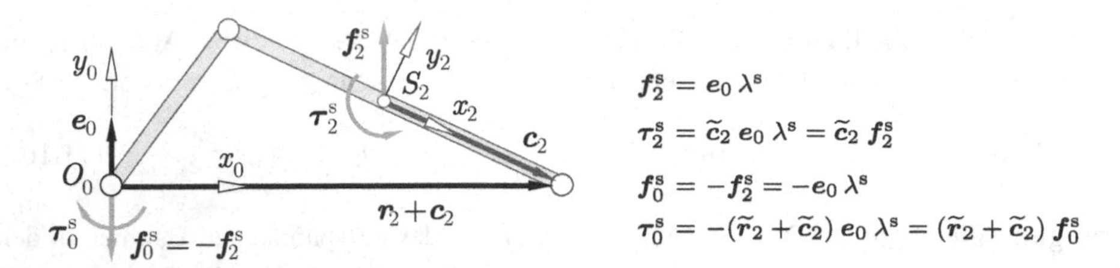

Abb. 11.16 Sekundäre Reaktionskraftwinder in $\mathcal{K}_0$ und $\mathcal{K}_2$

11.6.2 Bewegungsgleichungen in Minimalform

Entsprechend dem Freiheitsgrad $f = 1$ werden die Minimalkoordinate $q = \beta_1$ und die Minimalgeschwindigkeit $s = \dot{\beta}_1$ definiert. Damit hat die kinematische Differentialgleichung (11.29) bzw. (11.99) die einfache Form mit $\overline{\boldsymbol{H}}_s = 1$,

$$\dot{q} = s. \tag{11.175}$$

Explizite Schließbedingungen Die Auflösung der impliziten Schließbedingung (11.162) nach β_2 liefert die beiden Lösungen

$$\beta_{21}^{(1)} = \beta_2^{(1)} - \beta_1 = \arcsin\Big(\frac{l_1}{l_2}\sin\beta_1\Big), \tag{11.176}$$

$$\beta_{21}^{(2)} = \beta_2^{(2)} - \beta_1 = \pi - \arcsin\Big(\frac{l_1}{l_2}\sin\beta_1\Big), \tag{11.177}$$

die den beiden Konfigurationen der Schubkurbel in Abb. 11.17 entsprechen.

Da für $l_2 > l_1$ die Konfigurationen nicht ineinander überführt werden können, reicht es aus, die Lösung $\beta_2^{(1)}$ zu betrachten. Die expliziten Schließbedingungen auf Lageebene lauten damit, vgl. (11.95),

$$\begin{aligned}\begin{bmatrix}\beta_1\\ \beta_2\end{bmatrix} &= \begin{bmatrix} q \\ q + \arcsin\big(\frac{l_1}{l_2}\sin q\big)\end{bmatrix}\\ \boldsymbol{\beta} &= \boldsymbol{\beta}(q).\end{aligned} \tag{11.178}$$

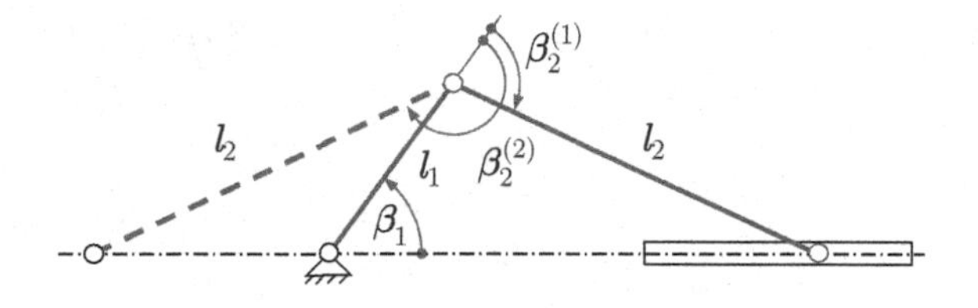

Abb. 11.17 Konfigurationen des Schubkurbelgetriebes

Aus (11.166) folgen die expliziten Schließbedingungen auf Geschwindigkeitsebene

$$\begin{bmatrix} \dot\beta_1 \\ \dot\beta_2 \end{bmatrix} = \begin{bmatrix} 1 \\ \frac{l_1 \cos\beta_1 + l_2 \cos\beta_{21}}{l_2 \cos\beta_{21}} \end{bmatrix} s \qquad \eta = \boldsymbol{J}^{\ell}(q)\, s \tag{11.179}$$

und aus (11.167) die expliziten Schließbedingungen auf Beschleunigungsebene

$$\begin{bmatrix} \ddot\beta_1 \\ \ddot\beta_2 \end{bmatrix} = \begin{bmatrix} 1 \\ \frac{l_1 \cos\beta_1 + l_2 \cos\beta_{21}}{l_2 \cos\beta_{21}} \end{bmatrix} \dot s + \begin{bmatrix} 0 \\ \frac{-l_1 \sin\beta_1\, \dot\beta_1^2 + l_2 \sin\beta_{21}\, \dot\beta_{21}^2}{l_2 \cos\beta_{21}} \end{bmatrix} \qquad \dot\eta = \boldsymbol{J}^{\ell}(q)\, \dot s + \bar{\bar{\eta}}(q, s)\,. \tag{11.180}$$

Bewegungsgleichung Die $f = 1$ Bewegungsgleichung lautet gemäß (11.151),

$$\overline{M}(q)\, \dot s = \bar{k}^{\mathrm{c}}(q, s) + \bar{k}^{\mathrm{e}}(q, s)\,, \tag{11.181}$$

mit der verallgemeinerten Masse gemäß (11.155)

$$\overline{M} = \boldsymbol{J}^{\ell\mathrm{T}}\, \boldsymbol{M}\, \boldsymbol{J}^{\ell}\,, \tag{11.182}$$

der verallgemeinerten Zentrifugal- und CORIOLIS-Kraft gemäß (11.156)

$$\bar{k}^{\mathrm{c}} = -\boldsymbol{J}^{\ell\mathrm{T}}\, \boldsymbol{M}\, \bar{\bar{\eta}} + \boldsymbol{J}^{\ell\mathrm{T}}\, \boldsymbol{k}^{\mathrm{c}} \tag{11.183}$$

und der verallgemeinerten eingeprägten Kraft gemäß (11.157)

$$\bar{k}^{\mathrm{e}} = \boldsymbol{J}^{\ell\mathrm{T}}\, \boldsymbol{k}^{\mathrm{e}}. \tag{11.184}$$

11.7 Dynamik eines räumlichen Koppelgetriebes

Das in Abb. 11.18 gezeigte räumliche Koppelgetriebe (RSRRR-Mechanismus) entsteht aus der kinematischen Kette des Roboters aus Abb. 10.16, indem der Endpunkt des Roboters in einem Kugelgelenk durch den um die Achse $\boldsymbol{u}_4$ rotierenden Antriebshebel auf einer Kreisbahn geführt wird [42].

Mit $n = 4$ Körpern und $n_{\mathrm{G}} = 5$ Gelenken besitzt der räumliche Mechanismus $n_{\mathrm{S}} = 1$ kinematische Schleife. Nach dem GRÜBLER-KUTZBACH-Kriterium (9.9) beträgt der Freiheitsgrad $f = 1$. Die Bewegungsgleichungen werden in primären Gelenkkoordinaten und in einer Minimalkoordinate aufgestellt.

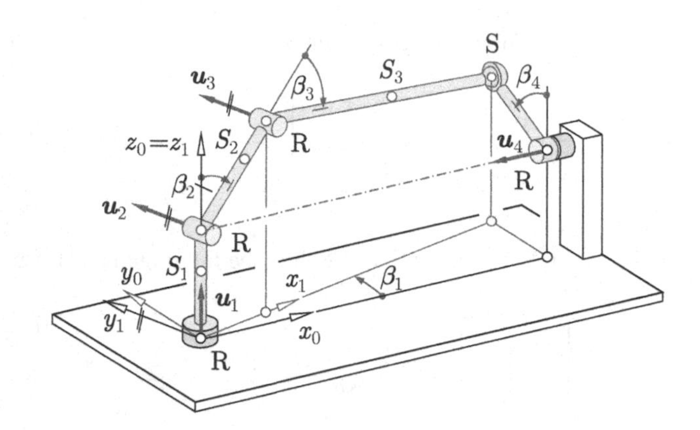

Abb. 11.18 Räumliches Koppelgetriebe (RSRRR-Mechanismus)

11.7.1 Bewegungsgleichungen in primären Gelenkkoordinaten

Wird die Schleife am Kugelgelenk als dem sekundären Gelenk geschnitten, so entsteht der in Abb. 11.19 gezeigte aufspannende Baum mit den $f^{\text{o}} = 4$ primären Gelenkkoordinaten und Gelenkgeschwindigkeiten, vgl. (11.1) bis (11.3),

$$\boldsymbol{\beta} = \begin{bmatrix} \beta_1 & \beta_2 & \beta_3 & \beta_4 \end{bmatrix}^{\text{T}}, \quad \boldsymbol{\eta} = \dot{\boldsymbol{\beta}}, \quad \boldsymbol{H}_\eta = \boldsymbol{E}. \tag{11.185}$$

Implizite Schließbedingungen auf Lageebene Für den Schnitt am Kugelgelenk gelten gemäß Tab. 11.2 die $b^{\text{s}} = 3$ impliziten sekundären Bindungen des Typs I aus Tab. 11.1. Mit den Schnitt-Koordinatensystemen $\mathcal{K}_3$ im Massenmittelpunkt S_3 der Koppel und $\mathcal{K}_4$ in der Achse des Antriebshebels lauten sie

$$\boldsymbol{g}^{\text{s}}(\hat{\boldsymbol{r}}_3, \hat{\boldsymbol{r}}_4) \equiv (\boldsymbol{r}_3 + \boldsymbol{c}_3) - (\boldsymbol{r}_4 + \boldsymbol{c}_4) = \boldsymbol{0}. \tag{11.186}$$

Der Vektor $\boldsymbol{r}_3 + \boldsymbol{c}_3$ zum Kugelgelenk ergibt sich aus (10.138) mit der Länge l_3 anstelle von b_3 sowie $l_1 = 0$. Der Vektor $\boldsymbol{r}_4 + \boldsymbol{c}_4$ wird mit Hilfe der Abmessungen l_0 und l_4 sowie des Drehwinkels β_4 des Antriebshebels ausgedrückt. Die impliziten Schließbedingungen gemäß (11.69) lauten damit ($\beta_{23} = \beta_2 + \beta_3$)

$$\begin{aligned} \begin{bmatrix} \cos\beta_1\,(l_2\,\sin\beta_2 + l_3\,\sin\beta_{23}) - l_0 \\ \sin\beta_1\,(l_2\,\sin\beta_2 + l_3\,\sin\beta_{23}) - l_4\sin\beta_4 \\ (l_2\,\cos\beta_2 + l_3\,\cos\beta_{23}) - l_4\cos\beta_4 \end{bmatrix} &= \begin{bmatrix} 0 \\ 0 \\ 0 \end{bmatrix} \\ \boldsymbol{g}^{\ell}(\boldsymbol{\beta}) &= \boldsymbol{0}. \end{aligned} \tag{11.187}$$

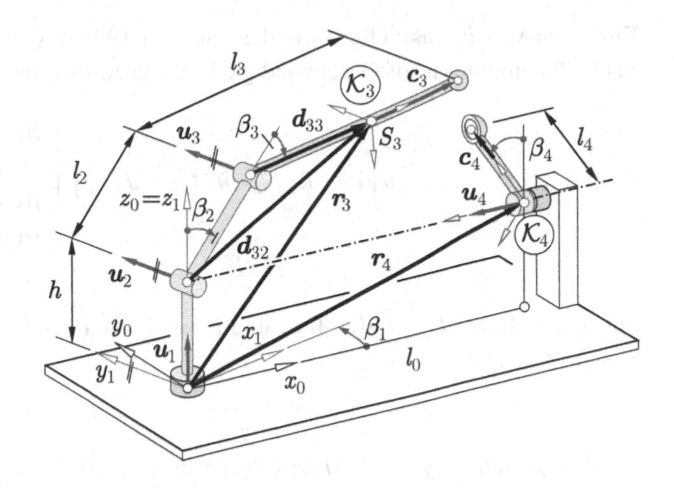

Abb. 11.19 Aufspannender Baum des RSRRR-Mechanismus

Implizite Schließbedingungen auf Geschwindigkeitsebene Die $b^s = 3$ impliziten sekundären Bindungen des Typs I aus Tab. 11.1 lauten hier

$$\begin{aligned}\dot{\boldsymbol{g}}^s \equiv \begin{bmatrix} -\widetilde{\boldsymbol{c}}_3 & \boldsymbol{E} \end{bmatrix} \begin{bmatrix} \boldsymbol{\omega}_3 \\ \boldsymbol{v}_3 \end{bmatrix} + \begin{bmatrix} \widetilde{\boldsymbol{c}}_4 & -\boldsymbol{E} \end{bmatrix} \begin{bmatrix} \boldsymbol{\omega}_4 \\ \boldsymbol{v}_4 \end{bmatrix} &= \boldsymbol{0} \\ \boldsymbol{G}_3^s \quad \hat{\boldsymbol{v}}_3 \quad + \quad \boldsymbol{G}_4^s \quad \hat{\boldsymbol{v}}_4 &= \boldsymbol{0}.\end{aligned} \tag{11.188}$$

Die räumliche Geschwindigkeit $\hat{\boldsymbol{v}}_3$ des Bezugssystems $\mathcal{K}_3$ wird mit Hilfe der primären Gelenkgeschwindigkeiten aus (11.185) unter Verwendung der Submatrizen der JACOBI-Matrix $\boldsymbol{J}_3$ aus (10.148) ausgedrückt,

$$\begin{aligned}\begin{bmatrix} \boldsymbol{\omega}_3 \\ \boldsymbol{v}_3 \end{bmatrix} &= \begin{bmatrix} \boldsymbol{u}_1 & \boldsymbol{u}_2 & \boldsymbol{u}_3 & \boldsymbol{0} \\ \widetilde{\boldsymbol{u}}_1 \boldsymbol{d}_{31} & \widetilde{\boldsymbol{u}}_2 \boldsymbol{d}_{32} & \widetilde{\boldsymbol{u}}_3 \boldsymbol{d}_{33} & \boldsymbol{0} \end{bmatrix} \begin{bmatrix} \dot{\beta}_1 \\ \dot{\beta}_2 \\ \dot{\beta}_3 \\ \dot{\beta}_4 \end{bmatrix} \\ \hat{\boldsymbol{v}}_3 &= \begin{bmatrix} \boldsymbol{J}_{31} & \boldsymbol{J}_{32} & \boldsymbol{J}_{33} & \boldsymbol{0} \end{bmatrix} \quad \boldsymbol{\eta},\end{aligned} \tag{11.189}$$

mit $\boldsymbol{d}_{31} = \boldsymbol{d}_{32}$ wegen der hier sich schneidenden Achsen $\boldsymbol{u}_1$ und $\boldsymbol{u}_2$. Die räumliche Geschwindigkeit $\hat{\boldsymbol{v}}_4$ des Bezugssystems $\mathcal{K}_4$ lautet in Abhängigkeit von den primären Gelenkgeschwindigkeiten

$$\begin{aligned}\begin{bmatrix} \boldsymbol{\omega}_4 \\ \boldsymbol{v}_4 \end{bmatrix} &= \begin{bmatrix} \boldsymbol{0} & \boldsymbol{0} & \boldsymbol{0} & \boldsymbol{u}_4 \\ \boldsymbol{0} & \boldsymbol{0} & \boldsymbol{0} & \boldsymbol{0} \end{bmatrix} \begin{bmatrix} \dot{\beta}_1 \\ \dot{\beta}_2 \\ \dot{\beta}_3 \\ \dot{\beta}_4 \end{bmatrix} \\ \hat{\boldsymbol{v}}_4 &= \begin{bmatrix} \boldsymbol{0} & \boldsymbol{0} & \boldsymbol{0} & \boldsymbol{J}_{44} \end{bmatrix} \quad \boldsymbol{\eta}.\end{aligned} \tag{11.190}$$

Einsetzen von $\hat{\boldsymbol{v}}_3$ aus (11.189) und $\hat{\boldsymbol{v}}_4$ aus (11.190) in (11.188) führt auf die impliziten Schließbedingungen auf Geschwindigkeitsebene entsprechend (11.73),

$$\underbrace{\begin{bmatrix} \widetilde{\boldsymbol{u}}_1 \boldsymbol{l}_{32} & \widetilde{\boldsymbol{u}}_2 \boldsymbol{l}_{32} & \widetilde{\boldsymbol{u}}_3 \boldsymbol{l}_3 & -\widetilde{\boldsymbol{u}}_4 \boldsymbol{c}_4 \end{bmatrix}}_{\boldsymbol{G}^\ell} \underbrace{\begin{bmatrix} \dot{\beta}_1 \\ \dot{\beta}_2 \\ \dot{\beta}_3 \\ \dot{\beta}_4 \end{bmatrix}}_{\boldsymbol{\eta}} = \boldsymbol{0} \tag{11.191}$$

mit den Vektoren $\boldsymbol{l}_{32} = \boldsymbol{d}_{32} + \boldsymbol{c}_3$ und $\boldsymbol{l}_3 = \boldsymbol{d}_{33} + \boldsymbol{c}_3$. Die Auswertung von (11.191) im System $\mathcal{K}_0$ ergibt

$$\underbrace{\begin{bmatrix} -l_A \sin\beta_1 & l_B \cos\beta_1 & l_3 \cos\beta_{23} \cos\beta_1 & 0 \\ l_A \cos\beta_1 & l_B \sin\beta_1 & l_3 \cos\beta_{23} \sin\beta_1 & -l_4 \cos\beta_4 \\ 0 & -l_A & -l_3 \sin\beta_{23} & l_4 \sin\beta_4 \end{bmatrix}}_{\boldsymbol{G}^\ell(\boldsymbol{\beta})} \underbrace{\begin{bmatrix} \dot{\beta}_1 \\ \dot{\beta}_2 \\ \dot{\beta}_3 \\ \dot{\beta}_4 \end{bmatrix}}_{\boldsymbol{\eta}} = \underbrace{\begin{bmatrix} 0 \\ 0 \\ 0 \end{bmatrix}}_{\boldsymbol{0}} . \tag{11.192}$$

mit den Termen $l_A = l_2 \sin\beta_2 + l_3 \sin\beta_{23}$ und $l_B = l_2 \cos\beta_2 + l_3 \cos\beta_{23}$. Das Gleichungssystem (11.192) ergibt sich auch durch die Zeitableitung von (11.187).

Implizite Schließbedingungen auf Beschleunigungsebene Die zeitliche Ableitung von (11.191) führt auf die impliziten Schließbedingungen

$$\boldsymbol{G}^\ell(\boldsymbol{\beta})\, \dot{\boldsymbol{\eta}} + \bar{\bar{\boldsymbol{\gamma}}}^\ell(\boldsymbol{\beta}, \boldsymbol{\eta}) = \boldsymbol{0} . \tag{11.193}$$

Der nicht von den Gelenkbeschleunigungen $\dot{\boldsymbol{\eta}} = \ddot{\boldsymbol{\beta}}$ abhängende Term lautet

$$\begin{aligned} \bar{\bar{\boldsymbol{\gamma}}}^\ell &= \dot{\boldsymbol{G}}^\ell \boldsymbol{\eta} , \\ \bar{\bar{\boldsymbol{\gamma}}}^\ell &= \widetilde{\boldsymbol{u}}_1 \dot{\boldsymbol{l}}_{32} \dot{\beta}_1 + \big(\dot{\widetilde{\boldsymbol{u}}}_2 \boldsymbol{l}_{32} + \widetilde{\boldsymbol{u}}_2 \dot{\boldsymbol{l}}_{32}\big) \dot{\beta}_2 + \big(\dot{\widetilde{\boldsymbol{u}}}_3 \boldsymbol{l}_3 + \widetilde{\boldsymbol{u}}_3 \dot{\boldsymbol{l}}_{33}\big) \dot{\beta}_3 - \widetilde{\boldsymbol{u}}_4 \dot{\boldsymbol{c}}_4 \dot{\beta}_4 \end{aligned} \tag{11.194}$$

mit den Vektoren

$$\begin{aligned} &\dot{\boldsymbol{u}}_2 = \dot{\boldsymbol{u}}_3 = \dot{\beta}_1 \widetilde{\boldsymbol{u}}_1 \boldsymbol{u}_2 , && \dot{\boldsymbol{c}}_4 = \dot{\beta}_4 \widetilde{\boldsymbol{u}}_4 \boldsymbol{c}_4 , \\ &\dot{\boldsymbol{l}}_{32} = \big(\dot{\beta}_1 \widetilde{\boldsymbol{u}}_1 + \dot{\beta}_2 \widetilde{\boldsymbol{u}}_2\big) \boldsymbol{l}_{32} + \dot{\beta}_3 \widetilde{\boldsymbol{u}}_3 \boldsymbol{l}_3 , && \dot{\boldsymbol{l}}_3 = \widetilde{\boldsymbol{\omega}}_3 \boldsymbol{l}_3 . \end{aligned} \tag{11.195}$$

Explizite Reaktionsbedingungen Für die verallgemeinerten sekundären Reaktionskräfte $\boldsymbol{k}^s$ gelten die expliziten Reaktionsbedingungen (11.113) mit der Matrix der Schließbedingungen $\boldsymbol{G}^\ell$ aus (11.191) bzw. (11.192) und den $b^s = 3$ minimalen sekundären Reaktionskoordinaten $\boldsymbol{\lambda}^s$,

$$\begin{bmatrix} k_1^{\mathrm{s}} \\ k_2^{\mathrm{s}} \\ k_3^{\mathrm{s}} \\ k_4^{\mathrm{s}} \end{bmatrix} = \begin{bmatrix} -\boldsymbol{l}_{32}^{\mathrm{T}}\widetilde{\boldsymbol{u}}_1 \\ -\boldsymbol{l}_{32}^{\mathrm{T}}\widetilde{\boldsymbol{u}}_2 \\ -\boldsymbol{l}_3^{\mathrm{T}}\widetilde{\boldsymbol{u}}_3 \\ \boldsymbol{c}_4^{\mathrm{T}}\widetilde{\boldsymbol{u}}_4 \end{bmatrix} \begin{bmatrix} \lambda_1^{\mathrm{s}} \\ \lambda_2^{\mathrm{s}} \\ \lambda_3^{\mathrm{s}} \end{bmatrix} \qquad (11.196)$$

$$\boldsymbol{k}^{\mathrm{s}} = \boldsymbol{G}^{\ell\mathrm{T}} \boldsymbol{\lambda}^{\mathrm{s}} .$$

Bewegungsgleichungen Die Bewegungsgleichungen in den primären Gelenkkoordinaten $\boldsymbol{\beta}$ und Gelenkgeschwindigkeiten $\boldsymbol{\eta}$ lauten entsprechend (11.112) mit $\boldsymbol{k}^{\mathrm{s}}$ aus (11.196),

$$\left[\begin{array}{ccc|c} M_{11} & 0 & 0 & 0 \\ 0 & M_{22} & M_{32} & 0 \\ 0 & M_{32} & M_{33} & 0 \\ \hline 0 & 0 & 0 & M_{44} \end{array}\right] \left[\begin{array}{c} \ddot{\beta}_1 \\ \ddot{\beta}_2 \\ \ddot{\beta}_3 \\ \hline \ddot{\beta}_4 \end{array}\right] = \left[\begin{array}{c} k_1^{\mathrm{c}} \\ k_2^{\mathrm{c}} \\ k_3^{\mathrm{c}} \\ \hline 0 \end{array}\right] + \left[\begin{array}{c} k_1^{\mathrm{e}} \\ k_2^{\mathrm{e}} \\ k_3^{\mathrm{e}} \\ \hline k_4^{\mathrm{e}} \end{array}\right] + \left[\begin{array}{c} -\boldsymbol{l}_{32}^{\mathrm{T}}\widetilde{\boldsymbol{u}}_1 \\ -\boldsymbol{l}_{32}^{\mathrm{T}}\widetilde{\boldsymbol{u}}_2 \\ -\boldsymbol{l}_3^{\mathrm{T}}\widetilde{\boldsymbol{u}}_3 \\ \hline \boldsymbol{c}_4^{\mathrm{T}}\widetilde{\boldsymbol{u}}_4 \end{array}\right] \begin{bmatrix} \lambda_1^{\mathrm{s}} \\ \lambda_2^{\mathrm{s}} \\ \lambda_3^{\mathrm{s}} \end{bmatrix} \qquad (11.197)$$

$$\boldsymbol{M} \quad \dot{\boldsymbol{\eta}} = \boldsymbol{k}^{\mathrm{c}} + \boldsymbol{k}^{\mathrm{e}} + \boldsymbol{G}^{\ell\mathrm{T}} \boldsymbol{\lambda}^{\mathrm{s}} .$$

Die Terme $\boldsymbol{M}_{ij}$, $\boldsymbol{k}_i^{\mathrm{c}}$ und $\boldsymbol{k}_i^{\mathrm{e}}$ in den drei oberen Bewegungsgleichungen sind die entsprechenden Größen der Bewegungsgleichung der offenen Kette (10.168). Die untere Bewegungsgleichung beschreibt die Bewegung des Antriebshebels um die raumfeste Drehachse $\boldsymbol{u}_4$ mit dem Massenträgheitsmoment des Hebels bezüglich der Drehachse M_{44}, dem Moment der Gewichtskraft bezüglich der Drehachse k_4^{e} und der verschwindenden verallgemeinerten Zentrifugal- und CORIOLIS-Kraft $k_4^{\mathrm{c}} = 0$. Die Bewegungsgleichungen der beiden Teilketten des aufspannenden Baumes sind durch die sekundären Reaktionskoordinaten $\boldsymbol{\lambda}^{\mathrm{s}}$ verkoppelt.

Nichtrekursive Auflösung der Bewegungsgleichungen Zu einem Zeitpunkt t mit bekannter Lage $\boldsymbol{\beta}$ und Geschwindigkeit $\boldsymbol{\eta}$ können die Beschleunigung $\dot{\boldsymbol{\eta}}$ und die Reaktionskoordinaten $\boldsymbol{\lambda}^{\mathrm{s}}$ aus dem linearen Gleichungssystem der Form (11.115) berechnet werden,

$$\begin{array}{l} (11.197): \\ (11.193): \end{array} \begin{bmatrix} \boldsymbol{M} & -\boldsymbol{G}^{\ell\mathrm{T}} \\ -\boldsymbol{G}^{\ell} & \boldsymbol{0} \end{bmatrix} \begin{bmatrix} \dot{\boldsymbol{\eta}} \\ \boldsymbol{\lambda}^{\mathrm{s}} \end{bmatrix} = \begin{bmatrix} \boldsymbol{k}^{\mathrm{c}} + \boldsymbol{k}^{\mathrm{e}} \\ \bar{\bar{\boldsymbol{\gamma}}}^{\ell} \end{bmatrix}. \qquad (11.198)$$

Mit $\dot{\boldsymbol{\eta}}$ aus (11.198) und den kinematischen Differentialgleichungen aus (11.185) liegen die Zustandsgleichungen (11.107) vor. Entsprechend (11.108) und (11.109) müssen die Anfangsbedingungen $\boldsymbol{\beta}(t_0)$ und $\boldsymbol{\eta}(t_0)$ die Schließbedingungen auf Lageebene (11.187) und auf Geschwindigkeitsebene (11.192) erfüllen.

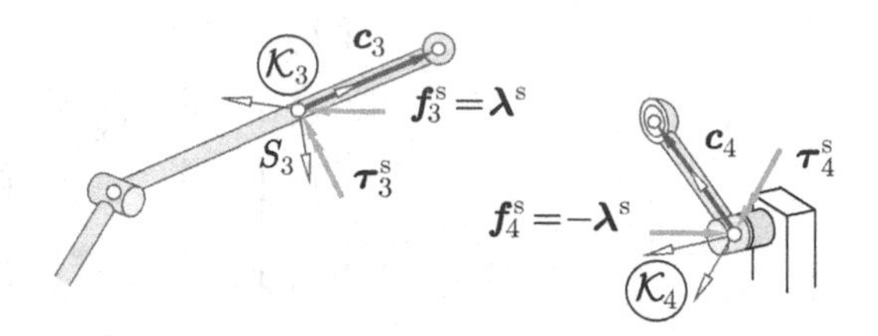

Abb. 11.20 Sekundäre Reaktionskraftwinder bezüglich der Ursprungspunkte von $\mathcal{K}_3$ und $\mathcal{K}_4$

Sekundäre Reaktionskraftwinder Mit den Bindungsmatrizen $\boldsymbol{G}_3^{\mathrm{s}\,\mathrm{T}}$ und $\boldsymbol{G}_4^{\mathrm{s}\,\mathrm{T}}$ aus (11.188) und den Reaktionskoordinaten $\boldsymbol{\lambda}^{\mathrm{s}}$ aus (11.198) liefert (11.100) die sekundären Reaktionskraftwinder bezüglich der Ursprungspunkte von $\mathcal{K}_3$ und $\mathcal{K}_4$, siehe Abb. 11.20,

$$\hat{\boldsymbol{f}}_3^{\mathrm{s}} = \boldsymbol{G}_3^{\mathrm{s}\,\mathrm{T}} \boldsymbol{\lambda}^{\mathrm{s}} \quad \Rightarrow \quad \begin{bmatrix} \boldsymbol{\tau}_3^{\mathrm{s}} \\ \boldsymbol{f}_3^{\mathrm{s}} \end{bmatrix} = \begin{bmatrix} \widetilde{\boldsymbol{c}}_3 \\ \boldsymbol{E} \end{bmatrix} \boldsymbol{\lambda}^{\mathrm{s}} . \tag{11.199}$$

$$\hat{\boldsymbol{f}}_4^{\mathrm{s}} = \boldsymbol{G}_4^{\mathrm{s}\,\mathrm{T}} \boldsymbol{\lambda}^{\mathrm{s}} \quad \Rightarrow \quad \begin{bmatrix} \boldsymbol{\tau}_4^{\mathrm{s}} \\ \boldsymbol{f}_4^{\mathrm{s}} \end{bmatrix} = \begin{bmatrix} -\widetilde{\boldsymbol{c}}_4 \\ -\boldsymbol{E} \end{bmatrix} \boldsymbol{\lambda}^{\mathrm{s}} . \tag{11.200}$$

11.7.2 Bewegungsgleichungen in Minimalform

Entsprechend dem Freiheitsgrad $f = 1$ werden die Minimalkoordinate $q = \beta_4$ und die Minimalgeschwindigkeit $s = \dot{\beta}_4$ definiert. Damit lautet die kinematische Bewegungsgleichung entsprechend (11.29) bzw. (11.99)

$$\dot{q} = s . \tag{11.201}$$

Explizite Schließbedingungen auf Lageebene Mit Hilfe der expliziten Schließbedingungen auf Lageebene werden die primären Gelenkkoordinaten $\boldsymbol{\beta}$ durch die Minimalkoordinate q ausgedrückt. Hierzu wird das System der impliziten Schließbedingungen (11.187) analytisch nach den abhängigen primären Gelenkkoordinaten β_1, β_2 und β_3 aufgelöst, wobei zwei Vorgehensweisen angewandt werden.

Algebraische Lösung Die Schließbedingungen (11.187), also

$$l_2 \cos\beta_1 \sin\beta_2 + l_3 \cos\beta_1 \sin\beta_{23} - l_0 = 0 , \tag{11.202}$$

$$l_2 \sin\beta_1 \sin\beta_2 + l_3 \sin\beta_1 \sin\beta_{23} - l_4 \sin\beta_4 = 0 , \tag{11.203}$$

$$l_2 \cos\beta_2 + l_3 \cos\beta_{23} - l_4 \cos\beta_4 = 0 , \tag{11.204}$$

werden nach den abhängigen Gelenkkoordinaten β_1, β_2 und β_3 aufgelöst.

Der Winkel β_1 wird aus (11.202) und (11.203) berechnet, indem (11.202) mit $-\sin\beta_1$ und (11.203) mit $\cos\beta_1$ multipliziert und anschließend beide Gleichungen addiert werden. Erhalten werden zwei Lösungen $\beta_1^{(1)}, \beta_1^{(2)}$,

$$\tan\beta_1 = \frac{l_4\,\sin\beta_4}{l_0} \quad\Rightarrow\quad \begin{cases} \beta_1^{(1)} = \arctan\frac{l_4\,\sin\beta_4}{l_0} \\ \beta_1^{(2)} = \beta_1^{(1)} + \pi\,. \end{cases} \tag{11.205}$$

Die beiden Lösungen entsprechen zwei möglichen Konfigurationen des Mechanismus, die durch die entgegengesetzten Richtungen der Achsvektoren $\boldsymbol{u}_2$ und $\boldsymbol{u}_3$ gekennzeichnet sind, siehe Abb. 11.21.

Der Winkel β_2 wird berechnet, indem die Gleichungen (11.202) bis (11.204) jeweils nach dem zweiten Summanden umgestellt, quadriert und anschließend die Gleichungen addiert werden. Unter Berücksichtigung von $\sin^2\beta_i + \cos^2\beta_i = 1$ kann das Ergebnis in die aus (11.44) bekannte Form gebracht werden,

$$A(\beta_4)\,\cos\beta_2 + B(\beta_4, \beta_1)\,\sin\beta_2 + C = 0 \tag{11.206}$$

mit

$$A = 2\,l_2\,l_4\cos\beta_4\,, \quad B = 2\,l_2\,(l_4\sin\beta_1\sin\beta_4 + l_0\cos\beta_1)\,, \quad C = l_3^2 - l_0^2 - l_2^2 - l_4^2\,.$$

Für jede der Lösungen $\beta_1^{(1)}$ und $\beta_1^{(2)}$ aus (11.205) liefert (11.206) entsprechend (11.45) zwei Lösungen für β_2.

Der Winkel β_3 wird über den Summenwinkel $\beta_{23} = \beta_2 + \beta_3$ berechnet. Hierzu werden die Gleichungen (11.202) und (11.203) addiert und die Summengleichung nach $\sin\beta_{23}$ aufgelöst. Aus (11.204) wird $\cos\beta_{23}$ erhalten. Die Ergebnisse lauten

$$\left.\begin{aligned} \sin\beta_{23} &= \frac{l_0 + l_4\,\sin\beta_4}{l_3\,(\sin\beta_1 + \cos\beta_1)} - \frac{l_2\,\sin\beta_2}{l_3}\,, \\ \cos\beta_{23} &= \frac{1}{l_3}(l_4\,\cos\beta_4 - l_2\,\cos\beta_2)\,. \end{aligned}\right\} \tag{11.207}$$

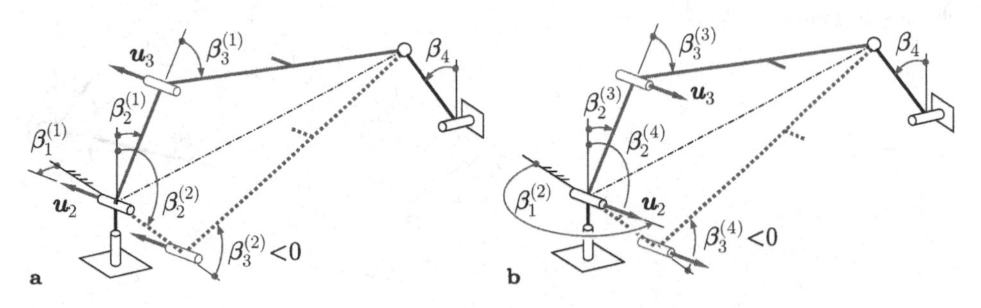

Abb. 11.21 RSRRR-Mechanismus. **a** Konfigurationen 1, 2. **b** Konfigurationen 3, 4

Der Winkel β_3 ergibt sich daraus zu

$$\beta_3 = \operatorname{atan2}\left(\sin\beta_{23}, \cos\beta_{23}\right) - \beta_2\,. \tag{11.208}$$

Die Berechnung der abhängigen primären Gelenkkoordinaten β_1, β_2 und β_3 für einen gegebenen Winkel $q = \beta_4$ ist in Abb. 11.22 dargestellt. Die Lösungen beschreiben die in Abb. 11.21 gezeigten vier Konfigurationen des Koppelgetriebes.

Geometrische Lösung Der Grundgedanke des geometrischen Ansatzes besteht darin, eine Reihe von skalaren Schließbedingungen so zu formulieren, dass die gesuchten abhängigen Gelenkkoordinaten nacheinander berechnet werden können. Eine gewisse Systematisierung dieser Methodik lässt sich durch die Betrachtung eines so genannten *charakteristischen Gelenkpaares* erreichen, siehe WOERNLE [115]. Im günstigsten Fall kann unmittelbar eine skalare Schließbedingung in einer abhängigen Gelenkkoordinate aufgestellt werden.

Im vorliegenden Beispiel kann die Bedingung ausgenutzt werden, dass der Punkt P_2 des Kugelgelenks wegen der beiden parallelen Drehgelenke in einer Ebene liegt, die durch den Punkt P_1 und den Normalenvektor $\boldsymbol{u}_2 = \boldsymbol{u}_3$ definiert ist, siehe Abb. 11.23. Der Vektor $\boldsymbol{l}_0 + \boldsymbol{l}_4$ von P_1 nach P_2 steht daher stets senkrecht auf $\boldsymbol{u}_2$.

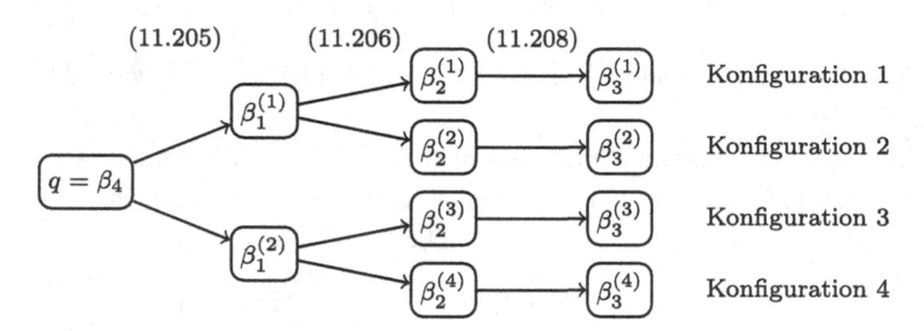

Abb. 11.22 Berechnungsablauf für die expliziten Schließbedingungen des RRRSR-Mechanismus

Abb. 11.23 Zur geometrischen Lösung der Schließbedingungen

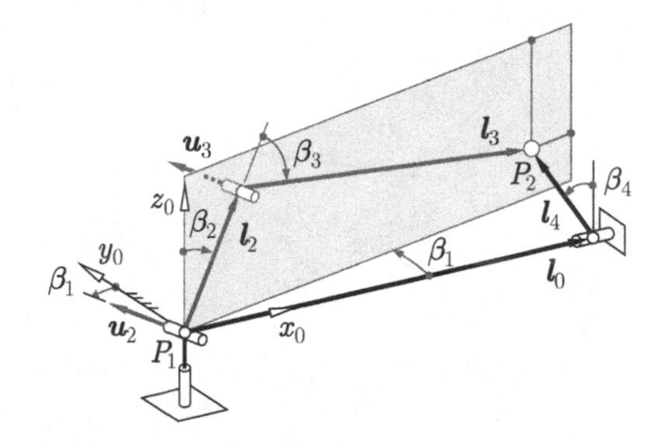

Bei Darstellung der Vektoren in $\mathcal{K}_0$ ergibt sich

$$u_2^{\mathrm{T}}\,(l_0 + l_4) = 0 \quad \text{mit} \quad u_2 = \begin{bmatrix} -\sin\beta_1 \\ \cos\beta_1 \\ 0 \end{bmatrix}, \quad l_0 + l_4 = \begin{bmatrix} l_0 \\ l_4 \sin\beta_4 \\ l_4 \cos\beta_4 \end{bmatrix}. \tag{11.209}$$

Die Berechnung von (11.209) liefert die Bestimmungsgleichung (11.205) für β_1.

Eine Bestimmungsgleichung für den Winkel β_2 wird erhalten, indem das Quadrat der Länge des Vektors l_3 mit Hilfe der Vektoren $l_0 + l_4$ aus (11.209) und dem von β_1 und β_2 abhängenden Vektor l_2 ausgedrückt wird,

$$(l_0 + l_4 - l_2)^2 - l_3^2 = 0 \quad \text{mit} \quad l_2(\beta_1, \beta_2) = \begin{bmatrix} l_2 \cos\beta_1 \sin\beta_2 \\ l_2 \sin\beta_1 \sin\beta_2 \\ l_2 \cos\beta_2 \end{bmatrix}. \tag{11.210}$$

Die Berechnung von (11.210) ergibt (11.206).

Der Winkel β_3 um die Achse u_3 kann aus der nun bekannten relativen Lage der Vektoren l_2 und l_3 für jede Lösung von β_1 und β_2 eindeutig berechnet werden. Mit den Vektoren l_2 aus (11.210) und $l_3 = l_0 + l_4 - l_2$ gilt

$$\left.\begin{aligned} \cos\beta_3 &= \frac{l_2^{\mathrm{T}}\, l_3}{l_2\, l_3}, \\ \sin\beta_3 &= \frac{u_3^{\mathrm{T}}\, \tilde{l}_2\, l_3}{l_2\, l_3} \end{aligned}\right\} \quad \Rightarrow \quad \beta_3 = \operatorname{atan2}\big(\sin\beta_3, \cos\beta_3\big). \tag{11.211}$$

Anmerkung Das betrachtete Koppelgetriebe ist ein Sonderfall einer kinematischen Schleife mit sieben rotatorischen Gelenkfreiheitsgraden und damit dem Freiheitsgrad $f = 1$. Die gezeigte analytische Darstellung der expliziten Bindungen ist aufgrund der speziellen Geometrie mit parallelen Drehachsen u_2, u_3 und der drei sich in einem Punkt schneidenden Drehachsen des Kugelgelenks möglich.

In einer Schleife mit sieben Drehgelenken (7R-Mechanismus) und allgemeiner Geometrie können die expliziten Schließbedingungen dagegen nicht mehr analytisch formuliert werden. Sollen auch hier alle Konfigurationen ermittelt werden, kann eine Polynomgleichung 16. Grades in $\tan\frac{\beta_i}{2}$ eines abhängigen Gelenkwinkels β_i aufgestellt werden. Entsprechend der maximalen Anzahl von Nullstellen der Polynomgleichung ergeben sich bis zu 16 Konfigurationen des Mechanismus. Dies wurde erstmals von Li [59] beschrieben. Herleitungen von Polynomgleichungen verschiedener Mechanismen werden von Wittenburg [114] angegeben.

Explizite Schließbedingungen auf Geschwindigkeitsebene Für die Aufstellung der expliziten Schließbedingungen auf Geschwindigkeitsebene entsprechend (11.25) werden die impliziten Schließbedingungen (11.191) nach den abhängigen Gelenkgeschwindigkeiten $\dot\beta_1$, $\dot\beta_2$ und $\dot\beta_3$ umgestellt,

$$
\begin{aligned}
\begin{bmatrix} \tilde{\boldsymbol{u}}_1 \boldsymbol{l}_{32} & \tilde{\boldsymbol{u}}_2 \boldsymbol{l}_{32} & \tilde{\boldsymbol{u}}_3 \boldsymbol{l}_3 \end{bmatrix} \begin{bmatrix} \dot{\beta}_1 \\ \dot{\beta}_2 \\ \dot{\beta}_3 \end{bmatrix} &= \tilde{\boldsymbol{u}}_4 \boldsymbol{c}_4 \; \dot{\beta}_4 \\
\boldsymbol{G}^{\ell a} \qquad\qquad \boldsymbol{\eta}^{a} &= -\boldsymbol{G}^{\ell u} \; \eta^{u} \, .
\end{aligned}
\tag{11.212}
$$

Mit der Minimalgeschwindigkeit $s \equiv \eta^{u} = \dot{\beta}_4$ werden daraus die expliziten Schließbedingungen gemäß (11.26) erhalten,

$$
\begin{aligned}
\begin{bmatrix} \eta^{u} \\ \boldsymbol{\eta}^{a} \end{bmatrix} &= \begin{bmatrix} 1 \\ -(\boldsymbol{G}^{\ell a})^{-1} \boldsymbol{G}^{\ell u} \end{bmatrix} s \\
\boldsymbol{\eta} \;\; &= \qquad\quad \boldsymbol{J}^{\ell} \qquad\quad s \, .
\end{aligned}
\tag{11.213}
$$

Explizite Schließbedingungen auf Beschleunigungsebene Aus den impliziten Schließbedingungen (11.193) ergeben sich mit der Aufteilung der primären Gelenkbeschleunigungen entsprechend (11.212) die expliziten Schließbedingungen auf Beschleunigungsebene gemäß (11.31)

$$
\begin{aligned}
\begin{bmatrix} \dot{\eta}^{u} \\ \dot{\boldsymbol{\eta}}^{a} \end{bmatrix} &= \begin{bmatrix} 1 \\ -(\boldsymbol{G}^{\ell a})^{-1} \boldsymbol{G}^{\ell u} \end{bmatrix} \dot{s} + \begin{bmatrix} 0 \\ -(\boldsymbol{G}^{\ell a})^{-1} \bar{\bar{\boldsymbol{\gamma}}}^{\ell} \end{bmatrix} \\
\dot{\boldsymbol{\eta}} \;\; &= \qquad\quad \boldsymbol{J}^{\ell} \qquad\quad \dot{s} + \qquad\quad \bar{\bar{\boldsymbol{\eta}}} \, .
\end{aligned}
\tag{11.214}
$$

Bewegungsgleichung in Minimalform Entsprechend (11.151) lautet sie

$$
\overline{M}(q) \, \dot{s} = \bar{k}^{c}(q, s) + \bar{k}^{e}(q, s) \tag{11.215}
$$

mit den Termen gemäß (11.155) bis (11.157) unter Berücksichtigung von $\boldsymbol{M}$, $\boldsymbol{k}^{c}$ und $\boldsymbol{k}^{e}$ aus (11.197),

$$
\overline{M} = \boldsymbol{J}^{\ell^{T}} \boldsymbol{M} \boldsymbol{J}^{\ell}, \tag{11.216}
$$

$$
\bar{k}^{c} = -\boldsymbol{J}^{\ell^{T}} \boldsymbol{M} \bar{\bar{\boldsymbol{\eta}}} + \boldsymbol{J}^{\ell^{T}} \boldsymbol{k}^{c}, \tag{11.217}
$$

$$
\bar{k}^{e} = \boldsymbol{J}^{\ell^{T}} \boldsymbol{k}^{e}. \tag{11.218}
$$

11.8 Dynamik eines Parallelroboters

Bei Parallelrobotern ist der Endeffektor durch mindestens zwei kinematische Ketten mit dem Gestell verbunden. Hierdurch entsteht mindestens eine kinematische Schleife. Zwei Beispiele zeigt Abb. 11.24, siehe auch ANGELES [2].

Der Endeffektor des ebenen Parallelroboters in Abb. 11.24 a wird durch drei kinematische Ketten mit jeweils drei Drehgelenken (R) geführt. Alle Gelenkachsen sind zueinander parallel. Mit $n = 7$ Körpern und $n_G = 9$ Gelenken hat das System gemäß (9.5) $n_S = n_G - n = 2$ unabhängige kinematische Schleifen. Das GRÜBLER- KUTZBACH-Kriterium für ebene Mehr-

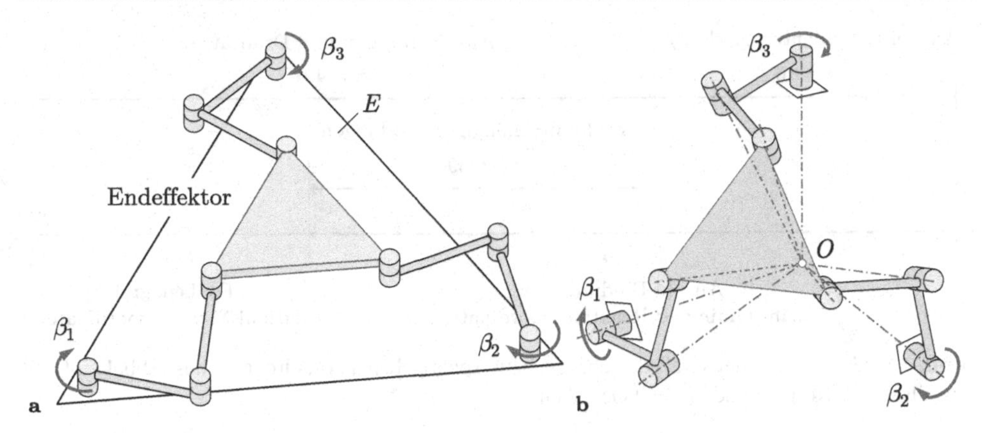

Abb. 11.24 Parallelroboter mit neun Drehgelenken und dem Freiheitsgrad $f=3$. **a** Ebene Ausführung. **b** Sphärische Ausführung

körpersysteme (9.12) liefert den Freiheitsgrad $f = 3$. Der Endeffektor kann parallel zu der Ebene E positioniert werden, indem die drei gestellseitigen Gelenke (Drehwinkel β_1, β_2, β_3) durch jeweils einen Motor angetrieben werden.

Werden die Drehgelenke so angeordnet, dass sich alle Drehachsen in einem gemeinsamen Punkt O schneiden, so entsteht der sphärische Parallelroboter in Abb. 11.24b. Alle Körper führen hier nur Drehungen um den Fixpunkt O aus. Eine Anwendung ist ein von GOSSELIN und ST-PIERRE entwickeltes Bewegungssystem zur hochdynamischen Ausrichtung einer Kamera [31].

Gegenüber seriellen Robotern entsprechend Abb. 1.5 haben Parallelroboter den Vorteil kleiner bewegter Massen und damit großer erzielbarer Beschleunigungen des Endeffektors, weil die schweren Antriebe fest im Gestell gelagert werden können. Zusätzlich können die Armsegmente der kinematischen Führungsketten leicht gebaut werden, weil sie je nach Bauart keinen oder nur kleinen Biegebeanspruchungen unterliegen. Nachteilig ist jedoch der kleinere Arbeitsraum des Endeffektors, insbesondere in Bezug auf die Orientierung. Grundlagen und Anwendungen von Bewegungssystemen mit paralleler Kinematik werden von MERLET [66] und NEUGEBAUER [71] beschrieben.

11.8.1 Mehrkörpermodelle ohne redundante Bindungen

Das GRÜBLER-KUTZBACH-Kriterium (9.9) für räumliche Mehrkörpersysteme ergibt für die beiden Parallelroboter aus Abb. 11.24 jeweils den Freiheitsgrad $f = -3$. Die tatsächliche Beweglichkeit mit $f = 3$ begründet sich in der Überbestimmtheit aufgrund der parallelen bzw. sich in einem Punkt schneidenden Gelenkachsen. In Abb. 11.25 ist die Bestimmung des Freiheitsgrads in der Form von Abb. 9.2 dargestellt. Mit $b^{\mathrm{r}} = 6$ redundanten Bindungen sind die Systeme jeweils sechsfach überbestimmt.

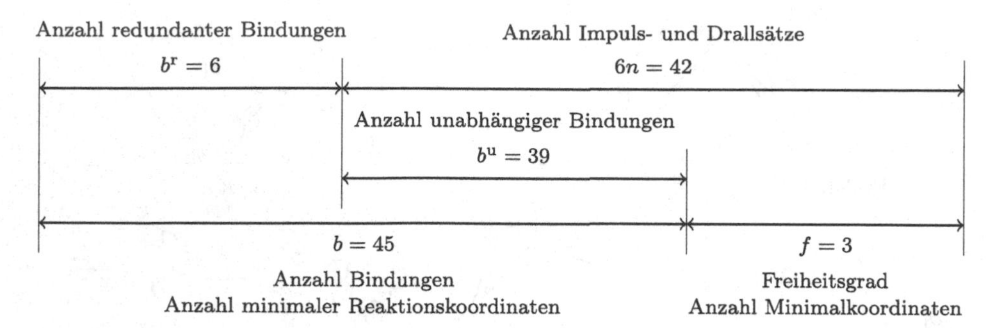

Abb. 11.25 Zum Freiheitsgrad der ebenen bzw. sphärischen Parallelroboter aus Abb. 11.24 mit jeweils $n = 7$ Körpern und $n_G = 9$ Gelenken

Um ein kinematisch äquivalentes Mehrkörpermodell ohne redundante Bindungen zu erhalten, müssen damit sechs Gelenkbindungen entfernt werden. Tab. 11.8 zeigt drei kinematisch äquivalente Modelle des ebenen Parallelroboters aus Abb. 11.24a, für die das GRÜBLER- KUTZBACH-Kriterium (9.9) jeweils den Freiheitsgrad $f = 3$ ergibt.

Bei Modell 1 wird die ebene Bewegung des Endeffektors mit Hilfe der drei parallelen Drehgelenke (R) einer kinematischen Führungskette erreicht, die einem ebenen Gelenk entspricht, vgl. Tab. 9.2. Zur Vermeidung redundanter Bindungen sind an den beiden anderen Führungsketten jeweils das endeffektorseitige und das mittlere Drehgelenk durch ein Kugelgelenk (S) und ein Kardangelenk (U) ersetzt, wodurch die Armsegmente $*$ als Pendelstützen wirken. Topologisch entspricht dieses Modell dem Taumelscheiben-Mechanismus aus Abb. 11.8b mit $n_S = 2$ unabhängigen kinematischen Schleifen. Dieses Ersatzmodell kann auch auf den sphärischen Roboter in Abb. 11.24b übertragen werden.

Bei Modell 2 wird die ebene Bewegung des Endeffektors durch ein gedachtes ebenes Gelenk (E) erzwungen, das entsprechend Tab. 9.2 aus zwei Schubgelenken und einem Drehgelenk (PPR) aufgebaut ist. Zur Vermeidung redundanter Bindungen sind in den drei kinematischen Führungsketten jeweils das zweite und das dritte Drehgelenk durch ein Kardangelenk (U) und ein Kugelgelenk (S) ersetzt. Auch das sphärische System in Abb. 11.24b kann in dieser Art modelliert werden, indem der Endeffektor in einem Kugelgelenk im Punkt O gelagert wird.

Bei Modell 3 wird von der räumlichen Bewegung des Endeffektors, beschrieben durch die sechs Lagekoordinaten einer gedachten kinematischen Hilfskette mit sechs Freiheitsgraden (3P-3R) ausgegangen. In den Führungsketten ist jeweils das endeffektorseitige Drehgelenk durch ein Kugelgelenk (S) ersetzt. Das sphärische System in Abb. 11.24b wird in vergleichbarer Weise modelliert, wenn sich die Achsen der sechs Drehgelenke im Punkt O schneiden.

Die Modelle 2 und 3 sind durch die kinematische Hilfskette topologisch symmetrisch. Gegenüber Modell 1 entsteht aber eine zusätzliche Schleife, vgl. Abschn. 11.2.4. Kinematisch sind die drei Modelle äquivalent. Wesentliche Unterschiede bestehen aber in der Abstützung von Kräften, die senkrecht zur Bewegungsebene auf den Endeffektor wirken.

Tab. 11.8 Mehrkörpermodelle des Parallelroboters aus Abb. 11.24a ohne redundante Bindungen

Modell 1

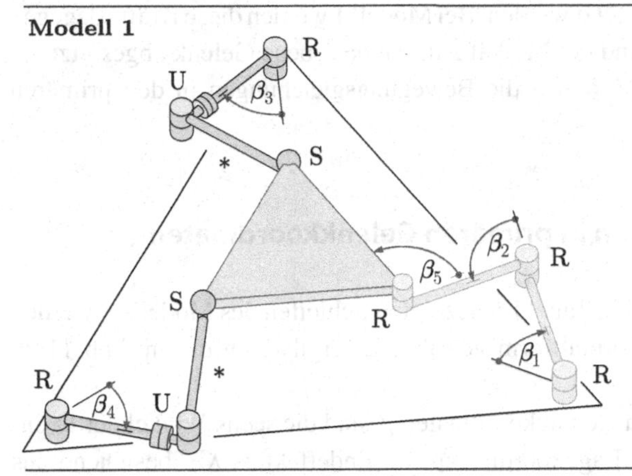

Topologie: $n_S = 2$ Schleifen

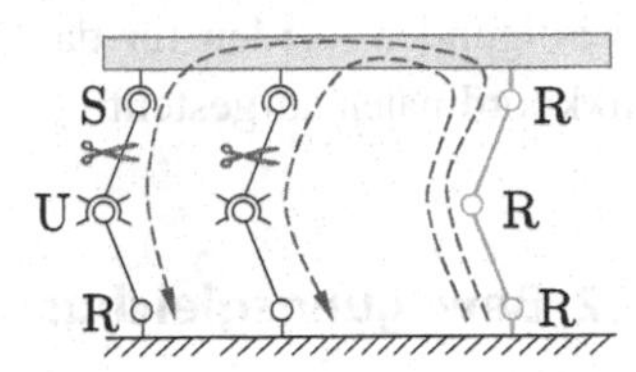

Sekundäre Gelenke: Pendelstützen

$b^s = 2$ Schließbedingungen

$f^o = 5$ primäre Gelenkkoordinaten

$\boldsymbol{\beta} = [\,\beta_1\ \beta_2\ \beta_3\ \beta_4\ \beta_5\,]^T$

Modell 2

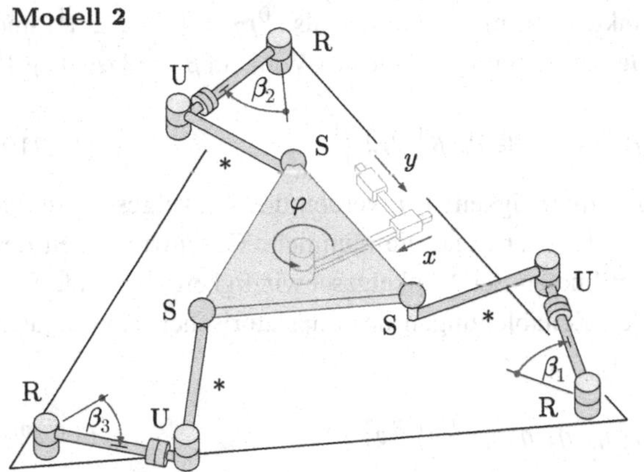

Topologie: $n_S = 3$ Schleifen

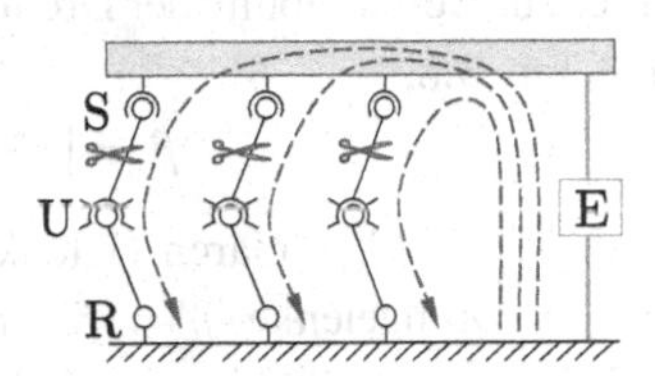

Sekundäre Gelenke: Pendelstützen

$b^s = 3$ Schließbedingungen

$f^o = 6$ primäre Gelenkkoordinaten

$\boldsymbol{\beta} = [\,\beta_1\ \beta_2\ \beta_3\ x\ y\ \varphi\,]^T$

Modell 3

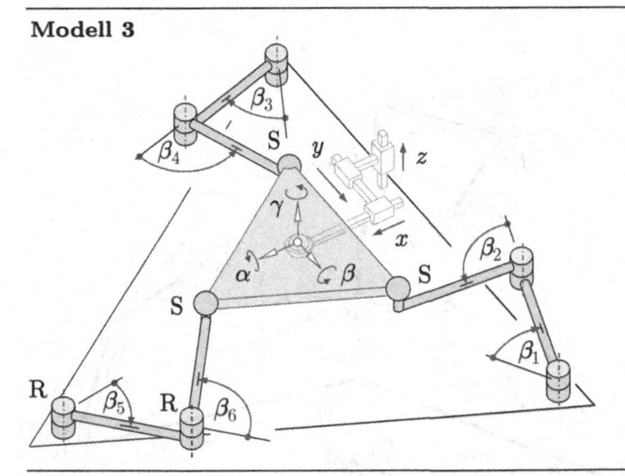

Topologie: $n_S = 3$ Schleifen

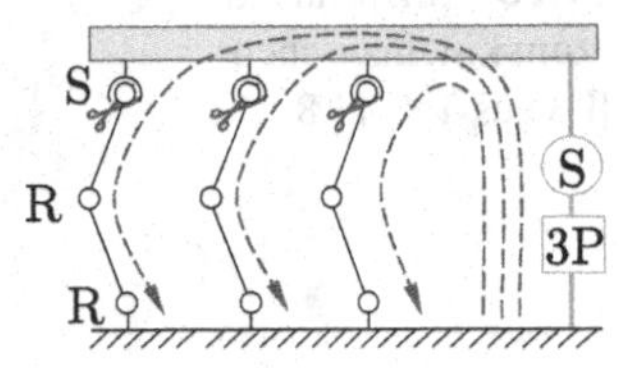

Sekundäre Gelenke: Kugelgelenke

$b^s = 9$ Schließbedingungen

$f^o = 12$ primäre Gelenkkoordinaten

$\boldsymbol{\beta} = [\,\beta_1\ \beta_2\ \beta_3\ \beta_4\ \beta_5\ \beta_6\ \ \alpha\ \beta\ \gamma\ x\ y\ z\,]^T$

Hier liegt das Modell 3 am nächsten zum Ausgangssystem in Abb. 11.24a, weil solche Kräfte durch alle drei Führungsketten abgestützt werden. Bei Modell 1 werden diese Kräfte dagegen alleine in der RRR-Führungskette und bei Modell 2 durch das ebene Gelenk abgestützt.

Im Folgenden werden für das Modell 3 die Bewegungsgleichungen in den primären Gelenkkoordinaten aufgestellt.

11.8.2 Bewegungsgleichungen in primären Gelenkkoordinaten

Als die sekundären Gelenke der drei in Tab. 11.8 gezeigten Schleifen des Modells 3 werden die Kugelgelenke an der Endeffektorplattform gewählt. Es ergibt sich der in Abb. 11.26 dargestellte aufspannende Baum.

Die insgesamt $f^{\mathrm{o}} = 12$ primären Gelenkkoordinaten $\boldsymbol{\beta}$ sind die sechs Winkel der Drehgelenke $\beta_1, \ldots \beta_6$ sowie die sechs Lagekoordinaten des Endeffektors $\mathcal{K}_7$, bestehend aus den kartesischen Koordinaten des Punktes O_7 im System $\mathcal{K}_0$, also ${}^0\boldsymbol{r}_7 = [\,x \;\; y \;\; z\,]^{\mathrm{T}}$, und den hier zur Beschreibung der Drehung gewählten xyz-KARDAN-Winkeln $\boldsymbol{\beta}_7 = [\,\alpha \;\; \beta \;\; \gamma\,]^{\mathrm{T}}$ gemäß Tab. 3.8,

$$\boldsymbol{\beta} = \left[\,\beta_1\; \beta_2\; \beta_3\; \beta_4\; \beta_5\; \beta_6\; \boldsymbol{\beta}_7^{\mathrm{T}}\; {}^0\boldsymbol{r}_7^{\mathrm{T}}\,\right]^{\mathrm{T}}. \tag{11.219}$$

Als die $f^{\mathrm{o}} = 12$ primären Gelenkgeschwindigkeiten $\boldsymbol{\eta}$ werden die Winkelgeschwindigkeiten der Drehgelenke $\eta_i = \dot{\beta}_i,\; i = 1, \ldots, 6$, und die räumliche Geschwindigkeit des Endeffektors, bestehend aus den Koordinaten der Winkelgeschwindigkeit des Endeffektors im System $\mathcal{K}_7$, also ${}^7\boldsymbol{\omega}_7$, und den Zeitableitungen der translatorischen Koordinaten ${}^0\boldsymbol{v}_7 = [\,\dot{x} \;\; \dot{y} \;\; \dot{z}\,]^{\mathrm{T}}$ definiert,

$$\boldsymbol{\eta} = \left[\,\eta_1\; \eta_2\; \eta_3\; \eta_4\; \eta_5\; \eta_6\; {}^7\boldsymbol{\omega}_7^{\mathrm{T}}\; {}^0\boldsymbol{v}_7^{\mathrm{T}}\,\right]^{\mathrm{T}}. \tag{11.220}$$

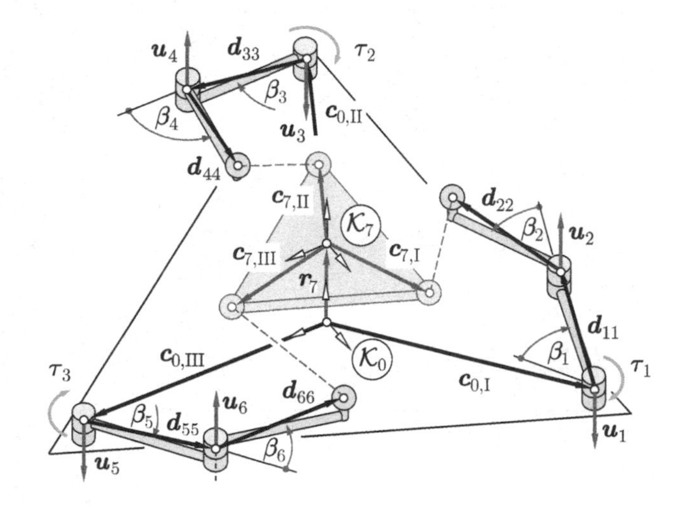

Abb. 11.26 Aufspannender Baum zum kinematischen Modell 3 aus Tab. 11.8

Mit der Matrix ${}^7\boldsymbol{H}(\boldsymbol{\beta}_7)$ der xyz-KARDAN-Winkel aus (3.193) lauten die kinematischen Differentialgleichungen

$$\begin{bmatrix} \dot\beta_1 \\ \vdots \\ \dot\beta_6 \\ \hline \dot{\boldsymbol{\beta}}_7 \\ \dot{\boldsymbol{r}}_7 \end{bmatrix} = \left[\begin{array}{ccc|cc} 1 & & 0 & \mathbf{0} & \mathbf{0} \\ & \ddots & & \vdots & \vdots \\ 0 & & 1 & \mathbf{0} & \mathbf{0} \\ \hline \mathbf{0} & \dots & \mathbf{0} & {}^7\boldsymbol{H} & \mathbf{0} \\ \mathbf{0} & \dots & \mathbf{0} & \mathbf{0} & \boldsymbol{E} \end{array}\right] \begin{bmatrix} \eta_1 \\ \vdots \\ \eta_6 \\ \hline {}^7\boldsymbol{\omega}_7 \\ \boldsymbol{v}_7 \end{bmatrix} \tag{11.221}$$
$$\dot{\boldsymbol{\beta}} \quad = \quad \boldsymbol{H}_\eta(\boldsymbol{\beta}) \quad \boldsymbol{\eta} \; .$$

Bei den im System $\mathcal{K}_0$ zerlegten Vektoren wird hier, wie auch im Folgenden, der Koordinatenindex links oben weggelassen.

Implizite Schließbedingungen auf Lageebene An den geschnittenen Kugelgelenken der drei Schleifen gelten entsprechend Abb. 11.26 jeweils $b_j^s = 3$ sekundäre Bindungen des Typs I aus Tab. 11.1,

$$\boldsymbol{g}_{\mathrm{I}}^s \equiv (\boldsymbol{c}_{0,\mathrm{I}} + \boldsymbol{d}_{21}) - (\boldsymbol{r}_7 + \boldsymbol{c}_{7,\mathrm{I}}) \;\; = \mathbf{0}\,, \tag{11.222}$$
$$\boldsymbol{g}_{\mathrm{II}}^s \equiv (\boldsymbol{c}_{0,\mathrm{II}} + \boldsymbol{d}_{43}) - (\boldsymbol{r}_7 + \boldsymbol{c}_{7,\mathrm{II}}) \; = \mathbf{0}\,, \tag{11.223}$$
$$\boldsymbol{g}_{\mathrm{III}}^s \equiv (\boldsymbol{c}_{0,\mathrm{III}} + \boldsymbol{d}_{65}) - (\boldsymbol{r}_7 + \boldsymbol{c}_{7,\mathrm{III}}) = \mathbf{0} \tag{11.224}$$

mit den Vektoren $\boldsymbol{d}_{21} = \boldsymbol{d}_{11} + \boldsymbol{d}_{22}$, $\boldsymbol{d}_{43} = \boldsymbol{d}_{33} + \boldsymbol{d}_{44}$ und $\boldsymbol{d}_{65} = \boldsymbol{d}_{55} + \boldsymbol{d}_{66}$.

Werden in die sekundären Bindungen (11.222) bis (11.224) der Ortsvektor des Endeffektors $\boldsymbol{r}_7$, die endeffektorfesten Vektoren

$$\boldsymbol{c}_{7,i} = {}^{07}\boldsymbol{T}(\boldsymbol{\beta}_7)\,{}^7\boldsymbol{c}_{7,i}\,, \quad i = \mathrm{I}, \mathrm{II}, \mathrm{III}\,, \tag{11.225}$$

mit der Transformationsmatrix ${}^{07}\boldsymbol{T}(\boldsymbol{\beta}_7)$ von $\mathcal{K}_7$ nach $\mathcal{K}_0$ entsprechend (3.181) sowie die Vektoren der Führungsketten $\boldsymbol{d}_{21}(\beta_1, \beta_2)$, $\boldsymbol{d}_{43}(\beta_3, \beta_4)$, $\boldsymbol{d}_{65}(\beta_5, \beta_6)$ eingesetzt, so gehen daraus die insgesamt $b^s = 9$ impliziten Schließbedingungen in den primären Gelenkkoordinaten $\boldsymbol{\beta}$ aus (11.219) hervor,

$$\boldsymbol{g}^\ell(\boldsymbol{\beta}) = \mathbf{0}\,. \tag{11.226}$$

Implizite Schließbedingungen auf Geschwindigkeitsebene Für die drei geschnittenen Kugelgelenke lauten die jeweils $b_j^s = 3$ sekundären Bindungen auf Geschwindigkeitsebene des Typs I aus Tab. 11.1

$$\boldsymbol{g}_{\mathrm{I}}^s \equiv \begin{bmatrix} \widetilde{\boldsymbol{c}}_{7,\mathrm{I}} & -\boldsymbol{E} \end{bmatrix} \begin{bmatrix} \boldsymbol{\omega}_7 \\ \boldsymbol{v}_7 \end{bmatrix} + \begin{bmatrix} \mathbf{0} & \boldsymbol{E} \end{bmatrix} \begin{bmatrix} \boldsymbol{\omega}_2 \\ \boldsymbol{v}_2 \end{bmatrix} = \mathbf{0}$$
$$\boldsymbol{G}_{7,\mathrm{I}}^s \quad \hat{\boldsymbol{v}}_7 \quad + \quad \boldsymbol{G}_{2,\mathrm{I}}^s \quad \hat{\boldsymbol{v}}_2 \;\; = \mathbf{0}\,, \tag{11.227}$$

$$\begin{aligned} g^{\mathrm{s}}_{\mathrm{II}} \equiv \left[\,\widetilde{c}_{7,\mathrm{II}} \;\; -E\,\right] \begin{bmatrix} \omega_7 \\ v_7 \end{bmatrix} + \left[\,0 \;\; E\,\right] \begin{bmatrix} \omega_4 \\ v_4 \end{bmatrix} &= 0 \\ G^{\mathrm{s}}_{7,\mathrm{II}} \quad \hat{v}_7 \quad + \quad G^{\mathrm{s}}_{4,\mathrm{II}} \quad \hat{v}_4 &= 0\,, \end{aligned} \tag{11.228}$$

$$\begin{aligned} g^{\mathrm{s}}_{\mathrm{III}} \equiv \left[\,\widetilde{c}_{7,\mathrm{III}} \;\; -E\,\right] \begin{bmatrix} \omega_7 \\ v_7 \end{bmatrix} + \left[\,0 \;\; E\,\right] \begin{bmatrix} \omega_6 \\ v_6 \end{bmatrix} &= 0 \\ G^{\mathrm{s}}_{7,\mathrm{III}} \quad \hat{v}_7 \quad + \quad G^{\mathrm{s}}_{6,\mathrm{III}} \quad \hat{v}_6 &= 0 \end{aligned} \tag{11.229}$$

oder in der Blockmatrizendarstellung entsprechend (11.76)

$$\begin{aligned} \left[\begin{array}{cccccc|c} 0 & G^{\mathrm{s}}_{2,\mathrm{I}} & 0 & 0 & 0 & 0 & G^{\mathrm{s}}_{7,\mathrm{I}} \\ 0 & 0 & 0 & G^{\mathrm{s}}_{4,\mathrm{II}} & 0 & 0 & G^{\mathrm{s}}_{7,\mathrm{II}} \\ 0 & 0 & 0 & 0 & 0 & G^{\mathrm{s}}_{6,\mathrm{III}} & G^{\mathrm{s}}_{7,\mathrm{III}} \end{array}\right] \left[\begin{array}{c} \hat{v}_1 \\ \hat{v}_2 \\ \hat{v}_3 \\ \hat{v}_4 \\ \hat{v}_5 \\ \hat{v}_6 \\ \hline \hat{v}_7 \end{array}\right] &= \begin{bmatrix} 0 \\ 0 \\ 0 \end{bmatrix} \\ G^{\mathrm{s}} \qquad\qquad\qquad \hat{v} \quad &= \quad 0. \end{aligned} \tag{11.230}$$

Die räumlichen Geschwindigkeiten der Körper $\hat{v}_i$ werden mit Hilfe der expliziten Bindungen des aufspannenden Baumes durch die Gelenkgeschwindigkeiten η ausgedrückt. Für die beiden Führungslenker in Schleife S_{I} gilt

$$\begin{aligned} \begin{bmatrix} \omega_1 \\ v_1 \end{bmatrix} = \begin{bmatrix} u_1 \\ \widetilde{u}_1\, d_{11} \end{bmatrix} \dot{\beta}_1 \qquad & \begin{bmatrix} \omega_2 \\ v_2 \end{bmatrix} = \begin{bmatrix} u_1 \\ \widetilde{u}_1\, d_{21} \end{bmatrix} \dot{\beta}_1 + \begin{bmatrix} u_2 \\ \widetilde{u}_2\, d_{22} \end{bmatrix} \dot{\beta}_2 \\ \hat{v}_1 = J_{11} \quad \eta_1\,, \qquad & \hat{v}_2 = J_{21} \quad \eta_1 + J_{22} \quad \eta_2. \end{aligned} \tag{11.231}$$

Die Bindungen der beiden anderen Führungsketten sind gleichartig aufgebaut.

Die räumliche Geschwindigkeit des Endeffektors wird unter Berücksichtigung der Transformationsmatrix ${}^{07}T$ durch die Gelenkgeschwindigkeiten η ausgedrückt,

$$\begin{aligned} \begin{bmatrix} \omega_7 \\ v_7 \end{bmatrix} &= \begin{bmatrix} {}^{07}T & 0 \\ 0 & E \end{bmatrix} \begin{bmatrix} {}^{7}\omega_7 \\ v_7 \end{bmatrix} \\ \hat{v}_7 &= \quad J_{77} \qquad\quad \eta_7. \end{aligned} \tag{11.232}$$

Mit (11.231) und (11.232) liegen die expliziten Geschwindigkeitsbindungen des aufspannenden Baumes vor. In der Darstellung von (11.77) lauten sie

$$
\underbrace{\begin{bmatrix} \hat{\boldsymbol{v}}_1 \\ \hat{\boldsymbol{v}}_2 \\ \hat{\boldsymbol{v}}_3 \\ \hat{\boldsymbol{v}}_4 \\ \hat{\boldsymbol{v}}_5 \\ \hat{\boldsymbol{v}}_6 \\ \hline \hat{\boldsymbol{v}}_7 \end{bmatrix}}_{\hat{\boldsymbol{v}}} = \underbrace{\left[\begin{array}{cccccc|c} \boldsymbol{J}_{11} & \boldsymbol{0} & \boldsymbol{0} & \boldsymbol{0} & \boldsymbol{0} & \boldsymbol{0} & \boldsymbol{0} \\ \boldsymbol{J}_{21} & \boldsymbol{J}_{22} & \boldsymbol{0} & \boldsymbol{0} & \boldsymbol{0} & \boldsymbol{0} & \boldsymbol{0} \\ \boldsymbol{0} & \boldsymbol{0} & \boldsymbol{J}_{33} & \boldsymbol{0} & \boldsymbol{0} & \boldsymbol{0} & \boldsymbol{0} \\ \boldsymbol{0} & \boldsymbol{0} & \boldsymbol{J}_{43} & \boldsymbol{J}_{44} & \boldsymbol{0} & \boldsymbol{0} & \boldsymbol{0} \\ \boldsymbol{0} & \boldsymbol{0} & \boldsymbol{0} & \boldsymbol{0} & \boldsymbol{J}_{55} & \boldsymbol{0} & \boldsymbol{0} \\ \boldsymbol{0} & \boldsymbol{0} & \boldsymbol{0} & \boldsymbol{0} & \boldsymbol{J}_{65} & \boldsymbol{J}_{66} & \boldsymbol{0} \\ \hline \boldsymbol{0} & \boldsymbol{0} & \boldsymbol{0} & \boldsymbol{0} & \boldsymbol{0} & \boldsymbol{0} & \boldsymbol{J}_{77} \end{array}\right]}_{\boldsymbol{J}} \underbrace{\begin{bmatrix} \eta_1 \\ \eta_2 \\ \eta_3 \\ \eta_4 \\ \eta_5 \\ \eta_6 \\ \hline \eta_7 \end{bmatrix}}_{\boldsymbol{\eta}.} \tag{11.233}
$$

Einsetzen von $\hat{\boldsymbol{v}}$ aus (11.233) in die sekundären Bindungen (11.230) ergibt die impliziten Schließbedingungen auf Geschwindigkeitsebene in der Form von (11.73),

$$
\underbrace{\left[\begin{array}{cccccc|cc} \widetilde{\boldsymbol{u}}_1\boldsymbol{d}_{21} & \widetilde{\boldsymbol{u}}_2\boldsymbol{d}_{22} & \boldsymbol{0} & \boldsymbol{0} & \boldsymbol{0} & \boldsymbol{0} & \widetilde{\boldsymbol{c}}_{7,\mathrm{I}}\,{}^{07}\boldsymbol{T} & -\boldsymbol{E} \\ \boldsymbol{0} & \boldsymbol{0} & \widetilde{\boldsymbol{u}}_3\boldsymbol{d}_{43} & \widetilde{\boldsymbol{u}}_4\boldsymbol{d}_{44} & \boldsymbol{0} & \boldsymbol{0} & \widetilde{\boldsymbol{c}}_{7,\mathrm{II}}\,{}^{07}\boldsymbol{T} & -\boldsymbol{E} \\ \boldsymbol{0} & \boldsymbol{0} & \boldsymbol{0} & \boldsymbol{0} & \widetilde{\boldsymbol{u}}_5\boldsymbol{d}_{65} & \widetilde{\boldsymbol{u}}_6\boldsymbol{d}_{66} & \widetilde{\boldsymbol{c}}_{7,\mathrm{III}}\,{}^{07}\boldsymbol{T} & -\boldsymbol{E} \end{array}\right]}_{\boldsymbol{G}^\ell} \underbrace{\begin{bmatrix} \eta_1 \\ \eta_2 \\ \eta_3 \\ \eta_4 \\ \eta_5 \\ \eta_6 \\ \hline {}^7\boldsymbol{\omega}_7 \\ \boldsymbol{v}_7 \end{bmatrix}}_{\boldsymbol{\eta}} = \begin{bmatrix} \boldsymbol{0} \\ \boldsymbol{0} \\ \boldsymbol{0} \end{bmatrix} = \boldsymbol{0}. \tag{11.234}
$$

Implizite Schließbedingungen auf Beschleunigungsebene Die Zeitableitung von (11.234) liefert die impliziten Schließbedingungen auf Beschleunigungsebene in der Form (11.83)

$$
\boldsymbol{G}^\ell(\boldsymbol{\beta})\,\dot{\boldsymbol{\eta}} + \bar{\bar{\boldsymbol{\gamma}}}^\ell(\boldsymbol{\beta},\boldsymbol{\eta}) = \boldsymbol{0} \quad \text{mit} \quad \bar{\bar{\boldsymbol{\gamma}}}^\ell = \dot{\boldsymbol{G}}^\ell\,\boldsymbol{\eta}\,. \tag{11.235}
$$

Der von den Gelenkbeschleunigungen $\dot{\boldsymbol{\eta}}$ unabhängige Term lautet

$$
\bar{\bar{\boldsymbol{\gamma}}}^\ell = \dot{\boldsymbol{G}}^\ell\,\boldsymbol{\eta} = \begin{bmatrix} \widetilde{\boldsymbol{u}}_1\,\dot{\boldsymbol{d}}_{21}\,\eta_1 + \widetilde{\boldsymbol{u}}_2\,\dot{\boldsymbol{d}}_{22}\,\eta_2 + \dot{\widetilde{\boldsymbol{c}}}_{7,\mathrm{I}}\,\boldsymbol{\omega}_7 \\ \widetilde{\boldsymbol{u}}_3\,\dot{\boldsymbol{d}}_{43}\,\eta_3 + \widetilde{\boldsymbol{u}}_4\,\dot{\boldsymbol{d}}_{44}\,\eta_4 + \dot{\widetilde{\boldsymbol{c}}}_{7,\mathrm{II}}\,\boldsymbol{\omega}_7 \\ \widetilde{\boldsymbol{u}}_5\,\dot{\boldsymbol{d}}_{65}\,\eta_5 + \widetilde{\boldsymbol{u}}_6\,\dot{\boldsymbol{d}}_{66}\,\eta_6 + \dot{\widetilde{\boldsymbol{c}}}_{7,\mathrm{III}}\,\boldsymbol{\omega}_7 \end{bmatrix} \tag{11.236}
$$

mit den Vektoren

$$
\begin{aligned}
&\dot{\boldsymbol{c}}_{7,i} = \widetilde{\boldsymbol{\omega}}_7\,\boldsymbol{c}_{7,i}\,, && i = \mathrm{I}, \mathrm{II}, \mathrm{III}, && \\
&\dot{\boldsymbol{d}}_{21} = \boldsymbol{v}_2, && \dot{\boldsymbol{d}}_{43} = \boldsymbol{v}_4, && \dot{\boldsymbol{d}}_{65} = \boldsymbol{v}_6, \\
&\dot{\boldsymbol{d}}_{22} = \widetilde{\boldsymbol{\omega}}_2\,\boldsymbol{d}_{22}, && \dot{\boldsymbol{d}}_{44} = \widetilde{\boldsymbol{\omega}}_4\,\boldsymbol{d}_{44}, && \dot{\boldsymbol{d}}_{66} = \widetilde{\boldsymbol{\omega}}_6\,\boldsymbol{d}_{66}.
\end{aligned} \tag{11.237}
$$

Explizite Reaktionsbedingungen Die auf die Gelenkgeschwindigkeiten des aufspannenden Baumes $\boldsymbol{\eta}$ bezogenen verallgemeinerten sekundären Reaktionskräfte $\boldsymbol{k}^{\mathrm{s}}$ werden mit Hilfe der expliziten Reaktionsbedingungen (11.113) in Abhängigkeit von den zu den Bindungen (11.234) gehörenden, insgesamt $b^{\mathrm{s}} = 9$ sekundären Reaktionskoordinaten $\boldsymbol{\lambda}^{\mathrm{s}}$ ausgedrückt,

$$\boldsymbol{k}^{\mathrm{s}} = \boldsymbol{G}^{\ell\,\mathrm{T}}\,\boldsymbol{\lambda}^{\mathrm{s}}. \qquad (11.238)$$

Bewegungsgleichungen Die Bewegungsgleichungen setzen sich aus den Bewegungsgleichungen der drei kinematischen Führungsketten und den Bewegungsgleichungen des Endeffektors zusammen. Die Bewegungsgleichung der Führungskette in Schleife $\mathrm{S_I}$ hat den Aufbau

$$\begin{bmatrix} M_{11} & M_{21} \\ M_{21} & M_{22} \end{bmatrix} \begin{bmatrix} \ddot{\beta}_1 \\ \ddot{\beta}_2 \end{bmatrix} = \begin{bmatrix} k_1^{\mathrm{c}} \\ k_2^{\mathrm{c}} \end{bmatrix} + \begin{bmatrix} \tau_1 \\ 0 \end{bmatrix} + \begin{bmatrix} k_1^{\mathrm{s}} \\ k_2^{\mathrm{s}} \end{bmatrix}. \qquad (11.239)$$

Die Elemente der Massenmatrix M_{ij} und des Vektors der verallgemeinerten CORIOLIS-Kräfte k_i^{c} können aus den Bewegungsgleichungen der Schubkurbel (11.168) übernommen werden. Als verallgemeinerte eingeprägte Kraft wird das Antriebsmoment τ_1 am gestellseitigen Drehgelenk berücksichtigt. Die verallgemeinerten sekundären Reaktionskräfte k_j^{s} werden mit Hilfe der expliziten Reaktionsbedingungen (11.238) in Abhängigkeit von den sekundären Reaktionskoordinaten $\boldsymbol{\lambda}^{\mathrm{s}}$ ausgedrückt, siehe (11.241). Die Bewegungsgleichungen der beiden anderen Führungsketten haben den gleichen Aufbau.

Für den Endeffektor gelten die Bewegungsgleichungen eines starren Körpers im Raum mit dem in $\mathcal{K}_7$ konstanten Trägheitstensor ${}^7\boldsymbol{\Theta}_7$,

$$\begin{bmatrix} {}^7\boldsymbol{\Theta}_7 & \mathbf{0} \\ \mathbf{0} & m_7\,\boldsymbol{E} \end{bmatrix} \begin{bmatrix} {}^7\dot{\boldsymbol{\omega}}_7 \\ \dot{\boldsymbol{v}}_7 \end{bmatrix} = \begin{bmatrix} -{}^7(\widetilde{\boldsymbol{\omega}}_7\,\boldsymbol{\Theta}_7\,\boldsymbol{\omega}_7) \\ \mathbf{0} \end{bmatrix} + \begin{bmatrix} \mathbf{0} \\ -m_7\,g\,\boldsymbol{e}_z \end{bmatrix} + \begin{bmatrix} {}^7\boldsymbol{\tau}_7^{\mathrm{s}} \\ \boldsymbol{f}_7^{\mathrm{s}} \end{bmatrix}. \qquad (11.240)$$

Da die Beschleunigungen ${}^7\dot{\boldsymbol{\omega}}_7$ und $\dot{\boldsymbol{v}}_7$ zugleich Gelenkbeschleunigungen des aufspannenden Baumes sind, ist der sekundäre Reaktionskraftwinder $({}^7\boldsymbol{\tau}_7^{\mathrm{s}}, \boldsymbol{f}_7^{\mathrm{s}})$ im Vektor der verallgemeinerten Reaktionskräfte $\boldsymbol{k}^{\mathrm{s}}$ aus (11.238) enthalten.

Die Bewegungsgleichungen des Gesamtsystems werden aus den kinetischen Gleichungen der drei Führungsketten entsprechend (11.239) und den kinetischen Gleichungen der Plattform (11.240) unter Berücksichtigung der verallgemeinerten sekundären Reaktionskräfte $\boldsymbol{k}^{\mathrm{s}}$ aus (11.238) aufgebaut,

$$
\begin{aligned}
&\left[\begin{array}{cccccc|cc}
M_{11} & M_{21} & 0 & 0 & 0 & 0 & \mathbf{0} & \mathbf{0} \\
M_{21} & M_{22} & 0 & 0 & 0 & 0 & \mathbf{0} & \mathbf{0} \\
0 & 0 & M_{33} & M_{43} & 0 & 0 & \mathbf{0} & \mathbf{0} \\
0 & 0 & M_{43} & M_{44} & 0 & 0 & \mathbf{0} & \mathbf{0} \\
0 & 0 & 0 & 0 & M_{55} & M_{65} & \mathbf{0} & \mathbf{0} \\
0 & 0 & 0 & 0 & M_{65} & M_{66} & \mathbf{0} & \mathbf{0} \\
\hline
\mathbf{0} & \mathbf{0} & \mathbf{0} & \mathbf{0} & \mathbf{0} & \mathbf{0} & {}^{7}\boldsymbol{\Theta}_7 & \mathbf{0} \\
\mathbf{0} & \mathbf{0} & \mathbf{0} & \mathbf{0} & \mathbf{0} & \mathbf{0} & \mathbf{0} & m_7\,\boldsymbol{E}
\end{array}\right]
\left[\begin{array}{c}
\dot{\eta}_1 \\ \dot{\eta}_2 \\ \dot{\eta}_3 \\ \dot{\eta}_4 \\ \dot{\eta}_5 \\ \dot{\eta}_6 \\ \hline {}^{7}\dot{\boldsymbol{\omega}}_7 \\ \dot{\boldsymbol{v}}_7
\end{array}\right]
=
\left[\begin{array}{c}
k_1^{\mathrm{c}} \\ k_2^{\mathrm{c}} \\ k_3^{\mathrm{c}} \\ k_4^{\mathrm{c}} \\ k_5^{\mathrm{c}} \\ k_6^{\mathrm{c}} \\ \hline -{}^{7}(\widetilde{\boldsymbol{\omega}}_7\,\boldsymbol{\Theta}_7\,\boldsymbol{\omega}_7) \\ \mathbf{0}
\end{array}\right] +
\\
&\qquad\quad \boldsymbol{M} \qquad\qquad\qquad\qquad\qquad\qquad \dot{\boldsymbol{\eta}} \quad = \qquad \boldsymbol{k}^{\mathrm{c}} \qquad\qquad +
\\
&+
\left[\begin{array}{c}
\tau_1 \\ 0 \\ \tau_2 \\ 0 \\ \tau_3 \\ 0 \\ \hline 0 \\ -m_7\,g\,\boldsymbol{e}_z
\end{array}\right]
+
\left[\begin{array}{ccc}
-\boldsymbol{d}_{21}^{\mathrm{T}}\,\widetilde{\boldsymbol{u}}_1 & \mathbf{0} & \mathbf{0} \\
-\boldsymbol{d}_{22}^{\mathrm{T}}\,\widetilde{\boldsymbol{u}}_2 & \mathbf{0} & \mathbf{0} \\
\mathbf{0} & -\boldsymbol{d}_{43}^{\mathrm{T}}\,\widetilde{\boldsymbol{u}}_3 & \mathbf{0} \\
\mathbf{0} & -\boldsymbol{d}_{44}^{\mathrm{T}}\,\widetilde{\boldsymbol{u}}_4 & \mathbf{0} \\
\mathbf{0} & \mathbf{0} & -\boldsymbol{d}_{65}^{\mathrm{T}}\,\widetilde{\boldsymbol{u}}_5 \\
\mathbf{0} & \mathbf{0} & -\boldsymbol{d}_{66}^{\mathrm{T}}\,\widetilde{\boldsymbol{u}}_6 \\
\hline
-{}^{07}\boldsymbol{T}^{\mathrm{T}}\,\widetilde{\boldsymbol{c}}_{7,\mathrm{I}} & -{}^{07}\boldsymbol{T}^{\mathrm{T}}\,\widetilde{\boldsymbol{c}}_{7,\mathrm{II}} & -{}^{07}\boldsymbol{T}^{\mathrm{T}}\,\widetilde{\boldsymbol{c}}_{7,\mathrm{III}} \\
-\boldsymbol{E} & -\boldsymbol{E} & -\boldsymbol{E}
\end{array}\right]
\left[\begin{array}{c}
\boldsymbol{\lambda}_{\mathrm{I}}^{\mathrm{s}} \\ \boldsymbol{\lambda}_{\mathrm{II}}^{\mathrm{s}} \\ \boldsymbol{\lambda}_{\mathrm{III}}^{\mathrm{s}}
\end{array}\right]
\\
&+ \quad \boldsymbol{k}^{\mathrm{e}} \quad + \qquad\qquad\qquad \boldsymbol{G}^{\ell\,\mathrm{T}} \qquad\qquad\qquad\qquad \boldsymbol{\lambda}^{\mathrm{s}}.
\end{aligned}
\tag{11.241}
$$

Nichtrekursive Auflösung der Gleichungen Zu einem Zeitpunkt t mit bekannter Lage $\boldsymbol{\beta}$ und Geschwindigkeit $\boldsymbol{\eta}$ können die primären Gelenkbeschleunigungen $\dot{\boldsymbol{\eta}}$ und die Reaktionskoordinaten $\boldsymbol{\lambda}^{\mathrm{s}}$ aus dem linearen Gleichungssystem der Form (11.115) berechnet werden,

$$
\begin{array}{l}
(11.241): \\
(11.235):
\end{array}
\quad
\begin{bmatrix}
\boldsymbol{M} & -\boldsymbol{G}^{\ell\,\mathrm{T}} \\
-\boldsymbol{G}^{\ell} & \mathbf{0}
\end{bmatrix}
\begin{bmatrix}
\dot{\boldsymbol{\eta}} \\ \boldsymbol{\lambda}^{\mathrm{s}}
\end{bmatrix}
=
\begin{bmatrix}
\boldsymbol{k}^{\mathrm{c}} + \boldsymbol{k}^{\mathrm{e}} \\ \bar{\bar{\boldsymbol{\gamma}}}^{\ell}
\end{bmatrix}.
\tag{11.242}
$$

Zusammen mit den kinematischen Differentialgleichungen (11.221) liegen damit die Zustandsgleichungen der Form (11.107) vor. Entsprechend (11.108) und (11.109) müssen die Anfangsbedingungen $\boldsymbol{\beta}(t_0)$ und $\boldsymbol{\eta}(t_0)$ mit den Schließbedingungen auf Lageebene (11.226) und auf Geschwindigkeitsebene (11.234) konsistent sein.

Mathematische Grundlagen

A

Im Anhang werden die benötigten Grundlagen der Matrizenrechnung sowie der Algebra der Quaternionen zusammengefasst.

A.1 Matrizen

Die kinematischen und kinetischen Gleichungen der Mehrkörperdynamik können mit Hilfe der Matrizenrechnung in kompakter Form dargestellt werden. Die benötigten Grundlagen der Matrizenrechnung und die verwendeten Schreibweisen werden in diesem Abschnitt beschrieben. Ausführliche Darstellungen der Matrizenrechnung geben z. B. ZURMÜHL und FALK [119] sowie die VDI-Richtlinie 2739 [108].

Allgemeine Matrix Die rechteckige (m,n)-Matrix $\boldsymbol{A}$ wird durch das Schema ihrer Elemente a_{ik} gebildet:

$$\boldsymbol{A} = \begin{bmatrix} a_{11} & \dots & a_{1n} \\ \vdots & & \vdots \\ a_{m1} & \dots & a_{mn} \end{bmatrix}. \tag{A.1}$$

Eine (m,n)-Matrix, deren Elemente sämtlich null sind, heißt Nullmatrix $\boldsymbol{0}$.

Quadratische Matrix, Diagonalmatrix, Einheitsmatrix Ist die Zeilenanzahl m gleich der Spaltenanzahl n, so wird die (n,n)-Matrix $\boldsymbol{A}$ als n-reihige quadratische Matrix bezeichnet.

Eine quadratische Matrix heißt Diagonalmatrix, wenn alle Elemente, die nicht auf der Hauptdiagonalen stehen, den Wert 0 haben und mindestens ein Hauptdiagonalelement ungleich null ist:

$$\boldsymbol{A} = \begin{bmatrix} a_{11} & & 0 \\ & \ddots & \\ 0 & & a_{nn} \end{bmatrix} = \mathrm{diag}(a_{11}, \dots, a_{nn}). \tag{A.2}$$

C. Woernle, *Mehrkörpersysteme*, https://doi.org/10.1007/978-3-662-64530-7

Eine Diagonalmatrix, deren Hauptdiagonalelemente alle gleich 1 sind, heißt Einheitsmatrix

$$\boldsymbol{E} = \begin{bmatrix} 1 & & 0 \\ & \ddots & \\ 0 & & 1 \end{bmatrix} . \tag{A.3}$$

Eine n-reihige Einheitsmatrix wird auch durch $\boldsymbol{E}_n$ gekennzeichnet.

Determinante einer Matrix, reguläre und singuläre Matrix Jeder quadratischen (n,n)-Matrix $\boldsymbol{A}$ lässt sich eindeutig eine Determinante n-ter Ordnung zuordnen:

$$\det \boldsymbol{A} = \begin{vmatrix} a_{11} & \ldots & a_{1n} \\ \vdots & & \vdots \\ a_{n1} & \ldots & a_{nn} \end{vmatrix} . \tag{A.4}$$

Eine Determinante wird durch Entwicklung nach einer beliebigen Zeile oder Spalte berechnet. Beispielsweise lautet die Entwicklung einer Determinate 3. Ordnung nach der ersten Zeile

$$\det \boldsymbol{A} = \begin{vmatrix} a_{11} & a_{12} & a_{13} \\ a_{21} & a_{22} & a_{23} \\ a_{31} & a_{32} & a_{33} \end{vmatrix} ,$$

$$\det \boldsymbol{A} = a_{11} \begin{vmatrix} a_{22} & a_{23} \\ a_{32} & a_{33} \end{vmatrix} - a_{12} \begin{vmatrix} a_{21} & a_{23} \\ a_{31} & a_{33} \end{vmatrix} + a_{13} \begin{vmatrix} a_{21} & a_{22} \\ a_{31} & a_{32} \end{vmatrix} ,$$

$$\begin{aligned} \det \boldsymbol{A} = {} & a_{11}\,(a_{22}\,a_{33} - a_{32}\,a_{23}) - a_{12}\,(a_{21}\,a_{33} - a_{31}\,a_{23}) \\ & + a_{13}\,(a_{21}\,a_{32} - a_{31}\,a_{22}) \,. \end{aligned} \tag{A.5}$$

Eine quadratische Matrix, deren Determinante von 0 verschieden ist, heißt reguläre Matrix; andernfalls wird sie singulär genannt.

Rang einer Matrix Eine Matrix $\boldsymbol{A} \neq \boldsymbol{0}$ hat den Rang $r = \mathrm{r}(\boldsymbol{A})$ genau dann, wenn $\boldsymbol{A}$ eine reguläre r-reihige Untermatrix besitzt und alle höherreihigen Untermatrizen von $\boldsymbol{A}$ singulär sind. Ist $\boldsymbol{A} = \boldsymbol{0}$, so ist $\mathrm{r}(\boldsymbol{A}) = 0$.

Eine n-reihige Matrix $\boldsymbol{A}$ ist regulär, wenn sie den Rang $\mathrm{r}(\boldsymbol{A}) = n$ besitzt und singulär, wenn ihr Rang $\mathrm{r}(\boldsymbol{A}) < n$ ist.

Transponierte einer Matrix Aus der (m,n)-Matrix $\boldsymbol{A}$ entsteht durch Vertauschen von Spalten und Zeilen die transponierte (n,m)-Matrix $\boldsymbol{A}^{\mathrm{T}}$:

$$A = \begin{bmatrix} a_{11} & \dots & a_{1n} \\ \vdots & & \vdots \\ a_{m1} & \dots & a_{mn} \end{bmatrix} \quad \Rightarrow \quad A^{\mathrm{T}} = \begin{bmatrix} a_{11} & \dots & a_{m1} \\ \vdots & & \vdots \\ a_{1n} & \dots & a_{mn} \end{bmatrix}. \tag{A.6}$$

Summe zweier Matrizen Zwei (m,n)-Matrizen $\boldsymbol{A}$ und $\boldsymbol{B}$ werden elementweise addiert,

$$\begin{matrix} \boldsymbol{A} & + & \boldsymbol{B} & = & \boldsymbol{C} \\ \begin{bmatrix} a_{11} & \dots & a_{1n} \\ \vdots & & \vdots \\ a_{m1} & \dots & a_{mn} \end{bmatrix} & + & \begin{bmatrix} b_{11} & \dots & b_{1n} \\ \vdots & & \vdots \\ b_{m1} & \dots & b_{mn} \end{bmatrix} & = & \begin{bmatrix} c_{11} & \dots & c_{1n} \\ \vdots & & \vdots \\ c_{m1} & \dots & c_{mn} \end{bmatrix} \end{matrix} \tag{A.7}$$

mit

$$c_{ik} = a_{ik} + b_{ik} \quad \text{für} \quad i = 1, \dots, m\,; \quad k = 1, \dots, n. \tag{A.8}$$

Produkt zweier Matrizen Die Multiplikation einer (m,p)-Matrix $\boldsymbol{A}$ und einer (p,n)-Matrix $\boldsymbol{B}$ ergibt eine (m,n)-Matrix $\boldsymbol{C}$,

$$\begin{matrix} \boldsymbol{A} & \boldsymbol{B} & = & \boldsymbol{C} \\ \begin{bmatrix} a_{11} & \dots & a_{1p} \\ \vdots & & \vdots \\ a_{m1} & \dots & a_{mp} \end{bmatrix} & \begin{bmatrix} b_{11} & \dots & b_{1n} \\ \vdots & & \vdots \\ b_{p1} & \dots & b_{pn} \end{bmatrix} & = & \begin{bmatrix} c_{11} & \dots & c_{1n} \\ \vdots & & \vdots \\ c_{m1} & \dots & c_{mn} \end{bmatrix} \end{matrix}. \tag{A.9}$$

Zur Berechnung der Elemente c_{ik} werden alle positionsgleichen Elemente der i-ten Zeile von $\boldsymbol{A}$ mit denen der k-ten Spalte von $\boldsymbol{B}$ multipliziert und anschließend sämtliche Produkte addiert,

$$c_{ik} = \sum_{j=1}^{p} a_{ij}\, b_{jk}, \quad i = 1, \dots, m; \quad k = 1, \dots, n. \tag{A.10}$$

Es gelten die Beziehungen

$$\boldsymbol{A}\,(\boldsymbol{B} + \boldsymbol{C}) = \boldsymbol{A}\,\boldsymbol{B} + \boldsymbol{A}\,\boldsymbol{C}, \tag{A.11}$$

$$\boldsymbol{A}\,(\boldsymbol{B}\,\boldsymbol{C}) = (\boldsymbol{A}\,\boldsymbol{B})\,\boldsymbol{C} = \boldsymbol{A}\,\boldsymbol{B}\,\boldsymbol{C}, \tag{A.12}$$

$$\boldsymbol{A}\,\boldsymbol{E} = \boldsymbol{A}, \tag{A.13}$$

$$\det(\boldsymbol{A}\,\boldsymbol{B}) = \det \boldsymbol{A} \det \boldsymbol{B} \qquad (\boldsymbol{A},\ \boldsymbol{B} \ \text{quadratisch}) \tag{A.14}$$

$$(\boldsymbol{A}\,\boldsymbol{B})^{\mathrm{T}} = \boldsymbol{B}^{\mathrm{T}}\,\boldsymbol{A}^{\mathrm{T}}. \tag{A.15}$$

Im Allgemeinen ist $\boldsymbol{A}\,\boldsymbol{B} \neq \boldsymbol{B}\,\boldsymbol{A}$.

Inverse einer Matrix Zu jeder regulären (n,n)-Matrix $\boldsymbol{A}$ existiert genau eine inverse Matrix (Kehrmatrix) $\boldsymbol{A}^{-1}$ mit der Eigenschaft

$$\boldsymbol{A}\,\boldsymbol{A}^{-1} = \boldsymbol{E}. \tag{A.16}$$

Es gelten die Beziehungen

$$(\boldsymbol{A}\,\boldsymbol{B})^{-1} = \boldsymbol{B}^{-1}\,\boldsymbol{A}^{-1}, \tag{A.17}$$

$$\left(\boldsymbol{A}^{\mathrm{T}}\right)^{-1} = \left(\boldsymbol{A}^{-1}\right)^{\mathrm{T}}, \tag{A.18}$$

$$\det \boldsymbol{A}^{-1} = \frac{1}{\det \boldsymbol{A}}. \tag{A.19}$$

Orthogonale Matrix Eine reguläre Matrix $\boldsymbol{A}$ heißt orthogonal, wenn ihre Transponierte mit ihrer Inversen übereinstimmt:

$$\boldsymbol{A}^{\mathrm{T}} = \boldsymbol{A}^{-1}. \tag{A.20}$$

Damit besteht die Beziehung $\boldsymbol{A}\,\boldsymbol{A}^{\mathrm{T}} = \boldsymbol{A}^{\mathrm{T}}\,\boldsymbol{A} = \boldsymbol{E}$, aus der $\det \boldsymbol{A} = \pm 1$ folgt. Für $\det \boldsymbol{A} = +1$ heißt die Matrix $\boldsymbol{A}$ eigentlich orthogonal.

Bei jeder orthogonalen Matrix bilden die Zeilen- und Spaltenvektoren je ein System orthogonaler Einheitsvektoren. Die Inverse und Transponierte einer orthogonalen Matrix sind ebenfalls orthogonal. Die Produkte $\boldsymbol{A}\,\boldsymbol{B}$ und $\boldsymbol{B}\,\boldsymbol{A}$ zweier orthogonaler (n,n)-Matrizen sind ebenfalls orthogonal, wobei i. Allg. $\boldsymbol{A}\,\boldsymbol{B} \neq \boldsymbol{B}\,\boldsymbol{A}$ ist.

Symmetrische und schiefsymmetrische Matrix Eine quadratische Matrix $\boldsymbol{A}$ heißt symmetrisch, wenn sie mit ihrer Transponierten übereinstimmt, also $\boldsymbol{A} = \boldsymbol{A}^{\mathrm{T}}$ oder $a_{ik} = a_{ki}$. Eine quadratische Matrix $\boldsymbol{A}$ heißt schiefsymmetrisch (antisymmetrisch), wenn sie mit ihrer negativen Transponierten übereinstimmt, also $\boldsymbol{A} = -\boldsymbol{A}^{\mathrm{T}}$ bzw. $a_{ik} = -a_{ki}$ und $a_{ii} = 0$.

Jede quadratische Matrix $\boldsymbol{A}$ lässt sich in eine Summe aus einer symmetrischen Matrix $\boldsymbol{A}_{\mathrm{s}} = \boldsymbol{A}_{\mathrm{s}}^{\mathrm{T}}$ und einer schiefsymmetrischen (antisymmetrischen) Matrix $\boldsymbol{A}_{\mathrm{a}} = -\boldsymbol{A}_{\mathrm{a}}^{\mathrm{T}}$ zerlegen:

$$\boldsymbol{A} = \boldsymbol{A}_{\mathrm{s}} + \boldsymbol{A}_{\mathrm{a}} \quad \text{mit} \quad \boldsymbol{A}_{\mathrm{s}} = \frac{1}{2}\,(\boldsymbol{A} + \boldsymbol{A}^{\mathrm{T}}), \quad \boldsymbol{A}_{\mathrm{a}} = \frac{1}{2}\,(\boldsymbol{A} - \boldsymbol{A}^{\mathrm{T}}). \tag{A.21}$$

Quadratische Form Eine quadratische Form ist ein skalarer Ausdruck der Gestalt

$$y(\boldsymbol{x}) = \boldsymbol{x}^{\mathrm{T}}\boldsymbol{A}\,\boldsymbol{x} \tag{A.22}$$

$$y(\boldsymbol{x}) = [x_1 \,\ldots\, x_n] \begin{bmatrix} a_{11} & \ldots & a_{1n} \\ \vdots & & \vdots \\ a_{n1} & \ldots & a_{nn} \end{bmatrix} \begin{bmatrix} x_1 \\ \vdots \\ x_n \end{bmatrix} = \sum_{i=1}^{n}\sum_{k=1}^{n} a_{ik}\,x_i\,x_k. \tag{A.23}$$

Die Matrix $\boldsymbol{A}$ ist symmetrisch, also $\boldsymbol{A} = \boldsymbol{A}^{\mathrm{T}}$ bzw. $a_{ij} = a_{ji}$.

Wird die quadratische Form $y(\boldsymbol{x}) = \boldsymbol{x}^{\mathrm{T}}\,\boldsymbol{C}\,\boldsymbol{x}$ mit einer allgemeinen (n,n)-Matrix $\boldsymbol{C}$ gebildet, so liefert nur der symmetrische Anteil $\boldsymbol{C}_{\mathrm{s}} = \boldsymbol{C}_{\mathrm{s}}^{\mathrm{T}}$ einen Beitrag zu y, nicht aber der schiefsymmetrische Anteil $\boldsymbol{C}_{\mathrm{a}} = -\boldsymbol{C}_{\mathrm{a}}^{\mathrm{T}}$, also

$$y(\boldsymbol{x}) = \boldsymbol{x}^{\mathrm{T}}\,\boldsymbol{C}\,\boldsymbol{x} = \boldsymbol{x}^{\mathrm{T}}\,\boldsymbol{C}_{\mathrm{s}}\,\boldsymbol{x} + \underbrace{\boldsymbol{x}^{\mathrm{T}}\,\boldsymbol{C}_{\mathrm{a}}\,\boldsymbol{x}}_{0}.$$

Definite quadratische Formen und Matrizen Die quadratische Form $y(\boldsymbol{x}) = \boldsymbol{x}^T \boldsymbol{A} \boldsymbol{x}$ bzw. die symmetrische Matrix $\boldsymbol{A} = \boldsymbol{A}^T$ heißt

- *positiv (negativ) semidefinit*, wenn für beliebige reelle Vektoren $\boldsymbol{x}$ gilt

$$y(\boldsymbol{x}) = \boldsymbol{x}^T \boldsymbol{A} \boldsymbol{x} \geq 0 \quad (\leq 0), \tag{A.24}$$

- *positiv (negativ) definit*, wenn für beliebige reelle Vektoren $\boldsymbol{x}$ außer $\boldsymbol{x} = \boldsymbol{0}$ gilt

$$y(\boldsymbol{x}) = \boldsymbol{x}^T \boldsymbol{A} \boldsymbol{x} > 0 \quad (< 0). \tag{A.25}$$

Es gelten folgende Aussagen:

- Eine symmetrische Matrix ist positiv (negativ) definit, wenn alle ihre Eigenwerte größer (kleiner) Null sind. Sie ist positiv (negativ) semidefinit, wenn sie keine negativen (positiven) Eigenwerte besitzt.
- Eine positiv (negativ) definite Matrix ist regulär, während eine positiv (negativ) semidefinite Matrix singulär ist.

Beispiele definiter quadratischer Formen für den Fall $n = 2$ zeigt Abb. A.1.

Die positive Definitheit einer Matrix kann auch mit Hilfe des Satzes von SYLVESTER[1] überprüft werden. Die symmetrische Matrix $\boldsymbol{A}$ ist dann und nur dann positiv definit, wenn sämtliche Hauptabschnittsdeterminanten H_i, $i = 1, \ldots, n$, größer null sind, also

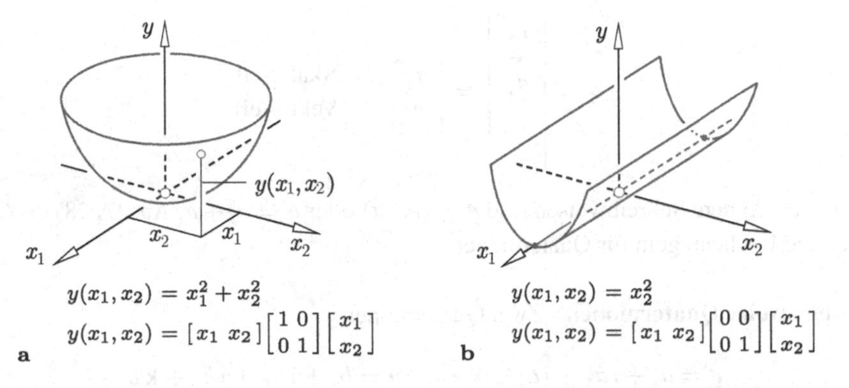

Abb. A.1 Definite quadratische Formen ($n = 2$). **a** Positiv definite Form. **b** Positiv semidefinite Form

[1] JAMES JOSEPH SYLVESTER, *1814 in London, †1897 in Oxford.

$$H_1 = a_{11} > 0, \quad H_2 = \begin{vmatrix} a_{11} & a_{12} \\ a_{12} & a_{22} \end{vmatrix} > 0, \quad \ldots, \quad H_n = \begin{vmatrix} a_{11} & a_{12} & \ldots & a_{1n} \\ a_{12} & a_{22} & \ldots & a_{2n} \\ \vdots & \vdots & & \vdots \\ a_{1n} & a_{2n} & \ldots & a_{nn} \end{vmatrix} > 0. \tag{A.26}$$

A.2 Quaternionen

Die Quaternionen wurden um 1840 von HAMILTON eingeführt [35]. Wesentliche Beiträge sind aber bereits bei EULER und RODRIGUES [91] zu finden.

Eine Quaternion $\underline{\boldsymbol{a}}$ ist eine viergliedrige, komplexe Zahl, bestehend aus einen Realteil a_s mit der reellen Einheit 1 und drei Imaginärteilen a_x, a_y, a_z mit den imaginären Einheiten i, j und k,

$$\underline{\boldsymbol{a}} = a_s + \mathrm{i}\, a_x + \mathrm{j}\, a_y + \mathrm{k}\, a_z. \tag{A.27}$$

Für die Produkte der Imaginäreinheiten gelten die Rechenregeln

$$\mathrm{i}^2 = \mathrm{j}^2 = \mathrm{k}^2 = -1, \tag{A.28}$$

$$\mathrm{i}\,\mathrm{j} = \mathrm{k}, \quad \mathrm{j}\,\mathrm{k} = \mathrm{i}, \quad \mathrm{k}\,\mathrm{i} = \mathrm{j}, \tag{A.29}$$

$$\mathrm{i}\,\mathrm{j} = -\mathrm{j}\,\mathrm{i}, \quad \mathrm{j}\,\mathrm{k} = -\mathrm{k}\,\mathrm{j}, \quad \mathrm{k}\,\mathrm{i} = -\mathrm{i}\,\mathrm{k}. \tag{A.30}$$

Der Zusammenhang zur Vektorrechnung wird erhalten, indem der Realteil a_s als der *Skalarteil* und die Imaginärteile a_x, a_y, a_z als der *Vektorteil* $\boldsymbol{a}$ der Quaternion definiert werden. Im Folgenden wird die Spaltenschreibweise als 4-Vektor

$$\underline{\boldsymbol{a}} = \begin{bmatrix} a_s \\ \hline a_x \\ a_y \\ a_z \end{bmatrix} = \begin{bmatrix} a_s \\ \boldsymbol{a} \end{bmatrix} \begin{matrix} \text{Skalarteil} \\ \text{Vektorteil} \end{matrix} \tag{A.31}$$

verwendet. Andere Schreibweisen sind $\underline{\boldsymbol{a}} = (a_s, \boldsymbol{a})$ oder $\underline{\boldsymbol{a}} = a_s + \boldsymbol{a}$. Aus (A.28) bis (A.30) folgen die Rechenregeln für Quaternionen.

Summe zweier Quaternionen Zwei Quaternionen

$$\underline{\boldsymbol{a}} = a_s + \mathrm{i}\, a_x + \mathrm{j}\, a_y + \mathrm{k}\, a_z\,, \quad \underline{\boldsymbol{b}} = b_s + \mathrm{i}\, b_x + \mathrm{j}\, b_y + \mathrm{k}\, b_z \tag{A.32}$$

werden addiert, indem ihre Anteile addiert werden,

$$
\begin{aligned}
\underline{c} &= \underline{a} + \underline{b} \\
\underline{c} &= (a_s + \mathrm{i}\,a_x + \mathrm{j}\,a_y + \mathrm{k}\,a_z) + (b_s + \mathrm{i}\,b_x + \mathrm{j}\,b_y + \mathrm{k}\,b_z) \\
\underline{c} &= \underbrace{(a_s + b_s)}_{c_s} + \mathrm{i}\underbrace{(a_x + b_x)}_{c_x} + \mathrm{j}\underbrace{(a_y + b_y)}_{c_y} + \mathrm{k}\underbrace{(a_z + b_z)}_{c_z} .
\end{aligned}
\tag{A.33}
$$

In Spaltenschreibweise lautet die Summe zweier Quaternionen

$$
\begin{bmatrix} c_s \\ \boldsymbol{c} \end{bmatrix} = \begin{bmatrix} a_s \\ \boldsymbol{a} \end{bmatrix} + \begin{bmatrix} b_s \\ \boldsymbol{b} \end{bmatrix} = \begin{bmatrix} a_s + b_s \\ \boldsymbol{a} + \boldsymbol{b} \end{bmatrix} . \tag{A.34}
$$

Die Summe zweier Quaternionen ist kommutativ, $\underline{a} + \underline{b} = \underline{b} + \underline{a}$.

Produkt zweier Quaternionen Das Produkt der Quaternionen $\underline{a}$ und $\underline{b}$ aus (A.32) wird hier durch den Multiplikationsoperator $\circ$ gekennzeichnet. Mit den Multiplikationsregeln der Imaginäreinheiten (A.28) bis (A.30) gilt

$$
\begin{aligned}
\underline{c} &= \underline{a} \circ \underline{b} \\
\underline{c} &= (a_s + \mathrm{i}\,a_x + \mathrm{j}\,a_y + \mathrm{k}\,a_z)(b_s + \mathrm{i}\,b_x + \mathrm{j}\,b_y + \mathrm{k}\,b_z) \\
\underline{c} &= \underbrace{(a_s b_s - a_x b_x - a_y b_y - a_z b_z)}_{c_s} + \mathrm{i}\underbrace{(a_s b_x + a_x b_s + a_y b_z - a_z b_y)}_{c_x} + \\
&\quad + \mathrm{j}\underbrace{(a_s b_y + a_y b_s + a_z b_x - a_x b_z)}_{c_y} + \mathrm{k}\underbrace{(a_s b_z + a_z b_s + a_x b_y - a_y b_x)}_{c_z} .
\end{aligned}
\tag{A.35}
$$

Das Produkt zweier Quaternionen ist damit wieder eine Quaternion. Unter Verwendung des Skalar- und Vektorprodukts der Vektorteile lautet dieses Ergebnis in Spaltenschreibweise

$$
\begin{aligned}
\underline{c} \quad &= \quad \underline{a} \quad \circ \quad \underline{b} \\
\begin{bmatrix} c_s \\ \boldsymbol{c} \end{bmatrix} &= \begin{bmatrix} a_s \\ \boldsymbol{a} \end{bmatrix} \circ \begin{bmatrix} b_s \\ \boldsymbol{b} \end{bmatrix} = \begin{bmatrix} a_s\, b_s - \boldsymbol{a}^{\mathrm{T}} \boldsymbol{b} \\ a_s\, \boldsymbol{b} + b_s\, \boldsymbol{a} + \tilde{\boldsymbol{a}}\, \boldsymbol{b} \end{bmatrix} .
\end{aligned}
\tag{A.36}
$$

Wegen der Einheitenverknüpfungen (A.30) bzw. der Nichtkommutativität des Vektorprodukts, $\tilde{\boldsymbol{a}}\,\boldsymbol{b} = -\tilde{\boldsymbol{b}}\,\boldsymbol{a}$, ist das Produkt zweier Quaternionen nicht kommutativ, $\underline{a} \circ \underline{b} \neq \underline{b} \circ \underline{a}$. Es gelten die weiteren Rechenregeln

$$
\underline{a} \circ (\underline{b} \circ \underline{c}) = (\underline{a} \circ \underline{b}) \circ \underline{c} = \underline{a} \circ \underline{b} \circ \underline{c} \qquad \text{(Assoziativgesetz)}, \tag{A.37}
$$

$$
\underline{a} \circ (\underline{b} + \underline{c}) = \underline{a} \circ \underline{b} + \underline{a} \circ \underline{c} \qquad \text{(Distributivgesetz)} . \tag{A.38}
$$

Konjugierte Quaternion In Analogie zu den gewöhnlichen komplexen Zahlen wird die zu einer Quaternion $\underline{a}$ konjugierte Quaternion $\overline{\underline{a}}$ so definiert, dass die drei Imaginärteile, also der Vektorteil $\boldsymbol{a}$, das umgekehrte Vorzeichen haben,

$$
\underline{a} = \begin{bmatrix} a_s \\ \boldsymbol{a} \end{bmatrix} \quad \Rightarrow \quad \overline{\underline{a}} = \begin{bmatrix} a_s \\ -\boldsymbol{a} \end{bmatrix} . \tag{A.39}
$$

Die konjugierte Quaternion des Produkts $\underline{c} = \underline{a} \circ \underline{b}$ lautet unter Berücksichtigung von (A.36)

$$\overline{\underline{c}} = \overline{\underline{a} \circ \underline{b}} = \overline{\underline{b}} \circ \overline{\underline{a}} \,. \qquad \text{(A.40)}$$

Quaternionenprodukt in Matrizenschreibweise Das Produkt zweier Quaternionen $\underline{a}$ und $\underline{b}$ kann auch als das Produkt einer (4,4)-Matrix mit einem 4-Vektor berechnet werden. Hierzu wird aus dem Produkt in (A.36) entweder der erste Faktor $\underline{a}$ oder der zweite Faktor $\underline{b}$ als 4-Vektor nach rechts herausgelöst. Herauslösen des zweiten Faktors $\underline{b}$ ergibt

$$\begin{aligned} \underline{a} \circ \underline{b} &= \begin{bmatrix} a_\mathrm{s} & -\boldsymbol{a}^\mathrm{T} \\ \boldsymbol{a} & a_\mathrm{s}\,\boldsymbol{E} + \widetilde{\boldsymbol{a}} \end{bmatrix} \begin{bmatrix} b_\mathrm{s} \\ \boldsymbol{b} \end{bmatrix} \\ \underline{a} \circ \underline{b} &= \quad \underline{\boldsymbol{A}}(\underline{a}) \qquad \underline{b} \;. \end{aligned} \qquad \text{(A.41)}$$

Herauslösen des ersten Faktors $\underline{a}$ liefert dagegen

$$\begin{aligned} \underline{a} \circ \underline{b} &= \begin{bmatrix} b_\mathrm{s} & -\boldsymbol{b}^\mathrm{T} \\ \boldsymbol{b} & b_\mathrm{s}\,\boldsymbol{E} - \widetilde{\boldsymbol{b}} \end{bmatrix} \begin{bmatrix} a_\mathrm{s} \\ \boldsymbol{a} \end{bmatrix} \\ \underline{a} \circ \underline{b} &= \quad \overline{\underline{\boldsymbol{B}}}(\underline{b}) \qquad \underline{a} \;. \end{aligned} \qquad \text{(A.42)}$$

Betrag (Norm) einer Quaternion Der Betrag oder die Norm $\|\underline{a}\|$ einer Quaternion $\underline{a}$ ist eine reelle Zahl (Skalar) und lautet

$$\|\underline{a}\| = \sqrt{a_\mathrm{s}^2 + \boldsymbol{a}^\mathrm{T}\boldsymbol{a}} = \sqrt{a_\mathrm{s}^2 + a_x^2 + a_y^2 + a_z^2} \,. \qquad \text{(A.43)}$$

Mit (A.36) und (A.39) ist $\|\underline{a}\| = \sqrt{\underline{a} \circ \overline{\underline{a}}}$.

Einsquaternion Das neutrale Element der Multiplikation von Quaternionen ist die Einsquaternion mit dem Nullvektor als Vektorteil,

$$\underline{\mathbf{1}} = \begin{bmatrix} 1 \\ \mathbf{0} \end{bmatrix}. \qquad \text{(A.44)}$$

Es gilt $\underline{a} \circ \underline{\mathbf{1}} = \underline{\mathbf{1}} \circ \underline{a} = \underline{a}$.

Inverse Quaternion Die Inverse $\underline{a}^{-1}$ einer Quaternion $\underline{a}$ wird so definiert, dass das Produkt $\underline{a} \circ \underline{a}^{-1}$ die Einsquaternion ergibt,

$$\underline{a} \circ \underline{a}^{-1} = \underline{a}^{-1} \circ \underline{a} = \underline{\mathbf{1}} \,. \qquad \text{(A.45)}$$

Die Inverse einer Quaternion $\underline{a}$ lautet

$$\underline{a}^{-1} = \frac{\overline{\underline{a}}}{\|\underline{a}\|^2} \,. \qquad \text{(A.46)}$$

Einheitsquaternion Eine Quaternion, deren Betrag gleich 1 ist, wird Einheitsquaternion genannt. Die Einheitsquaternion $\underline{\boldsymbol{e}}$ einer Quaternion $\underline{\boldsymbol{a}}$ ist

$$\underline{\boldsymbol{e}} = \frac{\underline{\boldsymbol{a}}}{\|\underline{\boldsymbol{a}}\|} \,. \tag{A.47}$$

Mit (A.46) und $\|\underline{\boldsymbol{e}}\| = 1$ stimmen die inverse und die konjugierte Einheitsquaternion überein,

$$\underline{\boldsymbol{e}}^{-1} = \overline{\underline{\boldsymbol{e}}} \,. \tag{A.48}$$

Wegen (A.45) ist $\underline{\boldsymbol{e}} \circ \overline{\underline{\boldsymbol{e}}} = \overline{\underline{\boldsymbol{e}}} \circ \underline{\boldsymbol{e}} = \underline{\mathbf{1}}$.

Literatur

1. AMIROUCHE F (2006) Fundamentals of multibody dynamics. Theory and applications. Birkhäuser, Boston
2. ANGELES J (2003) Fundamentals of robotic mechanical systems. Theory, methods, and algorithms, 2. Aufl. Springer, New York
3. ANGELES J, KECSKEMÉTHY A (Hrsg) (1995) Kinematics and dynamics of multi-body systems. Springer, Wien
4. BAE DS, HAUG EJ (1988) A recursive formulation for constrained mechanical system dynamics. Part I: Open-loop systems. Mech Struct Mach 15:359–382
5. BAE DS, HAUG EJ (1988) A recursive formulation for constrained mechanical system dynamics. Part II: Closed-loop systems. Mech Struct Mach 15:481–506
6. BARTKOWIAK R (2013) Analyse und Synthese überbestimmter Mechanisman mit Hilfe der Schraubentheorie. Verlag Dr. Hut, München
7. BAUCHAU OA (2011) Flexible multibody dynamics. Springer, Dordrecht
8. BAUCHAU OA, TRAINELLI L (2003) The vectorial parameterization of rotation. Nonlinear Dyn 32:71–92
9. BAUMGARTE J (1972) Stabilization of constraints and integrals of motion in dynamical systems. Comput Methods Appl Mech Eng 1:490–501
10. BOTTEMA O, ROTH B (1979) Theoretical kinematics. North-Holland Publishing Company, Amsterdam
11. BRANDL H, JOHANNI R, OTTER M (1986) A very efficient algorithm for the simulation of robots and similar multibody systems without inversion of the mass matrix. IFAC Proceedings Volumes 19:95–100
12. BRANDL H, JOHANNI R, OTTER M (1987) An algorithm for the simulation of multibody systems with kinematical loops. In: BAUTISTA E (Hrsg) Proc.7th IFToMM World congress on the theory of machines and mechanisms, Pergamon Press, Oxford, S 407–411
13. BREMER H (1988) Dynamik und Regelung mechanischer Systeme. Teubner, Stuttgart
14. BREMER H (1993) Das Jourdainsche Prinzip. ZAMM 73:184–187
15. BREMER H (2008) Elastic multibody dynamics. A direct Ritz approach. Springer, Berlin
16. BREMER H, PFEIFFER F (1992) Elastische Mehrkörpersysteme. Teubner, Stuttgart
17. CRAIG JJ (2004) Introduction to Robotics: mechanics and control, 3. Aufl. Prentice Hall, Upper Saddle River (NJ)

C. Woernle, *Mehrkörpersysteme*, https://doi.org/10.1007/978-3-662-64530-7

18. D'ALEMBERT J (1743) Traité de Dynamique. David, Paris
19. DE LUCA A, ORIOLO G (1995) Modeling and control of nonholonomic mechanical systems. In: ANGELES J, KECSKEMÉTHY A (Hrsg) Kinematics and dynamics of multi-body systems, Springer, Wien, S 277–342
20. DRESIG H, HOLZWEIßIG F (2007) Maschinendynamik. Springer, Berlin
21. DUDITZA F, DIACONESCU D (1987) Ein sinnreiches Zahnräderdifferential aus dem antiken China. Maschinenbautechnik 36:268–271
22. EICH-SÖLLNER E, FÜHRER C (1998) Numerical methods in multibody dynamics. Teubner, Stuttgart
23. EULER L (1776) Nova methodus motum corporum rigidorum determinandi. Novi Commentarii Academiae Scientiarum Petropolitanae 20:208–238
24. FEATHERSTONE R (2008) Rigid body dynamics algorithms, 2. Aufl. Springer, New York
25. FISCHER O (1905) Über die Bewegungsgleichungen räumlicher Gelenksysteme. B.G.Teubner, Leipzig
26. FISCHER U, STEPHAN W (1972) Prinzipien und Methoden der Dynamik. Fachbuchverlag, Leipzig
27. GARCÍA DE JALÓN J, BAYO E (1994) Kinematic and dynamic simulation of multibody systems. Springer, New York
28. GAUß CF (1829) Über ein neues allgemeines Grundgesetz der Mechanik. J für die Reine und Angew Math 4:232–235
29. GÉRADIN M, CARDONA A (2001) Flexible multibody dynamics, A finite element approach. Wiley, New York
30. GIPSER M (1999) Systemdynamik und Simulation. Teubner, Stuttgart
31. GOSSELIN C, SST-PIERRE É (1997) Development and experimentation of a fast 3-dof camera-orienting device. Int J Robot Res 16:619–630
32. GROCHE G, ZIEGLER V, ZIEGLER D, ZEIDLER E (Hrsg) (1995) Teubner-Taschenbuch der Mathematik, Teil II, Teubner, Stuttgart
33. HAIRER E, WANNER G (1996) Solving ordinary differential equations II. Stiff and differential algebraic problems. Springer, Berlin
34. HAMEL G (1949) Theoretische Mechanik. Springer, Berlin
35. HAMILTON WR (1853) Lectures on Quaternions. Hodges and Smith, Dublin
36. HAUG EJ (1989) Computer-aided kinematics and dynamics of mechanical systems Bd. I: Basic methods. Allyn and Bacon, Boston
37. HEIMANN B, GERTH W, POPP K (2001) Mechatronik – Komponenten, Methoden und Beispiele, 2. Aufl. Fachbuchverlag, Leipzig
38. HERRMANN S, KLUESS D, KAEHLER M, GRAWE R, RACHHOLZ R, SOUFFRANT R, ZIERATH J, BADER R, WOERNLE C (2015) A novel approach for dynamic testing of total hip dislocation under physiological conditions. PloS one 10(12):e0145,798
39. HEYDEN T (2006) Bahnregelung eines seilgeführten Handhabungssystems mit kinematisch unbestimmter Lastführung. Fortschrittberichte VDI, Reihe 8, Bd. 1100, VDI-Verlag, Düsseldorf
40. HILLER M (1981) Analytisch-numerische Verfahren zur Behandlung räumlicher Übertragungsmechanismen. Fortschrittberichte VDI, Reihe 1, Bd. 76, VDI-Verlag, Düsseldorf
41. HILLER M (1983) Mechanische Systeme. Springer, Berlin
42. HILLER M (1995) Multiloop kinematic chains and dynamics of multiloop systems. In: ANGELES J, KECSKEMÉTHY A (Hrsg) Kinematics and dynamics of multi-body systems, Springer, Wien, S 75–215
43. HILLER M, KECSKEMÉTHY A, WOERNLE C (1986) A loop-based kinematical analysis of complex mechanisms. In: Proc. 19th Biennial ASME Mechanisms Conf., Columbus, ASME-Paper-86–DET-184

44. HOOKER W, MARGULIES G (1965) The dynamical attitude equations for an n-body satellite. J Astronaut Sci 12:123–128
45. HUSTON RL (1990) Multibody dynamics. Butterworth-Heinemann, Boston
46. HUSTY M, KARGER A, SACHS H, STEINHILPER W (1997) Kinematik und Robotik. Springer, Berlin
47. ISIDORI A (1995) Nonlinear control systems. Springer, Berlin
48. JOURDAIN PEB (1909) Note on an analogue of Gauss' principle of least constraints. Quart J Pure Appl Math XL:153–197
49. KANE TR, LEVINSON DA (1985) Dynamics, theory and applications. McGraw-Hill, New York
50. KECSKEMÉTHY A (1993) Objektorientierte Modellierung von Mehrkörpersystemen mit Hilfe von Übertragungselementen. Fortschrittberichte VDI, Reihe 20, Bd. 88, VDI-Verlag, Düsseldorf
51. KECSKEMÉTHY A, HILLER M (1992) Automatic closed-form kinematics-solutions for recursive single-loop chains. In: DE-Bd. 47, Flexible Mechanisms, Dynamics, and Analysis, Proc. 22nd Biennial ASME Mechanisms Conf., Scottsdale, S 387–393
52. KIM S, VANDERPLOEG MJ (1986) A general and efficient method for dyamic analysis of mechanical systems using velocity transformation. ASME J Mech, Transmissions, and Automat Des 128:176–182
53. KORTÜM W, LUGNER P (1994) Systemdynamik und Regelung von Fahrzeugen. Springer, Berlin
54. KREUZER E (1979) Symbolische Berechnung der Bewegungsgleichungen von Mehrkörpersystemen. Fortschrittberichte VDI, Bd 32, Reihe 11, VDI-Verlag, Düsseldorf
55. KREUZER E, LUGTENBURG JB, MEISSNER HG, TRUCKENBRODT A (1994) Industrieroboter. Technik, Berechnung und anwendungsorientierte Auslegung. Springer, Berlin
56. KRUPP T (1999) Symbolische Gleichungen für Mehrkörpersysteme mit kinematischen Schleifen. Shaker Verlag, Aachen
57. LAGRANGE JL (1811) Mécanique Analytique. L'Académie Royale des Sciences, Paris
58. LEVINSON DA (1977) Equations of motion for multiple-rigid-body systems via symbolic manipulation. AIAA J Spacecraft and Rockets 14:479–487
59. LI H (1990) Ein Verfahren zur vollständigen Lösung der Rückwärtstransformation für Roboter mit allgemeiner Geometrie. Dissertation, Universität Duisburg
60. LUCK K, MODLER KH (1999) Getriebelehre. Springer, Berlin
61. MAGNUS K (1971) Kreisel. Theorie und Anwendungen. Springer, Berlin
62. MAGNUS K, MÜLLER-SLANY HH (2005) Grundlagen der Technischen Mechanik, 7. Aufl. Teubner, Stuttgart
63. MAIER T (2004) Bahnsteuerung eines seilgeführten Handhabungssystems — Modellbildung, Simulation und Experiment. Fortschrittberichte VDI, Reihe 8, Bd. 1047, VDI-Verlag, Düsseldorf
64. MAIßER P (1988) Analytische Dynamik von Mehrkörpersystemen. ZAMM 68:463–481
65. MATSCHINSKY W (2007) Radführungen der Straßenfahrzeuge: Kinematik, Elasto-Kinematik und Konstruktion, 3. Aufl. Springer, Berlin
66. MERLET JP (2006) Parallel robots, 2. Aufl. Springer, Berlin
67. MSC.Software (2010) Adams. http://www.msc.software.com
68. MÜLLER A (2005) Singuläre Phänomene in der Kinematik von Starrkörpermechanismen. Shaker Verlag, Aachen
69. MURRAY RM, LI Z, SASTRY S (1994) A mathematical introduction to robot manipulation. CRC Press, Boca Raton
70. NEMARK JI, FUFAEV NA (1972) Dynamics of nonholonomic systems. American Mathematical Society, Providence (RI)

71. NEUGEBAUER R (Hrsg) (2006) Parallelkinematische Maschinen: Entwurf. Konstruktion, Anwendung. Springer, Berlin
72. NEWTON I (1687) Philosophiae Naturalis Principia Mathematica. Royal Society, London
73. NIKRAVESH PE (1988) Computer-aided analysis of mechanical systems. Prentice Hall, Englewood Cliffs
74. NIKRAVESH PE (2004) An overview of several formulations for multibody dynamics. In: TALABA D, ROCHE T (Hrsg) Product Engineering, Springer, Dordrecht, S 189–226
75. NIKRAVESH PE (2007) Planar multibody dynamics: formulation, programming and applications. CRC Press, New York
76. NIKRAVESH PE, AFFIFI H (1994) Construction of the equations of motion for multibody dynamics using point and joint coordinates. In: PEREIRA M, AMBRÓSIO J (Hrsg) Computer-aided analysis of rigid and flexible mechanical systems, Kluwer Academic Publishers, Boston, S 32–60
77. NIKRAVESH PE, GIM G (1993) Systematic construction of the equations of motion for multibody systems containing closed kinematic loops. J Mech Des 115(1):143–149
78. ORLANDEA N, CHACE M, CALAHAN D (1977) A sparsity-oriented approach to the dynamic analysis and design of mechanical systems – Parts I and II. J Eng Ind 99:773–784
79. PAPASTAVRIDIS JG (2002) Analytical mechanics. Oxford University Press, Oxford
80. PARS L (1968) A treatise on analytical dynamics. Heinemann, London
81. PFEIFFER F (2006) Mechanical system dynamics. Springer, Berlin
82. PFEIFFER F, GLOCKER C (1996) Multibody dynamics with unilateral contacts. Wiley, New York
83. PFEIFFER F, SCHINDLER T (2014) Einführung in die Dynamik, 3. Aufl. Springer Vieweg, Berlin
84. PIETRUSZKA WD (2012) MATLAB in der Ingenieurpraxis, 3. Aufl. Vieweg+Teubner, Wiesbaden
85. POPP K, SCHIEHLEN W (1993) Fahrzeugdynamik. Teubner, Stuttgart
86. REIN U (1994) Recursive dynamics of overconstrained mechanisms. In: DE-Vol. 71, Machine Elements and Machine Dynamics, Proc. 23rd Biennial ASME Mechanisms Conf., Minneapolis, S 375–381
87. REIN U (1997) Effiziente objektorientierte Simulation mit dem rekursiven Formalismus. Dissertation, Universität Stuttgart
88. RILL G, SCHAEFFER T (2014) Grundlagen und Methodik der Mehrkörpersimulation, 2. Aufl. Springer Vieweg, Wiesbaden
89. ROBERSON R, SCHWERTASSEK R (1998) Dynamics of multibody systems. Springer, Berlin
90. ROBERSON R, WITTENBURG J (1966) A dynamical formalism for an arbitrary number of interconnected rigid bodies with reference to the problem of satellite attitude control. In: Proc. 3rd IFAC Congress, London, IFAC, S 46D.2–46D.9
91. RODRIGUES O (1840) Des lois géometriques qui régissent les déplacements d'un système solide dans l'espace, et de la variation des coordonnées provenant de ces déplacements considerés indépendamment des causes qui peuvent les produire. Journal de Mathématiques Pures et Appliquées 5:380–440
92. SAMIN JC, FISETTE P (2003) Symbolic modeling of multibody systems. Kluwer, Dordrecht
93. SCHATZ P (1998) Die Welt ist umstülpbar: Rhythmusforschung und Technik, 3. Aufl. Niggli Verlag, Sulgen
94. SCHIEHLEN W (1990) Multibody systems handbook. Springer, Berlin
95. SCHIEHLEN W, EBERHARD P (2014) Technische Dynamik, 4. Aufl. Springer Vieweg, Wiesbaden
96. SCHRAMM D, HILLER M, BARDINI R (2013) Modellbildung und Simulation der Dynamik von Kraftfahrzeugen, 2. Aufl. Springer, Berlin
97. VON SCHWERIN R (1999) Multibody system simulation. Numerical methods, algorithms, and software. Springer, Berlin

98. SCHWERTASSEK R, WALLRAPP O (1999) Dynamik flexibler Mehrkörpersysteme. Vieweg-Verlag, Braunschweig
99. SHABANA A (2005) Dynamics of multibody systems, 3. Aufl. Cambridge University Press, Cambridge
100. SHAMPINE L, GORDON M (1984) Computer-Lösung gewöhnlicher Differentialgleichungen. Vieweg-Verlag, Braunschweig
101. SHEPPERD SW (1978) Quaternion from rotation matrix. AIAA J Guidance, Control and Dyn 1:223–224
102. SHUSTER M (1993) A survey on attitude representations. J Astronautical Sci 41:439–517
103. SIMPACK AG (2010) SIMPACK. http://www.simpack.com
104. STELZLE W, KECSKEMÉTHY A, HILLER M (1995) A comparative study of recursive methods. Archive AppL Mech 66:9–19
105. SZABÓ I (1987) Geschichte der mechanischen Prinzipien, 3. Aufl. Birkhäuser, Basel
106. VALÁŠEK M, STEJSKAL V (1996) Kinematics and dynamics of machinery. Dekker, New York
107. VDI-RICHTLINIE, 2120, (2003) Vektorrechnung. Grundlagen für die praktische Anwendung. Beuth-Verlag, Berlin
108. VDI-RICHTLINIE, 2739 BLATT 1, (1991) Matrizenrechnung, Grundlagen für die praktische Anwendung. Beuth-Verlag, Berlin
109. VDI-RICHTLINIE 2739 BLATT 2 (1996) Matrizenrechnung, Anwendungen in der Kinematik und bei Eigenwertproblemen. Beuth-Verlag, Berlin
110. VERESHCHAGIN AF (1974) Computer simulation of the dynamics of complicated mechanisms of robot-manipulators. Engineering and Cybernetics 6:65–70
111. WALKER M, ORIN D (1982) Efficient dynamic computer simulation of robotic mechanisms. ASME J Dyn Sys, Measurement, and Control 104:205–211
112. WEHAGE RA (1988) Application of matrix partitioning and recursive projection to order n solution of constrained equations of motion. In: Proc. 20th Biennial ASME Mechanisms Conf., Orlando, S 221–230
113. WITTENBURG J (2008) Dynamics of multibody systems, 2. Aufl. Springer, Berlin
114. WITTENBURG J (2016) Kinematics. Theory and Applications, 1. Aufl. Springer, Berlin
115. WOERNLE C (1988) Ein systematisches Verfahren zur Aufstellung der geometrischen Schließbedingungen in kinematischen Schleifen mit Anwendung bei der Rückwärtstransformation für Industrieroboter. Fortschrittberichte VDI, Reihe 18, Bd. 59, VDI-Verlag, Düsseldorf
116. ZIERATH J (2015) Dynamik elastischer Mehrkörpersysteme - Theorie, Entwurf, Regelung, Messung und Validierung am Beispiel von Windenergieanlagen. Verlag Dr. Hut, München
117. ZIERATH J, WOERNLE C, HEYDEN T (2009) Elastic multibody models of transport aircraft high-lift mechanisms. J Aircraft 46:1513–1524
118. ZIERATH J, RACHHOLZ R, WOERNLE C (2016) Field test validation of Flex5, MSC.Adams, alaska/Wind and SIMPACK for load calculations on wind turbines. Wind Energy 19(7):1201–1222
119. ZURMÜHL R, FALK S (1997) Matrizen 1, Grundlagen. Springer, Berlin

Stichwortverzeichnis

C. Woernle, *Mehrkörpersysteme*, https://doi.org/10.1007/978-3-662-64530-7

C

D

Printed in the United States
by Baker & Taylor Publisher Services